Michael Respondeck

Servicetechniker
Band 1: Werkstatt und Technik

AFTERMARKET
Warum wir auf jedes Detail achten?
Weil Perfektion uns stolz macht.
Hier in Deutschland streben wir nach Perfektion. Wir müssen zugeben, bei LEMFÖRDER sind wir davon regelrecht besessen. Deshalb vertrauen mehr als 50 Fahrzeughersteller auf die Erstausrüsterqualität von LEMFÖRDER. Entscheiden Sie sich für LEMFÖRDER – für Qualität ohne Kompromisse.
DEUTSCHE PRÄZISION WELTBERÜHMT
lemfoerderprecision.de
LEMFÖRDER

Michael Respondeck

Servicetechniker

Band 1: Werkstatt und Technik

VOGEL COMMUNICATIONS GROUP

Weitere Informationen:
www.autofachmann.de/buch
www.facebook.com/kfzmeister.wissen

ISBN 978-3-8343-3375-9
1. Auflage 2019

Vorwort

Das Werkstattgeschäft im Wandel

Digitalisierung, Elektromobilität und das vernetzte Fahrzeug, aber auch ein verändertes Kundenverhalten stellen die Werkstätten vor große Herausforderungen. Die Komplexität der Fahrzeuge nimmt zu und damit auch die Bedeutung des technischen Know-hows.

Die Werkstätten sollten sich schon jetzt zukunftsorientiert aufstellen: Auch wenn der Verbrennungsmotor nicht über Nacht verschwindet, so wird dennoch der technologische Wandel nicht aufzuhalten sein und Spuren hinterlassen. Er bietet jedoch auch interessante Wachstumspotenziale, die allerdings nur von den Werkstätten gehoben werden können, die sich darauf vorbereitet haben! Selbst ein E-Motor kann beispielsweise kaputtgehen, zwar etwas seltener, aber wenn es passiert, sind Experten gefragt. Der Diagnoseaufwand ist komplexer und größer. Auch hier braucht es Fachleute.

ZF Aftermarket offeriert neben einem umfassenden Angebot an Ersatzteilen in OE-Qualität unter seinen etablierten Produktmarken ZF, Lemförder, Sachs und TRW auch das notwendige Wissen aus erster Hand, seine Werkstattkonzepte ZF [pro] Tech und ZF [pro] Points sowie bedarfsgerechte Hochvolt-Trainings.

Das Auto der Zukunft fährt bei Bedarf nicht nur elektrisch, sondern auch autonom und vernetzt. Über die Connectivity-Fähigkeit im Fahrzeug wird dem Autofahrer nicht nur ein Termin, sondern auch die Werkstatt vorgeschlagen. Was bedeutet das für die Werkstatt? Sie muss den Kunden eine rasche, effiziente und kompetente Reparatur ihres Fahrzeugs anbieten, mit Transparenz bei Leistung und Preis sowie einer persönlichen Ansprache überzeugen. Zudem wird entscheidend für ihren Erfolg das Verständnis als Mobilitätsdienstleister sein, mit Mobilitätsservices wie beispielsweise Carsharing kann die Werkstatt punkten.

ZF Aftermarket entwickelt ein digitales Ökosystem, das seinen Kunden nicht nur die Digitalisierung eigener Prozesse erlaubt, sondern auch das Angebot von digitalen Services mit Mehrwert.

Wir empfehlen daher den Lesern des „Servicetechnikers" wie allen Werkstätten: Nutzen Sie die Chancen, die Ihnen die Mobilität der Zukunft schon heute bietet und gehören Sie damit langfristig zu den Gewinnern.

Helmut Ernst, Leiter ZF Aftermarket

Vorwort

„Der Unterschied zwischen Theorie und Praxis ist in der Praxis weit höher als in der Theorie."

Ernst Ferstl (*1955), österreichischer Lehrer, Dichter und Aphoristiker

Nichtsdestotrotz wird die Theorie weit häufiger gebraucht, um die Praxis zu verstehen, als der Praktiker meint. Dieses Buch ein Bindeglied zwischen theoretischem Hintergrundwissen und praktischer Anwendung sein, denn es gibt zusätzlich zu Systembeschreibungen viele Tipps zur direkten praktischen Umsetzung. Außerdem enthält es Informationen in tabellarischer und lexikalischer Form, die schnell „griffbereit" sein sollen.

Es wurde für Servicetechniker geschrieben, die im Werkstattalltag heutzutage diejenigen sind, die am häufigsten mit kniffeligen, technischen Problemen konfrontiert werden. Zu deren Lösung sind meist umfangreiche Systemkenntnisse erforderlich. Das Buch bietet deshalb die Möglichkeit, sich diese Kenntnisse umfassend im Rahmen der Fortbildung zum Servicetechniker anzulesen. Es ist aber auch dazu geeignet, „mal eben" im Stress der Werkstatt einen Blick zu riskieren, um schnell und direkt zu einer Lösung zu kommen.

Das Buch hat nicht den Anspruch, die Naturwissenschaften vollumfänglich zu erläutern oder gar infrage zu stellen. Es beschränkt sich daher auf allgemein gültige Annahmen ohne alternative Theorien aufzugreifen.

Viel Erfolg bei der Diagnose am Fahrzeug und der vielleicht bevorstehenden Servicetechniker-Prüfung wünscht.

Michael Respondeck

Geleitwort

Das Kraftfahrzeuggewerbe verändert sich rasant. Insgesamt wird Mobilität immer komplexer. Themen wie autonomes Fahren, Konnektivität, Fernwartung und -diagnose haben Auswirkungen auf die Aftersales-Welt. Das gilt für Werkstatt und Technik genauso wir für Management und Auftragsabwicklung.

Für Servicetechniker ergeben sich daraus neue Anforderungen an Wissen und Können, an Theorie und Praxis. Um Fahrzeuge auch in der Zukunft den Kundenbedürfnissen entsprechend reparieren zu können, benötigen Sie als Mitarbeiter einer Werkstatt oder eines Reparaturbetriebs ein deutlich erweitertes Fachwissen. Der Serviceauftrag verändert sich: Rechtliche Aspekte werden wichtiger. Die Möglichkeiten, zeitwertgerechte Reparaturen zu berücksichtigen, gewinnen für die Kundenbindung an Bedeutung. Allein auf dem Weg vom Kunden- zum Werkstattauftrag kann man sehr viel falsch, aber eben auch richtig machen.

Auf der technischen Seite stellen immer umfangreichere Assistenzsysteme neue Anforderungen. Diagnosestrategien verändern sich. In zunehmend vernetzten Fahrzeugen wird die richtige Interpretation von Fehlern noch wichtiger. „Servicetechniker" hilft Ihnen, neue Anforderungen einzuordnen und via Serviceorganisation und Management in geregelte Prozesse zu bringen. Neue Aspekte der Betriebsorganisation helfen gleichermaßen, Auftragsabwicklung technisch sauber und organisatorisch effektiv zu gestalten.

Daher ist dieses Buch sowohl für diejenigen gedacht, die bereits als Servicetechniker an der Front stehen und täglich unter Beweis stellen müssen, dass ihr Know-how dem Kunden weiterhilft, als auch für diejenigen, die noch auf dem Weg sind, Servicetechniker zu werden. Alles, was Sie für Ihre zukünftige Aufgabe als Problemlöser im Betrieb wissen müssen, finden Sie in den Bänden 1 und 2.

In diesem Sinne: Viel Spaß beim Lesen und einen hohen Wirkungsgrad beim Lernerfolg!

Freundlichst

Ihr Wilhelm Hülsdonk

Bundesinnungsmeister des Kfz-Handwerks und ZDK-Vizepräsident

Inhaltsverzeichnis

1 Diagnose

Eine der Hauptaufgaben eines Servicetechnikers ist die Diagnose, insbesondere die Suche nach Fehlern in den immer stärker vernetzten Fahrzeugsystemen. In vielen Betrieben beginnen sie allerdings mit der Fehlersuche erst dann, wenn das Auto bereits in der Werkstatt steht. Dabei ist in den meisten Fällen eine umfassende Fahrzeugannahme entscheidend für Erfolg oder Misserfolg. Sicherlich gibt es viele Fehler, die sich mithilfe des Diagnosegeräts eindeutig identifizieren und beheben lassen – für diese ist das Wissen eines Servicetechnikers aber auch nicht erforderlich. Der Servicetechniker wird meist dann benötigt, wenn das Diagnosegerät seine Leistungsgrenze erreicht hat und keinen konkreten Vorschlag macht, welche Reparatur Abhilfe schafft. In solchen Fällen kann eine schnelle und damit wirtschaftliche Diagnose folgendermaßen aussehen:

1. Fahrzeugannahme

Das Fahrzeug sollte im Beisein des Kunden einer Sicht- und Funktionsprüfung unterzogen werden. Im Rahmen dieser sogenannten Dialogannahme sollte der Mitarbeiter den Kunden zu dem Fehler befragen. Gerade bei sporadischen (also wiederkehrenden, aber nicht permanent vorhandenen) Fehlern ist es elementar, zu hinterfragen, unter welchen Umständen und bei welchen Bedingungen der Fehler aufgetreten ist, um ihn ggf. reproduzieren und sichtbar machen zu können. In diesem Zusammenhang sind folgende Aspekte von Bedeutung:

- Betriebszustand und Fahrsituation (Motor kalt/warm; Last; Drehzahl; Fahrgeschwindigkeit; Beschleunigen/Verzögern; Rechts-/Linkskurve usw.)
- Die Einsatzbedingungen des Fahrzeugs (hohe/geringe Außentemperatur; Witterung z.B. Nässe, Regen)
- Schaltzustände von Teilsystemen (Licht an/aus; Klimaanlage, Sitzheizung etc. an/aus)
- Sonstige Besonderheiten (Anhängerbetrieb; Zubehör im Innenraum => elektromagnetische Störungen/Störung des Bordnetzes durch angeschlossene Geräte (Drittanbieter; „OBD-Adapter")
- Technische Änderungen (Motoreingriffe; Umbereifung; Fahrwerksänderungen)
- Kürzlich von einer anderen Werkstatt oder einem Bekannten durchgeführte Reparaturen

Im Zusammenhang mit der Fahrzeugannahme sollte man zudem darauf achten, den korrekten Fahrzeugschlüssel vom Kunden zu übernehmen. Bei vielen Fahrzeugen erfolgt bereits seit Mitte der 90er-Jahre eine Anpassung des Fahrzeugs an den jeweiligen Fahrer (sog. Benutzer-Adaption). Hiervon sind einerseits offensichtliche Dinge, wie z.B. die Sitz- und Spiegeleinstellung, Radiosender und -lautstärke etc. betroffen, es ändern sich andererseits jedoch auch Einstellungen, die dem Kunden nicht bewusst sind. Dies können sein:

- Aktivierung/Deaktivierung von Assistenzsystemen (Fahrlichtsteuerung, Regen-/Lichtsensor, Einparkassistent, Spurhalteassistent ...)
- Tippblinken
- Automatisches Verriegeln während der Fahrt, automatisches Wiederverschließen
- Ansprechverhalten des Fahrpedals
- Schaltzeitpunkt des automatischen Getriebes
- ...

Hinweis: Einige Hersteller empfehlen Einzelfahrern, in regelmäßigen Zeitabständen den Schlüssel zu tauschen (Zweitschlüssel), da die Akkus der Fernbedienung durch eine Ladespule am Zündschloss geladen werden. Nach dem Schlüsseltausch kommt es dann oftmals zu Beanstandungen aufgrund geänderter Einstellungen.

Werkstatttipp

Es empfiehlt sich, im Rahmen der Dialogannahme einen kurzen Rundum-Check des Fahrzeugs durchzuführen, um weitere (sicherheitsrelevante) Mängel aufdecken und im Rahmen des Werkstattaufenthalts beheben zu können. In diesem Zusammenhang können auch Vorschäden dokumentiert und dem Kunden gezeigt werden, um etwaigen Ansprüchen nach Rückgabe des Fahrzeugs entgegenzuwirken. Ein Foto von allen Seiten hilft im Streitfall bei der Klärung.

Bild 1.1
Die Dialogannahme sollte, wenn möglich, immer mit einem ausführlichen Kundengespräch und einem Rundum-Check erfolgen.
[Foto: ProMotor/Volz]

2. Fehlerspeicher auslesen

Das Auslesen von Fehlerspeichern gehört zu den Standardtätigkeiten in der Werkstatt. Trotzdem machen Werkstattmitarbeiter gerade hier immer noch viele Fehler:

Fehler 1: Mehrere Kundenbeanstandungen losgelöst voneinander betrachten

Viele Werkstätten arbeiten Fehler „nach und nach" ab. In einigen Fällen wechselt das Fahrzeug hierfür sogar die Abteilung: Der Fehler am Verbrennungsmotor wird in der Mechanik, der an der Klimaanlage in der Elektrik bearbeitet. Was aber, wenn die Klimaanlage nur abgeschaltet hat, weil der Motor zu heiß geworden ist? Im ersten Schritt sollte daher bei der Bewertung der Fehler eine gemeinsame Ursache in Betracht gezogen und erst, wenn diese auszuschließen ist, jeder Fehler für sich betrachtet werden.

Fehler 2: Nur das vermeintlich betroffene Steuergerät auslesen

Aus Gründen der erhofften Zeitersparnis liest der Mitarbeiter oftmals nur das Steuergerät aus, in dem er den Fehler vermutet. Die meisten Fahrzeuge sind aktuell jedoch vollständig vernetzt, sodass ein fehlerhaftes Signal, das von einem beliebigen Steuergerät auf den Datenbus gelegt wird, zu einer Fehlfunktion in einem anderen

System führen kann. Es empfiehlt sich daher grundsätzlich, den gesamten Fehlerspeicher des Fahrzeugs auszulesen und bei mehreren Fehlern (s. Fehler 1) zunächst eine gemeinsame Ursache zu suchen.

Fehler 3: „Erst mal löschen"

Die einfachste Lösung scheint vielen Werkstätten zu sein, vorhandene Fehler erst einmal zu löschen und zu schauen, was passiert. Sicherlich sind in vielen Steuergeräten Fehler abgelegt, die entweder bei einer früheren Reparatur nicht entfernt wurden, oder die mit der aktuellen Beanstandung nicht zusammenhängen. Die meisten abgelegten Fehler haben jedoch eine konkrete Ursache, der auch nachgegangen werden sollte, um Folgeproblemen (Folgeschäden, Verschlechterung des Abgasverhaltens etc.) entgegenzuwirken. Vor dem Löschen eines Fehlerspeichers sollte dieser grundsätzlich dokumentiert (z.B. ausgedruckt oder abgespeichert) werden, um zu einem späteren Zeitpunkt auf die vormals abgelegten Fehler zurückgreifen zu können.

Fehler 4: Nur den Fehlercode betrachten

Ist im Fehlerspeicher ein Fehler abgelegt, geht die Ursachenforschung los. Hilfreich kann es hierbei sein, vor allem bei sporadischen Fehlern, zunächst die sogenannten Fehlerumgebungsdaten zu sichten und zu bewerten. Diese geben Auskunft darüber, wann, wie oft und bei welchem Ereignis der Fehler aufgetreten ist. In einigen Fällen lässt sich ein Schema erkennen, das, ggf. im Kundengespräch, zur Fehlerursache führt.

Praxisbeispiel: Ein Kunde beanstandet, dass die ABS-Kontrollleuchte sporadisch aufleuchtet. Der Fehlerspeicher beinhaltet sporadische Fehler des ABS-Drehzahlfühlers vorne rechts. Die Fehlerumgebungsdaten zeigen an, dass der Fehler täglich um ca. 7:30 Uhr und um ca. 17:15 Uhr auftritt. Die Befragung des Kunden ergibt, dass er sich zu diesen Zeiten in etwa an derselben Stelle auf seiner Pendelstrecke befindet. Die Tatsache, dass sich diese Stelle in unmittelbarer Nähe zu einer Radio-Sendestation (starke elektromagnetische Strahlung) befindet, lässt auf einen Schirmungsfehler schließen, der durch eine Beschädigung des Kabels entstanden ist.

Fehler 5: Klassische Fehler und Plausibilitätsfehler gleichsetzen

Es gibt zwei Arten von Fehlern, die klar voneinander zu unterscheiden sind und die auch eine jeweils andere Fehlersuche nach sich ziehen: „Klassische Fehler" und „Plausibilitätsfehler". Klassische Fehler sind solche, bei denen das Steuergerät ein Problem des jeweiligen Bauteils messtechnisch ermittelt und den Fehler (z.B. „Signalspannung zu hoch") als solchen im Steuergerät hinterlegt hat. Beim Auftreten solcher Fehler kann man sofort mit der Fehlersuche im Rahmen von Messungen im Bereich des jeweiligen Bauteils beginnen.

Plausibilitätsfehler legt das Steuergerät dagegen im Fehlerspeicher ab, wenn die ankommenden Informationen unplausibel sind, also nicht zueinander passen oder Sprünge enthalten, die ohne weitere Informationen nicht zu erklären sind. Beim Auftreten von Plausibilitätsfehlern sollte man vor der weiteren Diagnose oder gar einem Austausch von Bauteilen klären, welche unpassenden Informationen zu dem Fehler geführt haben.

Praxisbeispiel 1: Fehler: Heißfilmluftmassenmesser (Diesel) „Signal unplausibel"
Der Heißfilmluftmassenmesser hat beim Diesel hauptsächlich die Aufgabe, die Volllastmenge zu begrenzen und die Abgasrückführrate zu ermitteln. Letzteres geschieht, indem das Steuergerät die Soll-Luftmasse im aktuellen Betriebszustand aus Hubraum, Drehzahl, Ladedruck usw. ermittelt, und die vom Luftmassenmesser ermittelte Ist-Luftmasse hiervon abzieht. Bei einer AGR-Rate von 10% sollte die vom

Luftmassenmesser ermittelte Luftmasse also 10% geringer sein, als die theoretisch unter den aktuellen Bedingungen angesaugte Luftmasse. Wäre nun beispielsweise die Abgasrückführung verrußt, so reduziert sich die rückgeführte Abgasmenge bei gleicher Stellung des AGR-Ventils. Der Rückgang der vom Heißfilmluftmassenmesser ermittelten Luftmasse läge dann unter 10% und das Steuergerät meldet, dass das „Signal unplausibel" ist.
Praxisbeispiel 2: Fehler: Heißfilmluftmassenmesser (Diesel) „Signal unplausibel"
Der gleiche Fehler des Heißfilmluftmassenmessers kann auftreten, wenn der Luftfilter erneuert wird, ohne dies dem Steuergerät durch das Bestätigen der jeweiligen Wartung mitzuteilen. Das Steuergerät erkennt nach dem Motorstart, dass sich die Luftmasse unter sonst gleichen Bedingungen gegenüber dem letzten Fahrzyklus deutlich erhöht hat. Da es keine Informationen über einen Luftfilterwechsel erhalten hat, ist dieser „Sprung" der Luftmasse unplausibel. Der Fehler wird im Fehlerspeicher abgelegt.

3. Parameter/Messwerte auslesen

Auch wenn die Eigendiagnose in den vergangenen Jahren kontinuierlich besser geworden ist, ist sie noch immer nicht in der Lage, alle Fehler eines Systems selbst zu erkennen. Sollte der Blick in den Fehlerspeicher daher ergebnislos bleiben, empfiehlt sich ein Blick in die Messwerte/Istwerte/Parameter. Hier lässt sich prüfen, ob die vom Steuergerät mithilfe der Sensorik erfassten Daten der Realität entsprechen.
Praxisbeispiel: Ist es am Motortemperaturfühler zu einem Übergangswiderstand gekommen (z.B. durch Korrosion am Steckkontakt), so steigt der ohmsche Widerstand der Messschaltung. Den erhöhten Widerstand nimmt das Steuergerät als geringere Temperatur auf. Motortemperaturfühler sind in der Regel NTC-Widerstände => negativer Temperatur-Koeffizient => fallender Widerstand bei steigender Temperatur. Solange die ermittelten Werte innerhalb des plausiblen Bereichs bleiben (z.B. > –40°C), wertet das Steuergerät die Information aus. Der Fehler wird nicht erkannt, zeigt jedoch seine Auswirkungen (z.B. steigender Kraftstoffverbrauch, Fehler in AGR-System oder Vorglühanlage ...). Beim Blick in die Messwerte fällt jedoch schnell auf, dass eine Motortemperatur von –20°C an einem warmen Sommertag nicht stimmen kann. Oftmals reicht bei der Überprüfung der Messwerte das subjektive Empfinden zur Plausibilitätsprüfung aus. Im Zweifel sollten die Werte mithilfe eines separaten Messgerätes (z.B. Kontakt- oder Infrarot-Thermometer) ermittelt und abgeglichen werden.

Werkstatttipp

Zur Überprüfung der Parameter sollten niemals die Bordmittel (z.B. Kühlmitteltemperaturanzeige im Kombiinstrument) genutzt werden, da diese zum einen stark beruhigt sind, um im Fahrbetrieb nicht ständig zu schwanken (z.B. Änderung Tankfüllstand bei Fahrt bergauf bzw. bergab) und zum anderen im Interesse vereinfachter Interpretation verfälscht sind. Auch wenn die Motortemperatur bei vielen aktuellen Motoren über 100°C liegt, wird diese oftmals im Kombiinstrument mit 90°C angezeigt, um den Fahrzeugführer nicht zu verunsichern.

Auch die Konfiguration des Fahrzeugs kann an dieser Stelle ermittelt werden. Gerade bei der Übernahme eines neuen (gebrauchten) Fahrzeugs kommt es immer wieder vor, dass Kunden Ausfälle von Funktionen oder Systemen beanstanden, die in der jeweiligen Ausstattung gar nicht verfügbar sind.

4. Stellgliedtest

Bei Fehlern im Bereich der Aktorik kann die Diagnose mithilfe eines Stellgliedtests fortgesetzt werden. Hierbei wird das jeweilige Bauteil mithilfe des Diagnosegeräts angesteuert und optisch, akustisch, haptisch oder anhand von Messwerten (z.B. Signalspannung Potenziometer) überprüft, ob es reagiert. Ein hierbei häufig gemachter Fehler ist, nicht zu überprüfen, ob das gewünschte Ergebnis tatsächlich erzielt wird. Praxisbeispiel: Soll überprüft werden, ob die Bypassklappe des Verdichters korrekt arbeitet, ist es erforderlich, das Verdichtergehäuse zu öffnen (oder mit dem Endoskop hineinzusehen), um zu überprüfen, ob sich die Bypassklappe des Verdichters bei Ansteuerung tatsächlich bewegt. Vielfach wird nur überprüft, ob der Stellmotor die Welle bewegt. Hat sich die (oftmals nur auf die Welle geklemmte) Klappe von der Welle gelöst, bleibt diese auch bei drehender Welle stehen.

Werkstatttipp

Der Stellgliedtest sollte stets über das Diagnosegerät durchgeführt werden. Eine Überprüfung durch „Provozieren" einer Ansteuerung ist nicht aussagekräftig, da oftmals nicht alle Bedingungen für das Ansteuern des jeweiligen Aktors bekannt sind. Praxisbeispiel: Soll überprüft werden, ob das AGR-Ventil öffnet und schließt, könnte man gemäß „Lehrbuch" den Motor bei Betriebstemperatur in Teillast betreiben und davon ausgehen, dass das Ventil öffnen müsste. In der Praxis wird man jedoch feststellen, dass die Bedingungen von Fahrzeug zu Fahrzeug unterschiedlich sind. Selbst der Vergleich mit einem anderen Fahrzeug (gleiches Modell, gleicher Motor, gleiches Baujahr) scheitert, wenn sich beispielsweise die der Stand der Software der jeweiligen Steuergeräte unterscheidet.

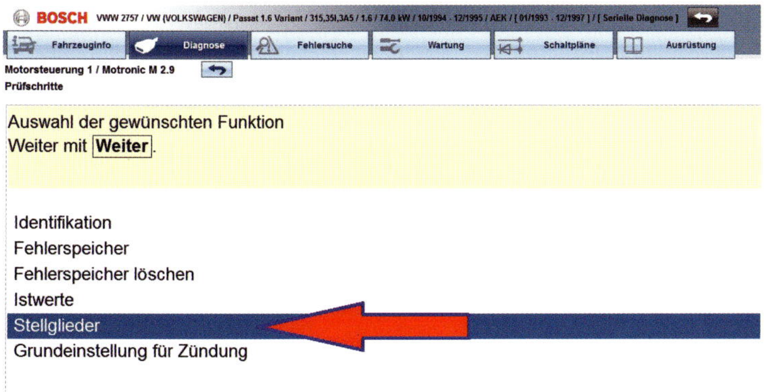

Bild 1.2
Der Stellgliedtest sollte immer über ein Diagnosegerät durchgeführt werden.
[Bild: Bosch]

5. Messungen mit Multimeter und Oszilloskop

Sind alle vorherigen Diagnoseschritte gewissenhaft durchgeführt worden, sollte es Hinweise auf fehlerhafte Sensoren, Aktoren oder Systeme geben. Abschließend ist die Ursache des Fehlers zu ermitteln. Dies geschieht durch manuelle Messungen im jeweiligen System. Nachfolgend soll dies beschrieben werden für

- Sensoren und
- Aktoren.

Die Größen Spannung, Strom und Widerstand müssen im Rahmen einer Fehlersuche mithilfe der Prüfanleitung des Herstellers gemessen werden. Als Messgerät dient dazu üblicherweise ein Multimeter oder Vielfach-Messgerät. Diese Geräte erlauben es, durch Umschalten der Messbereiche Strom-, Spannungs- und Widerstandswerte zu ermitteln.

1.1 Multimeterarten

Digital bedeutet: ziffernmäßig, stufenweise, sprungweise. Bei einem Digitalmultimeter wird der Messwert sofort als Zahlenwert dargestellt. Die Anzeige erfolgt stets in Stufen, da die letzte Zahl immer nur um eine Ziffer springen kann.

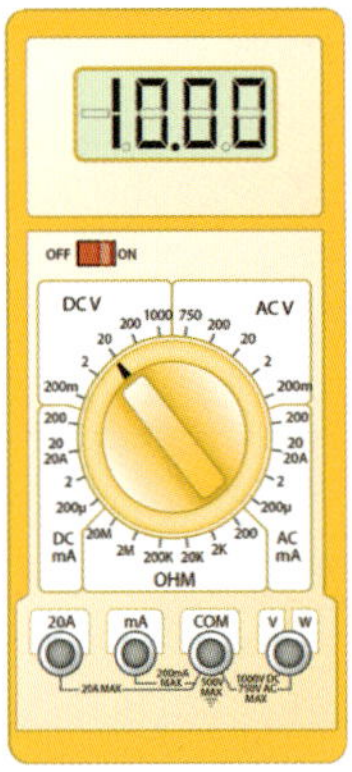

Bild 1.3 *Digitalmultimeter stellen den Messwert sofort als Zahl dar.*
[Bild: AS-Illu]

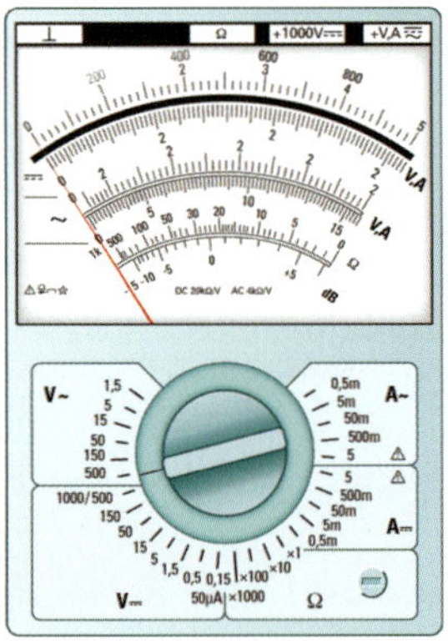

Bild 1.4 *Analogmultimeter stellen den Messwert stufenlos per Zeiger dar.*
[Bild: AS-Illu]

Analog bedeutet: gleichartig, stetig, stufenlos. Bei einem Analogmultimeter wird der Messwert durch den Ausschlag des Zeigers dargestellt. Die Anzeige erfolgt dabei stufenlos, das heißt ohne Unterbrechung. Bei Messungen im Zusammenhang mit der Lambda-Regelung moderner Kraftfahrzeuge sind analoge Messgeräte besser geeignet, da man Spannungsschwankungen besser erkennen kann. Aufgrund der leichteren Ablesbarkeit werden für die meisten Messungen am Kraftfahrzeug digitale Multimeter verwendet. In letzter Zeit haben sich kombinierte Digital-Analog-Geräte durchgesetzt, die neben dem digitalen Zahlenwert auch die Tendenz bzw. die Änderungsrichtung in Balkenform anzeigen. Man spricht dann von einer „Quasi-Analoganzeige".

ACHTUNG! Es ist ratsam, nur Messungen durchzuführen, die in den Prüfanleitungen der Hersteller ausdrücklich angegeben sind. Unsachgemäße Messungen können elektronische Bauteile zerstören und Menschenleben gefährden.

Allgemeine Regeln für den Umgang mit dem Multimeter

1. Verwenden Sie für jede Messung das geeignete Messgerät. An den auf der Skala angebrachten Bezeichnungen und Sinnbildern erkennt man, für welche Messungen das Gerät vorgesehen ist. So kann man z.B. mit dem Digitalmultimeter (i.d.R. max. 10 A) keine Anlasserströme (max. 1000 A) messen.
2. Vermeiden Sie harte Stöße und Erschütterungen.
3. Stellen Sie vor dem Anschluss des Messgeräts den Messbereichsschalter auf die gewünschte Messart (Spannung, Strom oder Widerstand) ein.
4. Werden unbekannte Werte ermittelt, immer zuerst den höchsten Messbereich einstellen, messen und bei Bedarf auf einen niederen Messbereich zurückschalten.
5. Messen Sie immer im kleinstmöglichen Messbereich, in dem das Messergebnis noch ablesbar ist. Dies erhöht die Genauigkeit des Messergebnisses.

6. Verwenden Sie für jede Messung die hierfür geeigneten Buchsen am Multimeter, z.B. Spannung/Widerstand, geringer Strom, hoher Strom. Bei Strommessungen sollte man in der Buchse für hohe Ströme anfangen und erst, wenn sichergestellt ist, dass die Buchse für den geringen Strom nicht überlastet wird, wechseln. Der Minuspol kommt immer an die Buchse COM.
7. Schließen Sie die Prüfkabel immer zuerst am Messgerät und dann erst am Messobjekt an.
8. Beachten Sie beim Messen von Gleichspannungen und Gleichströmen immer die richtige Polarität.
9. Beachten Sie bei Analogmessgeräten die richtige Gebrauchslage, i.d.R. liegend.
10. Bei Widerstandsmessungen darf das Bauteil nicht unter Spannung stehen. Es sollte, wenn möglich, komplett aus dem Stromkreis getrennt werden.
11. Schalten Sie vor dem Ablegen des Messgeräts den Messbereichsschalter in den höchsten Wechselspannungsbereich. Dies schützt Gerät und Anwender bei unsachgemäßem Einsatz ohne vorherige Einstellungen.

Toleranzangaben bei Multimetern

Analoge Multimeter

Bei analogen Multimetern wird der Messfehler prozentual angegeben. Dieser Wert (z.B. $\pm$ 1,5%) bezieht sich auf den Endausschlag des jeweiligen Messbereichs.

Beispiel: Angenommen, das Messgerät steht im Messbereich 15 V, so beträgt der Messfehler $\pm$1,5% von 15 V = $\pm$0,225 V unabhängig von der tatsächlich gemessenen Spannung. Analogmultimetern sollte daher der Messbereich so gewählt werden, dass sich die Anzeige im letzten Drittel der Skala befindet.

Digitale Multimeter

Bei digitalen Multimetern gibt es zwei Toleranzangaben. Ein typisches Beispiel ist die Angabe 0,25% $\pm$ 1 Digit. Hier ist die prozentuale Angabe ($\pm$0,25%) nicht auf den Endbereich, sondern auf den tatsächlich angezeigten Messwert bezogen. Zum prozentualen Fehler kommt noch der sogenannte Digitfehler hinzu. Er bezeichnet die zusätzliche Abweichung in Digits, die die letzte Stelle des angezeigten Wertes nach oben oder unten einnehmen darf.

Beispiel: Bei einem eingeschalteten Bereich von 20 V und einer Anzeige von 12 V darf die zulässige Abweichung in unserem Beispiel $\pm$30 mV (0,25% von 12 V) betragen. Bei einem 3½-stelligen Multimeter bedeutet dies eine Anzeige zwischen 11,97 V und 12,03 V. Rechnet man den Digitfehler in unserem Beispiel $\pm$ 1 Digit dazu, ergibt sich eine mögliche Anzeige zwischen 11,96 V und 12,04 V. Der prozentuale Gesamtfehler beträgt dann für diesen Messwert $\pm$0,33%. Misst man im selben Bereich eine Spannung von 1 V, kann der prozentuale Fehler von 0,25% vernachlässigt werden, da er nur $\pm$2,5 mV beträgt und in der Anzeige nicht mehr erscheint. Dagegen wiegt hier der Digitfehler schwerer, da dadurch eine Anzeige zwischen 1,01 V und 0,99 V möglich ist. Dies entspricht einer Abweichung von 1%.

Auch bei Digitalmultimetern soll der Anzeigebereich so gewählt werden, dass die Anzeige möglichst im letzten Teil des Messbereichs erfolgt.

Werkstatt-Oszilloskop

Das Multimeter gerät bei aktuellen Fahrzeugen vielfach an seine Grenzen. So kann es weder frequente Spannungen, wie die eines Drehzahlsensors oder einer pulsweitenmodulierten Ansteuerung, erfassen noch (bis auf wenige Ausnahmen) Spannungsverläufe darstellen, z.B. die Signalspannung des Potenziometers. Das Oszilloskop kann das Multimeter ersetzen, das Multimeter das Oszilloskop dagegen nicht. Aus diesem Grund bieten die meisten Anbieter von Diagnosegeräten – herstellergebunden oder frei – in ihren Geräten Oszilloskope an.

1.2 Analoge und digitale Signaldarstellung

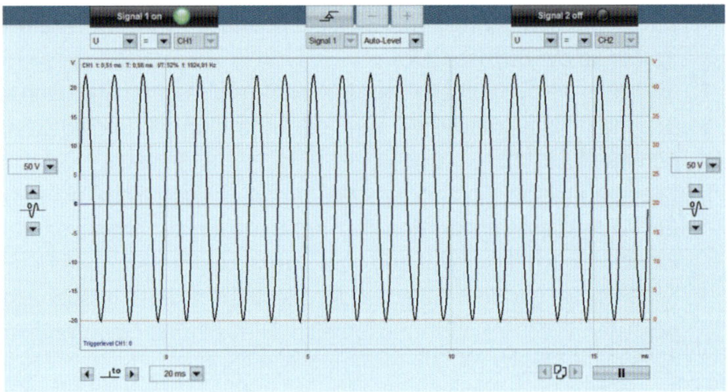

Bild 1.5
Das Oszilloskop entwickelt sich zu einem immer wichtigeren Messgerät für die Fehlersuche.
[Bild: AS-Illu]

Bei einem Analogskop wird das Bild kontinuierlich auf dem Bildschirm geschrieben. Damit fallen die extrem kurzfristigen Pausen zum Abtasten und Abbilden des Messsignals weg.

Ein Digitalskop tastet das Messsignal zu bestimmten Zeiten ab und stellt es dann auf dem Bildschirm dar. Dieser auf den ersten Blick als Nachteil erscheinende Umstand wird dadurch wieder wettgemacht, dass einmal abgetastete Bilder gespeichert und sogar ausgedruckt werden können. Somit lassen sich Fehler darstellen, die auf dem Analogskop nicht erkannt werden, weil sie nur zeitweise auftreten oder zu kurz sind.

DC-/AC-Kopplung

Eine unterschiedliche Darstellung des Messsignals ist möglich, wenn statt des gleichspannungsgekoppelten Messeingangs (DC) das Oszilloskop über einen wechselspannungsgekoppelten Eingang (AC) gemessen wird. Bei der AC-Ankopplung wird der Gleichspannungsanteil herausgefiltert, um nur den (interessanten) Wechselspannungsanteil, z.B. die Oberwelligkeit der Ladespannung, über der gesamten Bildschirmhöhe zu betrachten. Leider führt diese Ankopplung dazu, dass reine Gleichspannungssignale verzerrt dargestellt werden.

Die DC-Ankopplung stellt den Wechsel- und Gleichspannungsanteil eines Signals dar.
Vorteil: Exakte Signaldarstellung
Nachteil: Schlechte Auflösung eines überlagerten Wechselspannungsanteils
Die AC-Ankopplung filtert den Gleichspannungsanteil heraus.
Vorteil: Hohe Auflösung des Wechselspannungsanteils
Nachteil: Falsche Darstellung von Rechtecksignalen

Y-Achse

Zur Bezeichnung der senkrechten Y-Achse werden oft die Begriffe „vertikale Achse" oder „Spannungsachse" verwendet. Auf dieser Achse wird die Größe der Spannungsskala festgelegt. Die richtige Auswahl der Spannungsskala (Bild 1.6) entscheidet darüber, in welcher Größe das Messsignal auf dem Bildschirm erscheint. Der Spannungsmessbereich muss so gewählt werden, dass das Signal größtmöglich auf dem Bildschirm erscheint.

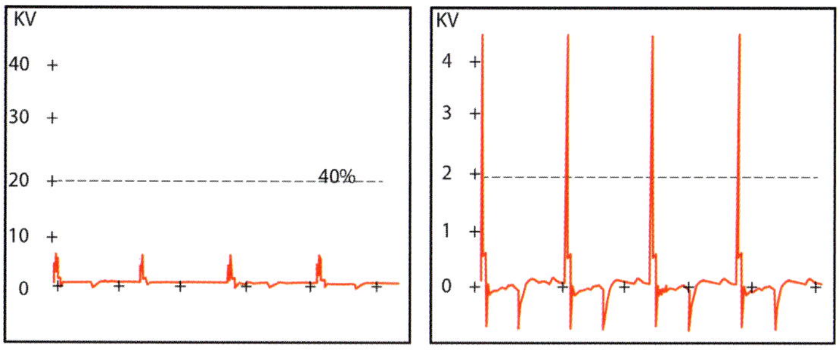

Bild 1.6
Auf dem linken Bild ist der Spannungsmessbereich zu groß gewählt worden, daher erscheint das Signal zu klein auf dem Bildschirm. Auf dem rechten Bild ist der Spannungsmessbereich dagegen richtig gewählt, das Signal erscheint in maximaler Größe auf dem Bildschirm.
[Bild: AS-Illu]

X-Achse

a) Zeitabhängige Darstellung
Zur Bezeichnung der waagerechten X-Achse werden oft die Begriffe „waagerechte Achse", „Zeitachse" oder „Zeitbasis" verwendet. Auf dieser Achse wird die Größe der Zeitskala festgelegt. Die richtige Auswahl der Zeitachse entscheidet darüber, in welcher Breite das Messsignal abgebildet wird (Bilder 1.7a bis c). Die Zeitbasis muss so gewählt werden, dass die gesamte Information des Signals sichtbar ist.

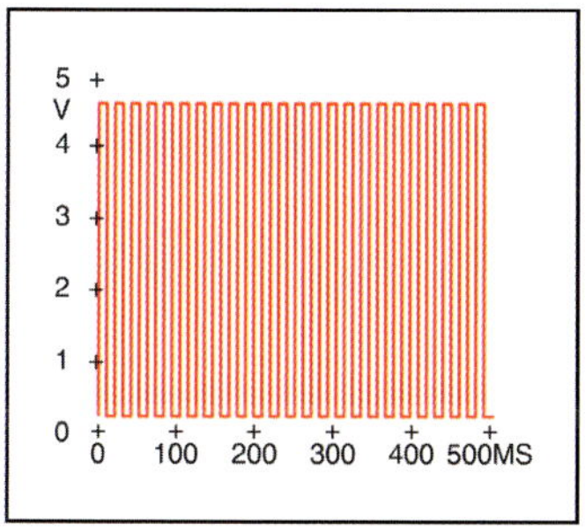

Bild 1.7a
Die Zeitbasis ist zu groß gewählt, deshalb ist eine genaue Betrachtung des Signals nicht möglich.

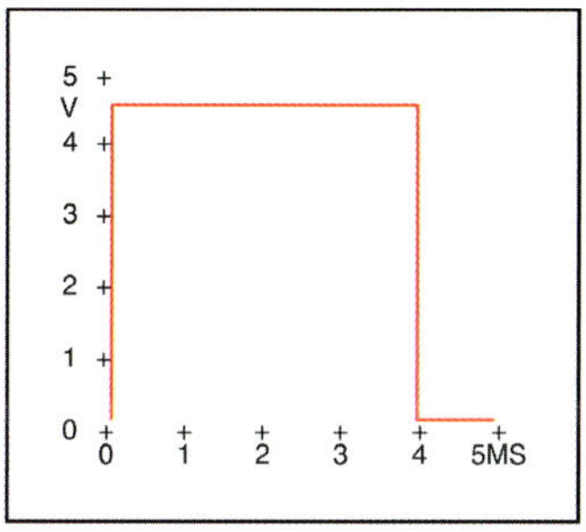

Bild 1.7b
Die Zeitbasis ist zu klein gewählt, deshalb könnten wichtige Details des Messsignals verloren gehen.

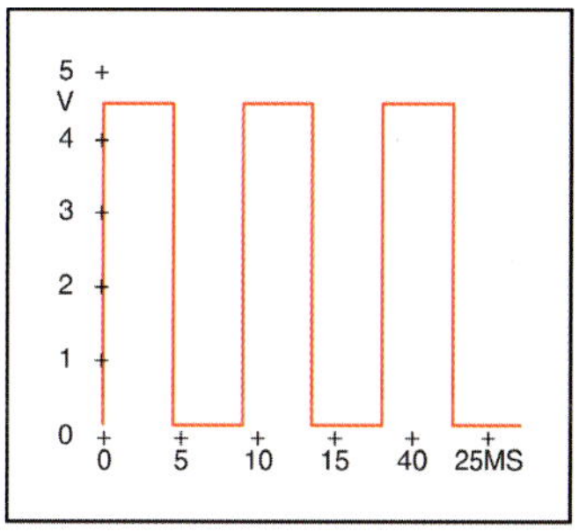

Bild 1.7c
Die Zeitbasis ist richtig gewählt, deshalb erscheint das Signal praxisgerecht auf dem Bildschirm.
[Bilder: AS-Illu]

b) 100%-Darstellung
Bei vielen Anwendungen, z.B. beim Messen des Tastverhältnisses, ist es die einfachste Lösung, mit der 100%-Skala zu arbeiten. Dabei wird immer eine Periode des Messsignals komplett dargestellt (Bild 1.8).

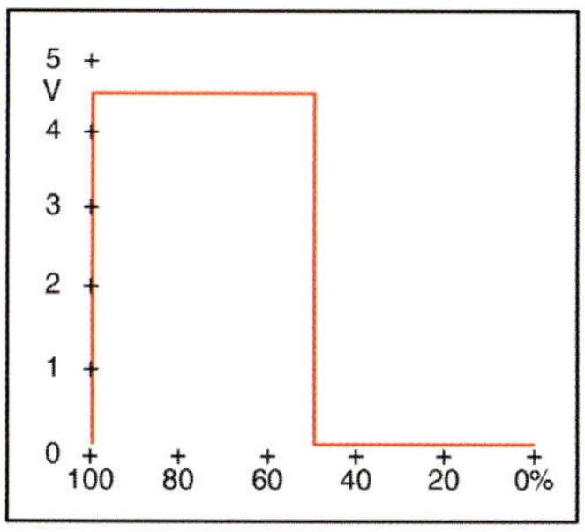

Bild 1.8
100%-Darstellung: Bei dieser Darstellung wird immer eine Periode komplett auf dem Bildschirm dargestellt.
[Bild: AS-Illu]

Hinweis: Bei älteren Testern ist die Anzahl der dargestellten Perioden von der eingestellten Zylinderzahl abhängig. Will man nur eine Periode darstellen, muss die Darstellung 1 Zylinder gewählt werden.

Trigger

Triggerpegel

Der Triggerpegel bestimmt die Spannungsschwelle, ab der das Bild auf dem Bildschirm aufgezeichnet wird. Dadurch ist es möglich, ein für das Auge des Beobachters stehendes Bild zu erhalten. Liegt die Größe des Messsignals immer unter oder über dem Spannungswert für den Triggerpegel, ist es nicht möglich, ein stehendes Bild zu erhalten.

Bei modernen Testern ist der Triggerpegel frei wählbar. Bei einigen (älteren) Testern ist der Triggerpegel auf 40% der eingestellten Spannungsskala festgelegt (z.B. SUN MEA 1500), bzw. das Signal kann nur über den Impuls von der Klemme 1 getriggert werden (z.B. Bosch MOT 201, MOT 400). Dadurch kann es schwierig werden, Signale, die nicht proportional zur Motordrehzahl sind, als stehende Bilder darzustellen.

Triggerflanke

Zum Triggern des Signals kann entweder die ansteigende (positive, +) oder die abfallende (negative, –) Flanke des Messsignals benutzt werden. Die richtige Wahl der Triggerflanke bestimmt den Beginn des Messsignals auf dem Bildschirm. Diese Auswahl ist nützlich, wenn man mit der 100%-Skala arbeitet, denn dann liegt der Nullpunkt auf der rechten Bildschirmseite. Man möchte das Bild mit dem Low-Level beginnend rechtsbündig auf dem Bildschirm haben, um z.B. das Tastverhältnis ablesen zu können.

Bei der 100%-Darstellung triggert man auf die positive Flanke, bei der zeitabhängigen Darstellung triggert man dagegen auf die negative Flanke.

Darstellung typischer Sensorsignale

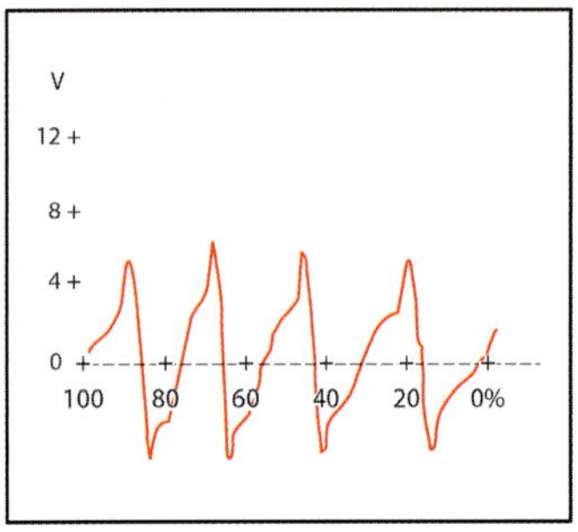

Bild 1.9
Induktionsgeber im Zündverteiler
[Bild: AS-Illu]

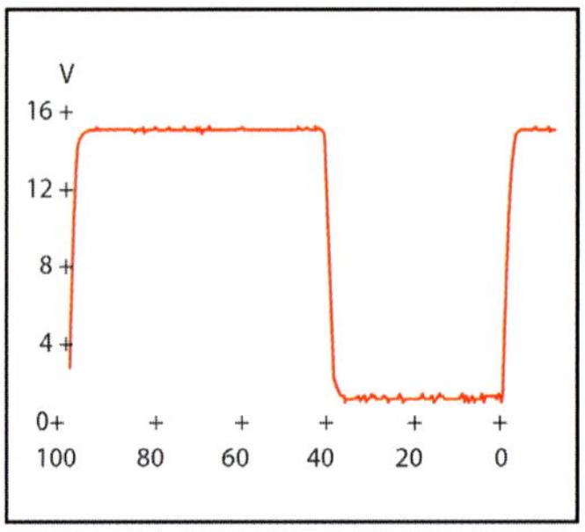

Bild 1.10
Hallgebersignal eines Zündverteilers
[Bild: AS-Illu]

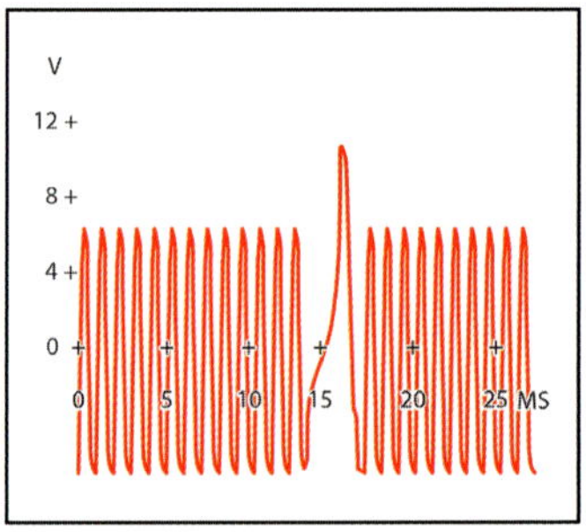

Bild 1.11
Drehzahl- und Bezugsmarkengeber
[Bild: AS-Illu]

Werkstatttipp

Alle vorgenannten Einstellungen beziehen sich auf Universal-Oszilloskope. Die in den Diagnosetestern der verschiedenen Anbieter integrierten Oszilloskope enthalten im Regelfall für bestimmte Anwendungen eine Vorauswahl der Einstellungen, sodass der Servicetechniker nur noch auswählen muss, welches Signal angezeigt werden soll. Die Einstellung des Oszilloskops erfolgt dann durch das Diagnosegerät.

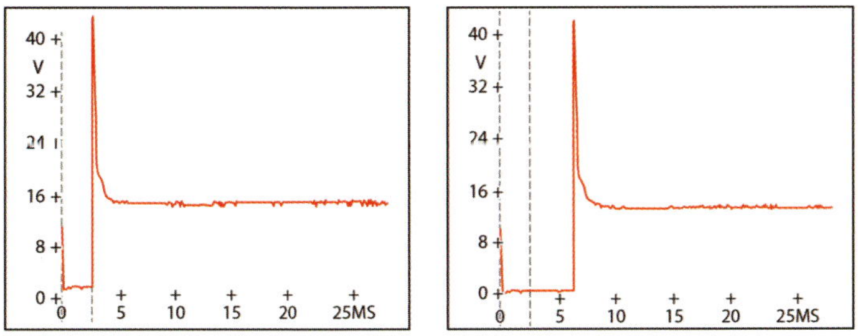

Bilder 1.12a und b
Die Öffnungsdauer eines Einspritzventils bei einer Mehrpunkteinspritzung. Die Einspritzzeit vergrößert sich bei Belastung. Bild a: Motor im Leerlauf, Bild b: Motor belastet.
[Bilder: AS-Illu]

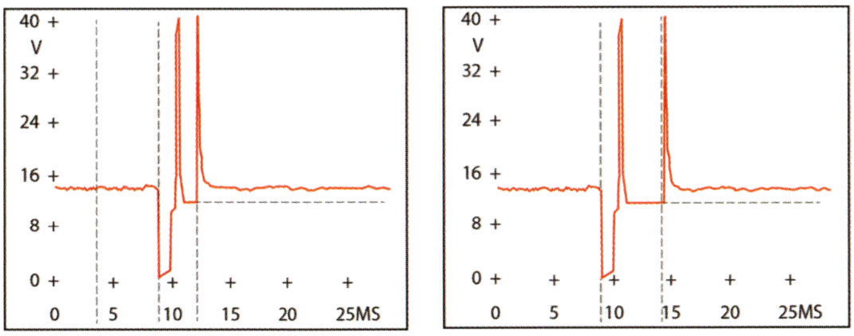

Bilder 1.13a und b
Die Öffnungsdauer eines Einspritzventils bei einer Zentraleinspritzung. Auch hier vergrößert sich die Einspritzzeit bei Belastung. Bild a: Motor im Leerlauf, Bild b Motor belastet.
[Bilder: AS-Illu]

1.3 Chronologischer Ablauf der Messungen

Achtung! Alle Spannungsmessungen erfolgen unter Last, d.h., es werden keine Stecker abgezogen. Erfolgt die Spannungsmessung lastfrei, also bei abgezogenem Stecker, ist der Stromkreis unterbrochen. Da jetzt kein Strom mehr fließt, wirken sich Übergangswiderstände nicht mehr aus und die durchgeführten Messungen sind nicht aussagekräftig. Zur Messung im geschlossenen Stromkreis eignen sich Y-Stecker, Break-out-Boxen und, wenn keine andere Möglichkeit besteht, dünne Messspitzen, die zwischen Abdichtung und Kabelisolierung in den Stecker gedrückt werden.

Sensor-Prüfung

1. Erfassen der Signalspannung am Steuergerät
   Im ersten Schritt sollte überprüft werden, ob das Steuergerät tatsächlich ein fehlerhaftes Signal bekommt, oder ob ein fehlerfreies Signal fehlerhaft ausgewertet wird. Hierzu wird die Signalspannung, im besten Fall mithilfe eines Oszilloskops und einer Break-out-Box, direkt am Steuergerät aufgenommen. Das Oszilloskop ermöglicht eine Auswertung des kompletten Arbeitsbereichs des Sensors. Sollte die Messung nicht oder nur erschwert möglich sein (Einbaulage des Steuergeräts, fehlende Werkstattausstattung z.B. Break-out-Box ...), kann behelfsweise mit Messung 2 angefangen werden, wobei Messung 1 spätestens bei fehlerfreiem Sensorsignal nachzuholen ist, bevor ein Fehler im Steuergerät in Betracht gezogen werden darf.

2. Erfassen der Signalspannung am Sensor
   Der Ablauf der Messung ist analog zu Messung 1, wobei als Messstelle in diesem Fall der Anschluss der Signalleitung am Sensor dient. Ist die Signalspannung hier in Ordnung und am Steuergerät fehlerhaft, ist die Signalleitung zu überprüfen. Ist die Signalspannung hier fehlerhaft, muss zwischen zwei Fällen unterschieden werden:

a) Signalspannung 0 V: Signalleitung auf Masseschluss prüfen, danach Messung 3
b) Signalspannung $\neq 0$ V => Messung 3

3. Überprüfen der Spannungsversorgung am Sensor
   Die Spannungsversorgung des Sensors wird mithilfe des Oszilloskops oder eines Multimeters überprüft. Der Sollwert kann dem Werkstatthandbuch entnommen werden. Er liegt üblicherweise bei $5 \pm 0{,}02$ V.

4. Überprüfen der Spannungsversorgung am Steuergerät
   Der Ablauf der Messung ist analog zu Schritt 3, wobei als Messstelle das Steuergerät bzw. die Break-out-Box dient. Ist die Spannungsversorgung hier in Ordnung und am Sensor gestört, sind die Leitungen zum Sensor zu prüfen. Ist die Spannungsversorgung hier gestört, muss geprüft werden, ob alle Voraussetzungen gegeben sind, damit das Steuergerät eine Versorgungsspannung bereitstellt, z.B. Spannungsversorgung des Steuergeräts, Schutzabschaltung von Kanälen etc.

5. Überprüfen der Leitungen
   Zunächst kann über jede elektrische Leitung der Spannungsfall gemessen werden. Hierzu werden die beiden Enden der Leitung mit dem Multimeter verbunden und die Spannung gemessen. Sie sollte gerade im Bereich der Sensorik Nahe 0 V liegen.
   In einem weiteren Schritt sollte überprüft werden, ob Leitungen mit einer Plusleitung oder mit Masse verbunden sind. Hierzu wird die Leitung aus dem Stromkreis getrennt (alle Stecker ab) und anschließend mit dem Multimeter an beiden Enden der Leitung jeweils einmal gegen Plus und Masse gemessen. Alle Messungen sollten mit dem Ergebnis 0 V enden.

6. Überprüfung des Steuergeräts
   Steuergeräte-Eingänge lassen sich mithilfe einer simulierten Signalspannung überprüfen. Dies kann entweder mit einer geeigneten Spannungsquelle oder mithilfe einer sogenannten Widerstandsdekade (Box mit verschiedenen Widerständen) erfolgen.

Hinweis: Viele Werkstätten bevorzugen aus Gründen der Vereinfachung ein Multimeter. Das ist jedoch nicht ratsam, da es für dynamische Messungen, beispielsweise am Potenziometer, zu träge ist. Angenommen, die Schleiferbahn des Potenziometers ist an einer Stelle stark korrodiert oder verschmutzt. Die Signalspannung würde an dieser Stelle kurzzeitig einbrechen und einen Fehler im Steuergerät („Signalspannung zu gering") auslösen. Der restliche Arbeitsbereich des Potenziometers wäre hingegen in Ordnung, sodass man bei Einsatz eines Multimeters unter Umständen eine „einwandfreie" Signalspannung bis hin zum Steuergerät feststellen und das Steuergerät somit als defekt diagnostizieren würde. Bei Einsatz eines Oszilloskops wäre der Signaleinbruch hingegen sichtbar und die teure Fehleinschätzung vermeidbar.

1.4 Aktor-Prüfung

Die Prüfung von Aktoren erfolgt analog zur Prüfung von Sensoren. Da die Spannung jedoch am jeweiligen Aktor ankommen muss, empfiehlt es sich, grundsätzlich mit der dritten Messung zu beginnen.

1. Überprüfen der Spannungsversorgung am Aktor
   Die Spannungsversorgung des Aktors wird mithilfe des Oszilloskops oder eines Multimeters überprüft. Hierzu muss der jeweilige Aktor eingeschaltet werden. Dies geschieht entweder manuell (z.B. Licht, Heckscheibenheizung ...) oder mittels Stellgliedtest (z.B. AGR-Ventil, Stellmotor-Saugrohr ...). Da viele Aktoren aktuell pulsweitenmoduliert angesteuert werden, empfiehlt sich das Oszilloskop. Die gemessene Spannung liegt i.d.R. bei Bordnetzspannung. Ist die Versorgungsspannung in Ordnung, der Aktor reagiert jedoch nicht, kann von einem Defekt des Aktors ausgegangen werden. Ist die gemessene Spannung nicht in Ordnung folgt Schritt 2.

2. Überprüfen der Spannungsversorgung am Steuergerät
   Der Ablauf der Messung ist analog zu Schritt 1, wobei als Messstelle das Steuergerät bzw. die Break-out-Box dient. Ist die Spannungsversorgung hier in Ordnung und am Sensor gestört, sind die Leitungen zum Sensor zu prüfen. Ist die Spannungsversorgung hier gestört, muss geprüft werden, ob alle Voraussetzungen gegeben sind, damit das Steuergerät eine Versorgungsspannung bereitstellt, z.B. Sicherung, Spannungsversorgung des Steuergeräts, Schutzabschaltung von Kanälen etc.

3. Überprüfen der Leitungen
   Zunächst kann über jede elektrische Leitung der Spannungsfall gemessen werden. Hierzu werden die beiden Enden der Leitung mit dem Multimeter verbunden und die Spannung gemessen. Sie sollte unter 0,5 V liegen.
   In einem weiteren Schritt sollte überprüft werden, ob Leitungen mit einer Plusleitung oder Masse verbunden sind. Hierzu wird die Leitung aus dem Stromkreis getrennt (alle Stecker ab) und anschließend mit dem Multimeter an beiden Enden der Leitung jeweils einmal gegen Plus und Masse gemessen. Alle Messungen sollten mit dem Ergebnis 0 V enden.

4. Überprüfung des Steuergeräts
   Steuergeräte-Endstufen (i.d.R. Transistoren) lassen sich nur unter Last prüfen. Ist der Stromkreis zum Aktor gestört, sollte daher ein „Ersatzverbraucher", dessen Leistung in der Nähe des originalen Aktors liegt (in vielen Fällen eignet sich eine 21-W-Glühlampe), angeschlossen werden. Anschließend erfolgt die Spannungsmessung gemäß Schritt 2.

2 Grundlagen der Sensorik

Sensoren sind die „Sinne" eines elektronischen Systems. Sie ermöglichen dem Steuergerät, seine Umwelt wahrzunehmen und stellen Daten für die jeweilige Arbeitsaufgabe bereit. Dafür müssen die Sensoren eine oder mehrere physikalische oder chemische Größen erfassen und als mehr oder weniger aufbereitetes, elektrisches Signal an das Steuergerät übermitteln.

Da sich die Funktionsprinzipien der Sensoren in nahezu allen Systemen des Kraftfahrzeugs wiederfinden, fasst dieses Kapitel ihre Arbeitsweise und den Umgang mit ihnen in der Werkstatt zusammen. In den Beschreibungen der einzelnen Fahrzeugsysteme findet sich dann nur noch der Hinweis auf die jeweilige Bauform des Sensors bzw. der Sensoren.

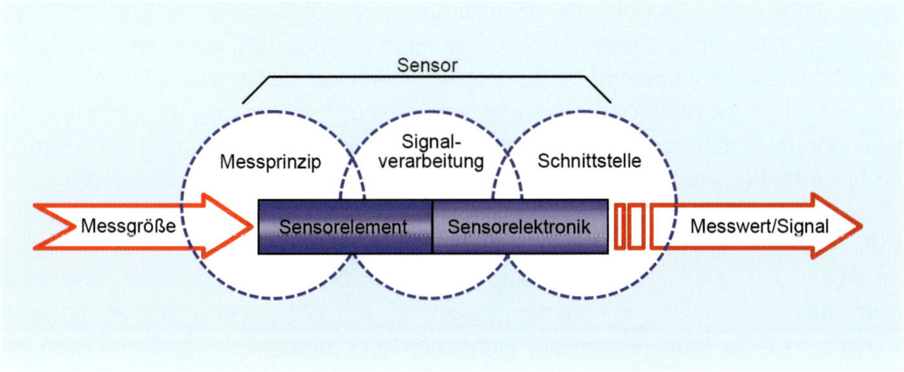

Bild 2.1
Sensoren sind die Sinne des Autos. Sie erfassen Messgrößen und wandeln diese in elektrische Signale um.
[Bild: Schmidt]

2.1 Allgemeine Begriffsbestimmung

Sensorelement

Das Sensorelement wandelt die physikalische oder chemische Größe in ein elektrisches Signal um. Sensorelemente werden unterschieden in

- aktive Sensorelemente, also Sensorelemente, die keine Hilfsenergie benötigen. Sie wandeln die Energie der zu erfassenden Größe in elektrische Energie um.
  Beispiel: Piezoelement => Bewegungsenergie in elektrische Spannung
- passive Sensorelemente, also Sensorelemente, die eine Hilfsenergie benötigen. Sie ändern ihre elektrischen Eigenschaften unter dem Einfluss der nicht elektrischen Messgröße.
  Beispiel: Widerstandsthermometer => Änderung des elektrischen Widerstands durch Temperatur

Sensor

Der Sensor setzt sich aus dem Sensorelement und einer ggf. erforderlichen Elektronik zur Signalverstärkung, Signalumformung etc. zusammen. Auch hier wird unterschieden in

- aktive Sensoren, also Sensoren, die eine Hilfsenergie benötigen. Sie enthalten ein passives Sensorelement.
  Beispiel: Hall-Sensor
- passive Sensoren, also Sensoren, die keine Hilfsenergie benötigen.
  Beispiel: Klopfsensor

Hinweis: In der Fachliteratur wird der Begriff „Sensorelement" oftmals mit „Sensor" abgekürzt bzw. wird nicht zwischen den beiden Begriffen differenziert. Dadurch kann es zum Vertauschen der Begriffe „aktiv" und „passiv" kommen.

Intelligenter Sensor

Intelligente Sensoren werten das Sensorsignal direkt vor Ort aus. Das entlastet das Steuergerät, da es nur dann Informationen vom Sensor bekommt, wenn dieser betriebsrelevante Informationen bereitstellt. Zudem ist die Datenmenge in vielen Fällen geringer, da nur das übertragen werden muss, was auch tatsächlich von Belang ist.

Beispiel: Die Kamera des Spurhalteassistenten: Üblicherweise sendet eine Kamera Bilder an das Steuergerät, die dort permanent ausgewertet werden. Ein intelligenter Sensor würde das Kamerabild direkt auf relevante Informationen (z.B. Annähern/Überfahren Fahrbahnmarkierung) überprüfen und das Steuergerät nur mit der jeweiligen Information (z.B. „Annähern an Fahrbahnmarkierung rechts") versorgen. Im Falle der Kamera würde neben vorgenannten Vorteilen ein datenschutzrechtliches Problem weniger entstehen, da die Bilder des Verkehrsraums nicht als solche übertragen und gespeichert werden.

ASIC

Die Abkürzung „ASIC" steht für Application-Specific Integrated Circuit, also einen anwendungsspezifischen, integrierten Schaltkreis. Der ASIC übernimmt die Signalverstärkung und die Aufbereitung der Signalspannung, bevor diese an das Steuergerät übermittelt wird.

Verstärker

Der Verstärker erhöht das Spannungsniveau einer Signalspannung. Einige Sensorelemente liefern eine Signalspannung im Millivolt-Bereich, die zur Übertragung an das Steuergerät ungeeignet ist, da sie über lange Wege verloren geht. Der Verstärker erhöht die Signalspannung in den Volt-Bereich und macht sie somit „transportabel".

A/D-Wandler

Ein Aanalog-Digital-Wandler (A/D-Wandler) digitalisiert ein analoges Signal. Das analoge Signal wird in regelmäßigen Zeitabständen abgetastet, d.h., es wird die aktuelle Spannungshöhe gemessen. Je höher die Abtastfrequenz (also, je öfter pro Zeiteinheit gemessen wird, auch „Sampling-Rate" genannt), desto näher liegt das digitale am analogen Signal. Anschließend werden die gemessenen Spannungswerte in Dualzahlen, also Kombinationen aus null und eins umgewandelt und an die betreffende Auswerteelektronik gesendet. Die A/D-Wandlung oder auch Digitalisierung kann im Sensor oder im Steuergerät erfolgen. Vorteile einer Digitalisierung im Sensor sind eine zuverlässigere Signalübertragung, da Digitalsignale störunempfindlicher sind. Außerdem ist das Steuergerät vollständig von von hohen Spannungen befreit (z.B. Induktivgeber im Kfz <120 V). Nachteilig ist, dass der Sensor für die Signalauswertung eine eigene Elektronik und damit eine eigene Spannungsversorgung braucht.

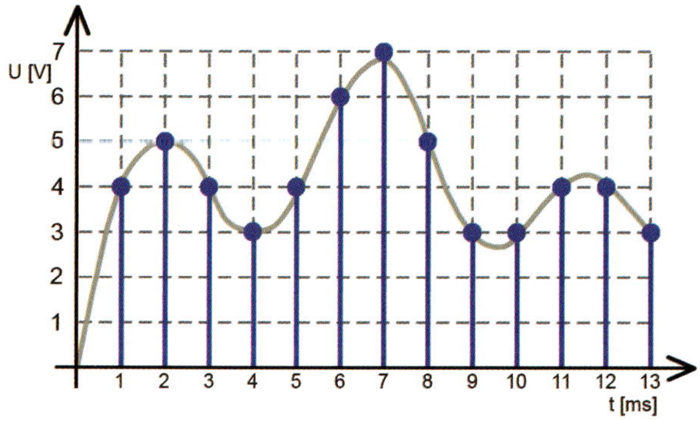

Bild 2.2
Abtasten eines analogen Signals, um es zu digitalisieren.
[Bild: Schmidt]

Bus-Adapter

Der Bus-Adapter wandelt das elektrische Signal des Sensorelements in eine Datenbus-fähige Information um. Durch die Datenbusvernetzung von Sensoren können mehrere Steuergeräte deren Informationen abrufen und auswerten. Zudem verringert sich der Funktionsumfang der Steuergeräte und es können universelle Sensoren ohne Hardwareanpassung in verschiedenen Systemen unterschiedlicher Hersteller eingesetzt werden.

Sensorsystem

In einem Sensorsystem sind mehrere Sensoren für gleiche (Sensorarray) oder unterschiedliche Messgrößen in einem Gehäuse untergebracht.

Sensor-Aktor-System

Ein Sensor-Aktor-System umfasst den kompletten Prozess von Eingabe, Verarbeitung und Ausgabe. Messgrößen werden von einem oder mehreren Sensoren erfasst, vor Ort verarbeitet und Veränderungen durch einen oder mehrere Aktoren umgesetzt.

Sensornetz

In einem Sensornetz sind mehrere, voneinander unabhängige Sensoren an eine Verarbeitungselektronik angeschlossen.

Sensorknoten

Ein Sensorknoten sammelt die Signale mehrerer Sensoren, speichert diese zwischen und sendet sie aufbereitet zu Informationen, beispielsweise über einen Datenbus, an den eigentlichen Empfänger.

Stabilisierte Versorgungsspannung für Sensoren

Sensoren werden im Regelfall mit einer stabilisierten Versorgungsspannung, beispielsweise $5 \pm 0{,}02$ V betrieben. Diese Spannung wird so gering gewählt, dass sie unter keinen Umständen (z.B. Kaltstart mit schwacher Batterie im Winter) unterschritten werden kann, bzw. der Betrieb des Fahrzeugs mit geringerer Bordnetzspannung ohnehin nicht mehr möglich wäre. Die Toleranz der stabilisierten Versorgungsspannung für Sensoren ist sehr klein, damit diese keinen Einfluss auf die Signalspannung des Sensors hat. Beispiel Potenziometer: Würde ein Potenziometer mit Bordnetzspannung betrieben, hätte es bei einer Batteriespannung von 12 V und einem Weg von 50% eine Signalspannung von 6 V. Steigt nach dem Starten des Motors die Bordnetzspannung auf 14,4 V, ergäbe sich bei gleicher Stellung des Potenziometers eine Signalspannung von 7,2 V. Somit würde das Steuergerät von einer Positionsänderung des Sensors ausgehen, die es gar nicht gegeben hat.

Hinweis

Sensoren, bei denen die Spannungshöhe unerheblich ist (z.B. Drehzahlsensor => Auswertung der Frequenz) können auch mit Bordnetzspannung betrieben sein.

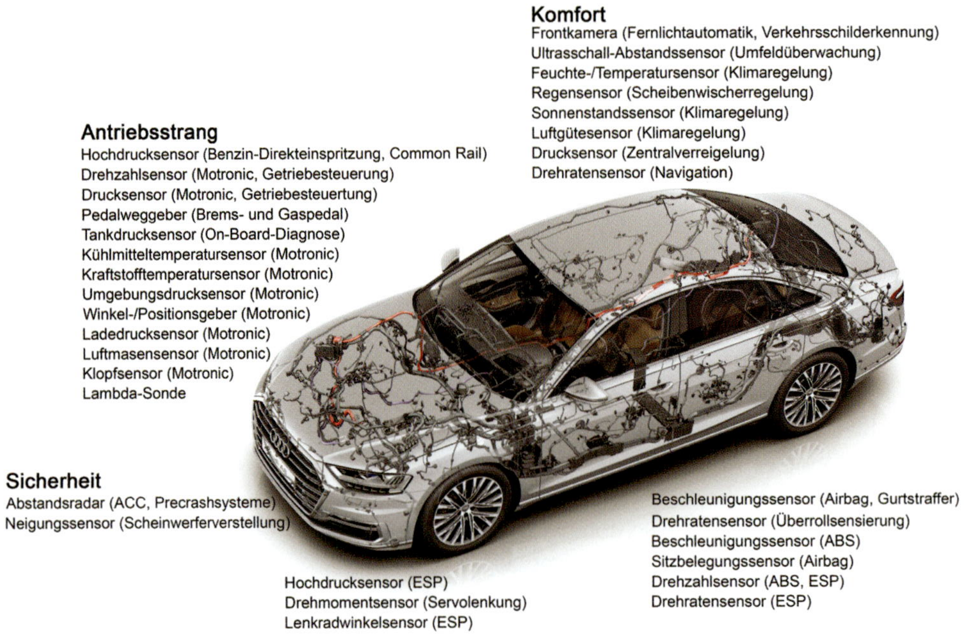

Bild 2.3 *Damit die Fahrzeugsysteme zuverlässig ihre Aufgabe erfüllen können, brauchen sie eine ganze Reihe von Sensoren.* [Bild: Audi/Schmidt]

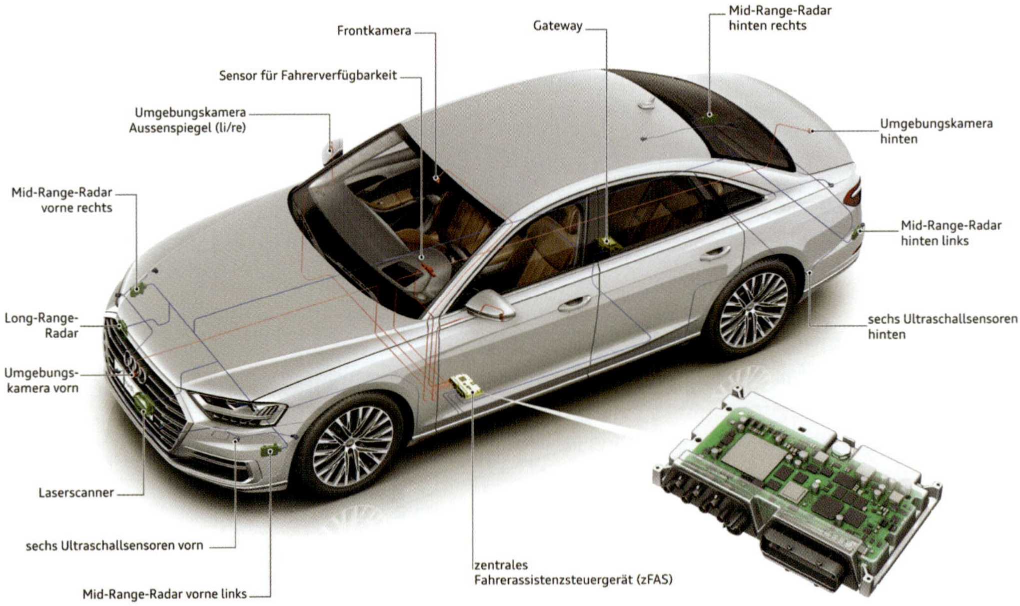

Bild 2.4 *Damit die Assistenzsysteme das Umfeld des Fahrzeugs erfassen können, versorgen sie zahlreiche Sensoren mit den notwendigen Informationen.* [Bild: Audi]

2.2 Temperatursensorik

Widerstandsthermometer

Ein Widerstandsthermometer, auch als Thermistor (Thermally Sensitive Resistor) bezeichnet, ist ein Sensor, dessen elektrischer Widerstand sich in Abhängigkeit zur Temperatur verändert. Je nach Kennlinienverlauf wird unterschieden in Widerstandsthermometer mit

- negativem Temperatur-Koeffizient (NTC): Der Widerstand fällt mit steigender Temperatur.
- positivem Temperatur-Koeffizient (PTC): Der Widerstand steigt mit steigender Temperatur.

Widerstandsthermometer mit negativem Temperatur-Koeffizient (NTC)

Ein Widerstandsthermometer mit negativem Temperatur-Koeffizient, auch NTC-Widerstand oder Heißleiter genannt, erhöht seine Leitfähigkeit mit zunehmender Temperatur. Es handelt sich um Halbleiterwerkstoffe, bei denen mit steigender Aktivierungsenergie (Wärme) mehr Valenzelektronen in das Leitungsband gelangen. Vereinfacht ausgedrückt: Die Leitfähigkeit eines Werkstoffs ist abhängig von der Anzahl der freien Elektronen. Je wärmer der Werkstoff wird, desto mehr Elektronen lösen sich und werden zu sogenannten freien Elektronen. Die Leitfähigkeit steigt, der elektrische Widerstand sinkt. Obwohl die Änderung des elektrischen Widerstands exponentiell verläuft, ist die Kennlinie des NTC-Widerstands in den für Kraftfahrzeuganwendungen relevanten Temperaturbereichen deutlich besser auszuwerten als die des PTC-Widerstands. Der NTC-Widerstand ist daher der bevorzugte Thermistor.

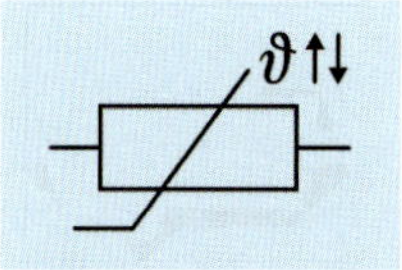

Bild 2.5 *Schaltzeichen für einen NTC-Widerstand*

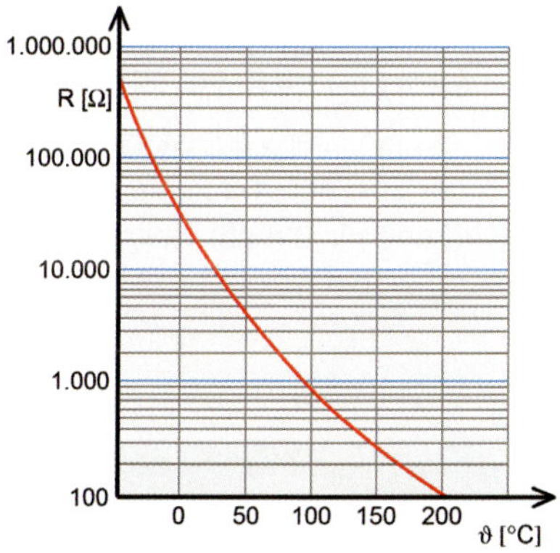

Bild 2.6
Kennlinie eines NTC-Widerstands
[Bild: Schmidt]

Widerstandsthermometer mit positivem Temperatur-Koeffizient (PTC)

Ein Widerstandsthermometer mit positivem Temperatur-Koeffizient, auch PTC-Widerstand oder Kaltleiter genannt, verringert seine Leitfähigkeit mit zunehmender Temperatur. Ursache hierfür ist bei metallischen Werkstoffen die Streuung der Leitungselektronen an thermischen Gitterschwingungen der Metall-Ionen. Vereinfacht ausgedrückt: Die gerichtete Bewegung der freien Elektronen (Strom!) wird durch die mit steigender Temperatur zunehmende Bewegung der im Werkstoff vorhandenen Atome behindert. Bei keramischen Werkstoffen entsteht ein ähnlicher Effekt durch die isolierende Wirkung sogenannter Verarmungsrandschichten: Elektronen aus den Körnern werden durch an den Korngrenzen befindliche Akzeptoren gebunden, sodass es an dieser Stelle zu wenige freie Elektronen gibt, und die elektrische Leitfähigkeit sinkt. Dieser „Behinderungseffekt"

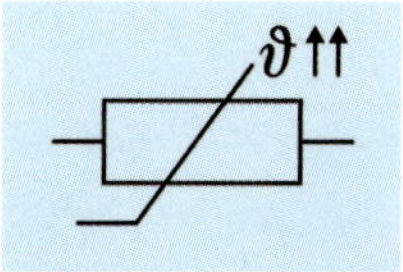

Bild 2.7 *Schaltzeichen für einen PTC-Widerstand*

nimmt jedoch nicht linear zu: Bei geringen Temperaturen verhalten sich PTC-Widerstände zunächst wie NTC-Widerstände, da auch hier mit zunehmender Temperatur weitere Elektronen „aktiviert" werden. Mit steigender Temperatur überwiegt jedoch der „Behinderungseffekt" und der Widerstand steigt sprunghaft an (Bild 2.8), bevor bei sehr hohen Temperaturen wieder der Effekt der Leitfähigkeitserhöhung überwiegt und der elektrische Widerstand wieder ein bisschen sinkt.

Bild 2.8
Kennlinie eines PTC-Widerstands
[Bild: Schmidt]

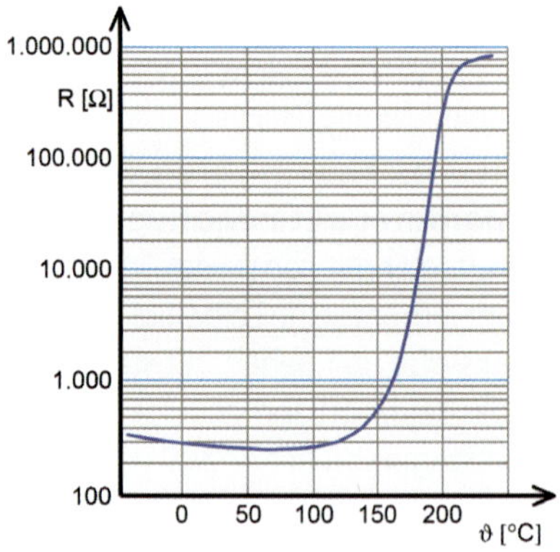

Aufgrund dieses wechselnden Verhaltens sind PTC-Widerstände zur Temperaturerfassung im Kraftfahrzeug nur im Hochtemperaturbereich (z.B. Abgastemperatur) geeignet. Bei geringen Temperaturen, kann es vorkommen, dass ein Widerstandswert (z.B. 500 Ω) mehreren Temperaturen (im Beispiel 0°C und 130°C) zuzuordnen ist, sodass das Steuergerät keine eindeutige Auswertung durchführen kann. PTC-Widerstände werden daher hauptsächlich als Aktoren (z.B. alle elektrischen Heizelemente) eingesetzt. Durch den mit zunehmender Erwärmung steigenden Widerstand tritt ein Regelungseffekt ein: Der Widerstand steigt, je wärmer das Heizelement wird. Hierdurch verringert sich der Stromfluss durch das Heizelement so weit, dass die Temperatur nur noch gehalten wird und nicht mehr weiter ansteigt.

PTC-Verhalten ist bei metallischen Werkstoffen typisch, wobei reine Metalle eine stärkere Widerstandsänderung zeigen als Legierungen.

Bild 2.9
Dieselpartikelfilter mit PTC-Abgastemperaturfühler
[Bild: Opel]

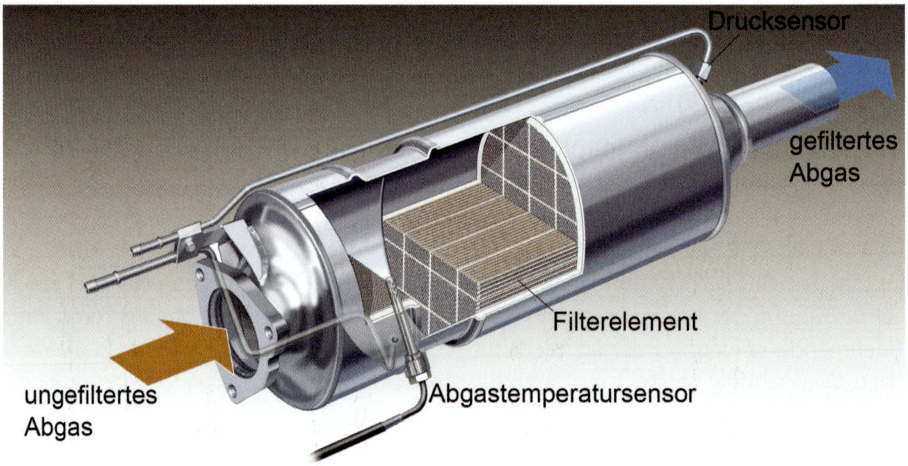

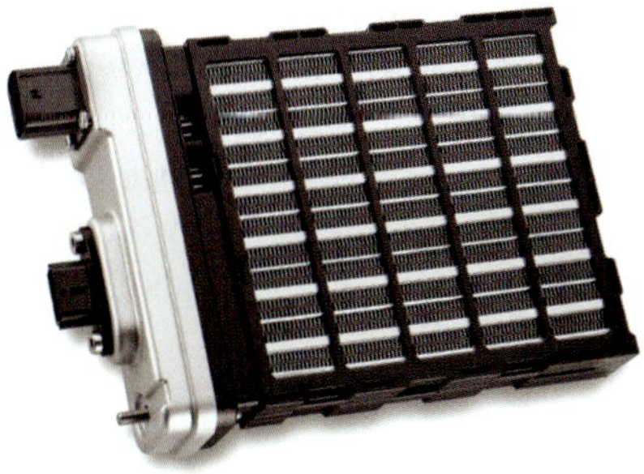

Bild 2.10
PTC-Luftheizer mit integriertem Steuerungsmodul
[Bild: Eberspächer]

Exkurs: Besonderheiten beim Messen elektrischer Widerstände

Die Messung des elektrischen Widerstands erfolgt durch Messung des Spannungsabfalls, der über der Messschaltung durch einen definierten Prüfstrom (i.d.R. 1 mA) entsteht. Hierbei ist zu beachten, dass die Messschaltung nicht nur aus dem Widerstandsthermometer, sondern auch aus den Hin- und Rückleitungen zum Thermometer besteht, diese also bei der Messung mit erfasst werden. Bei der Messung mit dem Multimeter beseitigt man diesen Messfehler durch Kalibrieren des Messgeräts: Die Messspitzen werden zusammengehalten und das Messgerät auf „0" gesetzt. Dies geht jedoch nur, da davon ausgegangen werden kann, dass sich der elektrische Widerstand der Messleitungen während der Messung nicht wesentlich verändert. Findet die Messung des elektrischen Widerstands jedoch über einen längeren Zeitraum oder über unterschiedliche Temperaturbereiche statt, ist diese Annahme nicht mehr zulässig. Bei Erwärmung der (metallischen) Messleitungen steigt deren elektrischer Widerstand und gleicht beispielsweise den gleichzeitigen Abfall des elektrischen Widerstands eines NTC-Thermometers teilweise wieder aus. Der gemessene Temperaturanstieg wäre geringer (bei Messung eines PTC höher) als der reale Temperaturanstieg. Abhilfe: Drei- oder Vierleiterschaltung.

Vierleiterschaltung

Die Vierleiterschaltung setzt sich aus je zwei Hin- und zwei Rückleitungen zusammen. Die Messelektronik erfasst zunächst den elektrischen Widerstand zwischen den beiden Anschlüssen eines Anschlusskontakts und halbiert diesen Wert. Die nun bekannten, elektrischen Widerstände der Hin- und Rückleitung werden vom Messergebnis abgezogen und das Messgerät kann den exakten Widerstandswert des eigentlich zu erfassenden Bauelements angeben.

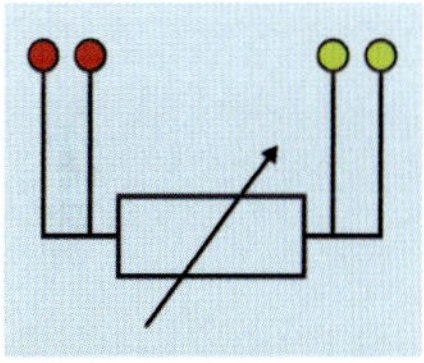

Bild 2.11
Vierleiterschaltung zur Widerstandsmessung

Dreileiterschaltung

Die Dreileiterschaltung hat nur auf einer Seite des Bauteils zwei Leitungen und wird verwendet, wenn die elektrischen Eigenschaften beider Anschlussleitungen gleich sind und sich ggf. gleichermaßen verändern (z.B. weil alle Leitungen im gleichen Kabelstrang liegen, somit gleich lang sind und sich ggf. gleich stark erwärmen etc.). Die Ermittlung des Leistungswiderstands erfolgt jetzt nur noch auf einer Seite des Bauteils und wird auf die andere Seite übertragen.

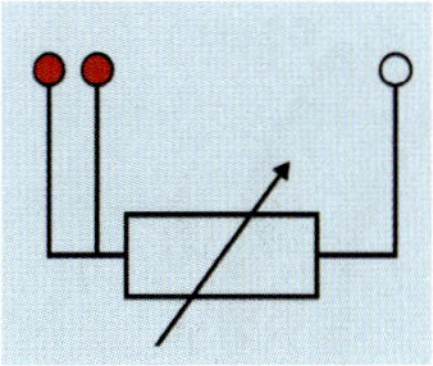

Bild 2.12 *Dreileiterschaltung zur Widerstandsmessung*

Werkstatttipp

Ein großes Problem der Temperaturerfassung ist deren Eigendiagnose. Während es bei vielen anderen Sensoren die Möglichkeit gibt, diese komplett oder auch nur teilweise Eigendiagnose-fähig zu machen, ist dies bei Temperatursensoren nur sehr bedingt möglich, da der zulässige, elektrische Widerstand, beispielsweise eines NTC, zwischen 2 und 4 kΩ kalt und zwischen 200 und 400 Ω warm liegt. Alle Prüfungen, die vom Steuergerät zur Eigendiagnose durchgeführt werden, sind sogenannte Plausibilitätsprüfungen, also Prüfungen, ob der empfangene Messwert einen Sinn ergibt. Solche Prüfungen basieren jedoch entweder auf einem großzügigen zulässigen Bereich, denn Ansauglufttemperaturen von −40°C oder +50°C sind ja je nach Auslieferungsregion durchaus möglich. Erst wenn der Messwert diesen Bereich verlässt, oder aus dem Signalabgleich mit anderen Sensoren des Fahrzeugs setzt die Eigendiagnose einen Fehlereintrag im Fehlerspeicher. Wobei sich im zweiten Fall die Frage stellt, welcher Sensor falsche Informationen liefert. Aus diesem Grund sollte man der Temperaturerfassung im Rahmen der Fehlersuche immer eine besondere Bedeutung beimessen. Der einfachste Weg ist hierbei eine „Plausibilitätsprüfung Off-Board", also zu prüfen, ob der eingetragene Messwert im Steuergerät (Parameter/Istwerte) mit dem tatsächlichen Zustand (entweder subjektiv, ein lauwarmer Motor kann nicht −30°C haben oder objektiv, beispielsweise mithilfe eines Pyrometers) zu vergleichen.

2.2.1 Optische Temperaturerfassung: Pyrometer

Die optische Temperaturerfassung spielt im Kraftfahrzeug zwar bislang keine Rolle, das Pyrometer, besser bekannt als Infrarot-Thermometer, wird jedoch in Werkstätten gerne als Werkzeug verwendet. Dabei weist es einige Besonderheiten auf, die Fehlbedienungen möglich und wahrscheinlich machen.

Die physikalische Grundlage des Pyrometers ist das Planck'sche Strahlungsgesetz:

Jeder Körper, der sich auf endlicher Temperatur befindet, strahlt elektromagnetische Wellen aus.

Die abgestrahlten elektromagnetischen Wellen hängen hauptsächlich von zwei Faktoren ab: Der Temperatur und dem sogenannten Emissionsgrad – also der Fähigkeit, elektromagnetische Strahlen auszusenden –, der hauptsächlich vom Werkstoff und dessen Oberfläche abhängt.

Die ausgesandten elektromagnetischen Wellen bewirken eine Erwärmung des Messwiderstands im Pyrometer (alternativ: die Erregung einer Fotodiode), woraus die Wärmestrahlung des Gegenstands ermittelt werden kann. Ein Temperaturkompensationswiderstand ermittelt dabei die Eigenerwärmung des Geräts, um diese bei der Messwertermittlung zu berücksichtigen.

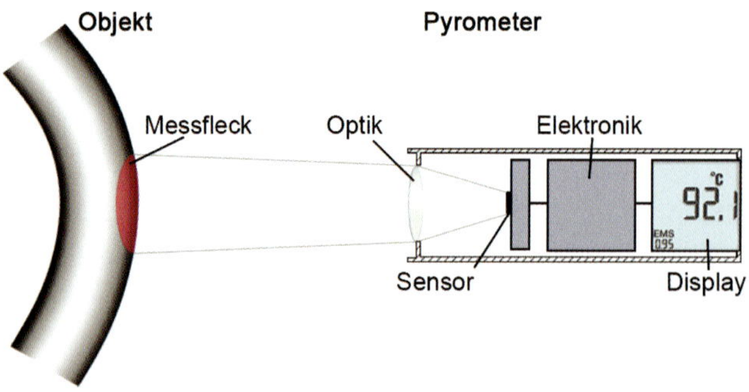

Bild 2.13 *Grundsätzlicher Aufbau eines Pyrometers* [Bild: Schmidt]

Bild 2.14 *Solche Pyrometer, auch Infrarot-Thermometer genannt, dienen in der Werkstatt oft zur Temperaturmessung.* [Bild: Fluke]

Werkstatttipp

Bei der Verwendung von Pyrometern muss man zwingend zunächst den Emissionsgrad des zu prüfenden Bauteils ermitteln und am Gerät einstellen. Hierzu gibt es zwei Verfahren: Das erste, aufwendigere Verfahren ist die Bewertung von Werkstoff und Oberfläche und die Emissionsgradermittlung anhand von Tabellen. Für die Werkstattpraxis ist dieses Verfahren mangels Erfahrung unzuverlässig. Das praxisgerechtere Verfahren ist die Emissionsgradermittlung mithilfe eines Kontaktthermometers: Soll beispielsweise die Temperatur einer potenziell beschädigten Hochvoltbatterie ermittelt werden, wird zunächst die Temperatur einer (bau- bzw. gehäusegleichen) unbeschädigten Hochvoltbatterie mithilfe eines Kontaktthermometers ermittelt und das Pyrometer so eingestellt, dass es den gleichen Messwert anzeigt. Anschließend wird das Schadteil gemessen. Einige Pyrometer verfügen für diesen Zweck direkt über einen Anschluss für ein Kontaktthermometer. Neben dem Emissionsgrad sollten Strahlungsreflexionen weitestgehend ausgeschlossen werden. Trifft elektromagnetische Strahlung auf eine Oberfläche, so wird sie, abhängig von deren Beschaffenheit mehr oder minder reflektiert und verfälscht das Messergebnis.

Auch eine zu große Entfernung vom zu messenden Objekt kann das Messergebnis verfälschen. Denn der Messbereich, der sogenannte Messfleck, nimmt mit zunehmender Entfernung ebenfalls zu. Das zu messende Objekt sollte deshalb immer größer sein als der in den Unterlagen des Geräts angegebene Messfleck. Sonst können Temperaturen aus dem Randbereich das Messergebnis verfälschen. Ebenso kann eine verschmutzte Linse das Ergebnis verfälschen. Deshalb immer auf eine saubere Messoptik achten.

In einigen Fällen ist die korrekte Einstellung des Emissionsgrads am Pyrometer allerdings nicht notwendig: Soll beispielsweise ermittelt werden, welcher Zylinder Verbrennungsaussetzer hat, reicht es, die Krümmer-Temperaturen der einzelnen Zylinder untereinander zu vergleichen. Die absolute Temperatur der Abgasrohre spielt für die Bewertung keine Rolle. Bei einer solchen Messung spielt aber der richtige Abstand eine große Rolle.

2.2.2 Thermoelemente

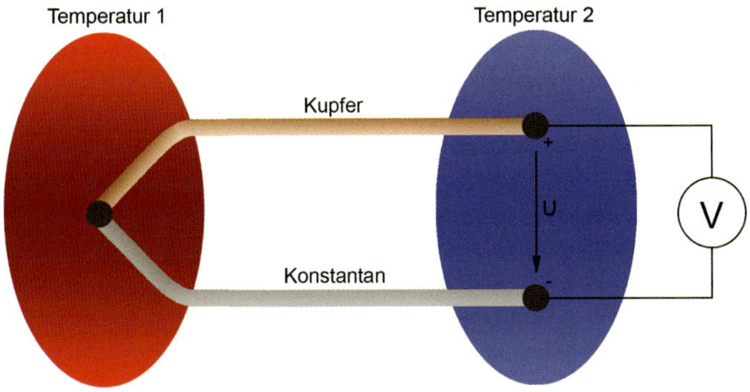

Bild 2.15
Prinzipielle Wirkungsweise eines Thermoelements
[Bild: Schmidt]

Zur Erfassung hoher Temperaturen, z.B. der Abgastemperatur, kommen neben Thermistoren auch Thermoelemente zum Einsatz. Diese basieren auf dem Seebeck-Effekt, der besagt, dass zwischen den Enden eines metallischen Leiters eine Spannung entsteht, wenn diese unterschiedlich warm sind. Die Spannungshöhe ist nur von der Temperatur der

Enden abhängig, nicht aber vom Temperaturverlauf. Da sowohl die Messleitung als auch die Anschlussleitungen diesem Effekt unterliegen, ist die Spannung nur bedingt messbar, da die Anschlussleitungen am Messgerät wieder die gleiche Temperatur haben ($\Delta T=0 => \Delta U=0$). Nutzbar wird der Effekt durch Kombination von Metallen mit unterschiedlichem Seebeck-Koeffizienten, wie z.B. Eisen-Konstantan oder Kupfer-Konstantan. Wird die Kontaktstelle zwischen den beiden Metallen erwärmt, entsteht an den offenen Enden des Thermoelements eine Spannung, die sowohl von den Seebeck-Koeffizienten der verwendeten Metalle als auch von der Temperaturdifferenz zwischen der Messstelle und dem Messgerät, also den offenen Enden der Leitungen abhängt. Zur Ermittlung einer absoluten Temperatur ist somit neben der Thermospannung die Temperatur des Messgerätes, z.B. mithilfe eines Thermistors zu ermitteln.

2.3 Reedkontaktschalter

Der Reedkontaktschalter ist sicherlich eine der einfachsten Formen eines Wegsensors. Er hat nur zwei Positionen: geöffnet und geschlossen. 2 Kontaktzungen befinden sich geöffnet innerhalb eines vakuumierten oder mit Schutzgas gefüllten Glaskolbens. Sobald ein Magnetfeld auf den Reedkontaktschalter wirkt, verbinden sich die Kontaktzungen und der Stromkreis wird geschlossen. Das Schutzgas vermindert eine Funkenbildung beim Öffnen des Kontakts (sog. Kontaktfeuer) und somit den Verschleiß.

Bild 2.16
Reedschalter: Schön zu sehen sind die Kontaktzungen.
[Bild: CC BY-SA 2.5 André Karwath]

Einsatzmöglichkeiten für Reedkontaktschalter

1. Grenzstandsgeber: Der einfachste Füllstandsgeber befindet sich beispielsweise im Vorratsbehälter der Scheibenwaschanlage. Der Reedkontaktschalter befindet sich außerhalb des Behälters in einem Rohr und ist damit vor Flüssigkeit geschützt. Innerhalb des Behälters befindet sich ein Schwimmer mit einem Ringmagneten. Sinkt der Flüssigkeitsstand so weit ab, dass der Ringmagnet auf den Reedkontaktschalter wirken kann, schaltet er die Kontrollleuchte im Kombiinstrument ein.

2. Füllstandssensor: Ähnlich wie der Grenzstandsgeber funktioniert auch der Füllstandsgeber mit Reedkontaktschaltern, wie er in Nutzfahrzeugtanks zum Einsatz kommt. Dieser besteht jedoch aus einer Reihenschaltung von Widerständen, zwischen die jeweils ein Reedkontaktschalter verbaut ist. Befindet sich der Schwimmer ganz oben, fällt die Spannung nur über dem oberen Widerstand ab. Die Signalspannung ist somit nahe der Versorgungsspannung. Je weiter der Schwimmer nach unten sinkt, desto mehr Widerstände werden in die Messschaltung einbezogen und desto weiter fällt die Spannung, bis sie ganz unten nah am Massepotenzial liegt.
   Ein ähnlicher Aufbau ist bei kontaktlosen, hermetisch abgedichteten Weg- und Drehwinkelsensoren zu finden. Das Sensorelement besteht hier aus mehreren, in Reihe geschalteten Schichtwiderständen auf einem Keramiksubstrat. Zwischen den Widerständen befinden sich einzelne, magnetisch weiche Kontaktzungen, die durch einen, sich außerhalb des Gehäuses befindlichen, Dauermagneten miteinander verbunden werden.

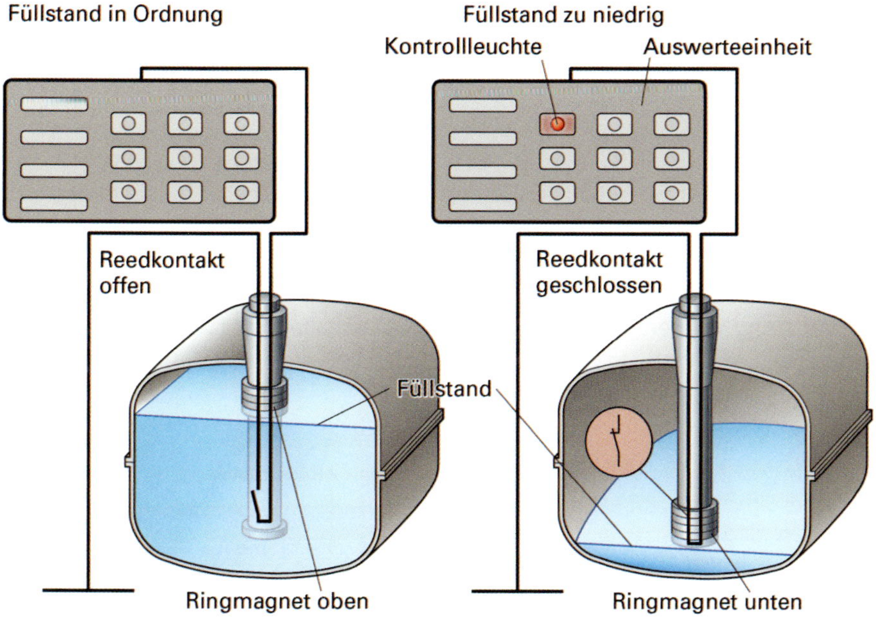

Bild 2.17
Die einfachste Form eines Füllstandsgebers ist der Grenzstandgeber.
[Bild: AS Illu]

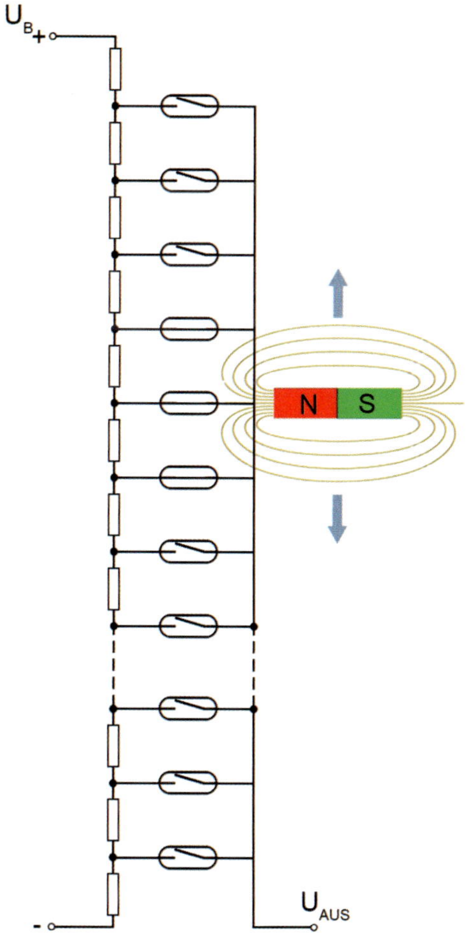

Bild 2.18
Verschaltung eines Füllstandgebers mit Reedkontakten

3. Positionsschalter, z.B. im Automatikgetriebe: Ein Dauermagnet ist an einem beweglichen Teil, beispielsweise dem Schieber eines Anlasssperrkontakts oder einer Schaltgabel befestigt. Sobald der Magnet in die Nähe des Reedkontaktschalters gerät, wird dieser geschlossen und das Steuergerät erhält die Information, dass die betreffende Position erreicht ist.

4. Sicherheitsschalter für Airbag-Auslösung: Der Sicherheitsschalter für die Airbag-Auslösung besteht aus Reedkontaktschaltern und einem gegen Federkraft gelagerten Ringmagneten. Prallt das Fahrzeug auf ein Hindernis, wird der Ringmagnet durch seine eigene Massenträgheit gegen die Federkraft nach links verschoben. Bei ausreichender Verzögerung steht er nun über den Reedkontaktschaltern und verbindet deren Kontakte. Der Airbag-Stromkreis ist geschlossen und der Airbag löst bei Ansteuerung durch das Airbag-Steuergerät aus.

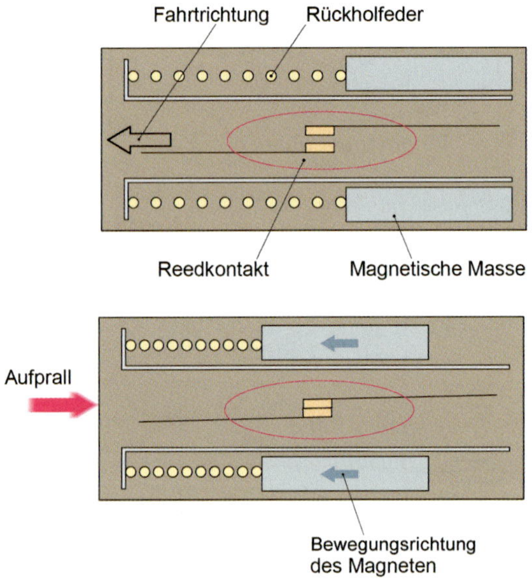

Bild 2.19
Prinzip eines Sicherheitsschalters für die Auslösung von Airbags und Gurtstraffern
[Bild: AS-Illu]

5. Stromflussüberwachung, z.B. in der Vorglühanlage: Innerhalb des Vorglühsteuergeräts befindet sich in Reihe zu jeder Glühkerze eine Spule. Beim Einschalten der Vorglühanlage fließt zunächst ein hoher Strom, sodass über der Spule ein großes Magnetfeld entsteht, das den Reedkontaktschalter betätigt, sodass die Vorglühkontrollleuchte eingeschaltet wird. Erwärmen sich die Glühkerzen, steigt ihr elektrischer Widerstand (PTC-Verhalten der Regelwendel) und der Stromfluss nimmt ab. Das Magnetfeld über der Spule verringert sich, die Reedkontaktschalter öffnen und die Vorglühkontrollleuchte geht aus.

6. Reedrelais: Das Reedrelais besteht aus einem Reedkontaktschalter, der mit einer Spule umwickelt ist. Wird die Spule bestromt, so erzeugt diese ein Magnetfeld, das die Kontaktzungen des Reedkontaktschalters verbindet. Reedrelais sind äußerst zuverlässig (nahezu kein Abbrand der Kontaktzungen), korrosionsgeschützt, kompakt und ermöglichen eine galvanische Trennung des Steuer- und Laststromkreises.

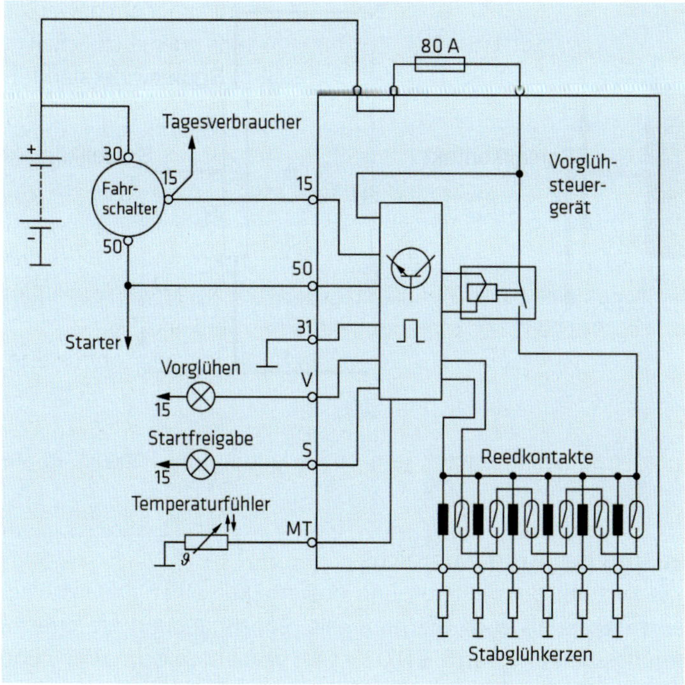

Bild 2.20
Schaltplan einer Vorglühanlage mit Reedkontaktschaltern zur Stromflussüberwachung
[Bild: AS-Illu]

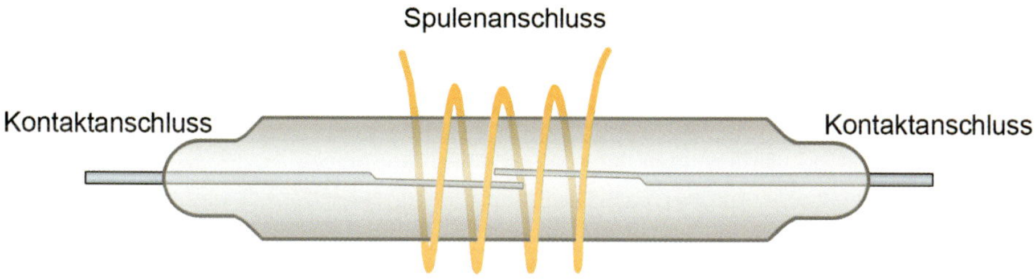

Bild 2.21
Bei einem Reedrelais übernimmt eine Spule das Erzeugen des Magnetfelds. Das ermöglicht eine galvanische Trennung von Steuer- und Laststromkreis.
[Bild: Schmidt]

2.4 Potenziometer

Das Potenziometer ist ein Spannungsteiler. Es besteht aus einem festen Widerstand, an den eine Versorgungsspannung angelegt wird. Durch einen mechanisch beweglichen Abnehmer, den sogenannten Schleifer kann an verschiedenen Stellen des Festwiderstands die dort vorhandene Spannungshöhe abgegriffen werden. Am einfachsten lässt sich dies anhand des ursprünglichen Spulen-Potenziometers verdeutlichen: Der Festwiderstand besteht aus einer einfachen Spule. Der Schleifer greift die Spannung an den einzelnen Windungen der Spule ab. Der Widerstand der Spule vom Schleifer gegenüber Plus und Minus der Versorgungsspannung ergibt sich aus der Formel für die Berechnung des elektrischen Leiterwiderstands $R = \frac{\rho \cdot l}{A}$ Da der spezifische Widerstand des Materials ρ und die Leiterquerschnittsfläche A konstant sind, steigt der Widerstand R mit zunehmender Leiterlänge l. Schiebt man den Schleifer also in Richtung Masse, verlängert sich der Leiter, der elektrische Widerstand steigt und es ergibt sich ein größerer Spannungsabfall. Die Signalspannung fällt.

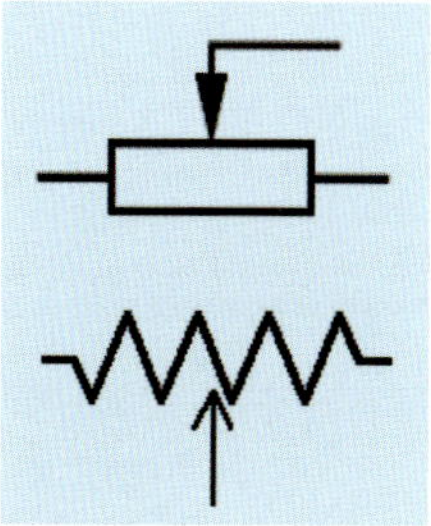

Bild 2.22
Schaltzeichensymbole für ein Potenziometer. Oben in Europa, unten in Asien und den USA.

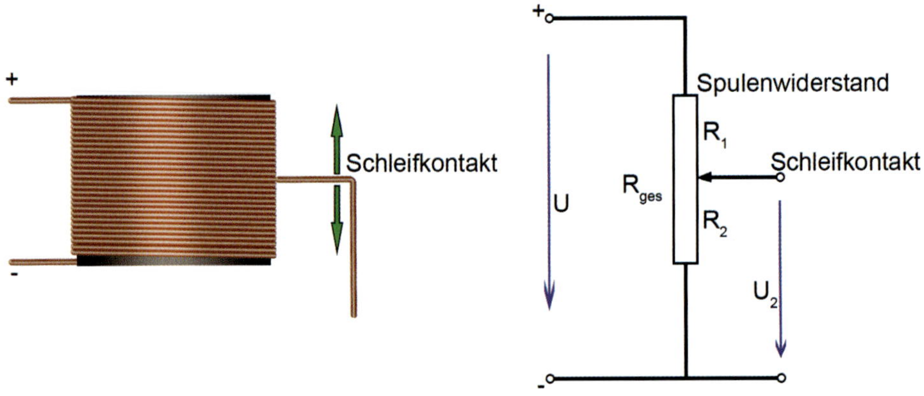

Bild 2.23
Das Potenziometer arbeitet als Spannungsteiler. Als Festwiderstand kann zum Beispiel eine Spule dienen.
[Bild: Schmidt]

Eigendiagnose

Die Eigendiagnose von Potenziometern erfolgt, je nach Bedeutung des Sensors, in unterschiedlichen Varianten.

Variante 1: Einschränkung des Arbeitsbereichs

Das Potenziometer erhält kurz vor dem unteren und oberen Ende einen Endanschlag. Somit kann sowohl die minimale als auch die maximale Signalspannung nie erreicht werden. Bei einer Versorgungsspannung von 5 ± 0,02 V liegt sie meist zwischen 0,5 V und 4,5 V. Fällt die Signalspannung in diesem Fall unter 0,5 V oder steigt diese über 4,5 V, so wird dies vom Steuergerät als Fehler erkannt.

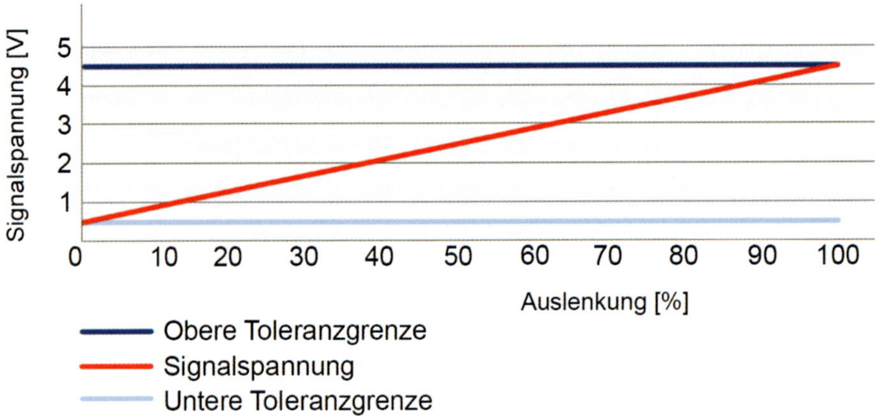

Bild 2.24
Gutbild eines Potenziometers Die Spannung steigt kontinuierlich mit der Auslenkung an.
[Bild: Schmidt]

Fall 1: Signalspannung zu gering
Mögliche Ursachen für eine zu geringe Signalspannung sind:

- Übergangswiderstand, Unterbrechung oder Masseschluss in der Spannungsversorgung („+“) des Sensors
- Übergangswiderstand oder Unterbrechung der Signalleitung
- Masseschluss der Signalleitung
- Defektes Potenziometer
- Fehlerhafte Spannungsversorgung („+“) des Sensors vom Steuergerät
- Fehlerhafte Signalverarbeitung im Steuergerät

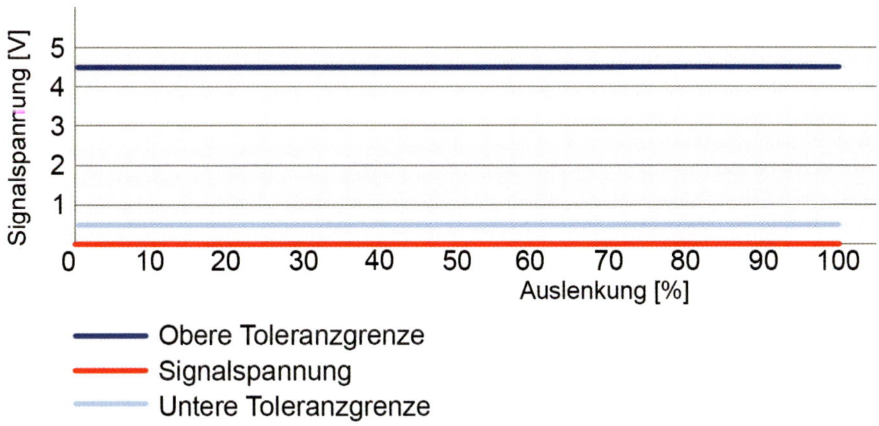

Bild 2.25
Signalbild bei einer zu geringen Signalspannung. Mögliche Ursache könnte eine Leitungsunterbrechung oder ein Masseschluss sein.

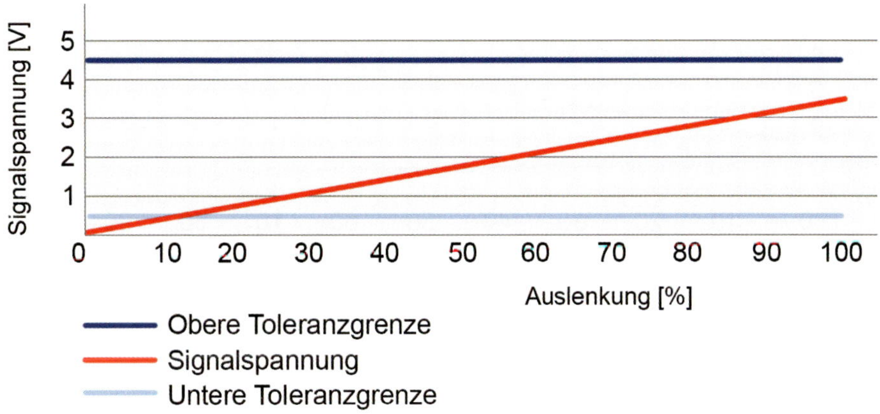

Bild 2.26
Signalbild bei einem Übergangswiderstand. Das Signal ist zu niedrig, bewegt sich aber in weiten Bereichen innerhalb der Toleranz.
[Bilder: Schmidt]

Fall 2: Signalspannung zu hoch
Mögliche Ursachen für eine zu hohe Signalspannung sind:

- Übergangswiderstand oder Unterbrechung der Sensormasse
- Plusschluss der Signalleitung
- Defektes Potenziometer
- Fehlerhafte Spannungsversorgung („-") des Sensors vom Steuergerät
- Fehlerhafte Signalverarbeitung im Steuergerät

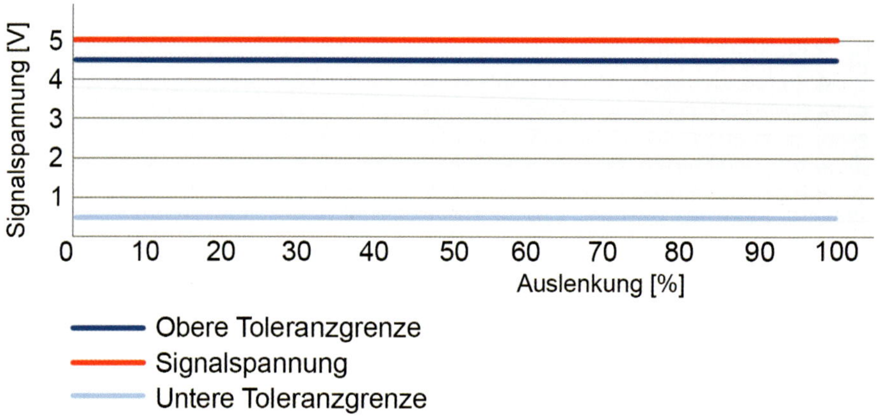

Bild 2.27
Beispielbild für ein zu hohes Spannungssignal. Ursache dafür könnte ein Plusschluss sein.

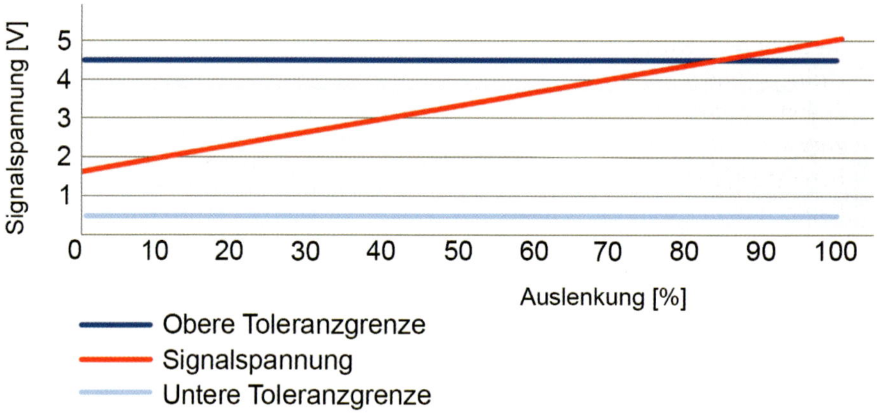

Bild 2.28
Beispiel für ein zu hohes Spannungssignal durch einen Übergangswiderstand. Auch hier liegt das Signal in einem weiten Bereich zu hoch aber innerhalb der Toleranz.
[Bilder: Schmidt]

Werkstattipp: Fehlersuche
Um den Fehler eindeutig zu lokalisieren, empfiehlt es sich, folgendermaßen vorzugehen:

1. **Erfassen der Signalspannung am Steuergerät**
   Im ersten Schritt sollte überprüft werden, ob das Steuergerät tatsächlich ein fehlerhaftes Signal bekommt oder dieses fehlerhaft ausgewertet wird. Hierzu wird die Signalspannung, im besten Fall mithilfe eines Oszilloskops und einer Break-out-Box direkt am Steuergerät aufgenommen. Das Oszilloskop ermöglicht eine Auswertung des kompletten Arbeitsbereichs des Potenziometers, indem das Potenziometer während der Messung langsam über seinen kompletten Einstellbereich bewegt wird. Das Signal sollte bei dieser Messung innerhalb des Sollbereichs, z.B. von 0,5 V bis 4,5 V linear ansteigen. Sollte die Messung nicht oder nur sehr erschwert möglich sein, (Einbaulage Steuergerät, fehlende Werkstattausstattung z.B. Break-out-Box ...) kann man behelfsweise mit Messung 2 anfangen, wobei Messung 1 spätestens bei fehlerfreiem Sensorsignal nachzuholen ist, bevor ein Fehler im Steuergerät in Betracht gezogen werden darf.

2. **Erfassen der Signalspannung am Sensor**
   Der Ablauf der Messung ist analog zu Messung 1, wobei als Messstelle in diesem Fall der Anschluss der Signalleitung am Sensor dient. Ist die Signalspannung hier in Ordnung und am Steuergerät fehlerhaft, ist die Signalleitung zu überprüfen. Ist die Signalspannung hier fehlerhaft, muss zwischen zwei Fällen unterschieden werden:
   a) Signalspannung 0 V: Signalleitung auf Masseschluss prüfen, danach Messung 3
   b) Signalspannung ≠ 0 V => Messung 3

3. **Überprüfen der Spannungsversorgung am Sensor**
   Die Spannungsversorgung des Sensors wird mithilfe des Oszilloskops oder eines Multimeters überprüft. Der Sollwert kann dem Werkstatthandbuch entnommen werden. Er liegt üblicherweise bei 5 ± 0,02 V.

4. **Überprüfen der Spannungsversorgung am Steuergerät**
   Der Ablauf der Messung ist analog zu Schritt 3, wobei als Messstelle das Steuergerät bzw. die Break-out-Box dient. Ist die Spannungsversorgung hier in Ordnung und am Sensor gestört, sind die Leitungen zum Sensor zu prüfen. Ist die Spannungsversorgung hier gestört, muss geprüft werden, ob alle Voraussetzungen gegeben sind, damit das Steuergerät eine Versorgungsspannung bereitstellt, z.B. Spannungsversorgung des Steuergeräts, Schutzabschaltung von Kanälen etc.

Hinweis: Viele Werkstätten bevorzugen aus Gründen der Vereinfachung ein Multimeter. Das ist jedoch nicht ratsam, da es für dynamische Messungen, beispielsweise am Potenziometer zu träge ist. Angenommen, die Schleiferbahn des Potenziometers ist an einer Stelle stark korrodiert oder verschmutzt. Die Signalspannung würde an dieser Stelle kurzzeitig einbrechen und einen Fehler im Steuergerät („Signalspannung zu gering") auslösen. Der restliche Arbeitsbereich des Potenziometers wäre hingegen in Ordnung, sodass man bei Einsatz eines Multimeters unter Umständen eine „einwandfreie" Signalspannung bis hin zum Steuergerät feststellen und das Steuergerät somit als defekt diagnostizieren würde. Bei Einsatz eines Oszilloskops wäre der Signaleinbruch hingegen sichtbar und die teure Fehleinschätzung vermeidbar.

Variante 2: Redundante Ausführung

Variante 1 der Eigendiagnose von Potenziometern hat eine große Schwachstelle: Fehler werden nur dann erkannt, wenn sie groß sind (Leitungsunterbrechung) oder das Potenziometer die Endanschläge erreicht. Wird beispielsweise die Masseleitung unterbrochen, stellt sich ein permanenter High-Pegel ein und die Fehlererkennung funktioniert. Stellt sich in der gleichen Leitung jedoch „nur" ein Übergangswiderstand ein, steigt das Spannungssignal entsprechend an (Bilder 2.26 und 2.28), führt jedoch bei geringen Auslenkungen nicht zum Überschreiten der Spannungsobergrenze, sodass der Fehler erst erkannt werden kann, wenn das Potenziometer sich der maximalen Auslenkung annähert. Bei sicherheitskritischen Sensoren, wie z.B. dem Fahrpedal-Potenziometer reicht diese Form der Eigendiagnose somit nicht aus. Abhilfe schafft ein zweites Potenziometer, das i.d.R. gegenläufig (mit fallender Kennlinie) arbeitet. Somit muss die Summe beider Spannungen sich zur Versorgungsspannung, z.B. 5 V ergeben. Alle anderen Ergebnisse der Spannungsaddition sind Fehler.

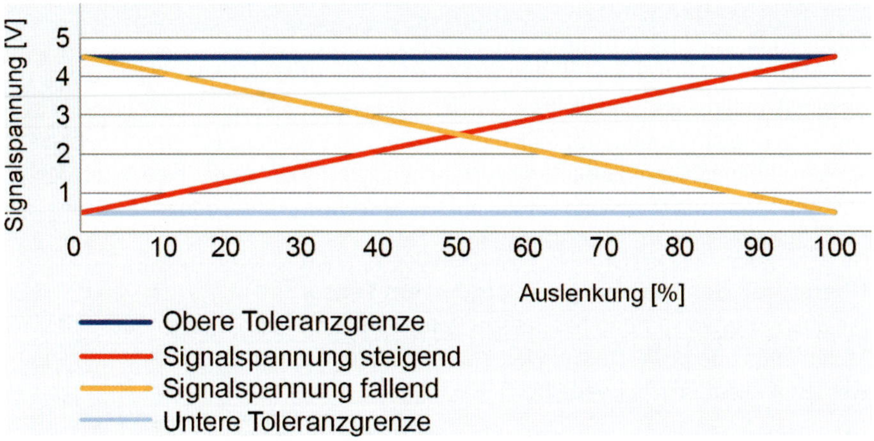

Bild 2.29
Gutbild eines Systems mit zwei Potenziometern, deren Kennlinien genau gegenläufig sind.

Das Steuergerät ist nun in der Lage, zu ermitteln, ob eines der beiden Potenziometer ein fehlerhaftes Signal liefert, kann jedoch nicht lokalisieren, welches. Somit ließe sich ein Fahrzeug mit einem defekten Fahrpedal-Potenziometer nur noch im Notlauf, also mit sehr geringer Last betreiben. Um das Fahrzeug ohne Einschränkungen bis zum Werkstattaufenthalt weiter betreiben zu können, verbauen daher einige Hersteller ein drittes Potenziometer, mit i.d.R. halbierter Spannungshöhe. Somit sind sich zwei von drei Potenziometern „einig" über die Auslenkung des Fahrpedals und das Steuergerät kann diese Signale auswerten.

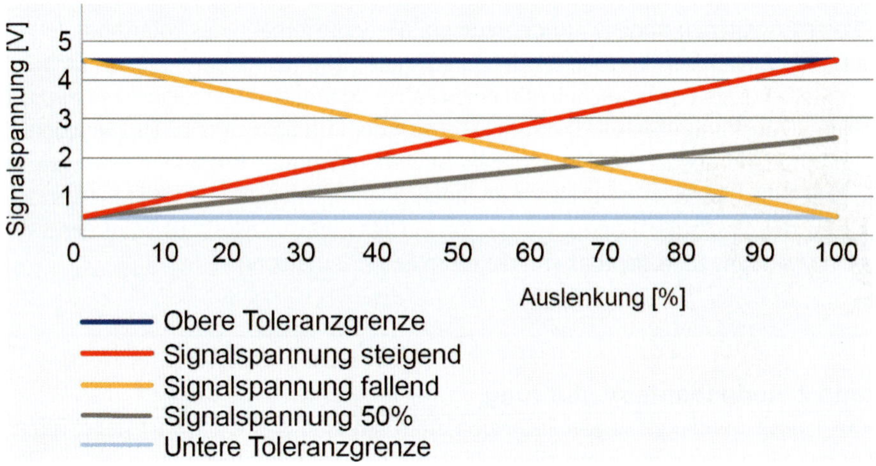

Bild 2.30
Gutbild eines Systems mit drei Potenziometern. Das dritte Potenziometer hat hier eine halbierte Spannungshöhe.
[Bilder: Schmidt]

Hinweis: Mehrere Potenziometer mit identischem Signalverlauf zu verbauen, wäre nicht zielführend, da ein Kurzschluss dieser Signalleitungen untereinander andere Fehler, wie z.B. eine gleichzeitige Unterbrechung einer der Signalleitungen zwischen dem Potenziometer und dem Kurzschluss unauffindbar machen würde.

Einsatzmöglichkeiten für Potenziometer

1. Überwachung von Aktoren: Potenziometer kommen regelmäßig zum Einsatz, um Aktoren, wie z.B. Drosselklappe, AGR-Ventil und Schaltsaugrohr, zu überwachen. Sie werden in diesem Fall über die Betätigungswelle des jeweiligen Aktors betrieben.
2. Erfassen von Betriebszuständen: Mithilfe von Potenziometern lassen sich Betriebszustände, wie z.B. die Last, die angesaugte Luftmenge oder die Neigung der Querlenker zur Niveau- und Leuchtweitenregelung erfassen. Hierzu werden sie mit mechanischen Hilfskonstruktionen wie Hebeln oder Klappen verbunden.

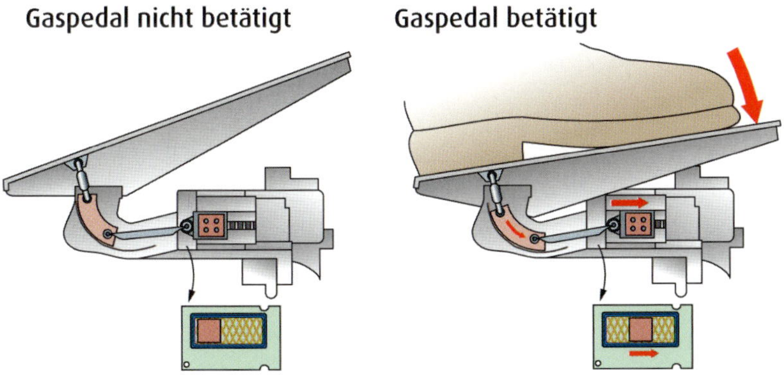

Bild 2.31
Die Stellung des Fahrpedals wird mittels Potenziometer erfasst.
[Bild: AS Illu]

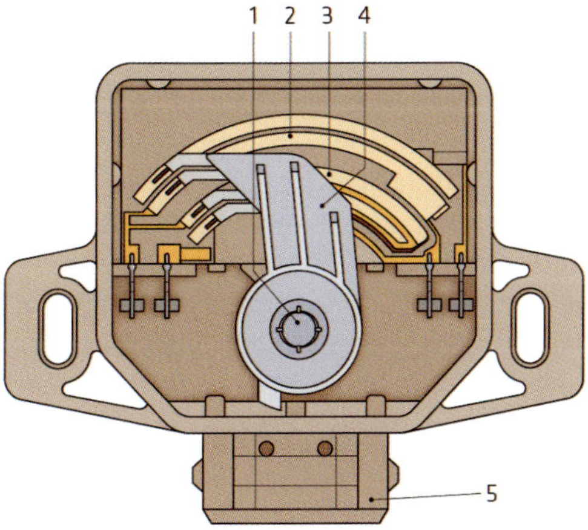

Bild 2.32
Zur Sicherheit arbeiten Drosselklappensensoren oft mit zwei Potenziometern.
1 Drosselklappenwelle
2 Widerstandsbahn 1
3 Widerstandsbahn 2
4 Schleiferarm mit Schleifer
5 Elektrischer Anschluss
[Bild: AS-Illu]

3. Füllstandssensor: Hierbei ist ein Schwimmer über einen Hebel mit dem Potenziometer verbunden und verstellt dieses mit steigendem bzw. fallendem Flüssigkeitsstand.

2.5 Dehnungsmessstreifen

Dehnungsmessstreifen (kurz: DMS) basieren auf der Veränderung des elektrischen Leitungswiderstands in Abhängigkeit zu dessen Länge l und Querschnitt A gemäß der Formel $R = \frac{\rho \cdot l}{A}$ (ρ = spezifischer, elektrischer Widerstand, werkstoffabhängig). Ein Leiterwerkstoff wird mäanderförmig auf einen elastischen Träger, z.B. eine Gummimembran, aufgeklebt und bei dessen Dehnung länger und dünner. Somit steigt die Leiterlänge l und der Leiterquerschnitt A sinkt.

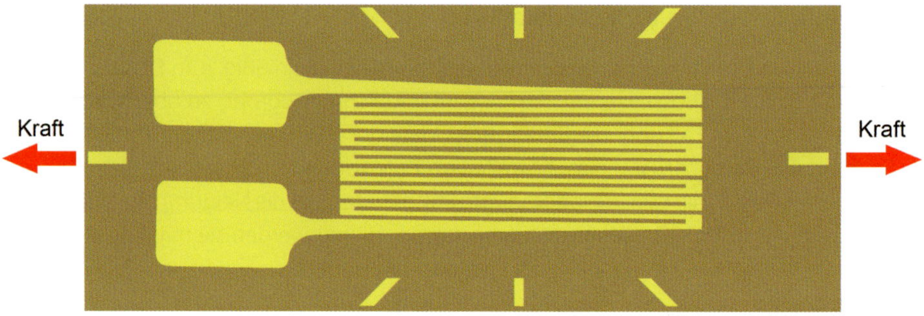

Bild 2.33
Bei Dehnungsmessstreifen wird der Leiterwerkstoff mäanderförmig auf einen elastischen Träger aufgebracht.
[Bilder: Schmidt]

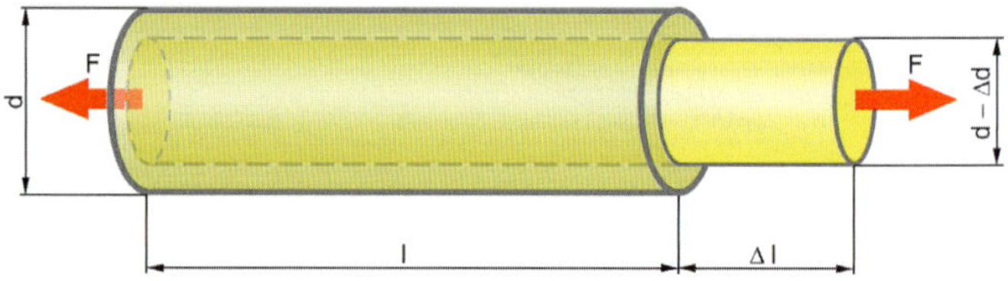

Bild 2.34
Der Leiterwerkstoff im DMS wird bei Dehnung länger und dünner, dadurch ändert sich auch sein Widerstand.

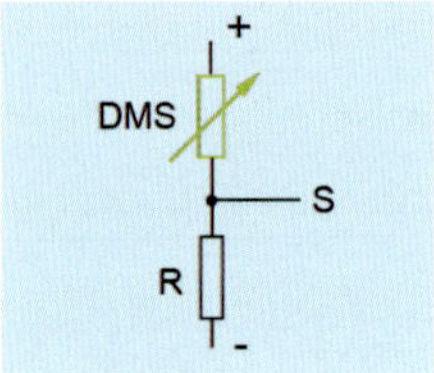

Bild 2.35
Brückenschaltung mit einem DMS

Da der spezifische Leiterwiderstand ρ konstant ist, steigt somit auch der Leiterwiderstand R. Wird der DMS in Reihe zu einem Festwiderstand geschaltet (Brückenschaltung), ändert sich die zwischen den Widerständen messbare Spannung in Abhängigkeit von der Längenänderung des DMS.

Temperaturkompensation

Der spezifische elektrische Widerstand ρ ist temperaturabhängig. Somit hätte eine Veränderung der Temperatur ϑ des Sensors ebenfalls eine Änderung der Signalspannung zur Folge. Die Wegstreckenermittlung des DMS wäre dann ungenau bis unbrauchbar. Abhilfe schafft die sogenannte Temperaturkompensation: Der zweite in Reihe geschaltete Widerstand wird durch einen baugleichen, sogenannten passiven DMS ersetzt, der sich unter Wärmeeinwirkung genauso verhält wie der aktive DMS, jedoch nicht gedehnt wird. Werden die beiden Widerstände erwärmt, ändert sich deren ohmscher Widerstand gleichermaßen und die Signalspannung bleibt konstant. Die Dehnung ε des aktiven DMS führt zu einer zusätzlichen Widerstandsänderung in diesem Teil der Brückenschaltung und damit zu einer Änderung der Signalspannung.

Hinweis: Der Dehnungsmessstreifen wird zwar als Wegsensor klassifiziert, spielt jedoch als solcher in der Kraftfahrzeugtechnik keine Rolle. Hier wird er vorwiegend in der Kraft- und Drucksensorik eingesetzt.

2.6 Hallsensor

Der Hallsensor arbeitet magnetfeldabhängig: Eine Versorgungsspannung lässt einen Konstantstrom über ein Halbleiterelement fließen. Bei Näherung eines Magnetfelds (Dauer- oder Elektromagnet) wird der Elektronenfluss innerhalb des Halbleiters abgelenkt und es kann an den Stirnseiten des Halbleiters eine Potenzialdifferenz (Spannung) ermittelt werden. Diese wird verstärkt, je nach Anwendungsfall digitalisiert, und an das Steuergerät übermittelt.

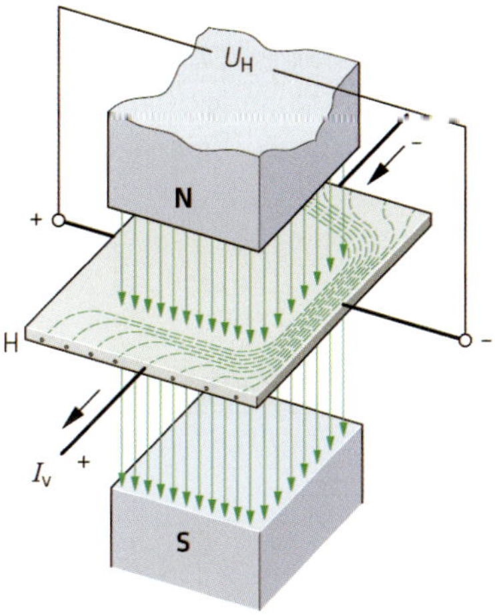

Bild 2.36
Das Hallprinzip: Abhängig vom Magnetfeld werden die Elektronen des Versorgungsstroms I_V quer zur Richtung der Kraftlinien verdrängt. An den seitlich angebrachten Elektroden entsteht dadurch die Hallspannung U_H.
[Bild: AS-Illu]

Einsatzmöglichkeiten für Hallsensoren

1. Zündimpulsgeber: Bei der Transistor-Spulenzündanlage (TSZ-h bzw. TZ-h) liefert ein Hallsensor die Information über die Position der Verteilerwelle (Bild 2.37). Dauermagnet und Hallsensor sind durch eine Rotorblende voneinander getrennt. Die metallische Blende schirmt das Magnetfeld so lange vom Hallsensor ab, bis eine Lücke in der Blende, auch als Fenster bezeichnet, das Magnetfeld freigibt.

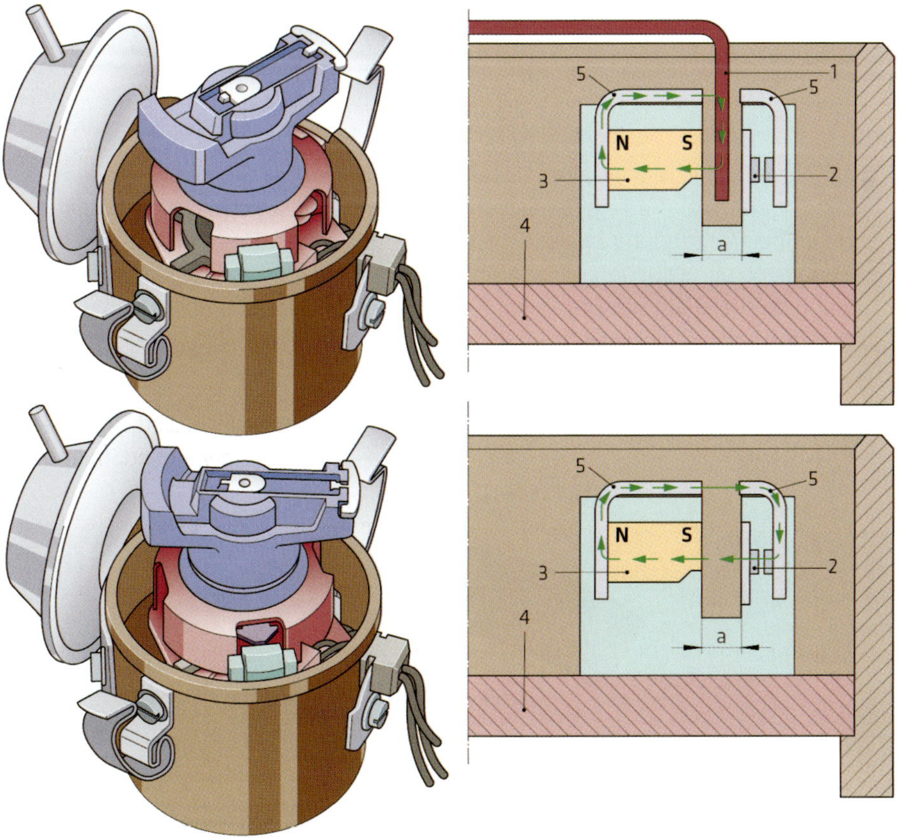

Bild 2.37
Zündverteiler mit Hallgeber
1 Blende
2 Hall-IC
3 Dauermagnet
4 Kunststoffträger
5 magnetisches Leitblech
a Luftspalt
Im oberen Bild befindet sich die Blende im Luftspalt. Dadurch wird das Magnetfeld am Hall-IC vorbeigeleitet.

Im unteren Bild ist eine Lücke im Luftspalt. Dadurch wird das Hall-IC vom Luftspalt duchsetzt.
[Bild: AS-Illu]

2. Positionsgeber Nockenwelle: Hallsensor und Dauermagnet befinden sich in einem Gehäuse, wobei das Magnetfeld in der Ruhelage nicht auf den Hallsensor wirkt. Durch ein metallisches Inkrementenrad an der Nockenwelle wird das Magnetfeld „in Richtung des Hallsensors verschoben", wodurch es wirken kann und der Sensor dem Steuergerät Drehzahl und Position der Nockenwelle übermitteln kann.

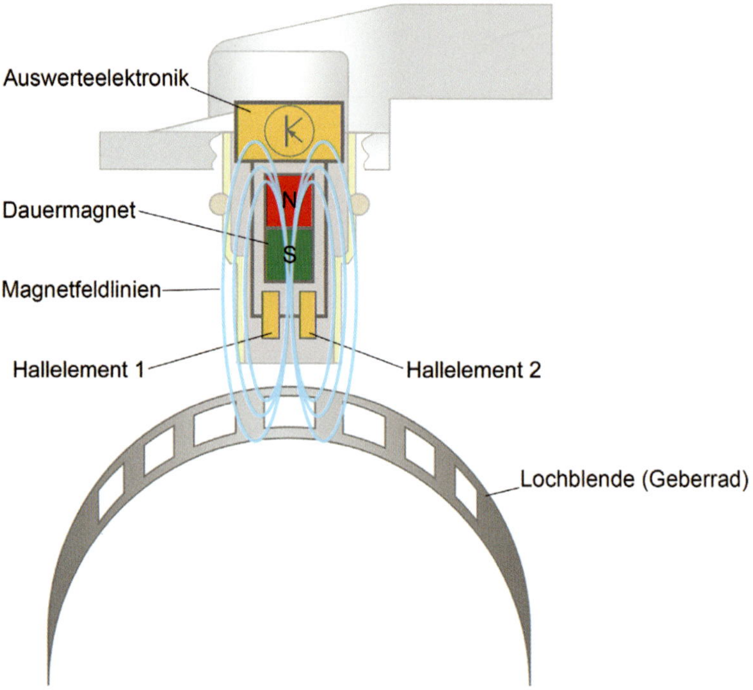

Bild 2.38
Positionsgeber an der Nockenwelle mit Hallelement.
[Bild: Schmidt]

3. Raddrehzahlfühler: Mithilfe eines Hallsensors und eines sogenannten Multipolrings, der beispielsweise in die Radlagerabdeckung integriert ist, lässt sich nicht nur die Drehzahl, sondern bei Verwendung zweier Sensorelemente auch der Drehsinn erfassen. Je nachdem, ob die Hallspannung erst am Sensorelement 1 erkannt wird (rechtsdrehend) oder ob sie zuerst am Sensorelement 2 erkannt wird (linksdrehend), generiert die ASIC unterschiedliche Signalverläufe.

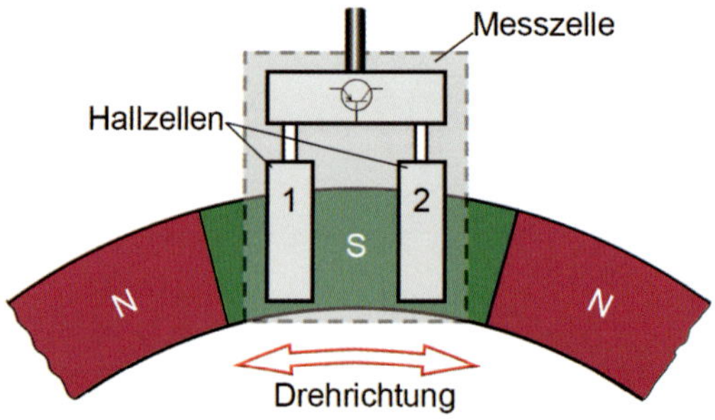

Bild 2.39
Ein Drehzahlsensor mit zwei Hallelementen kann an einem Multipolring nicht nur die Drehzahl, sondern auch die Drehrichtung erfassen.
[Bild: Schmidt]

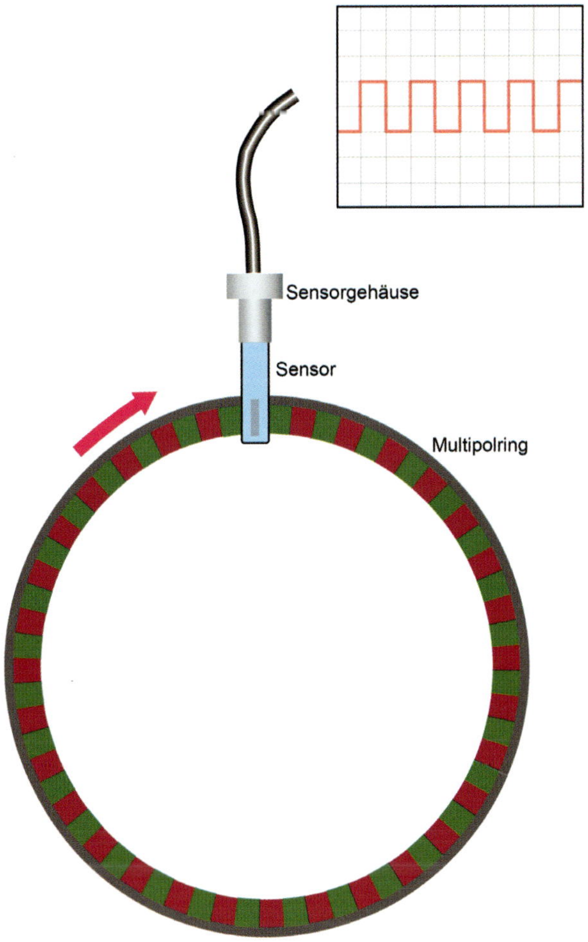

Bild 2.40
Aktiver Drehzahlsensor an einem Multipolring, der aus Magneten mit wechselnder Polrichtung besteht. Er liefert ein schon im Sensor erzeugtes Rechtecksignal.
[Bild: Schmidt]

4. Näherungsschalter: Näherungsschalter finden sich beispielsweise im Doppelkupplungsgetriebe zur Erfassung der Position der Schaltgabeln. An der Schaltgabel ist ein Dauermagnet befestigt, am Getriebegehäuse der Hallsensor. Ist der Gang eingelegt, liegt der Dauermagnet vor dem Hallsensor. Das Steuergerät kann bei Anforderung den Kupplungswechsel vollziehen.

5. „Potenziometer 2.0": Der Hallsensor kann, z.B. am Fahrpedal oder als Achssensor, auch als linearer Wegsensor eingesetzt werden. Durch Verdrehen eines Ringmagneten gegenüber dem/den Hallsensor/en entsteht ein linear ansteigendes Spannungssignal. Somit kann der Hallsensor als berührungsloses und damit verschleißfreies „Potenziometer" eingesetzt werden.

Hinweis: In Ersatzteilkatalogen werden Fahrpedalsensoren bei vielen Herstellern unabhängig von der tatsächlichen technischen Ausführung pauschal als „Potenziometer" bezeichnet.

6. Strommessung: Wie bereits im Jahre 1820 von dem dänischen Physiker Hans Christian Ørsted entdeckt, wird jeder stromdurchflossene Leiter von einem Magnetfeld umgeben. Wird ein Hallsensor in die Nähe eines solchen Leiters gebracht, entsteht eine Hallspannung, deren Höhe von der Stärke des Magnetfelds und somit von der Stärke des fließenden Stroms abhängig ist.

Bild 2.41
Hallgeber lassen sich in Verbindung mit einem Ringmagneten auch als Poti einsetzen.

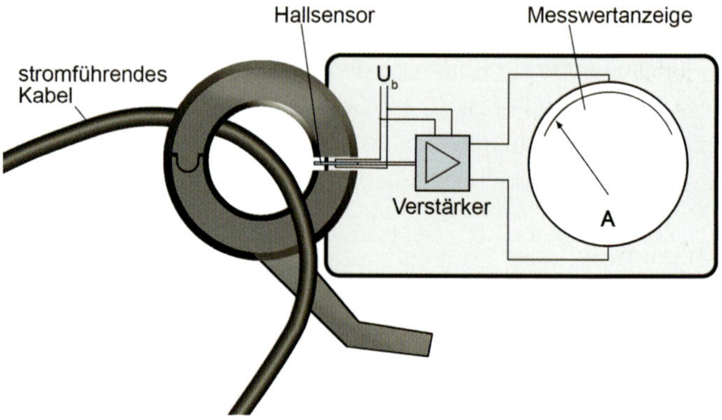

Bild 2.42
Grundsätzlicher Aufbau einer Strommesszange mit Hallgeber für die Ermittlung des Messwertes.
[Bilder: Schmidt]

2.7 Magnetoresistive Sensoren

Anisotrop magnetoresistive Sensoren (AMR), Pseudo-Hallsensoren

Anisotrop magnetoresistive Sensoren (kurz: AMR = Anisotropic Magneto Resistive) sind magnetfeldabhängige Widerstände und basieren auf dem anisotropen, magnetoresistiven Effekt, der im Jahr 1857 durch William Thomson, besser bekannt als 1. Baron Kelvin, entdeckt wurde. Sie bestehen aus ca. 30 nm bis 50 nm starken Nickel-Eisen-Legierungsschichten, auch Permalloy genannt, die auf einen oxidierten Siliziumträger gebracht wurden. Fließt durch das Sensorelement ein Strom, kommt es zu einer spontanen Magnetisierung in Längsrichtung der Leiterbahn (Formanisotropie), die durch einen integrierten Dauermagneten zusätzlich ausgerichtet wird. Der Längswiderstand des Sensors ist jetzt maximal. Wirkt ein zusätzliches, äußeres Magnetfeld auf den Sensor, ändert sich der Winkel der Magnetisierung und der elektrische Widerstand sinkt um bis zu 3%. Anders als beim Hallsensor ist das Verhalten des Sensors nicht primär von der Stärke des äußeren Magnetfelds, sondern von dessen Richtung (anisotrop = richtungsabhängig) abhängig. Um die Sensibilität des Sensors zu erhöhen, werden auf das Permalloy im Regelfall Leiterbahnen aus Gold oder Aluminium im Winkel von 45° aufgebracht. Solche Sensoren werden auch als „Barberpole-Sensor" (nach den rotierenden, runden Dekozylindern mit ebenfalls im 45°-Winkel aufgebrachten bunten Streifen) bezeichnet.

Wird der Sensor anstatt mit zwei, mit vier Anschlüssen versehen, so kann an den beiden zusätzlichen Anschlüssen eine geringe Spannung abgegriffen werden. Da auch hier die Höhe der abgegriffenen Spannung magnetfeldabhängig ist, werden diese Sensoren häufig als Pseudo-Hallsensoren und die Spannung als Pseudo-Hallspannung bezeichnet.

Giant magnetoresistive Sensoren (GMR)

Giant magnetoresistive Sensoren (kurz: GMR) bieten gegenüber AMR-Sensoren den Vorteil einer höheren Eindeutigkeit bei der Winkelsensierung und einer höheren Empfindlichkeit bei der Drehzahlsensierung. Sie bestehen nicht mehr aus einer, sondern im Regelfall aus etwa 20 Schichten, wobei immer zwei weichmagnetische Lagen durch eine nicht magnetische Schicht getrennt sind. Jede Schicht hat nur eine Stärke von 1 nm bis 5 nm. Die Widerstandsänderung des Sensors liegt bei ca. 20 bis 30%, also dem Zehnfachen eines AMR-Sensors.

Einsatzmöglichkeiten für magnetoresistive Sensoren

1. Drehzahlsensor: AMR-Drehzahlsensoren bestehen aus einem AMR-Sensorelement, das zwischen einem Dauermagneten und dem Impulsrad angeordnet ist. Durch Drehung des Impulsrades ändern die magnetischen Feldlinien ihre Richtung. Die hierdurch entstehende sinusförmige Spannung wird vom ASIC verstärkt und in Form eines Rechtecksignals an das Steuergerät übermittelt.

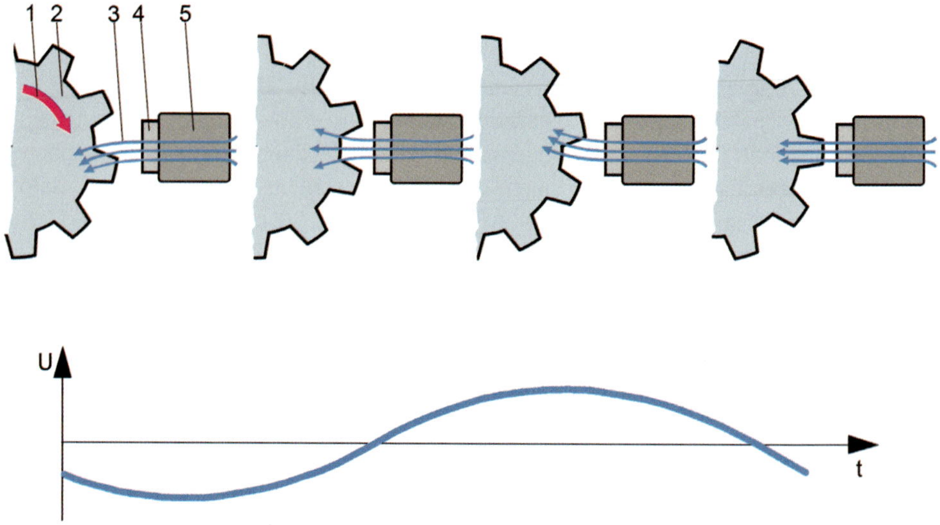

Bild 2.43
AMR-Drehzahlsensor
1 Drehrichtung
2 Impulsrad
3 Feldlinien
4 Sensorelement
5 Magnet
[Bild: Schmidt]

2.8 Induktive Sensoren

Induktive Sensoren basieren auf der Induktivität von Spulen. Hierbei kann grundsätzlich zwischen zwei Arten von induktiven Sensoren unterschieden werden:

- Passive, induktive Sensoren, also Sensoren, die die Signalspannung mithilfe der physikalischen Größe selbst erzeugen, z.B. induktive Drehzahlsensoren.
- Aktive, induktive Sensoren, also Sensoren, deren Induktivität durch die physikalische Größe „nur" verändert wird, z.B. Näherungsschalter und lineare Wegsensoren.

2.8.1 Passive, induktive Sensoren

Passive, induktive Sensoren bestehen im Wesentlichen aus einem Dauermagneten und einer Spule in einem gemeinsamen Gehäuse und einem ferromagnetischen Inkrementenrad, das mit einem Rotor, z.B. der Motorkurbelwelle oder der Antriebswelle, verbunden ist. Bei stehendem Rotor „ruht" auch das Magnetfeld über dem Dauermagneten. Dreht sich der Rotor, wird das Magnetfeld periodisch über dem Dauermagneten „bewegt", was zu einer Elektronenverschiebung innerhalb der Spule führt. Steht eine Zahnlücke vor dem Inkrementenrad, befindet sich das Magnetfeld in der Ruhelage. Läuft ein Zahn in den Bereich vor dem Sensor, so „schiebt" dieser das Magnetfeld nach oben, wodurch die Elektronen ebenfalls in einer Richtung verschoben werden. Entfernt sich der Zahn wieder aus dem Bereich vor dem Sensor, kehrt das Magnetfeld in seine Ruhelage zurück, wodurch die Elektronen sich ebenfalls in Gegenrichtung bewegen. Dieser Prozess wiederholt sich mit jedem Zahn des Inkrementenrades. Es entsteht eine sinusförmige Wechselspannung.

Je schneller das Inkrementenrad dreht, desto stärker wird die Bewegung des Magnetfelds und desto größer wird die entstehende Spannung. Somit kann das Signal anhand zweier Kenngrößen ausgewertet werden: Amplitude (Spannungshöhe) und Frequenz. Während in der Vergangenheit in vielen Fällen die Höhe der Induktionsspannung ausgewertet wurde (z.B. Tachometer = analoges Multimeter mit der Skalenscheibe „km/h" statt „Volt"), wird heutzutage im Regelfall die Frequenz, also die Anzahl der Amplituden pro Sekunde, ausgewertet.

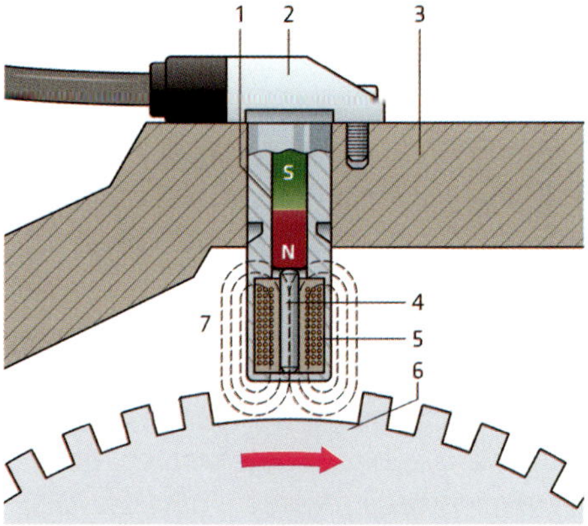

Bild 2.44 *Induktiver Drehzahlgeber*
1 Dauermagnet
2 Gehäuse
3 Motorgehäuse
4 Weicheisenkern
5 Wicklung (Spule)
6 Geberrad mit Bezugsmarke
7 Magnetfeld
[Bild: AS-Illlu]

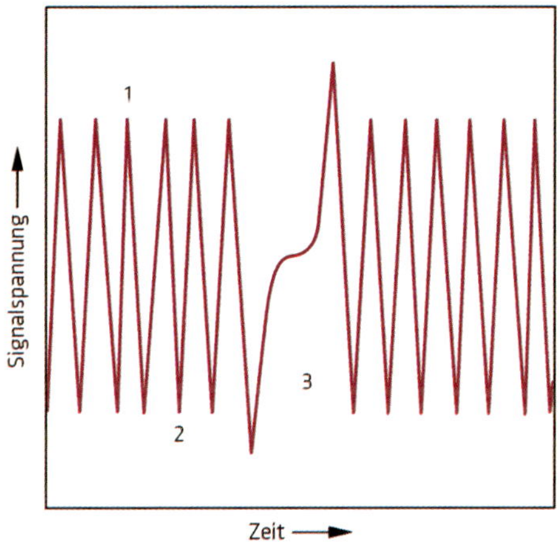

Bild 2.45 *Signal eines induktiven Drehzahlgebers*
1 Zahn
2 Zahnlücke
3 Bezugsmarke
[Bild: AS-Illu]

Vor- und Nachteile

Der Induktivgeber erzeugt ein analoges Spannungssignal. Dies ermöglicht eine hochpräzise Bestimmung der Position des Inkrementenrades, indem neben der Frequenz die Flanken einzelner Amplituden abgetastet werden. Somit kann beispielsweise das Steuergerät einer Transistorspulenzündanlage neben dem Zündzeitpunkt auch die genaue Lage der Verteilerwelle zwischen zwei Zündungen und damit den richtigen Moment für das Einschalten des Primärstroms (Schließwinkelregelung) ermitteln.

Durch die induktive Spannungserzeugung benötigt der Drehzahlsensor keine Spannungsversorgung. Die Signalspannung steigt jedoch drehzahlabhängig, wodurch eine Auswertung des Signals erst ab Erreichen einer Mindestdrehzahl möglich ist und bei hohen Drehzahlen sehr hohe (für das Steuergerät ohne Schutzbeschaltung schädliche) Spannungen entstehen. Der größte Nachteil ist jedoch die Anfälligkeit des Signals. Das sinusförmige Signal des Induktivgebers entspricht in Art und Form dem elektromagnetischer Wellen, die durch äußere Quellen wie Funk- und Radio, aber auch durch eigene Störsender, wie z.B. Generator und Zündanlage, in die Signalleitung eingespeist werden können. Um eine störungsfreie Signalübertragung zu ermöglichen, ist daher eine Schirmung der Leitungen erforderlich.

Werkstatttipp

Elektrische Fehler, wie z.B. Windungsschluss oder Unterbrechung der Spule, werden von den meisten Steuergeräten in aktuellen Fahrzeugen eindeutig identifiziert und als Fehler im Steuergerät hinterlegt. Anders ist das bei nicht rein elektrischen Fehlern. Stimmt beispielsweise der Abstand des Sensors zum Inkrementenrad nicht, entsteht keine oder eine zu geringe Induktionsspannung. Der Sensor ist dann elektrisch einwandfrei, liefert jedoch kein Signal. Mögliche Ursachen hierfür können eine falsche

Grundeinstellung (sofern möglich) oder zu große Axial- und Radialspiele der Rotoren sein (defektes Radlager, erhöhtes Axialspiel der Kurbelwelle etc.). Auch Schirmungsprobleme tauchen häufig auf: Entweder wurde die Schirmung beschädigt (falsch verlegtes und somit durchgescheuertes Kabel, Marderbiss etc.) oder eine neue, starke Störquelle (z.B. ungeprüfte LED-Leuchtmittel) installiert. Letzteres ist durch die „natürlichen" Schwachstellen jeder Schirmung bedingt. Erstens ist jede Schirmung nur so stark, wie es unter normalen Bedingungen erforderlich ist und zweitens muss jede Schirmung spätestens im Anschlussstecker aufgebrochen werden, um an die Signalleitungen des Sensors zu gelangen und diese mit dem Steuergerät zu verbinden.

Im Werkstattalltag problematisch ist der Umstand, dass beide vorgenannten Fehler im Regelfall sporadisch auftreten. So kann es beispielsweise passieren, dass das ABS „wandernde" Fehler der Raddrehzahlsensoren meldet, die immer dann auftreten, wenn das Licht (mit den falschen, nicht ausreichend entstörten LED-Lampen) eingeschaltet wird. Eine umfangreiche und detaillierte Kundenbefragung ist daher der wichtigste Schritt zur erfolgreichen Diagnose.

2.8.2 Aktive, induktive Sensoren

Aktive, induktive Sensoren kommen als Näherungsschalter und lineare Positionssensoren zum Einsatz. Ein Oszillator erzeugt mittels eines LC-Schwingkreises (L = Spule, C = Kondensator) ein elektromagnetisches Wechselfeld. Dies geschieht, indem sich ein geladener Kondensator durch eine Spule entlädt, bevor er auf der Gegenseite wieder geladen wird und sich der Prozess in Gegenrichtung erneut einstellt.

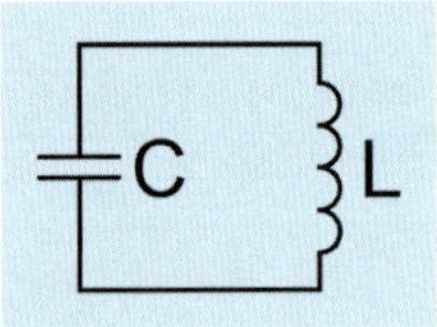

Bild 2.46
LC-Schwingkreis

Die Energie, die im Kondensator in Form eines elektrischen Feldes gespeichert ist, wird in der Spule als magnetisches Feld zwischengespeichert und anschließend wieder an den Kondensator abgegeben. Nähert sich ein elektrisch leitender, im Regelfall metallischer Gegenstand der Spule, so entstehen in diesem durch das magnetische Feld Wirbelströme, die dem Schwingkreis Energie entziehen. Hierdurch ändern sich Amplitude und Frequenz des Schwingkreises, was entweder über einen Schmitt-Trigger zum Schalten, oder, bei messenden Sensoren, zu einer Änderung der Signalspannung führt.

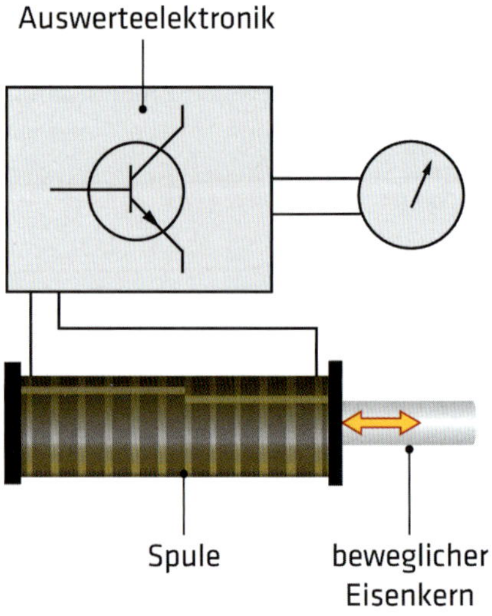

Bild 2.47
Linearer Wegsensor in einem 7-Gang-Automatikgetriebe von Mercedes-Benz
[Bild: LDL]

2.8.3 Induktiver Sensor als Ultraschallwandler

1. Ultraschallwandler: Der aktive, induktive Sensor lässt sich sowohl als Ultraschallsender als auch als Ultraschallempfänger einsetzen. Durch Anlegen einer hochfrequenten Wechselspannung an eine Spule wird eine Membran in Schwingung versetzt (Prinzip: Lautsprecher) und erzeugt Ultraschallwellen (Frequenz ca. 16 kHz – 1 GHz). Treffen diese Ultraschallwellen auf einen zweiten, oder nach Reflexion wieder auf den gleichen Induktivgeber, so schwingt die Membran erneut und versetzt die Schwingspule in Bewegung (Prinzip: Mikrofon). Somit erzeugt die Schwingspule eine Spannung. Aus der Zeitspanne, die zwischenzeitlich vergangen ist, oder etwaigen Signalstörungen lassen sich Aussagen über die Messstrecke (z.B. Personen im Fahrzeuginnenraum) treffen.

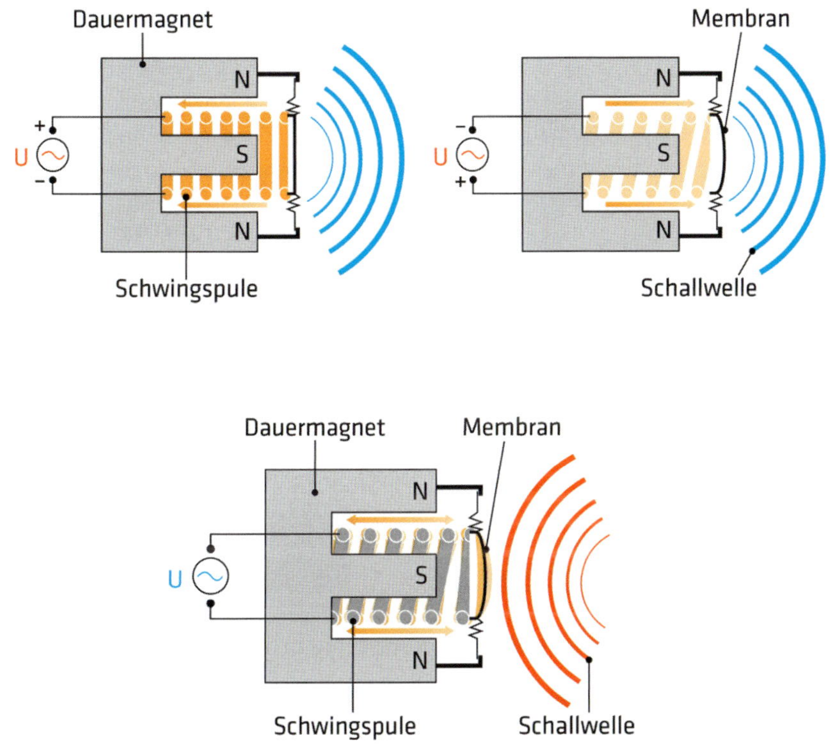

Bild 2.48
Schematische Darstellung von Ultraschallsensoren zur Innenraumüberwachung. Oben arbeiten sie als Sender und unten als Empfänger.
[Bild: LDL]

2.9 Kapazitive Sensoren

Kapazitive Sensoren basieren auf einer Änderung der Kapazität eines Plattenkondensators durch physikalische Messgrößen. Es gibt Sensoren, bei denen durch die physikalische Größe die wirksame Plattenoberfläche verändert wird und solche, bei denen sich durch die physikalische Größe die Dielektrizität ggf. durch den Plattenabstand verändert.

2.9.1 Kapazitiver Wegsensor

Der kapazitive Wegsensor besteht aus einem offenen Kondensator und dem Messobjekt. Im Ruhezustand wirkt zwischen der Messelektrode und der Schirmelektrode ein elektrisches Feld. Nähert sich der Impulsgeber, dessen Dielektrizitätszahl größer ist als die von Luft, dann steigt die Kapazität des Kondensators. Die Auswerteelektronik erfasst diese Kapazitätsänderung und ermittelt hieraus den Abstand zwischen dem Sensor und dem Messobjekt.

2.9.2 Kapazitiver Füllstandssensor

... für elektrisch leitende Flüssigkeiten (Leitfähigkeit >100 µS/cm)
Bei dieser Bauform bilden eine elektrisch isolierte (Dielektrikum) Sonde innerhalb des Tanks und der Behälter selbst als zweite Platte einen Kondensator. Bei leerem Tank sind die beiden Platten durch Luft voneinander getrennt. Die wirksame Plattenoberfläche ist sehr klein und die Kapazität des Kondensators gering. Mit zunehmender Füllhöhe des Behälters wird nach und nach mehr Fläche der Platten von der elektrisch leitenden Flüssigkeit benetzt, wodurch sich die wirksame Oberfläche der Platten vergrößert und die Kapazität des Kondensators steigt.

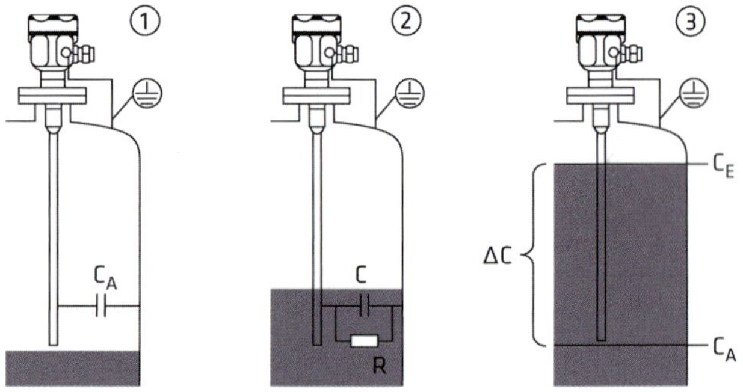

Bild 2.49
Kapazitiver Füllstandssensor
C_A Anfangskapazität bei leerem Tank
R Widerstand bzw. Leitfähigkeit der Flüssigkeit
C Kapazität der Flüssigkeit
C_E Endkapazität bei vollem Tank
ΔC Kapazitätsänderung
[Bild: LDL]

Einsatzmöglichkeiten kapazitiver Füllstandssensoren für elektrisch leitende Flüssigkeiten

1. Füllstandsgeber für AdBlue: Der Reduktionsmittelvorratsgeber besteht aus vier Edelstahlelektroden: Drei Arbeitselektroden auf unterschiedlichen Höhen im Vorratsbehälter und eine Referenzelektrode. Zur Ermittlung des Füllstands werden nacheinander jeweils eine Arbeitselektrode und die Referenzelektrode mit Wechselspannung beaufschlagt. An den Elektroden, an denen AdBlue anliegt, kommt es zum Stromfluss. Die Auswerteeinheit ermittelt den aktuellen AdBlue-Vorrat und übermittelt diesen mittels PWM-Signal an das Motorsteuergerät. Das Motorsteuergerät gibt die Information an das Kombiinstrument weiter, um den Fahrer über den aktuellen Reduktionsmittelvorrat zu informieren und unterbindet den Motorstart bei aufgebrauchtem AdBlue-Vorrat. Fahrzeuge mit Selective Catalytic Reduction dürfen ohne Reduktionsmittel nicht, oder im Nutzfahrzeugbereich nur sehr stark eingeschränkt (Motordrehmoment i.d.R. max. 60%) betrieben werden, da das Fahrzeug ohne Reduktionsmittel die Abgasemissionsklasse nicht einhalten kann und somit zum einen die Betriebserlaubnis erlischt und zum anderen Steuerhinterziehung begangen wird.

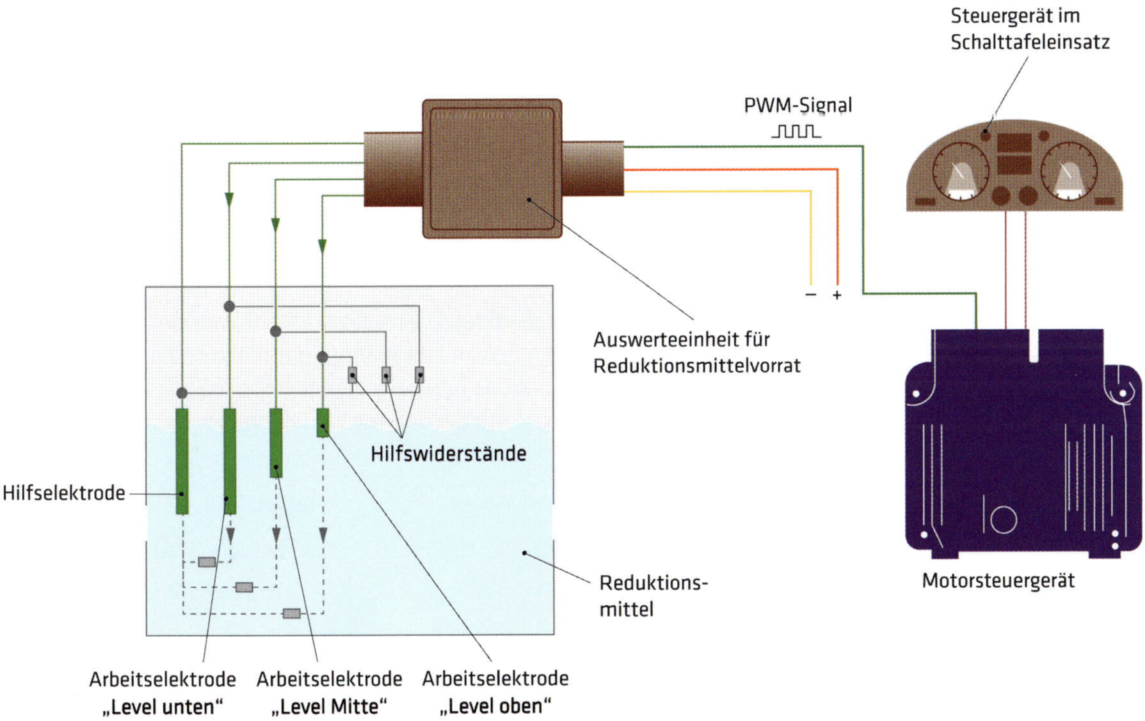

Bild 2.50 *Schema eines Füllstandsgebers für das Reduktionsmittel AdBlue in einem SCR-System von Volkswagen* [Bild: LDL]

...für elektrisch nicht leitende Flüssigkeiten

Bei dieser Bauform bilden eine elektrisch isolierte (Dielektrikum) Stabelektrode innerhalb des Tanks und der Behälter selbst als zweite Platte einen Kondensator. Bei leerem Tank sind die beiden Platten durch Luft voneinander getrennt. Die Kapazität des Kondensators wird durch die Dielektrizitätszahl von Luft bestimmt. Füllt sich der Behälter mit der nicht leitenden Flüssigkeit, so bildet sich aus dieser ein zweiter, in Reihe geschalteter Kondensator. Die Kapazität des Kondensators steigt durch die Vergrößerung der Plattenoberfläche und die Dielektrizitätszahl der Flüssigkeit. Da die Kapazität des Kondensators vom Füllstand und der Dielektrizitätszahl abhängt, lässt sich mithilfe dieses Sensors ggf. auch die Zusammensetzung der Flüssigkeit ermitteln. Ein Beispiel hierfür ist der Ölgütesensor: Ein Anstieg des Wassergehalts, Verkürzung von Molekülketten und metallischer Abrieb aus dem Motor ändern die Dielektrizitätszahl des Öls, sodass das Steuergerät die Ölalterung erkennen und das Wechselintervall verkürzen kann.

Bei nicht leitenden Behältern kann die zweite Platte auch durch ein Masserohr bereitgestellt werden.

Werkstatttipp

Beim Ölwechsel an Fahrzeugen mit Ölgütesensor ist es zwingend erforderlich, das Steuergerät durch Zurücksetzen des Wechselintervalls über das neue Öl zu informieren. Geschieht dies nicht, führt die sprunghafte Verbesserung der Ölqualität oftmals zur Anzeige eines defekten Sensors.

2.10 Piezoelektrische Wegsensoren

Wird auf ein Piezoelement (z.B. Quarz- oder Turmalikristalle) Druck oder Zug ausgeübt, dann kommt es innerhalb der Elementarzellen zu einer Neuordnung positiv und negativ geladener Teilchen. An der Oberfläche des Piezoelements wird eine Spannung messbar. Dieser im Jahr 1880 von den Brüdern Curie entdeckte Effekt lässt sich im Bereich der Sensorik nutzen. Dafür wird das Piezoelement zwischen zwei Bauteilen, von denen in der Regel eines beweglich gelagert ist, eingeklemmt. Auch können auf ein befestigtes Piezoelement Schwingungen, wie z.B. Ultraschallwellen, geleitet werden.

Piezoelemente lassen sich zudem als Aktoren einsetzen. Hierzu wird der inverse piezoelektrische Effekt genutzt: So wie eine mechanische Spannung zur elektrischen Neuordnung innerhalb des Piezoelements führt, führt das Anlegen einer elektrischen Spannung zu einer Ausdehnung des Piezoelements in Richtung der angelegten Spannung.

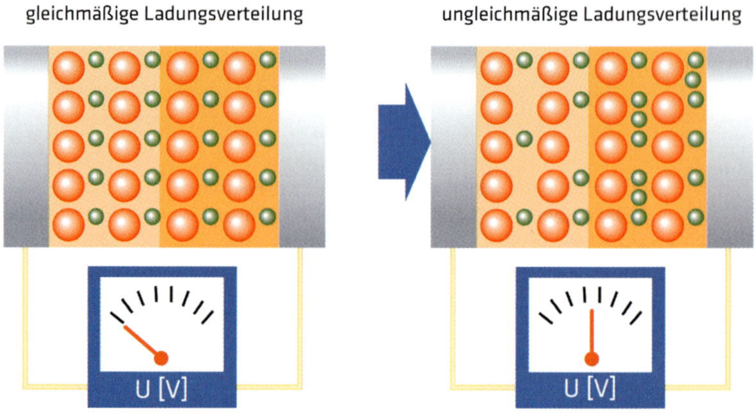

Bild 2.51
Der Piezoeffekt: Übt man Druck auf ein Piezoelement aus, ist an seiner Oberfläche eine Spannung messbar. Umgekehrt kann man ein Piezoelement durch Anlegen einer Spannung dazu bringen, sich auszudehnen.
[Bild: LDL]

Werkstatttipp

Piezoelektrische Sensoren werden im Kraftfahrzeugbereich hauptsächlich zur Erfassung von Schwingungen und Drücken genutzt. Um die Beweglichkeit des Piezoelements nicht einzuschränken, ist es hierbei besonders wichtig, die vom Hersteller vorgegebenen Anzugsdrehmomente zu beachten. Wird der Sensor zu fest gezogen, reagiert er zu spät oder gar nicht, ist er zu locker, gerät er in Eigenschwingung und das Steuergerät erfasst Schwingungen, die es gar nicht gibt.

Einsatzmöglichkeiten für piezoelektrische Wegsensoren

1. Klopfsensor: Der Klopfsensor dient zur Erkennung einer Selbstzündung des Kraftstoff-Luft-Gemischs bei Ottomotoren, der sogenannten klopfenden Verbrennung. Das Piezoelement ist hierbei zwischen dem Motorblock und der sogenannten seismischen Masse (elastisch gelagerte, träge Masse) eingeklemmt. Kommt es zu einer klopfenden Verbrennung, gerät der Motorblock in Schwingungen, denen die seismische Masse aufgrund ihrer Trägheit nicht folgen kann. Das Piezoelement wird zusammengedrückt und liefert dem Steuergerät ein Spannungssignal, das durch Abgleich mit der Kurbel- und Nockenwellenposition dem betreffenden Zylinder zugeordnet werden kann (zylinderselektive Klopfregelung).

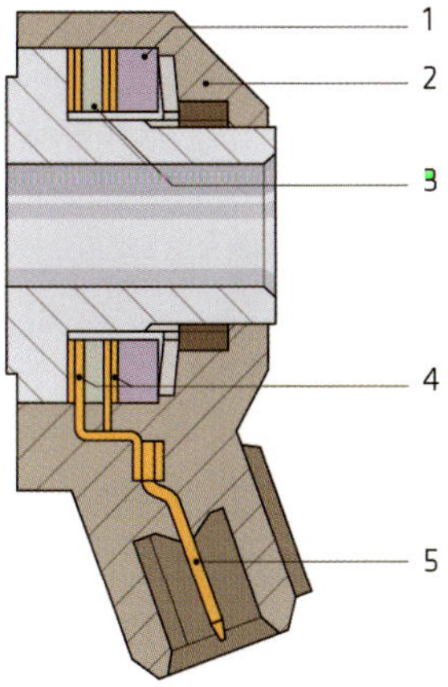

Bild 2.52
Aufbau eines Klopfsensors
1 Seismische Masse
2 Vergussmasse
3 Piezokeramik
4 Kontaktierung
5 Elektrischer Anschluss
[Bild: AS-Illu]

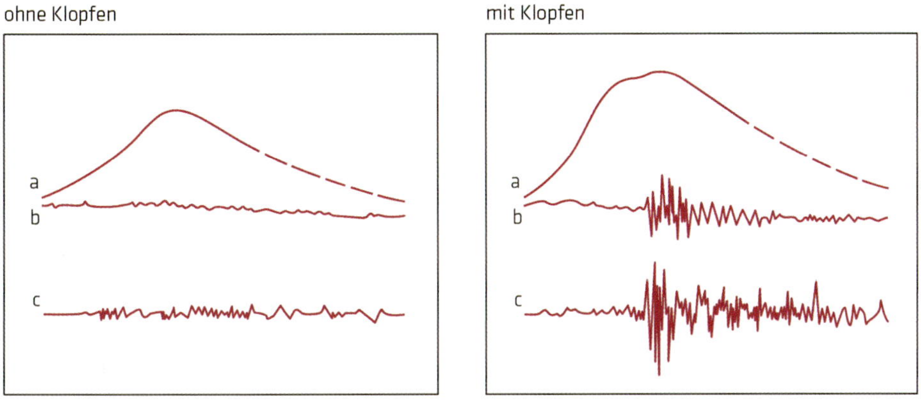

Bild 2.53
Signale eines Klopfsensors:
a Verbrennungsdruckverlauf
b gefiltertes Drucksignal
c Signal des Klopfsensors
[Bild: AS-Illu]

2. Ultraschallwandler: Das Piezoelement lässt sich sowohl als Ultraschallsender als auch als Ultraschallempfänger einsetzen. Durch Anlegen einer hochfrequenten, getakteten Spannung schwingt das Piezoelement und erzeugt Ultraschallwellen (Frequenz ca. 16 kHz – 1 GHz). Treffen diese Ultraschallwellen auf ein zweites, oder nach Reflexion wieder auf das gleiche Piezoelement, entsteht an diesem durch die Schwingung wieder eine Spannung. Aus der Zeitspanne, die zwischenzeitlich vergangen ist, oder etwaige Signalstörungen, lassen sich Aussagen über die Messstrecke (z.B. Abstand zum Hindernis bei der Park-Distance-Control oder Luftmasse) treffen.

3. Piezoelektrischer Stimmgabel-Drehratensensor: Piezoelektrische Stimmgabel-Drehratensensoren kommen hauptsächlich in Navigationssystemen während der sog. Koppelnavigation (Navigation mithilfe von Karte, Fahrgeschwindigkeit und Drehrate um die Fahrzeughochachse) zum Einsatz. Eine ca. 15 mm hohe „Stimmgabel" wird mithilfe zweier, am Fuß der Stimmgabel befestigter, Piezoelemente in Schwingung (ca. 2 kHz) versetzt. Am Fuß der Gabelzinken befinden sich zwei weitere Piezoelemente als Sensoren. Bei Geradeausfahrt schwingt die Stimmgabel gleichmäßig. Die Sensor-Piezoelemente liefern keine Spannung, da die Schwingung parallel zu deren Anordnung stattfindet. Bei Kurvenfahrt werden die Gabelzinken durch Massenträgheit ausgelenkt, wodurch die Sensor-Piezoelemente betätigt werden und eine Wechselspannung an das Steuergerät liefern. Die Amplitude dieser Wechselspannung ist von der Dreh- und Schwinggeschwindigkeit abhängig. Der Drehsinn ergibt sich aus dem Vorzeichen.

Bild 2.54
Für Parkassistenten setzen die Autohersteller meist solche Ultraschallsensoren ein.
[Bild: Bosch]

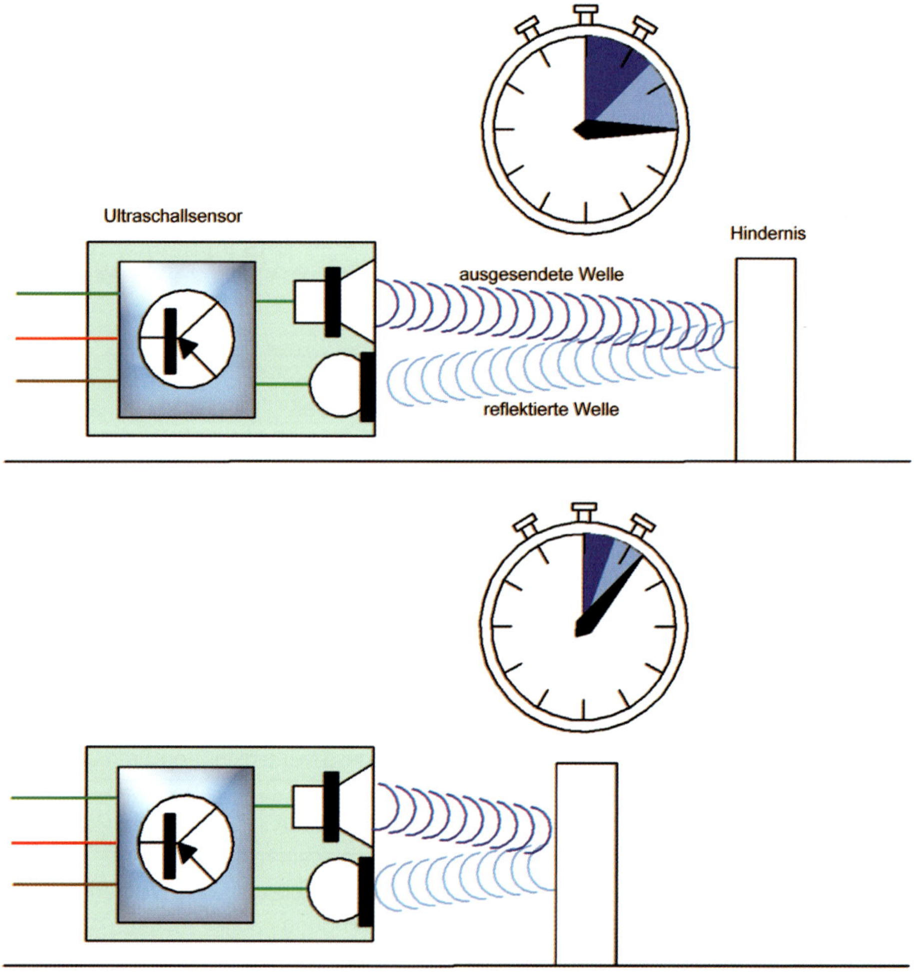

Bild 2.55
Ultraschallsensoren arbeiten nach dem Echolotverfahren. Dabei messen sie die Zeit, die vergeht, bis die von einem Hindernis reflektierte Ultraschallwelle den Sender wieder erreicht. Sender und Empfänger können, müssen aber nicht identisch sein.
[Bild: Schmidt]

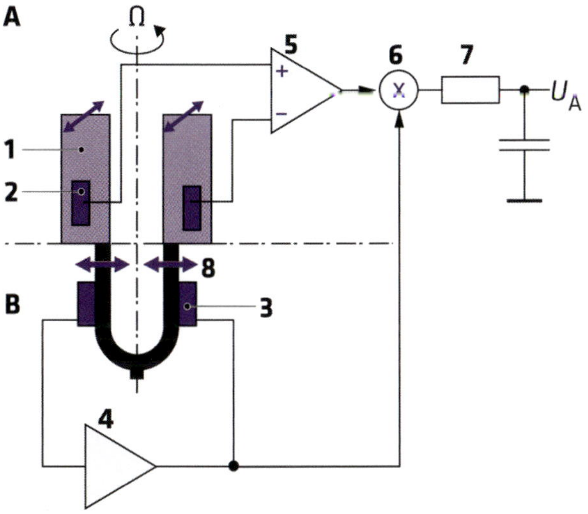

Bild 2.56
Piezoelektrischer Stimmgabelsensor
A Sensorteil des Schwingkörpers
B Simulatorteil des Schwingkörpers
1 Schwingkörper
2 Beschleunigungsaufnehmer
3 Piezo-Aktor für Vibrationserzeugung
4 Regler für konstante Vibration
5 Ladungsverstärkung
6 Multiplikation (Demodulation)
7 Tiefpass
8 Vibrationsanregung
U_A Zur Drehrate proportionale Ausgangsspannung
Ω Drehrate
[Bild: LDL]

2.11 Fotoelektrische Wegsensoren

Fotoelektrische Wegsensoren arbeiten nach dem Lichtschrankenprinzip. Sie bestehen aus mindestens einer Leucht- und einer Fotodiode, die durch eine Lochblende voneinander getrennt sind. Die Leuchtdiode sendet Lichtwellen in Richtung einer Fotodiode, die diese jedoch nur erreichen können, wenn zwischen den Bauteilen keine Hindernisse auftreten. Die Blende zwischen den Dioden ist beweglich gelagert (z.B. im Falle eines Lenkwinkelsensors mit dem Lenkrad verbunden) und die Dioden sind auf einer festen Grundplatte angebracht (z.B. am Mantelrohr der Lenksäule). Durch die Bewegung der Blende entsteht ein codiertes Hell/Dunkel-Muster bzw. I/0-Muster, das vom Steuergerät ausgewertet werden kann.

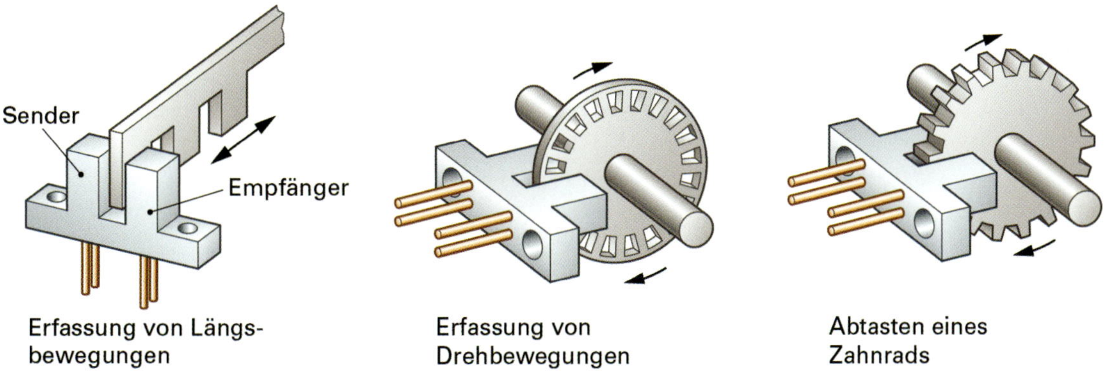

Bild 2.57 *Fotoelektrische Wegsensoren arbeiten mit Lichtschranken.*
[Bild: AS-Illu]

Einsatzmöglichkeiten für fotoelektrische Wegsensoren

1. Lenkwinkelsensor: Der Lenkwinkelsensor liefert das Signal zur Ermittlung des Lenkwinkels. Er befindet sich unterhalb des Lenkrads auf dem Lenkstockschalter. Bestandteile des Lenkwinkelsensors sind zwei codierte, also gezielt unterbrochene, mit dem Lenkrad drehfest verbundene Ringe und sieben Lichtschranken. Die codierten Ringe werden als Inkremental- und als Absolut-Ring bezeichnet. Beide Ringe sind in 5 Sektoren zu je 72° aufgeteilt, wobei die Abfolge der Unterbrechungen des Absolut-Rings in allen Sektoren gleich, jedoch innerhalb des Sektors unterschiedlich ist und die Abfolge der Unterbrechungen des Inkremental-Ring innerhalb eines Sektors gleich, aber von Sektor zu Sektor unterschiedlich ist (Bild 2.58). Wird das Lenkrad gedreht, ergibt sich in jeder Position und Drehrichtung eine spezielle Abfolge von Lichtsignalen, die durch den optischen Sensor erfasst und an das Steuergerät weitergeleitet werden. Da sich die Signalreihenfolge nach einer kompletten Lenkradumdrehung wiederholt, muss das Steuergerät „zählen", wie oft diese Signalreihe übermittelt wurde. Einige Lenkwinkelsensoren besitzen zusätzlich ein mittels Zahnradtrieb betätigtes Potenziometer zur Erfassung der ungefähren Lenkradposition.

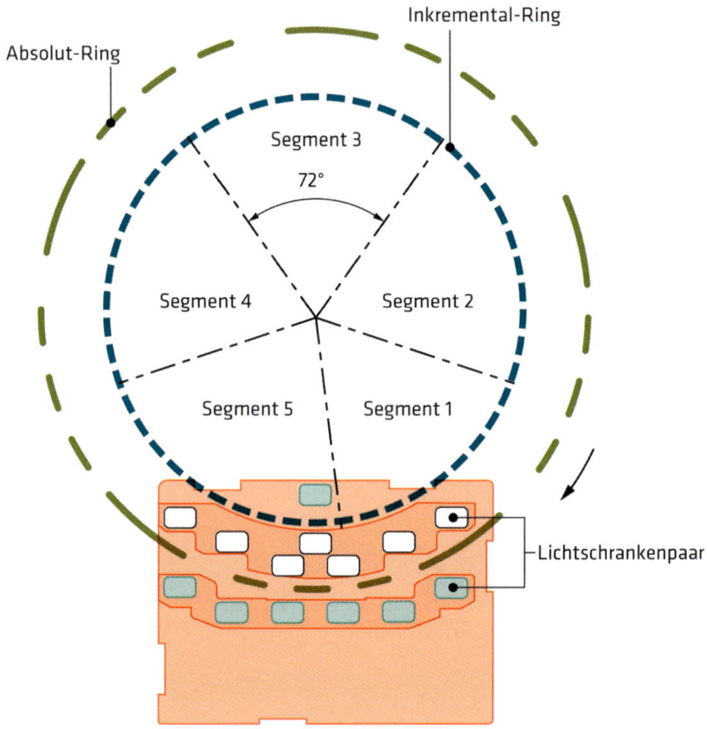

Bild 2.58
Schema eines fotoelektrischen Lenkwinkelsensors
[Bild: LDL]

2.12 Kraft-, Druck- und Drehmomentsensorik

Kraft, Druck- und Drehmomentsensoren basieren im Wesentlichen auf einem Geometriesensor (Beschreibungen hierzu auf den vorangegangenen Seiten) und einem elastischen Träger. Die meisten, im Kraftfahrzeug verwendeten Werkstoffe, vor allem Metalle und Elastomere besitzen eine gewisse Elastizität oder auch Federsteifigkeit. Diese lässt sich aus dem sogenannten Spannungs-Dehnungs-Diagramm ablesen. Die Spannung ist die

Kraft, die auf einen Quadratmillimeter Querschnittsfläche wirkt. Die Dehnung ist die Formänderung des Werkstoffs unter dieser Krafteinwirkung.

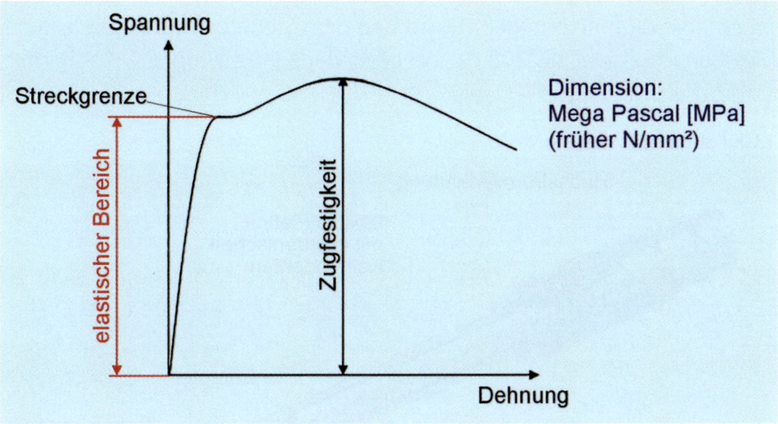

Bild 2.59
Spannungs-Dehnungs-Diagramm. Solange sich die Spannung im elastischen Bereich bewegt, geht die Verformung wieder zurück.
[Bild: Schmidt]

Wird nun ein solcher elastischer Werkstoff auf Zug, Druck oder Torsion belastet, so kann man mithilfe der von Geometriesensoren erfassten Längenänderung oder Verdrehung und der bekannten Querschnittsfläche des elastischen Trägers auf die wirkende Kraft bzw. das wirkende Drehmoment zurückrechnen.

Einsatzmöglichkeiten für Druck- und Drehmomentsensoren

1. Luft- und Flüssigkeitsdruckerfassung: Ein Dehnungsmessstreifen wird auf eine Gummi- oder Stahlmembran geklebt, die ringsum fest eingespannt wird. Wirkt auf diese Membran ein Unter- oder Überdruck, führt dies zu deren Dehnung. Anhand der Federsteifigkeit der Membran und des DMS lässt sich der erforderliche Druck für eine solche Deformation errechnen.

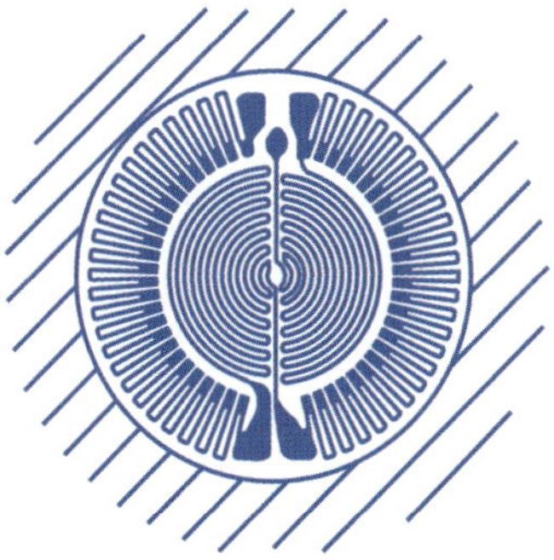

Bild 2.60
Membranrosette mit Dehnungsmessstreifen, wie sie zum Beispiel zur Druckmessung eingesetzt werden.
[Bild: LDL]

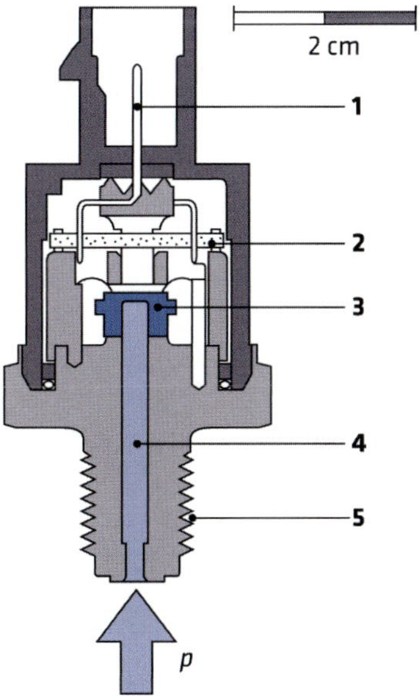

Bild 2.61 *Aufbau eines Raildrucksensors*
1 Elektrischer Anschluss
2 Auswerteschaltung
3 Stahlmembran mit Dehnwiderständen
4 Druckanschluss
5 Befestigungsgewinde
[Bild: LDL]

2. Brennraumdruckmessung: Drucksensorglühkerze (Pressure Sensor Glow Plug, kurz: PSG): Die Drucksensorglühkerze besteht aus einer konventionellen, elektronisch geregelten Glühstiftkerze, deren Heizstab beweglich gelagert ist und sich im hinteren Teil der Glühkerze an einer Messmembran abstützt. Der Zylinderinnendruck drückt den Heizstab gegen die Membran, die daraufhin gedehnt wird und dem Steuergerät den aktuellen Zylinderdruck (Messbereich aktuell bis 200 bar bei einer Genauigkeit von ± 2%) übermittelt.

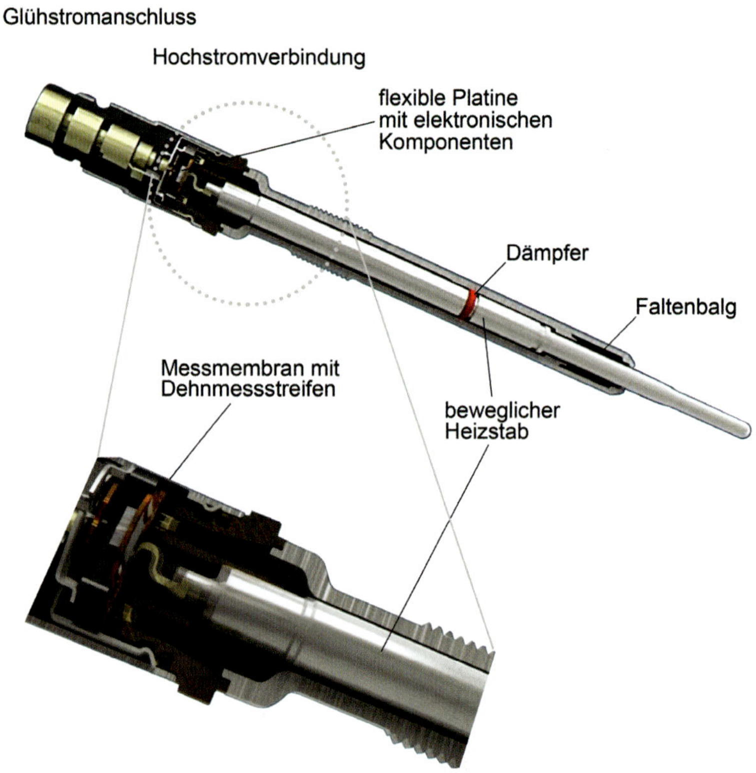

Bild 2.62
Glühkerze mit Brennraumdrucksensor
[Bild: Borg Warner]

3. Lenkmomenterfassung: Der Lenkmomentsensor besteht hauptsächlich aus einem mit der Lenkgetriebeeingangswelle verbunde Ringmagneten mit 8 Polpaaren, 2 mit dem Lenkritzel verbundenen Statoren mit jeweils 8 Zähnen und 2 mit dem Gehäuse verbundenen Hallsensoren (redundante Auslegung). Zwischen der Lenkgetriebeeingangswelle und dem Lenkritzel befindet sich zudem ein Torsionstab mit definierter Torsionssteifigkeit (s. auch Bild 2.64). In der Ruhestellung stehen die Zähne der Statoren mittig zwischen den Nord- und Südpolen des Ringmagneten. Somit kann sich zwischen den Statoren kein magnetisches Feld bilden und die Hallsensoren liefern kein Signal. Wird das Lenkrad gedreht, verdreht sich die Lenkgetriebeeingangswelle und damit der Ringmagnet gegen die Kraft des Torsionsstabs gegenüber dem Antriebsritzel und damit gegenüber den Statoren. Nun wirkt einer der beiden Pole, je nach Drehrichtung der Nord- oder der Südpol, auf die Zähne der Statoren, wodurch über diesen ein magnetisches Feld entsteht. Dies wird von den beiden Hallsensoren erfasst und als Spannungssignal an das Steuergerät übermittelt.

Bild 2.63
Über den Brennraumdrucksensor in der Glühkerze kann der Motor noch genauer geregelt werden.
[Bild: Borg Warner]

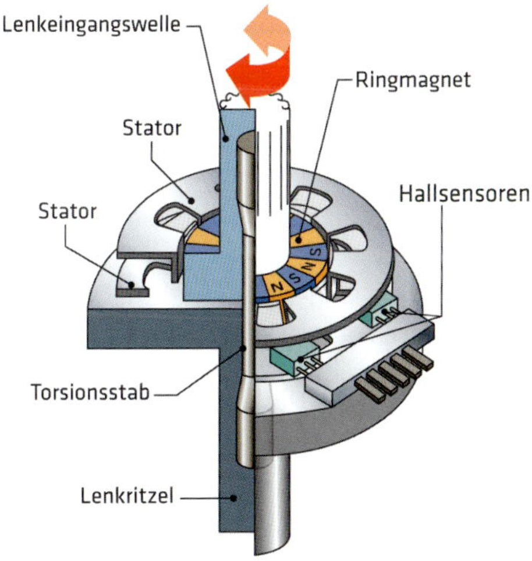

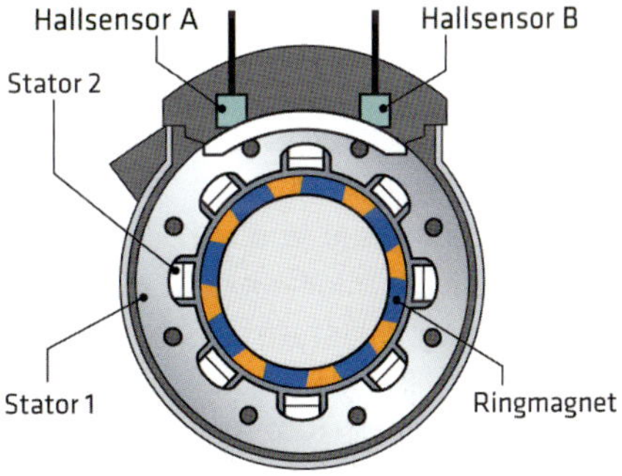

Bild 2.64
Schematische Darstellung eines Lenkmomentsensors mit Hallelementen
[Bild: LDL]

2.13 Fluidsensorik

2.13.1 Luftmengenmesser

Der Luftmengenmesser besteht aus einem Gehäuse, in dem zwei starr miteinander verbundene Klappen beweglich gelagert und mit einem Potenziometer verbunden sind. Zusätzlich besitzt er einen Bypass, über den ein bestimmter Teil Frischluft in den Motor strömen kann, ohne an der Stauklappe vorbei zu müssen. Das Prinzip ist einfach: Die

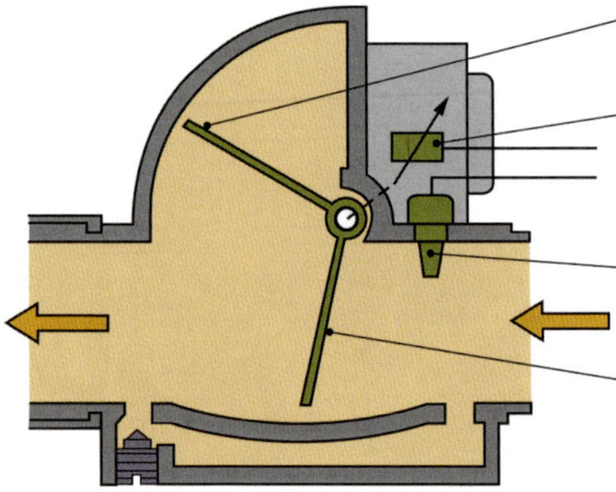

Bild 2.65
Aufbau eines Luftmengenmessers. Das Potenziometer erfasst die Auslenkung der Stauklappe. Aus diesem Wert errechnet das Steuergerät die Luftmenge.
[Bild: LDL]

einströmende Frischluft hebt die Stauklappe gegen Federkraft an. Das Potenziometer wandelt den Drehwinkel der Stauklappe in ein Spannungssignal um und übermittelt dieses an das Motorsteuergerät. Da die Luftsäule im Saugrohr durch das Schließen und Öffnen der Einlassventile in Schwingung gerät, würde auch eine einzelne Stauklappe schwingen und diese Bewegung auf das Potenziometer übertragen. Da der Schleifer somit ständig reiben würde, würde das Potenziometer sehr schnell verschleißen. Abhilfe schafft hier die Kompensationsklappe: Die Stauklappe kann nur auslenken, wenn die Kompensationsklappe im Dämpfungsvolumen einfährt. Hierzu muss die dort befindliche Luft an der Kompensationsklappe vorbeigeführt werden, was das ganze System träge macht. Die Schwingungen der Luftsäule können sich nicht mehr auf die Stauklappe übertragen. Der Bypass dient zur Grundeinstellung des Luftmengenmessers: Je weiter die Schraube in den Bypass gedreht wird, desto mehr Luft strömt an der Stauklappe vorbei. Das Gemisch fettet an.

2.13.2 Luftmassenmesser

Luftmengenmesser sind sehr ungenau. Sie erfassen die angesaugte Luftmenge. Das Steuergerät benötigt jedoch zur Gemischaufbereitung die Luftmasse, da zur vollständigen Verbrennung des Kraftstoffs das Verhältnis aus Kraftstoffteilchen und Luftteilchen, also das Massenverhältnis, optimiert werden muss. Zur Umrechnung des Luftvolumens (V) in Luftmasse (m) muss somit die Luftdichte (ρ) berücksichtigt werden, die u.a. von der Temperatur und dem Luftdruck abhängt.

$$m = V * \rho$$

Einfacher und genauer wird die Gemischaufbereitung, indem unmittelbar die Luftmasse ermittelt wird. Dies geschieht durch:

- Ultraschall-Luftmassenmesser
- Hitzdraht-Luftmassenmesser
- Heißfilm-Luftmassenmesser
- Heißfilm-Luftmassenmesser mit Rückstromerkennung

2.13.2.1 Ultraschall-Luftmassenmesser

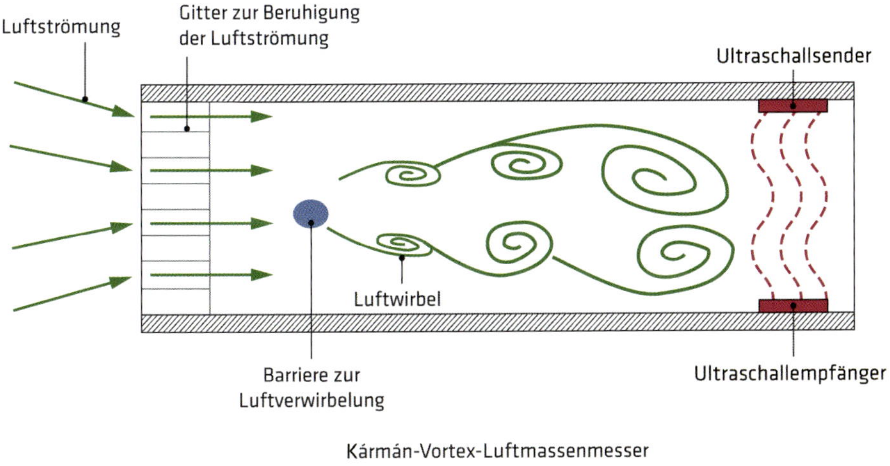

Bild 2.66
Aufbau eines Ultraschall-Luftmassenmessers.
[Bild: LDL]

Der Ultraschall-Luftmassenmesser basiert auf der sogenannten Kármán'schen Wirbelstraße (nach Theodore von Kármán, ungarischer Physiker), was ihm auch den Beinamen „Kármán-Vortex-Luftmassenmesser" (Vortex = engl. für Wirbel) eingebracht hat. Am Eingang des Luftmassenmessers wird der Luftstrom zunächst durch ein, i.d.R. metallisches, Gitter beruhigt, bevor er auf eine definierte Barriere trifft und dort verwirbelt. Der Umfang der Verwirbelungen ist von der durchströmenden Luftmasse abhängig. Hinter der Barriere befindet sich eine Ultraschall-Messstrecke. Ein Ultraschallsender erzeugt Ultraschallwellen, die in Richtung des Ultraschallempfängers geleitet werden. Die Wirbel stören die Signalübertragung. Das Steuergerät ermittelt den Umfang der Störung und ermittelt hieraus die angesaugte Luftmasse. Ultraschall-Luftmassenmesser kommen vorwiegend bei asiatischen Fahrzeugen zum Einsatz.

Werkstatttipp
Wie alle Luftmassenmesser ist auch der Ultraschall-Luftmassenmesser auf einen störungsfreien Luftstrom angewiesen. Bei dieser Bauform besteht das hierzu benutzte Beruhigungsgitter vielfach aus Aluminium und ist somit sehr weich. Arbeiten im Bereich des Luftmassenmessers bzw. Luftfilters sollten daher mit größter Vorsicht durchgeführt werden. Ein einmal beschädigtes Gitter lässt sich im Regelfall nicht wieder richten. Der Luftmassenmesser muss ersetzt werden.

2.13.2.2 Hitzdraht-Luftmassenmesser

Der Hitzdraht-Luftmassenmesser besteht hauptsächlich aus einem Messrohr, in das ein Platindraht trapezförmig gespannt ist. Dieser Platindraht wird durch Anlegen einer Spannung auf eine Temperatur von 100°C über Ansauglufttemperatur gebracht. Die vorbeiströmende Luft kühlt den Draht ab. Das Steuergerät erhöht die Spannung, um durch einen höheren Strom die Temperatur des Drahts wieder auf den Sollwert zu bringen. Je größer die vorbeiströmende Luftmasse, desto größer sind auch der Abkühleffekt und die erforderliche Energie zum Erhalt der Temperatur. Somit lässt sich aus der Höhe der erforderlichen Spannung die einströmende Luftmasse ermitteln.

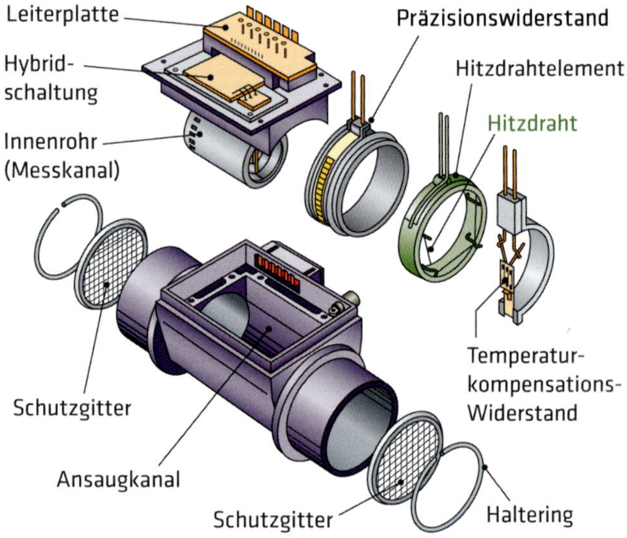

Bild 2.67
Aufbau eines Hitzdraht-Luftmassenmessers
[Bild: LDL]

Der Hitzdraht liegt bei dieser Bauform eines Luftmassenmessers ungeschützt in der Ansaugluft, was dazu führt, dass er im Betrieb relativ schnell verschmutzt (Öldämpfe, Staub, Pollen ...). Diese Verschmutzungen werden beseitigt, indem der Hitzdraht nach dem Abstellen des Motors kurzzeitig auf 1000°C erwärmt wird und freibrennt. Nichtsdestotrotz ist der Hitzdraht sehr anfällig, was nicht selten zum Ausfall des Luftmassenmessers geführt hat.

2.13.2.3 Heißfilm-Luftmassenmesser

Das Funktionsprinzip des einfachen Heißfilm-Luftmassenmessers ist nahezu identisch mit dem des Hitzdraht-Luftmassenmessers. Statt des empfindlichen, da ungeschützten, Hitzdrahts kommt hierbei jedoch ein Platinfilmwiderstand als Heizwiderstand zum Einsatz. Im Luftstrom befinden sich insgesamt drei Widerstände: Ein Thermistor zur Erfassung der Ansauglufttemperatur, der Heizwiderstand und ein weiterer Thermistor, der Sensorwiderstand, der die Temperatur des Heizwiderstands überwacht. Zunächst wird der Heizwiderstand auf eine Temperatur von 160°C über Ansauglufttemperatur gebracht. Wie beim Hitzdraht-Luftmassenmesser kühlt die vorbeiströmende Ansaugluft den Heizwiderstand ab, was das Steuergerät mithilfe des Sensorwiderstands erkennt. Durch Anheben der Versorgungsspannung des Heizwiderstands wird dessen Temperatur wieder auf den Sollwert gebracht. Somit lässt sich anhand der zum Erhalt der Temperatur erforderlichen Spannung die angesaugte Luftmasse ermitteln.

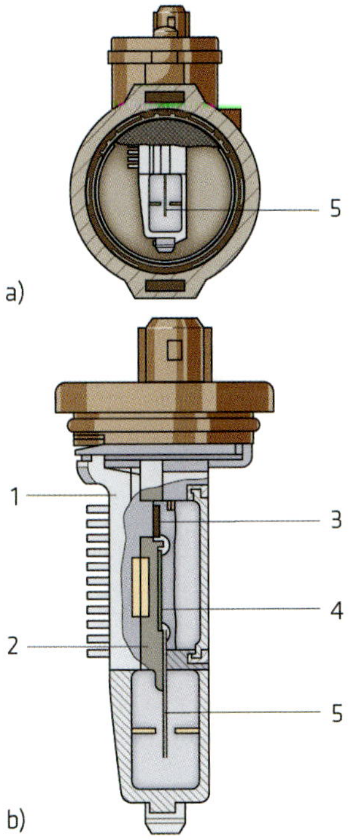

Bild 2.68
Heißfilm-Luftmassenmesser
a) Gehäuse
b) Heißfilmsensor (in Gehäusemitte eingebaut)
1 Kühlkörper
2 Zwischenbaustein
3 Leistungsbaustein
4 Hybridschaltung
5 Sensorelement
[Bild: AS-Illu]

2.13.2.4 Heißfilm-Luftmassenmesser mit Rückstromerkennung

Zur Erhöhung der Messgenauigkeit des Luftmassenmessers ist eine Rückstromerkennung erforderlich. Schließen die Einlassventile, pulsiert die Luftsäule zurück in Richtung Luftfilter, was die einfachen Luftmassenmesser als zusätzliche Luftmasse erfasst und an das Steuergerät übermittelt haben. Eine Luftmasse kann somit im ungünstigsten Fall dreifach (rein, raus, wieder rein) erfasst werden, was seitens des Steuergeräts durch Korrekturfaktoren berücksichtigt werden muss. Durch die Rückstromerkennung lässt sich die Messgenauigkeit auf $\pm$ 2% erhöhen.

Luftmassenmesser mit Rückstromerkennung verfügen über einen Heizwiderstand, der von zwei Messwiderständen eingeschlossen ist. Zunächst wird der Heizwiderstand auf 120°C über Ansaugluft erwärmt. Bei stehendem Motor strahlt die Wärme gleichermaßen auf die beiden Messwiderstände R1 und R2. Wird der Motor gestartet, strömt die Luft zunächst über den Messwiderstand R1, der hierdurch abgekühlt wird, bevor sie über den Heizwiderstand auf den Messwiderstand R2 strömt, der sich durch die erwärmte Luft ebenfalls aufheizt. Somit ergibt sich eine Temperaturdifferenz zwischen den beiden Messwiderständen, anhand derer das Steuergerät die angesaugte Luftmasse errechnen kann.

Kommt es zu einem Rückstrom der Luft, tauschen die beiden Messwiderstände ihre Rollen: Jetzt wird Messwiderstand R2 abgekühlt und Messwiderstand R1 aufgewärmt. Somit kann diese Luftmasse als Rückstrom identifiziert und von der bisher angesaugten Luftmasse abgezogen werden.

Die Auswerteelektronik

Alle vorgenannten und beschriebenen Luftmassenmesser verfügen direkt am Bauteil über eine Auswerteelektronik, die, je nach Generation, die ermittelte Luftmasse in unterschiedlicher Form an das Motorsteuergerät übermittelt. Diese Auswerteelektronik ist vom Hersteller programmierbar, sodass ein und dieselbe Hardware mit der richtigen

Bild 2.69
Heißfilm-Luftmassenmesser mit Rückstromerkennung
1 Elektrische Anschlüsse
2 Elektrische Verbindungen
3 Auswerteelektronik
4 Lufteinlass
5 Sensorelement
6 Luftauslass
7 Gehäuse
[Bild: AS-Illu]

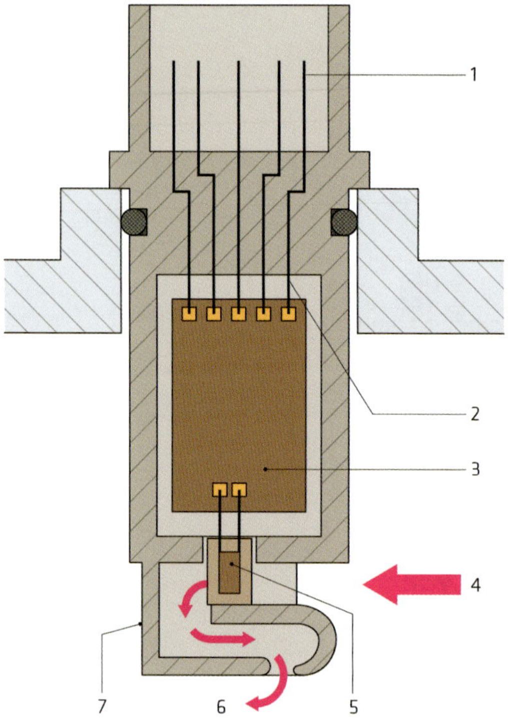

Software bespielt in unterschiedlichen Fahrzeugen zum Einsatz kommen kann. Zudem verfügen die Luftmassenmesser über einen immer weiter entwickelten Kontaminationsschutz. Einen kleinen Überblick sollen die folgenden Generationen von Bosch-Luftmassenmessern verschaffen.

Generationen

HLM-1

- Erste Generation von Luftmassenmessern als Hitzdraht-Luftmassenmesser
- Durch den Platindraht anfällig und teuer

HFM-2

- Erster Heißfilm-Luftmassenmesser in Dickschichttechnik
- Träge
- Kein Freibrennen mehr erforderlich
- Genauigkeit $\pm$ 4%

HFM-5

- Rückstromerkennung
- Kontaminationsschutz „S-förmig"
- Genauigkeit $\pm$ 3%
- Analoges Signal

HFM-6

- Rückstromerkennung
- Genauigkeit: $\pm$ 2%

- Verbesserter Kontaminationsschutz „C-förmig"
- Digitales Signal

HFM-8

- Rückstromerkennung
- Genauigkeit: ± 2%
- Datenbus-Schnittstelle für SENT, FAS, LIN

Anhand der Typenbezeichnung des HFM lässt sich in einigen Fällen zudem die „Sonderausstattung" des Luftmassenmessers ablesen. Auch dies soll im Folgenden am Beispiel des Bosch HFM-8 beschrieben werden:

HFM-8	Luftmassenmesser ohne Extras
HFM-8-T	Luftmassenmesser mit Temperatursensor
HFM-8-pT	Luftmassenmesser mit Druck- und Temperatursensor
HFM-8-TH	Luftmassenmesser mit Temperatur- und Luftfeuchtesensor
HFM-8-pTH	Luftmassenmesser mit Druck-, Temperatur- und Luftfeuchtesensor

2.14 Lamdasonden

Lamdasonden dienen zur Erfassung des Restsauerstoffgehalts im Abgas. Dies dient bei älteren Fahrzeugen zur Einstellung und bei heutigen Fahrzeugen zur Kontrolle des Kraftstoff-Luft-Gemischs. Je nach Einsatzzweck (Diesel oder Benziner, klassische Gemischaufbereitung oder Magermix, Vor- oder Nachkat) kommen unterschiedliche Bauformen von Lamdasonden zum Einsatz:

- Spannungssprungsonde
- Widerstandssprungsonde
- Breitbandsonde

2.14.1 Spannungssprungsonde

Die Spannungssprungssonde, auch Zweipunkt-Lambdasonde genannt, funktioniert wie eine kleine Batterie, bei der die Primärelemente ständig „nachgefüllt" werden. Sie hat zwei mikroporöse Platinelektroden, die durch einen keramischen Festkörperelektrolyten auf Zirkondioxidbasis voneinander getrennt sind (galvanische Sauerstoff-Konzentrationszelle mit Festkörperelektrolyt nach dem Nernst-Prinzip). Eine der Elektroden ragt in das Abgasrohr, die zweite befindet sich in der Außenluftkammer. Bei Temperaturen oberhalb von etwa 300°C wird der Festkörperelektrolyt für Sauerstoffionen leitend. Liegt zwischen dem Abgasrohr und der Außenluftkammer ein unterschiedlich großer Sauerstoffgehalt vor, hat der Sauerstoff das Bestreben, diese Differenz auszugleichen: Der Sauerstoff teilt sich in die positiv geladenen Ionen und die negativ geladenen Elektronen auf. Während die Ionen durch den Festkörperelektrolyten „wandern", bleiben die Elektronen zurück. Es entsteht eine Spannung. Die Höhe der Spannung ist somit davon abhängig, wie groß der Unterschied zwischen dem Sauerstoffgehalt im Abgasrohr und dem Sauerstoffgehalt in der Außenluftkammer ist. Je höher die Differenz, desto größer die Spannung. Da der Restsauerstoffgehalt im Abgas wiederum von der Gemischzusammensetzung abhängt, lässt

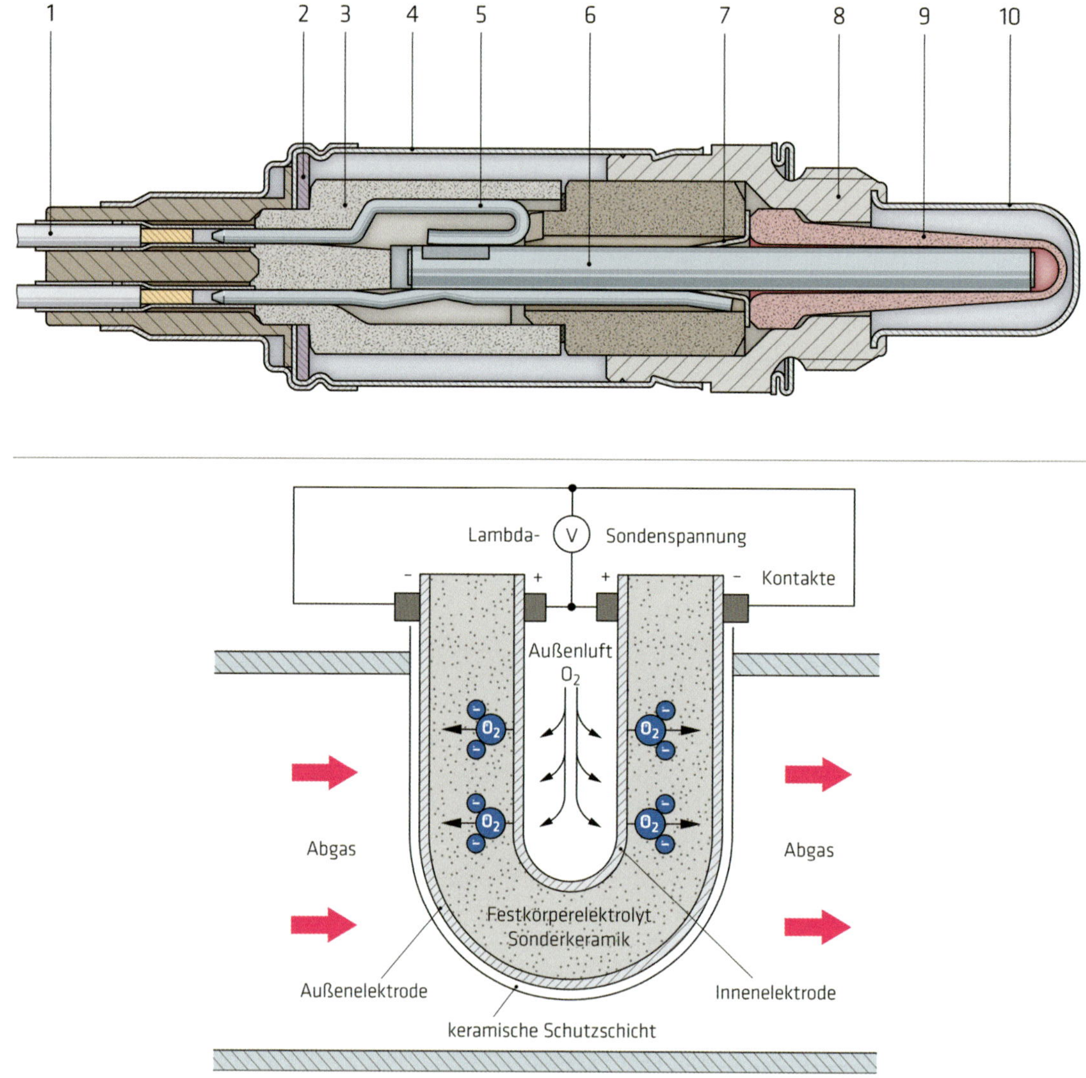

Bild 2.70 *Beheizte Spannungssprungsonde mit schematisch dargestellter Ionenwanderung (unten)*

1 Anschlusskabel
2 Tellerfeder
3 keramisches Stützrohr
4 Schutzhülse
5 Klemmanschluss für Heizelement
6 Heizelement
7 Kontaktteil
8 Sondengehäuse
9 aktive Sondenkeramik
10 Schutzrohr
[Bild: AS-Illu]

sich hierdurch auch diese ermitteln (Merksatz: Fette Spannung, fettes Gemisch!). Der größte Nachteil der Spannungssprungsonde liegt darin, dass das vorbeschriebene Verhalten nicht linear, sondern, wie der Name der Sonde bereits verrät, sprunghaft ist. Bei fettem Gemisch entsteht eine hohe Sondenspannung von ca. 800 bis 1000 V, die im Bereich um $\lambda=1$ schlagartig auf ca. 100 mV abfällt. Die Sonde eignet sich somit nur zur Einordnung des Gemischs in „fett" und „mager" bezogen auf $\lambda=1$, nicht aber zur Unterscheidung unterschiedlicher Lambdawerte größer als 1.

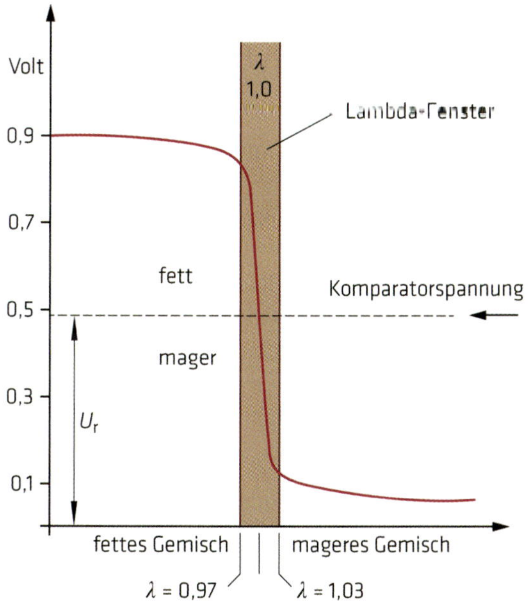

Bild 2.71
Regelbereich der Spannungssprungsonde
[Bild: AS-Illu]

Das Ansprechverhalten der Sonde ist stark temperaturabhängig. Bei Temperaturen unterhalb von ca. 300°C arbeitet sie gar nicht. Der Motor wird gesteuert (keine Lambda-Regelung!). Mit zunehmender Erwärmung sinkt die Ansprechzeit der Sonde aus dem Sekundenbereich bei „kalter" Sonde auf weniger als 50 ms bei betriebswarmer (ca. 600° C) Sonde. Weiterhin dürfen die Temperaturen an der Sonde nicht über 850°C (kurzzeitig bis zu 930°C) steigen, da die Sonde hierdurch thermisch altert. Um trotz einer Einbaulage in ausreichender Entfernung zum Motor ein schnelles Erreichen der Betriebstemperatur zu gewährleisten, werden die meisten Lambdasonden beheizt.

Werkstatttipp

Die Zuführung von Frischluft in die Außenluftkammer der Sonde erfolgt auf unterschiedlichen, fehlerträchtigen Wegen: Bei älteren Sonden befindet sich im Regelfall eine Belüftung direkt an der Sonde, beispielsweise am Kabel. Diese Belüftung ist anfällig gegenüber Schmutz und unsachgemäßer Unterbodenversiegelung. Wachs, Bitumen u.Ä. verkleben bei Kontakt die Sonde und machen sie funktionsunfähig. Bei neueren Sonden wird die Luftzufuhr daher auf einem unkritischeren Weg realisiert: durch das Sondenkabel. Der Zwischenraum zwischen den einzelnen Litzen des Kabels sowie zwischen dem Leiter und der Isolierung schafft eine ausreichende Sauerstoffzufuhr zur Luftkammer. Hierbei ist jedoch zu beachten, dass dieser Weg nicht versiegelt wird, weshalb das Sondenkabel nicht verlötet werden darf (z.B. beim Einbau einer Universalsonde) und keine Kontaktsprays oder Ähnliches auf das Kabelende gesprüht werden sollten.

2.14.2 Widerstandssprungsonde

Die Widerstandssprungsonde besteht aus einem Keramikkörper aus Titandioxid, der beidseitig von porösen Platinelektroden eingeschlossen ist. Zunächst verhält sich die Widerstandssprungsonde wie ein NTC-Thermistor: Mit zunehmender Erwärmung steigt die Anzahl freier Elektronen, was die Leitfähigkeit der Sonde verbessert. Ab ca. 200°C ist die Sonde betriebsbereit. Restsauerstoff im Abgas bindet einige der freien Elektronen, wodurch die Leitfähigkeit der Sonde wieder sinkt. Bei fettem Gemisch gibt es nur sehr wenig Restsauerstoff im Abgas. Der Widerstand der Sonde bleibt mit ca. 1 kΩ gering. Beim mageren Gemisch trifft viel Restsauerstoff auf die freien Elektronen und bindet diese: Der Widerstand der Sonde steigt sprunghaft bei $\lambda=1$ auf ca. 1 MΩ an. Die Sonde wird vom Steuergerät mit einem Shunt in Reihe geschaltet, somit ergibt sich ein Spannungsteiler. Die Spannung auf der Signalleitung liegt bei magerem Gemisch bei $\leq$0,4 V und bei fettem Gemisch bei 3,9 V bis 5 V. Die optimale Arbeitstemperatur der Sonde liegt zwischen 600°C und 700°C. Deren Einhaltung wird durch eine regelbare Sondenheizung gewährleistet. Bei Temperaturen oberhalb von 700°C wird das NTC-Verhalten der Sonde zusätzlich zur Bestimmung der Abgastemperatur und damit zum Schutz des Katalysators vor Überhitzung eingesetzt. Die maximale Temperatur der Sonde darf 850°C nicht übersteigen.

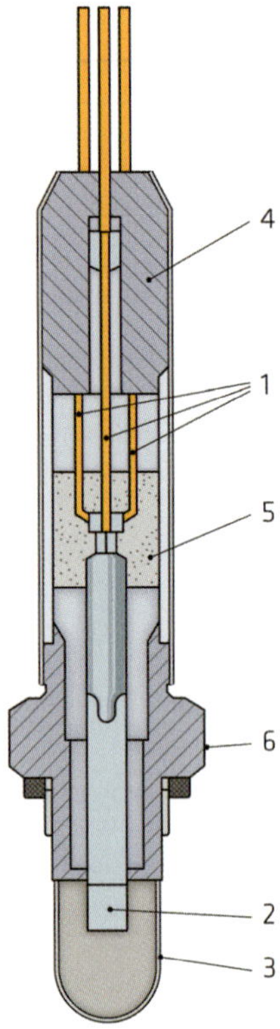

Bild 2.72
Aufbau einer Widerstands-Lambdasonde (Titanoxid-Sonde]
1 *Anschlussleitungen*
2 *Sondenelement*
3 *Schutzrohr*
4 *Tülle*
5 *Abdichtung*
6 Metallgehäuse
[Bild: AS-Illu]

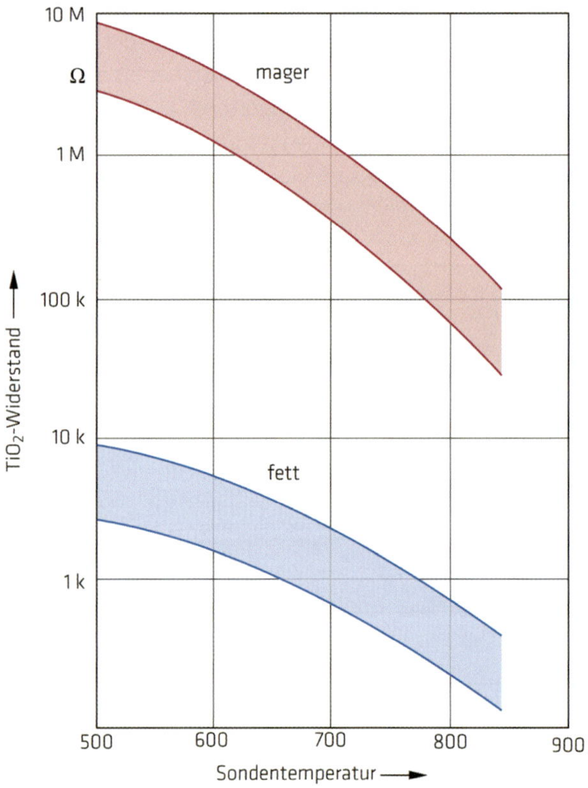

Bild 2.73
Widerstandsverhalten einer Titanoxid-Sonde
[Bild: AS-Illu]

2.14.3 Breitbandlambdasonde

Alle vorgenannten Lambdasonden sind nur in der Lage, Gemischzusammensetzungen bezogen auf das stöchiometrische Gemisch ($\lambda=1$) zu bewerten. Sie geben also ausschließlich an, ob das Gemisch magerer oder fetter als $\lambda=1$ ist. Dieselmotoren arbeiten generell und Ottomotoren heutzutage in vielen Betriebszuständen ausschließlich mit Lambdawerten größer als 1. Um diese voneinander unterscheiden zu können, ist eine Breitbandlambdasonde erforderlich.

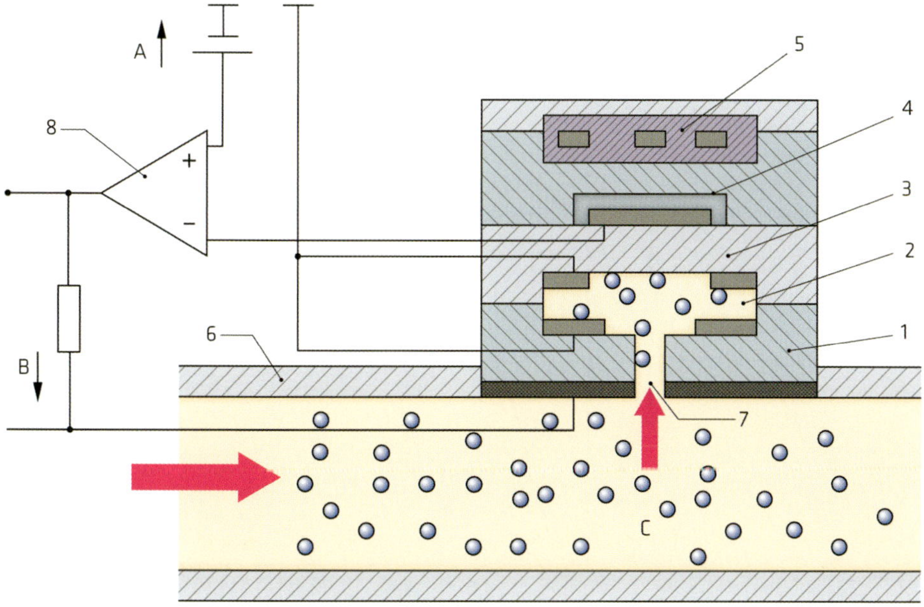

Bild 2.74
Schematischer Aufbau einer Breitband-Lambdasonde
1 Pumpzelle
2 Diffusionsspalt (Messkammer)
3 Nernstzelle (vergleichbar mit Zweipunkt-Sonde)
4 Referenzzelle (mit Verbindung zur Außenluft)
5 Heizung
6 Abgasrohr
7 Diffusionskanal
8 Regelschaltung im Motronic-Steuergerät
A Sondenspannung/ Regelspannung
B Pumpstrom
C Abgas
[Bild: Schmidt]

Die Sonde besteht im Wesentlichen aus zwei Spannungssprungsonden in einem Gehäuse. Eine der Sonden wird als sogenannte Messzelle eingesetzt, die zweite als Pumpzelle. Zwischen den beiden Zellen befindet sich als Messraum ein Diffusionsspalt von ca. 10 bis 50 µm, der über eine Einlassöffnung mit dem Abgasrohr verbunden ist. Die Messzelle besteht wie die der konventionellen Spannungssprungsonde, aus zwei mikroporösen Platinelektroden, die durch einen keramischen Festkörperelektrolyten auf Zirkondioxidbasis voneinander getrennt sind (galvanische Sauerstoff-Konzentrationszelle mit Festkörperelektrolyt nach dem Nernst-Prinzip). Eine der Elektroden liegt im Diffusionsspalt, die zweite ragt in eine Außenluftkammer, genannt Referenzluftkanal. Die Pumpzelle ist so angeordnet, dass sie Sauerstoff zwischen dem Diffusionsspalt und dem Abgasrohr hin und her pumpen kann. Die Regelung der Betriebstemperatur der Sonde auf 650°C bis 900°C erfolgt über ein integriertes Heizelement.

Das Abgas gelangt durch die Einlassöffnung in den Diffusionsspalt. Das Steuergerät bekommt die Aufgabe, den Sauerstoffgehalt in diesem Raum auf $\lambda=1$ (Spannung an der Messzelle ca. 450 mV) einzustellen. Ist im Abgas sehr viel Restsauerstoff enthalten (mageres Gemisch), muss der Sauerstoffgehalt im Diffusionsspalt verringert werden. Dies geschieht, indem das Steuergerät an die Pumpzelle einen positiven Pumpstrom anlegt und Sauerstoff aus dem Diffusionsspalt in das Abgas fördert. Ist im Abgas sehr wenig

Sauerstoff enthalten (fettes Gemisch), muss das Steuergerät den Sauerstoffgehalt im Diffusionsspalt durch Anlegen eines negativen Pumpstroms und das Hineinfördern von Sauerstoff in den Diffusionsspalt erhöhen. Das „Pumpen" des Sauerstoffs ist hierbei ein rein physikalischer Prozess: Durch ein positives Potenzial werden negativ geladene Sauerstoff-Ionen durch die Diffusionsbarriere angezogen und durch ein negatives Potenzial werden negativ geladene Sauerstoff-Ionen abgestoßen und durch die Diffusionsbarriere „gedrückt".

Die Ermittlung des Restsauerstoffgehalts im Abgas erfolgt anhand des Pumpstroms. Die Sondenspannung der Messzelle dient nur zur Regelung des Pumpstroms.

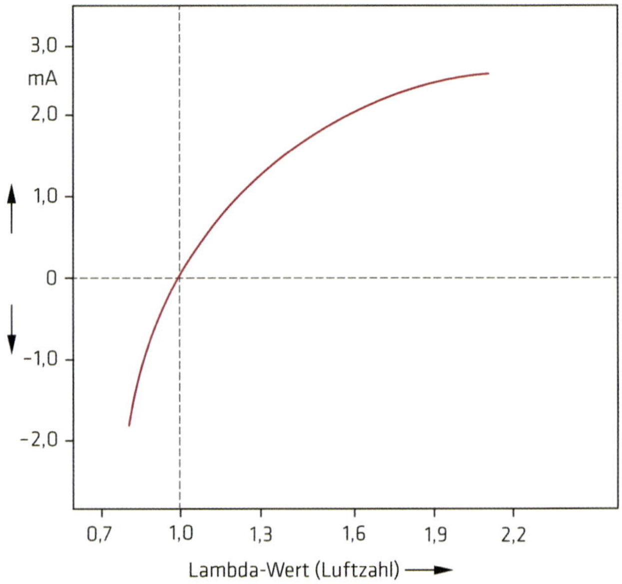

Bild 2.75
Pumpstrom der Breitbandlamdasonde in Abhängigkeit von der Luftzahl des Abgases.
[Bild: AS-Illu]

2.15 NO_X-Sensor

Der NO_X-Sensor besteht aus 2 Messkammern und 2 Pumpzellen (Bild 2.76). Das Abgas gelangt in die erste Messkammer (2), in der eine Pumpzelle (1) untergebracht ist. Die erste Pumpzelle kann Sauerstoff in die Messzelle hinein- oder hinausfördern. Durch die Sauerstoffdifferenz zwischen der Messzelle und der Referenzzelle (5) entsteht eine Spannung, die das NO_X-Steuergerät erfasst und danach den Pumpstrom regelt. In der zweiten Messkammer (7) wird der NO_X-Gehalt bestimmt.

Durch die Diffusionsschranke (6) gelangen die Stickoxide in die zweite Messkammer. Durch das katalytische Material der Elektrode (9) in der zweiten Messkammer wird NO_X zu N_2 und O_2 reduziert. Durch diese Elektrode wird der Sauerstoff aus der zweiten Messzelle in die Außenluft gepumpt. Der dafür notwendige Pumpstrom ist die Messgröße für den NO_X-Gehalt im Abgas.

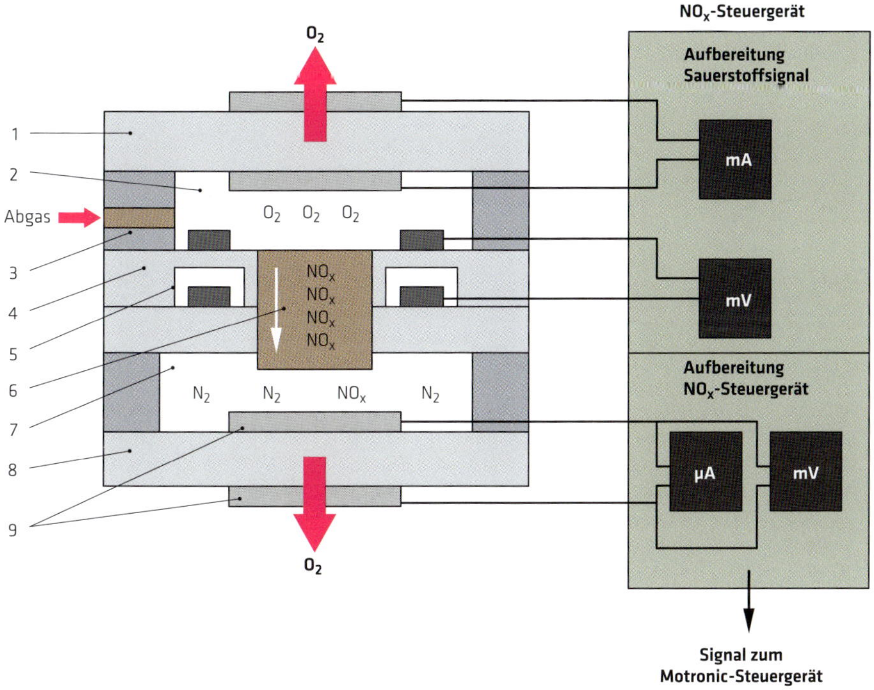

Bild 2.76
Schematischer Aufbau einer NO_X-Sonde
1 1. Pumpzelle
2 1. Messkammer (Diffusionsspalt)
3 1. Diffusions-schranke (porös)
4 Nernstzelle
5 Referenzzelle (mit Verbindung zur Außenluft)
6 2. Diffusions-schranke (porös)
7 2. Messkammer (Diffusionsspalt)
8 2. Pumpzelle
9 Elektroden
[Bild: AS-Illu]

2.16 Sonstige Spezialsensoren

Beschleunigungssensoren

Thermoelektrische Beschleunigungssensoren

Thermoelektrische Beschleunigungssensoren basieren auf der Tatsache, dass sich die Dichte eines Gases mit zunehmender Erwärmung verringert und sich dieses Gas bei Beschleunigung und Verzögerung (=negative Beschleunigung) anders verhält als kaltes Gas. Ein Heizwiderstand erzeugt eine warme Gasblase, die in Ruhelage gleichmäßig auf zwei umgebende Thermistoren wirkt. Erfolgt eine Beschleunigung oder Verzögerung des Sensors, so „verschiebt" sich die warme Gasblase in Richtung der Beschleunigung. Zwischen den beiden Thermistoren entsteht eine Temperaturdifferenz, die vom Steuergerät erfasst und in den Beschleunigungswert zurückgerechnet werden kann.

3 Assistenzsysteme

Assistenzsysteme unterstützen den Fahrer bei der Bedienung des Fahrzeugs und tragen zur Erhöhung der aktiven Fahrsicherheit bei, indem sie ermüdende Faktoren reduzieren oder gar aktiv in das Fahrgeschehen eingreifen. Die Sensoren liefern die Informationen, die die Systeme brauchen, um Fahrsituationen erfassen zu können. Sie arbeiten damit ähnlich wie die Sinnesorgane des Menschen. Die erfassten Daten übermitteln sie dann an die Steuergeräte. Diese wiederum sammeln die Daten der verschiedenen Sensoren, werten sie aus und geben sie als Information zum Beispiel an den Fahrer weiter (z.B. Park-Distance-Control). Außerdem setzen sie die Daten unmittelbar in Form von Bewegungskorrekturen des Fahrzeugs um (z.B. ESP, Notbrems- und Spurhalteassistent) oder setzen Komponenten in Gang (z.B. Scheibenwischer).

Werkstatttipp

Gerade im Bereich der Assistenzsysteme hat sich in den vergangenen Jahren eine Vielzahl unterschiedlicher Begriffe mit teils identischen Funktionen verbreitet. Bei Beanstandungen sollte man also zunächst klären, welche Funktion des Fahrzeugs genau fehlerhaft ist und ob diese Funktion bei dem jeweiligen Fahrzeug verbaut und aktiviert ist. So kommt es zum Beispiel häufig vor, dass der Kunde vom „Spurhalteassistenten" erwartet, dass dieser die Fahrspur selbsttätig hält, was jedoch nicht bei allen Fahrzeugen der Fall ist. In vielen Fällen wird nur auf das baldige Verlassen der Fahrspur hingewiesen. Zudem setzen die Assistenten meist eine vorschriftsgerechte und übliche Bedienung des Fahrzeugs voraus. So kann es passieren, dass der Spurhalteassistent den Spurwechsel behindert, weil der Fahrer dies nicht durch den Fahrtrichtungsanzeiger angezeigt hat. Auch Eingriffe in die Arbeit des Assistenten können unerwartete Folgen haben: Tritt der Fahrer während der Arbeit des Notbremsassistenten auf die Bremse, weil die aktuelle Verzögerung ihm zu gering erscheint, hat dies zur Folge, dass das System abschaltet und die Bremsverzögerung, je nach Bremspedalstellung ggf. zunächst abnimmt, anstatt zuzunehmen. Im „Fehlerfall" sollte man daher zunächst ein intensives Kundengespräch führen, um herauszufinden, ob es systemunabhängige Variablen gab, die den vermeintlichen Systemfehler ausgelöst haben. Typische Auslöser für „fehlerhafte Assistenten" sind:

- Assistent nicht aktiviert (z.B. beim Fahrzeugwechsel: Der Benutzer erwartet, dass das System im Grundzustand „aktiv" ist)
- Verantwortliches System deaktiviert (z.B. Abstandsregeltempomat, Notbremsassistent: Das System benötigt für den Bremseingriff das ESP. Ist dieses deaktiviert, kann auch der Assistent nicht arbeiten)
- Fahrgeschwindigkeitsbereich unter-/überschritten (bei vielen Fahrzeugherstellern arbeiten Assistenzsysteme nur in bestimmten Geschwindigkeitsbereichen z.B. 50 bis 160 km/h)
- Unerwartetes Verhalten des Bedieners (z.B. Spurwechsel ohne Blinken, Losfahren ohne Anschnallen)

In diesem Kapitel werden die Assistenten anhand der verwendeten Sensorik unterschieden in:

- Optische Systeme
- Ultraschall- oder Nahbereichsradar-basierte Systeme
- Radarbasierte Systeme
- Systeme basierend auf vorhandener Fahrzeugsensorik

3.1 Optische Systeme

3.1.1 Regen-/Lichtsensor

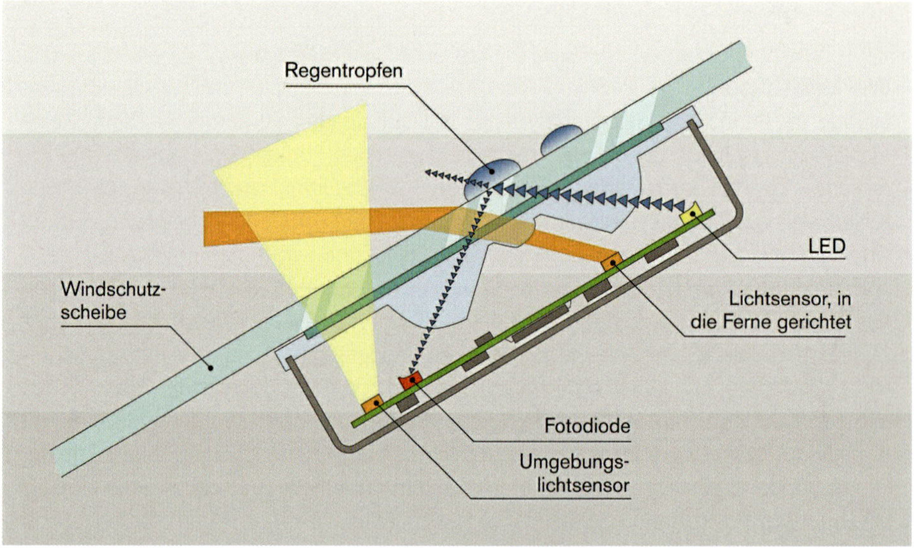

Bild 3.1
Schematisch dargestellter Aufbau eines Regen-/Lichtsensors
[Bild: AS-Illu]

Bild 3.2
Regen-/Lichtsensor: Schön zu erkennen sind die Optiken für die Sende- und Empfängerdioden.
[Bild: ZF]

Der Regensensor befindet sich innerhalb des Wischfelds des Scheibenwischers auf der Frontscheibe. Im Regensensor befindet sich eine Infrarot-Leuchtdiode als Sender und eine Infrarot-Fotodiode als Empfänger. Bei trockener Scheibe wird das Licht der Senderdiode von der Frontscheibe nahezu vollständig reflektiert und auf die Empfängerdiode geworfen. Wird die Scheibe mit Flüssigkeit benetzt, vermindert sich die Reflektivität der Scheibe und ein Teil der Infrarotstrahlen durchdringt diese. Der Anteil der Strahlung, der zur Empfängerdiode reflektiert wird, vermindert sich. Je stärker der Wasserfilm auf der Scheibe ist, desto weniger Infrarotlicht kommt an der Fotodiode an.

Der Lichtsensor nutzt die Empfängerdioden des Regensensors zur Vorfeld-Überwachung und separate Empfängerdioden zur Umgebungslichtüberwachung.

Automatische Scheibenwischerregelung

Abhängig von der Benetzung der Frontscheibe mit Wasser wird die Arbeitsgeschwindigkeit des Scheibenwischers verändert. Sobald der untere Schwellenwert des Empfängersignals des Regensensors unterschritten wird, beginnt der Wischer zu arbeiten. Beginnend mit unterschiedlich langen Pausen im Intervallbetrieb bis hin zur angepassten Arbeitsgeschwindigkeit des Scheibenwischers im kontinuierlichen Betrieb. In einigen Fällen wird zudem die versehentliche, manuelle Betätigung des Scheibenwischers bei trockener Scheibe unterbunden, um Schäden an der Scheibenwischeranlage und an der Verglasung zu vermeiden.

Bremsscheibenwischer/Trockenbremsen

Bei längeren Regenfahrten ohne Bremsbetätigung kann sich auf der Bremsscheibe ein Wasserfilm bilden, der die Bremswirkung deutlich herabsetzt. Bei vielen Fahrzeugen wird daher bei Erkennung von Regenfahrten in festgelegten Zeitabständen kurzzeitig automatisiert gebremst, wodurch die Bremsscheiben und -beläge warm und damit trocken gehalten werden. Die erzielte Bremsverzögerung ist so gering, dass sie für die Insassen des Fahrzeugs unbemerkt bleibt. Bei Fahrzeugen ohne Regen-/Lichtsensor lässt sich diese Funktion ggf. auch durch die manuelle Betätigung des Scheibenwischers aktivieren.

Automatische Fahrlichtsteuerung

Abhängig von den Lichtverhältnissen vor dem Fahrzeug wird das Abblendlicht ein- bzw. ausgeschaltet. Das Einschalten geschieht bei länger andauerndem Unterschreiten des unteren Schwellenwerts des Umgebungslichtsensors (z.B. Nachtfahrt) oder kurzfristig anhand der Signalfolge von Vorfeld- und Umgebungslichtsensor (z.B. Einfahrt in einen Tunnel). Wird der untere Schwellenwert des Umgebungslichtsensors langfristig überschritten, wird das Licht wieder ausgeschaltet.

Werkstatttipp

Häufig treten Fehler (zu häufiges Wischen) im Bereich des Regen-/Lichtsensors auf, weil die Frontscheibe im Bereich des Sensors verschmutzt oder gar beschädigt ist. In Fällen geringer Störungen reicht oftmals eine Kalibrierung des Sensors durch Aus- und Wiedereinschalten der Automatikfunktion. Sollte dies keine Abhilfe schaffen, ist eine Beseitigung der Störungsursache erforderlich. Auch eine fehlerhafte Montage des Sensors oder mangelnde Sauberkeit der Sensor- bzw. der Scheibenoberfläche vor der Montage können diese Fehlfunktion auslösen.

3.1.2 Kameras

Immer mehr Assistenzsysteme nutzen die Daten von Kameras für ihre Arbeit. Dabei ist das grundsätzliche Funktionsprinzip dieser kamerabasierten Systeme unabhängig von der Einbaulage der Kamera. Die Kamera erfasst das Geschehen im betreffenden Bereich und das Steuergerät (in der Kamera oder als externes Gerät) wertet die Informationen entsprechend bestimmter Bildmuster aus.

Bild 3.3
Kameras, die das Vorfeld des Fahrzeugs beobachten sollen, sind oft hinter der Frontscheibe eingebaut. Dabei reicht die Spanne von Monokameras mit nur einer Linse über Stereokameras für die räumliche Erfassung des Geschehens bis hin zu Dreilinsenkameras, die zusätzlich mit Tele- und Fischaugenobjektiv ausgestattet sind, um einen möglichst großen Bereich erfassen zu können.
[Bild: ZF]

Bild 3.4
Von der Kamera erkannte Geschwindigkeitsbegrenzungen zeigen viele Systeme im Cockpit in oder neben dem Tacho an.
[Bild: Daimler]

Werkstatttipp

Alle kamerabasierten Systeme arbeiten nach dem gleichen Prinzip: Die Kamera erfasst das Bild und die Verarbeitungssoftware wertet es aus. Die Software geht jedoch, anders als der Mensch, nach einem streng logischen Muster vor. Entspricht das erkannte Objekt dem Muster, wird es zur Verarbeitung weitergegeben. Während der Mensch also in der Lage ist, Verkehrszeichen, die auf das Heck eines Lkws aufgeklebt sind, von echten zu unterscheiden, kommt die Auswerteelektronik hier an ihre

Grenzen. Bei Kundenbeanstandungen sollte deshalb im Rahmen eines sehr intensiven Kundengesprächs die Ursache der Fehlfunktion ermittelt werden:

- War das beanstandete Objekt einwandfrei erkennbar oder gab es Sichtbehinderungen am Objekt (verblasst, verfärbt ...) oder im Sichtfeld (Nebel, Gegenlicht, Bäume ...)?
- War die Frontscheibe zum Zeitpunkt der Beanstandung sauber?
- Gab es zum Zeitpunkt der Beanstandung im Sichtfeld der Kamera sehr ähnliche Objekte (Werbetafeln, Lkw-Aufdrucke...)?

Bei Werkstattarbeiten im Bereich der kamerabasierten Systeme ist zudem stets eine Kalibrierung nach Herstellerangaben durchzuführen, damit die Kamera den korrekten Bildausschnitt erfasst und auswertet.

3.1.3 Verkehrszeichenerkennung und Geschwindigkeitsbegrenzer

Bei diesen Systemen überwacht die Frontkamera den Bereich vor dem Fahrzeug und die Auswerteelektronik detektiert die Verkehrszeichen insbesondere zur Geschwindigkeitsbegrenzung sowie zu deren Aufhebung.

Bei Mercedes zum Beispiel kann das System Geschwindigkeitsbegrenzungen inklusive Zusatzinformationen, Überholverbote sowie deren jeweilige Aufhebung und Hinweisschilder zu Zebrastreifen erkennen. Diese zeigt es dann im Kombiinstrument, in der Kartenansicht des Navigationssystems und, wenn vorhanden, auf dem Head-up-Display an. Die Kamera identifiziert über ihre Auswertesoftware zwar die Verkehrszeichen, das System plausibilisiert aber zusätzlich Geschwindigkeitslimits über das Navigationssystem. Dadurch erkennt der Assistent über die Kamera zum Beispiel auch Schilderbrücken und Baustellenschilder. Die Navigation nutzt er dagegen, um Geschwindigkeitslimits, die nicht auf Schildern angezeigt werden, z.B. 50 km/h innerorts oder 100 km/h auf Landstraßen, zu berücksichtigen.

Die vernetzte Schildererkennung nutzt zudem weitere Informationsquellen wie den Regen-/Lichtsensor und den Scheibenwischer, um dadurch auf entsprechende Geschwindigkeitsbeschränkungen bei Nässe reagieren zu können. Selbst Beschränkungen, die für bestimmte Uhrzeiten gelten, erkennt und beachtet der Assistent. Umgekehrt ignoriert das System irrelevante Beschilderungen, also zum Beispiel nur für Lkw geltende Geschwindigkeitsbeschränkungen.

Mercedes hat den Verkehrszeichen-Assistenten zudem um eine Warnung vor Personen im Bereich von Zebrastreifen ergänzt, die ebenfalls über die Kamera erkannt werden. Außerdem hat der Hersteller die Erkennung von Stoppschildern mit der Start-Stopp-Funktion gekoppelt. Bei entsprechender Beschilderung wird bei verkehrswidrigem Einfahren in eine Straße entgegen der vorgeschriebenen Fahrtrichtung, zum Beispiel bei einer Autobahnauffahrt, optisch und akustisch im Kombiinstrument gewarnt. Die erweiterte Falschfahr-Warnfunktion alarmiert den Fahrer auch vor falscher Einfahrt in Einbahnstraßen und Kreisverkehre.

Fehler entstehen bei solchen Systemen häufig, da der Erfassungsbereich vieler Kameras und die Zeit zur Auswertung der Bilder nur sehr gering sind. Deshalb kann es passieren, dass das System Verkehrsschilder bei sehr viel höherer Geschwindigkeit „übersieht".

Gleiches gilt bei schlechter Sicht durch Regen, Schnee, Nebel, Blendung, dicht vorausfahrende Fahrzeuge und engen Kurven. Die häufigste Ursache für „Fehlalarm“ sind „unechte“ Verkehrszeichen zur Geschwindigkeitsbegrenzung, wie sie beispielsweise auf Lkws in Form von Aufklebern zu erkennen sind.

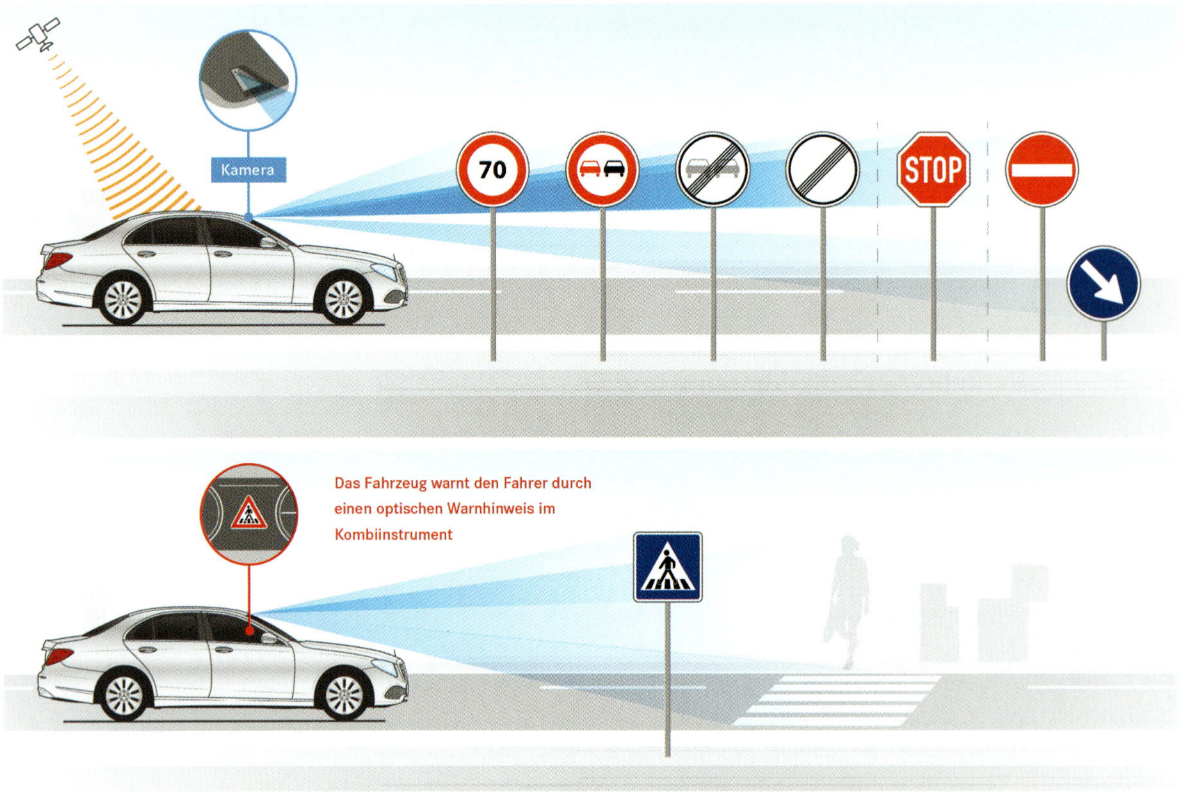

Bild 3.5 *Verkehrszeichenerkennungen identifizieren die Schilder über die Kamera. Geschwindigkeitsbegrenzungen plausibilisieren sie zusätzlich über das Navigationssystem. Bei Mercedes erkennt das System sogar Menschen an Fußgängerüberwegen.* [Bild: Damler]

3.1.4 Spurverlasswarner und Spurhalteassistent

Die Frontkamera überwacht den Bereich vor dem Fahrzeug und die Auswerteelektronik detektiert auf dem Bild die weißen oder gelben Fahrbahnmarkierungen. Nähert sich das Fahrzeug einer der Markierungen, wird der Fahrer bei Spurverlasswarnern oft diskret (um Mitfahrer nicht zu beunruhigen) durch Vibrationen im Lenkrad oder in der Sitzwange auf diesen Umstand aufmerksam gemacht. Zudem erfolgt i.d.R. eine Anzeige im Kombiinstrument. Einige Systeme warnen allerdings auch mit einem akustischen Signal.

Bei Spurhalteassistenten hilft das System dem Fahrer durch dezente, aber spürbare Eingriffe in die elektromechanische Lenkung, in die Spur zurückzusteuern. Beim „active lane assist“ von Audi kann der Fahrer zudem festlegen, wie früh der Eingriff erfolgen soll. Bei einem frühen Lenkzeitpunkt unterstützt das System den Fahrer durch sanfte zentrierende Lenkeingriffe in Richtung Spurmitte. Bei einem späten Lenkzeitpunkt greift der

Assistent dagegen erst kurz vor einem möglichen Überfahren der erkannten Spurmarkierung ein und gibt dabei mit einem Lenkeingriff die Korrekturrichtung vor.

Die Systeme werden bei den meisten Fahrzeugen erst mit Erreichen einer bestimmten Geschwindigkeit (z.B. 60 oder 70 km/h) aktiviert. Beim Durchfahren enger Kurven, beabsichtigtem Spurwechsel (z.B. Blinker gesetzt, aktive Drehung des Lenkrads) und ggf. bei Beschleunigungs- und Bremsvorgängen erfolgt keine Warnung. Während die Systeme im Schein der Scheinwerferlampen noch funktionsfähig sind, kommt es zu Beeinträchtigungen, wenn

- keine Fahrbahnmarkierungen vorhanden sind,
- die Fahrbahnmarkierungen verdeckt (z.B. Schnee) sind,
- die Sicht ungenügend ist,
- es zu viele Markierungen gibt (z.B. Autobahnbaustelle),
- oder wassergefüllte Spurrillen Markierungen imitieren.

Erkennt das System diese Situationen, schaltet es ab und warnt den Fahrer über das Display.

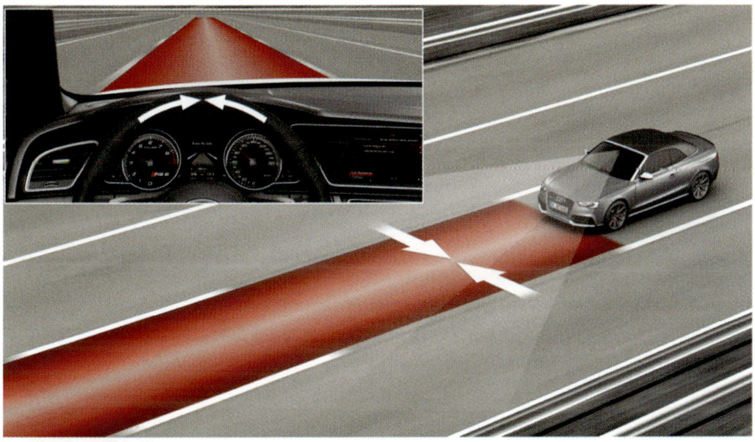

Lenkeingriff früh

Lenkeingriff spät

Bild 3.6
Bei Audi lässt sich der Lenkeingriff des Spurhalteassistenten auf einen frühen oder späten Zeitpunkt einstellen.
[Bild: Audi]

3.1.5 Adaptive Fahrlichtsteuerung

Fahrzeuge mit adaptiver Fahrlichtsteuerung sind bei Aktivierung des Systems immer mit dem maximal möglichen Lichtkegel unterwegs. Bei Gründen, die das Abdunkeln bestimmter Bereiche erforderlich machen, also zum Beispiel Gegenverkehr, Querverkehr und vorausfahrende Fahrzeuge, erfolgt dieses Abdunkeln bei älteren Xenonscheinwerfern durch eine Blendenwalze und bei LED-Scheinwerfern durch gezieltes Abschalten und Dimmen einzelner LEDs. Audi kann bei seinen Matrix-LED-Scheinwerfern die 32 einzelnen LEDs in jedem Scheinwerfer zum Beispiel entweder in 64 Stufen dimmen oder ganz abschalten, um eine gute Lichtverteilung zu erreichen. Dadurch lassen sich andere Verkehrsteilnehmer und auch stark reflektierende Verkehrsschilder ausblenden. Opel arbeitet in seinen Intellilux-LED-Scheinwerfern mit einer ähnlichen Technik.

Bild 3.7
Kamerabasierte adaptive Fahrlichtsteuerungen können in Verbindung mit LED-Scheinwerfern ganz bestimmte Bereiche aus der Lichtverteilung herausnehmen, um andere Verkehrsteilnehmer nicht zu blenden.
[Bild: Opel]

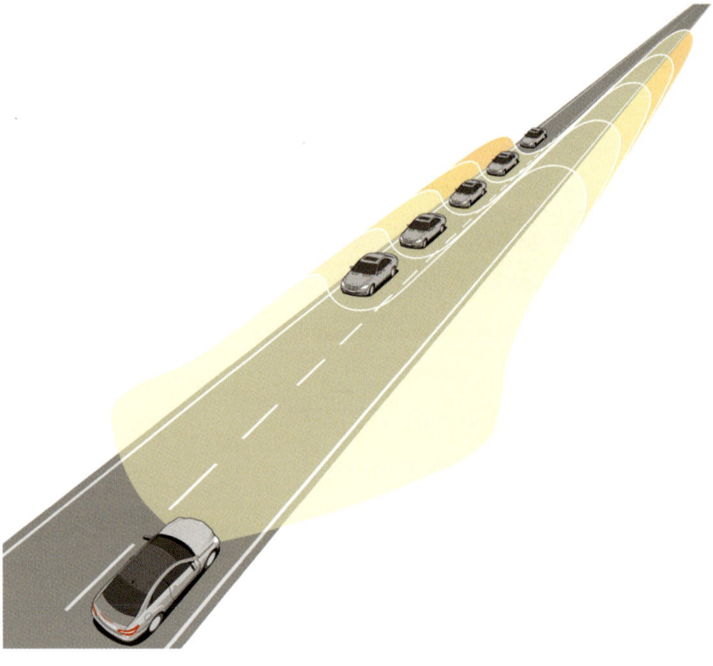

Bild 3.8
Bei kamerabasierten adaptiven Lichtsystemen mit Xenonscheinwerfern kann eine verstellbare Blendwalze für eine kontinuierliche Anpassung der Hell-Dunkel-Grenze sorgen.
[Bild: Daimler]

3.1.6 Nachtsichtassistenten

Tagsüber ist das menschliche Auge aktuellen technischen Systemen noch deutlich überlegen. Wird es jedoch dunkel, kommt der Mensch mit seiner „Sensorik" an seine Grenzen. Scheinwerfer schaffen hier nur bedingt Abhilfe, da ein besonders leistungsfähiger Scheinwerfer den Fahrer eines Fahrzeugs unterstützen, andere Verkehrsteilnehmer jedoch durch Blendung sogar gefährden kann. Hier knüpfen Nachtsichtgeräte an. Die Hersteller setzen hier derzeit zwei grundsätzlich unterschiedliche Techniken ein: Nahinfrarot (NIR), auch „aktives System" genannt, und Ferninfrarot (FIR), auch unter dem Namen „passives System" bekannt.

Bei NIR strahlt eine Infrarotlichtquelle das Vorfeld des Fahrzeugs zusätzlich zum Abblend- und Fernlicht aktiv an. Das von Objekten, der Straße und von Personen reflektierte Licht nimmt dann eine Infrarotkamera auf. Ein Prozessor wandelt die Daten anschließend in ein Bild um, das auf einem Bildschirm im Armaturenbrett zu sehen ist. Die Reichweite ist abhängig vom Infrarotscheinwerfer und beträgt etwa 150 Meter.

Bei FIR registriert eine Wärmebildkamera die Abstrahlungswärme von Objekten und Personen, was eine separate Lichtquelle am Fahrzeug überflüssig macht. Diese Informationen wandelt dann ebenfalls ein Prozessor in eine bildhafte Darstellung um, die ein Bildschirm anzeigt. Die Reichweite der Kamera liegt bei etwa 300 Metern.

Bild 3.9
Aktive Nachtsichtsysteme mit Infrarotscheinwerfern erzeugen über die Infrarotkamera ein relativ realitätsnahes Schwarz-Weiß-Bild. Damit der Fahrer Gefahren schnell erfassen kann, markiert die Auswertesoftware Menschen und Tiere auf dem Display.
[Bild: Daimler]

Infrarotscheinwerfer

Die Infrarotscheinwerfer der NIR-Systeme, wie Mercedes sie einsetzt, sind im Regelfall in die Hauptscheinwerfer des Fahrzeugs integriert. Da das von ihnen abgegebene Licht nicht sichtbar ist und sich somit keine Blendung ergibt, strahlen sie, sobald sie eingeschaltet sind mit maximaler Leistung. Der Infrarotscheinwerfer besteht im Wesentlichen aus einer konventionellen Halogen-Glühlampe und einem Farbfilter, der den sichtbaren Bereich des Lichts herausfiltert und nur den infraroten Anteil durchlässt. Dieser wird durch eine Linse gebündelt und auf die Straße geworfen.

Achtung! Menschliche Schutzreflexe sind bei Infrarotstrahlern wirkungslos. Die Infrarotstrahlung führt dennoch bei längerem Einwirken auf die Netzhaut des Auges zu Schäden. Die Scheinwerfer werden daher im Regelfall erst dann aktiv, wenn ausgeschlossen werden kann, dass (unbewusst) direkter Blickkontakt mit dem Scheinwerfer aufgenommen werden kann. Sie sind somit im Stand ausgeschaltet. Ist zu Diagnosezwecken ein Einschalten der Scheinwerfer mithilfe des Diagnosegeräts erforderlich, ist auszuschließen, dass direkt in die Scheinwerfer gesehen wird. Bei Arbeiten am Scheinwerfer ist eine Infrarot-Schutzbrille zu tragen.

Im Auto unterscheiden sich NIR- und FIR-Systeme vor allem in der Zahl der benötigten Komponenten und in der Bildschirmdarstellung: Bei den aktiven Systemen ähnelt das Bild eher dem Realbild, während die Darstellung der passiven Systeme an ein Fotonegativ erinnert und damit Personen und Objekte auf dem Bildschirm besonders hervorhebt. Die Bildauswerte-Software erkennt aber bei beiden Systemvarianten inzwischen Menschen und Tiere und warnt den Fahrer über ein entsprechendes Symbol auf dem Monitor oder über ein optionales Head-up-Display auf der Frontscheibe.

Infrarotkamera

Die Infrarotkamera befindet sich bei Mercedes in einem gesonderten Bereich der Frontscheibe. In diesem Bereich ist die Frontscheibe klar (keine Tönung o.Ä.) um die auf die Kamera wirkende Infrarotstrahlung nicht zu stören. Ihr Bild wird durch eine Low-Voltage-Differenzial-Signalleitung (kurz: LVDS) an das Steuergerät übertragen und dort so aufbereitet, dass auf dem Display ein kontrastreiches Bild angezeigt werden kann. Bei BMW und Audi sitzen die Kameras dagegen im Bereich des Kühlergrills. Für klare Sicht sorgt hier eine parallel zur Scheinwerfer- und Scheibenreinigung geschaltete Kamerareinigungsdüse. Bei Außentemperaturen unter +5°C wird das Sichtfenster der Kamera zudem beheizt.

Gefahrenmarkierung

Die Nachtsichtsysteme haben allerdings einen großen Nachteil: Der Autofahrer musste bei den ersten Systemen im richtigen Moment auf den in der Armaturentafel integrierten Bildschirm schauen, um potenzielle Gefahren zu erkennen. Hier schafft inzwischen die Kombination der Nachtsichtsysteme mit den Scheinwerfern Abhilfe.

Als erster Automobilhersteller bot Mercedes 2011 ein spezielles Gefahrenmarkierungslicht optional für das Mercedes CL-Coupé an. Auch BMW und Audi setzen inzwischen solche Systeme ein. Während Mercedes anfangs die Funktion des Xenon-Kurvenlichts erweitert hatte, um gezielte Lichtspots setzen zu können, nutzen BMW und Audi seit Beginn LEDs als Lichtquelle – wie inzwischen auch Mercedes.

Bei Audi können die Matrix-LED-Scheinwerfer zusätzlich zum adaptiven Frontlicht auch das Gefahren-Markierungslicht erzeugen. BMW nutzt dagegen zwei zusätzliche LED-Module, die dort sitzen, wo bisher die Nebelscheinwerfer platziert waren. Denn die

Bild 3.10
Bei BMW sitzt die Infrarotkamera des Nachtsichtassistenten in der Niere des Kühlergrills. Sie erzeugt auf dem Monitor im Cockpit ein Bild, das an ein Fotonegativ erinnert.
[Bild: BMW]

Bild 3.11
Bei Audi sitzt die Kamera des Nachtsichtassistenten hinter dem linken Ring des Markenemblems im Kühlergrill.
[Bild: Audi]

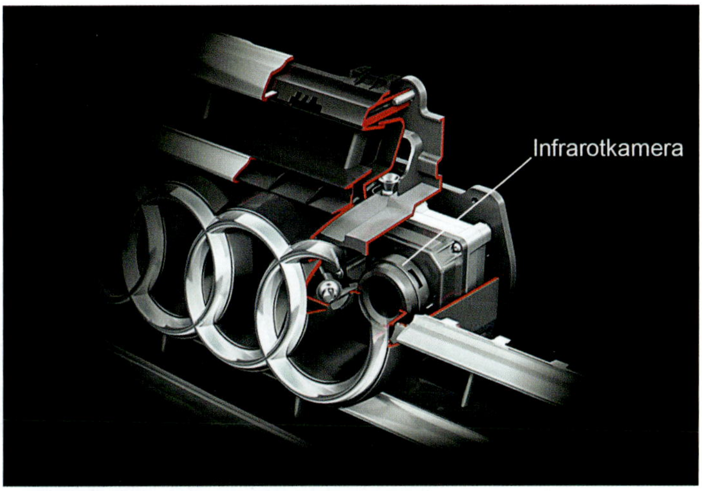

Funktion des Nebellichts übernehmen inzwischen die adaptiven Frontscheinwerfer. Bei Mercedes ist das schwenkbare Spotlight-Modul im Scheinwerfer integriert. Doch die Entwicklung der Scheinwerfertechnik schreitet derzeit sehr schnell voran. Deshalb ist es wichtig, sich immer erst zu informieren, wo die entsprechende Funktion bei einem Fahrzeug genau untergebracht ist. Künftig übernehmen jedenfalls die LED-Module der Frontscheinwerfer immer mehr Funktionen.

Doch egal welche Technik die Hersteller verwenden, damit die Scheinwerfer Personen auf der Fahrbahn oder am Fahrbahnrand gezielt anleuchten können, muss die Elektronik diese zuerst sicher erkennen und ihre Position genau bestimmen. Deshalb ist das Lichtsteuergerät mit dem Nachtsichtsystem vernetzt. Die Scheinwerfer werden für die sogenannte Spotlight-Funktion auf Basis des von der Nachtsichtkamera aufgenommenen Bildes gesteuert. Die Bildauswertungssoftware ist nämlich in der Lage, Menschen und Tiere auf oder neben der Fahrbahn zu erkennen und ihre genaue Position zu berechnen.

Die Fahrzeughersteller nutzen diese Eigenschaft nun einerseits, um Personen und Tiere auf dem Monitorbild des Nachtsichtassistenten zu markieren. Andererseits ist der beste Weg, um den Fahrer auf bestimmte Objekte aufmerksam zu machen, diese direkt mit den Scheinwerfern anzustrahlen. Dann muss er seinen Blick nicht von der Fahrbahn abwenden, um die Gefahr zu erkennen, und kann schneller reagieren.

Die Daten der Bildauswertesoftware sendet das Nachtsichtsystem deshalb über den CAN-Datenbus an das Lichtsteuergerät. Erkennt die Software außerhalb geschlossener

Ortschaften auf oder nahe der Fahrbahn eine Fußgängersilhouette, schwenkt das Lichtmodul unmittelbar in diese Richtung, um die Person mehrfach mit einem kurzen Lichtspot anzuleuchten. In Matrix-LED-Scheinwerfern werden dafür einzelne LEDs angesteuert, die die gezielten Lichtpunkte setzen. Bei Tieren arbeiten die Systeme der Hersteller unterschiedlich. Um die Tiere nicht zu erschrecken, markieren einige diese ausschließlich auf dem Monitor, andere strahlen sie zwar an, blinken dabei jedoch nicht.

Vorher analysiert allerdings ein zusätzlicher Algorithmus, ob durch das Markierungslicht andere Autofahrer geblendet würden. Dazu vergleicht eine Blendungsanalyse die Position der zu markierenden Person bzw. des Tiers mit der Position der anderen Verkehrsteilnehmer. Befindet sich beispielsweise ein Auto in direkter Sichtlinie mit der Person, markiert das System nicht.

Wie beschrieben, erzeugen bei BMW zusätzliche schwenkbare LED-Lichtquellen die Lichtspots. Dadurch können die LED-Strahler speziell für diesen Einsatzzweck ausgelegt werden und zusätzlich zu dem Lichtspot einen Lichtstreifen auf der Fahrbahn erzeugen. Dieser führt vom Fahrzeug bis hin zum möglichen Kollisionsobjekt. Das soll die Aufmerksamkeit des Fahrers automatisch auf den möglichen Kollisionspartner lenken und ihn so zu einer intuitiven und schnellen Reaktion verleiten. Das System schaltet den Lichtspot mit dem Lichtstreifen wieder ab, sobald das normale Licht ausreicht, um das Objekt weiterhin zu beleuchten.

Bild 3.12
Das Spotlight-Modul bei BMW kann einen Lichtstreifen auf der Fahrbahn erzeugen, der vom Auto zum möglichen Kollisionsobjekt führt. Schön zu sehen sind auch die weiteren Warnungen auf den Anzeigen im Cockpit und auf dem Head-up-Display.
[Bild: BMW]

3.1.7 Rückfahr- und Umfeldkameras

Rückfahrkameras kommen mit und ohne Infrarotbeleuchtung zum Einsatz. Sie sind am Fahrzeugheck platziert und geben dem Fahrer den Bereich hinter dem Fahrzeug in Echtzeit als Displayanzeige wieder. Sogenannte Umfeldkameras, die zusätzlich in den Außenspiegeln und an der Fahrzeugfront sitzen, ermöglichen es dem Fahrer bei einigen Parkassistenten sogar, sein Auto virtuell aus der Vogelperspektive zu beobachten, weil das System die Einzelbilder zu einem Gesamtbild aus der Vogelperspektive zusammensetzt. Die Aktivierung der Kameras erfolgt im Regelfall durch Einlegen des Rückwärtsgangs. In vielen Fällen werden zusätzlich Führungslinien in das Bild gefügt, um dem Fahrer das Manövrieren zu erleichtern. Die Führungslinien zeigen die voraussichtliche Fahrstrecke mit dem gegebenen Lenkeinschlag und ggf. Vorschläge für das Längs- oder Quereinparken an.

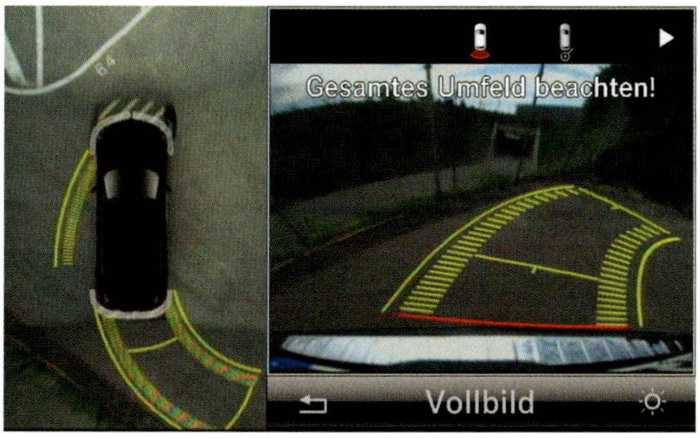

Bild 3.13
Bei einigen Parkassistenten ermöglichen Kameras am Fahrzeug, das gesamte Umfeld beim Einparken zu beobachten. Die Linien zeigen den Fahrweg bei aktuellem Lenkeinschlag.
[Bild: Daimler]

Werkstatttipp
Rückfahrkameras mit Führungslinien müssen nach Reparaturarbeiten kalibriert werden, um die Positionen der Führungslinien im Kamerabild korrekt darzustellen. Erfolgt keine Kalibrierung, liegen die Führungslinien nicht mittig hinter dem Fahrzeug oder zeigen falsche Abstände an. Das Einparken mithilfe der Führungslinien wird unmöglich, im schlimmsten Fall kommt es aufgrund zu geringer Abstände zur Kollision.

3.2 Ultraschall-, Radar- und Lidarsysteme, Sensorfusion

3.2.1 Einparksysteme

Einparksysteme sind erforderlich geworden, da moderne Fahrzeugkarosserien aufgrund erhöhter Ansprüche an die Aerodynamik, die passive Fahrsicherheit und das Design wesentlich unübersichtlicher geworden sind. Zudem wird der Parkraum aufgrund steigender Fahrzeugzahlen, gerade im innerstädtischen Bereich immer knapper. Es kommen folgende Systeme zum Einsatz:

- Park-Distance-Control (kurz: PDC)
- Parkführung
- Autonomer Einparkassistent

Werkstatttipp

Bei Totalausfall der Einparksysteme im Heckbereich empfiehlt sich eine Überprüfung der Anhängersteckdose. Im Anhängerbetrieb müssen die meisten Systeme deaktiviert werden, da sie sonst den Abstand zum Anhänger bzw. Heckträger melden würden. Häufige Fehlerursachen sind:

- Gesteckte Adapter 13-polig auf 7-polig
- Wasser in der Anhängersteckdose
- Kurzschluss in der Anhängersteckdose durch mechanische Beschädigung

Park-Distance-Control

Die Park-Distance-Control (kurz: PDC) erfasst den Abstand zu Hindernissen im Nahbereich mittels Ultraschall- oder Radarsensoren. Der Fahrer wird durch eine Tonfolge mit steigender Frequenz und ggf. eine LED-Anzeige oder Display-Anzeige über die Abstände zu Hindernissen hinter und ggf. vor dem Fahrzeug informiert.

Bild 3.14
Bei Parkassistenten erfassen Ultraschall- oder Nahbereichsradarsensoren das Umfeld des Autos, um den Fahrer vor Hindernissen zu warnen.
[Bild: Audi]

Werkstatttipp

Die akustische Ausgabe der Warnsignale erfolgt bei vielen Fahrzeugen über die Radio-Anlage und die dazugehörigen Lautsprecher. Ungeeignete oder unsachgemäß installierte Radiosysteme führen demnach zum Wegfall der akustischen Warnung.

Ultraschallsensoren

Ultraschallsensoren können Hindernisse innerhalb von 4 Metern Entfernung erfassen. Sie arbeiten nach dem Echolot-Prinzip: Ein Piezo-Aktor erzeugt Ultraschallwellen, die auf das Hindernis geworfen werden. Das Hindernis reflektiert diese und der Ultraschallsensor nimmt das Echo auf (s. auch Kapitel 2). Aus der Laufzeit des Signals (Sender-Hindernis-Empfänger) und der bekannten Schallgeschwindigkeit kann das Steuergerät den Abstand zum Hindernis errechnen.

Werkstatttipp
Fehlfunktionen im Bereich der Ultraschallsensorik sind oftmals auf unsachgemäß montierte Fahrzeugteile oder Ladegut im Erfassungsbereich zurückzuführen. Bereits kleine Gegenstände, wie z.B. ein Kennzeichenrahmen, führen zur Reflexion des Signals und damit zur Meldung im Fahrzeug. Defekte Sensoren lassen sich im Regelfall mit dem Finger feststellen. Bei aktiviertem System vibriert der Sensor ganz leicht. Ist dies nicht der Fall, ist davon auszugehen, dass der Sensor oder die Zuleitung schadhaft ist. Bei der Lackierung der Sensoren sind der gewählte Lack und die Schichtdicke zu beachten. Falscher oder zu dick aufgetragener Lack setzen die Funktion des Sensors außer Kraft.

Nahbereichs-Radarsensor

Nahbereichs-Radarsensoren können Hindernisse innerhalb von 11 Metern Entfernung erfassen. Zur Park-Distance-Control werden jedoch nur Hindernisse im Bereich von bis zu 1,2 Metern gemeldet. Bei zügiger Rückwärtsfahrt, i.d.R. mit mehr als 7 km/h, ermöglichen sie eine frühzeitige Warnung vor Hindernissen. Sie arbeiten nach dem Echolot-Prinzip: Ein Sender erzeugt elektromagnetische Wellen im Bereich von ca. 24 GHz, die auf das Hindernis geworfen werden. Das Hindernis reflektiert diese und der Empfänger nimmt das Echo auf. Aus der Laufzeit des Signals (Sender-Hindernis-Empfänger) und der bekannten Geschwindigkeit der Radarwellen kann das Steuergerät den Abstand zum Hindernis errechnen.

Werkstatttipp
Radarsensoren sind hinter der Stoßfängerabdeckung angebracht. Sie können nur einwandfrei funktionieren, wenn die Radarwellen und das Echo diese störungsfrei passieren können. Besonders Drittanbieter-Bauteile, instand gesetzte Bauteile und nachträglich lackierte Bauteile bieten hier häufige Störungsursachen.

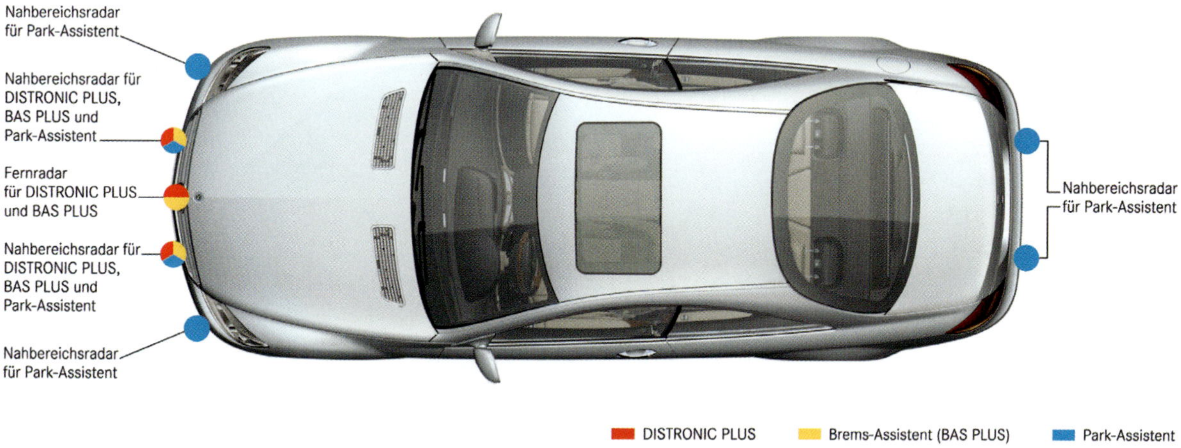

Bild 3.15 *Nachbereichs-Radarsensoren sitzen oft hinter Stoßfängerabdeckungen.* [Bild: Daimler]

Parklenkassistenten

Viele Parkassistenten sind in der Lage, Längs- und Querparklücken während der Vorbeifahrt mit geringer Fahrgeschwindigkeit mithilfe von Nahbereichs-Radarsensoren oder Ultraschallsensoren zu vermessen. Sie erkennen ausreichend große Parklücken und signalisieren dies dem Fahrer. Während die Systeme standardmäßig die rechte Seite des Fahrzeugs überwachen, muss der Fahrer die Überwachung auf der linken Seite beispielsweise durch das Linksblinken aktivieren. Wird das Fahrzeug abgebremst und der Rückwärtsgang eingelegt, erkennt das System den Wunsch des Fahrers, die Parklücke zu besetzen.

Ältere Systeme zeigen ihm dann über das Display Anweisungen zum Manövrieren des Fahrzeugs. Das System überwacht dabei die zurückgelegte Wegstrecke über die Raddrehzahlsensoren, die Abstände über die Radar- oder über die Ultraschallsensoren und die Stellung der Vorderräder über den Lenkwinkelsensor.

Viele aktuelle Systeme können den Wagen selbst in die Parklücke manövrieren. Dann übernimmt die elektromechanische Lenkung das Manövrieren in die Parklücke, der Fahrer muss allerdings weiterhin Gas geben und bremsen. Volkswagen hat in die neuesten Systeme zusätzlich eine automatische Rangierbremsfunktion integriert, die durch eine Notfallbremsung zum spätmöglichsten Zeitpunkt Parkkollisionen vermeiden oder zumindest abmildern soll. Aktiv ist diese Funktion während der Rückwärtsfahrt bei einer Geschwindigkeit von 1,5 bis 10 km/h, bei Vorwärtsfahrt von 2,5 bis 10 km/h. Allerdings lässt sich diese Funktion dauerhaft oder temporär abstellen – entweder über das Radiosystem oder einen Taster. Beschwert sich also ein Kunde, dass er trotz Rangierbremsfunktion einen Parkrempler hatte, sollte man prüfen, ob die Funktion nicht eventuell abgeschaltet war.

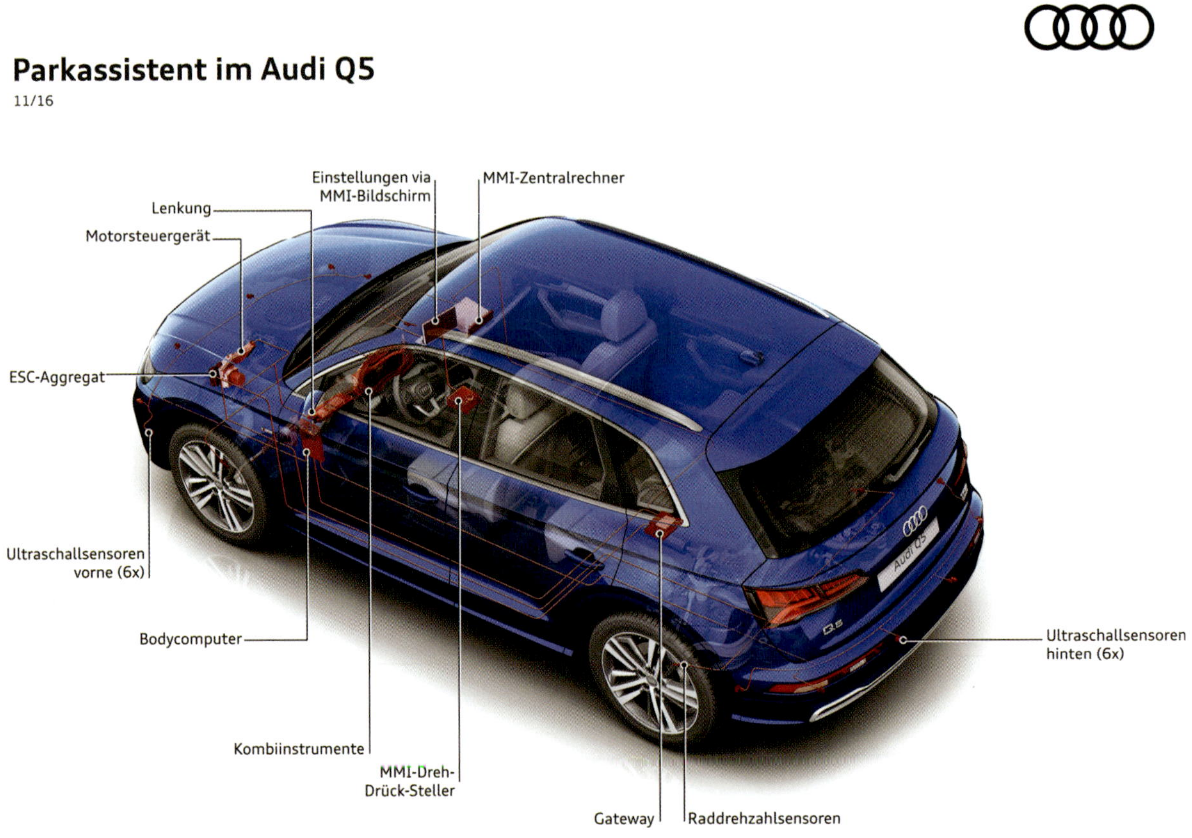

Bild 3.16 *Komponenten, die bei Audi für den Parkassistenten zusammenarbeiten.* [Bild: Audi]

Bild 3.17 *VW integriert in die Parkassistenten eine automatische Rangierbremsfunktion, die Parkrempler verhindern soll.* [Bild: Volkswagen]

3.2.2 Radarbasierte Systeme

Radarsensoren

Radarsensoren erfassen den Verkehrsbereich vor dem Fahrzeug innerhalb von bis zu 200 Metern Entfernung. Sie arbeiten nach dem Echolot-Prinzip: Ein Sender erzeugt elektromagnetische Wellen im Bereich von ca. 24 GHz, die auf das Hindernis geworfen werden. Das Hindernis reflektiert diese und der Empfänger nimmt das Echo auf. Aus der Laufzeit des Signals (Sender-Hindernis-Empfänger) und der bekannten Geschwindigkeit der Radarwellen kann das Steuergerät den Abstand zum Hindernis errechnen.

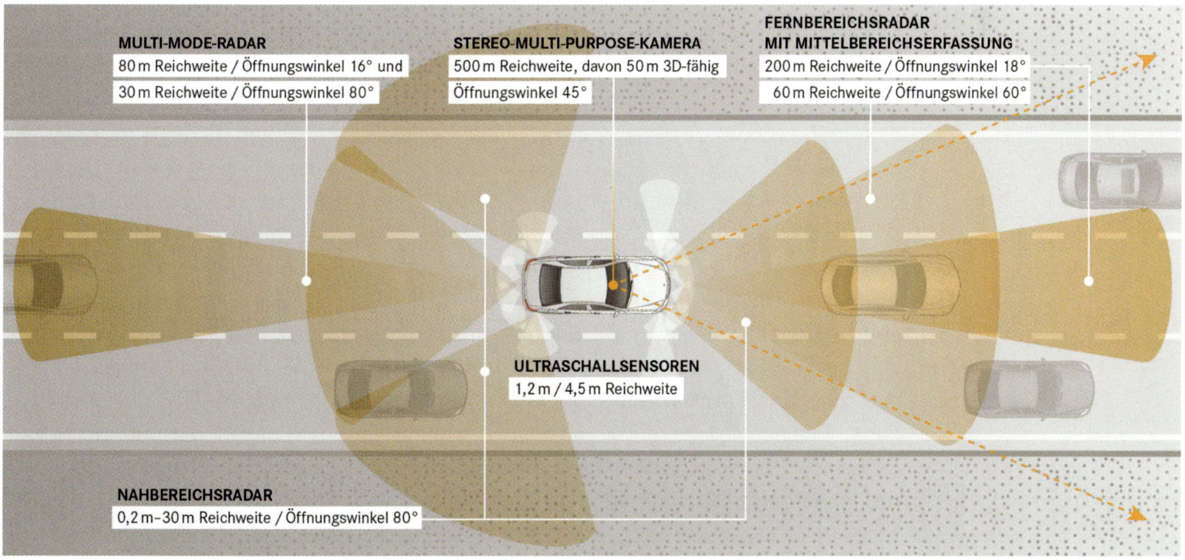

Bild 3.18 *Fernbereichsradarsensoren erfassen mit relativ engem Öffnungswinkel einen Bereich von bis zu 200 Metern vor dem Fahrzeug. Nahbereichsradarsensoren haben wesentlich weniger Reichweite aber dafür einen deutlich größeren Erfassungswinkel. Im Fahrzeug nutzen die Systeme meist Daten aus allen Umfeldsensoren, um sich ein möglichst genaues Bild der Fahrzeugumgebung zu machen.* [Bild: Daimler]

Bild 3.19
Fernbereichs-Radarsensor in eingebautem Zustand.
[Bild: Daimler]

Werkstatttipp

Auch ein Radarsensor braucht „freie Sicht". Ist er verschmutzt oder vereist, führt dies zu Fehlfunktionen. Da der Schmutz als Hindernis wahrgenommen wird, der sich sehr nah vor dem Sensor befindet, erkennt das Steuergerät diesen als Fehler und informiert den Fahrer über die notwendige Reinigung des Sensors. Der Hinweis kann auch dann kommen, wenn die „Sicht" des Sensors durch Witterungseinflüsse ähnlich beeinträchtigt ist.

Radarsensoren arbeiten mit elektromagnetischen Wellen: Werden elektromagnetische Wellen aus anderen Quellen, z.B. einer Radio- oder Funk-Sendeantenne aufgenommen, kann der Sensor sein eigenes Echo nicht mehr korrekt auswerten. Dann schaltet das System ab.

Die Ausrichtung des Sensors muss stets der Fahrachse des Fahrzeugs entsprechen. Ändert sich diese, beispielsweise durch einen Unfallschaden oder im Rahmen von Einstellarbeiten bei einer Achsvermessung, muss der Sensor nach Herstellervorgabe neu ausgerichtet werden. Hierbei ist zu beachten, dass die geometrische Fahrachse zwar als Referenz dient, diese jedoch nicht der tatsächlichen Fahrachse entsprechen muss.

Angenommen, das Fahrzeug hätte auf der rechten Seite einen zu geringen Reifendruck: Das Steuergerät der Fahrdynamikregelung erkennt anhand der Giermomentsensorik eine Rechtsdrehung des Fahrzeugs ohne einen dazu erforderlichen Lenkeingriff. Es folgert, dass die Ursache des Einlenkens nicht im Fahrerwunsch liegt und korrigiert diesen Rechtsdrall durch Gegenlenken. Jetzt bewegt sich das Fahrzeug durch das Einlenkmoment des Rollwiderstands und das Gegenlenkmoment des Lenkgetriebes zwar wieder in die richtige Richtung, jedoch diagonal zur Fahrtrichtung. Was am Fahrzeug kaum erkenn- und spürbar ist, führt in 150 Metern Entfernung zu einer deutlichen Verschiebung des Erfassungsbereichs. Der Radarsensor „überwacht" dann die parallele Fahrspur und warnt an falscher Stelle. Ob und in welchem Umfang Lenkwinkelkorrekturen durchgeführt wurden, lässt sich aus dem Parameterspeicher des Steuergeräts entnehmen.

Abstandsregelung

Abstandsregelsysteme ergänzen die Tempomat-Funktion des Fahrzeugs: Kommt ein vorausfahrendes Fahrzeug in den eingestellten Sicherheitsabstand, wird die Fahrzeuggeschwindigkeit mit einer Verzögerung von bis zu 2 m/s^2 verringert und gehalten, bis sich das vorausfahrende Fahrzeug wieder entfernt hat. Das eigene Fahrzeug beschleunigt dann wieder bis zur voreingestellten Geschwindigkeit. Fährt ein Fahrzeug, z.B. beim Spurwechsel, in den Sicherheitsabstand hinein, erfolgt zudem im Regelfall eine optische und akustische Warnung.

Die Abstandsmessung erfolgt mithilfe eines Radarsensors, der im Frontbereich des Fahrzeugs montiert und über ein Hochfrequenz-Koaxialkabel mit dem dazugehörigen Steuergerät verbunden oder in dieses integriert ist. Die Anbindung an die Bedien- und Anzeigeinstrumente erfolgt über den CAN-Bus. Den Informationsaustausch zeigt exemplarisch Bild 3.20.

3.2.3 Lidarsysteme

Die Abkürzung Lidar steht für Light Detection and Ranging. Sie bezeichnet eine dem Radar verwandte Messmethode, die anstelle von Radiowellen Lichtimpulse nutzt. Deshalb gibt es hier auch die Abkürzung „Ladar" (Laser Detection and Ranging). Das lichtbasierte Abtasten der Fahrzeugumgebung sehen viele Experten als wichtige Ergänzung zu Radar- und Kamerasystemen an – insbesondere, wenn die Autos autonom fahren sollen. Denn Lidarsysteme sind in der Lage, Objekte im Fahrzeugumfeld zu erkennen, die dem Radar verborgen bleiben.

Erst die Fusion aller Daten von Kameras, Radar, Ultraschall und Lidar in einem zentralen Fahrerassistenzsteuergerät ermöglicht es den Entwicklern, dass das System ein genaues Bild der Umgebung errechnen kann. Wichtig ist dabei, dass die verschiedenen Sensoren ihre Daten im gegenseitigen Abgleich plausibilisieren können. Außerdem müssen sich ihre Eigenschaften hinsichtlich der Reichweite und der Erfassungsgeschwindigkeit ergänzen. Für autonom fahrende Fahrzeuge und für die Akzeptanz der Systeme besonders wichtig ist, dass der Fahrassistent im Fall einer Sensorstörung mit den Daten der weiteren Sensoren zuverlässig weiterarbeiten kann.

Die Informationen des Laserscanners im Lidarsystem verbessern deshalb die Redundanz sowie die Detailerkennung statischer und dynamischer Objekte. Dadurch können die Systeme Entfernungen präziser messen und Hindernisse zuverlässiger erkennen.

Während das Fernbereichsradar Objekte in fast 250 Metern Entfernung erfasst und die Kameras etwa 150 Meter weit sehen, bietet das Lidar nur eine Reichweite von 80 bis 100 Metern. Allerdings haben sie einen weiten Erfassungswinkel von 145 Grad.

Der Laserstrahl ist für den Menschen dabei unsichtbar, da er im Infrarotbereich liegt. Lidarsysteme bieten zudem Vorteile bei Nacht. Da der Laserscanner aktiv Signale aussendet, funktioniert er weitgehend unabhängig vom Umgebungslicht. Ganz im Gegensatz zur Kamera, die auf einfallende Strahlung angewiesen ist und deren Performance bei Dunkelheit nachlässt. Audi-Entwickler vergleichen den Laserscanner mit einem Finger aus Licht, der die Umgebung abtastet und die direkte Umwelt räumlich abbilden kann. Audi setzt dieses System beim Modell A8 ein. Hier lenkt ein in Rotation versetzter Spiegel im Inneren des Scanners die Laserstrahlen in kleinen Einzelschritten fächerartig über den zu scannenden Bereich. Trifft der Strahl auf ein Objekt, wie zum Beispiel ein anderes Auto, werden Lichtteilchen auf den Spiegel zurückgeworfen. Hier detektieren empfindliche Fotodioden das eingefallene Licht und setzen das optische Signal in digitale Informationen um.

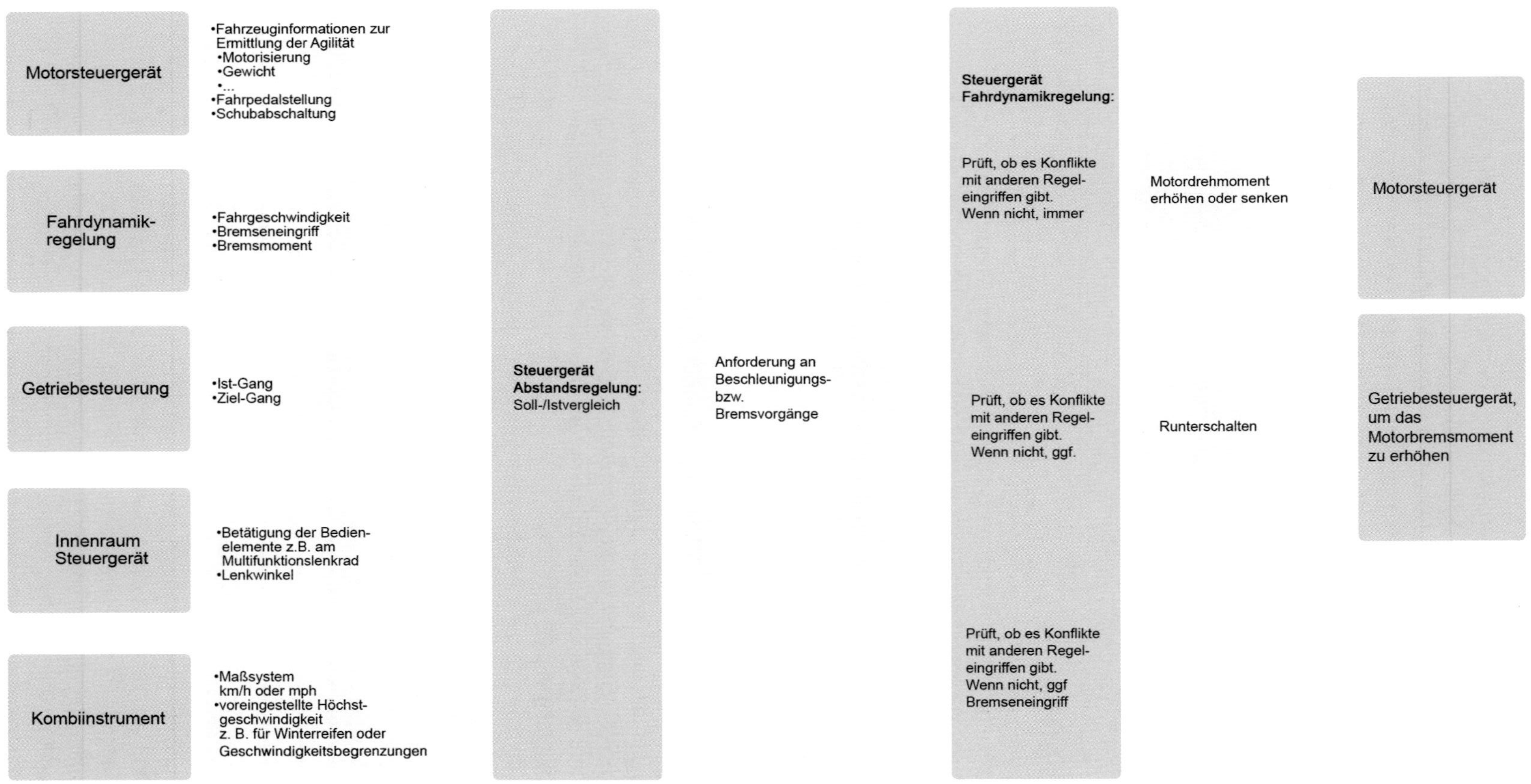

Bild 3.20 *Exemplarisch dargestellter Informationsaustausch einer Abstandsregelung.*
[Bild: Schmidt]

Bild 3.21a
Computersimulation einer üblichen Situation an einer Kreuzung.

Bild 3.21b
Erfassung der Kreuzungssituation mit einer Kamera.

Bild 3.21c
Erfassung der Kreuzungssituation mittels Radarsensor.

Bild 3.21d
Erfassung der Kreuzungssituation mittels Lidarsensor.

Bild 3.21e
Die Sensorfusion aus Kamera, Radar und Lidar liefert den Assistenzsystemen ein umfassendes Bild der Verkehrssituation.
[Bilder: ZF]

Neben der Objekterkennung kann der Scanner auch die Entfernung zu einem Hindernis bestimmen. Dazu misst die Elektronik die Zeit vom Aussenden eines Laserimpulses bis zu seiner Detektion an der Fotodiode. Das geht extrem schnell: Der nur 0,004 Mikrosekunden (4 Nanosekunden) dauernde Lichtpuls legt den Hin- und Rückweg zu einem Objekt in 100 Metern Entfernung in weniger als 0,7 Mikrosekunden zurück.

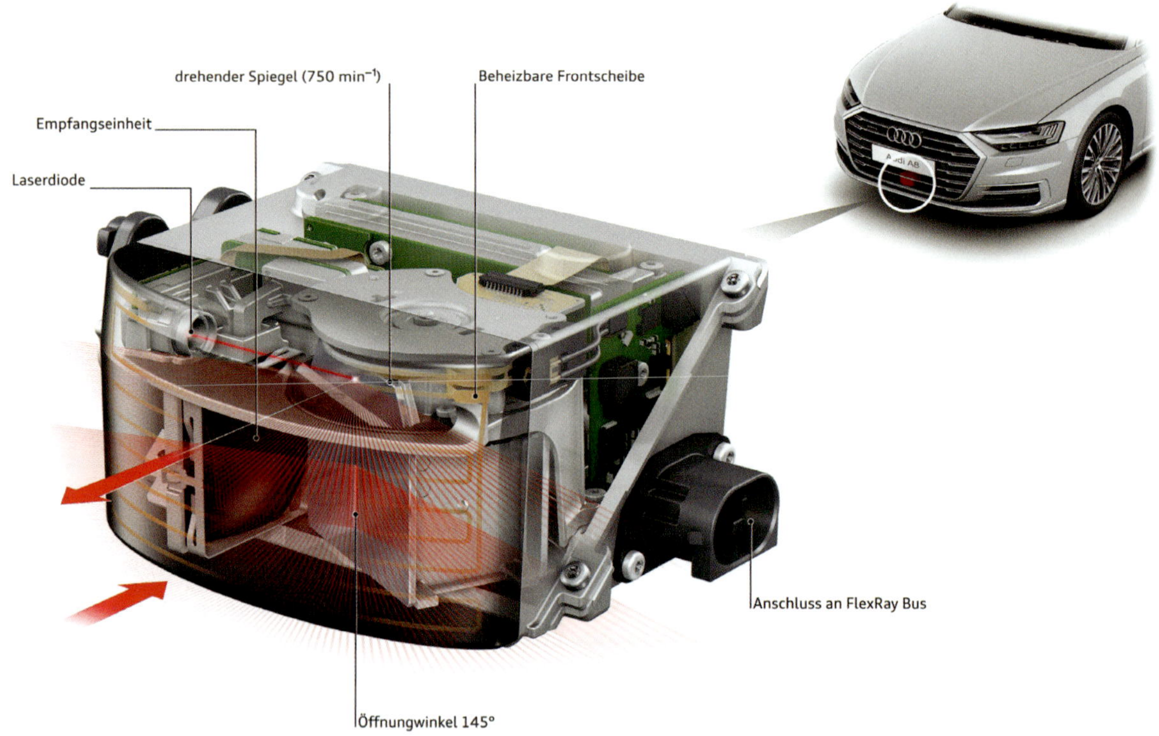

Bild 3.22 *Der Laserscanner sitzt beim Audi A8 hinter dem Kühlergrill.* [Bild: Audi]

4 Bordnetz

Die gestiegene Zahl von elektrischen Verbrauchern im Auto – bedingt durch eine Vielzahl von Sicherheits-, Assistenz-, und Komfortsystemen – braucht inzwischen ein enorm leistungsfähiges Bordnetz. Durch die zusätzliche Anforderung, Kraftstoffverbrauch und Schadstoffemissionen zu reduzieren, muss dieses zudem auch sehr flexibel sein. Die elektrische Energie muss dafür möglichst kurzfristig aus überschüssiger Bewegungsenergie gewonnen (Rekuperation) und dann entweder kurzzeitig (Starten des Verbrennungsmotors) oder über einen großen Zeitraum (Beleuchtungs- und Signalanlage, Komfortsysteme etc.) abgegeben werden können.

Hierzu war es erforderlich, das bisherige Bordnetz völlig zu überarbeiten. Während in der klassischen Struktur die Batterie nur zum Starten (daher der Name Starterbatterie) und zur Versorgung weniger notwendiger Verbraucher, wie z.B. Signal- und Beleuchtungsanlage, diente und die allgemeine Versorgung der im Betrieb benötigten Verbraucher hauptsächlich durch den Generator erfolgte, übernimmt heute die Batterie einen großen Teil der Energieversorgung. Somit sind neue Batterietechnologien, stärkere Generatoren und bei aktuellen Fahrzeugen ggf. sogar eine geänderte Bordnetzspannung (48-V-Bordnetz) erforderlich.

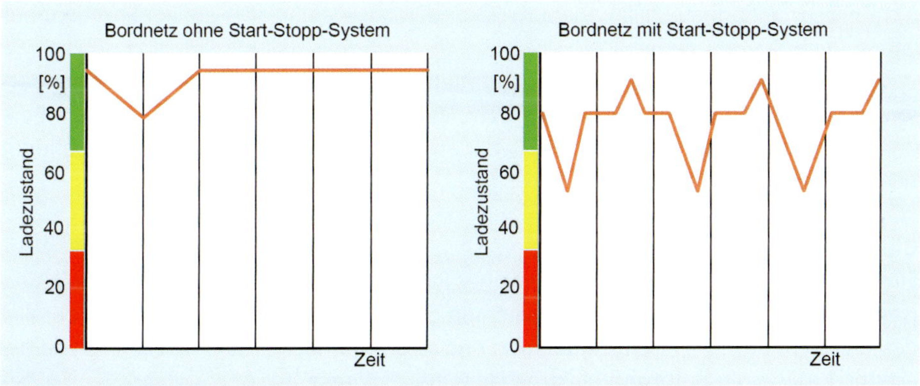

Bild 4.1 *Vereinfachte Darstellung des Ladezustandsverlaufs einer Starterbatterie. Bei Autos ohne Start-Stopp-System versorgt die Batterie die Verbraucher nur während des Motorstarts. Batterien in Autos mit Start-Stopp-System müssen dagegen wiederholt den Motor starten, die Verbraucher versorgen, wenn der Motor aus ist und während der Schubphasen des Verbrennungsmotors Energie durch Bremsenergierückgewinnung schnell wieder aufnehmen.*
[Quelle: Johnson Controls/Varta]

4.1 Batterie

Im klassischen Bordnetz liefert die Batterie die elektrische Energie, die zum Starten des Motors, zum Betreiben der Signal- und Beleuchtungsanlage und ggf. für den Betrieb kleiner elektrischer Verbraucher, wie z.B. des Autoradios, erforderlich ist. Sie speichert diese in Form von chemischer Energie und wandelt sie dann bei Bedarf um. Sobald der

Verbrennungsmotor läuft, lädt der Generator die Starterbatterie wieder voll und versorgt das Bordnetz sowie dessen Verbraucher mit elektrischer Energie. Der zunehmende Verbrauch elektrischer Energie führt hierbei zu einer stetigen Belastung des Generators und somit durch dessen Antriebsleistung zu steigendem Kraftstoffverbrauch und steigendem Schadstoffausstoß.

Bei heutigen Fahrzeugen setzt man hier an, indem der Generator vorwiegend dann belastet wird, wenn sich das Fahrzeug im Schubbetrieb befindet, also kein Kraftstoff eingespritzt wird. In diesem Fall resultiert die elektrische Energie nicht aus der – im Kraftstoff gespeicherten – chemischen Energie, sondern aus der in der Fahrzeugmasse gespeicherten, überschüssigen kinetischen Energie (Bewegungsenergie). Daher sprechen die Fahrzeughersteller gerne von Rekuperation.

Dies bedeutet jedoch, dass die Batterie nicht mehr vollgeladen, sondern mit unterschiedlichen Ladezuständen (engl. SOC = State of Charge) betrieben wird, was Batterien erforderlich macht, die das schadfrei ermöglichen. Neben der klassischen Blei-Säure-Batterie und deren Sonderbauformen wie EFB (Enhanced Flooded Battery = verbesserte Nassbatterie) und AGM (Absorbent Glass Mat = absorbierendes Glasvlies), kommen in einigen Fällen gänzlich andere Technologien, wie z.B. Li-Ion-Batterien zum Einsatz.

Der Begriff der Batterie kommt aus der französischen Militärsprache und stellt dort eine Einheit aus nebeneinanderstehenden Kanonen dar. In der Elektrotechnik bedeutet er die Zusammenschaltung mehrerer einzelner galvanischer Zellen. Ob es sich innerhalb der einzelnen Zellen um Primärelemente (die umgangssprachlich als „Batterie" bezeichnete, nicht wieder aufladbare Zelle) oder um Sekundärelemente (wieder aufladbare Akkumulatoren) handelt, ist unerheblich.

Dieses Kapitel geht auf die Blei-Säure-Batterie ein, um das Funktionsprinzip einer Batterie zu erläutern und Schwachstellen bzw. Verbesserungspotenziale aufzuzeigen. Eine detaillierte Beschreibung alternativer Batterietypen und deren Besonderheiten befindet sich in Abschnitt 8.4.1.

Blei-Säure-Batterie

Eine Blei-Säure-Batterie setzt sich aus einer Reihenschaltung von 6 Zellen zu je 2 Volt Nennspannung (6 x 2 V = 12 V) zusammen. Jede Zelle besteht aus mehreren parallel geschalteten, positiven Bleidioxidplatten und negativen Bleiplatten. Da die Batterie die elektrische Energie aufgrund elektrochemischer Prozesse aus chemischer Energie gewinnt und solche Prozesse grundsätzlich nur an der Oberfläche des Materials stattfinden können, ist die kumulierte Plattenoberfläche entscheidend für die Anzahl der parallel stattfindenden Prozesse und damit für den maximalen Strom, den die Zelle liefern kann. Je größer die Plattenoberfläche, desto größer der maximale Strom. Eine klassische Starterbatterie wird daher mit sehr vielen, sehr dünnen (= große Oberfläche) Platten bestückt. Sie kann in sehr kurzer Zeit sehr viel Strom abliefern. Eine Verbraucherbatterie besitzt eher wenige, dafür jedoch dickere Platten. Somit ist die maximale Stromabgabe geringer, die Zyklenfestigkeit jedoch höher. Zwischen den Platten befinden sich Separatoren, die verhindern sollen, dass die Platten sich untereinander berühren und es zum Kurzschluss kommt.

Bei EFB-Batterien sitzt ein zusätzliches Polyesterelement zwischen der positiven Platte und dem Separator. Dieses Element hält laut dem Batteriehersteller Varta das aktive Material besser in der Platte und verhindert die Erosion der Masse. Das soll die Widerstandsfähigkeit gegen Tiefentladung sowie die Leistungsaufnahme verbessern

AGM-Batterien werden bevorzugt bei Fahrzeugen eingesetzt, die mit Start-Stopp-System und Rekuperation ausgestattet sind. Bei diesen Batterien ist die Schwefelsäure in einem Glasfaservlies gebunden. Dieses besteht aus sehr feinen, vernetzten Glasfasern und ist sehr saugfähig. Deshalb kann es die gesamte Schwefelsäuremenge aufnehmen. Vliesbatterien gelten daher als auslaufsicher. Das Vlies verhindert die Säureschichtung. Nach Herstellerangaben ist die Zyklenzahl dreimal so hoch wie bei herkömmlichen Nassbatterien.

Die positive Bleidioxidplatte und die negative Bleiplatte sind in das Batteriegehäuse eingelassen und besitzen Pole für den elektrischen Anschluss. Das Gehäuse herkömmlicher Nassbatterien ist mit einem Elektrolyten, verdünnter Schwefelsäure mit einer Konzentration von 37% und einer Dichte von $\rho = 1{,}28\ g/cm^3$ (geladen) befüllt.

Beim Entladen gibt die positive Bleidioxid-Elektrode ihren Sauerstoff ab und beide Platten, sowohl die positive als auch die negative nehmen Schwefeltetroxid (SO_4) auf.

Ist die Blei-Säure-Batterie entladen, bestehen die Elektroden aus weißem, kristallinem Bleisulfat (PbSO4). Die Säurekonzentration des Elektrolyten ist auf 17% gefallen und dessen Dichte liegt nun bei $\rho = 1{,}12\ g/cm^3$.

Durch den Ladevorgang wird der elektrochemische Prozess rückgängig gemacht. Das Bleisulfat gibt seine Schwefeltetroxid-Bestandteile wieder ab und die positive Platte nimmt den Sauerstoff aus dem Elektrolyten wieder auf. Die Säurekonzentration und Dichte steigen.

Werkstatttipp

Die Elektroden einer entladenen Blei-Säure-Batterie bestehen aus weißem, kristallinem Bleisulfat. Dieses Bleisulfat ist mechanisch sehr instabil. Erschütterungen und Vibrationen sorgen dafür, dass sich das Bleisulfat von der Oberfläche der Platten löst und in das Batteriegehäuse fällt. Somit verringert sich die Wandstärke der Platten und damit die Kapazität der Batterie und es kann durch die Einlagerung des Bleischlamms im Batteriegehäuse zum Kurzschluss der Plus- und Minuselektrode (sog. Zellenschluss) kommen. Es ist daher ratsam, Blei-Säure-Batterien vollgeladen zu lagern und nur vollgeladen zu transportieren. Das berühmte unsanfte Absetzen der (schweren) Batterie auf der Übergabetheke des Ersatzteillagers kostet die Batterie unter Umständen Jahre an Lebensdauer.

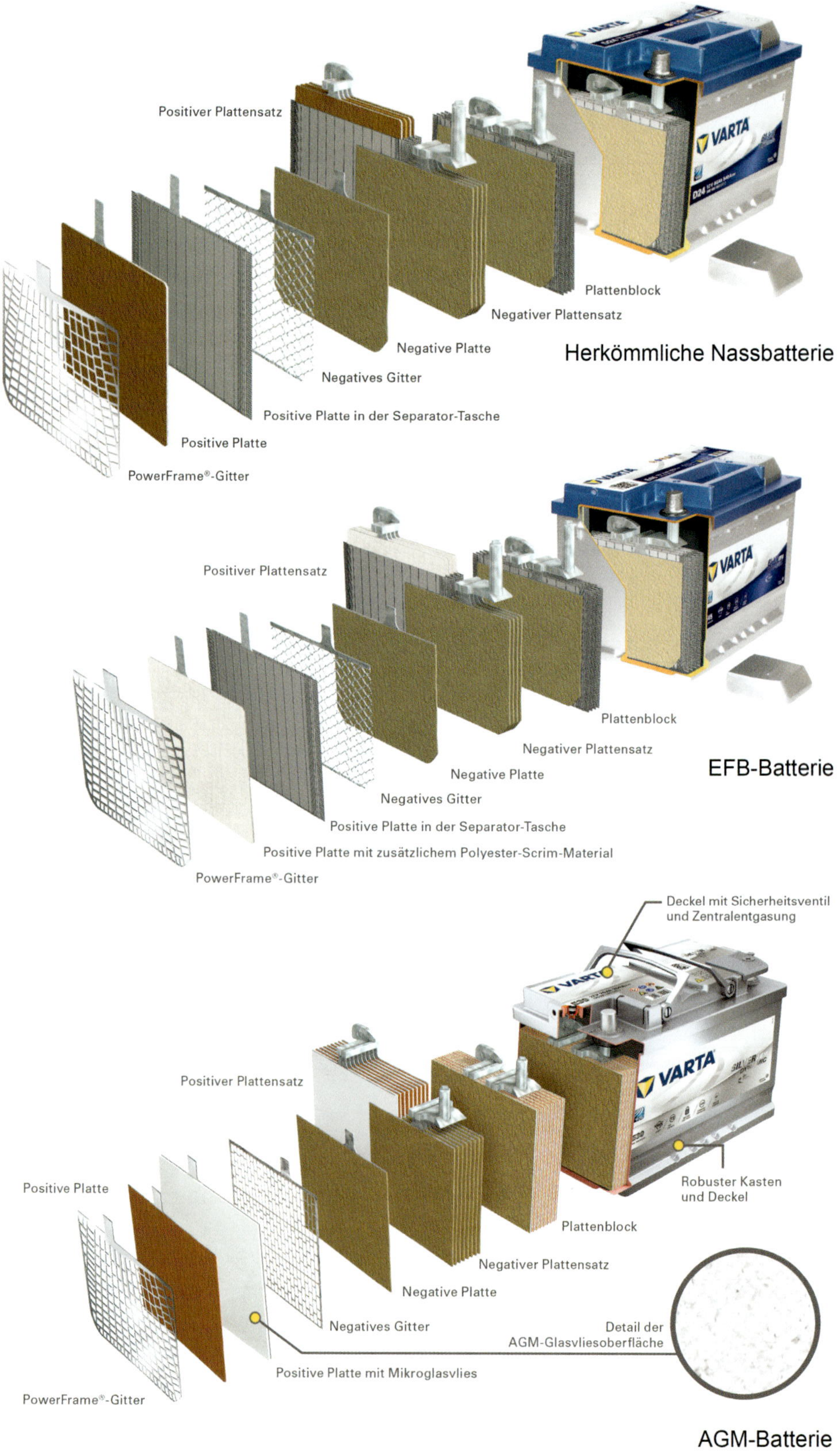

Bild 4.2
Der Aufbau einer herkömmlichen Nassbatterie, einer EFB-Batterie und einer AGM-Batterie im Vergleich.
[Bild: Johnson Controls/ Varta]

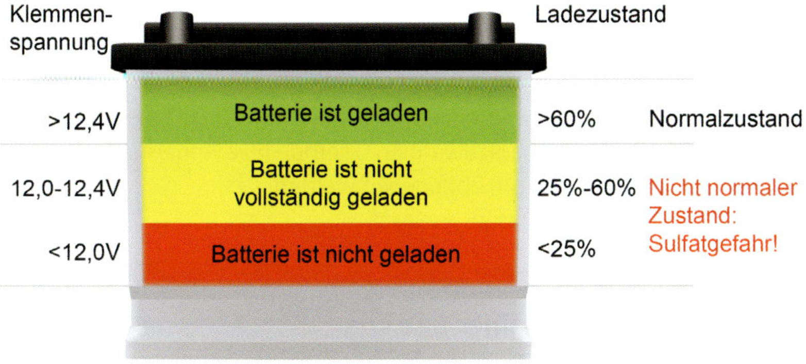

Bild 4.3
Ab einer Klemmspannung von weniger als 12 Volt gilt eine Blei-Säure-Starterbatterie als entladen. Dann besteht die Gefahr der Sulfatierung, die die Battereie nachhaltig schädigt.
[Bild: Johnson Controls/Varta]

4.1.1 Kennzeichnung von (Starter-)Batterien

Um den Einsatz und Austausch von (Starter-)Batterien zu vereinfachen, sind die wichtigsten Informationen über die vorliegende Batterie auf dem Batteriegehäuse angegeben. Dies sind:

Nennspannung i.d.R. 12 V

Die Nennspannung der Batterie setzt sich aus der Summe der Zellenspannungen zusammen. Die Zellenspannung ist bei Starterbatterien nach DIN 40 729 bzw. EN 60095-1 auf 2 V festgelegt, sodass 6 x 2 V = 12 V. In der Realität liegt die Zellenspannung einer vollgeladenen Blei-Säure-Batterie bei bis zu 2,4 V, sodass auch die gemessene Ruhespannung höher liegen kann.

Nennkapazität

Die Kapazität ist die verfügbare Menge an elektrischer Energie. Da sie von verschiedenen Faktoren, z.B. der Höhe des Entladestroms, der Elektrolyttemperatur, dem Ladezustand und Alter der Batterie abhängt, müssen diese Informationen bei der Angabe der Kapazität berücksichtigt werden. Auf dem Typenschild einer Batterie findet sich die sogenannte Kapazität K20 nach DIN 40 729 bzw. EN 60095-1. Die angegebene Kapazität gilt:

- bei Raumtemperatur,
- bei 20-stündiger Entladung mit 1/20 des Zahlenwerts,
- ohne Unterschreitung der Entladeschlussspannung von 1,75 V/Zelle bzw. 10,5 V/Batterie

Kälteprüfstrom

Der Kälteprüfstrom ist die Stromstärke, die eine Batterie bei einer Temperatur von -18°C für 10 s abgeben kann, ohne eine Mindestspannung von 7,5 V zu unterschreiten. Die maximale Stromabgabe ist stark temperaturabhängig, da sich die elektrochemischen Prozesse mit sinkender Temperatur verlangsamen.

Werkstatttip:
Lässt sich der Verbrennungsmotor bei sehr geringen Außentemperaturen nicht starten, kann es helfen, die Starterbatterie einige Minuten lang durch Belastung mit Verbrauchern (z.B. Licht einschalten) aufzuwärmen. Hierdurch verringert sich der Innenwiderstand und es kann mehr Strom abgegeben werden.

4.1.2 Weitere Kennwerte einer Batterie

Quellenspannung, Leerlaufspannung, Ruhespannung (U_0, U_Q)

Die Quellen-, Leerlauf- oder auch Ruhespannung ist die Spannung, die eine Spannungsquelle, also in diesem Fall die Batterie, im unbelasteten Zustand abgibt. Sie berücksichtigt den Innenwiderstand der Spannungsquelle nicht, weshalb deren Messung nur sehr bedingt aussagekräftig ist. Es kommt häufig vor, dass Spannungsquellen im unbelasteten Zustand in Ordnung zu sein scheinen, die Spannung unter Last aufgrund eines erhöhten Innenwiderstands jedoch einbricht.

Klemmenspannung (U_K)

Die Klemmenspannung ist die Spannung, die die Batterie unter Last abgibt. Sie berücksichtigt den Spannungsabfall der sich aus dem Innenwiderstand der Batterie ergibt. Sie ist wesentlich aussagekräftiger, als die Quellenspannung, da den angeschlossenen Verbrauchern nur die hier gemessene Spannung zur Verfügung steht.

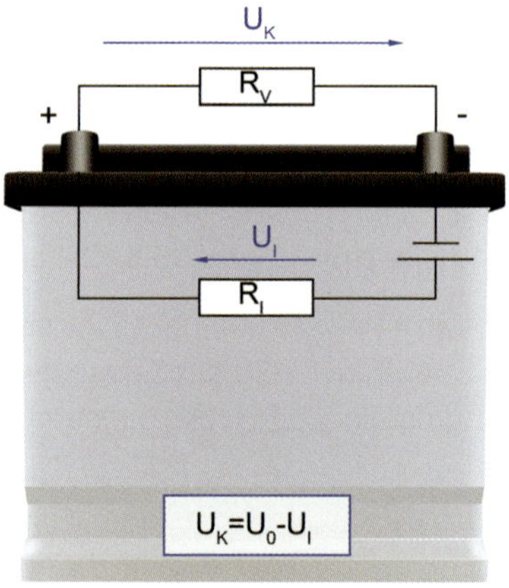

Bild 4.4
Die Klemmenspannung U_K ist die Spannung, die die Batterie unter Last abgibt.
[Bild: Schmidt]

Ladespannung

Die Ladespannung ist die Spannung, die an eine Batterie zum Laden maximal angelegt werden darf, ohne dass diese beginnt, das Wasser in Wasserstoff und Sauerstoff aufzuspalten. Wasserstoff und Sauerstoff (sog. Knallgas => **Explosionsgefahr!**) würden in diesem Fall gasförmig (daher auch Gasungsspannung) aus der Batterie austreten. Der Wasserstand der Batterie würde sich verringern. Die mögliche Ladespannung ist stark temperaturabhängig. Bei hohen Temperaturen steigt die Gasungsneigung, sodass die Ladespannng reduziert werden muss. Konventionelle Generatoren regeln die Spannung auf einen „universell unkritischen" Wert von 14,4 V. Aktuelle Ladestromsysteme erfassen vielfach die Batterietemperatur (deshalb sitzt das Steuergerät oftmals direkt auf der Batterie) und passen die Ladespannung entsprechend an. Bei diesen Fahrzeugen sind Ladespannungen von 16 V und mehr (Herstellervorgaben beachten!) möglich, wodurch die Batterie im kalten Zustand schneller geladen werden kann und die Effizienz der Energierückgewinnung (Rekuperation) steigt.

Kurzschlussstrom

Der Kurzschlussstrom ist der Strom, den eine Batterie aufgrund ihrer Plattenoberfläche maximal abgeben kann. Eine Belastung der Batterie mit diesem Strom darf nur für maximal 2 Sekunden erfolgen. Wird sie länger mit diesem Strom belastet, platzt sie. (Hohes Verletzungsrisiko durch Splitter und austretende Säure!)

Ladezustandsanzeige „magisches Auge"

Einige Blei-Säure-Batterien verfügen über eine integrierte Ladezustandsanzeige, das sogenannte „magische Auge". Es zeigt den Ladezustand der Batterie (i.O. oder n.i.O.) mithilfe eines grünen Punkts in einem Plexiglas-Sichtfenster an. Die Anzeige funktioniert rein physikalisch: Das Elektrolyt einer geladenen Starterbatterie hat eine Dichte von $\rho = 1{,}28\ g/cm^3$, das einer entladenen Batterie nur von $\rho = 1{,}12\ g/cm^3$. Somit ist die Säure in der geladenen Batterie tragfähiger als die der entladenen Batterie. In der Anzeige befindet sich eine grüne Kunststoffkugel in einem schräg verlaufenden Kanal. Bei voller Batterie trägt die Säure die Kugel und sie wird in das Rohr unterhalb des Sichtfensters gehalten. Der grüne Punkt ist sichtbar. Bei entladener Batterie fällt die Kugel nach unten und verschiebt sich in den Bereich außerhalb des Sichtfensters. Der grüne Punkt ist verschwunden.

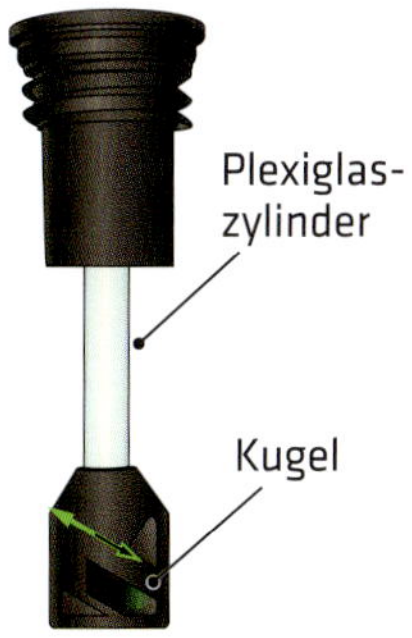

Bild 4.5
Das sogenannte magische Auge dient bei einigen Starterbatterien als Ladezustandsanzeige.
[Bild: Schmidt]

4.1.3 Alterungsprozesse von Blei-Säure-Batterien

Selbstentladung

Selbstentladung bezeichnet das Entladen einer Batterie ohne Verbraucher. Sie findet hauptsächlich im Inneren der Batterie statt und liegt bei bis zu 1% der Nennkapazität pro Tag. Sie ist hauptsächlich abhängig von

- der Säurekonzentration,
- dem Säurestand,
- der Elektrolyttemperatur,
- dem Alter und
- dem äußeren Zustand der Batterie.

Bei stark verschmutzten Batterien ist neben der klassischen inneren Entladung auch eine gewisse äußere Entladung möglich.

Kapazitätsverlust und Zellenschluss

Beim Entladen werden die Blei- und Bleidioxid-Elektroden, wie oben beschrieben, zu weißem, kristallinem Bleisulfat umgewandelt, das mechanisch sehr instabil ist. Es liegt als „loses Pulver" auf der verbleibenden Blei- bzw. Bleidioxid-Elektrode (der Prozess findet ja langsam von außen nach innen statt) und fällt durch Erschütterungen und Vibrationen herunter. Hierdurch verringert sich zum einen die Menge an Bleisulfat, die für eine

Rückumwandlung zur Verfügung steht (Kapazitätsverlust). Und das am Boden des Batteriegehäuses gesammelte Bleisulfat steht irgendwann so hoch, dass die beiden Elektroden miteinander verbunden werden (Zellenschluss).

Werkstatttipp
Einige moderne Ladegeräte verfügen über die Funktion „Rekonditionierung", die den Prozess teilweise rückgängig macht: Das Ladegerät bringt die Batterie durch eine geringe Überspannung gezielt zum „Kochen". Die aufsteigenden Gasblasen tragen Sulfat vom Boden der Batterie mit nach oben und es kann an die Elektroden wieder angelagert werden.

Sulfatierung

Zur Sulfatierung kommt es, wenn eine entladene Batterie längere Zeit gelagert wird. Das feinkristalline Bleisulfat verklebt zu grobkristallinem Bleisulfat. Hierdurch verringert sich die Oberfläche und es kann weniger Bleisulfat zurückumgewandelt werden.

Werkstatttipp
Einige moderne Ladegeräte verfügen über die Funktion „Entsulfatierung", die den Prozess teilweise rückgängig macht: Die Batterie wird mit einem sehr geringen Strom von maximal 0,2 A geladen, wodurch das Sulfat von der Oberfläche nach und nach zurückumgewandelt wird.

Zyklische Entladungen

Unter zyklischen Entladungen versteht man das wiederkehrende Entladen der Starterbatterie auf 20 bis 40% der Kapazität. Durch das starke Entladen werden die dünnen Platten der Starterbatterie stark geschwächt und beschädigt. Ist die Batterie für solche Entladungen vorgesehen (z.B. bei Wohnmobilen oder Lkws in der Kabine) ist es ratsam, eine sogenannte „Verbraucherbatterie" zu verwenden, deren Platten dicker sind. Diese verfügt jedoch über weniger Platten (= geringere Oberfläche), wodurch die maximale Stromabgabe geringer ist als bei vergleichbaren Starterbatterien. Somit sind diese Batterien als Starterbatterie ungeeignet.

Tiefentladung

Eine Tiefentladung ist das Entladen einer Batterie auf unter 20% ihrer Kapazität. Durch den großen Stabilitätsverlust reicht bereits eine kleine Erschütterung, diese Batterie zu zerstören. Meist sind solche Batterien defekt, in einigen Fällen lassen sie sich jedoch wieder aufladen. Die tief entladene Batterie sollte hierzu nach Möglichkeit keinen Erschütterungen oder Vibrationen ausgesetzt werden.

4.1.4 Besonderheiten beim Batteriewechsel

Autos mit Start-Stopp-System brauchen eine andere Batterie als Autos ohne diese Technik. Aber auch nicht alle Autos mit Start-Stopp-System kommen mit der gleichen Batterietechnik aus. Denn nicht alle Start-Stopp-Systeme haben die gleichen Anforderungen an den Elektrospeicher. Während die einfacheren Systeme noch mit einer EFB-Batterie auskommen, ist bei den aufwendigeren Systemen, die zusätzlich mit Rekuperation arbeiten, eine AGM-Batterie notwendig. Sicher ist jedoch: Bei allen Systemen reichen die herkömmlichen Nassbatterien nicht mehr aus.

Denn sie sind, wie beschrieben, auf einen möglichst gleichmäßigen Ladezustand ausgelegt. Die herkömmlichen Batterien werden deshalb nie tief entladen und brauchen nicht besonders zyklenfest zu sein.

Diese Arbeitsweise funktioniert in Fahrzeugen mit vielen elektronischen Systemen und häufigen Start-Stopp-Vorgängen nicht mehr. Die Batterie muss hier – zeitweise schon während der Fahrt – das Bordnetz zusätzlich zum Generator versorgen sowie in den Stopp-Phasen und bei abgestelltem Fahrzeug die Energie bereitstellen, die viele elektronische Systeme auch dann noch brauchen.

Dadurch wird der Akku häufig relativ tief entladen und muss die Energie vom Generator bei laufendem Motor schnell wieder aufnehmen können. Er muss also wesentlich zyklenfester sein als eine herkömmliche Blei-Säure-Starterbatterie.

Das lässt sich dadurch erreichen, dass man die Säureschichtung in der Batterie verhindert. Denn in Bleiakkus nimmt der Elektrolyt – also die verdünnte Schwefelsäure – an den Elektrodenreaktionen beim Laden und Entladen teil. Das hat zur Folge, dass eine von oben nach unten zunehmende Säuredichte entsteht. Dieser Dichteunterschied vergrößert sich mit jedem Lade- und Entladeprozess. Durch die chemischen Prozesse in der Batterie kommt es in den Bereichen mit hoher Säuredichte zur Entladung und zu einer erhöhten sogenannten Sulfatierung der aktiven Massen, die die Batterie altern lässt. AGM- und EFB-Batterien sind so aufgebaut, dass in ihnen keine Säureschichtung entsteht.

Die Grundregel für den Ersatz einer defekten Batterie lautet: Das, was der Hersteller serienmäßig in das Auto eingebaut hat, gehört auch bei einem Austausch wieder hinein. Im Zweifel ist immer die AGM-Batterie die bessere Wahl, denn sie ist die derzeit leistungsfähigste Variante und stellt sicher, dass alle Verbraucher zuverlässig mit Energie versorgt werden.

Wer in den Portalen der Batteriehersteller nach einer Ersatzbatterie sucht, darf allerdings nicht gleich den erstbesten Akku nehmen, den das Portal ausgibt. Denn wenn der Autohersteller den Wagen mit und ohne Start-Stopp-System anbietet, kann es sein, dass die erste Empfehlung eine herkömmliche Nassbatterie ist. Hier muss man also immer erst prüfen, ob die empfohlene Batterie wirklich Start-Stopp-tauglich ist.

In sechs Schritten gewechselt:

Der eigentliche Batteriewechsel ist aufwendiger geworden und braucht mehr Zeit als bei Autos mit einfacher Fahrzeugelektronik. Er erfolgt meist in sechs Schritten:

1. Wo ist die Batterie?

Die Batterie ist heute oft nicht im Motorraum untergebracht, sondern sitzt beispielsweise im Kofferraum in der ehemaligen Reserveradmulde oder sogar im Fußraum des Beifahrers. Wenn sie doch im Motorraum sitzt, ist sie häufig abgedeckt und nicht sofort zu erkennen.

Selbst innerhalb einer Baureihe kann der Einbauort variieren – etwa zwischen Modellen mit und ohne Allradantrieb. Einen schnellen Überblick gewähren die Rettungskarten, die es von allen Autoherstellern gibt. Auch die Portale der Batteriehersteller bieten den Werkstätten hier Unterstützung.

2. Wie ist der Ladezustand?

Auch wenn ein Kunde eine schwache Batterie beanstandet, sollte die Werkstatt immer erst testen, ob der Akku wirklich der Grund für die Probleme ist. Ein Batterietest unmittelbar nach dem Abstellen des Motors ist jedoch nicht immer aussagekräftig. Bei manchen Autos muss man bis zu zwei Stunden warten, bis ein Test möglich ist. Außerdem ist Folgendes zu beachten: Moderne Fahrzeuge mit Bremsenergierückgewinnung fahren die Batterie bei einem Ladezustand von beispielsweise 80 %, um stets „Platz" für rekuperierte Energie zu lassen. Dies muss beim Batterietest bekannt sein, was voraussetzt, dass die Werkstatt das zu prüfende Fahrzeug und seine Ausstattung genau kennt. Ein modernes, intelligentes Testgerät muss ebenfalls vorhanden sein.

3. Was tun beim Nachladen?

Moderne Autos besitzen meist einen Sensor für das Batteriemanagement am Minuspol. Laut Johnson Controls, dem Hersteller der Varta-Batterien, macht der Sensor es nötig, die Minusklemme des Ladegeräts an die Karosseriemasse zu legen, weil er das externe Laden sonst nicht erkennen kann. Im Fahrzeugbetrieb würde dann die Batterie überladen.

4. Der Ausbau der Batterie

Stellt sich beim Test heraus, dass die Batterie ausgetauscht werden muss, gibt es ebenfalls einiges zu beachten. So, wie ein Computer vor dem Abschalten herunterfahren muss, sollte ein modernes Auto den sogenannten Sleep-Modus erreicht haben, bevor die Werkstatt den Saft abklemmt. In diesem Modus haben alle Steuergeräte ihre aktuellen Werte abgespeichert und sind in den Ruhemodus gegangen. Bei manchen Fahrzeugen lässt sich der Ruhezustand über das Diagnosegerät einschalten. Achtung: Nach dem Wechsel der Batterie muss dieser wieder beendet werden.

Alternativ kann man eine Pufferbatterie parallel beispielsweise an die Punkte, die für die Starthilfe vorgesehen sind, anklemmen. Diese übernimmt dann die Energieversorgung während des Batterietauschs.

Wer ohne Pufferbatterie arbeitet, sollte bei Autos mit Keyless Go den Schlüssel außerhalb der Funkreichweite oder noch besser in einem abgeschirmten Behälter (Metallbox oder Tresor) unterbringen. Auch sollte das Fahrzeug verriegelt sein, weil sonst Steuergeräte aktiviert bleiben.

5. Der Einbau der Batterie

Nach dem Einbau der Batterie möchten manche Autos noch etwas über ihren neuen Stromspeicher wissen: Teilenummer, Kapazität und andere Daten müssen per Diagnosegerät eingegeben werden. Das hat den Hintergrund, dass sich die Ladestrategie nach Batteriealter, -zustand und -kapazität richtet. Es gibt Autos – zum Beispiel von französischen Herstellern –, bei denen man vor dem Einschalten der Zündung einige Minuten warten sollte, weil sich die Steuergeräte aktivieren müssen.

6. Probefahrt und Fehlerspeicher löschen

Auch nach einer Arbeit wie dem Batteriewechsel sollte der Ausführende eine Probefahrt machen, um zu testen, ob alle Fahrzeugfunktionen wieder zur Verfügung stehen. Ein

Klassiker ist die Start-Stopp-Funktion, die sehr eng an den Batteriezustand gekoppelt ist. Aber auch andere Sensoren oder Steuergeräte können fehlerhaft arbeiten, wenn die alte Batterie bereits Unterspannung hatte oder der Kunde unsachgemäß Starthilfe bekommen oder nachgeladen hat. Deshalb ist der abschließende Check mit dem Diagnosegerät Pflicht.

Beim Löschen der Fehlermeldungen sollte der Bediener darauf achten, auch Ereignisberichte in anderen Speichern zu löschen, etwa Meldungen über Unterspannung im Steuergerät der Elektrolenkung. Sonst bleiben diese erhalten und können bei einer erneuten Fehlersuche verwirren.

4.2 Drehstromgenerator

Der Drehstromgenerator liefert die notwendige elektrische Leistung für das Bordnetz, zur Versorgung der Verbraucher und zum Laden der Starterbatterie. Er kommt nahezu ausschließlich in der Bauform „Kompaktgenerator" zum Einsatz. Seine elektrische Leistung ist in den vergangenen Jahren von etwa 900 bis 1000 Watt auf aktuell 2000 Watt und mehr gestiegen. Ursächlich hierfür ist vor allem die gestiegene Anzahl an elektrischen Verbrauchern und die Möglichkeit der Rekuperation, weshalb der Generator so dimensioniert werden muss, dass er es in kürzeren Ladephasen schafft, die Starterbatterie zu füllen.

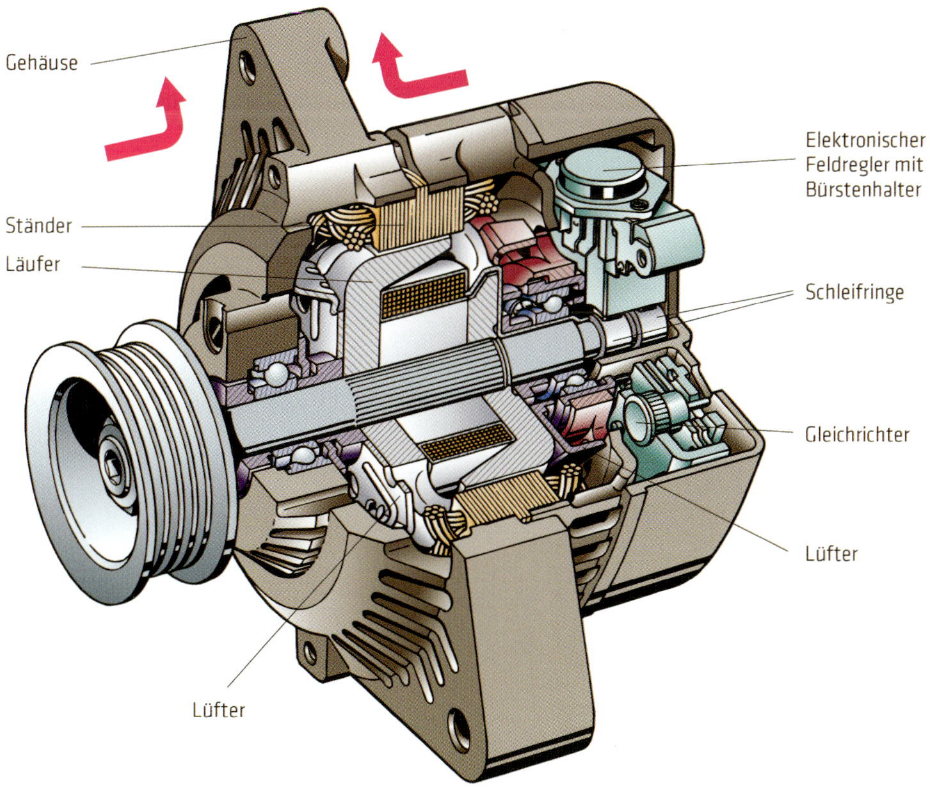

Bild 4.6
Aufbau eines Drehstromgenerators
[Bild: AS-Illu]

Der Drehstromgenerator besteht im Wesentlichen aus dem Gehäuse, in dem drei sogenannte Ständerwicklungen (genannt U, V und W) integriert sind. Sie sind an einem ihrer Enden in einer sogenannten Sternschaltung miteinander verbunden. Die offenen Enden der Ständerwicklung werden in den Gleichrichter geführt, der aus sechs Leistungs- und drei Erregerdioden besteht.

Der Rotor besteht aus dem sogenannten Klauenpolläufer, in dem sich die Erregerwicklung befindet. Auf beiden Seiten des Klauenpolläufers sitzt je ein Lüfter, der die Luft von den Stirnseiten des Generators ansaugt und radial durch Schlitze im Gehäuse abführt. Der Antrieb des Rotors erfolgt über eine Riemenscheibe. Die Spannungsregelung übernimmt der Regler.

Anmerkung: Es gibt auch Generatoren, deren Ständerwicklungen zu einem Dreieck verschaltet sind (sog. Dreieckschaltung). Diese sind aber so selten, dass hier nicht darauf eingegangen wird.

4.2.1 Induktive Spannungserzeugung im Drehstromgenerator

Die Erregerwicklung bildet in Verbindung mit dem Klauenpolläufer einen 12-poligen Elektromagneten. Dieser wird an den drei Ständerwicklungen vorbeigeführt und sorgt in diesen für eine Elektronenverschiebung (Strom!). Durch den ständigen Wechsel der magnetischen Nord- und Südpole entsteht eine sinusförmige Wechselspannung. Die Höhe dieser Spannung hängt vorwiegend von der Belastung des Generators, der Länge der Ständerwicklung, der Stärke des Magnetfelds und der Drehzahl ab.

Da der Drehstromgenerator vom Verbrennungsmotor angetrieben wird, ist seine Antriebsdrehzahl nicht konstant. Eine steigende Antriebsdrehzahl kompensiert der Regler durch eine Verkleinerung des Magnetfelds. Vergrößert sich hingegen die Belastung des Generators, führt dies zu einem größeren Spannungsverlust aufgrund seines Innenwiderstands, den der Regler durch eine Vergrößerung des Magnetfelds ausgleichen muss.

Wechselspannungen sind nicht speicherfähig. Somit ist im Fahrzeug ein Gleichstrom-Bordnetz erforderlich. Die sinusförmige Wechselspannung des Drehstromgenerators wird mithilfe eines Gleichrichters zu einer Gleichspannung umgeformt (gleichgerichtet).

Der gebräuchlichste Gleichrichter ist ein Zweiweg-Gleichrichter, auch als Graetz-Schaltung oder Brückengleichrichter bezeichnet. Er funktioniert folgendermaßen (Bild 4.7):

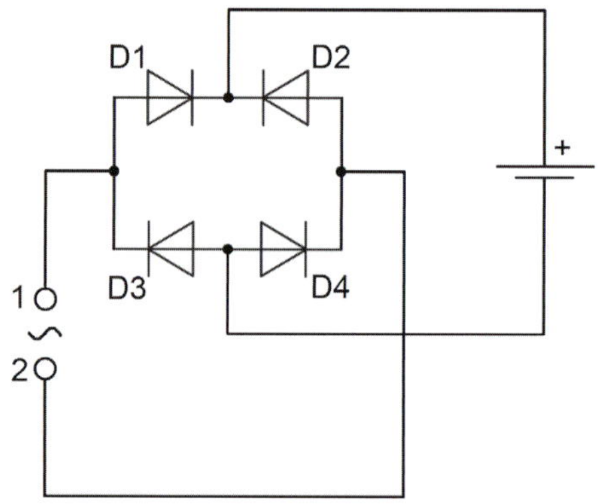

Bild 4.7
Schaltplan eines Zweiweg-Gleichrichters

- Liegt an Anschluss 1 ein positives Potenzial, so wird dies über die Diode 1 an die Batterie weitergegeben. Der Stromkreis wird im negativen Bereich über Diode 4 an Anschluss 2 geschlossen.
- Liegt an Anschluss 2 ein positives Potenzial, so wird dies über die Diode 2 an die Batterie weitergegeben. Der Stromkreis wird im negativen Bereich über Diode 3 an Anschluss 1 geschlossen.

Somit werden die negativen Halbwellen der Sinuskurve „hochgeklappt“ und es entsteht bei einer Sinuskurve eine Gleichspannung, die jedoch eine starke Oberwelligkeit aufweist.

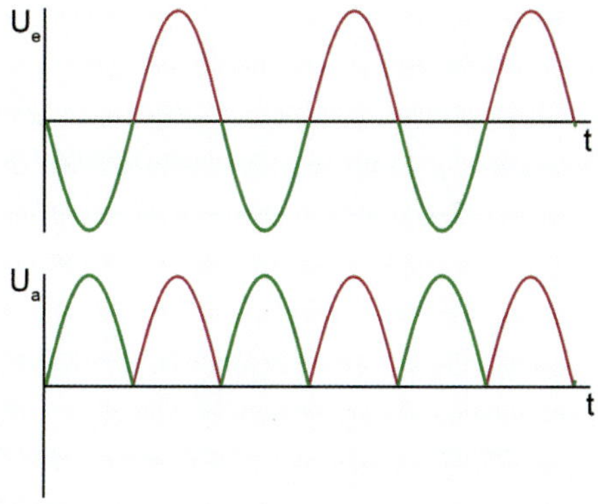

Bild 4.8
Ein Zweiweg-Gleichrichter klappt die negative Halbwelle einer Wechselspannung nach oben. Dadurch entsteht eine Gleichspannung mit starker Oberwelligkeit.
[Bild: Schmidt]

Beim Drehstromgenerator wird nicht eine Spule mit dem Gleichrichter verbunden, sondern alle drei. Exemplarisch soll auch hier die Gleichrichtung einer Spule beschrieben werden:

- Liegt am oberen Ende der Spule U ein positives Potenzial, so wird dies über die Diode 3 an die Batterie weitergegeben. Der Stromkreis wird im negativen Bereich je nach Stellung des Klauenpolläufers über Diode 2 und Spule V oder Diode 4 und Spule W an den Sternpunkt geschlossen.
- Liegt am oberen Ende der Spule U ein negatives Potenzial, so wird dies über die Diode 4 an die Batterie weitergegeben. Der Stromkreis wird im positiven Bereich je nach Stellung des Klauenpolläufers über Diode 1 und Spule V oder Diode 5 und Spule W an den Sternpunkt geschlossen.

Die Spannungsverläufe der einzelnen Spulen überlagern sich im Gleichstrombereich, sodass die Oberwelligkeit deutlich reduziert wird und eine annähernd konstante Gleichspannung entsteht.

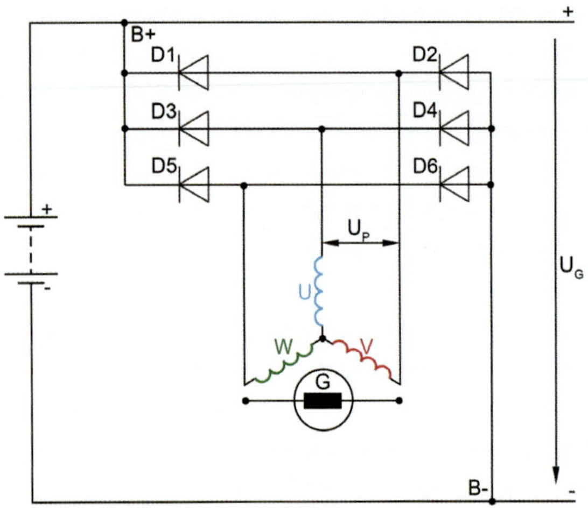

Bild 4.9
Beim Drehstromgenerator sind alle drei Spulen mit dem Gleichrichter verbunden.

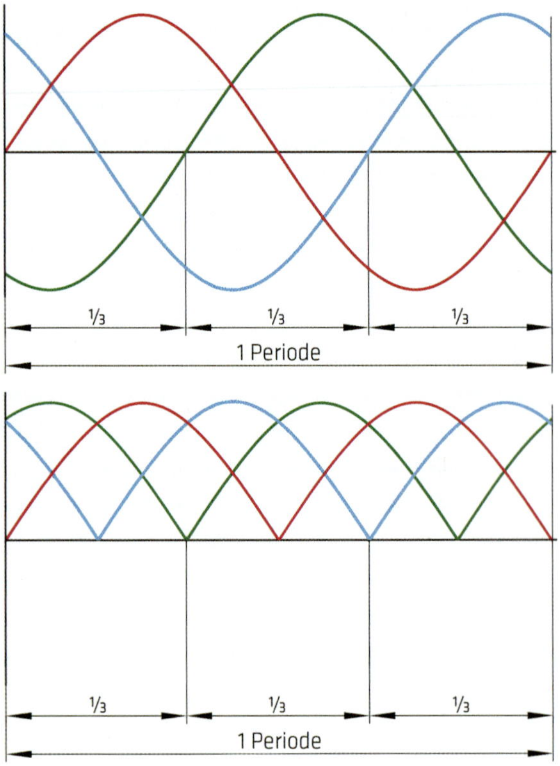

Bild 4.10
Die Spannungsverläufe der drei Spulen des Generators überlagern sich. Werden sie gleichgerichtet, entsteht eine Gleichspannung mit geringer Oberwelligkeit.

4.2.2 Stromkreise des Drehstromgenerators

Die Stromkreise des Drehstromgenerators werden in Vorerreger-, Erreger-, und Ladestromkreis unterteilt.

Vorerregerstromkreis

Der Vorerregerstromkreis wird mit dem Einschalten der Zündung aktiv. Der Strom fließt, von der Batterie kommend, zunächst über den geschlossenen Zündstartschalter und die Ladekontrollleuchte an den Generatoranschluss D+. Anschließend fließt er über Kohlebürste und Schleifring und durch die Erregerwicklung über Schleifring und Kohlebürste zum Regler. Vom Regler aus fließt der Strom zurück zur Batterie (Bild 4.11).

Erregerstromkreis

Übersteigt die in der Ständerwicklung induzierte Spannung die Schwellspannung der Erreger- und der Minus-Leistungsdiode (2 x 0,7 V), gerät der Generator in die Selbsterregung. Der Strom fließt von einer Ständerwicklung über deren Erregerdiode an D+. Da hier nun positives Potenzial anliegt, geht die Generatorkontrollleuchte aus (Plus-an-Plus). Von D+ fließt der Strom, ähnlich, wie im Vorerregerstromkreis über Kohlebürsten, Erregerwicklung und Regler, von dort aus jedoch über die Minus-Leistungsdiode zurück in die jeweilige Ständerwicklung (Bild 4.12).

Ladestromkreis

Der Ladestrom fließt, von der Ständerwicklung kommend, über die Plus-Leistungsdiode zur Batterie und von dort über die Minus-Leistungsdiode zurück in die Ständerwicklung (Bild 4.13).

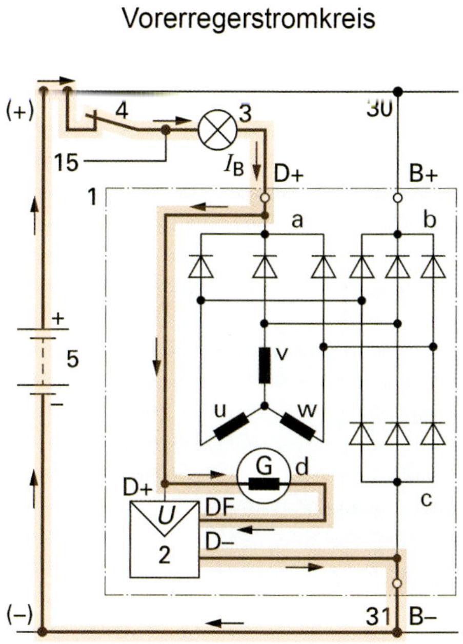

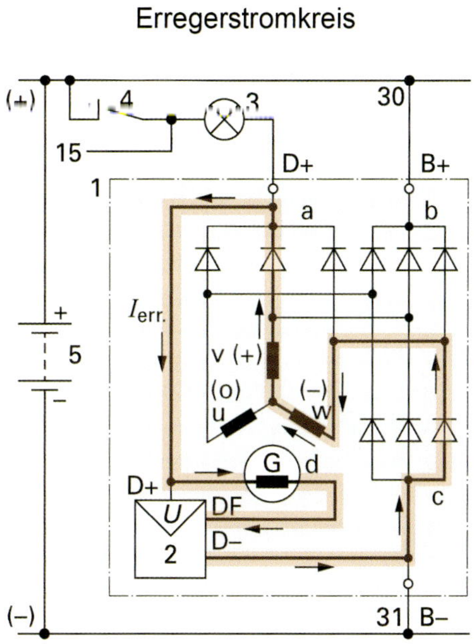

Bilder 4.11, 4.12 und 4.13

1 Generator

a Erregerdioden

b Dioden in Plusplatte

c Dioden in Minusplatte

d Erregerwicklung

2 Regler

3 Generator-Kontrolllampe

4 Zündschalter

5 Batterie

[Bilder: AS-Illu]

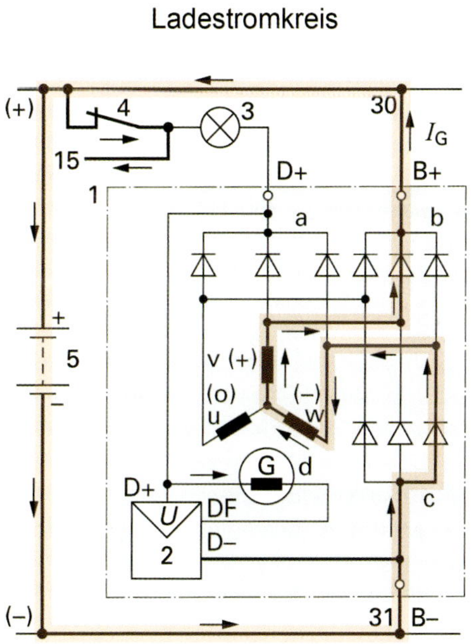

4.2.3 Generator-Regelung

Die Regelung der Generatorsspannung erfolgt entweder klassisch durch einen konventionellen Generator-Regler oder durch ein adaptives Lademanagement, auch als Multifunktionsregler bezeichnet.

Konventioneller Generator-Regler

Der konventionelle Regler (auch als Hybrid- oder Transistorregler bezeichnet) hat die Aufgabe, die vom Generator abgegebene Spannung möglichst konstant (knapp unterhalb der Gasungsspannung der Batterie) zu halten. Hierzu schaltet er den Erregerstrom hochfrequent ein und aus (ähnlich der Pulsweitenmodulation), wodurch das Magnetfeld stärker oder schwächer wird.

Ist die vom Generator abgegebene Spannung zu gering, schafft es die Teilspannung zwischen den Widerständen R1 und R2 nicht, die Durchbruchspannung der Z-Diode zu überwinden. Die Basis des Transistors T2 bleibt spannungsfrei und der Transistor gesperrt. Die Spannung an D+ wird über den Widerstand R3 an die Basis des Transistors T1 geleitet. T1 wird leitend und ermöglicht einen Stromfluss über die Erregerwicklung.

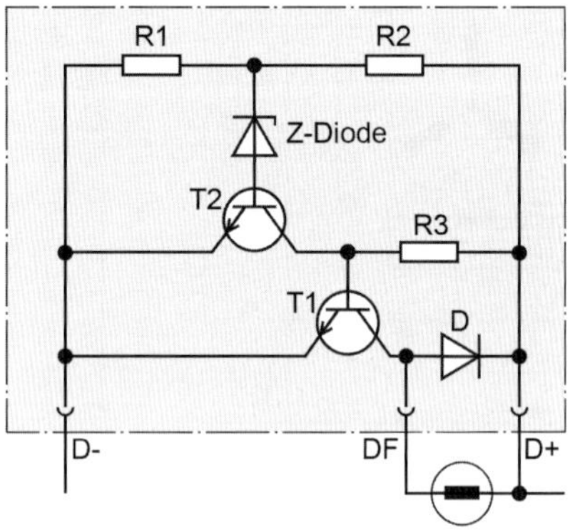

Bild 4.14
Schaltbild eines konventionellen Generatorreglers
[Bild: AS-Illu]

Übersteigt die Ladespannung den zulässigen Wert, so ist die Teilspannung zwischen den Widerständen R1 und R2 ausreichend, um die Z-Diode zu durchbrechen und an die Basis des Transistors T2 zu gelangen. Dieser wird leitend, sodass die komplette Spannung von D+ über dem Widerstand R3 abfällt und an der Basis des Transistors T1 negatives Potenzial anliegt. Der Transistor T1 sperrt und verhindert den Stromfluss durch die Erregerwicklung. Die beim Abschalten der Erregerwicklung entstehende Selbstinduktion wird über die Diode zurück in die Erregerwicklung geleitet.

Da das Ein- und Ausschalten des Erregerstroms mit hoher Frequenz erfolgt, bildet sich aus den Ein- und Ausschaltphasen ein „konstanter", jedoch gegenüber dem Maximalwert verringerter Erregerstrom. Je länger die Einschaltphase und je kürzer die Ausschaltphase, desto höher der effektive Strom.

Multifunktionsregler

Der Multifunktionsregler ermöglicht eine erweiterte Generatorregelung. Er bezieht den Erregerstrom direkt vom Anschluss B+, sodass die Erregerdioden entfallen können. Beim Starten des Verbrennungsmotors wird der Erregerstrom des Generators komplett abgeschaltet, um den Starter, bzw. den gerade anlaufenden Verbrennungsmotor, nicht mit der Last des Generators zu behindern (sog. Load-Response-Start). Anschließend wird die Ladespannung abhängig von der Temperatur der Starterbatterie geregelt, wobei das Zu- und Abschalten des Generators nicht schlagartig, sondern sanft verzögert erfolgt (sog. Load-Response-Drive), um (spürbare) Lastsprünge am Verbrennungsmotor zu vermeiden. Der Multifunktionsregler ermöglicht zudem die Rekuperation: Bei ausreichendem Ladezustand (i.d.R. ≥ 80%) wird die Starterbatterie nur in Schubphasen geladen. Somit verringert sich die Motorlast in Zugphasen, wodurch der Kraftstoffverbrauch und die Schadstoffemissionen sinken und die nutzbare Motorleistung steigt.

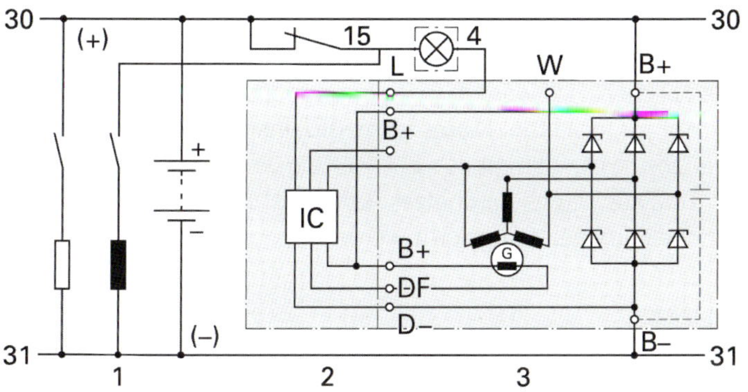

Bild 4.15
Schaltbild eines Multifunktionsreglers
[Bild: AS-Illu]

Werkstatttipp:
Bei einigen Fahrzeugen bleibt die Generatorkontrollleuchte nach dem Starten des Verbrennungsmotors zunächst an und geht erst aus, wenn die Motordrehzahl einmalig angehoben wird. Ursächlich hierfür ist eine zu klein dimensionierte Ladekontrollleuchte: Der Vorerregerstrom ist nicht ausreichend, um den Generator bei Leerlaufdrehzahl in die Selbsterregung zu überführen. Sobald die hierfür erforderliche Mindestdrehzahl erstmalig überschritten ist, gelingt dies und die Ladekontrollleuchte bleibt aus.

1. Geht die Ladekontrollleuchte bei geringen Motordrehzahlen an oder glimmt, kann dies an einer zu geringen Erregerspannung, meist ausgelöst durch einen erhöhten Widerstand im Erregerstromkreis (z.B. verschlissene Kohlebürsten) liegen.
2. Bei aktuellen Fahrzeugen sollten bei Auffälligkeiten im Ladestromsystem neben dem Generator die Batteriesensorik und das übrige Bordnetzmanagement überprüft werden. Meldet beispielsweise der Temperaturfühler der Batterie eine zu hohe Temperatur, wird die Ladespannung reduziert, um ein Ausgasen der Batterie zu verhindern. Solange die gemeldete Batterietemperatur jedoch im Toleranzbereich liegt, wird der Fehler als solcher nicht erkannt und muss über die Messwerte diagnostiziert werden.

4.2.4 Sonderbauformen von Drehstromgeneratoren

Generator mit Leitstückläufer

Bei dieser Bauform befindet sich die Erregerwicklung innerhalb des rotierenden Klauenpolläufers fest (nicht rotierend) am Lagerschild des Generators. Durch den Wegfall von Kohlebürsten und Schleifringen arbeitet er verschleißfrei.

Wassergekühlter Generator

Hierbei erfolgt die Abfuhr der Generatorwärme durch die Kühlflüssigkeit. Neben einer verbesserten Wärmeabfuhr mindert dies Generatorgeräusche und verkürzt die Warmlaufphase des Verbrennungsmotors.

Generator mit Flachpaketwicklung

Durch ein besonderes Fertigungsverfahren ist es hierbei möglich, die Anzahl der Drähte der Ständerwicklung zu erhöhen. Durch den erhöhten Wirkungsgrad kann je nach Anforderung die elektrische Leistung steigen oder die Generatordrehzahl sinken.

Generator mit Datenbusanbindung

Viele moderne Generatoren werden via Datenbus (z.B. LIN) geregelt. Beim Erneuern dieser Generatoren ist neben den üblichen Kennwerten wie Nennspannung/-strom und Drehsinn das Kommunikationsprotokoll zu beachten. Dieses ist meist anhand einer Kennung z.B. innerhalb der Teilenummer abzulesen. Stimmt es nicht 100%ig, kann es zu Störungen in der Funktion bis hin zum Totalausfall des Bordnetzes kommen. Zudem muss der neue Generator über das Bordnetz-Steuergerät angelernt werden.

4.3 Nachrüstung einer Verbraucherbatterie

Fahrzeuge, die über einen längeren Zeitraum im Stand mit Spannung versorgt werden müssen (z.B. Camping- oder Einsatzfahrzeuge) verfügen im Regelfall über eine zweite (Verbraucher-) Batterie, die das Bordnetz speist, ohne zu riskieren, dass der Motor aufgrund einer entladenen Starterbatterie nicht mehr gestartet werden kann. Um sicherzustellen, dass die Verbraucher im Stand nicht auf die Starterbatterie zugreifen können, während der Fahrt jedoch beide Batterien geladen werden, wird ein Batterietrennrelais eingesetzt. Der Steuerstromkreis des Relais wird mit dem Anschluss D+ des Generators verbunden. Sobald der Generator lädt, schließt das Relais und die Batterien werden untereinander verbunden und geladen.

Hinweis: Für die Verbraucher empfiehlt sich eine spezielle Verbraucherbatterie (längere Lebensdauer). Beim Einbau in den Fahrgastraum sollte diese zudem nicht gasend (Gel oder AGM) sein.

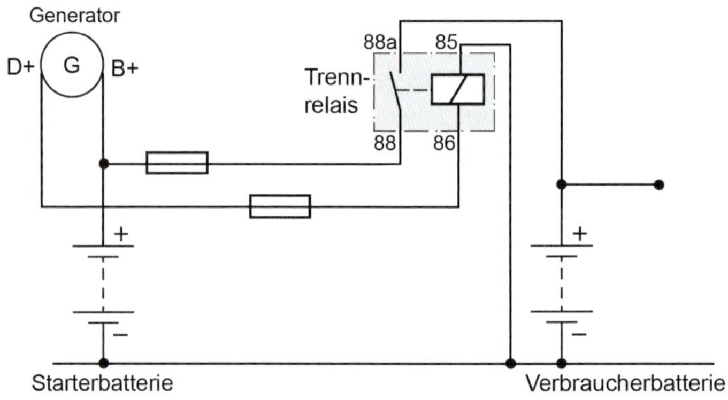

Bild 4.16
Eine zusätzliche Verbraucherbatterie lässt sich über ein Trennrelais in das Bordnetz integrieren. Dadurch werden beide Batterien vom Generator geladen.
[Bild: Schmidt]

4.4 Anschlussklemme „W"

Einige Fahrzeuge benötigen zum Anschluss eines Drehzahlmessers oder eines Betriebsstundenzählers ein „Klemme-W-Signal". Ist dies am vorhandenen Generator nicht abgreifbar, lässt es sich mit geringem Aufwand nachrüsten. Hierzu wird eine elektrische Leitung direkt an eines der offenen Enden einer Ständerwicklung gelötet und nach außen geführt.

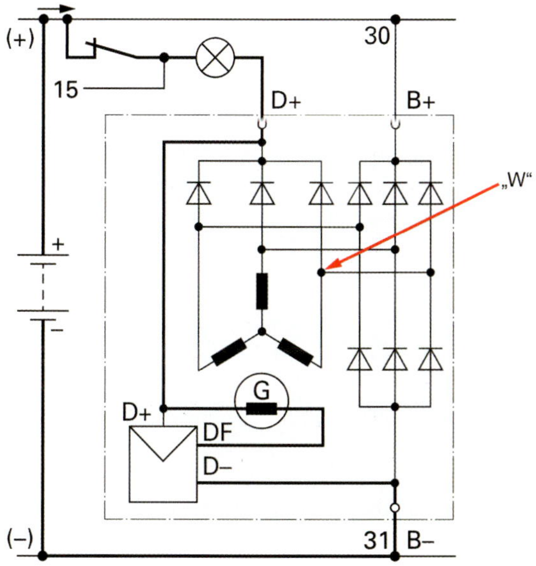

Bild 4.17
Um ein Klemme-W-Signal abgreifen zu können, wird eine elektrische Leitung direkt an eines der offenen Enden einer Ständerwicklung gelötet und nach außen geführt.
[Bild: AS-Illu]

4.5 Datenbussysteme

Netzwerktechnik – Chancen und Risiken

Ein Netzwerk besteht aus verschiedenen Teilnehmern, die untereinander Informationen austauschen. Bei einem Kraftfahrzeug sind das die Steuergeräte. Ziel ist es, erfasste Daten eines Steuergeräts allen anderen Steuergeräten zur Verfügung zu stellen, um diese nicht mehrfach ermitteln zu müssen. Die Vorteile zeigt ein einfaches Beispiel: das Fahrgeschwindigkeitssignal. Früher wurde das Fahrgeschwindigkeitssignal von jedem System separat erfasst und ausgewertet. Der Tachometer war über eine Welle mit der Getriebeabtriebswelle verbunden. Auf der gleichen Welle lag ggf. auch der Fliehkraftregler des Automatikgetriebes und der Fahrgeschwindigkeitsgeber für den Tempomat. Außerdem erfasste das Anti-Blockier-System über seine Raddrehzahlsensoren die Drehzahl der Räder. Für ein und dieselbe Information wurden somit bereits in diesem Beispiel vier Sensoren und Auswertesysteme eingesetzt. Jedes kostet Geld, benötigt Platz und trägt zur Erhöhung der Fahrzeugmasse bei.

In einem vernetzten System können beliebig viele Steuergeräte auf eine Information zugreifen, was entsprechende Einsparungen erzielt. Zu beachten ist jedoch, dass ein Fehler in einem System nun „strahlen" kann. Das heißt, dass bei einer Störung der Signalerfassung oder der Datenübertragung nicht nur das betreffende System, sondern auch alle weiteren verknüpften Systeme gestört werden. Auch hierfür ein Beispiel: Viele aktuelle Fahrzeuge verknüpfen Zugfahrzeug und Anhänger eines Zuges zu einem Gesamtsystem: Das Automatikgetriebe stellt sich durch veränderte Schaltkennlinien auf den erhöhten Zugkraftbedarf ein, die Fahrdynamikregelung ändert ihre Regelprogramme, Nebelschlussleuchte und der hintere Einparkassistent werden deaktiviert. Die Information hierzu erhalten alle Systeme über den Datenbus vom Anhängersteuergerät, das wiederum auf einen Mikroschalter oder eine Kontaktbrücke in der Anhängersteckdose reagiert. Kommt es nun zu einem einfachen Fehler an der Anhängersteckdose (z.B. Adapterstecker nicht abgezogen, Wasser in der Steckdose) entstehen mehrere Fehler gleichzeitig. Eine erfolgreiche Diagnose ist somit nur möglich, wenn alle Fehler eines Fahrzeugs als „Gesamtbild" betrachtet und auf eine gemeinsame Ursache hin untersucht werden.

4.5.1 Netzwerktopologie

Die Netzwerktopologie stellt die Struktur der Knoten und Verbindungen dar. Knoten sind Punkte, an denen mehrere Verbindungen zusammenlaufen. Es werden vier Grundtopologien unterschieden:

- Lineare Bustopologie
- Sterntopologie
  - Daisy Chain
- Ringtopologie
- Maschentopologie

Hinzu kommen Hybridtopologien, die einzelne Grundtopologien miteinander verknüpfen.

Lineare Bustopologie

Die lineare Bustopologie ist mit dem heimischen Internetanschluss vergleichbar. Alle Steuergeräte sind über Anschlussknoten mit einer gemeinsamen Leitung verbunden und senden und empfangen auf dieser Leitung Informationen. Der Datenbus lässt sich ohne großen Aufwand schrumpfen oder erweitern, wenn z.B. Sonderausstattungen nachgerüstet oder entfernt werden sollen. Zudem ist diese Topologie relativ ausfallsicher, da beim Defekt eines angeschlossenen Steuergeräts im Regelfall nur dieses System wegfällt, der übrige Datenbus jedoch aktiv bleiben kann. Sollte jedoch die Hauptleitung gestört werden, oder einer der Teilnehmer ein Störsignal (z.B. Masseschluss) liefern, kommt der ganze Datenbus zum Erliegen.

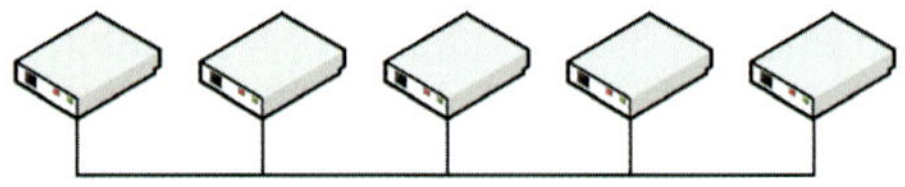

Bild 4.18
Lineare Bustopologie
[Bild: Schmidt]

Sterntopologie

Im Mittelpunkt der Sterntopologie steht ein zentraler Knoten, auch als Repeater oder Hub bezeichnet, an den alle anderen Teilnehmer angeschlossen sind. Sofern dieser Knoten zugänglich ist und noch über freie Anschlüsse (Ports) verfügt, können auch hier problemlos Systeme nachgerüstet oder entfernt werden. Sterntopologien werden in aktiv und passiv unterschieden. Während bei passiven Sterntopologien der zentrale Knoten als reine Verbindung dient und die Kommunikation der Teilnehmer ähnlich wie bei der linearen Bustopologie erfolgt, besteht der Knoten bei aktiven Sterntopologien aus einem Zentralrechner, der alle Informationen sammelt und an die Adressaten weiterleitet. Die Leistungsfähigkeit der aktiven Sterntopologie hängt somit hauptsächlich von der Leistungsfähigkeit des Zentralrechners ab.

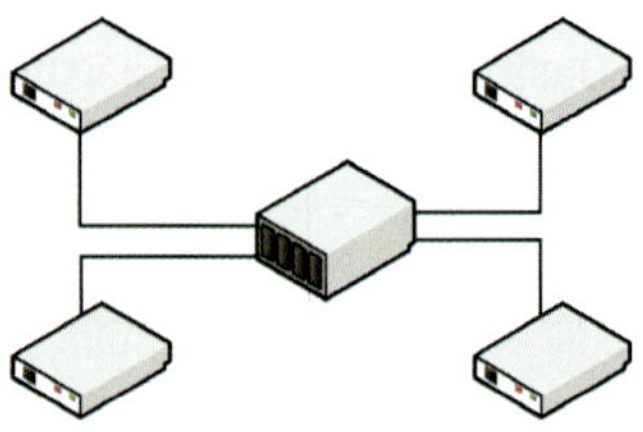

Bild 4.19
Sternförmige Bustopologie
[Bild: Schmidt]

Während bei Ausfall eines Teilnehmers nur dieser wegfällt, der übrige Bus jedoch aktiv bleiben kann, führt der Ausfall des zentralen Knotens zum Ausfall des gesamten Netzwerks. Dies kann jedoch durch redundante Ausführung des zentralen Knotens verhindert werden.

Daisy-Chain

Die Daisy-Chain (dt.: Gänseblümchenkette; namensgebend, da von vielen Kindern nach gleichem Prinzip hergestellt) ist eine Topologie, bei der nur der erste Teilnehmer direkt mit dem aktiven Hub des Sterns verbunden ist. Weitere Teilnehmer werden im Prinzip einer Reihenschaltung über diesen Teilnehmer mit dem Hub verbunden.

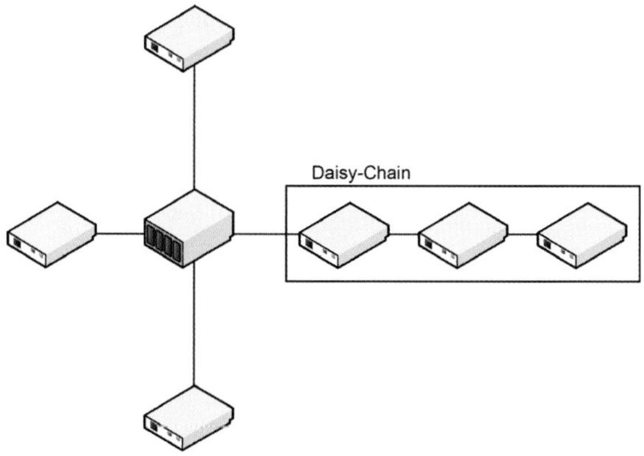

Bild 4.20
Als Daisy-Chain bezeichnet man eine Reihenschaltung, deren erstes Steuergerät an den Hub einer Sterntopologie angeschlossen ist.
[Bild: Schmidt]

Ringtopologie

Bei der Ringtopologie ist jeder Teilnehmer nur mit seinen direkten Nachbarn verbunden. Insgesamt ergibt sich aus allen Teilnehmern ein Ring-Bus. Informationen werden von Teilnehmer zu Teilnehmer übertragen, bis sie den Adressaten erreicht haben. Es wird zwischen Einzel- und Doppelring unterschieden. Beim Einzelring erfolgt die Datenübertragung immer nur in einer Richtung (unidirektional): Möchte Steuergerät 6 eine Information an Steuergerät 5 senden, so geht diese zunächst über die Steuergeräte 1, 2, 3 und 4, in denen sie jedoch nur verstärkt und weitergeleitet wird. Fällt einer der Teilnehmer weg, kommt der ganze Bus zum Erliegen. Doppelringe übertragen die Informationen bidirektional. Oben genannte Information würde also einmal über den genannten Weg und einmal unmittelbar von Steuergerät 6 an Steuergerät 5 übertragen. Bei einer einfachen Unterbrechung des Doppelrings kann somit weiterhin kommuniziert werden.

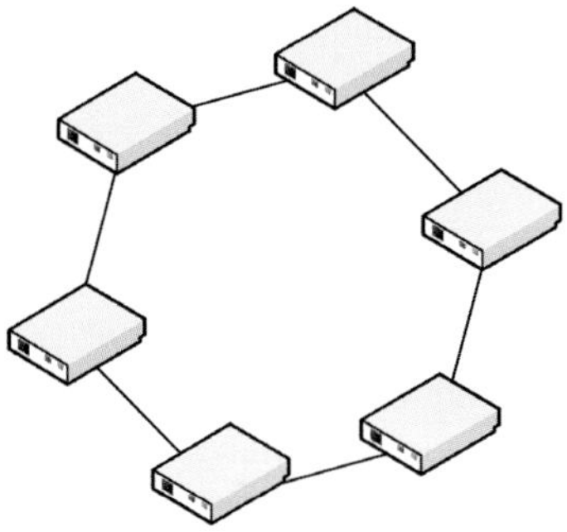

Bild 4.21
Schematische Darstellung einer Ringtopologie
[Bild: Schmidt]

Maschentopologie

Die Maschentopologie gilt als besonders ausfallsicher, da im Optimalfall jeder Knoten mit jedem anderen Knoten verbunden ist. Diese Sicherheit bedarf jedoch eines großen baulichen Aufwands.

Bild 4.22
Schematische Darstellung einer Maschentopologie, bei der jedes Steuergerät mit jedem anderen Steuergerät verbunden ist.
[Bild: Schmidt]

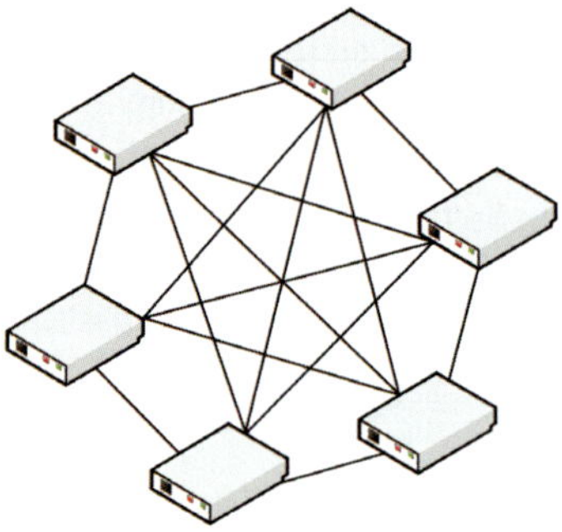

Hybridtopologien

Hybridtopologien verknüpfen verschiedene Grundtopologien miteinander. So besteht beispielsweise die Stern-Bus-Topologie aus mehreren Sterntopologien, deren Hubs über einen linearen Bus verbunden sind oder die Stern-Ring-Topologie aus mehreren Sterntopologien, deren Hubs ringförmig verknüpft sind.

Bild 4.23
Schematische Darstellung einer Stern-Bus-Topologie mit drei Serntopologien, deren Hubs linear verbunden sind.
[Bild: Schmidt]

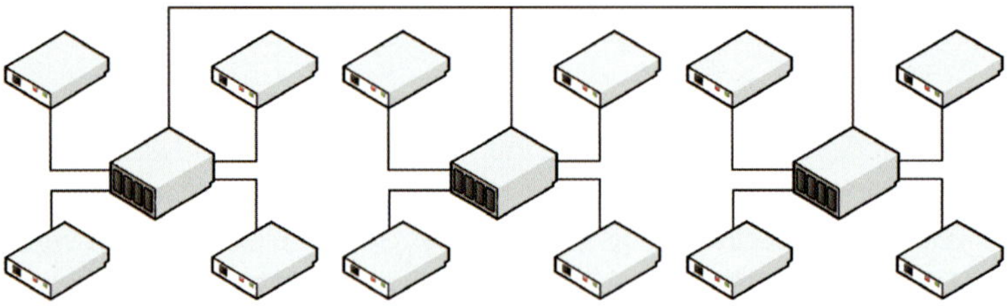

4.5.2 Adressierung

Damit die Informationen, die auf dem Datenbus hinterlegt werden, auch beim Empfänger ankommen, gibt es verschiedene Möglichkeiten, diese zu adressieren. Aktuell kommen drei verschiedene Verfahren der Adressierung zum Einsatz:

1. Teilnehmerorientiertes Verfahren
2. Nachrichtenorientiertes Verfahren
3. Übertragungsorientiertes Verfahren

Teilnehmerorientiertes Verfahren

Das teilnehmerorientierte Verfahren ist mit dem Versenden einer E-Mail vergleichbar. Die Busbotschaft enthält eine konkrete Information über den Empfänger der Nachricht. Alle an das Netzwerk angeschlossenen Teilnehmer können die Nachricht empfangen, ausgewertet wird sie jedoch nur von dem genannten Empfänger.

Nachrichtenorientiertes Verfahren

Beim nachrichtenorientierten Verfahren wird jede Bus-Botschaft vom Versender mit einem Nachrichten-Identifier, einer Art #Hashtag ausgestattet. Alle an das Netzwerk angeschlossenen Teilnehmer entscheiden beim Empfang der Nachricht selbst, ob sie diese auswerten oder nicht.

Übertragungsorientiertes Verfahren

Dieses Verfahren ist am einfachsten mit Großmutters Anruf um Punkt 19:00 Uhr zu vergleichen. Eine Nachricht wird dadurch gekennzeichnet, dass sie immer im gleichen Zeitfenster übertragen wird. Die betreffenden Empfänger kennen dieses Zeitfenster und wissen anhand dessen, dass es sie betrifft. Sicherheitshalber wird bei diesem Verfahren im Regelfall zusätzlich teilnehmer- oder nachrichtenorientiert übertragen.

Buszugriff

Nachteilig an Datenbussystemen ist, dass Informationen immer nur nacheinander ausgetauscht werden können. Die einzelnen Teilnehmer des Netzwerks müssen sich somit „einigen", wer wann auf den Bus zugreifen und senden darf. Hierzu wird zwischen dem

- vorhersagbaren Verfahren und dem
- zufälligen Verfahren

unterschieden.

Vorhersagbares Verfahren

Beim vorhersagbaren Verfahren, auch Time Division Multiple Access (kurz: TDMA), wird jedem Teilnehmer im Netzwerk ein festes Zeitfenster zugeordnet, in dem er über den Datenbus verfügen darf. Voraussetzung hierfür sind präzise, hochsynchronisierte Uhren der einzelnen Teilnehmer, damit diese ihr eigenes Zeitfenster einhalten können. Der Vorteil dieses Verfahrens liegt darin, dass Zugriffskollisionen, also mehrere Nachrichten, die zeitgleich auf den Bus gelegt werden, nahezu ausgeschlossen sind. Eine Priorisierung der Nachrichten ist somit nicht erforderlich.

Zufälliges Verfahren

Beim zufälligen Verfahren werden Nachrichten nicht nacheinander gesendet, sondern, „wenn der Datenbus gerade frei ist". Dies kann jedoch zu Zugriffkollisionen führen, wenn mehrere Teilnehmer zeitgleich versuchen, ihre Nachricht abzusetzen. Es wird somit eine gewisse Moderation benötigt, die Ordnung auf den Datenbus bringt. Hierbei kommen zwei Systeme zum Einsatz:

1. Master-Slave-System
2. Multimaster-System

Master-Slave-System

Beim Master-Slave-System dient ein Teilnehmer des Netzwerks als Master (dt.: Meister, Herr), also als eine Art Moderator. Alle anderen Netzwerkteilnehmer sind Slaves (dt.: Sklaven), die nur dann senden, wenn sie vom Master dazu aufgefordert werden oder diesen, je nach Protokoll, um „Erlaubnis" gebeten haben. Nachteilig an diesem System ist der Totalausfall des Datenbusses, wenn der Master einen Defekt erleidet.

Multimaster-System

Beim Multimaster-System sind alle Teilnehmer des Netzwerks gleichberechtigt. Allerdings werden die gesendeten Nachrichten unterschiedlich priorisiert. Im Fall von Zugriffskollisionen wird zunächst die wichtigste Nachricht übertragen. Nachrichten geringerer Priorität müssen warten, bis der Datenbus wieder frei ist, und werden dann erneut gesendet.

Priorisierung von Nachrichten

Zur Priorisierung von Nachrichten enthalten diese am Anfang einen sogenannten Identifier, der Informationen darüber enthält, wie wichtig die gerade gesendete Nachricht ist. Hierbei macht man sich die Tatsache zunutze, dass man mit einem Signalpegel (high oder low) einen anderen überschreiben kann: Der Pegel, der in der Lage ist, einen anderen zu überschreiben, ist im Regelfall der Low-Pegel, also das Massepotenzial und wird als *dominanter* Pegel bezeichnet. Der Pegel, der überschrieben wird, ist in diesem Fall der High-Pegel (5 V oder 12 V) und wird *rezessiver* Pegel genannt.

Rezessiver Pegel

Der Transistor ist gesperrt. Von Klemme 30 gelangt das Pluspotenzial über die Diode und den Widerstand an die Kommunikationsleitung des Datenbusses. Der logische Bitwert ist 1.

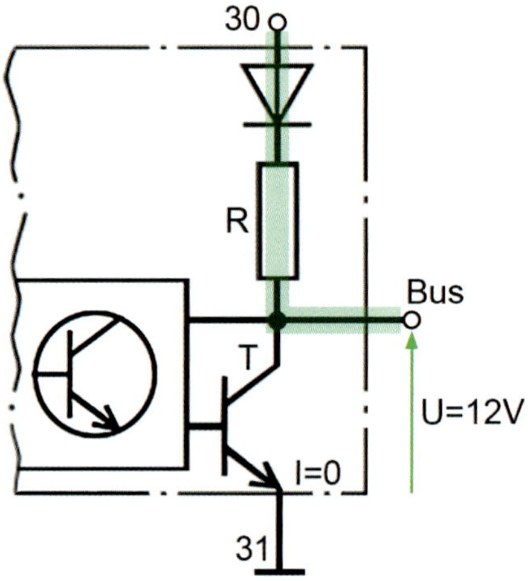

Bild 4.24
Stromfluss bei einem rezessiven Pegel. Der Transistor ist hier gesperrt.
[Bild: Schmidt]

Dominanter Pegel

Der Transistor ist leitend. Da jetzt ein Strom fließt, fällt über dem Widerstand die komplette Spannung ab und an der Kommunikationsleitung des Datenbusses liegt Massepotenzial an. Der logische Bitwert ist 0. Da über dem leitenden Transistor auch die Pluspotenziale abgeleitet werden, die von anderen Steuergeräten auf den Bus gelegt werden, liegt der Signalpegel bei einem leitenden Transistor eines beliebigen Steuergeräts immer bei 0. Somit „überschreibt“ der 0-Wert den 1-Wert. Er ist dominant.

Um eine Nachricht zu priorisieren, ist es mithilfe vorgezeigten Systems ausreichend, ihr mehr führende Nullen zu geben als einer weniger wichtigen Nachricht. So ist zum Beispiel eine Nachricht, die mit 0001... beginnt wichtiger, als eine Nachricht, die mit 0010... anfängt. Senden zwei Steuergeräte gleichzeitig, bricht das Steuergerät mit der unwichtigeren Nachricht bei Empfang eines Identifiers mit höherer Priorität das Senden ab und schaltet auf Empfang.

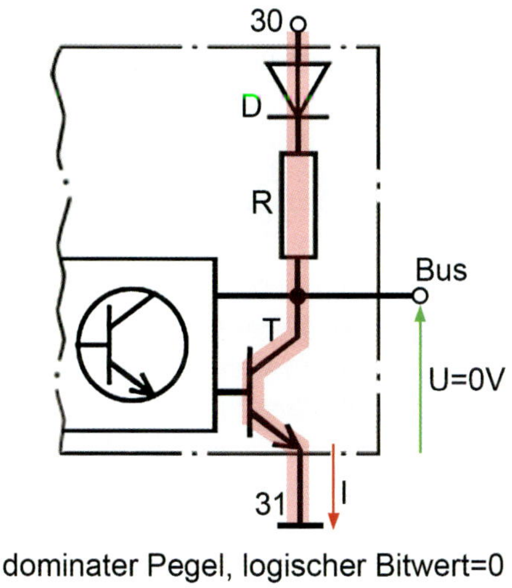

Bild 4.25
Stromfluss bei einem dominaten Pegel. Der Transistor ist hier leitend.
[Bild: Schmidt]

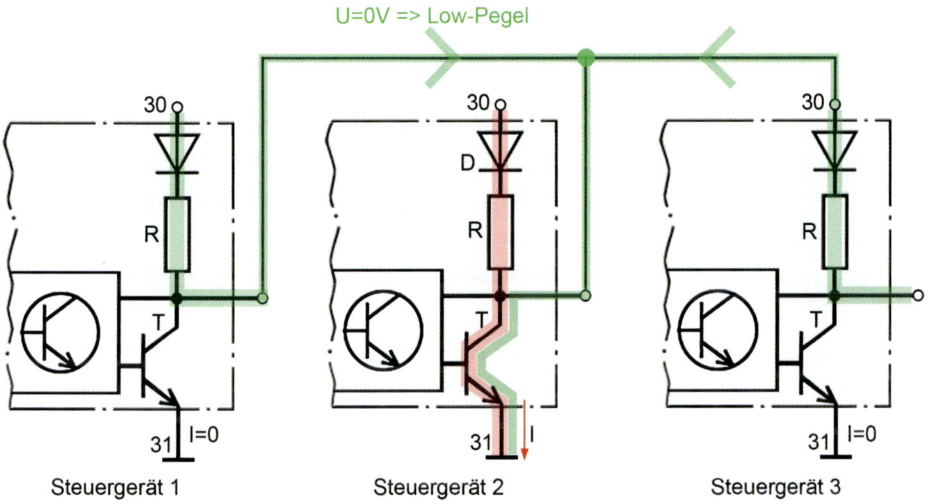

Bild 4.26
Der dominante Pegel von Steuergerät 2 überschreibt die rezessiven Pegel der Steuergeräte 1 und 3.
[Bild: Schmidt]

4.5.3 Steuerungsmechanismen

Das Senden von Nachrichten kann auf zwei Arten erfolgen:

- ereignisgesteuert,
- zeitgesteuert.

Ereignissteuerung

Bei der Ereignissteuerung, wie sie zum Beispiel in einem CAN-Bus abläuft, werden Nachrichten immer dann gesendet, wenn ein bestimmtes Ereignis eingetreten ist, beispielsweise das Einlegen der Fahrstufe D oder das Einschalten der Heckscheibenheizung. Da die Nachrichten nach Priorität abgearbeitet werden, kann es vorkommen, dass Nachrichten mit geringer Priorität bei hoher Busauslastung durch viel Nachrichten mit höherer Priorität verloren gehen. Zudem ist diese Form der Steuerung nur bedingt eigendiagnosefähig, da „keine Nachricht" eines Systems nicht zwingend einen Fehler darstellt. Wird die Busbotschaft

„Klimaanlage an" beispielsweise niemals gesendet, kann dies ein Fehler im Datenbus sein. Es kann jedoch auch sein, dass der Fahrer die Klimaanlage gar nicht eingeschaltet hat.

Zeitsteuerung
Bei der Zeitsteuerung erfolgt das Versenden der Informationen dagegen in festen Zeitfenstern. Dies stellt zum einen sicher, dass jede gesendete Information „durchkommt", und dass fehlende Informationen als Fehler erkannt werden können. Bezogen auf vorgenanntes Beispiel der Klimaanlage, würde das Bedienteil der Klimaanlage die Botschaft „Klimaanlage aus" in ihrem Zeitfenster senden, solange diese ausgeschaltet ist. Somit ist sichergestellt, dass sich der Betriebszustand nicht geändert hat und die Information fehlerfrei übertragen wurde. Für das Ein- und Ausschalten der Klimaanlage wäre diese Form der Eigendiagnose sicherlich sehr aufwendig. Bei „Drive-by-Wire"-Systemen wie Lenkraddrehwinkel und -drehmoment oder Fahrpedalposition ist es jedoch enorm wichtig, dass die Bordelektronik die Betriebszustände jederzeit kennt. Insbesondere dann, wenn Autos mittelfristig autonom fahren sollen.

Theoretisch ist die Ereignissteuerung die schnellere und für Echtzeitanwendungen besser geeignete Form der Steuerung, da Botschaften unmittelbar nach dem Eintreten des Ereignisses versendet werden. Somit ist die Zeitspanne zwischen dem Eintreten des Ereignisses und dem Übertragen der Botschaft – die sogenannte Latenzzeit – minimal. In der Praxis kristallisiert sich jedoch die Zeitsteuerung in Verbindung mit schnellen Datenbussystemen für solche Anwendungen als bessere Steuerung heraus, da Zugriffskollisionen ausgeschlossen sind und Botschaften zuverlässiger überprüft werden können. Im Auto hat sich mit FlexRay eine Kombination aus Zeit- und Ereignissteuerung etabliert.

4.5.4 CAN-Bus

Kurzsteckbrief Highspeed-CAN

- Geschwindigkeit: 10 kbit/s bis 1 Mbit/s
- Steuerung: ereignisgesteuert
- Häufigste Topologie: linear
- Leitungen: Zweidraht-Kupfer, verdrillt
- Norm: ISO 1198
- SAE-Klassifizierung: Klasse C
- Haupteinsatzgebiet: Motor, Antriebsstrang, Fahrdynamikregelung

Kurzsteckbrief Lowspeed-CAN

- Geschwindigkeit: ≤ 125 kbit/s
- Steuerung: ereignisgesteuert
- Häufigste Topologie: linear
- Leitungen: Zweidraht-Kupfer, verdrillt
- Norm: ISO 11519-2
- SAE-Klassifizierung: Klasse B
- Haupteinsatzgebiet: Karosserie, Komfort
- Besonderheit: eindrahtfähig

Das Controller-Area-Network (CAN) ist ein Zweidraht-Bussystem nach dem Multimaster-Prinzip. Es wird unterschieden in „Class B" und „Class C". Die maximale Übertragungsrate liegt beim Class-B-Bus bei 125 kbit/s und beim Class-C-Bus bei 1 Mbit/s. Zudem ist der Class-B-Bus eindrahtfähig. Das bedeutet, dass die Kommunikation bei einer Störung in einer der Leitungen mit verminderter Übertragungssicherheit aufrechterhalten werden kann. Um die elektromagnetische Verträglichkeit zu verbessern, sind die beiden Leitungen verdrillt (genannt: twisted pair) oder geschirmt.

Im regulären Zweidraht-Betrieb liegt auf der zweiten Leitung das invertierte Signal der ersten Leitung. Hierdurch ist einerseits eine Prüfung des Signals möglich, da es doppelt übertragen wird. Andererseits heben sich die bei jeder Umschaltung entstehenden Magnetfelder gegenseitig auf und die Leitungen sind nach außen elektromagnetisch neutral, verursachen also keine Störungen in anderen Systemen. Abschlusswiderstände verbinden die beiden Busleitungen im Steuergerät miteinander, um Reflexionen der Signale am Leitungsende auszuschließen.

Da mehrere gleichberechtigte Steuergeräte in einem Netzwerk senden und empfangen, ist eine Priorisierung der Informationen erforderlich. Diese erfolgt durch die sogenannte Arbitierung. Das CAN-Signal besteht aus bis zu 128 Bits und setzt sich chronologisch wie folgt zusammen:

1. **Anfangsfeld (1 Bit):** Informiert alle angeschlossenen Steuergeräte über den Beginn einer Nachricht
2. **Statusfeld (11 Bits):** Identifizierung der Nachricht und Arbitierung. Durch die Arbitierung wird die Priorität der Botschaft gekennzeichnet (s.o.).
3. **RTR-Feld:** RTR steht für Remote Transmission Request. Ist dieser Bit auf „1" gesetzt, besteht die Nachricht aus einer Datenanforderung. Beispiel: Soll der Motor eines Automatikfahrzeugs gestartet werden, so ist es erforderlich, dass der Wählhebel in Position „P" steht und der Fahrer die Bremse tritt. Betätigt dieser den Starter, so sendet das Motorsteuergerät eine RTR-Botschaft, um vom Getriebe und der Fahrdynamikregelung die Rückmeldung zu erhalten, ob vorgenannte Bedingungen erfüllt sind. Ist dieser Bit auf „0" gesetzt, also inaktiv, folgt eine Information.
4. **Kontrollfeld (6 Bits):** Das Kontrollfeld umfasst Informationen darüber, wie viele Informationen die folgende Nachricht enthält. Somit kann jeder Empfänger überprüfen, ob er alle Informationen erhalten hat.
5. **Datenfeld (≤ 64 Bits):** Enthält die Nutzdaten der Botschaft.
6. **Sicherungsfeld (16 Bits):** Das Sicherungsfeld dient zur Erkennung von Übertragungsfehlern. Bekommt der Empfänger beispielsweise weniger Informationen als im Kontrollfeld angekündigt wurden, so fordert er den Sender zum erneuten Senden der Daten auf.
7. **Bestätigungsfeld (2 Bits):** Im Bestätigungsfeld bestätigt der Empfänger dem Sender den korrekten Erhalt der Botschaft.
8. **Endefeld (7 Bits):** Kennzeichnet das Ende der Botschaft und gibt den Datenbus für die anderen Steuergeräte frei.

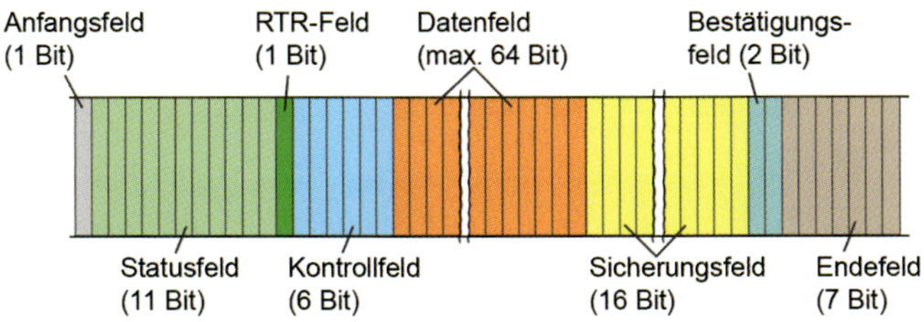

Bild 4.27
Aufbau eines CAN-Signals, das aus bis zu 128 Bits bestehen kann.
[Bild: Schmidt]

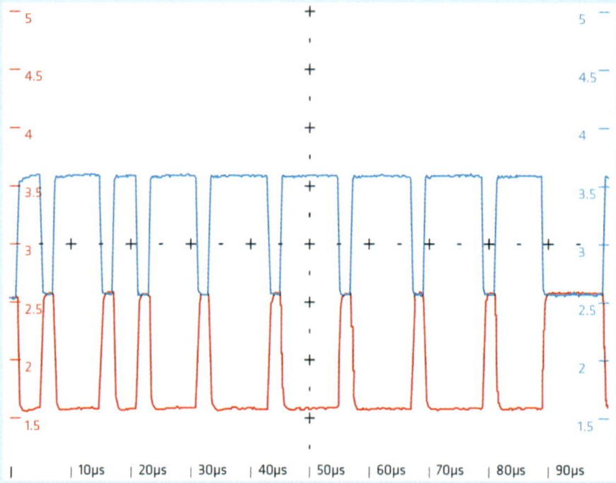

Bild 4.28 *Gutbild: CAN-Bus-Antrieb.*
[Bild: AS-Illu]

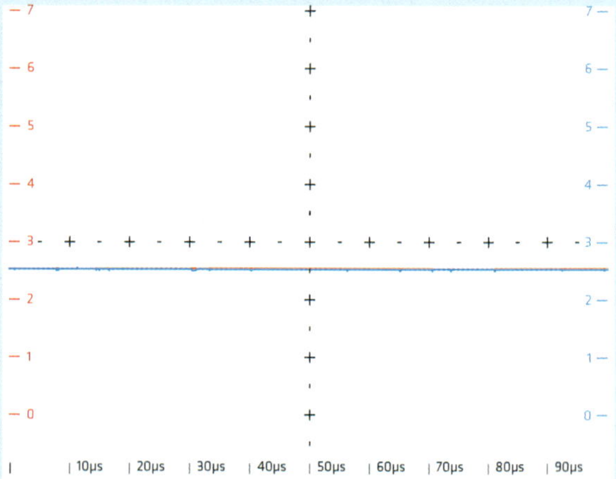

Bild 4.29 *Fehlerbild: CAN-Antrieb mit Kurzschluss high-low*
[Bild: AS-Illu]

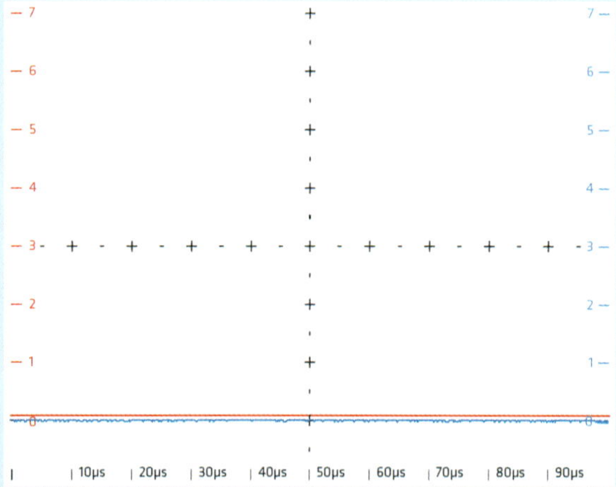

Bild 4.30 *Fehlerbild: CAN-Antrieb mit Masseschluss high*
[Bild: AS-Illu]

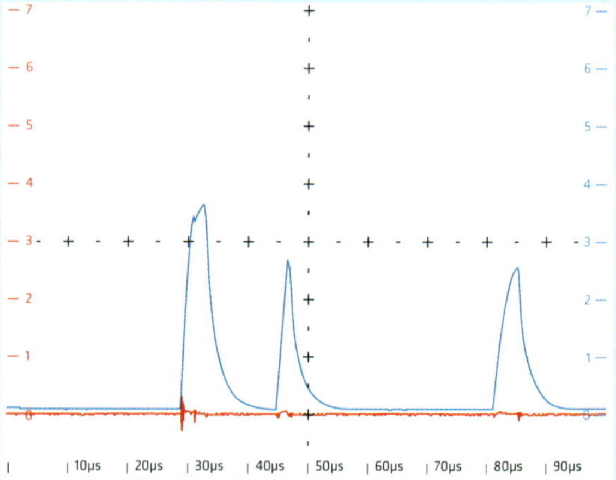

Bild 4.31 *Fehlerbild: CAN-Antrieb mit Masseschluss low*
[Bild: AS-Illu]

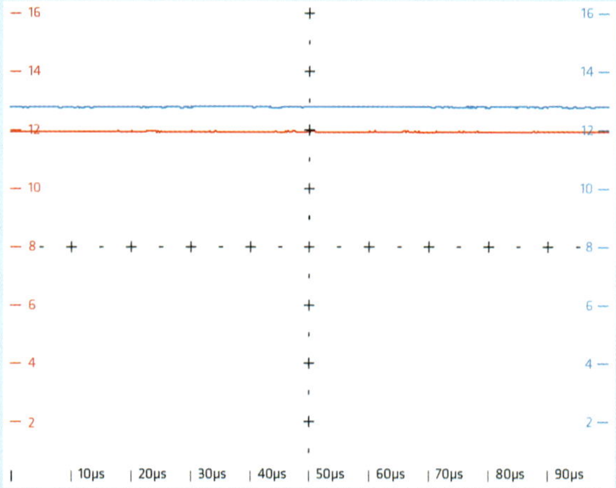

Bild 4.32 *Fehlerbild: CAN-Antrieb mit Plusschluss high*
[Bild: AS-Illu]

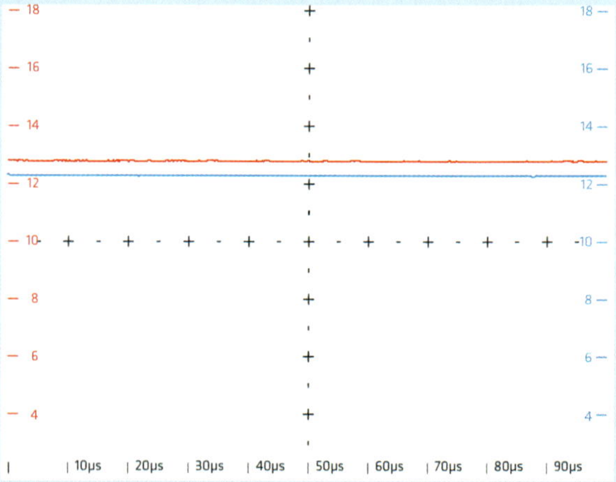

Bild 4.33 *Fehlerbild: CAN-Antrieb mit Plusschluss low*
[Bild: AS-Illu]

Das Controller Area Network CAN kommt hauptsächlich im Antriebsstrang, im Bereich der Sicherheitssysteme, zur Kommunikation dieser Systeme mit anderen Systemen und zur Steuerung im Innenraum zum Einsatz. Es ist jedoch, je nach Fahrzeugklasse, -ausstattung und -generation, auch in anderen Teilbereichen des Fahrzeugs zu finden.

4.5.5 LIN-Bus

Kurzsteckbrief

- Geschwindigkeit: ≤ 20 kbit/s
- Steuerung: zeitgesteuert
- Häufigste Topologie: linear
- Leitungen: Eindraht- Kupfer
- Norm: LIN-Konsortium
- SAE-Klassifizierung: Klasse A
- Haupteinsatzgebiet: einfache Anwendungen, z.B. Sensorik

Das Local-Interconnect-Network (LIN) ist ein Eindraht-Bussystem nach dem Master-Slave-Prinzip mit einer maximalen Übertragungsrate von 20 kbit/s. Ein Master-Steuergerät verwaltet bis zu 16 Slave-Steuergeräte – in der Regel aktive Sensoren oder Aktoren – und fungiert als Schnittstelle zu anderen Bussystemen. Das Master-Steuergerät erfragt Informationen vom Slave-Steuergerät bzw. gibt diesem Befehle, die dieses ausführt. Die Eigendiagnose findet über das Master-Steuergerät statt. Kommt es zu keiner oder einer unplausiblen Datenübertragung durch den Slave, wird dies im Fehlerspeicher des Masters abgelegt.

Beispiel Luftmassenmesser
Luftmassenmesser ab der 8. Generation (Bosch) sind LIN-Bus-fähig. Möchte das Motorsteuergerät eine Information über die aktuelle Luftmasse oder – je nach Ausstattung – die Lufttemperatur, den Luftdruck oder die Luftfeuchtigkeit haben, muss es hierzu keine eigenen Signaleingänge mehr besitzen, diese überwachen und auswerten. Vielmehr erfragt es die aufbereitete Information beim Luftmassenmesser über den LIN-Bus. Dieser sendet dem Motorsteuergerät die gewünschte Information zu. Kommt es zum Übertragen einer fehlerhaften oder unplausiblen Information, oder der Luftmassenmesser kann die angeforderte Information nicht liefern, dann wird dieser Fehler im Fehlerspeicher des Motorsteuergeräts hinterlegt.

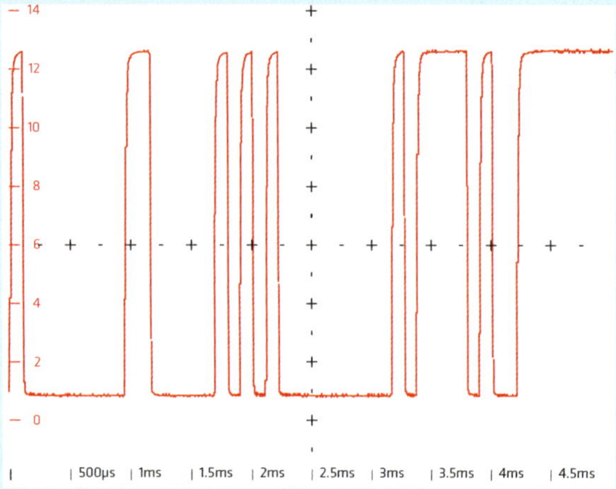

Bild 4.34 *Gutbild eines LIN-Bus-Signals*
[Bild: AS-Illu]

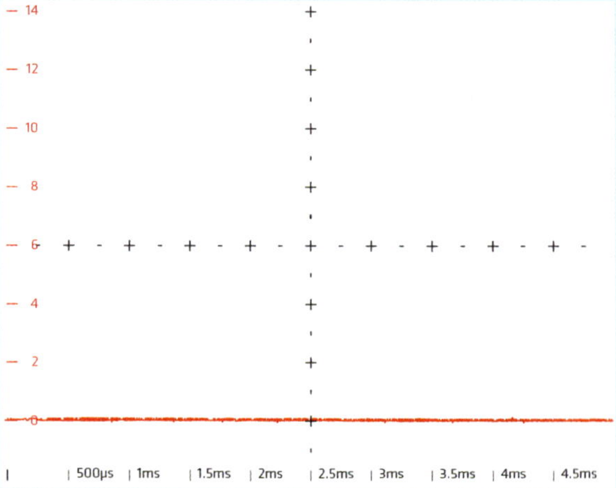

Bild 4.35 *Fehlerbild: LIN-Bus mit Masseschluss*
[Bild: AS-Illu]

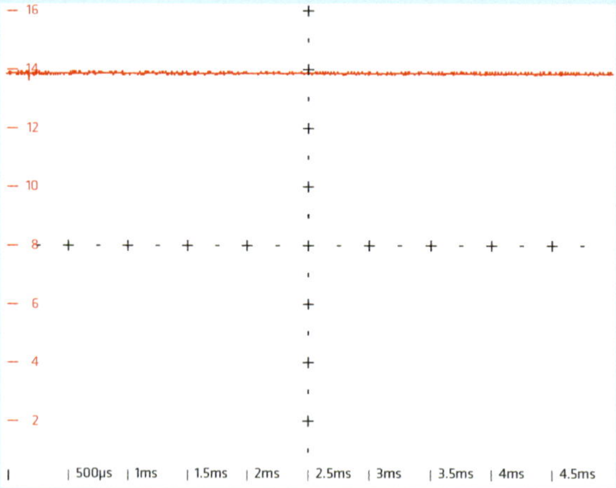

Bild 4.36 *Fehlerbild: LIN-Bus mit Plusschluss*
[Bild: AS-Illu]

4.5.6 MOST-Bus

Kurzsteckbrief MOST-Bus

- Geschwindigkeit: ≤ 22,5 Mbit/s
- Steuerung: zeit- und ereignisgesteuert
- Häufigste Topologie: Ring
- Leitungen: Lichtleiter
- Norm: MOST-Kooperation
- SAE-Klassifizierung: Mobile Media
- Haupteinsatzgebiet: Multimedia, Infotainment

Der Media-Oriented-Systems-Transport-Bus (MOST) überträgt die Daten mithilfe von Lichtwellen durch ein Glasfaserkabel. Er ist ringförmig aufgebaut. Der MOST-Bus ist der

Industriestandard für die Vernetzung von Informations- und Kommunikationsgeräten in Kraftfahrzeugen. Er ermöglicht die Übertragung großer Datenmengen, wie es bei Audio- oder Videodaten erforderlich ist.

Der MOST-Bus ist durch eines der Steuergeräte, im Regelfall das Audio-Steuergerät, an den CAN-Bus angeschlossen. Dieses „übersetzt" die CAN-Bus-Daten in MOST-Lichtsignale und umgekehrt. Der CAN-Bus liefert Informationen wie „Zündung ein", für das Einschalten des Systems, das Fahrgeschwindigkeitssignal für die Navigation und die geschwindigkeitsabhängige Lautstärkeanpassung. Außerdem kommen vom CAN Daten über den Zustand der Beleuchtungsanlage bzw. des Regen-/Lichtsensors zur Anpassung der Displayhelligkeit und zu Benutzereingaben, die über das Multifunktionslenkrad erfolgen. Daten, die vom MOST auf den CAN-Bus übertragen werden, sind beispielsweise Informationen, die auf dem Kombiinstrument oder dem Head-up-Display angezeigt werden sollen, oder die anderen Systemen, wie dem Automatikgetriebe oder dem Hybrid-System den kommenden Streckenverlauf liefern.

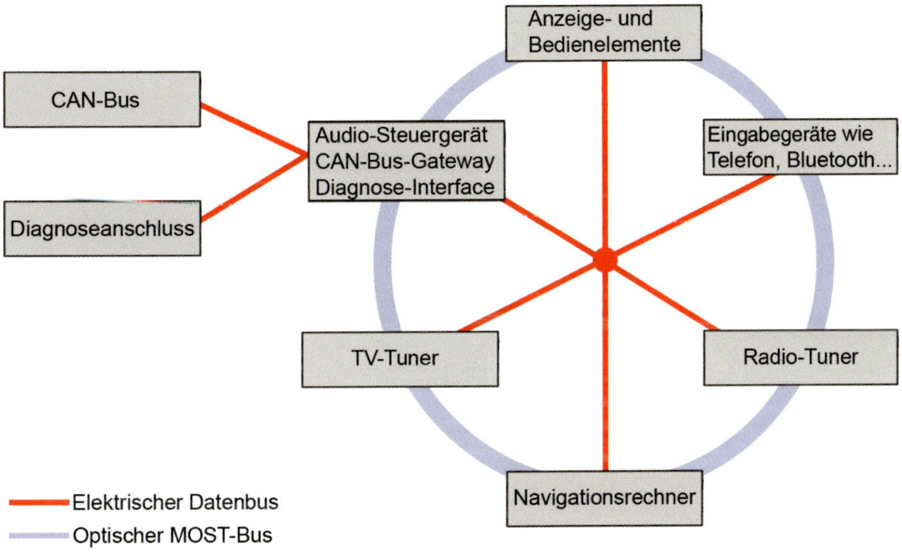

Bild 4.37
Aufbau eines MOST-Busses. Die roten, sternförmigen Wake-up-Leitungen lassen sich auch für eine Ringbruchdiagnose nutzen.
[Bild: Schmidt]

Um alle Komponenten des Busses nach dem Einschalten der Zündung ansprechen zu können, müssen diese zunächst in Betriebsbereitschaft versetzt werden. Dies erfolgt im Regelfall über eine sternförmige, elektrische Verbindung aller Komponenten. Empfängt der CAN-Bus die Information über das Einschalten der Zündung, wird die Spannung auf der sogenannten Wake-up-Leitung von Batteriespannung kurzzeitig auf Massepegel gesenkt. Sind die Komponenten betriebsbereit, senden sie zur Eigendiagnose in einer festgelegten Reihenfolge ein Startsignal an das Audio-Steuergerät. Anschließend warten sie auf weitere Informationen vom MOST-Bus. Die Aktivierung der Komponenten kann (z.B. bei Ausfall des Wake-ups) nach dem gleichen Muster auch rein optisch erfolgen.

Optische Datenübertragung

Die Übertragung der Daten erfolgt optisch durch einen sogenannten Lichtwellenleiter (kurz: LWL; engl.: POF = Plastic Optical Fibre). Dieser besteht aus einer farbigen, äußeren Ummantelung zum Schutz vor Beschädigungen, einer schwarzen, inneren Ummantelung zum Schutz vor äußerer Lichteinwirkung und einem transparent beschichteten Kern aus transparentem Kunststoff, der zum Transport der Daten dient.

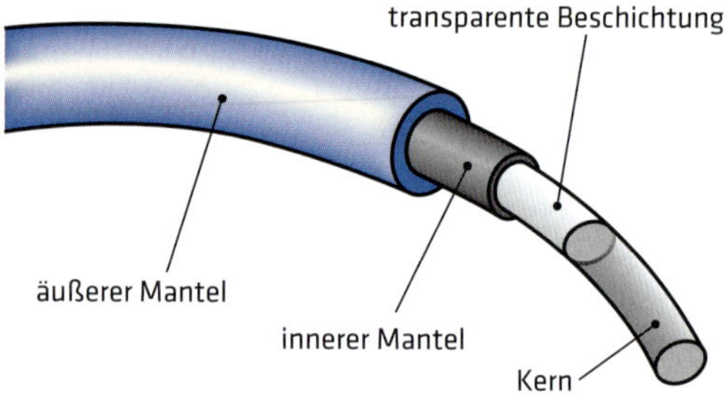

Bild 4.38
Aufbau eines Lichtwellenleiters
[Bild: LDL]

Die Übertragung der Lichtwellen erfolgt durch sogenannte Totalreflexion. Eine Leuchtdiode sendet einen Lichtstrahl in einem flachen, optischen Winkel auf eine Grenzschicht zwischen dem optisch dichten Kern und der optisch dünneren, transparenten Beschichtung. Dieser wird nahezu verlustfrei reflektiert und am nächsten Knoten von einer Fotodiode aufgenommen. Damit die Datenübertragung störungsfrei funktioniert, muss man mit den Lichtwellenleitern vorsichtig umgehen. Sie dürfen nicht geknickt oder gestreckt werden und ihr Biegeradius darf nicht kleiner als 25 mm sein. Außerdem ist es wichtig, dass die Endflächen der Lichtleiter immer sauber bleiben und die Lichteiter gegebenenfalls nur mit dafür vorgesehenem Werkzeug bearbeitet werden.

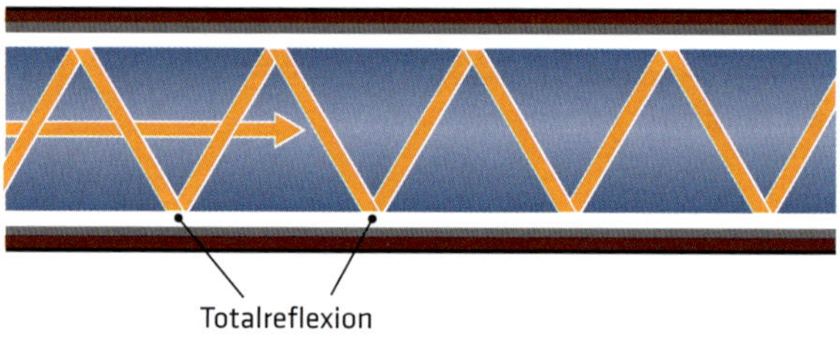

Bild 4.39
Prinzip der Datenübermittlung in einem Lichtwellenleiter.
[Bild: LDL]

War eine über den Bus gesendete Information für den Empfänger bestimmt, leitet sie der Transceiver an den Microcontroller (CPU) weiter, der sie dann weiterverarbeitet. War die Information für einen anderen Empfänger bestimmt, leitet sie der Transceiver an die Leuchtdiode in der Sende-Empfangseinheit (auch als Fiber Optical Transmitter, FOT bezeichnet) zurück, die sie wiederum in den nächsten Abschnitt des Ring-Busses strahlt.

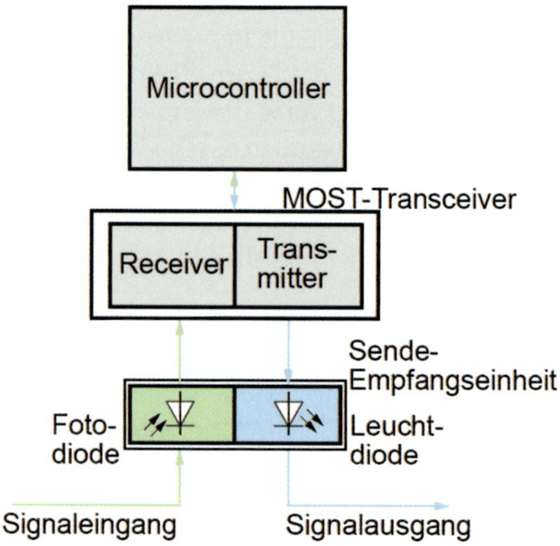

Bild 4.40
Schematischer Aufbau eines MOST-Steuergeräts. Der Transceiver filtert die für den Microcontroller relevanten Daten und gibt sie an ihn weiter.
[Bild: Schmidt]

Werkstatttipp

Die ringförmige Struktur birgt die Gefahr, dass eine einzige Leitungsunterbrechung zum Totalausfall des Busses führt. Keine der Komponenten ist erreichbar, bzw. zeigt das Anzeigeinstrument nur den Start-Bildschirm. Ursache hierfür können Leitungsunterbrechungen/Knickungen/Schirmungsfehler außerhalb oder innerhalb einzelner Komponenten sein.

Dann lässt sich bei vielen Systemen mit einem Diagnosetester eine Ringbruchdiagnose durchführen. Diese erfolgt über die sternförmigen elektrischen Wake-up-Leitungen. Über diese Leitungen kann ausgewertet werden, welche Steuergeräte funktionsfähig sind. Gleichzeitig senden die Steuergeräte ein Lichtsignal aus, prüfen, ob bei ihnen ein solches Lichtsignal vom Nachbarsteuergerät ankommt und senden die Information „optisch in Ordnung" oder „optisch nicht in Ordnung". Aus diesen Daten lässt sich ermitteln, zwischen welchen Steuergeräten die Lichtwellenverbindung unterbrochen ist.

Bei Systemen, die keine Ringbruchdiagnose bieten, erfolgt die Überprüfung des MOST-Busses im Ausschlussverfahren. Hierbei werden einzelne Komponenten schrittweise aus dem Bus entfernt und der Bus an der betreffenden Stelle optisch gebrückt. Ist das System nach Entnahme einer Komponente wieder (bedingt) betriebsbereit, ist dies das fehlerhafte Bauteil. Bleibt die Fehlersuche erfolglos, müssen nach dem gleichen Verfahren schrittweise Lichtwellenleiter ersetzt werden, bis der defekte Lichtwellenleiter lokalisiert wurde.

Hinweis: Da diese Methode die einzige Möglichkeit ist, Bus-Fehler in nicht diagnosefähigen MOST-Bussen zu lokalisieren, sehen einige Fahrzeughersteller im Fahrzeug einen Ort vor, an dem nahezu alle Leitungen und die entsprechenden Verbinder zu finden sind. Die Lage dieses Ortes kann dem Reparaturleitfaden entnommen werden.

Werden Komponenten dauerhaft aus dem Bus entfernt, z.B. ein defekter Navigationsrechner, muss die betreffende Stelle dauerhaft optisch gebrückt werden, um die Funktion der übrigen Komponenten wieder herzustellen.

Mögliche Ursachen für eine Störung des optischen Busses sind:

- Zu geringer Biegeradius des Lichtwellenleiters (er darf 25 mm nicht unterschreiten)
- Geknickter Lichtwellenleiter, ggf. mit Lichtein- oder austritt
- Beschädigung der farbigen und der schwarzen Ummantelung und Lichtein- bzw. -austritt
- Beschädigte oder verschmutzte Stirnfläche am Anfang und/oder Ende des LWL
- Beschädigte oder verschmutzte Oberfläche am Transceiver (Steuergeräte- bzw. Knotenanschluss)
- Ungenaue Montage, z.B. versetzt, schräg, gequetscht oder mit Luftspalt zwischen den Anschlüssen

4.5.7 FlexRay

Kurz-Steckbrief

Geschwindigkeit: ≤ 20 Mbit/s
Steuerung: zeit- und ereignisgesteuert
Häufigste Topologie: Stern, Daisy-Chain
Leitungen: Zweidraht-Kupfer, verdrillt
Norm: FlexRay-Konsortium
SAE-Klassifizierung: Drive-by-Wire
Haupteinsatzgebiet: universell, insbesondere dort, wo eine schnelle und sichere Datenübertragung notwendig ist.

Der FlexRay-Datenbus ermöglicht eine sehr schnelle Datenübertragung bei einer hohen Übertragungssicherheit, wie sie in modernen Kraftfahrzeugen mit Drive-by-Wire-Systemen erforderlich ist. Die Datenübertragung kann über zwei Kanäle erfolgen. Jeder Kanal setzt sich, ähnlich wie beim CAN-Bus, aus zwei Leitungen zusammen: Bus-Plus und Bus-Minus. Die Daten werden somit zeitgleich bis zu vier Mal (Kanal A: Bus-Plus und Bus-Minus; Kanal B: Bus-Plus und Bus-Minus) übertragen, wodurch zum einen eine sehr hohe Übertragungssicherheit und zum anderen vollständige Redundanz gegeben ist. Die Verknüpfung der Steuergeräte erfolgt in einer aktiven Sterntopologie, ggf. auch Daisy-Chain. Der Nutzdatenanteil einer Botschaft liegt mit bis zu 75% (zum Vergleich CAN-Bus max. 50%) relativ hoch. Die Datenübertragung erfolgt in einer Kombination aus Zeit- und Ereignissteuerung.

Im Ruhezustand liegt auf beiden Leitungen eines Kanals ein Spannungspegel von ca. 2,5 V an. Soll ein „1"-Bit übertragen werden, so steigt die Spannung auf der Bus-Plus-Leitung auf ca. 3 bis 3,5 V. Zeitgleich fällt die Spannung auf der Bus-Minus-Leitung auf ca. 1,5 bis 2 V. Bei einem „0"-Bit verhält es sich genau umgekehrt. Auf der Bus-Plus-Leitung fällt die Spannung auf 1,5 bis 2 V und auf der Bus-Minus-Leitung steigt sie auf 3 bis 3,5 V.

Die auf dem FlexRay-Datenbus gesendeten Daten wiederholen sich zyklisch (sog. Communication Cycle). Ein Zyklus besteht aus drei bis vier Teilen, dem zeitgesteuerten Static Segment, dem ereignisgesteuerten Dynamic Segment, je nach Ausführung einem Symbol-Window und der Network Idle Time, also einer festgelegten Busruhe.

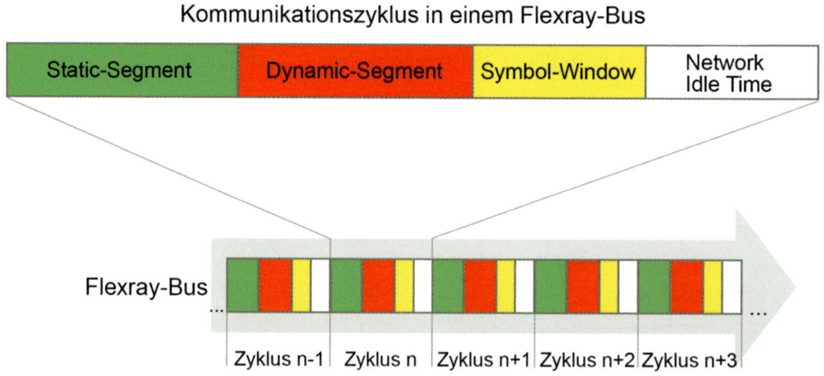

Bild 4.41
Die Kommunikationszyklen in einem FlexRay-Bus bestehen aus verschiedenen, sich ständig wiederholenden Elementen.
[Bild: Schmidt]

Das Static Segment ist in bis zu 1023 definierte Zeitfenster, sogenannte „Slots" unterteilt. Hier erfolgt die Kommunikation im sogenannten TDMA-Verfahren (Time Division Multiple Access). Dabei ist jedem Teilnehmer des Datenbusses ein fester Slot zugewiesen, den er mit seinen Daten befüllen muss. Wie bei der Zeitsteuerung üblich, werden, wenn es keine neuen

Informationen gibt, die alten erneut gesendet, wodurch sichergestellt ist, dass der Teilnehmer weiterhin aktiv ist. Bleibt ein zugewiesener Slot leer, so erkennt der Hub dies sofort als Fehler.

Auf das Static Segment folgt das Dynamic Segment, das mit dem sogenannten FTDMA-Verfahren (Flexible Time Division Multiple Access) arbeitet. Im dynamischen Teil richten sich die Zeitfenster nach den Anforderungen der Busteilnehmer. Insgesamt hat es aber ebenfalls eine feste zeitliche Länge. Dadurch ist sichergestellt, dass für das Static Segment immer ausreichend Zeit bleibt. Jeder Busteilnehmer hat hier nur für eine kurze Zeit einen exklusiven Buszugriff, den sogenannten Minislot. Nur wenn er innerhalb dieses Minislots auf den Bus zugreift, wird der Zeitschlitz um die benötigte Zeit verlängert. Dadurch wird die Bandbreite nur von wirklich notwendigen Nachrichten genutzt. Da die Nachrichten hier eine dynamische Länge haben, kann es allerdings sein, dass sendewillige FlexRay-Knoten ihre dynamische Botschaft im aktuellen Dynamic Segment gar nicht übertragen können. Sie müssen dann auf das nächste Dynamic Segment warten.

Das Symbol-Window dient zu Testzwecken und ist nicht bei allen FlexRay-Datenbussen vorhanden. Hier wird eine festgelegte Bitfolge gesendet, um die einwandfreie Funktion des Datenbusses zu überprüfen.

Während der Network Idle Time herrscht auf dem Bus kein Traffic. Er ruht. Das Zeitfenster dient unter anderem dazu, Zeitverschiebungen in der Datenübertragung (z.B. Kanal A war schneller als Kanal B oder Bus-Plus schneller als Bus-Minus) zu ermitteln und auszugleichen.

Bei zeitgesteuerten Bussystemen ist es elementar, dass jeder Teilnehmer, das ihm zugeordnete Zeitfenster zur Datenübertragung nutzt. Die Teilnehmer müssen daher absolut synchron arbeiten. Zunächst erfolgt hierzu durch zwei Teilnehmer die Festlegung des Communication Cycle. Beim Wecken des Busses startet ein Teilnehmer, der sogenannte „Leading Coldstarter" mit einem Collision Avoidance Symbol (CAS) und beginnt danach mit einem ersten Communication Cycle auf Basis seiner eigenen Zeituhr die Kommunikation. Ein zweiter Teilnehmer, der sogenannte „Following Coldstarter" empfängt diesen ersten Communication Cycle und wartet, bis er sich im zweiten Communication Cycle „einklinken" kann. Nun synchronisieren diese beiden Coldstarter zunächst ihre Uhren. Sobald dies geschehen ist, wird der Datenbus von den Coldstartern aus dem „Start-Modus" in den „Normal-Modus" versetzt und alle übrigen Teilnehmer, die sogenannten „None Coldstarter" klinken sich in die vorhandene Kommunikation ein.

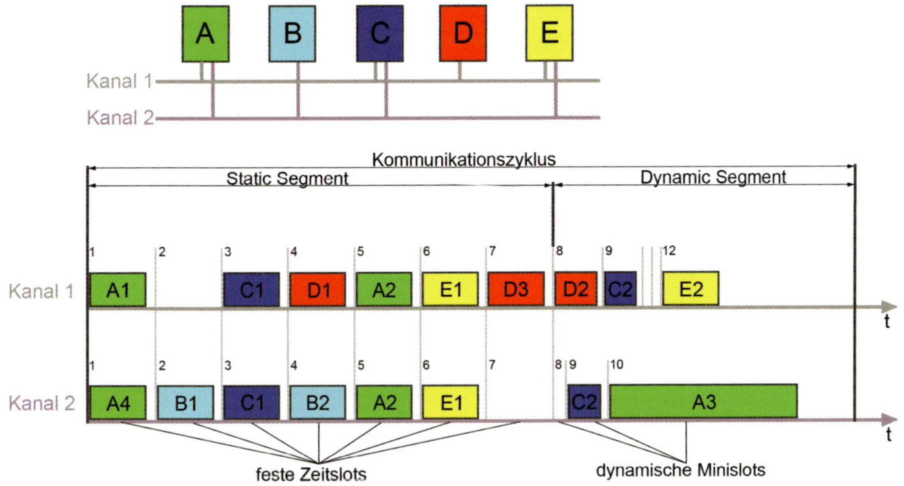

Bild 4.42
Im FlexRay–Bus findet die Kommunikation innerhalb des Static Segment in fest zugeordneten Zeitslots statt und im Dynamic Segment in sogenannten Minislots, die eine dynamische Länge haben können.
[Bild: Schmidt]

Bild 4.42 zeigt einen beispielhaften Kommunikationszyklus in einem FlexRay-Bus mit fünf Kommunikationsknoten (A bis E). Im statischen Segment ist die Slotlänge, wie beschrieben, festgelegt, und jedes dieser Zeitfenster ist einem Knoten zugeteilt. Im dynamischen Segment erfolgt der Nachrichtenaustausch je nach Priorität, die Slotlänge ist variabel.

Die Knoten A, C und E sind an beide Datenleitungen angeschlossen und können Nachrichten demzufolge sowohl redundant über beide Kanäle als auch über einen der beiden Kanäle ohne Redundanz übertragen. Die Knoten B und D sind nur an einer Datenleitung angeschlossen und können somit nur auf einem Kanal Nachrichten übertragen, jedoch ohne Redundanz.

Im statischen Segment sendet der Knoten A auf dem einen Kanal die Nachricht A1 und auf dem anderen Kanal die Nachricht A4 zeitgleich, ohne Redundanz. Anschließend sendet der Knoten B die Nachricht B1 auf einem Kanal. Knoten C sendet danach die Nachricht C1 redundant auf beiden Kanälen. Als Nächstes sendet der Knoten D seine Nachricht D1 zeitgleich mit dem Knoten B, der die Nachricht B2 überträgt. Knoten A und Knoten E senden danach jeweils eine redundante Nachricht auf beiden Kanälen und den Schluss im statischen Segment bildet der Knoten D mit seiner Nachricht D3 auf nur einem Kanal.

Auf das statische folgt das dynamische Segment. Hier wird immer die Nachricht mit der höheren Priorität zuerst übertragen. Einen Vorteil bietet in diesem Fall die Nutzung beider Kanäle, auf denen unterschiedliche Nachrichten zeitgleich übertragen werden können. Auf Kanal 1 bleiben die Minislots 10 und 11 ungenutzt, auf Kanal 2 ist der Minislot 8 ungenutzt, dafür braucht die Nachricht A3 fast die gesamte restliche Dauer dieses Dynamic Segments.

5 Verbrennungsmotoren

Gerade bei Verbrennungsmotoren neuerer Generationen legen die Entwickler verstärkt Wert auf eine optimale Zylinderfüllung. Denn diese entscheidet letztlich darüber, wie viel zündfähiges Kraftstoff-Luft-Gemisch während der Arbeitstakte zur Verfügung steht und somit, welche Leistung der Motor erzeugen kann. Zur Verbesserung der Zylinderfüllung kommen folgende Maßnahmen in Betracht:

- Mehrventiltechnik
- Variable Ventilsteuerung
- Variabler Ventiltrieb
- Dynamische Aufladung
- Fremdaufladung

5.1 Mehrventiltechnik

Um die Zylinderfüllung zu verbessern, setzen die Konstrukteure bereits seit über 100 Jahren (erstmals 1913 bei Alfa Romeo) drei oder mehr Ventile pro Zylinder in Verbrennungsmotoren ein. Hierdurch lässt sich der Öffnungsquerschnitt der Ventile vergrößern, ohne die Drehzahlfestigkeit durch größere und damit trägere Ventile zu mindern. Die optimale Anzahl der Ventile hängt von der Zielvorstellung des Entwicklers ab.
Je mehr Ventile, desto

- besser die Zylinderfüllung,
- höher die Drehzahlfestigkeit,
- höher die innere Reibung,
- größer der Abgaswärmeentzug. Der Katalysator kommt schlechter auf Betriebstemperatur, da sich die Abgase an den Abgasrohren abkühlen können. Je mehr Auslassventile vorhanden sind, desto größer ist die Oberfläche der Abgasrohre und desto mehr kühlen die Abgase aus.

Die bislang größte Anzahl an Ventilen hatten die Honda-Motorräder NR 500 von 1979 und die NR 750 von 1991. Die beiden Maschinen hatten jeweils 8 Ventile pro Zylinder. Um diese unterzubringen, setzten die Ingenieure bei den V4-Motoren auf Ovalkolben mit jeweils 2 Titanpleuel. Die NR 500 war ein reines Rennmotorad. Ihr Motor erzielte in seiner letzten Ausbaustufe 1981 99 kW/135 PS bei 19 000 min^{-1}. Von der NR 750 gab es in den Jahren 1991 und 1992 eine straßentaugliche Version, deren Motor 92 kW/125 PS bei 14 000 min^{-1} entwickelte. Durch die aufwendige Motorkonstruktion lag der Neupreis damals allerdings auch bei 100 000 DM.

Bild 5.1 *In den 70er- und 80er-Jahren experimentierten Honda-Ingenieure mit Ovalkolbenmotoren, die jeweils 8 Ventile pro Zylinder hatten.*
[Bild: UXz/CCBY-SA 3.0/ Wikimedia Commons]

Dreiventiltechnik

Die Dreiventiltechnik erlebte ihre größte Beliebtheit in den 90er-Jahren: 3 Ventile in einem Zylinder ermöglichen einen sehr großen Einlassquerschnitt. Der Auslass erfolgt über ein einziges Ventil, wodurch die Oberfläche des (einen) Auslassrohrs gering bleibt und die Abgaswärme bis in den Katalysator geleitet wird, wo sie diesen schnell auf Betriebstemperatur bringt. Motoren mit Dreiventiltechnik können daher vielfach auf die sonst in dieser Motorengeneration weit verbreitete Sekundärlufteinblasung verzichten. Zudem ermöglicht die Dreiventiltechnik, 2 Zündkerzen in jedem Zylinder unterzubringen. Die Vorteile sind:

- höherer Verbrennungsdruck (kürzere Flammwege),
- eine geringere Klopfneigung (weniger Zeit zur Gemischerwärmung vor Verbrennungsbeginn),
- geringer Ausstoß unverbrannter Kohlenwasserstoffe (Zündkerze ist in der Nähe der Zylinderwand, wo das Kondensat lagert),
- geringere NO_x-Emmissionen.

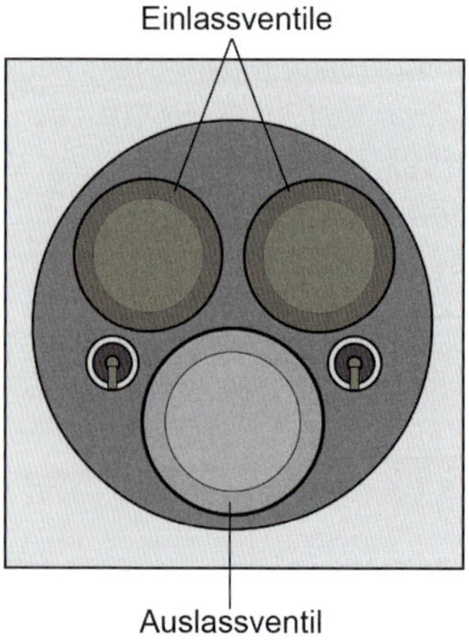

Bild 5.2 *3 Ventile in einem Zylinder vergrößern den Einlassquerschnitt und ermöglichen die Verwendung von 2 Zündkerzen.*
[Bild: Schmidt]

Vierventiltechnik

Die Vierventiltechnik lässt sich rückwirkend betrachtet als „der beste Kompromiss" ansehen. Sie ermöglicht eine gute Zylinderspülung und einen großen Ein- und Auslassquerschnitt, wobei die Anzahl der bewegten Teile und damit die erforderliche Antriebsleistung noch verhältnismäßig gering sind. Um die vorhandene Fläche bestmöglich zu nutzen, sind die Einlassventile im Regelfall etwas kleiner als die Auslassventile. Während die Frischgase mit relativ geringer Druckdifferenz (Zylinderinnen- gegen Atmosphären- oder Ladedruck) einströmen, steht zum Ausströmen der Abgase Restdruck aus der Verbrennung von etwa 5 bis 10 bar zur Verfügung, sodass hier ein kleinerer Querschnitt ausreicht.

Bild 5.3 *4 Ventile pro Zylinder sind der beste Kompromiss und sind deshalb weit verbreitet.*
[Bild: BMW]

Fünfventiltechnik

Motoren mit Fünfventiltechnik steht gegenüber Motoren mit Vierventiltechnik nochmals ein größerer Öffnungsquerschnitt der (Einlass-)Ventile zur Verfügung. Die hierdurch erzielbare Mehrleistung wird jedoch nahezu vollständig durch die erhöhte Antriebsleistung des Ventiltriebs aufgezehrt. Aus diesem Grund ist die Fünfventiltechnik, die einige Jahre lang von verschiedenen Herstellern favorisiert wurde, nahezu vollständig wieder vom Markt verschwunden.

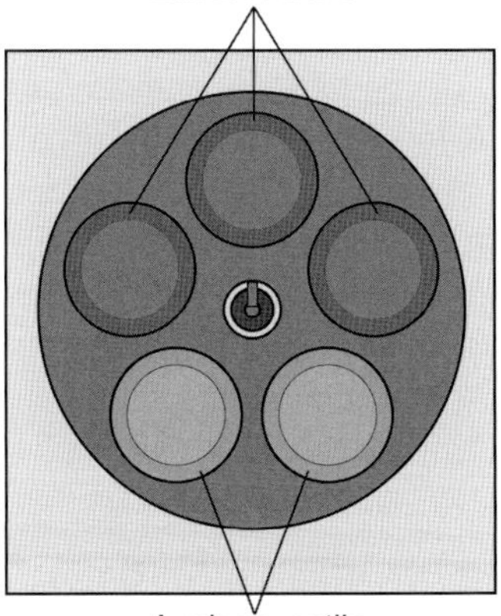

Bild 5.4 *Die Fünfventiltechnik hatte zu viele Nachteile, sodass sie inzwischen kein Hersteller mehr einsetzt.*
[Bild: Schmidt]

5.2 Nockenwellenverstellung – variable Steuerzeiten

Der konventionelle Ventiltrieb ist genau genommen nur für eine bestimmte Drehzahl optimal ausgelegt, da nur bei dieser Drehzahl der Ventilöffnungswinkel und -hub mit den Strömungsverhältnissen außerhalb und innerhalb des Zylinders übereinstimmen. Wird diese optimale Drehzahl unterschritten, kommt es zu einer verstärkten Abgasrückführung, da die Strömung in der Ventilüberschneidungsphase abreißt und Abgase in das Saugrohr gefördert und aus diesem wieder entnommen werden. Hinzu kommt, dass der Abgasstrom nicht stark genug ist, dem Unterdruck, der sich durch die Abwärtsbewegung des Kolbens im Ansaugtakt ergibt, zu widerstehen. Dadurch gelangen auch zwischen dem oberen Totpunkt und dem Schließen des Auslassventils Abgase aus der Abgasanlage in den Zylinder.

Steigt die Drehzahl zu weit an, erhöht sich die Ventilöffnungsfrequenz derart, dass die Ventile den Ansaugvorgang noch vor dessen Abschluss unterbrechen und der Zylinder nur unzureichend gefüllt wird. Beides führt zu einer Verschlechterung der Zylinderfüllung und damit zu einer Minderung des Motordrehmoments und hiermit auch der Motorleistung.

Abhilfe schafft hier die Nockenwellenverstellung. Sie ermöglicht das Verdrehen der Einbzw. der Ein- und Auslassnockenwelle, abhängig von der Motordrehzahl und ggf. von Motorlast und Temperatur. Hierdurch lässt sich die Länge der Ventilüberschneidung passen, um

- die Zylinderfüllung durch optimale Spülung zu verbessern,
- die Zylinderfüllung durch zu große Ventilüberschneidung vorsätzlich zu verschlechtern (innere Abgasführung zur Minderung der Stickoxidemissionen).

Exemplarische Systeme

- VarioCam
- Vanos
- Flügelzellenversteller

5.2.1 Verstellbarer Kettenspanner VarioCam

Das VarioCam-System besteht aus einer, direkt von der Kurbelwelle des Motors angetriebenen, Auslassnockenwelle und einer, von der Auslassnockenwelle angetriebenen, Einlassnockenwelle. Zwischen den beiden Nockenwellen befindet sich eine Steuerkette, deren Kettenspanner die Kette federbelastet nach oben spannt. In dieser Ausgangslage steht die Einlassnockenwelle in der Verstellposition „spät“, die Ventilüberschneidung ist klein. Um die Nockenwelle zu verdrehen, bestromt das Motorsteuergerät ein Magnetventil, das Motoröl in den Kettenspanner fließen lässt. Ein Hydraulikzylinder drückt den Kettenspanner gegen die Federkraft nach unten und zieht die Kette über das Kettenrad der Einlassnockenwelle nach unten. Hierbei verdreht sich die Einlassnockenwelle im Uhrzeigersinn, wodurch der Nocken eher auf das Ventil trifft und die Einlassventile früher öffnen. Die Ventilüberschneidung vergrößert sich.

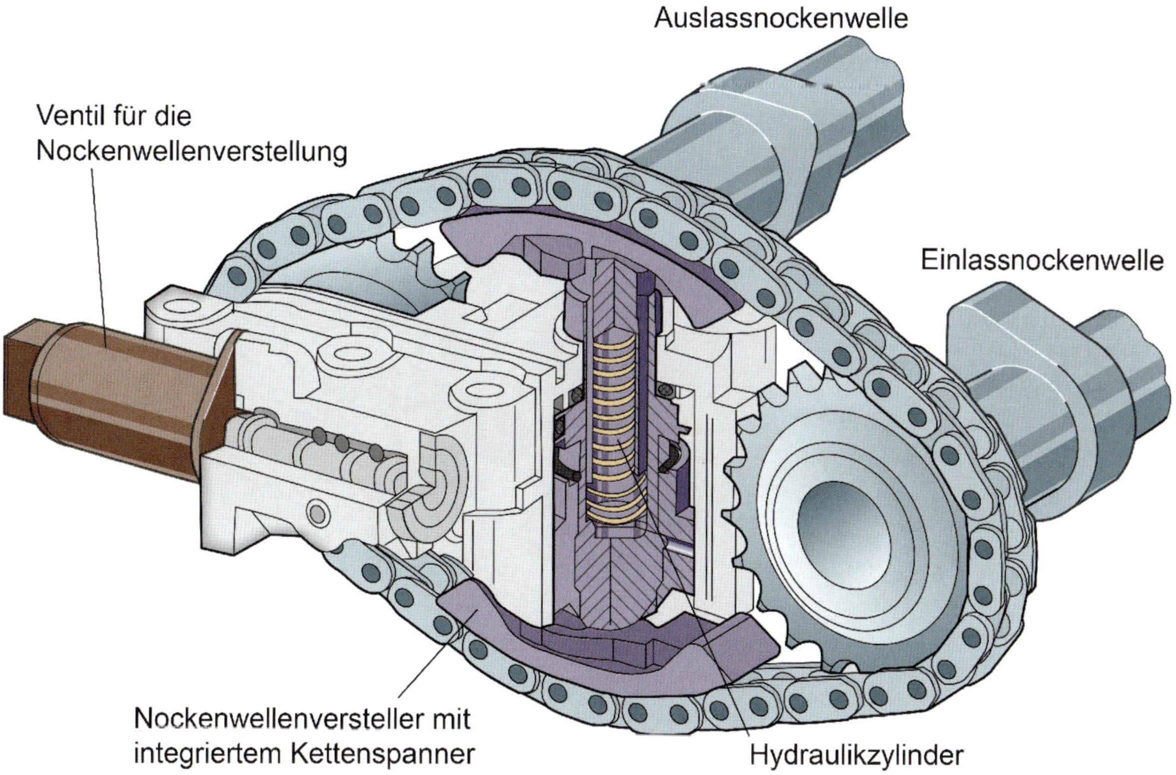

Bild 5.5 *VarioCam verbindet Kettenspanner und Nockenwellenverstellung in einem System.* [Bild: AS-Illu]

5.2.2 Variable Nockenwellensteuerung – Vanos

Bei der Vanos verdreht sich die Nockenwelle gegenüber dem Nockenwellenrad. Dies ist möglich, da Nockenwellenrad und Nockenwelle nicht fest, sondern über eine Verstelleinheit miteinander verbunden sind. Die Verstelleinheit enthält einen Hydraulikzylinder und ein steiles Innengewinde. Die Nockenwelle ist über ein steiles Außengewinde mit ihr verbunden. In der Grundposition steht die Nockenwelle in der Verstellposition „spät". Das Magnetventil ist nicht angesteuert, wodurch das Öl über den Spätkanal hinter den Kolben fließt und diesen komplett herauszieht. Um die Nockenwelle in die Verstellposition „früh" zu verdrehen, steuert das Steuergerät ein 4/2-Wegeventil an, das den Motorölzufluss zum Frühkanal freigibt und den Kolben in der Verstelleinheit in Richtung der Nockenwelle verschiebt. Hierdurch verdreht sich die Nockenwelle gegen den Uhrzeigersinn. Durch wechselseitigen Druckaufbau lässt sich die Position der Verstelleinheit halten. Das System arbeitet somit stufenlos.

Arten

- Einzelvanos
  - Verstellung der Einlassnockenwelle
- Doppelvanos
  - Verstellung der Ein- und Auslassnockenwelle

Bild 5.6 *Das Doppelvanos-System von BMW kann sowohl die Ein- als auch die Auslassnockenwelle verstellen.* [Bild: BMW]

5.2.3 Flügelzellenversteller

Der Flügelzellenversteller besteht hauptsächlich aus einem mit dem Kettenrad verbundenen Außenrotor und einem mit der Nockenwelle verbundenen Innenrotor. Zwischen den Rotorblättern befinden sich Ölräume, die vom Steuergerät mithilfe des Magnetventils wechselseitig mit Motoröl befüllt werden können. Die Kraftübertragung vom Nockenwellenrad auf die Nockenwelle erfolgt immer über das Motoröl. Befüllt das Steuergerät den Ölraum rechts vom Innenrotorblatt mit Motoröl, kommt es zu einer Verdrehung der Nockenwelle gegen den Uhrzeigersinn (UZS) in Richtung „spät", füllt es den Ölraum links vom Innenrotorblatt, kommt es zu einer Verstellung im UZS in Richtung „früh". Durch wechselseitigen Druckaufbau lässt sich die Position der Verstelleinheit halten. Das System arbeitet somit stufenlos.

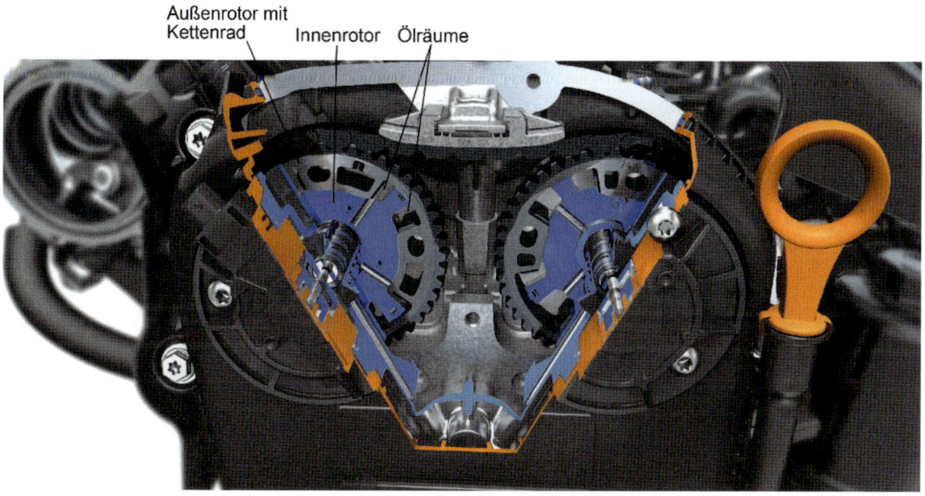

Bild 5.7 *Der Flügelzellenversteller kann die Nockenwelle stufenlos verstellen.*
[Bild: Volkswagen]

5.3 Variabler Ventiltrieb

- Stufenweise variabler Ventiltrieb
- Stufenlos variabler Ventiltrieb
- Elektrohydraulischer Ventiltrieb
- Elektromagnetischer Ventiltrieb

5.3.1 Stufenweise variabler Ventiltrieb

Beim stufenweise variablen Ventiltrieb kommen im unteren und oberen Drehzahlbereich zwei unterschiedliche Nockenprofile zum Einsatz. Im unteren Drehzahlbereich verwendet man die bei Serienfahrzeugen übliche spitze Nockenform, die in diesem Bereich eine optimale Zylinderfüllung gewährleistet.

Im oberen Drehzahlbereich kommt ein zweites, steiles Nockenprofil zum Einsatz, das durch seinen großen Ventilöffnungswinkel im oberen Drehzahlbereich trotz der geringeren zur Verfügung stehenden Zeit einen optimalen Gaswechsel sicherstellt.

Vorteile

- Bessere Zylinderfüllung im oberen Drehzahlbereich durch steile Nockenform (schnelles Öffnen, lange Öffnungsdauer, schnelles Schließen)
- Gute Zylinderfüllung im unteren Drehzahlbereich durch spitze Nocken (Verhinderung von ungewollter Abgasrückführung durch zu lange Ventilüberschneidung, wie sie bei ungeregelten Nockenwellen mit steilem Nockenprofil – „scharfe Nockenwelle" üblicherweise auftritt)

Exemplarische Systeme

- VTEC
- VarioCam Plus
- Valvelift

5.3.2 VTEC: Variable Valve Timing and Lift Electronic Control

Beim VTEC-System von Honda erfolgt die Umschaltung zwischen dem spitzen und dem steilen Nockenprofil durch Verblocken der Schlepphebel der Ein- oder Auslassventile eines Zylinders.

Im unteren Drehzahlbereich sind die Schlepphebel unabhängig voneinander: Der mittlere, für das steile Nockenprofil benötigte, Schlepphebel klappt beim Auflaufen des Nockens nach unten weg und wird nur durch ein federbelastetes Abstützelement gegen die Nockenwelle gedrückt. Die beiden äußeren Nocken öffnen mithilfe der äußeren Schlepphebel die Ventile.

Sobald das Steuergerät das Magnetventil ansteuert, gibt dieses den Motorölstrom zum Sperrschieber frei. Der Motoröldruck verschiebt die Sperrschieber und verblockt die Schlepphebel untereinander. Wenn jetzt der steile Nocken auf den mittleren Schlepphebel aufläuft, nimmt dieser die beiden äußeren Schlepphebel mit und diese öffnen die Ventile. In diesem Zustand ist zwischen den äußeren Nocken und den äußeren Schlepphebeln bei voll geöffnetem Ventil ein Spiel, das der Ventilhubdifferenz zwischen den beiden Nockenprofilen entspricht.

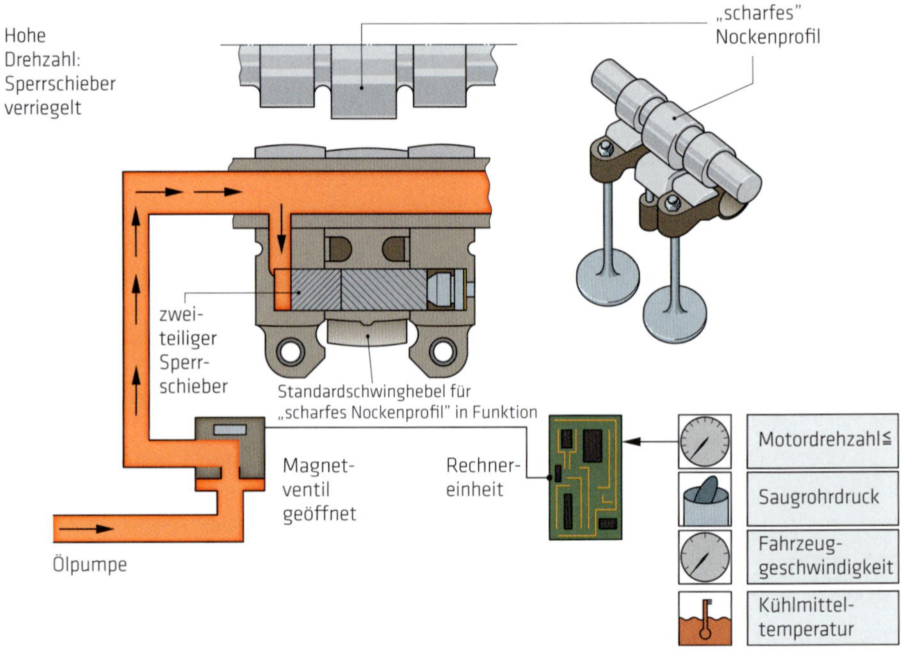

Bild 5.8 *Beim VTEC-System bedienen bei niedrigen Drehzahlen die äußeren Nocken die Nockenwelle. Bei hohen Drehzahlen wird auf das „scharfe" Profil des mittleren Nockens umgeschaltet.*
[Bild: AS-Illu]

5.3.3 VarioCam Plus

Die Funktion des VarioCam-Plus-Systems ist analog zu der des VTEC-Systems. Der Unterschied besteht in der Unterbringung der Verstelleinheit, die beim VTEC in den Schlepphebeln und beim VarioCam Plus im Tassenstößel liegt. Diese bestehen aus zwei ineinander liegenden Stößeln, die mithilfe eines Bolzens gegeneinander verriegelt werden können. Der innere Stößel ist dabei mit dem kleinen Nocken, der äußere Stößel mit dem großen Nocken in Kontakt. Außerdem können über die Flügelzelle die Steuerzeiten verstellt werden.

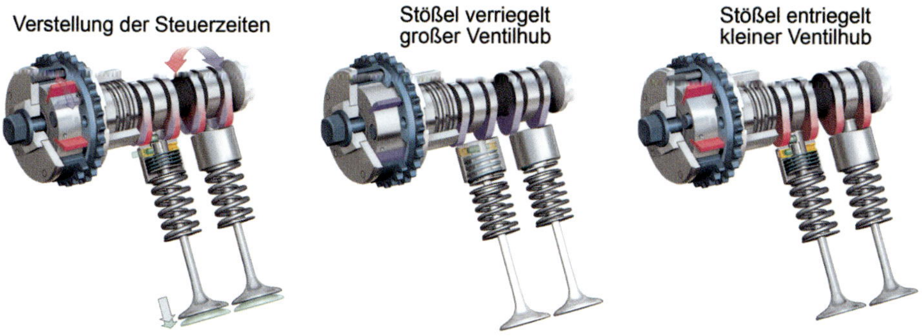

Bild 5.9 *Bei dem System VarioCam Plus sitzt die Verstelleinheit für die Nockenprofile im Tassenstößel.*
[Bild: Porsche]

5.3.4 Valvelift

Beim Valvelift-System von Audi erfolgt die Änderung des Nockenprofils durch Verschieben der Verstelleinheit (Nockenstück) auf der Nockenwelle. Das Steuergerät steuert einen Elektromagneten an, der einen Metallstift ausfährt. Dieser spurt bei ablaufendem Nocken in eine dafür vorgesehene Verstellnut ein und verschiebt die gesamte Verstelleinheit auf der Nockenwelle um ca. 7 Millimeter, bis der zweite Nocken gerade über dem Rollenschlepphebel steht. Die Arretierung des Nockenstücks auf der Nockenwelle erfolgt durch eine federbelastete Kugel.

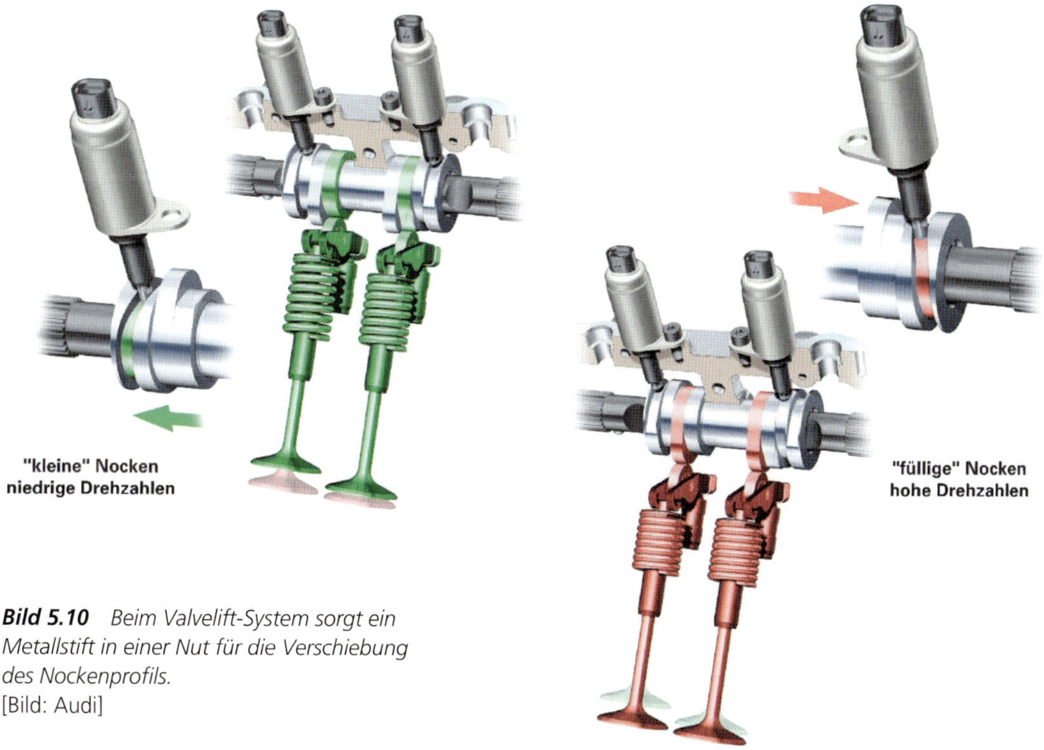

Bild 5.10 *Beim Valvelift-System sorgt ein Metallstift in einer Nut für die Verschiebung des Nockenprofils.*
[Bild: Audi]

Das System kommt in ähnlicher Form auch bei der Zylinderabschaltung zum Einsatz. Hierbei wird der zweite Nocken durch einen Nockengrundkreis ersetzt. Die Ventile bleiben bei abgeschaltetem Zylinder geschlossen.

5.4 Stufenlos variabler Ventiltrieb

Vorteile

- Durch veränderbaren Ventilhub optimale Zylinderfüllung in allen Drehzahlbereichen
- Bessere Gemischverwirbelung im unteren Drehzahlbereich durch besonders kleinen Ventilhub und damit verbundene Erhöhung der Strömungsgeschwindigkeit der Frischgase
- Drosselklappe könnte wegfallen, wird aber weiterhin verbaut
  - Aufbau eines Druckgefälles für die Abgasrückführung
  - Notlauf

Systeme

- Valvetronic
- Elektrohydraulischer Ventiltrieb (MultiAir)
- Elektromagnetischer Ventiltrieb

5.4.1 Valvetronic

Bei der Valvetronic, die bislang ausschließlich einlassseitig zum Einsatz kommt, wird der Druck des Nockens nicht direkt auf den Rollenschlepphebel, sondern zunächst auf einen Zwischenhebel übertragen. Der Leerweg, den der Zwischenhebel von der ersten Betätigung durch den Nocken bis zur tatsächlichen Kraftübertragung auf das Ventil durchläuft, ist mittels einer Exzenterwelle am oberen Ende des Zwischenhebels einstellbar. Je größer der Leerweg ist, desto kleiner ist der Anteil der Bewegung, der tatsächlich auf das Ventil übertragen wird und desto kleiner ist somit der Ventilhub. Dieser kann zwischen 0,3 mm und 9,85 mm variiert werden. Die Exzenterwelle, die die Einstellung für alle Zylinder gleichermaßen vornimmt, wird mithilfe eines Elektromotors vom Steuergerät verdreht.

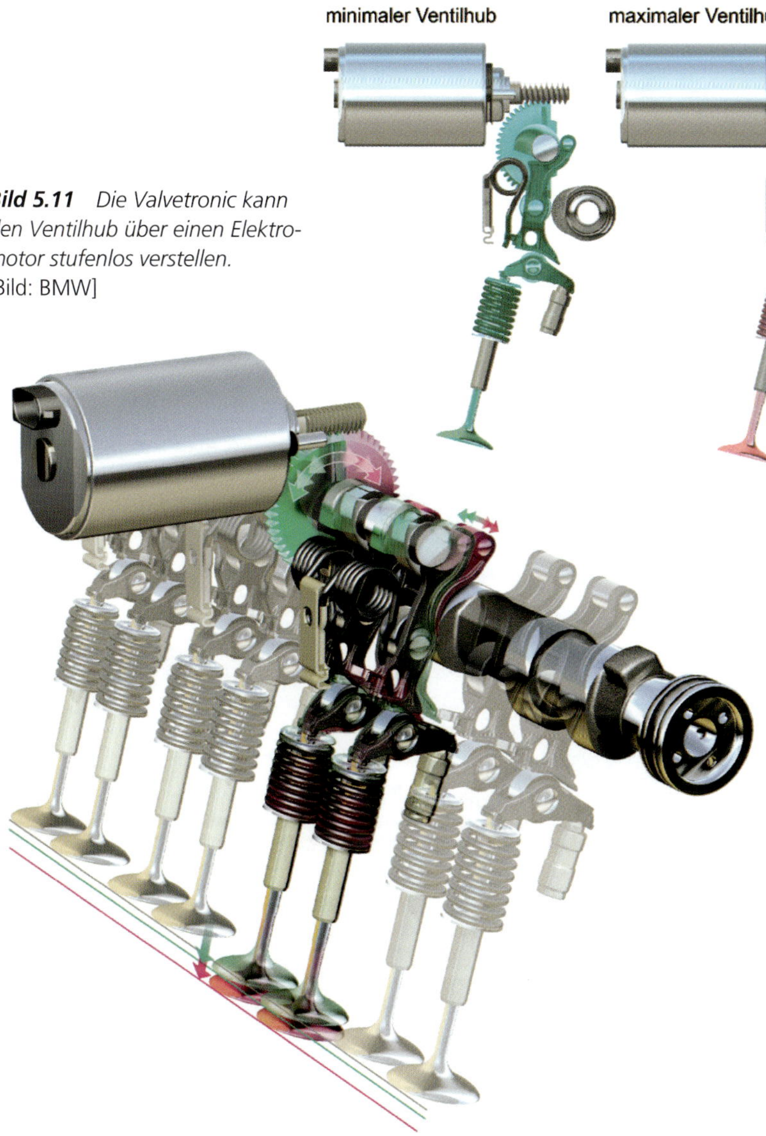

Bild 5.11 *Die Valvetronic kann den Ventilhub über einen Elektromotor stufenlos verstellen.* [Bild: BMW]

5.4.2 Elektrohydraulischer Ventiltrieb

Ein solches System kommt bei Fiat und Alfa Romeo unter dem Namen „MultiAir" zum Einsatz. Es besteht aus einem von der Auslassnockenwelle betätigten Pumpenelement, einer Vorratskammer samt Druckspeicher, einem Magnetventil und einem Hydraulikzylinder. Die Versorgung des Systems erfolgt mit Motoröl über den Schmierölkreislauf. Das Pumpenelement erzeugt einen Öldruck von ca. 150 bar. Ist das Magnetventil geschlossen, wird der Druck auf den Kolben übertragen, der das Einlassventil öffnet. Durch Ansteuern des Magnetventils kann das Steuergerät das Ventil wieder schließen. Der Öldruck fließt in den Druckspeicher ab.

Vorteile

- Vollvariable Steuerzeiten
- Mehrfache Öffnung der Einlassventile pro Ansaugtakt möglich
- Leistungszuwachs > 10%
- Verbrauchsreduzierung ~ 10%

Nachteile

- Längere Startphase nach langer Standzeit, da sich der Druck im Druckspeicher abgebaut hat und das Element zunächst über die Ölpumpe mit Öl versorgt werden muss.

Bild 5.12 *MultiAir ermöglicht es, die Ventile sehr flexibel zu öffnen und zu schließen.* [Bild: FCA]

Während MultiAir nicht ohne Nockenwelle auskommt, gibt es ein erstes System, das komplett auf eine Nockenwelle verzichten kann. Es arbeitet elektrohydraulisch-pneumatisch und kann die Ventile daher völlig unabhängig von einer rotierenden Welle betätigen. Eine Luftfeder öffnet dabei die Ventile, die Hydraulik sorgt für die Öffnungszeit und dämpft die Ventile beim Schließen. Allerdings ist dieses System noch nicht in der Großserie angekommen. Lediglich der chinesische Hersteller Qoros und der schwedische Luxussportwagenhersteller Königsegg hatten es bisher eingesetzt.

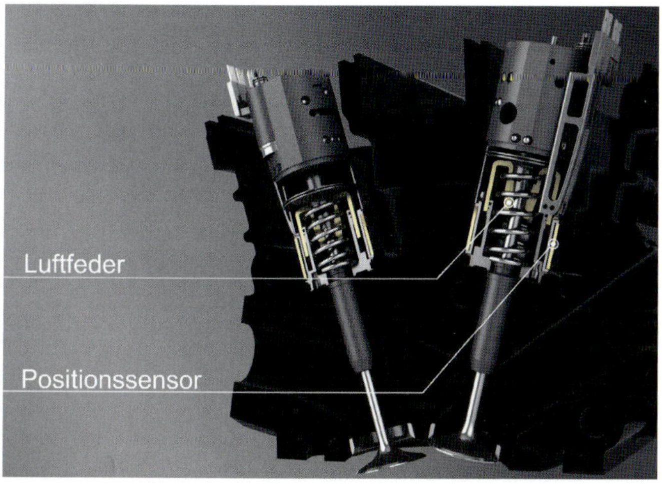

Bild 5.13 *Das elektrohydraulisch-pneumatische Ventilsteuerungssystem Freevalve arbeitet komplett ohne Nockenwelle und setzt dagegen elektrohydraulisch-pneumatisch arbeitende Aktuatoren ein.* [Bild: Freevalve]

Bild 5.14 *Den ersten Motor, der komplett ohne Nockenwelle auskommt, zeigte der chinesische Hersteller Qoros. Er arbeitet mit dem Freevalve-System.* [Bild: Qoros]

5.4.3 Elektromagnetischer Ventiltrieb

Auch der elektromagnetisch gesteuerte Ventiltrieb kommt komplett ohne Nockenwelle aus. Die Betätigung der Ein- und Auslassventile übernehmen 42-V-Elektromagneten mit einer Kraft von bis zu 1350 N. Sie können die Ventile in einer Zeit von ca. 3 ms auf bis zu 11,5 mm öffnen und wieder schließen. Da der Antrieb der Ventile unabhängig von der Kurbelwelle erfolgt, vermindert sich die Reibung innerhalb des Motors – wie beim Freevalve-System – um bis zu 30%. Stahl- oder Luftfedern unterstützen den Vorgang, indem sie bei Bewegungsbeginn das Ventil beschleunigen und dieses kurz vor der gewünschten Endposition wieder abbremsen, wodurch die Materialbeanspruchung und die Geräuschemission des Ventiltriebs deutlich reduziert werden. Die während des Abbremsens des Ventils frei werdende Bewegungsenergie kann bei einem solchen System rekuperiert werden, wodurch sich der Energieaufwand minimiert und das Ventil mit weniger als 0,04 km/h aufsetzt. Solche Systeme sind zwar der Traum der Motorenentwickler, haben es aber bisher noch nicht zur Serienreife gebracht.

Vorteile

- Vollvariable Steuerzeiten
- Mehrfache Öffnung der Einlassventile pro Ansaugtakt möglich
- Anzahl der geöffneten Ventile pro Zylinder frei wählbar
- Zylinderabschaltung ohne die bisher auftretenden Gaswechselverluste möglich
- Wegfall von Nockenwellen- und Nockenwellenantrieb, Bauraum- und Gewichtseinsparung
- Nutzung des Verbrennungsmotors im Schubbetrieb als Kompressor, Speicherung der Druckluft zur Aufladung des Verbrennungsmotors oder zum Alleinbetrieb des Verbrennungsmotors mit Druckluft

5.5 Dynamische Aufladung

Die Aufladung dient der Erhöhung von Motordrehmoment und -leistung durch eine Verbesserung der Zylinderfüllung.

Möglich sind

- dynamische Aufladung,
- Fremdaufladung.

Die dynamische Aufladung erfolgt durch Nutzung der kinetischen Energie der Gassäule im Ansaugtrakt. Wird das Einlassventil geschlossen, kommt es zu einem Rückstoß der Ansaugluft und die Gassäule bewegt sich kurzzeitig vom Motor weg, bevor sie an der einströmenden Frischluft wieder zurückgestoßen und in Richtung Einlassventil bewegt wird. Im Optimalfall sollte die Luftsäule wieder vor dem Einlassventil stehen, wenn es gerade öffnet. Erreichbar ist das durch dynamische Änderung der Ansaugwege (lange Wege für niedrige Drehzahlen, kurze Wege für hohe Drehzahlen) oder mittels Änderung der Luftgeschwindigkeit durch zuschaltbare Luftmassen (hohe Masse und daher Trägheit für niedrige Drehzahlen, geringe Masse und Trägheit für hohe Drehzahlen).

Systeme

- Schaltsaugrohr
- Stufenlos regelbare Sauganlage
- Resonanzsaugrohr
- Resonanz- und Schwingsaugrohrsystem

5.5.1 Schaltsaugrohr

Das Schaltsaugrohr verfügt über einen Luftsammler und einen ihn umgebenden Bypasskanal. Zwischen dem Luftsammler und dem Ende des Bypasskanals befindet sich eine Klappe, mithilfe derer eine direkte, kurze Verbindung zwischen dem Luftsammler und dem Ende des Bypasskanals hergestellt werden kann. Im unteren Drehzahlbereich ist diese Klappe geschlossen. Die Ansaugluft erreicht den Motor nur über den langen Weg. Im oberen Drehzahlbereich ist die Klappe geöffnet und die Gassäule kann direkt aus dem Luftsammler in Richtung Einlassventil strömen (Bild 5.15).

Die Umschaltung zwischen kurzer und langer Wirklänge des Saugrohrs kann auch mit einer Schaltwalze erfolgen, die einen zusätzlichen, kurzen Ansaugkanal öffnet (Bild 5.16).

Vorteile

- Saugrohrlänge kann an die Drehzahl des Motors angepasst werden

Grenzen

Die Saugrohrlänge ist nur für zwei Drehzahlen wirklich optimal: Für alle anderen Drehzahlen kann immer nur eine Annäherung an die optimale Länge erfolgen.

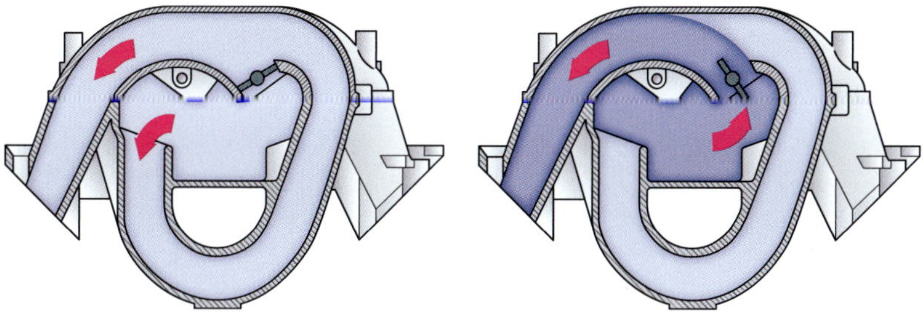

Bild 5.15 *Wenn die Umschaltklappen geschlossen sind, saugt der Motor über lange Ansaugkanäle (Drehmomentwege). Sind die Klappen offen, saugt der Motor über kurze Ansaugwege (Leistungskanäle).* [Bild: AS-Illu]

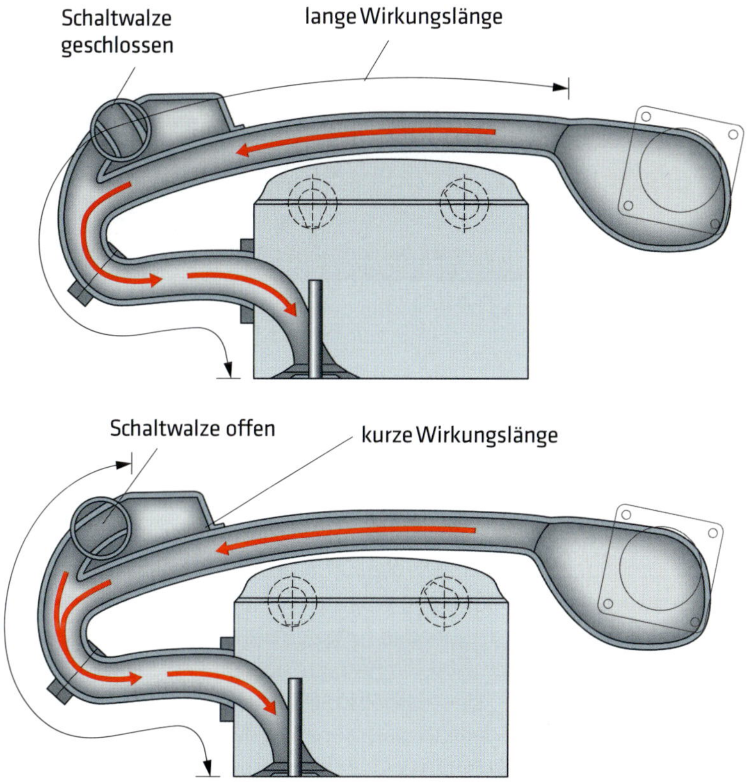

Bild 5.16 *Die Umschaltung zwischen langen und kurzen Ansaugwegen kann auch über eine Schaltwalze erfolgen.* [Bild: AS-Illu]

5.5.2 Stufenlos regelbare Sauganlage

Die stufenlos regelbare Sauganlage ist eine Weiterentwicklung des Schaltsaugrohrs. Der Luftsammler (Läuferring) ist drehbar und verfügt über einen Auslasskanal, der stufenlos vom Anfang des Bypasskanals bis zu dessen Ende gedreht werden kann. Er wird vom Steuergerät mithilfe eines Elektromotors angetrieben.

Vorteile

- Optimale Saugrohrlänge für alle Drehzahlen

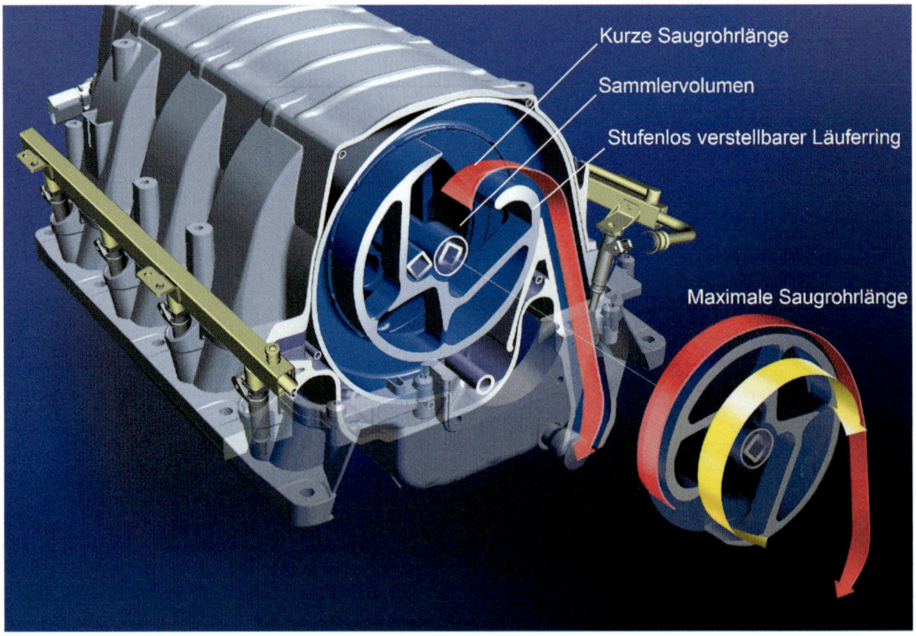

Bild 5.17 *Das stufenlos verstellbare Saugrohr ermöglicht für jede Drehzahl die optimale Saugrohrlänge.* [Bild: BMW]

5.5.3 Resonanzsaugrohr

Im Gegensatz zu den bisher beschriebenen Systemen wird beim Resonanzsaugrohr nicht der Weg, den die Luftsäule durchlaufen muss, sondern deren Geschwindigkeit verändert. Dies erreicht man durch drehzahlabhängiges Zu- und Wegschalten einer zusätzlichen Luftmasse (m_2) am Saugrohr. Im oberen Drehzahlbereich ist die Luftmasse m_2 durch die Resonanzklappe vom Saugrohr getrennt. Die bewegte Luftmasse entspricht der Masse, die sich im Saugrohr befindet (m_1) und ist relativ klein, wodurch sie sehr agil ist und mit einer hohen Frequenz vom Einlassventil zur „stehenden" Außenluft und zurück reflektiert werden kann. Im unteren Drehzahlbereich wird die Resonanzklappe geöffnet und damit die zusätzliche Luftmasse m_2 „aktiviert". Diese erhöht die Gesamtmasse ($m_1 + m_2$) im Saugrohr, wodurch die Geschwindigkeit der Luftsäule abnimmt (Massenträgheit), sodass sie die längere Zeit, die zwischen zwei Ventilöffnungen bei geringerer Drehzahl zur Verfügung steht, benötigt, um das Einlassventil nach ihrer Reflexion durch die Außenluft wieder zu erreichen.

5.5.4 Resonanz- und Schwingsaugrohrsystem

Das Resonanz- und Schwingsaugrohrsystem kombiniert das Resonanz- mit dem Schwingsaugrohr (Schaltsaugrohr, stufenlos regelbare Sauganlage). Im unteren Drehzahlbereich ist die Umschaltklappe geschlossen: Bei der Befüllung der Zylinder 1, 2 und 3 wirkt der Raum vor den Zylindern 4, 5 und 6 als Resonanzraum (die Druckschwingung der einen Zylindergruppe wird auf die andere übertragen) und umgekehrt. Im oberen Drehzahlbereich ist die Umschaltklappe geöffnet: Die Luft wird direkt angesaugt (kurzer Ansaugweg und hohe Frequenz der Gassäule). Druckschwingungen werden auf dem kürzesten Weg von einem auf den nächsten ansaugenden Zylinder geleitet.

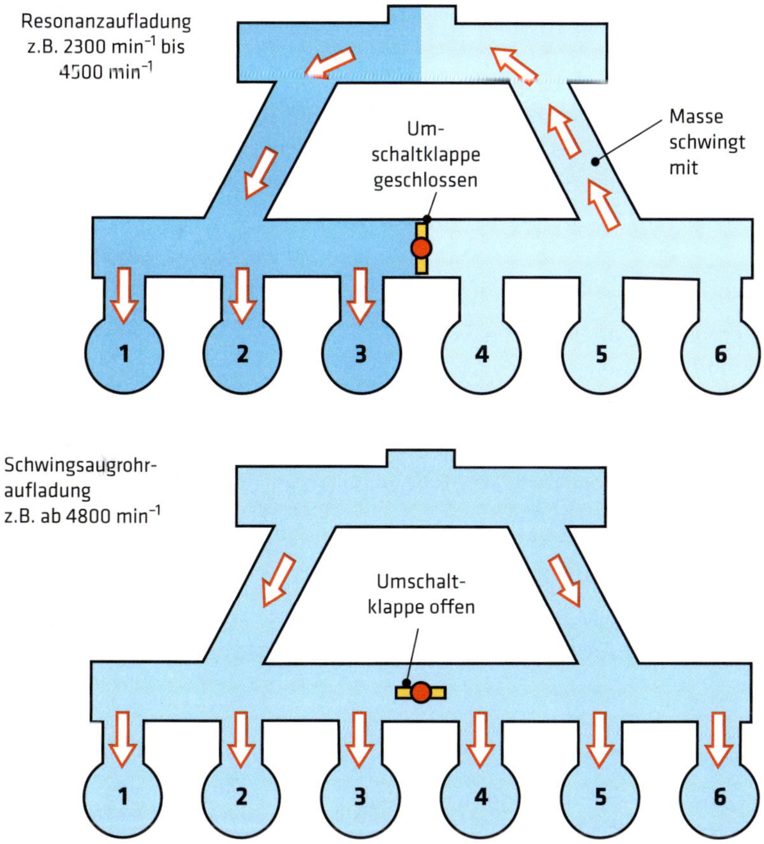

Bild 5.18 *Prinzip eines Resonanz- und Schwingsaugrohrsystems*
[Bild: LDL]

5.6 Fremdaufladung

Bei Motoren mit Fremdaufladung wird die Luft nicht direkt vom Motor, sondern von einem vorgeschalteten Gebläse angesaugt. Dieses verdichtet die Frischluft vor und liefert sie mit einem Überdruck von bis zu 2,2 bar an den Motor. Hierdurch erreicht man eine Verbesserung der Zylinderfüllung von 70 bis 90% (4-Takt-Saugmotor) auf bis zu 160%.

Vorteile

- Höhere Leistung bei gleichem Hubraum
  oder
- gleiche Leistung bei geringerem Hubraum (=> „Downsizing").

Systeme

- Abgasturbolader
- Mechanische Lader
- Elektrische Lader

5.6.1 Abgasturbolader

Der Abgasturbolader besteht aus einem Gehäuse, in dem ein Turbinenrad durch den Abgasstrom, der dort mit Schallgeschwindigkeit auftrifft, auf bis zu 320 000 min^{-1} beschleunigt wird. Dieses Turbinenrad ist über eine Welle mit dem ansaugseitig verbauten Verdichterrad verbunden (Laufzeug), das die Frischluft ansaugt und auf bis zu 2,2 bar verdichtet in den Motor liefert.

Vorteile

- Kein Momentenabgriff an der Kurbelwelle
- Nutzung der Strömungsenergie des Abgases

Nachteile

- Bei einfachen Systemen schlechtes Ansprechverhalten im unteren Drehzahlbereich
- Geringer Abgasstrom
- Aufwendige Ansaugweggestaltung
- Turbolader muss nah am Motor im Abgasstrom liegen
- Passive Erwärmung der Ansaugluft durch Strahlungswärme vom abgasseitigen Gehäuseteil

Systeme

- Turbolader ohne Bypass für niedrige Drehzahlen
- Turbolader mit Bypass für Ladedruckbegrenzung
- Turbolader mit Bypass für elektronische Ladedruckregelung
- Turbolader mit verstellbaren Leitschaufeln (VTG) für elektronische Ladedruckregelung
- Register- bzw. Doppel-Turboaufladung ohne Verstelleinrichtung
- Twin-Scroll-Lader

Turbolader mit Bypass für Ladedruckbegrenzung

Steigt der Ladedruck über den vom Hersteller festgelegten Wert (Federkennlinie bzw. -vorspannung im Ladedruckregelventil), öffnet das Ladedruckregelventil einen Bypass am Turbinenrad und leitet einen Teil des Abgasstroms an diesem vorbei. Auf diese Weise wird der Ladedruck auf seinen maximalen Wert begrenzt.

Statt des Ladedruckregelventils kann auch eine Bypassklappe verbaut sein, die die Funktion des Ventils in gleicher Weise übernimmt.

Vorteile

- Der Ladedruck kann nicht überschritten werden
  - Klopfgrenze des Kraftstoffs wird nicht erreicht
  - Mechanische Überbelastung von Bauteilen wird vermieden

Nachteile

- Schlechtes Ansprechverhalten bei niedrigen Drehzahlen
- Keine Anpassung des Ladedrucks im Fahrbetrieb möglich

Turbolader mit Bypass für elektronische Ladedruckregelung

Bei Systemen mit elektronischer Ladedruckregelung wird die Luftleitung zwischen dem Turbolader und dem Ladedruckregelventil (mit geänderter Federkennung) durch ein Taktventil unterbrochen. Das Steuergerät kann den Ladedruck nun in Abhängigkeit verschiedener Einflussgrößen (Bild 5.19) anpassen.

Vorteile

- Anpassung des Ladedrucks an den jeweiligen Betriebszustand und die Betriebsbedingungen möglich

Grenzen

- Anpassung nur in Form von Begrenzung möglich
  - Lader muss erst Arbeitsdrehzahl erreichen („Turboloch" bleibt)

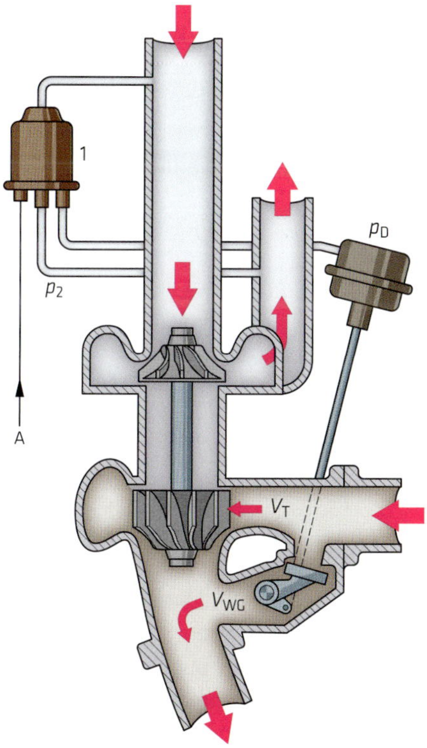

Bild 5.19 *Abgasturbolader mit Bypasskanal (Wastegate) und Stellglied für die elektronische Ladedruckregelung*

1	*elektropneumatisches Umschaltventil (Taktventil)*
P_2	*Ladedruck*
P_D	*Druck in der Membrandose (Ladedrucksteller)*
A	*pulsweitenmoduliertes Ansteuersignal vom Motorsteuergerät*
V_T	*Abgasvolumenstrom durch die Turbine*
V_{WG}	*Abgasvolumenstrom durch den Bypasskanal (Wastegate)*

[Bild: AS-Illu]

5.6.2 Schäden an Turboladern

Werkstatttipp:
Aufgrund der verstärkten Nutzung des Abgasturboladers zur Erhöhung der Motorleistung nimmt auch die Häufigkeit der Schäden in diesem Bereich drastisch zu. Bevor der Turbolader jedoch ausgetauscht wird, sollte zunächst die Schadenursache geklärt und behoben werden. Deshalb nachfolgend hier einige typische Turboladerschäden und deren mögliche Ursachen.

Überdrehzahl

Das Laufzeug unterliegt aufgrund der hohen Drehzahlen großen Fliehkräften. Wird die Drehzahl des Turboladers über das zulässige Maß hinaus erhöht (z.B. durch „Chiptuning") kann dies zu folgenden Schadbildern führen:

- Turbinen- oder Verdichterrad schleift am Gehäuse: Die Schaufeln des Turbinen- bzw. Verdichterrades stellen sich unter Einwirkung der Fliehkraft auf, bis sie in den Randbereichen das Gehäuse berühren.
- Turbinen- oder Verdichterrad zersplittert: Die inneren Zusammenhangskräfte des Materials werden von der Fliehkraft überwunden. Das Bauteil zerreißt.
- Lagerschaden 1: Mit zunehmender Drehzahl wird die Welle des Laufzeugs immer dicker. Hierdurch reduziert sich das Lagerspiel, der hydrodynamische Schmierkeil kann sich nicht mehr aufbauen bzw. wird verdrängt und das Lager läuft trocken.
- Lagerschaden 2: Das auf das Öl wirkende Schergefälle nimmt mit zunehmender Drehzahl immer weiter zu. Ist es zu hoch, kommt es zum Schmierfilmabriss und das Lager läuft trocken.

Lagerschaden

Schadbilder

- Das Laufzeug lässt sich nicht frei drehen
- Das Laufzeug hat erhöhtes Axialspiel (ACHTUNG! Radialspiel ist bis zu einem gewissen Grad notwendig, um die hydrodynamische Schmierung zu ermöglichen.)

Mögliche Ursachen

- Hohe Drehzahlen bei geringer Motortemperatur: Der Turbolader wird aufgrund der hohen Drehzahl sehr schnell warm. Die Ölviskosität ist bei kaltem Motor verhältnismäßig hoch und der Öldurchsatz am Gleitlager gering. Das Lager wird schlecht gekühlt, wird heiß, das Öl verbrennt und das Lager läuft trocken.
- Abstellen des Motors bei hoher Drehzahl: Der Turbolader benötigt Zeit, um die Drehzahl von bis zu 5000 Umdrehungen pro Sekunde (!) abzubauen. Wird der Motor abgestellt, bricht der Ölstrom ab, die Kühlung des Lagers ist nicht mehr gegeben, das Öl verbrennt und das Lager läuft trocken.
- Ölzufuhr mangelhaft bzw. verstopfte Vor- oder Rücklaufleitung: Der Öldurchsatz in der Lagerstelle ist zu gering. Folge s.o.
- Ölstand zu hoch: Liegt das Niveau des Öls oberhalb der Rücklaufbohrung, so fließt das Öl aus der Rücklaufleitung gegen das Öl in der Ölwanne. Die Durchflussmenge

verringert sich. Folge s.o. (ACHTUNG: Ein zu hoher Ölstand kann ein Indiz für eine Ölverdünnung (z.B. Regeneration Dieselpartikelfilter) sein!)

- Kurbelgehäusedruck zu hoch: Ist der Kurbelgehäusedruck aufgrund eines erhöhten Blow-by oder einer defekten Kurbelgehäuseentlüftung zu hoch, wird das Ablaufen des Öls aus der Rücklaufleitung behindert. Folge s.o.

Ölundichtigkeit gegenüber Turbine bzw. Verdichter

Die Abdichtung des Turboladers zwischen Ölkreislauf und Turbinen- bzw. Verdichtergehäuse erfolgt im Regelfall durch einen metallischen Dichtring. Diese Abdichtung ist jedoch darauf ausgelegt, Öldruck gegen Ladedruck bzw. Abgasdruck abzudichten. Wird der Turbolader undicht, kann dies somit mehrere Ursachen haben:

- Geändertes Druckgefälle: Ist das Ladeluft- oder Abgassystem undicht, verringert sich der Druck im jeweiligen Gehäuse. Die Abdichtung ist mit der erhöhten Druckdifferenz „überfordert" und das Öl läuft in das entsprechende Gehäuse. Eine Abdichtung des Systems führt im Regelfall dazu, dass auch die Abdichtung des Turboladers wieder funktioniert. Ein Austausch des Turboladers ist nicht erforderlich.
- Verschlissener Dichtring: Der Dichtring kann das Öl nicht mehr daran hindern, in das Turbinen- bzw. Verdichtergehäuse zu gelangen und muss ersetzt werden.
- Erhöhtes Axialspiel: Der Dichtring wird aus seiner Führung gezogen. Eine Instandsetzung bzw. Erneuerung des Turboladers ist erforderlich.

Mutter am Verdichterrad gelöst

Die Mutter am Verdichterrad eines rechtsdrehenden Turboladers (Regelfall) verfügt über ein Linksgewinde, da die Bewegungsenergie über die Welle eingeleitet wird und die Mutter somit bei einer Verdrehung des Verdichterrades auf der Welle festgezogen wird. Wird der Turbolader abgasseitig gebremst (z.B. Lastwechsel, Abgasgegendruck sporadisch zu hoch), kann es passieren, dass das Verdichterrad die Welle „überholt". Die Mutter löst sich.

Staubschaden

Sowohl auf der Turbinen-, als auch auf der Verdichterseite des Turboladers trifft das Gas mit hoher Geschwindigkeit auf die Schaufelräder. Enthält das Gas Partikel, die in Größe, Zusammensetzung oder Masse über das gewöhnliche Maß hinausgehen (z.B. Sportluftfilter, Rost aus dem Abgaskrümmer ...), führen diese zu einer erosiven Schädigung des Schaufelrades.

Wellenbruch

Folgeschaden zum Staubschaden: Durch Staub oder Partikel kann es sowohl am Turbinen- als auch am Verdichterrad zu einem Materialauf- oder -abtrag kommen. Hierdurch entsteht eine Unwucht, wodurch die Welle bricht.

5.6.3 Ladeluftkühlung

Um die Leistung und das Drehmoment von Downsizing-Motoren zu erhalten oder zu verbessern, ist ein hoher Aufladegrad notwendig. Je höher dieser ist, desto wichtiger ist es, die komprimierte Luft hinter dem Verdichter herunterzukühlen. Dies führt zum einen zu einer Erhöhung der Luftdichte und damit zu einer Verbesserung der Zylinderfüllung und zum anderen zu einer Verbesserung der Innenkühlung des Motors. Außerdem sinken die Verdichtungstemperatur und damit die Stickoxidemissionen, und bei Ottomotoren wird trotz hohem Ladedruck die Klopfgrenze des Kraftstoff-Luft-Gemischs nicht so schnell erreicht. Für die Ladeluftkühlung kommen unterschiedliche Systeme zum Einsatz:

Luftwärmetauscher

Der Luftwärmetauscher nutzt zur Kühlung nur die vorbeiströmende Frischluft. Er ist einfach aufgebaut und verhältnismäßig leicht. Da das zur Kühlung benutzte Medium (Luft) jedoch ein Isolator ist, hat er einen schlechten Wirkungsgrad. Zudem muss er in den Luftstrom gebaut werden, wodurch sich der Luftwiderstand des Fahrzeugs erhöht und die Wege für die Ladeluft sich verlängern (schlechtes Ansprechverhalten, da zunächst das ganze Schlauch-/Rohrsystem „aufgeblasen" werden muss).

Bild 5.20 *V8-Biturbomotor mit zwei Luftwärmetauschern zur Ladeluftkühlung* [Bild: Porsche]

Wasserwärmetauscher

Der Vorteil des Wasserwärmetauschers liegt in seinem gegenüber dem Luftwärmetauscher höheren Wirkungsgrad. Dieser kommt zustande, da das Gehäuse hierbei nicht durch einen Isolator (Luft), sondern durch einen Wärmeleiter (Wasser) gekühlt wird. Der Nachteil, dass das Kühlmedium vorgewärmt in dem Wärmetauscher geleitet wird, wird in vielen Fällen dadurch gemindert, dass das Wasser für den Ladeluftkühler weiter heruntergekühlt wird als das für den Motor. Der Wasserkühler ist dafür in zwei Bereiche unterteilt. Durch einen Teilbereich fließt das Wasser für den Motor. Dieses gekühlte Wasser wird ein zweites Mal durch den anderen Teilbereich des Kühlers geleitet, bevor es dem Ladeluftkühler zugeführt wird.

Bild 5.21 *Wasserwärmetauscher, bei dem die Luft durch ein zweistufiges Kühlverfahren nahezu die Temperatur des Kühlmittels erreicht.*
[Bild: Mahle]

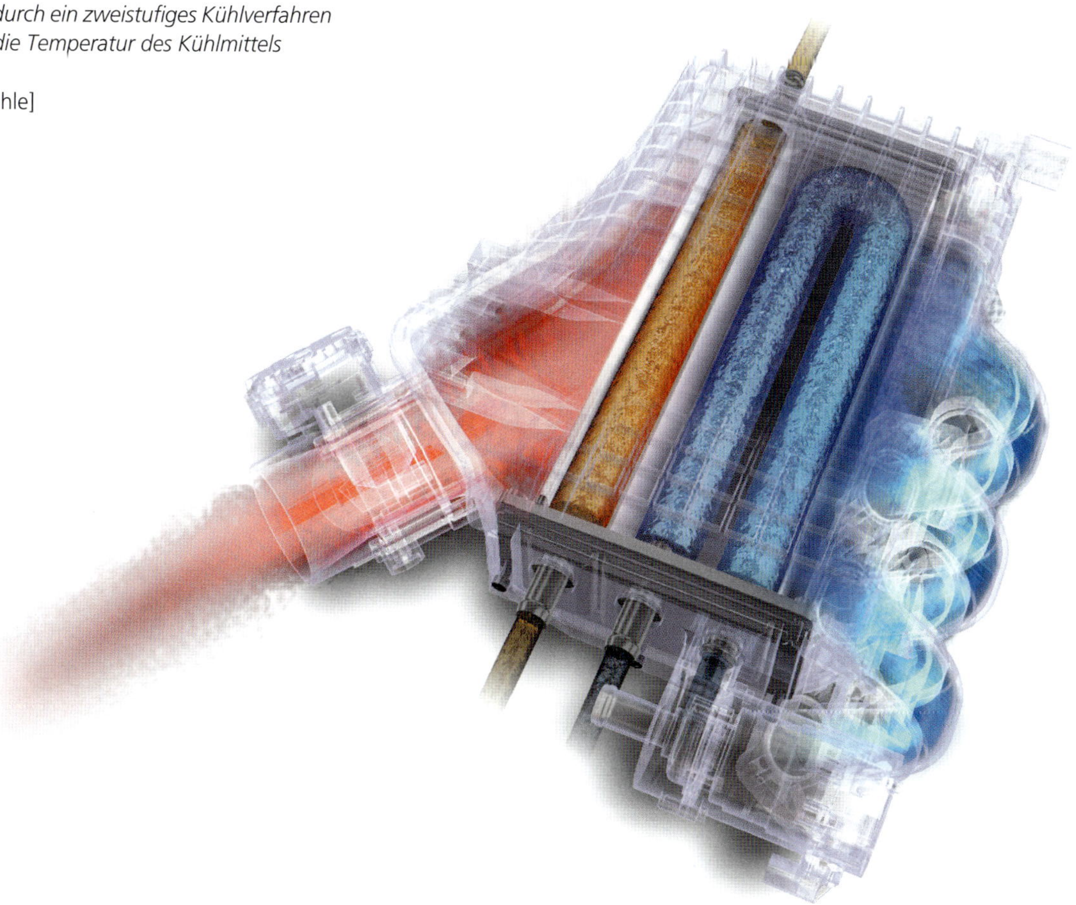

5.6.4 VTG-Lader

Beim VTG-Lader (VTG = Variable Turbinengeometrie) sind vor dem Turbinenrad Leitschaufeln radial angeordnet, die den Abgasstrom auf das Turbinenrad abhängig von der Drehzahl anpassen. Bei niedriger Drehzahl mit geringer Abgasmenge erzeugen die Leitschaufeln einen kleinen Eintrittsquerschnitt und leiten den Abgasstrom auf den äußeren Rand des Turbinenrades. Diese Stellung der Leitschaufeln beschleunigt das Abgas und lässt es mit einem langen Hebelarm auf das Turbinenrad wirken. Dadurch entsteht dort ein großes Moment, wodurch die Turbinenraddrehzahl und der Ladedruck steigen. Bei hohen Drehzahlen mit entsprechend größerer Abgasmenge geben die Leitschaufeln einen großen Einlassquerschnitt frei und leiten den Abgasstrom relativ nah an das Zentrum des Turbinenrades. Die höhere Abgasgeschwindigkeit in Verbindung mit dem größeren Abgasvolumen kompensiert den kleineren Hebelarm am Turbinenrad, wodurch der Ladedruck konstant bleibt.

Die thermische Belastbarkeit der Leitschaufelmechanik war lange Zeit auf ca. 850°C begrenzt, weshalb VTG-Lader mit einigen wenigen Ausnahmen (z.B. Porsche: Lader mit molybdänbeschichteter Leitschaufelmechanik) nur Dieselmotoren (geringere Abgastemperatur) vorbehalten waren. Das hat sich inzwischen geändert. Volkswagen setzt diese Lader-Bauart zum Beispiel inzwischen auch beim 1,5-Liter TSI-Motor (EA211) ein. Hier ist es hitzefest bis 880°C.

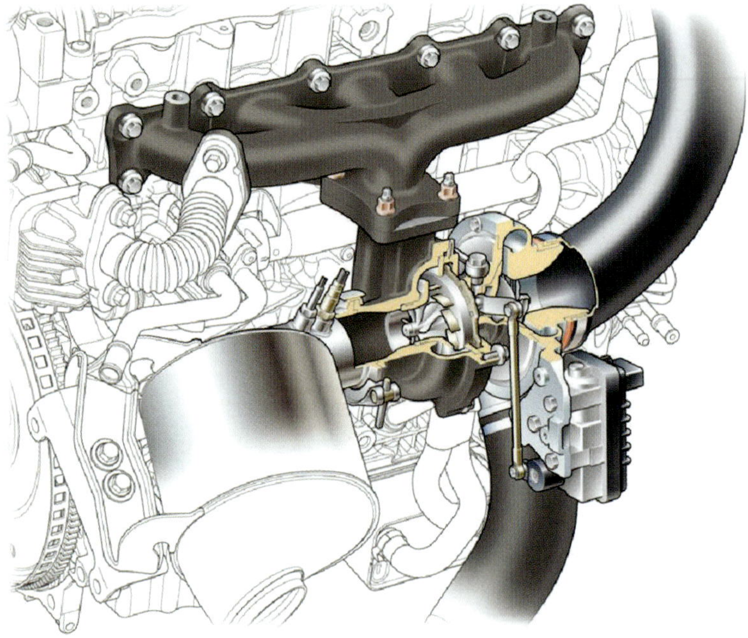

Bild 5.22 *Bei einem VTG-Lader können am Turbinenrad sitzende Leitschaufeln über ein Gestänge verstellt werden.*
[Bild: AS-Illu]

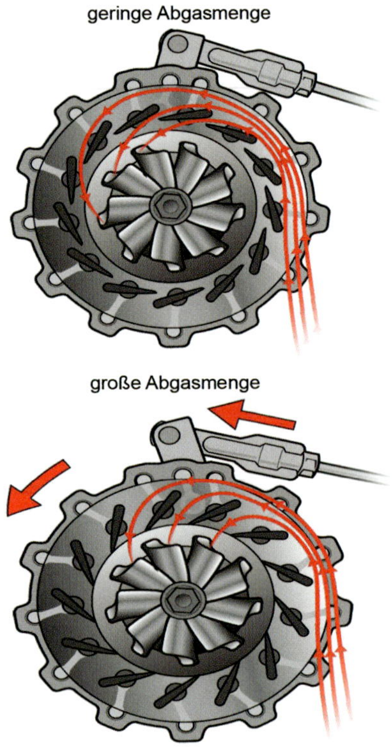

Bild 5.23 *Je nach Abgasmenge lenken die Leitschaufeln eines VTG-Laders den Abgasstrom so auf das Turbinenrad, dass dieses optimal angetrieben werden kann.*
[Bild: AS-Illu]

5.6.5 Twin-Scroll-Lader

Beim Twin-Scroll-Lader-System werden die Abgasströme der Zylinder 1 und 4 sowie der Zylinder 2 und 3 vom Motor aus in getrennten Kanälen mit verschiedenen Durchmessern spiralförmig zur Turbine geleitet. Der größere der beiden Kanäle leitet den Abgasstrom auf den Rand der Turbinenschaufeln. Das sorgt für eine höhere Drehzahl des Turboladers. Der kleinere Kanal leitet den Abgasstrom dagegen auf die Innenflächen der Turbinenschaufeln. Das soll das Ansprechverhalten des Laders verbessern.

Vorteile

- Verluste von Strömungsenergie durch Vermischung der Gase eines ausstoßenden Zylinders mit den Gasen dreier „untätiger" Zylinder werden verringert
  - Besseres Ansprechverhalten
  - Schnellerer Aufbau des maximalen Ladedrucks

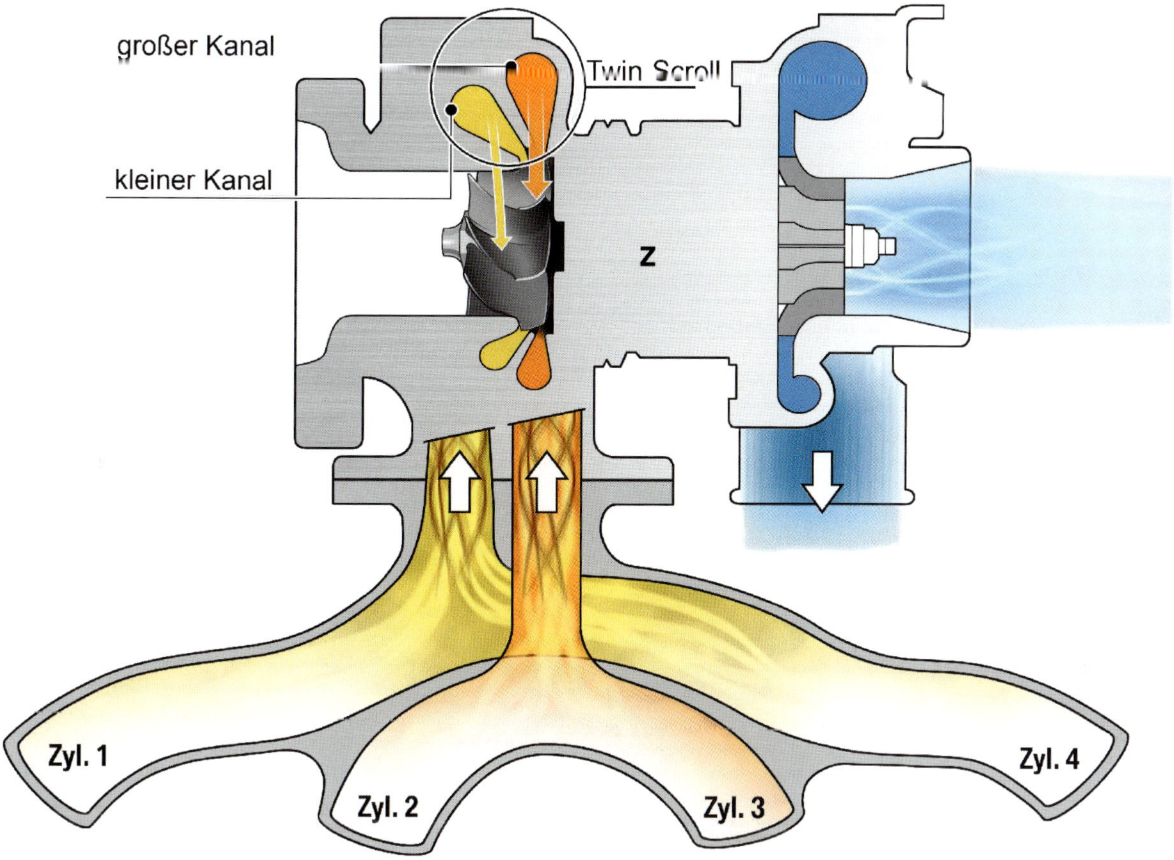

Bild 5.24 *Prinzip des Twin-Scroll-Turboladers. Der Aufbau kombiniert ein gutes Ansprechverhalten im unteren Drehzahlbereich mit hohem Leistungszuwachs im oberen Drehzahlbereich.*
[Bild: BMW]

5.6.6 Elektrischer Turbolader

Beim elektrischen Turbolader erfolgt der Antrieb des Verdichterrades nicht wie bisher üblich durch den Abgasstrom auf das Turbinenrad, sondern durch einen Elektromotor. Der mit 48 Volt betriebene 7-kW-Motor bringt das Verdichterrad in 200 ms auf eine Drehzahl von bis zu 72 000 min^{-1}. Die erforderliche Spannung wird bislang durch einen DC/DC-Wandler (12 V auf 48 V) oder durch eine entsprechende Auslegung des Bordnetzes (48-V-Hybrid) bereitgestellt. Da der Turbolader nun unabhängig vom Abgasstrom ist, entfällt das sogenannte Turboloch. Bislang kommt das System jedoch nur in Kombination mit einem Abgasturbolader zum Einsatz. Entsprechend des Funktionsprinzips der Registeraufladung kommt im unteren Drehzahlbereich der elektrische und im oberen Drehzahlbereich der Abgasturbolader zum Einsatz.

Bild 5.25 *Aufbau eines elektrisch angetriebenen Verdichters* [Bild: Audi]

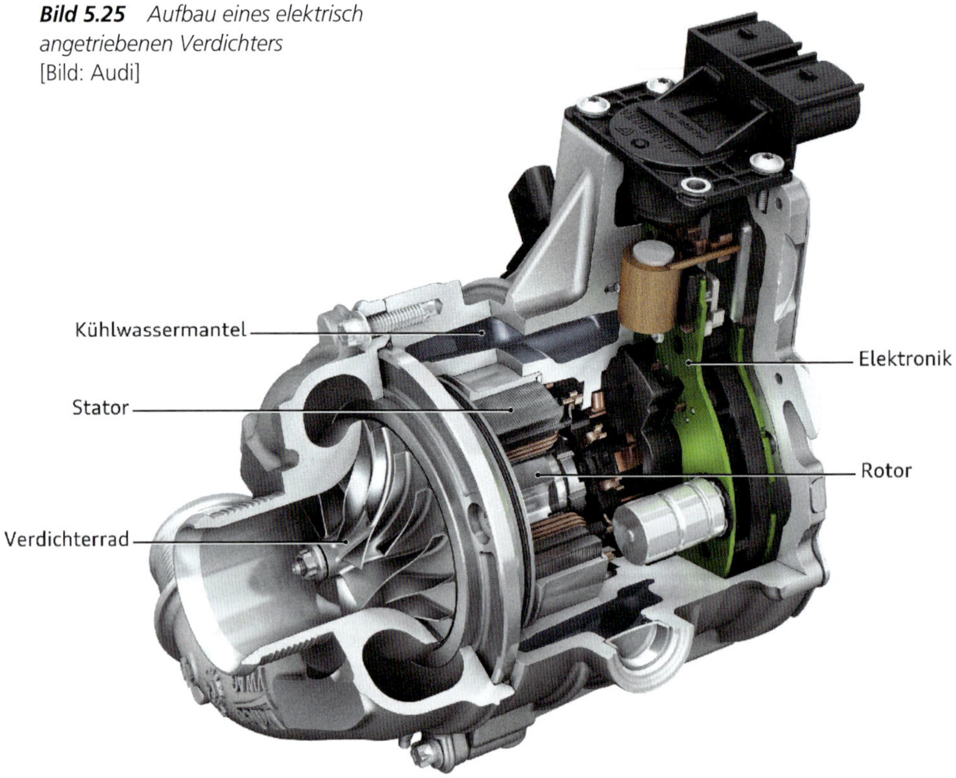

Bild 5.26 *V8-Dieselmotor mit Biturbo-Aufladung und elektrisch angetriebenem Verdichter* [Bild: Audi]

5.6.7 Registeraufladung

Bei der Registeraufladung (auch Stufenaufladung genannt) kommen ein kleiner und ein großer Turbolader zum Einsatz, die, je nach System, abwechselnd oder auch gemeinsam arbeiten. Bei dem hier vorgestellten System ist der große Lader ein Niederdruck- und der kleine Lader ein Hochdrucklader (Bilder 5.27 und 5.28).

Im unteren Drehzahl- und Lastbereich strömen die gesamte Abgasmenge und die gesamte Frischluftmenge durch den kleinen Turbolader, der allein den Ladedruck in diesem Betriebsbereich bestimmt. Dafür sind die Regelklappen im Verdichter-Bypass und im Turbinen-Bypass auf der Abgasseite vollständig geschlossen. Der große Lader arbeitet in diesem Bereich als Vorverdichter für den kleinen Lader.

Erreicht der kleine Lader den Sollladedruck, wird über den Turbinen-Bypass auf der Abgasseite ein Teil der Abgase auf die große Turbine geleitet. Die stufenlose Steuerung der Regelklappe ermöglicht es, auf diese Weise die Höhe des Ladedrucks zu regeln. Der Verdichter-Bypass ist dabei immer noch geschlossen.

Sobald der kleine Verdichter bei höheren Motordrehzahlen, also im mittleren Drehzahl- und Lastbereich, den Ladedruck nicht weiter aufbauen kann, muss das Motorsteuergerät den Verdichter-Bypass und den Turbinen-Bypass synchron öffnen. Das verhindert eine Drosselwirkung.

Im hohen Drehzahl- und Lastbereich erzeugt der große Turbolader den notwendigen Ladedruck allein. Jetzt sind Verdichter-Bypass und Turbinen-Bypass vollständig geöffnet. Der kleine Turbolader läuft ohne Wirkung weiter mit. Der gesamte Abgasmassenstrom wird auf die große Abgasturbine geleitet. Die Ladedruckhöhe des großen Turboladers bestimmt das Wastegate-Ventil. Dieses wird stufenlos von dem Motorsteuergerät angesteuert, einerseits, um die überflüssige Abgasmenge an der Turbine vorbei in die Abgasanlage zu leiten und andererseits, um die Turbinendrehzahl möglichst konstant zu halten.

Vorteile

- Gutes Ansprechverhalten bereits bei niedrigen Drehzahlen
  - Kleiner, agiler Lader
- Hoher Luftdurchsatz für hohe Drehzahlen

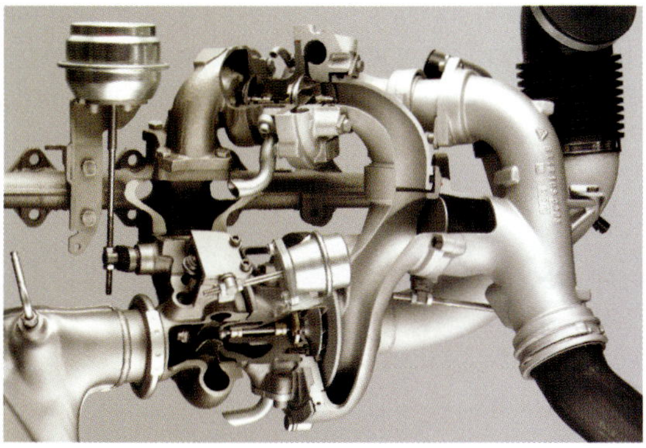

Bild 5.27 *Stufenaufladung mit einem großen und einem kleinen Turbolader*
[Bild: BMW]

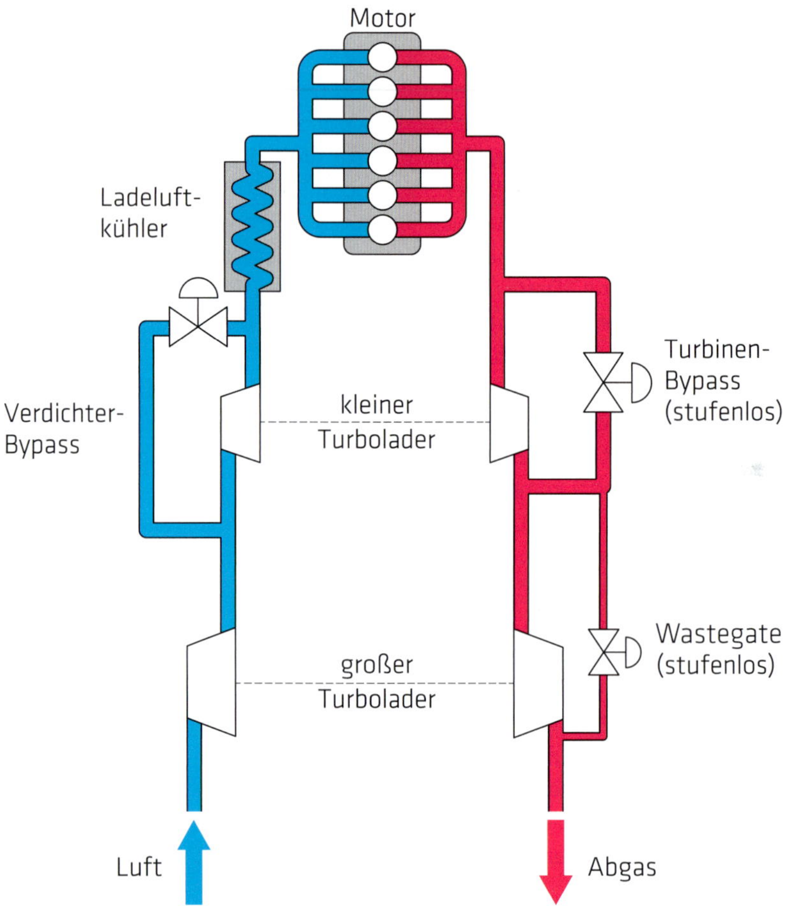

Bild 5.28 *Schematischer Aufbau der Stufenaufladung mit großem und kleinem Turbolader*
[Bild: AS-Illu]

5.6.8 Doppelaufladung

Bei der Doppelaufladung werden zwei gleichgroße Turbolader eingesetzt. Im unteren Drehzahlbereich sind die Ventile im System so geschaltet, dass nur Turbolader 1 im Einsatz ist. Im mittleren Drehzahlbereich öffnen die Ventile so, dass Turbolader 2 anläuft und die von ihm vorverdichtete Luft auf die Saugseite von Turbolader 1 geleitet wird, in dem sie hochverdichtet wird. Im oberen Drehzahlbereich sind die Ventile dann so geschaltet, dass beide Turbolader parallel arbeiten.

Vorteile

- Gutes Ansprechverhalten bereits bei niedrigen Drehzahlen
- Hoher Luftdurchsatz bei hohen Drehzahlen
- Schnelles Ansprechen auf Lastwechsel bei hohen Drehzahlen
  - Zwei kleine Lader sind agiler als ein großer

Bild 5.29 *Ladersystem mit zwei gleich großen Turboladern* [Bild: Audi]

5.6.9 Drei- und Vierfachaufladung

Die Drei- bzw. Vierfachaufladung setzt sich aus zwei gleich großen Hochdruckturboladern und einem bzw. zwei größeren Niederdruckturbolader/n zusammen. Bei dem hier vorgestellten System von Borg Warner sitzen je zwei Lader auf der Hoch- und der Niederdruckseite. Die Hochdrucklader bekommen das Abgas unter hohem Druck direkt vom Motor, die Niederdrucklader sitzen im Abgasstrom dahinter, sie werden erst bei einem hohen Abgasstrom dazugeschaltet. Die Hochdrucklader sind zudem VTG-Lader mit variabler Turbinengeometrie. Im unteren Drehzahlbereich erzeugt zuerst nur ein VTG-Hochdruckturbolader Ladedruck für eine rasche Beschleunigung ohne merkliches Turboloch. Bei höheren Durchflussraten arbeiten beide VTG-Hochdruckturbinen, um die Kapazität weiter zu steigern. Das Zuschalten der Niederdruckseite führt dann dazu, dass das Ladersystem den Motor bei jeder Drehzahl optimal mit Frischluft versorgt.

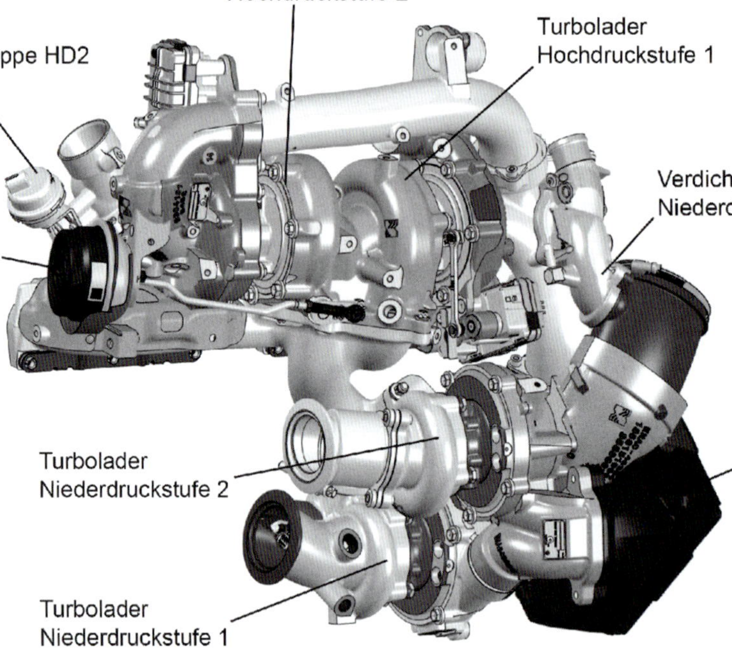

Bild 5.30 *Turbolader-system mit vier Turbo-ladern. Die beiden Hochdrucklader sind VTG-Lader.*
[Bild: Borg Warner Turbo Systems]

Werkstatttipp

Ein Nachteil der Mehrfachaufladungen ist, dass sich bei solchen Systemen bei einem Defekt der Diagnoseaufwand enorm erhöht. Denn neben den bekannten Schäden, die auch Singleturbos betreffen, kommen hier noch mögliche Defekte an den Steuerorganen zwischen den Ladern hinzu. Es gibt je nach Konstruktion eine unterschiedliche Zahl von Stellern, die elektrisch oder über Unterdruck funktionieren.

Ist beispielsweise bei einem Biturbo einer der beiden Turbolader beschädigt, dann sorgen die Schaltelemente und Verbindungsrohre zwischen beiden Ladern dafür, dass ein Ersatz nur eines Laders schwierig bis unmöglich ist. Denn oftmals gibt es die einzelnen Teile (Dichtungen, Schläuche usw.) gar nicht als Einzelteil und zudem ist es mit Werkstattmitteln schwierig, die Steuerelemente der beiden Lader wieder so zu justieren, dass sie perfekt zusammenarbeiten.

Außerdem treten Turboladerschäden nie von selbst ein, sondern haben immer eine Ursache (Ölmangel oder -verschmutzung, erhöhter Abgasgegendruck oder Ähnliches). Diese Vorschäden wirken sich auch auf beide Lader aus. Selbst wenn nur einer ausgefallen ist, dürfte der andere ebenfalls schon beschädigt sein. Auch deshalb empfiehlt es sich, stets das komplette System auszutauschen.

5.6.10 Mechanische Lader

Mechanische Lader werden direkt von der Kurbelwelle über einen Keilriemen, Keilrippenriemen oder Zahnriemen angetrieben.

Vorteile

- Gutes Ansprechverhalten schon bei niedriger Drehzahl
- Geringere Erwärmung der Frischgase

Nachteile

- Momentenabgriff von der Kurbelwelle
  - Geringere, nutzbare Antriebsleistung
  - Höherer Kraftstoffverbrauch
  - Höherer Schadstoffausstoß

Systeme

- Schraubenkompressor (Roots-Lader)
- Comprex-Lader
- Hyprex-Lader

Schraubenkompressor (Roots-Lader)

Beim Schraubenkompressor verdichten zwei ineinander verdrillte Laderschaufeln die Luft am Ladergehäuse entlang in Richtung Einlasskanal. Die Ladedruckregelung erfolgt über ein Bypassventil, das überschüssige Luft wieder auf die Saugseite des Laders leitet.

Vorteile

- Gutes Ansprechverhalten bereits bei niedrigen Drehzahlen
- Kein Eingriff in die Abgasanlage notwendig
- Über Magnetkupplung abschaltbar

Nachteile

- Hoher Momentenabgriff an der Kurbelwelle (~ 1 bis 5% der gewonnenen Motorleistung)

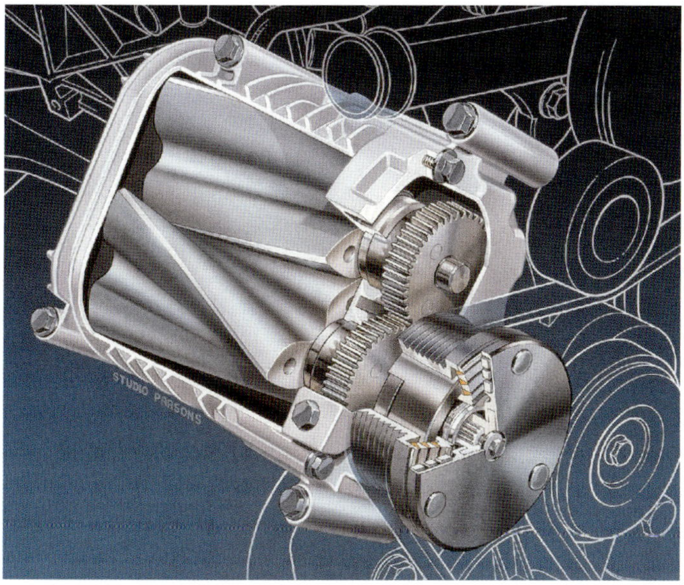

Bild 5.31 *Bei einem Kompressor verdichten zwei ineinander verdrillte Leitschaufeln die Luft.*
[Bild: Daimler]

5.6.11 Kombination von Kompressor und Turbolader

Um den Hauptvorteil des Kompressors (direktes Ansprechverhalten) mit dem Hauptvorteil des Turboladers (nahezu keine Leistungsentnahme vom Verbrennungsmotor) zu verknüpfen, haben einige Hersteller beide Systeme bei verschiedenen Motoren miteinander verbunden, beispielsweise VW bei den Twincharger-TSI-Motoren. Bei niedrigen Drehzahlen und Lasten, wenn der Turbolader noch keinen ausreichenden Ladedruck liefern kann, übernimmt diese Aufgabe ein mechanisch angetriebener Kompressor. Bei höheren Drehzahlen und Lasten wird dieser mehr und mehr nur noch zur Frischluftversorgung des Turboladers verwendet, bevor er bei voller Leistungsfähigkeit des Turboladers mithilfe einer Magnetkupplung ganz abgeschaltet wird.

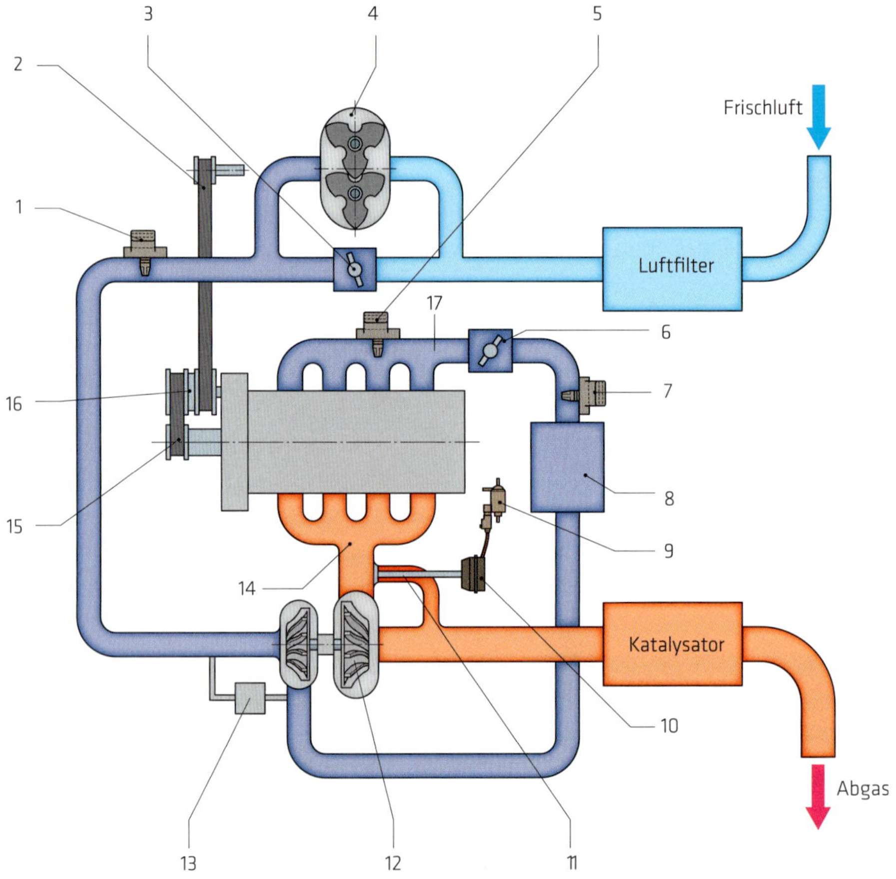

Bild 5.32 *Schematisch dargestellte Doppelaufladung beim Twincharger-TSI-Motor*
1 Saugrohrdruckgeber (Kompressor) mit Ansaugluftsensor
2 Riementrieb für den Kompressor
3 Regelklappe der Steuereinheit
4 mechanischer Kompressor
5 Saugrohrdruckgeber mit Ansaugluftsensor
6 Drosselklappensteuereinheit
7 Ladedruckgeber mit Ansaugluftsensor
8 Ladeluftkühler
9 Magnetventil für die Ladedruckbegrenzung
10 Druckdose
11 Wastegate-Klappe
12 Abgas-Turbolader
13 Umluftventil für den Turbolader
14 Abgaskrümmer
15 Riementrieb für Nebenaggregate
16 Magnetkupplung
17 Ansaugkrümmer
[Bild: AS-Illu]

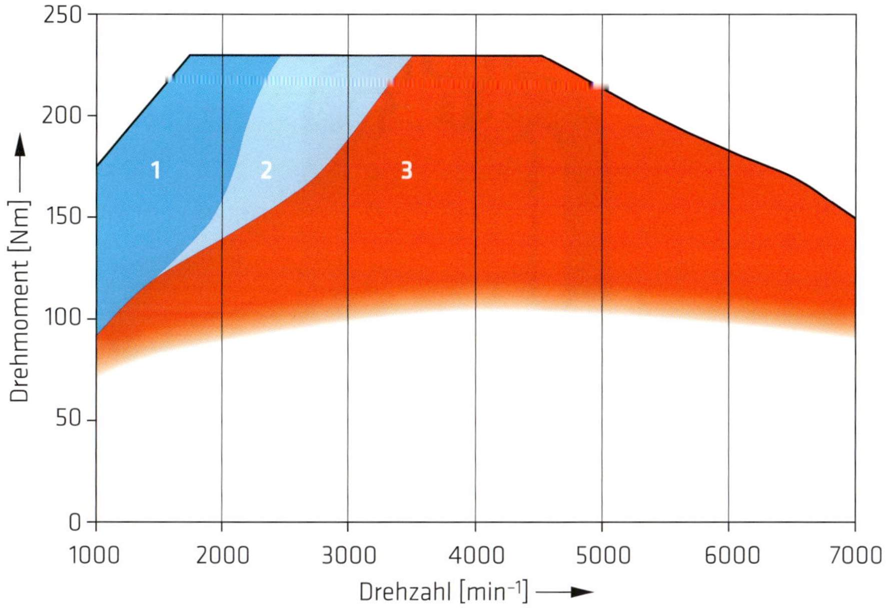

Bild 5.33 *Betriebsbereiche des Twinchargers*
1 Dauerbetrieb des Kompressors
2 Bedarfsabhängige Zuschaltung des Kompressors
3 Alleiniger Aufladebereich des Abgasturboladers
[Bild: AS-Illu]

5.6.12 Comprex-Lader

Der Comprex-Lader besteht aus einem rotierenden Röhrenkörper, der von der Kurbelwelle angetrieben wird. Seine Drehzahl ist an die Steuerzeiten des Motors angepasst. Die Arbeitsweise ist Folgende: Aus den Zylindern strömt das Abgas in den Röhrenkörper, wo es die darin befindliche Frischluft in Richtung Einlasskanal presst. Kurz bevor die Abgase den Röhrenkörper ebenfalls ihn Richtung Einlass verlassen würden, dreht sich die Röhre weiter und die Abgase werden an der Wandung zurückgestoßen. Dadurch strömen sie in Gegenrichtung aus dem Röhrenkörper heraus und ziehen die Frischluft aus dem Saugrohr hinter sich her in den Röhrenkörper hinein.

Vorteile

- Hohe Ladedrücke bereits bei niedrigen Drehzahlen
- Sehr geringer Momentenabgriff an der Kurbelwelle
  - Antriebsleistung des Laders entspricht seiner inneren Reibung

Nachteile

- Präzise Abstimmung auf Motorsteuerung erforderlich
  - Trifft der Abgasstrom im Röhrenkörper bei geschlossenem Einlassventil auf die Frischluft, kommt es zur Vermischung der Gassäulen (ungewollte AGR)
- Hohe Anfälligkeit bezüglich Druckschwankungen in den luftführenden Komponenten (z.B. durch verstopften Luftfilter oder defekten Auspuff)

Bild 5.34 *Beim Comprex-Lader schiebt Abgas die Frischluft in den Ansaugtrakt. Das erfordert eine präzise Abstimmung auf die Motorsteuerung.* [Bild: LDL]

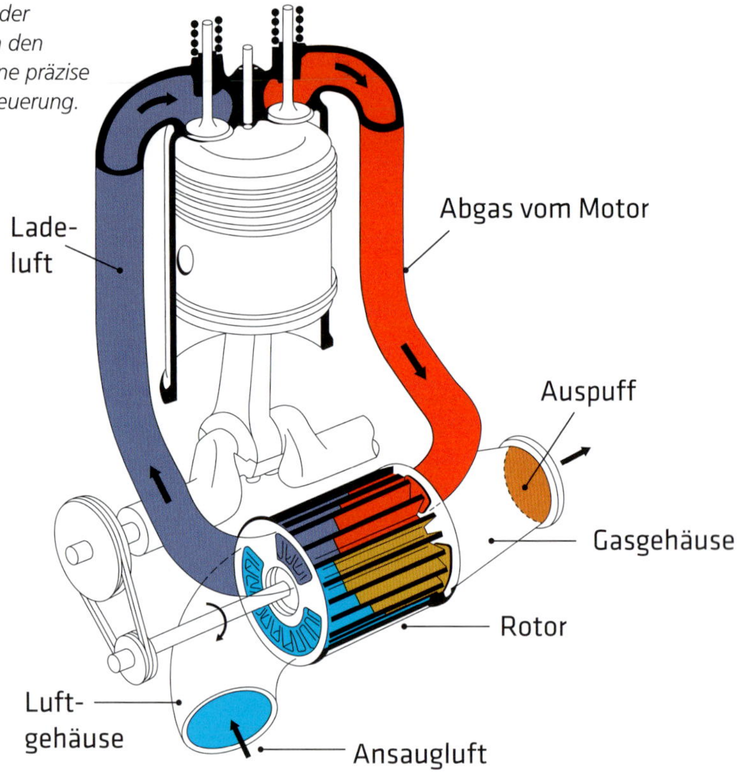

Hyprex-Lader

Der Hyprex-Lader ist eine Weiterentwicklung des Comprex-Laders. Der Röhrenkörper wird hierbei nicht direkt durch die Motor-Kurbelwelle, sondern durch einen elektronisch geregelten Elektromotor angetrieben.

Vorteile

- Anpassung der Röhrenkörperstellung an Druckverhältnisse möglich
- Abgasrückführung kann über den Lader realisiert werden

5.6.13 Turbo-Compound

Turbo-Compound stellt eine weitere Möglichkeit der Nutzung von Restenergie im Abgas dar und kommt bei einigen aktuellen Nutzfahrzeugmotoren bereits zum Einsatz. Hierbei wird hinter dem konventionellen Abgasturbolader ein weiteres Turbinenrad in den Abgasstrang gebaut, das jedoch über eine Hydraulikkupplung und ein Getriebe (Gesamtübersetzung ca. 20 bis 30) direkt mit der Motorkurbelwelle verbunden ist und diese antreibt. Neben einer erzielbaren Mehrleistung von bis zu 75 kW verringern sich Kraftstoffverbrauch und Schadstoffemission, sowie die zündungsbedingten Drehschwingungen der Kurbelwelle.

Hinweis: Das System kam bereits kurz nach dem 2. Weltkrieg für Fluggeräte als Alternative zum Abgasturbolader zum Einsatz, konnte sich hier aufgrund des schlechteren Wirkungsgrads jedoch nicht durchsetzen.

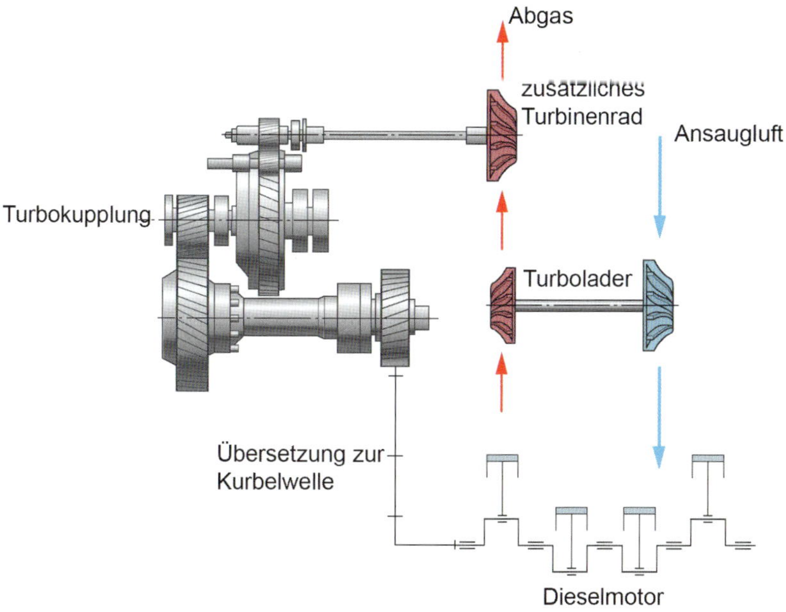

Bild 5.35 *Schema einer Turbo-Compound-Aufladung* [Bild: Schmidt]

5.7 Gemischaufbereitung im Ottomotor

Zum Entstehen einer Verbrennung sind drei Dinge erforderlich: ein Brennstoff, Sauerstoff und die sogenannte Aktivierungsenergie, die Wärme, die dafür sorgt, dass Kraftstoff und Luft exotherm miteinander reagieren. Nicht jede Kombination aus Kraftstoff und Luft ist zündfähig. Es müssen stets ausreichend Kraftstoff- und Sauerstoffmoleküle vorhanden sein, damit es zu einer Reaktion kommt. Das optimale Verhältnis aus Kraftstoff und Sauerstoff wird als stöchiometrisches Gemisch bezeichnet und mit der Luftverhältniszahl $\lambda = 1$ gekennzeichnet. Bei $\lambda = 1$ ist das Verhältnis aus Kraftstoff und Luft optimal, das heißt, dass alle Kraftstoffmoleküle mit Sauerstoffmolekülen regieren können und weder Kraftstoff- noch Sauerstoffmoleküle zurückbleiben.

$$HC + O_2 => CO_2 + H_2O$$

Für Ottokraftstoff liegt das stöchiometrische Mischungsverhältnis bei 14,7 : 1. Um 1 kg Kraftstoff vollständig zu verbrennen, sind somit 14,7 kg, mehr als 11 000 l Luft erforderlich.

Die Luftverhältniszahl Lambda (griechischer Buchstabe λ) setzt die zugeführte und die theoretisch benötigte Luftmasse zueinander ins Verhältnis:

$$\lambda = \frac{m_{Luft,zugeführt}}{m_{Luft,theoretisch}}$$

Ist der Lambdawert größer als 1, dann ist die zugeführte Luftmasse größer als die benötigte. Dann bleibt Sauerstoff übrig. Das Gemisch wird als „mager" bezeichnet.

Ist der Lambdawert kleiner als 1, dann ist weniger Luft vorhanden als theoretisch benötigt wird. Dann werden Kraftstoffmoleküle unverbrannt (unverbrannte Kohlenwasserstoffe) oder nur teilweise verbrannt (z.B. Kohlenmonoxid, CO) zurückbleiben. Das

Gemisch wird als „fett“ bezeichnet. Fällt der Lambdawert unter etwa 0,6 oder steigt er über etwa 1,6, dann ist das Gemisch nicht mehr zündfähig.

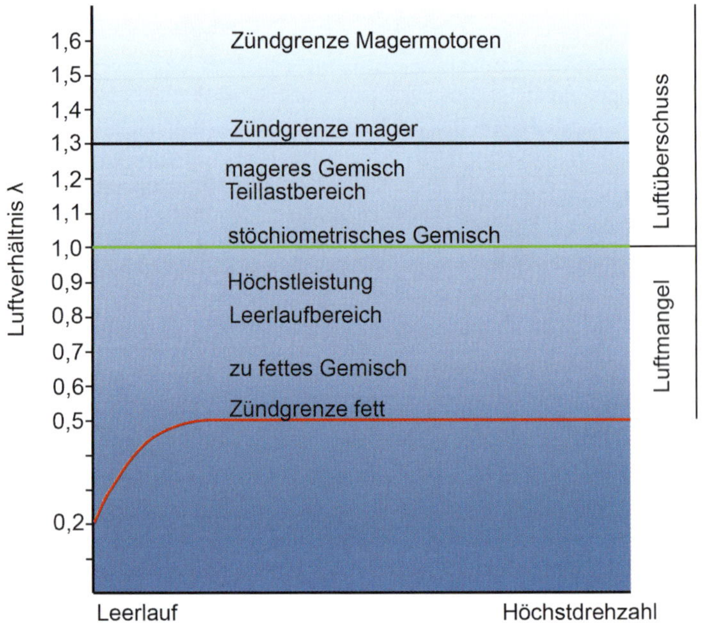

Bild 5.36 *Lambdawerte bei einem Benzinmotor* [Bild: Schmidt]

Tabelle 5.1 *Mischungsverhältnisse und Lambdawerte*

Mischungsverhältnis kg Luft/kg Kraftstoff		**Lambda-wert**	
23,52 : 1	mager	1,6	Zündgrenze beim Magermotor
19,11 : 1		1,3	Zündgrenze mager
14,7 : 1	stöchiometrisches Gemisch	1,0	
13,23 : 1	fett	0,9	Höchste Leistung
7,35 : 1		0,5	Zündgrenze fett

Die Zusammensetzung des Kraftstoff-Luft-Gemischs hat somit großen Einfluss auf

- die Zündfähigkeit des Kraftstoff-Luft-Gemischs,
- die Flammfrontengeschwindigkeit,
- den Verbrennungsdruck und damit Motordrehmoment und Motorleistung,
- den Kraftstoffverbrauch,
- die Abgaszusammensetzung.

Aufgabe des Gemischaufbereitungssystems ist es, der angesaugten Luftmasse stets die richtige Kraftstoffmasse zuzuführen, um a) eine Verbrennung zu ermöglichen und b) die Verbrennung so effizient wie möglich zu gestalten.

In früheren Fahrzeuggenerationen hat dies der Vergaser übernommen, der jedoch nur bedingt anpassungsfähig war. Zudem kam es durch die relativ langen Wege zwischen der Gemischaufbereitung und dem Brennraum stets zu Kraftstoffkondensationen, die durch eine Erhöhung der zugeführten Kraftstoffmasse kompensiert werden mussten. Seit Anfang der 80er-Jahre (einzelne Ausreißer gab es bereits seit den 50er-Jahren) wurden diese somit nach und nach durch zunächst mechanische, später elektronische Einspritzsysteme ersetzt.

Dabei unterscheidet man zwischen der äußeren Gemischbildung mit indirekter Einspritzung (der Kraftstoff wird in das Saugrohr eingespritzt) und der inneren Gemischbildung mit Direkteinspritzung (der Kraftstoff wird direkt in den Brennraum eingespritzt). Toyota und Audi kombinieren beide Verfahren in einigen Motoren.

Denn die Motorenentwickler kämpfen hier durchaus mit Zielkonflikten: Bei einem auf höchste Leistung ausgelegten Benzin-Direkteinspritzer ist es schwierig, bei niedrigen Drehzahlen und geringer Last eine optimale Gemischbildung zu erzeugen. Daraus resultieren dann zum Beispiel hohe Partikelemissionen. Meist wählen die Entwickler deshalb zugunsten der Abgasqualität eine Kompromissabstimmung. Diese führt zwangsläufig zu Einbußen bei Leistungs- und Drehmomentverlauf.

Eine konventionelle Saugrohr-Einspritzung bietet den Entwicklern durchaus noch Vorteile im Teillastbereich und bei niedrigen Drehzahlen: Die Gemischbildung beginnt bereits im Saugrohr und der dort herrschende hohe Unterdruck lässt den Kraftstoff sehr gut verdampfen. Über Schaltklappen lässt sich der Unterdruck im Ansaugtrakt sogar noch weiter erhöhen, um eine optimale Gemischverwirbelung im Brennraum zu erzielen. Die Engstellen im Ansaugtrakt behindern den Motor aber, wenn es um maximale Drehfreudigkeit und Spitzenleistung geht.

„D-4S" (Toyota) und „Duale Einspritzung" (Audi) kombinieren nach Unternehmensangaben die Vorteile beider Verfahren. Bei geringer Last arbeitet die Saugrohreinspritzung alleine, im mittleren Lastbereich teilen sich Saugrohr- und Direkteinspritzung die Arbeit zu gleichen Teilen auf, und im Volllastbereich liegt der Anteil der Direkteinspritzung bei etwa 85 %. Der verbleibende Saugrohr-Anteil trägt zur guten Füllung bei. Die kühlende Wirkung des direkt eingespritzten Kraftstoffs reduziert dann zudem die Klopfneigung, ermöglicht eine höhere Verdichtung und damit mehr Leistung.

5.8 Indirekte Einspritzung

5.8.1 Kontinuierliche Einspritzung (K-Jetronic)

Die K-Jetronic („K" für kontinuierlich) spritzt den Kraftstoff ohne Unterbrechung in das Saugrohr vor die Einlassventile. Die benötigte Kraftstoffmenge wird durch den sogenannten Gemischregler dosiert. Die angesaugte Luft hebt eine Stauscheibe an, die über ein Hebelsystem mit dem Kraftstoffmengenteiler verbunden ist. Je mehr Luft angesaugt wird, desto größer wird die eingespritzte Kraftstoffmenge. Die Elektrokraftstoffpumpe fördert den Kraftstoff aus dem Tank über den Kraftstoffspeicher und durch den Kraftstofffilter in den Gemischregler. Der Druckregler hält den Systemdruck konstant auf ca. 5 bar. Der überschüssig geförderte Kraftstoff fließt durch die Rücklaufleitung zurück zum Tank. Durch den Warmlaufregler wird bei geringer Motortemperatur der Steuerdruck, der auf den Steuerkolben wirkt, gesenkt. Der Steuerdruck wirkt der Auslenkung der Stauscheibe des Luftmengenmessers durch die angesaugte Luftmenge entgegen. Somit wird die

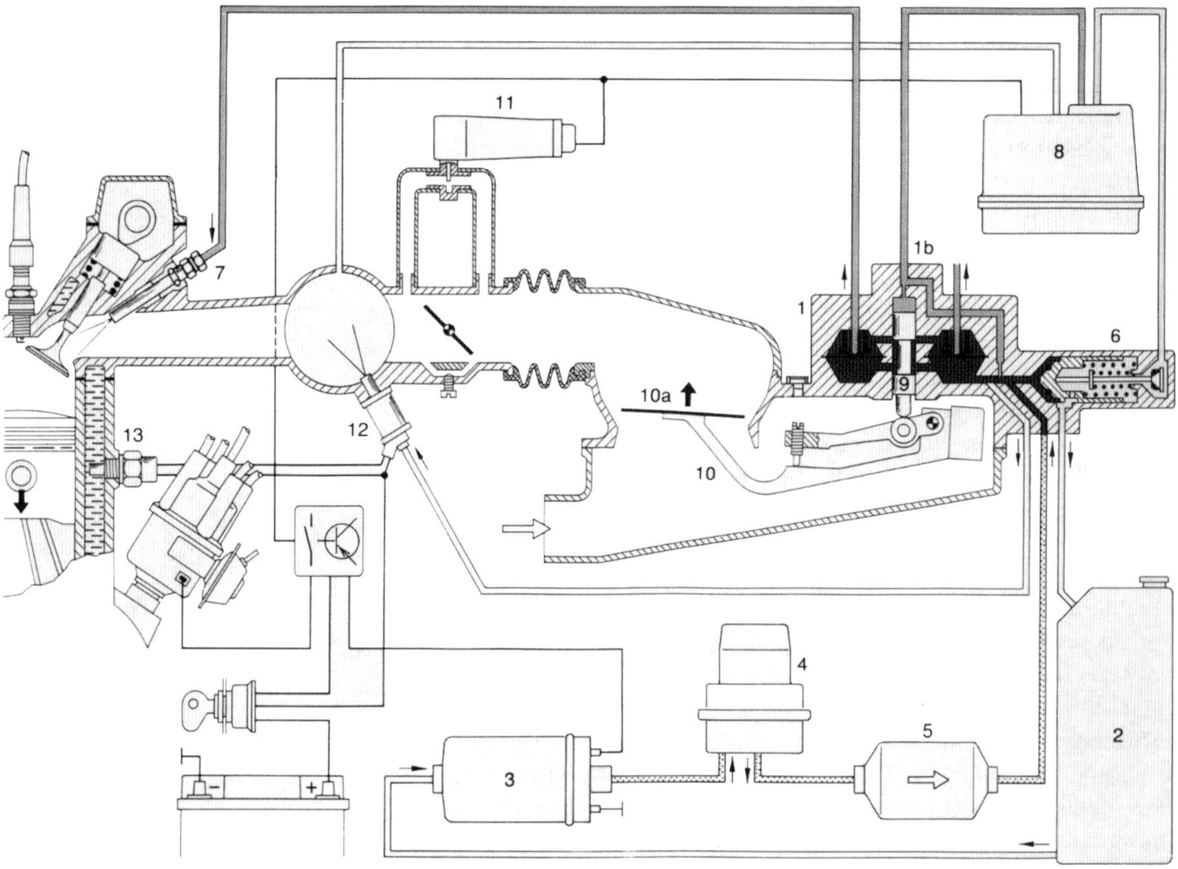

Bild 5.37 *Schema einer K-Jetronic*
1 Gemischregler, 1b Kraftstoffmengenteiler, 2 Kraftstoffbehälter, 3 Kraftstoffpumpe, 4 Kraftstoffspeicher, 5 Kraftstofffilter, 6 Druckregler, 7 Einspritzventile, 8 Warmlaufregler, 9 Steuerkolben, 10 Luftmengenmesser, 10a Stauscheibe, 11 Zusatzluftschieber, 12 Kaltstartventil, 13 Thermozeitschalter
[Bild: Schmidt]

Kraftstoffmenge, die der Steuerkolben im Kraftstoffmengenteiler zu den einzelnen Einspritzventilen durchlässt, in der Warmlaufphase erhöht. Bei betriebswarmem Motor liegt der Steuerdruck konstant bei ca. 3,7 bar. Die eingespritzte Kraftstoffmenge ist proportional zur Auslenkung der Stauscheibe und damit zur angesaugten Luftmenge. Der Zusatzluftschieber lässt beim Kaltstart Luft an der Drosselklappe vorbeiströmen. Hierdurch wird dem Motor zusätzliche Luft zur Leerlauferhöhung zugeführt. Das Kaltstartventil spritzt während der Startphase zum Ausgleich von Kondensationsverlusten zeitlich begrenzt zusätzlichen Kraftstoff in das Ansaugsystem. Gesteuert wird es durch einen elektrisch beheizbaren Thermozeitschalter.

Die Kraftstoffpumpe ist eine Rollenzellenpumpe, die von einem Elektromotor angetrieben wird. Sie fördert mit ca. 50 bis 120 l/h deutlich mehr Kraftstoff als der Motor maximal benötigt. Dadurch kann unter allen Betriebsbedingungen der Druck im Kraftstoffsystem konstant gehalten werden.

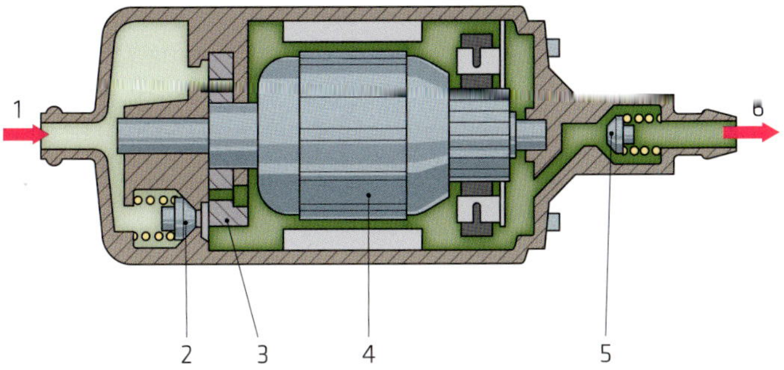

Bild 5.38 *Rollenzellenpumpe*
1 Saugseite
2 Überdruckventil
3 Rollenzellenpumpe
4 Motoranker
5 Rückschlagventil
6 Druckseite
[Bild: Schmidt]

Die Spannungsversorgung der Kraftstoffpumpe erfolgt durch das Kraftstoffpumpenrelais. Beim Einschalten der Zündung läuft die Kraftstoffpumpe im Regelfall kurz an, um Vordruck im System aufzubauen. Anschließend läuft die Kraftstoffpumpe nur, wenn der Motor sich dreht (vorhandenes Drehzahlsignal) oder Luft angesaugt wird (z.B. Schaltkontakt an der Stauscheibe). Hierdurch ist sichergestellt, dass bei einem Unfall (z.B. bei beschädigtem und daher undichtem Einspritzsystem) kein weiterer Kraftstoff in den Motorraum gefördert wird, um das Brandrisiko zu minimieren. Zur Geräusch- und Bauraumreduzierung wird die Elektrokraftstoffpumpe statt in der Leitung (sog. In-Line-Pumpe) häufig im Tank (sog. In-Tank-Pumpe) eingebaut. Eine Explosions- bzw. Brandgefahr durch den Kraftstoff in der Pumpe bzw. im Tank besteht nicht, da kein zündfähiges Gemisch vorhanden ist. Die Kraftstoffpumpe kommt in gleicher Bauform auch bei der L-Jetronic (und deren Varianten) bzw. Motronic (kombiniertes Zünd- und Einspritzsystem) zum Einsatz. Bei ungünstigen Einbauverhältnissen des Kraftstofftanks kann eine zusätzliche Vorförderpumpe erforderlich sein.

Der Kraftstoffspeicher vor dem Filter vermindert das Fördergeräusch der Kraftstoffpumpe und die von ihr verursachten Druckschwankungen. Bei stehendem Motor erhält der Kraftstoffspeicher den Druck im Kraftstoffsystem aufrecht, um eine Dampfblasenbildung bei warmem Motor zu vermeiden, die den Startvorgang erschweren würde.

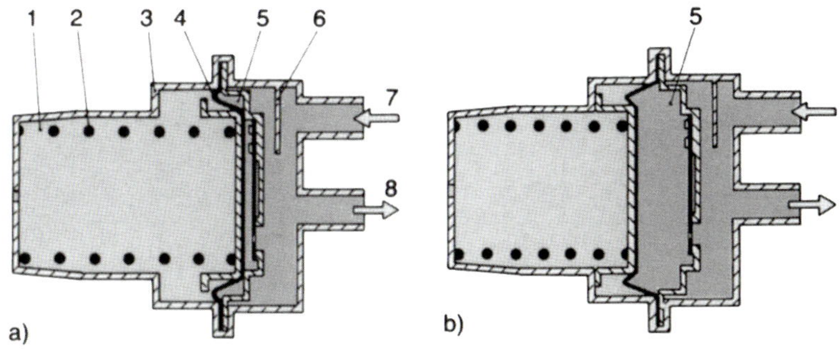

Bild 5.39 *Kraftstoffspeicher*
a) leer, b) gefüllt
1 Federkammer
2 Feder
3 Anschlag
4 Membran
5 Speichervolumen
6 Umlenkblech
7 Kraftstoffzufluss
8 Kraftstoffabfluss
[Bild: Schmidt]

Werkstatttipp

Eine undichte Membran des Kraftstoffspeichers führt im Regelfall durch die sich bildenden Dampfblasen zu Schwierigkeiten beim Warmstart. Ist der Kraftstoff bereits im Einspritzsystem gasförmig, kann er dem Motor nicht mehr in ausreichender Menge zugeführt werden. Äußere Undichtigkeiten entstehen in diesem Fall in der Regel nicht.

Der Kraftstofffilter schützt die empfindlichen Bauteile des Einspritzsystems vor Verschmutzungen. Er wird in regelmäßigen Abständen gewechselt. Dabei ist die Durchflussrichtung (Pfeilmarkierung) auf dem Filtergehäuse unbedingt zu beachten. Ein verschmutzter, defekter oder falsch montierter Kraftstofffilter kann zu Leistungseinbußen (zu geringe Kraftstoffmenge) oder Schäden am Einspritzsystem führen.

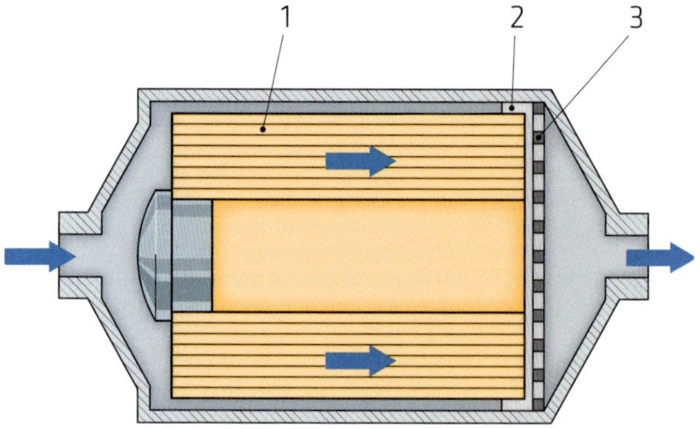

Bild 5.40 *Kraftstofffilter*
1 Papierfilter
2 Sieb
3 Stützplatte
[Bild: Schmidt]

Der Druckregler im Gehäuse des Kraftstoffmengenteilers regelt den Systemdruck bei laufendem Motor konstant auf ca. 5 bar. Steigt der Systemdruck über diesen Wert, wird die Regelfeder durch die entstehende Kraft auf den Kolben zusammengedrückt und der Kolben gibt den Rücklauf zum Kraftstofftank frei. Bei stehendem Motor fällt der Systemdruck unter den Öffnungsdruck der Einspritzventile. Falscher Systemdruck durch Undichtigkeiten, Verschmutzungen oder zu geringe Förderleistung der Kraftstoffpumpe beeinflusst die Gemischzusammensetzung und damit das Laufverhalten und die Abgaswerte des Motors erheblich. Bei größeren Abweichungen lässt sich der Motor nicht mehr starten.

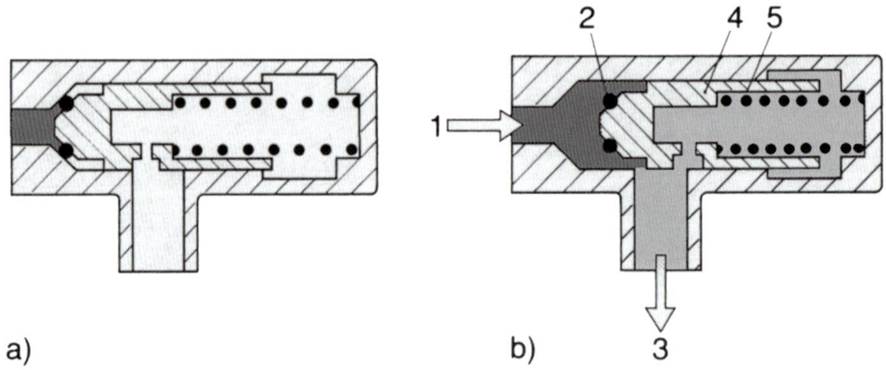

Bild 5.41 *Systemdruckregler am Mengenteiler*
a) in Ruhestellung
b) in Arbeitsstellung
1 Zulauf Systemdruck
2 Dichtung
3 Rücklauf zum Kraftstoffbehälter
4 Kolben
5 Regelfeder
[Bild: Schmidt]

Die Einspritzventile spritzen den Kraftstoff kontinuierlich in die Ansaugrohre vor das Einlassventil des jeweiligen Zylinders. Sie öffnen bei ca. 3 bis 4 bar. Durch das Schwingen (Druckpulsationen) der Ventilnadel („Schnarren") wird der Kraftstoff fein zerstäubt. Sinkt der Systemdruck nach dem Abstellen des Motors unter den Öffnungsdruck der Einspritzventile, müssen diese dicht abschließen. Es darf kein Kraftstoff nachtropfen.

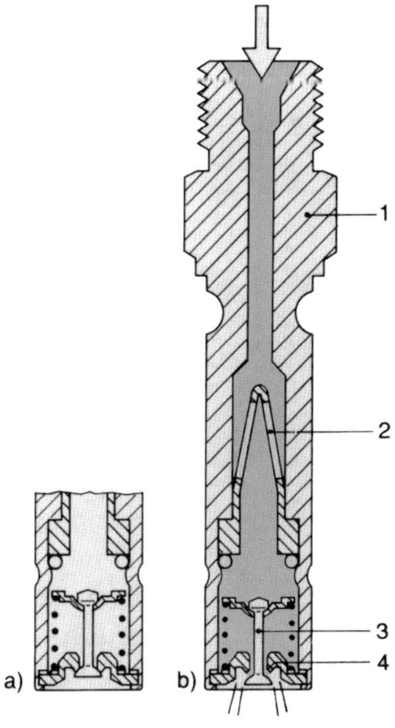

Bild 5.42 *Einspritzventil*
a) in Ruhestellung
b) in Betriebsstellung
1 Ventilgehäuse
2 Filter
3 Ventilnadel
4 Ventilsitz
[Bild: Schmidt]

Im Gemischregler wird der Kraftstoff entsprechend der Auslenkung der Stauscheibe des Luftmengenmessers und somit entsprechend der angesaugten Luftmenge durch den Steuerkolben im Kraftstoffmengenteiler dosiert. Die vom Motor angesaugte Luftmenge hebt (bzw. senkt, z.B. Mercedes-Benz) die Stauscheibe entsprechend dem freizugebenden Öffnungsquerschnitt im Lufttrichter. Über ein Hebelsystem wirkt die Stauscheibe des Luftmengenmessers auf den Steuerkolben. Eine Korrekturmöglichkeit besteht über die Gemischeinstellschraube.

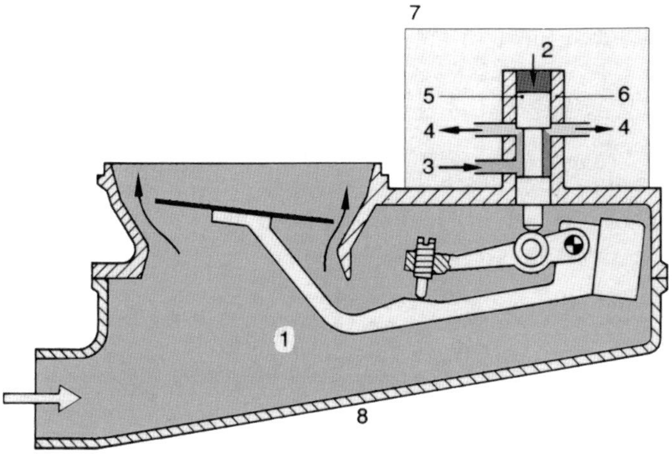

Bild 5.43 *Schlitzträger, Steuerdrossel*
1 Ansaugluft
2 Steuerdruck
3 Kraftstoffzulauf
4 zugemessene Kraftstoffmenge
5 Steuerkolben
6 Schlitzträger
7 Kraftstoffmengenteiler
8 Luftmengenmesser
[Bild: Schmidt]

Der durch den Warmlaufregler in Abhängigkeit von der Motortemperatur geregelte Steuerdruck wirkt dieser Kraft entgegen. Je stärker der Steuerkolben ausgelenkt wird, desto mehr Kraftstoff wird den Einspritzventilen zugeteilt. Der Steuerdruck regelt damit die Gemischzusammensetzung. Er wird durch die Entkoppeldrossel vom Systemdruck abgezweigt.

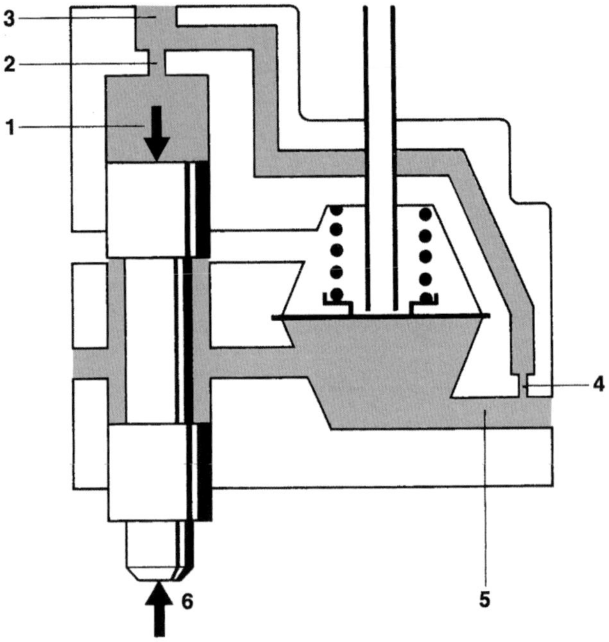

Bild 5.44 *Systemdruck und Steuerdruck*
1 Wirkung des Steuerdrucks (hydraulische Kraft)
2 Dämpfungsdrossel
3 Leitung zum Warmlaufregler
4 Entkoppeldrossel
5 Systemdruck (Förderdruck)
6 Wirkung der Luftkraft
[Bild: Schmidt]

Bei kaltem Motor beträgt der Steuerdruck ca. 0,5 bar. Dadurch wird der angesaugten Luftmenge durch den Steuerkolben eine geringere Kraft entgegengesetzt und mehr Kraftstoff eingespritzt (Kaltstartanreicherung). Der Steuerdruck steigt mit zunehmender Motortemperatur, wodurch die Gegenkraft am Steuerkolben steigt und die Anreicherung sinkt. Bei betriebswarmem Motor beträgt der Steuerdruck ca. 3,7 bar.

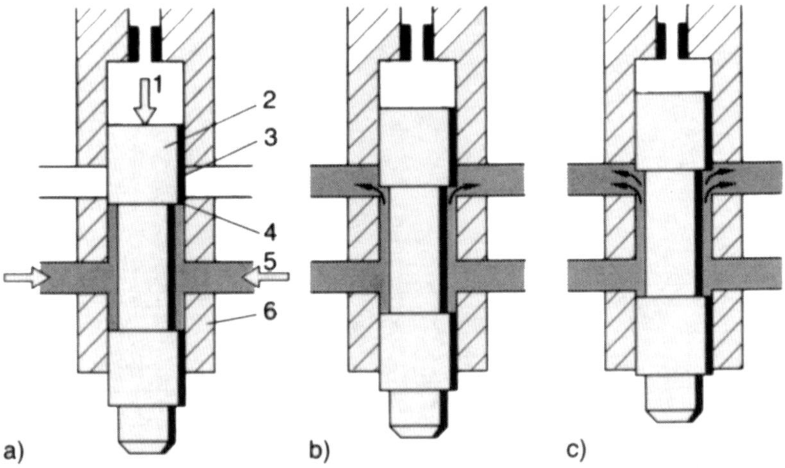

Bild 5.45 *Schlitzträger mit Steuerkolben*
a) Ruhestellung
b) Teillast
c) Volllast
1 Steuerdruck
2 Steuerkolben
3 Steuerschlitz mit Schlitzträger
4 Steuerkante
5 Kraftstoffzulauf
6 Schlitzträger
[Bild: Schmidt]

Die Dämpfungsdrossel verhindert ein zu starkes Schwingen der Stauscheibe durch das Pulsieren der Luftsäule (Öffnen und Schließen der Einlassventile). Die Dämpfungsdrossel lässt jedoch beim schnellen Öffnen der Drosselklappe ein kurzes Überschwingen der Stauklappe zu, wodurch sich kurzzeitig die eingespritzte Kraftstoffmenge (Beschleunigungsanreicherung) erhöht. Bei stehendem Motor verhindert ein Absperrventil im Rücklauf des Warmlaufreglers den Druckverlust im Steuerdruckkreis. Dieses Ventil ist im Systemdruckregler integriert.

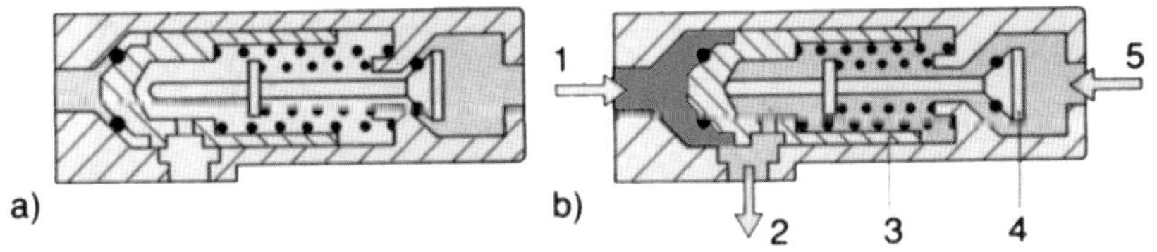

Bild 5.46 *Systemdruckregler mit Aufstoßventil im Steuerdruckkreis*
a) in Ruhestellung, b) in Arbeitsstellung, 1 Zulauf Systemdruck, 2 Rücklauf (zum Kraftstoffbehälter), 3 Kolben des Systemdruckreglers, 4 Aufstoßventil, 5 Zulauf Steuerdruck (vom Warmlaufregler)

Mögliche Fehler können sich hier durch Undichtigkeiten (Leitungsanschlüsse, Absperrventil) oder durch einen defekten Warmlaufregler ergeben.

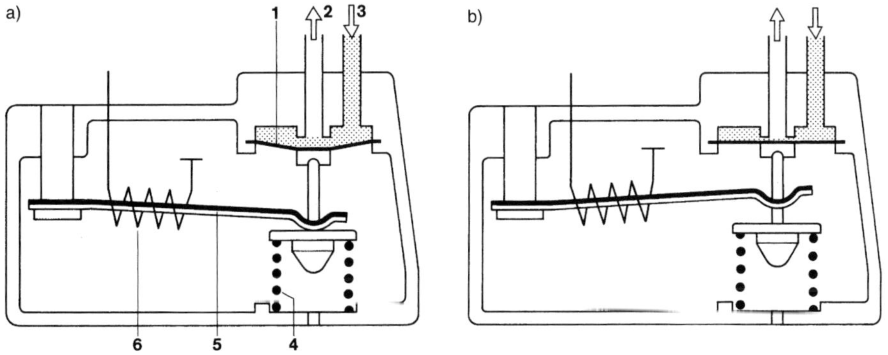

Bild 5.47 *Warmlaufregler*
a) bei kaltem Motor
b) bei betriebswarmem Motor
1 Ventilmembran
2 Rücklauf
3 Steuerdruck (vom Gemischregler)
4 Ventilfeder
5 Bimetall
6 elektrische Heizung
[Bilder: Schmidt]

Der am Motor befestigte Warmlaufregler wird zum einen durch die Motorabwärme und zum anderen elektrisch beheizt. Im kalten Zustand drückt die Bimetallfeder auf die Ventilfeder. Dadurch wird die Federkraft auf die Ventilmembran verringert und diese lässt mehr Kraftstoff über den Rücklauf abfließen. Mit zunehmender Erwärmung verringert sich die Gegenkraft auf die Ventilfeder, bis der Steuerdruck nur durch die Kraft der Ventilfeder geregelt wird. Durch die Verringerung des Absteuerquerschnitts der Ventilmembran stellt sich der Steuerdruck auf ca. 3,7 bar ein. Angepasst an die Erfordernisse des Motors wird die Zeit für die Kaltstartanreicherung durch die Ansteuerung der elektrischen Beheizung festgelegt.

Neben o.g. Variante gibt es auch Warmlaufregler, die den Steuerdruck zusätzlich abhängig vom Saugrohrunterdruck regeln.

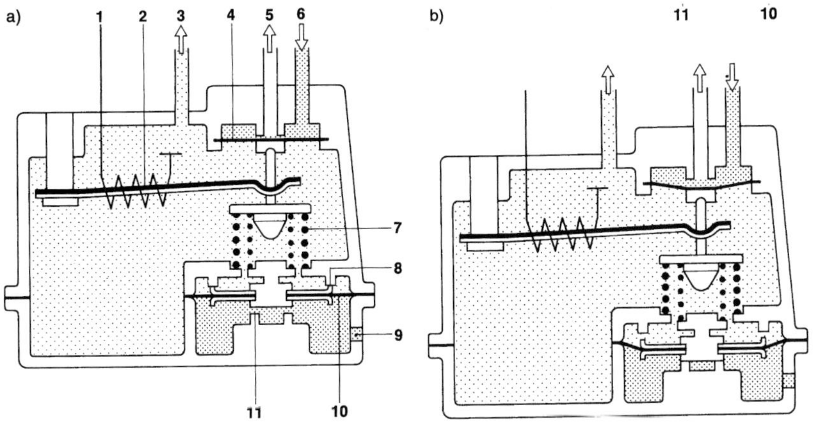

Bild 5.48 *Warmlaufregler (Steuerdruckregler) mit Volllastmembran*
a) bei Leerlauf und Teillast
b) bei Volllast
1 elektrische Heizung
2 Bimetall
3 Unterdruckanschluss (vom Saugrohr)
4 Ventilmembran
5 Rücklauf zum Kraftstoffbehälter
6 Steuerdruck (vom Mengenteiler)
7 Ventilfedern
8 oberer Anschlag
9 Entlüftung
10 Membran
11 unterer Anschlag

Durch einen starken Saugrohrunterdruck (Leerlauf/Teillast) wird die Membran bis an den oberen Anschlag gezogen. Die innere Ventilfeder drückt dadurch stärker auf die Ventilmembran (= Verringerung des Absteuerquerschnitts) und der Steuerdruck steigt. Dies bewirkt eine Reduzierung der eingespritzten Kraftstoffmenge. Bei Volllast (geringer Saugrohrunterdruck) ist die Membran am unteren Anschlag und der Steuerdruck wird abgesenkt (Volllastanreicherung). Diese Variante unterstützt die Lastanpassung (zusätzlich zur Lufttrichterform) bei Motoren, die im unteren Lastbereich sehr mager betrieben werden.

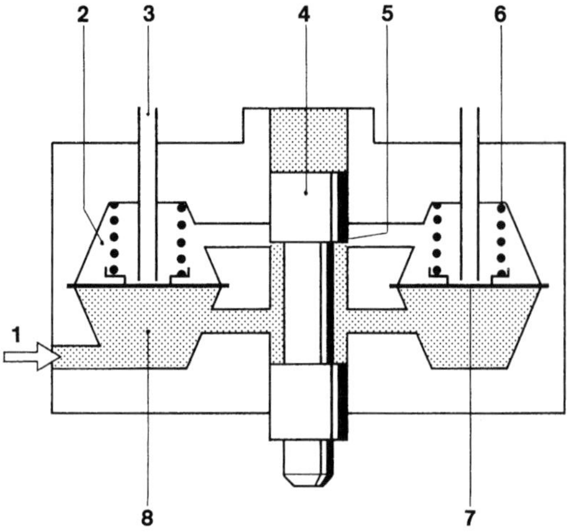

Bild 5.49 *Kraftstoffmengenteiler mit Differenzdruckventilen*
1 Kraftstoffzulauf (Systemdruck)
2 Oberkammer des Differenzdruckventils
3 Leitung zum Einspritzventil (Einspritzdruck)
4 Steuerkolben
5 Steuerkante und Steuerdrossel
6 Ventilfeder
7 Ventilmembran
8 Unterkammer des Differenzdruckventils
[Bild: Schmidt]

Differenzdruckventile im Kraftstoffmengenteiler halten an den Steuerdrosseln einen konstanten Druckabfall von 0,1 bar unabhängig von der durchfließenden Kraftstoffmenge. Dieser Differenzdruck wird durch die Kraft der Ventilfeder und die Ventilmembran erzeugt. Durch den konstanten Druckabfall erreicht man eine hohe Regelgenauigkeit in der Menge des einzuspritzenden Kraftstoffs. Die Unterkammern der Differenzdruckventile sind durch eine Ringleitung miteinander verbunden und stehen unter Systemdruck. Die Oberkammern sind nur mit dem jeweiligen Einspritzventil verbunden.

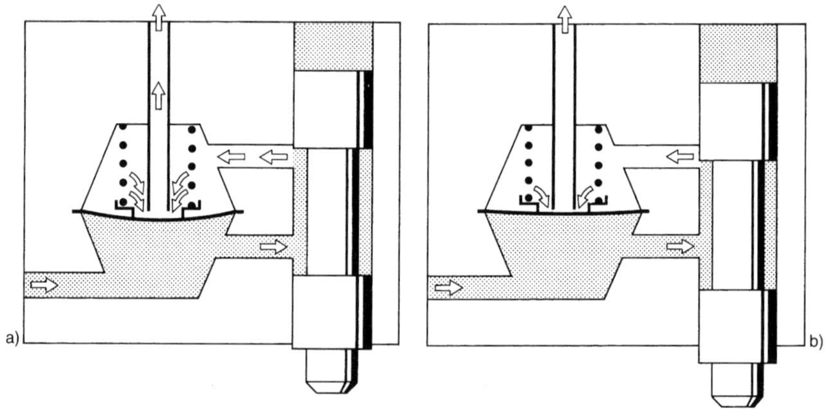

Bild 5.50 *Differenzdruckventil*
a) Stellung bei großer Einspritzmenge
b) Stellung bei kleiner Einspritzmenge
[Bild: Schmidt]

Beim Kaltstart wird durch ein sogenanntes Kaltstartventil zusätzlicher Kraftstoff eingespritzt, um die Kondensationsverluste auszugleichen und das Anspringen des Motors zu erleichtern. Das Kaltstartventil erhält seinen Kraftstoff vom Gemischregler. Wird die

Magnetwicklung im Kaltstartventil mit Strom durchflossen, dann hebt das entstehende Magnetfeld die Ventilnadel ab, und der unter Systemdruck stehende Kraftstoff wird über die Dralldüse eingespritzt.

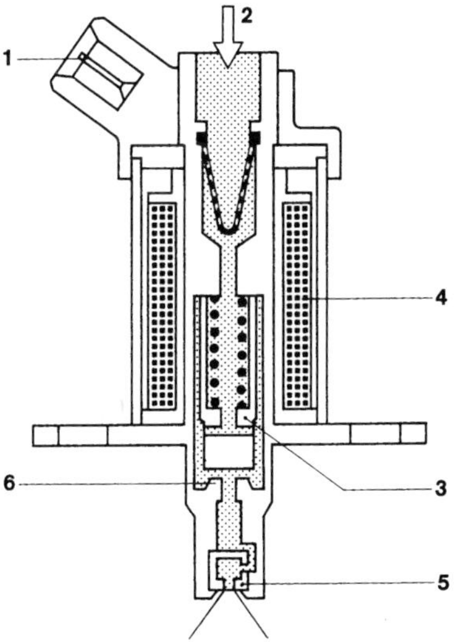

Bild 5.51 *Kaltstartventil betätigt*
1 elektrischer Anschluss
2 Kraftstoffzufluss mit Filtersieb
3 Ventil (Magnetanker)
4 Magnetwicklung
5 Dralldüse
6 Ventilsitz

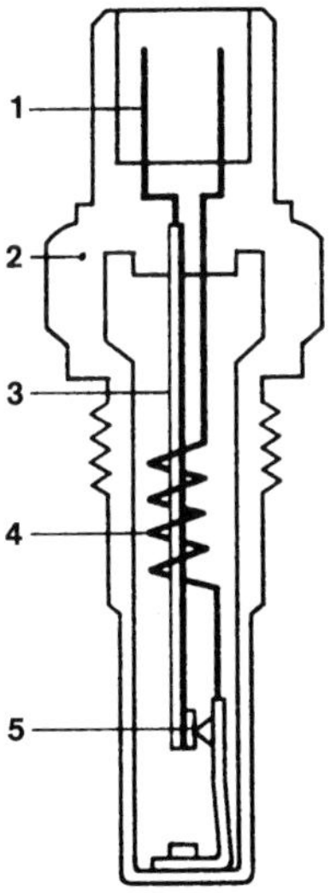

Bild 5.52 *Thermozeitschalter*
1 elektrischer Anschluss
2 Gewindebolzen
3 Bimetall
4 Heizwicklung
5 Schaltkontakt
[Bilder: Schmidt]

Die Ansteuerung des Kaltstartventils erfolgt durch den Thermozeitschalter, der am Motor befestigt ist. Im kalten Zustand ist der Bimetallstreifen gerade und der Schaltkontakt geschlossen. Beim Starten des Motors wird die Heizwicklung mit Strom durchflossen, der Bimetallstreifen verzieht sich und öffnet den Schaltkontakt. Somit wird die Ansteuerung des Kaltstartventils zeitlich begrenzt. Bei warmem Motor bleibt der Bimetallstreifen verzogen und der Schaltkontakt geöffnet. Es erfolgt keine Gemischanreicherung.

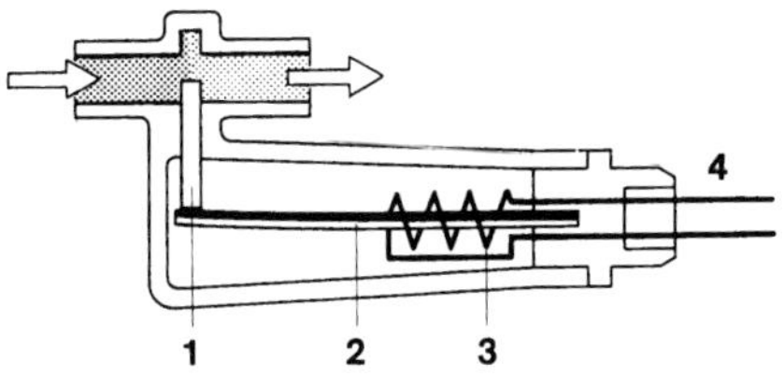

Bild 5.53 *Zusatzluftschieber*
1 Blendenschieber
2 Bimetall
3 elektrische Heizung
4 elektrischer Anschluss
[Bild: Schmidt]

Der Zusatzluftschieber befindet sich in einem Bypass zur Drosselklappe und ist so am Motor angebracht, dass er dessen Wärme aufnehmen kann. Beim Kaltstart und in der Warmlaufphase ist der Bypass freigegeben und ein Teil der Ansaugluft strömt an der geschlossenen Drosselklappe vorbei. Neben einer Erhöhung der Ansaugluftmasse ergibt sich durch das stärkere Auslenken der Stauscheibe auch eine größere Kraftstoffmasse. Der

Motor kann die im kalten Zustand höheren Reibwiderstände überwinden und dreht mit gleicher Leerlaufdrehzahl wie im warmen Zustand. Im warmen Zustand wird der Luftkanal durch den Blendenschieber verschlossen. Eine elektrische Heizung ermöglicht eine Anpassung der Öffnungsdauer des Zusatzluftschieber.

5.8.2 K-Jetronic mit Lambdaregelung

Bei Fahrzeugen mit geregeltem Dreiwege-Katalysator (G-Kat) muss das Gemisch auf $\lambda=1$ geregelt werden, um eine möglichst hohe Konvertierungsrate des Katalysators zu erreichen. Dies geschieht durch ein Steuergerät, das das Signal der Lambdasonde auswertet und die Gemischbildung entsprechend anpasst. Bei der K-Jetronic mit Lambdaregelung wird dazu mithilfe eines Taktventils der Druck in den Unterkammern der Differenzdruckventile verändert. Sie sind durch eine Festdrossel vom Systemdruck entkoppelt. Das Taktventil wird durch das Steuergerät angesteuert. Stromlos ist es geschlossen, und in den Unterkammern herrscht Systemdruck.

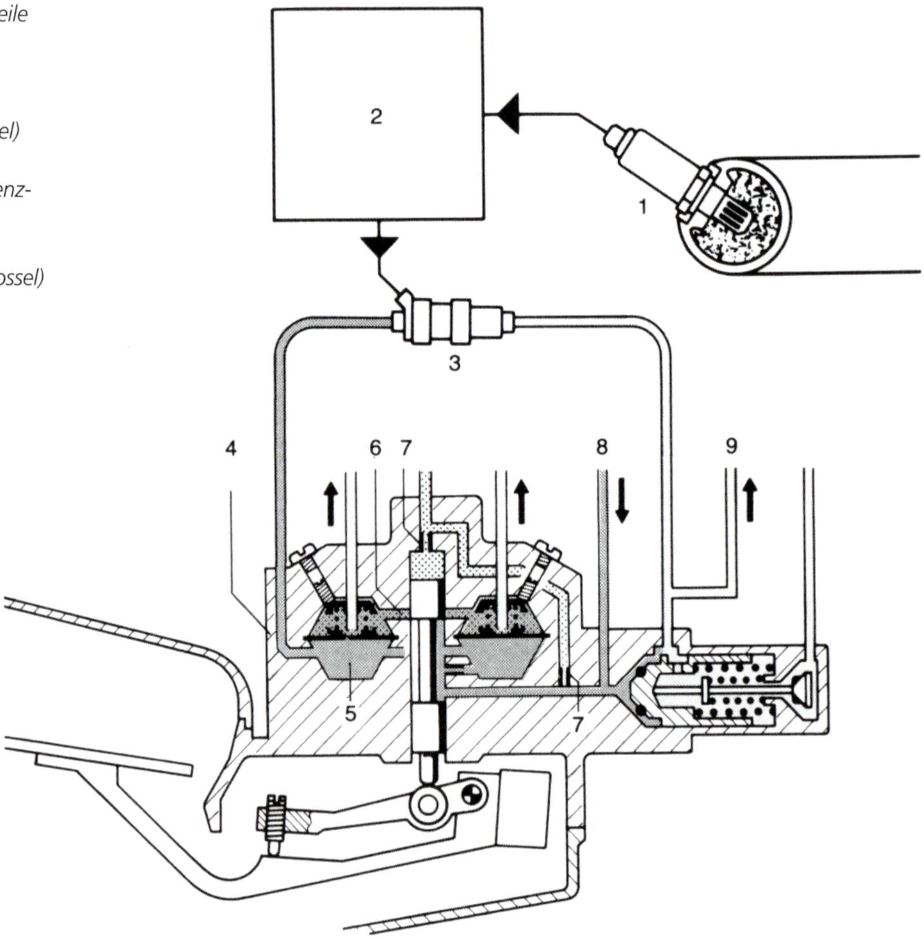

Bild 5.54 *Zusätzliche Bauteile für die Lambdaregelung*
1 *Lambdasonde*
2 *Lambdaregler*
3 *Taktventil (variable Drossel)*
4 *Kraftstoffmengenteiler*
5 *Unterkammer des Differenzdruckventils*
6 *Steuerschlitze*
7 *Entkoppeldrossel (Festdrossel)*
8 *Kraftstoffzulauf*
9 *Kraftstoffrücklauf*
[Bild: Schmidt]

5.8.3 KE-Jetronic

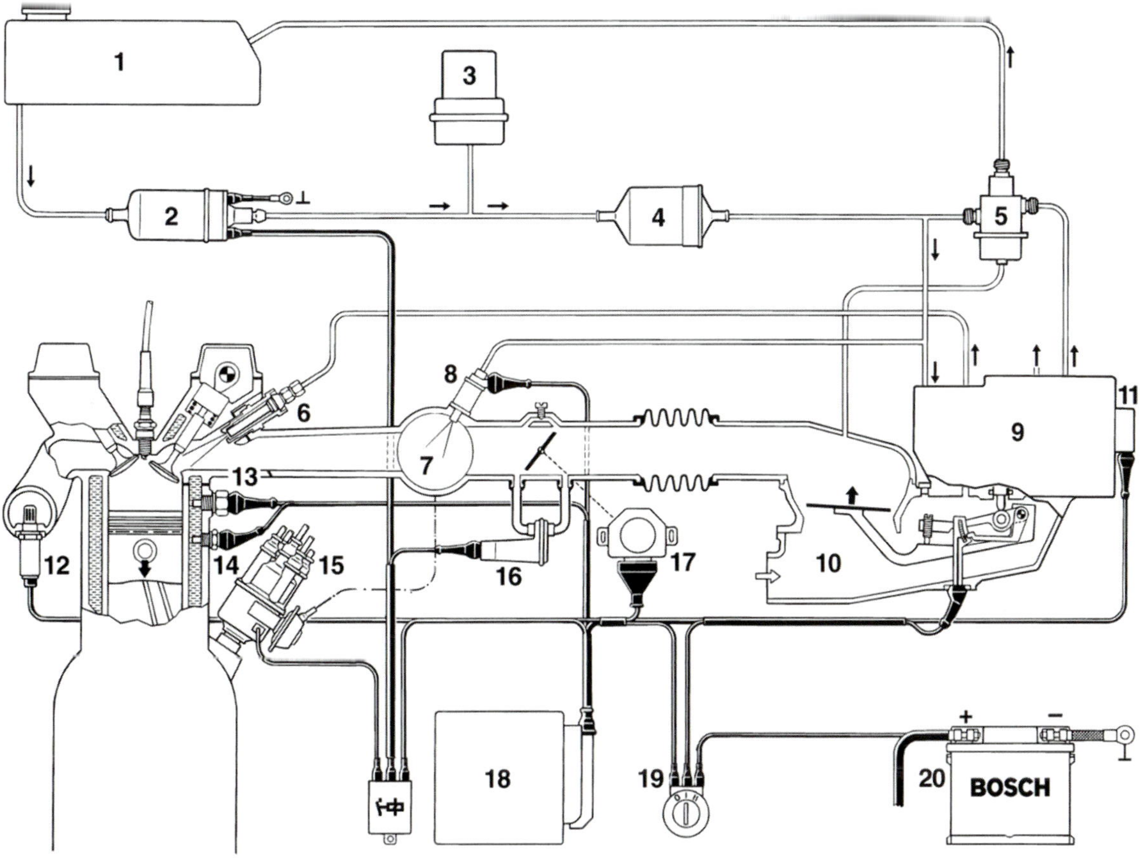

Bild 5.55 *Systemübersicht der KE-Jetronic*

1 Kraftstoffbehälter
2 Kraftstoffpumpe
3 Kraftstoffspeicher
4 Kraftstofffilter
5 Systemdruckregler
6 Einspritzventil
7 Sammelrohr
8 Kaltstartventil
9 Kraftstoffmengenteiler
10 Luftmengenmesser
11 elektrohydraulischer Drucksteller
12 Lambdasonde
13 Thermozeitschalter
14 Motortemperaturfühler
15 Zündverteiler
16 Zusatzluftschieber
17 Drosselklappenschalter
18 elektronisches Steuergerät
19 Zündschalter
20 Batterie
[Bild: Schmidt]

In der Grundfunktion baut die KE-Jetronic auf der K-Jetronic auf. Die Feinsteuerung der Einspritzmenge erfolgt jedoch, den verschiedenen Betriebszuständen angepasst, durch ein elektronisches Steuergerät. Dieses verarbeitet verschiedene Eingangssignale und steuert auf der Ausgangsseite einen elektrohydraulischen Drucksteller an. Dieser verändert die Druckdifferenz im Kraftstoffmengenteiler zwischen den Unterkammern der Differenzdruckventile und dem Systemdruck. Die Veränderung der mechanisch vorgegebenen Einspritzmenge erfolgt also bei der KE-Jetronic durch die Steuerung des Unterkammerdrucks im Gegensatz zur Veränderung des Steuerdrucks bei der K-Jetronic.

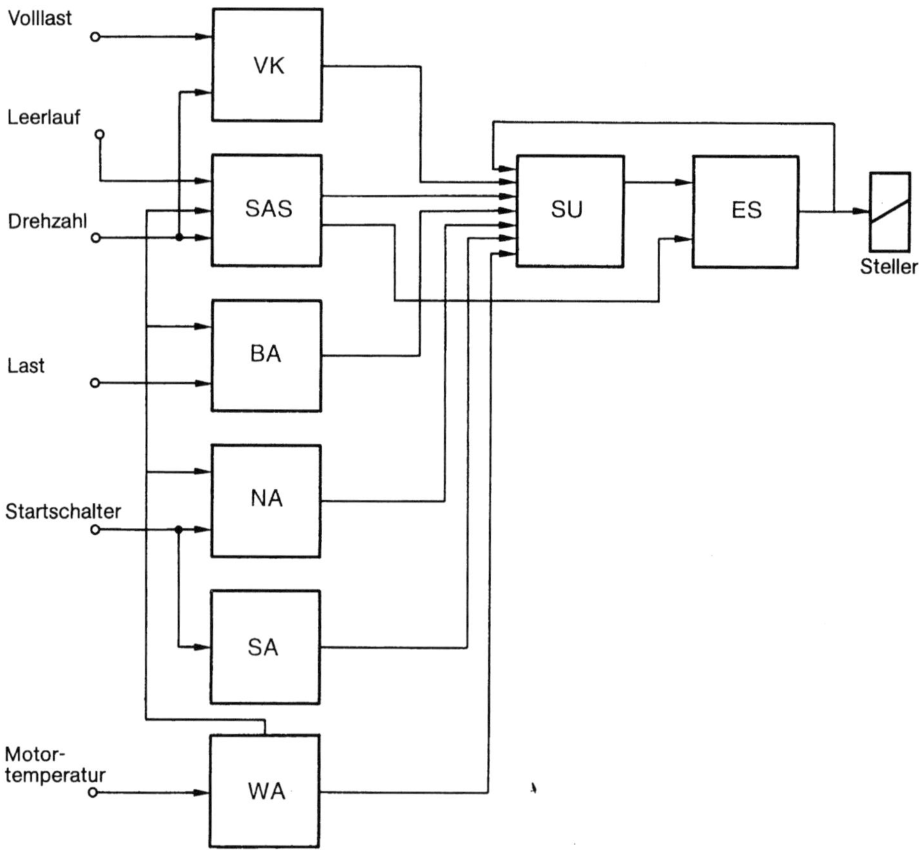

Bild 5.56
Blockschaltbild eines KE-Jetronic-Steuergeräts in Analogtechnik. Die Korrektursignale aus den verschiedenen Blöcken werden im Summierer zusammengefasst, in der Endstufe verstärkt und dem elektrohydraulischen Drucksteller zugeleitet.
VK Volllastkorrektur
SAS Schubabschaltung
BA Beschleunigungsanreicherung
NA Nachstartanhebung
SA Startanhebung
WA Warmlaufanreicherung
SU Summierer
ES Endstufe

Der Systemdruckregler ist bei der KE-Jetronic nicht mehr im Kraftstoffmengenteiler integriert, sondern ein eigenes Bauteil. Der Systemdruck ist bei der KE-Jetronic höher als bei der K-Jetronic und muss auch hier unbedingt exakt eingehalten werden.

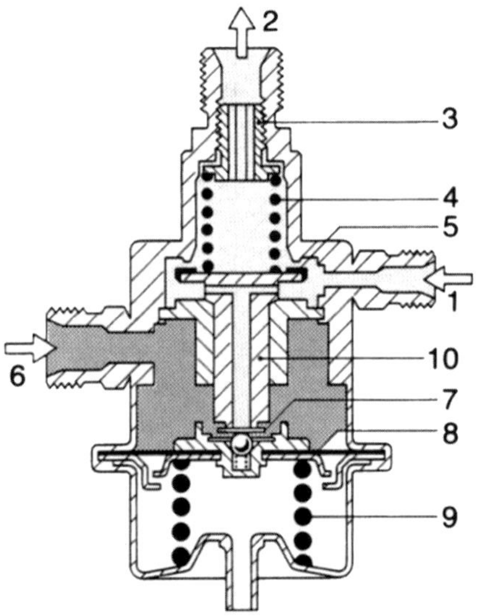

Bild 5.57 *Kraftstoff-Systemdruckregler*
1 Rücklauf vom Mengenteiler
2 zum Tank
3 Einstellschraube
4 Gegenfeder
5 Dichtung
6 Zulauf
7 Ventilteller
8 Membran
9 Regelfeder
10 Ventilkörper

Ein mit der Drosselklappe verbundener Drosselklappenschalter hat einen Leerlauf- und einen Volllastkontakt. Bei weit geöffneter Drosselklappe schließt der Volllastkontakt, das Steuergerät erhält ein Spannungssignal und löst eine Volllastanreicherung aus. Ist bei höheren Drehzahlen hingegen die Drosselklappe und somit der Leerlaufkontakt geschlossen, wird die Schubabschaltung aktiviert. Bis zu einer programmierten Mindestdrehzahl erfolgt keine Einspritzung, wodurch der Kraftstoffverbrauch und die Abgasemissionen sinken.

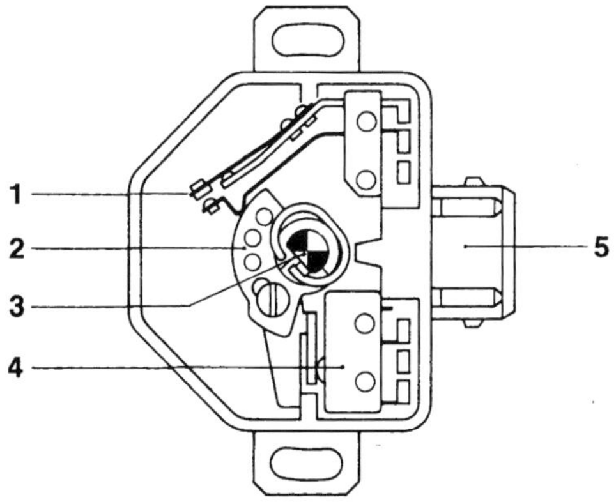

Bild 5.58 *Drosselklappenschalter*
1 Volllastkontakt
2 Schaltkulisse
3 Drosselklappenwelle
4 Leerlaufkontakt
5 elektrischer Anschluss
[Bild: Schmidt]

Das Drehzahlsignal erhält das KE-Jetronic-Steuergerät vom Zündsteuergerät. Es dient der Schubabschaltung und bei einigen Systemen der Drehzahlbegrenzung. Die Lasterfassung erfolgt mithilfe eines Potenziometers an der Stauscheibe des Luftmengenmessers. Durch den sich verändernden Spannungsabfall erkennt das Steuergerät die Stellung der Stauscheibe und deren Auslenkung: Abhängig von der Veränderung der Stauscheibenposition und der Zeit, in der sie stattfindet, erfolgt eine definierte Beschleunigungsanreicherung.

Anhand der Spannung an Klemme 50 erkennt das Steuergerät den Startvorgang und gibt zur Startanhebung für ca. 1,5 s einen Maximalstrom an den elektrohydraulischen Drucksteller. Anschließend wird die Nachstartanhebung in Abhängigkeit von der Motortemperatur gesteuert. Die Motortemperatur wird durch einen NTC-Sensor ermittelt und beeinflusst zusätzlich die Beschleunigungsanreicherung sowie die Funktion der Schubabschaltung. Ist das Fahrzeug mit einem geregelten Dreiwege-Katalysator ausgestattet, wird durch das Signal der Lambdasonde der errechnete Steuerstrom für den elektrohydraulischen Drucksteller einer Korrektur unterzogen.

Der elektrohydraulische Drucksteller verändert den Druck in den miteinander verbundenen Unterkammern der Differenzdruckventile. Dies bedeutet eine Veränderung der Druckdifferenz zwischen den Unterkammern und dem Systemdruck. Den Stellstrom hierfür liefert das Steuergerät. Bei einem Stromfluss durch die Wicklungen am Magnetpol bewirkt das Magnetfeld, dass die Membranplatte aus federelastischem Werkstoff gegen die Düse gedrückt wird. Dadurch verringert sich der Druck in den Unterkammern, und die mechanisch vorgegebene Grundeinspritzmenge vergrößert sich. Bei maximalem Stromfluss ist die Einspritzmengenkorrektur am höchsten. Bei einem Ausfall des Stellstroms (z.B. Leitungsunterbrechung) wird die Prallplatte durch einen Dauermagneten in einer definierten Stellung gehalten und ermöglicht so den Weiterbetrieb des Motors mit der mechanisch vorgegebenen Einspritzmenge ohne Korrektur.

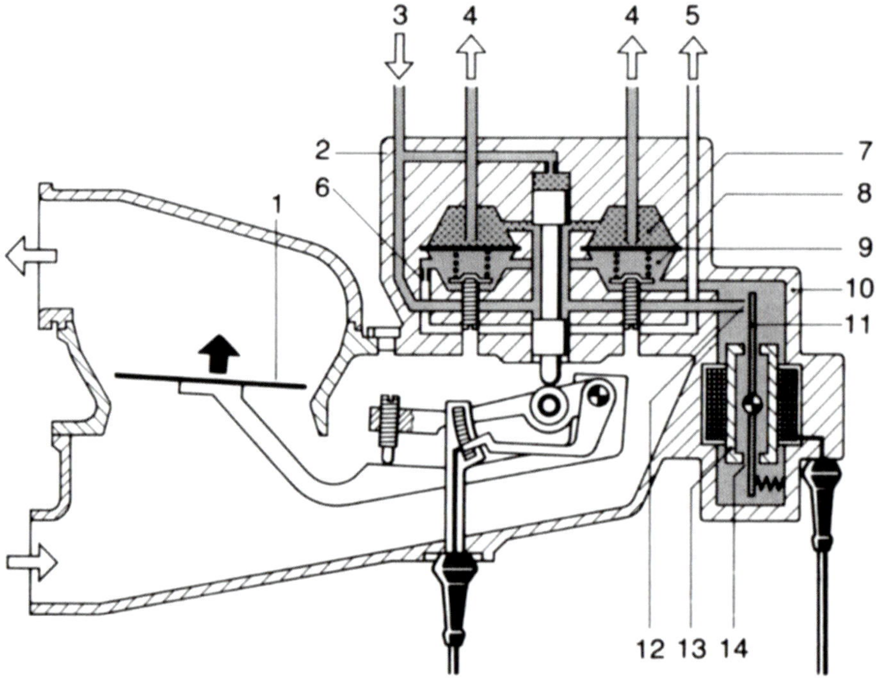

Bild 5.59 *Elektrohydraulischer Drucksteller am Mengenteiler. Durch die vom Steuergerät erzielte Beeinflussung der Prallplatte (11) lässt sich der Kraftstoffdruck in den Oberkammern der Differenzdruckventile beeinflussen und somit die zugeteilte Kraftstoffmenge. Auf diese Weise sind Anpassungs- und Korrekturfunktionen möglich.*

1 Stauklappe
2 Mengenteiler
3 Kraftstoffzufluss (Systemdruck)
4 Kraftstoff zu den Einspritzventilen
5 Kraftstoff-Rücklaufleitung zum Druckregler
6 Festdrossel
7 Oberkammer
8 Unterkammer
9 Membran
10 Drucksteller
11 Prallplatte
12 Düse
13 Magentpol
14 Luftspalt

Werkstatttipp

Wie aus den vorherigen Seiten ersichtlich wurde, arbeiten sowohl die K-Jetronic als auch die KE-Jetronic hauptsächlich durch ein Zusammenspiel verschiedener (Kraftstoff-) Drücke. In der Praxis bestätigt sich die Vermutung, dass auftretende Schwierigkeiten häufig mit einem Fehler im Bereich eines oder ggf. sogar mehrerer dieser Drücke zusammenhängen. Es empfiehlt sich daher, nach einer Sichtprüfung und ggf. einer Grundeinstellung mithilfe der Gemischkorrekturschraube (mit viel Fingerspitzengefühl, da man beim Drehen der Schraube leicht zu viel Druck ausübt und damit die Stauscheibe betätigt, die Werte verfälscht und der Motor ggf. „absäuft") eine Prüfung aller relevanten Kraftstoffdrücke nach Vorgabe des Fahrzeugherstellers durchzuführen.

5.8.4 Intermittierende Einspritzung (L-Jetronic)

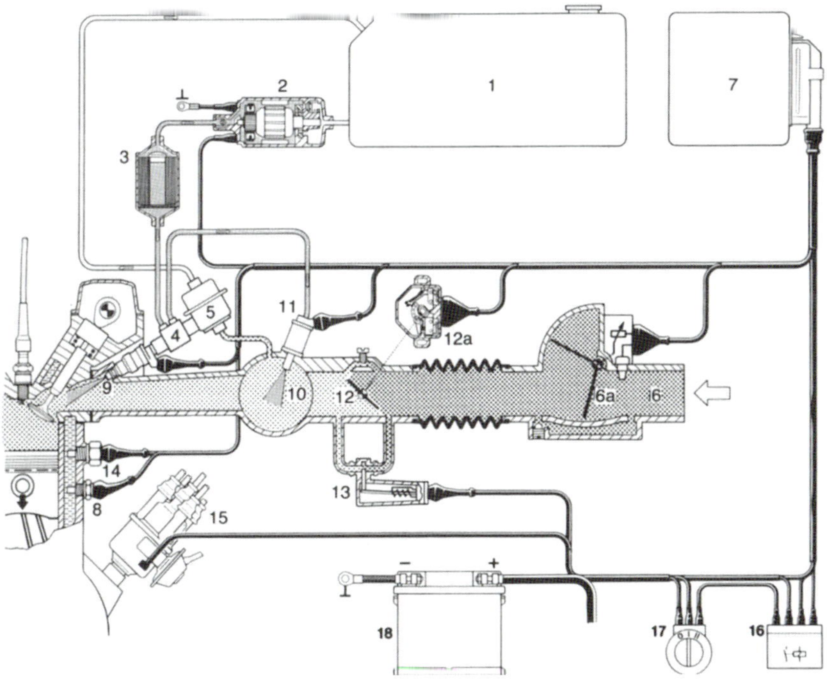

Bild 5.60 *Komponenten der L-Jetronic*

1 *Kraftstoffbehälter*
2 *Kraftstoffpumpe*
3 *Feinfilter*
4 *Verteilerrohr*
5 *Druckregler*
6 *Luftmassenmesser mit Stauklappe (6a)*
7 *Steuergerät*
8 *Temperaturfühler*
9 *Einspritzventil*
10 *Sammelsaugrohr*
11 *Kaltstartventil*
12 *Drosselklappe mit Drosselklappenschalter (12a)*
13 *Zusatzluftschieber*
14 *Thermozeitschalter*
15 *Zündverteiler*
16 *Relaiskombination*
17 *Zündstartschalter*
18 *Batterie*

Die L-Jetronic und ihre Varianten (LU-, LE-, LH-Jetronic) spritzen die vom Motor benötigte Kraftstoffmenge intermittierend (mit Unterbrechungen) durch elektrisch angesteuerte Einspritzventile in die Ansaugrohre vor die Einlassventile. Die Ansteuerung erfolgt durch ein Steuergerät. Zur Berechnung der Einspritzzeit (= Einspritzmenge) erfasst das Steuergerät durch verschiedene Eingangssignale den Betriebszustand des Motors. Hauptsteuergröße ist die angesaugte Luftmenge (L-Jetronic). Die Elektrokraftstoffpumpe fördert den Kraftstoff aus dem Tank durch den Filter in das Verteilerrohr. Der Druckregler hält den Differenzdruck zwischen Kraftstoffverteilerrohr und Saugrohr konstant, damit die Einspritzmenge nur von der Einspritzzeit und nicht von der Druckdifferenz abhängt. Der überschüssig geförderte Kraftstoff fließt zurück zum Tank. Werden die Einspritzventile durch elektrische Impulse vom Steuergerät geöffnet, wird aufgrund des Kraftstoffdrucks der Kraftstoff in die Ansaugrohre gespritzt. Die Menge des eingespritzten Kraftstoffs ist abhängig von der Öffnungszeit der Einspritzventile, d.h. durch die vom Steuergerät ausgehende Impulsdauer bestimmt. Die Drehzahl, die angesaugte Luftmenge, die Motortemperatur, die Ansauglufttemperatur und die Signale vom Drosselklappenschalter dienen dem Steuergerät zur Berechnung der Einspritzmenge und der Anzahl der Einspritzvorgänge. Das Kaltstartventil spritzt beim Kaltstart in Abhängigkeit vom Thermozeitschalter kurzzeitig Kraftstoff zur Startanreicherung ein (analog K-, KE-Jetronic). Bei modernen Anlagen wird dies durch das Steuergerät und die Einspritzventile übernommen. Kaltstartventil und Thermozeitschalter entfallen. Die Drehzahlanhebung durch den Zusatzluftschieber erfolgt analog der K-/KE-Jetronic. Heute wird dazu häufig ein Leerlaufsteller oder die elektronische Drosselklappe verwendet, über die auch der Leerlauf stabilisiert und geregelt werden kann.

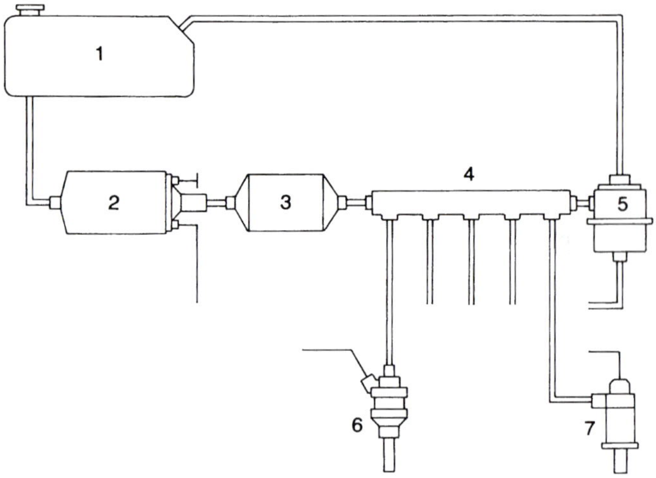

Bild 5.61 *Blockschema des Kraftstoffsystems*
1 Kraftstoffbehälter
2 Kraftstoffpumpe
3 Kraftstofffilter
4 Verteilerrohr
5 Druckregler
6 Einspritzventil
7 Kaltstartventil

Die Elektrokraftstoffpumpe und der Kraftstofffilter entsprechen in Aufbau und Funktion meist denen der K-Jetronic. Die Sicherheitsschaltung der Kraftstoffpumpe (Abschalten der Kraftstoffpumpe bei stehendem Motor) wird durch einen Pumpenkontakt im Luftmengenmesser, das Kraftstoffpumpenrelais oder direkt durch das L-Jetronic-Steuergerät realisiert. Das Verteilerrohr mit dem daran befestigten Druckregler bietet eine Speicherfunktion, um Druckschwankungen an den Einspritzventilen zu vermindern. Die Einspritzventile werden meist direkt am Verteilerrohr befestigt.

Der Druckregler hält den Differenzdruck zwischen Saugrohr und Kraftstoffverteilerrohr je nach Hersteller konstant bei 2,5 oder 3 bar. Somit ist die eingespritzte Kraftstoffmenge nur von der Einspritzzeit, nicht aber von sich ändernden Druckunterschieden zwischen Saugrohr und Kraftstoffverteilerrohr abhängig. Bei einer Druckdifferenz von 3 bar ginge in gleicher Zeit mehr Kraftstoff durch die gleiche Öffnung, als bei einer Druckdifferenz von 2 bar. Im Druckregler, auch als Systemdruckregler oder Kraftstoffdruckregler bezeichnet, befindet sich zwischen dem Vor- und Rücklauf eine Membran. Je größer der Unterdruck wird, desto weiter wird die Membran gegen Federkraft nach unten gezogen und gibt den Rücklauf frei. Der Kraftstoffdruck fällt.

Werkstatttip

Der Gummischlauch zum Saugrohranschluss darf nicht beschädigt, undicht oder geknickt sein. Nur so kann sichergestellt werden, dass der Druckunterschied zwischen dem Kraftstoffdruck und dem Saugrohrdruck unabhängig von der Motorlast gleich bleibt. Der Kraftstoffdruck wird am Verteilerrohr vor dem Druckregler und meist mit abgezogenem Unterdruckanschluss gemessen. Beim Aufstecken des Saugrohranschlusses muss im Leerlauf durch den Unterdruck im Saugrohr der Kraftstoffdruck um ca. 0,3 bis 0,6 bar absinken.

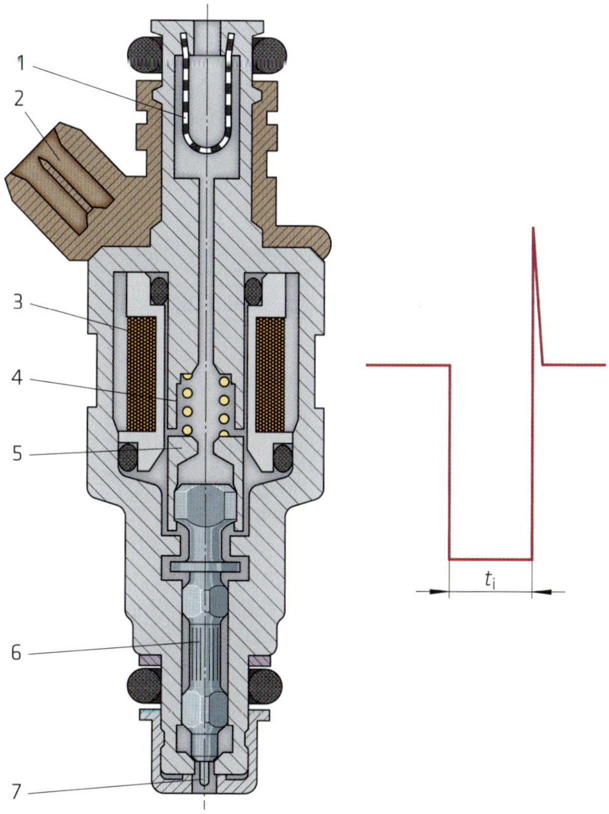

Bild 5.62 *Elektro-Einspritzventil mit Einspritzsignal*
1 Kraftstoffsieb
2 elektrischer Anschluss
3 Magnetwicklung
4 Schließfeder
5 Magnetanker
6 Ventilnadel
7 Spritzzapfen
t_i Einspritzzeit
[Bild: AS-Illu]

Der Aufbau der Einspritzventile entspricht im Wesentlichen dem des Kaltstartventils. Wird die Magnetwicklung mit Strom beaufschlagt, zieht das Magnetfeld den Magnetanker mit der Düsennadel entgegen der Schraubenfeder nach oben. Damit gelangt der unter Druck stehende Kraftstoff in das Ansaugrohr. Die Form des Düsennadelsitzes bestimmt zusammen mit der Düsennadel das Spritzbild. Im stromlosen Zustand muss die Schraubenfeder das Einspritzventil dicht verschließen. Die Ansteuerung der Einspritzventile geschieht meist durch ein Massesignal aus dem Steuergerät. Über Klemme 15 bzw. über das Steuerrelais werden die Einspritzventile mit Batterie-Plus versorgt. In seltenen Fällen (zumeist ältere Fahrzeuge) sind die Einspritzventile permanent mit Masse verbunden, und das Steuergerät gibt ein Plus-Signal aus. Einspritzventile werden in die Varianten „Top-Feed" mit Kraftstoffversorgung von oben und „Bottom-Feed" mit Kraftstoffversorgung von unten unterteilt.

Werkstatttip

Tropfende oder undichte Einspritzventile führen durch die Gemischüberfettung zu Startschwierigkeiten. Außerdem kann durch Ablagerungen an der Düsennadel bzw. am Düsennadelsitz („Verkoken") die eingespritzte Kraftstoffmenge reduziert bzw. das Spritzbild verändert werden. Dies führt zu einem schlechten Warmlauf- und Übergangsverhalten und betrifft hauptsächlich Fahrzeuge mit überwiegendem Kurzstreckenbetrieb. Bei Fahrzeugen mit längerer Standzeit kommt es zudem häufig zu Korrosion (Kondenswasser) oder Verklebungen (ethanolhaltiger Kraftstoff) an den Einspritzventilen.

Zusatzinfo: minusseitige Ansteuerung von Aktoren
Die meisten Aktoren (z.B. das Einspritzventil) sind heutzutage minusseitig angesteuert. Dies schützt das Steuergerät im Fehlerfall vor Schäden: Liegt die Signalleitung blank auf Karosseriemasse, dann kommt es bei plusseitiger Ansteuerung zum Kurzschluss und der unzulässig hohe Strom zerstört das Steuergerät. Bei minusseitiger Ansteuerung schaltet das Steuergerät nur ein Massepotenzial. Ein Schaden entsteht nicht, der Aktor ist jedoch dauerhaft aktiv.

5.8.5 Lasterfassung durch den Luftmengenmesser

In der (Grundvariante der) L-Jetronic erfolgt die Messung der Ansaugluftmenge durch einen Luftmengenmesser. Dieser befindet sich zwischen Luftfilter und Drosselklappe, wo die Ansaugluftpulsation bereits gering ist. Die vom Motor angesaugte Luftmenge lenkt die Stauklappe entgegen der Kraft einer Feder aus. Ein mit der Stauklappe verbundenes Potenziometer wandelt deren Position in ein analoges Spannungssignal (i.d.R. 0,5 bis 4,5 V) um und liefert dieses an das Steuergerät. Die Kompensationsklappe verhindert in Verbindung mit dem Dämpfungsvolumen ein zu starkes Schwingen der Stauklappe durch die Ansaugluftpulsation bzw. bei plötzlichen Laständerungen.

Für eine exakt dosierte Einspritzmenge benötigt das Steuergerät statt der Luftmenge die Luftmasse (stöchiometrisches Gemisch = Massenverhältnis). Daher muss die Luftmenge um die Ansauglufttemperatur und den Atmosphärendruck korrigiert werden. Der Temperaturfühler für die Ansaugluft ist ein NTC (selten PTC) und häufig im Luftmengenmesser integriert. Der Atmosphärendrucksensor, auch Höhengeber genannt, ist im Regelfall ein DMS-Sensor und häufig in das Steuergerät integriert.

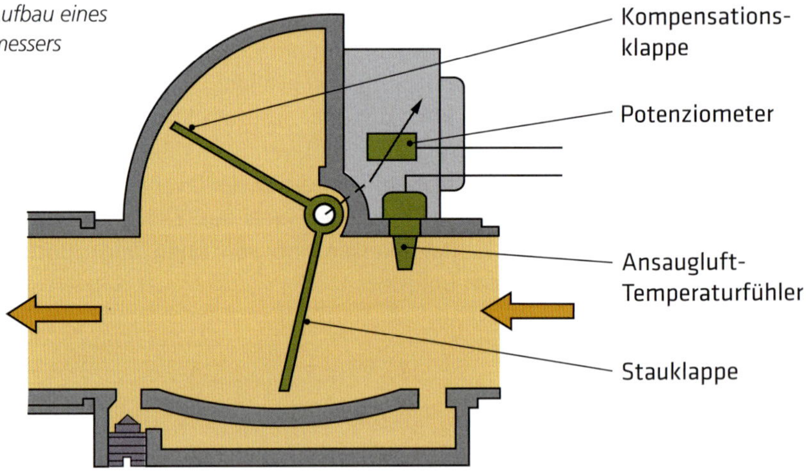

Bild 5.63 *Aufbau eines Luftmengenmessers* [Bild: LDL]

Werkstatttip

Der Atmosphärendrucksensor im Steuergerät ist oftmals mit einem sichtbaren Schlauchanschluss ausgestattet. Teilweise verfügt er zudem über einen Schlauch, der in den Motorraum geführt wird (beispielsweise, wenn das Steuergerät in einem Gehäuse verbaut und nicht unmittelbar für den Atmosphärendruck zugänglich ist). Dies sollte berücksichtigt werden, bevor für „lose herumhängende Schläuche und ungenutzte Anschlüsse" ein Anschlusspunkt gesucht und im Zweifel auch gefunden wird.

5.8.6 Lasterfassung durch Messung der Luftmasse (LH-Jetronic)

Je moderner das Fahrzeug, desto höher sind die Anforderungen an den Motor bezüglich Kraftstoffverbrauch und Schadstoffemission. Dies erfordert eine exaktere Gemischaufbereitung und die Verminderung von Strömungsverlusten. So entstand aus der L-Jetronic mit Luftmengenmesser die LH-Jetronic mit einem Hitzdraht-Luftmassenmesser. Die übrigen Funktionen sind analog zur L-Jetronic. Die angesaugte Luft strömt an einem auf 100°C über Ansauglufttemperatur beheizten Platindraht (Hitzdraht) vorbei. Der zum Erhalt der Temperatur benötigte Heizstrom dient dem Steuergerät als direkte Information über die angesaugte Luftmasse. Eine Umrechnung (mit den darin enthaltenen Fehlerquellen im Bereich der Sensorik) wie beim Luftmengenmesser ist nicht mehr erforderlich.

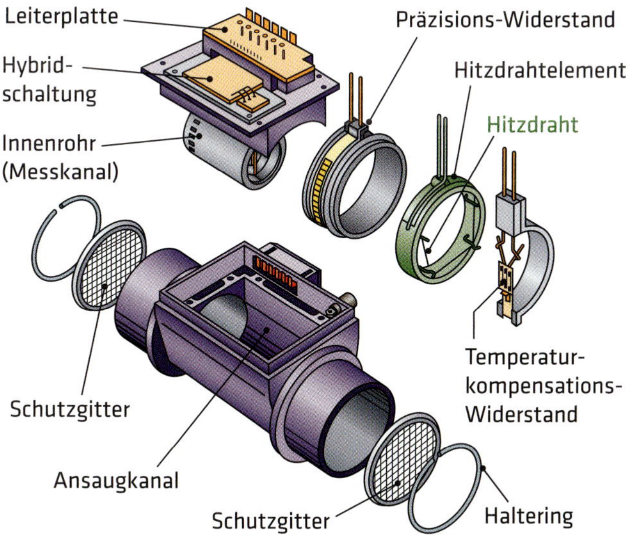

Bild 5.64 *Aufbau eines Hitzdraht-Luftmassenmessers* [Bild: LDL]

Der Hitzdraht setzt dem Ansaugluftstrom nur sehr geringen Strömungswiderstand entgegen und wirkt sich positiv auf den Wirkungsgrad des Motors aus. Um Ablagerungen, die sich im Fahrbetrieb auf dem Hitzdraht ansammeln, zu entfernen, wird der Platindraht nach dem Abstellen des Motors auf ca. 1000°C erhitzt. Die Ablagerungen verbrennen. Eine Weiterentwicklung des Hitzdraht-Luftmassenmessers ist der Heißfilm-Luftmassenmesser.

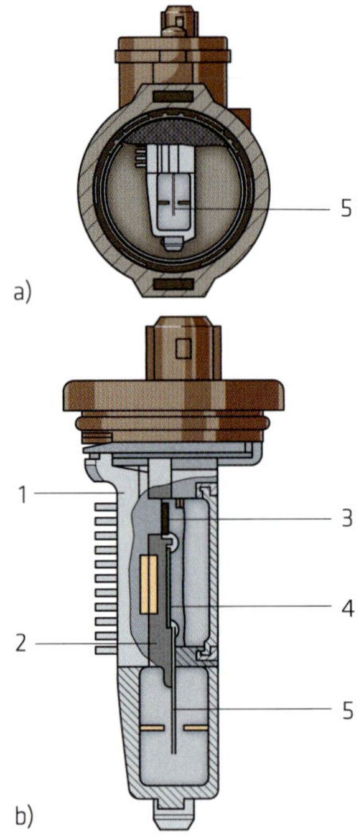

Bild 5.65 *Heißfilm-Luftmassenmesser*
a) Gehäuse
b) Heißfilmsensor (in Gehäusemitte eingebaut)
1 Kühlkörper
2 Zwischenbaustein
3 Leistungsbaustein
4 Hybridschaltung
5 Sensorelement
[Bild: AS-Illu]

Die angesaugte Luft strömt an einem auf 160°C über Ansauglufttemperatur beheizten Heißfilm vorbei. Der zum Erhalt der Temperatur benötigte Heizstrom dient dem Steuergerät als direkte Information über die angesaugte Luftmasse. Ein Freibrennen ist durch die hohe Temperatur (Selbstreinigung) nicht mehr nötig. Zudem ist der Heißfilmsensor sehr schüttelfest und unempfindlich gegen elektromagnetische Einstrahlung (siehe auch Abschnitt 2.13.2).

Weitere Eingangssignale zur Erfassung des Betriebszustands

Der Kühlmittel-Temperaturfühler (NTC-Thermistor) übermittelt dem Steuergerät die Motortemperatur. Bei kaltem Motor wird entsprechend abgelegter Kennlinien im Steuergerät das Gemisch angereichert, um die Kondesationsverluste zu kompensieren. Die Höhe der Anreicherung und die Temperaturgrenze sind bei den einzelnen Herstellern und Motoren unterschiedlich. Bei einem Ausfall des Signals wird häufig mit einem Ersatzwert im Steuergerät gearbeitet. Dabei kann es zu Kaltstartschwierigkeiten und „unrundem" Warmlauf kommen, da der Ersatzwert meist nahe an der Betriebstemperatur gewählt wird. Ohne Ersatzwert und Ausfall des Signals erfolgt bei Kurzschluss (geringer Widerstand, entspricht dem Wert bei heißem Motor) keine Anreicherung, bei einem Übergangswiderstand oder einer Unterbrechung (hoher Widerstand, d.h. extrem kalter Motor) eine ständige Anreicherung. Der Kraftstoffverbrauch steigt.

Werkstatttip

Temperatursensorik spielt in der Diagnose eine besonders sensible Rolle: Die Eigendiagnose kann einen defekten Temperaturfühler nur erkennen, wenn der von ihm gelieferte Messwert außerhalb des Toleranzbereichs liegt. Dieser muss jedoch, in Anbetracht der Tatsache, dass die Fahrzeuge international vermarktet und betrieben werden, sehr großzügig (z.B. Kühlmitteltemperatur etwa -50 bis +150°C) ausgelegt werden. Bei einer klassischen Unterbrechung oder einem Kurzschluss ist dies im Regelfall kein Problem: Der Fehler wird erkannt, im Fehlerspeicher abgelegt und das Fahrzeug läuft im Notlauf weiter. Anders sieht es bei Übergangswiderständen (z.B. durch Korrosion) aus. Hier bekommt das Steuergerät zwar einen falschen, aber einen plausiblen Messwert, und da es im Regelfall keine Redundanz in der Temperaturerfassung gibt, arbeitet es mit diesem Messwert. Die Fehlerauswirkung kommt zustande, ohne dass es zu einem Eintrag im Fehlerspeicher kommt. Es ist daher ratsam, bei Fehlern, die im Zusammenhang mit der Temperaturerfassung stehen können, über das Diagnosegerät zunächst die relevanten Temperaturen auszulesen und extern (z.B. mithilfe eines Infrarot-Thermometers oder subjektiv, ein kalter Motor kann keine 80°C haben) auf Plausibilität zu überprüfen. ACHTUNG! Das Kombiinstrument liefert keine, zu Diagnosezwecken geeignete Aussage über Temperaturen, da die dort angezeigten Messwerte stark beruhigt und „kundenorientiert" sind. Die meisten Anzeigeinstrumente verharren, um den Kunden nicht zu beunruhigen, auch bei Motortemperaturen von über 100°C, sofern diese zulässig sind, noch auf „90°C".

Ein weiteres Signal zur Korrektur der Einspritzmenge liefert der Drosselklappenschalter. Bei geschlossenem Leerlaufkontakt wird das Leerlaufprogramm aktiviert. Während der Fahrt wird bei geschlossenem Leerlaufkontakt und ausreichender Motordrehzahl die Schubabschaltung aktiv. Durch den Volllastkontakt wird ebenfalls drehzahlabhängig das Gemisch angereichert und bei einigen Fahrzeugen älterer Baujahre die Lamdaregelung deaktiviert.

Werden an die Funktionssicherheit und Genauigkeit der Einspritzsteuerung höhere Ansprüche gestellt, wird der Drosselklappenschalter häufig durch ein Drosselklappenpotenziometer ersetzt. Das Steuergerät erkennt jede Drosselklappenposition und kann somit selbst bei einem Ausfall der Lastinformation (durch Luftmengenmesser usw.) einen eingeschränkten Notlauf sicherstellen. Bei voller Funktionsfähigkeit sichert es durch die Voreilung der Drosselklappe vor der Ansaugluftänderung eine noch genauer dosierte Einspritzsteuerung (v.a. Beschleunigungsanreicherung).

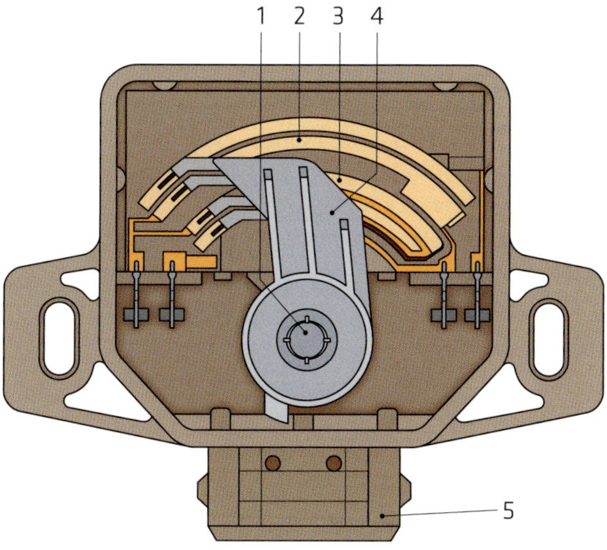

Bild 5.66 *Drosselklappenpotenziometer*
1 Drosselklappenwelle
2 Widerstandsbahn 1
3 Widerstandsbahn 2
4 Schleiferarm mit Schleifer
5 elektrischer Anschluss
[Bild: AS-Illu]

Wichtigste Voraussetzung für den Betrieb des Motors ist das Drehzahlsignal, das direkt vom Kurbelwellensensor, vom Zündsteuergerät oder von der Klemme 1 der Zündspule übernommen wird. Es wird nicht nur zur Berechnung der Anzahl der Einspitzvorgänge benötigt, sondern ist bei vielen Systemen erforderlich, damit die Spannungsversorgung des Einspritzsystems (Steuergerät, Einspritzventile, Zusatzluftschieber, Luftmengenmesser, Kraftstoffpumpenrelais ...) über das Sicherheits- oder Steuerrelais hergestellt wird. Während der Startphase wird das Relais über Klemme 50 aktiviert.

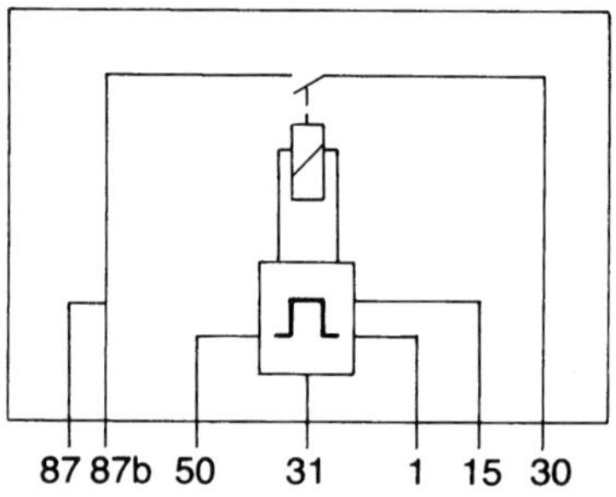

Bild 5.67 *Schaltbild eines Steuerrelais*

Mit den vorher beschriebenen Eingangssignalen kann das Steuergerät den Betriebs- und Lastzustand des Motors erkennen und die benötigte Einspritzmenge bzw. die Öffnungszeit der Einspritzventile ermitteln. Die Ansteuerung der Einspritzventile erfolgt durch Masseimpulse. In der Anfangsphase bzw. bei einfacheren L-Jetronic-Systemen werden alle Einspritzventile gleichzeitig angesteuert. Sie spritzen dann bei jeder Kurbelwellenumdrehung jeweils die halbe Menge des benötigten Kraftstoffs ein. Man bezeichnet dies als simultane oder auch Parallel-Einspritzung.

Die nächste Entwicklungsstufe war die Gruppenbildung von Einspritzventilen. Sie spritzen in einer Gruppe gleichzeitig bei jeder zweiten Kurbelwellenumdrehung die volle Menge ein. Im Wechsel dazu spritzt die zweite Gruppe ein. Die Gruppenbildung erfolgt durch in der Zündreihenfolge benachbarte Zylinder. Bei beiden oben genannten Verfahren kommt es vor, dass der eingespritze Kraftstoff auf ein offenes Einlassventil trifft. Dabei sind die gewollte Gemischvorlagerung und feine Vermischung nicht vollkommen gewährleistet.

Dies lässt sich bei der (voll-)sequenziellen Einspritzung vermeiden, bei der jedes Einspritzventil entsprechend der Zündreihenfolge einzeln zum jeweils richtigen Zeitpunkt angesteuert wird. Dadurch wird sichergestellt, dass der Einspritzvorgang beendet ist, bevor das jeweilige Einlassventil öffnet. Das Steuergerät benötigt dazu die jeweilige Anzahl von Endstufen und ein Nockenwellengeber-Signal bzw. eine Zylindererkennung. Die vollsequenzielle Einspritzung ist meist nur bei kombinierten Zünd- und Einspritzsystemen (z.B. Motronic) verwirklicht. Die bislang letzte Entwicklungsstufe stellt die zylinderselektive Einspritzung dar. Sie baut auf der sequenzielle Einspritzung auf und ermöglicht die Anpassung der Einspritzmengen für einzelne Zylinder.

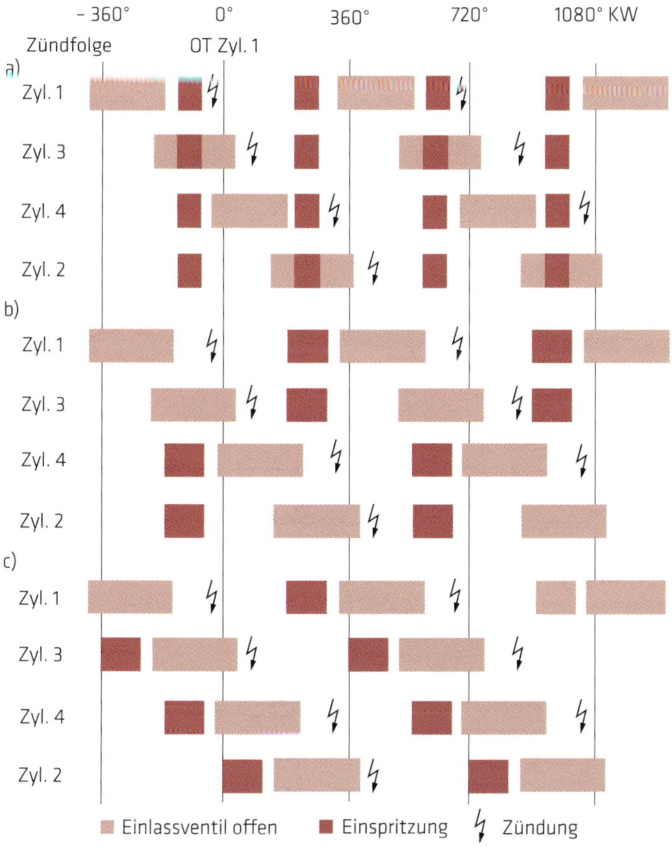

Bild 5.68 *Vergleich der Einspritzarten*
a) simultane Einspritzung
b) halbsequenzielle Einspritzung (Gruppeneinspritzung)
c) sequenzielle Einspritzung
[Bild: AS-Illu]

Neben diesem grundsätzlichen Aufbau gibt es im Steuergerät einige Funktionen, die herstellerindividuell programmiert sind.
Bei kaltem Motor wird z.B. in vielen Fällen:

- zum Ausgleich der Kondensationsverluste entweder durch das Kaltstartventil und/ oder durch eine im Steuergerät programmierte Kaltstartsteuerung mithilfe der Einspritzventile das Gemisch angereichert;
- die Schubabschaltung komplett deaktiviert oder erst bei höheren Drehzahlen aktiv;
- die Höhe der programmierten Beschleunigungsanreicherung (abhängig von der Änderung des Lastsignals in einer bestimmten Zeit) angepasst;
- die Drehzahlbegrenzung angepasst;
- die Volllastanreicherung (fettes Gemisch für maximale Motorleistung) angepasst;
- die Leerlaufdrehzahlregelung angepasst;
- die Lambdaregelung deaktiviert.

5.8.7 Zentraleinspritzung - Mono-Jetronic

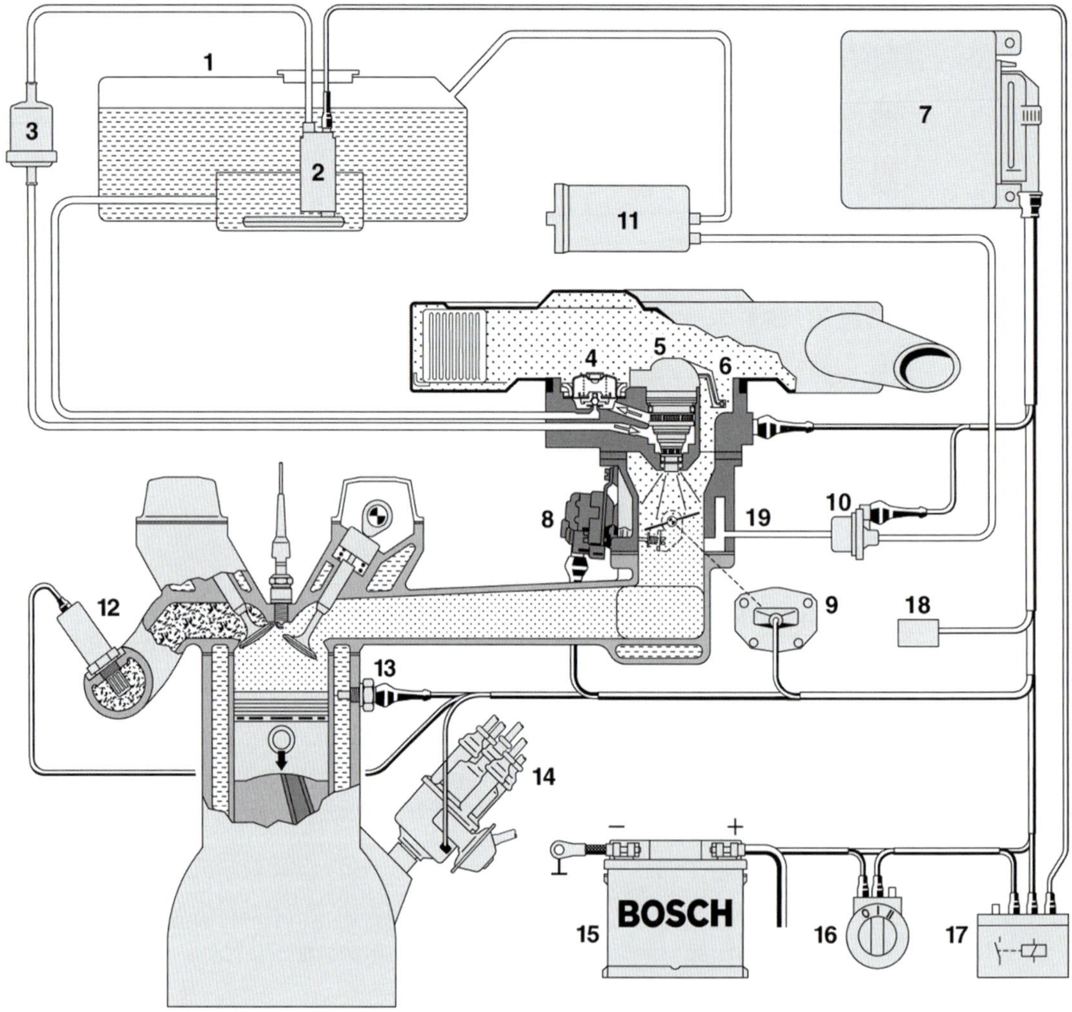

Bild 5.69 *Systemübersicht der Mono-Jetronic*

1 Kraftstoffbehälter
2 Kraftstoffpumpe
3 Kraftstofffilter
4 Systemdruckregler (1 bar)
5 Einspritzventil
6 Lufttemperaturfühler
7 Steuergerät
8 Thermosteller
9 Drosselklappenpoti
10 Regenerierventil
11 Aktivkohlebehälter
12 Lambdasonde
13 Motortemperaturfühler
14 Zündverteiler
15 Batterie
16 Zündschalter
17 Relais

Die Mono-Jetronic ist ein kompaktes, einfaches Einspritzsystem für kleinere Motoren. Die Einspritzung erfolgt über ein zentrales Einspritzventil, das sich in einem kompakten Einspritzaggregat vor der Drosselklappe befindet. Bei jedem Zündimpuls wird durch das Steuergerät die Einspritzung (intermittierend) ausgelöst. Die Grundfunktionen sind ähnlich der L-Jetronic.

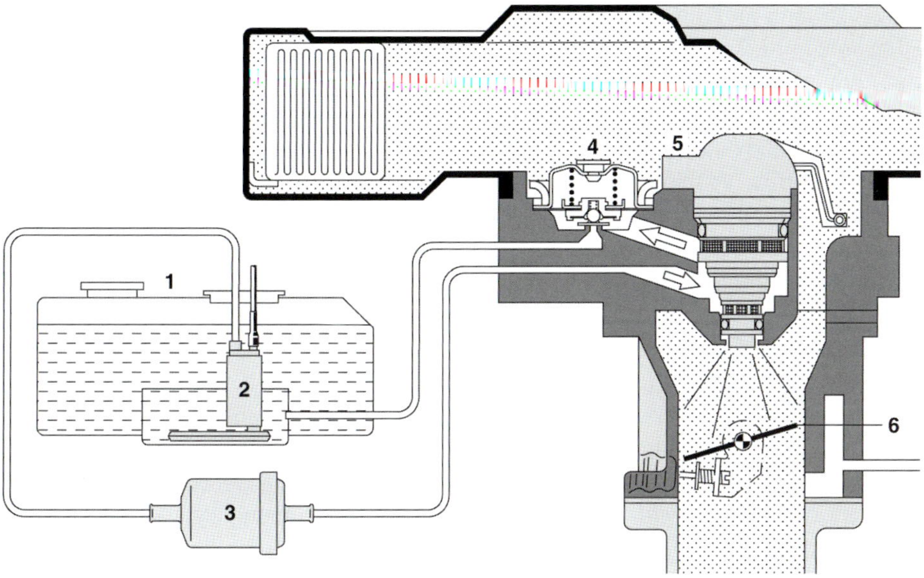

Bild 5.70 *Kraftstoffversorgung der Mono-Jetronic*
1 Kraftstoffbehälter
2 Kraftstoffpumpe
3 Kraftstofffilter
4 Druckregler
5 Einspritzventil
6 Drosselklappe

Die Kraftstoffversorgung der Mono-Jetronic erfolgt meist durch eine Elektrokraftstoffpumpe. Bei einigen älteren Ausführungen kommen auch mechanisch angetriebene Kraftstoffpumpen zum Einsatz. Nach der Kraftstoffpumpe passiert der Kraftstoff den Kraftstofffilter und umspült das Einspritzventil. Der Druckregler befindet sich im Rücklauf und hält den Kraftstoffdruck konstant auf ca. 1 bar. Übersteigt der Kraftstoffdruck diesen Wert, so hebt der Druck eine Membran gegen Federkraft an und der überschüssig geförderte Kraftstoff fließt zurück zum Tank.

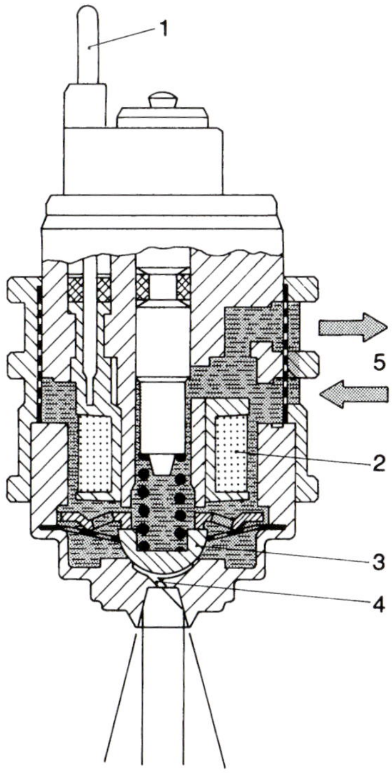

Bild 5.71 *Niederdruck-Einspritzventil*
1 elektrischer Anschluss
2 Spule
3 Ventilkugel
4 schräg verlaufende Bohrungen
5 Kraftstoffzulauf und -ablauf

Das Einspritzventil spritzt den Kraftstoff kegelförmig vor den Drosselklappenspalt. Der Einbauort wurde so gewählt, dass durch die dort herrschende Strömungsgeschwindigkeit der Ansaugluft eine gute Vermischung von Kraftstoff und Luft gewährleistet ist. Es entspricht in seiner Funktion dem herkömmlichen Einspritzventil: Eine stromdurchflossene Magnetwicklung (Spule) hebt durch die Kraft des Magnetfelds den Magnetanker mit der Ventilnadel (bzw. Ventilkugel) an und spritzt den unter Druck stehenden Kraftstoff in das Ansaugsystem. Eine Feder verschließt das Einspritzventil im stromlosen Zustand. Durch den geringeren Systemdruck (= weniger Federkraft) wird auch nur eine geringe Kraft des Magnetfelds benötigt: Die Anzugszeit des Ventils verringert sich, was für die schnelle Abfolge der Einspritzimpulse (bei jeder Zündung) zwingend erforderlich ist. Die Gestaltung des Einspritzventils und des sich daraus ergebenden Einspritzstrahls ist von der Konstruktion der Sauganlage und Motorgröße abhängig.

Ein weiterer wesentlicher Unterschied zu den vorher beschriebenen Einspritzanlagen besteht bei der Mono-Jetronic darin, dass die angesaugte Luftmenge (oder -masse) im Regelfall nicht gemessen wird, sondern anhand des Drosselklappenwinkels (α) und der Drehzahl (n) berechnet wird. Man bezeichnet dies als α/n-Steuerung. Bei einer bestimmten Drosselklappenöffnung und einer bestimmten Drehzahl kann nur eine bestimmte Luftmenge angesaugt werden. Das dazugehörige Kennfeld wird durch Versuche auf dem Motorenprüfstand ermittelt und im Steuergerät hinterlegt. Die entsprechenden Eingangssignale erhält das Steuergerät durch das Klemme-1-Signal (Drehzahl/n) vom Zündsteuergerät (bzw. bei der Mono-Motronic steuergeräteintern) und das Drosselklappenpotenziometer (Drosselklappenwinkel/α). Ohne Drehzahlsignal erfolgt keine Einspritzung. Den Drosselklappenwinkel erkennt das Steuergerät an den Spannungsänderungen am Drosselklappenpotenziometer (siehe auch Abschnitt 2.4). Das Drosselklappenpotenziometer besitzt zwei Widerstandsbahnen mit unterschiedlicher Charakteristik: Eine für den unteren Lastbereich (Öffnungswinkel 0 bis 24°), in dem sich bei geringen Öffnungswinkelunterschieden starke Veränderungen in der angesaugten Luftmenge ergeben, und eine zweite für den oberen Lastbereich (Öffnungswinkel 18 bis 90°). Leerlauf und Volllast werden vom Steuergerät anhand des Öffnungswinkels erkannt.

Beim Ausfall des Drosselklappenpotenziometers ordnet das Steuergerät verschiedenen Drehzahlen feste Einspritzzeiten zu und gewährleistet so einen eingeschränkten Notlaufbetrieb. Die Erfassung der Motortemperatur erfolgt auch hier durch einen NTC. Die Ansauglufttemperatur wird ebenfalls durch einen NTC ermittelt, der im Einspritzaggregat am Einspritzventil angebracht ist. Die Batteriespannung (über Klemme 15) wird bei diesem System nicht nur zur Spannungsversorgung des Steuergeräts verwendet, sondern deren Höhe auch zur Berechnung der Einspritzzeit gemessen. Die permanente Spannungsversorgung über Klemme 30 dient hauptsächlich der Versorgung des (in dieser Fahrzeuggeneration oftmals flüchtigen) Fehlerspeichers. Durch das Signal der Lambdasonde wird die berechnete Einspritzzeit überprüft und ggf. korrigiert. Ist eine Leerlauf-Drehzahlregelung durch einen Drosselklappenansteller (anstelle eines Thermostellers) verbaut, können zusätzliche Schaltsignale (z.B. Klimaanlage, Automatikgetriebe) als Eingangssignale am Steuergerät zur Leerlauf-Drehzahlstabilisierung anliegen.

Das wichtigste Ausgangssignal ist der Masseimpuls für das Einspritzventil. Die berechnete Einspritzzeit ergibt sich aus den Eingangssignalen und programmierten Funktionen wie Startanreicherung, Nachstart- und Warmlaufanreicherung, Leerlaufprogramm, Volllastanreicherung, Schubabschaltung und Drehzahlbegrenzung (analog den sonstigen Einspritzsystemen). Auch die Gemischanpassung durch die Ansauglufttemperatur entspricht in ihrer Funktion den anderen Einspritzsystemen. Die Ansauglufttemperatur und die Motortemperatur müssen neben den herkömmlichen Funktionen speziell im Übergangsverhalten bei Laständerungen durch Programme im Steuergerät berücksichtigt werden. Durch die Zentraleinspritzung vor die Drosselklappe baut sich beim Beschleunigen ein Wandfilm an den Saugrohrwänden auf, der sich beim Schließen der Drosselklappe wieder abbaut.

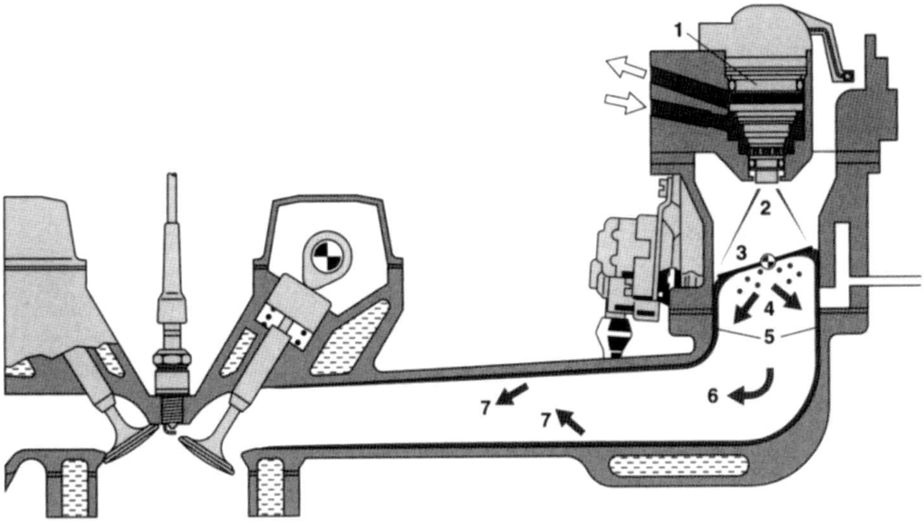

Bild 5.72 *Kraftstoffniederschlag bei kaltem Motor*

1 Einspritzventil
2 zugemessener Kraftstoff
3 Drosselklappe
4 Kraftstoffniederschlag
5 Wandfilm am Saugrohr (überhöht dargestellt)
6 durchstömender Kraftstoffdampf
7 Verdampfung aus Wandfilm

Dieser Wandfilmauf- und -abbau ist neben der Temperatur auch von der Drehzahl sowie vom Umfang und der Geschwindigkeit der Änderung des Drosselklappenwinkels abhängig. Die Laständerung wird durch die Änderung des Drosselklappenpotenziometers erkannt und im Steuergerät das entsprechende Programm gestartet, um die oben beschriebene Problematik zu kompensieren.

Eine weitere Besonderheit in der Steuergerätefunktion ist die Spannungskompensation, nicht nur für die Funktion des Einspritzventils, sondern auch für die Förderleistung der Kraftstoffpumpe. Bei niedriger Bordnetzspannung und dadurch geringerer Förderleistung der Strömungspumpe (durch geringere Drehzahl) wird die berechnete Einspritzzeit nochmals verlängert, um den geringeren Kraftstoffdruck auszugleichen. Die Ansteuerung der Elektrokraftstoffpumpe (Sicherheitsschaltung) erfolgt über das Kraftstoffpumpenrelais durch das Steuergerät.

Ist anstelle des Zusatzluftschiebers ein Drosselklappenansteller verbaut, dann wird dieser vom Steuergerät für die Leerlaufdrehzahlregelung verwendet. Durch das Signal des Leerlaufkontakts (oder die entsprechende Stellung des Drosselklappenpotenziometers) und der Drehzahl wird die Leerlaufdrehzahlregelung gestartet. Der Elektromotor ist über zwei Leitungen mit dem Steuergerät verbunden, das die Stromrichtung und damit die Drehrichtung des Elektromotors vorgibt. Durch die Leerlaufdrehzahlregelung kann die reguläre Leerlaufdrehzahl reduziert werden. Sie wird, falls erforderlich, z.B. beim Kaltstart oder bei erhöhter Last (z.B. Klimakompressor „an" oder Automatikgetriebe auf Fahrstufe „D" oder „R") durch Öffnen der Drosselklappe gehalten oder gar erhöht. Ein Absterben des Motors ist nahezu ausgeschlossen. Zusätzlich bietet der Drosselklappenansteller die Möglichkeit, im Schiebebetrieb und bei aktiver Schubabschaltung die Drosselklappe leicht zu öffnen und dadurch den Unterdruck im Motor zu reduzieren. Durch die Leerlaufdrehzahlregelung werden auch verschleiß- und alterungsbedingte Abweichungen ausgeglichen.

5.9 Benzin-Direkteinspritzung

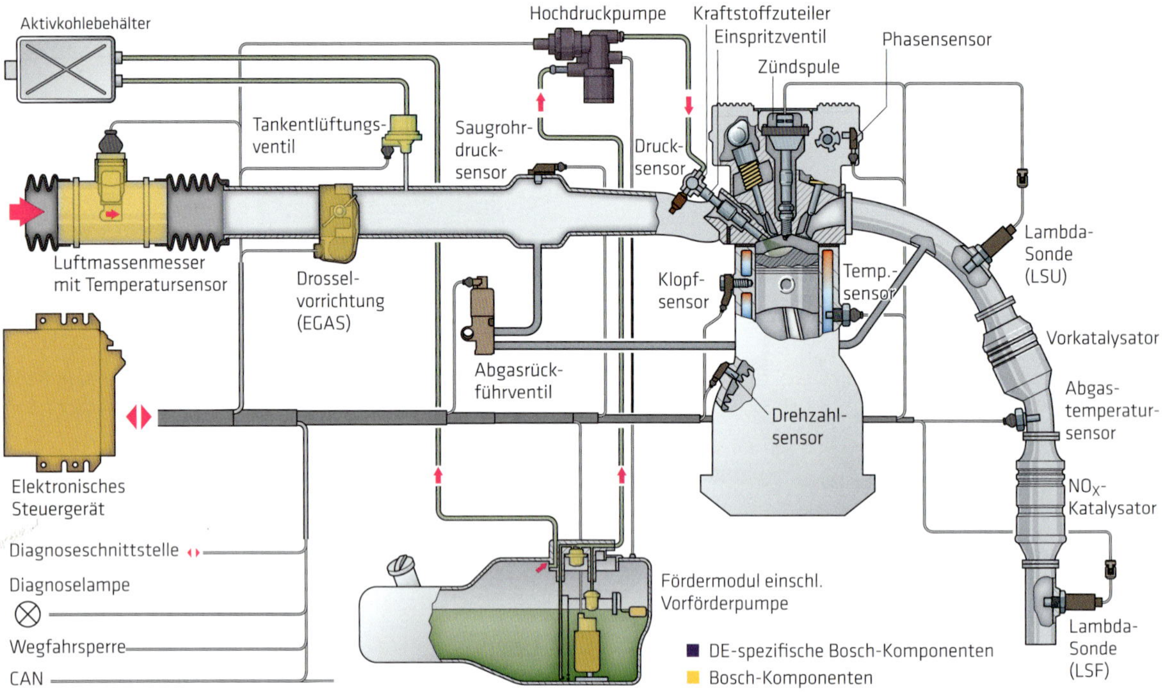

Bild 5.73 *Systemübersicht der MED-Motronic für die Direkteinspritzung*
[Bild: AS-Illu]

Wie bereits eingangs erwähnt, hat der Ottomotor nur ein relativ kleines Lambdafenster, in dem es zu einer Verbrennung kommen kann. Der Direkteinspritzer bietet durch das Schichtladeverfahren die Möglichkeit, dieses zu verlassen und mit deutlich größerem Luftüberschuss von bis zu $\lambda = 3$ betrieben zu werden. Er wird in zwei unterschiedlichen

Bild 5.74 *Gemischverhältnisse im Schichtladungs- und Homogenbetrieb*
[Bild: AS-Illu]

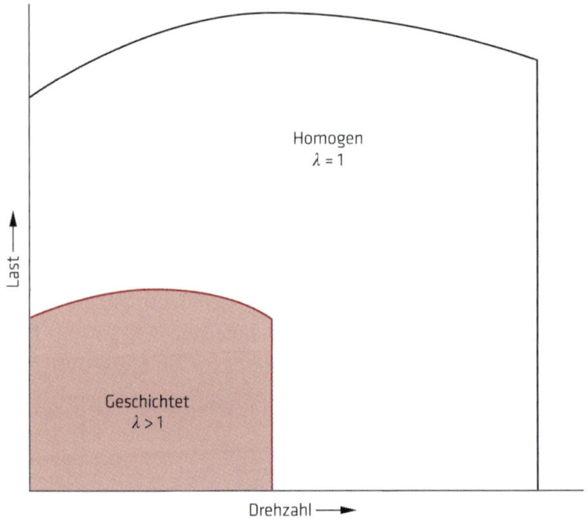

Modi betrieben: Im klassischen Homogenbetrieb mit Lambdawerten rund um 1 und Quantitätsregelung und bei geringer Drehzahl (≤ 3000 bis 3500 min^{-1}) und Last im sogenannten Schichtladebetrieb mit Lambdawerten von bis zu 3 und Qualitätsregelung. Durch die kühlende Wirkung des verdampfenden Kraftstoffs im Zylinder und die damit reduzierte Klopfneigung des Motors, können Direkteinspritzer mit einer höheren Verdichtung von bis zu 14 (z.B. Mazda Skyactive) ausgestattet werden.

5.9.1 Das Schichtladeverfahren

Der Kraftstoff wird im Schichtladebetrieb, anders als im Homogenbetrieb, nicht schon im Ansaug- sondern erst gegen Ende des Verdichtungstakts in den Zylinder eingespritzt. Hierdurch ist es möglich, unterschiedliche Gemischzusammensetzungen innerhalb des Zylinders zu erzeugen. Während der größte Teil des Zylinders mit magerem, nicht zündfähigem Gemisch befüllt ist, liegt rund um die Zündkerze ein verhältnismäßig fettes Gemisch im Bereich von $\lambda = 1$ an. Hieraus ergeben sich drei Vorteile: Erstens wird deutlich weniger Kraftstoff für einen Arbeitstakt benötigt als es bei homogener, also gleichförmiger Füllung des Zylinders mit zündfähigem Gemisch der Fall gewesen wäre, und zweitens bildet das magere Gemisch einen wärmeisolierenden „Mantel" um das brennende, fette Gemisch. Somit kann weniger Wärme an die Zylinderoberfläche abgegeben und mehr Verbrennungswärme in Bewegungsenergie umgesetzt werden. Drittens kann der Motor jetzt über die eingespritzte Kraftstoffmenge geregelt werden. Die Drosselklappe bleibt vollständig geöffnet (Qualitätsregelung) und der Motor muss deutlich weniger Ansaugarbeit leisten.

Zur Schichtladung stehen aktuell drei Verfahren zur Verfügung:

1. **Das strahlgeführte Verfahren**
   Der Kraftstoff wird durch das Einspritzventil direkt vor die Zündkerze gespritzt. Dieses Verfahren erfordert eine sehr präzise Ausrichtung des Einspritzventils und erhöht die thermische Belastung der Zündkerze.
2. **Das luftgeführte Verfahren (sog. Swirl-Strömung)**
   Die Ansaugluft wird während des Ansaugvorgangs in einen Drall versetzt, der den Kraftstoff nach dem Einspritzen um das Einspritzventil herum konzentriert.
3. **Das wandgeführte Verfahren (sog. Tumble-Strömung)**
   Durch die spezielle Formgebung des Kolbenbodens entsteht eine walzenförmige Luftströmung während des Verdichtens, die den eingespritzten Kraftstoff rund um die Zündkerze konzentriert.

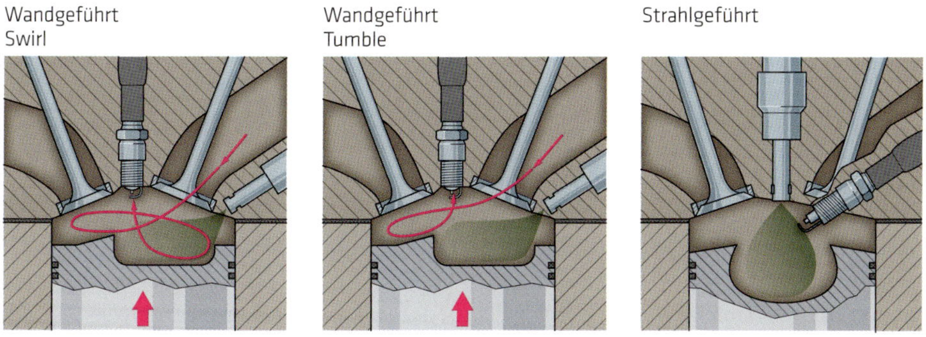

***Bild 5.75** Schichtladungsverfahren bei Motoren mit direkter Einspritzung* [Bild: AS-Illu]

Sowohl für das luftgeführte als auch für das wandgeführte Verfahren ist eine hohe Strömungsgeschwindigkeit der Ansaugluft erforderlich. Diese wird erreicht, indem von zwei zur Verfügung stehenden Ansaugkanälen einer durch eine Klappe verschlossen wird. Die Luft muss komplett über den verbleibenden Ansaugkanal angesaugt werden und wird hierdurch beschleunigt, sodass eine ausreichende Verwirbelung erzielt werden kann. In der Praxis werden das luftgeführte und das wandgeführte Verfahren oftmals kombiniert.

Werkstatttip
Bleiben die Saugrohrklappen im Schichtladebetrieb geöffnet, kann das „fette" Kraftstoff-Luft-Gemisch nicht an die Zündkerze geleitet werden und es kommt zu Verbrennungsaussetzern. Erkennt das Steuergerät, dass die Klappen offen bleiben, setzt es einen Fehler und verbleibt im Homogenbetrieb.

5.9.2 Homogenbetrieb

Bei hoher Drehzahl und/oder hoher Leistungsanforderung ist auch beim Direkteinspritzer mehr Kraftstoff erforderlich. Das System schaltet in den Homogenbetrieb um: Der Kraftstoff wird während des Ansaugvorgangs in die einströmende Luft gespritzt, um sich mit dieser im folgenden Verdichtungstakt annähernd homogen zu vermischen. Der Motor läuft jetzt im Bereich von $\lambda = 1$ und wird klassisch über die Drosselklappe geregelt (Quantitätsregelung).

Neben den beiden vorgenannten Möglichkeiten lassen sich in bestimmten Drehzahl- und Lastbereichen auch verschiedene Kombinationen realisieren, z.B.:

- Homogen-Mager-Betrieb: Homogenbetrieb mit verhältnismäßig magerem Gemisch ($\lambda \leq 1{,}2$). Der Kraftstoffverbrauch sinkt gegenüber dem klassischen Homogenbetrieb, die Innenkühlung des Motors ist jedoch geringer. Dieser Modus kommt hauptsächlich im Übergang vom Schichtlade- zum Homogenbetrieb zum Einsatz.
- Homogen-Schichtbetrieb: Die Gemischaufbereitung ist homogen ($\lambda \sim 1$) erfolgt jedoch im Schichtladeverfahren. Während etwa 75% des Kraftstoffs im Ansaugtakt eingespritzt werden, werden die verbleibenden 25% erst im Verdichtungstakt eingespritzt.
- Homogen-Klopfschutz-Betrieb: Durch die Aufteilung des Einspritzvorgangs bei Volllast in zwei Teile, bildet sich eine Ladungsschichtung, die die Selbstzündung des Kraftstoffs erschwert. Ein früher Zündzeitpunkt ermöglicht eine hohe Leistungsausbeute.
- Schicht-Kat-Heizen: Durch eine zweite Einspritzung von Kraftstoff in den Arbeitstakt kommt es zu einer sehr späten Verbrennung, die den Katalysator schnell auf Betriebstemperatur bringt.

Dass Hochdruckeinspritzsystem des Ottomotors ist prinzipiell genauso aufgebaut wie das Common-Rail-Einspritzsystem des Dieselmotors. Die Vorförderpumpe saugt den Kraftstoff aus dem Kraftstoffbehälter und fördert ihn unter einem Druck von konstant 4 bar zur Hochdruckpumpe. Die Hochdruckpumpe setzt den Kraftstoff unter Druck und liefert ihn an das Rail, den Druckspeicher. Dieser versorgt die Injektoren, also die Einspritzventile, mit einem Kraftstoffdruck von etwa 35 bar im Leerlauf und bis zu 200 bar bei Volllast.

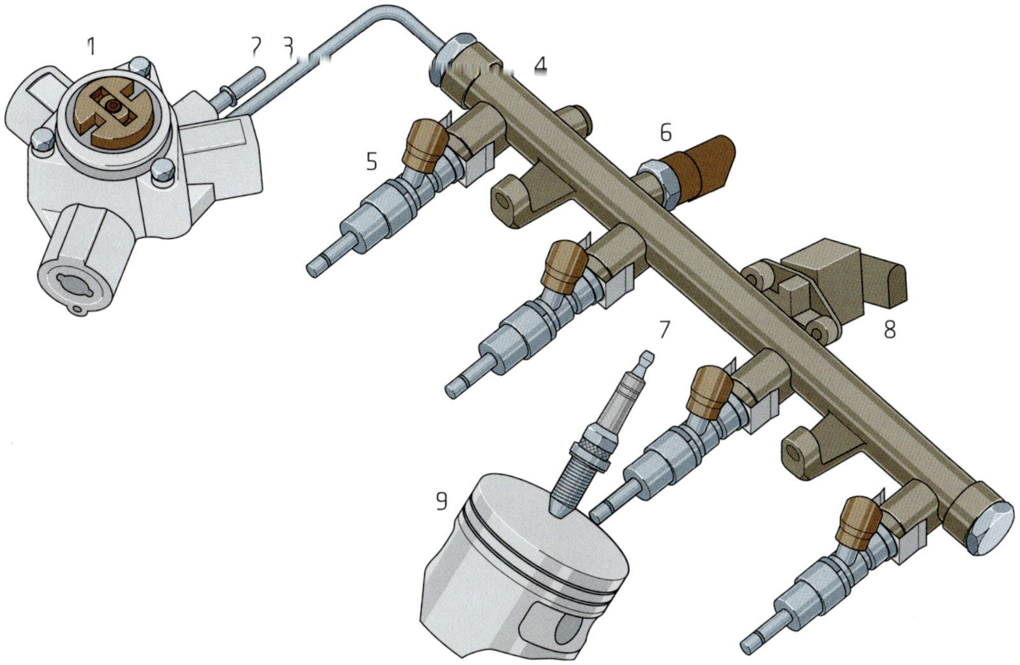

Bild 5.76 *Komponenten einer Benzin-Direkteinspritzung*

1 Hochdruck-Radialkolbenpumpe
2 Niederdruckanschluss
3 Hochdruckleitung
4 Common Rail (Kraftstoffverteilerrohr)
5 Hochdruck-Einspritzventile
6 Hochdrucksensor
7 Zündkerze
8 Drucksteuerventil
9 Zylinder
[Bild: AS-Illu]

5.9.3 Kraftstoffförderpumpe

Die Kraftstoffförderpumpe ist im Regelfall als In-Tank-Pumpe ausgeführt. Um den Niederdruck von 4 bar konstant zu halten, muss der Volumenstrom geregelt werden. Dies geschieht durch pulsweitenmodulierte Spannungsversorgung der Vorförderpumpe. Die Versorgungsspannung liegt je nach Lastzustand des Motors zwischen etwa 6 V und Bordnetzspannung.

Das Niederdrucksystem verfügt im Regelfall nicht über einen Drucksensor. Die Niederdruckregelung erfolgt rein last- und drehzahlabhängig anhand der Kennfelddaten. Zur Adaption des Systems bei Abweichungen (Verschleiß etc.) wird die Fördermenge in jedem Fahrzyklus einmal so weit reduziert, dass ein definierter Hochdruck nicht mehr gehalten werden kann. Gibt es Abweichungen zwischen dem entstandenen Prüf-PWM-Signal und dem hinterlegten Soll-PWM-Signal, wird das Steuergerät angepasst.

Hinweis:
Ältere Systeme regeln den Niederdruck durch klassische Druckbegrenzung auf 3 bar. Die Kraftstoffförderpumpe arbeitet unter Bordnetzspannung und ein federbelastetes Membranventil lässt überschüssigen Kraftstoff in den Rücklauf ab. Im Rücklauf befindet sich ein Sperrventil, das den Kraftstoffdruck bei Heißstart des Motors für etwa 50 Sekunden auf bis zu 6,8 bar anhebt, um eine Dampfblasenbildung auf der Saugseite der Hochdruckpumpe zu unterbinden.

5.9.4 Druckregelung

Drucksensor

Der Drucksensor ist im Regelfall ein Dehnmessstreifen (siehe auch Abschnitt 2.5). Seine Signalspannung ändert sich, abhängig vom Raildruck, linear.

Druckregelung hochdruckseitig

Wird der Kraftstoffdruck hochdruckseitig geregelt, arbeitet die Hochdruckpumpe stets mit maximaler Leistung und erzeugt somit stets den maximalen Druck, den das System bereitstellen kann. Wird der Motor bei geringen Lasten und Drehzahlen betrieben, dann wird über das Druckregelventil der überschüssige Druck in den Rücklauf abgelassen. Der Vorteil, dass bei Bedarf jederzeit der volle Hochdruck zur Verfügung steht, wird durch eine konstant hohe Antriebsleistung (damit hoher Kraftstoffverbrauch/Schadstoffausstoß und geringere Nutzleistung), eine starke Erwärmung des Kraftstoffs und hohen Pumpenverschleiß erkauft.

Druckregelventil

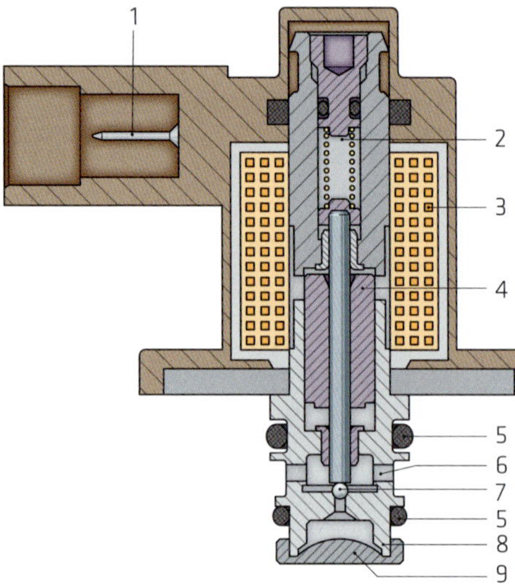

Bild 5.77 *Druckregelventil*
1 elektrischer Anschluss
2 Druckfeder
3 Spule
4 Magnetanker
5 Dichtringe (O-Ringe)
6 Ablaufbohrung
7 Ventilkugel
8 Ventilsitz
9 Zulauf mit Sieb
[Bild: AS-Illu]

Das Druckregelventil ist ein Magnetventil, das im Regelfall stromlos geschlossen ist und bei Ansteuerung durch das Motorsteuergerät (pulsweitenmoduliert) öffnet, um überschüssigen Kraftstoff in den Rücklauf abfließen zu lassen. Einige Bauformen beinhalten eine Druckbegrenzungsfunktion, die die Anlage vor unzulässig hohen Drücken bei Ausfall des Druckregelventils schützt. In vielen Fällen gibt es hierfür jedoch ein separates Druckbegrenzungsventil (kurz: DBV).

Druckregelung niederdruckseitig

Erfolgt die Druckregelung niederdruckseitig, dann bekommt die Hochdruckpume nur den Kraftstoff zur Verfügung gestellt, den sie zum Erzeugen des aktuell benötigten Hochdrucks braucht. Hierdurch sinken Antriebsleistung, Kraftstoffverbrauch und Schadstoffausstoß bei steigender Nutzleistung. Jedoch verlängert sich die Ansprechzeit des Motors bei Lasterhöhung.

5.9.5 Hochdruckpumpe

Drei-Stempel-Radialkolbenpumpe

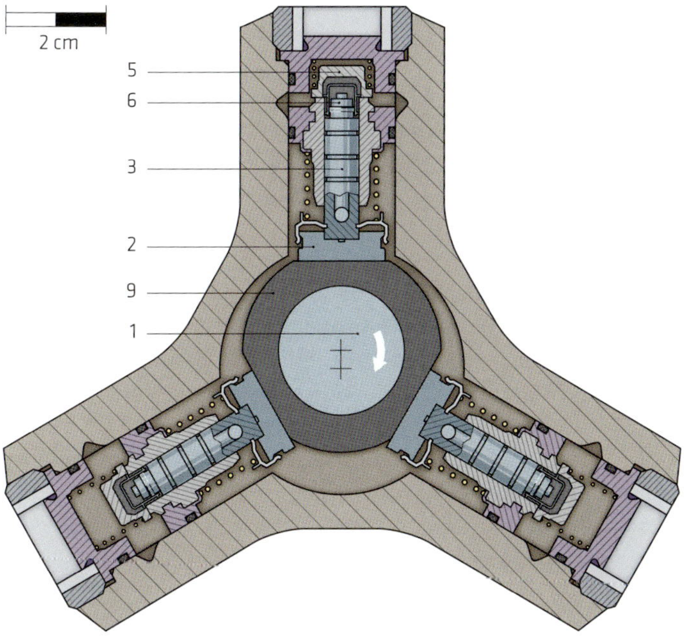

Bild 5.78 *Querschnitt durch die Hochdruck-Radialkolbenpumpe (Positionsnummern identisch mit Bild 5.79)*
1 Exzenter
2 Gleitschuh
3 Pumpenelement
5 Auslassventil
6 Einlassventil
9 Hubring
[Bild: AS-Illu]

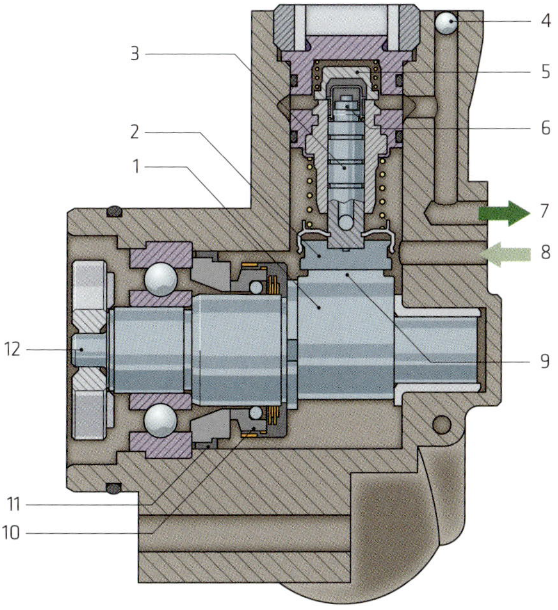

Bild 5.79 *Längsschnitt durch die Hochdruck-Radialkolbenpumpe*
1 Exzenter
2 Gleitschuh
3 Pumpenelement mit Pumpenkolben (Kolben hohl, Kraftstoffzulauf)
4 Verschlusskugel
5 Auslassventil
6 Einlassventil
7 Hochdruckanschluss zum Rail
8 Kraftstoffzulauf (Niederdruck)
9 Hubring
10 axial wirkende Dichtung (Gleitring-dichtung)
11 statische Dichtung
12 Antriebswelle
[Bild: AS-Illu]

Der mittig liegende Exzenter verschiebt die Hubscheibe und drückt damit nach und nach auf die einzelnen Pumpenkolben. Wird der Pumpenkolben entlastet, wird er durch Federkraft heruntergezogen und saugt oberhalb über ein Rückschlagventil Kraftstoff aus dem Niederdruckbereich des Einspritzsystems an. Wirkt die Hubscheibe von unten auf den Pumpenkolben, drückt sie diesen nach oben, und der Kraftstoff wird über das Kugelventil an das Rail abgegeben.

Einkolben-Hochdruckpumpe mit integriertem Kraftstoffdruckventil und integriertem Druckbegrenzungsventil

Die Einkolben-Hochdruckpumpe mit integriertem Kraftstoffdruckventil und integriertem Druckbegrenzungsventil wird über einen Rollenstößel von einem separaten Vierfachnocken auf der Nockenwelle angetrieben. Bei ablaufendem Pumpennocken bewirkt eine Feder das Herunterziehen des Pumpenkolbens und damit eine Vergrößerung des Hochdruckraums. Der Kraftstoff wird aus dem Niederdruckbereich über ein bestromtes Kraftstoffdruckventil angesaugt.

Bei auflaufendem Pumpennocken bleibt das Druckregelventil bestromt und damit geöffnet, bis überschüssiger Kraftstoff aus dem Hochdruckraum entwichen ist. Erst wenn die Pumpe mit der Kraftstoffförderung beginnen soll, wird der Strom am Druckregelventil abgeschaltet und das Einlassventil durch die Ventilnadelfeder und den Kraftstoffdruck geschlossen. Der Hochdruck baut sich auf und wird über das Auslassventil an den Kraftstoffverteiler abgegeben.

Das Druckbegrenzungsventil schützt die Bauteile des Systems bei Wärmeausdehnung des Kraftstoffs oder bei Ausfall des Druckregelventils (stromlos geschlossen!). Steigt der Druck über den vorgegebenen Maximaldruck an, öffnet es rein mechanisch gegen Federkraft und lässt überschüssigen Kraftstoff in den Niederdruckbereich ab.

5.9.6 Magnetspuleninjektoren

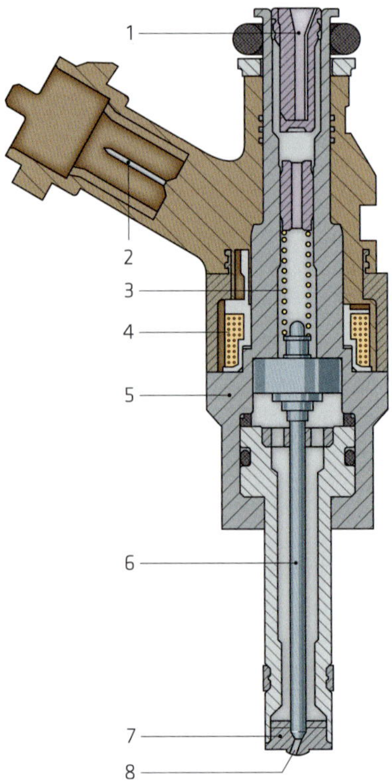

Bild 5.80 *Aufbau eines Hochdruck-Magnetspuleninjektors*
1 Zulauf mit Feinsieb
2 elektrischer Anschluss
3 Feder
4 Spule
5 Gehäuse
6 Ventilnadel mit Magnetanker
7 Ventilsitz
8 Spritzbohrung
[Bild: AS-Illu]

Der Aufbau der Injektoren bzw. Einspritzventile des Direkteinspritzers ähnelt dem der klassischen Einspritzventile für Saugrohreinspritzung: Bei Ansteuerung wird der Magnetanker inkl. der Düsennadel angezogen, wodurch sich die Düsennadel aus dem Ventilsitz hebt und der Kraftstoff, je nach Bauform, durch fünf bis acht Bohrungen eingespritzt wird. Unterschiede bestehen zum einen in der Festigkeit (höhere Drücke) und Wärmebeständigkeit (Einbauort: Zylinderkopf) und zum anderen in der Ansteuerung: Während das klassische Einspritzventil der Saugrohreinspritzung während eines Arbeitsspiels nur einmal einspritzen musste, öffnet das Ventil der Direkteinspritzung in einem Arbeitsspiel zwei Mal oder öfter. Ähnlich wie beim Common-Rail-Injektor des Dieselmotors ist daher eine Verkürzung der Ansprechzeit der Magnetspule erforderlich. Wird eine Magnetspule bestromt, so kommt es in ihr zur sogenannten Gegeninduktion: In der Spule entsteht während des Magnetfeldaufbaus eine Spannung, die der angelegten Spannung entgegenwirkt und den Magnetfeldaufbau verlangsamt. Bei einmaligem Öffnen des Injektors kann dieser Effekt vernachlässigt werden, da vor dem Moment des tatsächlichen Öffnens ausreichend Zeit vorhanden ist, um die Spule anzusteuern. Die Spule wird also einfach um die Zeitspanne der Verzögerung „zu früh" angesteuert, um dann pünktlich zu öffnen. Folgen mehrere Einspritzvorgänge direkt aufeinander, ist dies nicht möglich, da die Spule ggf. schon erneut angesteuert werden müsste, während sie aus dem vorherigen Einspritzvorgang noch bestromt ist. Linderung schafft eine Ansteuerung mit höherer Spannung. Wird die Spule statt mit 12 V mit 65 V oder gar 90 V angesteuert, wird die zum tatsächlichen Bewegen des Magnetankers erforderliche Spannung früher erreicht. Somit verkürzt sich die Ansprechzeit der Spule. Die erforderliche, hohe Spannung entsteht im Abschaltmoment der Spule (Selbstinduktion, Prinzip Spulenzündanlage) und wird bis zum nächsten Öffnen der Spule in Kondensatoren im Steuergerät gespeichert. Ist das Einspritzventil geöffnet, reicht die Bordnetzspannung aus, es offenzuhalten.

5.9.7 Piezoinjektoren

Die Verzögerung beim Aufbau des Magnetfelds (s.o.) lässt sich mit genannter Methode verkürzen, jedoch nicht beseitigen. Daher verwenden einige Hersteller Injektoren mit einem Piezoaktor, der ohne nennenswerten, zeitlichen Verzug arbeitet. Wird an einen Piezokristall (z.B. Quarz- oder Turmalinkristall) eine Spannung angelegt, dann dehnt er sich in Richtung der angelegten Spannung aus, da es innerhalb der Elementarzellen zu einer Neuordnung positiv und negativ geladener Teilchen kommt (siehe auch Abschnitt 2.10). Die Ausdehnung ist proportional zur angelegten Spannung, weshalb im Sinne einer ausreichenden Ausdehnung im Kraftfahrzeugbereich mit Spannungen von 100 bis 150 V gearbeitet wird. Zur Bildung eines kegelförmigen Einspritzstrahls kommen im Regelfall nach außen öffnende Ringstrahldüsen zum Einsatz.

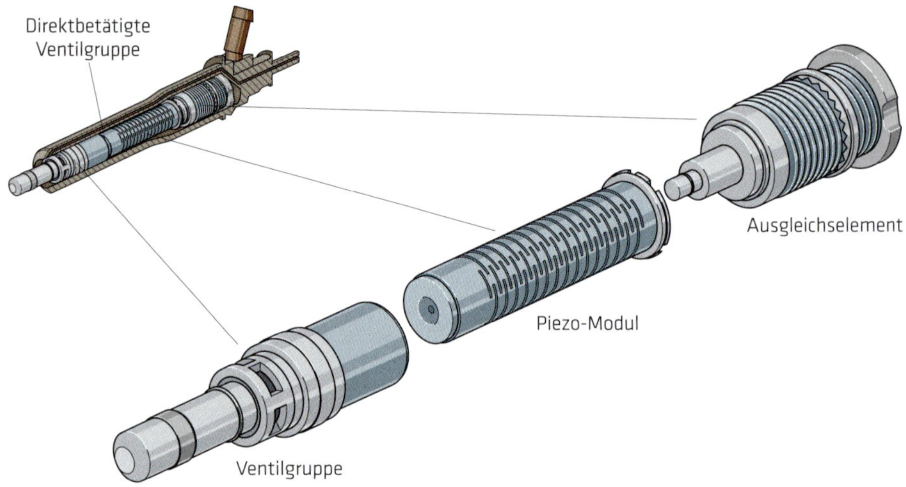

Bild 5.81 *Aufbau eines Piezoinjektors [Bild: AS-Illu]*

5.10 Lambdaregelung

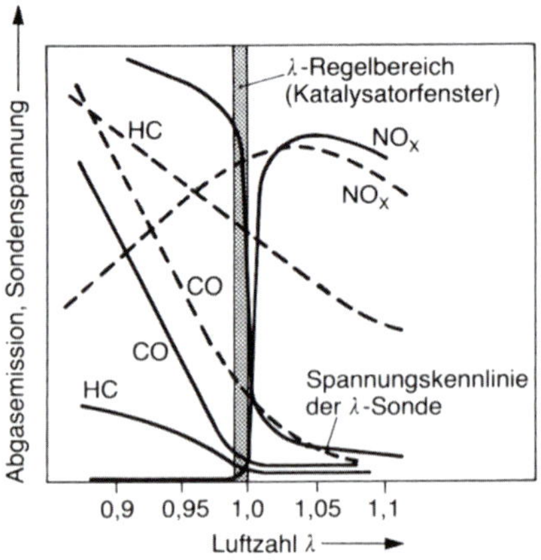

Bild 5.82 *Regelbereich der Lamdasonde. Strichlinie: Emissionen ohne katalytische Nachbehandlung*
Durchgehende Linie: Emissionen mit katalytischer Nachbehandlung

Neue und steigende gesetzliche Anforderungen machen seit den 80er-Jahren die Verwendung des geregelten Dreiwege-Katalysators notwendig. Um die Abgasentgiftung bzw. die chemischen Reaktionen innerhalb des Katalysators möglichst wirkungsvoll stattfinden zu lassen, muss die Gemischzusammensetzung innerhalb enger Grenzen, im sogenannten Katalysator- oder auch Lambdafenster liegen. Für die Einhaltung der Gemischzusammensetzung innerhalb des Katalysatorfensters ist die Steuerung der Einspritzmenge nicht ausreichend. Hier werden keine Veränderungen der Kraftstoff- und Luftzusammensetzung oder des Motors durch Verschleiß bzw. Bauteiltoleranzen berücksichtigt. Deshalb ist es erforderlich, die tatsächliche Abgaszusammensetzung nach der Verbrennung zu messen und die Einspritzmenge bzw. das Gemisch den gemessenen Abweichungen entsprechend zu korrigieren. Die Zusammensetzung der Abgase wird durch die Lambda-Sonde gemessen. Durch das Signal der Lambdasonde kann das Steuergerät die Einspritzmenge und damit das Gemisch entsprechend verändern. Da es sich hierbei um einen geschlossenen Regelkreis handelt, spricht man von der Lambdaregelung. Die Bezeichnung der Lambdasonde stammt von dem griechischen Buchstaben Lambda (λ), der in der Kraftfahrzeugtechnik für das Verhältnis zwischen theoretischem Luftbedarf und tatsächlich zugeführter Luftmasse verwendet wird (siehe auch Abschnitt 5.7).

$$\lambda = \frac{m_{Luft,zugeführt}}{m_{Luft,theoretisch}}$$

Tatsächlich misst die Lambdasonde nicht die komplette Abgaszusammensetzung, sondern nur den Restsauerstoffgehalt im Abgas. Entsprechen sich der theoretische Luftbedarf und die zugeführte Luftmasse (λ=1), findet eine vollständige Verbrennung mit den in der Summe geringsten Schadstoffemissionen statt. Ist die zugeführte Luftmasse geringer (λ<1), ist das Gemisch zu fett, bei Luftüberschuss (λ>1) zu mager. (Beim Lambda-Verhältnis wird oft die Bezeichnung Luftmenge verwendet, richtig ist jedoch Luftmasse.) Das Steuergerät regelt durch den Lambda-Integrator die berechnete Einspritzzeit nach. Bei zu fettem Gemisch wird die Einspritzzeit verkürzt (Abmagern), bei zu magerem verlängert (Anfetten). Dieser Regelprozess findet permanent statt und pendelt ca. ± 1% um λ=1. Für diese Regelung gibt es jedoch einige Ausnahmen, sogenannte Regelverbote, um das Laufverhalten des Motors nicht negativ zu beeinflussen: In der Start- und Warmlaufphase, bei Beschleunigung und Schubabschaltung und meist auch im Volllastbetrieb wird der Lambdawert zwar gemessen, jedoch nur dann in das Einspritzsystem eingegriffen, wenn es dem Motor(-lauf) nicht schadet. Bei vielen älteren Fahrzeugen wird die Lambdaregelung in solchen Phasen (z.B. durch einen Volllastkontaktschalter, der die Signalleitung der Sonde unterbricht) komplett abgeschaltet. Das Steuergerät schaltet, wie auch bei einem anderweitigen Ausfall der Sonde, auf Steuerung.

Moderne Einspritzsysteme verwenden das Signal der Lambdasonde auch dazu, die Grundsteuerung der Einspritzmenge entsprechend den tatsächlichen Motorgegebenheiten zu adaptieren. Muss die Einspritzmenge in einem bestimmten Bereich ständig nachgeregelt werden, erkennt dies das Steuergerät und berücksichtigt das bei der weiteren Berechnung der Einspritzzeit. Dadurch wird die absolute Höhe der notwendigen Korrektur durch den Lambda-Integrator geringer. Den Adaptionswert legt das Steuergerät im Arbeitsspeicher ab.

Bei der Gemischanpassung unterscheidet man die additive und die multiplikative Adaption. Bei der additiven Adaption wird zur berechneten Einspritzmenge eine konstante Abweichung hinzugezählt (addiert). Dies ist häufig der Fall, wenn z.B. durch einen Leckluftfehler das Gemisch zu mager ist. Die angesaugte Leckluftmenge ist immer gleich groß, nahezu unabhängig von der Drehzahl und Motorlast. Deshalb muss permanent zur Einspritzmenge ein gewisser Korrekturwert addiert werden. Dies wirkt sich besonders bei niedrigen Drehzahlen und im unteren Teillastbereich aus. Die multiplikative Adaption wird bei Fehlern, die drehzahl- oder lastabhängig sind, angewendet. Dabei wird die berechnete Grundeinspritzzeit mit einem Korrekturwert multipliziert. Dies kann z.B. der Fall sein, wenn der Kraftstoffdruck zu hoch ist und somit bei jedem Einspritzvorgang zu viel eingespritzt wird. Die additive bzw. multiplikative Adaption kann sowohl einen positiven als auch negativen Korrekturwert bedeuten. Hohe Adaptionswerte weisen auf mechanischen Verschleiß bzw. Veränderungen am Motor hin. Für die Adaption gelten ebenso wie für die eigentliche Lambdaregelung programmierte Grenzwerte (sog. Adaptionsgrenzen), bei deren Überschreiten ein Fehlercode im Fehlerspeicher abgelegt und der Fahrzeugführer ggf. über die Motorstörleuchte informiert wird.

5.10.1 Die Lambdasonde als Spannungssprungsonde

Die Lambdasonde besteht aus einem Keramikelement aus Zirkoniumdioxid (ZnO_2), das mit einer dünnen gasdurchlässigen Platinschicht überzogen ist. Auf der dem Abgas zugewandten Seite ist sie zudem mit einer porösen, keramischen Schutzschicht versehen. Ein darüber angebrachtes Schutzrohr mit Schlitzen verhindert mechanische Beschädigungen. Zirkoniumdioxid wirkt bei einer unterschiedlichen Sauerstoffkonzentration und höheren Temperaturen (> 300°C) wie ein galvanisches Element und erzeugt eine Spannung. Das bereits vermischte Abgas aus allen Zylindern (oder einer Zylinderbank) strömt an der in das Abgasrohr eingeschraubten Lambdasonde vorbei. Der Restsauerstoff im Abgas und der Sauerstoff der Umgebungsluft, der sich im Inneren der Sonde befindet, erzeugen durch die unterschiedliche Sauerstoffkonzentration (Sauerstoffpartialdruck) auf der Sondenkeramik eine Spannung, die über einen Kontakt und eine geschirmte Leitung dem Steuergerät zugeführt wird. Die Sonde ist so ausgelegt, dass sie bei $\lambda=1$ einen Spannungssprung macht. Die von der Lambdasonde abgegebene Spannung beträgt bei $\lambda=1$ ca. 450 mV, bei fettem Gemisch ca. 800 mV und bei magerem Gemisch ca. 100 mV (Merksatz: fette Spannung => fettes Gemisch!).

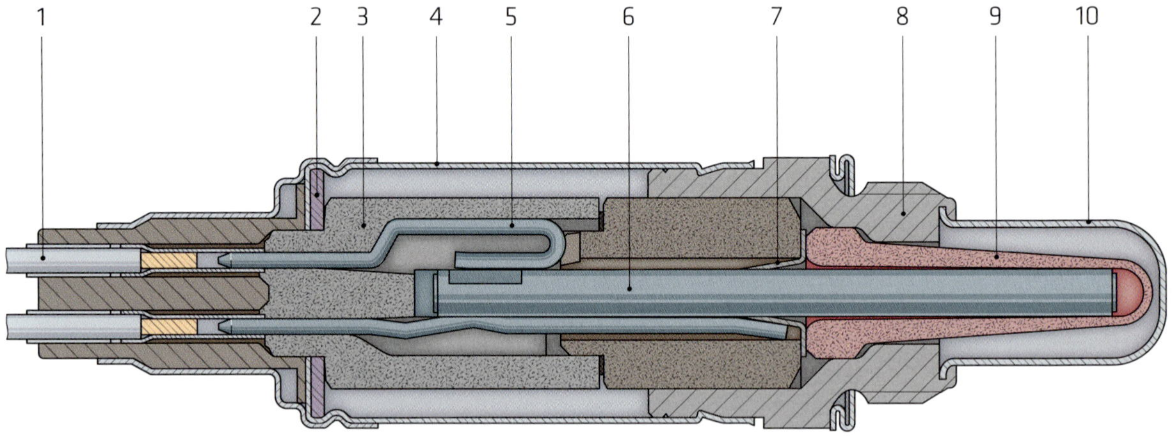

Bild 5.83 *Aufbau einer Spannungssprung-Lambdasonde*

1 Anschlusskabel
2 Tellerfeder
3 keramisches Stützrohr
4 Schutzhülse
5 Klemmanschluss für Heizelement
6 Heizelement
7 Kontaktteil
8 Sondengehäuse
9 aktive Sondenkeramik
10 Schutzrohr
[Bild: AS-Illu]

Da die Gemischzusammensetzung bei normaler Funktion stets um $\lambda=1$ pendelt, schwankt die Spannung permanent im o.g. Bereich. Die optimale Betriebstemperatur der Sonde liegt bei ca. 600°C. Da diese Temperatur nicht immer durch den richtigen Einbauort und unter allen Betriebsbedingungen erreicht bzw. eingehalten werden kann, wird meist eine beheizte Lambdasonde eingesetzt. Durch die Beheizung der Lambdasonde wird die Betriebstemperatur schneller erreicht (d.h. frühere Gemischregelung möglich) und genauer eingehalten (d.h. genauere Messung und exaktere Regelung möglich). Zudem kann der Einbauort weiter entfernt vom Motor gewählt und damit eine Überhitzung der Sonde (≥850°C, kurzzeitig ≥930°C) vermieden werden.

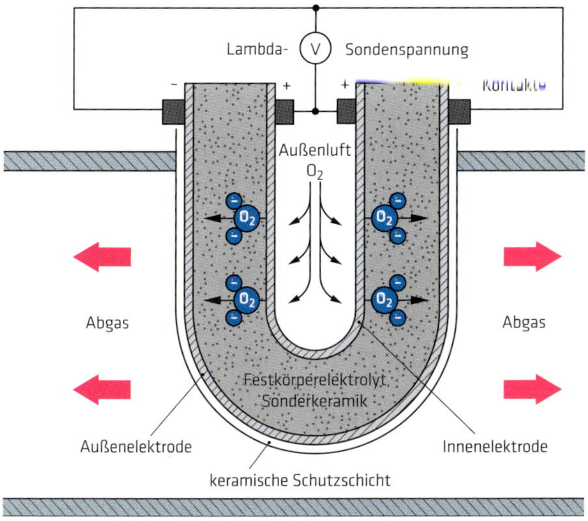

Bild 5.84 *Schematisch dargestellte Funktionsweise einer Spannungssprungsonde durch Ionenwanderung*
[Bild: AS-Illu]

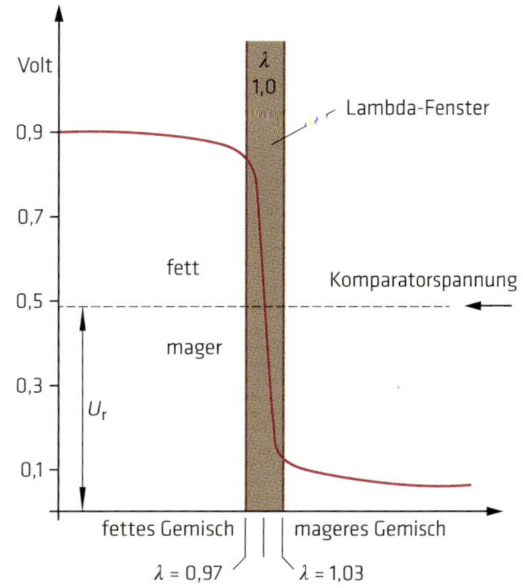

Bild 5.85 *Bei Lambda = 1 hat die Spannungssprungsonde ihren namensgebenden Spannungssprung.*
[Bild: AS-Illu]

Werkstatttipp
Die Zuführung von Frischluft in die Außenluftkammer der Sonde erfolgt auf unterschiedlichen, fehlerträchtigen Wegen: Bei älteren Sonden befindet sich im Regelfall eine Belüftung direkt an der Sonde, beispielsweise am Kabel. Diese Belüftung ist anfällig gegenüber Schmutz und unsachgemäßer Unterbodenversiegelung. Wachs, Bitumen u.Ä. verkleben bei Kontakt die Sonde und machen sie funktionsunfähig. Bei neueren Sonden wird die Luftzufuhr daher auf einem unkritischeren Weg realisiert: durch das Sondenkabel. Der Zwischenraum zwischen den einzelnen Litzen des Kabels sowie zwischen dem Leiter und der Isolierung schafft eine ausreichende Sauerstoffzufuhr zur Luftkammer. Hierbei ist jedoch zu beachten, dass dieser Weg nicht versiegelt wird, weshalb das Sondenkabel nicht verlötet werden darf (z.B. beim Einbau einer Universalsonde) und keine Kontaksprays oder Ähnliches auf das Kabelende gesprüht werden sollten.

5.10.2 Die Lamdasonde als Widerstandssprungsonde

Aufbau und Funktion gleichen im Wesentlichen der Zirkoniumdioxid-Sonde. Der Unterschied besteht lediglich darin, dass das verwendete Titandioxid als Sondenkeramik auf unterschiedliche Sauerstoffkonzentrationen nicht als galvanisches Element reagiert, d.h. keine Spannung erzeugt, sondern seinen Widerstand sprunghaft verändert. Das Steuergerät gibt bei dieser Sonde eine Spannung aus und erkennt durch den Spannungsabfall die Abgaszusammensetzung. Zusätzlich erkennt das Steuergerät durch den Spannungsabfall auch die Sondentemperatur und regelt die Sondenheizung entsprechend durch eine Stromtaktung.

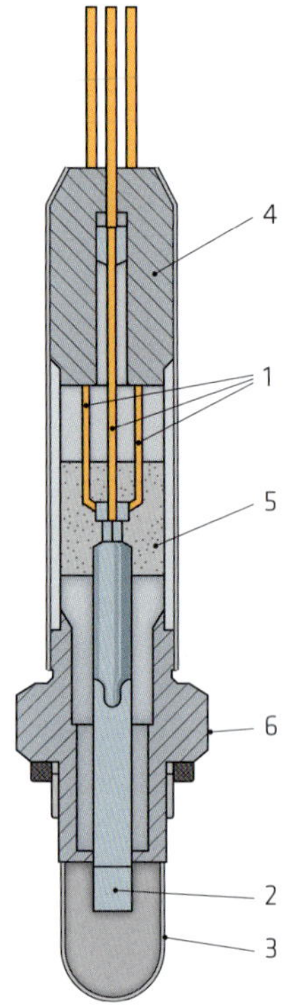

Bild 5.86 *Aufbau einer Widerstandssprung-Lambdasonde (Titanoxidsonde)*
1 Anschlussleitungen
2 Sondenelement
3 Schutzrohr
4 Tülle
5 Abdichtung
6 Metallgehäuse
[Bild: AS-Illu]

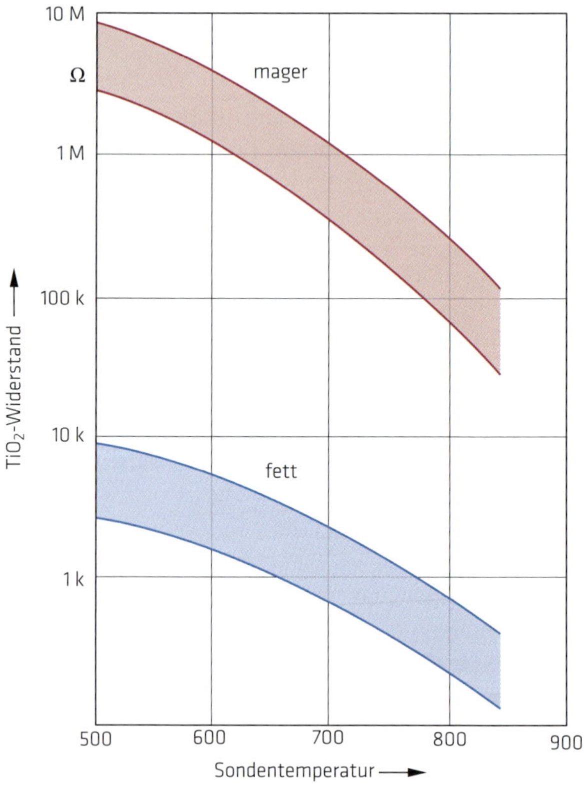

Bild 5.87 *Widerstandsverhalten der Titanoxidsonde*
[Bild: AS-Illu]

5.10.3 Die Spannungssprungsonde als Planarsonde

Die Planarsonde ist eine Weiterentwicklung der Spannungssprungsonde und hat das gleiche Funktionsprinzip. Anstatt der festen Sondenkeramik besteht sie jedoch aus mehreren aufeinander aufgetragenen flachen Schichten, in denen die Elektroden, die Isolationsschichten und Heizelemente integriert sind. Die Planarsonde hat aufgrund der kompakten Bauweise ein geringeres Gewicht und benötigt weniger Heizleistung, da die Sonde schneller die Betriebstemperatur erreicht. Hinzu kommt, dass sie günstiger hergestellt werden kann, weshalb sie sich mittlerweile auf breiter Basis durchgesetzt hat.

5.10.4 Die planare Breitband-Lambdasonde

Für Benzin-Direkteinspritzer und den dabei möglichen Magerbetrieb, sowie die Einführung der On-Board-Diagnose und die dafür geforderte Funktionsüberwachung des Katalysators, sowie für den Einsatz bei Dieselmotoren wird eine Lambdasonde benötigt, die die Sauerstoffkonzentration im Abgas in einem größeren Bereich (Spannungs- und Widerstandssprungsonde nur $\lambda = \pm 1$) messen kann. Dies führte zur Entwicklung der planaren Breitband- Lambdasonde. Die planare Breitbandsonde besteht im Prinzip aus zwei Teilen: einer Messzelle, die hauptsächlich aus einer Spannungssprungsonde besteht und einer sogenannten Sauerstoff-Pumpzelle. Die Sauerstoff-Pumpzelle ist mit der Messzelle über einen Diffusionsspalt verbunden, durch den Sauerstoff-Ionen hinein- bzw. herausgepumpt werden können. Dies ist abhängig von der über Platinelektroden an der Sauerstoff-Pumpzelle angelegten Spannung. Die Spannung wird so geregelt, dass sich in der Messzelle $\lambda = 1$ ergibt. Dabei ist der für den Konzentrationsausgleich benötigte Strom proportional zur Sauerstoffkonzentration im Abgas und damit ein Messkriterium für diese. Die planare Breitbandsonde besitzt, je nach Hersteller, 5 bzw. 6 Anschlüsse für das Messsignal, die Heizung und den Pumpstrom. Die Funktionen der Sonde werden, wie bei allen Sonden, durch die Motorelektronik überwacht. Bei Fehlfunktionen wird ein Fehler im Fehlerspeicher abgelegt und der Fahrzeugführer über die Motorstörleuchte informiert.

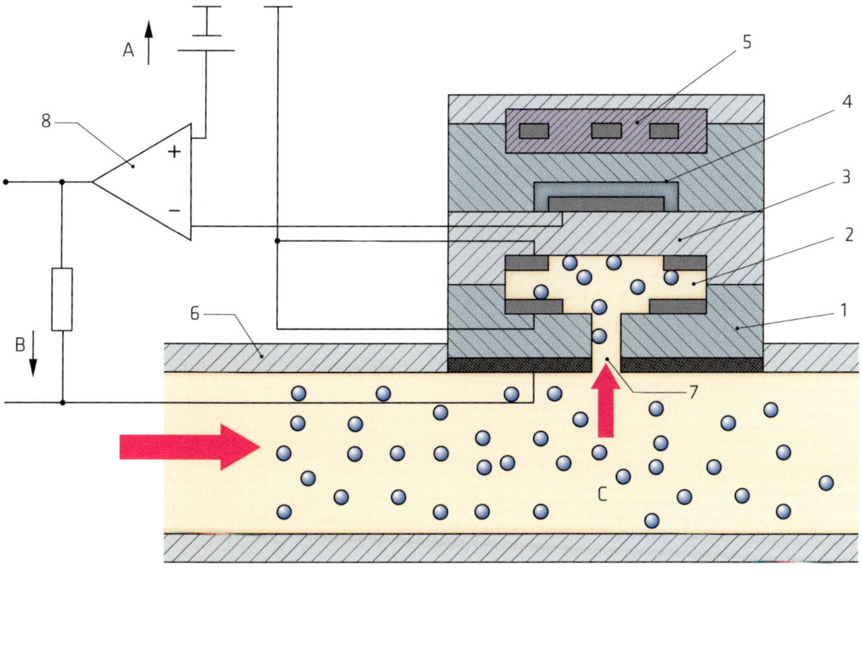

Bild 5.88 *Schematischer Aufbau einer Breitband-Lambdasonde*
1 Pumpzelle
2 Diffusionsspalt (Messkammer)
3 Nernstzelle (vergleichbar mit Zweipunkt-Sonde)
4 Referenzzelle (mit Verbindung zur Außenluft)
5 Heizung
6 Abgasrohr
7 Diffusionskanal
8 Regelschaltung im Motronic-Steuergerät
A Sondenspannung/Regelspannung
B Pumpstrom
C Abgas
[Bild: AS-Illu]

Bild 5.89 Pumpstrom der Breitband-Lambdasonde in Abhängigkeit der Luftzahl des Abgases
[Bild: AS-Illu]

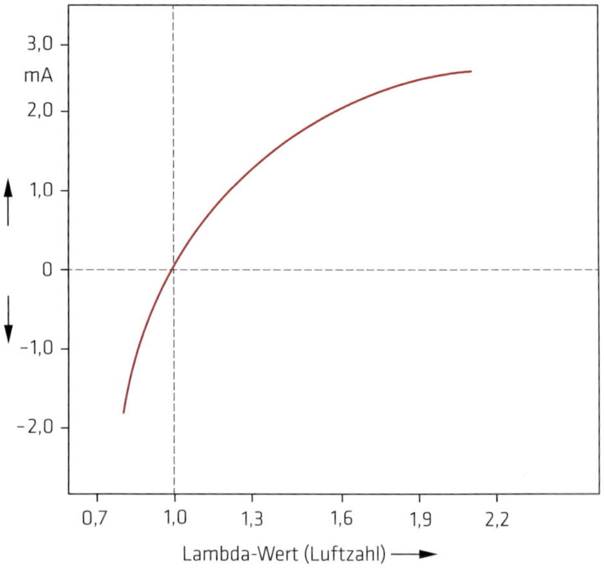

5.11 Zündkerzen

Eine wesentliche Rolle für die Laufgüte eines Ottomotors spielen auch die Zündkerzen. Nur wenn diese das Kraftstoff-Luft-Gemisch zuverlässig und vollständig entflammen, kann der Motor rund und sauber laufen. Ihre Funken beeinflussen also Laufruhe, Leistungsfähigkeit, Schadstoffausstoß und Effizienz des Motors – und das zwischen 500 und 3500 Mal pro Minute. Dabei entzündet der Zündfunke das Kraftstoff-Luft-Gemisch im Brennraum nicht direkt. Vielmehr bewirkt sein Weg durch das Gasgemisch eine intensive lokale Erwärmung, die letztlich zur Explosion des Gemischs führt.

Unterschiedliche Motoren haben ein unterschiedliche Temperaturentwicklung im Brennraum. Deshalb gibt es nicht eine Zündkerze für alle Motoren. Jedes Aggregat braucht Kerzen, deren sogenannte Wärmewerte auf sein Temperaturverhalten abgestimmt sind. Bei NGK-Zündkerzen repräsentiert zum Beispiel eine Wärmewertkennzahl eine auf Elektroden und Isolator gemessene, jeweils der Motorbelastung entsprechende, mittlere Temperatur. Sie ist auch ein Maß für die Fähigkeit der Kerze, Wärme aus dem Brennraum aufzunehmen und an den Zylinderkopf abzugeben. Bei NGK gilt: je kleiner die Zahl, desto geringer ist diese Fähigkeit. Die Zündkerze wird deshalb als „wärmer" bezeichnet als eine Kerze mit höherer Kennzahl.

Wichtig ist der Wärmewert, weil Zündkerzen ein spezielles Temperaturfenster benötigen, um optimal arbeiten zu können. Dieses beginnt bei etwa 450°C Zündkerzentemperatur – der sogenannten Selbstreinigungstemperatur. Ab dieser Temperaturschwelle verbrennen angesammelte Rußpartikel auf der Isolatorspitze. Liegt die Betriebstemperatur dauerhaft darunter, können sich laut NGK elektrisch leitende Rußpartikel ablagern, bis die Zündspannung über die Rußschicht auf die Fahrzeugmasse abfließt, statt einen Funken zu bilden.

Ab einer Zündkerzentemperatur von 850°C erhitzt sich der Isolator so stark, dass es an seiner Oberfläche zu unkontrollierten Zündungen kommen kann, den Glühzündungen. Solche unkontrollierten, abnormalen Verbrennungen können zu Motorschäden führen.

Die Wärmeableitung erfolgt nach Angaben von NGK zu annähernd 60% über das Zündkerzengehäuse und Gewinde. Etwas weniger als 40% gibt der Dichtring an den Zylinderkopf ab. Die wenigen Anteile, die für 100% fehlen, fließen über die Mittelelektrode ab. Bei der Verbrennung nimmt der Isolator die Hitze im Brennraum auf und führt sie ins Innere der Zündkerze. Überall dort, wo er Kontakt mit dem Gehäuse hat, gibt er die Wärme ab. Indem man diese Kontaktfläche also vergrößert oder verkleinert, kann man bestimmen, ob die Zündkerze mehr oder weniger Wärme über das Gehäuse abführt. Bei Zündkerzen mit höherer Temperaturbelastbarkeit ist die Kontaktfläche größer. Bei Zündkerzen mit niedrigerer Temperaturbelastbarkeit ist sie klein.

Werkstatttipp

Für die fachgerechte Montage einer Zündkerze ist ein Drehmomentschlüssel erforderlich. Denn die meisten Zündkerzenausfälle gehen auf ein falsches Anzugsdrehmoment zurück. Wird es zu niedrig gewählt, drohen Kompressionsverluste und Überhitzung. Auch ein Bruch von Isolator oder Mittelelektrode infolge von Vibrationen ist denkbar. Ist das Anzugsdrehmoment dagegen zu hoch, kann es zum Abreißen der Zündkerze führen. Auch kann sich das Gehäuse dehnen oder verdrehen. Dadurch werden die Wärmeabflusszonen gestört und es drohen nach Angaben von NGK Überhitzung und Verschmelzung der Elektroden bis hin zum Motorschaden.

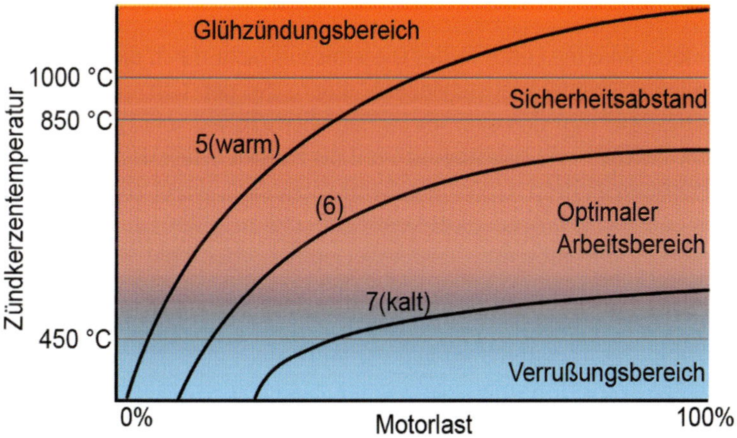

Bild 5.90 *Beispiel für den Einfluss des Wärmewerts auf die Eignung einer Zündkerze für den Motor.*
[Bild: NGK]

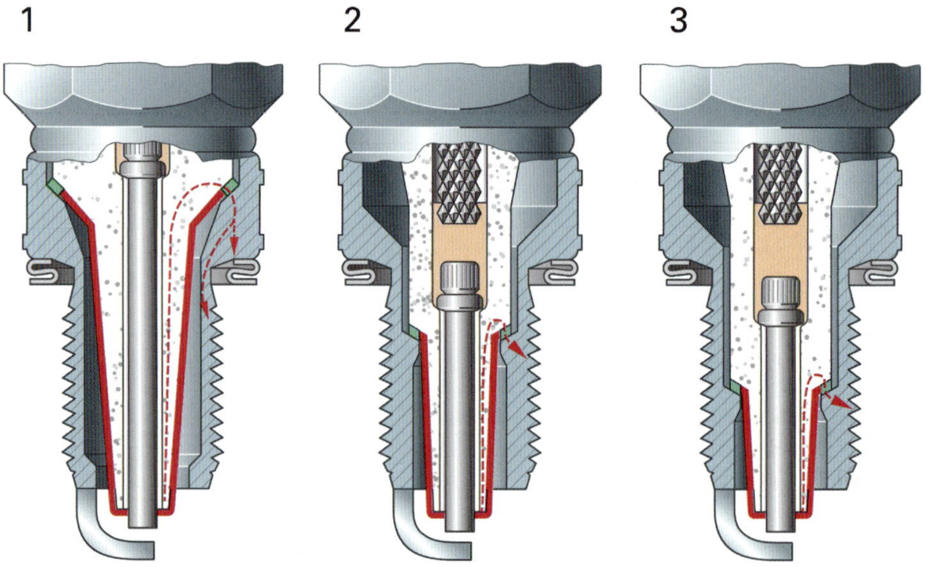

Bild 5.91 *Der Wärmewert einer Kerze wird erheblich durch die Form des Isolatorfußes bestimmt. Denn der Weg für die Wärmeableitung ist unterschiedlich lang.*
1 Zündkerze mit hoher Wärmeleitfähigkeit
2 Zündkerze mit mittlerer Wärmeleitfähigkeit
3 Zündkerze mit geringer Wärmeleitfähigkeit
[Bild: AS-Illu]

5.12 Gemischbildung im Dieselmotor

Anders als beim Ottomotor wird die Leistung des Dieselmotors nicht durch die Gemischmasse (Quantitätsregelung), sondern ausschließlich durch die der Luft zugeführten Kraftstoffmasse (Qualitätsregelung) geregelt. Im Leerlauf herrscht ein sehr großer Luftüberschuss von bis zu $\lambda=20$, der im Volllastbereich auf bis zu $\lambda=1{,}2$ fällt. Der Kraftstoff wird direkt in den Brennraum eingespritzt (innere Gemischbildung), wo er zunächst verdampft, sich anschließend mit der Ansaugluft vermischt und zu guter Letzt mit dem Luftsauerstoff reagiert und somit verbrennt. Die innere Gemischbildung hat jedoch einen großen Nachteil (auch beim Ottomotor mit Direkteinspritzung!): Es entstehen Partikel. Ursache hierfür ist die Tatsache, dass der Kraftstoff sich nicht vollständig mit dem Luftsauerstoff verbinden kann: Der Kraftstoff wird fein zerstäubt eingespritzt. Durch die Zerstäubung bilden sich kleine Kraftstofftropfen, die beginnen, über die Oberfläche durch die einwirkende Wärme zu verdampfen. Somit bildet sich rund um den immer noch flüssigen Tropfen Kraftstoff eine Gaswolke, die sich wiederum mit der Ansaugluft vermischt.

Bei Erreichen der Selbstzündungstemperatur kommt es zur gewollten chemischen Reaktion zwischen dem Kraftstoff und dem Sauerstoff. Es können jedoch nur die Kraftstoffteile verbrennen, die bereits gasförmig und in unmittelbarer Nähe zu einem Sauerstoffatom sind. Es brennt daher nur die „Hülle" aus Gemisch, die sich rund um den flüssigen Kraftstofftropfen gebildet hat. Der flüssige Kraftstoff kann nun zwar durch die einwirkende Wärme weiter verdampfen, ist jedoch durch die bereits vorhandene Flammfront vom umliegenden Luftsauerstoff abgeschlossen. Einige Sauerstoffteilchen diffundieren durch die bestehende Flamme und ermöglichen eine unvollständige Verbrennung des Kraftstoffs. Während der reaktionsfreudigere Teil des Kraftstoffs (= Kohlenwasserstoff), also der Wasserstoff mit dem Sauerstoff reagiert, bleibt der reaktionsträgere Teil des Kraftstoffs unverbrannt als reiner Kohlenstoff (C = Ruß) oder teilweise verbrannt, als Kohlenstoffmonoxid (CO) zurück. Ein Rußpartikel hat sich gebildet, der im weiteren zeitlichen Verlauf mit den übrigen Verbrennungsrückständen wie unverbrannten Kohlenwasserstoffen (HC), Sulfat (SO_4), Schwefel und Metalloxiden sowie Wasser angereichert und ausgestoßen wird.

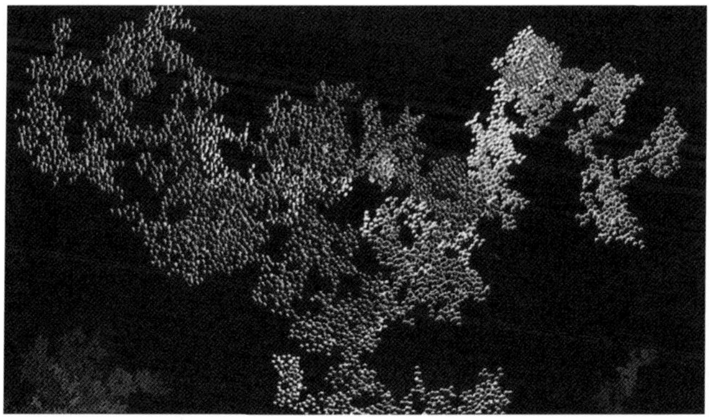

Bild 5.92 *Rußpartikel unter dem Mikroskop. Sie bestehen vorwiegend aus Kohlenstoff, können jedoch durch andere Moleküle wie unverbrannte Kohlenwasserstoffe, Schwefelverbindungen, Metalloxide und Wasser verunreinigt sein.* [Bild: Desy/SLAC National Accelerator Laboratory]

Je feiner der Kraftstoff eingespritzt wird, desto größer ist seine Reaktionsoberfläche im Verhältnis zum Volumen. Dies erhöht den Anteil des vollständig verbrannten Kraftstoffs und somit den Wirkungsgrad des Dieselmotors und reduziert die Größe der Partikel sowie deren Gesamtmasse.

Der Partikelausstoß hängt stark davon ab, wie viel Kraftstoff nicht bzw. unvollständig verbrennt. Folgende Situationen fördern die Bildung von Partikeln:

- Kaltstart und Warmlaufphase: In der Kaltstart- und Warmlaufphase fördern mehrere Faktoren eine erhöhte Partikelemission. Der kalte Motor hat eine geringe Kompression und über die Brennraumwände wird viel Wärme abgeführt. Zudem kondensiert Kraftstoff an der Zylinderwand. Alle vorbeschriebenen Prozesse verzögern sich und können in der Kürze der Zeit nicht mehr vollständig ablaufen.
- Volllastbetrieb: Wie eingangs erwähnt, ist der Dieselmotor qualitätsgeregelt, d.h., der Volllastbetrieb zeichnet sich durch besonders viel Kraftstoff in einer nahezu unveränderten Luftmasse aus. Theoretisch ist zwar noch immer mehr Luft im Brennraum als zur vollständigen Verbrennung erforderlich ist, praktisch ist diese jedoch innerhalb des Brennraums am falschen Ort (z.B. viel Kraftstoff im Bereich der Einspritzdüse und Restluft am Kolbenboden) und es kommt zu einem lokalen Sauerstoffmangel. Der Kraftstoff kann nicht richtig verbrennen.
- Unsachgemäße Leistungssteigerung: Wird eine Leistungssteigerung durchgeführt, indem beispielsweise nur die Volllastmenge verändert wird (Chiptuning, Pumpe „hochdrehen"), bekommt der Motor mehr Kraftstoff als er mit der vorhandenen Luft verbrennen kann. Es kommt zu erhöhter Rußbildung.
- Defekte Einlasskanalabschaltung: Die Einlasskanalabschaltung bewirkt eine Verwirbelung der Ansaugluft zur besseren Vermischung des Kraftstoffs mit der Luft. Bleiben die Füllklappen der Einlasskanalabschaltung offen, dann reduziert sich die Strömungsgeschwindigkeit der Luft und die Vermischung wird schlechter. Es kommt erneut zu lokalem Sauerstoffmangel. Bleiben die Füllklappen hingegen bei hohen Drehzahlen und Lasten geschlossen, gelangt insgesamt zu wenig Luft in den Brennraum. Es kommt zu einem globalen Sauerstoffmangel.

- Verstopfter Luftfilter, Störungen im Ladeluftsystem: Bei verstopftem Luftfilter oder Störungen im Ladeluftsystem (z.B. defekter Turbolader, undichter Ladeluftkühler etc.) kommt es zu einem globalen Sauerstoffmangel. Der Kraftstoff kann nicht vollständig verbrennen.
- Defekte Einspritzdüsen: Liefern die Einspritzdüsen ein schlechtes Strahlbild oder tropfen nach, ist die Oberfläche des Kraftstoffs im Verhältnis zum Volumen geringer. Der eingangs beschriebene Prozess findet nur noch mit weniger Kraftstoff statt. Somit bleibt mehr Kraftstoff in Form eines Partikels zurück.
- Kompressionsverluste: Leidet der Motor unter einem erhöhten „Blow-by", wird die Verdichtungstemperatur verspätet erreicht. Die verbleibende Zeit reicht nicht für ein vollständiges Verbrennen des Kraftstoffs aus.

Die Zeitspanne vom Einspritzbeginn bis zum Verbrennungsbeginn wird als Zündverzug bezeichnet und liegt im Regelfall bei betriebswarmem Motor bei etwa 1 ms. Dauert es länger, bis der Kraftstoff sich entzündet, spricht man von erhöhtem Zündverzug: Vor dem Verbrennungsbeginn kann mehr Kraftstoff als üblich verdampfen, der bei Erreichen der Selbstzündungstemperatur explosionsartig verbrennt. Der Druck steigt so schnell an, dass der Kurbeltrieb aufgrund seiner Trägheit nicht folgen kann. Eine hohe Geräuschemission, geringe Motorleistung und ggf. eine Schädigung der Bauteile sind die Folge. Häufig wird ein zu großer Zündverzug ausgelöst durch

- einen kalten Motor und die dadurch bedingten Kompressions- und Wärmeverluste,
- einen zu frühen Einspritzbeginn,
- eine unzureichende Zündwilligkeit des Kraftstoffs (Cetanzahl zu gering),
- eine schlechte Zerstäubung oder tropfende Düsen.

Beim Ottomotor wird das Kraftstoff-Luft-Gemisch an ein oder zwei (Zwei-Zündkerzen-Technologie – Twin-Spark) entzündet. Es kommt zu einem relativ gleichmäßigen Durchbrennen des Kraftstoffs. Da die Flamme durch den Brennraum „wandert", steigt der Verbrennungsdruck nicht stark, sondern verhältnismäßig langsam und gleichmäßig an, was dem Ottomotor seinen ruhigen Motorlauf beschert. Beim Dieselmotor entzündet sich beim Erreichen der Selbstzündungstemperatur der komplette Kraftstoff, der bereits gasförmig und in unmittelbarer Nähe zu einem Sauerstoffteilchen ist. Es kommt somit zu einem schnellen, starken Druckanstieg, der das berühmte laute Verbrennungsgeräusch, das sogenannte „Nageln" auslöst.

Gegen das Nageln gibt es bislang zwei technische Lösungen:

1. Das Aufteilen des Brennraums in Haupt- und Nebenbrennraum
2. Das Aufteilen der Einspritzmenge in mehrere Kleinmengen

5.12.1 Vorkammer- und Wirbelkammerverfahren

Das Vorkammerverfahren ermöglichte ursprünglich den Verzicht auf einen Kompressor am Dieselmotor, der den Kraftstoff mit Druckluft in den Brennraum bläst. Es wurde in den 30er-Jahren zum Wirbelkammerverfahren mit verbessertem Wirkungsgrad weiterentwickelt. Beide Verfahren, also sowohl das Vorkammer- als auch das Wirbelkammerverfahren, haben sich trotz technischer Alternativen bis in die späten 90er-Jahre, vor allem im Pkw-Bereich gehalten, da der Verbrennungsablauf hierbei, wie heute durch die

Mehrfacheinspritzung realisiert, in mehreren Stufen stattfindet. Der Verbrennungsbeginn findet in der Vor- oder Wirbelkammer statt. Die Expansion des brennenden Kraftstoffs drückt diesen durch den Schuss- oder Strahlkanal, der wie eine Drossel wirkt, in den Hauptbrennraum. Somit steigt der Druck auf den Kolbenboden nicht schlagartig, sondern langsam an, was die Bauteilbelastung und vor allem die Geräuschemission des Motors reduziert. Der größte Nachteil beider Varianten der sogenannten indirekten Einspritzung ist eine deutlich größere Oberfläche des Brennraums (Oberfläche des Hauptbrennraums + Oberfläche der Vor- oder Wirbelkammer) und die damit einhergehenden Wärmeverluste. Um eine ausreichende Verdichtungstemperatur zu erhalten ist bei den „Kammermotoren" daher ein größeres Verdichtungsverhältnis erforderlich. Während aktuelle, direkteinspritzende Diesel bereits mit einem Verdichtungsverhältnis von 14 (z.B. Mazda Skyactive) starten, liegen selbst turboaufgeladene Kammermotoren bei 18 und mehr. Das führt dazu, dass mehr Verdichtungsarbeit erforderlich ist und der Wirkungsgrad des Motors sich verschlechtert. Eine weitere Verschlechterung des Wirkungsgrads ergibt sich während des Arbeitstakts aufgrund der gleichen Ursache: Durch die große Brennraumoberfläche wird viel Verbrennungswärme direkt an den Motorblock und den Zylinderkopf abgegeben. Dies ist zwar vorteilhaft für eine schnelle Erwärmung des Kühlmittels und damit eine leistungsfähige Innenraumheizung. Kühlt jedoch die Verbrennung aus, wodurch sich der Verbrennungsdruck reduziert, fällt die Leistung des Motors und Kraftstoffverbrauch sowie Schadstoffausstoß steigen.

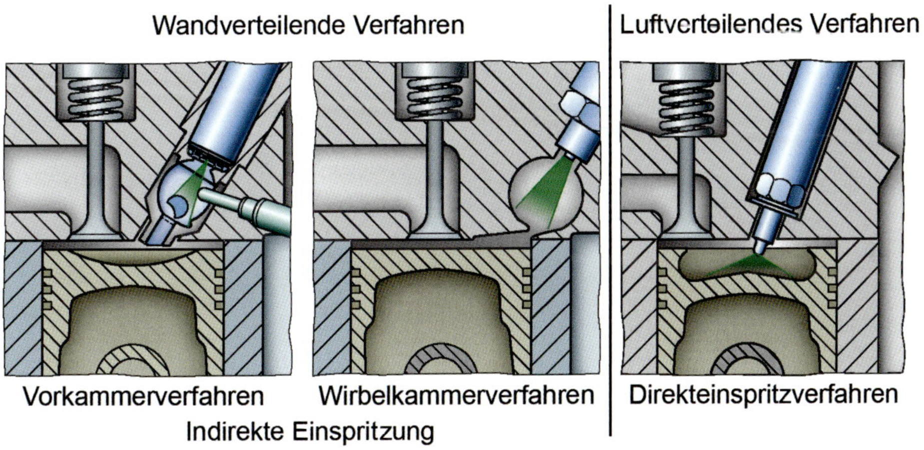

Bild 5.93 *Einspritzverfahren bei Dieselmotoren*
[Bild: AS-Illu]

Zudem benötigen Motoren mit Vor- oder Wirbelkammer aus vorgenanntem Grund zwingend eine Starthilfseinrichtung in Form einer Vorglüh- oder Flammstartanlage. Die große Brennraumoberfläche entzieht dem Motor, selbst wenn dieser betriebswarm ist, so viel Wärme, dass er ohne diese Hilfseinrichtungen nicht anspringt. Direkteinspritzende Diesel benötigen solche Hilfseinrichtungen daher nur noch unter extremen Bedingungen (i.d.R. $< 0°C$) oder zur Minderung der Schadstoffemission während und nach dem Kaltstart. Einige Hersteller (z.B. Peugeot) verzichten bei diversen Motoren gänzlich auf solche Systeme. Die „Vorglühanlage" wird daher heutzutage nicht mehr den Starthilfeeinrichtungen, sondern den Partikelminderungssystemen und damit der Abgasnachbehandlung zugeordnet.

Werkstatttipp

Obwohl jedem Gesellen, Servicetechniker und Meister klar sein sollte, dass die Verdichtung des Dieselmotors den Zündfunken des Ottomotors ersetzt, wird dieser in der Werkstatt oftmals eine deutlich geringere Bedeutung beigemessen. Bei Problemen mit dem Startverhalten werden vielfach zunächst Bauteile der Vorglühanlage (meist unnötig, s.o.) oder des Einspritzsystems ersetzt, weil man den Aufwand einer Kompressionsprüfung scheut. Hiervon ist dringend abzuraten, da die Abhilfe zum einen keinen Erfolg bringt (Auftrag = Werkvertrag => kein Erfolg, kein Vergütungsanspruch) und zum anderen durch den Ersatz von Bauteilen und die damit verbundenen Einlernvorgänge und Probefahrten eine Vergrößerung des Schadens am Motor zu befürchten ist.

5.12.2 Vor-, Haupt- und Nacheinspritzung

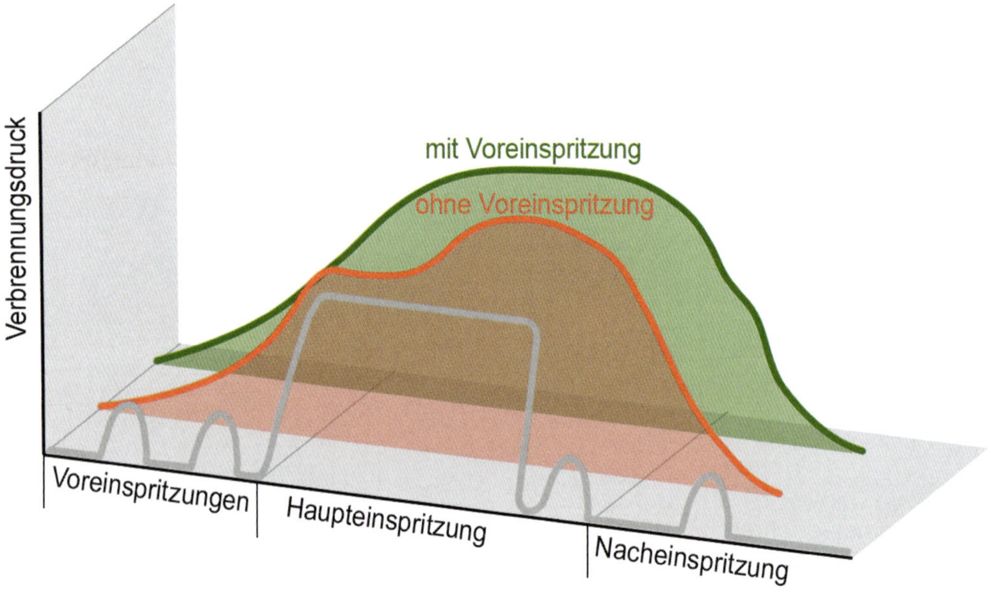

Bild 5.94 *Durch Vor- und Nacheinspritzungen lässt sich der Druckaufbau im Zylinder verbessern. Das führt zu geringeren Geräusch- und Schadstoffemissionen.*

Die zweite Lösung zur Minderung der Geräuschemissionen des Dieselmotors ist die Aufteilung der Verbrennung in den Arbeitstakten in Vor-, Haupt- und Nacheinspritzungen. Mit jedem Einspritzvorgang verbrennt nur die Kraftstoffmasse, die in diesem Moment zur Verfügung gestellt wird. Teilt man daher eine große in mehrere kleine Einspritzmengen auf, so werden aus einer großen Verbrennung (mit starkem Druckanstieg und lauten Verbrennungsgeräuschen) mehrere kleine Verbrennungen. Aktuell wird pro Arbeitsspiel bis zu 10 Mal eingespritzt, wobei einige Hersteller die Anzahl der Einspritzungen schon wieder reduzieren, da der Erfolg den Aufwand nicht rechtfertigt.

Die Überwachung des Druckverlaufs erfolgt vielfach durch eine Drucksensor-Glühkerze (PSG – Pressure Sensor Glow Plug, siehe auch Abschnitt 2.12). Neben der Geräuschminderung spielt für die Mehrfacheinspritzung auch die Schadstoffminderung eine große Rolle. Während die Vor- oder auch Piloteinspritzung hauptsächlich vorgenanntem Zweck und einer leichten NO_X-Reduktion dient, ist die Nacheinspritzung in Verbindung mit der durch sie ausgelösten späten Verbrennung hauptsächlich für eine Anhebung der Abgastemperatur, z.B. zur Regeneration des Dieselpartikelfilters, verantwortlich. Die Anzahl der Einspritzvorgänge ist stark vom System und dessen Möglichkeiten und dem Lastzustand abhängig. Während die meisten Hersteller im Leerlauf vielfach einspritzen, um einen ruhigen Motorlauf im Stand zu gewährleisten, wird bei Volllast oftmals nur einfach eingespritzt, um viel Kraftstoff in kurzer Zeit zu verbrennen und einen hohen Verbrennungsdruck und damit ein hohes Motordrehmoment zu erzielen.

5.13 Common-Rail-Einspritzung

Das Common-Rail-System hat mit Beginn der späten 90er-Jahre nach und nach alle bisherigen Diesel-Einspritzsysteme, sowohl im Pkw- als auch im Lkw-Bereich bei nahezu allen Herstellern abgelöst. Grund hierfür sind eine Reihe von Vorteilen:

1. Die Einspritzmenge lässt sich beim Common-Rail-System nicht nur, wie bisher üblich, durch eine Veränderung der Einspritzzeit, sondern auch durch eine Veränderung des Einspritzdrucks variieren. Somit kann der Motor, je nach Betriebszustand, entweder in sehr kurzer Zeit mit viel Kraftstoff oder auch in längerer Zeit mit wenig Kraftstoff versorgt werden, wodurch sich der Druckverlauf im Brennraum den Anforderungen des jeweiligen Betriebszustands anpassen lässt: im Leerlauf eher ruhig mit der Tendenz zur Laufkultur eines Ottomotors und unter Last mit hohem Drehmoment dank hohem Verbrennungsdruck.
2. Kein Druckanstieg im Einspritzvorgang: Bei allen bisherigen Einspritzsystemen ändern sich der Einspritzdruck und damit das Spritzbild und die Zerstäubung während des Einspritzvorgangs. Die Einspritzdüsen öffnen bei einem festgelegten Öffnungsdruck und der Druck steigt über den Verlauf des Einspritzvorgangs bis hin zum maximalen Einspritzdruck an. Beim Common-Rail-System entspricht der Öffnungsdruck dem jeweiligen Einspritzdruck.
3. Nahezu beliebige Anzahl von Einspritzvorgängen: Systembedingt gibt es keine Einschränkungen, was die Anzahl der möglichen Einspritzvorgänge angeht. Der Druck steht stets am Injektor an und der Kraftstoff kann so oft eingespritzt werden, wie es die Trägheit des jeweiligen Injektors erlaubt. Hierdurch können der Druckverlauf im Zylinder und damit die Laufkultur des Motors der jeweiligen Situation angepasst werden: für einen ruhigen Motorleerlauf viele Einspritzungen, für maximales Drehmoment bei Volllast ggf. nur eine.
4. Einspritzung unabhängig von Kurbelwellen- und Nockenwellenposition: Da der Kraftstoffdruck immer ansteht, kann auch dann eingespritzt werden, wenn andere Einspritzsysteme gar keinen Druck zur Verfügung stellen können. So ist es zum Beispiel möglich, sehr spät und sogar in den Ausstoßtakt einzuspritzen, um die Abgastemperatur anzuheben oder gezielt unverbrannte Kohlenwasserstoffe (z.B. als Reduktionsmittel zur Regeneration eines NO_X-Speicherkatalysators) auszustoßen.

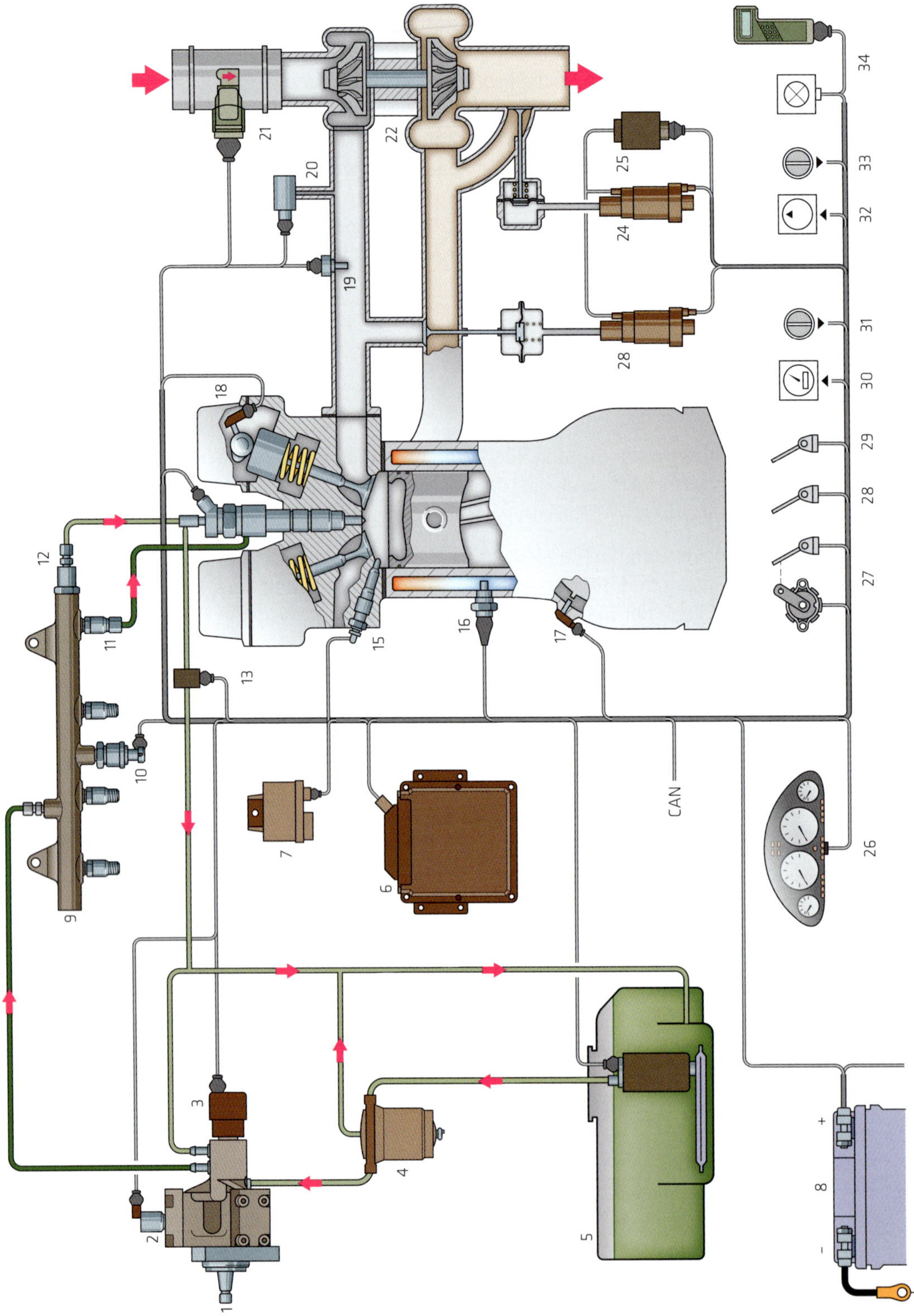

Bild 5.95 *Common-Rail-Einspritzsystem*

1 Hochdruck-Radialkolbenpumpe
2 Elementabschaltung im Leerlauf und bei Teillast, um die Kraftstofferwärmung zu verringern
3 Druckregelventil, wird vom Steuergerät angesteuert
4 Kraftstofffilter
5 Kraftstoffbehälter mit Vorfilter und Vorförderpumpe
6 Steuergerät
7 Glühzeitsteuergerät
8 Batterie
9 Kraftstoffverteilerrohr (Rail)
10 Verteilerrohr-Drucksensor
11 Durchflussbegrenzer, sperrt bei defektem Injektor den Kraftstofffluss, damit kein Motorschaden entsteht
12 Druckbegrenzungsventil, verhindert den Druckanstieg über 1350 bar
13 Kraftstoff-Temperatursensor
14 Injektor
15 Glühstiftkerze
16 Kühlmittel-Temperatursensor
17 Kurbelwellen-Drehzahlsensor
18 Nockenwellensensor (Hall-Sensor), dient der Zylindererkennung (Zünd-OT)
19 Ansaugluft-Temperatursensor
20 Ladedrucksensor
21 Heißfilm-Luftmassenmesser
22 Turbolader
23 Abgasrückführsteller
24 Ladedrucksteller
25 Vakuumpumpe
26 Instrumentenfeld mit Signalausgabe für Kraftstoffverbrauch, Drehzahl usw.
27 Pedalwertgeber
28 Bremsschalter
29 Kupplungsschalter
30 Fahrgeschwindigkeitssensor
31 Bedienteil für Fahrgeschwindigkeitsregelung
32 Klimakompressor
33 Bedienteil für Klimakompressor
34 Diagnoseanzeige mit Anschluss für Diagnosegerät
[Bild: AS-Illu]

Der Kraftstoff wird durch eine mechanische oder eine Kombination aus einer mechanischen und einer elektrischen Vorförderpumpe aus dem Kraftstofftank angesaugt und durch den Kraftstofffilter unter einem Druck von etwa 2,5 bis 5 bar in die Hochdruckpumpe geleitet. Die Hochdruckpumpe bringt den Kraftstoff auf einen Druck von bis zu 2500 bar, bevor er, ggf. über ein Verteilerrohr, an das oder die Railrohr(e) geleitet und dort gespeichert wird. Die Injektoren spritzen den Kraftstoff auf Anweisung des Steuergeräts zum richtigen Zeitpunkt in der richtigen Menge in den Motor. Überschüssiger Kraftstoff fließt von der Hochdruckpumpe, den Injektoren, dem Druckregelventil und der Zumesseinheit in die Rücklaufleitung und über einen oder mehrere Kraftstoffkühler zurück in den Tank. Bei vielen Motoren befindet sich im Kraftstofffilter (vier Anschlüsse) ein Thermostat (Bimetallventil): Bei kaltem Motor fließt der Kraftstoff vom Rücklauf aus direkt wieder in Richtung der Hochdruckpumpe und erst bei warmem Motor wird er in den Tank abgeleitet. Hierdurch wird der Kraftstoff schneller warm und dadurch besser filtrierbar, fließ- und zündfähiger.

5.13.1 Elektrische Vorförderpumpe

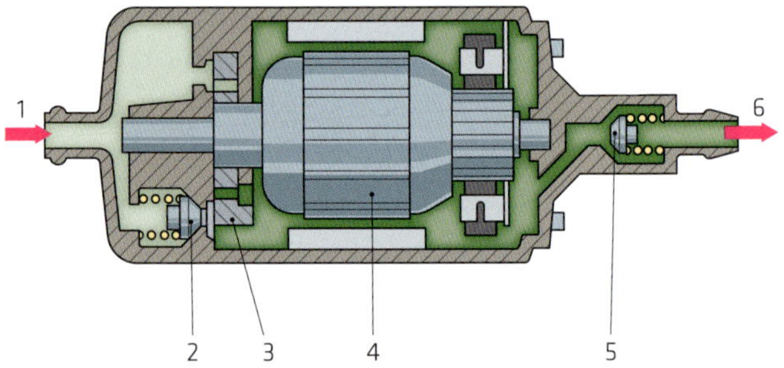

Bild 5.96 *Rollenzellenpumpe*
1 Saugseite
2 Überdruckventil (Druckbegrenzer)
3 Rollenzellenpumpe
4 Motoranker
5 Rückschlagventil
6 Druckseite
[Bild: AS-Illu]

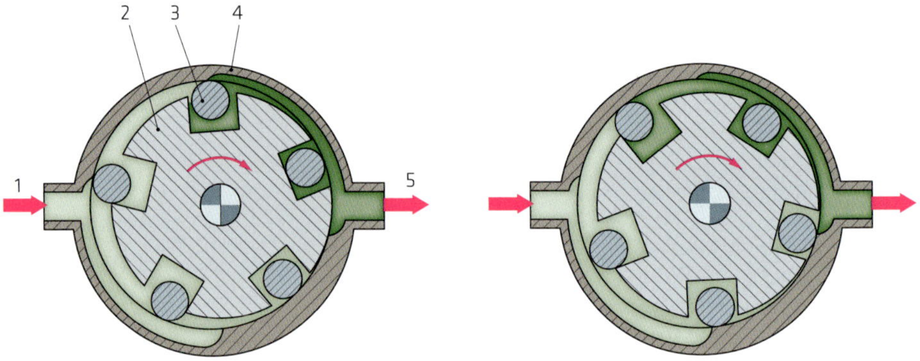

Bild 5.97 *Wirkungsweise der Rollenzellenpumpe*
1 Saugseite
2 Läuferscheibe
3 Zylinderrollen
4 Gehäuse
5 Druckseite
[Bild: AS-Illu]

Die Vorförderpumpe, im Regelfall eine Rollenzellenpumpe, ist als In-Tank oder In-Line- (in der Leitung) Pumpe ausgeführt. Sie erzeugt einen Kraftstoffdruck von bis zu 7 bar bei einem Volumenstrom von bis zu 500 l/h und hat die Aufgabe, die mechanische Vorförderpumpe mit ausreichend Kraftstoff zu versorgen. Im Sinne eines schnellen Motorstarts wird sie bei einigen Fahrzeugherstellern nicht erst beim Starten, sondern bereits beim Aufschließen des Fahrzeugs mit der Fernbedienung, beim Öffnen irgendeiner oder der Fahrertür oder beim Einschalten der Zündung kurzzeitig eingeschaltet, um Vordruck aufzubauen. Im Fahrbetrieb kann sie zu der mechanischen Vorförderpumpe in Reihe geschaltet oder wieder deaktiviert sein. Ist die Förderleistung der mechanischen Vorförderpumpe höher als die der elektrischen Vorförderpumpe, so kann der Kraftstoff meist durch einen Bypass an der elektrischen Vorförderpumpe vorbei angesaugt werden.

5.13.2 Kraftstofffilter

Der Kraftstofffilter entfernt Festpartikel aus dem Dieselkraftstoff, die als Abrieb in der Raffinerie oder der Tankanlage oder durch sonstige Unreinheiten, z.B. am Tankstutzen oder in der Umgebungsluft hineingeraten sind. Im Gegensatz zum konventionellen (gelben) Kraftstofffilter mit 8 bis 12 µm Durchlassquerschnitt kommen beim Common-Rail-Diesel im Regelfall sogenannte Feinfilter (weiß) mit 3 bis 5 µm Durchlassquerschnitt zum Einsatz. In vielen Fällen dient ein Wasserabscheider (rein physikalisch, Wasser ist schwerer als Diesel und lagert sich unten ab) der Entwässerung des Kraftstoffs. Ein optionales Heizelement vor dem oder im Kraftstofffilter verbessert die Filtrierbarkeit des Kraftstoffs, vor allem im Winterbetrieb.

Werkstatttipp

Kraftstofffilterwechsel: Beim Kraftstofffilterwechsel sollte, wie bei allen Arbeiten am geöffneten Kraftstoffsystem, äußerste Sauberkeit herrschen. Niemals sollte ungefilterter Kraftstoff (z.B. aus dem alten Filter oder einem Kanister) in das Kraftstoffsystem hinter den Filter gelangen. Leider sind vorgenannte Tätigkeiten noch immer gängige Praxis in der Werkstatt, da der Monteur davon ausgeht, dass er ja „sieht", dass der Kraftstoff sauber ist. Als Denkanstoß sei hier noch einmal erwähnt, dass der Durchlassquerschnitt des Kraftstofffilters bei etwa 3 bis 5 µm liegt, das menschliche Auge Verschmutzungen, wie zum Beispiel Abriebpartikel aus der Raffinerie, jedoch erst ab einer Größe von etwa 0,2 mm, also 200 µm wahrnimmt. Die potenziellen Schadensverursacher sind somit etwa 40 Mal kleiner als das kleinste, was der Mensch selbst bei aufmerksamer Betrachtung sehen kann. Zudem sollte das Kraftstoffsystem niemals durch Betätigen des Starters („Orgeln") entlüftet werden, da die Hochdruckpumpe in diesem Fall trockenlaufen kann. Gemäß den üblichen Herstellervorschriften sollte stattdessen die elektrische Vorförderpumpe mithilfe des Diagnosegeräts, oder die fest verbaute oder eine als Spezialwerkzeug erhältliche Handpumpe zum Entlüften des Systems verwendet werden.

Entwässerung: Das Entwässerungsventil, sofern vorhanden, sollte mindestens einmal jährlich, am besten im Herbst, geöffnet werden, um das Wasser aus dem Kraftstofffilter abzulassen. Dies wird in vielen Fällen vernachlässigt, weil es ja auch ohne in der Vergangenheit „immer gutgegangen" ist. Zu beachten ist hierbei jedoch, dass der aktuelle Dieselkraftstoff, hauptsächlich durch seinen bis zu 7%igen Biodieselanteil, hygroskopisch ist und somit mehr Wasser einlagert als in der Vergangenheit. Die Konsequenzen eines erhöhten Wasseranteils im Dieselkraftstoff reichen von einem verstopften, weil zugefrorenen Filter im Winter über verstärktes Bakterienwachstum, bis hin zu Kavitationsschäden.

5.13.3 Mechanische Vorförderpumpe

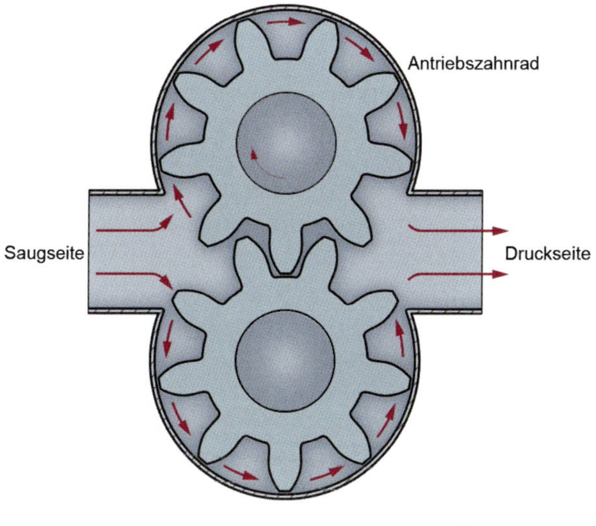

Bild 5.98 *Wirkungsweise einer Zahnradpumpe* [Bild: AS-Illu]

Die mechanische Vorförderpumpe ist im Regelfall eine von der Nockenwelle angetriebene Zahnradpumpe. Sie ist selbstansaugend und erzeugt einen Druck von bis zu 7 bar bei einem Volumenstrom von bis zu 250 l/h. Sie saugt den Kraftstoff entweder direkt aus dem Tank an oder bekommt ihn von einer elektrischen Vorförderpumpe geliefert. Sie zeichnet sich durch Unempfindlichkeit, Zuverlässigkeit und eine lange Lebensdauer aus.

Der Kraftstoff wird von links angesaugt und in den Zahnzwischenräumen außen am Gehäuse vorbei nach rechts gefördert. Ein Zurückfließen des Kraftstoffs wird unterbunden, da sich die Zahnzwischenräume in der Mitte mit den Zähnen des zweiten Zahnrads füllen. Bei warmem und daher niedrigviskosem Kraftstoff kommt es durch zurückströmenden Kraftstoff dennoch zu einer Verminderung der Förderleistung.

5.13.4 Hochdruckpumpe

Die Hochdruckpumpe, im Regelfall eine Radialkolbenpumpe, wird entweder über die Nockenwelle oder über ein eigenes Antriebsrad vom Zahnriemen, der Steuerkette oder den Stirnrädern angetrieben. Sie hat die Aufgabe, den Kraftstoffdruck auf bis zu 2500 bar anzuheben. Bei Nichtbetätigung wird der Pumpenkolben durch eine Feder in den unteren Totpunkt gezogen und der Hochdruckraum mit (ggf. geregeltem) Kraftstoffvordruck befüllt. Bei Betätigung des Pumpenkolbens wird dieser in den oberen Totpunkt gedrückt und der Kraftstoff in das Rail verdrängt. Der Zu- und Abfluss erfolgt über Kegel- oder Kugelsitzventile.

Dreikolbenpumpe

Die Betätigung der Pumpenkolben erfolgt bei der Dreikolbenpumpe über eine Exzenterwelle mit Exzenter. Verdreht sich die Exzenterwelle, verschiebt sich der Exzenter und betätigt reihum die um 120° versetzten Pumpenelemente. Durch die gleichmäßige Verteilung der Pumpenelemente ist auch der Drehmomentbedarf (etwa 17 Nm bei 1300 bar) der Pumpe relativ konstant. Das führt zu einer geringeren Belastung des Pumpenantriebs.

Ein- und Zweikolben- Hochdruckpumpe CP4

Bei der Ein- und Zweikolben-Hochdruckpumpe erfolgt die Betätigung des Pumpenkolbens durch einen Rollenstößel, der die Reibung reduziert (Roll- statt Gleitreibung) und somit durch eine Verringerung der Antriebsleistung der Pumpe zu einer Verminderung von Kraftstoffverbrauch und Schadstoffausstoß beiträgt. Die Pumpenkolben laufen synchron zu den Motorkolben, um durch einen Angleich des Druckniveaus während der einzelnen Einspritzvorgänge noch gleichmäßigere Spritzbilder zu erzielen.

Werkstatttipp

Die meisten aktuellen Hochdruckpumpen müssen bei Montagearbeiten abgesteckt werden. Erfolgt dies nicht, führt das vom Nichteinhalten der Abgasemissionswerte bis hin zu schweren Motorschäden durch Schläge in die Motorsteuerung (Druckeinsatz im falschen Moment).

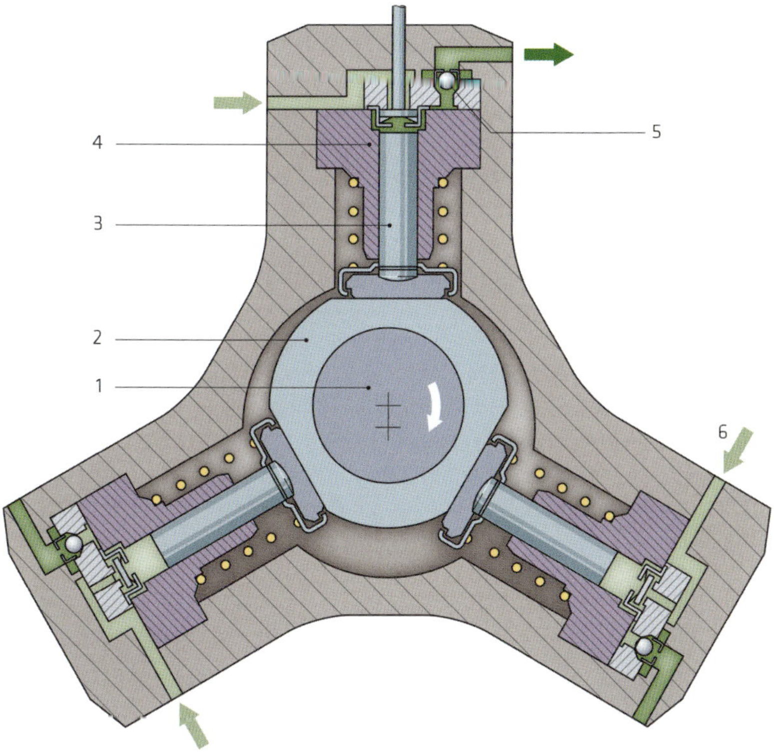

Bild 5.99 *Schema einer Hochdruck-Radialkolbenpumpe*
1 Antriebswelle (Exzenter)
2 Hubring
3 Pumpenelement mit Pumpenkolben
4 Saugventil
5 Auslassventil
6 Kraftstoffzulauf
[Bild: AS-Illu]

5.13.5 Druckregelung

Die Druckregelung erfolgt beim Common-Rail-System entweder auf der Hochdruckseite oder auf der Niederdruckseite oder durch eine Kombination dieser beiden Möglichkeiten. Die Messung des Raildrucks erfolgt in allen Fällen auf der Hochdruckseite durch den Raildrucksensor, im Regelfall ein Dehnmessstreifen (kurz: DMS, siehe auch Abschnitt 2.5).

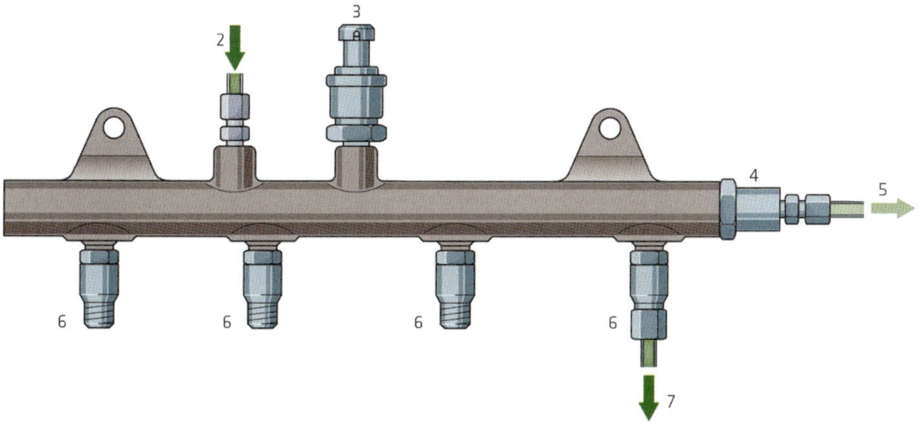

Bild 5.100 *Aufbau eines Hochdruckspeichers (Rail)*
1 Rail
2 Zulauf von der Hochdruck-Radialkolbenpumpe
3 Raildrucksensor
4 Druckbegrenzungsventil
5 Rücklauf vom Rail zum Kraftstoffbehälter
6 Durchflussbegrenzer (nicht immer vorhanden)
7 Leitung zum Injektor
[Bild: AS-Illu]

Bei der hochdruckseitigen Regelung, bei einigen Herstellern schlicht als „Druckregelung" bezeichnet, fördert die Hochdruckpumpe stets mit maximaler Leistung. Alles, was über den aktuellen Druckbedarf des Motors hinausgeht, wird durch das Druckregelventil an der Rail in den Rücklauf abgelassen. Diese Form der Druckregelung ermöglicht zwar eine sehr schnelle Anpassung des Raildrucks, bedingt jedoch, dass die Hochdruckpumpe stets maximal belastet wird. Dadurch steigen deren Verschleiß, der Kraftstoffverbrauch und der Schadstoffausstoß, während die nutzbare Motorleistung sinkt. Zudem erwärmt sich der Kraftstoff stärker als notwendig. Das Druckregelventil ist ein pulsweitenmoduliert gesteuertes Magnetventil. Eine Ventilfeder hält das Druckregelventil im unbestromten Zustand bis etwa 100 bar Raildruck geschlossen. Dies verhindert ein „Leerlaufen" des Rails bei abgestelltem Motor, wodurch sich der Startvorgang verlängern würde. Wird das Ventil bestromt, so unterstützt das Magnetfeld die Feder beim Geschlossenhalten des Ventils. Je nach Lastzustand kann der Raildruck beim Motorstart bei etwa 250 bar, im Leerlauf bei etwa 400 bar und bei Volllast erst bei maximalem Druck die Schließkraft von Feder und Magnetfeld überwinden und der Kraftstoff abfließen. Bei Ausfall des Druckregelventils fällt der Raildruck auf 100 bar. Der Motor geht aus bzw. springt gar nicht erst an.

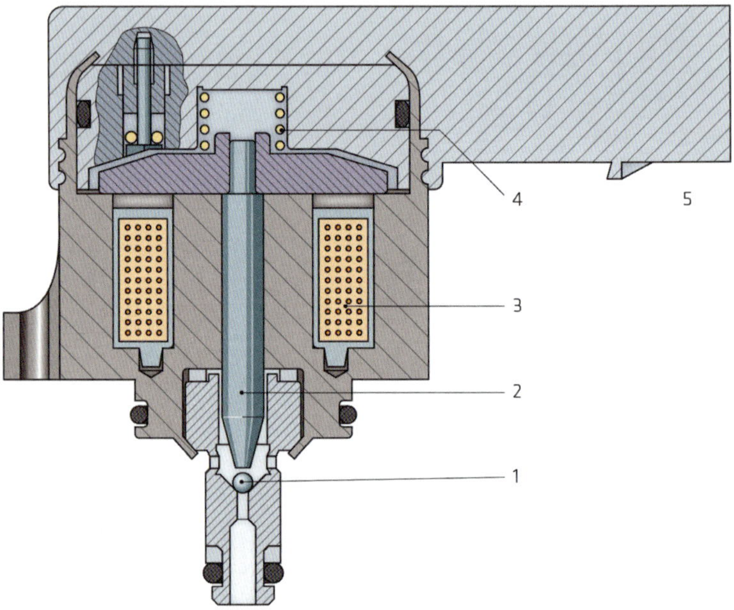

Bild 5.101 *Druckregelventil*
1 Ventilkugel
2 Anker
3 Elektromagnet
4 Feder
5 elektrischer Anschluss
[Bild: AS-Illu]

Die niederdruckseitige Regelung wird von einigen Herstellern auch als „Mengenregelung" bezeichnet, da die Zumesseinheit die Zuflussmenge zur Hochdruckpumpe regelt. Im unbestromten Zustand ist das Mengenregelventil/die Zumesseinheit vollständig geöffnet, sodass der Kraftstoff ungehindert in den Hochdruckraum der Hochdruckpumpe einfließen kann und die Hochdruckpumpe den maximalen Hochdruck bereitstellt. Wird die Zumesseinheit pulsweitenmoduliert bestromt, dann fährt der Ventilstößel aus und reduziert den Öffnungsquerschnitt im Hochdruckpumpenzulauf. Der überschüssige Niederdruck wird in die Rücklaufleitung abgelassen.

Bei Ausfall der Zumesseinheit fördert die Hochdruckpumpe stets mit maximaler Leistung. Dies kann bei rein niederdruckseitig geregelten Systemen dazu führen, dass der Druck auf unzulässige, da schadhaft hohe Werte ansteigt. Ein mechanisches Druckbegrenzungsventil am Rail soll dies verhindern.

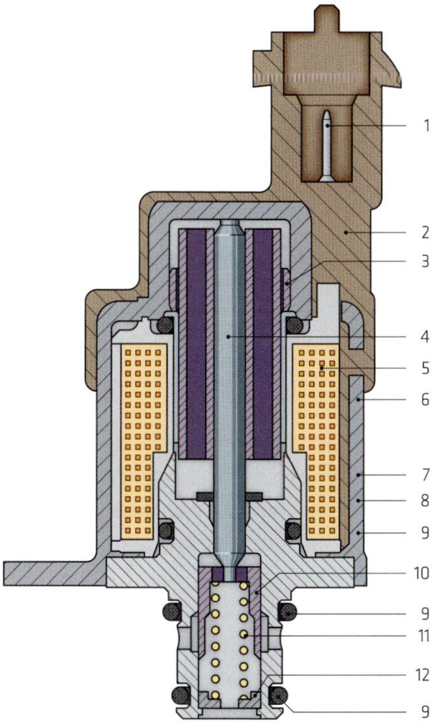

Bild 5.102 *Mengenregelventil/Zumesseinheit*
1 Stecker mit elektrischer Schnittstelle
2 Magnetgehäuse
3 Lager
4 Anker mit Stößel
5 Wicklung mit Spulenkörper
6 Topf
7 Restluftspaltscheibe
8 Magnetkern
9 O-Ring
10 Kolben mit Steuerschlitze
11 Feder
12 Sicherungselement
[Bild: AS-Illu]

Das Druckbegrenzungsventil gibt es in einstufiger und zweistufiger Ausführung: Im normalen Fahrbetrieb wirkt der Kraftstoffdruck bei beiden Varianten nur auf eine sehr kleine Kolbenfläche, sodass er es erst bei Überschreiten des zulässigen Drucks schafft, das Ventil zu betätigen. Ist das Ventil einmal geöffnet, wirkt der Kraftstoffdruck auf die komplette Kolbenfläche, sodass es geöffnet bleibt, bis der Motor steht und der Raildruck komplett abgebaut ist. Ein Weiterbetrieb des Motors ist nicht möglich. In der zweistufigen Variante befindet sich hinter dem ersten Druckbegrenzungsventil ein zweites. Dieses öffnet bei einem definierten Notlaufdruck von z.B. 800 bar. Fällt der Druck auf unter 800 bar, schließt es jedoch wieder, sodass der Raildruck auf diesem Wert konstant gehalten und ein Notlaufbetrieb des Motors ermöglicht wird.

Werkstatttipp

Das mechanische Druckbegrenzungsventil ist darauf ausgelegt, nur in Ausnahmefällen zu reagieren. Es unterliegt bei Betätigung einem starken Verschleiß, weshalb es bereits nach wenigen Auslösungen (je nach Hersteller 1 bis 10 Mal) ersetzt werden muss, um die Dichtheit des Systems zu gewährleisten. Das Auslösen des Druckbegrenzungsventils (kurz: DBV) wird anhand des zu hohen Raildrucks vom Raildrucksensor erkannt und im Motorsteuergerät hinterlegt. Bei Erreichen der Verschleißgrenze wird im Fehlerspeicher ein entsprechender Fehlercode abgelegt. Neben der Ausführung als federbelastetes Rückschlagventil gibt es sogenannte Berstplomben: Beim Überschreiten des maximal zulässigen Raildrucks wird das Rail unwiderbringlich geöffnet. Der Motor geht aus und das DBV muss nach erfolgreicher Instandsetzung der Druckregelung ersetzt werden.

Im Pkw-Bereich sind die meisten aktuellen Common-Rail-Motoren Zweisteller-geregelt. Beim Motorstart und in der Warmlaufphase läuft der Motor meist hochdruckseitig geregelt, um den Kraftstoff zu erwärmen und damit fließ- und zündfähiger zu machen. Bei betriebswarmem Motor läuft das System im Leerlauf und bei Teillast, wenn große Sprünge des Raildrucks möglich und wahrscheinlich sind (z.B. Losfahren an der Ampel: von 400 bar im Leerlauf auf ggf. 2500 bar Volllast), im Zweisteller-Betrieb. Bei hohen Motorlasten wird das System ausschließlich niederdruckseitig geregelt, da große Steigerungen des Raildrucks jetzt ohnehin nicht mehr möglich sind und die Trägheit der niederdruckseitigen Regelung daher vernachlässigt werden kann.

5.13.6 Injektoren

Die Injektoren des Common-Rail-Systems unterscheiden sich in einem Punkt deutlich von allen bisherigen Einspritzdüsen: Sie haben keinen festen Öffnungsdruck, sondern öffnen und schließen unter dem jeweiligen variablen Einspritzdruck. Hierzu verfügen sie, anders als bisher üblich, nicht über einen Druckraum, sondern über zwei: Bei geschlossenem Injektor liegt sowohl unterhalb der Düsennadel als auch oberhalb der Düsennadel der volle Raildruck an. Da die Kreisfläche oberhalb der Düsennadel größer ist als die Ringfläche unterhalb der Düsennadel, wird die Düsennadel durch den Kraftstoffdruck in den Dichtsitz gepresst (Kraft = Druck x Fläche) und der Injektor abgedichtet. Zum Öffnen des Injektors wird der Druck aus dem oberen Hochdruckraum abgelassen. Der weiterhin von unten auf die Düsennadel wirkende Druck hebt die Düsennadel an und der Kraftstoff entweicht durch die Düsenöffnungen in den Brennraum. Soll der Injektor wieder schließen, wird der Rücklaufanschluss des oberen Hochdruckraums versperrt. Der Raildruck baut sich auch dort wieder auf und drückt die Düsennadel nach unten in den Dichtsitz. Die Drossel im Zulauf zum oberen Hochdruckraum ermöglicht die Druckdifferenz und verhindert somit ein Zusammenbrechen des Raildrucks aufgrund der Rücklauföffnung. Eine kleine Druckfeder sorgt dafür, dass die Düsennadel auch im drucklosen Zustand geschlossen ist, damit der Kraftstoff aus dem Rail bei abgestelltem Motor nicht in den Zylinder läuft. Je nach Fahrzeuggeneration und Einsatzzweck des Motors (Pkw, Lkw ...) kommen Injektoren mit Magnetventilen oder mit Piezoventilen zum Einsatz. Der Piezoinjektor weist eine deutlich geringere Trägheit, als der Magnetventilinjektor auf.

Bild 5.103 *Piezoinjektoren erlauben hohe Schaltgeschwindigkeiten und damit viele Teileinspritzungen.* [Bild: Audi]

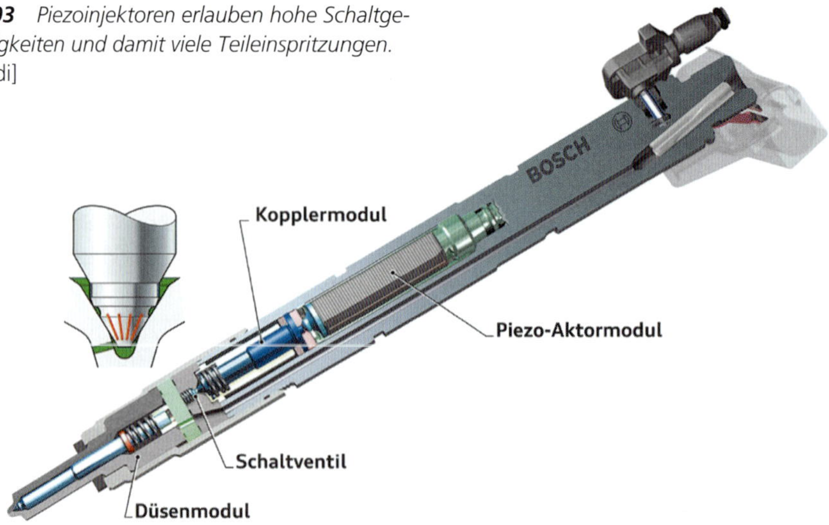

Werkstatttipp

Unabhängig von der Bauform des Injektors, muss beim Erneuern darauf geachtet werden, die Daten des neuen Injektors – als Zahlen- (sog. IMA-Nummer = Injektormengenabgleich), Bar- oder QR-Code auf dem Gehäuse des Injektors – im Steuergerät einzutragen. Dies dient dazu, das Steuergerät über die Abweichungen des vorliegenden Injektors gegenüber einem „Muster-Injektor" (Fertigungstoleranzen) zu informieren. Aufgrund der geringen Größe der Bauteile und Löcher kommen selbst bei hoher Präzision in der Fertigung verhältnismäßig große Abweichungen zustande. So werden beispielsweise die etwa 0,2 mm großen Einspritzlöcher in Ermangelung passender Bohrer funkenerodiert (kleine Elektroden brennen sich durch das Material) und anschließend mithilfe von Schleifpaste, die durch die Löcher gepresst wird, entgratet. Eine gewisse Abweichung der Löcher untereinander und gegenüber anderen Injektoren ist daher unvermeidbar. Die Daten des Injektors, die auf dem Prüfstand nach Abschluss der Fertigung ermittelt werden, dienen der Anpassung der Adaption: Das Steuergerät ermittelt anhand des Signals vom Kurbelwellengeber die Geschwindigkeit der Kurbelwelle bezogen auf jeden einzelnen Zylinder, indem es die Kurbelwelle in Sektoren (z.B. 2 Sektoren bei einem 4-Zylinder-Motor) unterteilt und die Zeit misst, die ein Sektor zum Durchlauf benötigt. Ist die Kurbelwelle in einem Sektor schneller oder langsamer als in den übrigen, dann ermittelt das Steuergerät den verantwortlichen Zylinder mithilfe des Nockenwellensignals und korrigiert dessen Einspritzmenge, um die Drehschwingungen zu reduzieren. Anhand der Daten des Injektors erkennt das Steuergerät inwieweit diese Anpassung im Toleranzbereich liegt (z.B. braucht ein Injektor mit „zu kleinen" Einspritzlöchern mehr Zeit für die gleiche Einspritzmenge als ein Injektor mit größeren Einspritzlöchern) und ab welcher Korrektur ein Fehler vorliegt. Sollte das Steuergerät einen Fehler im Zusammenhang mit den Korrekturmengen (z.B. „Mengenkorrektur zu hoch") ausgeben, muss zudem bedacht werden, dass dies nicht zwingend auf die Injektoren zurückzuführen ist: Hätte der betreffende Zylinder beispielsweise einen Kompressionsdruckverlust, würde dies ggf. zum gleichen Ergebnis führen: Der Verbrennungsdruck entweicht und die Beschleunigung der Kurbelwelle durch den Kolben verringert sich.

5.13.7 Injektor mit Magnetventil

Beim Injektor mit Magnetventil, auch als Magnetspulen- oder Magnetventilinjektor bezeichnet, erfolgt das Öffnen und Schließen des Rücklaufanschlusses des oberen Hochdruckraums durch ein Magnetventil. Zum Öffnen legt das Steuergerät eine Spannung von 80 bis 100 V an die Magnetspule. Ein Strom von ca. 20 A zieht den Anker an und der Rücklaufanschluss wird freigegeben. Ist das Ventil geöffnet, reicht die Bordnetzspannung bei einem Strom von ca. 13 A aus, um das Ventil offen zu halten. Zum Schließen des Magnetventils wird die Spannungsversorgung unterbrochen. Die im Abschaltmoment der Spule entstehende Selbstinduktion wird in sogenannten Boosterkondensatoren im Steuergerät gespeichert und für den nächsten Öffnungsvorgang verwendet. Sind die Kondensatoren entladen (z.B. bei Motorstart), werden die Injektoren kurzzeitig mit Bordnetzspannung angetaktet. Das reicht zwar nicht zum Öffnen des Magnetventils, führt jedoch beim Zusammenbrechen des Magnetfelds zum Entstehen der erforderlichen Selbstinduktionsspannung, mit der die Kondensatoren geladen werden können.

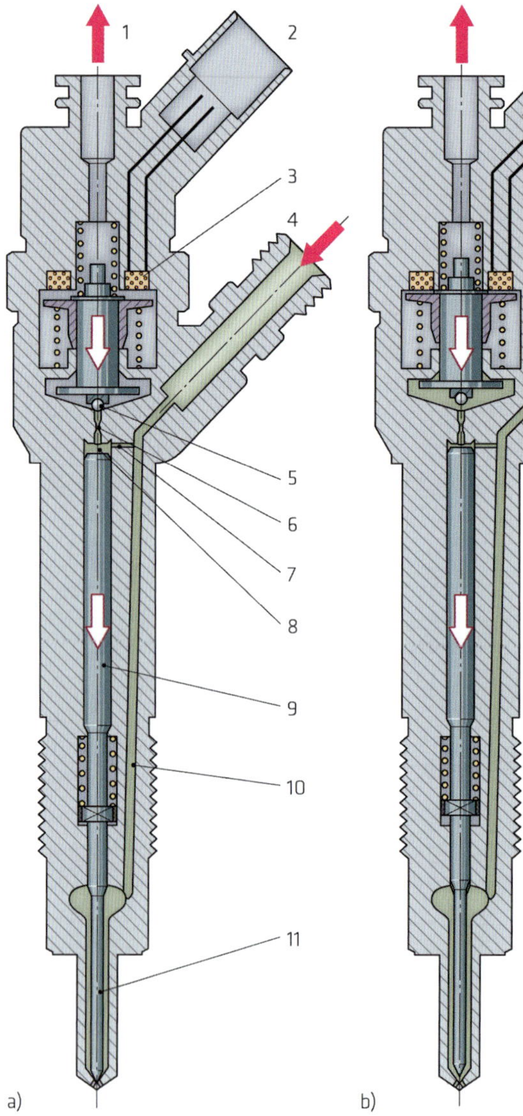

Bild 5.104 *Magnetventil-Injektor für Common-Rail-Systeme*
a) Injektor geschlossen (Ruhezustand)
b) Injektor geöffnet (Einspritzung)
1 Kraftstoffrücklauf
2 elektrischer Anschluss
3 Magnetspule der Ansteuereinheit
4 Kraftstoffzulauf (Hochdruck) vom Rail
5 Ventilkugel
6 Ablaufdrossel
7 Zulaufdrossel
8 Ventilsteuerraum
9 Ventilsteuerkolben
10 Zulauf zur Düse
11 Düsennadel
[Bild: AS-Illu]

Werkstatttipp

Eine in der Werkstatt gängige Prüfung der Magnetspuleninjektoren findet mithilfe der sogenannten Rücklaufmengenmessung statt. Hierbei werden auf die Rücklaufanschlüsse der Injektoren kleine Glasröhrchen oder durchsichtige Schläuche montiert und der Motor gestartet. Ein defekter Injektor wird hierbei meist dadurch identifiziert, dass dessen Rücklaufmenge deutlich von der Rücklaufmenge der übrigen Injektoren abweicht. Zu beachten ist jedoch, dass dieses Ergebnis nur dann aussagekräftig ist, wenn das Steuergerät durch Aktivierung der Prüfung mithilfe des Diagnosetesters die Mengenkorrektur deaktiviert. Geschieht dies nicht, spiegelt die Rücklaufmenge, die im Normalfall proportional zur Einspritzmenge ist, ggf. nur das Ergebnis der Mengenkorrektur wider.

5.13.8 Injektor mit Piezoventil

Ein Magnetventil hat grundsätzlich den Nachteil einer gewissen Trägheit. Beim Einschalten der Spule kommt es zur Gegeninduktion, die den Magnetfeldaufbau hemmt und dafür sorgt, dass die Magnetventilnadel erst zeitversetzt bewegt wird. Bei einmaligem Öffnen des Ventils kann dieser Effekt vernachlässigt werden, da vor dem Moment des tatsächlichen Öffnens ausreichend Zeit vorhanden ist, um die Spule anzusteuern. Die Spule wird also einfach um die Zeitspanne der Verzögerung „zu früh" angesteuert, um dann pünktlich zu öffnen. Folgen mehrere Einspritzvorgänge direkt aufeinander, ist dies nur noch bedingt möglich, da die Spule ggf. schon erneut angesteuert werden müsste, während sie aus dem vorherigen Einspritzvorgang noch bestromt ist. Mit dem Magnetventilinjektor sind daher trotz diverser „Tricks", z.B. der Ansteuerung mit einer hohen Spannung, nur maximal 5 Einspritzvorgänge möglich. Der Wunsch, Dieselmotoren zu bauen, die die Laufkultur eines Ottomotors haben, hat daher ein anderes Schaltventil erfordert: das Piezoventil.

Piezokristalle (z.B. Quarz) und Piezokeramiken (z.B. Blei-Zirkonat-Titanat) haben die Eigenschaft, sich beim Anlegen einer Spannung entsprechend der Größe der angelegten Spannung auszudehnen. Im ausgedehnten Zustand behalten sie ihre neue Form, bis die beiden Elektroden über einen Widerstand kurzgeschlossen werden und die Ladungsträger sich ausgleichen können. Die Ausdehnung ist jedoch mit etwa 0,15% bei einer Spannung von (im Kraftfahrzeugbereich üblichen) 150 V sehr gering. Zunächst werden daher mehrere Hundert Piezo-Keramikplättchen übereinandergelegt und eine sogenannte Kammelektrode versorgt jedes einzelne Plättchen mit Spannung.

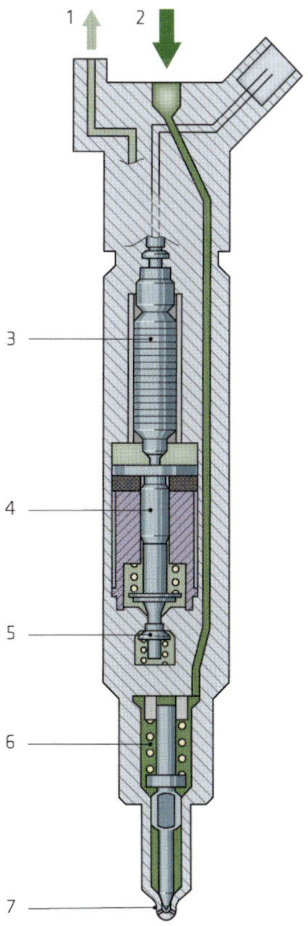

Bild 5.105 *Piezo-Inline-Injektor*
1 Kraftstoff-Rücklauf
2 Hochdruckanschluss (vom Rail)
3 Piezosteller (Aktor)
4 hydraulischer Koppler (Übersetzer)
5 Steuerventil (Servoventil)
6 Einspritzdüse
7 Spritzlöcher
[Bild: AS-Illu]

Die Gesamtausdehnung dieses sogenannten Piezoaktormoduls liegt bei 0,065 mm. Im nächsten Schritt wird die Längenausdehnung mithilfe des sogenannten hydraulischen Kopplers auf etwa 0,1 mm vergrößert.

Der hydraulische Koppler besteht aus zwei unterschiedlich großen Kolben in einem mit Dieselkraftstoff gefüllten Stufenzylinder. Beim Ausdehnen des Piezoaktormoduls wird der größere der beiden Kolben in den Zylinder gedrückt. Der kleinere der beiden Kolben wird durch den Dieselkraftstoff wiederum aus dem Zylinder herausgedrückt. Da das Volumen innerhalb des Kopplers in diesem Moment konstant bleibt, fährt der kleine Kolben weiter aus als der große eingefahren ist (hydraulische Übersetzung). Neben dieser Kernaufgabe hat der hydraulische Koppler noch weitere Aufgaben zu erfüllen:

1. **Wärmeausdehnung kompensieren:** Das Piezoaktormodul dehnt sich nicht nur beim Anlegen einer Spannung, sondern auch bei Wärmeeinwirkung aus. Dies würde zum Öffnen des Servoventils am Rücklauf des oberen Hochdruckraums und damit zum Öffnen des Injektors führen. Um dies zu verhindern, ist der hydraulische Koppler „ein bisschen undicht". Wirkt über einen längeren Zeitraum (mehrere 1/100 s) von oben (ausgedehntes Piezoaktormodul) und von unten (Feder des Servoventil) Kraft auf den Koppler, dann wird der Dieselkraftstoff über diese Undichtigkeit (ähnlich dem Ringspalt im Hydrostößel) aus dem Zylinder gedrückt und die Wärmedehnung ausgeglichen.
2. **Notabschaltung des Injektors:** Zum Schließen des Injektors ist es erforderlich, das Piezoaktormodul über einen Widerstand kurzzuschließen. Würde es in dem Moment, in dem der Injektor geöffnet ist, zu einer Leitungsunterbrechung kommen, würde der Injektor somit offen bleiben und durchgehend einspritzen. Der hydraulische Koppler verhindert dies. Wie unter Punkt 1 beschrieben, entleert sich der hydraulische Koppler über einen Zeitraum von etwa 1 Sekunde. Das Servoventil und damit der Injektor werden geschlossen.
3. **Verschleiß ausgleichen:** Ähnlich wie der hydraulische Stößel im Ventiltrieb, gleicht der hydraulische Koppler Verschleiß im Bereich des Ventilsitzes aus, indem er im Ruhezustand fest an das Piezoaktormodul und den Ventilschaft des Servoventils angelegt wird. Anders als beim hydraulischen Stößel erfolgt der Spielausgleich jedoch nicht durch eine Feder, sondern durch einen Kraftstoffdruck von etwa 10 bar, der durch das Druckhalteventil in der Rücklaufleitung aufgebaut wird. Beim Motorstart wird die Rücklaufleitung ausgehend vom Rücklauf der Hochdruckpumpe unter Vordruck gesetzt. Nach dem Anspringen des Motors steigt der Rücklaufdruck auf 10 bar, wodurch der Ventilteller nach links auf den Dichtring gepresst wird. Steigt der Rücklaufdruck über 10 bar, öffnet das Kugelventil und lässt den überschüssigen Kraftstoff ab.

Werkstatttipp

Der hydraulische Koppler benötigt zur korrekten Funktion einen Rücklaufdruck von 10 bar. Ist die Rücklaufleitung undicht (bei anderen Systemen nicht relevant für den Motorlauf), kann dies zum Ausfall der Injektoren und damit des Dieselmotors führen.

Piezoinjektoren sollten stets stehend gelagert werden. Beim Hinlegen kann der Dieselkraftstoff aus dem Rücklauf des Injektors auslaufen, sodass der hydraulische Koppler trocken liegt. Sollte er sich in diesem Moment bewegen (z.B. weil das Piezoaktormodul abkühlt), kann Luft in das Kopplerelement gezogen werden. Da es nicht möglich ist, den Koppler zu entlüften, ist der Injektor defekt.

5.13.9 Injektor mit Druckverstärkung (X-Pulse)

Hauptsächlich im Nutzfahrzeugbereich kommen verstärkt Injektoren mit einem integrierten Druckverstärker zum Einsatz, die es ermöglichen, höhere Einspritzdrücke zu generieren als das verwendete Common-Rail-System. Sie besitzen zwei Magnetventile, sodass sie mit und ohne Druckverstärkung betrieben werden können.

Betrieb ohne Druckverstärkung

Das Magnetventil für die Druckverstärkung ist geschlossen. Oberhalb und unterhalb des Verstärkerkolbens liegt der volle Raildruck an, sodass er in seiner Ruhelage verbleibt. Der Injektor funktioniert wie ein „normaler" Injektor: In der Ruhelage liegt oberhalb und unterhalb der Düsennadel der volle Raildruck an. Beim Betätigen des „Magnetventils Einspritzung" wird der Druck aus dem Ventilsteuerraum abgelassen und die Düsennadel hebt sich durch den von unten auf die Druckschulter wirkenden Kraftstoffdruck an. Zum Schließen des Injektors wird das Magnetventil „Einspritzung" abgeschaltet und der Rücklauf des Ventilsteuerraums somit geschlossen, sodass der steigende Kraftstoffdruck oberhalb der Düsennadel diese nach unten in den Dichtsitz presst.

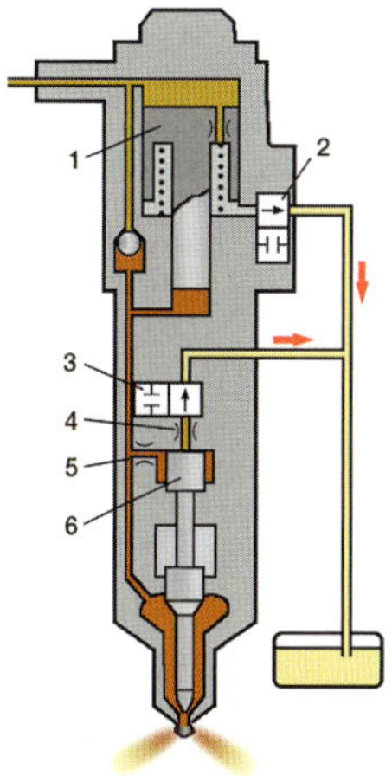

Bild 5.106
Schematischer Aufbau eines Injektors mit Druckverstärkung.
1 Verstärkerkolben
2 Magnetventil Druckverstärkung
3 Magnetventil-Einspritzung
4 Ablaufdrossel
5 Zulaufdrossel
6 Ventil/Ventilsteuerraum

Betrieb mit Druckverstärkung

Während der Ablauf des Einspritzvorgangs identisch zum Betrieb ohne Druckverstärkung ist, wird hierbei gleichzeitig das Magnetventil „Druckverstärkung" betätigt. Der Druck unterhalb des Verstärkerkolbens bricht zusammen. Durch die unterschiedlich großen Flächen des Verstärkerkolbens entsteht oben eine größere Kraft als unten. Der Kolben verschiebt sich nach unten und wirkt dabei druckerhöhend (ca. Faktor 2) auf den Kraftstoff im Injektor.

> **Werkstatttipp**
> Das Common-Rail-Einspritzsystem hat – wie im vorangegangenen Abschnitt gezeigt – viele Vorteile. Es hat jedoch auch einen großen Nachteil: Es ist deutlich empfindlicher als alle anderen Dieseleinspritzsysteme und die Empfindlichkeit nimmt von Generation zu Generation weiter zu, da die Laufspiele und Toleranzen der Bauteile (vor allem in der Hochdruckpumpe) aufgrund steigender Drücke immer geringer werden. Hauptursache von Einspritzsystemschäden sind Metallspäne, die sich in den Zwischenraum zwischen Hochdruckpumpenkolben und Hochdruckpumpenzylinder klemmen, dort weiteren abrasiven Verschleiß hervorrufen und im schlimmsten Fall zum Verklemmen der Hochdruckpumpe und zu deren Stillstand (Ketten- oder Zahnriemenrad schert i.d.R. ab und es kommt zum Motorschaden) führen.

5.13.10 Fehlerquellen

Folgende Anweisungen und Hinweise der Fahrzeughersteller sollen (Folge-)Schäden am Einspritzsystem und am Motor verhindern. Die Liste erhebt keinen Anspruch auf Vollständigkeit.

Fehlbetankung (mit Ottokraftstoff) – Vorgehen und Folgen: Es kommt immer wieder vor, dass Dieselfahrzeuge mit Ottokraftstoff betankt werden. Zum einen ist dies der Unachtsamkeit während des Tankens und zum anderen einer bis in die 80er-Jahre ausgesprochenen Empfehlung der Fahrzeughersteller geschuldet, wonach im Winter (in Ermangelung von Winterdiesel) bis zu 25% Ottokraftstoff zur Verbesserung der Fließfähigkeit in den Tank gegeben werden sollte. Die Schmierfähigkeit von Ottokraftstoff ist jedoch sehr gering. Durch seine reinigende Wirkung wäscht er zudem den vorhandenen Dieselkraftstoff-Schmierfilm unverzüglich ab, sodass die Bauteile des Einspritzsystems – vor allem der Kolben der Hochdruckpumpe – nahezu trockenreiben, was zu sofortiger Spanbildung führt. Die Späne werden durch den Rücklauf im kompletten Kraftstoffsystem verteilt und lösen Erosionen, sowie im Bereich beweglicher Teile weitere Spanbildung aus. Die einzige Abhilfe, die zuverlässig funktioniert, ist der Austausch aller kraftstoffführenden Teile vom Tank bis zum Injektor. Das Kraftstoffsystem vollständig vom Ottokraftstoff zu befreien, ist unmöglich, da zum einen die meisten Stellen des Systems unzugänglich sind und es zum anderen an hoch gelegenen Stellen (z.B. in der Hochdruckpumpe) zu Ansammlungen von Ottokraftstoff (leichter, Dichte des Ottokraftstoffs etwa 750 g/l gegenüber des Diesels etwa 850 g/l) kommt, die auch durch „Spülen" des Systems mit Dieselkraftstoff nicht erfasst werden können. Einige Werkstätten berufen sich hier auf eine gewisse „Erfolgsquote", die zum einen auf Glück (z.B. wenig Ottokraftstoff und viel Diesel, sodass rund um den Sauganschluss im Tank noch Diesel lag, als der Kraftstoff angesaugt wurde) und zum anderen auf der Tatsache basiert, dass ältere Systeme mit geringeren Drücken solche Fehlbetankungen besser verkraften konnten. Zudem ist es bei aktuellen Fahrzeugen unerheblich, ob der Motor mit dem falschen Kraftstoff gestartet wurde: Die elektrische Vorförderpumpe läuft im Regelfall beim Öffnen des Fahrzeugs oder spätestens beim Einschalten der Zündung an, sodass ab diesem Moment auch der Ottokraftstoff im System verteilt wurde.

Trockenlaufen: Aktuelle Common-Rail-Motoren dürfen in der Regel nicht mehr trockenlaufen, da der Abriss des Schmierfilms in der Hochdruckpumpe deren Beschädigung hervorrufen kann. Neben konstruktiven Maßnahmen, wie z.B. Schlingertöpfen (engl.: Catch-Tank), die eine mangelhafte Kraftstoffversorgung bei Kurvenfahrt verhindern sollen, kommen bei einigen Fahrzeugen auch schon elektronische Schutzvorrichtungen zum Einsatz: Beim Erfassen eines kritischen Tankfüllstands wird nach mehrfacher Information des Fahrers ein Absterben des Motors simuliert und der Motor danach kontrolliert abgestellt. Dies sollte in der Werkstatt berücksichtigt werden, da bei diesen Fahrzeugen kein Entlüften des Systems nach dem Auffüllen des Kraftstoffs erforderlich ist. Zudem kann bei diesen Systemen ein Fehler in der Füllstandserfassung zum Ausfall des Fahrzeugs führen.

Heizöl: Mal abgesehen davon, dass eine Fahrzeugbetankung mit Heizöl unzulässig (Steuerhinterziehung!) ist, ist sie für den Dieselmotor meist auch schädlich. Es hält sich das Gerücht, die beiden Flüssigkeiten seien bis auf die rote Einfärbung des Heizöls identisch, was bis in die 90er-Jahre auch mit wenigen Ausnahmen stimmte. Heutige Dieselkraftstoffe unterscheiden sich aber deutlich von Heizöl:

1. Geringerer Schwefelgehalt: Dieselkraftstoff gilt als schwefelfrei, da er weniger als 10 mg Schwefel pro Liter enthält. Heizöl enthält bis zu 50 mg Schwefel. Aus dem Schwefel bilden sich innerhalb des Motors Schwefeldioxid und Schwefelsäure, die zum einen dem Abgasstrang (Korrosion vom Auslassventil bis zum Endschalldämpfer) schaden und über die Kolbenringe in das Öl geraten. Das Öl übersäuert und es kommt zum Motorschaden (Hinweis: „Grünspan" auf den Gleitlagern). Bei Fahrzeugen mit NO_x-Speicherkatalysator kann es durch die Vergiftung des Katalysators und dessen Regeneration zu weiteren Problemen kommen.
2. Additive zur Erhöhung der Zündwilligkeit: Dieselkraftstoff enthält Additive, die die Zündwilligkeit (Cetanzahl) erhöhen. Fehlen diese Additive, erschwert dies die Selbst-

zündung. Der Schadstoffausstoß (Partikel, HC, CO) steigt. Dies führt neben dem Erlöschen der Betriebserlaubnis (Abgasemissionsklasse nicht mehr gültig, bedeutet Steuerhinterziehung) zu Problemen mit dem Dieselpartikelfilter, ggf. einem verkürzten Regenerationsintervall und der damit oftmals einhergehenden Ölverdünnung.

3. Fließverbesserer für den Winter: Dieselkraftstoff enthält im Winter Fließverbesserer, die seine Filtrierbarkeit auch bei -20°C gewährleisten. Heizöl beginnt im Regelfall schon bei +5°C mit der Bildung fester Paraffinkristalle, die den Filter verstopfen.
4. Weitere Additivierung: Dem Dieselkraftstoff werden weitere Additive zur Verbesserung der Fließfähigkeit und Schmierwirkung zugefügt. Da die Ölheizung diese nicht benötigt, fallen sie beim Heizöl weg.

Biodiesel: Fat-Acid-Methyl-Esther (kurz: FAME), im Volksmund als „Biodiesel" bezeichnet, entsteht, indem ölhaltige Erzeugnisse, wie z.B. Raps (RME – Rapsöl-Methyl-Esther), Palmöl (PME – Palmöl- Methyl-Esther) oder auch Tierfett (AME – Animalfat-Methyl-Esther) mithilfe von Ethanol oder Methanol nachbehandelt werden. Dieser Vorgang wird als „umestern" bezeichnet. Biodiesel kommt entweder als Reinkraftstoff oder als bis zu 7%ige Zwangsbeimischung zum konventionellen, erdölbasierten Dieselkraftstoff (sog. Petroldiesel) zum Einsatz. Aktuell besteht der, in Deutschland verkaufte Biodiesel aus einer Mischung von Rapsöl (ca. 73%), Altspeisefett (ca. 17%), Sojaöl (ca. 5%), Palmöl (ca. 3%) und Tierfett (ca. 2%).

Eigenschaften von Biodiesel und Folgen für den Einsatz im Verbrennungsmotor:

1. Umweltfreundlich: Biodiesel entsteht auf Basis regenerativer Pflanzen- oder Tierprodukte. Ob dies jedoch tatsächlich „umweltfreundlich" ist, hängt stark von der Umsetzung ab. Grundsätzlich ist es positiv zu bewerten, dass der Einsatz von Biokraftstoffen den Einsatz fossiler Energieträger – hauptsächlich Erdöl – reduziert und den Ausstoß von Treibhausgasen mindert. Es ist jedoch umstritten, inwiefern landwirtschaftliche Nutzflächen zur Energiegewinnung herangezogen werden sollten. Hinzu kommt, dass Deutschland zur Zeit nur etwa 1 bis 2% seines Dieselbedarfs selbst decken kann, was einen zusätzlichen Energiebedarf für den Transport hervorruft. Ein Verzicht auf fossile Energieträger ist auch nur bedingt möglich, da Methanol, sofern vorhanden, unter Einsatz von Kohle bzw. Erdgas hergestellt wird, womit auch Biodiesel nicht vollständig regenerativ sein kann. Abgasseitig verringert sich mit dem Einsatz von Biodiesel der Ausstoß von unverbrannten Kohlenwasserstoffen (HC), Partikeln, Ruß (C) und Kohlenstoffmonoxid (CO), wogegen sich jedoch der Ausstoß von Stickoxiden (NO_x) erhöht.
2. Korrosiv: Biodiesel kann zur Zersetzung von Gummi- oder Kunstoffbauteilen, wie z.B. Dichtungen und Schläuchen führen. Hier kann jedoch durch Auswahl geeigneter Werkstoffe Abhilfe geschaffen werden. Auch lackierte Oberflächen sollten vor Biodiesel geschützt werden.
3. Reinigend: Biodiesel weist eine stark reinigende Wirkung auf. Das kann dazu führen, dass sich Ablagerungen im Kraftstoffförder- und Einspritzsystem lösen und Filtersysteme oder andere kraftstoffführende Bauteile verstopfen.
4. Hygroskopisch: Biodiesel zieht aufgrund seines Alkoholanteils Wasser an, das durch Be- und Entlüftungen sowie durch Diffusion über Schläuche und Wandungen des Tanks in den Kraftstoff gerät. Ein erhöhter Wasseranteil kann zu folgenden Erscheinungen führen:
   a) Heraufsetzung des Cold Filter Plugging Point (CFPP): Die Wasserbestandteile stocken wesentlich früher aus als die Paraffine des Dieselkraftstoffs, was bei Temperaturen unter 0°C zum Verstopfen des Kraftstofffilters führen kann.

b) Übersäuerung des Kraftstoffs durch Esterhydrolyse: Der pH-Wert des Kraftstoffs kann so weit sinken, dass Korrosionsschutzschichten, wie z.B. Verzinkungen, angegriffen und zerstört werden.

c) Förderung des Wachstums von Bakterien („Dieselpest"): Die im Dieselkraftstoff enthaltenen Bakterien werden in ihrem Wachstum gefördert. Dies kann folgende Konsequenzen haben:
   - Verstopfung von Filtersystemen durch Bakterienkulturen
   - Erosive Schädigung des Einspritzsystems: Die Mikroorganismen werden mit hoher Geschwindigkeit durch das Einspritzsystem gefördert und tragen dabei oberflächlich Material ab. Das kann an sensiblen Stellen (z.B. Dichtsitz des Injektors) zu Schäden (z.B. Undichtigkeit) führen.

d) Kavitation: Durch den Abfall des Siedepunkts (Diesel $\geq$ 180°C; Wasser $\approx$100°C) kann es zur Bildung einer Kavitation im Einspritzsystem mit entsprechenden Folgeerscheinungen (z.B. Druckabfall, Undichtigkeit) kommen.

5. Hoher Flammpunkt: Biodiesel weist mit ca. 120 bis 130°C einen deutlich höheren Flammpunkt auf, als Petroldiesel mit ca. 55 bis 80°C. Dies kann vor allem dann zu Problemen führen, wenn der Dieselkraftstoff in das Motoröl gerät (z.B. DPF-Regeneration). Während Petroldieselkraftstoff bei betriebswarmem Motor zumindest teilweise verdampft und über die Kurbelgehäuseentlüftung abgeführt wird, bleibt der Biodiesel nahezu vollständig im Motoröl enthalten. Dies führt zu Ölverdünnung und Überfüllung. In den Teilbereichen des Motors, in denen der Flammpunkt des Biodiesels überschritten wird, kann es zudem zu einer Polymerisation (Schleimbildung) und Verkokung kommen.
6. Geringer Energiegehalt: Der Energiegehalt von Biodiesel liegt bei ca. 33 MJ/l (Petroldiesel ca. 36 MJ/l). Hieraus resultiert ein Leistungsrückgang bzw. ein Mehrverbrauch von etwa 5 bis 10%.
7. Biologisch abbaubar
8. Nahezu schwefelfrei: Biodiesel ist fast schwefelfrei. Das ist vor allem dann von Vorteil, wenn das Fahrzeug über einen NO_X-Speicherkatalysator verfügt, da dieser von den im Petroldiesel enthaltenen Schwefelbestandteilen zugesetzt wird und regeneriert werden muss.

Die Anforderungen an Biodiesel sind in der DIN EN 14214 festgelegt.

Werkstatttipp:
Bei wiederkehrenden Auffälligkeiten des Einspritzsystems (z.B. verstopfter Filter, undichte Injektoren) sollte die Kraftstoffqualität geprüft bzw. im Zweifel der komplette Kraftstoff ersetzt und alle kraftstoffführenden Bauteile gereinigt werden. Im Kundengespräch sollte die Bezugsquelle des Kraftstoffs ermittelt werden. Bei regelmäßig genutzten und herkömmlich betankten Fahrzeugen sollten vorgenannte Probleme nicht auftreten. Sie entstehen in der Regel durch überdurchschnittliche Lagerdauer im Fahrzeug (z.B. Wohnmobil über den Winter) oder in der Tankanlage (z.B. Hoftankstelle bei Landwirten). Ist eine Lagerung des Kraftstoffs abseh- und unvermeidbar, so kann die Haltbarkeit des Kraftstoffs durch nachträgliche Additivierung erhöht werden.

Hochdruckleitungen grundsätzlich erneuern: Die Hochdruck-Einspritzleitungen dichten an den Bauteilen form- und kraftschlüssig ab. Damit es zu einer 100%ig dichten Verbindungsstelle kommt, passt sich der Konus der Hochdruckleitung dem Konus des

Bauteils an. Hierbei bildet sich außerhalb der Verbindungsstelle ein Grat. Wird die Leitung wiederverwendet, kann es passieren, dass der Grat in die Dichtstelle und damit in das Einspritzsystem gerät. Eine undichte Verbindungsstelle wäre das kleinere Problem: Im Regelfall löst der Grat eine Kettenreaktion aus. Er treibt durch das Einspritzsystem und führt dort zu abrasiven und erosiven Schäden, deren ausgetragenes Material weitere Schäden hervorruft. Da den Fahrzeugherstellern die Problematik selbstverständlich bekannt ist, hat das Nicht-Auswechseln der Hochdruck-Einspritzleitungen für die Werkstatt jedoch zumindest erst einmal finanzielle Konsequenzen: Im Gewährleistungsfall wird die Reparatur oftmals nicht bezahlt (bzw. bei der Revision ggf. nachträglich rückbelastet), wenn die Leitungen nicht ersetzt wurden und das Fahrzeug ggf. „vermerkt", damit der Verursacher ausfindig gemacht werden kann, wenn im Nachgang der Reparatur ein Folgeschaden entsteht.

Keine Magneten in die Nähe der Hochdruckleitungen bringen: Wird ein Magnet, z.B. zum Aufnehmen einer Schraube oder Schelle in die Nähe einer Hochdruckleitung gebracht, so kann es vorkommen, dass sich der metallische Abrieb, der im Normalfall zu klein ist, um Schäden am System hervorzurufen, ansammelt und zu einem großen Metallspan verbindet. Dieser Metallspan kann den Injektor und im schlimmsten Fall über den Rücklauf das ganze Einspritzsystem schädigen!

5.14 Ältere Einspritzsysteme

Ungeachtet der Tatsache, dass sich das Common-Rail-Einspritzsystem aufgrund seiner Vorteile gegenüber allen anderen bisherigen Einspritzsystemen sowohl im Pkw- als auch im Lkw-Bereich durchsetzen konnte, soll im Folgenden kurz auf den Aufbau und die Funktion der anderen (bisher) gängigen Diesel-Einspritzsysteme eingegangen werden, da diese in den Bestandsfahrzeugen noch immer anzutreffen sind.

5.14.1 Reiheneinspritzpumpe

Die Reiheneinspritzpumpe besitzt für jeden Zylinder ein einzelnes Pumpenelement und erzeugt einen maximalen Einspritzdruck von 1300 bar. Die Pumpenkolben aller Pumpenelemente sind drehbar, über die sogenannte Regelstange untereinander verbunden und werden über eine Nockenwelle betätigt. Der Raum, in dem sich die Nockenwelle befindet, ist an die Druckumlaufschmierung des Motors angeschlossen. Die Kraftstoffversorgung erfolgt über eine, außen angebrachte, ebenfalls mechanische Vorförderpumpe. Für den Fall, dass das System trockengelaufen ist, kann die Vorförderpumpe meist auch von Hand betätigt werden. Die Regelung der Volllast- und Leerlaufmenge sowie des Förderbeginns erfolgt über Fliehkraftregler.

Die Vorförderpumpe ist eine Kolbenpumpe und arbeitet nach dem Prinzip eines Zweitaktmotors: In der Aufwärtsbewegung des Kolbens wird der Kraftstoff durch den Kraftstofffilter angesaugt. In der Abwärtsbewegung des Kolbens ist das Saugventil geschlossen und das Druckventil öffnet sich. Der Kraftstoff wird aus dem unteren in den oberen Druckraum gefördert. In der folgenden Aufwärtsbewegung wird der Kraftstoff aus dem oberen Druckraum in Richtung der Pumpenelemente der Reiheneinspritzpumpe verdrängt und der untere Druckraum zeitgleich aus dem Kraftstofftank befüllt.

Bild 5.107 *Reiheneinspritzpumpe für Dieselmotoren*
[Bild: CC3.0/Panoha]

Die einzelnen Pumpenelemente der Reiheneinspritzpumpe verfügen je über eine Zulauf- und eine Steuerbohrung. Der Pumpenkolben besitzt eine Längsnut und eine sogenannte schräge Steuerkante. Der Dieselkraftstoff gelangt über die Zulaufbohrung in den Hochdruckraum des Pumpenelements, wenn der Pumpenkolben im unteren Totpunkt steht. In der Aufwärtsbewegung verschließt der Pumpenkolben zunächst die Zulauf- und die Steuerbohrung => Förderbeginn. Der Kraftstoff entweicht in der weiteren Aufwärtsbewegung des Pumpenkolbens nur noch in Richtung der Druckventile im Kopf des Hochdruckraums, wird über die Einspritzleitung an die Einspritzventile geliefert und eingespritzt. Je nach Fördermenge (=> Last) wird in der Aufwärtsbewegung des Pumpenkolbens früher oder später die schräge Steuerkante erreicht. Der im Hochdruckraum befindliche Kraftstoffdruck entweicht über die Längsnut und durch die Steuerbohrung in den Rücklauf. Der Einspritzvorgang ist beendet. Durch Verdrehen des Pumpenkolbens wird der Weg vom Förderbeginn bis zum Erreichen der schrägen Steuerkante (sog. Förderhub) lastabhängig verändert. Hierzu ist die Regelstange mit dem Gaszug verbunden. Zum Abstellen des Motors wird die Regelstange so weit verdreht, dass sich die Längsnut direkt vor der Steuerbohrung befindet. Der komplette Kraftstoff fließt ab (Nullförderung) und der Motor geht aus.

Die Begrenzung der Leerlaufdrehzahl und Abregeldrehzahl erfolgt durch einen Fliehkraftregler: Im Leerlauf liegt der Verstellhebel (an dem der Gaszug oder das Gasgestänge eingehakt ist) auf dem Leerlaufanschlag und übt einen gewissen Zug auf den Kulissenstein aus. Läuft der Motor, werden die Fliehgewichte auseinandergedrückt. Ist die Leerlaufdrehzahl zu gering, sind die Fliehgewichte nicht weit genug auseinandergedrückt und der Verstellbolzen verschiebt sich nach links, wodurch sich (zweiarmiger Hebel) die Regelstande nach rechts verschiebt und die Fördermenge steigt. Ist die Leerlaufdrehzahl zu hoch, werden die Fliehgewichte zu stark auseinandergedrückt, der Verstellbolzen schiebt sich nach rechts und die Regelstange wird nach links in Richtung geringerer Fördermenge gezogen. Das Gleiche passiert bei Abregeldrehzahl mit geänderter Position des Verstellhebels.

Zur Veränderung des Förderbeginns befindet sich auf der Nockenwelle der Reiheneinspritzpumpe meist ein weiterer Fliehkraftregler, der die Nockenwelle mit zunehmender Motordrehzahl in Motordrehrichtung verdreht, damit der Einspritznocken früher auf den Pumpenkolben drückt und diesen betätigt.

5.14.2 Elektronisch geregelte Hubschieber-Reiheneinspritzpumpe

Die Hubschieber-Reiheneinspritzpumpe ermöglicht die Verknüpfung der Reiheneinspritzpumpe mit der elektronischen Dieselregelung. Sie liefert einen maximalen Einspritzdruck von 1350 bar. Sie unterscheidet sich von der klassischen Reiheneinspritzpumpe dadurch, dass die Fliehkraftregler wegfallen und durch Stellmagneten ersetzt werden. Die Mengenregelung erfolgt durch einen Kraftstoffmengenstellmagnet, der mit der Regelstange verbunden ist. Die Regelung des Förderbeginns erfolgt durch einen Förderbeginn-Stellmagneten, der über einen Exzenter und die Hubschieber-Verstellwelle mit den Hubschiebern verbunden ist. Die Hubschieber sind axial verschiebbare Hülsen, in denen sich jetzt die Steuerbohrung befindet. Wird der Hubschieber nach oben oder unten bewegt, verändert sich die vertikale Position der Steuerbohrung und damit der Förderbeginn und das Förderende.

5.14.3 Axialkolben-Verteilereinspritzpumpe (VE)

Bei der Axialkolben-Verteilereinspritzpumpe teilen sich alle Zylinder einen Pumpenkolben. Sie liefert Einspritzdrücke von bis zu 1400 bar. Der Kraftstoff wird über die mechanisch angetriebene Flügelzellen-Vorförderpumpe durch den Kraftstofffilter aus dem Tank angesaugt und in den Pumpeninnenraum gefördert. Von dort aus gelangt er bei ablaufender Hubscheibe (Bewegung des Pumpenkolbens nach links) über die geöffnete elektrische Abstellvorrichtung (kurz: elAb) durch die Füllnut in den Hochdruckraum. Durch die gleichzeitige Drehung der Welle und damit des Pumpenkolbens wird die Füllnut verschlossen und der Rückfluss in das Pumpeninnere versperrt. Im Förderbeginn läuft die Hubscheibe auf den Rollenring auf und verschiebt den Pumpenkolben nach rechts. Der dort entstandene Druck wird über die Längsbohrung des Kolbens an die Verteilernut geliefert, die vor der Auslassbohrung des jeweiligen Zylinders steht, an den der Kraftstoff nun abgegeben wird. Je nach Fördermenge erreicht die Absteuerbohrung früher oder später den Zwischenraum zwischen Regelschieber und Pumpenzylinder. Der im Hochdruckraum vorhandene Kraftstoff entweicht in das Pumpeninnere und der Einspritzvorgang ist beendet. Der Pumpenkolben dreht sich weiter und der Vorgang wiederholt sich beim nächsten Zylinder. Die Mengenregelung erfolgt bei der Axialkolben-Verteilereinspritzpumpe durch Verschieben des Regelschiebers. Je weiter der Regelschieber rechts steht, desto größer ist der Förderhub und somit die Kraftstoffmenge. Die Verstellung des Förderbeginns erfolgt durch das Verdrehen des Rollenrings mithilfe des hydraulischen Spritzverstellers.

Fliehkraftregler

Der Fliehkraftregler übernimmt bei der Axialkolben-Verteilereinspritzpumpe wie auch schon bei der Reiheneinspritzpumpe die Aufgabe, die Leerlauf- und die Maximaldrehzahl zu regeln. Im Leerlauf liegt der Verstellhebel, der mit dem Gaszug verbunden ist auf einem Leerlaufanschlag und die Regelfeder ist ein bisschen vorgespannt. Bei laufendem Motor werden die Fliehgewichte auseinandergezogen und schieben die Reglermuffe nach rechts. Ist die Leerlaufdrehzahl zu gering, dann ist die Kraft der Fliehgewichte geringer als die Vorspannkraft der Regelfeder. Die Regelfeder zieht den Regelhebel nach links und der Regelschieber wandert nach rechts (zweiarmiger Hebel). Die Fördermenge steigt. Ist die Leerlaufdrehzahl zu hoch, dann ist die Kraft der Fliehgewichte größer als die Vorspannkraft der Regelfeder. Die Reglermuffe schiebt den Regelhebel nach rechts und somit den Regelschieber nach links. Die Fördermenge wird kleiner. Bei Maximaldrehzahl passiert das Gleiche. Die Regelfeder ist jetzt zwar maximal vorgespannt, bei Erreichen der Abregeldrehzahl übersteigt die Kraft der Fliehgewichte dennoch deren Vorspannkraft und die Reglermuffe sorgt für ein Verschieben des Regelschiebers nach links und somit für ein Verringern der Fördermenge.

Hydraulischer Spritzversteller

Die Förderleistung der mechanisch angetriebenen Flügelzellenpumpe steigt drehzahlabhängig. Ein Teil des geförderten Kraftstoffs wird zwar über eine Rücklaufdrossel in den Tank zurückgeleitet, der Druck im Pumpeninnenraum ist jedoch ebenfalls drehzahlabhängig steigend von etwa 3 bar im Leerlauf auf etwa 12 bar bei Höchstdrehzahl. Der hydraulische Spritzversteller nutzt diesen Pumpeninnendruck. Er besteht aus einem Kolben, der über einen Hebel mit dem Rollenring verbunden ist. Bei geringer Drehzahl und somit geringem Pumpeninnendruck liegt der Kolben durch Federkraft rechts an und der Rollenring in seiner Ruhelage. Mit steigender Drehzahl und somit steigendem Pumpeninnendruck verschiebt sich der Kolben nach links und verdreht den Rollenring entgegen der Motordrehrichtung, sodass die Hubscheibe eher auf den Rollenring aufläuft und der Einspritzbeginn um bis zu 30°KW vorgezogen wird.

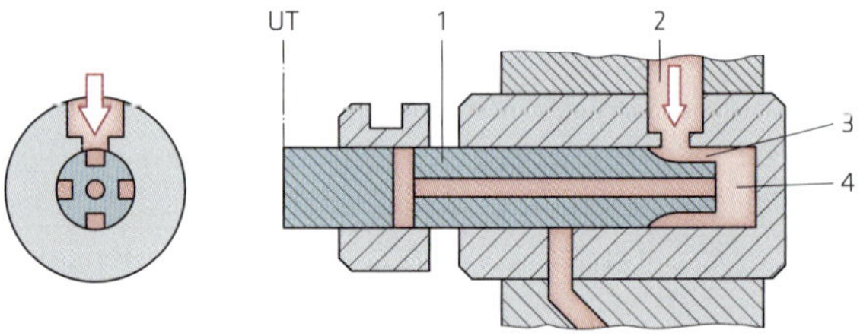

Bild 5.108 *Verteilerpumpenkolben in Füllstellung*
1 Verteilerkolben
2 Füllbohrung
3 Einlasssteuerschlitz
4 Hochdruckraum
[Bild: AS-Illu]

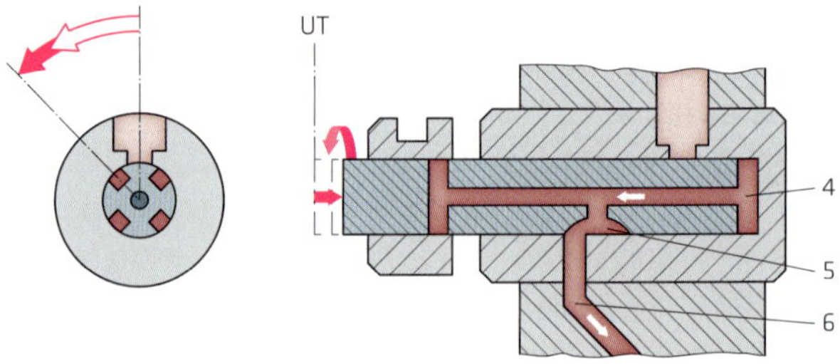

Bild 5.109 *Verteilerkolben in Förderstellung*
4 Hochdruckraum
5 Auslasssteuerschlitz
6 Hochdruckkanal zur Einspritzdüse eines Motorzylinders
[Bild: AS-Illu]

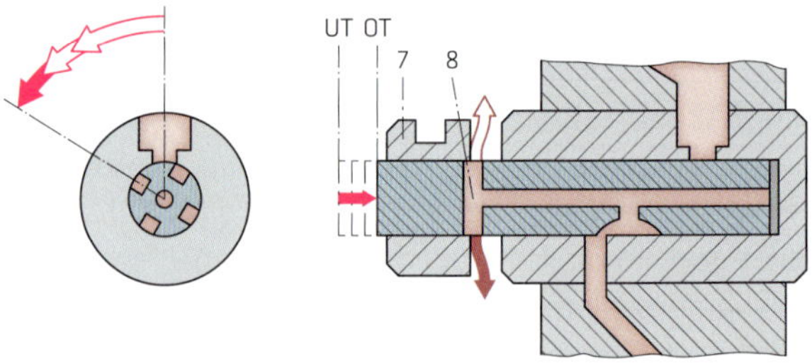

Bild 5.110 *Beendigung der Förderung (Absteuerung)*
7 Regelschieber
8 Abregelbohrung (Querbohrung)
[Bild: AS-Illu]

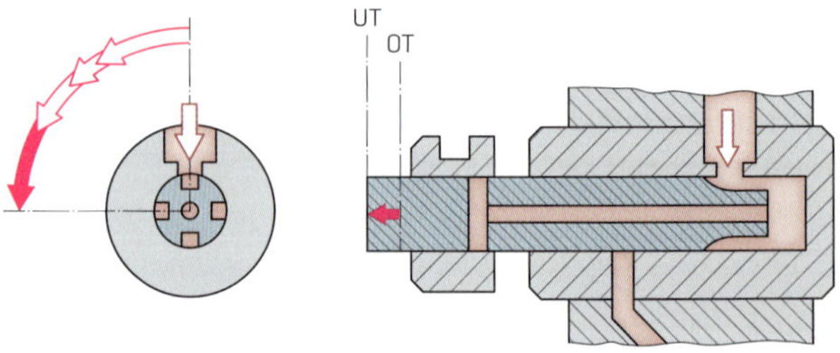

Bild 5.111 *Füllvorgang während des Kolbenrücklaufs zum UT*
[Bild: AS-Illu]

Elektronisch geregelte Axialkolben-Verteilereinspritzpumpe (VE-EDC)
In der Grundfunktion entspricht die elektronisch geregelte Axialkolben-Verteilereinspritzpumpe der mechanischen Verteilereinspritzpumpe. Die Mengenregelung erfolgt hierbei jedoch nicht mehr durch einen Fliehkraftregler, sondern durch ein Magnetstellwerk und der hydraulische Spritzversteller wurde um ein Magnetventil erweitert, mithilfe dessen ein Teil des Pumpeninnendrucks auch auf die Rückseite des Kolbens geleitet werden kann, um eine Spätverstellung des Einspritzbeginns zu ermöglichen. Ein Spritzbeginngeber, auch als Nadelbewegungsfühler oder Nadelhubsensor bezeichnet, hilft dem Steuergerät bei der Ermittlung des Einspritzverzugs, also der Zeitspanne zwischen Förderbeginn und Einspritzbeginn, die sich mit der Viskosität des Kraftstoffs (Temperatur, Kraftstoffqualität etc.) verändert. Somit kann der Förderbeginn so eingestellt werden, dass der Einspritzbeginn zum richtigen Zeitpunkt stattfindet. Da sich der Kraftstoff auf allen Zylindern gleich verhält, gibt es diesen Sensor nur einmal, im Regelfall auf einem der mittleren Zylinder.

5.14.4 Radialkolben-Verteilereinspritzpumpe (VP 44)

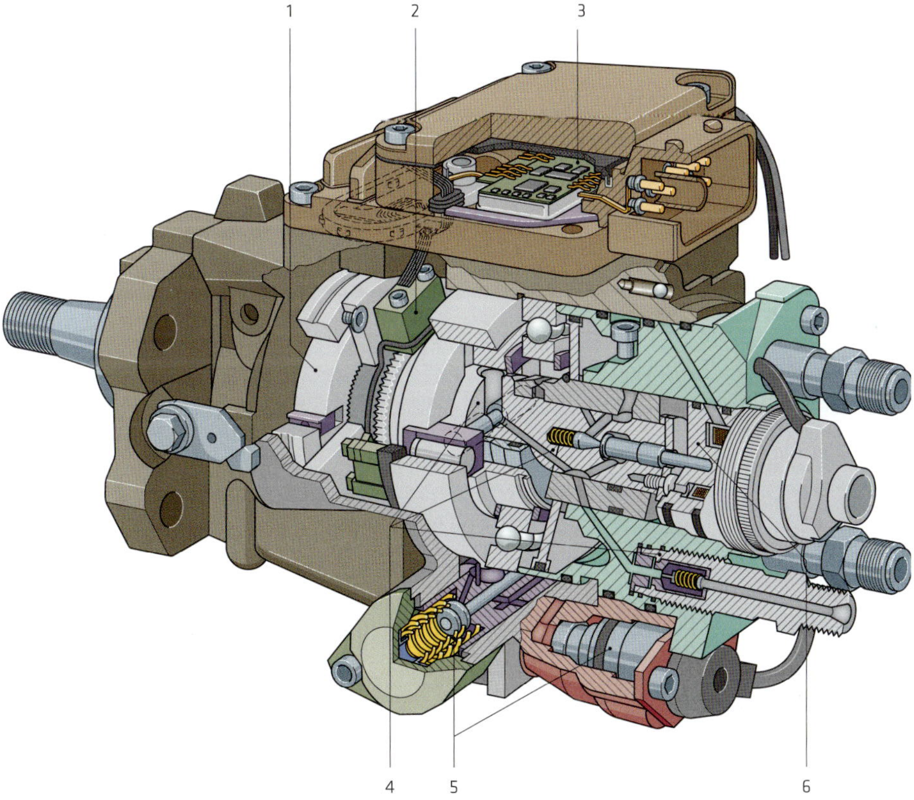

Bild 5.112 *Komponenten der Bosch-Radialkolben-Verteilereinspritzpumpe*
1 Flügelzellen-Förderpumpe mit Druckregelventil
2 Drehwinkelsensor
3 Pumpensteuergerät
4 Radialkolben-Hochdruckpumpe mit Verteilerwelle und Auslassventil (Druckventil)
5 Spritzversteller und Spritzversteller-Magnetventil (Taktventil)
6 Hochdruckmagnetventil (Mengenmagnetventil)
[Bild: AS-Illu]

Die Radialkolben-Verteilereinspritzpumpe, geläufig unter der Abkürzung „VP44", liefert Einspritzdrücke bis zu 1900 bar. Eine Flügelzellenpumpe saugt den Dieselkraftstoff über den Kraftstofffilter aus dem Tank und befüllt den in der Pumpe liegenden Speicherraum mit einem Kraftstoffvordruck von ca. 3 bar bei Leerlaufdrehzahl und bis zu 20 bar bei Abregeldrehzahl. Über ein Druckregelventil und eine Überströmdrossel wird der Druck begrenzt.

Anders als bei der Axialkolben- Verteilereinspritzpumpe erfolgt die Druckerzeugung bei der VP44 nicht durch einen sich axial bewegenden, sondern durch vier sich radial bewegende Pumpenkolben.

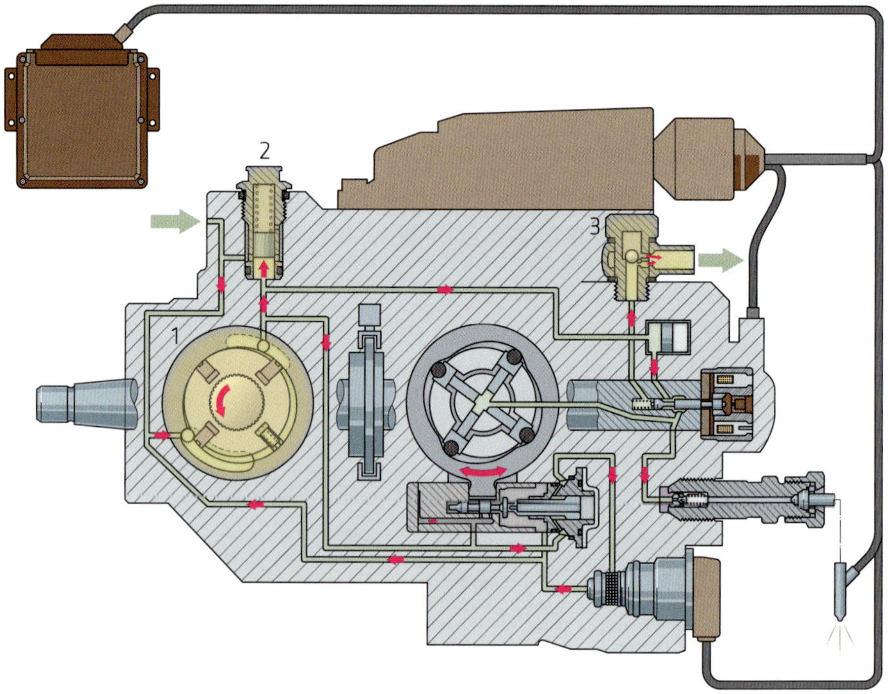

Bild 5.113 *Niederdruckteil der Bosch-Radialkolben-Verteilereinspritzpumpe (zur besseren Darstellung sind einige Komponenten in ihrer Lage gedreht worden)*

1 Flügelzellen-Förderpumpe (um 90° gedreht)
2 Druckregelventil
3 Überströmdrosselventil

[Bild: AS-Illu]

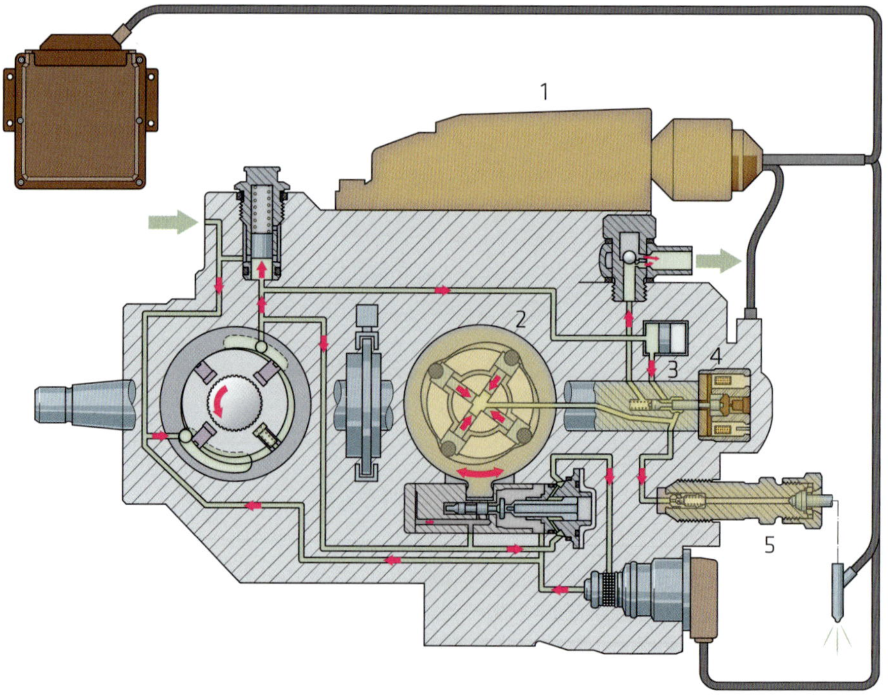

Bild 5.114 *Hochdruckteil der Bosch-Radialkolben-Verteilereinspritzpumpe (zur besseren Darstellung sind einige Komponenten in ihrer Lage gedreht worden)*

1 Pumpensteuergerät
2 Radialkolben-Hochdruckpumpe (um 90° gedreht)
3 Verteilerkörper
4 Hochdruckmagnetventil (Mengenmagnetventil)
5 Druckrohranschluss

[Bild: AS-Illu]

Die Pumpenkolben befinden sich in der Verteilerwelle und stützen sich außen am sogenannten Nockenring ab. Bei ablaufenden Nocken werden die Pumpenkolben durch Fliehkraft nach außen gedrückt und vergrößern den Hochdruckraum in ihrer Mitte, sodass Dieselkraftstoff aus dem Speicherraum in den Hochdruckraum einströmen kann. Laufen die Pumpenkolben auf die Nocken des Nockenrings auf, dann werden sie in Richtung Zentrum des Hochdruckraums gepresst, wodurch der Dieselkraftstoff zunächst in den Kraftstoffvor- und -rücklauf zurückgedrückt wird. Bei Förderbeginn wird das Hochdruckmagnetventil angesteuert und verschließt den Vor- und Rücklauf. Der Kraftstoff-Hochdruck wird aufgebaut und über die Verteilerwelle (ähnlich wie bei der Axialkolben-Verteilereinspritzpumpe) an den Hochdruckanschluss des jeweiligen Zylinders und über die Hochdruckleitung in das Einspritzventil geleitet und in den Zylinder eingespritzt. Ist die Einspritzmenge ausreichend, öffnet das Hochdruckmagnetventil und gibt den Vor- und Rücklauf wieder frei, in den der überschüssige Kraftstoff abfließen kann.

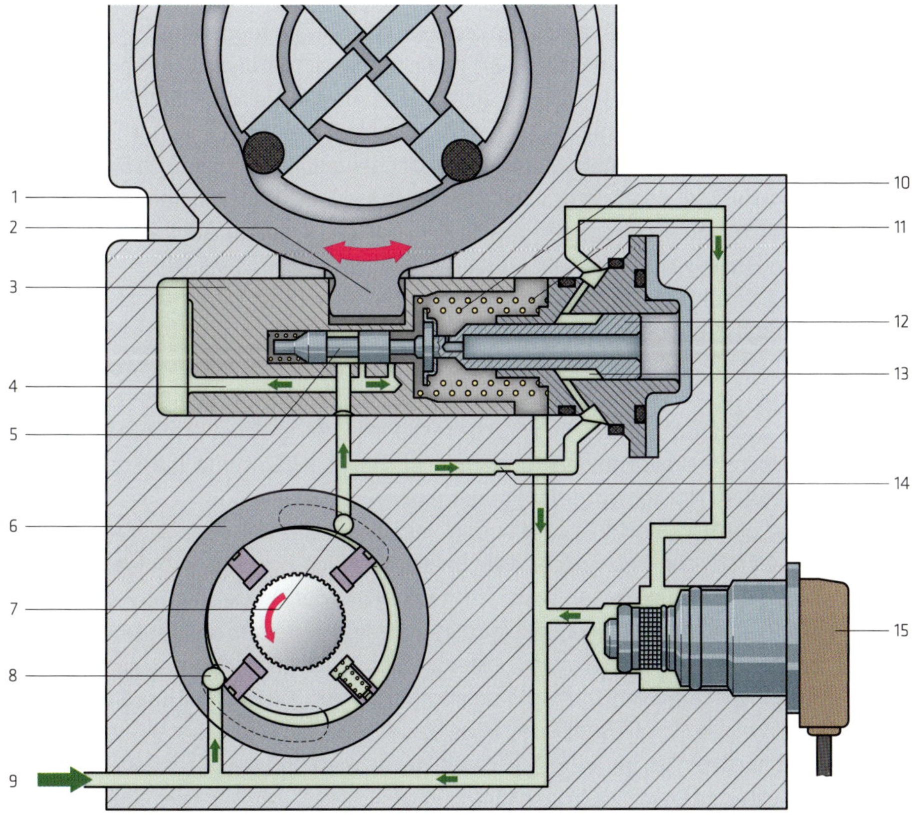

Bild 5.115 *Hydraulischer Spritzversteller mit Spritzversteller-Magnetventil, schematisch in einer Ebene dargestellt*
1 Nockenring
2 Kugelzapfen
3 Spritzverstellerkolben
4 Zulaufkanal/Ablaufkanal
5 Regelschieber
6 Flügelzellen-Förderpumpe
7 Pumpenablauf (Druckseite)
8 Pumpenzulauf (Saugseite)
9 Zulauf vom Kraftstoffbehälter
10 Steuerkolbenfeder
11 Rückstellfeder
12 Steuerkolben
13 Ringraum des hydraulischen Anschlags
14 Drossel
15 Spritzversteller-Magnetventil
[Bild: AS-Illu]

Der Spritzversteller sorgt dafür, dass über den kompletten, infrage kommenden Zeitraum Hochdruck erzeugt wird. (Wenn das Magnetventil schließt, die Pumpenkolben jedoch schon wieder ablaufen, wird kein Hochdruck erzeugt und es kann nicht eingespritzt werden.) Hierzu ist der Spritzverstellerkolben über einen Hebel mit dem Nockenring verbunden. Ist das Magnetventil geschlossen, dann wirkt der Kraftstoffdruck auf die schräge Ringfläche des Steuerkolbens, wodurch dieser nach rechts verschoben und der Kraftstoffzulauf auf die linke Seite des Spritzverstellerkolbens freigegeben wird. Der Kolben bewegt sich abhängig vom Vorförderdruck und damit von der Drehzahl gegen Federkraft nach rechts und verdreht den Nockenring gegen den Uhrzeigersinn, sodass die Pumpenkolben früher auf die Nocken auflaufen und es zu einer Frühverstellung der Hochdruckerzeugung kommt. Soll der Einspritzbeginn und damit der Beginn der Hochdruckerzeugung zurück nach „spät" verstellt werden, wird das Magnetventil angesteuert: Der Kraftstoffdruck, der auf den Steuerkolben wirkt, fließt über den Rücklauf ab und der Steuerkolben bewegt sich durch Federkraft nach links. Nun kann der Kraftstoffdruck aus dem Druckraum links vom Spritzverstellerkolben in den Rücklauf entweichen und die Feder schiebt den Spritzverstellerkolben ebenfalls nach links. Der Nockenring verdreht sich im Uhrzeigersinn. Die Überwachung des Spritzverstellers erfolgt durch den Nockenringpositionssensor, im Regelfall induktiv.

5.14.5 Pumpe-Düse-System mit Magnetventil

Das Pumpe-Düse-System besitzt je Zylinder ein eigenes, kombiniertes Einspritzelement, das, von der Nockenwelle angetrieben, sowohl die Druckerzeugung und -steuerung als auch die Einspritzung übernimmt. Es erreicht einen maximalen Einspritzdruck von 2050 bar. Das Einspritzsystem wurde viele Jahre als Alternative zum Common-Rail-System gesehen, konnte den gestiegenen Anforderungen bezüglich des Schadstoffausstoßes und der damit in Verbindung stehenden Abgasnachbehandlungssysteme (z.B. keine Nacheinspritzung zur Regeneration des Dieselpartikelfilters) nicht mehr gerecht werden.

Die Vorförderpumpe saugt den Kraftstoff über den Kraftstofffilter an und liefert ihn unter einem Druck von etwa 4 bar an die Vorlaufleitung der Einspritzelemente. Die Vor- und Rücklaufleitung sind als Kanäle im Zylinderkopf ausgeführt. Die Einspritzelemente sind über Dichtringe gegenüber dem Zylinderkopf abgedichtet und werden so mit der Vor- und Rücklaufleitung verbunden. Bei ablaufendem Einspritznocken wird der Pumpenkolben nach oben gezogen und der Hochdruckraum des Pumpe-Düse-Elements durch den Vorlaufdruck mit Kraftstoff befüllt. Solange das Magnetventil geöffnet ist, fließt der Kraftstoff durch den Hochdruckraum in den Rücklauf ab und spült das Einspritzelement zur Kühlung. Bei auflaufendem Nocken wird der Pumpenkolben wieder nach unten gedrückt und der Kraftstoff in die Vor- und Rücklaufleitung verdrängt. Erst mit dem Schließen des Magnetventils wird dieser Weg verschlossen und es baut sich Hochdruck im Einspritzelement auf, der sich über Kanäle in den Druckraum unterhalb der Druckschulter der Düsennadel fortpflanzt. Bei etwa 180 bar übersteigt die Kraft des Kraftstoffs die der Düsenfeder: Die Voreinspritzung beginnt. Durch den ansteigenden Druck im Hochdruckraum und einen, durch das Einspritzen von Kraftstoff bedingten, kurzen Druckabfall unterhalb der Düsennadel bewegen sich Düsennadel, Düsenfeder und der sogenannte Ausweichkolben unmittelbar nach Beginn der Voreinspritzung nach unten und die Düsennadel wird wieder in den Dichtsitz gedrückt: Die Voreinspritzung ist beendet. Der Ausweichkolben hat seine schräge Druckschulter freigegeben (größere Fläche, größere Kraft), wodurch er bis auf einen Anschlag nach unten gedrückt wird und die Düsenfeder vorspannt. Der Druck im Hochdruckraum steigt weiter und drückt bei etwa 300 bar erneut die Düsennadel nach oben: Die Haupteinspritzung beginnt. Der Einspritzvorgang endet mit dem Öffnen des Magnetventils. Der überschüssige Kraftstoff entweicht in den Vor- und Rücklauf und die Düsennadel schließt durch den Druckabfall wieder.

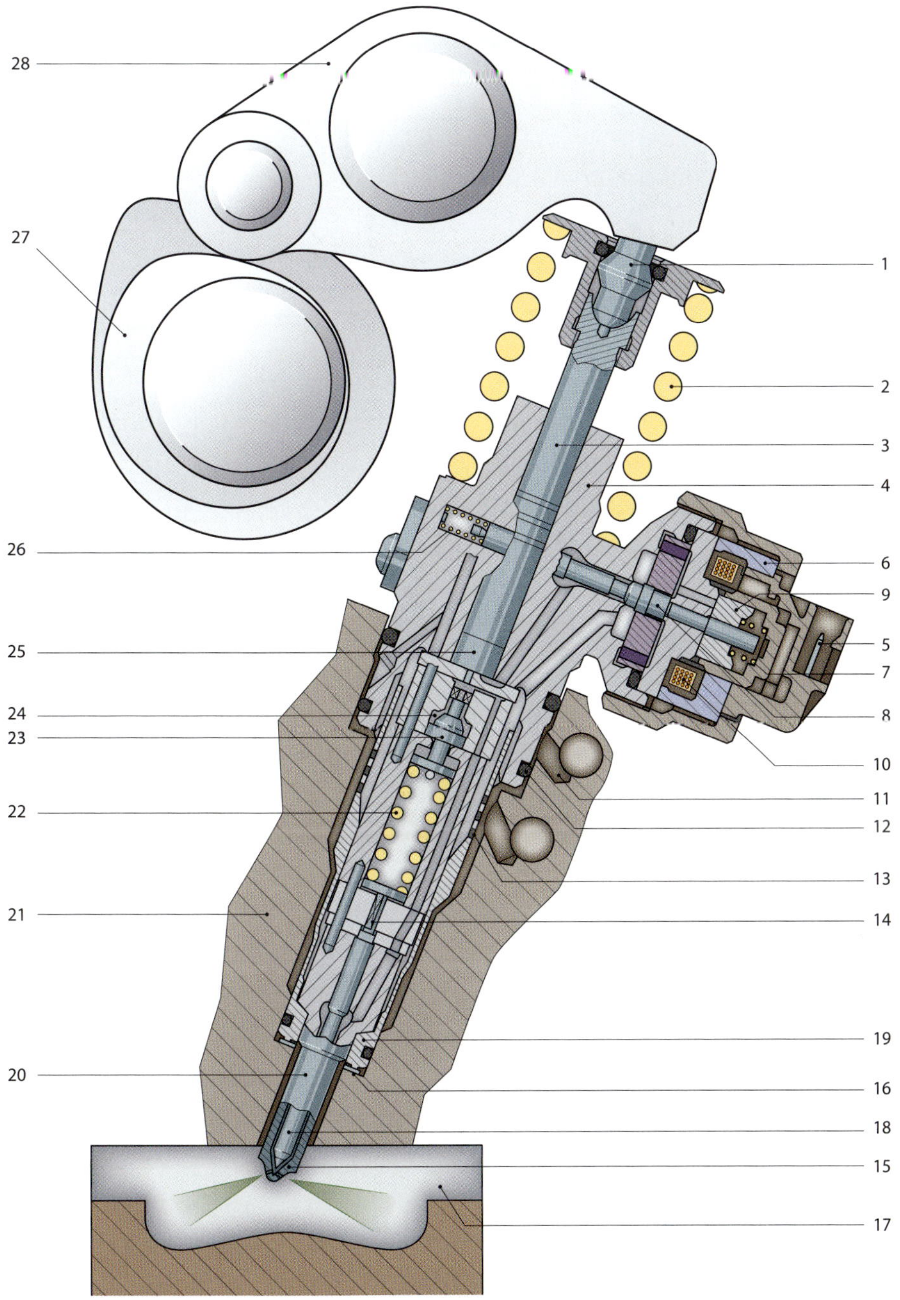

Bild 5.116 *Aufbau einer Pumpe-Düse-Einheit (PDE) (Unit Injector System, UIS) für Pkw*
1 Kugelbolzen, 2 Rückstellfeder, 3 Pumpenkolben, 4 Pumpenkörper, 5 Stecker, 6 Magnetkern, 7 Ausgleichsfeder, 8 Magnetventilnadel, 9 Anker, 10 Spule des Elektromagneten, 11 Kraftstoffrücklauf (Niederdruckteil), 12 Dichtung, 13 Zulaufbohrung (ca. 350 lasergebohrte Löcher als Filter), 14 hydraulischer Anschlag (Dämpfungskolben), 15 Nadelsitz, 16 Dichtscheibe, 17 Brennraum des Motors, 18 Düsennadel, 19 Spannmutter, 20 integrierte Einspritzdüse, 21 Zylinderkopf des Motors, 22 Düsenfeder, 23 Speicherkolben (Ausweichkolben), 24 Speicherraum, 25 Hochdruckraum (Element), 26 Magnetventilfeder, 27 Antriebsnockenwelle, 28 Rollenkipphebel
[Bild: AS-Illu]

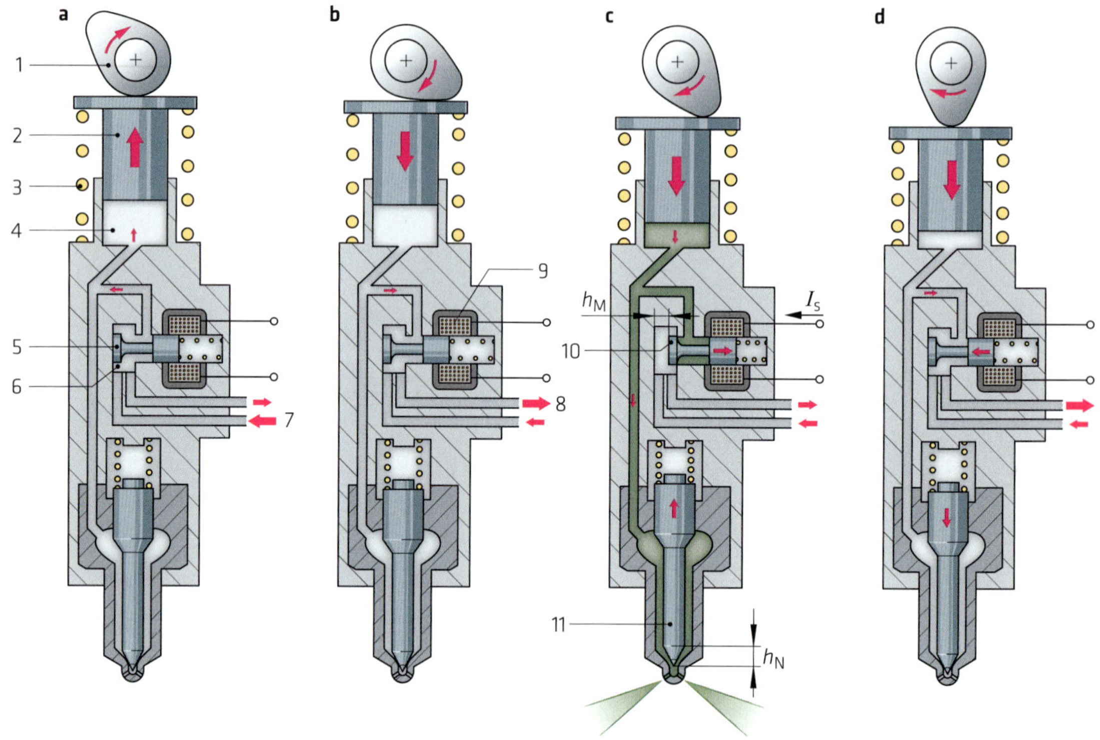

Bild 5.117 *Funktionsprinzip der Pumpe-Düse-Einheit (PDE) (Unit Injector System, UIS) für Pkw ohne mechanisch hydraulisch gesteuerte Voreinspritzung*
Betriebszustände:
a Saughub
b Vorhub
c Förderhub
d Resthub
1 Antriebsnocken
2 Pumpenkolben
3 Rückstellfeder
4 Hochdruckraum (Elementraum)
5 Magnetventilnadel
6 Magnetventilraum
7 Zulaufkanal
8 Rücklaufkanal
9 Magnetspule
10 Magnetventilsitz
11 Düsennadel
I_S *Spulenstrom*
h_m *Hub der Magnetventilnadel*
p_e *Einspritzdruck*
h_N *Düsennadelhub*
[Bild: AS-Illu]

Werkstatttipp

Das Pumpe-Düse-System gilt allgemein als zuverlässig, hat jedoch ein paar Schwachpunkte: Gerade in früheren Generationen können Undichtigkeiten zwischen dem Zylinderkopf und einem oder mehreren Einspritzelementen zu Schwierigkeiten führen. Der Kraftstoffvordruck fließt entweder nach außen (nicht zwingend) oder über die fehlerhafte Abdichtung außen am Einspritzelement vorbei in den Rücklauf. Das Einspritzelement wird nicht mehr ausreichend versorgt und es kommt zu Funktionsstörungen bis hin zum Ausfall des Motors. Werden die Pumpe-Düse-Elemente ausgetauscht, ist eine mechanische Grundeinstellung erforderlich. Die Einspritzung wird zwar prinzipiell elektronisch geregelt, es muss jedoch sichergestellt werden, dass über den kompletten, infrage kommenden Zeitraum Kraftstoffdruck zur Verfügung steht.

Zudem sollte bei Motoren mit Pumpe-Düse-System das Zahnriemenwechselintervall äußerst genau eingehalten werden. Der Antrieb der Pumpe-Düse-Elemente stellt eine hohe Belastung für den Antrieb der Motorsteuerung dar.

5.14.6 Pumpe-Düse-System mit Piezoventil

In einem kurzen Zeitraum vor dem endgültigen Auslaufen des Pumpe-Düse-Systems wurde das Magnetventil durch einen Piezoaktor ersetzt. Ein Magnetventil hat grundsätzlich den Nachteil einer gewissen Trägheit: Beim Einschalten der Spule kommt es zur Gegeninduktion, die den Magnetfeldaufbau hemmt und dafür sorgt, dass die Magnetventilnadel erst zeitversetzt bewegt wird. Bei einmaligem Öffnen des Ventils kann dieser Effekt vernachlässigt werden, da vor dem Moment des tatsächlichen Öffnens ausreichend Zeit vorhanden ist, um die Spule anzusteuern. Die Spule wird also einfach um die Zeitspanne der Verzögerung „zu früh" angesteuert, um dann pünktlich zu öffnen. Folgen mehrere Einspritzvorgänge direkt aufeinander, ist dies nicht möglich, da die Spule ggf. schon erneut angesteuert werden müsste, während sie aus dem vorherigen Einspritzvorgang noch bestromt ist. Bei der ersten Generation des Pumpe-Düse-Systems wurde daher auf ein mehrfaches Ansteuern der Spule verzichtet und die Voreinspritzung rein hydraulisch realisiert, was jedoch dazu führt, dass diese als gegeben angenommen werden muss. Das Pumpe-Düse-System mit Magnetventil kann nur einmal voreinspritzen – nicht mehr und nicht weniger. Das Trägheitsproblem fällt bei der Ausführung mit Piezoventil weg, sodass maximal 5 Einspritzvorgänge mit einem maximalen Einspritzdruck von bis zu 2200 bar realisiert werden können. Auch diese Variante hat jedoch gegenüber dem Common-Rail-System den Nachteil, dass die Einspritzung nur über einen gewissen Zeitraum (im Arbeitstakt) möglich ist.

Der Ablauf des Einspritzvorgangs bei dieser Bauform des Pumpe-Düse-Systems entspricht weitestgehend dem des Pumpe-Düse-Systems mit Magnetventil. Der Ausweichkolben ist jedoch weggefallen und die Einspritzung wird ausschließlich durch das Piezoventil geregelt. Ist das Piezoventil geschlossen, ist die Verbindung des Hochdruckraums zur Vor- und Rücklaufleitung unterbrochen, der Hochdruck wird aufgebaut und es wird eingespritzt. Ist das Piezoventil geöffnet, ist die Verbindung des Hochdruckraums zur Vor- und Rücklaufleitung wiederhergestellt, der Hochdruck entweicht und der Einspritzvorgang ist beendet.

Das Piezoventil setzt sich aus dem eigentlichen Piezoaktormodul und einem Übersetzermodul zusammen. Piezokristalle haben die Eigenschaft, sich beim Anlegen einer Spannung entsprechend der Größe der Spannung auszudehnen. Die Ausdehnung ist jedoch mit etwa 0,15% bei einer Spannung von (im Kraftfahrzeugbereich üblichen) 150 V sehr gering. Zunächst werden daher bis zu 500 Piezokristalle übereinandergelegt (in Reihe geschaltet) und über eine sogenannte Kammelektrode (genaue Beschreibung siehe Common-Rail-System mit Piezoinjektor) elektrisch angeschlossen. Die Gesamtausdehnung des Piezoaktormoduls ergibt somit etwa 0,04 mm. Zum Erreichen einer erforderlichen Ventilöffnung von etwa 0,1 mm wird ein kleines Hebelwerk, das sogenannte Übersetzermodul, zwischen das Piezoaktormodul und das hydraulische Ventil geschaltet.

Ist das Piezoaktormodul ausgedehnt, kann die Spannungsversorgung unterbrochen werden. Es behält seine Ausdehnung bei, bis es durch einen im Steuergerät verbauten Widerstand wieder kurzgeschlossen wird.

Bild 5.118 *Pumpe-Düse-Einheit mit Piezoventil bei der Haupteinspritzung* [Bild: AS-Illu]

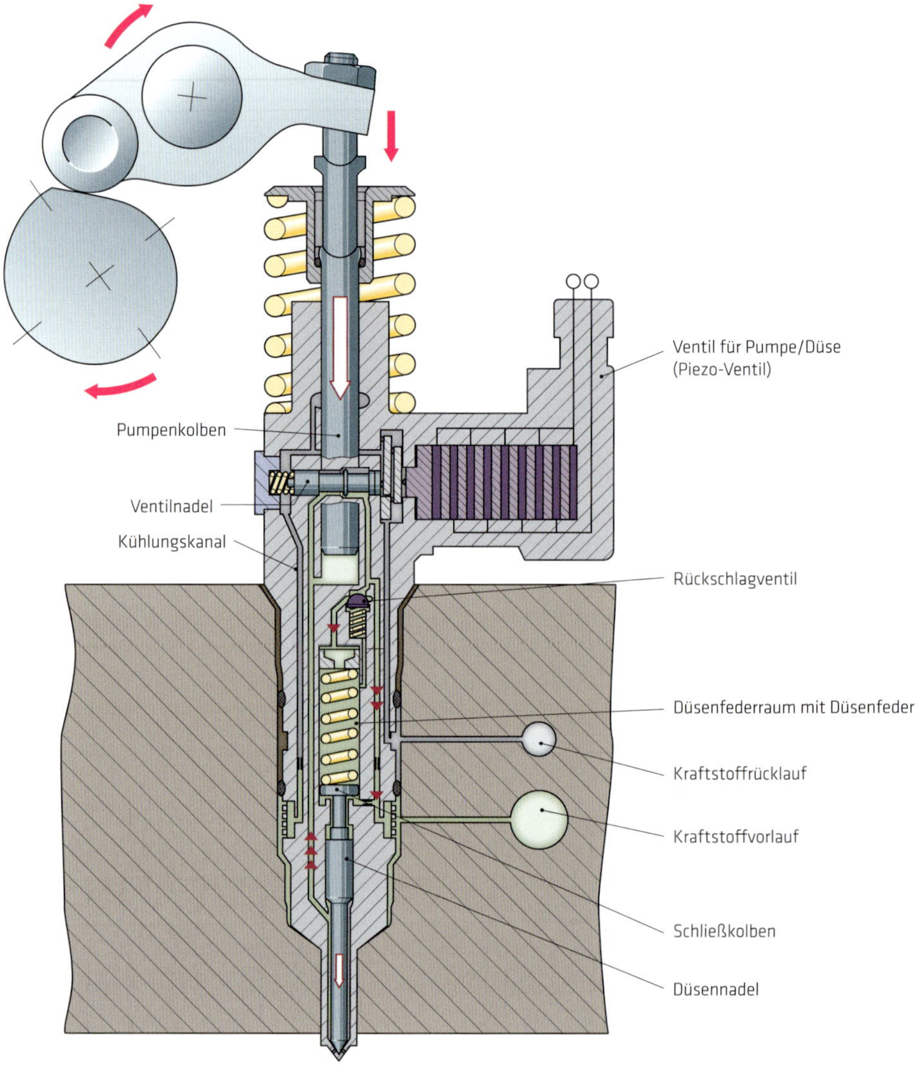

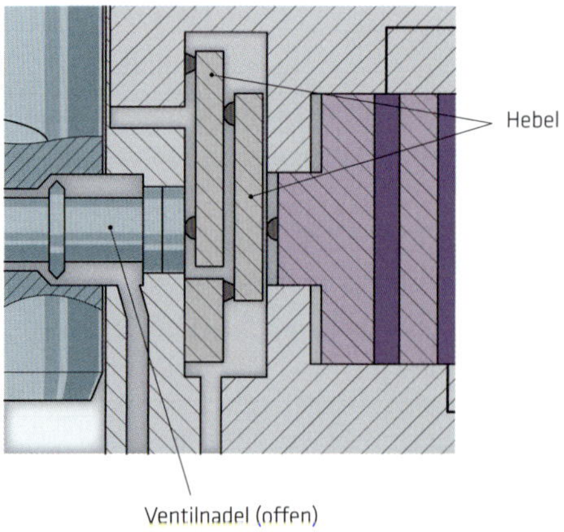

Bild 5.119 *Übersetzer in Ruhestellung* [Bild: AS-Illu]

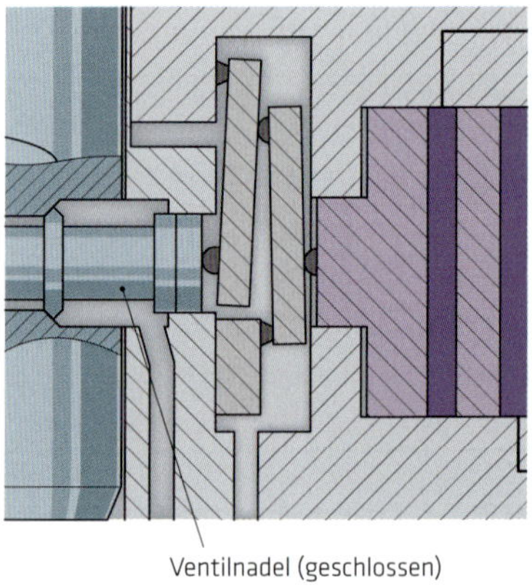

Bild 5.120 *Übersetzer betätigt* [Bild: AS-Illu]

5.14.7 Pumpe-Leitung-Düse-System

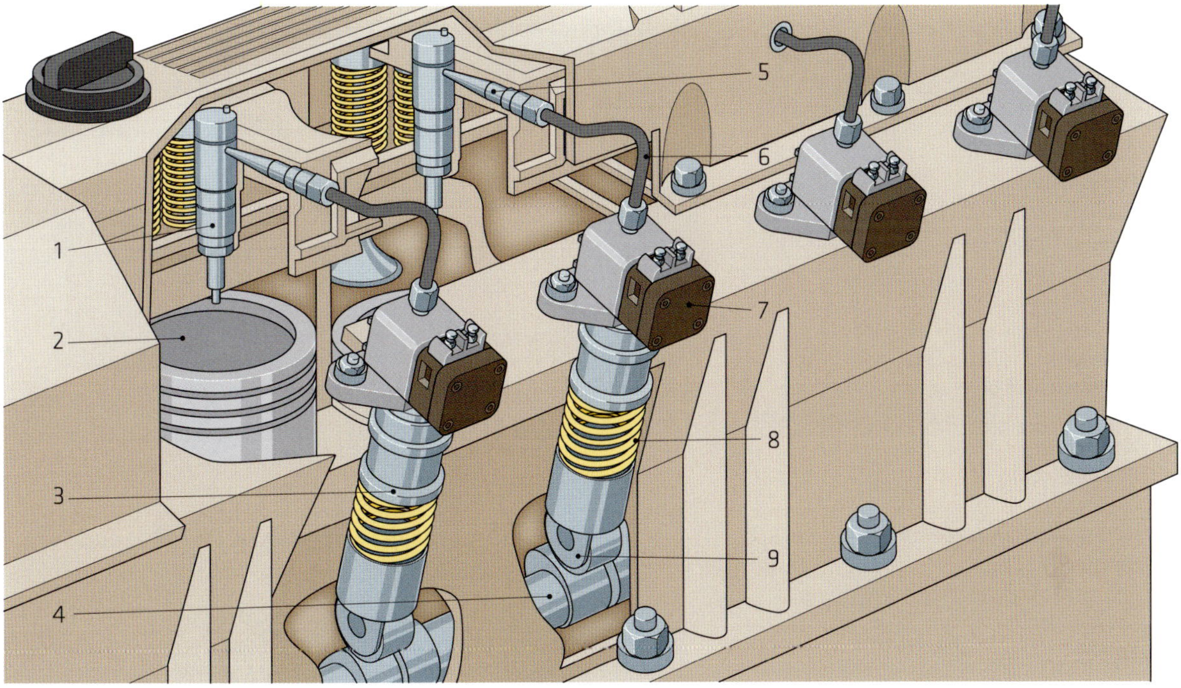

Bild 5.121 *Einbaulage der Pumpe-Leitung-Düse (PLD) (Unit Pump System, UPS) für Nutzfahrzeuge*

1 Zweifeder-Düsenhalter
2 Brennraum des Motors
3 Hochdruckpumpe (Steckpumpe)
4 Motornockenwelle
5 Druckstutzen
6 Einspritzleitung
7 Magnetventil
8 Stößelfeder
9 Rollenstößel
[Bild: AS-Illu]

Das Pumpe-Leitung-Düse-System kommt hauptsächlich im Nutzfahrzeugbereich zum Einsatz. Der Antrieb des Pumpenelements erfolgt durch die (untenliegende) Nockenwelle. Bei ablaufendem Nocken wird der Hochdruckraum des Pumpenelements durch den Kraftstoffvordruck befüllt und, da dieser zum Rücklauf offen ist, gespült. Bei auflaufendem Nocken wird der Dieselkraftstoff aus dem Hochdruckraum wieder in den Vor- und Rücklauf verdrängt. Wird das Magnetventil angesteuert, wird die Verbindung des Hochdruckraums zum Vor- und Rücklauf unterbrochen. Im Pumpenelement wird ein Kraftstoffhochdruck von bis zu 1800 bar erzeugt, der über eine Hochdruckleitung an ein klassisches Einspritzventil geliefert und von diesem in den Motor eingespritzt wird. Beim Öffnen des Magnetventils fließt der Kraftstoff aus dem Hochdruckraum in den Vor- und Rücklauf ab. Der Kraftstoffdruck bricht zusammen und das Einspritzventil schließt durch Federkraft. Der Einspritzvorgang ist beendet. Aufgrund der Länge des Kraftstoffwegs und der daraus resultierenden Trägheit des Systems ist eine Voreinspritzung systembedingt nicht möglich, sie kann jedoch annähernd mit einem Zweifeder-Düsenhalter (s.u.) realisiert werden.

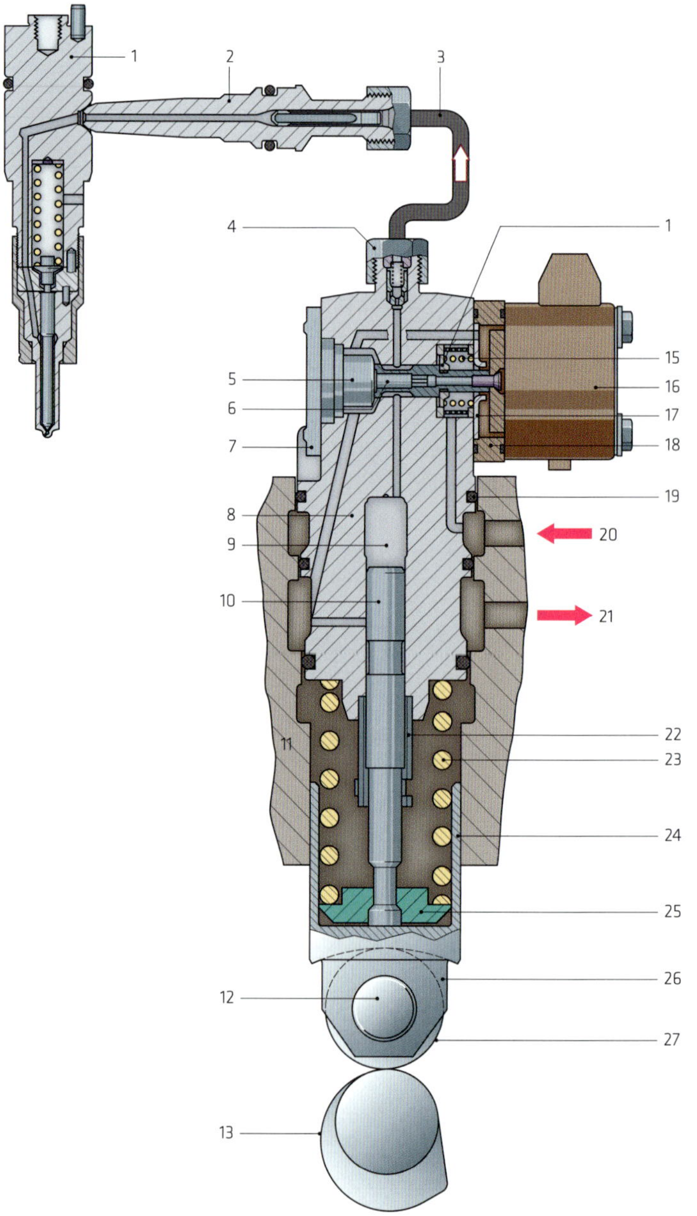

Bild 5.122 *Aufbau der Pumpe-Leitung-Düse (PLD) (Unit Pump System, UPS) für Nutzfahrzeuge*

1 Einspritzdüsenhalter
2 Druckstutzen
3 Hochdruckleitung
4 Anschluss
5 Hubanschlag
6 Magnetventilnadel
7 Platte
8 Pumpengehäuse
9 Hochdruckraum (Elementraum)
10 Pumpenkolben
11 Motorblock
12 Rollenstößelbolzen
13 Nocken
14 Federteller
15 Magnetventilfeder
16 Ventilgehäuse mit Spule und Magnetkern
17 Ankerplatte
18 Zwischenplatte
19 Dichtung
20 Kraftstoffzulauf (Niederdruck)
21 Kraftstoffrücklauf
22 Pumpenkolben-Rückhalteeinrichtung
23 Stößelfeder
24 Stößelkörper
25 Federteller
26 Rollenstößel
27 Stößelrolle
[Bild: AS-Illu]

Hinweis: In der Praxis (hauptsächlich im Lkw-Bereich) wird das Pumpe-Leitung-Düse-System oftmals auch als Pumpe-Düse-System bezeichnet, da das „echte" Pumpe-Düse-System im Nutzfahrzeugbereich keine Anwendung findet.

5.15 Klassische Einspritzventile

Die klassischen Einspritzventile arbeiten alle nach dem gleichen Prinzip. Der Kraftstoff wird unter Druck in die Einspritzdüse geleitet, gelangt unter die Druckschulter der Düsennadel und hebt diese gegen Federkraft an. Beim Wegfall des Kraftstoffdrucks (Förderende) überwiegt wieder die Kraft der Düsenfeder und die Ventilnadel schließt.

5.15.1 Ein- und Zweifederdüsenhalter

Es werden Düsenhalter mit einer und mit zwei Federn unterschieden. Während beim klassischen Einfederdüsenhalter eine Feder die Düsennadel zuhält, die bei ausreichendem Kraftstoffdruck vollständig aus dem Sitz gehoben wird, kommen beim Zweifederdüsenhalter, wie der Name schon sagt, zwei Federn zum Einsatz. Bei geringem Kraftstoffdruck öffnet die Düse zunächst nur teilweise (=> „Voreinspritzung"). Der Kraftstoffdruck wirkt auf die Druckschulter und schafft es, die Kraft der kleinen Feder, die sich über einen Druckstift mit der Düsennadel verbunden im oberen Bereich der Düse befindet, zu überwinden. Nach einem kurzen Öffnungsweg gerät die Düsennadel jedoch auf einen Anschlag, der sich wiederum an der großen Feder abstützt. Mit steigendem, auf die Druckschulter wirkenden Kraftstoffdruck wird irgendwann auch die Kraft der großen Feder überwunden und die Düsennadel samt Anschlag angehoben. Der Öffnungsquerschnitt vergrößert sich => „Haupteinspritzung".

Bild 5.123 *Zweifeder-Düsenhalter mit Mehrlochdüseneinsatz*
H_1 Voreinspritzhub
H_2 Haupthub
$H_{ges} = H1 + H2$ Gesamthub
1 Düsenhalter
2 Einstellscheibe 1. Stufe
3 Druckfeder 1. Stufe
4 Druckbolzen
5 Führungsscheibe
6 Druckfeder 2. Stufe
7 Druckstift
8 Federteller
9 Einstellscheibe 2. Stufe
10 Anschlaghülse
11 Zwischenstück
12 Überwurfmutter
13 Leckölabfluss
14 Stabfilter
[Bild: AS-Illu]

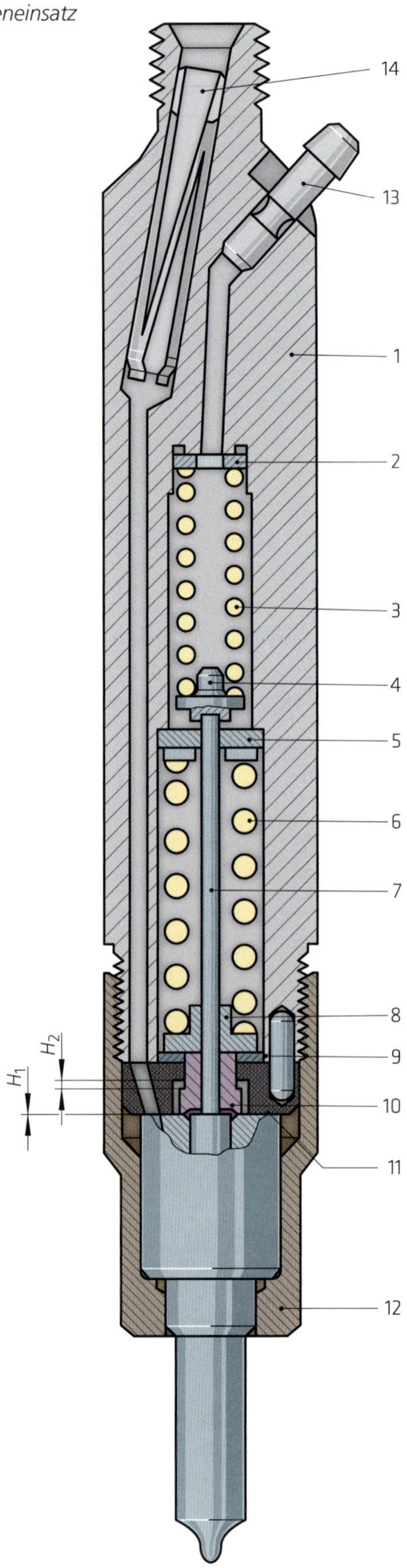

5.15.2 Loch- und Zapfendüsen

Neben der Unterscheidung in Ein- und Zweifederdüsenhalter werden Einspritzdüsen nach der Bauform der Düse in Loch- und Zapfendüsen unterschieden: Während die Zapfendüse mit einem Öffnungsdruck von 80 bis 125 bar bei Vor- und Wirbelkammermotoren zum Einsatz kommt, gibt es die Lochdüse mit Öffnungsdrücken von 200 bis 300 bar bei Direkteinspritzern.

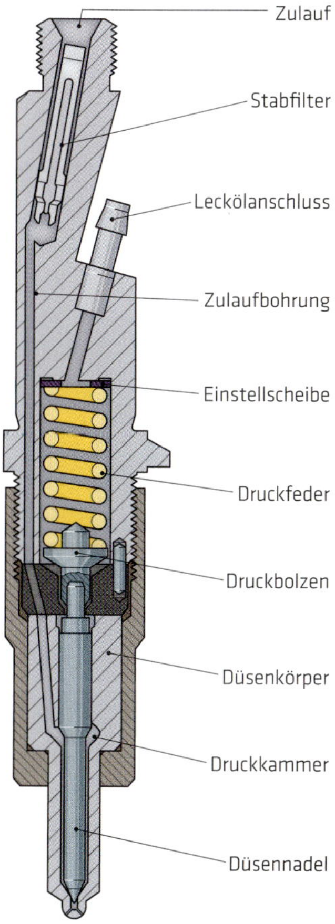

Bild 5.124 *Düsenhalter mit Lochdüse*
[Bild: AS-Illu]

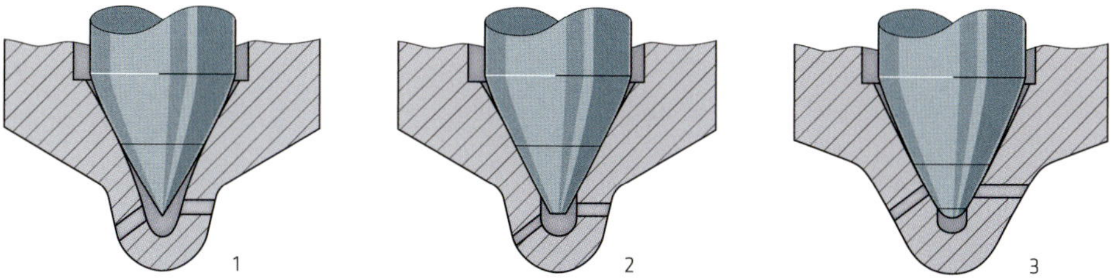

Bild 5.125 *Mehrlochdüsenformen*
1 Lochdüse mit konischem Sackloch
2 Lochdüse mit zylindrischem Sackloch
3 Sitzlochdüse
[Bild: AS-Illu]

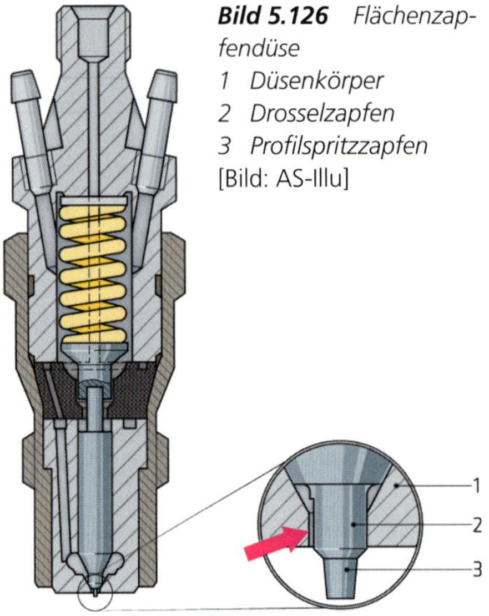

Bild 5.126 *Flächenzapfendüse*
1 Düsenkörper
2 Drosselzapfen
3 Profilspritzzapfen
[Bild: AS-Illu]

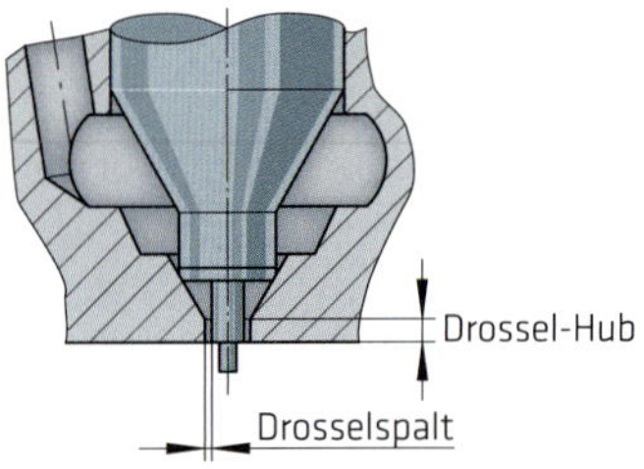

Bild 5.127 *Schematisch dargestellte Drosselzapfendüse*
[Bild: AS-Illu]

Werkstatttipp

Klassische Einspritzdüsen können mit einem einfachen Prüfgerät in der Werkstatt „abgedrückt" werden. Hierzu wird die Düse in das Prüfgerät eingebaut und mithilfe einer Handpumpe mit Dieselkraftstoff unter Druck versorgt. Zu bewerten ist der Öffnungsdruck mithilfe eines Manometers und das Strahlbild optisch und akustisch (gleichmäßiges Schnarren). Der Öffnungsdruck kann durch Einstellscheiben zwischen Düsenhalter und Düsenfeder eingestellt werden. Beim fehlerhaftem Strahlbild muss die Düse (Düsenkörper und Düsennadel) komplett ersetzt werden. Düsennadel und Düsenkörper sind aufeinander abgestimmt und dürfen daher nur gemeinsam ersetzt und nicht vertauscht werden.

6 Zündsysteme

Eine wichtige aber oft nicht ausreichend berücksichtigte Grundlage für die Fehlersuche an Motoren ist Folgende: Für eine Verbrennung sind grundsätzlich drei Dinge erforderlich, ein Brennstoff (Otto- oder Dieselkraftstoff), Sauerstoff und die sogenannte Aktivierungsenergie, also Wärme. Fehlt eines der drei oder ist nicht in ausreichendem Maße bzw. zum falschen Zeitpunkt vorhanden, läuft der Motor nicht oder nur schlecht.

Während die Aktivierungsenergie beim Dieselmotor durch die Verdichtung der Luft erzeugt wird, liefert sie beim Ottomotor der Zündfunke. Die Aufgabe der Zündanlage ist es deshalb, einen Zündfunken

- in ausreichender Stärke,
- zum jeweils richtigen Zeitpunkt,
- im richtigen Zylinder

für die Entzündung des Kraftstoff-Luft-Gemischs zu liefern. Erfolgt die Zündung zu früh, kommt es zur klopfenden Verbrennung oder der Verbrennungsdruck wirkt gar im Verdichtungstakt und somit gegen den Motordrehsinn auf den Kolben. Erfolgt die Zündung dagegen zu spät, befindet sich der Kolben bereits deutlich in der Abwärtsbewegung. Der genutzte Verbrennungsraum wird größer und die entstehende Wärme erzeugt keinen hohen Druck mehr. Zudem verkürzt sich der Weg, auf dem der Verbrennungsdruck auf den Kolbenboden wirkt, bevor das Auslassventil dem Restdruck den Weg in Richtung der Abgasanlage frei macht. Eine präzise Zündung ist daher entscheidend für hohe Effizienz des Motors. Bereits bei geringen Abweichungen kommt es zum Leistungsmangel und somit zur Erhöhung des Kraftstoffverbrauchs und der Schadstoffemissionen, da die gewünschte Leistung, wenn überhaupt, nur durch eine größere Gemischmasse gewonnen werden kann.

Im Kraftfahrzeugbereich kommen vorwiegend sogenannte Batteriezündanlagen zum Einsatz, also Zündanlagen, die eine Spannungsquelle benötigen. Es wird zwischen Spulenzündanlagen und Kondensatorzündanlagen unterschieden, wobei in den meisten Fahrzeugen Spulenzündanlagen verbaut sind.

Ungeachtet der Tatsache, dass kontaktgesteuerte Zündanlagen seit vielen Jahren nicht mehr zum Einsatz kommen, beschreibt dieses Kapitel die Funktionsweise dieser Zündanlagen aus didaktischen Gründen. Denn das Prinzip einer Zündanlage lässt sich an dieser Bauform anschaulich darstellen.

6.1 Kontaktgesteuerte Zündanlagen

Eine Zündanlage besteht aus zwei Stromkreisen: dem Primär- und dem Sekundärstromkreis. Der Primärstromkreis wiederum besteht im Wesentlichen aus der Spannungsquelle, also der Batterie, dem Zündstartschalter, der (Primärseite der) Zündspule, hier in der sogenannten Sparschaltung, und dem Unterbrecher (-kontakt), dessen Aufgaben heutzutage das Steuergerät übernimmt.

Die Sekundärseite setzt sich aus der Sekundärseite der Zündspule, ggf. einer rotierenden Verteilung und der Zündkerze zusammen.

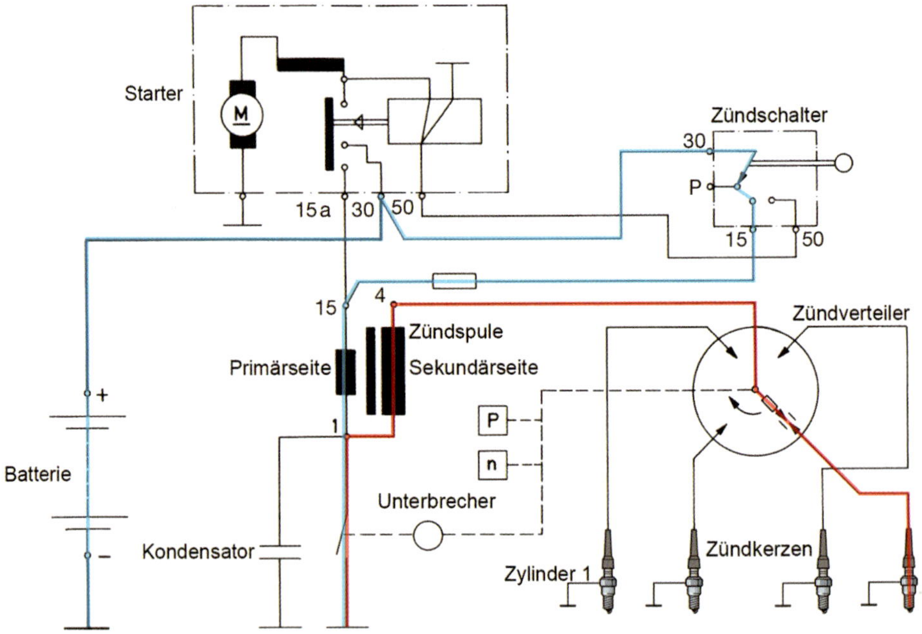

Bild 6.1
Wirkschaltbild einer konventionellen kontaktgesteuerten Zündanlage für einen Vierzylinder-Reihenmotor

Beim Einschalten der Zündung wird positives Potenzial an Klemme 15 der Zündspule angelegt. Dreht sich der Motor, rotiert die Verteilerwelle und schließt den Unterbrecherkontakt: Der Primärstromkreis ist geschlossen und es baut sich über der Primärwicklung der Zündspule ein Magnetfeld auf. Ist der Zündzeitpunkt erreicht, öffnet die Verteilerwelle mechanisch den Zündkontakt und der Primärstromkreis wird unterbrochen. Das Magnetfeld über der Primärwicklung bricht zusammen und es entsteht die sogenannte Selbstinduktion, eine Spannung von bis zu 400 V, die jedoch ungenutzt bleibt. Die Zündspannung entsteht über der Sekundärwicklung. Diese hat etwa die 100fache Windungszahl und teilt sich den Eisenkern mit der Primärwicklung, sodass das über der Primärseite entstandene und zusammenbrechende Magnetfeld auch auf die Windungen der Sekundärseite wirkt. Hier entsteht eine Selbstinduktionsspannung von bis zu 40 kV, die über den Verteiler an die Zündkerze abgegeben wird und dort zur Funkenbildung führt.

Anpassung des Zündzeitpunkts

Die Anpassung des Zündzeitpunkts erfolgt bei der kontaktgesteuerten, sowie bei den meisten kontaktlosen Transistorzündanlagen mechanisch bzw. pneumatisch:

Drehzahlanpassung

Mit steigender Drehzahl steigt auch die Kolbengeschwindigkeit. Somit ist der Kolben vom Zündzeitpunkt aus betrachtet schneller im oberen Totpunkt. Die Zeitspanne zum Entzünden und Durchbrennen des Gemischs ist jedoch drehzahlunabhängig, sodass der Verbrennungsdruck mit steigender Drehzahl immer später anliegen würde. Ein Fliehkraftversteller wirkt dem entgegen, indem er den Zündzeitpunkt drehzahlabhängig nach „früh" verstellt, sodass das Gemisch wieder ausreichend Zeit zum Entzünden und Verbrennen hat. Hierzu ist die Verteilerwelle unterbrochen: Der untere Teil der Welle führt nur bis zu einer Trägerplatte, auf der sich zwei gegen Federkraft abgestützte Fliehgewichte befinden. Der Verteilernocken befindet sich wiederum auf einem Mitnehmer. In der Ruhelage liegen die Fliehgewichte aneinander an, die Zündung steht auf „spät". Rotiert die Trägerplatte, wirkt die Fliehkraft auf die Fliehgewichte und zieht diese nach außen. Der Mitnehmer wird gegen die Federkraft im Uhrzeigersinn verdreht. Somit trifft der Nocken früher auf den Unterbrecherkontakt. Ein- und Ausschaltzeitpunkt des Primärstroms werden vorgezogen.

Neben einer drehzahlabhängigen Verstellung wird der Zündzeitpunkt bei vielen Zündanlagen auch lastabhängig verstellt. Denn die Zeitspanne, die das Gemisch zum vollständigen Verbrennen benötigt, ändert sich mit der Gemischzusammensetzung. Um den Zündzeitpunkt anzupassen, verdreht eine mit dem Saugrohr verbundene Unterdruckdose die Trägerplatte des Kontakts gegenüber der Verteilerwelle, sodass die Nocken früher auf den Kontakt treffen und diesen öffnen.

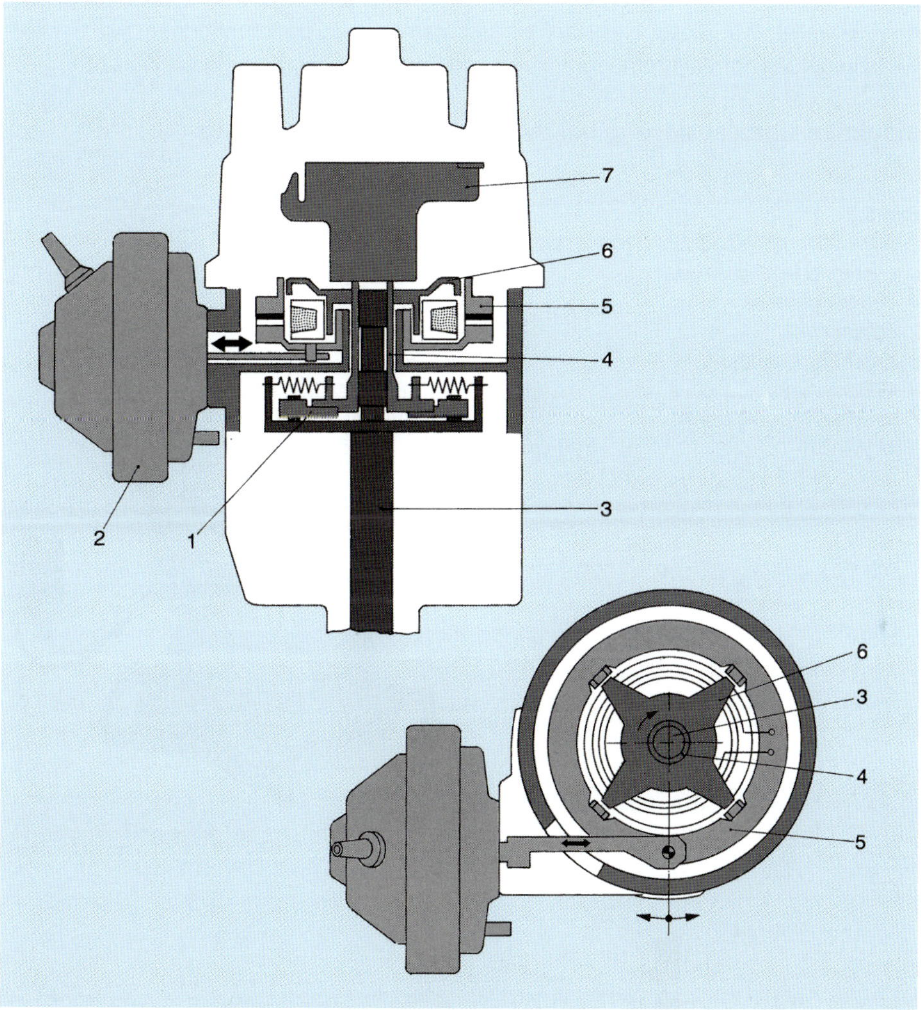

Bild 6.2
Schema des Zusammenwirkens von Unterdruck- und Fliehkraftverstellung bei einer Zündsteuerung durch den Induktionsgeber
1 Fliehkraftversteller
2 Unterdruckversteller mit Unterdruckdose
3 Zündverteilerwelle
4 Hohlwelle
5 Polscheibe
6 Impulsgeberrad
7 Verteilerläufer

6.2 Kontaktlos gesteuerte Zündungen

Die kontaktgesteuerte Zündung konnte seit Beginn der 80er-Jahre den Anforderungen bezüglich Zündenergie, Präzision und Verschleißfestigkeit nicht mehr standhalten. Die maximal übertragbare Zündenergie ließ sich nicht steigern, obwohl dies für immer magerere und schneller laufende Motoren mit höherer Kompression notwendig wurde. Durch den permanenten Verschleiß an den Kontakten war es außerdem nicht möglich, den vorgegebenen Zündzeitpunkt exakt einzuhalten. Dies führte zu Zündaussetzern, verbunden mit erhöhtem Kraftstoffverbrauch und somit zu einer Erhöhung des Schadstoffausstoßes.

Durch die Elektronik gelang es, die Auslösung der Zündung kontaktlos und damit verschleiß- und wartungsarm zu steuern. Das ermöglicht es, den vorgegebenen Zündzeitpunkt beinahe über die gesamte Lebensdauer des Motors exakt einzuhalten. Im ersten Schritt erreichte man dies durch eine induktive Steuerung (Transistorspulenzündung mit induktiver Auslösung => TSZ-i) bzw. durch eine Auslösung mit Hallgeber (TSZ-h). Weitere Vorteile der kontaktlos gesteuerten Zündung sind, dass sie einen konstanten Zündzeitpunkt auch bei hohen Motordrehzahlen einhält (durch Schwingen des Kontakts, sog. Kontaktpreller, war dieser hier stark eingeschränkt) und Zusatzfunktionen, wie Schließwinkelregelung, Primärstrombegrenzung und Ruhestromabschaltung ermöglicht.

Induktive Signalauslösung bei der Transistorspulenzündung

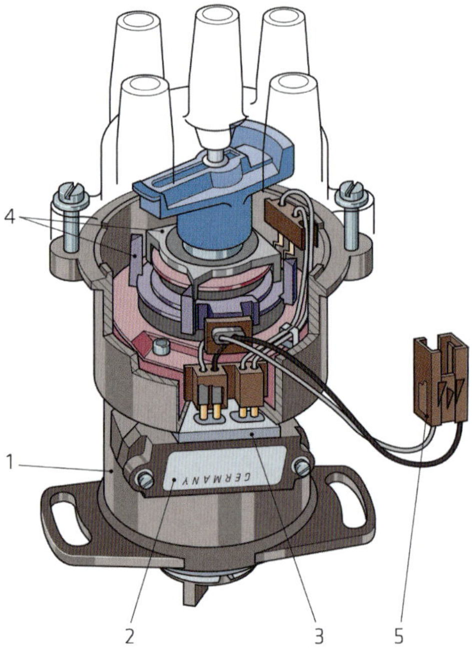

Bild 6.3
Zündverteiler mit induktivem Gebersystem und integriertem Schaltgerät
1 Verteilergehäuse
2 Schaltgerät
3 Anschlussverbindung
4 Gebersystem
5 Anschluss zur Zündspule
[Bild: AS-Illu]

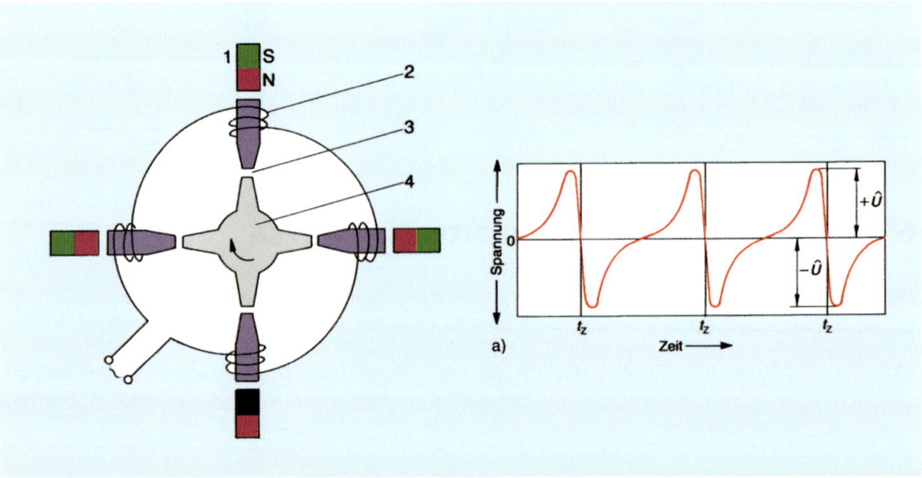

Bild 6.4
Induktiver Zündimpulsgeber
1 Dauermagnet
2 Induktionswicklung mit Kern
3 veränderlicher Luftspalt
4 Impulsgeberrad
Rechts daneben: Zeitlicher Verlauf der vom Zündimpulsgeber erzeugten Wechselspannung.
t_Z = Zündzeitpunkt

Die Drehung des Impulsgeberrades (Rotor) erzeugt durch die Magnetfeldänderung die in Bild 6.4 gezeigte Wechselspannung in der Induktionswicklung (Stator). Dabei steigt die Spannung, wenn sich die Rotorzacken den Statorzacken nähern. Die positive Halbwelle der Spannung hat ihren höchsten Wert, wenn der Abstand zwischen Rotor- und Statorzacken am geringsten ist. Vergrößert sich der Abstand wieder, wechselt der Magnetfluss schlagartig seine Richtung und die Spannung wird negativ. Zu diesem Zeitpunkt (t_Z) wird die Zündung durch die Primärstromunterbrechung im Schaltgerät ausgelöst.

Die Anzahl der Rotor- und Statorzacken entspricht meist der Zylinderzahl. Der Rotor dreht sich mit halber Kurbelwellendrehzahl. Die Scheitelspannung ($\pm$ U) beträgt bei niedrigen Drehzahlen ca. 0,5 V, bei hoher Drehzahl bis ca. 100 V. Die Kontrolle des Zündzeitpunkts kann nur bei laufendem Motor erfolgen, da ohne die Drehung des Rotors keine Magnetfeldänderung stattfindet und damit kein Signal erzeugt wird.

Signalauslösung durch Hallgeber

Eine zweite Möglichkeit, die Zündung kontaktlos auszulösen, bietet der Hallgeber. Die Zündauslösung durch den Hallgeber wurde häufig auch bei einer Umrüstung von einer Unterbrecher- auf eine kontaktlose Zündanlage verwendet, da der Hallgeber statt des Unterbrechers auf die bewegliche Trägerplatte montiert werden konnte. Das ermöglichte es, den ursprünglichen Zündverteiler weiter zu verwenden.

Bei der Signalauslösung durch einen Hallgeber greift man auf den Halleffekt zurück (genaue Beschreibung des Hallgebers in Abschnitt 2.6). Durch eine rotierende Blende mit Fenstern wirken die Magnetfeldlinien periodisch auf den Hallgeber. Ist zwischen den magnetischen Leitstücken die Blende offen (sogenannte Fenster), wird die Hallspannung erzeugt. Befindet sich im Luftspalt zwischen den magnetischen Leitstücken die geschlossene Blende, können die Magnetfeldlinien nicht auf den Hallgeber einwirken, und die Spannung geht gegen Null. Geringe Streufelder können nicht völlig unterdrückt werden.

Durch den Verlauf der Hallspannung hat man nun wieder ein eindeutiges Signal für die Auslösung der Zündung (Bild 6.6). Die Anzahl der Fenster entspricht auch hier meist der Zylinderzahl, und die Blende dreht sich gemeinsam mit dem Verteilerläufer mit halber Kurbelwellendrehzahl. Für die Zündverstellung wird die Platte, auf der der Hallgeber befestigt ist, entsprechend dem bereits bekannten Prinzip mechanisch verstellt. Die Auslösung der Zündung erfolgt beim Einschalten des Hallgebers, d.h. sobald ein Fenster die Wirkung der Magnetfeldlinien auf den Hallgeber zulässt. Die Einstellung der Zündung kann hier bei stehendem Motor vorgenommen werden (Herstellerangaben beachten!).

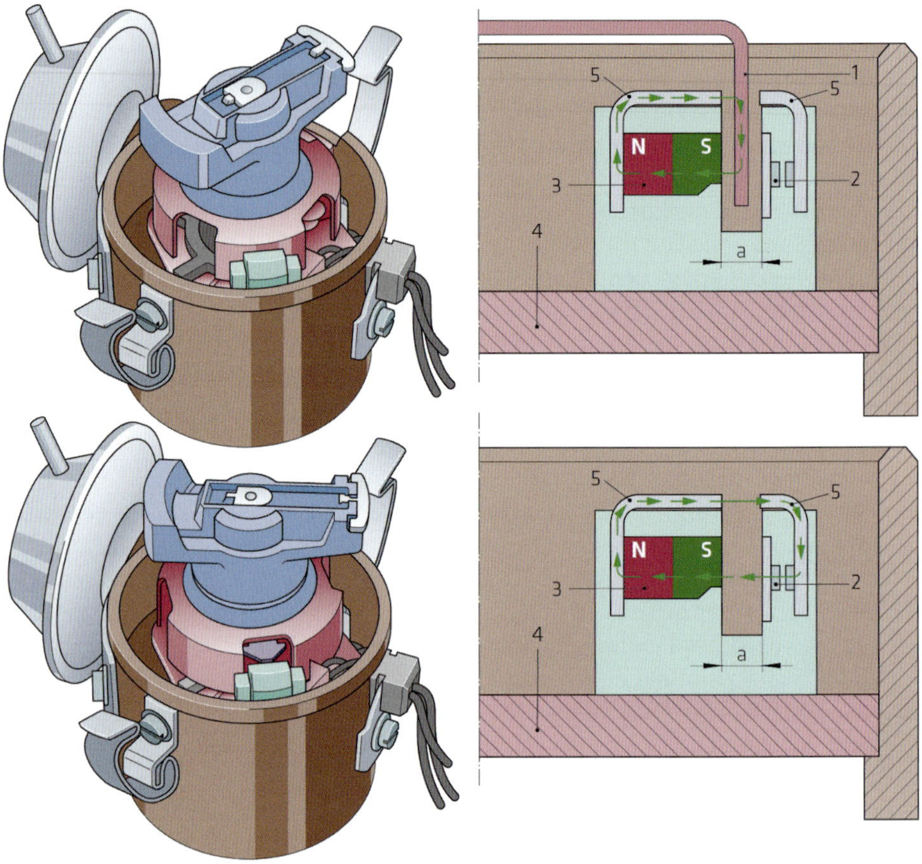

Bild 6.5
Zündverteiler mit Hallgeber
1 Blende
2 Hall-IC
3 Dauermagnet
4 Kunststoffträger
5 magnetisches Leitblech
a Luftspalt
Im oberen Bild befindet sich die Blende im Luftspalt. Dadurch wird das Magnetfeld am Hall-IC vorbeigeleitet.
Im unteren Bild ist eine Lücke im Luftspalt. Dadurch wird das Hall-IC vom Luftspalt duchsetzt.
[Bilder: AS-Illu]

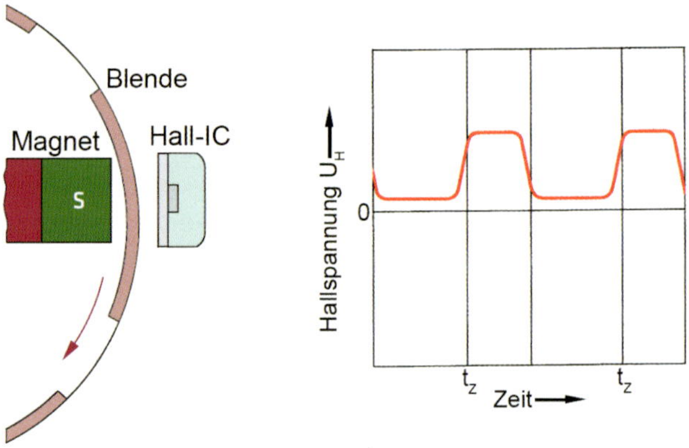

Bild 6.6
Arbeitsprinzip eines Zündimpulsgebers nach dem Hallprinzip mit dem Verlauf der Hallspannung

6.2.1 Fehlersuche an kontaktlos gesteuerten Zündanlagen

Achtung! Heutige Zündsysteme arbeiten mit sehr hohen Leistungen, sodass bei Berührung von spannungsführenden Teilen – sowohl auf der Primär- als auch auf der Sekundärseite – Lebensgefahr besteht. Bei Arbeiten an der Zündanlage ist diese auszuschalten bzw. die Spannungsversorgung zu unterbrechen!

Die einfachste Möglichkeit eine Zündanlage mit rotierender Verteilung zu überprüfen, ist die Aufzeichnung eines Zündoszillogramms mithilfe eines geeigneten Zündoszilloskops. Hierbei ist vor allem darauf zu achten, ob eine Brennspannungslinie (der Zündfunke) erkennbar ist (Bild 6.7). Ist dies der Fall, dann ist ein Zündfunke vorhanden.

Im zweiten Schritt sollten die Höhe der Zündspannungsnadel und die Brenndauer bewertet werden. Letztere sollte ca. 1 bis 2 Millisekunden betragen. In vielen Fällen ist auch der Vergleich der Oszillogramme der einzelnen Zylinder hilfreich, um Abweichungen zu erkennen. Ist kein geeignetes Zündoszilloskop vorhanden, kann eine vereinfachte Prüfung auch mithilfe einer (gekauften oder gebauten) Prüfzündkerze durchgeführt werden. Dabei darf aber nicht mit Sicherheit davon ausgegangen werden, dass die Zündanlage bei Sichtung eines Zündfunkens fehlerfrei ist, da die Prüfzündkerze anderen Bedingungen (Gaszusammensetzung, Druck ...) ausgesetzt ist als die im Motor eingebaute Zündkerze. Vom einfachen, losen „auf Masse legen" ist abzuraten, da erstens der Masseschluss nicht gewährleistet werden kann und zweitens die Gefahr besteht, dass der Prüfer die Zündkerze beim Herabfallen reflexartig einfangen möchte und mit der lebensgefährlichen Hochspannung in Berührung kommt.

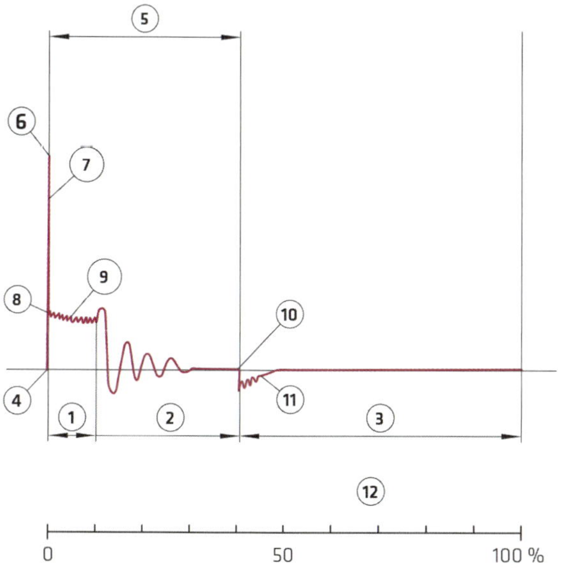

Bild 6.7
Sekundäroszillogramm eines Zündvorgangs
Hauptabschnitte
1 Funkendauer
2 Ausschwingvorgang
3 Schließabschnitt

Einzelpunkte
4 Unterbrecher öffnet
5 Öffnungszeit der Kontakte
6 Zündspannung
7 Spannungsnadel
8 Höhe der Brennspannung
9 Brennspannungslinie
10 Unterbrecherkontakt schließt
11 Induzierte Spannung aus dem sich in der Primärspule aufbauenden Magnetfeld
12 Schließwinkelskala
[Bilder: AS-Illu]

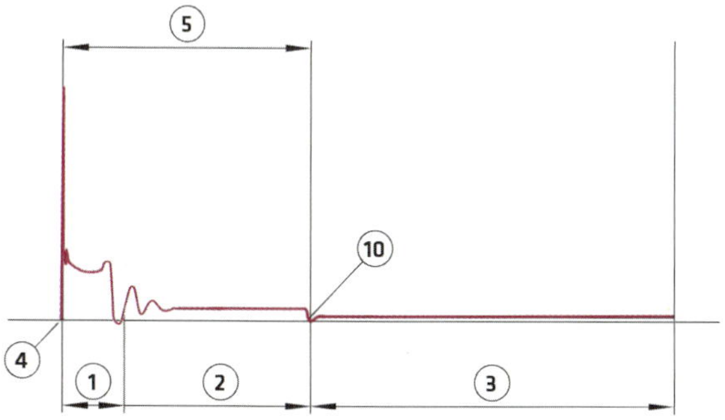

Bild 6.8
Primäroszillogramm eines Zündvorgangs (Legende wie in Bild 6.7)

Achtung! Das Festhalten der Zündkerze mithilfe einer isolierten Zange ist lebensgefährlich. Die werkstattübliche Ausrüstung ist nur bis 1000 V isolierend, weshalb die Zündspannungen von bis zu 40 kV nahezu ungehindert durchgeleitet werden!

Werkstatttipp:
Wird kein Zündfunke festgestellt, können die Bauteile der Sekundärseite einzeln einer Widerstandsprüfung unterzogen werden. Primärseitig empfiehlt sich erneut die Aufzeichnung der Spannung mithilfe des Zündoszilloskops.

Nach der Überprüfung der elektrischen Funktionsfähigkeit gilt es sicherzustellen, dass der Zündfunke zum richtigen Zeitpunkt vorhanden ist. Die Kontrolle des Zündzeitpunkts kann sowohl statisch, d.h. in ruhendem Zustand, als auch dynamisch bei höheren Drehzahlen erfolgen. Hierzu ist auch die Prüfung der mechanischen Verstelleinrichtungen notwendig, da deren korrekte Funktion durch Verschleiß beeinträchtigt sein kann.

Die drehzahlabhängige Fliehkraftverstellung wird mit der Stroboskoplampe bzw. dem Motortester und langsamem Erhöhen der Drehzahl geprüft. In einem vom Hersteller festgelegten Drehzahlbereich muss sich der Zündzeitpunkt um einen ebenfalls festgelegten Wert nach „früh" verstellen. Die Unterdruckleitungen sind vorher abzuziehen. Die unterdruckabhängige Zündzeitpunktverstellung nach „früh" bzw. auch nach „spät" kann sehr einfach durch Abziehen und Aufstecken des jeweiligen Unterdruckschlauchs und gleichzeitiger Beobachtung der Verschiebung des Zündzeitpunkts mittels einer Stroboskoplampe oder eines Motortesters geprüft werden. Die Spätverstellung wird im Leerlauf, die Frühverstellung bei 2000 bis 3000 min^{-1} wirksam. Jedoch sind auch hier die genauen Werte und Überprüfungen herstellerabhängig.

Die Ursachen für eine nicht ausreichende Funktion der drehzahlabhängigen Verstelleinrichtungen können eine ausgeschlagene Zündverteilerwelle, korrodierte Fliehgewichte oder erlahmte Federn sein. Die lastabhängigen, mechanisch-pneumatischen Verstelleinrichtungen können durch eine defekte Unterdruckdose (schwergängig, undicht), mechanische Beschädigungen und undichte Unterdruckschläuche in ihrer Funktion beeinträchtigt werden. Doch auch eine falsch eingestellte Drosselklappe kann der Grund sein, denn dadurch herrschen andere Unterdruckverhältnisse.

6.3 Elektronische Zündung

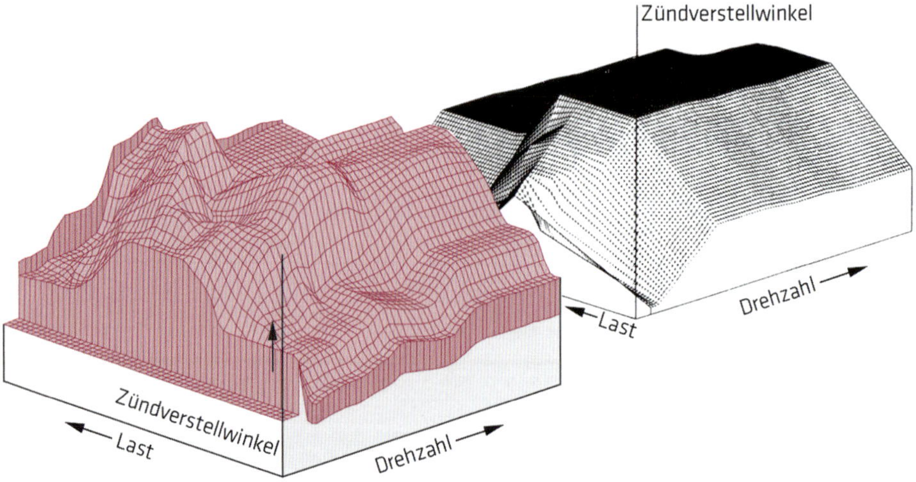

Bild 6.9
Optimiertes elektronisches Zündkennfeld (links) im Vergleich zu einem Zündkennfeld eines mechanischen Verstellsystems
[Bild: AS-Illu]

Die kontaktlos gesteuerte Transistorzündung kann den Zündzeitpunkt über die Lebensdauer relativ exakt einhalten. Durch die mechanische Verstellung ist man jedoch an enge Grenzen und lineare Verstellkurven gebunden. Dadurch ist der Abstand zum optimalen Zündzeitpunkt bei bestimmten Lastzuständen und Drehzahlen zeitweise sehr groß, um bei ungünstigen Betriebspunkten des Motors einen ausreichenden Abstand zur Klopfgrenze zu haben.

Die Lösung dafür war die elektronische Zündung, die für jeden Betriebspunkt einen optimalen Zündzeitpunkt besitzt, ohne durch benachbarte Betriebspunkte gebunden zu sein. Das Zündkennfeld (Bild 6.9) wird durch Versuche in der Motorentwicklung ermittelt und im Steuergerät fest programmiert. Je genauer Sensoren den Betriebszustand des Motors erfassen, desto exakter lässt sich der jeweils optimale Zündzeitpunkt einhalten. Die elektronische Zündung ist oftmals mit anderen Systemen, z.B. einer Einspritzanlage, gekoppelt bzw. – wie in der Motronic – in einem Steuergerät zusammengefasst. Meist ist dieses mit einem Fehlerspeicher sowie mit Ersatzwerten ausgestattet, die das Steuergerät bei einem Ausfall von Eingangssignalen nutzt. Die Schließzeitregelung, Primärstrombegrenzung und Ruhestromabschaltung sind hier selbstverständlich im Steuergerät integriert.

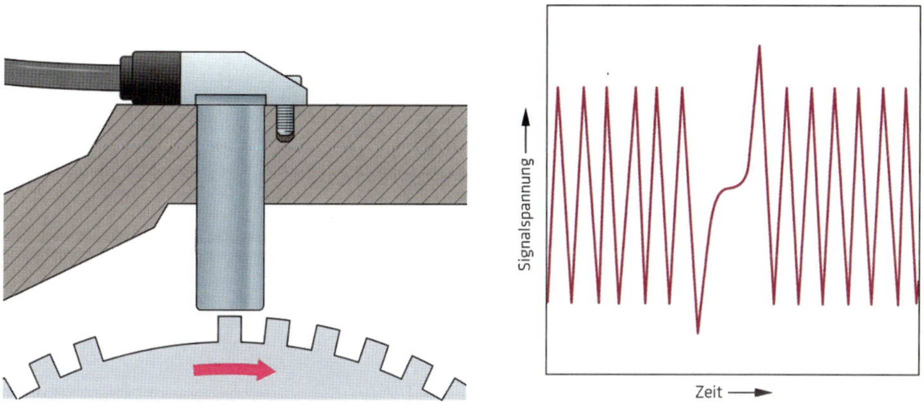

Bild 6.10
Induktiver Drehzahlgeber mit Spannungsverlauf der Induktionsspannung. Die größere Amplitude markiert die Bezugsmarke (Zahnlücke).
[Bild: AS-Illu]

Die wichtigsten Informationen für das Steuergerät sind Drehzahl und Bezugsmarke (Stellung der Kurbelwelle). Die Erfassung kann induktiv oder durch einen Hallgeber erfolgen (siehe auch Abschnitt 2.6 und 2.8). Der entsprechende Sensor kann im Verteiler integriert oder an der Kurbelwelle des Motors (Schwungrad oder separates Inkrementenrad hinter der Riemenscheibe) angeordnet sein. Dabei können die Drehzahl über die Zähne des Schwungrades und eine Bezugsmarke über einen zusätzlichen Geber erfasst werden, der ebenfalls am Schwungrad sitzt. Alternativ kann ein einziger Sensor beides erfassen. In diesem Fall enthält die Zahnscheibe eine Zahnlücke, die eine größere Amplitude der Induktionsspannung hervorruft (Bild 6.10). Bei einem Ausfall dieser Eingangssignale kann das Steuergerät keine Berechnung des Zündzeitpunkts durchführen. Da es hierfür auch keine im Steuergerät gespeicherten oder programmierten Ersatzwerte gibt, läuft der Motor nicht.

Die Motorlast ist das zweite Hauptkriterium für das Steuergerät zur Berechnung des Zündzeitpunkts. Ein Maß dafür ist der Saugrohrdruck (relativer Unterdruck), den ein Drucksensor im Steuergerät durch einen Schlauch erfassen kann. Aus seinem Wert kann das Steuergerät dann die jeweilige Motorlast berechnen. Für eine korrekte Funktion ist es sehr wichtig, dass der Schlauch zwischen Saugrohr und Steuergerät nicht undicht, an keiner Stelle geknickt oder anderweitig beschädigt ist. Ist das entsprechende Fahrzeug mit einer elektronischen Einspritzanlage ausgerüstet, erhält das Zündsteuergerät von dieser die Lastinformation über ein Rechtecksignal (ti-Signal).

Die Information der Motorlast kann auch über ein Potenziometer an der Drosselklappe erfolgen (Bild 6.11). Erhält das Steuergerät keine Motorlastinformation, ist nur ein eingeschränkter Notlauf möglich, da aus Motorschutzgründen das Zündkennfeld auf einen späteren Zündzeitpunkt zurückgeht. Die Motortemperatur wird durch einen vom Kühlmittel umspülten NTC-Sensor ermittelt (NTC2 in Bild 6.11). Sie geht als Korrekturfaktor in die Berechnung des Zündzeitpunkts im Steuergerät mit ein. Erhält das Steuergerät keine Motortemperatur-Information, wird ein Ersatzwert (Betriebstemperatur ca. 80 bis 110°C) zur Berechnung herangezogen und ein späterer Zündzeitpunkt gewählt (Motorschutz, aber Leistungseinbuße). Durch das Einschalten der Zündung (Klemme 15) erhält das Steuergerät die Versorgungsspannung und schaltet auf Betriebsbereitschaft. Je nach Höhe der Spannung korrigiert das Steuergerät die Schließzeit (Schließwinkel), um auch bei ungünstigen Spannungsverhältnissen einen ausreichenden Magnetfeldaufbau in der Primärwicklung zu gewährleisten.

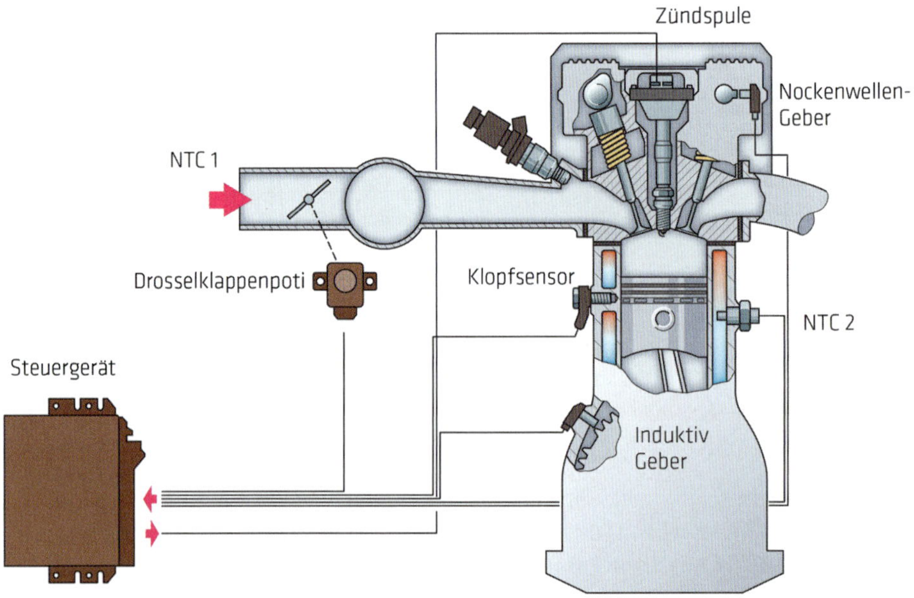

Bild 6.11
Die Information über die Motorlast erfolgt bei einigen Motoren über ein Potenziometer an der Drosselklappe. Motor- und Ansauglufttemperatur werden über NTC-Sensoren erfasst. Hier das Übersichtsschema einer Einzelfunken-Hochspannungszündung.
[Bild: AS-Illu]

Über die Ansauglufttemperatur nimmt das Steuergerät nochmals eine Feinkorrektur des Zündwinkels vor. Das Signal liefert ein im Ansaugsystem verbauter NTC (NTC1 in Bild 6.11). Der Ersatzwert liegt meist zwischen 20 und 40°C. Durch den Drosselklappenschalter werden bei geschlossenem Leerlaufkontakt bzw. geschlossenem Volllastkontakt im Steuergerät eigene Leerlauf- bzw. Volllastkennlinien ausgewählt.

Der Leerlaufkontakt muss bereits kurz bevor die Drosselklappe ganz geschlossen ist schalten, ansonsten ist er über Langlöcher entsprechend einzustellen. Falsche oder fehlende Signale vom Drosselklappenschalter bewirken einen unrunden, zum Teil sägenden Leerlauf.

Bei älteren Fahrzeugen, beispielsweise von Opel oder Mercedes, können über einen Codierstecker im Steuergerät diverse Zündkennfelder für unterschiedliche Kraftstoffqualitäten abgerufen werden. Zur Überprüfung misst man die verschiedenen Widerstände je nach Schalterstellung und vergleicht sie mit den Sollwertangaben des Herstellers. Bei einem fehlenden Codierstecker-Signal oder falscher Auswahl durch den Benutzer wählt das Steuergerät evtl. ein nicht passendes Zündkennfeld. Dies kann eine erhebliche Leistungseinbuße des Motors (bei Spätverstellung) oder einen Motorschaden (bei Frühverstellung) bedeuten.

Die bessere und deshalb bei modernen Motoren eingesetzte Lösung, um auf verschiedene Kraftstoffqualitäten eingehen zu können, ist die Verwendung von Klopfsensoren. Der am Motorblock angeschraubte Klopfsensor (siehe Bild 6.11 und Abschnitt 2.10) registriert bereits das leichteste Klopfen bei einer Verbrennung und veranlasst das Zündsteuergerät, den Zündwinkel (z.B. in 3°-Schritten) entsprechend zurückzunehmen. Erkennt das Steuergerät keine klopfende Verbrennung mehr, wird das ursprünglich ermittelte Zündkennfeld in kleinen Schritten (z.B. 0,5°) wieder angefahren. Die Rücknahme des Zündzeitpunkts kann für alle Zylinder, aber auch nur für einen betroffenen Zylinder geschehen (zylinderselektiv). Es können ein oder mehrere Klopfsensoren verbaut sein. Durch die Klopfregelung kann die Auslegung des Zündkennfelds bis an die Klopfgrenze herangeführt werden, ohne einen Sicherheitsabstand einhalten zu müssen. Dies steigert die Effizienz in der Kraftstoffausnutzung und erhöht die Sicherheit vor Klopfschäden, auch bei ungünstigsten Bedingungen. Da das Signal der Piezokeramik des Klopfsensors in einem sehr hohen Frequenzbereich liegt, ist die Leitung geschirmt. Jeder Klopfsensor wird vom Steuergerät ständig auf seine Funktion überwacht und bei einem Ausfall bzw. einer Störung im Fehlerspeicher eingetragen sowie das Zündkennfeld zurückgenommen.

Erhält das Steuergerät die vorgesehenen Eingangsinformationen (je nach Ausführung), wird ausgangsseitig die Klemme 1 der Zündspule so gesteuert, dass zu den jeweils vorgesehenen Zeitpunkten der Zündfunke in ausreichender Stärke vorhanden ist. Der Verteiler übernimmt hier größtenteils nur noch die Funktion der Hochspannungsverteilung auf den jeweiligen Zylinder. Häufig ist er deshalb am vorderen Ende einer Nockenwelle befestigt, die direkt den Verteilerläufer antreibt. Das ebenfalls aus dem Steuergerät kommende td-Signal dient als Drehzahlinformation für verschiedene weitere Steuergeräte und Instrumente. Es ist ein Rechtecksignal und wird über das Tastverhältnis gemessen. Bei einer Fehlersuche beginnt man auch hier mit der Zündkerze und verfolgt die Ursache zurück bis zum Steuergerät (analog TSZ-i, -h). Dort misst man das Signal für die Klemme 1 der Zündspule über Tastverhältnis bzw. Schließwinkel. Ist kein Signal vorhanden, müssen alle Eingangssignale überprüft werden. Sind alle Eingangssignale vorhanden und liegen sie innerhalb festgelegter Toleranzen, kann das Steuergerät als Fehlerursache in Betracht gezogen werden.

6.4 Vollelektronische Zündung

Die vollelektronische Zündung baut auf der elektronischen Zündung auf. Eingangsseitig benötigt sie die gleichen Signale. Auf der Ausgangsseite entfällt der Hochspannungsverteiler. Jeder Zylinder (Einzelfunkenzündanlage) wird direkt über eine eigene Zündspule bedient (Bild 6.12). Hierzu benötigt das Steuergerät jedoch als zusätzliche Eingangsinformation den Nockenwellengeber zur Zuordnung der Zylinder. Die ruhende Hochspannungsverteilung der vollelektronischen Zündung hat durch den Entfall des Hochspannungsverteilers keine rotierenden Teile mehr. Das bedeutet: keine Einschränkung der maximal möglichen Zündverstellung (durch Entfall der Funkenstrecke im Verteiler), weniger Verschleißteile (Verteilerkappe/-läufer), weniger Hochspannungsverbindungen, wesentlich kleinere elektromagnetische Störquellen (Funkenstrecken nur noch im schirmenden Zylinder) und höhere mögliche Zündleistung.

Bild 6.12
Ruhende Hochspannungsverteilung über Einzelfunken-Zündspulen
[Bild: AS-Illu]

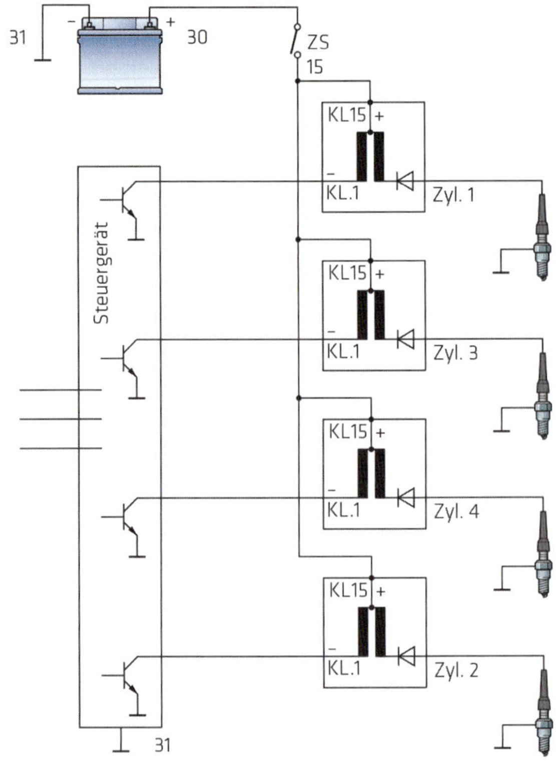

Besonderheit: Widerstandszündleitungen oder Schließfunkenunterdrückungsdioden

Bei der Einzelfunkenzündanlage gibt es innerhalb des Zündstromkreises einmalig nur eine Funkenstrecke (vgl. klassische Zündanlage 1 × Verteiler + 1 × Zündkerze oder Doppelfunkenzündanlage 2 × Zündkerze). Durch den verringerten Widerstand kann es beim Einschalten des Primärstroms und der dabei entstehenden Gegeninduktion in Verbindung mit der Übersetzung der Zündspule zu einem Funkenübergang an der Zündkerze kommen, der das im Zylinder befindliche Kraftstoff-Luftgemisch entzünden könnte. Um dies zu verhindern, werden Zündkabel mit erhöhtem Widerstand oder Dioden in den Sekundärstromkreis eingebaut. Letztere sperren den Stromfluss der Gegeninduktion, der entgegen der angelegten Spannung verläuft.

Zündstromrückmeldung bei der ruhenden Hochspannungsverteilung

Bei Einzelfunkenspulen für jeden Zylinder kann das Steuergerät die Funktion der Zündauslösung für jede Zündspule nicht nur primär-, sondern auch sekundärseitig überwachen (Bild 6.12). Dafür sitzt ein Messwiderstand (genannt: Shunt) in der gemeinsamen Masseleitung der Sekundärwicklungen der Zündspulen. Anhand des Spannungsverlaufs ist eine eindeutige Aussage möglich, ob der Zündfunke an der Zündkerze übergesprungen ist.

Eventuelle Fehlfunktionen werden im Fehlerspeicher abgelegt. Ist dieses System mit einer modernen elektronischen Einspritzanlage kombiniert, kann das Steuergerät für diesen Zylinder die Einspritzung abschalten, um Katalysatorschäden durch unverbrannten Kraftstoff im Auspuff vorzubeugen.

Hinweise zur Fehlersuche

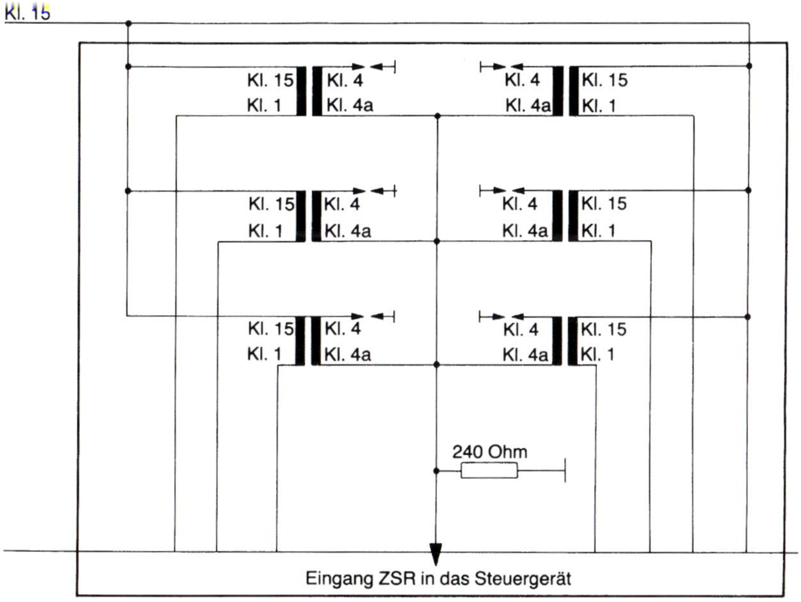

Bild 6.13
Zündkreisüberwachung durch eine Zündstromrückmeldung (ZSR)
[Bild: AS-Illu]

Bei einer Fehlersuche müssen an jeder Zündspule mit dem Oszilloskop und entsprechenden Adaptern das Primär- und das Sekundärbild geprüft werden. Eine Widerstandsmessung auf der Sekundärseite der Zündspule ist häufig wegen einer zur Unterdrückung des Schließfunkens eingebauten Sperrdiode nicht möglich.

Doppelfunkenzündanlage

Eine kostengünstigere Alternative bei Motoren mit gerader Zylinderzahl ist die ruhende Hochspannungsverteilung durch Doppelfunken-Zündspulen (Bild 6.14), bei der zwei Zündfunken gleichzeitig ausgelöst werden.

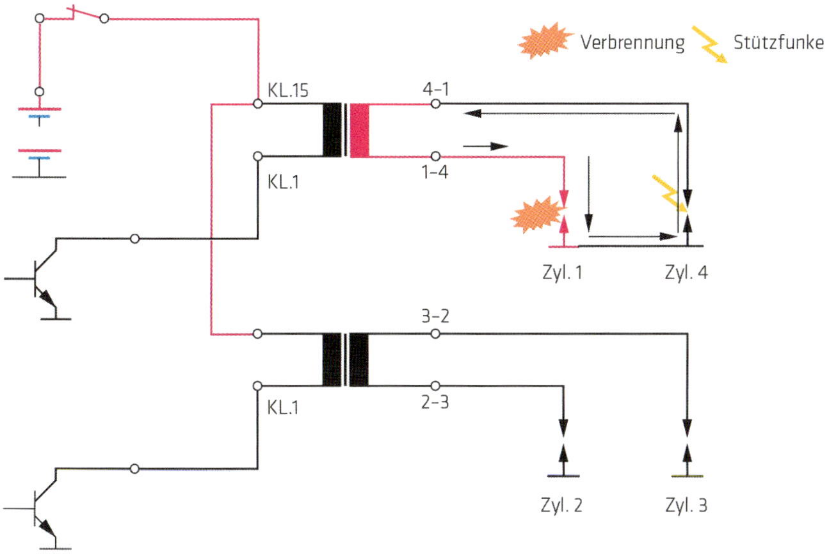

Bild 6.14
Ruhende Hochspannungsverteilung durch Doppelfunken-Zündspulen
[Bild: AS-Illu]

Eine Zündspule löst jeweils zwei Funken aus: Den Zündfunken im arbeitenden Zylinder und einen sogenannten Stützfunken im parallelen Zylinder. Da dieser sich zu diesem Zeitpunkt im Ausstoßtakt befindet, besteht hier kein Risiko einer ungewollten Entzündung vom Kraftstoff-Luft-Gemisch. Eine Kurbelwellenumdrehung später geschieht das Gleiche mit vertauschter Rollenverteilung der Funken. Eine Zylinderzuordnung durch einen Nockenwellensensor ist in diesem Fall nicht notwendig und kann entfallen. Zudem ist der Steuergeräteaufbau einfacher (keine Zylinderzuordnung, weniger Endstufen). Bei verschiedenen Herstellern sind mehrere Doppelfunkenspulen zu einem Bauteil zusammengefügt (Bild 6.15).

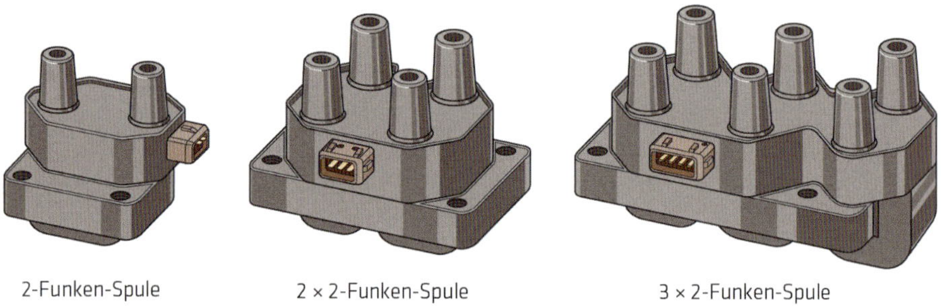

Bild 6.15
Baulich zu einer Einheit zusammengefasste 2-Funken-Zündspulen für eine ruhende Zündspannungsverteilung bei 2-, 4-, und 6-Zylindermotoren
[Bild: Schmidt]

7 Abgasreinigung

Die Ziele der Fahrzeug- bzw. Motorenentwicklung haben sich in den vergangenen zwei Jahrzehnten deutlich geändert. Während es bis in die 90er-Jahre hinein primär darum ging, einem für die vorgesehene Fahrzeugklasse passenden Fahrzeug (bauraum- und kostenabhängig) eine möglichst hohe Leistung bei einer annehmbaren Effizienz zu verschaffen, liegt das Augenmerk heutzutage vorrangig darauf, den CO_2-Ausstoß (fahrzeugspezifisch und flottenspezifisch) zu senken – unter Einhaltung der aktuell gültigen bzw. für den Produktlebenszyklus abzusehenden Abgasnorm. Dieses Kapitel behandelt die dafür nötige Abgasreinigung. Da sich die verwendeten Systeme beim Diesel- und Benzinmotor ähneln, werden sie zunächst gemeinsam beschrieben und im Anschluss die Unterschiede und Besonderheiten erläutert.

7.1 Gesetzliche Regelungen

Folgende Tabellen zeigen die Entwicklung der durch die Euronormen festgelegten Grenzwerte für Abgasemissionen in den vergangenen Jahren bei Pkw. Sie zeigen, dass die Anforderungen von Norm zu Norm zum Teil deutlich gestiegen sind.

Tabellen 7.1 und 7.2
Emissionsgrenzwerte für Pkw

Tabelle 7.1 *Euronormen für Pkw mit Ottomotor*

Emissionsgrenzen für Pkw mit Benzinmotor (Angaben in mg/km, bei PN in 1/km)									
Norm	**Euro 1**	**Euro 2**	**Euro 3**	**Euro 4**	**Euro 5**	**Euro 6b**	**Euro 6c**	**Euro 6d-Temp**	**Euro 6d**
Einführungszeitpunkt neue Typgenehmigung	Juli 1992	Januar 1996	Januar 2000	Januar 2005	September 2009	September 2014	September 2017		Januar 2020
Einführungszeitpunkt Erstzulassung Fahrzeuge	Januar 1993	Januar 1997	Januar 2001	Januar 2006	Januar 2011	September 2015	September 2018	September 2019	Januar 2021
Testzyklus/Prüfverfahren	NEFZ						WLTP	WLTP und RDE	
RDE-Konformitätsfaktor	–							2,1	1,5
CO	2720	2200	2300	1000	1000				
HC+NO_X	970	500	–						
HC (NMHC)	–		200	100	100 (68)				
NO_X	–		150	80	60			60 (WLTP) 126 (RDE)	60 (WLTP) 90 (RDE)
PM[1]	–				5	4,5			
PN[1]	–					$6 \cdot 10^{12}$	$6 \cdot 10^{11}$		

[1] Nur für Motoren mit Direkteinspritzung

Tabelle 7.2 *Euronormen für Pkw mit Dieselmotor*

Emissionsgrenzen für Pkw mit Dieselmotor (Angaben in mg/km, bei PN in 1/km)										
Norm	**Euro 1**	**Euro 2**	**Euro 3**	**Euro 4**	**Euro 5a**	**Euro 5b**	**Euro 6b**	**Euro 6c**	**Euro 6d-Temp**	**Euro 6d**
Einführungszeitpunkt neue Typgenehmigung	Juli 1992	Januar 1996	Januar 2000	Januar 2005	September 2009	September 2011	September 2014	September 2017		Januar 2020
Einführungszeitpunkt Fahrzeug Erstzulassung	Januar 1993	Januar 1997	Januar 2001	Januar 2006	Januar 2011	Januar 2013	September 2015	September 2018	September 2019	Januar 2021
Testzyklus/ Prüfverfahren	NEFZ							WLTP	WLTP und RDE	
RDE-Konformitätsfaktor	–							2,1	1,5	
CO	2720	1000	640	500						
$HC+NO_X$	970	700/900[1]	560	300	230	170				
NO_X	–	500	250	180	80				80 (WLTP) 168 (RDE)	80 (WLTP) 120 (RDE)
PM	140	80/100[1]	50	25	5	4,5				
PN	–					$6 \cdot 10^{11}$				

[1] für Motoren mit Direkteinspritzung

7.1.1 Flottenverbrauch und CO_2-Ausstoß

Um die Fahrzeughersteller zum Bau kraftstoffsparender Automobile zu animieren, hat die EU-Gesetzgebung Grenzwerte für den durchschnittlichen CO_2-Ausstoß der Fahrzeugflotte eines Herstellers erlassen, die stufenweise geringer werden.

Die Orientierung am CO_2-Austoß ermöglicht die Betrachtung der Fahrzeuge unabhängig vom verwendeten Kraftstoff. Der höhere Energiegehalt des Diesels würde sonst zu einer Benachteiligung von benzingetriebenen Fahrzeugen führen.

Durch diese CO_2-Regulierung darf der durchschnittliche Ausstoß aller neu zugelassenen Fahrzeuge eines Herstellers (Pkw und leichte Nutzfahrzeuge) einen gesetzlich fixierten Grenzwert in Gramm CO_2 pro Kilometer nicht überschreiten. Für Pkw galt zunächst ein Ziel von 130 g/km für das Jahr 2015. Dieser Wert sinkt bis 2021 auf 95 g/km ab. Der durchschnittliche CO_2-Ausstoß leichter Nutzfahrzeuge musste bis 2014 auf 175 g/km reduziert werden, im Jahr 2020 wird ein Grenzwert von 147 g/km verbindlich.

Zum Vergleich: 95 g CO_2/km entsprechen einem Benzinverbrauch von 4,1 l auf 100 km, und einem Dieselverbrauch von 3,5 l auf 100 km.

Die Regulierung setzt dabei laut dem Verband Deutscher Automobilhersteller (VDA) keinen europäischen Einheitswert, sondern berücksichtigt grundsätzlich die unterschiedlichen Produktpaletten der Konzerne. So muss laut VDA nicht jeder einzelne Hersteller den europäischen Gesamtflottenwert von 95 g/km bei Pkw bzw. 147 g/km bei leichten Nutzfahrzeugen einhalten. Vielmehr wird für jeden Hersteller ein spezifischer Grenzwert errechnet, der auf dem durchschnittlichen Fahrzeuggewicht der Herstellerflotten beruht. Im Durchschnitt aller Hersteller soll aber trotzdem statistisch sichergestellt sein, dass der europäische Flottenwert erreicht wird.

Für die Zeit nach 2021 haben sich Vertreter der EU-Kommission, des EU-Parlaments und des Europäischen Rates in den sogenannten Trilog-Verhandlungen auf einen gemeinsamen Vorschlag für die weitere CO_2-Regulierung für Pkw und leichte Nutzfahrzeuge geeinigt.

Demzufolge sollen die Pkw-Hersteller den CO_2-Ausstoß ihrer Neuwagenflotte in der EU bis 2030 insgesamt um weitere 37,5% senken. Für leichte Nutzfahrzeuge verlangen die Gremien 31%. Bereits bis 2025 sollen sowohl Pkw als auch Transporter ein verbindliches Zwischenziel von 15% weniger CO_2-Ausstoß erreichen. Das Vergleichsjahr für alle Reduktionsziele ist das Jahr 2021.

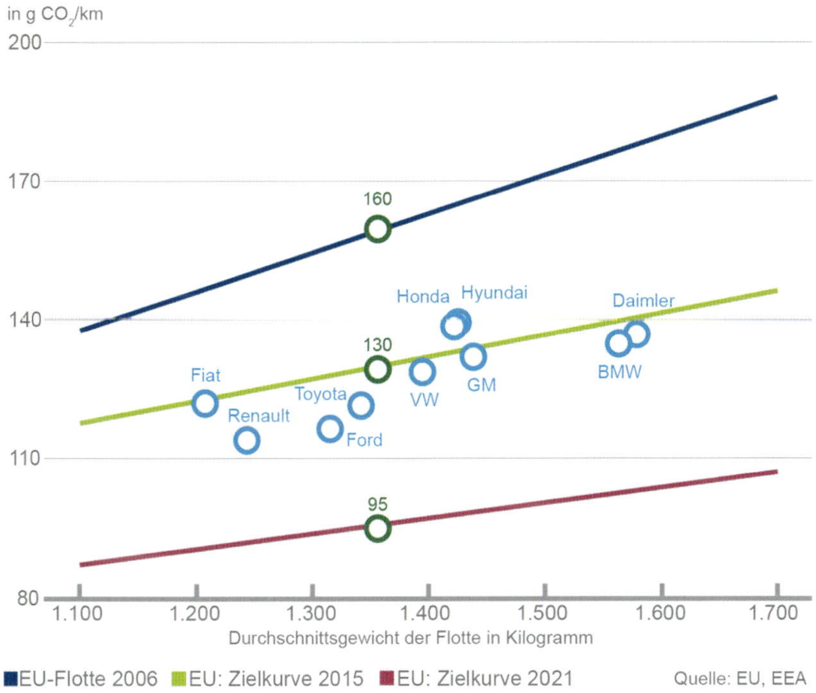

Bild 7.1
Die CO_2-Zielwerte für einige Autohersteller. Die jeweiligen Werte hängen vom Durchschnittsgewicht der Fahrzeuge ab und sind deshalb nicht einheitlich.
[Bild: VDA]

Um den CO_2-Ausstoß ihrer Flotte zu reduzieren, beschreiten Hersteller immer ungewöhnlichere Wege: Audi hat beispielsweise im Sommer 2013 ein Kraftwert eröffnet, das mit der sogenannten Power-to-Gas-Technik arbeitet. Es erzeugt aus Ökostrom und Wasser künstliches Methangas und speist dieses in das Erdgasnetz ein. Die g-tron-Modelle beziehen das Gas aus diesem Netz und kommen somit rechnerisch auf einen niedrigeren CO_2-Ausstoß, der A3 g-tron zum Beispiel auf 20 g/km. Allerdings gehen diese Werte noch nicht in den Flottenverbrauch mit ein.

7.1.2 Testzyklen und Prüfverfahren

NEFZ

Die Ermittlung des Kraftstoffverbrauchs und der Emissionen erfolgte vom 1. Januar 1996 bis zum 31. August 2018 im Rahmen der Typprüfung mithilfe des sogenannten „Neuen europäischen Fahrzyklus (NEFZ)", der im Laufe der Jahre immer stärker in die Kritik geraten ist, weil sich die Prüfstandswerte deutlich von den auf der Straße erreichbaren Werten unterschieden.

Der Ablauf war folgendermaßen:

- Ermittlung von Roll- und Luftwiderstand auf der Straße
  - Übertragen der Werte in den Rollenprüfstand, auf dem die eigentliche Messung stattfindet
- Vorkonditionieren des Fahrzeugs
  - Umgebungstemperatur vor und während der Messung: 20 bis 30°C
  - Maximale Dauer 6 Stunden
- Motorstart
- Beginn der Messung
  - Bis Euro 3 erst 40 Sekunden nach Motorstart
- Abfahren der Messstrecke
  - 4 x City-Zyklus zu je 195 Sekunden (Stop-and-go; vmax: 50 km/h)
  - 1 x Überlandzyklus zu 400 Sekunden (vmax: 120 km/h)

Anpassungen

- Messung der Kraftstoffverdampfung über 24 Stunden bei 20 bis 35°C
  - Ab Euro 3
- Niedrigtemperaturprüfung (Motorstart bei -7°C)
  - Fahrzeuge ab 2002

WLTP

Seit 1. September 2018 gilt in Europa die Worldwide Harmonized Light Vehicles Test Procedure (dt.: weltweit übereinstimmendes Leichtfahrzeuge-Testverfahren). Dieser Test soll realistischere Messewerte liefern als der NEFZ.

Die WLTP unterteilt die Fahrzeuge zunächst nach Leistungsgewicht (in W/kg bzw. kW/t) in drei Klassen:

- Klasse 1: Fahrzeuge mit geringer Motorleistung mit bis zu 22 kW/t
- Klasse 2: Fahrzeuge mit mittlerer Motorleistung zwischen 22 kW/t und 34 kW/t
- Klasse 3: Fahrzeuge mit hoher Motorleistung von mehr als 34 kW/t

Die eigentlichen Testzyklen (WLTC => Worldwide Harmonized Light Vehicles Test Cycle, dt.: weltweit übereinstimmender Leichtfahrzeug-Testzyklus) sind in allen Klassen grundsätzlich identisch, unterscheiden sich jedoch in den Beschleunigungs- und Geschwindigkeitskurven, sowie durch die bauartbedingte Höchstgeschwindigkeit der Fahrzeuge kleinerer Klassen.

Da die meisten, aktuell käuflichen Pkw der Klasse 3 entsprechen, werden die Klassen 1 und 2 hier vernachlässigt.

Wie schon im NEFZ wird das Fahrzeug zunächst vorkonditioniert (z.B. Gesamtmasse, Kraftstoffqualität, Umgebungstemperatur, Reifen(-druck)...).

Anschließend wird der definierte Testzyklus abgefahren. Zusammengefasst hat sich die Prüfzeit um etwa ein Drittel verlängert und die gefahrene Strecke mehr als verdoppelt. Ein weiterer Unterschied zum NEFZ-Zyklus ist, dass die Hersteller bei den Messungen alle Varianten hinsichtlich Sonder- und Zusatzausstattung berücksichtigen müssen – bei jedem Modell.

Tabelle 7.3 Unterschiede zwischen NEFZ und WLTP

Messwert	NEFZ	WLTP
Starttemperatur	Kalt	Kalt
Zykluszeit	20 min	30 min
Simulierte Strecke	11 000 m	23 000 m
Standzeitanteil	25%	13%
Höchstgeschwindigkeit	120 km/h	131 km/h
Mittlere Geschwindigkeit	34 km/h	46,6 km/h
Maximale Antriebsleistung	34 kW	47 kW
Mittlere Antriebsleistung	4 kW	7 kW

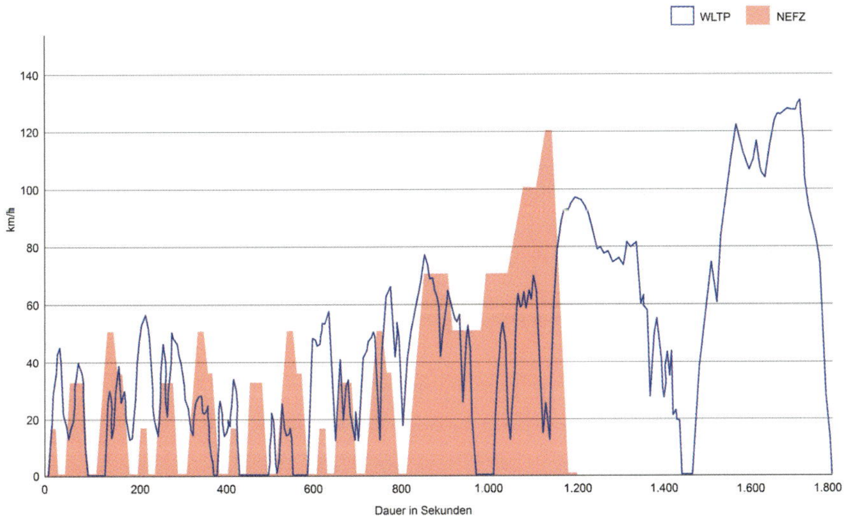

Bild 7.2
Der WLTP-Fahrzyklus ist länger als der ehemalige NEFZ, hat eine höhere Maximalgeschwindigkeit und weniger Standphasen. [Bild: Daimler]

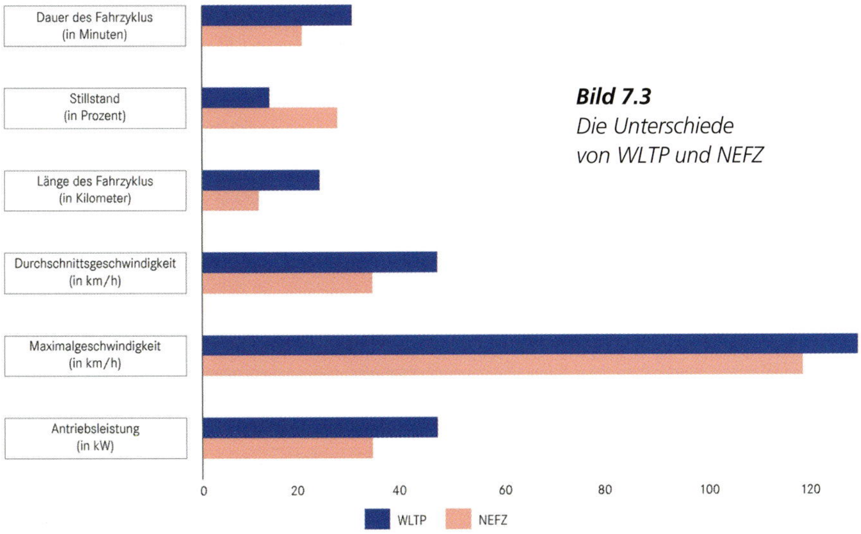

Bild 7.3
Die Unterschiede von WLTP und NEFZ

RDE

Zusätzlich müssen die Autos inzwischen den RDE-Test durchlaufen (Real Driving Emissions, dt.: reales Abgasverhalten). Hier geht es in erster Linie um die NO_X-Emissionen, die die Fahrzeuge bei wirklichen Fahrten auf der Straße und nicht auf einem Prüfstand ausstoßen. Dieser Test besteht aus drei Teilen: Stadtanteil, Landstraßenanteil und Autobahnanteil.

Tabelle 7.4 *Der RDE-Test*

	Stadt	Landstraße	Autobahn
Höchstanteil	44%	43%	43%
Mindestanteil	29%	23%	23%
Geschwindigkeitsbereich	0 bis 60 km/h	60 bis 90 km/h	90 bis 145 km/h
Durchschnittsgeschwindigkeit	15 bis 40 km/h		
Standanteil (<1 km/h)	6 bis 30%		
Mindeststrecke	Jeweils 16 Kilometer		
Gesamtdauer	90 bis 120 Minuten		
Höhendifferenz (Start - Ende)	<= 100 Höhenmeter		

Der RDE-Test muss immer mit dem Stadtanteil beginnen.

Der Kraftstoffverbrauch wird aus den beim WLTP gemessenen Abgasemissionen rechnerisch ermittelt.

Feldüberwachung

Alle an der Einhaltung der Abgasnorm beteiligten Systeme unterliegen einem Verschleiß. Der Fahrzeughersteller muss das Fahrzeug so bauen, dass die Schadstoffklasse über die komplette betriebsgewöhnliche Nutzungsdauer eingehalten wird.

Diese ist abhängig von der Fahrzeugklasse und dem Einsatz definiert und liegt zwischen 160 000 km/5 Jahre für (Pkw) und 700 000 km/7 Jahre (Lkw).

Zur Überprüfung müssen die Fahrzeuge stichprobenartig vorgeführt werden:

- Minimum 3 Fahrzeuge innerhalb von 18 Monaten
- Wiederholung der Prüfung alle 2 Jahre bis zum Ablauf der genannten Nutzungsdauer

Um zu gewährleisten, dass die Fahrzeuge diesen Anforderungen gerecht werden, übertreffen viele Neufahrzeuge sogar die Anforderungen der nächsthöheren Abgasnorm.

Stellt sich heraus, dass ein Fahrzeugtyp den Anforderungen nicht dauerhaft gerecht werden kann, so muss der Fahrzeughersteller in Form einer Rückrufaktion nachbessern.

7.2 On-Board-Diagnose

Um die Einhaltung der vorgenannten Vorschriften sicherstellen zu können, schreibt der Gesetzgeber eine kontinuierliche Überwachung aller relevanten Systeme vor.

- Benzinmotor: seit 01.01.2001
- Dieselmotor: seit 01.01.2003

Je nach Art und Schwere des Fehlers muss das System selbsttätig Abhilfe schaffen, den Fahrer mithilfe der MIL (Malfunction Indicator Lamp) informieren und ggf. die Weiterfahrt erschweren oder unmöglich machen (Notlauf). Fahrzeuge im hoheitlichen Dienst (Feuerwehr, Polizei ...) sind von Letzterem ausgenommen.

Tritt ein abgasrelevanter Fehler auf und wird ignoriert, so kann dies zum Erlöschen der Betriebserlaubnis führen und ein Verfahren wegen Steuerhinterziehung zur Folge haben!

OBDII - SAE J1962

Um eine herstellerübergreifende Suche nach abgasrelevanten Fehlern zu ermöglichen, wurde mit der OBD die Schnittstelle SAE J1962 eingeführt. Diese 16-polige Schnittstelle bietet auf genormten Anschlusskontakten Zugang zu allen abgasrelevanten Fehlerdaten. Des Weiteren verfügt sie über einige weitere Kontakte, die der Fahrzeughersteller individuell belegen kann.

Bild 7.4
Schnittstelle SAE J1962
[Bild: Schmidt]

Tabelle 7.5 *Pinbelegung der OBD II Schnittstelle*

Pin	Belegung	Pin	Belegung
1	Herstellerspezifisch	9	Herstellerspezifisch
2	Bus+ (J1850)	10	Bus (J1850)
3	Herstellerspezifisch	11	Herstellerspezifisch
4	Fahrzeugmasse (Kl. 31)	12	Herstellerspezifisch
5	Signalmasse	13	Herstellerspezifisch
6	CAN High (J2284)	14	CAN Low (J2284)
7	K-Line (ISO9141-2)	15	L-Line (ISO9141-2)
8	Herstellerspezifisch	16	Batterie Plus (Kl. 30)

Werkstatttipp:
Während bei aktuellen Fahrzeugen in der Regel alle Steuergeräte mit der J1962 vernetzt sind, gibt es gerade aus der Übergangsphase von Mitte der 90er-Jahre bis Mitte 2000 einige Fahrzeuge, bei denen abgasrelevante Fehler ausschließlich über die J1962 ausgelesen werden können. Alle anderen Daten können nur über die zusätzlich vorhandene, herstellerspezifische Diagnoseschnittstelle abgerufen werden.

Die Fehlercodes, die von den Steuergeräten ausgegeben werden, sind nach SAE J2012 genormt. Diese Norm regelt, welche Struktur und welches Format der Anzeigentext bei der Fehlercodeausgabe haben muss. Der Fehlercode ist ein fünfstelliger Wert, der sich aus einem Buchstaben und vier Ziffern zusammensetzt (z.B. P0506).

Man unterscheidet zwischen den gesetzlich festgelegten sogenannten P0-Fehlercodes und solchen, für die weder die Textzuordnung noch die Belegung genormt ist. Die Textzuordnung für die vom Hersteller frei gewählten und nicht genormten P1-Fehlercodes sind nur bedingt verwendbar.

Der Aufbau des P0-Fehlercodes ist folgendermaßen:

Der Buchstabe (**P** 0 5 06) kennzeichnet das System, das den Fehler gesetzt hat.
P = Powertrain (Antrieb)
B = Body (Karosserie)
C = Chassis (Fahrwerk)
U = Network (Bussystem)

Die erste Zahl (P **0** 5 06) kennzeichnet, welche Fehlercodegruppe angezeigt wird.
0 = herstellerunabhängiger Code (SAE J2012)
1 = herstellerspezifischer Code (nicht vorgeschrieben)
2 = herstellerunabhängiger Code (ISO 15031-6 bzw. SAE J2012)
3 = a) P3400…P3399 = herstellerspezifischer Code
b) P3400…P3999 = herstellerunabhängiger Code (ISO 15031-6 bzw. SAE J2012)

Die zweite Zahl (P 0 **5** 06) kennzeichnet, in welcher Baugruppe der Fehler ist.
1 und 2 = Kraftstoff- und Luftzumessung
3 = Zündsystem oder Verbrennungsaussetzer
4 = zusätzliche Systeme zur Emissionsminderung
5 = Geschwindigkeits- und Leerlaufregelsysteme
6 = Computer und -Ausgangssignale
7 = Getriebe

Die letzten beiden Ziffern (P 0 5 **06**) kennzeichnen das Bauteil und die Störung. Um das zu entschlüsseln, muss man einen Blick in die Fehlercode-Tabelle werfen!

In diesem Beispiel: **P0506** = Leerlauf-Drehzahlregelung (Drehzahl zu niedrig).

Tabelle 7.6 Liste der P0-Fehlercodes (Auszug)

Fehlercode	Funktion	Fehlerart
P01XX Kraftstoff- und Luftzumessung		
P0115	Kühlmitteltemperaturfühler	Funktionsstörung
P0116	Kühlmitteltemperaturfühler	außerhalb Sollbereich
P0117	Kühlmitteltemperaturfühler	Signal zu klein
P0118	Kühlmitteltemperaturfühler	Signal zu groß
P02XX Kraftstoff- und Luftzumessung		
P0267	Einspritzmenge Zylinder 3	zu klein
P0268	Einspritzmenge Zylinder 3	zu groß
P0269	Einspritzmenge Zylinder 3	ungleichmäßig
P03XX Zündsystem/-Aussetzer		
P0325	Klopfsensor 1 (Bank 1)	sporadischer Fehler
P0326	Klopfsensor 1 (Bank 1)	Funktionsstörung
P0327	Klopfsensor 1 (Bank 1)	außerhalb Sollbereich
P0328	Klopfsensor 1 (Bank 1)	Signal zu klein
P0329	Klopfsensor 1 (Bank 1)	Signal zu groß
P04XX Zusätzliche Systeme für Emissionsmessung		
P0420	Katalysator Umwandlungsrate (Bank 1)	zu niedrig
P0421	Katalysator Umwandlungsrate (Bank 1)	zu langsam
P05XX Geschwindigkeits- und Leerlaufregelsysteme		
P0505	Leerlauf-Drehzahl-Regelung	Funktionsstörung
P0506	Leerlauf-Drehzahl-Regelung	Drehzahl zu niedrig
P0507	Leerlauf-Drehzahl-Regelung	Drehzahl zu hoch
P06XX Computer und -Ausgangssignale		
P0604	Steuergerät (RAM)	interner Fehler
P0605	Steuergerät (ROM)	interner Speicherfehler
P0606	Steuergerät Mikroprozessor	defekt
P07XX Getriebe		
P0700	Getriebesteuersystem	Funktionsstörung
P11XX Kraftstoff- und Luftzumessung		
P1115	Lambdasonde Heizkreis (B1, S1)	Masseschluss
P1116	Lambdasonde Heizkreis (B1, S1)	Unterbrechung

Tabelle 7.6 Liste der P0-Fehlercodes (Auszug) – Fortsetzung

Fehlercode	Funktion	Fehlerart
P1117	Lambdasonde Heizkreis (B1, S2)	Masseschluss
P1118	Lambdasonde Heizkreis (B1, S2)	Unterbrechung
	P12XX Kraftstoff- und Luftzumessung	
P1201	Einspritzventil (Zylinder 1)	elektrischer Fehler
P1202	Einspritzventil (Zylinder 2)	elektrischer Fehler
	P13XX Zündsystem/-Aussetzer	
P1383	Zündkreisüberwachung	Funktionsstörung
P1386	Klopfregelung (Auswertschaltung)	Funktionsstörung
P1396	Drehzahlgeber	Signal fehlerhaft
P1397	Nockenwellenpositionsgeber (Bank 2)	Funktionsstörung
	P14XX Zusätzliche Systeme für Emissionsmessung	
P1420	Sekundärluftschaltventil	Funktionsstörung
P1421	Sekundärluftschaltventil	Masseschluss
	P15XX Geschwindigkeits- und Leerlaufregelsystem	
P1509	Leerlaufsteller (Öffnerwicklung)	Funktionsstörung
P1510	Leerlaufsteller (Öffnerwicklung)	Plusschluss
	P16XX Computer und -Ausgangssignale	
P1690	Abgaswarnleuchte (MIL)	Funktionsstörung
P1691	Abgaswarnleuchte (MIL)	Signal fehlt
P1692	Abgaswarnleuchte (MIL)	Masseschluss
	P17XX Getriebe	
P1747	Getriebesteuerungssystem	Busfehler
P1780	Getriebeeingriff	Plausibilität

7.2.1 Readiness-Code

Die OBD hat unter anderem die Aufgabe, alle abgasrelevanten Baugruppen und Bauteile eigenständig auf ihre Funktion zu prüfen. Stellt die Elektronik bei dieser Überwachungsfunktion abgasrelevante Fehler fest, legt sie diese im Fehlerspeicher ab und schaltet die Fehlerlampe im Kombiinstrument an, wenn dieser Fehler angezeigt werden muss.

Das Auslesen des Fehlerspeichers ist allredings nur dann aussagekräftig, wenn das Überwachungssystem auch alle Überwachungen durchgeführt hat. Denn es kann ja sein, dass in noch nicht geprüften Bauteilen oder Baugruppen zwar Fehler vorliegen, diese aber noch nicht gespeichert worden sind. Das bedeutet, die Einträge im Fehlerspeicher zeigen nicht immer den echten Zustand des Systems an.

Um bei der Abgasuntersuchung, d.h. bei der Überprüfung des OBD-Systems, erkennen zu können, ob eine Fehlerspeicherauslese auch wirklich den Zustand aller abgasrelevanten Bauteile anzeigt, erzeugt das System den sogenannten Readiness-Code. Dieser Readiness-Code zeigt an:

- Bauteile oder Baugruppen, die erfolgreich überprüft wurden
- Bauteile oder Baugruppen, bei denen eine Überwachung noch nicht durchgeführt worden ist bzw. ein Fehler vorliegt

Der Readiness-Code setzt sich bei allen Fahrzeugherstellern aus einem 12-stelligen Binärcode zusammen, der aus den Ziffern 0 und 1 besteht. Jede Stelle des Codes entspricht einer Überwachungsfunktion (die 12. Stelle ist ungenutzt).

Ist die Überwachungsfunktion auf „1" gesetzt, bedeutet dies, dass noch keine Überwachung durchgeführt worden ist bzw. ein Fehler vorliegt.

Ist eine „0" gesetzt, dann ist die Überwachung abgearbeitet oder das System ist nicht im Fahrzeug verbaut.

Die gesetzlich vorgeschriebene OBD kann, soweit im Fahrzeug verbaut, folgende Bauteile und Baugruppen überwachen:

Sporadisch

1. Katalysator
2. Katalysator-Heizung
3. Tankentlüftungssystem
4. Sekundärlufteinblasung
5. Klimaanlage überwacht
6. Lambdasonde
7. Lambdasonden-Heizung
8. Abgasrückführung

Kontinuierlich

9. Verbrennungsaussetzer
10. Kraftstoffsystem kontinuierlich
11. übrige Komponenten überwacht
12. ungenutzt

Die gezeigten 12 Überwachungsfunktionen bilden auch die 12 Stellen im Readiness-Code.

Wichtig ist: Der Readiness-Code wird von rechts nach links gelesen!

Ein Beispiel:
Beim Readinees-Code 010010001001 ist gut zu erkennen, dass die OBD einzelne Baugruppen oder Bauteile noch nicht geprüft hat. Der Code lässt sich wie folgt entschlüsseln:

1 = Katalysator noch nicht geprüft
0 = Katalysatorheizung geprüft oder nicht verbaut
0 = Tankentlüftungsventil geprüft
1 = Sekundärlufteinblasung noch nicht geprüft
0 = Klimaanlage geprüft oder nicht verbaut
0 = Lambdasonde geprüft
0 = Lambdasonden-Heizung geprüft
1 = Abgasrückführung noch nicht geprüft

0 = Aussetzererkennung geprüft
0 = Kraftstoffsystem geprüft
1 = übrige Komponenten noch nicht geprüft
0 = unbenutzt

Um die Inspektionsbereitschaft herzustellen, muss man das Fahrzeug mit einer entsprechend langen Konditionierungsfahrt so vorbereiten, dass die OBD alle Systemtests durchgeführt hat, d.h. das Scan-Tool den Readiness-Code 000000000000 anzeigt.

Da dies im Straßenbetrieb nicht immer möglich ist, gibt der Hersteller bestimmte Betriebsbedingungen vor, unter denen die OBD ihre Überwachungsfunktion nach einem verkürzten Zyklus abschließen kann. Im anderen Fall kann, wenn die Prüfbereitschaft zum Zeitpunkt einer Abgasuntersuchung nicht gegeben ist, zur Bestätigung der Systemfunktion das Lambdasonden-Signal genommen werden. Die Bewertung erfolgt dann mit einem Soll-Ist-Vergleich nach den Vorgaben der Hersteller.

7.3 Systeme zur Schadstoffminderung

7.3.1 Abgasrückführung

Die Abgasrückführung dient dazu, Stickoxidemissionen (NO_X)zu senken. Hierzu werden Abgase aus dem Auspuff(-krümmer) über ein, im Regelfall elektropneumatisch gesteuertes Ventil in das Saugrohr und damit zurück in den Zylinder geleitet (äußere AGR). Alternativ können die Abgase durch eine übergroße Ventilüberschneidung und einen daraus resultierenden Strömungsabriss am Ausströmen aus dem Zylinder gehindert werden (siehe auch Kapitel 5) und somit gleich in diesem verbleiben. Die Abgase vermindern die angesaugte Frischluftmenge und senken hierdurch die Verbrennungsspitzentemperaturen. Zudem wirken die nicht brennbaren Gase kühlend (Abgastemperatur $<1000°C \Leftrightarrow$ Verbrennungstemperatur $\leq 2500°C$). Der NO_X-Ausstoß sinkt, wobei jedoch durch die Verringerung des Sauerstoffgehalts im Zylinder der Ausstoß von un- oder teilverbrannten Kraftstoffbestandteilen wie Kohlenstoffmonoxid (CO), Partikel (PM) und unverbrannte Kohlenwasserstoffe (HC) steigt. Durch die schlechtere Ausnutzung des Kraftstoffs kommt es zudem zu einem leichten Anstieg des Kraftstoffverbrauchs. Die Ermittlung der AGR-Rate erfolgt aktuell häufig mithilfe des Heißfilm-Luftmassenmessers: Die Rückführung von Abgas vermindert die angesaugte Frischgasmasse, woraus das Motorsteuergerät die AGR-Rate erkennt.

Werkstatttipp:
Die Abgasrückführung ist insbesondere bei Fahrzeugen im Schwachlastbetrieb häufig anfällig. Denn hier setzen Verkokungen die AGR-Leitung und das Saugrohr zu. Mögliche Folgen reichen von einem „Plausibilitätsfehler Heißfilm-Luftmassenmesser" bis hin zu einem deutlichen Leistungsverlust aufgrund der Verringerung des Ansaugquerschnitts. Der Plausibilitätsfehler entsteht, weil das Steuergerät das AGR-Ventil öffnet und danach die erzielte AGR-Rate aufgrund der Verkokungen nicht die Erwartung des Steuergeräts erreicht. Neben der Erneuerung des Saugrohrs bietet sich die Möglichkeit an, dieses zu reinigen: Das Saugrohr wird hierzu ausgebaut und mithilfe von Walnussschalen-Granulat („Walnut Blasting") gestrahlt.

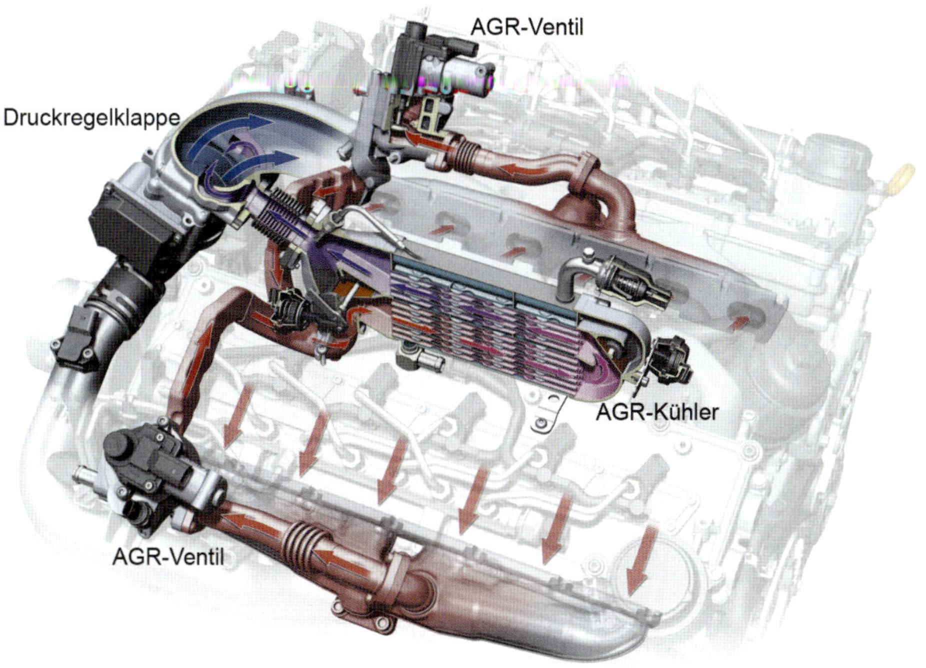

Bild 7.5
Das AGR-System beim V12 TDI von Audi
[Bild: Audi]

AGR-Kühler

Bei vielen Fahrzeugen werden die rückgeführten Abgase – im Regelfall durch einen Wasserwärmetauscher – gekühlt. Durch die Verringerung der Abgastemperatur steigt die kühlende Wirkung der Abgase, wodurch entweder der Stickoxidausstoß weiter fällt, oder die AGR-Rate reduziert werden kann, sodass der Ausstoß von HC, CO und PM wieder etwas sinkt. Bei vielen Motoren ist die Kühlung sogar mehrstufig, d.h., das Abgas kann, je nach Temperatur, entweder ungekühlt oder verschieden stark abgekühlt in den Brennraum geleitet werden.

Werkstatttipp:
Der Abgasrückführkühler kann, wie jeder Wärmetauscher, undicht werden. Hierdurch strömt das Kühlwasser in das Saugrohr und somit in den Brennraum, wo es verdampft und die gleichen Symptome („weißer Dampf") auslöst wie eine defekte Zylinderkopfdichtung. Bei einem solchen Fehlerbild sollte daher vor der Erneuerung der Zylinderkopfdichtung „auf Verdacht", der AGR-Kühler geprüft werden.

Abgasrückführung beim Ottomotor

Beim Ottomotor werden die Abgase hauptsächlich im Teillastbereich zurückgeführt. Die maximale Abgasrückführrate liegt bei etwa 20%. Oberhalb dieser Grenze kann es zu Verbrennungsaussetzern kommen, da das Gemisch durch die Zündkerze nicht mehr entzündet werden kann.

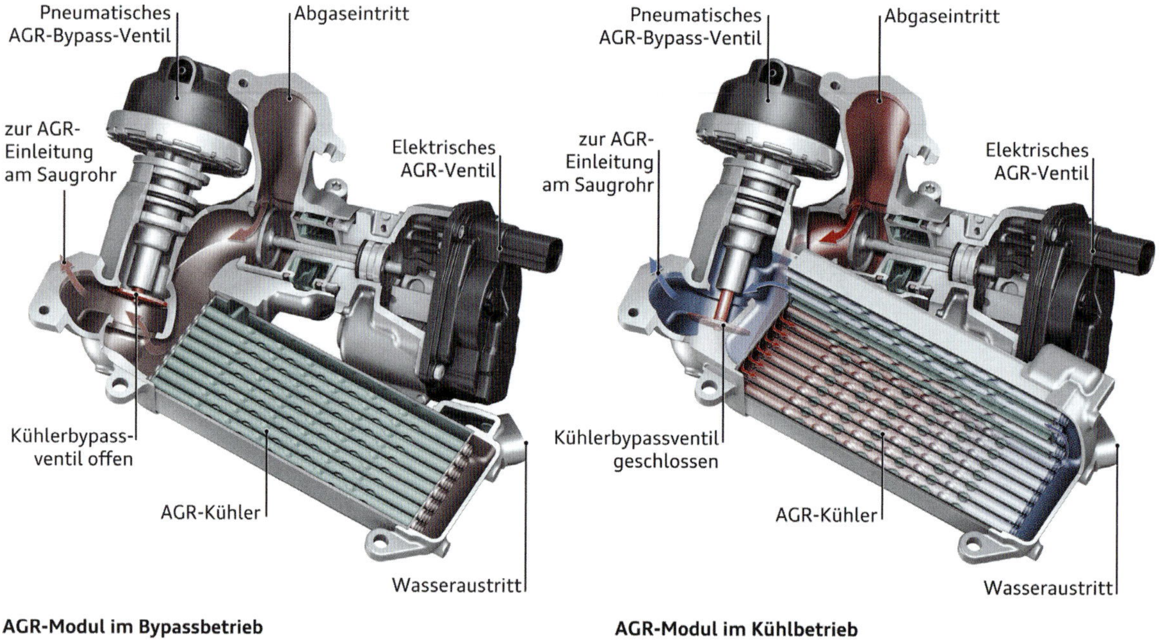

Bild 7.6 *AGR-Kühler sind oft mit einem Bypass ausgestattet, damit das Abgas entsprechend der Anforderungen gekühlt werden kann.* [Bild: Audi]

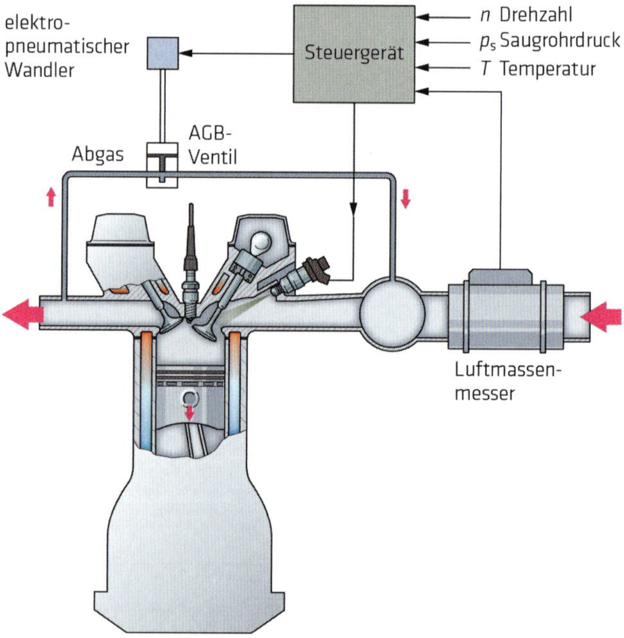

Bild 7.7
Prinzipieller Aufbau einer Abgasrückführung beim Ottomotor.
[Bild: AS-Illu]

Abgasrückführung beim Dieselmotor

Der Dieselmotor reagiert aufgrund des Luftüberschusses unempfindlicher auf das Zurückführen von Abgasen, weshalb die Abgase lastunabhängig zurückgeführt werden können. Im Regelfall erfolgt jedoch bei Volllast keine AGR. Auch bezüglich der AGR-Rate zeigt sich der Diesel robust. Hier werden bis zu 40% Abgas beigemischt. Um sicherzustellen, dass der Druck im Saugrohr (Ladedruck!) geringer ist als im Auspuff, schließt während der Abgasrückführung meist eine im Saugrohr verbaute Druckregelklappe.

Hochdruck- und Niederdruck-Abgasrückführung

Neben der klassischen Hochdruck-Abgasrückführung (HD-AGR) kommt bei modernen Fahrzeugen vielfach eine Niederdruck-Abgasrückführung (ND-AGR) zum Einsatz. Während bei der Hochdruck-Abgasrückführung das Abgas vor dem Turbolader entnommen und hinter dem Turbolader zugeführt wird, erfolgt die Abgasentnahme bei der Niederdruck-AGR erst hinter dem Partikelfilter. Das Abgas ist somit kälter und nahezu partikelfrei, wodurch die Wirkung der AGR steigt und höhere AGR-Raten ermöglicht werden. Die Zufuhr der Abgase erfolgt vor dem Turbolader, wodurch dieser mit vorverdichteter Luft versorgt wird und höhere Ladedrücke liefern kann.

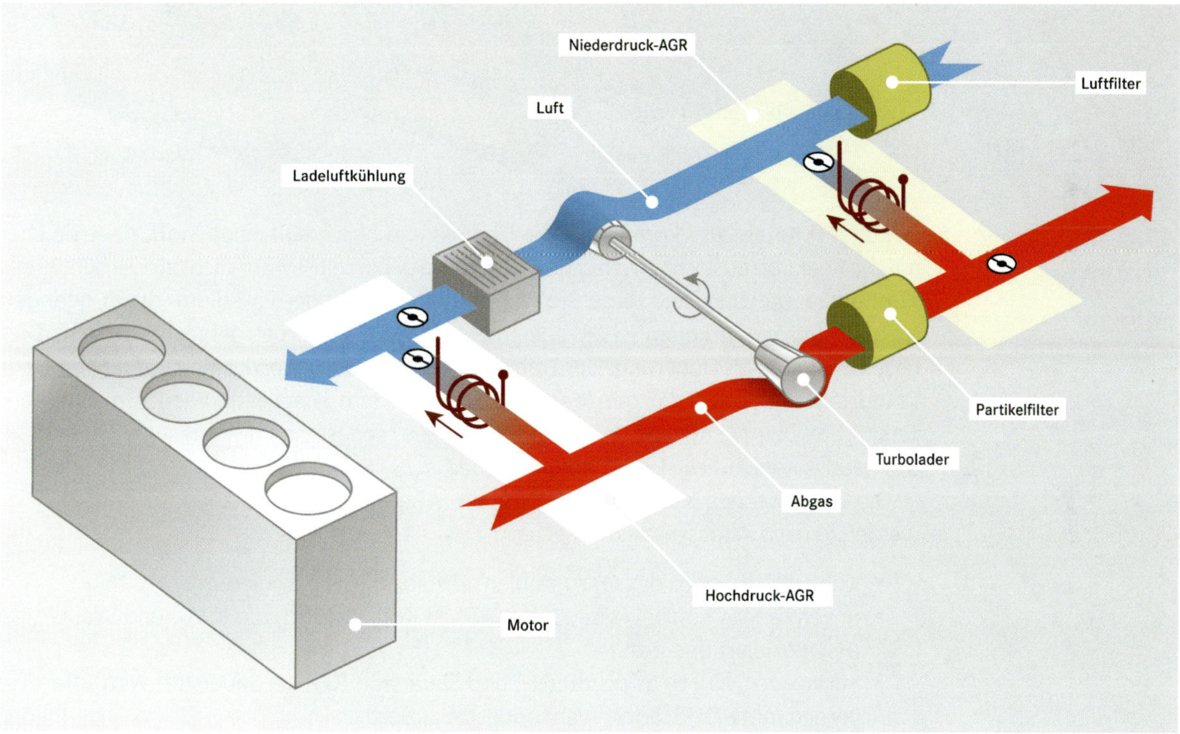

Bild 7.8 *Prinzipieller Aufbau einer Hoch- und Niederdruck-Abgasrückführung.* [Bild: Daimler]

Hinweis: Bei vielen Dieselmotoren der Emmissionsklasse Euro 5 ist die AGR durch den Einsatz der Selective Catalytic Reduction (SCR => „AdBlue") weggefallen. Mit der Einführung der Emmissionsklasse Euro 6 wird sie jedoch nahezu ausnahmslos wieder eingesetzt, da der Ammoniakausstoß hierbei begrenzt und somit der „großzügige" Einsatz von AdBlue eingeschränkt wird.

7.3.2 Katalysatoren

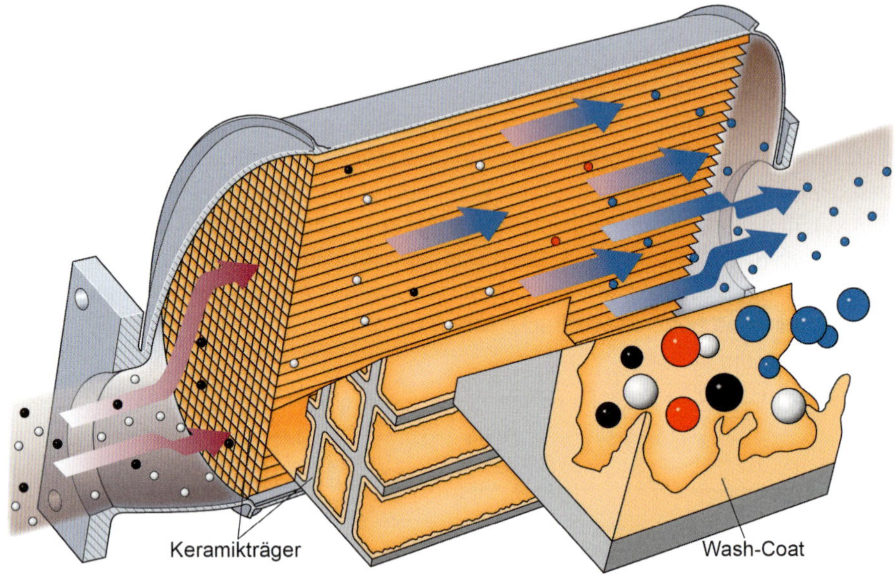

Bild 7.9
Aufbau eines Katalysators für die Abgasreinigung
[Bild: AS-Illu]

Der Begriff Katalysator kommt aus der Chemie und beschreibt einen Stoff, der eine chemische Reaktion auslöst bzw. beschleunigt, ohne dabei selbst verbraucht zu werden. In der Kraftfahrzeugtechnik sind diese Stoffe Platin, Rhodium oder Palladium, die in geringen Mengen auf einen keramischen oder metallischen Tragkörper gebracht werden. Dies bezeichnet man als Dotierung. Der Tragkörper besteht aus vielen kleinen Röhren mit einer Wandstärke von etwa 0,15 mm (Keramik) bzw. 0,05 mm (Metall), die wiederum eine stark zerklüftete Oberfläche (sog. Wash-Coat) besitzen, sodass sich die wirksame Oberfläche des Katalysators auf ca. 18 000 m^2 vergrößert.

Die Aufgabe des Katalysators ist es, die Abgaszusammensetzung zu ändern. Hier werden je nach Abgaszusammensetzung

- Kohlenstoffmonoxid (CO) zu Kohlenstoffdioxid (CO_2) oxidiert,
- unverbrannte Kohlenwasserstoffe (HC) zu Kohlenstoffdioxid (CO_2) und Wasser (H_2O) oxidiert und ggf.
- Stickoxide (NO_x) zu Stickstoff (N_2) und Sauerstoff (O_2; der Sauerstoff wird sofort für vorgenannte Oxidationen verwendet) reduziert.

Durch die Oxidation von unverbrannten Kohlenwasserstoffen, die einen Teil eines Rußpartikels bilden, verringert sich zudem die Partikelmasse.

Jede chemische Reaktion benötigt zunächst eine Aktivierungenergie, i.d.R. Wärme. Daher nimmt der Katalysator erst bei Temperaturen von etwa 250°C seine Arbeit auf. Seine optimale Umwandlungsrate mit über 90% hat der Katalysator zwischen 400 und 900°C. Oberhalb von 900°C kommt es zur thermischen Alterung und ab ca. 1000°C zur Zerstörung des Katalysators.

Um diese Temperatur möglichst schnell zu erreichen, ergreifen die Hersteller unterschiedliche Maßnahmen:

1. Motornahe Einbauposition: Liegt der Katalysator unmittelbar hinter dem Motor, bekommt er heißere Abgase und erreicht somit schneller seine Betriebstemperatur. Diese Variante birgt jedoch das Risiko einer Überhitzung des Katalysators bei hoher Motorlast bzw. Drehzahl, z.B. bei Autobahnfahrten.
2. Erhalt der Abgastemperatur: Viele Fahrzeughersteller versuchen, die Abgastemperatur zwischen Motoraustritt und Katalysatoreintritt möglichst hoch zu halten. Dies kann durch eine Verringerung der (kühlenden) Oberfläche (z.B. Dreiventiltechnik => nur ein, statt zwei Auslassrohre) oder durch Isolation der Komponenten (z.B. doppelwandiger Abgaskrümmer) geschehen.
3. Sekundärlufteinblasung: Einige Fahrzeughersteller verbauen ein elektrisches Gebläse, das nach dem Kaltstart des Motors Luft in den Abgaskrümmer bläst. Der Luftsauerstoff reagiert mit den, in diesem Betriebszustand dort reichlich vorhandenen, unverbrannten Kohlenwasserstoffen (nachmotorische Verbrennung) und es kommt zu einer Erhöhung der Abgastemperatur.
4. Elektrische Beheizung: Die elektrische Beheizung erfolgt mithilfe einer Heizspirale und kam in der Praxis aufgrund des hohen baulichen Aufwands und des hohen Stromverbrauchs nur selten zum Einsatz. Künftig könne das jedoch anders werden. Denn Hybridfahrzeuge, auch solche mit 48-Volt-Technik, brauchen aufgrund ihres häufig abgeschalteten Verbrennungsmotors einen Katalysator, der nach einem Motorstart wieder schnell auf Betriebstemperatur kommt.

3-Wege-Katalysator

Wird der Katalysator an einem Ottomotor innerhalb eines Lambdafensters von $0{,}997 < \lambda < 1{,}004$ betrieben, so finden alle drei, o.g. Prozesse statt. Man spricht vom 3-Wege-Katalysator.

Bei $\lambda > 1{,}004$ nimmt die Reduktion von Stickoxiden aufgrund des Sauerstoffüberschusses im Abgas stark ab, weshalb bei Magermix-Motoren ein zusätzlicher NO_x-Speicherkatalysator zum Einsatz kommt. Der 3-Wege-Katalysator wird in diesem Fall zu einem Oxidationskatalysator.

Oxidationskatalysator

Der Begriff „Oxidationskatalysator" wird ungeachtet der Tatsache, dass der Katalysator im Magermix-Betrieb eines Ottomotors aufgrund des Luftüberschusses im Abgas ebenfalls ausschließlich Oxidationen durchführt, hauptsächlich bei Dieselfahrzeugen verwendet. Einige Hersteller verwenden auch die Abkürzung „DOC" für Diesel Oxidation Catalytic Converter.

Werkstatttipp:
Katalysatoren unterliegen zwar keinem klassischen Verschleiß, können jedoch mit zunehmendem Fahrzeugalter bzw. zunehmender Laufleistung durch Rußablagerungen versiegelt werden. Die Umwandlungsrate sinkt. Was in den meisten Fällen kaum auffallen wird, kann bei Fahrzeugen mit Partikelfilter zu Problemen führen, da der Partikelfilter bei einem unzureichend arbeitenden Katalysator eine größere Partikelmasse (Kohlenwasserstoffe sind ein Bestandteil eines Partikels, s.o.) erhält. Bei der Nachrüstung eines Partikelfilters wird daher von den meisten Anbietern empfohlen, den Katalysator bei Laufleistungen >80 000 km vorab zu ersetzen.

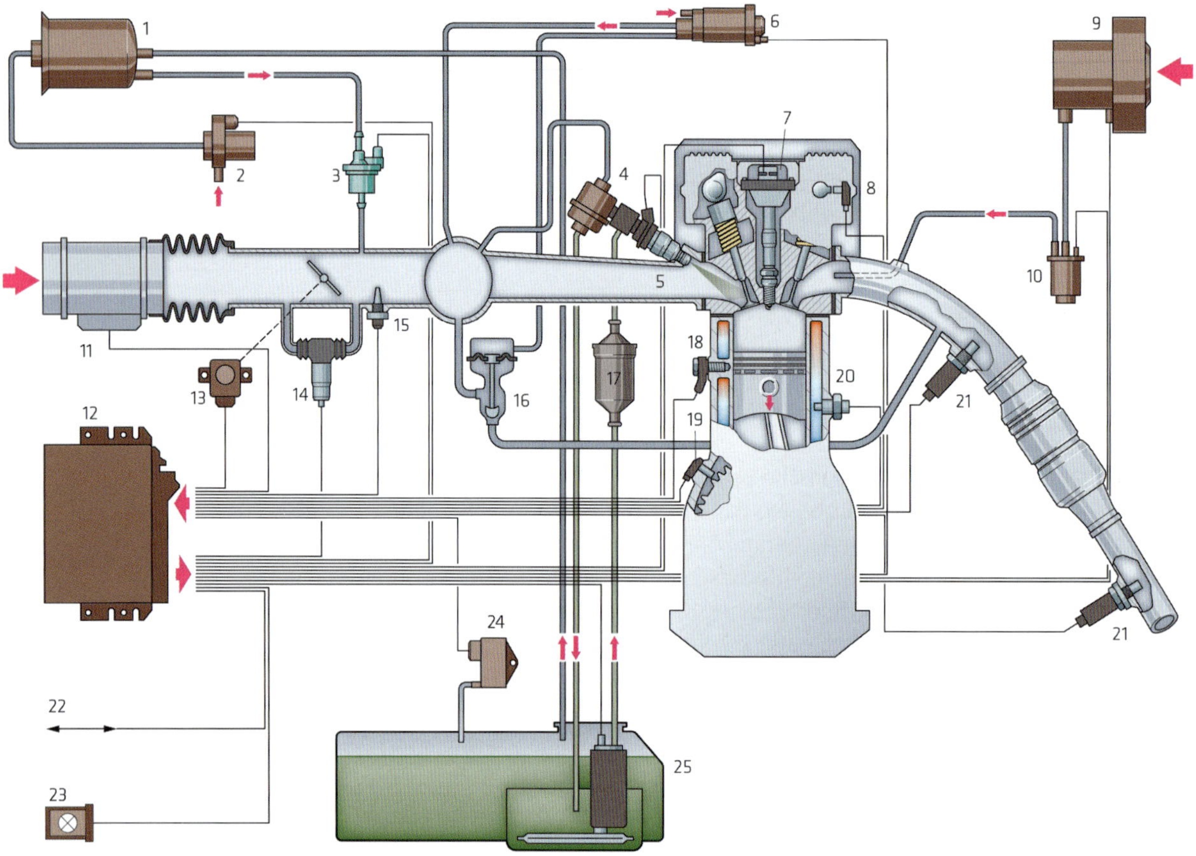

Bild 7.10 *Bosch Motronic M5 mit Sekundärlufteinblasung und Abgasrückführung*

1 Aktivkohlebehälter
2 Absperrventil
3 AKF-Ventil
4 Kraftstoff-Druckregler
5 Einspritzventil
6 elektropneumatisches Umschaltventil
7 Zündspule
8 Phasensensor (Nockewelle)
9 Sekundärluftpumpe
10 Sekundärluftventil
11 Luftmassenmesser
12 Steuergerät
13 Drosselklappengeber
14 Leerlauf-Drehsteller
15 Lufttemperaturfühler
16 Abgasrückführventil (AGR-Ventil)
17 Kraftstofffilter
18 Klopfsensor
19 Drehzahlsensor
20 Motortemperaturfühler
21 Lambdasonde (Vor- und Nachkat)
22 Diagnoseschnittstelle
23 Diagnoselampe
24 Differenzdrucksensor
25 Elektro-Kraftstoffpumpe
[Bild: AS-Illu]

NO_x-Speicherkatalysator

Der NO_X-Speicherkatalysator dient dazu, dem Abgas die Stickoxide zu entziehen, wenn der konventionelle Katalysator dies aufgrund der Abgaszusammensetzung (=>Sauerstoffüberschuss) nicht schafft. Er besteht ebenfalls aus einem röhrenförmigen Tragkörper, der hierbei jedoch mit Bariumoxid (BaO) versetzt ist. Die Stickoxide (NO_X) werden zunächst mithilfe des vorgeschalteten Oxidationskatalysators (=> der „dritte Weg", die Reduktion entfällt in dieser Situation) vorbereitet: Stickstoffmonoxid (NO) wird mithilfe von Sauerstoff (O_2) zu Stickstoffdioxid (NO_2) oxidiert. Das Stickstoffdioxid reagiert im Vorbeiströmen mit dem Bariumoxid (BaO) zu Bariumnitrat ($Ba(NO_3)_2$).

Bild 7.11
Motornah angeordnete Abgasreinigung eines TDI-Motors
[Bild: Volkswagen]

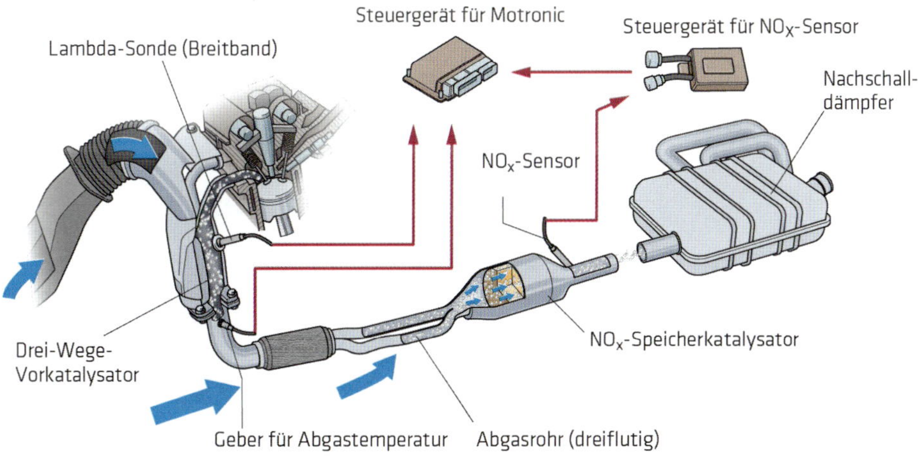

Bild 7.12
Abgasstrang mit NO_X-Speicherkatalysator
[Bild: AS-Illu]

Je nach Betriebszustand des Motors ist der Katalysator nach 30 bis 300 Sekunden mit Bariumnitrat ($Ba(NO_3)_2$) gesättigt und es können keine weiteren Stickoxide gebunden werden. Dies erkennt der nachgeschaltete NO_X-Sensor am NO_X im Abgas hinter dem NO_X-Speicherkatalysator. Dann muss der NO_X-Speicherkatalysator regeneriert werden. Hierzu werden ihm, als Reduktionsmittel, unverbrannte Kohlenwasserstoffe (HC; beim Ottomotor durch angefetteten Homogenbetrieb und beim Dieselmotor durch periodisches Anfetten) zugeführt, die mit dem Sauerstoff des Bariumnitrats ($Ba(NO_3)_2$) reagieren, und dieses wieder zu Bariumoxid (BaO) reduzieren.

Sonderfall: Schwefelvergiftung

Hauptsächlich beim Dieselmotor kommt es nach etwa 5000 km, aufgrund des dort auch bei „schwefelfreiem" Kraftstoff vorhandenen Schwefels ($\leq$10 ppm) zu einer sogenannten Schwefelvergiftung. Schwefel reagiert mit Bariumoxid (BaO) zu Bariumsulfat (BaSO4), wodurch die Speicherfähigkeit des Katalysators herabgesetzt wird. Das Steuergerät erkennt dies aufgrund der immer kürzer werdenden Beladungsphasen und leitet eine Schwefelregeneration ein: Durch Nacheinspritzung wird die Abgastemperatur im NO_X-Speicherkatalysator auf etwa 650°C gebracht und der Schwefel verbrannt.

7.3.3 Partikelfilter

Im Gegensatz zu den zuvor beschriebenen Katalysatoren arbeiten Partikelfilter rein physikalisch: Die Partikel passen aufgrund ihrer Größe nicht durch die Öffnungen des Filters und bleiben hängen. Partikelfilter kommen als geschlossenes System (Hauptstromfilter) und offenes System (Nebenstromfilter) zum Einsatz. Vielfach sind Katalysator und Filter in einem Gehäuse zusammengefasst.

Geschlossenes System

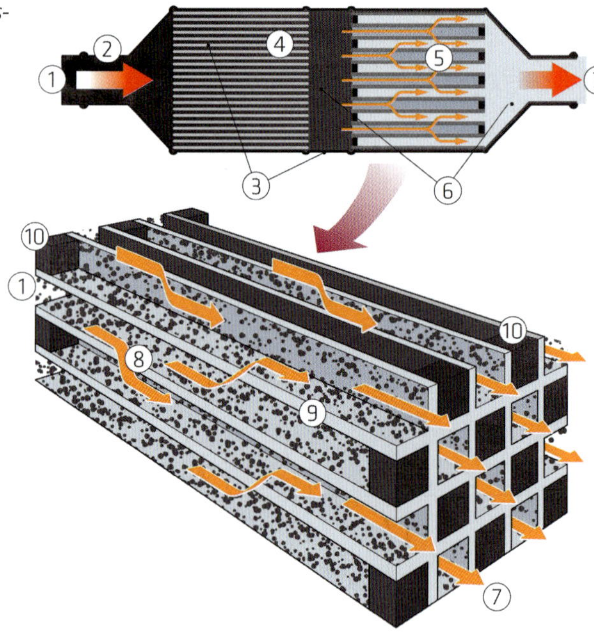

Bild 7.13
Dieselpartikelfilter mit geschlossenem System und Oxidationskatalysator in einem Gehäuse.
1 Abgas
2 Breitband-Lambdasonde
3 Teperatursensor (Oxidationskatalysator)
4 Oxidationskatalysator
5 Partikelfilter
6 Differenzdrucksensor
7 gereinigte Abgase
8 Partikel- und Ascherückhaltung
9 Filterwände
10 Filterstopfen
[Bild: AS-Illu]

Beim geschlossenen System wird die komplette Abgasmasse durch den Filter gereinigt. Ein wechselseitig verschlossener Röhrenkörper aus Siliciumcarbid (SiC) ermöglicht es, das nahzu ausschließlich gasförmige Bestandteile des Abgases den Filter passieren können. Dadurch verstopft der Filter nach und nach und der Abgasgegendruck steigt.

Die Beladung des Partikelfilters wird üblicherweise mithilfe eines Differenzdrucksensors erfasst. Der Abgasdruck wirkt von der Eingangsseite auf eine Seite einer DMS-Membran (s. auch Abschnitt 2.5) und von der Ausgangsseite auf die andere Seite dieser Membran. Steigt der Differenzdruck an, weil der Filter sich füllt, wird die Membran gedehnt und der

Differenzdruck als Spannungssignal an das Steuergerät übermittelt. Üblicherweise werden folgende Szenarien unterschieden (Bild 7.14):

a) Differenzdruck zu gering: Der Filter ist intern undicht (Abgase können ungehindert durchströmen) oder nicht vorhanden.
b) Differenzdruck in Ordnung: Der Filter ist sauber, der Differenzdruck systembedingt.
c) Erhöhter Differenzdruck: Der Filter ist bereits leicht gefüllt. Bei längeren Hochlastfahrten (z.B. Autobahn) regeneriert der Filter ohne Steuergeräteeingriff.
d) Hoher Differenzdruck: Der Filter ist stark gefüllt. Das Motorsteuergerät leitet eine Regeneration ein.
e) Differenzdruck zu hoch: Der Filter ist voll. Die Kontrollleuchte informiert den Fahrer, die Werkstatt aufzusuchen, um dort eine Zwangsregeneration durchzuführen.
f) Filter verstopft: Diese Phase entsteht meist, wenn die Information in Phase „e" zu lange ignoriert wurde oder der Filter innerhalb kürzester Zeit verstopft, z.B. durch Ölruß aufgrund eines undichten Turboladers. Eine Regeneration des Filters ist jetzt meist nicht mehr möglich, da die Abgaswärme den Filter nicht mehr erreichen kann oder der Motor durch den überhöhten Abgasgegendruck kurz nach dem Starten wieder ausgeht.

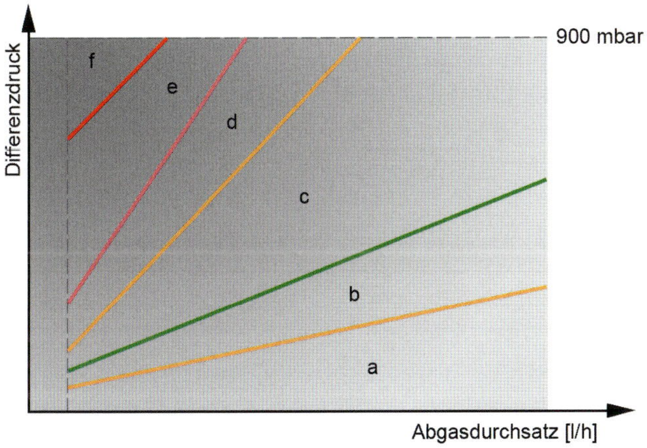

Bild 7.14
Je stärker der Partikelfilter verstopft ist, desto höher ist der Differenzdruck und desto niedriger ist der Abgasdurchsatz in Liter pro Stunde.

Regeneration

Hat das Steuergerät erkannt, dass der Filter regenerierungsbedürftig ist (Phase „d"), leitet es eine Regeneration ein, bei der die angesammelten Partikel im Partikelfilter verbrennen. Dabei kommen folgende Möglichkeiten zum Einsatz:

1. Die meisten Fahrzeuge regenerieren aktuell durch eine Nacheinspritzung. Dabei wird der Kraftstoff erst sehr spät in den Brennraum eingespritzt, wodurch die Flamme bis in den Ausstoßtakt brennt und die Abgastemperatur im Partikelfilter auf über 600°C steigt. Zeitgleich erhöht das Steuergerät meist die Motorlast, indem es „stille Verbraucher", wie die Klimaanlage oder die Heckscheibenheizung einschaltet. Da es durch die Nacheinspritzung und den an den Kolbenringen abfließenden Kraftstoff regelmäßig zu Motorproblemen durch Ölverdünnung kommt (zu hoher Ölstand, schlechte Ölqualität), spritzen einige Hersteller den Kraftstoff zur Erhöhung der Abgastemperatur mithilfe eines sogenannten EPI-Ventils (engl.: Exhaust Port Injection, dt.: Auspufföffnungs-Einspritzung) direkt in den Abgaskrümmer.

Werkstatttipp:
Auch bei Fahrzeugen mit EPI-Ventil kann es zur Ölverdünnung durch die Regeneration des Partikelfilters kommen. Denn wenn sich der Partikelfilter durch das EPI-Ventil nicht erfolgreich regenerieren lässt (z.B. bei sehr geringen Außentemperaturen oder verstopftem EPI-Ventil), unterstützt das Motorsteuergerät die Regeneration ggf. durch vorgenannte Nacheinspritzung. Dann kann es, wie bisher, zur Ölverdünnung kommen.

2. Verfügt der Dieselmotor über eine Druckregelklappe, so wird diese meist während der Regeneration geschlossen. Dadurch erleidet der Motor einen Leistungsverlust, der durch eine Erhöhung der Einspritzmenge (= heißere Verbrennung => heißere Abgase) ausgeglichen wird.
3. Gerade frühere Generationen von Partikelfiltern werden häufig durch Zugabe eines Additivs (i.d.R. Cer- oder Eisenverbindung) in den Kraftstoff regeneriert. Dieses Additiv ändert die Zusammensetzung der Partikel und senkt somit deren Selbstzündungstemperatur auf ca. 450°C, sodass eine Fahrt im erhöhten Teillastbereich bereits den Abbrand der Partikel auslöst.

   Hinweis: Die Additivzugabe erfolgt bei diesen Fahrzeugen in den Kraftstofftank. Beim Öffnen des Tankdeckels ermittelt das Steuergerät die Differenz zwischen dem aktuellen Füllstand und einem vollen Tank und spritzt die für diese Kraftstoffmenge erforderliche Additivmenge mithilfe einer elektrischen Dosiereinheit bereits vor dem Betanken ein. Das soll das Vermischen durch den Betankungsvorgang verbessern. Tankt der Fahrer das Fahrzeug nicht voll, ist die eingespritzte Additivmenge jedoch zu groß. Dies hat bei einmaligem Auftreten keine größeren Folgen, kann jedoch wiederkehrend („10-Euro-Tanker") zu Problemen am Einspritzsystem und im Motorlauf führen. Eine „Beimischung", ähnlich wie beim 2-Takt-Motor mit Getrenntschmierung ist nicht möglich, da Pkw nahezu ausnahmslos über einen Kraftstoffrücklauf verfügen und der Kraftstoff somit im Kreislauf mehrfach additiviert werden würde.

4. Gerade im Nutzfahrzeugbereich wird der Partikelfilter oftmals nach dem Abstellen des Motors mithilfe eines Brenners, bestehend aus einem Kraftstoffeinspritzventil und einer Glühkerze, regeneriert.

Werkstatttipp: Regeneration mit dem Diagnosegerät
Kommt der Kunde mit einem überfüllten Partikelfilter in die Werkstatt, dann wird dieser im Regelfall zunächst mit Unterstützung durch das Diagnosegerät regeneriert. Hierbei gibt es unterschiedliche Vorgehensweisen. Entweder führt das Diagnosegerät die Regeneration im Stand durch, oder leitet den Monteur durch einen definierten Fahrzyklus (z.B. Fahrt auf der BAB im 4. Gang bei 80 bis 100 km/h). Zu Beachten ist jedoch, gerade bei der Regeneration im Stand, dass es zu extrem hohen Temperaturen im Bereich der Abgasanlage kommt und daher einige Vorsichtsmaßnahmen zu treffen sind:

- Vor Beginn der Regeneration das Fahrzeug auf brennbare Stoffe in der Nähe der Abgasanlage (z.B. Unterbodenschutz/-wachs, herunterhängende Isolierung, verhakte Äste, Blätter etc.) überprüfen und diese ggf. entfernen. Alle Hitzebleche auf korrekten Sitz prüfen.

- Bei einigen Fahrzeugen müssen zusätzliche Hitzeschutzbleche angebracht werden.
- Den Partikelfilter nicht in der Werkstatt regenerieren. Wird während der Regeneration eine Abgas-Absauganlage angeschlossen, kann dies zum Schmelzen der Schläuche und zum Überhitzen des Gebläses führen!
- Fahrzeug außerhalb der Werkstatt auf temperatur- und feuerfestem Untergrund, z.B. Beton (kein Asphalt!) in ausreichendem Sicherheitsabstand zu Gebäuden und anderen Fahrzeugen abstellen.
- Geeignete Löschmittel bereithalten.

Bei der Regeneration kann nur der Ruß im Filter freigebrannt werden, nicht die Asche. Nach der Regeneration darf man deshalb nicht den Aschegehalt im Steuergerät bei den Adaptionswerten für den Partikelfilter zurücksetzen. Denn dadurch würde das Steuergerät die Regeneration fasch berechnen. Ist im Filter der maximale Aschegehalt erreicht, muss der Filter aufbereitet oder erneuert werden.

Offenes System (Nachrüstfilter)

Das geschlossene System erfordert zum Erhalt der Betriebsfähigkeit des Fahrzeugs, wie zuvor beschrieben, eine regelmäßige Regeneration. Diese ist jedoch nur möglich, wenn die hierzu erforderlichen Komponenten und Funktionen im Fahrzeug vorhanden sind. Ist dies nicht der Fall, muss anderweitig sichergestellt werden, dass das Fahrzeug auch bei einem verstopften Filter noch betriebsfähig bleibt. Deshalb werden für die Nachrüstung sogenannte offene Systeme angeboten. Bei diesen Filtern kann ein Teil der Abgase über Bypassöffnungen ungereinigt nach draußen strömen. Je nach Bauform können diese Filter etwa 30 bis 70% der Partikelmasse herausfiltern.

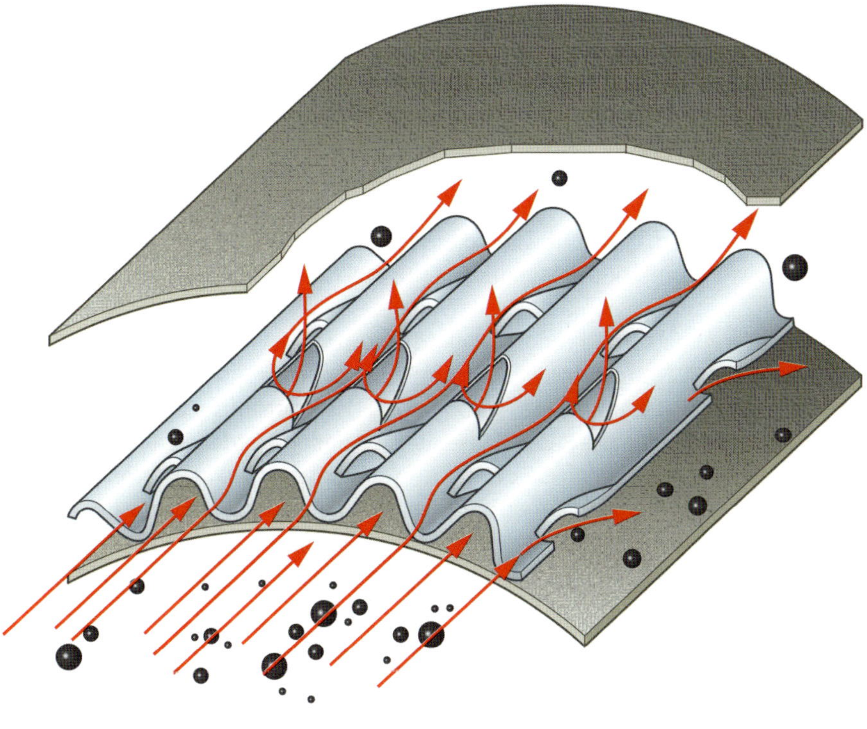

Bild 7.15
Bei einem offenen Partikelfilter-System kann ein Teil der Abgase ungehindert ins Freie strömen. Das soll verhindern, dass sich der Filter zusetzt.
[Bild: AS-Illu]

Werkstatttipp:

1. Bei der Nachrüstung eines Partikelfilters empfehlen die meisten Anbieter, den Katalysator bei Laufleistungen von mehr als 80 000 km vorab zu ersetzen. Der Katalysator vermindert die Partikelmasse, indem er die unverbrannten Kohlenwasserstoffe, also einen Teil eines Partikels oxidiert. Ältere Katalysatoren sind oftmals durch Rußablagerungen versiegelt, wodurch sich ihre Umwandlungsrate reduziert und größere Partikel in den Partikelfilter geraten, die diesen vorzeitig verstopfen können.
2. Auch wenn das Fahrzeug bei verstopftem Filter betriebsfähig bleibt, steigen Abgasgegendruck und Kraftstoffverbrauch mit zunehmender Beladung des Filters an. Die Filterhersteller empfehlen daher, in regelmäßigen Abständen (max. 5000 km) eine längere Fahrt unter hoher Last (z.B. auf der Autobahn) zu absolvieren, um eine Regeneration des Filters durch hohe Abgastemperaturen einzuleiten.

7.3.4 Selektive katalytische Reduktion (SCR)

Die selektive katalytische Reduktion (kurz: SCR für Selective Catalytic Reduction) dient dazu, den Stickoxidanteil im Abgas zu verringern. Hierzu wird hinter dem Turbolader ein Reduktionsmittel in den Abgasstrang eingespritzt. Dieses Reduktionsmittel ist eine Mischung aus 32,5% Harnstoff und 67,5% demineralisiertem Wasser ($CO(NH_2)_2$). Es wird unter dem vom Verband der Deutschen Automobilindustrie e.V. (VDA) geschützten Markennamen AdBlue verkauft. Die Qualität ist in der Norm ISO 22241 festgelegt, es gibt nur eine Sorte.

Das AdBlue hydrolisiert unter Hitze zu Ammoniak (NH_3) und Kohlenstoffdioxid (CO_2). Während das entstandene CO_2 ungenutzt ausgestoßen wird, reagiert das Ammoniak im Titanium-dotierten SCR-Katalysator mit den vorbeiströmenden Stickoxiden zu Stickstoff (N_2) und Wasser (H_2O).

Die SCR-Technik wurde bei Fahrzeugen der Emissionsklasse Euro-5 sehr „großzügig" eingesetzt, wodurch es zu einem verhältnismäßig hohen Ammoniakausstoß kam (genannt „NH_3-Schlupf"). Da Ammoniak bereits ab 15 ppm zu Geruchsbelästigung führen kann, giftig ist und in höheren Konzentrationen zu Verätzungen der Augen und Atemwege sowie ggf. der Haut führt, ist der Ammoniakausstoß bei Euro-6-Fahrzeugen nun ebenfalls reglementiert. Aus diesem Grund mussten die Fahrzeughersteller die Zufuhr des Reduktionsmittels stark verringern. Aktuell kommen hierfür drei Möglichkeiten zum Einsatz:

1. Renaissance der Abgasrückführung: Während die Abgasrückführung bei vielen Euro-5-Fahrzeugen mit SCR weggefallen ist, wird sie für die Emissionsklasse Euro-6 wieder eingesetzt. Dadurch entsteht bei der Verbrennung des Kraftstoffs weniger NO_x, wodurch auch die Menge des Reduktionsmittels verringert werden kann.
2. Ammoniak-Schlupfkatalysator (ASC), der auch Ammoniak-Sperrkatalysator oder Clean-up-Katalysator (engl.: Clean-up Catalyst, CUC) genannt wird. Das ist ein Oxidationskatalysator, der hinter dem SCR-Katalysator sitzt. Sollte sich an dieser Stelle noch Ammoniak (NH_3) im Abgas befinden, wird es mithilfe von Sauerstoff zu Stickstoff (N_2) und Wasser (H_2O) oxidiert.

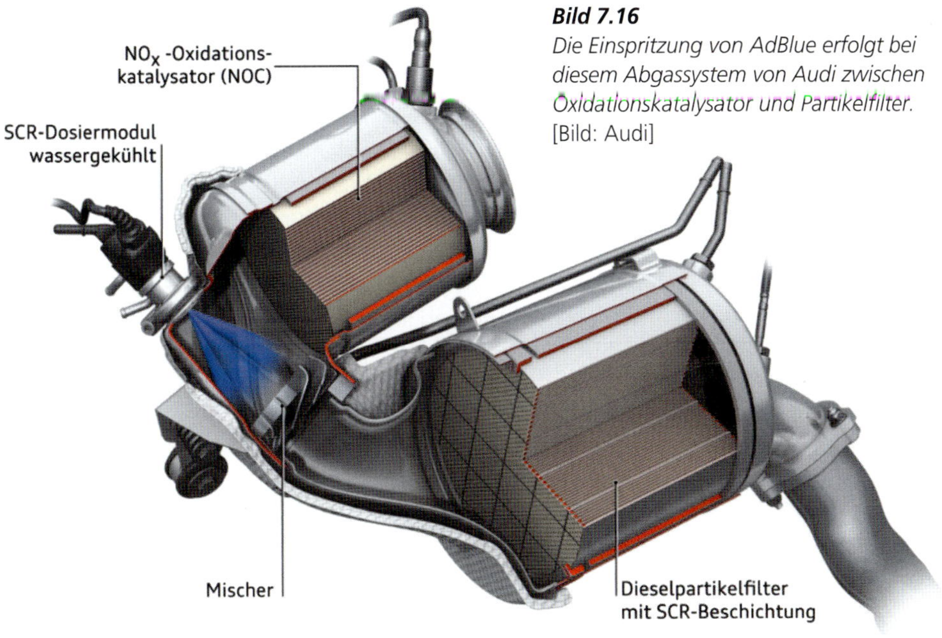

Bild 7.16
Die Einspritzung von AdBlue erfolgt bei diesem Abgassystem von Audi zwischen Oxidationskatalysator und Partikelfilter.
[Bild: Audi]

3. Geregelte SCR: Einige Hersteller haben, statt vorhandene Systeme miteinander zu verknüpfen, die SCR weiterentwickelt, um die Dosierung des Reduktionsmittels zu verfeinern und damit sowohl die Stickoxid- als auch die Ammoniak-Grenzwerte einzuhalten. Hierzu ist jedoch eine aufwendige Sensierung der (Abgas)-anlage und ggf. eine zusätzliche Abgasstauklappe erforderlich:

- Ein kombinierter Füllstands- und Gütesensor überprüft, ob sich im Vorratsbehälter genügend Reduktionsmittel mit ausreichendem Harnstoffgehalt befindet.
- Ein Ansauglufttemperatur- und -feuchtesensor (im Regelfall integriert in den Heißfilm-Luftmassenmesser) dient dem Steuergerät zur Ermittlung der zu erwartenden Stickoxidbildung.
- Mithilfe der Abgasstauklappe (alternativ auch über die Druckregelklappe im Saugrohr) wird das System schneller auf Betriebstemperatur gebracht: Denn durch die Verringerung des Luftdurchsatzes erleidet der Motor einen Leistungsmangel, der dadurch ausgeglichen wird, dass das Steuergerät Kraftstoffmasse erhöht. Dadurch wiederum steigen die Verbrennungstemperatur und die Abgastemperatur an.
- Ein NO_X-Sensor am Eingang der Anlage misst die zu reduzierende Stickoxidmasse, um die Menge an Reduktionsmittel möglichst exakt bestimmen zu können.
- Der erste Abgastemperaturfühler ermittelt die Temperatur vor dem Oxidationskatalysator, um diesen vor Überhitzung schützen zu können.
- Mithilfe der Temperaturen vor und hinter dem SCR-Katalysator lässt sich der Prozessablauf innerhalb des Katalysators rekonstruieren und somit überwachen.
- Ein NH_3-Sensor am Ausgang der Anlage überprüft, ob der Ammoniakausstoß innerhalb der gesetzlichen Grenzwerte liegt, um die Menge an Reduktionsmittel korrigieren zu können.
- Ein NO_X-Sensor am Ausgang der Anlage überprüft, ob die Stickoxide gemäß dem einzuhaltenden Grenzwert reduziert wurden, um die Menge an Reduktionsmittel korrigieren zu können.

7.3.5 Dualeinspritzung

Wie bereits in Kapitel 5 beschrieben, entstehen Partikel hauptsächlich bei innerer Gemischbildung, da hier die Zeit zum vollständigen Verdampfen des Kraftstoffs vor Verbrennungsbeginn nicht ausreicht. Um die Partikelemissionen in Ottomotoren zu verringern, setzen Autohersteller wie Audi und Toyota zusätzlich zur Direkteinspritzung bei ihren Ottomotoren eine Saugrohreinspritzung ein. Durch diese Dualeinspritzung kann das Grundgemisch, beispielsweise im Teillastbereich, durch die äußere Gemischbildung mit verhältnismäßig viel Zeit entstehen. Durch die zusätzliche Direkteinspritzung bleiben in anderen Betriebsbereichen aber auch die Vorteile der Schichtladung erhalten.

Bild 7.17
Ansaugsystem und Zylinderkopf eines Motors mit Dualeinspritzung.
[Bild: Audi]

Einlasskanalabschaltung

Vornehmlich bei Dieselmotoren setzen die Hersteller auch auf eine Einlasskanalabschaltung, damit schon im Verbrennungsprozess weniger Schadstoffe entstehen. Sie dient einer vollständigeren Verbrennung und damit einer Verringerung von unverbrannten Kohlenwasserstoffen (HC), Kohlenstoffmonoxid (CO) und Partikelmasse (PM). Solche Motoren besitzen an jedem Zylinder zwei Einlasskanäle, den Drall- und den Füllungskanal. Letzterer lässt sich durch eine Klappe verschließen.

Bei geringer Motordrehzahl und -last ist nur der Drallkanal geöffnet. Durch die Verringerung des Strömungsquerschnitts erhöht sich die Geschwindigkeit der Luftsäule und die Luft wird durch die Formgebung des Kanals in einen Drall versetzt, sodass sie, ähnlich einem Strudel, in den Zylinder gesaugt wird. Im Verdichtungstakt wird der Kraftstoff in diesen „Strudel" eingespritzt und von diesem mitgerissen, sodass er sich homogen mit der Frischluft vermischen und nahezu vollständig verbrennen kann. Mit steigender Motordrehzahl bzw. -last reicht der Luftdurchsatz des einen Kanals allerdings nicht mehr aus und der Füllungskanal wird geöffnet. Da die Strömungsgeschwindigkeit durch den hohen Luftdurchsatz im Drallkanal erhalten bleibt, entsteht erneut der „Strudel", der die Luft aus dem Füllungskanal im Zylinder ebenfalls in Rotation versetzt.

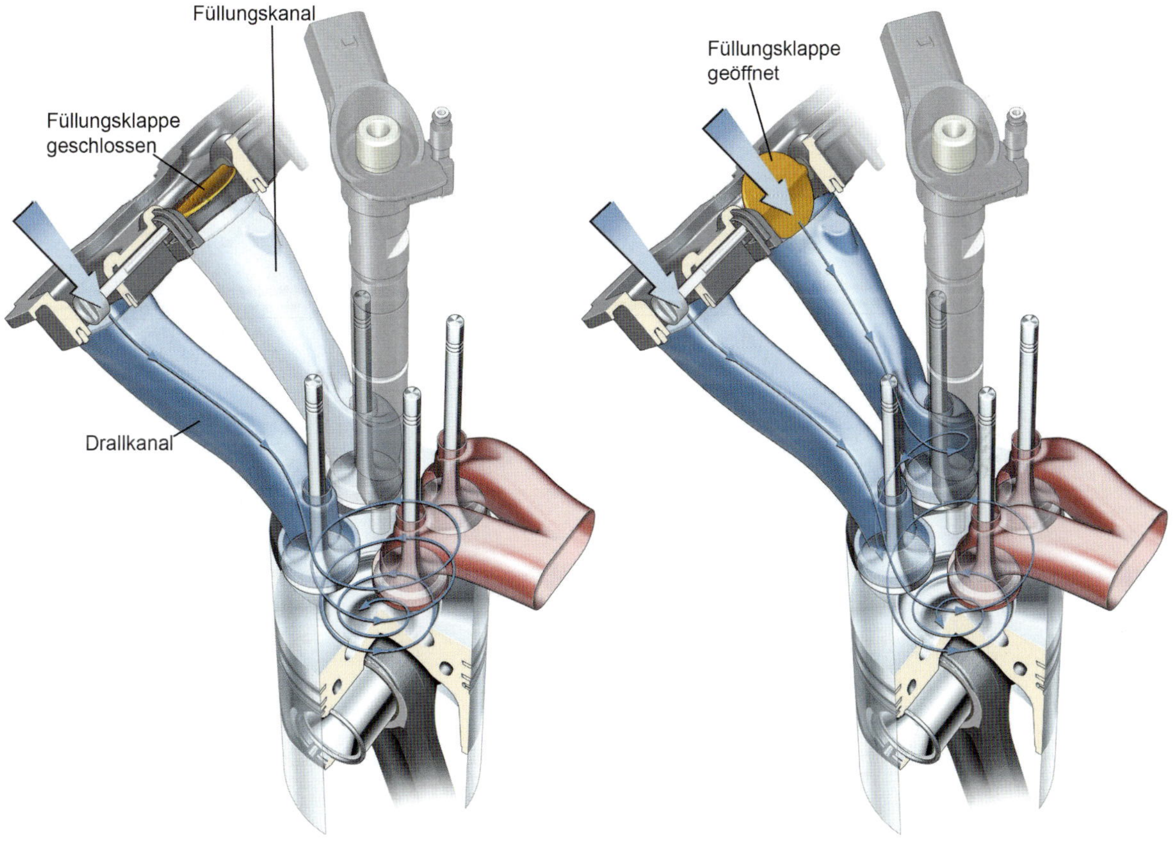

Bild 7.18 *Einlasssystem mit Drall- und Füllungskanal. Bei niedriger Last und Drehzahl ist die Füllungsklappe geschlossen.*
[Bild: Audi]

Werkstatttipp:

Die Füllungsklappen erweisen sich bei vielen Fahrzeugen, mit steigendem Alter bzw. steigender Laufleistung als anfällig. Vielfach brechen diese und fallen in den Einlasskanal, wo sie im besten Fall liegen bleiben und im schlimmsten Fall das Einlassventil blockieren, sodass der Kolben auf das betroffene Einlassventil schlägt. Präventiv wird daher vielfach im Internet das Ausbauen der Klappen angepriesen und es werden sogar „Umrüstsätze" angeboten. Hierbei sollte jedoch bedacht werden, dass neben dem Erlöschen der Betriebserlaubnis mit den bekannten Konsequenzen massive technische Probleme auftreten können: Durch den Wegfall der Einlasskanalabschaltung steigt die Partikelmasse an, was eine vorzeitige Füllung des Partikelfilters und somit eine Regeneration hervorruft. Die Regeneration wiederum erhöht die Dieselanteile im Motoröl, was im schlimmsten Fall ebenfalls zum Motorschaden durch Ölverdünnung/-vermehrung führen kann.

8 Hybrid- und Elektrofahrzeuge

Hybrid- und Elektrofahrzeuge erfreuen sich dank steigender Alltagstauglichkeit durch größere Reichweiten, kürzere Ladedauern und sinkende Anschaffungskosten wachsender Beliebtheit. Auch die Fahrzeughersteller setzen immer stärker auf elektrifizierte Antriebsstränge, da sie sonst die künftig von der EU geforderten Flottenverbräuche nicht einhalten können und ihnen dann hohe Strafzahlungen drohen.

8.1 Qualifikation

Um die erforderliche Leistung mit geringen Stromstärken (geringere Verluste, kleinere und leichtere Bauteile) zu erzielen, ist es erforderlich mit hohen Spannungen zu arbeiten, die in der Fahrzeugklasse M1 und N1 400 V und mehr, in den höheren Fahrzeugklassen sogar mehr als 750 V betragen können. Hieraus ergeben sich für die Werkstatt neue Gefahren, die durch eine entsprechende Unterweisung bzw. Fortbildung des Personals abgesichert werden müssen. Die notwendigen Qualifikationsstufen sind in der Information 200-005 „Arbeiten an Fahrzeugen mit Hochvoltsystemen" der Deutschen Gesetzlichen Unfallversicherung (DGVU) zusammengefasst. Wer sie berücksichtigt, kann sicher sein, dass er alle einschlägigen staatlichen bzw. DGVU-Vorschriften für den Umgang mit HV-Fahrzeugen rechtssicher umgesetzt hat.

Die Qualifikation für Hochvoltfahrzeuge lässt sich in 5 Stufen untergliedern:

Stufe 1: Bedienen von HV-Fahrzeugen

Ein Hybrid- oder Elektrofahrzeug stellt einen neuen „Arbeitsplatz" dar. Der Motor wird nicht klassisch gestartet, man bekommt keine akustische Bestätigung, wenn das Fahrzeug betriebsbereit ist und es reagiert völlig anders auf das Betätigen des Fahr- oder Bremspedals. Somit ist vor der gewerblichen Nutzung eines Hochvoltfahrzeugs eine Einweisung erforderlich, die mit jedem neuen Fahrzeugtyp zu erweitern ist.

Stufe 2: Elektrotechnisch unterwiesene Person für nicht elektrotechnische Arbeiten an einem Hochvoltfahrzeug

Hierzu zählen Arbeiten, die in ausreichendem Sicherheitsabstand zum Hochvoltsystem durchgeführt werden, wie z.B. das Auswechseln der Wischerblätter, das Erneuern von Fahrwerks- oder Bremsenteilen oder ein Ölwechsel im Verbrennungsmotor.

Zur Durchführung dieser Arbeiten ist eine Einweisung in die Gefahren eines Hochvoltfahrzeugs erforderlich. Die Einweisung sollte sich über 0,5 bis 2 Unterrichtseinheiten (UE) erstrecken und neben den Grundlagen der Hochvolttechnik Hinweise über Gefahrenpunkte und -potenziale enthalten. Sie kann von einem „Fachkundigen für Arbeiten an HV-eigensicheren Systemen in Fahrzeugen" durchgeführt werden.

Stufe 3: Fachkundige für Arbeiten an HV-eigensicheren Systemen in Fahrzeugen (nach DGUV-I 200-005 Abschnitt V Kap. 3.1b)

Fachkundige für Arbeiten an HV-eigensicheren Systemen in Fahrzeugen sind nach einer erfolgreichen Qualifizierung und Zertifizierung durch eine anerkannte Schulungsstätte berechtigt, das Hochvoltsystem freizuschalten, gegen Wiedereinschalten zu sichern, Spannungsfreiheit festzustellen und im Anschluss nach Herstellervorgabe Wartungs- und Reparaturarbeiten an HV-eigensicheren Fahrzeugen durchzuführen.

Kraftfahrzeugmechatroniker, die ihre Ausbildung nach der ab dem 1. August 2013 gültigen Ausbildungsverordnung abgeschlossen haben, sind für Arbeiten an HV-eigensicheren Systemen in Fahrzeugen qualifiziert.

Stufe 4: Fachkundige für Arbeiten an nicht HV-eigensicheren Systemen in Fahrzeugen (nach DGUV I 200-005 Abschnitt V Kap. 3.2b)

Zu den nicht HV-eigensicheren Fahrzeugen zählen

- Fahrzeuge ohne EG-Typgenehmigung
- Fahrzeuge der ECE-Klassen M2, M3, N2 und N3
- Unfallfahrzeuge je nach Schaden

Fachkundige für Arbeiten an nicht HV-eigensicheren Systemen in Fahrzeugen sind nach einer erfolgreichen Qualifizierung und Zertifizierung durch eine anerkannte Schulungsstätte befähigt, an nicht HV-eigensicheren Fahrzeugen selbstständig und sicher zu arbeiten. Sie können durchzuführende Arbeiten beurteilen, Gefahren erkennen und Schutzmaßnahmen ergreifen, bevor sie Fehlersuchen durchführen und HV-Komponenten austauschen.

Voraussetzungen für Fachkundige für Arbeiten an nicht HV-eigensicheren Systemen in Fahrzeugen:

- Mindestalter 18 Jahre
- Erfolgreiche Qualifikation zum Fachkundigen für Arbeiten an HV-eigensicheren Systemen in Fahrzeugen
- Abgeschlossene Erste-Hilfe-Ausbildung (inkl. Herz-Lungen-Wiederbelebung)
- Nachweis der gesundheitlichen Eignung durch eine arbeitsmedizinische Untersuchung nach DGUV Grundsatz G 25 „Fahr-, Steuer- und Überwachungstätigkeiten"

Stufe 5: Fachkundige für Arbeiten an unter Spannung stehenden Energiespeichern und an Prüfplätzen (nach DGUV I 200-005 Abschnitt V Kap. 3.3)

Fachkundige für Arbeiten an unter Spannung stehenden Energiespeichern und an Prüfplätzen sind nach einer erfolgreichen Qualifizierung und Zertifizierung durch eine anerkannte Schulungsstätte befähigt, sofern nicht anders möglich, an unter Spannung stehenden Komponenten Prüf-, Wartungs- und Reparaturarbeiten, wie z.B. das Austauschen einzelner Zellen einer Hochvoltbatterie durchzuführen.

Voraussetzungen für Fachkundige für Arbeiten an unter Spannung stehenden Energiespeichern und an Prüfplätzen:

- Mindestalter 18 Jahre
- Erfolgreiche Qualifikation zum Fachkundigen für Arbeiten an nicht HV-eigensicheren Systemen in Fahrzeugen
- Abgeschlossene Erste-Hilfe-Ausbildung (inkl. Herz-Lungen-Wiederbelebung)
- Nachweis der gesundheitlichen Eignung durch eine arbeitsmedizinische Untersuchung nach DGUV Grundsatz G 25 „Fahr-, Steuer- und Überwachungstätigkeiten"

Kraftfahrzeugmechatroniker, mit dem Schwerpunkt „System- und Hochvolttechnik" die ihre Ausbildung nach der ab dem 1. August 2013 gültigen Ausbildungsverordnung abgeschlossen haben, sind für Arbeiten an unter Spannung stehenden Energiespeichern und an Prüfplätzen qualifiziert.

Die DGUV 200-005 soll in absehbarer Zeit novelliert werden. Geplant ist zum Beispiel, die Qualifikationsstufen zu verändern. Diese gliedern sich dann in einen Entwicklungs- und einen Servicebereich. Der Servicebereich umfasst 4 Qualifikationsstufen:

- S: Bedienen von Fahrzeugen
- 1S: Fachkundig unterwiesene Person (FuP)
- 2S: Fachkundige Person für Arbeiten an Hochvoltsystemen im spannungsfeien Zustand (FHV)
- 3S: Fachkundige Person für Arbeiten an unter Spannung stehenden Hochvoltsystemen

Die aktuell gültig Fassung der Information lässt sich im Internet abrufen unter:
www.dguv.de in der Rubrik „Presse/Mediencenter" im Bereich „Publikationen".

Hochvolt
„Hochvolt" bezeichnet im Automobil Spannungen zwischen 60 V und 1500 V Gleichspannung und zwischen 30 V und 1000 V Wechselspannung. Die bei vielen bekannte Unterscheidung der Spannungsklassen in Klein-, Nieder-, Mittel-, Hoch- und Höchstspannung kommt dagegen aus der Installations- und Gebäudetechnik. Diese Unterscheidung ist dort auch gut geeignet. Im Fahrzeug ist dagegen die Unterteilung der Spannungsklassen in Nieder- und Hochvolt aussagekräftiger.

Sie verdeutlicht dem Laien zudem das erhöhte Gefahrenpotenzial in Verbindung mit der höheren Spannung. Daher sind auch die unter Spannung stehenden Hochvolt-Komponenten mit der Signalfarbe Orange gekennzeichnet.

8.2 Arbeiten an Hochvoltsystem

Grundsätzlich darf man mit Arbeiten am Hochvoltsystem erst beginnen, nachdem man Schutzmaßnahmen gegen elektrischen Schlag, Kurzschlüsse und Lichtbögen getroffen hat. Hierzu sind die 5 Sicherheitsregeln der Elektrotechnik zu beachten:

1. Freischalten
2. Gegen Wiedereinschalten sichern
3. Spannungsfreiheit feststellen
4. Erden und Kurzschließen
5. Abdecken oder Abschranken

Da in Pkws in der Regel Nennspannungen von unter 1000 V auftreten, reicht es bei normalen Wartungsarbeiten von diesen 5 Sicherheitsregeln nur die ersten 3 einzuhalten.

Achtung: Folgender Ablauf gilt beispielhaft als typische Arbeitsfolge. Das Freischalten in der Werkstatt muss jedoch immer unter Beachtung der jeweiligen Herstellervorgaben erfolgen!

1. Freischalten

Beim Freischalten wird das Hochvoltsystem von der Hochvoltbatterie getrennt. Hierzu ist folgender Ablauf die Regel:

1. Zündung ausschalten
2. Ladestecker ziehen
3. Isolierhandschuhe prüfen und anziehen
4. Service-/Wartungsstecker abziehen bzw. Batteriehauptschalter trennen
5. Sicherung ziehen
6. Stecker für Interlock-/Pilot-/Überwachungskreis ziehen

2. Gegen Wiedereinschalten sichern

Es ist sicherzustellen, dass das Fahrzeug nicht von Unbefugten wieder unter Spannung gesetzt wird. Dies geschieht durch:

- Verschluss von Zündschlüssel und Service- bzw. Wartungsstecker
- Sichern des Batteriehauptschalters mithilfe eines Schlosses

3. Spannungsfreiheit feststellen

Nach dem Trennen der Hochvoltbatterie kann es bis zu 10 Minuten dauern, bis die Kondensatoren innerhalb des Inverters entladen sind. Nach dieser Wartezeit ist an den vom Fahrzeughersteller vorgegebenen Messpunkten die Spannungsfreiheit sicherzustellen.

4. Erden und Kurzschließen

Da das Fahrzeug ein in sich nahezu abgeschlossenes System darstellt, ist ein Erden und Kurzschließen i.d.R. nicht notwendig und trägt unter Umständen sogar zur Erhöhung des Gefahrenpotenzials bei, da das Fahrzeug hierdurch elektrisch mit seiner Umgebung verbunden wird. Bei einigen Fahrzeugen (hauptsächlich mit Brennstoffzelle) wird jedoch geerdet, um die Gefahren durch elektrostatische Aufladung zu verringern. Doch auch hier gilt: Herstellervorgabe beachten!

5. Abdecken oder Abschranken

Grundsätzlich müssen spannungsführende Teile, an denen nicht gearbeitet wird, gegen unbeabsichtigte Berührung geschützt werden. Dies geschieht durch:

- Umwehren eines Arbeitsbereichs mithilfe von Ketten, Geländern o.Ä., (Mindestabstand zum Gefahrenbereich 1,5 m)
- Abdecken von Bauteilen mit isolierenden Matten

6. Kennzeichnung von HV-Fahrzeugen und Komponenten

HV-Fahrzeuge, die sich in der Werkstatt befinden, werden grundsätzlich in einem dafür vorgesehenen, mit gelb-schwarzer Markierung versehenen Bereich abgestellt und bekommen eine Beschilderung, anhand derer der aktuelle Betriebszustand des Fahrzeugs erkennbar ist.

Alle Hochvoltkomponenten im Fahrzeug sind von den Autoherstellern ebenfalls mit entsprechenden meist gelben Warnschildern versehen worden (Bild 8.2).

Bild 8.1 *Hochvoltfahrzeuge sollten in der Werkstatt immer mit diesen Hinweisschildern gekennzeichnet werden.* [Bild: TAK]

Bild 8.2 *Mit solchen und ähnlichen Warnhinweisen statten die Autohersteller die Hochvoltkomponenten im Fahrzeug aus.* [Bild: TAK]

8.3 Arten von Hochvoltfahrzeugen (nach UN ECE R85)

8.3.1 Hybridfahrzeuge

Der Begriff „Hybrid" kommt aus dem Lateinischen und bedeutet so viel wie Mischling bzw. von zweierlei Herkunft. Im Kraftfahrzeugbereich bezeichnet er einen Antriebsstrang mit zwei unterschiedlichen Antriebsprinzipien: dem klassischen Verbrennungsmotor und dem Elektromotor. Doch Hybridantrieb ist nicht gleich Hybridantrieb. Inzwischen haben sich eine ganze Reihe von unterschiedlichen Konzepten etabliert:

Micro-Hybrid (nicht nach UN ECE R85 definiert)

Micro-Hybrid-Fahrzeuge fallen nicht unter die Hochvoltfahrzeuge. Sie sind nach der klassischen Definition auch gar keine Hybride, da ihre Kraft nicht aus mindestens zwei Energieumwandlern, also Motoren, stammt. Es handelt sich hierbei um Fahrzeuge mit Start-Stopp-System, bei denen der Antrieb ausschließlich über den Verbrennungsmotor erfolgt. Der Elektromotor kommt lediglich beim Starten des Verbrennungsmotors zum Einsatz. Bei betriebswarmem Motor und ausreichendem Ladezustand der Starterbatterie wird der Verbrennungsmotor bei stillstehendem Fahrzeug (z.B. an einer roten Ampel) abgestellt. Möchte der Fahrer die Fahrt fortsetzen, wird der Verbrennungsmotor gestartet, sobald er einen Gang einlegt (bei Schaltgetriebe) oder die Betriebsbremse löst (bei Automatikgetriebe). Dies kann durch einen klassischen Schub-Schraubtrieb-Starter oder durch einen Startergenerator erfolgen.

Um trotz einer erhöhten Anzahl an Startvorgängen eine ausreichende Spannungsversorgung sicherzustellen, verfügt der Generator in der Regel über eine Leistung von 2 bis 4kW. In vielen Fällen arbeitet das Bordnetz zudem mit der sogenannten Rekuperation: Dabei lädt der Generator die Batterie ausschließlich während des Schubbetriebs, solange deren Ladezustand nicht unter 80% sinkt. Dadurch lässt sich ein Teil der überschüssigen Bewegungsenergie des Autos in elektrische Energie umwandeln. In Beschleunigungsphasen kann man mit dieser Technik Kraftsoff sparen, weil in diesen Phasen der Generator abgekoppelt wird. Es ist jedoch nicht so, dass – wie bei einem Vollhybriden oder einem Elektrofahrzeug – die E-Maschine eine Bremsfunktion übernimmt, während sie als Generator arbeitet. Deshalb ist bei Micro-Hybrid-Fahrzeugen der Begriff Bremsenergierückgewinnung eher irreführend.

Bild 8.3 *Citroën hat bei einigen Modellen einen riemengetriebenen Starter-Generator für das Start-Stopp-System eingesetzt.* [Bild: Citroën]

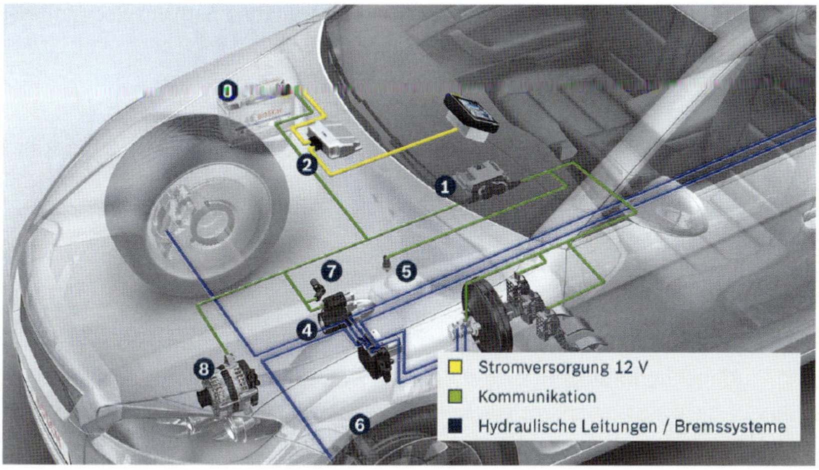

Bild 8.4 *In vielen Fahrzeugen arbeitet das Start-Stopp-System mit einem verstärkten Schub-Schraubtrieb-Starter.*

1 *Motorsteuergerät mit Start-Stopp-Software*
2 *DC/DC-Wandler (12 Volt)*
3 *Zyklenfeste Batterie (AGM, EFB) mit Batteriesensor*
4 *Start-Stopp-Starter*
5 *Neutralgangsensor*
6 *Raddrehzahlsensor*
7 *Kurbelwellensensor*
8 *Generator*

[Bild: Bosch]

Mild-Hybrid (nicht nach UN ECE R85 definiert)

Mild-Hybrid-Fahrzeuge verfügen neben der Start-Stopp-Funktion des Verbrennungsmotors über die Möglichkeit zu boosten und zu rekuperieren. In der Beschleunigungsphase unterstützt ein 5 bis 20 kW starker Elektromotor den Verbrennungsmotor (Boosten) und in der Schubphase lädt er als Generator die Batterie (Rekuperation). Einige Mild-Hybrid-Fahrzeuge sind zudem in der Lage, Konstantfahrten mit Geschwindigkeiten von bis zu 50 km/h allein durch den Elektromotor zu ermöglichen. Die Kraftstoffversorgung des Verbrennungsmotors wird in diesem Fall unterbrochen (sogenannter Segelbetrieb).

Der Elektromotor kann entweder direkt oder über einen leistungsfähigen Keilrippenriemen mit der Motorkurbelwelle verbunden sein. Während die meisten derartigen Fahrzeuge mit 42 bis 60 Volt nicht unter die Hochvoltfahrzeuge fallen, gibt es allerdings auch Modelle mit Spannungen von bis zu 160 V. Für die erhöhte Spannung steht ein eigener Energiespeicher zur Verfügung. Das 12-V-Bordnetz wird im Regelfall über einen DC/DC-Wandler gespeist.

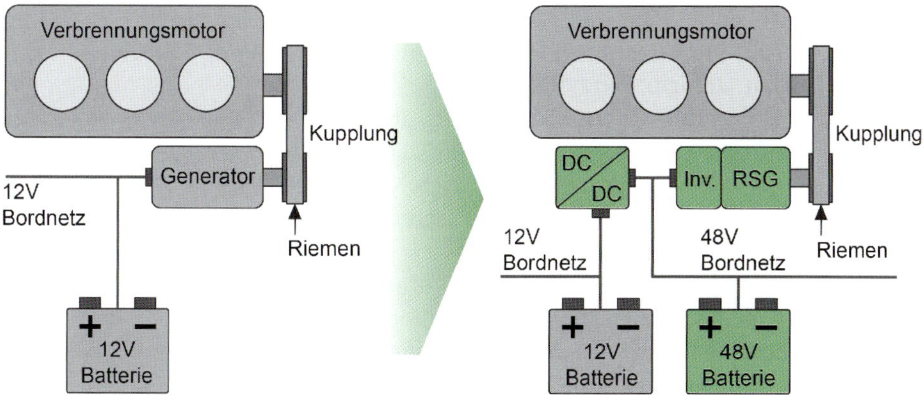

Bild 8.5 *Für ein Mild-Hybrid-System reichen ein Startergenerator, ein DC/DC-Wandler, ein Steuergerät und eine zusätzliche 48-Volt-Batterie aus.*
[Bild: Continental]

Voll-Hybrid (Strong Hybrid; engl.: Hybrid Electric Vehicle, HEV)

Voll-Hybrid-Fahrzeuge können kurze Strecken rein elektrisch zurücklegen. Um die hierzu erforderliche Leistung bereitzustellen, kommen Hochvoltsysteme mit bis zu 400 V im Pkw und bis zu 750 V im Lkw zum Einsatz. Ihre elektrische Reichweite liegt im Regelfall bei weniger als 10 Kilometern.

Plug-in-Hybrid (engl.: Plug-in Hybrid Electric Vehicle, PHEV)

Plug-in-Hybride können deutlich längere Strecken rein elektrisch zurücklegen, da ihre Antriebsakkus per Kabel extern aufgeladen werden können. Sie sind in der Regel mit größeren Hochvoltakkus ausgestattet, die elektrische Reichweiten von 30 bis 50 Kilometern erlauben.

Hinweis:
Die meisten Plug-in-Hybridfahrzeuge werden in vielen Statistiken bereits als Elektroautos geführt, da sie die gleichen Vorteile wie Elektrofahrzeuge bekommen, sofern sie

- mindestens 40 Kilometer rein elektrisch fahren können, oder
- einen CO_2-Ausstoß von weniger als 50 g/km haben.

Neben der Unterscheidung der Hybride nach ihren Fähigkeiten, werden sie zusätzlich nach der Einbaulage der Antriebskomponenten unterschieden.

Parallelhybrid

Parallelhybride kommen meist in der Variante Mild-Hybrid zum Einsatz. Die Elektromaschine befindet sich dann in der Regel zwischen Motor und Getriebe und arbeitet sowohl als E-Motor als auch als Generator. Der Antrieb kann entweder über den Verbrennungsmotor, über den Elektromotor oder über eine Kombination aus beiden stattfinden.

Leistungsverzweigter Hybrid

Bei leistungsverzweigten Hybriden kann der Verbrennungsmotor entweder direkt mit dem Antrieb verbunden sein und das Fahrzeug antreiben oder als reine Antriebsmaschine für den Generator wirken. Den Vortrieb übernimmt in diesem Fall der bzw. die Elektromotoren.

Serieller Hybrid (Elektrofahrzeug mit Generator; engl.: Range Extender Battery Electric Vehicle; kurz: RXBEV)

Serielle Hybriden werden vielfach fälschlich auch als Elektrofahrzeuge bezeichnet, da der Antrieb grundsätzlich durch die bis zu 150 kW starken Elektromotoren erfolgt. Der Verbrennungsmotor („Range Extender", dt.: Reichweitenverlängerer) dient in diesem Fall ausschließlich als Antriebsmaschine für den Generator.

Elektrofahrzeug (engl.: Battery Electric Vehicle; kurz: BEV)

Elektrofahrzeuge besitzen keinen Verbrennungsmotor. Der Antrieb findet ausschließlich und immer über einen oder mehrere Elektromotoren statt.

Elektrofahrzeug mit Brennstoffzelle (engl.: Fuel Cell Battery Electric Vehicle; kurz: FCBEV)

Elektrofahrzeuge mit Brennstoffzelle verfügen im Regelfall nur über eine kleine Hochvoltbatterie. Die primäre Energiequelle für den Elektromotor stellt in diesem Fall eine Brennstoffzelle dar.

8.4 Aufbau des Hochvoltsystems

Das Hochvoltsystem setzt sich aus mehreren Komponenten, bzw. Teilsystemen zusammen. Diese sind:

- die Hochvoltbatterie, auch Energiespeicher genannt,
- das Ladegerät,
- der DC/DC-Wandler,
- der Inverter,
- der Elektromotor,
- der Antrieb.

Die Hochvoltbatterie

Der Begriff der Batterie kommt aus der französischen Militärsprache und stellt dort eine Einheit aus nebeneinanderstehenden Kanonen dar. In der Elektrotechnik bedeutet er die Zusammenschaltung mehrerer einzelner galvanischer Zellen. Die einzelnen Zellen können dabei entweder Primärelemente sein, das sind die umgangssprachlich als „Batterie" bezeichneten nicht wieder aufladbaren Zellen. Sie können aber auch Sekundärelemente sein, also die wieder aufladbaren Akkumulatoren (aus dem Lateinischen: „Sammler"). Bei Elektrofahrzeugen werden ausnahmslos Akkumulatoren verwendet, da sich die Batterien ja wieder aufladen lassen müssen.

Ein Hochvolt-Batteriesystem in einem Elektroauto setzt sich aus vielen Teilsystemen zusammen. Hierzu zählen:

- die Akkumulatoren,
- das Batteriemanagement,

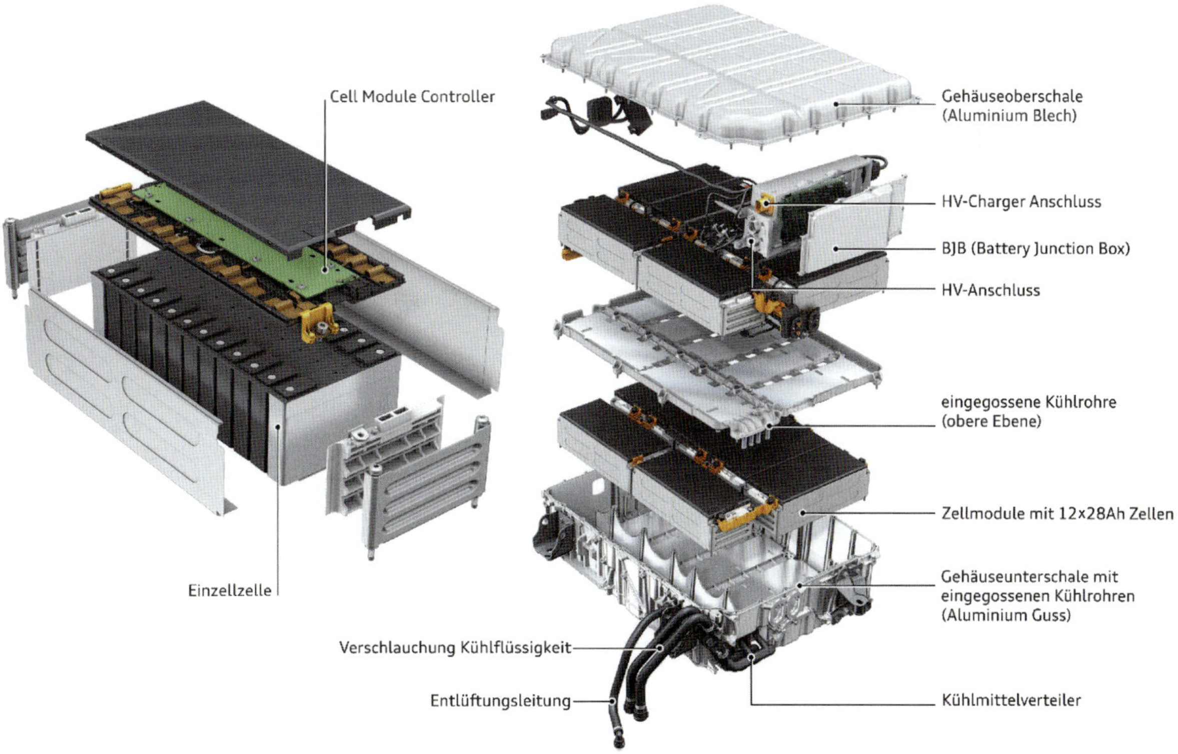

Bild 8.6 *Ein Batteriesystem im E-Auto setzt sich aus vielen Komponenten zusammen.* [Bild: Audi]

- das Temperaturmanagement,
- die Hauptrelais des Hochvoltsystems,
- die Sensorik zur Erfassung des Stromflusses und zur Überprüfung der galvanischen Trennung (Isolationsmessung).

8.4.1 Die Akkumulatoren

Akkumulatoren sind elektrochemische Energiespeicher. Sie sind nach dem Entladen wieder aufladbar (sog. Sekundärelemente). Dabei speichern sie die von extern (Laden über die Steckdose) oder intern (Rekuperation) zugeführte elektrische Energie in chemischer Form. Da die Nennspannung und die Kapazität eines einzelnen Akkumulators bauartbedingt nur sehr gering sind, werden zum Erreichen der gewünschten Nennspannung und Nennkapazität einer Batterie viele Akkumulatoren in Reihe und parallel geschaltet.

Zum Beispiel das Batteriesystem des Audi E-Tron. Dieses besteht aus 432 Akkuzellen, die in 36 Batteriemodulen zusammengefasst sind.

Jedes Batteriemodul besteht aus 12 Zellen mit jeweils einer Kapazität von 60 Ah und einer Spannung von 3,67 V. Zur Erinnerung: Bei der Reihenschaltung von Batteriezellen addieren sich die Spannungen, bei der Parallelschaltung addieren sich die Kapazitäten. Da in jedem Batteriemodul jeweils vier Zellen parallel geschaltet sind und die drei dadurch entstehenden Zellgruppen wiederum in Reihe, ergibt sich pro Batteriemodul eine Spannung von 11 V und eine Kapazität von 240 Ah.

$$4 \times 60 \text{ Ah} = 240 \text{ Ah}$$

$$3 \times 3{,}67 \text{ V} = 11 \text{ V}$$

Das ergibt ein Batteriesystem mit einer Nennspannung von 396 V und einem Energieinhalt von insgesamt 95 kWh. Von denen sind laut Audi 83,6 kWh für den Antrieb nutzbar. Um den Akku zu schonen und eine hohe Lebensdauer zu gewährleisten, wird der Akku nämlich nur zwischen 8 und 96% tatsächlichem Ladezustand betrieben, da Lithium-Ionen-Akkus nie ganz voll und nie tiefentladen sein sollten. Die Füllstandsanzeige im Cockpit zeigt bei 8% Ladezustand „Leer" und bei 96% Ladezustand „Voll" an. Das Gewicht dieses Batteriesystems beträgt insgesamt 699 kg.

Hinweis: Bei länger abgestelltem Fahrzeug verringert sich der Ladezustand der Hochvoltbatterie nicht nur durch (eine sehr geringe) Selbstentladung, sondern auch dadurch, dass die 12-V-Batterie, die ein E-Auto immer noch besitzt, automatisch nachgeladen wird. Beim Audi E-Tron wird die 12-V-Batterie allerdings nicht mehr nachgeladen, wenn der Ladezustand der Hochvoltbatterie auf 10% abgesunken ist.

Akkumulatoren stellen aktuell die größte Herausforderung der Entwicklung dar, da sie primär für die Reichweite, die Lebensdauer, das Gewicht und die Herstellungsemmisionen des Elektrofahrzeugs verantwortlich sind. Es werden aktuell folgende Typen von Akkumulatoren unterschieden:

- Blei-Säure-Akkumulator (nur als Versorgungsbatterie für das 12-V-System)
- Nickel-Cadmium-Akkumulator (inzwischen verboten)
- Natrium-Nickelchlorid-Akkumulator
- Nickel-Metallhydrid-Akkumulator
- Lithium-Ionen-Akkumulator

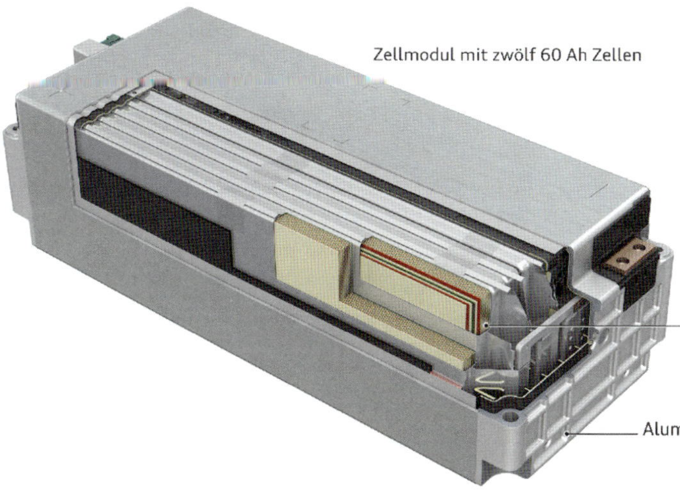

Bild 8.7 *Das Batteriesystem des Audi E-Tron besteht aus 36 Batteriemodulen mit insgesamt 432 Akkuzellen in Pouch-Form.*
[Bild: Audi]

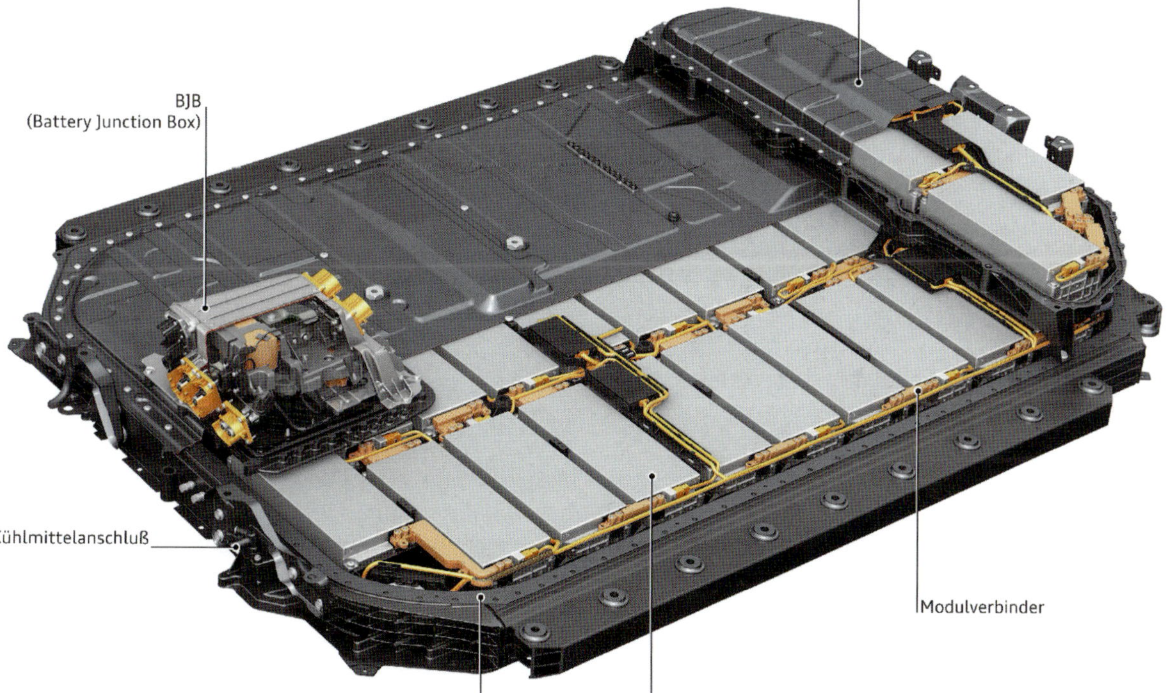

8.4.1.1 Natrium-Nickelchlorid-Akkumulator (ZEBRA-Batterie)

Der Natrium-Nickelchlorid-Akkumulator, auch als ZEBRA-Batterie (Zero Emission Battery Research Activities) bezeichnet, fällt unter die sogenannten Thermalbatterien. Das ist eine Gruppe von Batterien, die erst bei Erreichen einer hohen Temperatur aktiviert werden. Im Falle des Natrium-Nickelchlorid-Akkumulators liegt diese zwischen 270 und 350°C. Statt fester Elektroden und einem flüssigen Elektrolyt kommt hier eine Kombination aus festen und flüssigen Elektroden in Verbindung mit einem festen Elektrolyt zum Einsatz. Die positive Elektrode besteht aus gesintertem, mit einer flüssigen Salzlösung aus Nickelchlorid und Natriumchlorid getränkten Nickel. Die negative Elektrode besteht aus flüssigem Natrium. Zwischen den Elektroden befindet sich eine, zugleich als Festelektrolyt wirkende, für Natriumionen durchlässige Keramikschicht aus Natrium-β-aluminat als Separator. Beim Entladen des Akkumulators reagieren Nickeldichlorid und Natrium zu Nickel und Natriumchlorid und setzen dabei elektrische Energie frei. Die Betriebstemperatur ist notwendig, um die Beweglichkeit der Natriumionen des Natrium-β-aluminats zu erhöhen und damit eine ausreichende Leitfähigkeit sicherzustellen. Die Nennspannung des Akkumulators liegt bei 2,58 V, er kann theoretisch unbegrenzt (praktisch bewiesen bereits ≥ 3000 Zyklen) ent- und geladen werden und weist eine Energiedichte von etwa 90 bis 120 Wh/kg auf.

Vorteile

Da die negative Elektrode aus reinem Natrium in flüssiger Form besteht, sind Schäden, wie sie vom Blei-Säure-Akkumulator durch das mechanische Abtragen des Sulfats und die damit einhergehende Verkleinerung der Elektroden bekannt sind, nahezu ausgeschlossen. Somit besitzt der Natrium-Nickelchlorid-Akkumulator eine theoretisch unbegrenzte Zyklenfestigkeit. Auch ist er unempfindlich gegenüber Überladung und Tiefentladung, was das Lademanagement der Hochvoltbatterie deutlich vereinfacht, da sich die Ladezustände parallel geschalteter Zellen automatisch ausgleichen, ohne der Zelle zu schaden.

Sollte dennoch mal eine Zelle ausfallen, wird diese intern kurzgeschlossen, und die Kapazität der Hochvoltbatterie verringert sich nur um die Kapazität dieser einzelnen Zelle. Der Natrium-Nickelchlorid-Akkumulator weist keine elektrochemische Selbstentladung auf. Sein Wirkungsgrad liegt bei 80 bis 95%.

Ein weiterer großer Vorteil des Natrium-Nickelchlorid-Akkumulators liegt in der Tatsache, dass er aus ausreichend verfügbaren und kostengünstigen Rohstoffen wie Natriumchlorid, also Kochsalz, Kupfer, Nickel, Eisen und Aluminiumoxid hergestellt und zu 100% recycelt werden kann.

Nachteile

Größter Nachteil des Natrium-Nickelchlorid-Akkumulators ist der Wärmebedarf. Eine ausgekühlte Batterie benötigt bis zu 48 Stunden (mit Zusatzgeräten 6 Stunden), bis sie Betriebstemperatur erreicht hat und braucht danach permanent 80 bis 120 W zum Erhalt der Temperatur. Diese Leistung wird entweder aus der Batterie selbst oder aus dem Ladegerät bezogen. Weiterhin muss das Heiz- bzw. Kühlsystem so ausgeführt sein, dass alle Zellen die nahezu identische Temperatur haben, damit sie die gleiche Leistungsfähigkeit aufweisen. Im Winter kann die Abwärme der Batterie zur Beheizung des Innenraums genutzt werden, weshalb hierbei auf eine separate Heizung verzichtet werden kann. Um die Heizleistung etwas zu reduzieren, ist das Gehäuse der Hochvoltbatterie durch ein doppelwandiges Vakuumgehäuse wärmeisoliert.

Eine besondere Gefahr geht von dem reaktionsfreudigen Natrium aus. Trifft dieses auf das Nickelchlorid, reagieren diese heftig miteinander und es entstehen Temperaturen von bis zu 700°C, die jedoch durch die Wärmeisolierung der Hochvoltbatterie nur bedingt nach außen treten. Um dies zu verhindern, ist das Natrium in einem stabilen, zylindrischen Behälter im Zentrum der Zelle gelagert, aus dem es nur über eine Bohrung am Boden des Behälters in der benötigten Menge austreten kann.

Einige Autohersteller haben zwar mit diesem Batterietyp experimentiert, doch die Nachteile überwiegen. Deshalb werden Natrium-Nickelchlorid-Akkus im Fahrzeugbereich inzwischen nicht mehr eingesetzt.

8.4.1.2 Nickel-Metallhydrid-Akkus

Die Autohersteller setzen in Hochvolt-Fahrzeugen vornehmlich zwei Sekundär-Batteriesysteme ein: Lithium-Akkus in batterieelektrisch angetriebenen Fahrzeugen, Plug-in-Hybriden und Hybridfahrzeugen sowie Nickel-Metallhydrid-Akkus (NiMH) in Hybridantrieben. Die NiMH-Akkus sind eine Weiterentwicklung der Nickel-Cadmium-Akkus. Die Batterielieferanten wollten/mussten das umweltschädliche Schwermetall Cadmium in diesen Akkus ersetzen und den ausgeprägten Memory-Effekt deutlich verringern. Der Effekt heißt so, weil sich die Batterie zu „merken" scheint, wie stark sie entladen wurde, und mit der Zeit nur noch die Menge an Energie liefert, die ihr bei den bisherigen Entladevorgängen entnommen wurde. Durch dieses Phänomen scheint der Akku sehr schnell an Kapazität zu verlieren. Als Ergebnis der Weiterentwicklung haben NiMH-Akkus als Elektrodenmaterial eine Nickelverbindung und ein Metallhydrid. Als Metallhydrid bezeichnet man Verbindungen von Metallen mit Wasserstoff. Als Elektrolyt dient eine 20%ige Kaliumhydroxid-Lösung. Sie übernimmt den Transport von Elektronen und Wassermolekülen zwischen Anode und Katode. Beides wird beim Laden und Entladen an der einen Elektrode jeweils so stark produziert, wie es von der anderen aufgenommen wird. Die Konzentration des Elektrolyten ändert sich dadurch beim NiMH-Akku während der Lebensdauer nicht – im Gegensatz zum Nickel-Cadmium-Akku. Die Zellen in NiMH-Batterien haben eine Spannung von 1,2 V. Sie zeichnen sich durch eine relativ hohe Energiedichte aus und sind robust gegen Beschädigungen. Die hohe Zuverlässigkeit ist der Grund dafür, dass zum Beispiel Toyota diesen Batterietyp immer noch in seinen Modellen mit Vollhybridantrieb und im Brennstoffzellen-Fahrzeug Mirai einsetzt.

NiMH-Akkus eignen sich allerdings weniger gut für Anwendungen, bei denen hohe Stromstärken benötigt werden. Sie müssen in einem solchen Fall so groß dimensioniert werden, dass der entnommene Strom höchstens der halben Kapazität entspricht. Ansonsten nimmt die Anzahl der möglichen Ladezyklen deutlich ab.

Nickel-Metallhydrid-Batteriesysteme bestehen hauptsächlich aus den Batteriemodulen, Batterietemperatursensoren, Batterieanschlussbox, Batteriekühlgebläse oder -kühlsystem (je nach Hersteller), intelligentem Batteriemodul und Wartungsstecker. Der Betrieb im teilgeladenen Zustand hat bei ihnen keinen negativen Einfluss auf die Lebensdauer. Allerdings wirken sich – wie bei allen Batteriesystemen – Überhitzung, Überladung und Tiefentladung negativ auf die Lebensdauer aus. Nachteilig sind auch die relativ hohe Selbstentladung und der starke Leistungsabfall bei tiefen Temperaturen, doch das lässt sich in einem Hybridantrieb sehr gut kompensieren. Für NiMH-Batteriesysteme ist daher eine intelligente Steuerelektronik (Batterie-ECU – Electronic Control Unit) besonders wichtig. Sie verhindert nämlich unter anderem Tiefentladungen und Überladungen und sorgt mit ihrer Lade- und Entladestrategie für ein möglichst langes Akku-Leben.

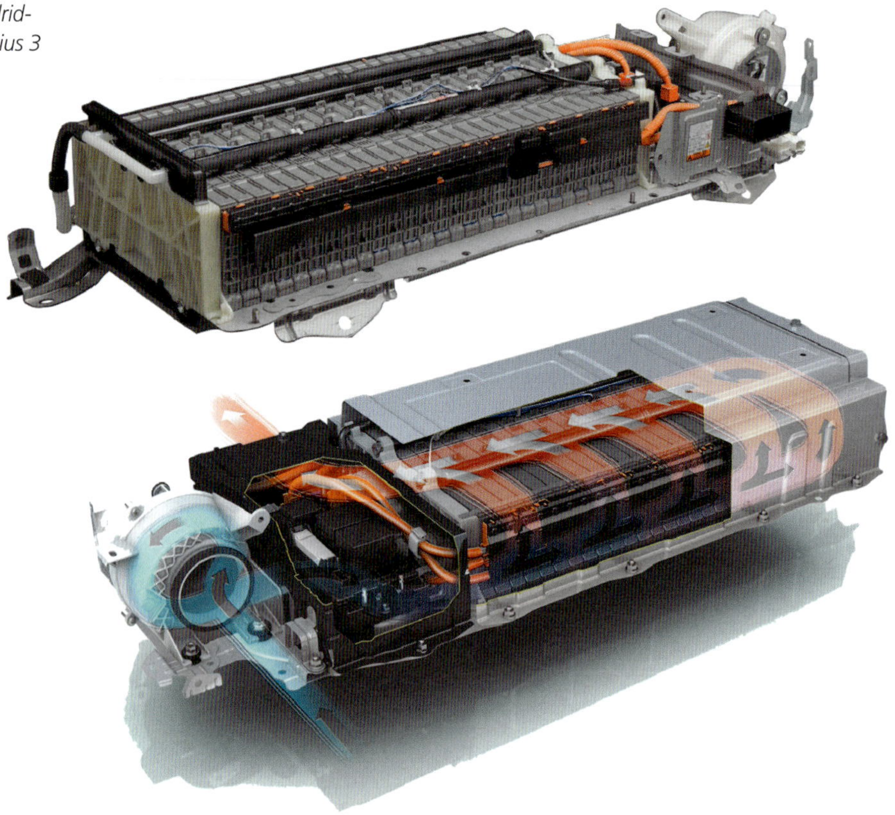

Bild 8.8 *Das Nickel-Metallhydrid-Akkusystem aus dem Toyota Prius 3* [Bild: Toyota]

8.4.1.3 Lithium-Ionen-Akkus

Beliebteste Antriebsbatterien für Elektrofahrzeuge sind derzeit die Lithium-Ionen-Systeme (Bild 8.9). Lithium-Ionen-Akku (Li-Ion) ist dabei ein Oberbegriff für unterschiedliche Akkumulatoren auf Basis von Lithium-Verbindungen. Lithium eignet sich deshalb besonders gut, weil es einerseits das leichteste Metall im Periodensystem ist und andererseits das größte negative Standardpotenzial in der elektrochemischen Spannungsreihe hat. Daraus resultieren eine hohe elektrische Kapazität und hohe Zellspannungen bei der Kombination mit verschiedenen Kathodenmaterialien. Weitere Vorteile im Vergleich zu konventionellen chemischen Energiespeichern (z.B. Nickel-Metallhydrid-Batterien) sind:

- kein Memory-Effekt bei Sekundärbatterien,
- hoher möglicher Wirkungsgrad von bis zu 95% bei Sekundärbatterien (Verhältnis zwischen Entlademenge zu Lademenge),
- großer Temperaturbereich (-40°C bis +70°C),
- geringe Selbstentladung.

Nachteile

Die Zyklenfestigkeit von Li-Ion-Akkumulatoren hängt stark vom Ladezustand des Akkumulators ab. Es gibt, je nach Zusammensetzung, einen optimalen Ladezustand, bei dem der Akku die größtmögliche Lebensdauer aufweist. Je weiter von diesem Ladezustand nach unten oder nach oben abgewichen wird, desto kürzer ist die Lebensdauer des Akkumulators. Im Allgemeinen gelten Ladezustände von weniger als 20% und mehr als 80% als schädlich, weshalb die Fahrzeughersteller insbesondere bei den ersten E-Autos mit Lithium-Ionen-Akkus nur die verbliebenen 60% genutzt haben. Durch zunehmende Erfahrungen haben sie diesen Bereich inzwischen erweitert. Dass Li-Ion-Akkus in Mobiltelefonen, Notebooks u.Ä. oft nur eine relativ kurze Lebensdauer haben, liegt daran, dass sie in der Regel weiter ausgereizt werden, um die Einschaltdauer des Geräts zu vergrößern.

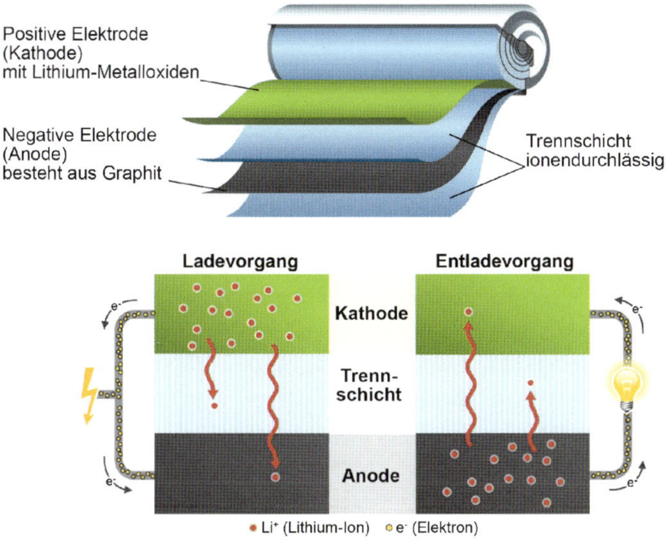

Bild 8.9 *Funktion einer Lithium-Ionen-Batterie: Beim Ladevorgang wandern Lithium-Ionen zur Anode. Dort speichern sie Elektronen aus der externen Stromquelle. Beim Entladevorgang gibt das Lithium in der Anode Elektronen ab. Diese können einen externen Verbraucher betreiben.* [Bild: Bosch]

Lithium-Ionen-Zellen bestehen immer aus zwei unterschiedlichen Elektroden, der negativen Elektrode (Anode) und der positiven Elektrode (Kathode). Die Anode besteht aus einer Kupferfolie mit einer Schicht aus Grafit oder Lithium-legiertem Material. Sie nimmt während des Ladevorgangs die positiv geladenen Lithium-Ionen auf.

Die Kathode besteht aus Metalloxiden, die bei der Ladung der Zelle als Lithiumquelle dienen. Eine häufig verwendete Variante ist zum Beispiel Lithium-Eisen-Phosphat, da es sehr gute Sicherheitseigenschaften besitzt.

Während in Primärzellen reines Lithium eingesetzt wird, ist das in Sekundärzellen bisher noch nicht möglich. Das reine Lithium hat den Vorteil, dass die Zellen dadurch eine hohe Energiedichte und eine hohe Spannung haben. Verwendet man reines Lithium in Sekundärzellen zusammen mit einem flüssigen Elektrolyten, besteht die Gefahr, dass sich beim Laden der Akkus sogenannte Lithium-Dendrite an den Elektroden bilden. Das sind spitze, drahtartige Gebilde. Diese können dann den Separator in der Zelle durchbohren und zu einem Kurzschluss führen. Dendrite verringern zudem die elektrochemisch nutzbare Menge des Lithiums in der Zelle, da sich metallisches Lithium von der Elektrode ablöst. Die Folge ist ein Kapazitätsverlust.

In Sekundärzellen arbeiten die Batteriehersteller deshalb mit sogenannten Wirtsmaterialien, die Lithium-Ionen aufnehmen. Man unterscheidet hier unter anderem folgende Batterietypen:

- Lithium-Eisenphosphat (LFP): Energiedichte 80 bis 120 Wh/kg
- Lithium-Mangan-Oxid (LMO): Energiedichte 100 bis 120 Wh/kg
- Lithium-Titanat: Energiedichte 70 bis 80 Wh/kg
- Lithium-Polymer (LiPo) 130 bis 150 Wh/kg
- Lithium-Nickel-Mangan-Kobalt-Oxid (NMC): Energiedichte 180 bis 210 Wh/kg
- Lithium-Nickel-Kobalt-Aluminium-Oxid (NCA): Energiedichte 180 bis 250 Wh/kg

Zum Vergleich: Ein konventioneller Blei-Akku, der als Starterbatterie eingesetzt wird, erreicht eine Energiedichte von 30 Wh/kg.

Vereinfacht kann man sagen: Je höher die Energiedichte einer Lithium-Batterie ist, desto aggressiver ist die ihr zugrunde liegende Zellchemie. Dabei lassen sich die gravimetrische (Wh/kg) und die volumetrische (Wh/l) Energiedichte unterscheiden. Natürlich sollten beide Werte für ein E-Auto möglichst hoch sein, denn es nützt ja nichts, wenn die Batterie zwar eine hohe gravimetrische Energiedichte hat, dabei aber so viel Platz beansprucht, dass man sie nicht vernünftig im Auto unterbringt.

Bei Angaben zur Energiedichte muss man auch immer unterscheiden, ob sich der Wert auf die Zellen oder auf das Batteriesystem bezieht. Denn die Batteriekühlung und die Elektronik beanspruchen ebenfalls Platz und erhöhen das Gewicht. Systemwerte sind deshalb immer niedriger als Zellwerte. Li-Ionen-Batterien decken auf Zellebene bereits – je nach verwendeten Materialkombinationen – ein weites Spektrum im Bereich der Energiedichten ab. So sind heute (2018) ca. 90 bis 250 Wh/kg bzw. 160 bis 670 Wh/l möglich. Für künftige Li-Ionen-Batterien erwarten Experten eine Energiedichte von bis zu 310 Wh/kg bzw. 860 Wh/l. Genau dieses Potenzial macht diese Akkusysteme so interessant für die Elektromobilität. Lithium-Luft-Akkus sollen langfristig sogar bis zu 900 Wh/kg liefern können. Diese Batteriesysteme sehen die Entwickler aber nicht vor 2030 im Serieneinsatz.

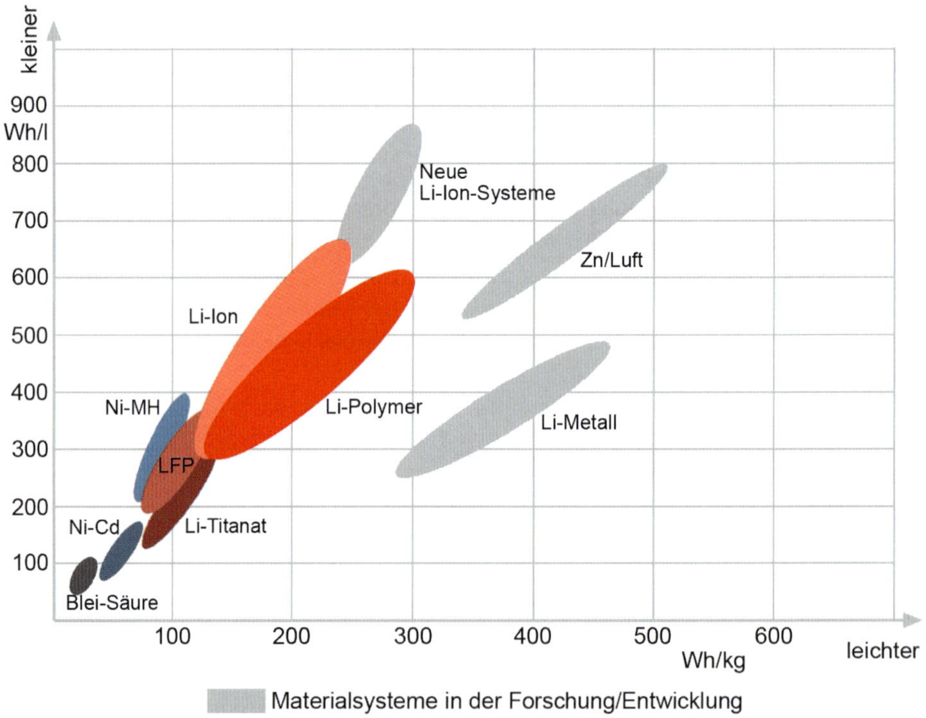

Bild 8.10 *Vergleich der volumetrischen und gravimetrischen Energiedichten etablierter und in der Entwicklung/Forschung befindlicher Materialsysteme für Akkumulatoren.* [Bild: VDE]

Lithium-Kobaltdioxid-Akkumulator

Die positive Elektrode eines Lithium-Kobaltdioxid-Akkumulators (LiCo) besteht aus Lithium-Kobaltdioxid und die negative Elektrode aus Grafit. Der Elektrolyt besteht aus Lösungsmitteln, wie z.B. Propylencarbonat oder Ethylencarbonat und ist nahezu frei von Wasserbestandteilen. Seine Nennspannung liegt bei 3,6 V. Er kommt zum Beispiel in der Rundzelle 18650 zum Einsatz und weist eine Energiedichte von bis zu 200 Wh/kg auf.

Nachteilig sind seine geringe Zyklenfestigkeit ($\leq$ 500) und sein Leistungsverlust bei geringen Temperaturen.

Lithium-Polymer-Akkumulator

Die positive Elektrode eines Lithium-Polymer-Akkumulators (LiPo) besteht aus Lithium-Metalloxid. Namensgeber ist der feste oder gelartige Elektrolyt auf Polymerbasis. Seine Nennspannung liegt bei 3,7 V und seine Energiedichte bei bis zu 200 Wh/kg. Er kann bis zu 500 Mal ent- und geladen werden. Aufgrund des speziellen Elektrolyten können LiPo-Akkumulatoren in nahezu allen erdenklichen Formen gefertigt werden, wobei auch hier die häufigsten Formen Rund- oder Flachzellen sind. Die Betriebstemperatur dieses Akkumulators liegt bei 60°C wobei er bereits bei Raumtemperatur eine ausreichende Leitfähigkeit besitzt. Weil er bei niedrigen Temperaturen Leistungseinbußen hat, setzt Kia beispielsweise in seinen E-Fahrzeugen eine Batterieheizung ein.

Lithium-Mangan-Akkumulator

Die positive Elektrode eines Lithium-Mangan-Akkumulators (LiMn) besteht aus Lithium-Manganoxid. Die negative Elektrode besteht entweder aus herkömmlichem Grafit oder aus amorphem Kohlenstoff. Seine Nennspannung liegt bei 3,7 V. Der LiMn-Akkumulator besitzt zwar mit etwa 100 Wh/kg eine geringere Energiedichte, als LiCo- und LiPo-Akkumulator bietet jedoch ein geringeres Risiko, ein besseres Tieftemperaturverhalten und eine höhere Lebensdauer. Zudem ist er kostengünstiger, als der LiCo-Akkumulator. Auf Über- und Tiefentladungen reagiert er in der Regel mit bleibenden Schäden.

Lithium-Eisenphosphat-Akkumulator

Die positive Elektrode eines Lithium-Eisenphosphat-Akkumulators (LiFePO4) besteht aus Lithium-Eisenphosphat. Die negative Elektrode besteht aus Grafit oder aus hartem Kohlenstoff. Seine Nennspannung liegt bei 3,3 V, er kann über 1000 Mal ent- und geladen werden und weist eine Energiedichte von 80 bis 120 Wh/kg auf. Der LiFePO4-Akkumulator soll die Vorteile des NiCd-Akkumulators, also Robustheit und lange Lebensdauer mit der relativ hohen Energiedichte des Lithium-Akkumulators verbinden. Zudem ist er kostengünstiger, umweltfreundlicher und sicherer (keine Sauerstofffreisetzung) als der LiCo-Akkumulator. Durch den Einsatz von LiFePO4-Nanoteilchen und Kohlenstoffbeschichtung der positiven Elektrode konnte der Innenwiderstand so weit gesenkt werden, dass aktuelle Akkumulatoren in 6 Minuten entladen und in 30 Minuten wieder geladen werden können.

Lithium-Titanat-Akkumulator

Die Besonderheit des Lithium-Titanat-Akkumulators besteht darin, dass er als bisher einziger Li-Ion-Akkumulator keine negative Elektrode aus Grafit hat. Stattdessen kommt hierbei eine gesinterte Elektrode aus Lithiumtitanspinell zum Einsatz. Die effektiv wirksame Oberfläche der Elektrode vergrößert sich dadurch um mehr als das 30-Fache, wodurch sehr große Ladeströme und eine Leistungsdichte von bis zu 4 kW/kg erreicht werden. Zudem schützt das Titanat die Elektrode, wodurch der Akkumulator über deutlich verbesserte Eigenschaften gegenüber bisherigen Bauweisen verfügt: Er hat eine deutlich erhöhte Anzahl von bis zu 30 000 Ladezyklen, kann bei Temperaturen von −40 bis +55°C eingesetzt werden und ist resistent gegen thermisches Durchgehen, also Verbrennen aufgrund von zu hohen Temperaturen beim Laden bzw. Entladen. Letzteres gilt sogar bei mechanischer Beschädigung des Akkumulators, weshalb sein Einsatz deutlich sicherer ist als der herkömmlicher Li-Ion-Zellen. Er weist mit 70 bis 90 Wh/kg eine relativ geringe Energiedichte auf.

8.4.1.4 Bauformen von Akkus

Bei den Batteriezellen für Hochvolt-Akkus nutzen die Hersteller im Wesentlichen drei verschiedene Bauformen: zylindrische und prismatische Zellen sowie sogenannte Pouch-Zellen. Weit verbreitet ist die zylindrische Zelle, denn sie ist einfach zu produzieren, mechanisch stabil und erreicht eine hohe Energiedichte. Sie hat jedoch eine eher schlechte Wärmeabfuhr und ermöglicht kein optimales Packaging. Ein Standard ist die 18650-Zelle mit einem Durchmesser von 18 Millimetern und einer Höhe von 65 Millimetern. Von diesen Zellen verwendet zum Beispiel Tesla 5376 im 60-kWh-Akku und 7104 im 85-kWh-Akku. Neuere Tesla-Akkus haben etwas größere Rundzellen: Diese haben dann einen Durchmesser von 21 Millimetern und eine Höhe von 70 Millimetern (Typ 21700).

Auch in einer prismatischen Zelle werden die Komponenten in der Abfolge Anode–Separator–Katode–Separator aufgewickelt, was durch die prismatische Form allerdings aufwendiger ist als bei einer Rundzelle. Die rechteckige Form erlaubt aber ein besseres Packaging und eine bessere Wärmeabfuhr.

Pouch-Zellen gehören ebenfalls zu den prismatischen Zellen. Sie werden aufgrund ihrer Folienverpackung auch „Coffee-Bag"-Zellen genannt. Sie eignen sich für Lithium-Polymer-Zellen, da diese anstelle eines festen Gehäuses nur noch eine durch Aluminiumfolie verstärkte Plastikfolie brauchen. Diese Bauform ermöglicht relativ dünne Zellen und damit eine größere Flexibilität beim Packaging.

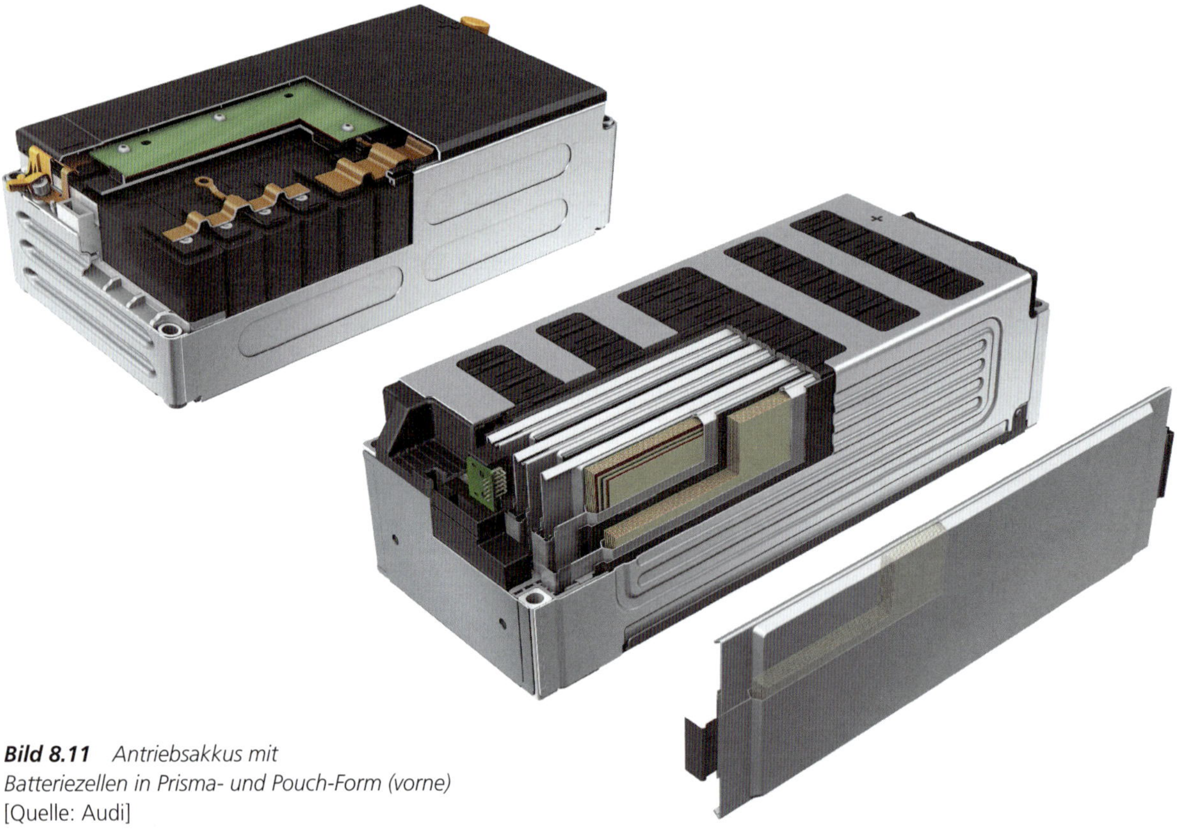

Bild 8.11 *Antriebsakkus mit Batteriezellen in Prisma- und Pouch-Form (vorne)* [Quelle: Audi]

8.4.1.5 Sicherheit

Die hohe Energiedichte von Lithium-Ionen-Batterien hat nicht nur Vorteile. Denn je mehr Energie auf engstem Raum gespeichert wird, desto höher ist auch die Gefahr, dass diese unkontrolliert und unter Umständen auch schnell freigesetzt wird – zumal der hohe Energieinhalt mit hochentzündlichen Elektrolyten kombiniert ist. Eine nicht zu unterschätzende Gefahr geht deshalb zum Beispiel von einer möglichen thermischen Belastung des Batteriesystems aus. Denn Lithium-Ionen-Batterien reagieren äußerst empfindlich, wenn sie nicht innerhalb des definierten Temperaturfensters betrieben werden (empfohlen: 0°C bis 65 °C). Dabei sind niedrige Temperaturen hohen Werten generell vorzuziehen, da sich dadurch Alterungseffekte verlangsamen und die Lebensdauer sich erhöht. Wenn die Temperatur allerdings zu weit in den Minusbereich fällt, leidet die Leistungsfähigkeit des Akkus, da der Elektrolyt nicht mehr optimal leitet. Bei Tiefentladungen tritt Korrosion in den Zellen auf, deshalb verhindert das Batteriemanagementsystem die komplette Entladung der Zellen.

Die Sicherheitsrisiken, die mit den Lithium-Ionen-Batterien verbunden sind, lassen sich in drei Kategorien einteilen:

- thermische Gefahren,
- elektrische Gefahren,
- chemische Gefahren.

Thermische Gefahren

Da die Lithium-Ionen-Batterien, wie beschrieben, zu einem Teil aus brennbaren und leicht entzündlichen Materialien bestehen, ist die potenzielle Brandgefahr ein Risiko. Die thermische Energiemenge aller Komponenten entspricht sogar ungefähr dem 10-Fachen der gespeicherten elektrischen Energie. Demzufolge sind Beschädigungen aufgrund einer Überhitzung ab 100°C kritisch. Eine solche Überhitzung kann zum Beispiel durch externe Wärmezufuhr bei einem Feuer entstehen, aber auch intern, wenn die Zellspannung die zulässigen Werte (>4,2 V) übersteigt oder eine Zelle überladen wird. Auch ein Kurzschluss in Folge eines Zellfehlers bei der Fertigung oder eines Crashs kann die Zelltemperatur erhöhen. Im günstigsten Fall kommt es dann lediglich zu einem Defekt der Zelle. Im ungünstigsten Fall führt die Wärmeeinwirkung zur Selbsterwärmung der Zellen, dem „Thermal Runaway". Dieser Prozess beschreibt den unkontrollierten Temperaturanstieg einer exothermen chemischen Reaktion innerhalb der Zelle. Dabei reagiert das Grafit mit dem Lithium, was in der Folge weitere Komponenten erhitzen und eine zerstörerische Kettenreaktion auslösen kann. Schmilzt der Separator aufgrund einer Überhitzung, kann dies einen inneren Kurzschluss zur Folge haben. Durch die Temperaturerhöhung besteht dann die Gefahr eines Batteriebrands oder sogar einer Explosion aufgrund eines entstehenden Überdrucks innerhalb der Zelle. Letzteres betrifft allerdings nicht die keramischen Separatoren.

Elektrische Gefahren

Durch die hohen Spannungen kann es beim Berühren von spannungsführenden Teilen zu einem tödlichen elektrischen Schlag kommen. Außerdem können durch die Spannungen energiereiche Lichtbögen entstehen, die Brände auslösen können. Des Weiteren kann ein Kurzschluss Feuer, Verbrennungen oder Stromschläge verursachen. Immerhin liegen die Ströme bei einem Kurzschluss zwischen 2000 und 3000 A.

Chemische Gefahren

Nach einer mechanischen Beschädigung des Batteriegehäuses können explosive und/oder gesundheitsgefährdende Inhaltsstoffe als Gas oder Flüssigkeit austreten. Gasförmig sind hauptsächlich die verdampfenden Elektrolyte und deren Zersetzungsprodukte wie Methan, Ethan, Propan, Butan und Aldehyde.

Damit die Akkus in den Autos trotzdem sicher sind, führen die Hersteller und Prüforganisationen umfangreiche Tests durch, die einen problemlosen Betrieb der Akkus im Serieneinsatz gewährleisten sollen. So werden Batteriezellen und Module in den Tests bewusst überladen und tiefentladen, mit Nägeln malträtiert und kurzgeschlossen. Außerdem gibt es thermische Belastungstests und zyklische Belastungen ohne aktive Kühlung, Brandtests sowie verschiedene Quetsch- und Fallprüfungen. Darüber hinaus müssen die Akkus, eingebaut in den Fahrzeugkarosserien, in dynamischen Crashtests ihre Sicherheit unter Beweis stellen. Natürlich können auch die besten Tests nicht garantieren, dass nicht doch einmal irgendwann ein Akku in Brand gerät, doch sie minimieren das Risiko enorm, dass dabei Menschen zu Schaden kommen.

Auch die Auswahl der Materialien beeinflusst die Sicherheit der Akkus enorm. So können den Elektrolyten flammenhemmende Additive beigemischt werden. Sogenannte Shutdown-Additive können zudem dem Überladen der Batteriezellen entgegenwirken. Denn sie setzen bei einer Überladung entweder Gase frei, die über einen drucksensiblen Schalter den Stromfluss unterbrechen, oder behindern dann direkt den Stromfluss im Elektrolyten.

Auch Separatoren gibt es in einer sogenannten Shutdown-Ausführung. Sie enthalten dann Mikroporen, die sich bei großer Hitze verschließen und auf diese Weise die Ionenwanderung im Elektrolyten und damit den Stromfluss unterbrechen.

Sicherheitsventile, die sich bei steigendem Gasdruck öffnen, um Gase entweichen zu lassen, oder sogenannte CID-Schalter (Current Interrupt Device), die die Verbindung zwischen Elektroden und Stromkreislauf trennen, sobald in den Zellen ein bestimmter Druck durch Gasbildung erreicht ist, können die Sicherheit zusätzlich erhöhen. Zu den Sicherheitselementen gehören zudem sogenannte PTC-Schalter (Positive Temperature Coefficient). Sie erhöhen den elektrischen Widerstand, wenn die Temperatur ansteigt, und können einen Thermal Runaway verhindern.

Werkstatttipp

Bei Unfallfahrzeugen muss zunächst das HV-System abgeschaltet werden. Hierzu ist es bei vielen Fahrzeugen nicht zwingend erforderlich, die komplette Freischaltprozedur durchzuführen, da diese in einigen Fällen sehr zeitintensiv ausfällt. Auf Rettungskarten, die die Fahrzeughersteller kostenlos zur Verfügung stellen, sind die Punkte, an denen das Hochvoltsystem abgeschaltet werden kann, gekennzeichnet.

Wenn eine Beschädigung der Hochvoltbatterie nicht gänzlich ausgeschlossen werden kann, müssen Unfallfahrzeuge aufgrund der Brandgefahr im Freien, mit entsprechendem Sicherheitsabstand zu Gebäuden, anderen Fahrzeugen usw. abgestellt werden. Ist eine Beschädigung der Hochvoltbatterie erkennbar, so sollte diese ausgebaut und in ein Becken mit viel Wasser (z.B. handelsübliches „Planschbecken" aus dem Baumarkt) gestellt werden. Dem Becken sollte für mindestens 48 Stunden durchgehend frisches Wasser zugeführt werden. Durch das Wasser wird die Hochvoltbatterie entladen und die entstehende Wärme abgeführt.

Gerät eine Batterie in Brand, kann sie mit sehr viel Wasser gelöscht werden. Denn das Wasser kühlt die Akku-Zellen und verhindert eine Kettenreaktion von Zelle zu Zelle. Der Kontakt mit dem Wasser entlädt zudem beschädigte Batteriezellen mit offenem Gehäuse.

Je früher die Kühlung durch das Wasser einsetzt, desto schneller verlieren die Batteriezellen an Energie, was ein thermisches Durchgehen verhindert. Die Dekra hatte bereits 2012 in einer Versuchsreihe an drei in Brand gesetzten Antriebsbatterien untersucht, wie sich die Batterien beim Brand und während des Löschens verhalten und mit welchem Löschmittel sich eine Batterie am effektivsten löschen lässt. Entzündet wurden die Batterien damals mit Benzin. Nach mehreren Minuten in den Flammen bei Temperaturen von über 800°C begannen sie dann eigenständig zu brennen. Dabei waren die Flammen- und Rauchentwicklung nach Angaben der Sachverständigen deutlich geringer als bei brennendem Benzin. Den Überdruck, der im Inneren der Batterien durch den Brand entstand, leiteten die eingebauten Überdruckventile nach außen ab. Dabei seien kleinere Stichflammen entstanden, die aber ebenfalls hinter der Intensität eines Benzinbrands zurückblieben. Bei den Löschversuchen bekämpften die Experten den Batteriebrand im ersten Versuch mit Wasser. Das funktionierte zwar, dauerte allerdings seine Zeit. Mehrere Male ging das Feuer zwar aus, flammte aber wieder auf. Dies zeige, dass nach dem eigentlichen Löschen das Fahrzeug bzw. das Batteriegehäuse nachgekühlt werden müsse. Der Löschwasserbedarf sei hier deutlich größer als beim Löschen konventioneller Pkw.

Bei den beiden Folgeversuchen wurden dem Löschwasser Zusätze beigemischt, um die Lösch- und Kühlwirkung zu erhöhen. Eines der beiden Löschmittel bildete in der Mischung mit Wasser ein Gel. Dadurch floss es – anders als Wasser – nicht einfach weg, sondern blieb auf dem brennenden Stoff haften und kühlte so deutlich besser. Der andere Löschmittelzusatz setzte die Oberflächenspannung des Wassers herab und erhöhte die Verdunstungsrate, wodurch auch dieses Löschmittel die Kühlwirkung deutlich erhöhte. Durch beide Zusätze im Wasser ließen sich der Wasserverbrauch bei den Löscharbeiten verringern und die Löschzeit verkürzen. Unter dem Strich stand für die Unfallforscher die Erkenntnis: Elektro- und Hybridautos mit Lithium-Ionen-Antriebsbatterien stehen im Brandfall mindestens auf dem gleichen Sicherheitsniveau wie Benzin- oder Dieselfahrzeuge.

8.4.2 Batteriemanagement

Hochvoltbatterien setzen sich aus einer Vielzahl einzelner Akkumulatoren zusammen, die fertigungs- und alterungsbedingt voneinander abweichende elektrische Widerstände und Kapazitäten aufweisen. Dies hat zur Folge, dass beim Laden und Entladen der in Reihe geschalteten Zellen ungleichmäßige Ladezustände in den einzelnen Akkus auftreten (sog. Zelldrift). Dadurch können einzelne Akkuzellen ggf. tiefentladen oder überladen werden. Ein vorzeitiger Ausfall der einzelnen Zelle, einzelner Zellenblöcke oder der ganzen Hochvoltbatterie wären die Folge. Zudem herrscht erhöhte Brandgefahr, da einige Akkutypen zum thermischen Durchgehen, also zur Selbstentzündung aufgrund zu hoher Temperaturen tendieren. Um dies zu verhindern, benötigt die Hochvoltbatterie ein spezielles Lade- und Entlademanagement, genannt Cell-Balancing.

Passives Balancing

Beim passiven Balancing wird jeder Akkumulator einzeln überwacht. Hat einer der Akkumulatoren seine Ladeschlussspannung erreicht, bevor der Ladevorgang der Batterie abgeschlossen ist, wird ein Bypass freigegeben. Die Zelle wird überbrückt und die überschüssige, elektrische Energie über einen Widerstand in Wärme umgesetzt.

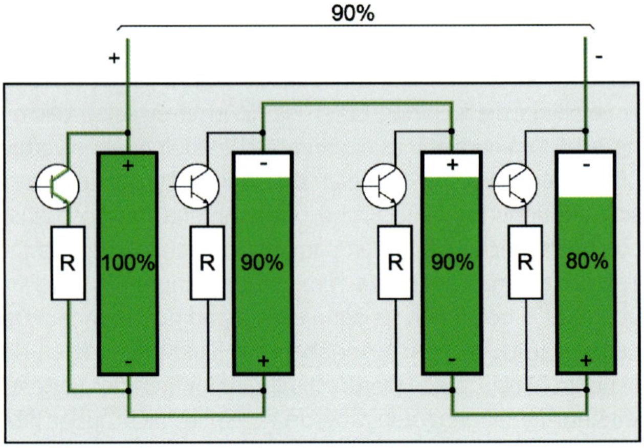

Bild 8.12 *Passives Cell-Balancing bei einem Zelldrift*

Aktives Balancing

Beim aktiven Balancing werden die Akkumulatoren, die einen zu geringen Ladezustand aufweisen, mit einem überdurchschnittlichen Ladestrom geladen. Hierdurch wird keine elektrische Energie in Wärme umgesetzt, wodurch die thermische Belastung des Steuergeräts und der Energiebedarf sinken. Aufgrund des großen baulichen Aufwands kommt das aktive Balancing aktuell nicht zum Einsatz.

Achtung!

Das Balancing findet in der Regel nur bei „normalen" Ladevorgängen statt. Beim Schnellladen kann es nicht durchgeführt werden. Je nach Fahrzeughersteller und -modell ist daher nach 3 bis 10 Schnellladungen eine normale Ladung durchzuführen, um die Hochvoltbatterie vor Schäden durch einen zu großen Zelldrift zu schützen.

Werkstatttipp

Viele Hochvoltbatterien fallen aus, weil das Cell-Balancing nicht durchgeführt wurde, da der Fahrer des Fahrzeugs die Anweisung ignoriert hat, nach 3 bis 10 Schnellladungen eine konventionelle Ladung durchzuführen und das Fahrzeug danach ggf. noch länger abgestellt wurde, sodass einige Zellen kritische Abweichungen aufweisen. In vielen Fällen lässt sich die Batterie durch „manuelles Cell-Balancing" regenerieren:

ACHTUNG! Hochspannung! Öffnen der Hochvoltbatterie nur durch geschultes Fachpersonal!

Mithilfe eines Verbrauchers (z.B. Glühlampe) lässt sich der Ladezustand der Akkumulatoren auf den gleichen, geringen Wert bringen. Die Abweichung darf im Regelfall nicht größer als 20 mV sein. Alternativ lassen sich die Akkumulatoren auch mithilfe eines externen Ladegeräts auf einen gleich hohen Ladezustand bringen.

Temperaturmanagement

Akkumulatoren von Hochvoltfahrzeugen sind temperaturempfindlich. Ihre Leistungsfähigkeit und Lebensdauer hängt stark davon ab, unter welchen thermischen Bedingungen sie arbeiten. Zudem führen unterschiedliche Temperaturen innerhalb der Batterie zu unterschiedlichem Verhalten einzelner Zellen, was neben einer verminderten Leistungsfähigkeit der Batterie den frühzeitigen Ausfall einzelner Akkuzellen zur Folge haben kann. Hierdurch ist es erforderlich, die maximale Temperaturdifferenz innerhalb der Batterie auf 5 bis 10°C zu begrenzen, was ein leistungsfähiges, elektronisch geregeltes Kühlsystem erfordert. Die Temperaturerfassung erfolgt direkt auf den einzelnen Batteriezellen.

Luftkühlung

Ein pulsweitenmoduliert geregeltes Gebläse fördert je nach Kühlanforderung mehr oder weniger frische Luft durch die Hochvoltbatterie. Die Luft wird durch Kühlkanäle in die Zwischenräume der Akkumulatoren gefördert. Die Akkumulatoren sind zum Gehäuse durch Schaumstoff abgedichtet, sodass die Luft nicht außen an den Batterien vorbeiströmen kann (s. auch Bild 8.8).

Wasserkühlung

Wassergekühlte Hochvoltbatterien bestehen i.d.R. aus einem doppelwandigen Gehäuse, das mit Kühlwasser durchströmt wird. Die Akkumulatoren haben also keinen direkten Kontakt zum Kühlwasser, sondern stehen in einer gekühlten „Wanne". Das Wasser ist aufgrund seiner wesentlich besseren Wärmeleitfähigkeit zu einer erhöhten Kühlleistung in der Lage. Die Temperaturdifferenzen der Akkumulatoren untereinander sind geringer. Nachteilig sind das erhöhte Gewicht, das Erfordernis von Frostschutzmittel und die komplexere Abdichtung der Hochvoltbatterie.

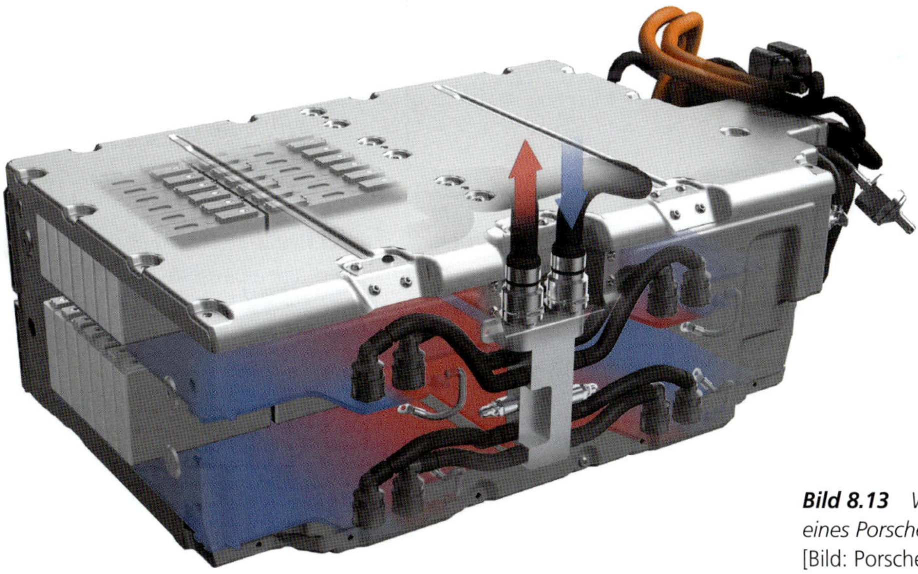

Bild 8.13 *Wassergekühlte HV-Batterie eines Porsche Panamera S E-Hybrid* [Bild: Porsche]

Kältemittelkühlung

Die Kältemittelkühlung der Hochvoltbatterie findet durch die Klimaanlage statt. Die Anlage besitzt neben den üblichen Komponenten parallel zum Verdampfer im Innenraum einen zweiten Verdampfer in der Hochvoltbatterie, der über ein kombiniertes Absperr- und Expansionsventil geregelt wird. Bei Kühlanforderung durch das Batteriemanagementsystem wird dieses geöffnet, das Kältemittel strömt in den Verdampfer und entzieht der Hochvoltbatterie beim Wechsel des Aggregatzustands Wärme.

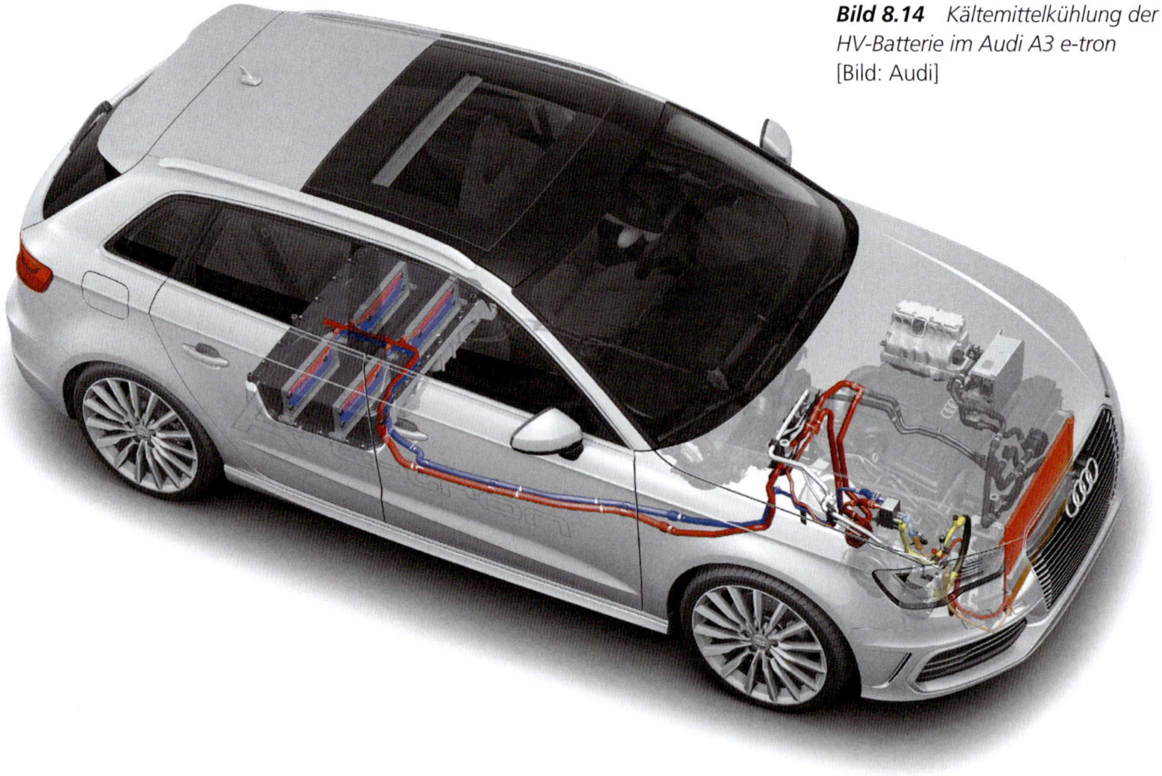

Bild 8.14 *Kältemittelkühlung der HV-Batterie im Audi A3 e-tron* [Bild: Audi]

Heizung

Bei niedrigen Temperaturen ist es ggf. erforderlich, die Hochvoltbatterie zu erwärmen, um ihre Leistungsfähigkeit zu erhöhen. Dies geschieht ebenfalls elektrisch durch ein PTC-Heizelement, welches das Kühlmittel und somit die Akkumulatoren erwärmt.

8.4.3 Hauptrelais

Je nach Bauform des Elektrofahrzeugs enthält die Hochvoltbatterie 3 oder 5 Hochleistungsrelais, die die Akkumulatoren mit dem Hochvoltsystem des Fahrzeugs verbinden. Bei der Version mit 3 Relais sieht der Ablauf folgendermaßen aus:

Beim Aktivieren des Fahrzeugs werden zunächst die Relais 1 und 3 geschaltet. Während das Hauptrelais 3 die Hochvoltbatterie direkt mit der Minusleitung zum Inverter verbindet, schaltet das Hauptrelais 1 die plusseitige Verbindung zunächst über einen hochohmigen Widerstand. Das Hochvoltsystem steht nun unter voller Spannung, der fließende Strom wird jedoch durch den Widerstand begrenzt. Jetzt können die Kondensatoren im Inverter geladen und die Isolation des Hochvoltsystems gegenüber der Fahrzeugmasse geprüft werden.

Nach Abschluss des Ladevorgangs der Kondensatoren und erfolgreicher Prüfung des Hochvoltsystems wird das Hauptrelais 2 geschlossen und das Hauptrelais 1 wieder geöffnet. Das Fahrzeug kann jetzt den vollen Strom aus der Hochvoltbatterie beziehen und ist einsatzbereit.

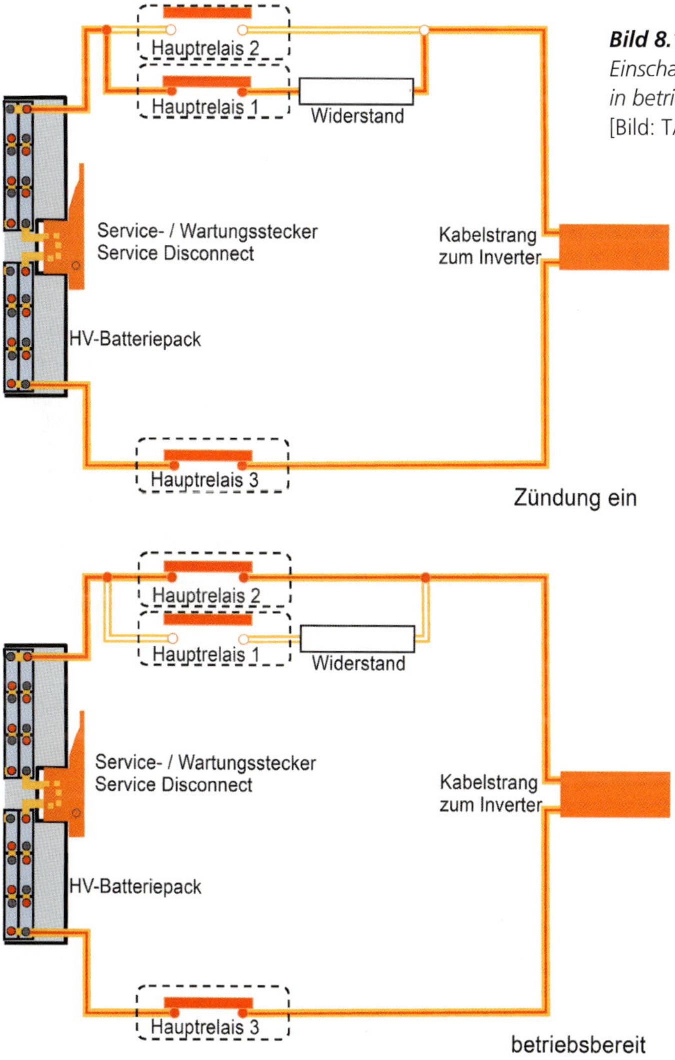

Bild 8.15 *Batteriemodul beim Einschalten der Zündung und in betriebsbereitem Zustand.* [Bild: TAK]

Die Relais bleiben so lange geschaltet, bis das Fahrzeug wieder deaktiviert wird. Im Fehlerfall, z.B. beim Unterschreiten des Isolationswiderstands, wird das Hochvoltsystem ebenfalls abgeschaltet.

Welche Fehler zum Abschalten des Systems führen, ist Fahrzeug-(hersteller-)spezifisch unterschiedlich. Mögliche Fehler sind:

- Trennung oder Manipulation von HV-Komponenten
- Unterspannung im 12-V-System
- Auslösen der Airbags

Fahrzeuge, bei denen die Ladesteckdose direkt mit der HV-Batterie verbunden ist, haben innerhalb der Batterie zwei weitere Hochleistungsrelais. Diese werden ausschließlich beim Laden der Batterie aktiviert und verbinden die Ladesteckdose mit der Batterie, sodass die Anschlusskontakte innerhalb der Steckdose erst bei gestecktem Ladeadapter unter Spannung stehen.

Bei Fahrzeugen, bei denen die Ladesteckdose über eine andere Komponente angeschlossen wird, befinden sich diese Relais dort.

8.4.4 Sicherheitslinie

Die Sicherheitslinie, auch als Pilotlinie oder „Interlock" bezeichnet, dient der Notabschaltung des Hochvoltsystems beim Öffnen von Gehäusedeckeln oder Steckverbindungen. Hierzu liegen im Hochvoltkabel neben den Hochvoltleitungen zwei Niedervoltleitungen, deren Anschlusskontakte bei verbundenem Stecker durch eine Brücke innerhalb der jeweiligen HV-Komponente miteinander verbunden werden. Solche Anschlusskontakte befinden sich im Regelfall auch unterhalb von Gehäusedeckeln. Die jeweilige Brücke ist mit dem Deckel selbst verbunden, sodass sie beim Öffnen des Gehäuses herausgezogen wird. Alle Kontakte sind miteinander in Reihe geschaltet, sodass das Öffnen einer Verbindung den Stromkreis trennt und die Hochvoltbatterie abschaltet.

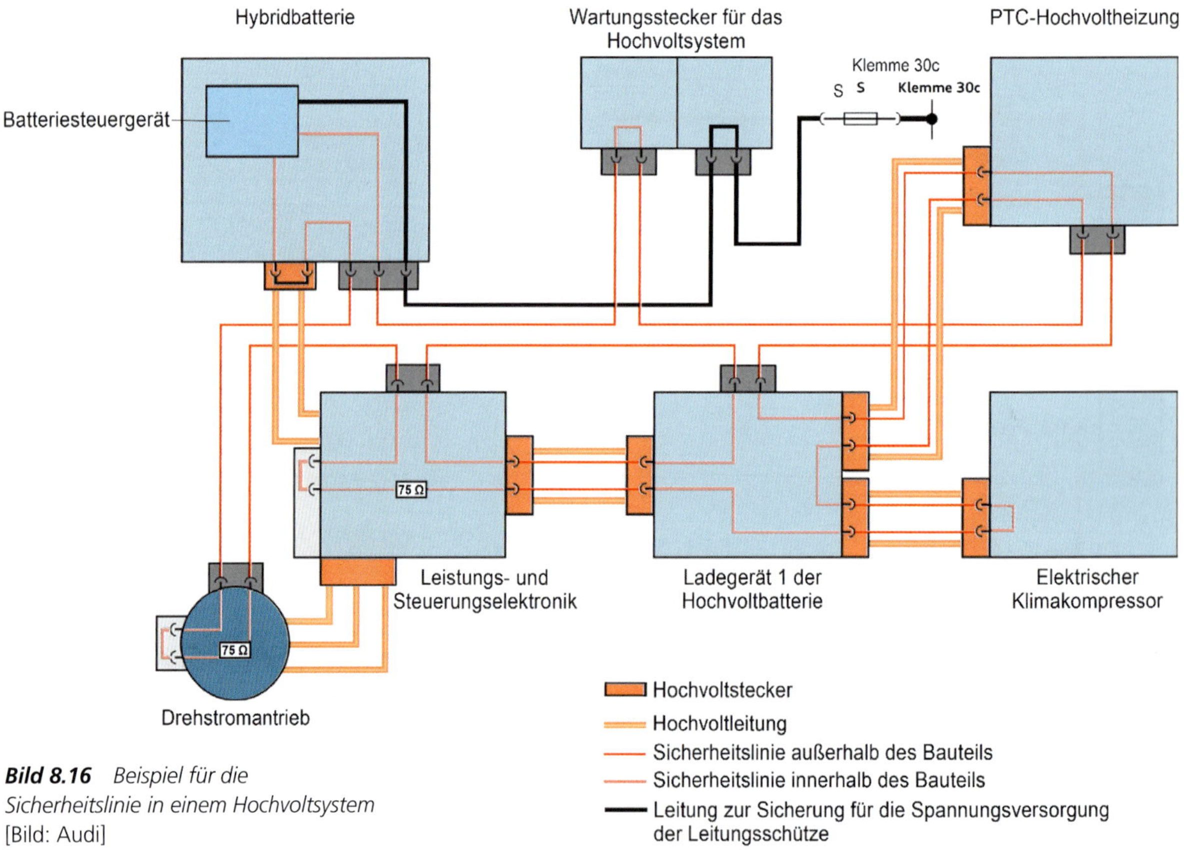

Bild 8.16 *Beispiel für die Sicherheitslinie in einem Hochvoltsystem* [Bild: Audi]

Achtung!
Bei einigen Fahrzeugen sind nicht alle Steckverbindungen und Gehäusedeckel über die Sicherheitslinie abgesichert, sodass es möglich ist, dass das Hochvoltsystem beim Öffnen aktiv bleibt. Lebensgefahr! Das System ist vor Beginn der Arbeiten nach Herstellervorgabe freizuschalten.

Strommessung

Der induktive Sensor zur Erfassung des Lade- und Entladestroms befindet sich über einer der Anschlussleisten von der Hochvoltbatterie zum Inverter innerhalb des Batteriegehäuses. Mit seiner Hilfe ist das Kombiinstrument in der Lage, den aktuellen Lade- und Entladestrom zu messen, um diese Werte auf der Verbrauchs- und Reichweitenanzeige auszugeben.

8.4.5 Isolationswiderstand und Potenzialausgleich

Bei der Wartung von HV-Fahrzeugen gibt es zwei neue Messungen, die es bei konventionellen Fahrzeugen in dieser Form bisher nicht gab: die Überprüfung des Isolationswiderstands und des Potenzialausgleichs. Dafür braucht die Werkstatt zwei spezielle Prüfgeräte. Es handelt sich zwar um Widerstandsmessungen, da es bei den Isolationswiderständen jedoch um sehr große Widerstände und beim Potenzialausgleich um sehr kleine Widerstände geht, sind normale Ohmmeter oder Multimeter für diese Messungen nicht geeignet!

Bei einer Widerstandsmessung ermittelt das Ohmmeter den Widerstandswert mithilfe des Ohmschen Gesetzes ($R = U / I$) über die Spannung und den Strom. Standard-Messgeräte arbeiten hierbei mit relativ kleinen und konstanten Spannungen. Bei sehr kleinen Widerständen, im „Kurzschlussbereich", wird der Stromkreis in diesen Geräten – zum Schutz der Geräte – unterbrochen.

In der Typgenehmigungsvorschrift UN ECE-R 100 sind folgende Werte vorgeschrieben: Der Widerstand zwischen allen freiliegenden leitfähigen Teilen und der elektrischen Masse (Potenzialausgleich) muss bei einer Stromstärke von mindestens 0,2 Ampere weniger als 0,1 Ohm betragen.

Ein ausreichender Potenzialausgleich, also eine elektrisch leitende Verbindung zwischen allen freiliegenden, leitfähigen Teilen des HV-Systems, wie dem Gehäuse des Inverters/der Leistungselektrik und der Fahrzeugmasse, ist zum Schutz gegen einen elektrischen Schlag von erheblicher Bedeutung. Bei allen typgenehmigten HV-Fahrzeugen wird der Isolationswiderstand über den Fehlerstromsensor fahrzeugseitig konstant überwacht. Hierbei überprüft die Elektronik den Widerstand zwischen den spannungsführenden HV-Leitungen und der Fahrzeugmasse. Sobald dieser Widerstand einen Mindestwert unterschreitet, wird das gesamte HV-System über die Hauptrelais spannungsfrei geschaltet. Sofern ein freiliegendes leitfähiges Teil des HV-Systems nicht oder nur über einen großen Widerstand elektrisch mit der Fahrzeugmasse verbunden wäre, könnte eine Unterschreitung des Isolationswiderstands innerhalb einzelner HV-Komponenten nicht festgestellt werden.

Der Isolationswiderstand muss – bezogen auf die Betriebsspannung – mindestens 100 Ohm/Volt, unter Umständen auch 500 Ohm/Volt, betragen.

Durchführung der Messungen

Da die Potenzialausgleichsmessung bei einem Strom von mindestens 0,2 Ampere und die Isolationswiderstandsmessung bei hoher Spannung im Bereich der Betriebsspannung durchgeführt werden muss, dürfen nur Geräte verwendet werden, die für diese Messung geeignet und zugelassen sind. Bei der Messung sind die Anweisungen und Vorgaben des Messgeräte-Herstellers unbedingt zu beachten.

Potenzialausgleichsmessung

Bei der Potenzialausgleichsmessung ist der Widerstand zwischen den leitfähigen Gehäuseteilen des HV-Systems und der Fahrzeugmasse zu ermitteln. Unter Umständen kann es auch notwendig sein, den Potenzialausgleich zwischen einzelnen Karosserieteilen zu messen, wenn diese zum Beispiel nicht miteinander verschweißt sind und die Gefahr besteht, dass ein Karosserieteil gegen das HV-System nicht ausreichend isoliert ist.

Die Messpunkte an den HV-Gehäuseteilen und an der Fahrzeugmasse, an denen man den Potenzialausgleich prüfen muss, sind von den meisten Fahrzeugherstellern eindeutig vorgegeben. Bei der Messung ist besonders darauf zu achten, dass die Messpunkte nicht verschmutzt oder korrodiert sind. Da es, wie schon beschrieben, bei der Potenzialausgleichsmessung um sehr kleine Widerstände geht, können schon leichte Verunreinigungen sowie dünne Farb- oder Korrosionsschichten zwischen dem Messpunkt und der Messspitze des Messgeräts das Ergebnis der Messung erheblich verfälschen.

Isolationswiderstandsmessung

Den Isolationswiderstand müssen Messgeräte (Ohmmeter) bei Spannungen ermitteln, die über der Betriebsspannung liegen. Beträgt die Betriebsspannung eines HV-Systems zum Beispiel 200 Volt, muss der Isolationswiderstand – nach den Vorgaben der UN ECE-R 100 – mindestens 20 000 Ohm bzw. 100 000 Ohm betragen. Die einzelnen Fahrzeughersteller schreiben sogar meistens höhere Werte für den Isolationswiderstand vor. Bei der Wartung müssen mindestens die von den Fahrzeugherstellern festgelegten Werte erreicht werden.

Vor der Messung des Isolationswiderstands muss das HV-System gemäß den Regeln der Elektrotechnik spannungsfrei sein. Der Isolationswiderstand ist dann zu messen zwischen:

- HV+ und HV–,
- HV+ und Fahrzeugmasse (Karosserie),
- HV– und Karosserie.

Als Messpunkte für HV+ und HV– dienen in der Regel die Kontaktstellen, an denen auch die Spannungsfreiheit festgestellt wurde

8.4.6 Ladegeräte

Das Ladegerät hat die Aufgabe, den Wechselstrom des Stromnetzes in Gleichstrom umzuwandeln und die Spannung auf das für das jeweilige Fahrzeug benötigte Niveau zu transformieren. Hierzu kommen sowohl fest im Fahrzeug verbaute als auch extern installierte Ladegeräte zum Einsatz.

Die Funktionsweise gleicht hierbei der eines Transformators. Der Wechselstrom erzeugt ein sich ständig änderndes Magnetfeld über einer Spule, das wiederum in einer zweiten Spule eine Spannung induziert. Die Spannungsänderung steht im direkten Verhältnis zur Leiterlänge der jeweiligen Spulen. Die transformierte Spannung wird dann mithilfe eines Gleichrichters in Gleichspannung umgewandelt.

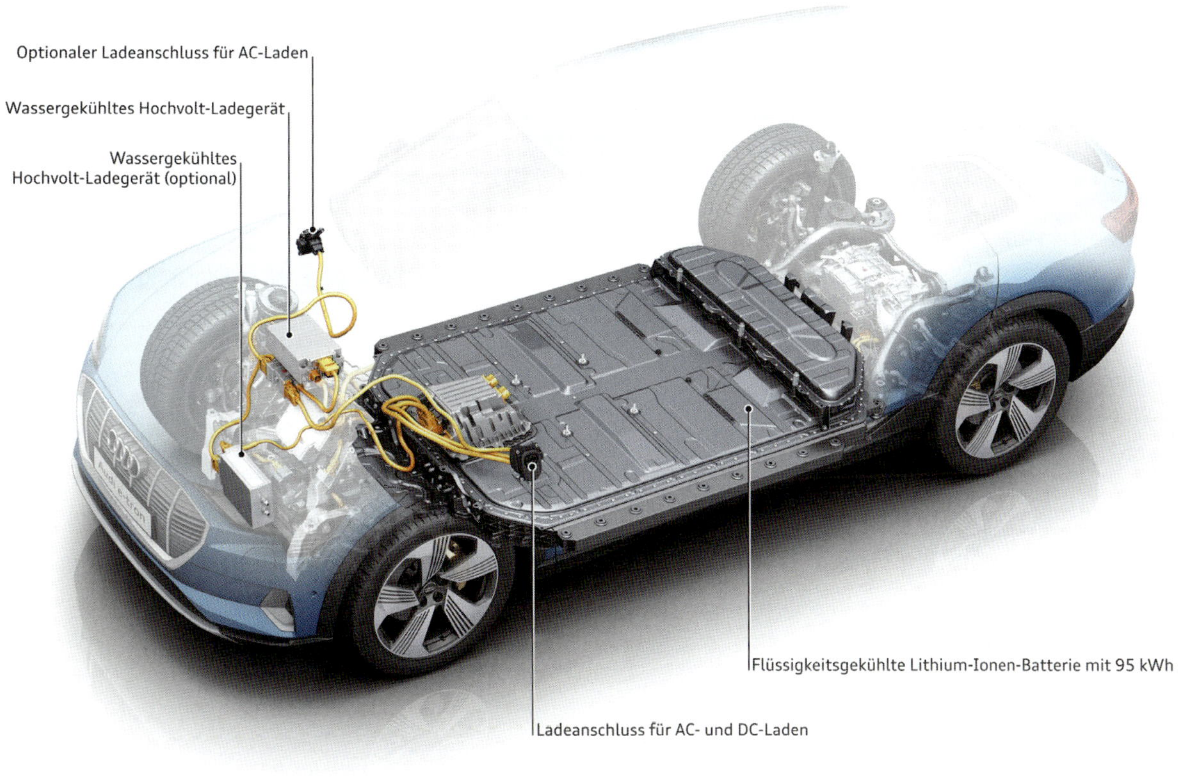

Bild 8.17 *Der Audi E-Tron hat serienmäßig ein 11-kW-Ladegerät an Bord, optional kann man die Ladeleistung über ein zweites Ladegerät auf 22 kW verdoppeln.*
[Bild: Audi]

8.5 Laden von Hochvoltfahrzeugen

8.5.1 In-Cable-Control-Box

Bei vielen Fahrzeugen wird die Verbindung zum Stromnetz über eine ICCB (In-Cable-Control-Box, dt.: „In-Kabel-Kontroll-Kiste") hergestellt. Die ICCB dient hierbei als Schnittstelle zwischen Fahrzeug und Stromnetz bzw. Ladestation. Folgende Aufgaben werden von der ICCB übernommen:

- Information der Ladestation über die maximal zulässige Ladeleistung

Beim Anschluss an Haushaltssteckdosen:

- Prüfung und Anpassung der Polarität eines Schutzkontaktsteckers
  Ein Schutzkontaktstecker hat insgesamt drei Anschlüsse. Den stromführenden, sogenannten Außenleiter (auch „Phase"), den Neutralleiter, der den Stromkreis schließt und einen Schutzleiter. Da die Polarität im Regelfall keine Rolle spielt, ist der Schutzkontaktstecker nicht verpolungsgeschützt. Das Ladegerät lädt die Hochvoltbatterie jedoch einphasig und benötigt daher den Außenleiter am richtigen Anschlusskontakt. Die ICCB prüft die Polarität und korrigiert sie bei Verpolung.

- Prüfung der Spannungsfreiheit des Schutzleiters
- Prüfung der Erdung der Fahrzeugkarosserie durch den Schutzleiter
- Erhöhung der Sicherheit durch Integration eines Fehlerstrom-Schutzschalters (FI-Schutzschalter)
- Überwachung und Abschaltung des Ladestroms im Fehlerfall
- Anpassung des Ladestroms an die Leistungsfähigkeit des Stromanschlusses

Da die ICCB als Bauteil außerhalb des Fahrzeugs einer größeren mechanischen Gefährdung ausgesetzt ist, wird sie bei einigen Fahrzeugen in das Ladegerät im Fahrzeug integriert.

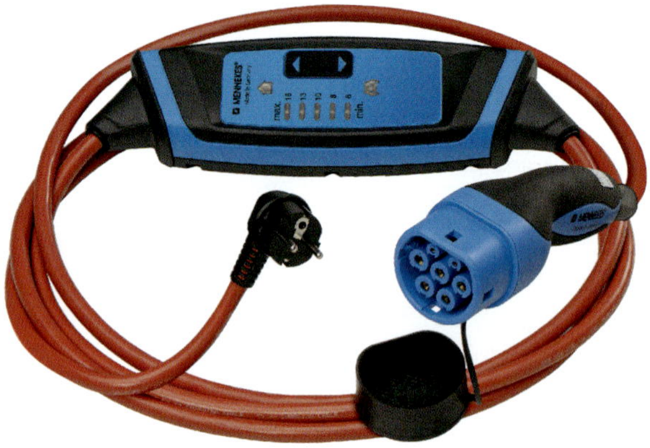

Bild 8.18
Typ-2-Ladekabel mit ICCB
[Bild: Mennekes]

Zum Laden einer Hochvoltbatterie gibt es die drei Möglichkeiten des Wechselstromladens, des Gleichstromladens und des Ladens mithilfe eines Anschlusssteckers.

8.5.2 Wechselstromladen

Beim Wechselstromladen wird das Fahrzeug entweder direkt oder über die ICCB mit dem Stromnetz verbunden. Die Ladeleistung hängt hierbei primär von der Leistungsfähigkeit des jeweiligen Stromanschlusses ab. Normale Schutzkontaktsteckdosen sind nur für eine Dauerbelastung mit 10 bis 12 A zugelassen. Um die Steckdose keinesfalls zu überlasten, begrenzt die ICCB den Stromfluss somit auf maximal 10 A, was einer Leistung von 2300 W entspricht. 16-A-CEE-Stecker („Campingstecker") können bereits dauerhaft mit 16 A belastet werden. Die Ladeleistung liegt dann bei 3680 Watt. Durch feste Installation einer sog. Wandladestation lässt sich die Ladeleistung am 230-V-Stromnetz auf bis zu 7200 W erhöhen.

Drehstromladen

Beim Drehstromladen wird das Fahrzeug direkt mit einer Ladestation oder über eine ICCB mit einer 400-V-Drehstromsteckdose verbunden. Die maximale Ladeleistung wird der Ladesäule über die Kommunikationsleitung mitgeteilt bzw. beim Anschluss an die Drehstromsteckdose durch die ICCB begrenzt. Je nach On-Board-Charger können so Ladeleistungen von bis zu 43 kW erreicht werden.

8.5.3 Gleichstromladen

Beim Gleichstromladen findet die Transformation und Gleichrichtung des Ladestroms bereits in der Ladestation statt. Das Batteriemanagementsystem teilt der Ladestation die notwendige Spannung und Stromstärke über die Kommunikationsleitung mit. Hierdurch kann der Ladevorgang auch seitens des Fahrzeugs abgebrochen werden. Die Ladeleistung von bis zu 150 kW sorgt dafür, dass Fahrzeuge innerhalb weniger Minuten wieder einsatzbereit sind. Künftige Schnellladesäulen sollen sogar mit einer Ladeleistung von 350 kW arbeiten. Dafür brauchen sie aber gekühlte Ladestecker.

8.5.4 Anschlussstecker

Anfangs konkurrierten neben den haushaltsüblichen Schutzkontakt-, CEE- und Dreiphasensteckern sechs verschiedene Spezialstecker, die untereinander nicht kompatibel waren. Inzwischen haben sich in Deutschland aber der sogenannte Typ-2-Stecker für AC-Laden und der CCS-Stecker für die Kombination aus AC- und DC-Laden durchgesetzt. Weitere Ladestandards sind Chademo für DC-Laden und das Tesla-System, das allerdings nur Fahrzeugen des amerikanischen Herstellers vorbehalten bleibt. Die Tesla Model 3 haben allerdings inzwischen zusätzlich eine CCS-Schnittstelle.

Typ-1-Ladestecker

Der Typ-1-Ladestecker ist ein 5-poliger, runder Stecker zum einphasigen Anschluss an das Stromnetz. Er besitzt 2 Anschlusskontakte für den Wechselstrom (Außen- und Neutralleiter), einen Kontakt für den Schutzleiter und 2 Kommunikationsanschlüsse. Er kommt hauptsächlich bei amerikanischen Fahrzeugen, teilweise auch bei japanischen Fahrzeugen zum Einsatz.

Combo-1-Stecker

Der Combo-1-Stecker ist ein Typ-1-Stecker, der um zwei Gleichstromanschlusskontakte erweitert wurde.

Typ-2-Stecker (auch Mennekes-Stecker)

Der Typ-2-Stecker ist ein runder, oben abgeflachter, 7-poliger Anschlussstecker zum dreiphasigen Anschluss des Fahrzeugs an das Stromnetz. Er besitzt 4 Anschlusskontakte für den Drehstrom (3 Außenleiter (L1-L3) und 1 Neutralleiter (N)), einen Kontakt für den Schutzleiter (PE) und 2 Kommunikationsanschlüsse (PP u. CP). Er wurde von der EU-Kommission 2013 als Standard festgelegt und wird seit 2017 bei allen neuen europäischen E-Fahrzeugen eingesetzt.

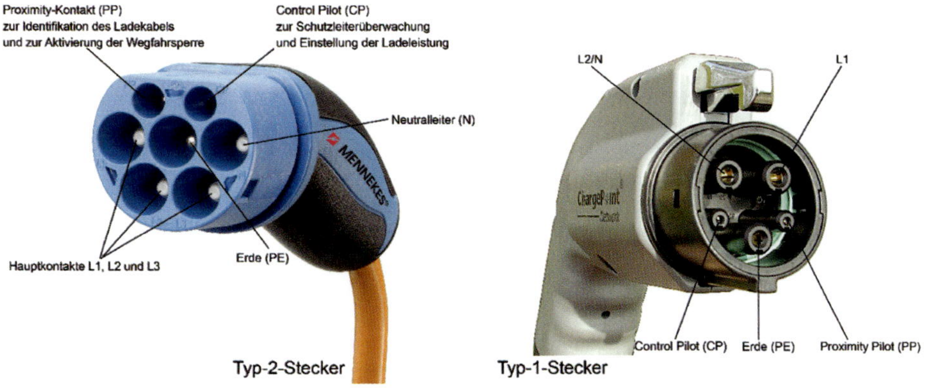

Bild 8.19
Der Typ-1-Stecker findet vor allem in Asien und Amerika Verwendung, der Typ-2-Stecker ist für Europa normiert.
[Bild: Mennekes, CC BY 2.0 Michael Hicks / bearbeitet: Schmidt]

CCS-Stecker

Der CCS-Stecker (Combined Charging System; dt.: kombiniertes Ladesystem) ist ein Typ-2-Stecker, der um zwei Gleichstromanschlusskontakte erweitert wurde.

Da CCS sowohl DC- als auch AC-Ladungen ermöglicht, ist die fahrzeugseitige Steckdose so konzipiert, dass ein AC-Ladestecker und auch ein DC-Ladestecker in das sogenannte Inlet, also die Steckdose im Fahrzeug, passen (Bild 8.20). Die Kontakte des CCS-Inlets sind deshalb auch den verschiedenen Ladevorgängen zugeordnet. Beim AC-Laden wird nur der obere Teil des CCS-Inlets genutzt. Die Leistungskontakte L1, L2, L3 und N dienen der Stromübertragung, die Kommunikationskontakte CP und PP steuern den Ladestrom. Über den unteren Teil des CCS-Inlets wird das Fahrzeug dagegen mit Gleichstrom geladen. Die beiden Kontakte DC+ und DC– übertragen den Strom. Die Kommunikationskontakte CP und PP sowie PE werden – wie auch beim AC-Laden – zur Steuerung und Erdung genutzt. Wie alle geregelten Ladesysteme baut CCS eine Kommunikation zwischen der Fahrzeugelektronik und der Elektronik der Ladesäule auf. Das Batteriemanagementsystem (BMS) des Autos oder der sogenannte Charging Manager in der zentralen Antriebssteuerung fungieren dabei als „Master" und die Ladesäule als „Slave". Sie übermitteln der Säule zum Beispiel den aktuellen Ladezustand des Akkus sowie die maximale Spannung und Stromstärke, mit der die Batterie geladen werden darf. Außerdem teilen sie der Säulenelektronik verschiedene Parameter des Akkus wie Temperatur und Spannung mit.

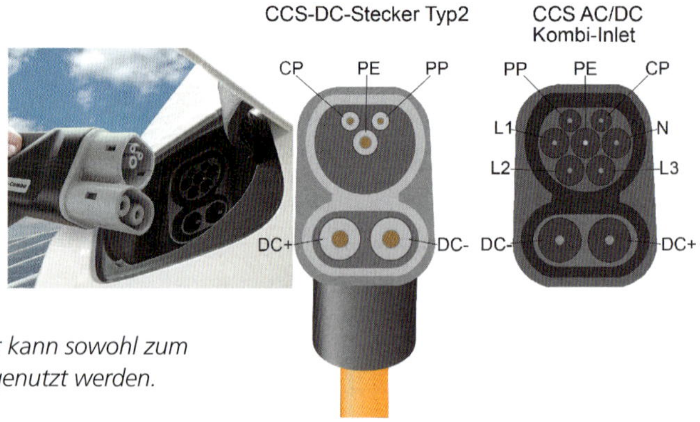

Bild 8.20
Der CCS-Typ-2-Combostecker kann sowohl zum AC- als auch zum DC-Laden genutzt werden.
[Bild: Daimler/Schmidt]

CHAdeMO

Der Name CHAdeMO steht einerseits für die englischen Wörter „charge" und „move" und ist gleichzeitig eine Abkürzung des japanischen Satzes „O cha demo ikaga desuka". Übersetzt bedeutet das so viel wie: „Lasst uns beim Aufladen einen Tee trinken". Die Idee war es, bei der Entwicklung des Ladestandards schon mit dem Namen anzudeuten, dass es bei einer Schnellladung mit Gleichstrom lediglich die Zeit dauert, die man für eine Tasse braucht, um den Akku wieder auf 80% seiner Gesamtkapazität aufzuladen. Auch hier funktioniert das BMS des Autos als Master und die Ladesäulenelektronik als Slave.

Bild 8.21
Die Belegung des CHAdeMO-Steckers für DC Schnellladungen

Tesla-Supercharger

Der Stecker des Tesla-Supercharger ist ein modifizierter Typ-2-Ladestecker. Der eigentlich für die Wechselstromladung vorgesehene Stecker wird jeweils auf 2 Steckkontakten mit Gleichstrom versorgt. Hierdurch kann die Hochvoltbatterie mit bis zu 135 kW geladen werden.

8.6 Der DC/DC-Wandler

Neben dem Hochvoltsystem verfügt das Elektro- oder Hybridfahrzeug zur Versorgung der Verbraucher über ein klassisches 12-V-Bordnetz. Eine Umstellung der Verbraucher auf die Hochvoltspannung wäre nicht sinnvoll, da diese zum einen wesentlich besser abgesichert sein muss und zum anderen alle Verbraucher, wie z.B. die Leuchtmittel oder das Autoradio, auf die Hochvoltspannung ausgelegt werden müssten. Mit den unterschiedlichen, aktuell verfügbaren Hochvoltsystemen wäre ein hohes Maß an Spezialisierung erforderlich.

Das Laden der 12-V-Batterie (i.d.R. eine kleine, klassische Starterbatterie) erfolgt über den DC/DC-Wandler. Um die Hochvoltspannung auf die Ladespannung von ca. 14 V zu transformieren, muss der Gleichstrom zunächst durch einen Wechselrichter in Wechselstrom umgewandelt werden. Der Wechselstrom erzeugt ein sich ständig änderndes Magnetfeld über einer Spule, das wiederum in einer zweiten Spule eine Spannung induziert. Die Spannungsänderung steht im direkten Verhältnis zur Leiterlänge der jeweiligen Spulen. Die transformierte Spannung wird dann mithilfe eines Gleichrichters in Gleichspannung umgewandelt und der 12-V-Batterie zugeführt.

Durch die Transformatorschaltung sind Hoch- und Niedervoltsystem elektrisch nicht miteinander verbunden, die galvanische Trennung bleibt erhalten.

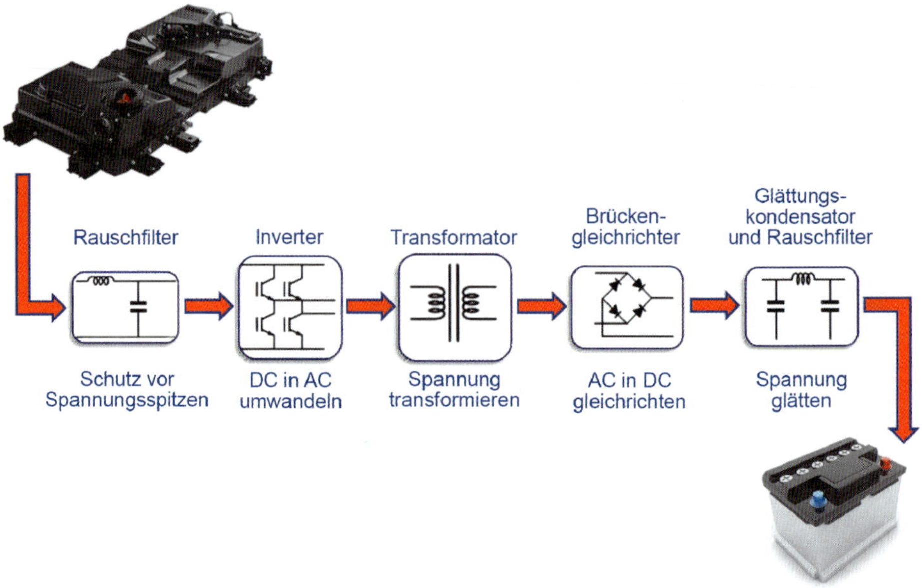

Bild 8.22 *Schematisch dargestellte Arbeitsweise eines Gleichstromwandlers*
[Bild: TAK]

8.7 Der Inverter

Das als Inverter bezeichnete Bauteil bildet die Schnittstelle zwischen dem Gleichstrombereich der Hochvoltbatterie und dem für den Elektromotor erforderlichen Wechselstrombereich. Er enthält in der Regel die komplette Leistungselektronik. Neben seiner namensgebenden Aufgabe „Invertieren", also Wechselrichten von Gleich- in Drehstrom, übernimmt er auch das Gleichrichten. Er wandelt also auch den Drehstrom, der während der Rekuperation vom Elektromotor kommt, in speicherfähigen Gleichstrom um. Beides geschieht durch sogenannte IGBTs (Insulated-Gate Bipolar Transistor; dt.: Bipolar-Transistor mit isolierter Gate-Elektrode).

Beim Wechselrichten wird mithilfe der IGBTs ein annähernd sinusförmiger Wechselstrom erzeugt. Dies geschieht durch Pulsweitenmodulation. Für die positive Halbwelle wird die Einschaltdauer zunächst vergrößert und anschließend wieder verkleinert. Anschließend wird die Polarität geändert und der Vorgang wiederholt.

Durch das Tastverhältnis, also das Verhältnis zwischen Ein- und Ausschaltdauer, lässt sich jedoch nur der Stromfluss verändern. Um der bei steigender Drehzahl erforderlichen Erhöhung der Frequenz, also der Erhöhung der Polaritätsänderungen pro Zeiteinheit, Rechnung zu tragen, wird zudem frequenzweitenmoduliert, d.h. dass bei gleichem Tastverhältis und gleicher Reihenfolge die Anzahl der Ein- und Ausschaltimpulse erhöht wird.

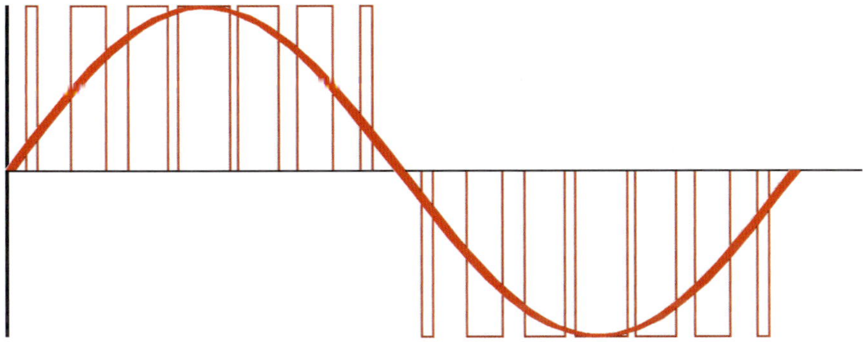

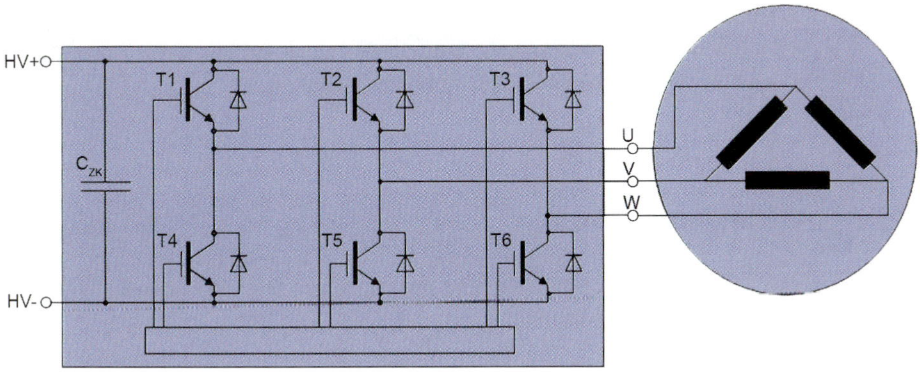

Bild 8.23
Pulswechselrichter mit IGBTs. Die Leistungstransistoren erzeugen über eine Mischung aus Pulsweiten- und Frequenzmodulation eine regelbare Wechselspannung.
[Bild: TAK]

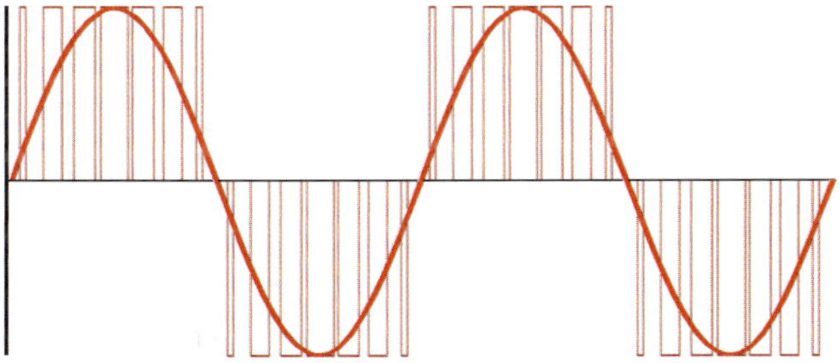

Bild 8.24 *Durch eine Frequenzweitenmodulation lässt sich im Wechselrichter auch die Frequenz des Wechselstroms verändern.*
[Bild: TAK]

8.8 Kondensatoren

Akkumulatoren wandeln elektrische Energie in chemische um, um diese zu speichern. Dieser Vorgang kostet Zeit. Durch die Rekuperation wird vielfach mehr elektrische Energie freigesetzt als in der kurzen Zeit in der Hochvoltbatterie gespeichert werden kann. Um diese dennoch nutzen zu können, wird sie bei vielen Fahrzeugen in großen Doppelschichtkondensatoren, sog. Super- oder Ultracaps, zwischengespeichert. So kann beispielsweise die Energie, die beim Verzögern vor einer roten Ampel freigesetzt wurde, beim Anfahren wieder in das System zurückgeführt werden. Zudem unterstützen die Kondensatoren die Hochvoltbatterie bei großem Leistungsbedarf, z.B. beim Beschleunigen: Die Kondensatoren stellen die Energie bereit, die die Hochvoltbatterie wegen ihrer Trägheit nicht bereitstellen kann.

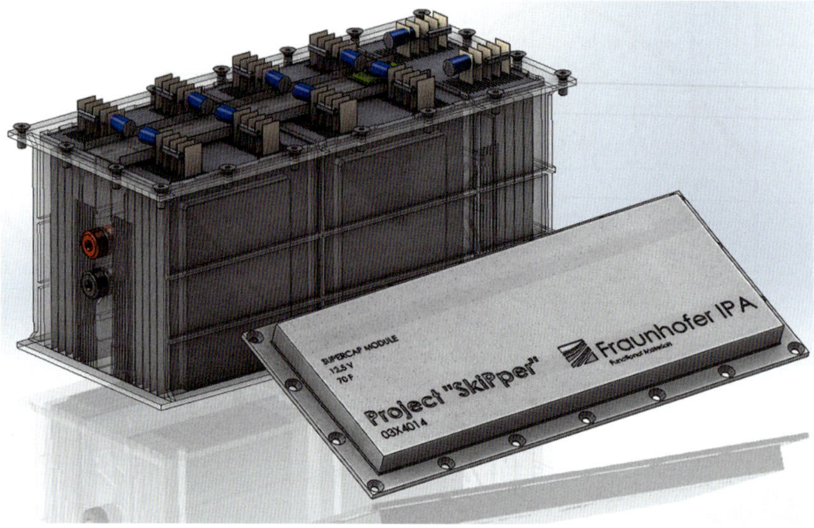

Bild 8.25 *Nach Vorstellungen der Fraunhofer-Forscher könnten solche Blöcke aus Doppelschicht-kondensatoren die Akkus in Elektrofahrzeugen ergänzen.* [Bild: Fraunhofer IPA]

8.9 Elektromotoren

Elektromotoren sind eigentlich ideal, um Autos anzutreiben. Sie brauchen relativ wenig Platz, haben schon aus dem Stand heraus ihr größtes Drehmoment, produzieren kaum Geräusche und keinerlei Abgase. E-Maschinen können zudem auch als Generator arbeiten und dadurch Bewegungsenergie wieder zurück in elektrischen Strom verwandeln. Darüber hinaus sind sie äußerst effektiv.

Ein weiterer Vorteil der Elektromotoren ist, dass sie überlastfähig sind. So kann beispielsweise ein 50-kW-Motor für kurze Zeit auch mal 100 kW leisten. Wie lange man mit dieser erhöhten Belastung fahren kann, hängt von der Kühlung der Aggregate ab. Elektromotoren gibt es in verschiedenen Bauarten und sie laufen – je nach Konstruktion – mit Gleichstrom oder mit Drehstrom.

Bei Elektro- und Hybridfahrzeugen kommen aber als Antriebsmaschinen ausschließlich Drehstrommotoren zum Einsatz, da diese mit über 80% einen deutlich höheren Wirkungsgrad haben als Gleichstrommotoren mit etwa 30 bis 40%. Zudem sind sie drehzahlfester, einfacher und preisgünstiger in der Herstellung. Nachteilig ist ein deutlich erhöhter Aufwand für die Regelung: Während beim Gleichstrommotor nur der Strom der Belastung angepasst werden muss, muss beim Drehstrommotor sowohl der Strom der Belastung, als auch die Frequenz der Drehzahl angepasst werden.

Alle Elektromotoren bestehen prinzipiell aus zwei Hauptbestandteilen: dem feststehenden Ständer (Stator) und dem auf einer Achse drehbaren Läufer (Rotor). Rotor und Stator besitzen Permanentmagnete oder Elektromagnete, deren Magnetfelder aufeinander einwirken und dadurch die Antriebskraft erzeugen. Sogenannte Hybridmotoren arbeiten inzwischen auch mit einer Kombination aus Permanent- und Elektromagneten.

Die Wirkungsweise von Drehstrommotoren basiert auf einem elektrischen Drehfeld, das von einem dreiphasigen Wechselstrom erzeugt wird. Dieser um 120° phasenversetzte Strom erzeugt drei Magnetfelder, die mit der Frequenz des Drehstroms um die gemeinsame Mittelachse rotieren. Setzt man in die Mitte der Spulen einen drehbaren magnetischen Gegenstand, z.B. einen Stabmagneten oder einen einfachen Eisenkörper, so wird dieser von den rotierenden Magnetfeldern mitgenommen und dreht sich.

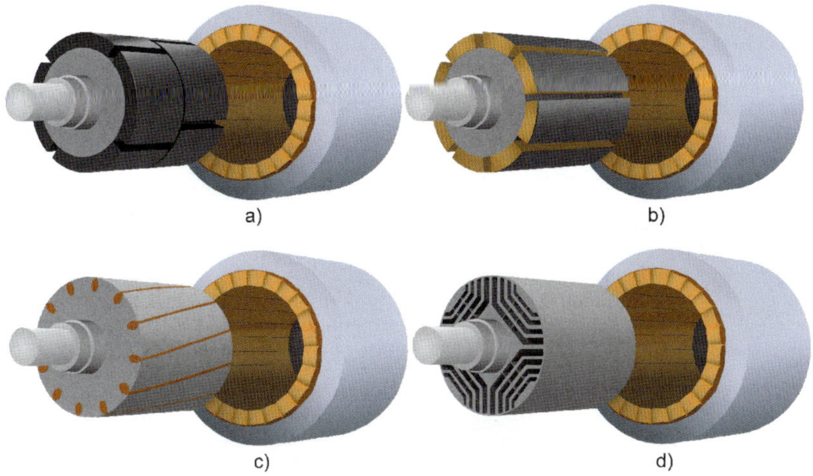

Bild 8.26 *Vereinfachte Darstellung der Bauformen verschiedener Elektromotoren*

a) Permanenterregter Synchronmotor: Hier sorgen Permanentmagnete für die Magnetisierung des Rotors.

b) Fremderregter Synchronmotor: Hier befindet sich eine Erregerwicklung im Rotor, die erst durch fließenden Strom magnetisiert wird.

c) Asynchronmotor: Der Drehstrom im Stator induziert im Rotor ebenfalls einen Strom. Beide bilden ein Magnetfeld aus, das die Drehbewegung verursacht.

d) Synchron-Reluktanzmotor: Er nutzt die sogenannte Reluktanzkraft, die aus einer Änderung des magnetischen Widerstands resultiert. Spezielle Schnitte im Rotor führen die Magnetlinien im Innern des Rotors und erzeugen so das Reluktanzmoment, das die Drehbewegung verursacht.

[Bild: Schmidt]

Gängige Abkürzungen für Elektromotor-Bauformen sind:

PSM: Permanenterregter Synchronmotor
SM: Fremderregter Synchronmotor (auch als FESM abgekürzt)
ASM: Asynchronmotor (auch als IM = Induktionsmotor bezeichnet)
SynRM: Synchron-Reluktanzmotor

Zudem werden Elektromotoren in Innen- und Außenläufermotoren unterschieden: Bei Innenläufermotoren dreht sich der Roter innerhalb des Stators, bei Außenläufermotoren dreht sich der Rotor außen um den Stator herum.

8.9.1 Synchronmotoren

Bei Synchronmotoren ist die Drehzahl des Rotors identisch mit der Frequenz des angelegten Drehstroms. Ein Synchronmotor, der also ohne weitere Regeleinrichtungen an eine gewöhnliche Haushaltssteckdose (50 Hz) angeschlossen wird, dreht somit grundsätzlich mit 50 sek^{-1}, also 3000 min^{-1}.

Elektromotoren können in Fahrzeugen jedoch nicht mit fester Drehzahl arbeiten, da sie beispielsweise in manchen Hybridantrieben auf der Getriebeeingangswelle verbaut sind und damit das gleiche Drehzahlband wie der Verbrennungsmotor abdecken müssen. Deshalb ist eine Anpassung der Frequenz des Drehstroms an die Drehzahl des Elektromotors erforderlich.

Das notwendige Signal zur Steuerung des Antriebsmotors erzeugt der sogenannte Resolver (dt.: Koordinatenwandler). Das ist ein elektromagnetischer Sensor, der die Winkelposition des Rotors in eine elektrische Größe umwandelt. Dabei gibt er ein absolutes

Bild 8.27 *Permanenterregter Innenläufer-Synchronmotor aus dem Audi Q5 Hybrid quattro*
[Bild: Audi]

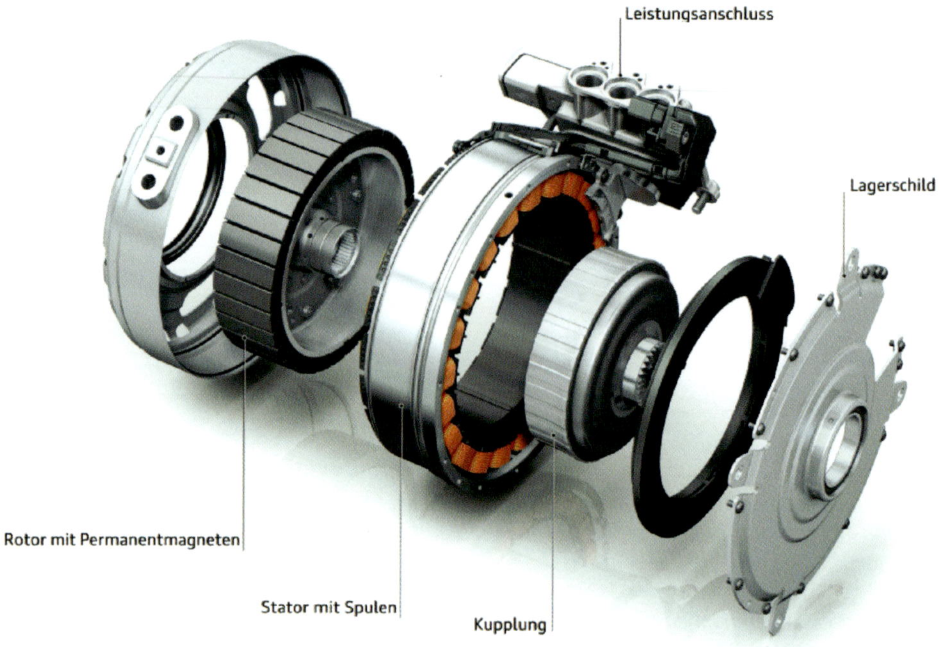

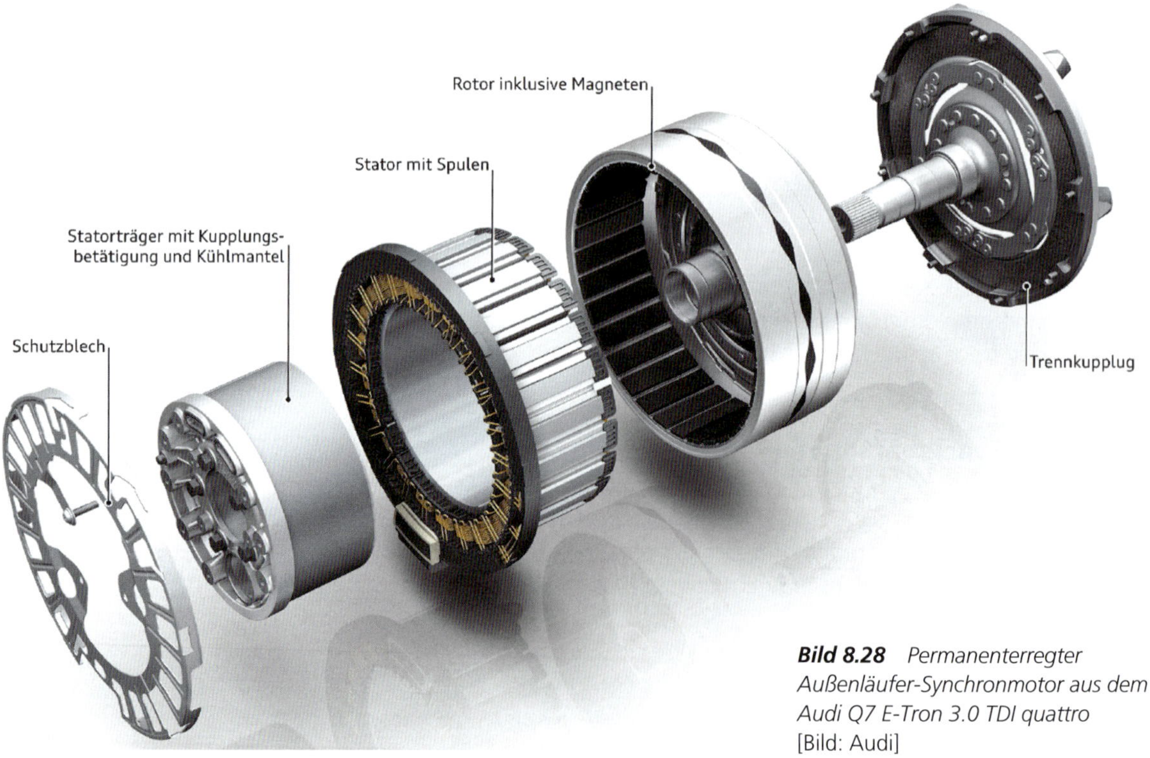

Bild 8.28 *Permanenterregter Außenläufer-Synchronmotor aus dem Audi Q7 E-Tron 3.0 TDI quattro*
[Bild: Audi]

Winkelsignal ab und muss beim Einschalten nicht referenziert werden. Das Resolver-Signal dient – zusätzlich zur Position des Fahrstufen-Wählhebels – dazu, zu bestimmen, in welcher Reihenfolge der Inverter die Motorwicklungen ansteuern muss. So kann er zum Beispiel durch Vertauschen der Phasenfolge bei der Ansteuerung der Endstufentransistoren (IGBTs) die Drehrichtung umkehren, wodurch das Rückwärtsfahren ohne Einsatz eines mechanischen Getriebes möglich ist. Nach dem Anlaufen in der gewünschten Drehrichtung dient der Resolver als Drehzahlsensor des Antriebmotors.

Permanenterregter Synchronmotor

Bei permanenterregten Synchronmotoren besteht der Rotor aus Dauermagneten (Bilder 8.26 und 8.27). Diese sind als Oberflächenmagnete am oder als vergrabene Magnete im Rotor befestigt. Oberflächenmagnete haften oftmals nur durch Magnetkraft am Rotor, was die Drehzahlfestigkeit, hauptsächlich bei Innenläufern herabsetzt. Vergrabene Magneten erfordern einen deutlich erhöhten Fertigungsaufwand, können jedoch den großen Fliehkräften hochdrehender Motoren besser standhalten.

Der permanenterregte Synchronmotor besitzt einen sehr einfachen mechanischen und elektrischen Aufbau, da weder Schleifkontakte noch Bürsten o.Ä. sowie im Rotor keine komplexe Windungsstruktur benötigt werden. Der notwendige Einsatz „seltener Erden" (z.B. Neodym) führt allerdings zu hohen Materialkosten. Der Motor erreicht eine sehr hohe Drehmoment- und Leistungsdichte und hat im unteren Drehzahl- und Lastbereich einen hohen Wirkungsgrad. Das maximale Drehmoment ist hauptsächlich durch den Dauermagneten und sein Magnetfeld definiert. Er entwickelt bei kurzgeschlossenen Windungen ein hohes Bremsmoment.

Fremderregter Synchronmotor

Fremderregte Synchronmotoren besitzen statt des Dauermagneten im Rotor einen Elektromagneten, die sog. Erregerwicklung, der mithilfe von Schleifringen und Bürsten mit Gleichstrom versorgt wird. Fremderregte Synchronmotoren kommen ohne Dauermagnet aus. Auf „seltene Erden" kann somit verzichtet werden. Sie besitzen eine geringere Leistungsdichte als permanenterregte Motoren, haben jedoch auch bei hohen Drehzahlen die volle Leistung. Die Erregerwicklung ist entweder auf die Schenkelpole gewickelt (langsam drehende Motoren) oder in die Nuten des Vollpolläufers eingebracht und mit Nutkeilen fixiert (schnell drehende Motoren).

8.9.2 Asynchronmotoren

Bei Asynchronmotoren entspricht die Drehzahl des Rotors nicht der Frequenz des Stroms. Im Betrieb als Elektromotor läuft der Rotor der Frequenz nach, im Generatorbetrieb läuft er vor. Der Rotor wird auch als passiver Läufer bezeichnet, der entweder dauerhaft (Käfigläufer) oder fallweise (Schleifringläufer) kurzgeschlossen wird.

Funktion des Asynchronmotors am Beispiel des Käfigläufers

Der Käfigläufer besteht aus vielen Stäben, deren Enden untereinander über einen Ring verbunden sind. Die Stäbe und Ringe bilden jeweils Spulen mit nur einer Windung. In diesen „Spulen" wird beim Anlegen des Drehstroms an den Stator eine Spannung induziert. Da die Spulen untereinander kurzgeschlossen sind, fließt Strom, der über dem Käfigläufer ein Magnetfeld aufbaut. Dieses wird wiederum vom Drehfeld des Stators mitgenommen und der Rotor dreht sich. Voraussetzung für die Induktion ist die Bewegung, also die Schnittgeschwindigkeit zwischen Leiter und Magnetfeld. Bei Stillstand des Rotors ist diese maximal, der Käfig entspricht der Sekundärwicklung eines kurzgeschlossenen Transformators. Der Motor erwärmt sich stark und hat nur einen sehr geringen Wirkungsgrad. Je stärker sich die Drehzahl des Rotors der Drehgeschwindigkeit des vom Stator erzeugten Magnetfelds nähert, desto geringer ist die Schnittgeschwindigkeit und damit das Magnetfeld des Käfigläufers und das Drehmoment. Würde der Rotor die Drehgeschwindigkeit des Magnetfelds erreichen, wäre sein Drehmoment gleich null. Die Geschwindigkeitsdifferenz zwischen dem Rotor und dem Drehfeld wird als Schlupf bezeichnet. Das Drehmoment des Motors ist bei geringen Schlupfwerten proportional zum Schlupf. Bei sehr großen Schlupfwerten bricht das Drehmoment wieder ein. Das maximale Drehmoment wird auch als Kippmoment bezeichnet.

Für den Einsatz in Hybrid- und Elektrofahrzeugen bedeutet dies, dass die Frequenz des Drehfelds der Drehzahl angepasst werden muss, um den Motor im optimalen Wirkungsgradbereich laufen zu lassen. Dies lässt sich bei seriellen Hybridfahrzeugen und reinen Elektrofahrzeugen aufgrund der verhältnismäßig geringen Drehzahlschwankungen gut realisieren. Für den Einsatz als Parallelhybrid ist diese Bauform dagegen nahezu ungeeignet.

Schleifringläufer

Beim Schleifringläufer sind die Enden der Rotorwicklungen nicht direkt kurzgeschlossen, sondern über Schleifringe nach außen geführt, wo durch den Einsatz unterschiedlicher Widerstände das Magnetfeld über dem Rotor beeinflusst werden kann. Somit lässt sich beispielsweise das Anlaufmoment des Motors beeinflussen. Sie spielen im Kraftfahrzeugbereich keine Rolle, da durch die elektronische Regelung annähernd das Gleiche erreicht werden kann, ohne die Wartungsfreiheit des Motors (z.B. Wechsel von Bürsten) einzubüßen.

8.9.3 Synchron-Reluktanzmotoren

Ebenfalls ohne Permanentmagneten kommen die sogenannten Synchron-Reluktanzmaschinen (SynRM) aus. Sie haben im Vergleich zu Asynchronmotoren bei gleichem Volumen einen besseren Wirkungsgrad oder brauchen bei gleichem Wirkungsgrad weniger Bauraum. Wie bei den ASM oder PSM enthält auch hier der Stator eine Drehstromwicklung. Der Rotor besteht hingegen nur aus dem Rotorblechpaket und hat weder Permanentmagnete noch einen Kurzschlusskäfig oder eine Wicklung. Die Bildung des Drehmoments erfolgt aufgrund einer speziellen geometrischen Ausformung des Rotors und der damit verbundenen Reluktanzeffekte durch unterschiedliche magnetische Widerstände. Der Betrieb der SynRM erfolgt mittels feldorientierter Regelung durch einen Frequenzumrichter. Dazu wird die Lagewinkelinformation des Rotors bezogen auf den Stator benötigt. Diese kann über einen Lagegeber erfolgen. Es sind aber auch Varianten in der Entwicklung, die ohne Geber auskommen. Bisher speilen diese Motoren bei den Fahrzeugantrieben noch keine Rolle. Forscher sehen aber durchaus Potenzial für diesen Motor.

8.10 Der Antrieb

Der Antriebsstrang in einem E-Auto benötigt deutlich weniger Bauteile als ein herkömmlicher mit Verbrennungsmotor. Viel mehr als die E-Maschine, eine Leistungselektronik, einen Energiespeicher und ein Ladegerät braucht man nicht. Natürlich ist der Elektroantrieb letzten Endes – wie bereits beschrieben – doch etwas komplizierter. Aber auf komplexe Baugruppen wie Kupplung, mehrstufiges Getriebe, Ölkreislauf und die mechanische Motorsteuerung sowie die Abgasreinigung kann ein E-Auto bekanntlich verzichten. Und: Ein Verbrennungsmotor hat deutlich über 1000 Teile, eine E-Maschine kommt mit weniger als 50 Teilen aus.

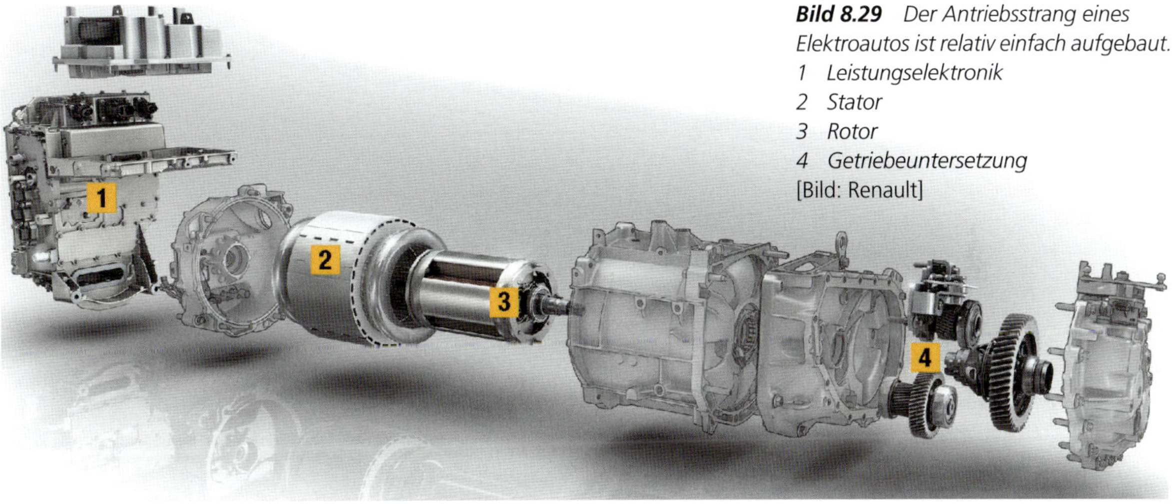

Bild 8.29 *Der Antriebsstrang eines Elektroautos ist relativ einfach aufgebaut.*
1 Leistungselektronik
2 Stator
3 Rotor
4 Getriebeuntersetzung
[Bild: Renault]

Komplizierter ist da der Aufbau eines Hybrid-Antriebsstrangs. Die einfachste Variante, ein Hybridfahrzeug zu realisieren ist, den Elektromotor direkt auf die Motorkurbelwelle oder auf die Getriebeeingangswelle zu bauen. So können alle bekannten Antriebskomponenten weiterverwendet werden und der Bauraumbedarf bleibt gering. Diese Variante hat allerdings auch große Nachteile: Zum einen muss der Elektromotor dem Drehzahlband des Verbrennungsmotors folgen, wodurch die Frequenzregelung aufwendiger wird und zum anderen bleiben nahezu alle Wirkungsgradverluste im Antriebsstrang erhalten, da die freigesetzte Bewegungsenergie diesen auf klassischem Weg durchläuft.

Bild 8.30
Die E-Maschine lässt sich relativ platzsparend im Automatikgetriebe integrieren.
[Bild: ZF]

Bild 8.31 *Antriebsstrang eines Parallelhybrids, bei dem der E-Motor im Getriebe sitzt.*
[Bild: Audi]

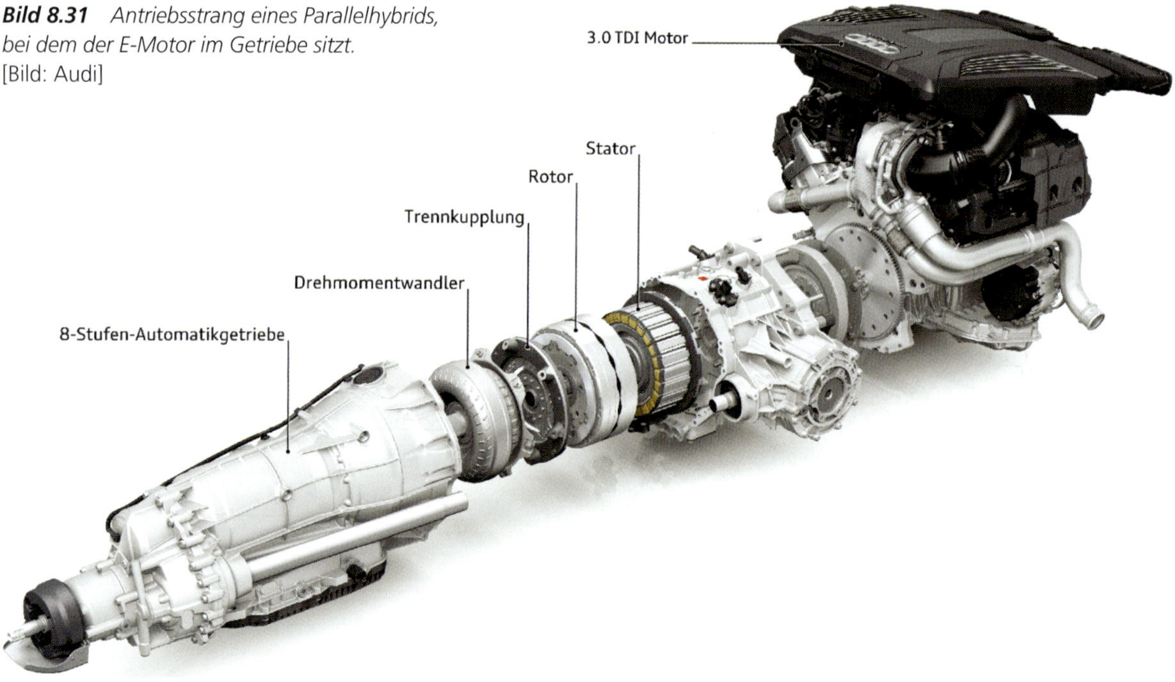

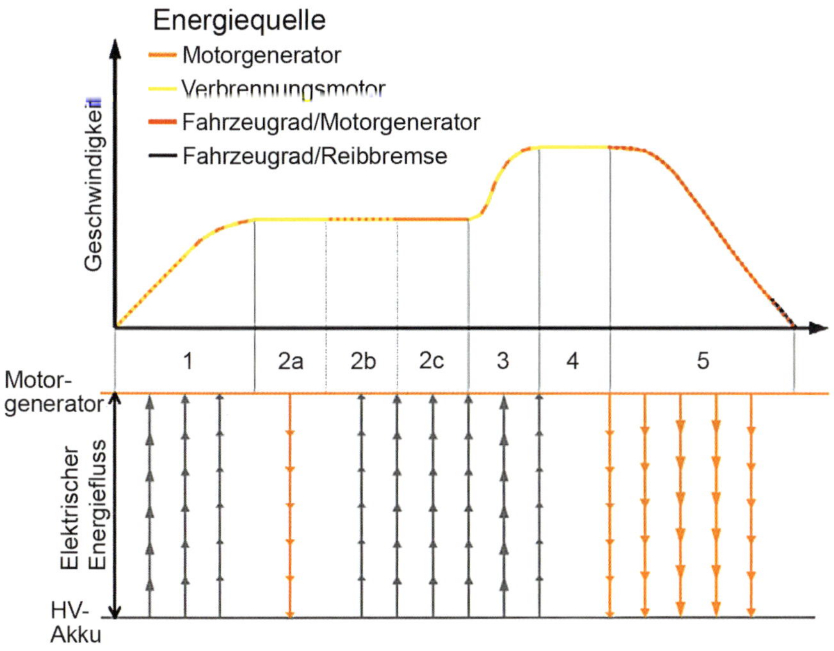

Bild 8.32 *Fahrzyklus eines parallelen Hybridantriebs mit starrer Verbindung zwischen Verbrenner und Motor-Generator* [Bild: TAK]

Alternativ zu dieser Variante des Parallelhybrids, gibt es die Möglichkeit der Leistungsverzweigung und des Antriebs der zweiten Achse.

8.10.1 Parallel-Vollhybrid mit Leistungsverzweigung

Ein leistungsverzweigter Vollhybrid basiert auf zwei elektrischen Maschinen und einem Verbrennungsmotor. Alle drei Maschinen sind über einen einfachen Planetensatz miteinander verknüpft. Die Funktionsweise lässt sich anschaulich am Hybridantrieb von Toyota erläutern. Die Japaner haben diesen Antrieb im Modell Prius bereits in den 90er-Jahren auf die Straße gebracht.

Das elektronisch gesteuerte Planetengetriebe erlaubt es, den Benziner und zwei als Motorgenerator bezeichnete E-Maschinen unabhängig von deren Drehzahlen miteinander zu koppeln. Außerdem lassen sich die Aggregate durch diese Getriebebauform in praktisch jeder Betriebssituation selektiv zu- und abschalten.

Durch diese Technik können die leistungsverzweigten Vollhybride ihre Antriebsquellen sowohl in serieller als auch in paralleler Anordnung einsetzen und damit die Vorteile beider Bauarten für sich nutzen. Außerdem ersetzen sie neben dem herkömmlichen Getriebe auch Bauteile wie Kupplung und Anlasser.

Im seriellen Betrieb läuft der Verbrenner laut Toyota konstant im Bereich seines höchsten Wirkungsgrades und produziert über den Motorgenerator „MG1" während der Fahrt Strom zum Laden der Hybridbatterie.

Als Parallelhybrid betrieben erlaubt der Antrieb weitere Betriebsarten: Im Stadtverkehr kann die E-Maschine „MG2" bei niedrigen Geschwindigkeiten allein für Vortrieb sorgen, auf der Autobahn kann sie das Benzintriebwerk dagegen als „Powerbooster" unterstützen. Die geregelte, stufenlose Kraftübertragung erlaubt es, den Verbrenner bei langsamer Fahrt abzustellen (EV-Modus) und wieder zuzuschalten, sobald der Fahrer stärker aufs Gaspedal tritt.

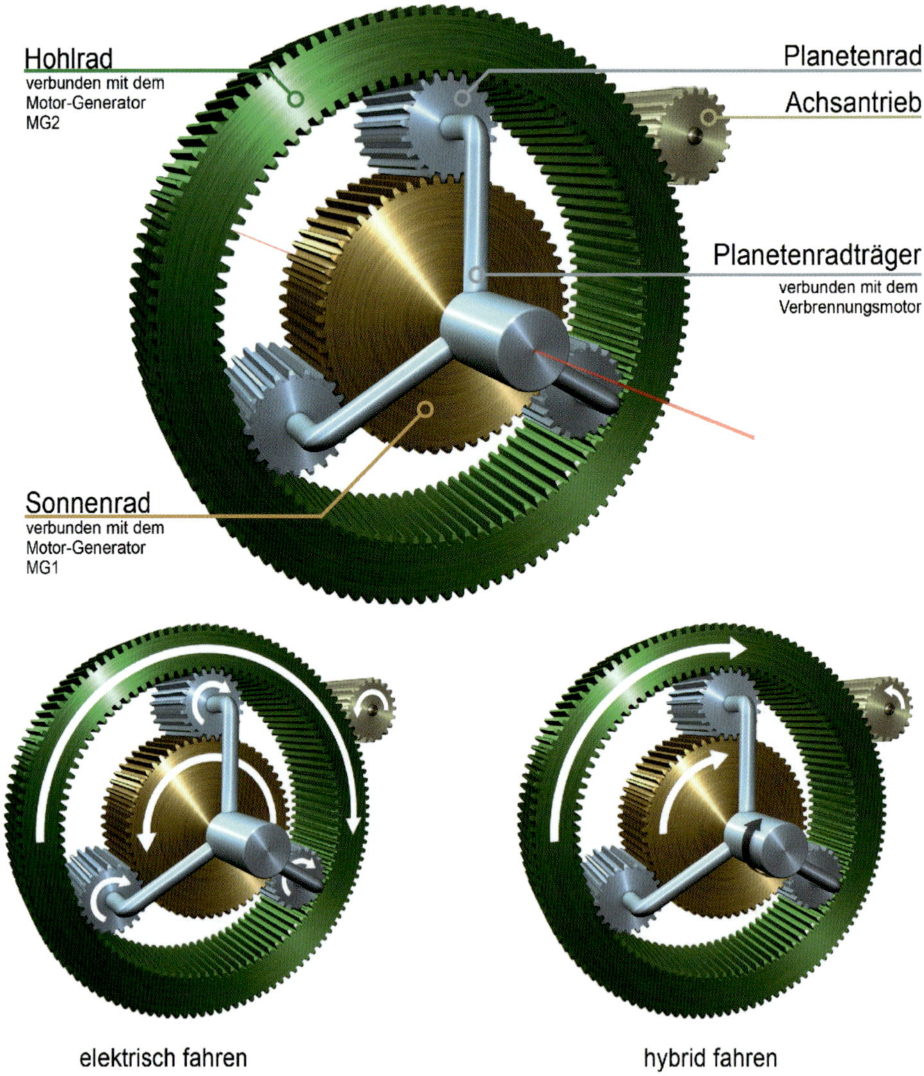

Bild 8.33
Arbeitsweise des Planetengetriebes im Hybridantrieb von Toyota und Lexus
[Bild: Toyota]

Um zu verstehen, wie die Anpassung der Übersetzung und das nahtlose Zu- und Abschalten des Verbrenners und der beiden Motorgeneratoren funktionieren, empfiehlt sich zunächst ein Blick auf den Aufbau und die grundsätzliche Arbeitsweise des Planetengetriebes (siehe auch Kapitel 9). Das Planetengetriebe überträgt die Antriebskraft mittels Zahnrädern, die sich ständig im Eingriff befinden. Um das innere Zahnrad, das sogenannte Sonnenrad, drehen sich die über einen Träger miteinander verbundenen Planetenräder. Die Kreisbahn der Planetenräder umschließt ein äußerer Zahnkranz, das sogenannte Hohlrad.

Sonnenrad, Planetenradträger und Hohlrad sind im Toyota-Planetengetriebe mit jeweils einem der drei Aggregate des Hybridsystems verbunden:

- das Sonnenrad mit dem Motorgenerator MG1, der hauptsächlich während der Fahrt Strom zum Aufladen der Hybridbatterie produziert und darüber hinaus als „Start-Stopp-System" für den Verbrenner fungiert;
- der Planetenradträger mit dem Benzintriebwerk;

- das Hohlrad mit dem für den Elektroantrieb zuständigen Motorgenerator MG2 und dem Achsantrieb.

Die Drehbewegung des Hohlrades entspricht also der Drehung des Elektromotors MG2 und steht in direkter Relation zur Geschwindigkeit des Fahrzeugs. Das Planetengetriebe ermöglicht so auf einfache Weise einen rein elektrischen Fahrbetrieb. Das Benzintriebwerk bleibt in dieser Situation abgeschaltet, der Planetenradträger steht still. Das Hohlrad rollt über die auf der Stelle rotierenden Planetenräder ab. Der Motorgenerator MG1 läuft über die Drehung des Sonnenrades „leer" mit.

Sobald der Fahrer mehr Leistung abruft als über den elektrischen Antrieb verfügbar ist, kommt automatisch der Verbrennungsmotor wieder zum Einsatz. Er wird über den Motorgenerator MG1 gestartet. Dazu muss dieser seine Drehzahl verringern. Um das zu erreichen, wird er als Generator genutzt und dadurch „abgebremst". Die Planetenräder beginnen auf dem Hohlrad abzulaufen, dadurch dreht der Planetenradträger und somit die Kurbelwelle des Motors. Damit in dieser Situation das Fahrzeug nicht verzögert, wird der Strom zum MG2 kurzzeitig erhöht, bis der Verbrenner läuft.

Der Schlüssel zur Effizienz des Hybridsystems ist laut Unternehmensangaben die vollständig variable Regelung der Drehzahlen und des Kraftflusses zwischen dem Benziner und den Motorgeneratoren MG1 und MG2: Der Verbrenner kann gleichzeitig die Räder antreiben und über die E-Maschine MG1 Ladestrom für die Hybridbatterie erzeugen. Bei Beschleunigung ruft die elektronische Steuerung die dort gespeicherte Energie wieder ab, um sie zum Antrieb des MG2 einzusetzen.

Umgekehrt kann der Benziner während der Fahrt über den Widerstand des MG1 praktisch jederzeit abgeschaltet und wieder angelassen werden. Der MG1 fungiert somit nicht nur als „Ladegerät" für die Hybridbatterie, sondern auch als „Start-Stopp-System" für den Benzinmotor.Der im Atkinson-Viertaktzyklus arbeitende Verbrenner wird mit reduzierter Verdichtung rucklos gestartet und rasch auf die optimale Drehzahl gebracht. Auch elektrisches Anfahren nach dem Kaltstart ist möglich. Dann treibt das Benzintriebwerk beim Warmlaufen nur den Motorgenerator MG1 in der Manier eines Stationärmotors an.

Eine weitere Besonderheit ist die stufenlos variable Anpassung der Antriebsübersetzung. Bei Beschleunigung läuft das Benzintriebwerk mit konstanter Drehzahl und voll geöffneten Drosselklappen in einem effizienten Betriebszustand. Die Änderung der Übersetzung erfolgt über die Reduzierung der Drehzahl des Motorgenerators MG1. Dieser zwingt so das mit der zweiten E-Maschine MG2 verbundene Hohlrad des Planetengetriebes zur schnelleren Drehung – mit entsprechender Konsequenz für die Antriebsachse. Das Drehzahllimit des Motorgenerators MG2 und dessen Übersetzung innerhalb des Hybridgetriebes bestimmen die erreichbare Höchstgeschwindigkeit des Fahrzeugs.

8.10.2 Elektrischer Allradantrieb

Beim elektrischen Allradantrieb treibt der Verbrennungsmotor, ggf. unterstützt von einem Elektromotor, eine Achse des Fahrzeugs an und ein Elektromotor die zweite Achse. Hierdurch kann der Hybridantrieb mit dem Allradantrieb kombiniert werden und neben dem Verbrauchs- und Emmissionsvorteil können fahrdynamische Vorteile erzielt werden. Je nach Fahrsituation kann das Fahrzeug an einer Achse mit Verbrennungsmotor, oder Verbrennungsmotor und Elektromotor, oder an der zweiten Achse mit Elektromotor, oder an beiden Achsen angetrieben werden.

Bild 8.34 *Beim BMW 225 XE treibt der Verbrenner die Vorderachse an und die E-Maschine sitzt an der Hinterachse. Dadurch ist bei Bedarf ein elektrischer Allradantrieb möglich.*
[Bild: BMW]

8.10.3 Serieller Hybridantrieb

Bei einem seriellen Hybridantrieb (Hybrid Electric Vehicle – HEV) ist der Elektromotor die Hauptantriebsquelle für das Auto, der Verbrennungsmotor treibt hier nur einen Generator an, der den Strom für den oder die E-Motoren produziert (Bild 8.34). Auf diese Weise arbeitet zum Beispiel der Antrieb im Kleinwagen Note e-Power von Nissan. Der Wagen, den der Hersteller vorerst nur in Japan vertreibt, soll mit einem relativ kleinen Akku auskommen, der sich – wie bei den leistungsverzweigten und parallelen Varianten – nicht an einer Steckdose aufladen lässt. Bei dem System von Nissan bezieht der Elektromotor seine Energie über einen per Verbrennungsmotor angetriebenen Generator und aus einer kleinen Pufferbatterie – man könnte ihn auch als benzinelektrischen Antrieb bezeichnen; ähnlich arbeiten schließlich auch dieselelektrisch angetriebene Busse und Lokomotiven. Das System lässt sich vom Grundkonzept auch ganz gut mit einem Brennstoffzellen-Antrieb vergleichen. Allerdings ist es durch den Verbrenner nicht schadstofffrei.

Laut Nissan vereint das „e-Power"-System die Antriebstechnik des E-Modells Leaf mit einem 1,2 Liter kleinen Dreizylinder-Benzinmotor, der über den Generator die Batterie des Fahrzeugs lädt und damit externes Nachladen überflüssig macht. Der Verbrenner hat – nicht wie bei einem leistungsverzweigten Hybriden wie dem Toyota Prius – keine direkte

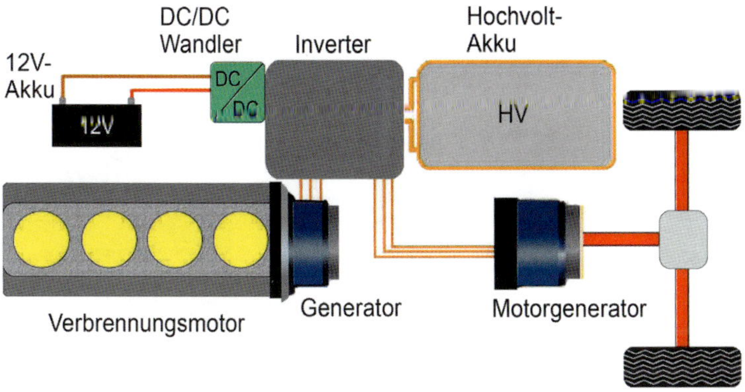

Bild 8.35 *Schema eines seriellen Hybridantriebs mit einem zentralen Motorgenerator.* [Bild: TAK]

Verbindung zu den Antriebsrädern. Der Benziner liefert seine Kraft also ausschließlich über den Generator und einen Inverter in den Antriebsstrang. Die kleine Batterie sorgt unter anderem dafür, dass der Antrieb Leistungsspitzen abfangen und Bremsenergie zurückspeisen kann.

Ein etwas aufwendigeres System bietet Honda in seinem Model CRV Hybrid. Denn zusätzlich zu Verbrennungs- und E-Motor sowie Generator hat Honda bei seinem i-MMD Hybridsystem (intelligent Multi-Mode Drive) noch eine Überbrückungskupplung integriert. Diese kann den Verbrenner direkt ohne zusätzliches Getriebe mit den Antriebsrädern verbinden. Dadurch sind drei Fahrmodi möglich: Im Elektroantrieb („EV Drive") treibt der Elektromotor das Fahrzeug mit Energie aus der Lithium-Ionen-Batterie an. Im Hybridantrieb („Hybrid Drive") treibt der Benzinmotor den Generator an, der dann den elektrischen Antriebsmotor direkt mit elektrischer Energie versorgt. Im Motorantrieb („Engine Drive") stellt die Überbrückungskupplung die direkte Verbindung zwischen Benzinmotor und Rädern her. Letzteren Modus haben die Entwickler eingebaut, da er laut Honda bei Geschwindigkeiten um 80 bis 100 km/h die effizienteste Möglichkeit sei, das Auto anzutreiben. Bei Bedarf kann der E-Antriebsmotor per „Boost"-Effekt hier ein zusätzliches Drehmoment liefern. Nach Unternehmensangaben fährt der CR-V Hybrid bei gemäßigtem Tempo um 60 km/h über die Hälfte der Zeit im „EV Drive", bei höheren Geschwindigkeiten um 100 km/h kommt dieser Modus etwa zu einem Drittel der Zeit zum Einsatz. Seine Maximalgeschwindigkeit erreicht das Fahrzeug im „Hybrid Drive".

8.10.4 Range Extender

Ein ähnliches Antriebskonzept wie seriell arbeitende Hybride haben auch Elektro-Autos mit Range Extender wie der BMW i3. Allerdings liegt hier der Schwerpunkt auf dem batterieelektrischen Antrieb mit einem großen und extern aufladbaren Akku. Verbrennungsmotor und elektrischer Generator haben hier eine geringere Leistung als der Elektromotor, der das Fahrzeug antreibt. Sie sind deshalb als Hilfsantrieb zu sehen, der die Reichweite des Fahrzeugs verlängert, wenn die Batterie entladen ist. Dadurch kann die Höchstgeschwindigkeit des Wagens im Range-Extender-Betrieb allerdings geringer sein als im Batteriebetrieb. Dennoch bestimmt auch hier die Größe des Tanks die Gesamtreichweite des Antriebs. Für einen Range Extender eignen sich nicht nur konventionelle Benzinmotoren, sondern Kreiskolbenmotoren, Gasantriebe oder die Brennstoffzelle.

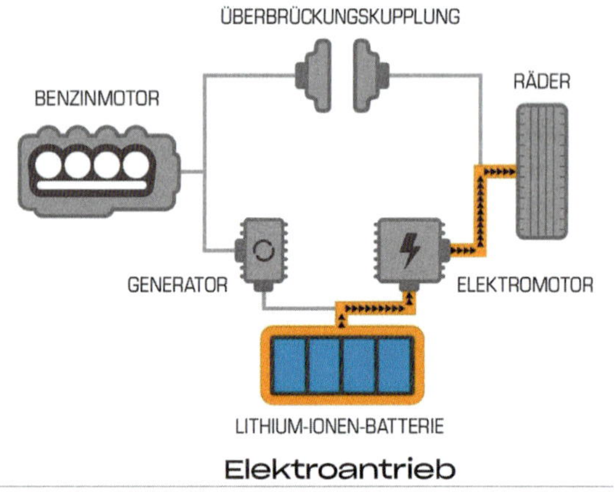

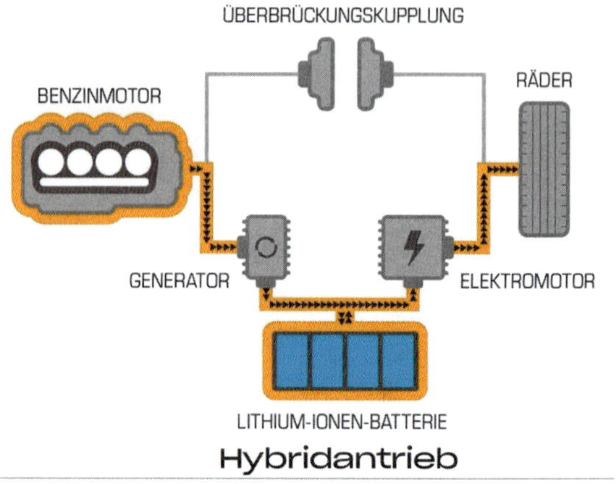

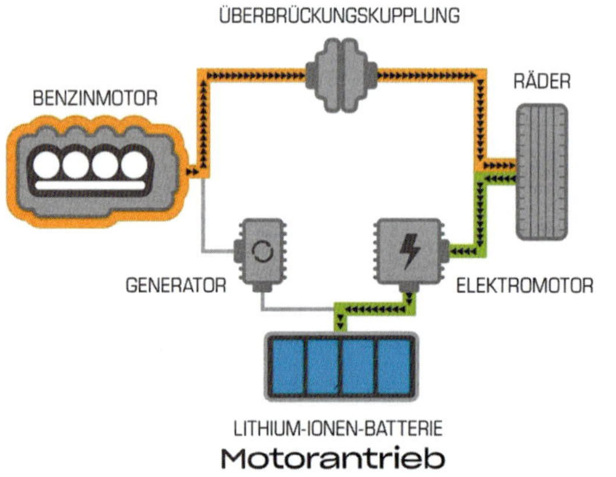

Bild 8.36 *Die Betriebsmodi des seriell arbeitenden Hybridantriebs von Honda* [Bild: Honda]

8.10.5 Radnabenantrieb

Der Radnabenmotor ist eine Antriebsvariante, die aufgrund ihrer großen ungefederten Masse (im Pkw zzt. etwa 50 kg mehr pro Rad) bisher nur im Nutzfahrzeug zum Einsatz kommt. Vorwiegend Stadtbusse werden verstärkt damit ausgestattet. Vorteile des Radnabenantriebs liegen in der Verminderung von Reibungsverlusten durch Komponentenwegfall, in der Erhöhung der Bewegungsfreiheit des Rades (keine störenden Antriebskomponenten) und der damit im Zusammenhang stehenden, verbesserten Rangierfähigkeit und in der Möglichkeit, den Antriebsmotor in das Konzept der Fahrdynamikregelung einzubeziehen. So kann z.B. bei einem Eingriff des Stabilitätsprogramms die eine Fahrzeugseite verzögert und die andere beschleunigt werden, um das Fahrzeug noch schneller einzudrehen. Zuletzt fällt auch der komplette Bauraum für den bisherigen Antriebsstrang weg, sodass hier völlig neue Karosseriekonzepte in Betracht kommen.

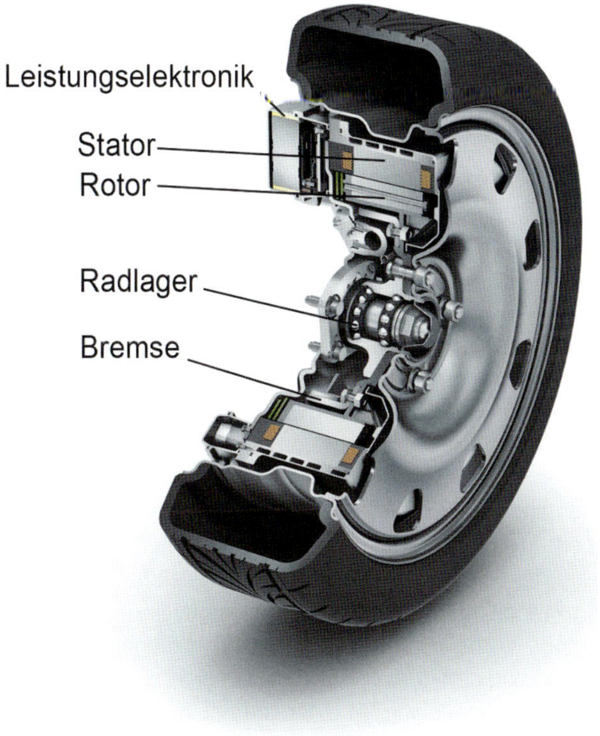

Bild 8.37 *Elektromotoren können so kompakt gebaut sein, dass sie in die Radnabe passen.*
[Bild: Schaeffler]

8.10.6 Die Brennstoffzelle

Brennstoffzellenfahrzeuge sind Elektrofahrzeuge, deren Reichweite nicht durch einen Verbrennungsmotor und einen nachgeschalteten Generator verlängert wird, sondern durch eine sog. „kalte Verbrennung" in einer Brennstoffzelle. Hierdurch kann der Wirkungsgrad des Gesamtsystems deutlich verbessert werden: Multipliziert man die Wirkungsgrade der einzelnen Komponenten beim Laden, Verbrennungsmotor (ca. 40%) und Generator (ca. 95%), kommt man auf einen Gesamtwirkungsgrad von etwa 38%. Aktuelle Brennstoffzellen erreichen bereits bis zu 60%, wobei weiteres Entwicklungspotenzial vorhanden ist.

Die Brennstoffzelle wandelt, wie der Akkumulator, chemische Energie in elektrische um. Im Unterschied zum Akkumulator kann jedoch die Substanz, deren Energie umgewandelt wird „nachgefüllt" werden. Während der Akkumulator also nach einer gewissen Entladezeit entleert ist und wieder mithilfe elektrischer Energie geladen werden muss, wird bei der Brennstoffzelle während des „Entladens" kontinuierlich neue, chemische Energie zugeführt. Im Kraftfahrzeug ist dies Wasserstoff.

Die Brennstoffzelle ist prädestiniert dafür, die im Wasserstoff gespeicherte Energie in elektrischen Strom umzuwandeln, weil sie dafür keine Zwischenschritte benötigt. Sie kehrt das Prinzip der Elektrolyse um, bei der elektrischer Strom das Wassermolekül in Wasserstoff und Sauerstoff aufspaltet. Wasserstoffatome wollen von sich aus zusammen mit Sauerstoff wieder zu Wasser reagieren. Dazu ist keine externe Energie nötig – im Gegenteil, sie geben dabei sogar Energie ab.

Die Brennstoffzelle dient dazu, diese Reaktion kontrolliert ablaufen zu lassen. Dazu sind im Innern der Zelle zwei Elektroden, die Kathode (Pluspol) und die Anode (Minuspol), durch eine ionendurchlässige Membran getrennt, die als Elektrolyt fungiert. Jede Elektrode ist mit einer dünnen Platinschicht als Katalysator beschichtet. Dieser Katalysator teilt die der Anode zugeführten Wasserstoffatome in positiv geladene Protonen und negativ geladene Elektronen auf. Die Membran zwischen den Elektroden ist nur für die Protonen durchlässig. Das heißt, es entsteht an der Anode ein Elektronenüberschuss und an der Kathode ein Elektronenmangel, also eine elektrische Spannung. Die freien Elektronen können nun über einen externen Stromkreis beispielsweise einen Elektromotor antreiben.

An der Kathode reagieren Protonen und Elektronen zusammen mit dem Luftsauerstoff, wodurch Wasser entsteht. Die dabei erzeugte Wärme kann das Fahrzeug beheizen – ohne dass das einen negativen Einfluss auf die Reichweite des Fahrzeugs hat. Wie die einzelnen Zellen eines Akkus haben auch die einzelnen Brennstoffzellen nur eine relativ geringe Spannung von 0,5 V bis 1,3 V. Deshalb werden in einem Fahrzeugantrieb immer viele Brennstoffzellen in Paketen, den sogenannten Stacks, zusammengeschaltet. Dadurch erreichen die Stacks Gesamtspannungen von weit über 200 V. In Brennstoffzellen-Fahrzeugen arbeiten die Stacks immer mit einer relativ kleinen Pufferbatterie zusammen, die die Rekuperationsenergie aufnimmt und Leistungsspitzen abfedern kann. Der Antriebsstrang eines Brennstoffzellen-Fahrzeugs ist dann der gleiche wie der eines batterieelektrisch angetriebenen Elektro-Autos, denn im Prinzip ersetzt bzw. ergänzt die Brennstoffzelle lediglich den Antriebs-Akku. Das ist auch der große Vorteil von Brennstoffzellen-Fahrzeugen. Denn sie emittieren lediglich Wasserdampf und sind genauso leise wie batterieelektrisch betriebene Fahrzeuge. Allerdings müssen sie nicht stundenlang an einer Ladesäule stehen, sondern können die Energie für rund 600 Kilometer Reichweite innerhalb von gut 5 Minuten nachtanken; das funktioniert ähnlich wie beim Erdgas.

Gespeichert wird der Wasserstoff in den Fahrzeugen in Drucktanks mit 700 bar Druck. Denn Wasserstoff hat nur eine sehr geringe Dichte, sodass unter Normaldruck riesige Tanks im Auto notwendig wären. Alternativ lässt sich Wasserstoff tiefkalt bei –253°C flüssig speichern. Doch dafür sind besonders gut isolierte sogenannte Kyrotanks notwendig. In denen kann sich der Wasserstoff allerdings bei längerer Standzeit trotzdem erwärmen und müsste dann abgeblasen werden, um den Tank durch den erhöhten Druck nicht zu schädigen. Deshalb haben sich die Autohersteller auf die 700-bar-Drucktanks geeinigt. Um das Gas darin sicher zu speichern, verwenden sie sogenannte Verbundmaterialflaschen mit einem Kunststoffkern und um diesen herum herumgewickelten Kohlefasern. Wie schon die Erdgastanks werden auch die Wasserstoffspeicher mit einem Sicherheitsfaktor von über 2, bezogen auf den Betriebsdruck, ausgelegt, um eine ausreichende Sicherheit zu gewährleisten. Die Kunststofftanks haben den Vorteil, dass sie nicht durch Korrosion geschwächt werden können. Ein häufig verwendeter Kritikpunkt bei Wasserstoffantrieben ist, dass der Wasserstoff aufgrund seiner äußerst kleinen Moleküle durch alle Materialien hindurchdiffundiere und nicht im Tank bleibe. Das ist zwar grundsätzlich richtig, allerdings bei den heute verwendeten Materialien vernachlässigbar. Wasserstoff wird heute bereits vielfach in Stahlflaschen bei einem Druck von 200 bis 500 bar ohne Probleme transportiert und gelagert. Denn bei den Metallbehältern ist das Problem der Diffusion ohne jede praktische Bedeutung, da die Geschwindigkeit des Prozesses viel zu gering ist. Bei den Fahrzeugtanks ist die Diffusionsrate zwar grundsätzlich höher, aber ebenfalls in der Praxis noch vernachlässigbar. Eine Einfahrt oder das Abstellen der Fahrzeuge in Parkgaragen, Tunneln und anderen geschlossenen Räumen ist daher kein Problem.

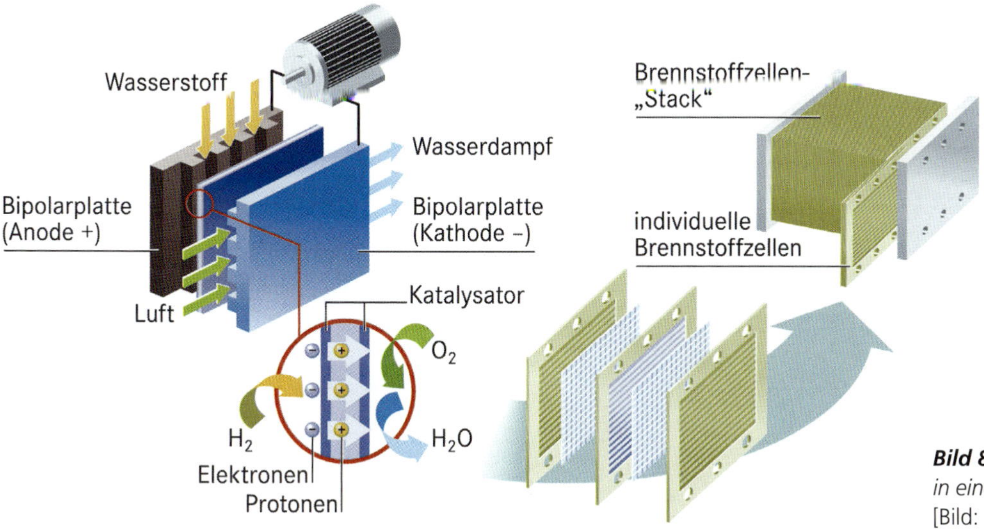

Bild 8.38 *Vorgänge in einer Brennstoffzelle* [Bild: Daimler]

Ein Nachteil bei der Energiegewinnung mithilfe der Brennstoffzelle ist der sehr hohe Energiebedarf bei der Herstellung von Wasserstoff. Er relativiert sich aber, wenn man regenerative Energiequellen wie z.B. Wasser-, Wind- oder Sonnenenergie verwendet. Das Tankstellennetz ist noch sehr dünn, soll aber mithilfe staatlicher Förderung ausgebaut werden. Einstige Probleme im Kaltstart durch gefrierende Brennstoffzellen konnten dank spezieller Elektrodenstrukturen gelöst werden.

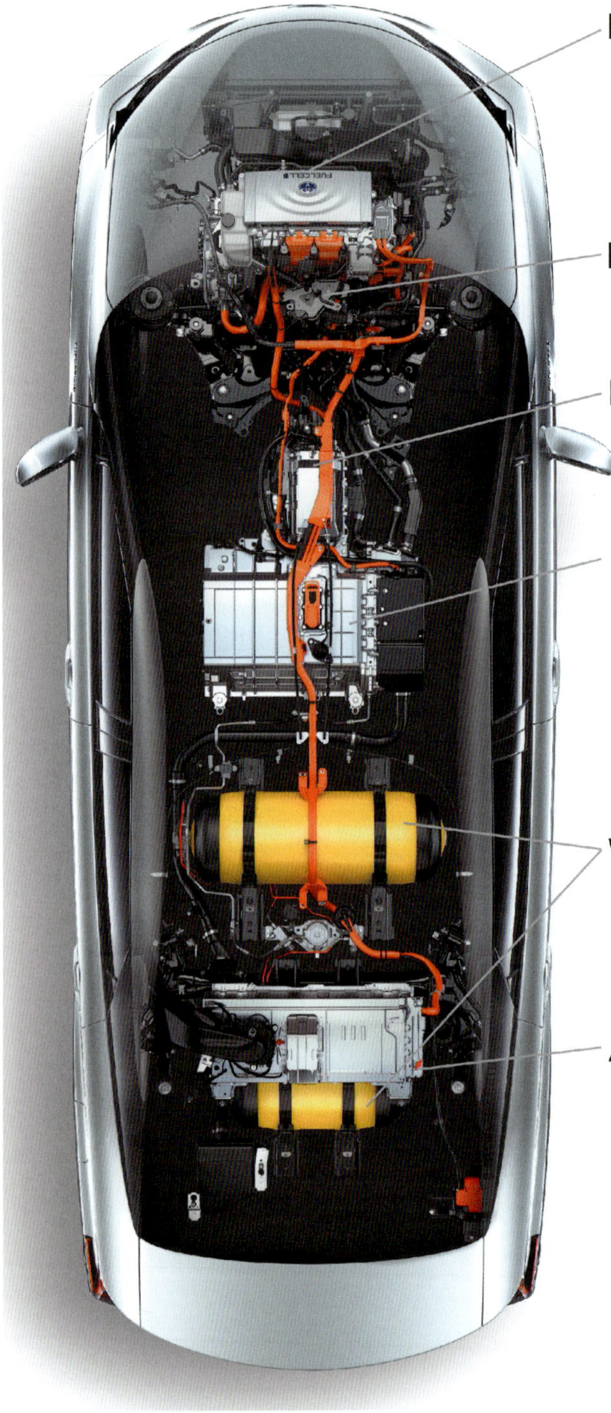

Bild 8.39 *Brennstoffzellensystem in einem Toyota Mirai. Die Komponenten befinden sich weitgehend im Boden des Fahrzeugs.*
[Bild: Toyota]

9 Kupplungen und Getriebe

9.1 Zweimassenschwungräder (ZMS)

Die meisten Verbrennungsmotoren aktueller Fahrzeuge sind mit einem Zweimassenschwungrad ausgestattet. Es soll die zündungsbedingten Drehschwingungen der Kurbelwelle noch besser ausgleichen, als es die Torsionsfedern der Kupplungsscheibe können.

Die zündungsbedingten Drehschwingungen entstehen durch den Ablauf der 4 Takte: Im Arbeitstakt wird die Kurbelwelle beschleunigt und in den übrigen Takten tendenziell verzögert. Dies führt auch bei Mehrzylindermotoren zu einer Oberwelligkeit in der Drehgeschwindigkeit der Kurbelwelle. Diese ist hauptsächlich abhängig von

- der Anzahl der Zylinder: je kleiner der Zündabstand, desto kleiner der Abstand der einzelnen Geschwindigkeitsmaxima;
- dem Kolbendruck: je größer der Kolbendruck, desto größer die Beschleunigung;
- der Drehzahl: Je schneller die Schwingungen aufeinanderfolgen, desto schlechter können die trägen Bauteile der Bewegung folgen.

Downsizing-Motoren verfügen i.d.R. über geringe Zylinderzahlen und hohe Kolbendrücke, sodass bei ihnen eine leistungsfähige Schwingungsentkopplung notwendig ist, um

- das Getriebe und den weiteren Antriebsstrang zu schützen: Eine pulsierende Antriebswelle erhöht den Verschleiß der Synchronisationseinrichtung, der Zahnräder der Getriebe und der Gelenke und Lager des Antriebsstrangs;
- Vibrationen und Geräusche zu minimieren, die durch die in Schwingung versetzten Bauteile entstehen würden.

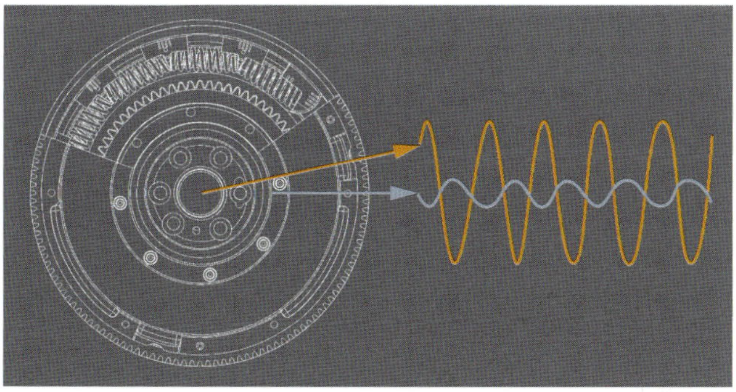

Bild 9.1 *Ein Zweimassenschwungrad erreicht über die Aufteilung der Drehmasse in Primär- und Sekundärmasse in Verbindung mit einem Federsatz eine gute Drehschwingungsisolation.* [Bild: ZF]

Das ZMS besteht aus der sogenannten Primärschwungmasse, die mit der Motorkurbelwelle verschraubt ist, der Sekundärschwungmasse, die zugleich die Reibfläche für die Kupplungsscheibe darstellt, einer Verbindung der beiden Schwungmassen durch ein Feder-/Dämpfersystem und Rillenkugel- oder Gleitlagern. Alle Komponenten sind untereinander vernietet.

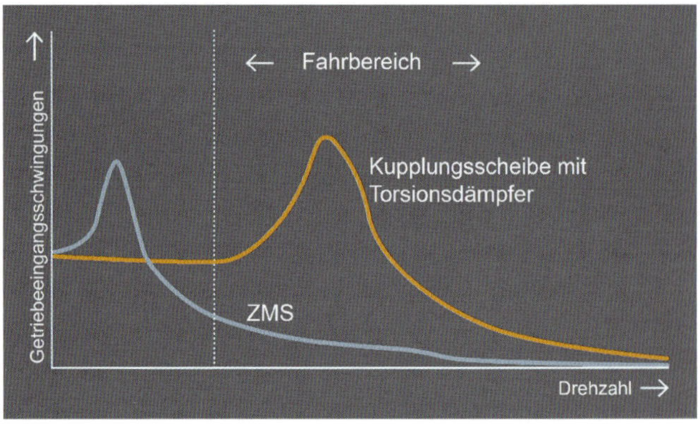

Bild 9.2 *Die Resonanzdrehzahl einer Kupplungsscheibe mit Torsionsdämpfer befindet sich im unteren Betriebsdrehzahlbereich. Bei einem Zweimassenschwungrad liegt sie dagegen deutlich unterhalb der Leerlaufdrehzahl des Motors.*
[Bild: ZF]

Das Drehmoment wird von der Kurbelwelle über die Primärschwungmasse in das ZMS eingeleitet. In diesem befinden sich auch die radial angeordneten Schraubenfedern, die zur Reibungs- und Geräuschminderung fettgeschmiert sind. An ihren Enden stützen sie sich an dem Flansch ab, sodass sie die Drehkraft an diesen übertragen können. Der Flansch ist drehfest mit der Sekundärschwungscheibe verbunden, die das Drehmoment an die Kupplungsscheibe überträgt. Um Resonanzschwingen zu verhindern, befindet sich zwischen der Primärschwungmasse und dem Flansch zusätzlich eine Reibscheibe, die die Schwingung dämpft.

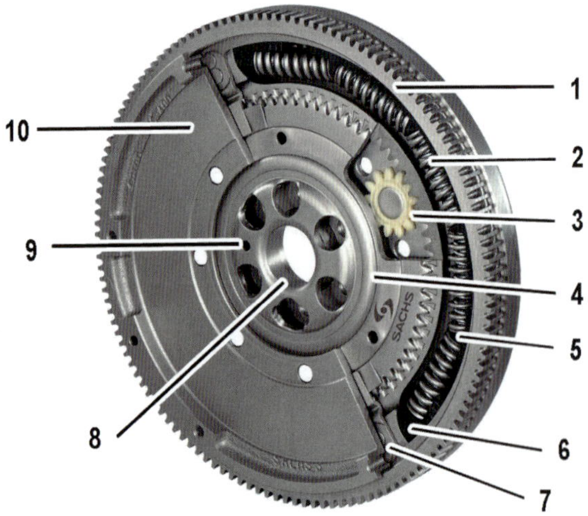

Bild 9.3 *Aufbau eines Zweimassenschwungrades*
1 *Primärschwungrad*
2 *Federn*
3 *Planetenrad*
4 *Gleitlager, axial*
5 *Gleitschuh*
6 *Federteller*
7 *Deckblech zur Kapselung der Fettfüllung*
8 *Gleitlager, radial*
9 *Bohrung für Verdrehsicherungsstift*
10 *Sekundärschwungrad*
[Bild: ZF]

9.1.1 Einstufiges Zweimassenschwungrad

Das einstufige Zweimassenschwungrad stellt die einfachste Version eines ZMS dar. Radial angeordnete Schraubenfedern eliminieren die Drehschwingungen, wobei es hier gerade beim Motorstart bzw. -stopp zu Komfortbeeinträchtigungen kommen kann, da der Federnsatz für die Schwingungskompensation unter Last ausgelegt ist und damit für nahezu lastfreie Fahrsituationen zu hart ist.

Bild 9.4 *Für kleine und mittlere Motoren mit maximal 400 Nm Drehmoment reichen einreihige ZMS (l.), bei größeren Motoren setzen die Hersteller zweireihige ZMS (r.) ein.* [Bild: ZF]

9.1.2 Zweistufiges Zweimassenschwungrad

Beim zweistufigen ZMS kommen Schraubenfedern mit zwei unterschiedlichen Kennlinien zum Einsatz. Die weichen Federn wirken beim Starten und Stoppen des Verbrennungsmotors, sowie bei Stillstand des Fahrzeugs: Die Drehmomentanforderung durch das Getriebe ist sehr gering und das Primärschwungrad kann sich über die weichen Federn gegen das Sekundärschwungrad abstützen. Der zweite, härtere Federnsatz kommt im Fahrbetrieb zum Einsatz: Die weichen Federn werden im Zugbetrieb zusammengepresst, bis deren Gleitschuh auf dem danebenliegenden Gleitschuh aufliegt und die Kraft auf das härtere Federnpaket überträgt. Dieses dämpft nun die Drehschwingungen.

9.1.3 Zweimassenschwungrad mit Fliehkraftpendel

Beim ZMS mit Fliehkraftpendel kommen neben dem üblichen Aufbau aus Primär- und Sekundärmasse und verbindenden Federelementen Kontergewichte aus gehärtetem Stahl zum Einsatz. Sie sind schwimmend gelagert und verschieben sich aufgrund ihrer Trägheit immer entgegen der aktuellen Bewegungsrichtung. Gebremst durch die jeweilige Lagerung wirken sie somit entgegen der Schwingungsrichtung und dämpfen diese.

Bei steigender Drehgeschwindigkeit verschiebt sich das Pendel entgegen der Drehrichtung und bremst die Kurbelwelle. Bei sinkender Drehgeschwindigkeit verschiebt es sich dagegen in der Drehrichtung und beschleunigt die Kurbelwelle. Durch das hohe Ausgleichspotenzial ermöglicht das ZMS mit Fliehkraftpendel besonders niedertouriges Fahren und eine geringe Leerlaufdrehzahl.

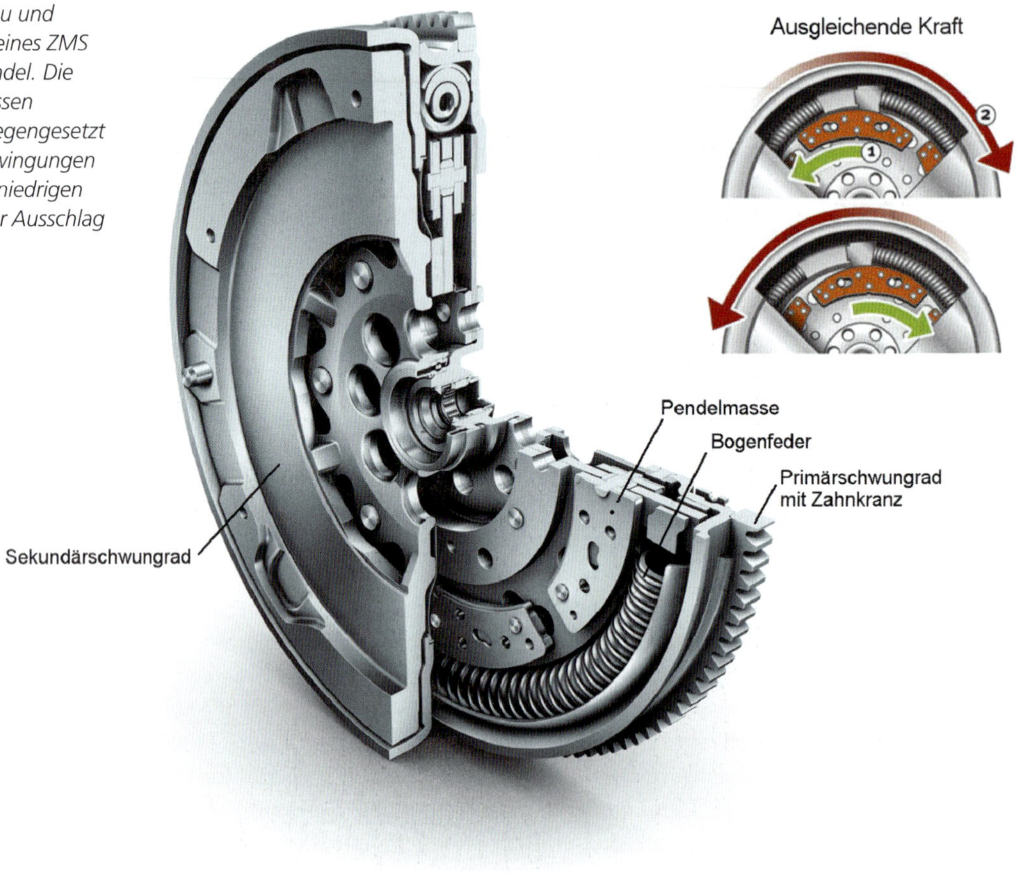

Bild 9.5 *Aufbau und Funktionsweise eines ZMS mit Fliehkraftpendel. Die pendelnden Massen schwingen entgegengesetzt zu den Drehschwingungen des Motors. Bei niedrigen Drehzahlen ist ihr Ausschlag besonders groß.*
[Bild: LUK]

Werkstatttipp

Das Zweimassenschwungrad dient der Entkopplung von Drehschwingungen auf den Antriebsstrang und damit neben dem Komfort der Verschleißminderung. Dies sollte berücksichtigt werden, wenn ein Umbau auf ein konventionelles Schwungrad in Betracht gezogen wird. Bei der Konstruktion aktueller Getriebe und Antriebsstränge wurde das ZMS i.d.R. berücksichtigt, sodass nicht sichergestellt werden kann, dass die Bauteile einem Betrieb ohne ZMS dauerhaft standhalten.

Das Zweimassenschwungrad muss, um Drehschwingungen bestmöglich eliminieren zu können, genau auf die zu erwartenden Drehmomente des jeweiligen Verbrennungsmotors abgestimmt werden. Sind die Drehmomente geringer, sind die Federn zu hart und die Drehschwingungen werden ungenügend entkoppelt. Sind die Drehmomente höher, läuft das Primärschwungrad im Zugbetrieb auf den Endanschlag und es erfolgt ebenfalls keine Schwingungsentkopplung. Folglich kommt es bei Leistungssteigerungen, z.B. durch Chiptuning häufig zu Problemen mit dem ZMS oder dem weiteren Antriebsstrang.

Eine gewisse Geräuschbildung, gerade beim ZMS mit Fliehkraftpendel, ist konstruktiv bedingt und nicht zu verhindern.

Nicht immer, wenn sich Kunden über Geräusche oder ein ungewöhnliches Dröhnen beschweren bzw. den Motorrundlauf bei Leerlaufdrehzahl und beim Beschleunigen aus niedriger Drehzahl beanstanden, ist das ZMS schuld. Da die Schwingungsdämpfung ein Verschleißteil ist, tauschen jedoch viele Kfz-Mechatroniker das ZMS auf Verdacht aus. Allerdings liegt die Ursache der Geräusche in vielen Fällen ganz woanders.

Da das Zweimassenschwungrad ein sehr teures Ersatzteil ist, raten die Experten von ZF Services im ersten Schritt zu einer Anfangsdiagnose, die keinen Ausbau erfordert. Diese sollte mit einem ausführlichen Gespräch mit dem Kunden beginnen, um den Fehler so gut wie möglich eingrenzen zu können. Mögliche Fragen sind:

- Seit wann besteht das Problem?
- Tritt das Problem dauerhaft, häufig oder nur sporadisch auf?
- In welchem Fahrzustand tritt das Problem auf? Beim Anfahren, Beschleunigen, Hochschalten, Zurückschalten, bei warmem oder bei kaltem Motor?
- Hat das Fahrzeug Startschwierigkeiten?
- Weches Fahrprofil hat das Auto? Fährt es viel Kurzstrecke, im Anhängerbetrieb, mit viel Zuladung?
- Ist der Wagen getunt?
- Wurden bereits Wartungsarbeiten oder Reparaturen an der Kupplung oder am Getriebe durchgeführt?
- An das Gespräch sollte sich eine Probefahrt anschließen.

Sind schon beim Anlassen ungewöhnliche Geräusche hörbar, kann das auf ein defektes ZMS, aber auch auf eine zu niedrige Startdrehzahl des Motors hindeuten. Sollte der Anlasser mangelhaft arbeiten oder die Batteriespannung zu gering ausfallen, kann auch das der Grund für die unerwünschten Geräusche sein. Ebenso können defekte Lager Resonanzen hervorrufen oder verstärken, beispielsweise das vom Riemenspanner-Freilauf.

Sind die Geräusche selbst bei gewöhnlichen Beschleunigungs- und Schaltvorgängen hör- oder spürbar, kann das auf ZMS-Probleme hindeuten. Dies lässt sich genauer feststellen, indem ein Werkstattmitarbeiter das Fahrzeug in einem hohen Gang ab Leerlaufdrehzahl mit konstantem Vollgas beschleunigt: Geschieht dies ohne schlagende Geräusche, Vibrationen oder Fahrzeugruckeln, scheidet das ZMS als Fehlerquelle weitgehend aus. Vermutet man das ZMS als Fehlerquelle, ist eine Prüfung des Bauteils in der Werkstatt nur behelfsmäßig möglich. Für exakte Funktionsprüfungen sind laut ZF spezielle Prüfeinrichtungen notwendig.

Für die Behelfsprüfung bringt man am äußeren Durchmesser von Primär- und Sekundärschwungrad eine Farbmarkierung an. Die beiden Schwungradteile lassen sich dann von Hand gegeneinander verdrehen. Das Sekundärschwungrad muss sich danach von alleine in die Ausgangsstellung zurückdrehen. Das Verdrehspiel nach rechts und links muss bei dieser Prüfung zudem gleichmäßig sein und das Sekundärschwungrad muss sich aus beiden Richtungen von alleine in die Ausgangsstellung zurückdrehen. Lässt sich das Sekundärschwungrad bei dieser Prüfung nach rechts und links jeweils um mehr als 10 mm verdrehen, empfiehlt ZF Sachs den Austausch des ZMS.

Ursachen für Schäden des ZMS können sein:

- Häufiges Abwürgen des Motors
- Extrem untertourige Fahrweise

- Unregelmäßig arbeitende Zünd- und Einspritzsysteme
- Unterschiedliche Kompressionsdrücke
- Extreme Schwingungen durch ausgeschlagene Komponenten im Antriebsstrang
- Überhitzung

Weitere Hinweise und Informationen finden Sie unter: www.zf.com/serviceinformation

9.2 Kupplungen

Bekanntlich kann ja der Verbrennungsmotor – im Gegensatz zum Elektromotor – im Stand kein Drehmoment abgeben. Das macht eine kraftschlüssige, lösbare Verbindung zwischen Motor und Getriebe erforderlich: die Kupplung. Sie soll weiches und ruckfreies Anfahren ermöglichen, den Kraftfluss beim Schaltvorgang unterbrechen, Drehzahldifferenzen nach dem Schalten anpassen und ein Anhalten des Fahrzeugs bei laufendem Verbrennungsmotor ermöglichen. Zudem dient sie in vielen Fällen der Schwingungsentkopplung zwischen Motor und Getriebe.

Das übertragbare Drehmoment einer Kupplung hängt ab von

- der Anpresskraft der Feder(n),
- dem Reibwert der Reibpaarungen (Schwungrad – Reibbelag – Druckplatte),
- der Anzahl der Reibflächen (Einscheibenkupplung: 2),
- dem wirksamen Hebelarm.

Arten

Reibungskupplungen

- Einscheibenkupplung
- Zweischeibenkupplung
- Lamellenkupplung
- Fliehkraftkupplung

Strömungskupplungen

- Hydrodynamische Kupplung
- Hydrodynamischer Drehmomentwandler

9.2.1 Einscheibenkupplung

Die Einscheibenkupplung ist die häufigste Bauform von Kupplungen und kommt in Verbindung mit Handschaltgetrieben und automatisierten Schaltgetrieben zum Einsatz. Sie besteht im Wesentlichen aus der Reibfläche des Ein- oder Zweimassenschwungrades, der

Kupplungsscheibe und dem Kupplungsautomaten. Letzterer besteht wiederum aus dem Kupplungsgehäuse, der Druckplatte und der Feder.

Am Schwungrad teilt sich das Motordrehmoment zunächst auf: 50% werden direkt auf die Kupplungsscheibe übertragen und 50% zunächst auf das Kupplungsgehäuse, um von dort über die Druckplatte ebenfalls auf die Kupplungsscheibe zu gelangen. Um den Kraftfluss zu unterbrechen, wird die Druckplatte von der Mitnehmerscheibe abgehoben und es entsteht ein Lüftspiel zwischen den Reibflächen des Schwungrades, der Kupplungsscheibe und der Druckplatte.

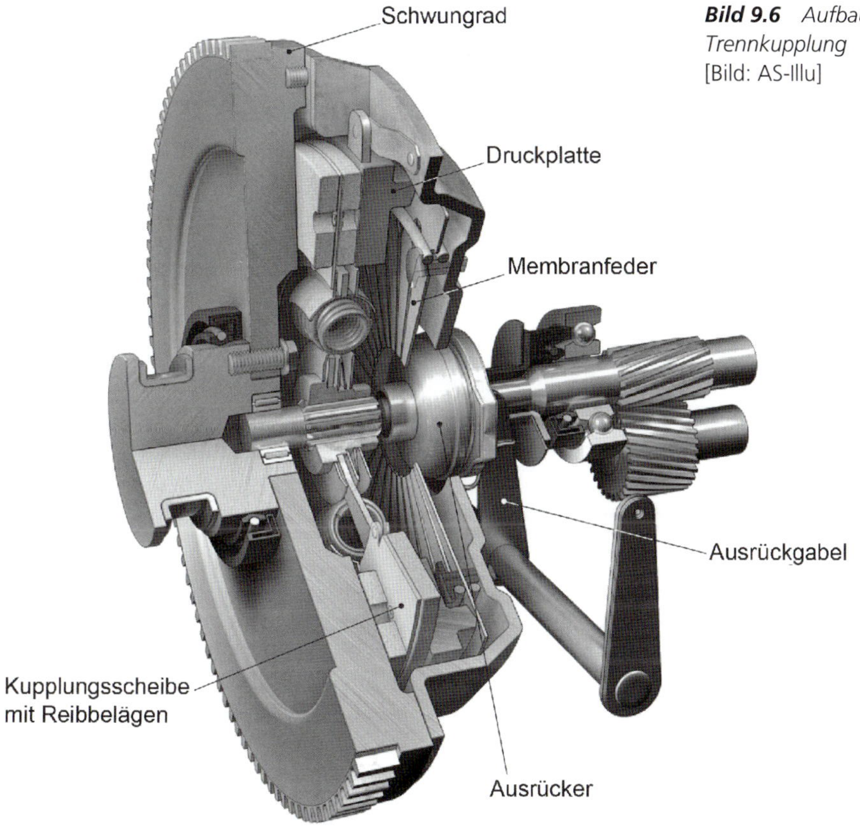

Bild 9.6 *Aufbau einer Trennkupplung*
[Bild: AS-Illu]

9.2.2 Die Kupplungsscheibe

der Kupplungsscheibe besteht aus

- der Mitnehmerscheibe als Träger aller Komponenten und zur Kraftübertragung auf die Nabe,
- den Reibbelägen,
- der Belagfederung,
- ggf. den Torsionsfedern.

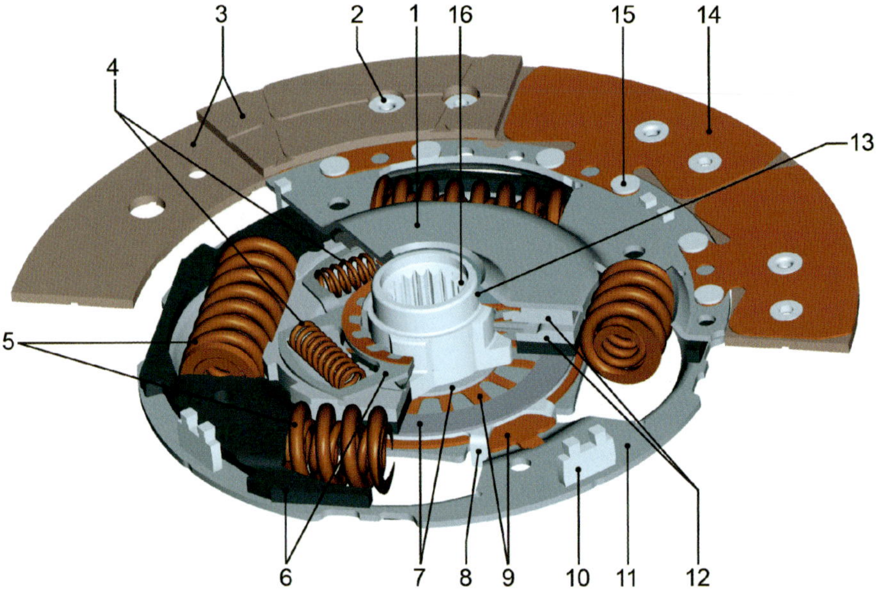

Bild 9.7 Aufbau einer Kupplungsscheibe mit Torsionsfedern
1 Mitnehmerscheibe
2 Reibbelagniet
3 Reibbeläge
4 Druckfedern (Leerlauf bzw. Niedriglastdämpfer)
5 Druckfedern (Lastdämpfer)
6 Nebenflansche
7 Reibringe
8 Stützscheibe
9 Tellerfedern
10 Abstandsblech
11 Gegenscheibe
12 Dämpferkäfige (Leerlauf bzw. Niedriglastdämpfer)
13 Zentrierkonus
14 Axial-Federsegmente
15 Federsegmentniet
16 Nabe
[Bild: AS-Illu]

Die Reibbeläge

Reibbeläge sollen einen möglichst konstanten, nahezu temperaturunabhängigen Reibwert aufweisen, möglichst verschleißarm und umweltverträglich sein. Im Regelfall bestehen sie in Trockenkupplungen aus gewebten Kohlenstofffasern mit eingelassenen Kupfer- oder Stahldrähten. Hochleistungskupplungen können auch aus gesinterter Bronze oder gepresstem Grafit bestehen.

Achtung!

Aufgrund seiner hervorragenden technischen Eigenschaften war bzw. ist Asbest ein beliebter Werkstoff zur Herstellung von Reibbelägen. Er wurde zwar in Deutschland 1993 verboten und wird seither von OEMs nicht mehr eingesetzt, wird aber bis heute regelmäßig in Materialprüfungen bei Produkten von Drittanbietern nachgewiesen. Auch werden immer wieder Plagiate mit Asbestbelastung gefunden. Da die Herkunft des Altteils im Regelfall nicht zweifelsfrei bestimmt werden kann, muss in der Werkstatt beim Umgang mit Reibbelägen grundsätzlich ein Schutz der Atemwege vorgenommen werden. Zudem dürfen Bereiche, in denen Reibbelagsrückstände lagern, nur nass gereinigt werden.

Belagfederung

Die Belagfederung besteht aus Blattfedersegmenten, die sich zwischen den beiden Belagscheiben befinden. Sie gleicht minimale Unebenheiten des Schwungrades und der Druckplatte aus, die ein „Einklemmen" und „Durchrutschen" der Kupplung auslösen würden und ermöglicht somit ein ruckfreies Anfahren.

Torsionsfedern

Die Torsionsfedern sind radial angeordnete Schraubenfedern, die die Mitnehmerscheibe mit der Nabe verbinden. Sie gleichen – ähnlich wie das ZMS jedoch in geringerem Maß – die zündungsbedingten Drehschwingungen des Motors aus, um die nachfolgenden Antriebskomponenten zu schützen und Geräusche und Vibrationen zu vermindern. Reibeinrichtungen dämpfen die Bewegung. Bei Verwendung eines ZMS sind keine Torsionsfedern erforderlich, werden jedoch teilweise aus Kostengründen weiterhin verbaut. Hier kommt es gelegentlich zu Problemen durch Resonanzen.

9.2.3 Membranfederkupplung

Das Anpressen der Druckplatte erfolgt i.d.R. durch eine Membranfeder. Diese im Kupplungsgehäuse befestigte Tellerfeder hat den Vorteil, dass die Anpresskraft vom Neuzustand der Kupplung, bis zu deren Verschleißgrenze nahezu identisch bleibt. Zudem weist sie eine sehr geringe Ausrückkraft auf, hat einen sehr flachen Aufbau und kann sowohl gedrückt (zweiseitiger Hebel) als auch gezogen (einseitiger Hebel) werden. Sie ist auch für hohe Drehzahlen geeignet, da die Anpresskraft durch die wirksamen Fliehkräfte nicht verringert wird.

9.2.4 Schraubenfederkupplung

Schraubenfederkupplungen kommen aktuell nicht mehr zum Einsatz, da sie groß und schwer sind, eine geringe, mit zunehmendem Verschleiß sinkende Anpresskraft und eine große, mit zunehmendem Ausrückweg ansteigende Ausrückkraft aufweisen. Zudem verziehen sich die Schraubenfedern unter Fliehkrafteinwirkung, wodurch sich der Weg verlängert (Halbellipse statt Gerade) und die Federvorspannung verringert wird. Somit ist diese Bauform nur bedingt drehzahlfest.

9.2.5 Selbsteinstellende Kupplung (SAC – Self Adjusting Clutch)

Um den Fahrkomfort zu erhöhen, kommen bei vielen Fahrzeugen selbstnachstellende Kupplungen zum Einsatz. Hierdurch bleiben der Schleifpunkt der Kupplung und die erforderliche Ausrückkraft konstant.

Ermöglicht wird dies durch Kombination der Membranfeder mit einer Sensor-Tellerfeder und einem Verstellring. Betätigt der Fahrer die Kupplung, dann steigt die Ausrückkraft im Normalfall nur so weit an, dass die Sensor-Tellerfeder dieser standhalten kann. Verschleißt der Reibbelag, steigt die Ausrückkraft der Membranfeder durch den neuen Federweg leicht an und übersteigt damit die Kraft der Sensor-Tellerfeder. Diese gibt nach und Vergrößert dadurch den Raum, in dem sich der Verstellring – ein federbelasteter Ring mit mehreren Nachstellkeilen – befindet. Der Ring verdreht sich, die Nachstellkeile füllen den gewonnenen Raum aus und bringen die Membranfeder dadurch in eine neue Ruhelage, etwas näher an der Druckplatte.

Werkstatttipp

Beim Einbau selbstnachstellender Kupplungen ist zwingend auf die Einbauvorschrift zu achten. Meist müssen **nach dem Einbau** Sicherungen entfernt werden, teilweise ist jedoch auch eine Grundeinstellung erforderlich. Wird diese nicht durchgeführt, kommt es zu einem erhöhten Kupplungsspiel mit schwerwiegenden Folgeschäden wie Überhitzung des kompletten Bereichs bis hin zur vollständigen Zerstörung von Kupplung, Schwungrad und Getriebegehäuse.

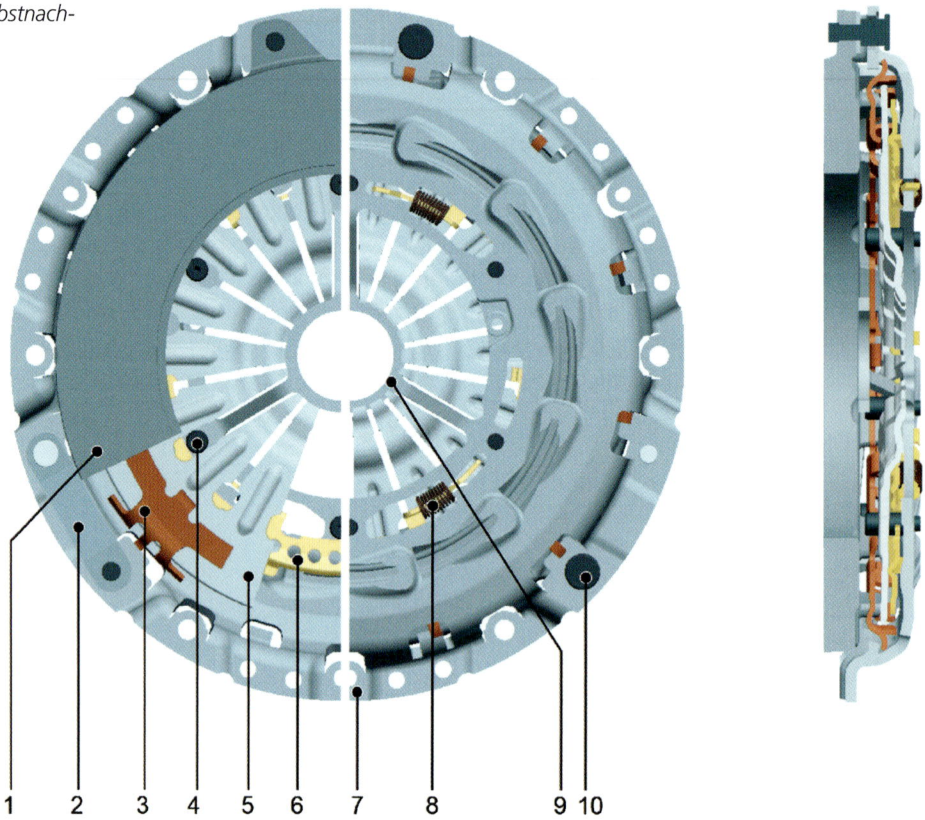

Bild 9.8 *Aufbau einer selbstnachstellenden Kupplung (SAC)*
1 Anpressplatte
2 Tangentialblattfeder
3 Sensor-Tellerfeder
4/10 Bolzen
5 Tellerfeder
6 Verstellring
7 Kupplungsgehäuse
8 Druckfeder
9 Deckelanschlag
[Bild: AS-Illu]

9.3 Kupplungsbetätigung

Die Kupplungsbetätigung hat die Aufgabe, die Fußkraft des Fahrers auf den Kupplungsautomaten zu übertragen und durch angemessene Übersetzung so zu verringern, dass die Ausrückkraft am Ausrücker von bis zu 2000 N auf etwa 150 N verringert wird. Höhere Betätigungskräfte wären unkomfortabel und würden zu frühzeitiger Ermüdung führen, geringere Betätigungskräfte würden die Dosierbarkeit verschlechtern.

9.3.1 Mechanische Kupplungsbetätigung

Mechanische Kupplungsbetätigungen erfolgen im Regelfall durch ein Seil, in wenigen Fällen auch durch ein Gestänge. Das Pedal wirkt als zweiseitiger Hebel und zieht bei Betätigung am Kupplungsseil, das wiederum in dem zweiseitigen Ausrückhebel eingehakt ist und das Ausrücklager verschiebt. Da sich der Arbeitsbereich mit zunehmendem Belagverschleiß vergrößert, ist eine Nachstellung des Seils erforderlich, um ein zu geringes Kupplungsspiel und damit ein Durchrutschen der Kupplung zu verhindern.

Bei der manuellen Nachstellung wird das Seil bzw. dessen Hülle mithilfe eines Gewindes oder mehrerer Nuten in eine neue Position gebracht. Am Pedal sollte ein Leerweg von etwa 10 bis 30 mm bleiben, um wärmebedingte Ausdehnungen zu kompensieren.

Eine automatische Kupplungsnachstellung im Seil erfolgt über ein Seil, dessen Hülle am Ende nicht befestigt ist, sondern sich gegen eine Feder an der Nachstellvorrichtung abstützt. In Ruhelage ist das Ende der Hülle somit lose und das Seil nur durch Federkraft gespannt. Beim Betätigen der Kupplung versucht sich die Hülle gegen die Seilbewegung wegzuschieben und presst damit den Verriegelungskonus zwischen die Kugeln, die daraufhin den Kugelkäfig im Gehäuse blockieren. Somit kann sich die Hülle an der Nachstellvorrichtung abstützen und die Kupplung trennt.

Bei der automatischen Nachstellung am Pedal ist das Seil in der Ruhelage nicht fest mit dem Kupplungspedal verbunden, sondern an einer Zahnscheibe befestigt und über eine Feder vorgespannt. Bei Betätigung der Kupplung greift eine Sperrklinke in die Zahnscheibe und zieht das Kupplungsseil.

9.3.2 Hydraulische Kupplungsbetätigung

Die hydraulische Kupplungsbetätigung ist ein in sich geschlossenes System: Der Geberzylinder erzeugt den Druck, der über den Nehmerzylinder auf den Ausrückhebel, oder zentral geführt direkt auf das Ausrücklager wirkt. In Ruhelage ist der Geberzylinder über die Ausgleichsbohrung mit dem Ausgleichsbehälter, oftmals der von der Bremse, verbunden. Somit kann die mit zunehmendem Belagverschleiß überflüssige Bremsflüssigkeit dorthin entweichen und das System wird selbstnachstellend. Bei einigen wenigen Fahrzeugen ist dennoch eine Nachstellung des Endanschlags am Nehmerzylinder erforderlich. Das System besitzt einen sog. Kribbelfilter, da der Verbrennungsmotor die Kupplung durch seine Arbeitstakte zu Schwingungen anregen kann, die sich durch das Ausrücksystem bis in das Pedal fortsetzen. Diese Schwingungen würde der Fahrer als Kribbeln im Fuß wahrnehmen. Der Kribbelfilter ist also ein Schwingungsdämpfer.

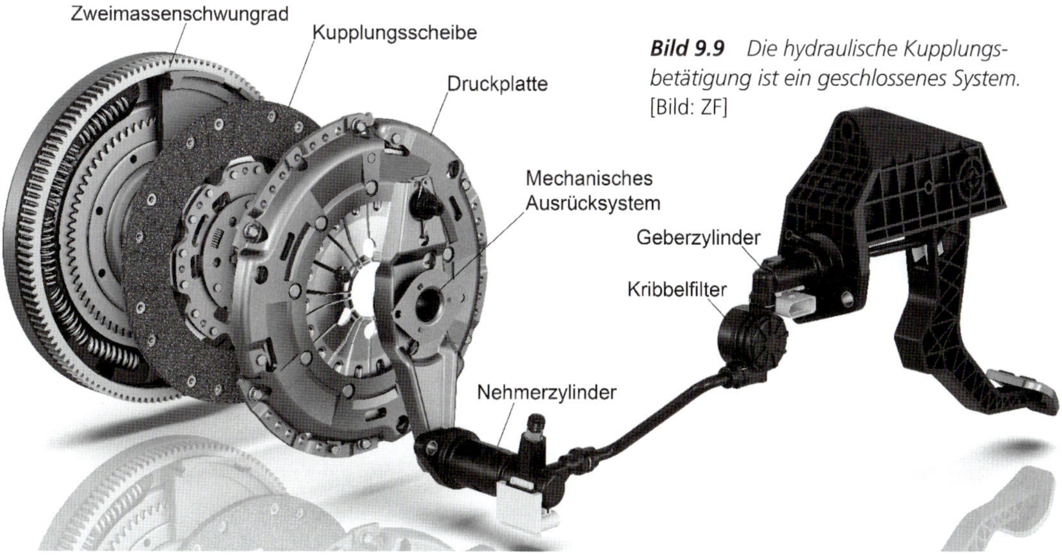

Bild 9.9 *Die hydraulische Kupplungsbetätigung ist ein geschlossenes System.* [Bild: ZF]

9.4 Störungssuche

Störung	Mögliche Ursache
Kupplung rutscht	▪ Belag verschlissen ▪ Belag verölt, verfettet ▪ Belag überhitzt ▪ Belag gebrochen ▪ Schwungrad riefig/überhitzt ▪ Druckplatte riefig/überhitzt ▪ Kupplungsbetätigung schwergängig oder falsch eingestellt ▪ Feder(n) gebrochen ▪ SAC falsch eingebaut/eingestellt
Kupplung trennt nicht	▪ ZMS hat erhöhtes Axialspiel ▪ Kupplungsbetätigung falsch eingestellt oder defekt ▪ Nabe hängt auf der Getriebeeingangswelle (Schmutz/Rost/Beschädigung) ▪ Seitenschlag der Kupplungsscheibe ▪ Membranfeder/Ausrückhebel eingelaufen, verzogen oder gebrochen ▪ Pilotlager schwergängig ▪ Übermäßiges Axialspiel der Kurbelwelle ▪ Kupplungsscheibe falsch eingebaut (Getriebe-/Motorseite) ▪ Falsche Kupplungsscheibe eingebaut ▪ SAC falsch eingebaut/eingestellt
Geräusche aus dem Kupplungsgehäuse	▪ ZMS defekt ▪ Torsionsfeder/-dämpfereinrichtung der Kupplungsscheibe defekt ▪ Ausrücklager defekt ▪ Pilotlager defekt (Geräusche nur bei getrennter Kupplung)
Kupplung rupft	▪ Beläge verölt/verfettet ▪ Schwungrad riefig ▪ Druckplatte riefig ▪ Kupplungsgehäuse verzogen ▪ Erhöhte Torsion im Antriebsstrang (Silentblöcke/Hardyscheibe…)

9.5 Automatisches Kupplungssystem (AKS)

Automatische Kupplungssysteme ermöglichen den Einsatz eines Handschaltgetriebes ohne kuppeln mit einem Pedal. Bei Stillstand des Fahrzeugs mit getretener Bremse trennt das System die Kupplung. Löst der Fahrer die Bremse bei eingelegtem Gang, schließt die Kupplung schlupfend und das Fahrzeug setzt sich langsam in Bewegung (Kriechfunktion). Betätigt der Fahrer dann das Fahrpedal, schließt die Kupplung vollständig und das Fahrzeug beschleunigt. Beim Gangwechsel erkennt das Fahrzeug durch Sensoren im Bereich des Schalthebels – bei älteren Fahrzeuggenerationen Taster, bei neueren Fahrzeuggenerationen Last- und Biegemomentsensoren – Schaltwunsch und trennt die Kupplung, um dies zu ermöglichen. Nach dem Schaltvorgang wird der Kraftfluss wiederhergestellt.

Das Betätigen der Kupplung erfolgt hydraulisch oder elektromotorisch. Das Steuergerät passt die Betätigungsgeschwindigkeit der Kupplung der aktuellen Fahrsituation an, sodass eine einwandfreie Kupplungsbetätigung ermöglicht wird.

Werkstatttipp
Gerade Fahrzeuge mit automatischem Kupplungssystem reagieren im Regelfall sehr empfindlich auf Fahrer, die ihre Hand während der Fahrt auf dem Schalthebel lassen: Neben dem üblichen, verstärkten Verschleiß der Schaltgabeln kommt es bei Bodenunebenheiten zu leichtem Betätigen der Kupplung, was einen vorzeitigen Verschleiß zur Folge hat.

9.6 Zweischeibenkupplung

Zur Erhöhung des übertragbaren Drehmoments und zur Minderung des Verschleißes bei häufiger Kupplungsbetätigung (z.B. Müllabfuhr) kommen bei Fahrzeugen der Klasse M3 und N3 oftmals Zweischeibenkupplungen zum Einsatz. Ihr prinzipieller Aufbau gleicht dem einer Einscheibenkupplung. Sie wurde jedoch um eine Kupplungsscheibe und eine drehfest mit der Kurbelwelle verbundene Zwischenscheibe, die sog. Treibscheibe, erweitert. Oftmals können Nutzfahrzeuge, je nach Einsatzzweck, mit einer Ein- oder Zweischeibenkupplung ausgestattet werden.

9.7 Lamellenkupplung

Lamellenkupplungen kommen meist als nass laufende (Ölbad-)Kupplungen vor Automatikgetrieben (z.B. Mercedes-Benz MCT 7) und automatisierten Schaltgetrieben (z.B. VW DSG) zum Einsatz: Sie bestehen aus einem Außenlamellenträger, der drehfest mit der Kurbelwelle verbunden ist und die axial beweglichen Außenlamellen trägt. Zwischen den Außenlamellen befinden sich die Innenlamellen, die ebenfalls verschiebbar auf dem Innenlamellenträger gelagert sind. Meist sind die Außenlamellen reine Stahllamellen, während die Innenlamellen den Reibbelag, meist aus Papier, teilweise auch aus gewebten Kohlenstofffasern tragen. Alternativ kann auch jeweils eine Seite jeder Lamelle einen Reibbelag tragen.

Die Betätigung der Lamellenkupplung erfolgt mithilfe von Öldruck. Dieser wird über einen Ringkanal in die Kupplung geleitet und wirkt auf einen Arbeitskolben, der das Lamellenpaket zusammenpresst. Zum Lösen wird der Öldruck weggenommen und die Anpresskraft fällt weg. Somit ist die Kupplung wieder getrennt.

Problem: Kupplungsbetätigung durch Fliehkraft
Ist die Kupplung nicht betätigt, sammelt sich das Öl, das sich im geöffneten Zustand der Kupplung noch immer hinter dem Kolben befindet, durch Fliehkraft außen an und erzeugt dort einen Druck, der auf den Betätigungskolben wirkt und die Kupplung leicht betätigt. Dies führt zu erhöhten Reibungsverlusten und zum Verschleiß der Kupplung. Um diesem Umstand entgegenzuwirken, wird auf der Vorderseite des Betätigungskolbens eine

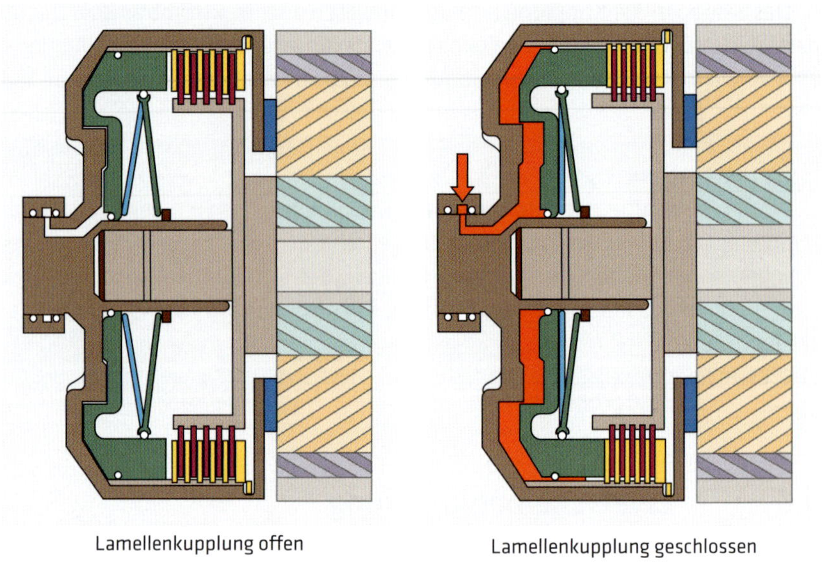

Bild 9.10 *Lamellenkupplung in geöffneter und geschlossener Stellung*
[Bild: LDL]

sogenannte Kolbenabdeckung eingesetzt. Zwischen der Kolbenabdeckung und dem Betätigungskolben passiert nun das Gleiche, wie hinter dem Kolben. Da die beiden entstehenden Drücke sich aufheben, bleibt der Kolben in der Ruhelage.

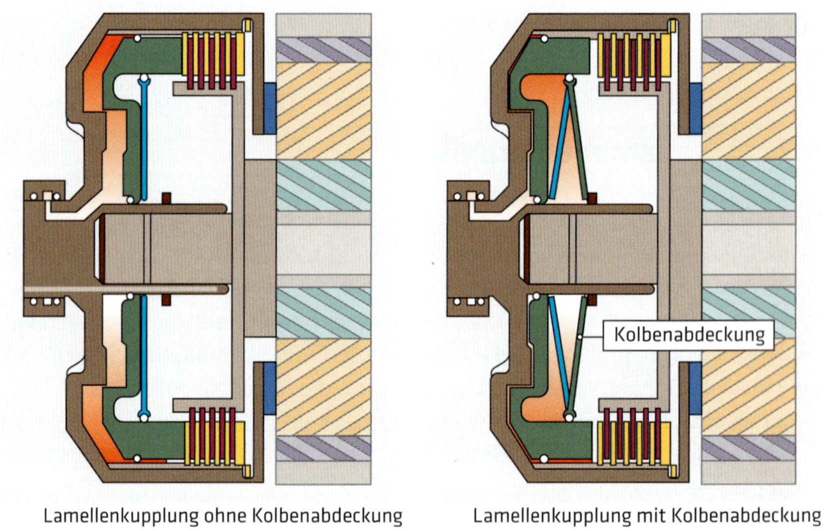

Bild 9.11 *Zum Vergleich: eine Lamellenkupplung mit und ohne Kolbenabdeckung.*
[Bild: LDL]

9.8 Fliehkraftkupplung

Fliehkraftkupplungen eignen sich ausschließlich als Anfahrkupplung, da sie sich bei hohen Drehzahlen nicht trennen lassen, um einen Gangwechsel durchzuführen. Sie kommen daher ausschließlich in Verbindung mit stufenlosen Getrieben – aktuell ausschließlich im Bereich der Klein- und Leichtkrafträder – zum Einsatz. Die Wirkungsweise ist folgendermaßen: Steigt die Drehzahl der Kurbelwelle, dann werden die Fliehgewichte, Rollen oder Kugeln nach außen gepresst. Hierbei klemmen sie eine keilförmige Druckplatte ein und erzeugen somit eine Anpresskraft zwischen Druckplatte, Kupplungsscheibe und Schwungrad.

9.9 Hydrodynamische Kupplung

Hydrodynamische Kupplungen kommen hauptsächlich als Anfahrkupplung bei leichten Fahrzeugen mit stufenlosem Automatikgetriebe zum Einsatz. Sie übertragen das Drehmoment mithilfe eines Flüssigkeitsstroms. Das Pumpenrad, mit der Motorkurbelwelle verbunden, erzeugt einen Ölstrom, der vom Turbinenrad aufgenommen und auf die Getriebeeingangswelle übertragen wird. Die Kraftübertragung hydrodynamischer Kupplungen erfolgt grundsätzlich mit Schlupf.

9.10 Hydrodynamischer Drehmomentwandler

Der hydrodynamische Drehmomentwandler kommt hauptsächlich bei Automatikgetrieben und schweren Fahrzeugen mit stufenlosem Automatikgetriebe zum Einsatz. Er überträgt und vergrößert das Drehmoment mithilfe eines Flüssigkeitsstroms. Das Pumpenrad, mit der Motorkurbelwelle verbunden, erzeugt einen Ölstrom, der vom Turbinenrad aufgenommen und auf die Getriebeeingangswelle übertragen wird. Das vom Turbinenrad rückströmende Öl wird durch ein am Getriebegehäuse mithilfe einer separaten Welle abgestütztes Leitrad strömungsgünstig in das Pumpenrad zurückgeleitet. Somit wirkt der Ölstrom rückseitig auf das Pumpenrad und vergrößert dessen Drehmoment. Hierdurch kommt eine Drehmomenterhöhung um bis zu 150% zustande.

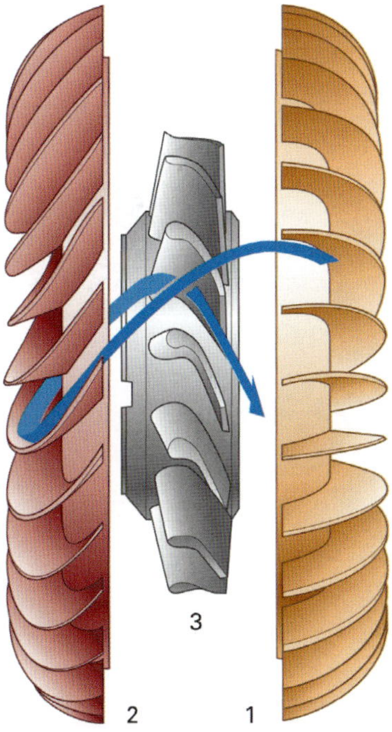

Bild 9.12 *Vereinfachte Darstellung des Ölstroms in einem hydrodynamischen Drehmomentwandler*
1 Pumpenrad
2 Turbinenrad
3 Leitrad
[Bild: AS-Illu]

Die Drehmomentverstärkung ist proportional zum Schlupf, also der Drehzahldifferenz zwischen Pumpen- und Turbinenrad. Mit zunehmender Turbinenraddrehzahl ändert sich der Strömungswinkel des Öls, was bei Werten unter 15% Schlupf dazu führen würde, dass der Ölstrom vom Turbinen- zum Pumpenrad durch das Leitrad behindert würde, da er auf die Rückseite der Leitradflügel wirkt. Jetzt dreht sich das Leitrad mithilfe eines zwischen dem Leitrad und der Leitradwelle verbauten Freilaufs mit, um dem Ölstrom auszuweichen.

9.10.1 Wandlerüberbrückungskupplung

Da der Drehmomentwandler das Motordrehmoment hydraulisch auf das Getriebe überträgt, herrscht in ihm immer ein gewisser Schlupf. Dies führt dazu, dass die Motordrehzahl stets ein bisschen höher ist als die Getriebeeingangsdrehzahl, wodurch der Kraftstoffverbrauch steigt und das Fahrzeug in vielen Fällen nicht die gleiche Endgeschwindigkeit erreicht, wie ein vergleichbares Fahrzeug mit Handschaltgetriebe. Aus diesen Gründen besitzen die meisten Drehmomentwandler eine Wandlerüberbrückungskupplung, die das Wandlergehäuse in gewissen Betriebszuständen mittels einer oder mehrerer Reibflächen kraftschlüssig mit dem Turbinenrad verbindet.

Einfache Wandlerüberbrückungskupplung

Die einfachste Ausführung einer Wandlerüberbrückungskupplung besteht aus einem tellerförmigen Kolben, der mit einer Reibscheibe versehen zwischen Wandlergehäuse und Turbinenrad liegt. Er ist über Torsionsfedern zum Ausgleich von Drehschwingungen formschlüssig mit dem Turbinenrad verbunden. Steigt der Wandlerinnendruck, steigt die am Kolben entstehende Kraft und die Reibscheibe presst sich in das Wandlergehäuse. Das Drehmoment wird mechanisch vom Motor zum Getriebe übertragen. Diese Form einer Wandlerüberbrückungskupplung ist nicht regelbar und dient ausschließlich dem Erhöhen der Getriebeeingangsdrehzahl zum Erreichen der Höchstgeschwindigkeit.

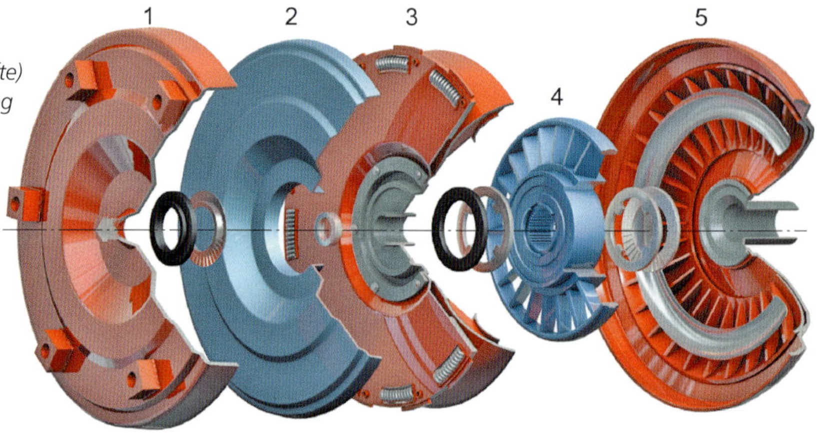

Bild 9.13 *Drehmomentwandler mit einfacher Überbrückungskupplung*
1 Wandlergehäuse (antreibende Hälfte)
2 Kolben der Überbrückungskupplung
3 Turbinenrad
4 Leitrad
5 Pumpenrad
[Bild: AS-Illu]

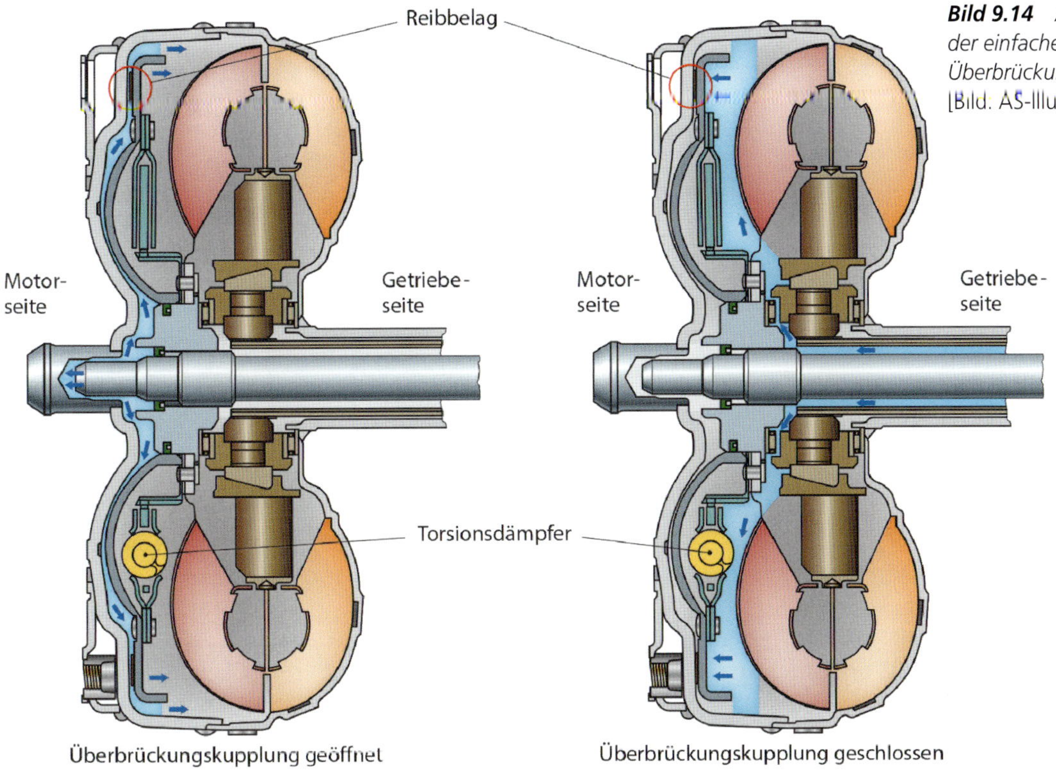

Bild 9.14 *Arbeitsweise der einfachen Überbrückungskupplung* [Bild: AS-Illu]

Geregelte Wandlerüberbrückungskupplung als Lamellenkupplung

Heutige Automatikgetriebe besitzen als Wandlerüberbrückungskupplung im Regelfall eine nasse Lamellenkupplung, die über einen separaten Ölkanal innerhalb der Getriebeeingangswelle gezielt mit Öl versorgt werden kann. Der Ölstrom wird durch ein pulsweitenmoduliert angesteuertes Magnetventil geregelt. Das Getriebesteuergerät ermittelt aus dem Verhältnis der Getriebeeingangs- zur Motordrehzahl den Schlupf des Drehmomentwandlers und regelt den Druck so, dass der Wandler entweder schlupffrei oder mit einem definierten, geringen Schlupf das Drehmoment überträgt. Letztere Variante dient der Entkopplung von Drehschwingungen, was Torsionsfedersysteme überflüssig macht, jedoch den Verschleiß und die Anfälligkeit der Lamellenkupplung deutlich erhöht. Die Wandlerüberbrückungskupplung dient aktuell primär der Senkung des Kraftstoffverbrauchs und wird daher so oft und so schnell wie möglich geschlossen. Meist ist sie nur zum Anfahren und zum Gangwechsel kurzzeitig geöffnet und sonst permanent geschlossen.

Bild 9.15 Geregelte Wandlerüberbrückungskupplung
[Bild: Daimler]

Werkstatttipp

Prüfen eines Drehmomentwandlers

Der Drehmomentwandler lässt sich im eingebauten Zustand am besten über die sogenannte Festbremsdrehzahl prüfen: Hierbei wird bei stehendem, gegen Bewegung gesicherten Fahrzeug und betriebswarmen Getriebe die Fahrstufe eingelegt und das Fahrpedal voll durchgetreten.

Achtung! Prüfzeit maximal 5 Sekunden, da sonst sowohl Wandler als auch Getriebeöl thermisch überlastet und zerstört werden!

Die Motordrehzahl pendelt sich, je nach Fahrzeughersteller, -typ und -motorisierung, auf Werte zwischen 1500 und 2000 min^{-1} (Herstellervorgabe beachten!) ein. Wird die Festbremsdrehzahl nicht erreicht, muss neben einem Motorleistungsmangel ein defekter Wandlerfreilauf in Betracht gezogen werden. Wird die Drehzahl überschritten, sollte die Prüfung unter Beachtung der Getriebeeingangsdrehzahl (Istwerte auslesen) wiederholt werden: Steht die Getriebeeingangswelle, herrscht erhöhter Schlupf im Drehmomentwandler, beispielsweise durch einen zu geringen Öldruck oder (kavitations-)geschädigte Schaufelräder. Dreht sich die Getriebeeingangswelle, kann von Schlupf im Automatikgetriebe, beispielsweise durch verschlissene Kupplungen oder Bremsen ausgegangen werden.

9.11 Getriebe

Die Effizienz eines Verbrennungsmotors hängt stark von der Drehzahl ab, mit der er betrieben wird. Je kleiner der zur komfortablen Nutzung des Fahrzeugs erforderliche Drehzahlbereich ist, desto geringer werden somit Kraftstoffverbrauch und Schadstoffemission, was als Ursache dafür zu sehen ist, dass die Anzahl der zur Verfügung stehenden Übersetzungen einer permanenten Erhöhung (Handschaltgetriebe ≤ 7; Automatikgetriebe ≤ 10)

unterliegen. Weiterer Entwicklungsbedarf liegt im Getriebewirkungsgrad selbst: Das Getriebe stellt eines der Teilsysteme des Antriebsstrangs dar, in dem die größten Wärmeverluste (Reibung => Wärme) entstehen.

9.11.1 Handschaltgetriebe

Handschaltgetriebe stellen aktuell auf dem europäischen Markt (noch) die häufigste Getriebevariante dar. Sie werden jedoch seit einigen Jahren verstärkt durch automatisierte Schaltgetriebe und Automatikgetriebe ersetzt, da diese komfortabler und im Alltagsbetrieb effizienter sind als Schaltgetriebe. Sie werden unterschieden in

- gleichachsige Wechselgetriebe und
- ungleichachsige Wechselgetriebe.

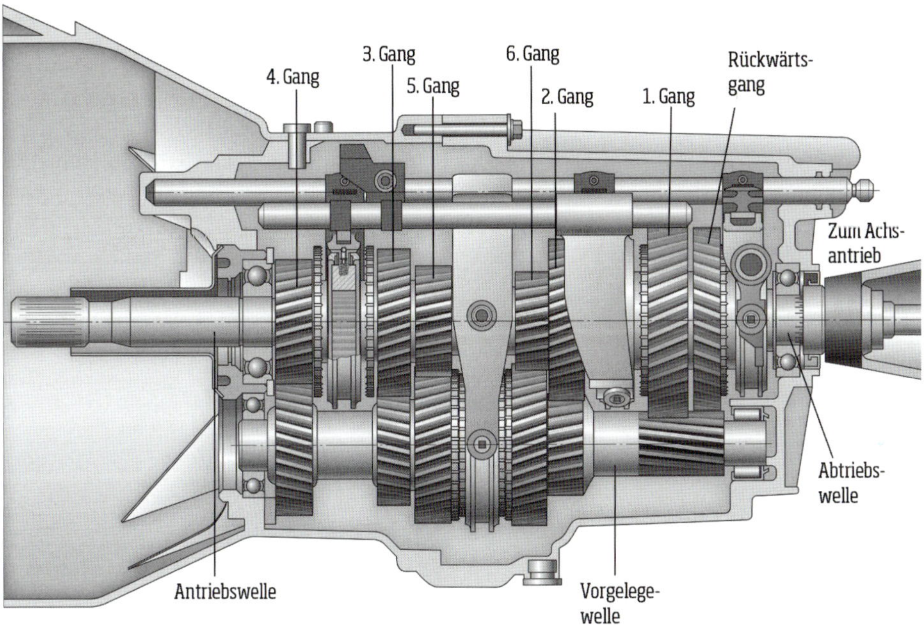

Bild 9.16 *Schnittbild durch ein gleichachsiges 6-Gang-Getriebe* [Bild: AS-Illu]

Gleichachsiges Wechselgetriebe

Beim gleichachsigen Wechselgetriebe finden Kraftflussein- und -ausgang auf einer Ebene statt. Das Drehmoment wird von der Getriebeeingangswelle im Regelfall über eine feste Zahnradpaarung – die sog. Konstante – auf die Vorgelegewelle übertragen. Von dort aus wird es über die Zahnradpaarungen des jeweilig geschalteten Gangs auf die Getriebeausgangswelle weitergeleitet. Eine Ausnahme stellt hier der direkte Gang dar: Hierbei wird die Getriebeeingangswelle durch eine Schaltmuffe direkt mit der Getriebeausgangswelle verbunden und das Drehmoment unverändert weitergeleitet.

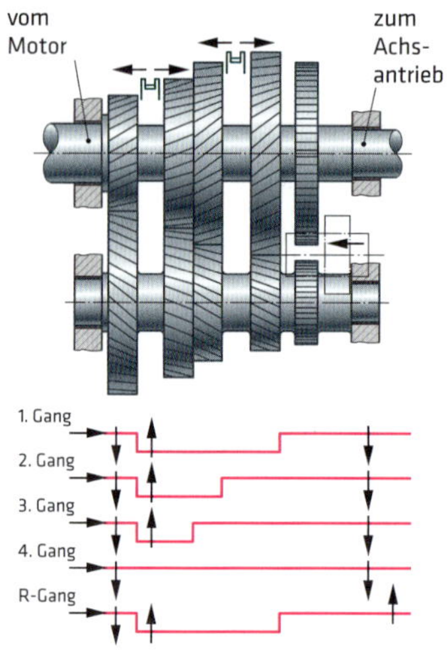

Bild 9.17 *Kraftverlauf und Wellendrehsinn eines gleichachsigen 4-Gang-Getriebes* [Bild: AS-Illu]

Ungleichachsiges Wechselgetriebe

Beim ungleichachsigen Wechselgetriebe befindet sich die Getriebeausgangswelle auf einer anderen Ebene als die Getriebeeingangswelle. Zudem liegt der Getriebeausgang meist auf derselben Seite wie der Getriebeeingang, wodurch es sich besonders für Fahrzeuge mit quer eingebautem Antriebsstrang eignet. Der Kraftfluss geht hierbei grundsätzlich von der Getriebeeingangswelle über die Zahnradpaarung des jeweils geschalteten Gangs auf die Getriebeausgangswelle.

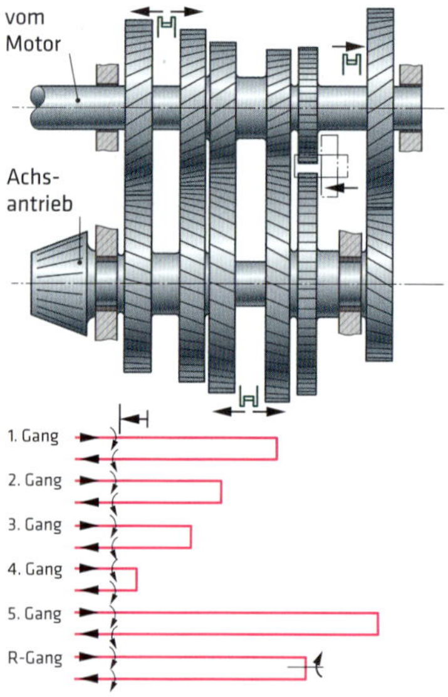

Bild 9.18 *Kraftverlauf und Wellendrehsinn eines ungleichachsigen 5-Gang-Getriebes [Bild: AS-Illu]*

9.11.2 Schaltvorgang

Zum Schalten des Wechselgetriebes muss zunächst der Kraftfluss mithilfe der Kupplung unterbrochen werden. Der Fahrer betätigt den Schalthebel und damit die Schaltgabel, die die Schaltmuffe umfasst. Die Schaltmuffe, die drehfest aber axial verschiebbar auf dem sogenannten Synchronkörper gelagert ist, wird verschoben und drückt dabei zunächst auf den

Synchronring, wodurch dieser mit seiner konischen Reibfläche auf die ebenfalls konische Reibfläche des Gangrades (Borg-Warner/ZF-Synchronisation; bei Außensynchronisation umgekehrt) gepresst wird. Das entstehende Reibmoment bremst oder beschleunigt das Gangrad bis bei Gleichlauf der Räder die Schaltmuffe mit ihrer Innenverzahnung in die Außenverzahnung des Gangrades (sog. Schaltverzahnung) greifen kann. Der Gang ist eingelegt und der Kraftfluss kann durch das Verbinden der Kupplung wiederhergestellt werden.

Sperrsynchronisation (System BorgWarner/ZF)

Die Sperrsynchronisation besteht aus einem oder mehreren Synchronringen, die über eine konische Reibfläche verfügen. Beim Schalten wird der Synchronring durch die Schaltmuffe axial auf das Gangrad bzw. dessen Reibfläche gepresst. Die spitz zulaufende Verzahnung des Synchronrings verhindert das weitere Verschieben der Schaltmuffe, bis die Drehzahlen von Schaltmuffe und Gangrad angeglichen sind (daher Sperrsynchronisation).

Bild 9.19 *Sperrsynchronisierung (Typ BorgWarner/ZF)*
1 *Zahnrad*
2 *Außenkonus mit Schaltverzahnung*
3 *Synchronring*
4 *Synchronkörper (über Kerbverzahnung mit der Welle verbunden)*
5 *Druckfeder*
6 *Kugelbolzen*
7 *Druckstück*
8 *Schalt- und Schiebemuffe.*
[Bild: AS-Illu]

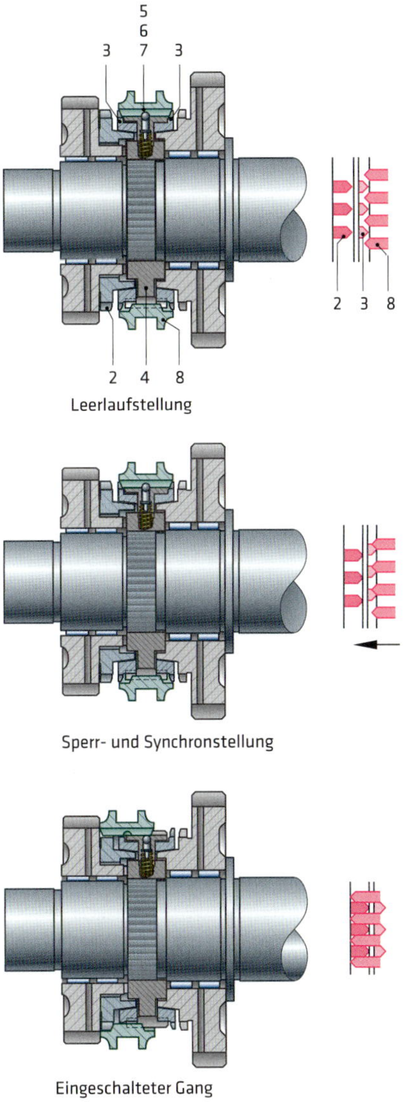

Bild 9.20 *Wirkungsweise der Sperrsynchronisierung (Typ BorgWarner/ZF). Legende wie in Bild 9.19.*
[Bild: AS-Illu]

Zur Erhöhung der Leistungsfähigkeit der Synchroneinrichtung wird die Borg-Warner-Synchronisation gerade in den unteren Gängen, in denen die Drehzahlsprünge größer ausfallen als in den höheren Gängen, oftmals als Mehrfachsynchronisation ausgeführt. Statt einer kommen hierbei 2 oder 3 Reibflächen zum Einsatz wodurch die Schaltzeiten entsprechend verkürzt werden können.

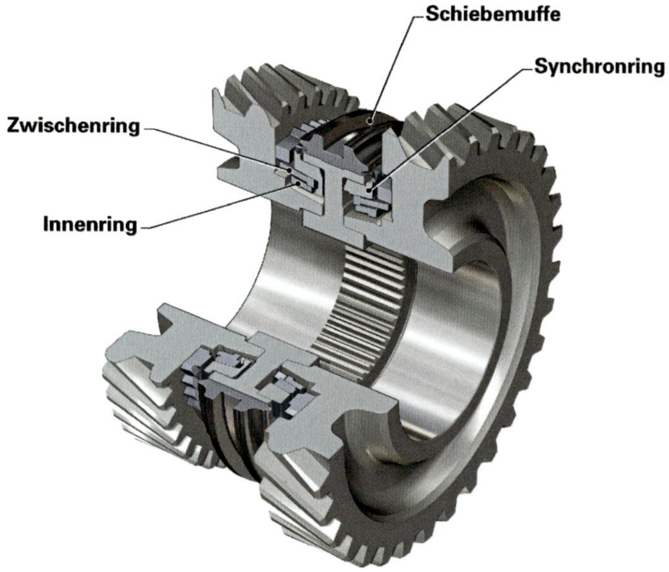

Bild 9.21 *Aufbau einer Mehrfachsynchronisation* [Bild: Audi]

Außensynchronisation

Die Außensynchronisation funktioniert nach dem gleichen Prinzip, wie die klassische Sperrsynchronisation. Durch die Verlagerung der Reibfläche nach außen vergrößert sich jedoch der wirksame Hebelarm und damit die Leistungsfähigkeit der Synchronisation.

Werkstatttipp

Nicht selten kommt es vor, dass einzelne Synchronsationen frühzeitig verschleißen. Neben der erhöhten Beanspruchung bestimmter Gänge, z.B. des 2. Gangs durch hohes Drehmoment und verhältnismäßig große Drehzahlsprünge, kommt hierfür vielfach auch eine Fehlbedienung in Betracht. Viele Fahrer belassen während der Fahrt die Hand auf dem Schalthebel. Dies führt im Getriebeleerlauf (z.B. warten an der Ampel) zu einer leichten Betätigung der Synchronisation und damit zu deren Verschleiß. Welcher Gang letztendlich betroffen ist, hängt von der Lage/Neigung des Schalthebels und der Armposition des Fahrers ab. Auch die Schaltgabeln können hierdurch Beschädigungen erleiden, da sie entgegen ihrer Ruhelage permanent in der Nut der Schaltmuffe gleiten.

Ein weiterer, häufiger Bedienfehler ist, die Kupplung nicht komplett zu treten bzw. schneller zu schalten als es die Synchronisation auf Dauer erlaubt. In diesem Fall wird die Synchronisation im Regelfall jedoch in mehreren Gängen verstärkt verschleißen.

9.12 Doppelkupplungsgetriebe

Um den Fahrer von der Arbeit der Übersetzungsänderung zu entlasten, sind immer mehr moderne Kraftfahrzeuge mit Automatikgetrieben ausgestattet. Dies können je nach Erfordernissen automatisierte Schaltgetriebe wie das Doppelkupplungsgetriebe, auch Direktschaltgetriebe genannt, elektrohydraulisch gesteuerte Planetengetriebe oder stufenlose Automatikgetriebe sein.

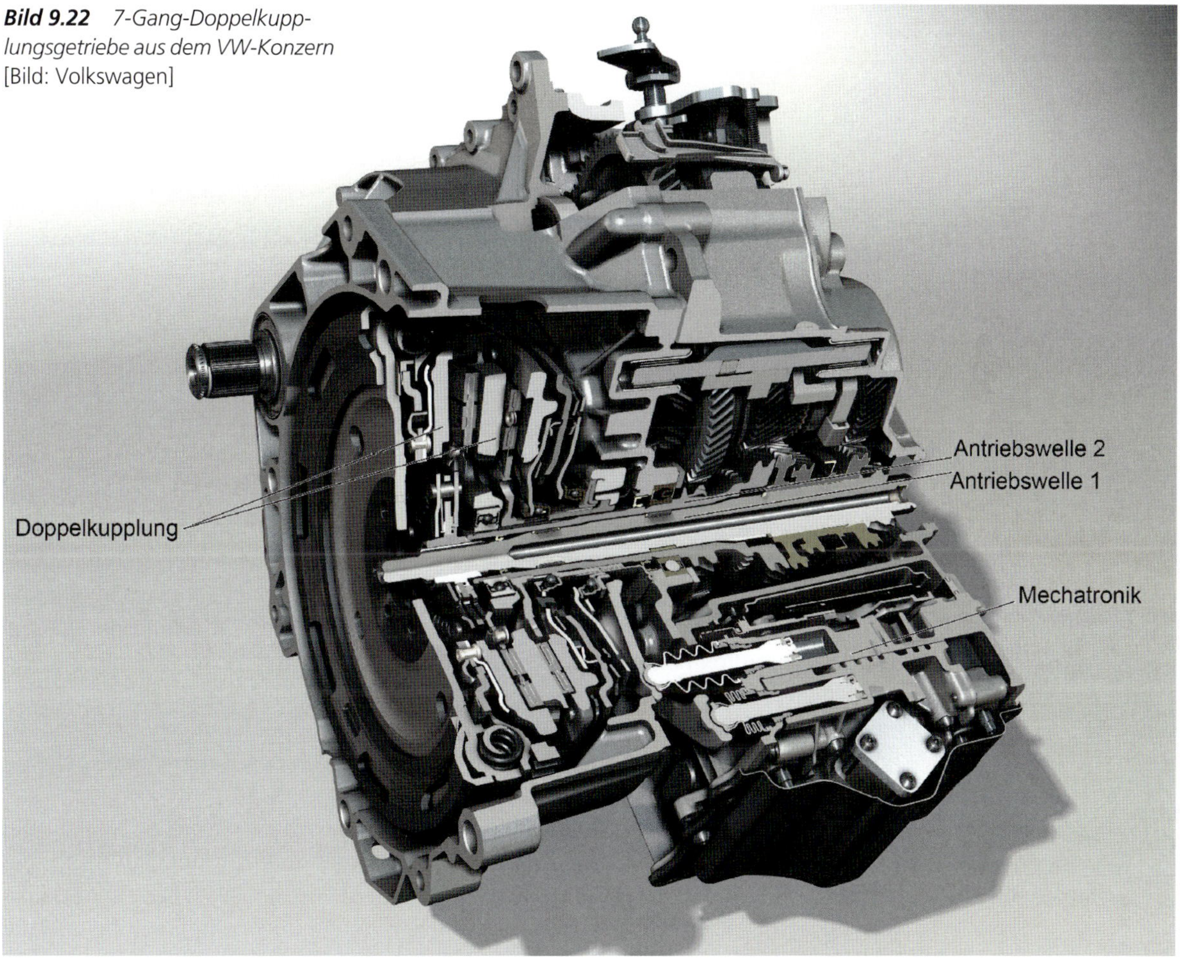

Bild 9.22 *7-Gang-Doppelkupplungsgetriebe aus dem VW-Konzern* [Bild: Volkswagen]

Das Doppelkupplungsgetriebe (engl.: Double Clutch Transmission, DCT) besteht aus 2 automatisierten Schaltmuffengetrieben in einem Gehäuse. Eines der Getriebe stellt die geraden, das andere die ungeraden Schaltstufen bereit. Der Kraftflusseingang findet über je eine Kupplung auf eine Voll- und eine Hohlwelle statt. Der Kraftflussausgang erfolgt über zwei Getriebeausgangswellen, die auf ein gemeinsames Stirnrad wirken, welches das Drehmoment auf das Differenzialgehäuse überträgt.

Beim Anfahren des Fahrzeugs ist die Schaltmuffe des 1. Gangs mit der dazugehörigen Schaltverzahnung im Eingriff. Das Fahrzeug setzt sich durch Schließen der 1. Kupplung in Bewegung. Während der Fahrt im 1. Gang wird bei geöffneter 2. Kupplung der 2. Gang bereits eingelegt, indem der hydraulische Schaltaktor die Schaltgabel und damit die

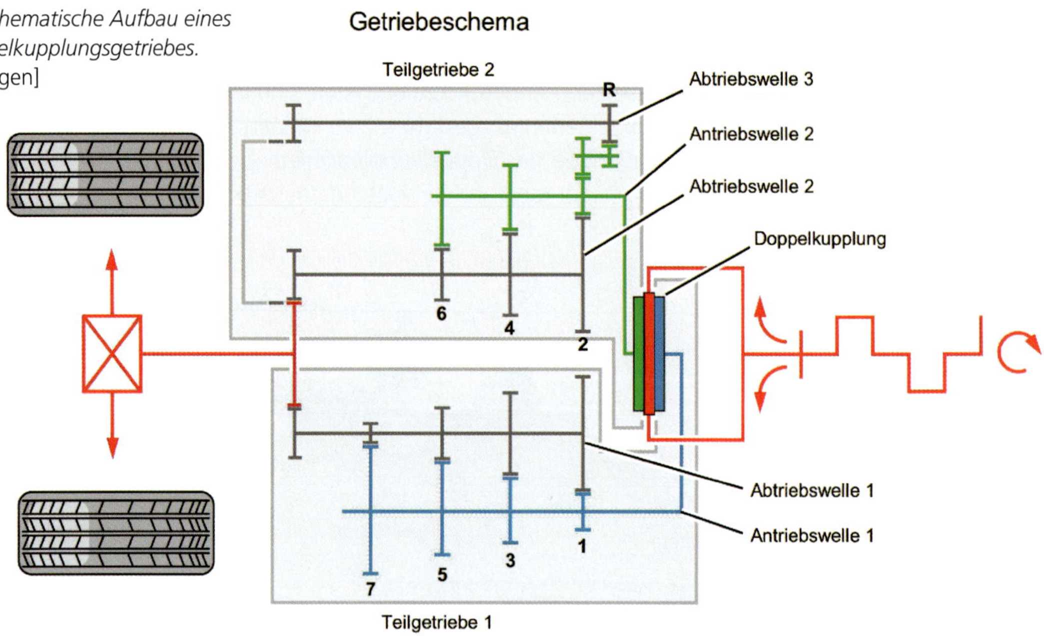

Bild 9.23 *Schematische Aufbau eines 7-Gang-Doppelkupplungsgetriebes.* [Bild: Volkswagen]

Schaltmuffe verschiebt. Das Steuergerät überwacht die Bewegung der Schaltgabeln über Hallsensoren am Getriebegehäuse und Magneten an der Schaltgabel. Zum Gangwechsel wird dann die 2. Kupplung verbunden und die 1. Kupplung getrennt.

Um eine Zugkraftunterbrechung zu vermeiden, findet der Wechsel zwischen den Kupplungen, wie in den Bildern 9.25 und 9.26 dargestellt, schlupfend statt. Beide Kupplungen werden zunächst mit geringerer Anpresskraft betrieben und übertragen jeweils nur einen Teil des Motordrehmoments auf das Getriebe. Um dabei einen übermäßigen Verschleiß der Reibbeläge zu vermeiden, wird in der Überschneidungsphase kurzzeitig das Motordrehmoment reduziert, beim Dieselmotor durch eine Reduzierung der Einspritzmenge und beim Benzinmotor durch die Spätverstellung der Zündung.

Je nach Modus des Getriebes, sportlich oder komfortabel, kann der Gangwechsel schneller oder langsamer erfolgen. Hierzu wird der Druck in den Kupplungen entweder schneller oder langsamer auf- bzw. abgebaut.

Die Schaltvorgänge in den übrigen Gängen erfolgen nach dem gleichen Muster. Der Gangwechsel ist grundsätzlich nur von einem ungeraden in einen geraden Gang und umgekehrt möglich. Welcher Gang vorgewählt wird, ist von der jeweiligen Fahrsituation abhängig: In der Beschleunigungsphase der nächsthöhere und in der Schubphase der nächstniedrigere Gang. Wird durch manuelle Betätigung ein anderer als der vorgewählte Gang angefordert (z.B. Fahrt im 4. Gang, vorgewählter 5. Gang, Herunterschalten in den 3. Gang, um zu überholen), kommt es zu einer geringen Verzögerung beim Schalten, da das Getriebe vor dem Gangwechsel erst den richtigen Gang einlegen muss. Ist die Anforderung unplausibel, weil der Motor beispielsweise durch den gewünschten Schaltvorgang unzulässig hohe Drehzahlen erreichen würde, wird die Schaltanforderung abgewiesen.

Bild 9.24 *Ablauf der Schaltvorgänge in einer 7-Gang-S-Tronic von Audi beim Beschleunigen aus dem ersten Gang heraus* [Bild: Audi]

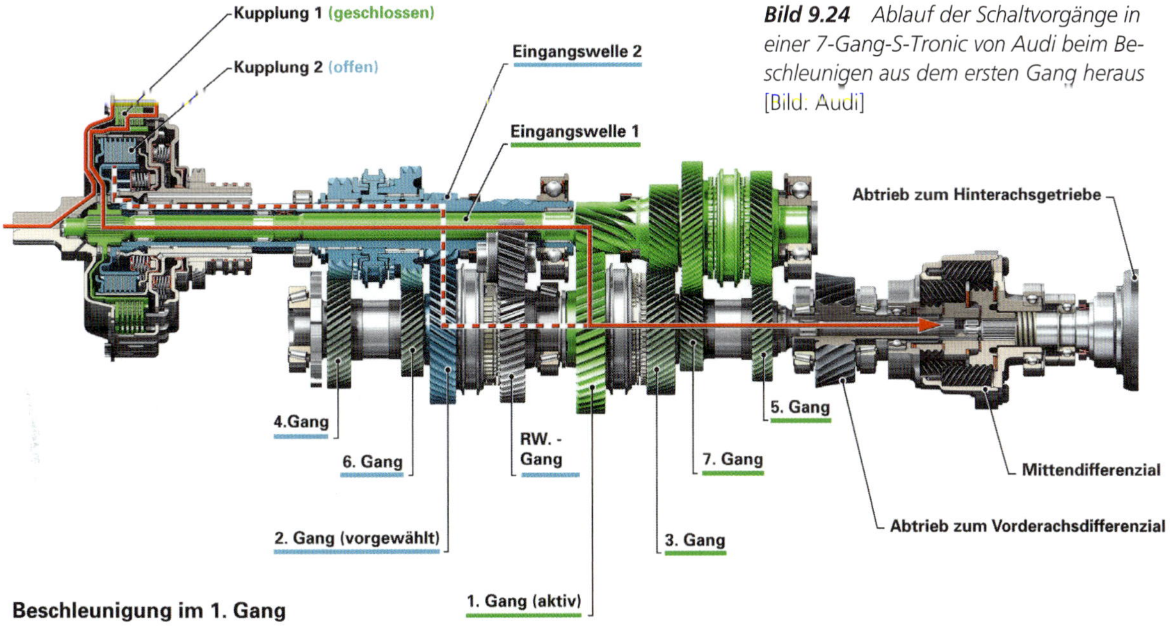

Beschleunigung im 1. Gang

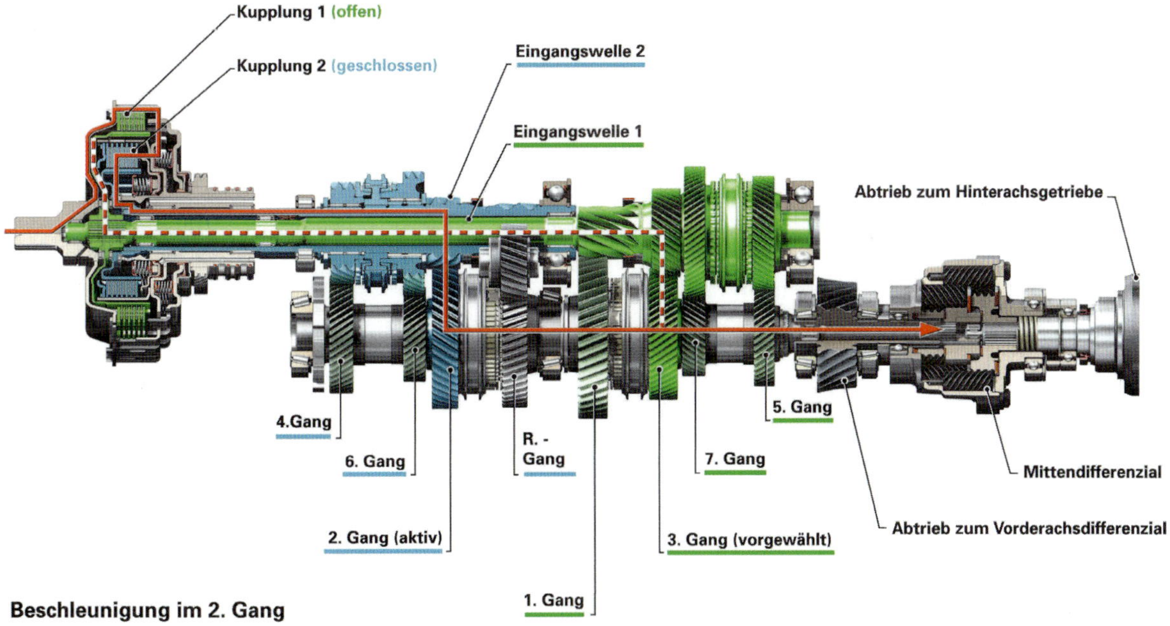

Beschleunigung im 2. Gang

Bild 9.25 *Vereinfacht dargestellter Druckverlauf in einer Lamellenkupplung bei einem komfortablen Gangwechsel*

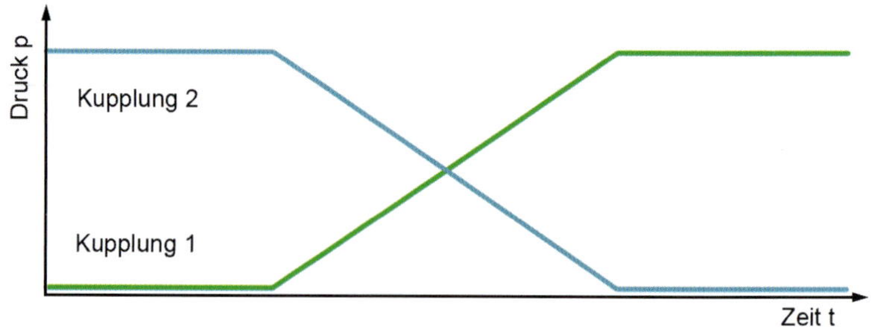

Bild 9.26 *Vereinfacht dargestellter Druckverlauf in einer Lamellenkupplung bei einem sportlichen Gangwechsel*

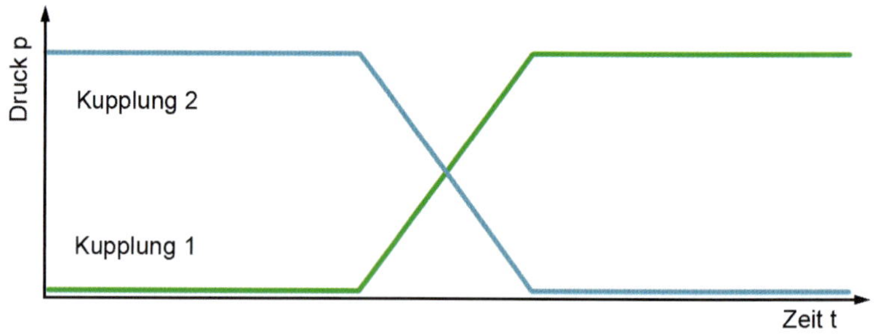

9.12.1 Die Doppelkupplung

Die Doppelkupplung kann als nasse Lamellenkupplung oder trockene Einscheibenkupplung ausgeführt sein. Da die größte Belastung der Kupplung beim Anfahren wirkt, liegt der 1. Gang und meist auch der Rückwärtsgang auf der äußeren der beiden Kupplungen (großer Hebelarm = großes Drehmoment).

Während die nasse Lamellenkupplung wie eine konventionelle Lamellenkupplung im Automatikgetriebe mittels Öldruck betätigt werden kann, ist für die trockene Einscheibenkupplung ein deutlich größerer konstruktiver Aufwand erforderlich: Zunächst muss das Motordrehmoment vom Zweimassenschwungrad mittels einer Verzahnung auf die sog. Treibscheibe übertragen werden. Diese befindet sich zwischen den beiden Einscheibenkupplungen.

Bild 9.27 *Nasse Lamellenkupplung aus dem 6-Gang-Doppelkupplungsgetriebe von Volkswagen*
[Bild: Volkswagen]

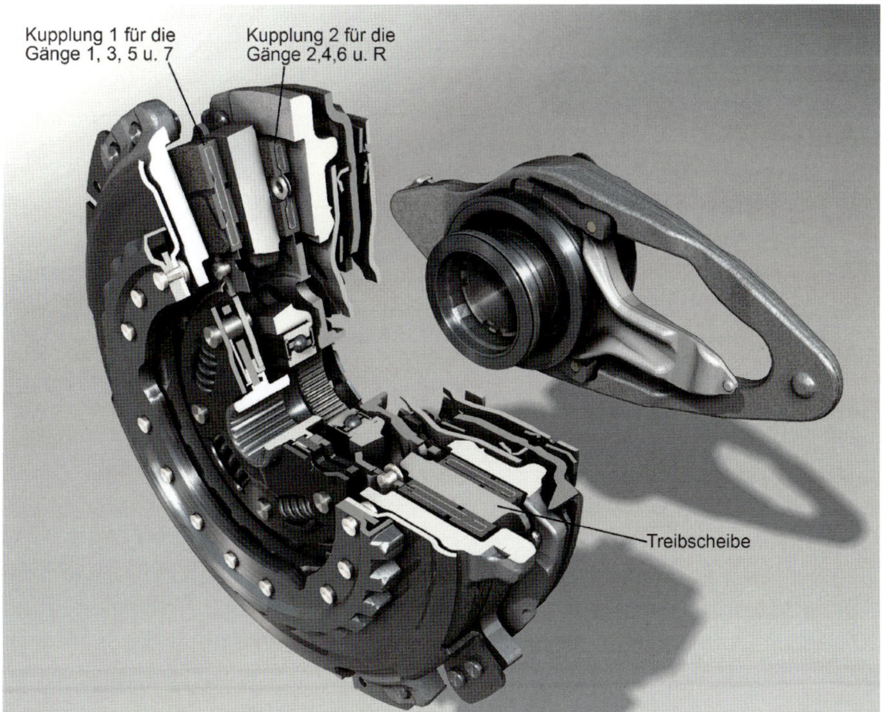

Bild 9.28 *Aufbau der trocken laufenden Doppelkupplung aus dem 7-Gang-DSG von Volkswagen*
[Bild: Volkswagen]

Kupplung 1

Zum Betätigen der 1. Kupplung wirkt ein hydraulischer Zylinder auf den Einrückhebel, der das Einrücklager in Richtung der Kupplungsscheibe verschiebt. Durch eine Hebelmechanik, die sich an der Treibscheibe abstützt, wird die Bewegungsrichtung umgekehrt und die Druckplatte der 1. Kupplung auf die Kupplungsscheibe gepresst. Der Kraftschluss zwischen dem Schwungrad und der Vollwelle des Getriebes ist hergestellt.

Kupplung 2

Das Betätigen der 2. Kupplung erfolgt nach ähnlichem Schema: Die Kraft des Hydraulikzylinders wirkt auf den Einrückhebel, der das Einrücklager in Richtung Kupplung verschiebt. Der einseitige Hebel verstärkt die wirksame Kraft und presst die Druckplatte auf die Kupplungsscheibe, wodurch diese das Motordrehmoment auf die Hohlwelle des Doppelkupplungsgetriebes überträgt.

Der Vorteil der trockenen Doppelkupplung liegt in ihrem besseren Wirkungsgrad. Im Gegensatz zur nassen Lamellenkupplung, bei der auch im geöffneten Zustand stets eine Rest-(flüssigkeits-)reibung bleibt, kann die trockene Kupplung vollständig getrennt werden.

Synchronisation

Da der Gangwechsel relativ schnell abläuft, ist die Anforderung an die Synchronisation entsprechend hoch. Die unteren Gänge sind daher meist mehrfachsynchronisiert.

Beispiel 7-Gang-DSG von VW:

Gang	Synchronisierung	Werkstoff des Synchronrings
1. bis 3.	dreifach	Messing mit Molybdänbeschichtung
4.	zweifach	Messing mit Molybdänbeschichtung
5. bis 7.	einfach	Messing mit Molybdänbeschichtung
R	einfach	Messing mit Molybdänbeschichtung

9.12.2 Parksperre

Die Verriegelung der Getriebeabtriebswelle erfolgt bei abgestelltem Fahrzeug mithilfe einer Parksperre, da das Getriebe den Öldruck in dieser Situation nicht hält und somit keine kraftschlüssige Verbindung zwischen Motor und Getriebe besteht.

Variante 1 (z.B. 6-Gang-DSG)

Die Sperrklinke wird im Fahrbetrieb durch die Druckfeder 2 aus dem Parksperrenrad gehoben. Der Parksperrenmechanismus ist entspannt. Wird die Parksperre betätigt, drückt der Hebel auf die Druckfeder 1 und zieht den Schieber nach links. Die Parksperrklinke rastet in das Parksperrenrad ein und blockiert dieses. Ist dies nicht möglich, da die Verzahnung der Sperrklinke auf der Verzahnung des Parksperrenrades steht, so wird der Schieber nur so weit nach links gezogen, wie es bei Stellung Zahn-auf-Zahn möglich ist und die Druckfeder 1 vorgespannt. Verdreht sich das Parksperrenrad, rastet die Sperrklinke durch den federbelasteten Schieber in das Parksperrenrad ein. Das Fahrzeug ist gesichert.

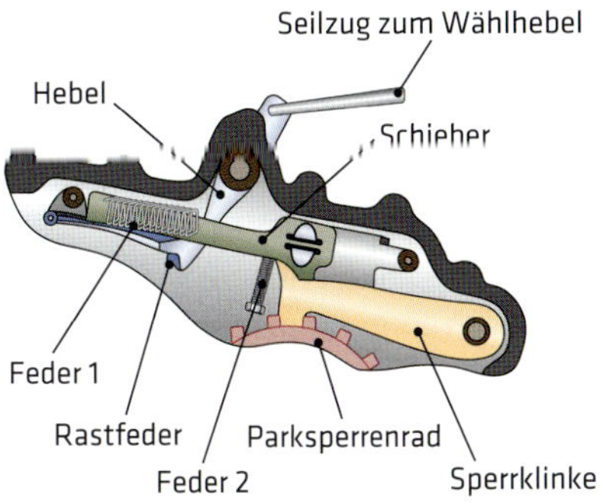

Bild 9.29 *Parksperre beim 6-Gang-DSG von Volkswagen*
[Bild: LDL]

Variante 2 (z.B. 7-Gang-DSG)

Die Sperrklinke wird im Fahrbetrieb durch die Rückstellfeder aus dem Parksperrenrad gehoben. Der Parksperrenmechanismus ist entspannt.

Wird die Parksperre betätigt, dann wird der konische Betätigungsbolzen über die Vorspannfeder in Richtung der Parksperrklinke geschoben, stützt sich oben am Niederhalter ab und drückt die Parksperrklinke in das Parksperrenrad. Ist dies nicht möglich, da die Verzahnung der Sperrklinke auf der Verzahnung des Parksperrenrades steht, lässt sich der Betätigungsbolzen nicht vollständig verschieben. Die Vorspannfeder wird zusammengedrückt. Sobald das Parksperrenrad bis zur nächsten Zahnlücke weitergedreht hat, entspannt sich die Vorspannfeder, indem der Betätigungsbolzen vollständig verschoben wird. Die Parksperre rastet ein.

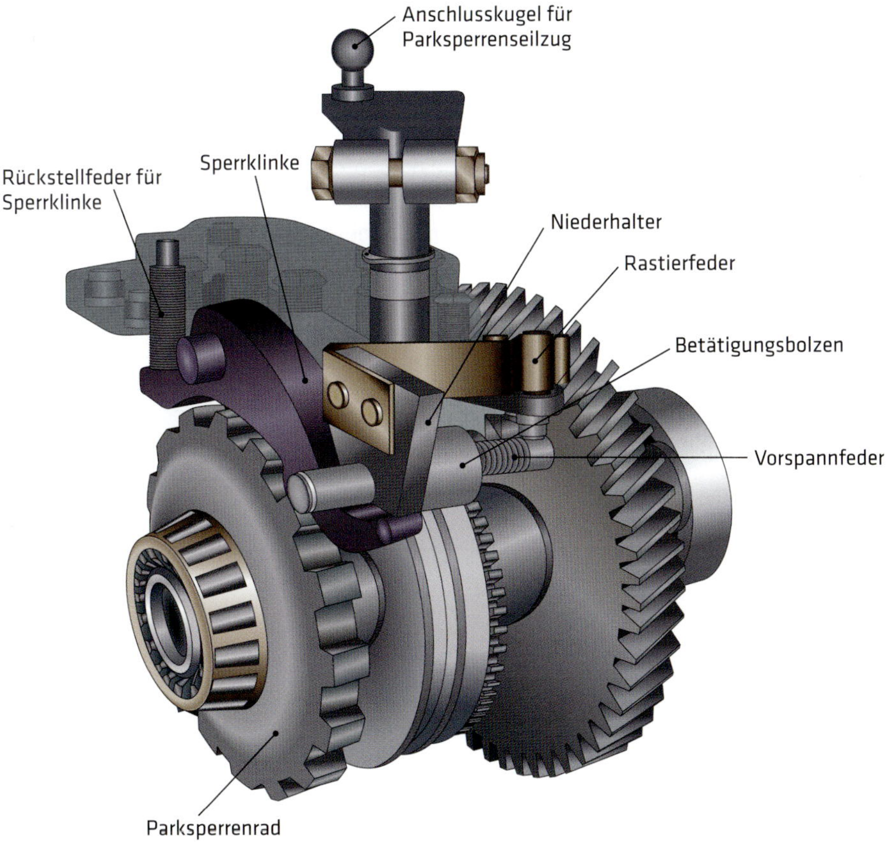

Bild 9.30 *Parksperre im 7-Gang-DSG von Volkswagen*
[Bild: LDL]

Variante 3 (z.B. Mercedes-Benz)

Neben den mechanisch betätigten Parksperren kommen hydraulisch betätigte Parksperren zum Einsatz. Da der Hydraulikdruck bei abgestelltem Fahrzeug nicht erhalten bleibt, wird die Parksperre durch eine Feder betätigt. Der Konus wird auf die Sperrklinke geschoben und drückt die Sperrklinke nach unten. Um die Parksperre zu lösen, zieht ein Hydraulikzylinder den Konus gegen die Federkraft nach links. Die Rückstellfeder hebt die Sperrklinke aus dem Parksperrenrad und dieses kann sich frei drehen. Zum Betätigen der Parksperre wird der Hydraulikdruck abgebaut und die Feder schiebt den Konus wieder über die Sperrklinke. Kann diese nicht sofort einrasten, wird zunächst die zweite Druckfeder vorgespannt. Sobald das Parksperrenrad sich weiterdreht, rastet die Sperrklinke ein und blockiert es.

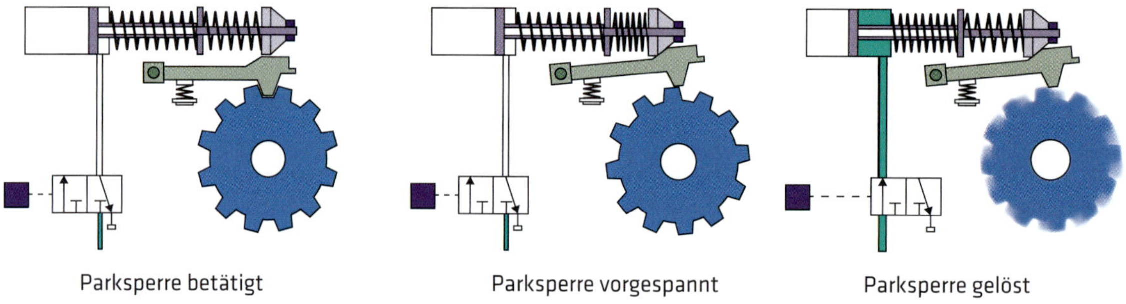

Bild 9.31 *Schematisch dargestellte Funktionsweise der Mercedes-Parksperre: betätigt, vorgespannt, gelöst* [Bild: LDL]

9.12.3 Zündschlüsselabzugssperre

Um zu verhindern, dass das Fahrzeug ohne eingelegte Parksperre abgestellt wird, ist der Zündschlüssel im Zündschloss so lange gesichert, bis dies geschehen ist. Solange die Parksperre nicht eingelegt ist, wird der Elektromagnet bestromt. Dadurch verhindert der Sperrbolzen ein Zurückdrehen des Zündschlüssels (Bild 9.32). Ist die Parksperre eingelegt, bringt eine Druckfeder den Sperrbolzen in Ruhelage. Das Zündschloss kann vollständig zurückgedreht und der Zündschlüssel entnommen werden.

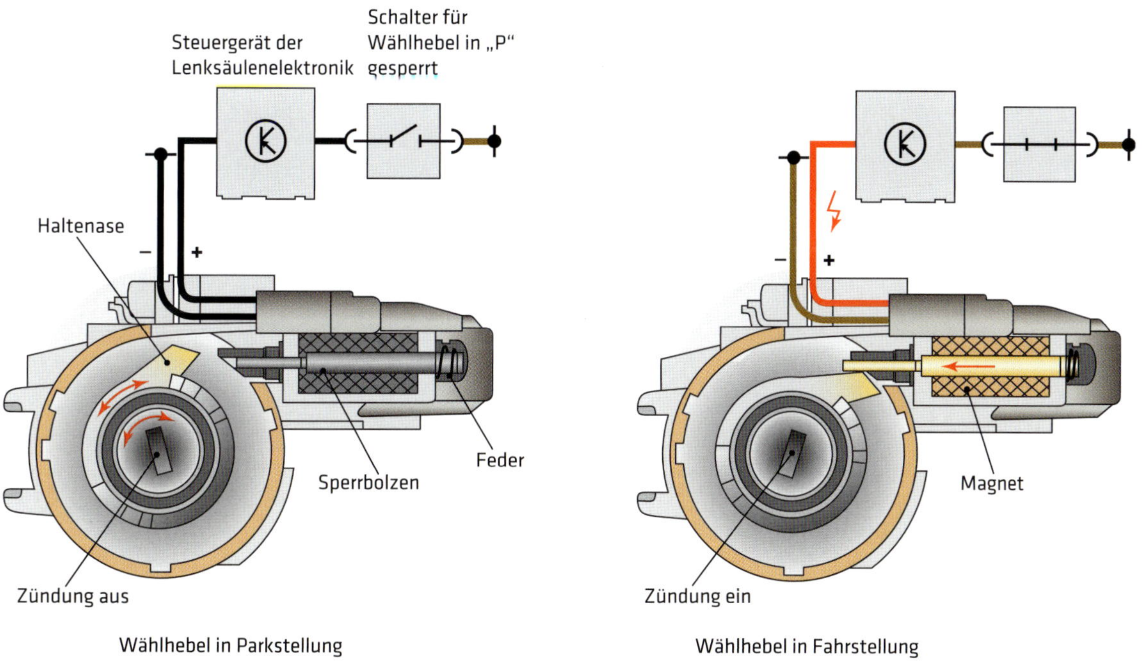

Bild 9.32 *Funktionsweise der Zündschlüsselabzugssperre* [Bild: LDL]

9.12.4 Getriebeöl

Doppelkupplungsgetriebe verfügen meist über 2 bis 3 getrennte Öle für

- die Steuerung,
- die Schmierung der Zahnräder und
- die Schmierung des Achsantriebs.

Bei einigen Getrieben erfüllt ein Öl auch mehrere Aufgaben. So kann beispielsweise das Öl, das zur Steuerung genutzt wird, auch zur Schmierung der Zahnräder dienen.

Werkstatttipp
Die Steuerung des Doppelkupplungsgetriebes erfordert zwischen 60 000 und 90 000 km) einen Öl- und Filterwechsel. Dieses Intervall sollte keinesfalls überzogen werden, um die Ausfallsicherheit des Getriebes sicherzustellen. Der Ölwechsel muss streng nach Herstellervorgabe erfolgen. Bei manchen Herstellern werden alle Öle des DCT erneuert, bei anderen nur das der Steuerung. Das Öl im Schaltmuffengetriebe muss verbleiben, um das Getriebe nicht durch neues Öl zu schädigen.

Der Ölkreislauf

Das Öl wird von der Ölpumpe über den Ölfilter aus dem Ölsumpf gesaugt. An der Pumpe erfolgt die Regelung des Systemdrucks. Das Öl wird über einen Kühler, im Regelfall ein Öl-/Wasserwärmetauscher, zu den Magnetventilen gefördert, von denen es wieder in den Ölsumpf abfließt.

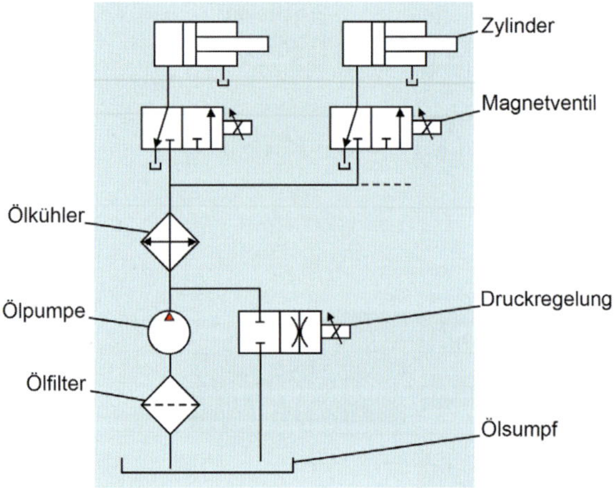

Bild 9.33 *Vereinfacht dargestellter Ölkreislauf in einem Doppelkupplungsgetriebe* [Bild: Schmidt]

Es gibt 2 Arten von Magnetventilen:

Schaltmagnetventile

Schaltmagnetventile geben den Druck vom Eingang zum Ausgang unverändert weiter, oder sperren den Durchfluss vollständig. Sie sind nicht regelbar, weshalb sie nur für „einfache" Aufgaben, wie z.B. das Schalten der Parksperre zum Einsatz kommen.

Regelmagnet- bzw. Proportionalventile

Regelmagnetventile oder auch Proportionalventile geben den Eingangsdruck in veränderter, stufenlos regelbarer Höhe an den Ausgang weiter. Dies ermöglicht einen langsamen Druckanstieg oder -abfall. So kann z.B. das Magnetventil der Schaltgabel so angesteuert werden, dass die Schaltmuffe in der richtigen Geschwindigkeit verschoben wird, sodass die Synchronisation nicht übermäßig verschleißt. Auch die Ansteuerung der Doppelkupplung erfordert Regelmagnet- bzw. Proportionalventile (s.o.).

9.12.5 Elektronische Steuerung

Zu den Eingangssignalen in die Getriebesteuerung gehören:

- Drehzahlen
  - Vollwelle
  - Hohlwelle
  - Getriebeausgangswelle
- Drücke
  - Ölpumpe
  - Doppelkupplung
- Position der Schaltgabeln
- Temperaturen
  - Ausgang Ölkühler
  - Zufluss Doppelkupplung

Eingang über den CAN-Bus:

- Wählhebelmodul
  - Fahrstufe

- Fahrprogramm (Komfort, Eco, Sport)
- Manuelle Schaltanforderung
- Fahrdynamikregelung
  - Fahrgeschwindigkeit
  - Regeleingriff
- Motor
  - Motorlast
  - Drehzahl

Aus dem Steuergerät gehen Signale an

- Magnetventile

und über den CAN-Bus an:

- Kombiinstrument
  - Anzeige Fahrstufe
  - Anzeige Fahrprogramm
  - Ganganzeige
  - Fehlermeldungen
- Motor
  - Drehmomentbegrenzung (Schaltvorgang/Notlauf)

Drehzahlerfassung

Im Doppelkupplungsgetriebe befinden sich im Regelfall 3 Drehzahlsensoren. Einer auf jeder Antriebswelle und einer auf der Abtriebswelle. Aus dem Verhältnis der Drehzahlen lassen sich die meisten Regelungen realisieren:

Drehzahlverhältnis	Auswertung
Motordrehzahl ⇔ Getriebeeingangsdrehzahl	Regelung des Kupplungsschlupfes an der Doppelkupplung
Getriebeeingangsdrehzahl ⇔ Getriebeausgangsdrehzahl	Eigendiagnose: Errechnung des geschalteten Gangs und Abgleich mit der Position der Schaltgabeln

Werkstatttipp

Die meisten Drehzahlgeber im DCT sind Hallgeber. Sie reagieren auf einen magnetisierten Teilbereich der Getriebewellen. Kommt dieser Bereich im Rahmen einer Getriebeinstandsetzung in Kontakt mit einem Magneten, wird das Magnetfeld geändert und die Drehzahlerfassung wird unmöglich.

Druckerfassung

Hinter der Ölpumpe und vor jeder Kupplung befinden sich Drucksensoren, die eine exakte Regelung des Öldrucks und damit ein präzises Schaltverhalten ermöglichen.

Positionserfassung der Schaltgabeln

Das Steuergerät erfasst die Position der Schaltgabeln mithilfe von Hallsensoren. Hierdurch kann es erkennen, wann sich die Schaltmuffe in der Synchronisationsphase befindet und wann der Gang vollständig eingelegt ist. Hierdurch werden die Magnetventile für die Schaltgabeln geregelt.

Temperaturerfassung

Im Zulauf zur Lamellenkupplung befindet sich ein Öltemperatursensor, durch dessen Daten das Steuergerät Rückschlüsse auf die Viskosität des Öls und den Reibwert der Kupplung ziehen kann. Zudem kann es bei Übertemperatur Schutzmaßnahmen (z.B. Notlauf) einleiten.

Elektronisches Wählhebelmodul

Die Wählhebelstellungen P(ark), R(everse), N(eutral) und D(rive) bzw. S(port) sowie ggf. die Betätigung der Tiptronic werden via CAN-Bus an das Getriebesteuergerät übertragen. Hierzu erfasst das Steuergerät des Wählhebels die Wählhebelstellung mittels Hallsensoren und bereitet diese als CAN-Bus-Information auf. Zusätzlich ist der Wählhebel ggf. mit dem Getriebe durch einen Seilzug verbunden. Dieser dient ausschließlich der Betätigung der Parksperre.

Die Verriegelung des Wählhebels in der Stellung „P" erfolgt mittels der Sperrbolzenfalle. Wird der Wählhebel in die Stellung „P" gebracht, rastet der federbelastete Sperrbolzen in eine dafür vorgesehene Bohrung ein (s. Bild 9.34). Um den Wählhebel wieder freizugeben, wird bei eingeschalteter Zündung und betätigter Betriebsbremse ein Elektromagnet bestromt, der den Sperrbolzen aus der Bohrung zieht.

Bild 9.34 *Aufbau eines elektronischen Wählhebelmoduls*
[Bild: LDL]

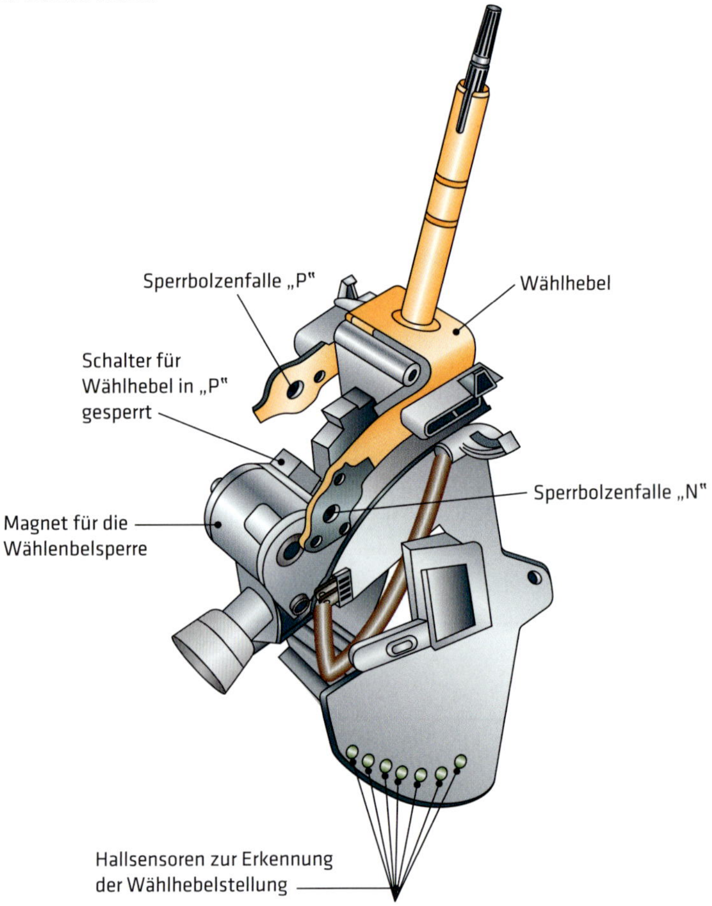

Um zu verhindern, dass versehentlich eine Fahrstufe eingelegt wird, wird der Elektromagnet auch dann bestromt, wenn sich der Wählhebel länger als 2 Sekunden in der Wählhebelstellung „N" befindet. Hierdurch wird der Wählhebel auch in dieser Position blockiert, bis die Betriebsbremse betätigt wird.

Die Freigabe des Zündschlüssels erfolgt durch den Schalter für die Wählhebelstellung „P". Erst wenn dieser betätigt ist, wird der Zündschlüssel im Zündschloss freigegeben.

Werkstatttipp
Mithilfe eines schmalen Gegenstands kann der Wählhebel im Pannenfall notentriegelt werden. Hierzu muss der Sperrbolzen mechanisch aus der Sperrbohrung gedrückt werden.

Fahrdynamikregelung
Von der Fahrdynamikregelung erhält das Getriebesteuergerät die Information über die Fahrgeschwindigkeit und über eventuelle Regeleingriffe. Während eines Regeleingriffs wird der eingelegte Gang gehalten, um nicht durch einen Gangwechsel eine weitere Instabilität in das Fahrzeug zu bringen.

Motorsteuergerät
Vom Motorsteuergerät erhält das Getriebesteuergerät Informationen über Motorlast und -drehzahl. Diese werden neben der Schaltentscheidung für die Regelung der Doppelkupplung benötigt. Die Kommunikation mit dem Motorsteuergerät ist bidirektional: Ist die Motorlast für einen Schaltvorgang zu hoch, kann das Getriebesteuergerät eine Reduzierung veranlassen.

9.13 Elektrohydraulisch gesteuertes Planetengetriebe

Elektrohydraulisch gesteuerte Planetengetriebe setzen sich aus mehreren Planetensätzen zusammen, deren Bauteile mithilfe von Kupplungen und Bremsen angetrieben, gebremst, oder mit dem Abtrieb verbunden werden.

9.13.1 Der einfache Planetensatz

Ein einfacher Planetensatz besteht aus einem zentralen Zahnrad, dem sogenannten Sonnenrad, das von 3 bis 4 Planetenrädern umschlossen wird, die untereinander durch den Planetenradträger verbunden sind. Diese wiederum werden vom Hohlrad, einem innenverzahnten Zahnrad, umschlossen.

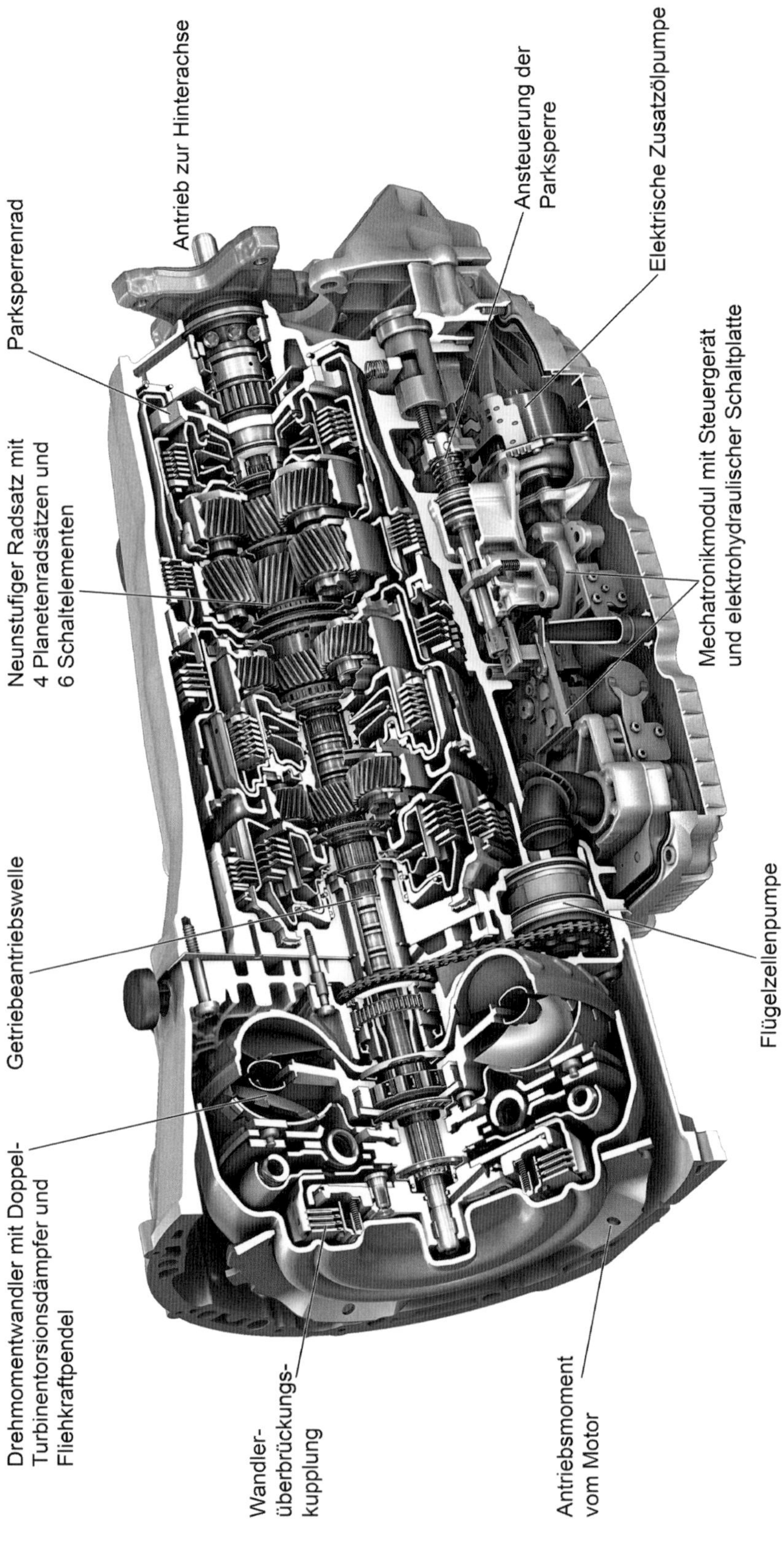

Bild 9.35 *Schnittbild einer Neustufen-Wandlerautomatik*
[Bild: Daimler]

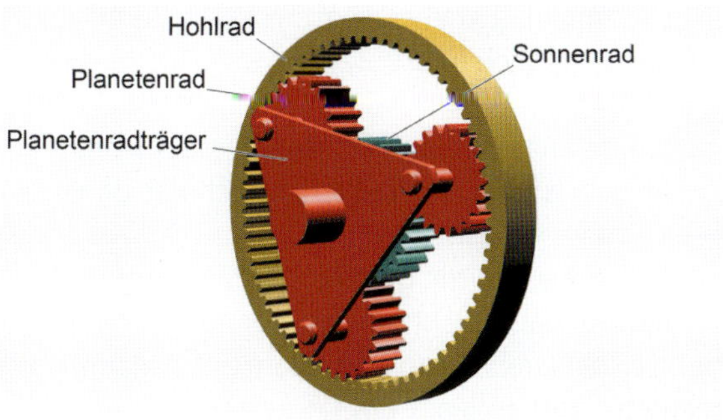

Bild 9.36 *Aufbau eines einfachen Planetensatzes*
[Bild: „autoFACHMANN"-DIGITAL]

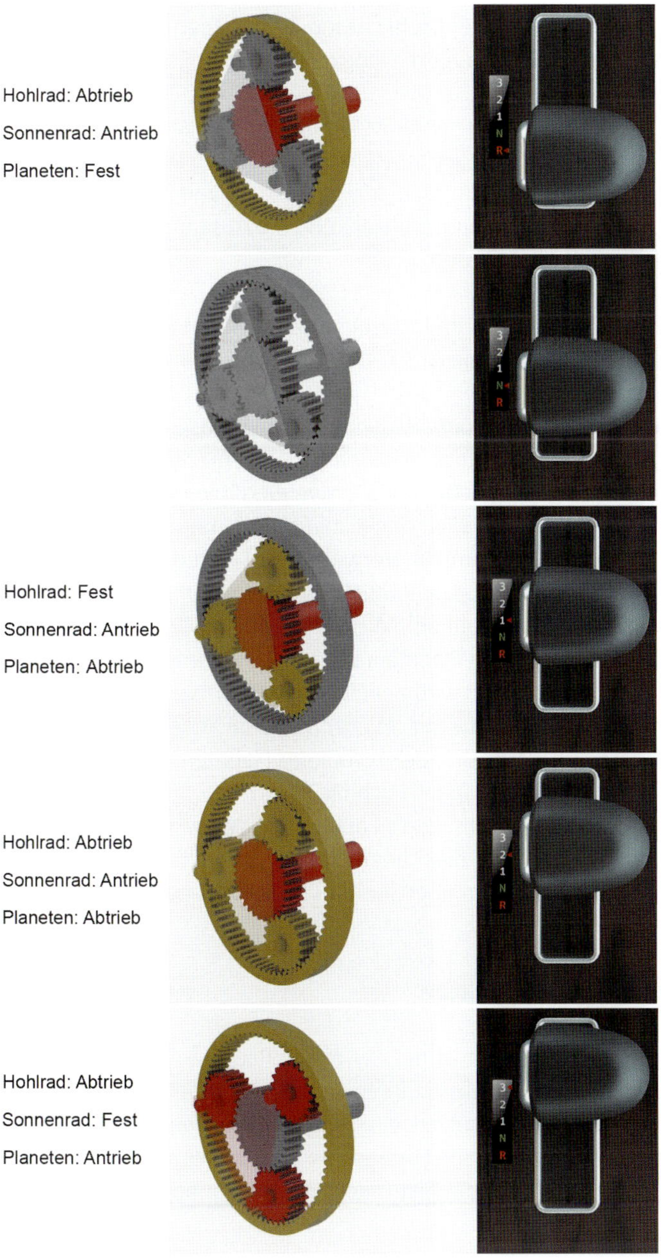

Bild 9.37 *Arbeitsweise eines einfach gehaltenen Automatikgetriebes mit 3 Vorwärtsgängen und Rückwärtsgang*
[Bild: „autoFACHMANN"-DIGITAL]

Die grundsätzliche Arbeitsweise eines Automatikgetriebes zeigt dieses Kapitel an einem einfachen Planetenradsatz in einem 3-Gang-Getriebe (Bild 9.37).

1. **Gang:** Hohlrad wird gebremst, Sonnenrad angetrieben. Die Planetenräder, vom Sonnenrad angetrieben, wälzen sich im gebremsten Hohlrad ab und nehmen dabei den Planetenträger mit, von dem aus der Abtrieb erfolgt.
2. **(direkter) Gang:** Hohlrad und Sonnenrad werden mit gleicher Drehzahl angetrieben und nehmen die Planetenräder mit, die sich dabei nicht um ihre eigene Achse drehen. Sie nehmen den Planetenträger mit gleicher Drehzahl mit, von dem aus der Abtrieb erfolgt. Man sagt: „Das Planetengetriebe läuft als Block um."
3. **Gang:** Das Sonnenrad wird festgehalten, der Planetenträger angetrieben. Die Planetenräder, vom Planetenträger angetrieben, wälzen sich auf dem gebremsten Sonnenrad ab und drehen das Hohlrad in gleicher Drehrichtung. Der Abtrieb erfolgt vom Hohlrad. Die Ausgangsdrehzahl ist höher als die Eingangsdrehzahl: Es erfolgt eine Übersetzung ins Schnelle.
   Rückwärtsgang: Der Planetenträger wird gebremst, das Sonnenrad angetrieben. Die Planetenräder drehen sich dann in entgegengesetzter Drehrichtung und nehmen das Hohlrad in dieser Drehrichtung mit. Der Abtrieb erfolgt vom Hohlrad. Die Ausgangsdrehzahl ist niedrig gegenüber der Eingangsdrehzahl und die Ausgangsdrehrichtung entgegengesetzt zur Eingangsdrehrichtung.

Doch das ist nicht die einzige Möglichkeit, um Übersetzungsstufen mit einem einfachen Planetenradsatz zu erzeugen. In vielen alten 3-Gang-Automatikgetrieben sehen die Übersetzungsstufen folgendermaßen aus:

Für die Übersetzung ins Langsame (1. Vorwärtsgang) wird hier das Sonnenrad angetrieben und das Hohlrad gebremst. Der Abtrieb erfolgt am Planetenradträger. Das angetriebene Sonnenrad versetzt die Planetenräder in Drehbewegung, die daraufhin im feststehenden Hohlrad abrollen und auf ihrem Weg den Planetenradträger mitnehmen.

Für eine geringe Übersetzung ins Langsame (2. Vorwärtsgang) wird dann das Hohlrad angetrieben und das Sonnenrad gebremst. Der Abtrieb erfolgt weiterhin über den Planetenradträger. In diesem Fall treibt das Hohlrad die Planetenräder an, die nun auf dem feststehenden Sonnenrad abrollen und den Planetenradträger mitnehmen.

Für den direkten Gang (3. Vorwärtsgang) wird der Planetenradsatz verblockt. Dadurch werden 2 Bauteile – welche, ist unerheblich – mit gleicher Drehzahl angetrieben oder mit dem Abtrieb verbunden. Hierdurch dreht sich der komplette Planetenradsatz um seine eigene Achse. Drehzahl und Drehmoment ändern sich nicht.

Um den Drehsinn mithilfe des Planetenradsatzes zu ändern, muss der Planetenradträger gebremst werden. Hierdurch können sich die Planetenräder nur noch um ihre eigene Achse drehen. Antrieb und Abtrieb erfolgen über Sonnen- und Hohlrad.

9.13.2 Kombinierte Planetensätze

Eine große Anzahl von Übersetzungsstufen ist mit nur einem Radsatz natürlich nicht zu bewerkstelligen. Deshalb setzen die Hersteller in ihren Automatikgetrieben eine Kombination aus unterschiedlichen Planetenradsätzen ein. Neben einfachen Planetensätzen nutzen sie in aktuellen Getrieben verschiedene Formen, die auf zwei einfachen, teilweise unvollständigen Planetensätzen basieren, die fest miteinander verbunden sind. Die gebräuchlichsten Varianten sind:

Ravigneaux-Satz

Der Ravigneaux-Satz besteht aus 2 Planetensätzen, die sich ein Hohlrad und einen Planetenträger teilen. Zudem gibt es 2 unterschiedlich große Sonnenräder, sowie kurze und lange Planetenräder. Er ermöglicht im Regelfall 4 Vorwärtsgänge und einen Rückwärtsgang.

Bild 9.38 *Der Ravigneaux-Satz ermöglicht im Regelfall 4 Vorwärtsgänge und einen Rückwärtsgang.*
[Bild: „autoFACHMANN"-DIGITAL]

Simpson-Satz

Der Simpson-Satz besteht aus 2 Planetensätzen, die sich ein Sonnenrad (tatsächlich ein Zahnrad oder zwei identische Zahnräder auf einer Welle) teilen. Zudem gibt es 2 gleich große Hohlräder sowie 2 Planetenträger mit Planetenrädern. Er ermöglicht im Regelfall 4 Vorwärtsgänge und einen Rückwärtsgang.

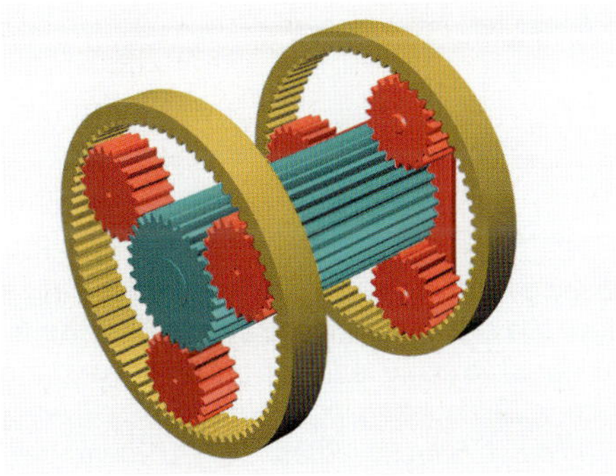

Bild 9.39 *Der Simpson-Satz ermöglicht ebenfalls in der Regel 4 Vorwärtsgänge und einen Rückwärtsgang.*
[Bild: „autoFACHMANN"-DIGITAL]

Mithilfe des einfachen Planetensatzes lässt sich bereits ein 3-Gang-Getriebe, mithilfe der kombinierten Planetensätze ein 4-Gang-Getriebe, ermöglichen. Heutige Getriebe verfügen über bis zu 9 Vorwärts- und 1 bis 2 Rückwärtsgänge. Hierzu werden mehrere Planetenradsätze in Reihe geschaltet. Um zu erkennen, wann welcher Planetenradsatz zum Einsatz kommt, bzw. welche Planetenradsätze zur Erzielung einer Gesamtübersetzung zum Einsatz kommen, bedient man sich sogenannter Kraftflussschemata. In diesen werden alle verfügbaren Kupplungen, Bremsen und Planetenradsätze dargestellt.

Achtung! In Kraftflussschemata wird grundsätzlich nur die obere Getriebehälfte dargestellt, da man sich die untere gespiegelt dazu vorstellen kann. Für die Anwendung bedeutet dies, dass das Sonnenrad grundsätzlich das unterste dargestellte Bauteil, gefolgt von Planetenrad und Hohlrad, ist.

Kraftflussschema des ZF 8-Gang-Getriebes

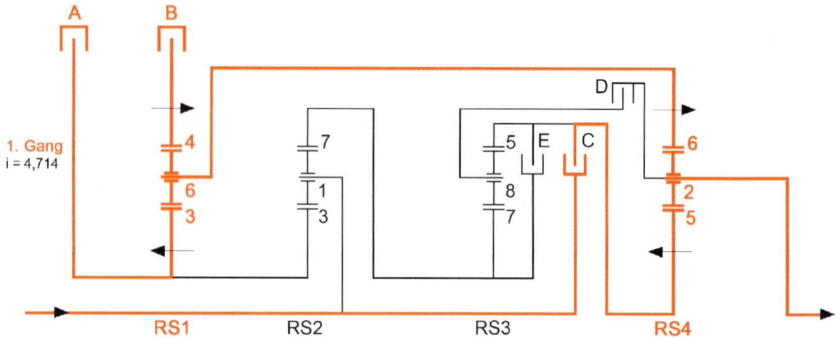

Bild 9.40 ***1. Gang:*** *Die Drehbewegung der Getriebeeingangswelle wird durch die Kupplung C auf das Sonnenrad des 4. Planetenradsatzes (RS 4) übertragen. Das Hohlrad des letzten Planetenradsatzes wird durch den verblockten (Sonnen- und Hohlrad sind über die Bremsen A und B gebremst) 1. Planetenradsatz (RS 1) gebremst. Die einzige wirksame Übersetzung ist die des 4. Planetenradsatzes (RS 4) und entspricht i = 4,714.*

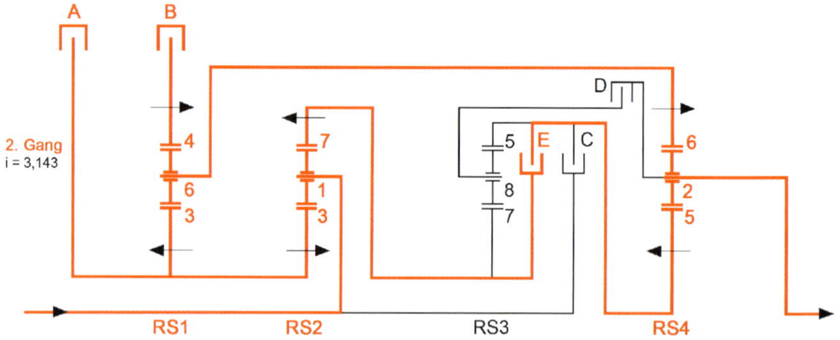

Bild 9.41 ***2. Gang:*** *Die Drehbewegung der Getriebeeingangswelle wird zunächst auf den Planetenradträger des 2. Planetenradsatzes (RS 2) übertragen. Da dessen Sonnenrad über die Bremse A gebremst wird, laufen die Planetenräder auf dem Sonnenrad ab und übertragen die Drehbewegung auf das Hohlrad. Dieses dreht sich nun mit der 1,5-fachen Getriebeeingangsdrehzahl. Diese Drehbewegung wird über die Kupplung E auf das Sonnenrad des 4. Planetenradsatzes (RS 4) übertragen. Das Hohlrad des 4. Planetenradsatzes (RS 4) wird, wie auch schon im 1. Gang durch den verblockten und gebremsten 1. Planetenradsatz (RS 1) gebremst. Die Übersetzung des 4. Planetenradsatzes entspricht der aus dem 1. Gang, die Eingangsdrehzahl entspricht jetzt allerdings dem 1,5-Fachen, sodass sich die Gesamtübersetzung auf i = 3,143 verringert.*

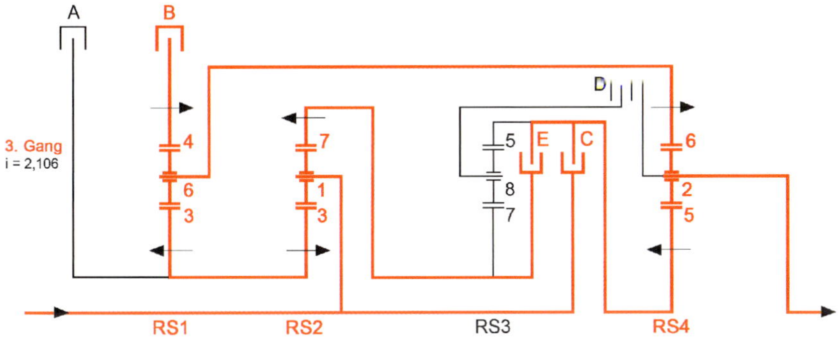

Bild 9.42 ***3. Gang:*** *Die Drehbewegung der Getriebeeingangswelle wird zum einen direkt auf den Planetenradträger des 2. Planetenradsatzes (RS 2) und zum anderen über die geschlossenen Kupplungen C und E auf das Hohlrad des 2. Planetenradsatzes (RS 2) übertragen. Der 2. Planetenradsatz (RS 2) ist somit verblockt. Seine Übersetzung ist i = 1 und die Drehzahl des Sonnenrades des 2. Planetenradsatzes (RS 2) entspricht somit der Getriebeeingangsdrehzahl. Die Sonnenräder des 1. und 2. Planetenradsatzes (RS 1. und RS 2.) sind fest miteinander verbunden (Simpson-Radsatz). Während sich das Sonnenrad des 1. Planetenradsatzes (RS 1) mit Getriebeeingangsdrehzahl dreht, wird dessen Hohlrad über die Bremse B gebremst. Im 1. Planetenradsatz (RS 1) ergibt sich somit eine große Übersetzung ins Langsame. Die Abtriebsdrehzahl des 1. Planentenradsatzes (RS 1) wird auf das Hohlrad des 4. Planetenradsatzes (RS 4) übertragen. Dessen Sonnenrad ist über die geschlossene Kupplung C mit der Getriebeeingangswelle verbunden. Die einfache Drehzahl des Sonnenrades im 4. Planetenradsatz (RS 4) führt in Verbindung mit der 0,333-fachen Drehzahl des Hohlrades zu einer Gesamtübersetzung von i = 2,106.*

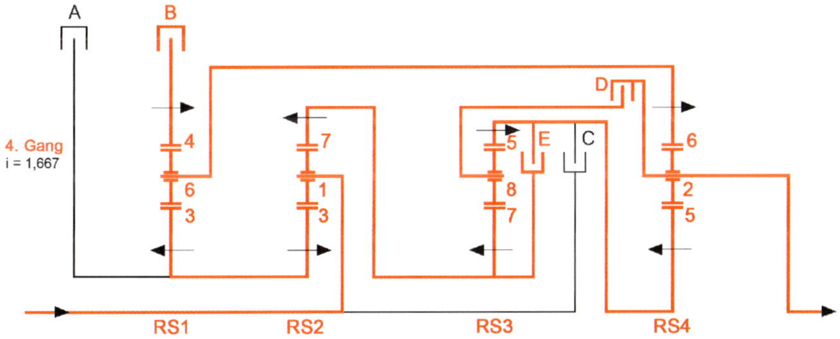

Bild 9.43 ***4. Gang:*** *Die Drehbewegung der Getriebeeingangswelle wird zunächst auf den Planetenradträger des 2. Planetenradsatzes (RS 2) übertragen. Das Hohlrad des 2. Planetenradsatzes (RS 2) ist über die Kupplung E, den verblockten 3. Planetenradsatz (RS 3) und die Kupplung D mit dem Abtrieb verbunden. Die Planetenräder des 2. Planetenradsatzes (RS 2) laufen im langsamer drehenden Hohlrad ab und beschleunigen das Sonnenrad auf die 1,8-fache Drehzahl. Im 1. Planetenradsatz (RS 1) dreht sich somit das Sonnenrad ebenfalls mit 1,8-facher Drehzahl, was in Verbindung mit dem über die Bremse B gebremsten Hohlrad zu einer 0,6-facher Ausgangsdrehzahl im 1. Planetenradsatz (RS 1) führt. Da sich im 4. Planetenradsatz (RS 4) jetzt alle Bauteile mit Ausnahme der Planetenräder mit 0,6-facher Drehzahl drehen, ist dieser verblockt und überträgt die Drehzahl an den Abtrieb. Die Gesamtübersetzung liegt bei i = 1,667.*

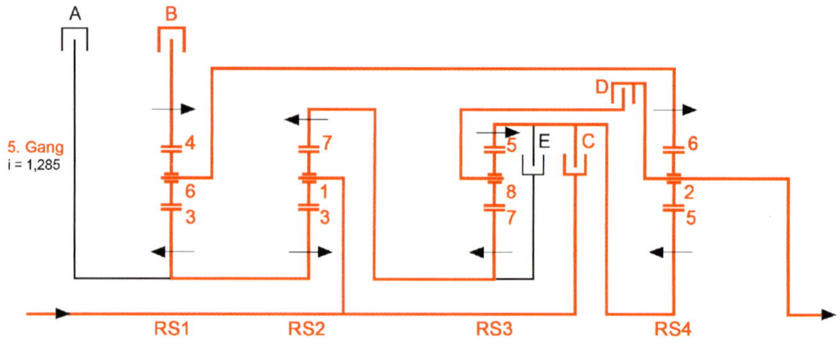

Bild 9.44 ***5. Gang:*** *Die Drehbewegung der Getriebeeingangswelle wird zunächst auf den Planetenradträger des 2. Planetenradsatzes (RS 2) übertragen. Das Hohlrad des 2. Planetenradsatzes (RS 2) ist über die Kupplung C und den 3. Planetenradsatz (RS 3) ebenfalls mit dem Antrieb verbunden. Da der Planetenradträger des 3. Planetenradsatzes (RS 3) über die Kupplung D mit dem Abtrieb verbunden ist, verringert sich die Drehzahl des Hohlrades auf das 0,422-Fache der Getriebeeingangsdrehzahl. Die Planetenräder des 2. Planetenradsatzes (RS 2) laufen im langsamer drehenden Hohlrad ab und beschleunigen das Sonnenrad auf die 2,156-fache Drehzahl. Im 1. Planetenradsatz (RS 1) dreht sich somit das Sonnenrad ebenfalls mit 2,156-facher Drehzahl, was in Verbindung mit dem über die Bremse B gebremsten Hohlrad zu einer 0,719-fachen Ausgangsdrehzahl im 1. Planetenradsatz (RS 1) führt. Das Sonnenrad des vierten Planetenradsatzes (RS 4) ist über die Kupplung C auch mit dem Antrieb verbunden, sodass dieses mit einfacher Drehzahl dreht. Die geringere Drehbewegung des Hohlrades im 4. Planetenradsatz (RS 4) führt zu einer 0,778-fachen Drehung der Getriebeabtriebswelle und damit zu einer Gesamtübersetzung von* $i = 1{,}285$.

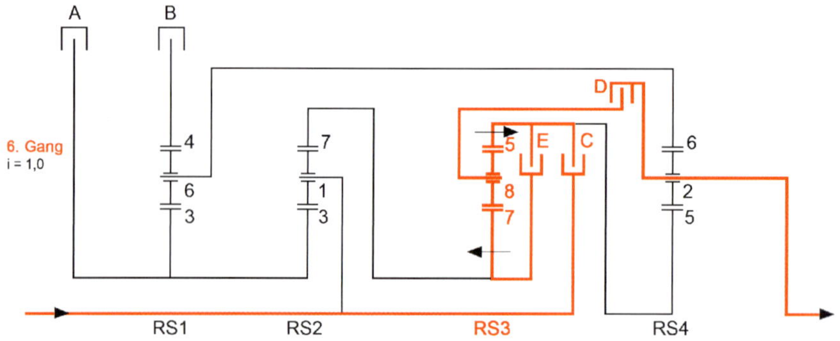

Bild 9.45 ***6. Gang:*** *Der 6. Gang ist der Direktgang. Durch das gleichzeitige Schließen der Kupplungen E und C werden sowohl das Sonnen- als auch das Hohlrad des 3. Planetenradsatzes (RS 3) angetrieben. Der Planetenradsatz ist somit verblockt und gibt die Getriebeeingangsdrehzahl unverändert weiter. Diese wird über die Kupplung D an den Abtrieb übertragen.*

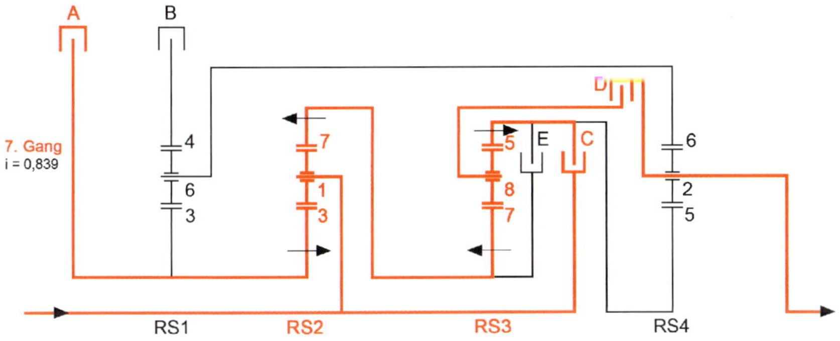

Bild 9.46 ***7. Gang:*** *Die Drehbewegung der Getriebeeingangswelle wird zunächst auf den Planetenradträger des 2. Planetenradsatzes (RS 2) übertragen. Da das Sonnenrad des 2. Planetenradsatzes (RS 2) über die Bremse A gebremst ist, wird das Hohlrad auf 1,5-fache Drehzahl beschleunigt. Im 3. Planetenradsatz (RS 3) trifft die auf das 1,5-fache beschleunigte Drehzahl des Sonnenrades auf die, über die Kupplung C anliegende, einfache Drehzahl des Hohlrades. Hieraus ergibt sich eine 1.192-fache Drehzahl des Planetenradträgers, der diese über die Kupplung D an den Abtrieb weiterleitet. Die Gesamtübersetzung liegt bei i = 0,839.*

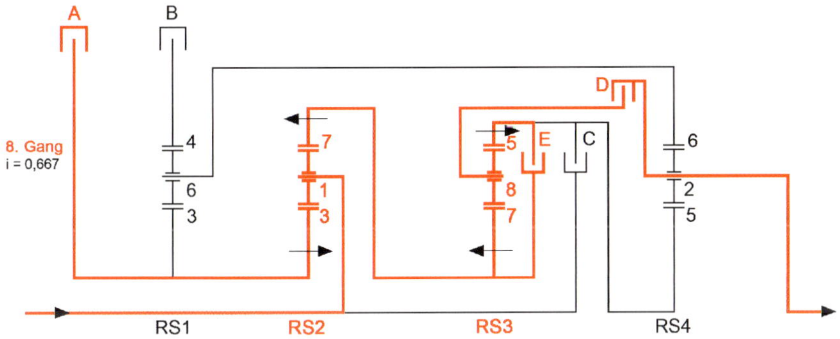

Bild 9.47 ***8. Gang:*** *Die Drehbewegung der Getriebeeingangswelle wird zunächst auf den Planetenradträger des 2. Planetenradsatzes (RS 2) übertragen. Da das Sonnenrad des 2. Planetenradsatzes (RS 2) über die Bremse A gebremst ist, wird das Hohlrad auf 1,5-fache Drehzahl beschleunigt. Diese Drehbewegung wird sowohl auf das Sonnenrad als auch, über die geschlossene Kupplung E, auf das Hohlrad des 3. Planetenradsatzes (RS 3) übertragen. Der 3. Planetenradsatz (RS 3) ist somit verblockt und gibt die 1,5-fache Drehzahl aus dem 2. Planetenradsatz (RS 2) unverändert an die Kupplung D weiter, die diese an den Abtrieb leitet. Die Gesamtübersetzung liegt bei i = 0,667.*

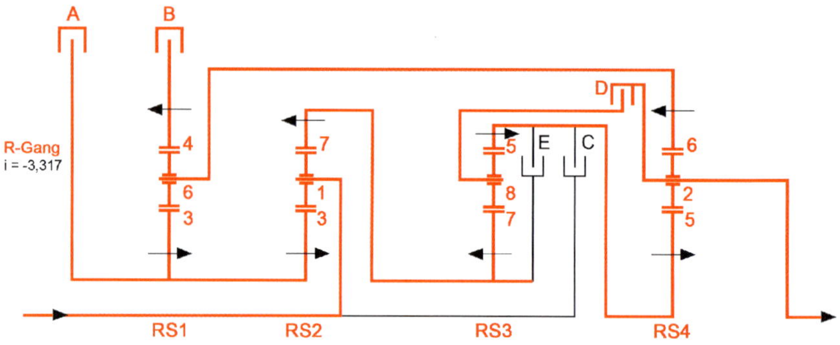

Bild 9.48 **Rückwärtsgang:** *Die Drehbewegung der Getriebeeingangswelle wird zunächst auf den Planetenradträger des 2. Planetenradsatzes (RS 2) übertragen. Da das Sonnenrad des 2. Planetenradsatzes (RS 2) über die Bremse A gebremst ist, wird das Hohlrad auf 1,5-fache Drehzahl beschleunigt. Das auf 1,5-fache Antriebsdrehzahl beschleunigte Sonnenrad des 3. Planetenradsatzes (RS 3) übertägt seine Kraft auf die Planetenräder des 3. Planetenradsatzes (RS 3). Der Planetenradträger dieses Planetenradsatzes kann sich durch das auf ihm lastende Abtriebsmoment nicht frei drehen, was zu einer Drehsinnumkehr am Hohlrad des 3. Planentenradsatzes führt. Da dieses widerum durch die Übersetzung des 4. Planetenradsatzes (RS 4) ebenfalls gehemmt wird, kommt es zu einer Gegendrehbewegung des Planetenradträgers im 3. Planetenradsatz (RS 3), die über die geschlossene Kupplung D an den Abtrieb übertragen wird.*

9.13.3 Schaltglieder

Um die einzelnen Bauelemente des Planetenradsatzes zu bremsen oder mit dem An- bzw. Abtrieb zu verbinden, kommen hydraulisch betätigte Lammellenkupplungen bzw. -bremsen zum Einsatz. Bei älteren Getrieben verwendet man zudem Bremsbänder und Schaltfreiläufe.

Lamellenbremse

Eine Lamellenbremse besteht aus Außen- und Innenlamellen und einem Betätigungskolben sowie einem mit dem Getriebegehäuse drehfest verbundenen Außenlamellenträger und einem Innenlamellenträger, der mit einem Bauteil des Planetensatzes (z.B. dem Planetenradträger) verbunden ist. Soll das Getriebeteil gebremst werden, wird der Öldruck hinter den Kolben gegeben. Die Außen- und Innenlamellen werden kraftschlüssig miteinander verbunden und das Getriebeteil bleibt stehen.

Bremsbänder

Bei älteren Automatikgetrieben kommen statt einer Lamellenbremse vielfach Bremsbänder zum Einsatz. Diese umschließen das zu bremsende Getriebeteil und stützen sich am Getriebegehäuse ab. Zur Betätigung wirkt eine hydraulisch betätigte Kolbenstange auf eine Seite des Bremsbandes und zieht es somit zusammen (Prinzip: Ölfilterband). Das Bauteil bleibt stehen. Bremsbänder unterliegen einem starken Verschleiß. Aus diesem Grund können sie bei den meisten Getrieben von außen nachgestellt werden.

Lamellenkupplung

Der Aufbau einer Lamellenkupplung ist ähnlich dem einer Lamellenbremse. Sie besteht aus Außen- und Innenlamellen und einem Betätigungskolben sowie einem Außenlamellenträger und einem Innenlamellenträger, die jeweils mit einem Bauteil des Planetensatzes (z.B. dem Sonnenrad und dem Planetenradträger) verbunden sind. Sollen die beiden Getriebeteile drehfest miteinander verbunden werden, dann wird über einen Ringkanal Öldruck auf den Betätigungskolben gegeben, der die Lamellen zusammenpresst und kraftschlüssig miteinander verbindet.

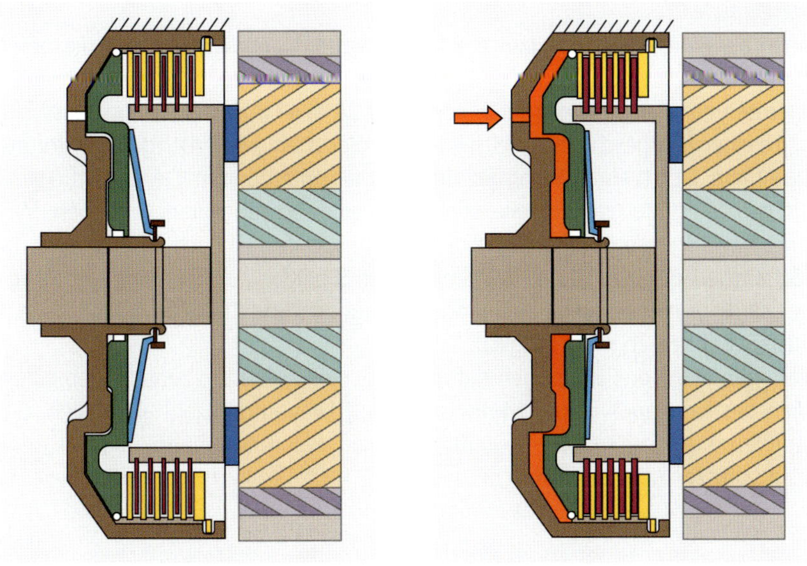

Bild 9.49 *Schematisch dargestellte Arbeitsweise einer Lamellenbremse*
[Bild: LDL]

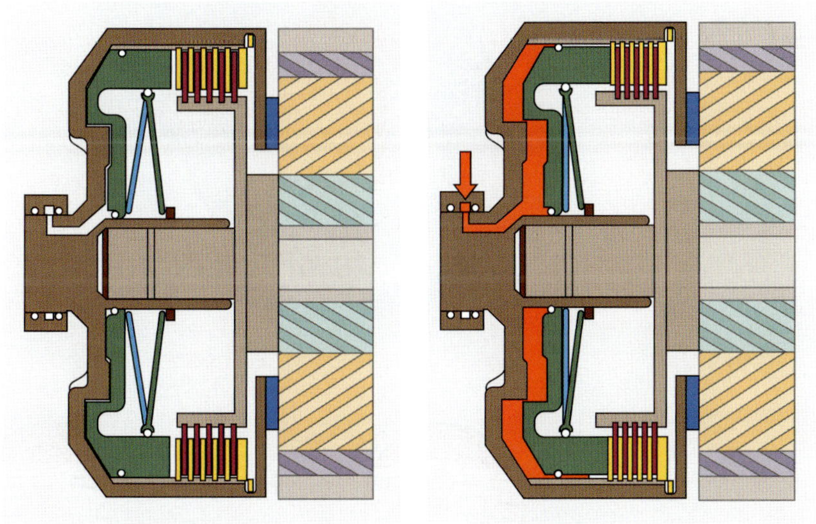

Bild 9.50 *Schematisch dargestellte Arbeitsweise von Lamellenkupplungen*
[Bild: LDL]

Problem: Kupplungsbetätigung durch Fliehkraft

Ist die Kupplung nicht betätigt, sammelt sich das Öl, das sich im geöffneten Zustand der Kupplung noch immer hinter dem Kolben befindet, durch Fliehkraft außen an und erzeugt dort einen Druck, der auf den Betätigungskolben wirkt und die Kupplung leicht betätigt. Dies führt zu erhöhten Reibungsverlusten und zum Verschleiß der Kupplung. Um diesem Umstand entgegenzuwirken, wird auf der Vorderseite des Betätigungskolbens eine sogenannte Kolbenabdeckung eingesetzt. Zwischen der Kolbenabdeckung und dem Betätigungskolben passiert nun das Gleiche, wie hinter dem Kolben. Da die beiden entstehenden Drücke sich aufheben, bleibt der Kolben in der Ruhelage. (s. auch Bild 9.11).

Schaltfreiläufe

Um innerhalb eines Planetensatzes die Übersetzung zu ändern, müssen die betätigten Kupplungen bzw. Bremsen zunächst geöffnet werden, um dann die neuen Kupplungen oder Bremsen zu schließen. Hierdurch kommt es zu einer kurzzeitigen Kraftflussunterbrechung, die einen Fahrgeschwindigkeitsverlust bei gleichzeitigem Anstieg der Motordrehzahl zur Folge hätte. Durch einen Schaltfreilauf wird dies unterbunden. Der Schaltfreilauf sorgt dafür, dass bestimmte Getriebeteile sich nur in eine Richtung drehen können. Wird die Kupplung bzw. Bremse geöffnet, hält der Freilauf das Bauteil noch so lange fest, bis das neue Schaltglied den Kraftfluss übernimmt. Der Schaltfreilauf kann die Kupplung bzw. Bremse allerdings nicht ersetzen, da er nur bei Zugbelastung Kraft übertragen kann. Somit wäre kein Schubbetrieb mehr möglich.

Bei einigen wenigen Fahrzeugen hat man sich dies wiederum zunutze gemacht: Beim Ausrollen des Fahrzeugs ist der Motor sofort auf Leerlaufdrehzahl abgefallen, um den Kraftstoffverbrauch zu reduzieren (z.B. Vergaser, keine Schubabschaltung) oder den Motor zu schützen (z.B. Zweitakter).

Bild 9.51 *Aufbau und Wirkungsweise eines Schaltfreilaufs mit Klemmkörpern* [Bild: LDL]

Bei aktuellen Getrieben kommt kein Schaltfreilauf mehr zum Einsatz. Durch die Weiterentwicklung der Regelungstechnik ist es möglich, den Gangwechsel schlupfend zu realisieren, das heißt, dass zunächst die zuschaltende Kupplung bzw. Bremse geschlossen wird und erst, wenn diese das Drehmoment übertragen kann, die abschaltende Kupplung bzw. Bremse öffnet. In der Überschneidungsphase wird kurzzeitig das Motordrehmoment reduziert, um den Verschleiß zu mindern.

9.13.4 Ölversorgung

Um die Schaltglieder betätigen zu können, ist eine ausreichende Ölversorgung erforderlich. Diese besteht aus Ölsumpf, Ölfilter, Ölpumpe und Ölkühler.

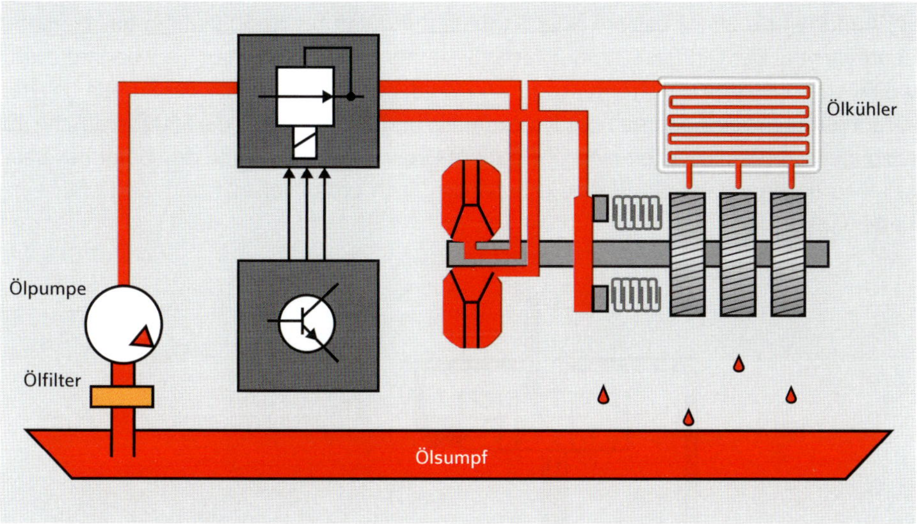

Bild 9.52 *Vereinfacht dargestellte Ölversorgung eines Automatikgetriebes* [Bild: LDL]

Ölpumpe

Die Ölpumpe saugt das Automatikgetriebeöl über den Ölfilter aus dem Ölsumpf an. Damit das Getriebe auch bei stehendem Fahrzeug einsatzbereit ist, erfolgt der Antrieb der Ölpumpe mit Motordrehzahl über das Gehäuse des Drehmomentwandlers.

Mondsichelpumpe mit direktem Antrieb

Die Mondsichelpumpe besteht aus einem außen- und einem innenverzahnten Zahnrad und einem Trennsteg, der sogenannten Mondsichel. Sie wird durch die beiden Nuten im Wandlergehäuse angetrieben. Durch das Auseinanderlaufen der Zähne im Saugbereich vergrößert sich das Volumen und das Öl wird aus dem Ölsumpf angesaugt. Durch die Mondsichel kann das Öl, das sich in den Zahnzwischenräumen befindet, nicht zurücklaufen und wird hinter der Mondsichel durch das Zusammenlaufen der Zähne und die daraus resultierende Volumenverkleinerung mit bis zu 25 bar in das Getriebe gepresst.

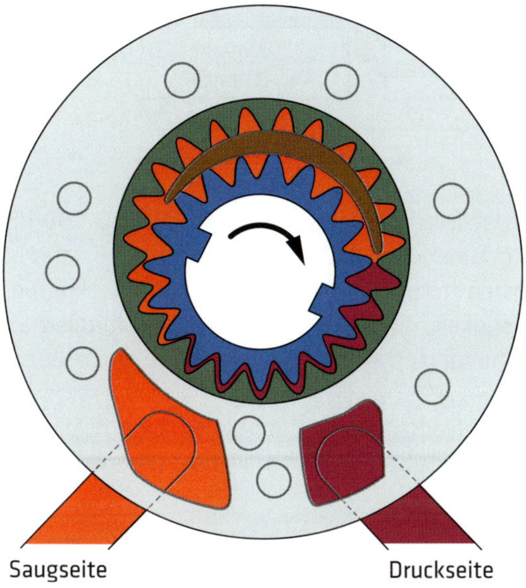

Bild 9.53 *Schema einer Mondsichelpumpe* [Bild: LDL]

Doppelhubige Flügelzellen-Ölpumpe mit Kettenantrieb

Die doppelhubige Flügelzellenpume (DFZP) besteht aus dem Rotorgehäuse, einem Rotor mit 12 Rotorblättern und 2 Saug- und Druckbereichen. Die Rotorblätter werden durch Fliehkraft nach außen gedrückt. Im Saugbereich der Pumpe kommt es zu einer Volumenvergrößerung, wodurch das Öl über den Schmutzfilter aus dem Ölsumpf angesaugt wird und mit bis zu 32 bar bei einer Förderleistung von bis zu 50 l/min in das Getriebe gepresst wird. Der Öldruck wird durch das Systemdruckventil auf max. 17,5 bar reduziert, wobei überschüssiges Öl strömungsgünstig wieder auf die Saugseite der Pumpe geleitet wird. Hierdurch verringert sich das Druckgefälle und damit sowohl die Sauggeräusche als auch die Wahrscheinlichkeit einer Kavitation. Um in der Mittelebene des Getriebes Bauraum zu gewinnen, ist die Pumpe achsparallel nach unten versetzt und wird über eine Kette angetrieben.

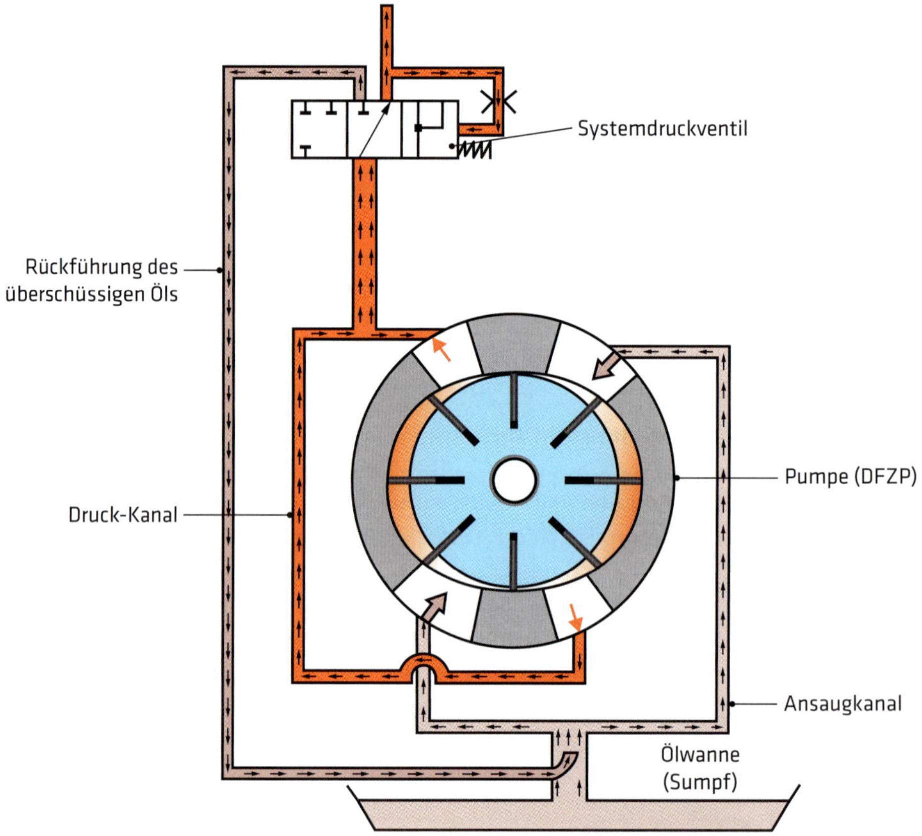

Bild 9.54 *Schema einer doppelhubigen Flügelzellenpumpe* [Bild: LDL]

Ölwechsel

Der Getriebehersteller ZF empfiehlt – je nach Fahrprofil eines Autos – alle 80 000 bis 120 000 km einen Getriebeölwechsel vorzunehmen, spätestens aber nach 8 Jahren. Denn das Getriebeöl ist eine der wichtigsten Komponenten in einem Automatikgetriebe. Es schmiert Bauteile, dient als Kühlflüssigkeit, überträgt Druckkräfte und fungiert als Arbeitsöl in der hydraulischen Getriebesteuerung. Das Öl altert allerdings durch Beanspruchung, Temperaturwechsel und chemische Prozesse. Ein regelmäßiger Ölwechsel kann deshalb den Schaltkomfort und das Laufverhalten der Getriebe erhalten. Getriebehersteller wie ZF bieten den Werkstätten dafür spezielle Ölwechselkits an, die sowohl das richtige Wechselöl als auch Dichtungen und notwendige Neuteile enthalten. Denn nicht jedes Getriebe verträgt das gleiche Öl. Ist beispielsweise die Steuerung im Getriebegehäuse integriert, darf das Öl auf keinen Fall leitfähig sein. Auch die Beläge der Kupplungen und Bremsen im jeweiligen Getriebe vertragen sich nicht immer mit jeder Ölsorte.

Werkstatttipp

Eine der häufigsten Fehlerursachen bei Automatikgetrieben ist ein zu niedriger Ölstand. Deshalb ist die Ölstands- und Ölzustandskontrolle eine der wichtigsten Prüfungen bei Diagnose- und Servicearbeiten an einem Automatikgetriebe. Bereits bei einem Ölverlust von 1,5 l verschlechtert sich der Schaltkomfort spürbar. Und nicht immer ist ein Ölverlust von außen erkennbar.

Ist das Öl zudem schwarz und riecht stark verbrannt, kann man davon ausgehen, dass der Reibbelag einer Kupplung oder Bremse verschlissen ist. In diesem Fall reicht es natürlich nicht aus, einfach nur das Öl zu wechseln. Die Werkstatt muss auch auf die Suche nach der Ursache für die verschlissenen Beläge gehen. Dabei kann sie beispielsweise auf die Hilfe der ZF-Servicepartner zurückgreifen. Diese helfen übrigens auch bei Getrieben, die nicht von dem Zulieferer stammen.

Während das Zerlegen eines kompletten Automatikgetriebes sehr viel Erfahrung erfordert, können Kfz-Betriebe Ölwechsel und Diagnose an den Aggregaten durchaus selbst durchführen. Entsprechende Schulungen dafür bieten die Getriebehersteller an. Die sind auch notwendig, denn ein Ölwechsel erfolgt in mehreren Schritten und ist aufwendig.

Wichtig für den Ölwechsel bei ZF-Getrieben ist beispielsweise, dass der Motor seine Leerlaufdrehzahl erreicht. Denn nur dann ist eine korrekte Einstellung des Getriebeölstands möglich. Erst nach dieser Prüfung sollte man das Getriebe auf Betriebstemperatur bringen. Steht der Wagen dann waagerecht auf einer Hebebühne, kann man die Ablassschraube öffnen und das Öl in einen geeigneten Behälter fließen lassen. Befinden sich nun Späne oder sogar Bruchstücke im Öl, sollte die Werkstatt den Ölwechsel gleich abbrechen und das Getriebe von einem Spezialisten untersuchen lassen.

Ist das Öl dagegen nicht auffällig, kann man nun die Ölwanne abbauen. Dabei ist es wichtig, die korrekte Reihenfolge beim Lösen der Schrauben zu beachten, damit sich die Ölwanne nicht verzieht. Hat das Getriebe eine Ölwanne aus Metall, muss die Werkstatt Ölfilter und Dichtring wechseln sowie die Ölwanne reinigen. Ölwannen aus Kunststoff werden dagegen bei einem Ölwechsel ebenfalls ausgetauscht. Hier sind Dichtung und Ölfilter bereits in der neuen Wanne integriert.

Nach der Demontage der Ölwanne hat die Werkstatt ungefähr die Hälfte des Ölvorrats in einem Automatikgetriebe abgelassen. Das reicht laut ZF bei einem normalen Ölwechsel aus. Will die Werkstatt noch mehr Öl aus dem Getriebe herausbekommen, kann sie zusätzlich den Drehmomentwandler und den Ölkühler mit Druckluft durchblasen und bekommt so auch noch den Rest aus dem Aggregat. Möchte die Werkstatt das Getriebe zusätzlich spülen, was ZF empfiehlt, sollte sie komplett auf Reinigungsadditive verzichten und ausschließlich Öl verwenden. Denn die Reiniger setzen sich in den Kupplungs- und Bremsbelägen fest, und es ist nicht vorhersehbar, wie sich das auf die Langzeitstabilität der Beläge auswirkt.

Bei der Montage der Ölwanne am Getriebe ist es wieder wichtig, sich an die vorgeschriebene Reihenfolge zu halten. Außerdem muss der Werkstattmitarbeiter auf das richtige Drehmoment bei den Schrauben achten. Das gilt auch für die Ablassschraube, die ebenfalls mit einer neuen Dichtung montiert wird.

Auch das Befüllen des Getriebes mit neuem Öl erfolgt in mehreren Schritten. Zuerst pumpt man so lange Öl in die Befüllöffnung, bis es aus dieser wieder heraustritt. Danach muss man den Motor starten und wieder so lange Öl in das Getriebe pumpen, bis es erneut aus der Füllöffnung austritt. Erst danach schließt man diese Öffnung mit der Befüllschraube. Wichtig ist dabei, sich an die Vorgaben des Fahrzeugherstellers zu halten, der festlegt, ob bei dem Füllvorgang Verbraucher wie die Klimaanlage ein- oder auszuschalten sind.

Im nächsten Schritt lässt man den Motor mit Leerlaufdrehzahl laufen und schaltet dabei – je nach Getriebevariante – durch verschiedene Gangstufen. Danach muss die Getriebeöltemperatur zwischen 30 und 35°C liegen, um den korrekten Füllstand prüfen zu können. Ist das Öl kälter, muss man den Motor weiterlaufen lassen, ist es wärmer, muss man ihn abkühlen lassen. Stimmt die Temperatur, öffnet man erneut die Befüllschraube. Tritt nun kein Öl aus, ist die Füllmenge zu klein, und man muss so lange weiter Öl einfüllen, bis es aus der Öffnung austritt. Laut Janczewski ist es sehr wichtig, bei der Ölstandskontrolle die richtige Temperatur einzuhalten. Denn bereits bei 45 bis 50°C Öltemperatur fehlen hinterher bis zu 1,5 l im Getriebe, da sich das Öl sehr stark ausdehnt. Eine genaue Anleitung für den Ölwechsel bietet ZF im Internet unter www.zf.com/serviceinformation.

9.13.5 Getriebeadaption

Aktuelle Automatikgetriebe und automatisierte Schaltgetriebe verfügen im Regelfall über ein adaptives, also selbstlernendes, Steuergerät. Hierbei muss zwischen zwei Teilbereichen der Adaption unterschieden werden:

- Verschleißadaption
- Benutzer- und Einsatzadaption

Verschleißadaption

Mit zunehmendem Verschleiß im Getriebe ändert sich das Verhalten des Getriebes. So überträgt zum Beispiel eine verschlissene Kupplung weniger Drehmoment als eine neuwertige Kupplung. Das Steuergerät erkennt dies anhand des Getriebeschlupfes (Verhältnis zwischen Ausgangsdrehzahl und Eingangsdrehzahl) und hebt den Druck in den betreffenden Kupplungen und Bremsen um bis zu 1 bar an, um durch eine größere Anpresskraft den Reibwertverlust auszugleichen.

Werkstatttipp

Die Verschleißadaption lässt sich bei einigen Fahrzeugherstellern nicht zurücksetzen, da der Fahrzeughersteller eine Verbesserung des Getriebezustands nicht in Betracht zieht und eine Erneuerung von Einzelkomponenten, wie z.B. Kupplungen und Bremsen, nicht vorsieht. In einigen Fällen kann hier jedoch der Getriebehersteller helfen, der mit eigenen Diagnosegeräten deutlich mehr Möglichkeiten hat als der Fahrzeughersteller. Die Getriebehersteller sind im Regelfall über ihre Niederlassungen zu erreichen.

Benutzer- und Einsatzadaption

Die Benutzer und Einsatzadaption sieht eine Anpassung der Schaltkennlinien an die jeweiligen Einsatzbedingungen des Fahrzeugs vor. Hierfür einige Beispiele.

Anpassung an den Fahrer

Wird das Fahrzeug von einem sehr sportlichen Fahrer betrieben, erkennt das Steuergerät dies anhand der Fahrpedalstellung und -betätigung (schnell/langsam), der Längs- und Querbeschleunigung des Fahrzeugs und der Anzahl und Art der Regeleingriffe der Fahrdynamikregelsysteme. Das Getriebesteuergerät verschiebt die Schaltkennlinien in Richtung höherer Drehzahlen, um der Fahrweise des Fahrers gerecht zu werden. Die Fahreradaption findet im Regelfall schlüsselbezogen statt, sodass für verschiedene Fahrer unterschiedliche Schaltprogramme zum Einsatz kommen.

Anpassung an die Straße

Viele moderne Getriebesteuergeräte kommunizieren mit dem Navigationssystem. Hierdurch ist es möglich, den Straßenverlauf zu erkennen und unnötige Schaltvorgänge zu vermeiden. Fährt das Fahrzeug beispielsweise auf einer Serpentinenstraße, schaltet das Getriebesteuergerät nur dann in den nächsthöheren Gang, wenn es sich aufgrund der zurückzulegenden Wegstrecke bis zur nächsten Kehre lohnt. Zudem erfasst das Getriebesteuergerät hierüber die geodätische Höhe (Höhe über N.N.), um der mit zunehmender Höhe sinkenden Antriebsleistung durch spätere Schaltzeitpunkte entgegenzuwirken. Die Kopplung des Automatikgetriebes mit dem Navigationssystem lässt sich bei vielen Fahrzeugen mit dem Diagnosegerät aufheben, da das Straßennetz nicht zeitgleich auch digital aktualisiert wird, sodass es in Sonderfällen zu Beanstandungen kommen kann.

Anhängererkennung

Das Getriebesteuergerät erfasst die erzielte Längsbeschleunigung im Verhältnis zum eingelegten Gang und der Fahrpedalposition und ermittelt hieraus einen erhöhten Rollwiderstand, wie er sich beispielsweise aus dem Betrieb eines Anhängers ergibt. Wenn in der Anhängersteckdose zudem ein Stecker gesteckt ist (CAN-Bus-Brücke oder Micro-Schalter), wechselt es in den Anhängerbetrieb. Auch hier verschieben sich die Schaltzeitpunkte zu höherer Drehzahl.

Werkstatttipp

Häufigste Kundenbeanstandung bezüglich des Automatikgetriebes sind Schaltqualitätsbeanstandungen. In diesem Fall ist es besonders wichtig, bei der Fahrzeugannahme keine Fehler zu machen, da diese ggf. eine Fehlerbehebung am Getriebe unmöglich machen. Neben einer exakten Fehlerbeschreibung durch den Kunden, ist darauf zu achten, dass dieser den Fahrzeugschlüssel in der Werkstatt lässt, mit dem der Fehler zu beobachten ist. Beispiel: Der Kunde beanstandet sporadisch sehr spätes Schalten des Automatikgetriebes. Möglicherweise hat er sich jedoch nur beim morgendlichen Griff an das Schlüsselbrett (unbewusst) für den Zweitschlüssel entschieden, auf dem durch einen weiteren Fahrer andere Adaptionsdaten abgelegt wurden. Um diese und ähnliche Fehler einzugrenzen, soll folgende Tabelle eine Hilfestellung zur Fehlersuche geben:

Störung	Mögliche Ursache	Hinweis
Getriebe schaltet sehr spät	Benutzeradaption Anhängererkennung aktiv	Richtiger Schlüssel? Zwischenzeitlich anderer Fahrer? *In diesem Fall kann die Frage nach weiteren Veränderungen am Fahrzeug hilfreich sein: Radiolautstärke? Sitz-/Spiegeleinstellung? Tipp-Blinken?* Anhängerkupplung ausgefahren? Adapter in der Anhängersteckdose? Wasser in der Anhängersteckdose? *In diesem Fall kann die Frage nach weiteren Veränderungen am Fahrzeug hilfreich sein:* *Funktioniert die Nebelschlussleuchte? Funktioniert die Einparkhilfe hinten?*
Getriebe schaltet sehr hart	Benutzeradaption Temperaturfühler im Getriebe defekt	s.o.
Getriebe schaltet sporadisch nicht	Navigationssoftware veraltet	Wo? Möglicherweise wurde der Straßenverlauf geändert und das Fahrzeug rechnet mit einer Kurve, die nicht kommt: z.B. Passstraße durch Tunnel ersetzt.

9.14 Stufenlose Automatikgetriebe (Continously Variable Transmission, CVT)

Stufenlose Automatikgetriebe ändern ihre Übersetzung durchgehend, wodurch der Verbrennungsmotor mit konstanter Drehzahl betrieben werden kann. Der hieraus resultierende Effizienzzuwachs wird allerdings durch erhöhte Verluste innerhalb des Getriebes relativiert, weshalb das CVT-Getriebe hauptsächlich zur Erhöhung des Fahrkomforts zum Einsatz kommt.

Die Kraftübertragung erfolgt im stufenlosen Automatikgetriebe rein kraftschlüssig. Das Motordrehmoment wirkt über eine Anfahrkupplung (nasse Lamellenkupplung oder Drehmomentwandler) und ein vorgeschaltetes Planetengetriebe zur Drehsinnänderung auf die Primärkegelscheibe. Von dieser wird es auf das Schubgliederband oder die Laschenkette übertragen, die wiederum die Sekundärkegelscheibe antreibt, die mit der Getriebeausgangswelle verbunden ist. Zur Übersetzungsänderung wird je eine Hälfte der Kegelscheiben durch einen Hydraulikzylinder axial verschoben, sodass sich deren wirksamer Umfang ändert. Je kleiner die Primärkegelscheibe und je größer die Sekundärkegelscheibe, desto größer die Übersetzung des Getriebes.

Bei Bedarf können bei modernen Stufenlosgetrieben feste Übersetzungen simuliert werden, indem die Kegelscheiben in feste Positionen gefahren werden. Hierdurch ist es möglich, Fahrzeuge mit stufenloser Automatik auch an Kunden zu veräußern, die eigentlich kein stufenloses Getriebe und das damit im Zusammenhang stehende, gewöhnungsbedürftige Fahrverhalten wünschen.

Bild 9.55 *CVT-Getriebe mit Schubgliederband* [Bild: Daimler]

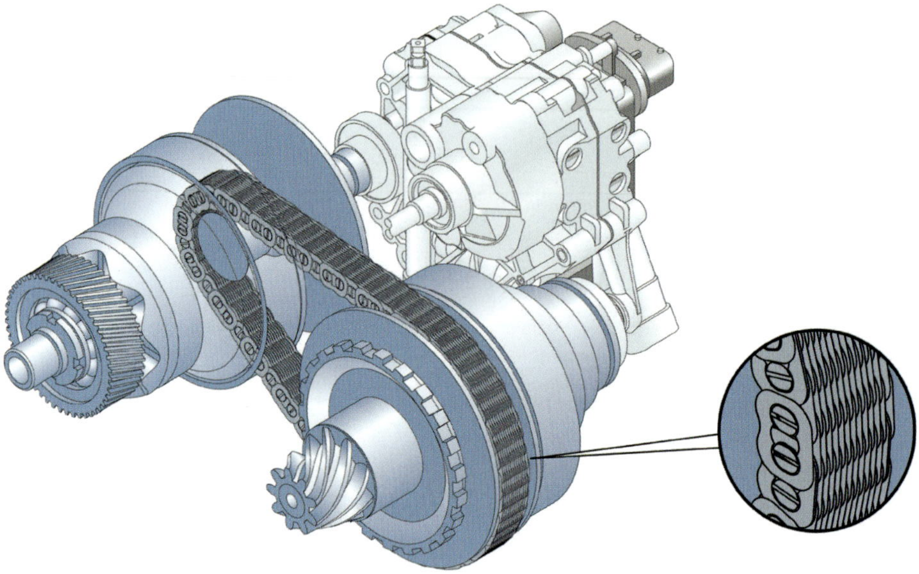

Bild 9.56 *CVT-Getriebe mit Latschenkette*
[Bild: Audi]

10 Differenzialsperren

Bei aktuellen Fahrzeugen kommen aufgrund erhöhter Motorleistung vielfach Differenzialsperren zum Einsatz, um die Kraftübertragung auf allen Untergründen zu gewährleisten und die Fahrsicherheit durch die Minderung des Radschlupfes zu erhöhen.

Das klassische Differenzial hat den Nachteil, dass es grundsätzlich an beiden Antriebsrädern das gleiche Drehmoment überträgt. Mindert sich, z.B. aufgrund einer geringeren Anpresskraft (z.B. bei Kurvenfahrt => Entlastung des kurveninneren Rades durch die Wankbewegung des Fahrzeugs) oder einen geringeren Reibwert (z.B. Schnee auf der rechten Fahrbahnseite) das an diesem Rad übertragbare Antriebsmoment, bricht es auch auf der gegenüberliegenden Seite um den gleichen Wert ein. Im ungünstigsten Fall dreht ein Rad komplett durch und das Fahrzeug bleibt stehen, weil auch das andere Rad kein Drehmoment mehr überträgt. Differenzialsperren übernehmen die Aufgabe, das Drehmoment zwischen den Antriebsrädern anzugleichen oder im modernsten Fall sogar komplett auf das Rad mit der besseren Bodenhaftung zu übertragen.

Werkstatttipp
Abgesehen von der schaltbaren Ausgleichssperre aktivieren sich alle nachfolgend beschriebenen Differenzialsperren bei Auftreten unterschiedlicher Raddrehzahlen bzw. -drehmomente selbsttätig. Treten diese Drehzahldifferenzen dauerhaft auf (z.B. bei unterschiedlichem Abrollumfang der Räder) führt dies zu erhöhtem Verschleiß, Geräusch- und Vibrationsbeanstandungen und im schlimmsten Fall zur Zerstörung des Differenzials. Es ist darauf zu achten, dass alle Antriebsräder den gleichen Abrollumfang (Dimension der Rad-/Reifenkombination, Profiltiefe etc.) haben.

10.1 Schaltbare Ausgleichssperre

Die schaltbare Ausgleichssperre besteht aus einem gewöhnlichen Differenzial, das jedoch an einer der Abtriebswellen eine Längsverzahnung besitzt, auf der sich eine Schaltmuffe befindet. Das Ausgleichsgehäuse besitzt auf derselben Seite eine Schaltverzahnung. Im Normalbetrieb ist das Differenzial frei und die Abtriebswellen können sich völlig unabhängig voneinander drehen. Beim Betätigen der Sperre wird die Schaltmuffe mechanisch durch Gestänge oder Bowdenzug, pneumatisch durch eine Unterdruckdose, hydraulisch durch einen Arbeitszylinder oder elektrisch über die Schaltverzahnung geschoben und verbindet die Abtriebswelle drehfest und schlupffrei mit dem Ausgleichsgehäuse. Da sich nun die betroffene Abtriebswelle nicht mehr unabhängig vom Differenzialgehäuse drehen kann, blockiert sie das Differenzial. Es ist zu 100% gesperrt.

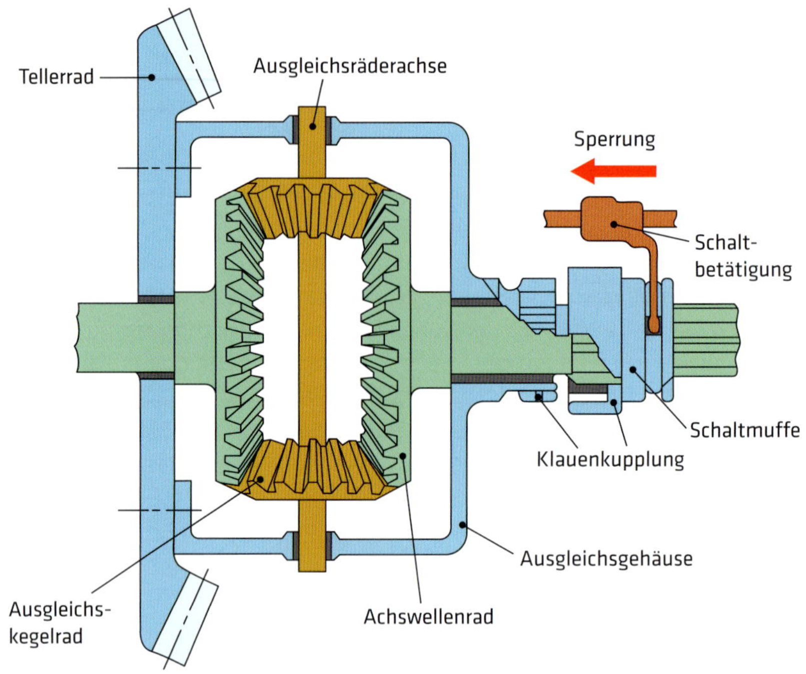

Bild 10.1 *Durch eine schaltbare Ausgleichssperre lässt sich ein Differenzial zu 100% sperren.* [Bild: LDL]

Da der Eingriff der Schaltmuffe in die Verzahnung formschlüssig erfolgt, sollte die Sperre nur bei Fahrzeugstillstand oder geringer Fahrgeschwindigkeit eingelegt werden.

Die schaltbare Ausgleichssperre wird im Geländewagen für den Betrieb auf losem Untergrund bevorzugt, da sie in dem Moment, in dem Schlupf an einem der Räder entsteht, bereits eingelegt ist und somit unverzüglich das andere Rad antreibt. Für den Betrieb auf festem Untergrund ist die Sperre ungeeignet, da sie Kurvenfahrten durch die gleichmäßigen Raddrehzahlen der Antriebsräder behindert.

Achtung! Wird die Sperre auf festem Untergrund eingelegt, neigt das Fahrzeug zu sehr starkem Untersteuern! Eventuell können auch Antriebskomponenten durch eine erhöhte Torsionsbelastung zerstört werden.

10.2 Elektronische Differenzialsperre

Die elektronische Differenzialsperre ist aktuell die häufigste Variante einer Differenzialsperre, da sie keine baulichen Änderungen am Fahrzeug erfordert. Sie ist eine Abwandlung der Antriebsschlupf-Regelung und kann auf deren Bauteile und Funktionen zurückgreifen (s. Kapitel 11). Während die Antriebsschlupf-Regelung bei erhöhtem Schlupf an einem der Antriebsräder durch einen Brems- oder Motoreingriff das Antriebsdrehmoment so weit senken würde, dass es wieder übertragen werden kann, leitet die elektronische Differenzialsperre es nur um. Es wird lediglich das Rad mit der schlechteren Bodenhaftung ggf. bis zum Stillstand gebremst, wodurch das konventionelle Differenzial wieder mehr Antriebsdrehmoment auf das gegenüberliegende Rad überträgt.

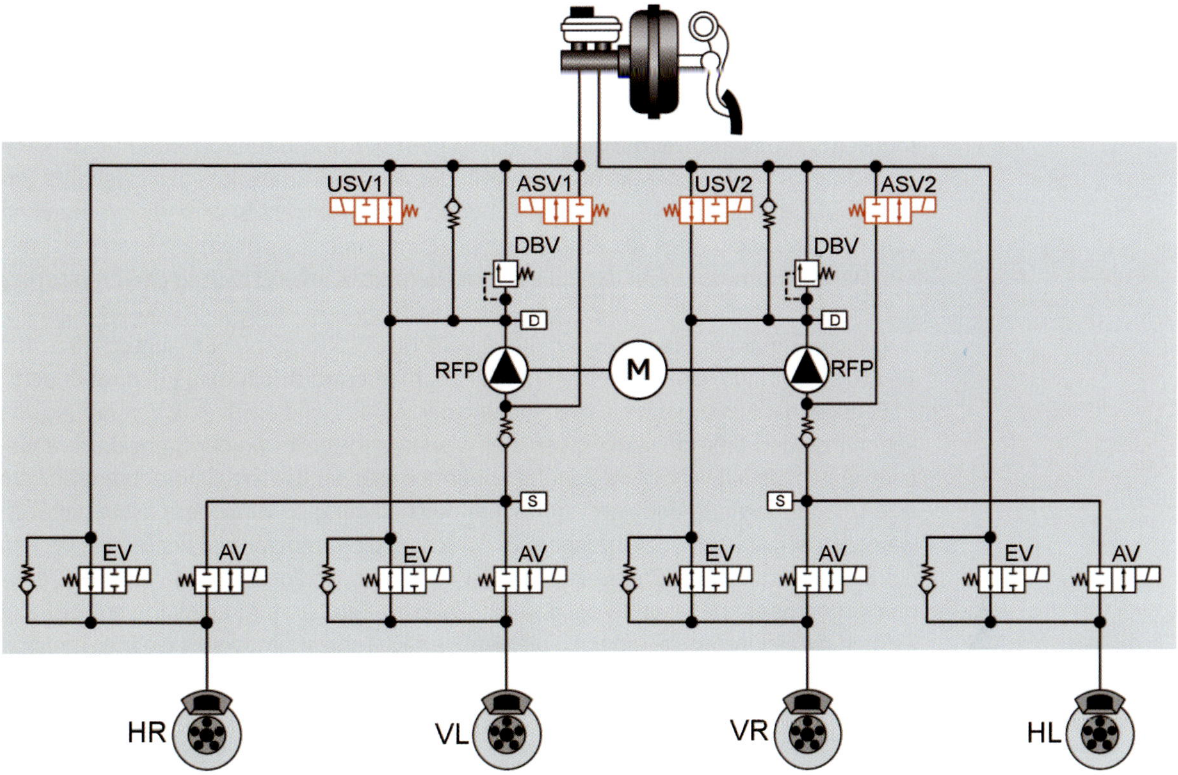

Bild 10.2 *Hydraulikplan einer elektronischen Differenzialsperre*
ASV 1: Ansaugventil für den Schwimmkolbenkreis des Hauptbremszylinders
ASV 2: Ansaugventil für den Druckstangenkolbenkreis des Hauptbremszylinders
AV: Auslassventil
D: Dämpferkammer
DBV: Druckbegrenzungsventil
EV: Einlassventil
RFP: Rückförderpumpe
S: Speicherkammer
USV 1: Umschaltventil für den Schwimmkolbenkreis des Hauptbremszylinders
USV 2: Umschaltventil für den Druckstangenkolbenkreis des Hauptbremszylinders
[Bild: Schmidt]

Die EDS-Funktion braucht einen aktiven Bremsdruckaufbau. Diesen kann die bereits für die ABS-Funktionen verwendete Rückförderpumpe erzeugen. Dafür muss das ABS-Hydraulikaggregat um insgesamt 4 zusätzliche Schaltventile erweitert werden. Die Rückförderpumpe muss für die EDS-Bremsflüssigkeit aus dem Vorratsbehälter ansaugen können. Damit die ABS-Funktion „Bremsdruckabbau" mit entsprechender Rückförderung der Bremsflüssigkeit gegen den vom Fahrer eingesteuerten Bremsdruck weiterhin erhalten bleibt, muss diese Ansaugleitung geschlossen werden. Dies übernehmen die zusätzlichen Ansaugventile (ASV).

Im Gegenzug muss bei einer EDS-Regelung die Leitung von der Rückförderpumpe zum Bremsflüssigkeitsvorratsbehälter geschlossen werden, um Bremsdruck an der jeweiligen Radbremse aufbauen zu können. Auch diese Funktion übernimmt ein zusätzliches Magnetventil pro Bremskreis. Die Software, die den Regelbedarf ermittelt und die Regelvorgänge sowie die Ansteuersignale für die entsprechenden Magnetventile und die Rückförderpumpe berechnet, ist im ABS-Steuergerät integriert. Weitere Änderungen an den ABS-Systemkomponenten sind für die EDS-Funktion nicht erforderlich.

Um den Bremsdruck aufzubauen, steuert das Steuergerät das entsprechende Ansaugventil an. Die Ansaugleitung ist damit geöffnet und die Rückförderpumpe kann Bremsflüssigkeit über den Hauptbremszylinder aus dem Bremsflüssigkeitsbehälter ansaugen. Durch Schließen des entsprechenden Umschaltventils wird die Verbindung von der Druckseite der Rückförderpumpe zum Bremsflüssigkeitsbehälter geschlossen. Der Elektromotor treibt dann die Rückförderpumpe an und baut so den Bremsdruck auf.

Für die Funktion „Bremsdruck halten" wird die Rückförderpumpe abgeschaltet. Die Ventilbeschaltung bleibt gegenüber der Funktion „Bremsdruck aufbauen" unverändert.

Beendet das Steuergerät die Ansteuerung der Ventile, wird die direkte Verbindung von Radbremse und Bremsflüssigkeitsbehälter wieder hergestellt und der Bremsdruck abgebaut. Durch die aktiven Bremseingriffe erwärmen sich die Bauteile der Radbremsen. Um eine Überhitzung und dadurch verursachte Beschädigung zu verhindern, ist in der Software ein Temperaturmodell integriert. Es berechnet die Temperaturen der Bremsscheiben auf Basis der Dauer der Bremseingriffe, der Fahrgeschwindigkeit, des jeweiligen Bremsdrucks und der Materialwerte der Bauteile. Werden Temperaturgrenzwerte erreicht, deaktiviert die Elektronik die Regelung gleitend. Je nach Fahrzeugmodell ist die EDS-Funktion bis zu einer bestimmten Maximalgeschwindigkeit aktiv.

Werkstatttipp

Die elektronische Differenzialsperre ist als „Anfahrhilfe" gedacht und ausgelegt. Sollte sie dauerhaft verwendet werden, kommt es zu einem erhöhten Bremsbelagverschleiß (bei wiederkehrenden Bedingungen einseitig, z.B. Fahrt auf Feldweg: rechts i.d.R. mehr Staunässe als in der Mitte => erhöhter Bremsbelagverschleiß Antriebsachse rechts) oder einem Überhitzen der Bremse.

10.3 Selbstsperrendes Differenzial

Die Besonderheit des selbstsperrenden Differenzials liegt in seinem geteilten Ausgleichsgehäuse, das sich außen an Lamellenkupplungen abstützen kann. Die Außenlamellen der Lamellenkupplung sind formschlüssig mit dem Ausgleichsgehäuse und die Innenlamellen formschlüssig mit den Abtriebswellen verbunden. Bei Geradeausfahrt arbeitet das Differenzial wie ein klassisches Differenzial: Der größte Teil des Drehmoments wird über die stehenden Ausgleichskegelräder auf die Antriebswellenkegelräder übertragen. Ein kleiner Teil des Drehmoments gelangt über die geöffnete Lamellenkupplung, da sich jedoch sowohl die Außen- als auch die Innenlamellen mit gleicher Drehzahl drehen, kommt es zu keinem Verschleiß. Droht ein Rad durchzudrehen, entstehen durch das Auflaufen des Differenzialkreuzes auf die Keilflächen des Ausgleichsgehäuses Spreizkräfte, die die Gehäusehälfte gegen die Lamellenkupplung pressen, wodurch diese mehr Drehmoment überträgt. Der Sperrwert ist von der Anzahl der Kupplungslamellen und dem Winkel der Keilflächen abhängig und liegt bei maximal 70%.

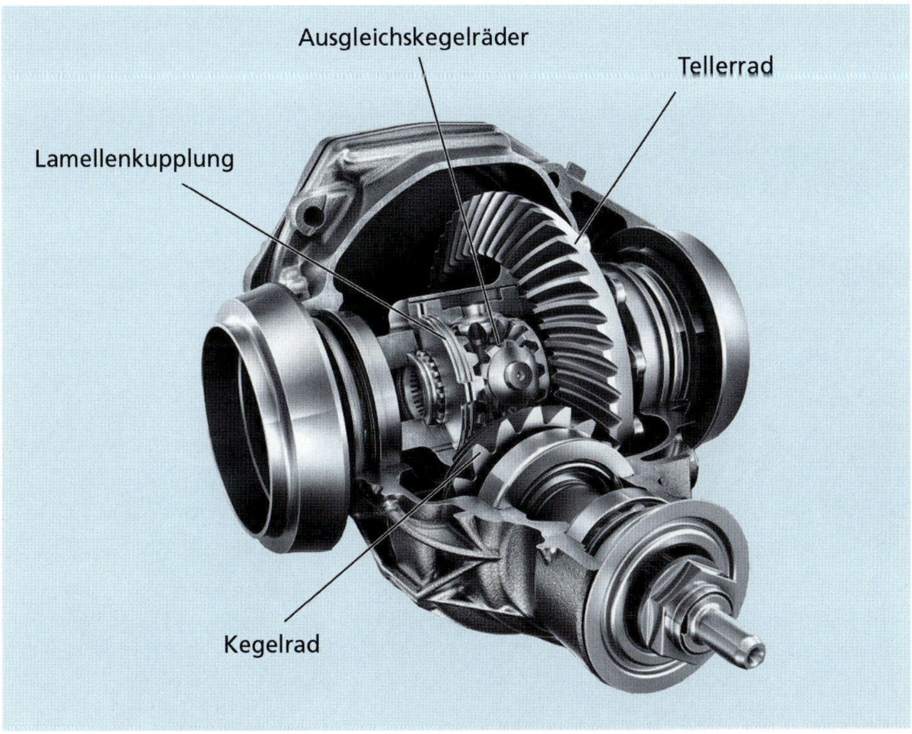

Bild 10.3 *Das selbstsperrende Differenzial arbeitet rein mechanisch.*
[Bild: Daimler]

Das selbstsperrende Differenzial ist bis heute bei den Fahrzeugherstellern sehr beliebt, da es autark arbeitet (keine elektronischen oder mechanischen Änderungen erforderlich) und mit seinem Sperrwert von $\leq 70\%$ für Straßenfahrzeuge gut geeignet ist.

10.4 Elektrisches Sperrdifferenzial

Das elektrische Sperrdifferenzial besitzt neben dem Differenzial eine Lamellenkupplung, deren Außenlamellen formschlüssig mit dem Ausgleichsgehäuse und deren Innenlamellen formschlüssig mit den Abtriebswellen verbunden sind. Die Betätigung der Lamellenkupplung erfolgt elektrisch. Dreht ein Rad durch, so wird dies vom ABS/ASR/ESP-Steuergerät mithilfe der Raddrehzahlsensoren erkannt und an das Steuergerät der Differenzialsperre übermittelt. Dieses steuert einen Elektromotor an, der eine Zahnscheibe, die sich auf einem Rollenring abstützt, verdreht. Zahnscheibe und Rollenring drücken sich auseinander und pressen die Lamellenkupplung zusammen, die das Antriebsdrehmoment zu gleichen Teilen auf die Abtriebswellen verteilt. Durch entsprechende Verdrehung der Zahnscheibe lässt sich der Sperrwert des Differenzials zwischen 0 und 100% variieren.

Bild 10.4 *Beim elektrischen Sperrdifferenzial stellt das Steuergerät die Sperrwirkung über einen Elektromotor ein.* [Bild: Daimler]

10.5 Aktives Sperrdifferenzial (Torque Vectoring)

Das aktive Sperrdifferenzial hat nicht mehr die Aufgabe, das Antriebsdrehmoment der Abtriebswellen anzugleichen, sondern es soll gezielt mehr Drehmoment an eine der Abtriebswellen liefern (Torque Vectoring, dt.: Drehmomentverteilung). Hierzu ist es neben dem Differenzial mit 2 Planetenradsätzen (einer pro Abtriebswelle) und zugehörigen Lamellenkupplungen ausgestattet. Bei Geradeausfahrt sind die Lamellenkupplungen geöffnet und das Drehmoment wird ausschließlich durch das Differenzial und zu gleichen Teilen an die Abtriebswellen übertragen. Leitet der Fahrer durch das Drehen des Lenkrads eine Kurvenfahrt ein, so wird die Information über den Drehwinkel an das Steuergerät des aktiven Sperrdifferenzials übertragen. Anhand dieser Information und der Fahrgeschwindigkeit wird der gewünschte Kurvenradius ermittelt und die Bidruckpumpe betätigt. Diese leitet dann Hydrauliköl von der kurveninneren zur kurvenäußeren Lamellenkupplung, die daraufhin zusammengepresst wird und somit einen Kraftschluss des Planetengetriebes herstellt. Das Planetengetriebe versucht die kurvenäußere Abtriebswelle um ca. 10% schneller zu drehen als das Differenzial. Hierdurch erhöht sich das Antriebsdrehmoment am kurvenäußeren Rad und das Fahrzeug wird in die Kurve „gedrückt".

Bild 10.5 *Schnittbild eines aktiven Sperrdifferenzials für ein Torque Vectoring* [Bild: Audi]

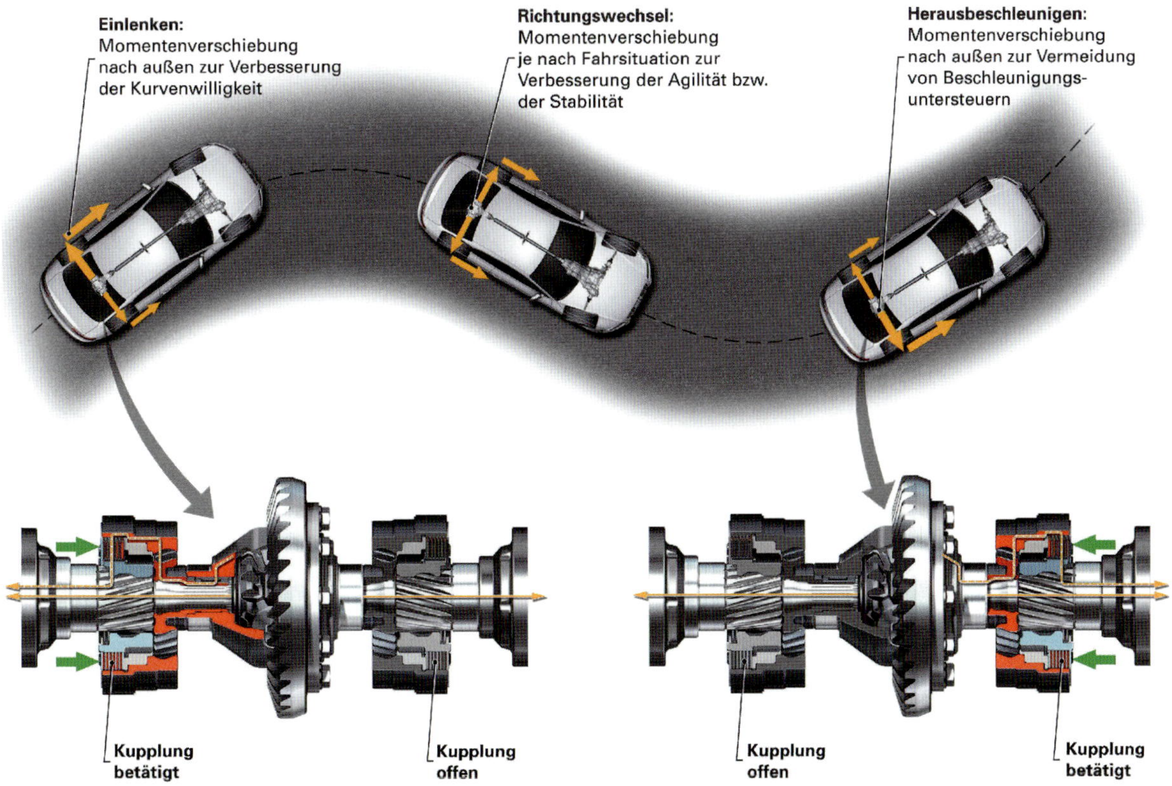

Bild 10.6 *Wirkungsweise des aktiven Sperrdifferenzials* [Bild: Audi]

Das aktive Sperrdifferenzial ermöglicht ein besseres Fahrverhalten, da untersteuernde Tendenzen minimiert werden. Gleichzeitig kann es bei einem Eingriff der Fahrdynamikregelung unterstützend aktiv werden: Untersteuert das Fahrzeug, lässt sich die Kurskorrektur nicht mehr nur durch das Bremsen des kurveninneren, sondern auch durch das aktive Beschleunigen des kurvenäußeren Rades herbeiführen.

Hinweis: Eine ähnliche, wenn auch verminderte Wirkung lässt sich auch durch das gezielte Abbremsen der kurveninneren Räder erzielen. In der Praxis kann dies bei „einseitigen" Fahrzyklen zu Auffälligkeiten im Bereich des Bremsenverschleißes führen.

10.6 Allradantrieb

Allradantriebe erfreuen sich in jüngerer Vergangenheit wachsender Beliebtheit. Zu beachten ist jedoch, dass die Zielsetzung bei der Konstruktion eines Allradantriebs nicht immer die Gleiche ist, auch wenn sich die Systeme in ihrer Leistungsfähigkeit dank elektronischer Eingriffsmöglichkeiten immer stärker annähern.

Warum werden Allradantriebe eingebaut?

1. Erhalt der Mobilität. Es gibt Allradsysteme, deren vorrangiges Ziel es ist, das Fahrzeug mobil zu halten. Wenn die erste Antriebsachse wegen schlechter Bodenhaftung nicht mehr in der Lage ist, das Fahrzeug zu bewegen, soll die zweite Achse (i.d.R. kurzfristig) unterstützend eingreifen. Die Fahrzeuge sind gegenüber der Grundausstattung oftmals höhergelegt.
2. Erhöhung der Fahrstabilität. Wie in Kapitel 11 ausführlich erläutert, mindern sich die Seitenführungskräfte mit steigenden Umfangskräften. Verteilt man also die Umfangskräfte auf 4 statt auf 2 Räder, reduzieren sich die Umfangskräfte pro Rad und die Seitenführungskräfte steigen. Das Fahrzeug lässt sich schneller durch eine Kurve fahren, bzw. weist bei gleicher Fahrgeschwindigkeit ein größeres Sicherheitspolster auf.
   Zu beachten ist jedoch, dass bei Erreichen der Haftreibungsgrenze nicht mehr eine Achse durch Unter- oder Übersteuern ausbricht, sondern gleich beide. Der völlige Kontrollverlust, der sich hieraus ergeben würde und ein hohes Sicherheitsrisiko darstellt, wird durch eine gezielte Auslegung des Allradantriebs vermieden. Die meisten Allradantriebe (für Straßenfahrzeuge) verteilen das Antriebsdrehmoment nicht gleichmäßig, sondern zu 20 bis 40% auf die eine und den verbleibenden Anteil von 60 bis 80% auf die andere Achse. Die meisten Hersteller heckgetriebene Fahrzeuge bevorzugen hierbei die hecklastige Auslegung (das Fahrzeug bekommt eine übersteuernde Tendenz) und die meisten Hersteller frontgetriebener Fahrzeuge eine frontlastige Auslegung (das Fahrzeug tendiert zum Untersteuern). Die Fahrzeuge sind gegenüber der Grundausstattung oftmals tiefergelegt.

Bei der Bewertung der einzelnen Antriebskonzepte sollte also stets berücksichtigt werden, welches Ziel mit dem Allradantrieb verfolgt wurde und ob dieses erreicht werden konnte.

Allradantrieb mit Mitteldifferenzial

Der Allradantrieb mit Mitteldifferenzial besitzt in der Mitte das gleiche, ggf. mechanisch sperrbare, Differenzial wie in der Mitte der Antriebsachsen. Er kommt vorwiegend bei Geländewagen zum Einsatz und wird hier nicht weiter erläutert.

10.6.1 Allradantrieb mit Visco-Kupplung

Allradantriebe mit Visco-Kupplung können (müssen aber nicht) auf ein Mitteldifferenzial verzichten. Im Regelfall werden diese Fahrzeuge front- oder heckgetrieben bewegt. Kann der Vortrieb durch die eine Achse nicht mehr gewährleistet werden, schaltet die Visco-Kupplung die zweite Achse selbsttätig und stufenlos zu.

Die Visco-Kupplung besteht aus einem sich mit der Antriebswelle drehenden Gehäuse, einem Lamellenpaket, einer Nabe und der Füllung mit Silikonöl. Die Außenlamellen des Lamellenpakets sind mit dem Gehäuse drehfest verbunden, die Innenlamellen mit der Nabe. Im normalen Fahrbetrieb wird das Fahrzeug durch die erste Antriebsachse fortbewegt. Die Bewegung überträgt sich über die Räder der zweiten Achse und das dazugehörige Achsgetriebe auch auf die Nabe der Visco-Kupplung. Somit drehen sich Gehäuse und Nabe unabhängig voneinander mit gleicher Drehzahl. Die Kupplung ist offen, hat jedoch einen Rest-Sperrwert von etwa 2 % (Flüssigkeitsreibung). Drehen die Räder der ersten Antriebsachse durch, so dreht sich das Gehäuse der Visco-Kupplung und damit die Außenlamellen schneller als die Nabe und deren Innenlamellen. Das Silikonöl wird stark geschert und erwärmt sich, wodurch der Druck in der Kupplung steigt und diese sperrt (maximaler Sperrwert 98 %).

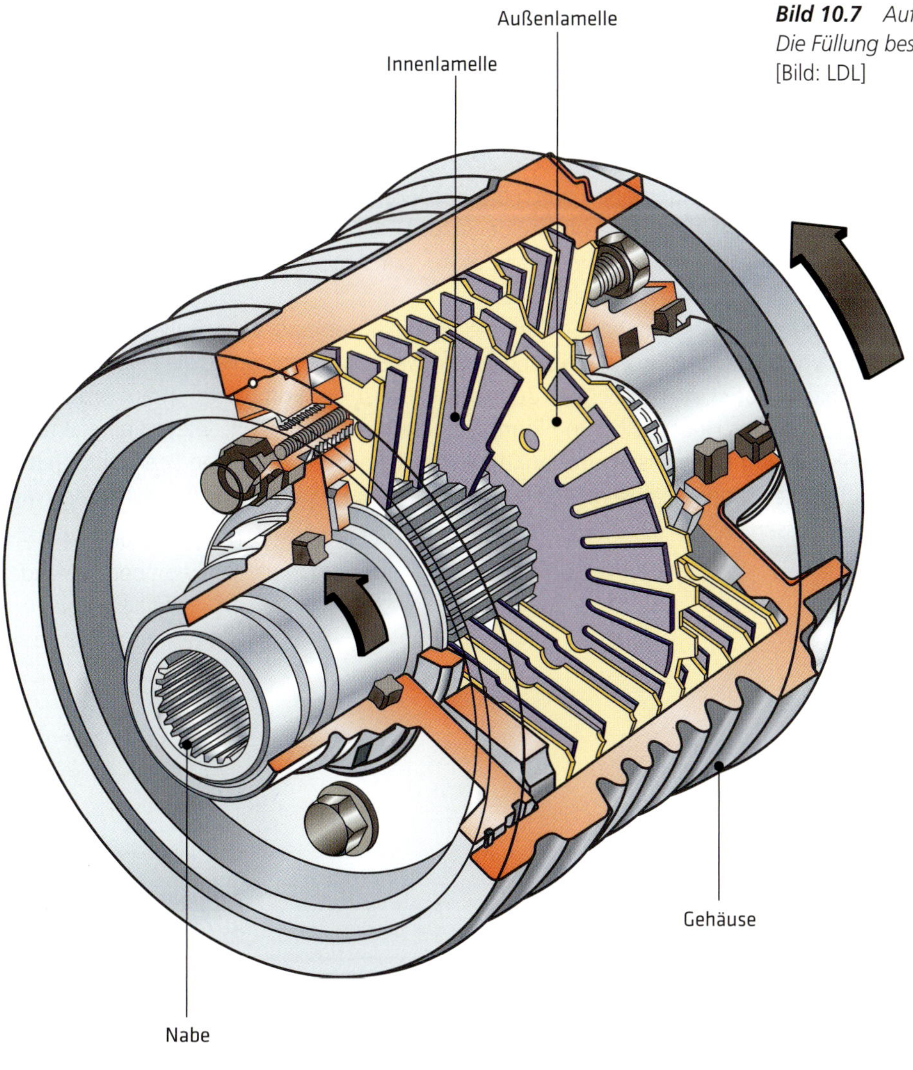

Bild 10.7 *Aufbau einer Visco-Kupplung. Die Füllung besteht aus Silikonöl.* [Bild: LDL]

Einer der größten Vorteile, die Fähigkeit sich selbst zu regeln, ist gleichzeitig auch einer der größten Nachteile: Beim Bremsen eines Fahrzeugs mit ABS kann es passieren, dass die Drehzahldifferenzen zwischen Vorder- und Hinterachse die Kupplung sperren und somit Bremskraft von der einen auf die andere Achse übertragen wird. Dies trifft oftmals die in dieser Situation entlastete Hinterachse, sodass die Hinterräder überbremsen und ausbrechen könnten. Deshalb sind bei einigen Fahrzeugen an der Hinterachse Freiläufe im Einsatz, die es den Hinterrädern ermöglichen, schneller zu drehen als die Antriebswellen. Nachteil: Das Fahrzeug besitzt ausschließlich bei Vorwärtsfahrt einen Allradantrieb!

10.6.2 Haldex-Kupplung

Die Haldex-Kupplung trägt ihren Namen aufgrund ihrer Herkunft. Sie wurde von dem schwedischen Automobilzulieferer Haldex AB entwickelt und vertrieben. Sie hat bis heute viele Entwicklungsstufen durchlaufen, weshalb Vorsicht geboten ist, wenn von der Haldex-Kupplung gesprochen wird.

Die ursprüngliche Haldex-Kupplung diente, wie auch die Visco-Kupplung, dem Erhalt der Mobilität. Sie besteht ebenfalls aus einem mit der Antriebswelle verbundenen Gehäuse und einer mit der Abtriebswelle verbundenen Nabe. Die Nabe besitzt neben einer Verzahnung für Innenlamellen eine Hubscheibe. Das Gehäuse trägt die Außenlamellen und besitzt einen Pumpenkolben sowie einen Arbeitskolben. Ähnlich wie bei der Visco-Kupplung ist auch die Haldex-Kupplung im normalen Fahrbetrieb geöffnet, da sich sowohl Antriebs- als auch Abtriebswelle mit gleicher Drehzahl drehen. Dreht hierbei jedoch die erste Antriebsachse durch, dann dreht sich das Gehäuse um die Nabe, wodurch der Pumpenkolben sich, angetrieben durch die Hubscheibe auf der Nabe, auf und ab bewegt und Öldruck erzeugt, der wiederum auf den Arbeitskolben wirkt. Der Arbeitskolben presst das Lamellenpaket zusammen und verbindet An- und Abtriebswelle drehfest miteinander. Die zweite Antriebsachse ist zugeschaltet.

Wie bereits eingangs erwähnt, hat die Haldex-Kupplung viele Entwicklungsstufen durchlaufen. Zunächst kam eine externe Druckölversorgung ins Spiel, die es ermöglichte, die Kupplung komplett zu sperren. Zu guter Letzt ist der komplette autark arbeitende Teil bestehend aus Hubscheibe und Pumpenkolben verschwunden. Jetzt ist eine aktuelle Haldex-Kupplung eine nasse Lamellenkupplung, die bei Erfassung von Drehzahldifferenzen mithilfe der Raddrehzahlsensoren durch eine externe Ölpumpe mit Druck beaufschlagt und geschlossen wird.

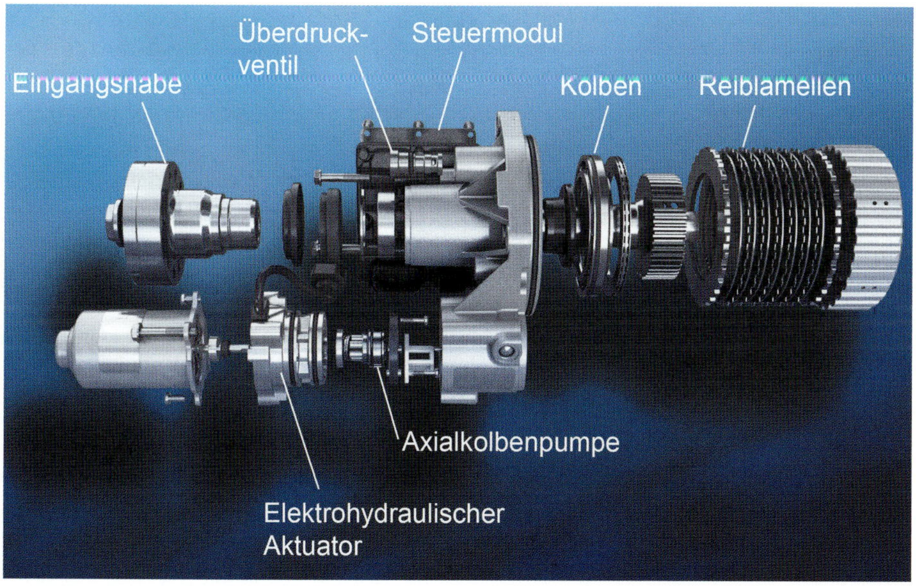

Bild 10.8 *Aufbau einer aktuellen Haldex-Kupplung für Allradantriebe* [Bild: BorgWarner]

10.6.3 Torsen-Differenzial

Der Begriff Torsen kommt von **Tor**que (dt.: Drehmoment) und **Sen**sing (dt.: fühlend). Das Torsen-Differenzial unterscheidet sich in der Bauform von anderen Sperrdifferenzialen: Es reagiert auf Drehmoment- und nicht auf Drehzahldifferenzen. Hierzu verfügt es statt der herkömmlichen Kegelräder über Schneckenräder, die die Kraft vom Ausgleichsgehäuse auf die Abtriebswellenschneckenräder übertragen. Bei Geradeausfahrt funktioniert dieses Differenzial wie ein Differenzial konventioneller Bauart. Die stehenden Schneckenräder wirken als Mitnehmer und übertragen die Kraft auf die Abtriebswellen. Drehen sich die Abtriebswellen bei etwa gleichem Drehmoment unterschiedlich schnell, rollen die Schneckenräder auf ihren jeweiligen Partnern ab und ermöglichen so bei leicht erhöhter Reibung die Drehzahldifferenz. Kommt es zusätzlich zwischen den Abtriebswellen zu Drehmomentdifferenzen, entstehen Axialkräfte zwischen den Schneckenrädern, wodurch sich die Zahnflanken aufeinanderpressen (Prinzip: Selbsthemmung eines Schneckentriebs) und die Reibung im Differenzial stark ansteigt. Dies führt dazu, dass das Rad mit der besseren Bodenhaftung gezwungen wird, sich mitzudrehen und der Vortrieb erhalten bleibt.

Dem Vorteil der unmittelbaren und drehmomentabhängigen Sperrwirkung des Torsen-Differenzials steht ein Mindest-Sperrwert von etwa 20% bei einem maximalen Sperrwert von 80% entgegen. Die relativ hohe Mindestsperrung führt zum einen zu einer erschwerten Kurvenfahrt bei geringen Kurvenradien (z.B. beim Rangieren) und zu einer erschwerten Umsetzung des ABS (s. auch Visco-Kupplung). Daher wurden die Ausgleichsschneckenräder des Torsen-Differenzials bei aktuellen Fahrzeugen um 90° gedreht und verlaufen nun achsparallel. Hierdurch fällt zwar die maximale Sperrung auf etwa 60%, das Differenzial ist jedoch durch eine geringere Mindest-Sperrung für den Einsatz in Verbindung mit Fahrdynamikregelsystemen geeignet.

Das Torsen-Differenzial kommt hauptsächlich als Mittendifferenzial zum Einsatz, wurde jedoch in einigen wenigen Fällen auch schon als Achsdifferenzial eingebaut.

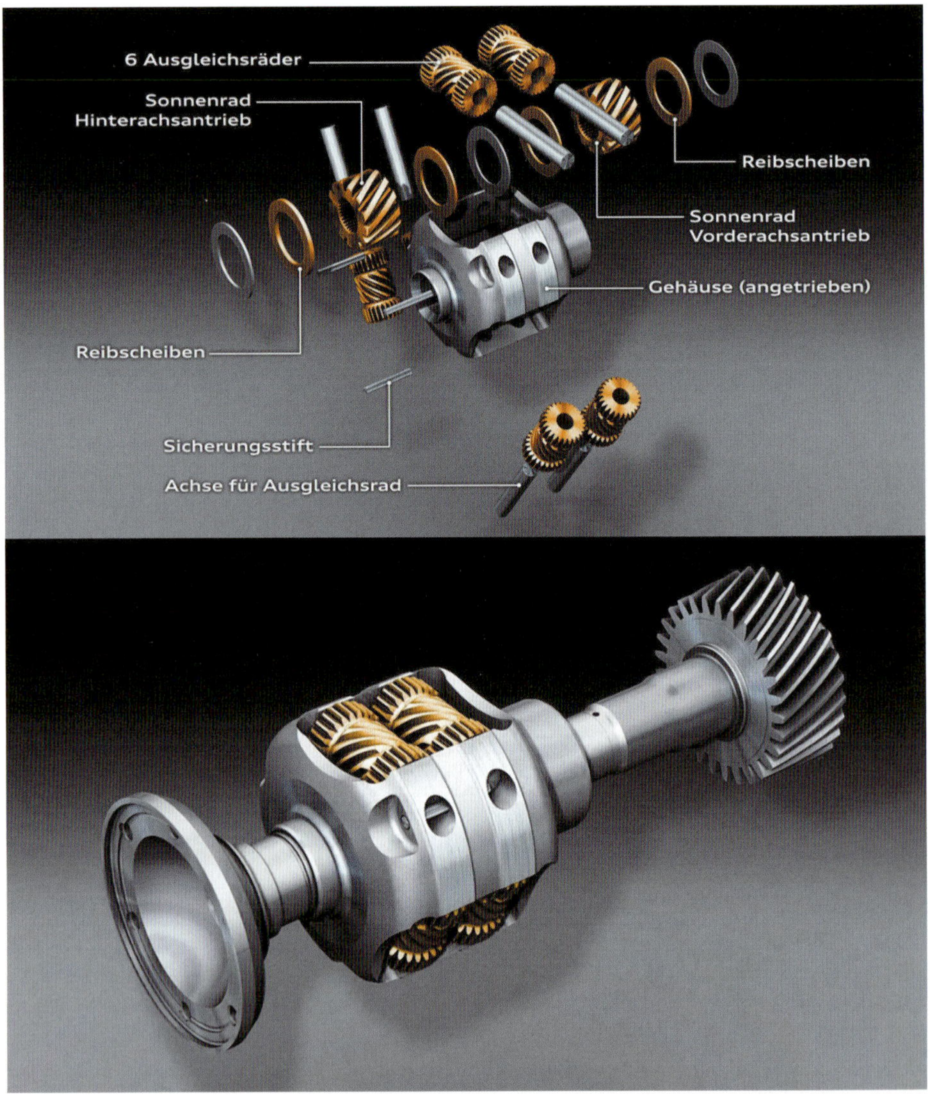

Bild 10.9
Aufbau eines Torsen-Differenzials
[Bild: Audi]

10.6.4 Kronenrad-Mittendifferenzial

Das Kronenrad-Differenzial wird aktuell ausschließlich als Mittendifferenzial verwendet und ist so ähnlich aufgebaut wie das selbstsperrende Differenzial. Statt der Kegelräder enthält es jedoch sogenannte Kronenräder, die ihren Namen ihrer Verzahnungsgeometrie verdanken. Das hintere Rad treibt die Kardanwelle zum Hinterachsdifferenzial an, das vordere den Abtrieb zum Vorderachsdifferenzial. Die Kronenräder stehen mit 4 drehbar gelagerten Ausgleichsrädern im Eingriff. Diese sind im 90-Grad-Winkel zueinander angeordnet und erhalten ihren Antrieb vom Gehäuse des Differenzials, also von der Getriebeausgangswelle.

Im normalen Fahrbetrieb drehen sich die beiden Kronenräder so schnell wie das Gehäuse. Aufgrund ihrer speziellen Geometrie ergeben sich gezielt ungleiche Hebelwirkungen: In der Grundverteilung gehen 60% des Motormoments zum Differenzial der

Hinterachse und 40% nach vorne. Wenn sich die Momente verschieben, weil der Grip an einer Achse nachlässt, entstehen unterschiedliche Drehzahlen und axiale Kräfte im Inneren des Differenzials – sie führen dazu, dass die benachbarten Lamellenpakete aneinandergepresst werden. Die entstehende Selbstsperrwirkung leitet nun das Gros des Antriebsmoments auf die Achse mit der besseren Traktion, bis zu 85% fließen nach hinten. Im umgekehrten Fall – wenn die Hinterachse weniger Grip hat – vollzieht sich dieser Vorgang entsprechend, jetzt fließen bis zu 70% der Momente an die Vorderachse. Unter Zuhilfenahme der elektronischen Differenzialsperre (s.o.) lassen sich bis zu 100% des Drehmoments auf eine Achse übertragen.

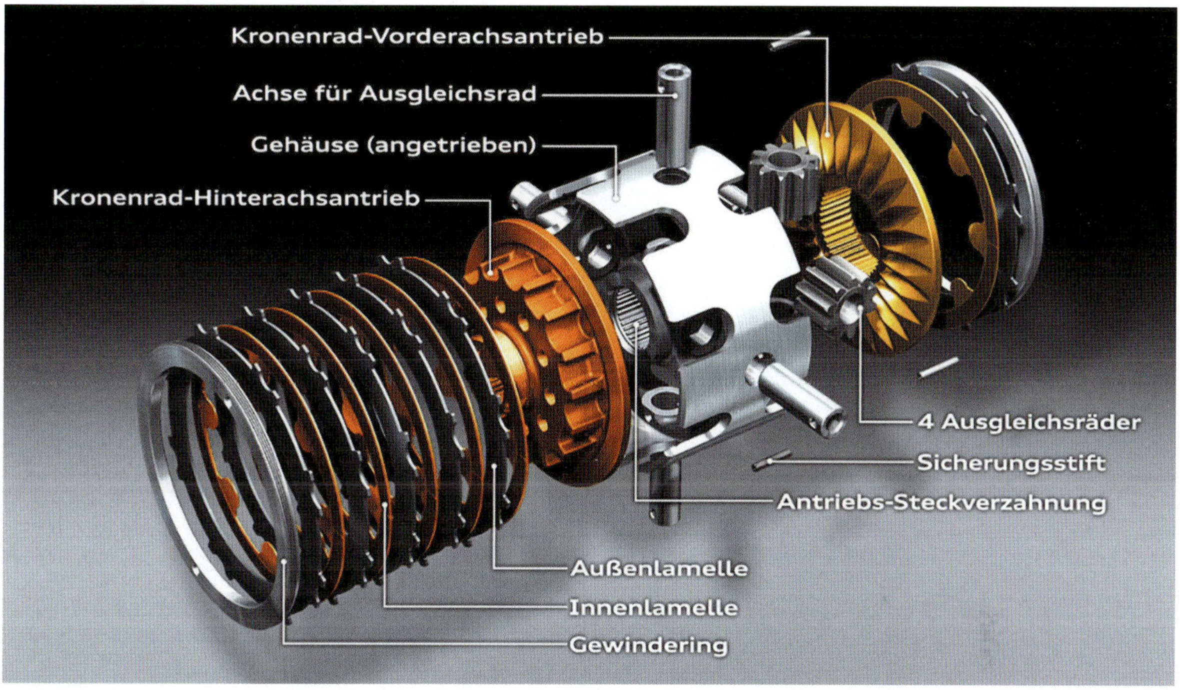

Bild 10.10 *Aufbau eines Kronenrad-Mittendifferenzials*
[Bild: Audi]

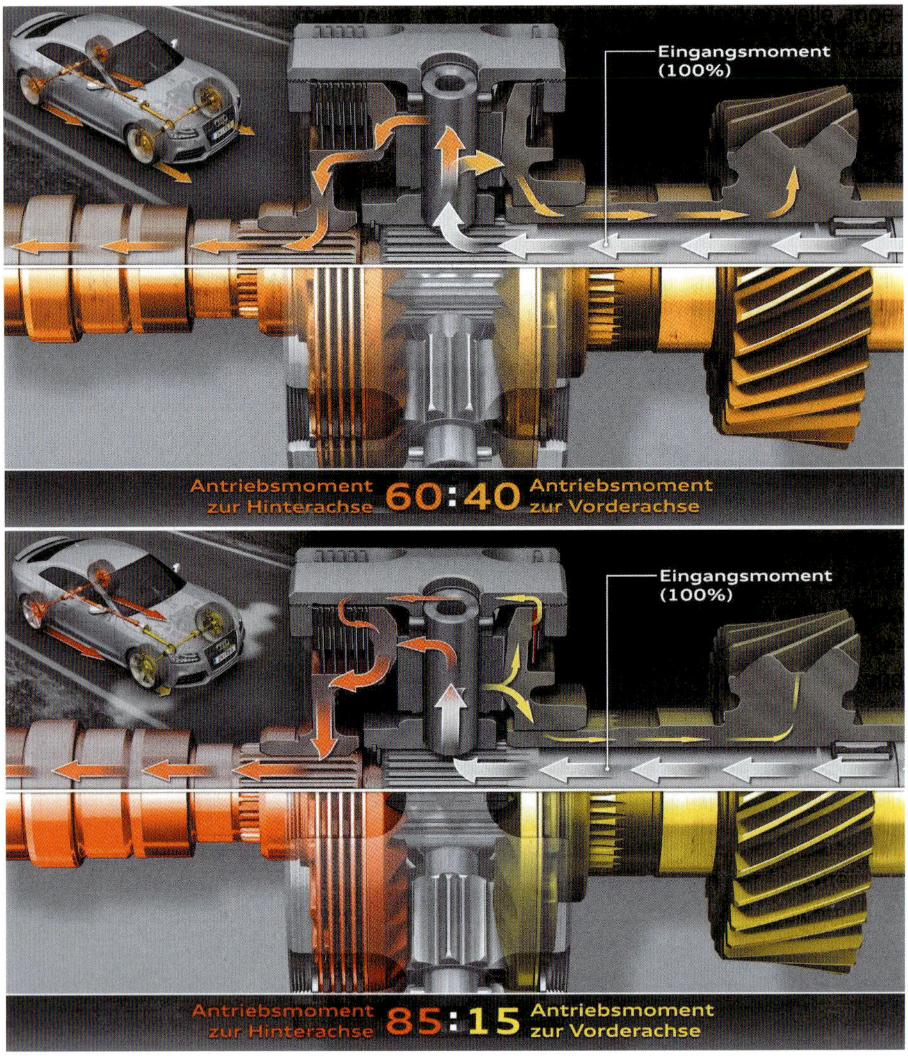

Bild 10.11 *Arbeitsweise eines Kronenrad-Mittendifferenzials: Haben die Räder an beiden Achsen den gleichen Grip, verteilt das Differenzial die Antriebskräfte zu 60% auf die Hinter- und zu 40% auf die Vorderachse. Sinkt an einer Achse das Gripniveau, leitet es den größeren Anteil der Kräfte automatisch an die Achse mit mehr Grip.*
[Bild: Audi]

11 Lenkgetriebe

Aufgabe des Lenkgetriebes ist es, die Muskelkraft des Fahrers durch entsprechende Übersetzung – bei Fahrzeugen der Klassen M1 und N1 bis zu $i = 24$, bei größeren Fahrzeugen bis zu $i = 40$ – zu verstärken. Gegebenenfalls ist hier auch die hydraulische oder elektrische Unterstützungseinrichtung angeordnet. Bei der Zahnstangenlenkung kommt die Umwandlung der Drehbewegung am Lenkrad in eine axiale Verschiebung der Lenk- bzw. Spurstange/n hinzu.

11.1 Zahnstangenlenkung

Die Zahnstangenlenkung ist die häufigste Bauform von Lenkgetrieben in der Fahrzeugklasse M1 und N1 und wird zunehmend auch in den höheren Fahrzeugklassen, vorwiegend bei Fahrzeugen mit Einzelradaufhängung, eingesetzt. Sie bietet

- direkte Übersetzung,
- leichte Rückstellung,
- Selbstnachstellung,
- kompakte Bauweise dank Integration in das Lenktrapez und
- kostengünstige Herstellung.

Ihr Hauptnachteil, eine eingeschränkte Lenkübersetzung, kann dank Einsatz von hydraulischen oder elektrischen Unterstützungssystemen nahezu vollständig ausgeglichen werden.

Aufbau und Funktion

Das vom Lenkrad über die Lenksäule gedrehte Antriebszahnrad greift direkt in die Zahnstange und verschiebt sie nach links oder nach rechts. Die Zahnstange wird dabei oft durch ein federbelastetes Druckstück aus Kunststoff oder Bronze an das Antriebszahnrad gepresst, was Spiel in der Übersetzung ausgleicht – eine ebenso einfache wie effektive Form der Selbstnachstellung. Die Zahnstange ist zudem häufig leicht konvex ausgebildet, um auch bei stärkerem Verschleiß in ihrer meist höher belasteten Mitte eine klemmfreie Nachstellung zu gewährleisten.

Oft ist die Zahnstange in der Mitte der geteilten Spurstange angeordnet, was es ihr ermöglicht, über die Spurstangenendköpfe praktisch ohne weitere Umwege direkt auf die Lenkhebel am Achsschenkel zu wirken.

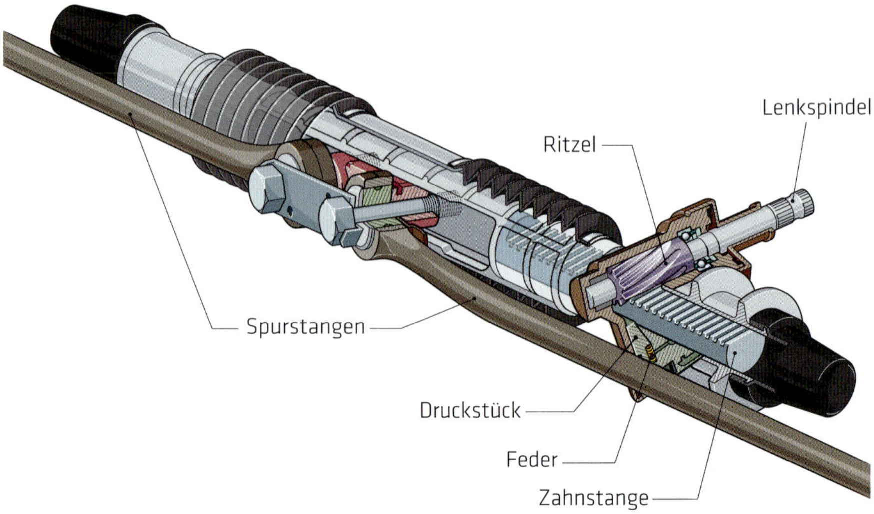

Bild 11.1
Aufbau einer einfachen Zahnstangenlenkung
[Bild: AS-Illu]

11.2 Kugelumlauflenkung

Bis vor wenigen Jahren kam die Kugelumlauflenkung noch in der Fahrzeugklasse M1 und N1 zum Einsatz. Heute nutzt man ihre Vorteile aus Kostengründen bis auf wenige Ausnahmen nur noch in höheren Fahrzeugklassen. Diese sind

- geringe innere Reibung (Roll- statt Gleitreibung),
- hohe Belastbarkeit,
- große Radeinschlagwinkel,
- flexible Anordnung im Fahrzeug, quer oder längs zur Fahrtrichtung, (weit) vor oder (weit) hinter der Vorderachse.

Aufbau und Funktion

Die Kugelumlauflenkung besteht im Wesentlichen aus der Lenkspindel, in die ein Rundgewinde eingelassen ist, und der Lenkmutter, die ebenfalls ein Rundgewinde enthält. Zwischen Lenkspindel und Lenkmutter ergibt sich somit ein röhrenförmiger Kanal, der die Kugeln aufnimmt. Diese umlaufen eineinhalb Mal die Lenkspindel und werden dann in das Rohr zur Kugelrückführung geleitet, um der Kugelmutter am Anfang wieder zugeführt zu werden. Hierdurch ergibt sich eine endlose Kette von Kugeln. Zur Erhöhung der Ausfallsicherheit ist dieser Kugelumlauf i.d.R. doppelt vorhanden (redundante Ausführung).

Ähnlich wie bei einer klassischen Schraubverbindung bewirkt bei der Kugelumlauflenkung ein Verdrehen der Spindel (vergleichbar mit der Schraube) ein Verschieben der Mutter. Die Kugeln zwischen Spindel und Mutter vermindern die Reibung. Die axiale Bewegung der Mutter wird auf ein Zahnsegment oder einen Hebel übertragen, wodurch sich an dessen Drehpunkt wieder eine radiale Bewegung ergibt. Diese Drehbewegung an der Ausgangswelle des Lenkgetriebes wird über den außen am Lenkgetriebe angeordneten Lenkhebel erneut in eine axiale Bewegung umgewandelt und auf die Lenk- oder Spurstange übertragen. Um das Lenktrapez nicht einknicken zu lassen, ist eine zweite Führung der Spurstange mittels eines Lenkzwischenhebels erforderlich.

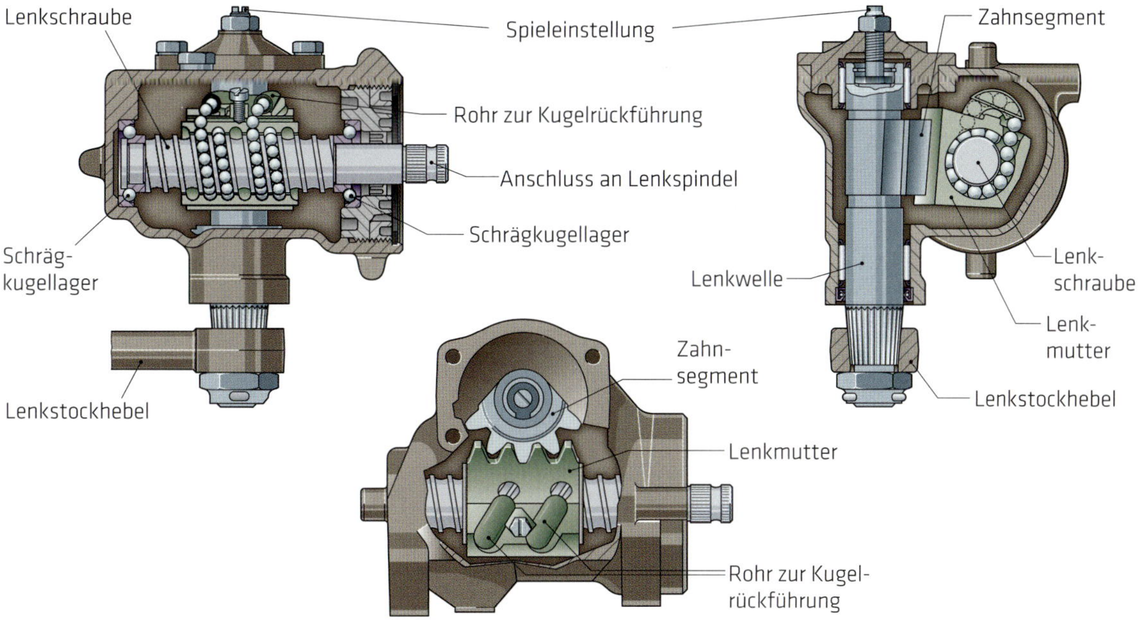

Bild 11.2 *Aufbau und Prinzip des Lenkgetriebes einer Kugelumlauflenkung* [Bild: AS-Illu]

Werkstatttipp:
Das Lenkgetriebe ist ein sicherheitsrelevantes Bauteil und muss ausgetauscht werden, wenn nicht ausgeschlossen werden kann, dass es einen Schaden aufweist. Dies gilt insbesondere für die Unfallschadeninstandsetzung. Indizien für ein potenziell geschädigtes Lenkgetriebe sind:

- Brand- oder Wasserschäden
- Erhöhter Kraftaufwand beim Betätigen der Lenkung (ohne Lenkunterstützung). Die Lenkung muss sich gleichmäßig von Anschlag zu Anschlag bewegen lassen.
- Geräusche aus dem Lenkgetriebe bei Betätigung
- Sichtbare oder spürbare Beschädigungen am Lenkgetriebe
- Negatives Ergebnis der Achsvermessung. Die zulässigen Toleranzen werden überschritten.
- Deformationen, Brüche oder sonstige Beschädigungen an
  - Felge
  - Querlenker/Druck- oder Zugstrebe
  - Federbein/Achsschenkel
  - Spurstange
  - Stabilisator
  - Vorderachsträger
  - Aufhängungspunkte der Vorderachse an der Karosserie
  - Befestigungspunkte des Lenkgetriebes
  - Lenkhebel/Lenkzwischenhebel
  - Lenksäule

11.3 Hilfskraftlenkung

Bei modernen Kraftfahrzeugen wird die Muskelkraft des Fahrers i.d.R. durch ein technisches System unterstützt. Hierbei wird unterschieden zwischen

- hydraulischer Hilfskraftlenkung,
- elektrohydraulischer Hilfskraftlenkung,
- elektromechanische Hilfskraftlenkung.

11.3.1 Hydraulische Hilfskraftlenkung

Die hydraulische Hilfskraftlenkung besteht hauptsächlich aus der Flügelzellenpumpe, die vom Verbrennungsmotor über einen Keil- oder Keilrippenriemen angetrieben wird und Drücke bis zu 150 bar in der Fahrzeugklasse M1/N1 und bis zu 200 bar in höheren Fahrzeugklassen liefert, dem Steuerventil, auch Drehschieberventil genannt und dem doppelseitig wirkenden Hydraulikzylinder am Lenkgetriebe.

Steuerventil

Das Steuerventil hat die Aufgabe, den Lenkwunsch des Fahrers stufenlos auf das Lenkgetriebe zu übertragen. Es besteht im Wesentlichen aus dem Drehschieber, mit der Lenksäule verbunden, der Steuerbüchse, mit dem Antriebsritzel bzw. der Lenkmutter verbunden und dem Torsionsstab, der die zum Betätigen des Steuerventils erforderliche Kraft so weit erhöht, dass es dem Fahrer möglich wird, trotz des verhältnismäßig langen Hebelarms (Radius des Lenkrades) gut dosiert zu lenken.

Funktion

Verdreht der Fahrer das Lenkrad, so wird zunächst innerhalb des Steuerventils der Drehschieber gegen die Kraft des Torsionsstabs in der Steuerbüchse verdreht. Hierdurch werden die Zulaufbohrungen von der Lenkhilfepumpe zum Lenkzylinder freigegeben. Gleichzeitig öffnen sich die Rücklaufbohrungen für die zweite Kammer des Lenkzylinders. Das nun einströmende Hydrauliköl verschiebt den Arbeitskolben innerhalb des Lenkzylinders und die mit ihm verbundene Zahnstange bzw. Lenkmutter. Das hinter dem Kolben befindliche Öl wird in den Ausgleichsbehälter verdrängt. Da die Zahnstange bzw. Lenkmutter mit der Steuerbüchse im Eingriff ist, verdreht sich diese nun ebenfalls, wodurch das Steuerventil in seine Ruhelage gerät und der Druckaufbau bis zu einer weiteren Betätigung des Lenkrads unterbrochen wird. Das am Steuerventil anstehende Hydrauliköl fließt nun in den Ausgleichsbehälter zurück. Wird der Drehschieber trotz voll eingeschlagener Räder weiterhin in der Steuerbüchse verdreht, steigt der Druck so weit an, dass das in der Lenkhilfepumpe verbaute Überdruckventil öffnet und den Rücklauf zum Vorratsbehälter freigibt. Solche Belastungen sollten jedoch vermieden werden, da sie zum einen das Überdruckventil und zum anderen die Abdichtung des Lenkgetriebes schädigen können.

Bei Ausfall der Ölversorgung wird der Drehschieber innerhalb der Steuerbüchse über den vorgesehenen Betätigungswinkel hinaus verdreht und läuft auf Endanschläge auf, die es ermöglichen, die Kraft direkt vom Drehschieber auf die Steuerbüchse und damit auf die Zahnstange bzw. Lenkmutter zu übertragen.

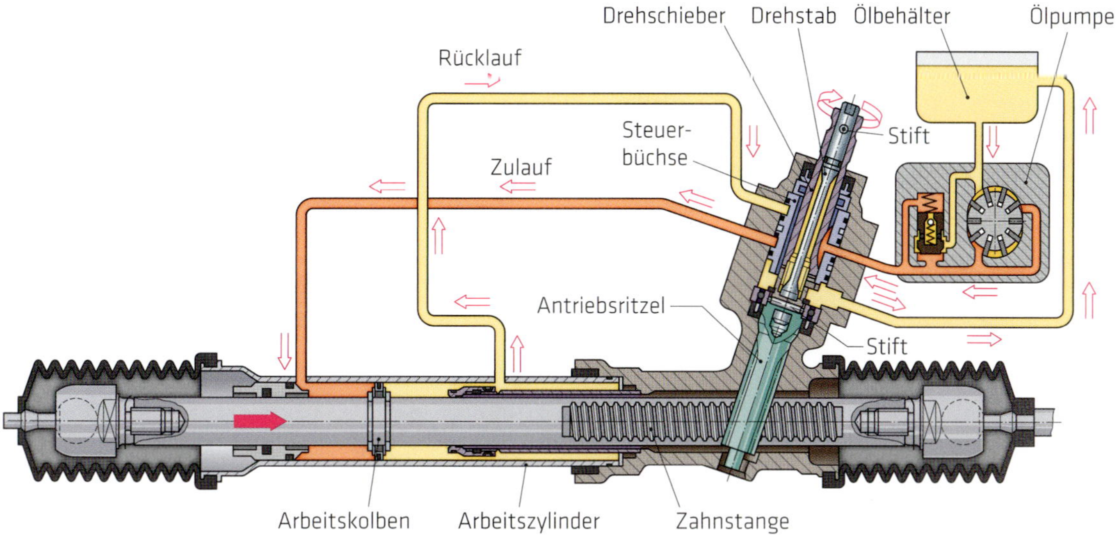

Bild 11.3 *Aufbau einer hydraulischen Hilfskraftlenkung* [Bild: AS-Illu]

11.3.2 Elektrohyraulische Hilfskraftlenkung

Die elektrohydraulische Hilfskraftlenkung darf als Übergangslösung zwischen der klassischen hydraulischen Hilfskraftlenkung und der elektromechanischen Hilfskraftlenkung gesehen werden. Sie bietet

- gute Dosierbarkeit (der hydraulischen Servolenkung),
- betriebszustandsunabhängige Druckölversorgung,
- einfache Anpassung der Lenkkraftunterstützung,
- geringeren Kraftstoffverbrauch,
- flexiblere Anordnung der Lenkhilfepumpe.

Aufbau und Funktion

Die elektrohydraulische Hilfskraftlenkung unterscheidet sich im Aufbau von der konventionellen hydraulischen Hilfskraftlenkung nur dadurch, dass die Lenkhilfepumpe, in diesem Fall i.d.R. eine Zahnradpumpe, von einem Elektromotor angetrieben wird. Dies erhöht die nutzbare Antriebsleistung und senkt den Kraftstoffverbrauch, da die Pumpe nur dann eingeschaltet wird, wenn Bedarf an einer Lenkkraftunterstützung besteht. Zudem lässt sich die Lenkkraftunterstützung situationsgerecht anpassen. Im Rangierbetrieb wird ein besonders hoher Druck bereitgestellt, um das Fahrzeug komfortabel manövrieren zu können. Bei höheren Fahrgeschwindigkeiten reduziert sich der Druck, um die Rückmeldung der Lenkung an den Fahrer und damit die Fahrsicherheit zu erhöhen.

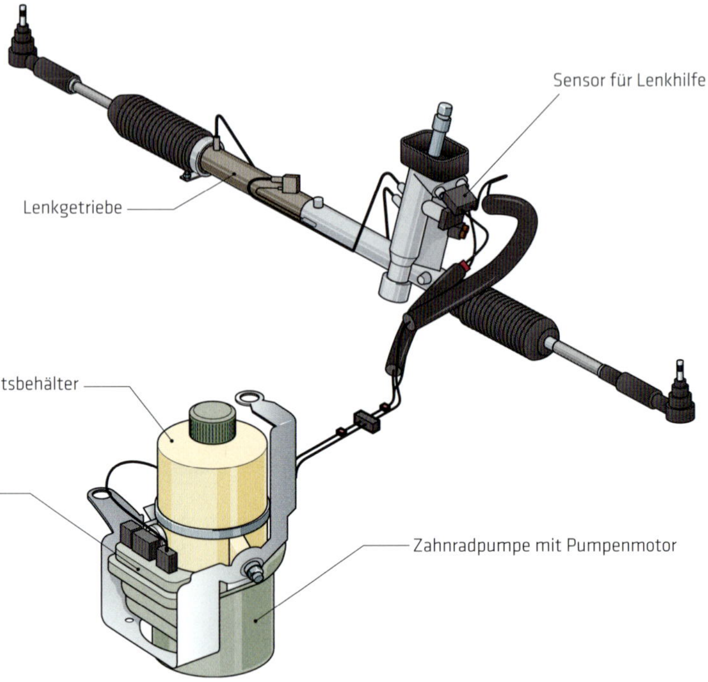

Bild 11.4
Bei einer elektrohydraulischen Hilfskraftlenkung sorgt eine elektrisch angetriebene Pumpe nur im Bedarfsfall für den Aufbau des Hydraulikdrucks.
[Bild: AS-Illu]

11.3.3 Elektromechanische Hilfskraftlenkung

Die elektromechanische Hilfskraftlenkung hat die hydraulische und elektrohydraulische Hilfskraftlenkung in den Fahrzeugklassen M1 und N1 nahezu vollständig abgelöst. Sie weist gegenüber diesen folgende Vorteile auf:

- Platzsparend und kostengünstig durch geringe Komponentenanzahl und Wegfall hydraulischer Übertragungseinrichtungen
- Große Flexibilität bezüglich des Einbauorts
- Vollvariable Anpassung der Lenkkraftunterstützung an die Fahrsituation
- Anpassung der Lenkkraftunterstützung durch die Werkstatt bei Kundenbeanstandung
- Anpassung der Lenkkraftunterstützung durch den Kunden (Sport-Modus, City-Modus…), ggf. verschiedene Benutzerprofile für ein Fahrzeug
- Selbsttätiges (Gegen-)Lenken des Fahrzeugs (Einparkassistent, Seitenwind- und Spurhalteassistent, ungleichmäßig verschlissene Reifen…)
- Umweltfreundlich durch geringeren Kraftstoffverbrauch (≤ 0,2 l/100km) und Verzicht auf Hydrauliköl

Funktion

Zunächst wird der Lenkwunsch des Fahrers durch den Lenkwinkel- und den Lenkmomentsensor erfasst. Das Steuergerät ermittelt in Abhängigkeit von Lenkmoment, Fahrgeschwindigkeit und gewähltem Betriebsmodus anhand verschiedener, im Steuergerät abgelegter Kennfelder die erforderliche Unterstützungskraft und steuert den Elektromotor an, der die Handkraft des Fahrers unterstützt.

11.4 Sensoren

11.4.1 Lenkwinkelsensor

Der Lenkwinkelsensor liefert das Signal zur Ermittlung des Lenkwinkels. Er befindet sich unterhalb des Lenkrads auf dem Lenkstockschalter. Bestandteile des Lenkwinkelsensors sind 2 codierte, also gezielt unterbrochene, mit dem Lenkrad drehfest verbundene Ringe und 7 Lichtschranken. Die codierten Ringe werden als Inkremental- und als Absolut-Ring bezeichnet. Beide Ringe sind in 5 Sektoren zu je 72° aufgeteilt, wobei die Abfolge der Unterbrechungen des Absolut-Rings in allen Sektoren gleich, jedoch innerhalb des Sektors unterschiedlich ist und die Abfolge der Unterbrechungen des Inkremental-Ring innerhalb eines Sektors gleich, aber von Sektor zu Sektor unterschiedlich ist (Bild 11.5). Wird das Lenkrad gedreht, so ergibt sich in jeder Position und Drehrichtung eine spezielle Abfolge von Lichtsignalen, die durch den optischen Sensor erfasst und an das Steuergerät weitergeleitet werden. Da sich die Signalreihenfolge nach einer kompletten Lenkradumdrehung wiederholt, muss das Steuergerät „zählen", wie oft diese Signalreihe übermittelt wurde. Einige Lenkwinkelsensoren besitzen zusätzlich ein mittels Zahnradtrieb betätigtes Potenziometer zur Erfassung der ungefähren Lenkradposition.

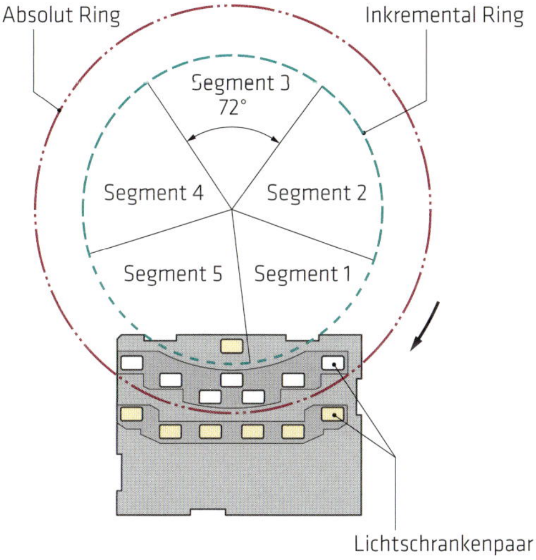

Bild 11.5
Aufbau eines Lenkwinkelsensors mit 2 codierten Ringen und 7 Lichtschrankenpaaren
[Bild: AS-Illu]

11.4.2 Lenkmomentsensor

Der Lenkmomentsensor besteht hauptsächlich aus einem mit der Lenkgetriebeeingangswelle verbundenen Ringmagneten mit 8 Polpaaren, 2 mit dem Lenkritzel verbundenen Statoren mit jeweils 8 Zähnen und 2 mit dem Gehäuse verbundenen Hallsensoren (redundante Auslegung).

Zwischen der Lenkgetriebeeingangswelle und dem Lenkritzel befindet sich zudem ein Torsionsstab mit definierter Torsionssteifigkeit. In der Ruhestellung stehen die Zähne der Statoren mittig zwischen dem Nord- und Südpol des Ringmagneten. Somit kann sich zwischen den Statoren kein magnetisches Feld bilden und die Hallsensoren liefern kein

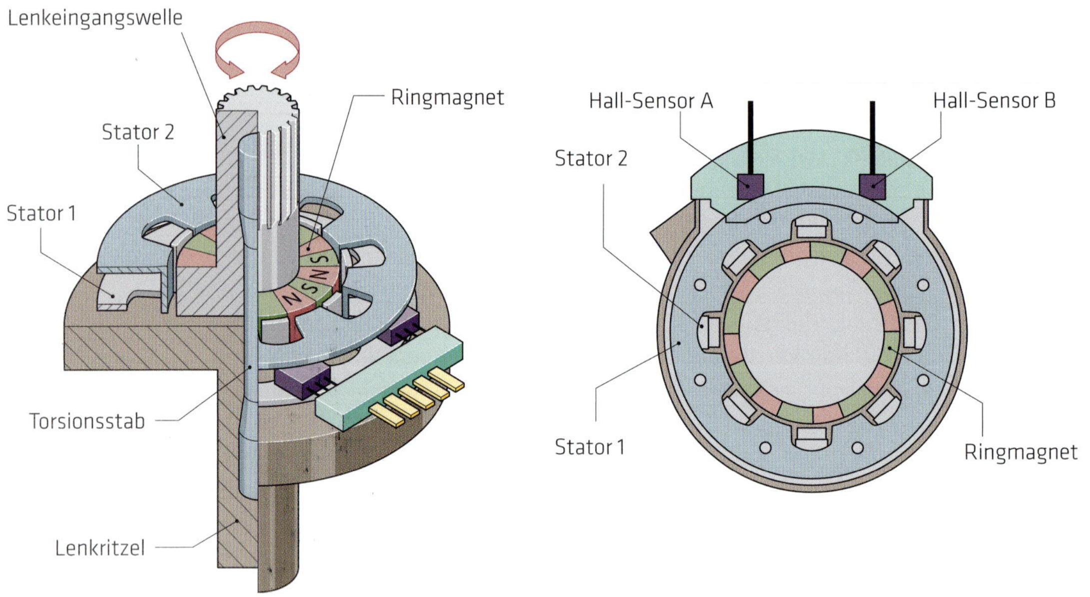

Bilder 11.6 und 11.7 *Der Lenkmomentsensor arbeitet aus Sicherheitsgründen mit 2 Hallsensoren, die die Verdrehung eines Torsionsstabs detektieren.* [Bild: AS-Illu]

Signal. Wird das Lenkrad gedreht, dann verdreht sich die Lenkgetriebeeingangswelle und damit der Ringmagnet gegen die Kraft des Torsionsstabs gegenüber dem Antriebsritzel und damit gegenüber den Statoren. Nun wirkt einer der beiden Pole, je nach Drehrichtung der Nord- oder der Südpol, auf die Zähne der Statoren, wodurch über diesen ein magnetisches Feld entsteht. Das wird von den beiden Hallsensoren erfasst und als Spannungssignal an das Steuergerät übermittelt.

11.5 Aktoren

Je nach Fahrzeughersteller, -modell und -generation kommen unterschiedliche Bauweisen von elektromechanischen Lenksystemen zum Einsatz:

- Ritzel-Antrieb
- Säulen-Antrieb
- Zahnstangen-Antrieb mit Zahnriemen

11.5.1 Ritzel-Antrieb

Hierbei greift der Elektromotor kurz oberhalb des Lenkritzels über einen Schneckentrieb ein. Während die Schnecke aus Metall ist, wird das Zahnrad oder zumindest dessen Kranz

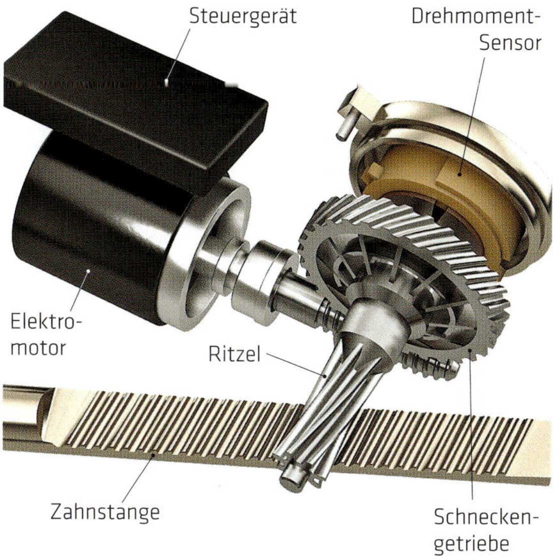

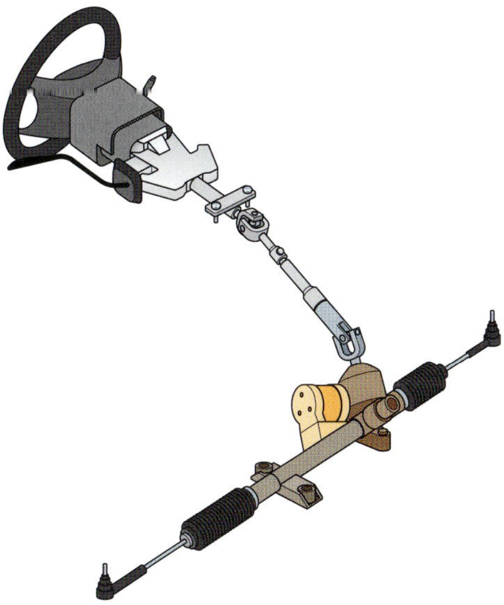

Bilder 11.8 und 11.9 *Aufbau eines Ritzelantriebs in einer elektromechanischen Lenkung*
[Bild: AS-Illu]

aus Kunststoff gefertigt, um die Geräuschbildung zu reduzieren. Die Steigung der Schnecke ist so gewählt, dass eine ausreichend große Übersetzung zwischen Elektromotor und Antriebsritzel zustande kommt, gleichzeitig jedoch der Rückwärtsbetrieb bei Ausfall des Elektromotors möglich bleibt (Selbsthemmung!). Teilweise wird Letzteres auch durch eine Rutschkupplung erreicht.

11.5.2 Säulen-Antrieb

Hierbei greift der Elektromotor unmittelbar unterhalb des Lenkrads über einen Schneckentrieb in die Lenksäule ein. Das hat mehrere Vorteile:

- Geringere thermische Belastung
- Wassergeschützt
- Modulare Bauweise (Gleiches Lenkgetriebe mit/ohne Servolenkung)
- Bessere Bauraumausnutzung
- Verbessertes Crash-Verhalten durch Wegfall starrer Komponenten im Motorraum

Der Säulen-Antrieb kommt hauptsächlich in kleineren Fahrzeugen der Klasse M1 zum Einsatz.

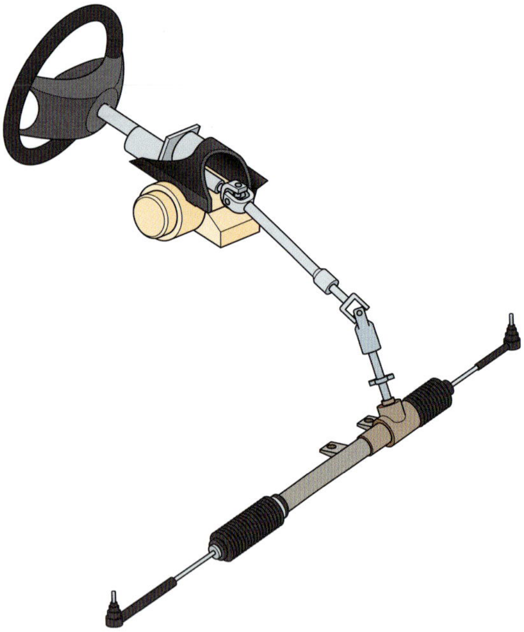

Bild 11.10 *Bei einem Säulen-Antrieb sitzt der Elektromotor unmittelbar unterhalb des Lenkrads.* [Bild: AS-Illu]

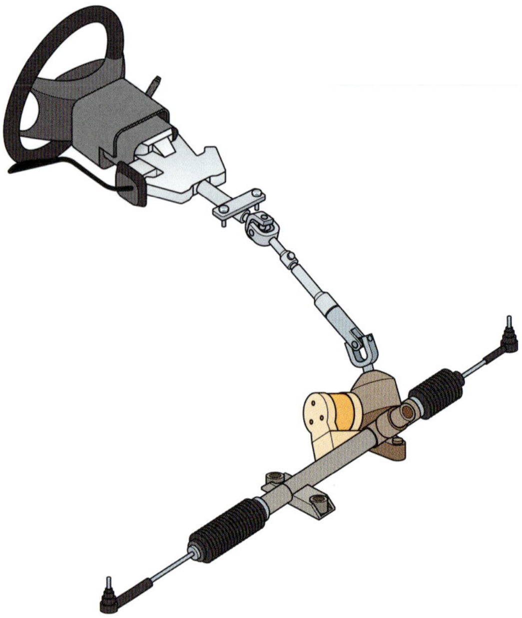

Bild 11.11 *Lenkung mit einem Zahnstangenantrieb mit Zahnriemen.* [Bild: AS-Illu]

11.5.3 Zahnstangen-Antrieb mit Zahnriemen

Bei vielen größeren M1-Fahrzeugen setzt sich der Zahnstangenantrieb mit Zahnriemen, auch als APA-Lenkung (APA = achsparalleler Antrieb) durch. Er weist sich durch folgende Vorteile aus:

- Geringe Trägheit
- Geringe Reibung
- Geringer Bauraumbedarf
- Geringe Stromaufnahme
- Hohe Lenkkraft (≤ 15 kN an der Lenkstange)

Aufbau und Funktion

Die Lenkung besteht aus zwei Teilgetrieben. Neben der klassischen Zahnstangenlenkung, die vom Fahrer durch Muskelkraft betätigt wird, gibt es ein Kugelspindelgetriebe, das vom Elektromotor betätigt wird. Beide Teilgetriebe teilen sich die Lenkstange, sodass die Lenkkraft die Addition beider Kräfte darstellt. Wird die Lenkung betätigt, wirkt die Kraft des Elektromotors auf einen Zahnriemen, der wiederum die Kugelmutter dreht. In dieser befinden sich – wie bei der Kugelumlauflenkung – Kugeln, die die Kraft von der drehenden Kugelmutter auf die Lenkspindel übertragen, die sich dadurch verschiebt.

Bild 11.12 Der Elektromotor in der APA-Lenkung dreht über einen Zahnriemen die Kugelmutter.
[Bild: AS-Illu]

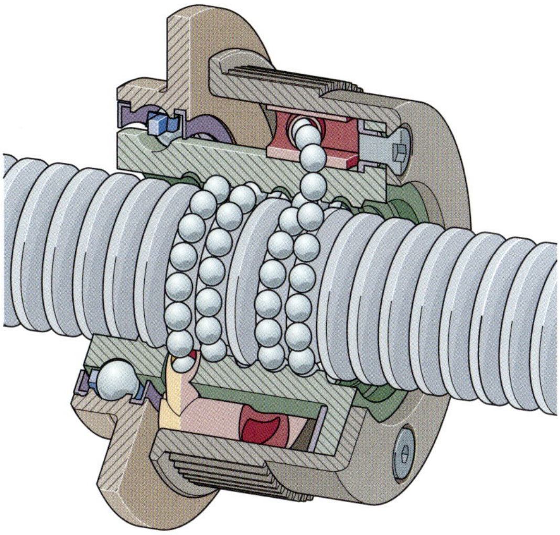

Bild 11.13 Innerhalb der Kugelmutter übertragen Kugeln die Kraft auf die Lenkspindel, die sich dadurch verschiebt.
[Bild: AS-Illu]

11.6 Aktive Geradeausfahrt

Die elektromechanische Servolenkung ist dank Vernetzung mit der Fahrdynamikregelung und der Motorsteuerung in der Lage, die Geradeausfahrt des Fahrzeugs (wieder) herzustellen. Dies erfolgt folgendermaßen:

Aktive Rückstellung nach Kurvenfahrt

Sind die Rückstellkräfte der Lenkung zu gering, um die Lenkung schnell wieder in die Geradeausstellung zu bringen (z.B. Frontantrieb bei geringer Vortriebskraft), dann übernimmt dies die elektromechanische Servolenkung. Der Lenkmomentsensor erkennt den Wegfall der Lenkkraft und das Steuergerät stellt mithilfe des Elektromotors die Geradeausfahrt wieder her.

Geradeauslaufkorrektur

Wird der Geradeauslauf des Fahrzeugs gestört (z.B. Seitenwind, schiefe Fahrbahn, ungleichmäßiger Reifendruck ...), dann reagiert der Fahrer darauf mit Gegenlenken. Das Steuergerät erfasst ein konstantes Lenkmoment bei fehlendem Giermoment und reagiert, indem es den Elektromotor ansteuert und das erforderliche Gegenlenkmoment durch den Elektromotor bereitstellt.

Schiefziehausgleich
Bei Fahrzeugen mit Frontantrieb und ungleich langen Antriebswellen kommt es durch die unterschiedlichen Beugewinkel der Wellen beim Beschleunigen zu unterschiedlich großen Antriebsmomenten. Dies führt zu einer Drehung des Fahrzeugs um die Hochachse in Richtung der geringeren Vortriebskraft. Das Steuergerät erfasst diese Drehung und stellt durch den Elektromotor ein ausreichend großes Gegenlenkmoment zur Verfügung.

Werkstatttipp:
Die elektromechanische Hilfskraftlenkung muss nach dem Einbau bzw. ggf. auch bei Unterbrechung der Spannungsversorgung neu eingelernt werden, damit das Zusammenspiel zwischen Lenkwinkel-, Lenkdrehmomentsensor, Steuergerät und Fahrdynamikregelung funktionieren kann. Erfolgt dies nicht (richtig), können Fehlfunktionen der Lenkung die Folge sein. Ein typischer Fehler wäre beispielsweise, dass das Fahrzeug trotz korrekter Einstellung der Achs- und Lenkgeometrie keinen vernünftigen Geradeauslauf hat, da das Steuergerät aufgrund der fehlerhaften Informationen der Sensoren nicht erkennt, dass das Fahrzeug bereits in Geradeausfahrt ist und somit versucht, diesen „wiederherzustellen".

11.7 Variable Lenkübersetzung

Bei einigen modernen Fahrzeugen kommen Systeme zum Einsatz, mit denen das Lenkübersetzungsverhältnis vollvariabel verändert werden kann. Vorteile dieser Systeme sind

- große Radeinschlagwinkel trotz geringer Lenkraddrehwinkel im Rangierbetrieb,
- gute dosierbare Lenkung bei höheren Fahrgeschwindigkeiten,
- kein Umgreifen am Lenkrad erforderlich,
- keine Lenkradbewegung bei Eingriffen durch Assistenzsysteme,
- Korrekturmöglichkeiten für Fahrfehler.

11.8 Aktivlenkung (BMW)

Aufbau und Funktion
Die Aktivlenkung besteht aus einem konventionellen, elektrohydraulisch unterstützten Zahnstangenlenkgetriebe in Verbindung mit einer mit einem einfachen Planetenradsatz versehenen Lenksäule. Die Drehbewegung des Lenkrads wird zunächst auf den Planetenradträger übertragen. Ist das System deaktiviert, wird das Hohlrad festgehalten und die Lenkbewegung über das Sonnenrad indirekt an das Lenkgetriebe weitergeleitet. Bei aktiviertem System ändert der außen am Hohlrad anliegende Stellmotor das Übersetzungsverhältnis des Planetenradsatzes durch gleich- oder gegensinniges Drehen des Hohlrads. Hierdurch wird erreicht, dass die Vorderräder im Rangierbetrieb bereits nach weniger als einer Lenkradumdrehung ihre Endposition erreichen, während die

Lenkung im normalen Fahrbetrieb einer gewöhnlichen, hydraulisch unterstützten Lenkung gleicht. Die Angleichung der Lenkbewegung erfolgt in Abhängigkeit von Fahr- und Lenkgeschwindigkeit. Kommt es zu einem Eingriff durch das Fahrdynamikregelsystem, greift dieses ebenfalls auf die Lenkung zu und korrigiert den Lenkeingriff des Fahrers.

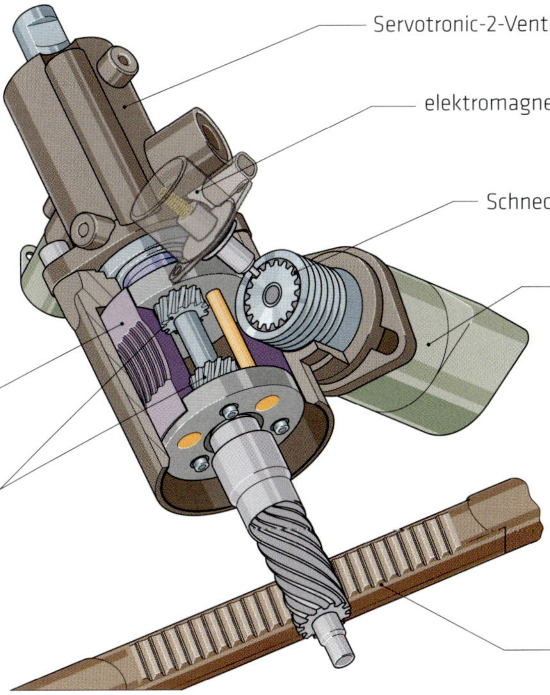

Bild 11.14
Aufbau der Aktivlenkung von BMW. Hier ist ein Planetengetriebe als Überlagerungsgetriebe in die Lenksäule integriert.
[Bild: AS-Illu]

11.9 Fremdkraftlenkung – Steer-by-Wire

Aktuell drängen in der Klasse M1 die ersten Fahrzeuge auf den Markt, bei denen die mechanische Verbindung zwischen Lenkrad und Lenkgetriebe im Normalbetrieb gänzlich unterbrochen wird. Dies geschieht durch eine Kupplung, die elektrisch getrennt und im Fehlerfall mechanisch wieder verbunden wird. Diese Technik, die im Flugzeugbau längst Standard ist, bietet folgende Vorteile:

- Keine Übertragung von Störeinflüssen (z.B. Bodenunebenheiten) auf das Lenkrad
- Eingriffe durch die Fahrdynamikregelung oder Assistenten (z.B. Einparkassistent) finden ohne Rückkopplung zum Fahrer statt.

Um die Sicherheit des Systems zu gewährleisten, verarbeiten 3 Steuergeräte die Lenkbefehle parallel und rechnen redundant das passende Steuersignal aus. Dadurch sind bei einem Ausfall von einem der Steuergeräte oder bei missverständlichen Werten immer noch 2 Rechner im System, die die richtigen Befehle vom Lenkrad an die Räder weitergeben können.

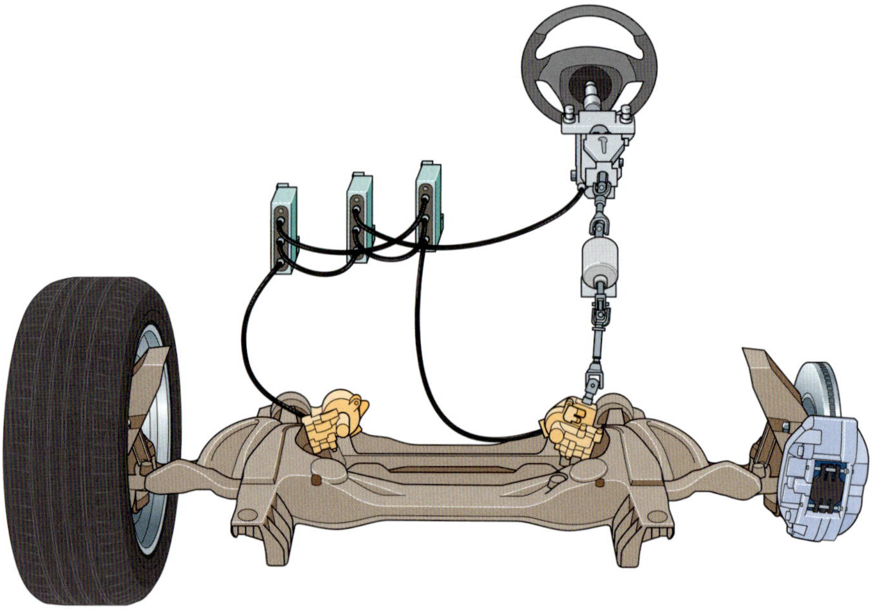

Bild 11.15
Ein Steer-by-Wire-System arbeitet mit mehreren Steuergeräten und einer Kupplung, damit die Lenkung auch bei Ausfall eines oder aller Steuergeräte noch funktioniert.
[Bild: AS-Illu]

11.10 Allradlenkung

Bei der Allradlenkung sind alle 4 Räder lenkbar. Sie wird vor allem in Spezialfahrzeugen, heutzutage allerdings auch wieder vermehrt in der Fahrzeugklasse M1, eingesetzt. Vorteilhaft sind

- erhöhte Manövrierfähigkeit,
- geringer Wendekreis,
- Erhöhung der Fahrsicherheit.

Die Besonderheit allradgelenkter Fahrzeuge besteht in der Möglichkeit, die Hinterräder sowohl gegen- als auch gleichläufig einzuschlagen. Bei gegenläufigem Lenkeinschlag vermindert sich so der Wendekreis deutlich, was die Manövrierfähigkeit der Fahrzeuge erhöht. Bei höheren Fahrgeschwindigkeiten schlagen die Hinterräder gleichläufig ein, was dazu führt, dass zum einen der Schräglaufwinkel der Hinterräder kompensiert wird und zum anderen die auftretenden Fliehkräfte reduziert werden, da das Fahrzeug bei einem Spurwechsel auf der Autobahn keinen Kreisbogen fährt, sondern sich parallel verschiebt.

Je nach Fahrzeughersteller und -generation kommen folgende Systeme zum Einsatz:

- Mechanische Allradlenkung
- Elektrische Allradlenkung
- Dynamische Allradlenkung

Mechanische Allradlenkung (Honda 4WS – Honda Four-Wheel-Steering)

Das Prinzip der mechanischen Allradlenkung basiert auf der Annahme, dass eine kleine, leichte Lenkbewegung bei höheren Geschwindigkeiten stattfindet, während bei großen, kräftigen Bewegungen von einem Lenkvorgang im Rangierbetrieb bzw. von niedrigen Geschwindigkeiten ausgegangen werden kann.

Die Drehbewegung der längs im Fahrzeug verlaufenden Verbindungswelle wird auf einen im hinteren Lenkgetriebe verbauten Exzenter übertragen. Dieser Exzenter greift seinerseits in ein in einem feststehenden Hohlrad positioniertes Planetenrad, das sich aufgrund seiner Verbindung zum Gleitstück nur bedingt drehen kann (Bild 11.16). Führt der Fahrer eine leichte Drehbewegung aus, verschiebt er hierdurch das Planetenrad innerhalb des Hohlrads so, dass die Hinterräder in gleicher Richtung eingeschlagen werden, wie die Vorderräder. Leitet der Fahrer eine starke Lenkbewegung ein, durchläuft das Planetenrad das Hohlrad, wodurch es zu einer entgegengesetzten Bewegung der Schubstange und damit zu einem entgegengesetzten Einschlag der Hinterräder kommt.

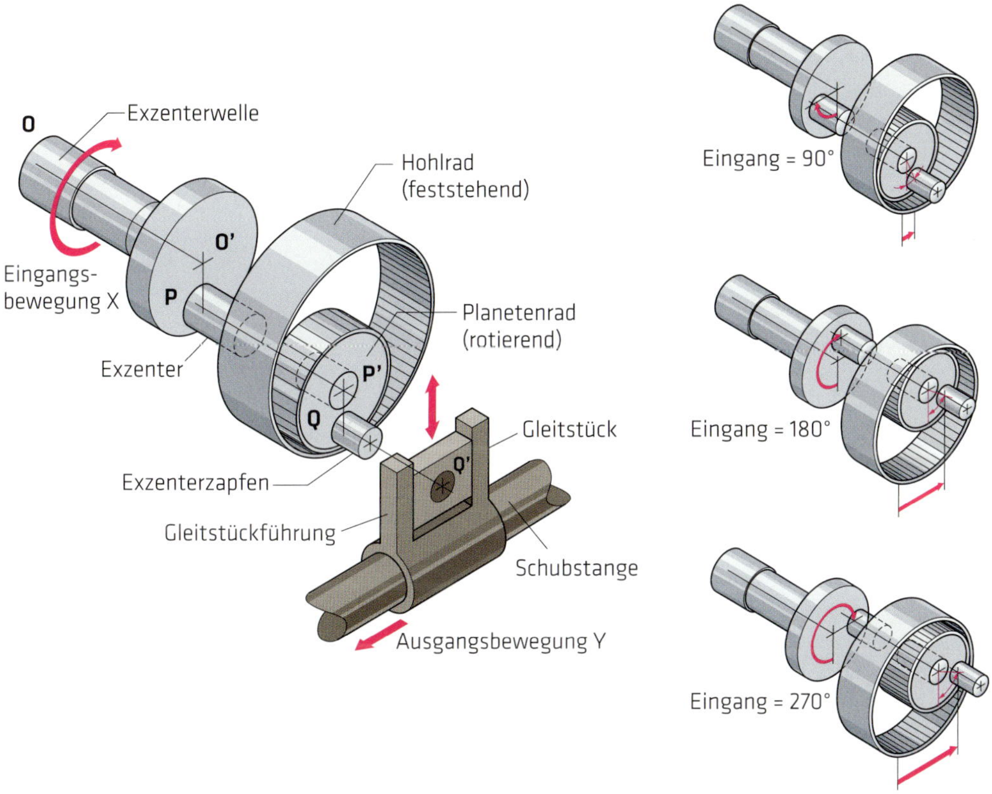

Bild 11.16 *Prinzip der mechanischen Allradlenkung von Honda* [Bild: AS-Illu]

Elektrische Allradlenkung (Honda 4WS – Honda Four-Wheel-Steering)

Die elektrische Allradlenkung kombiniert eine mit einem konventionellen, hydraulisch unterstützen Lenkgetriebe ausgestattete Vorderradlenkung mit einer über einen elektrischen Stellmotor wirkenden Hinterradlenkung. Die Hinterräder werden bei Geschwindigkeiten bis 30 km/h in entgegengesetzter Richtung eingeschlagen. Bei darüber liegenden Geschwindigkeiten werden die Räder zunächst in gleicher Richtung eingeschlagen, drehen sich allerdings mit zunehmendem Lenkeinschlag wieder in Richtung Geradeausstellung, die sie bei ca. 190° Lenkradeinschlag überfahren, um sich wieder in Gegenrichtung zu drehen.

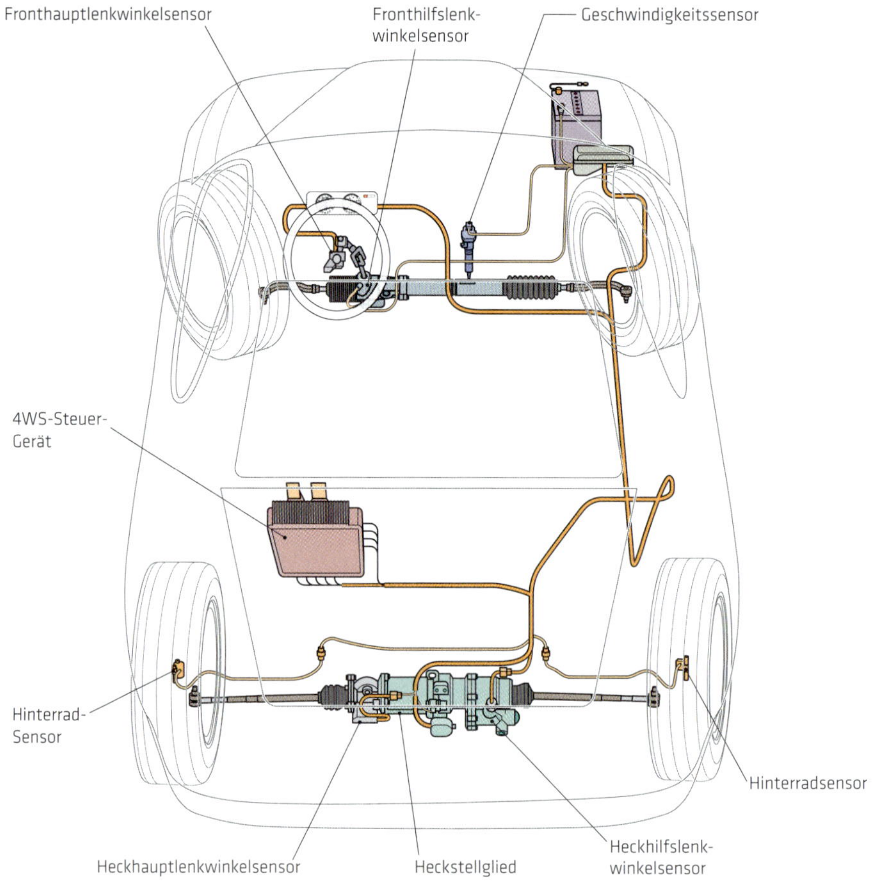

Bild 11.17
Aufbau der elektrischen Allradlenkung von Honda
[Bild: AS-Illu]

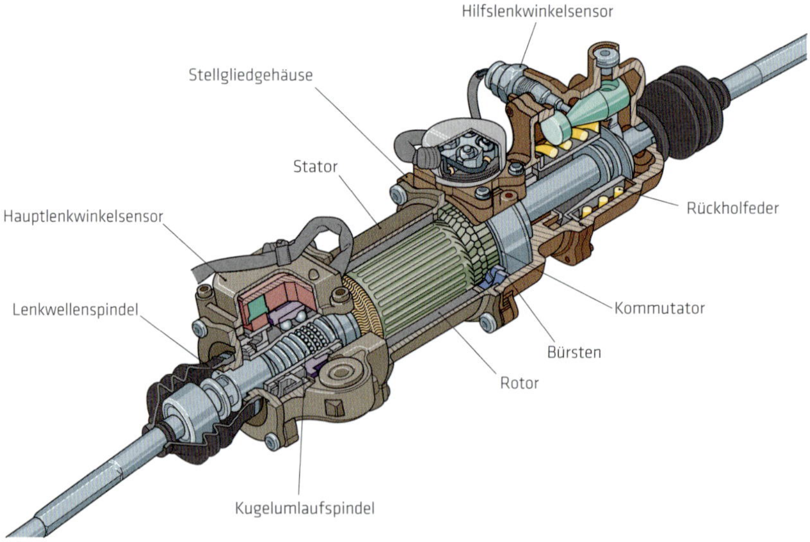

Bild 11.18
Das Heckstellglied der elektrischen Allradlenkung von Honda
[Bild: AS-Illu]

Dynamische Allradlenkung

Abhäng von der Fahrgeschwindigkeit werden die Räder der Hinterachse mithilfe elektrischer Stellmotoren in entgegengesetzter (v<60 km/h) oder gleicher Richtung (v>60 km/h) um max. 3,5° eingeschlagen. Hierdurch ist das Fahrzeug bei niedrigen Geschwindigkeiten deutlich wendiger, während bei hohen Geschwindigkeiten die Fahrsicherheit durch das gleichsinnige Anstellen der Hinterräder erhöht wird. Die eingeschlagenen Hinterräder wirken der leicht übersteuernden Tendenz der Hinterachse entgegen.

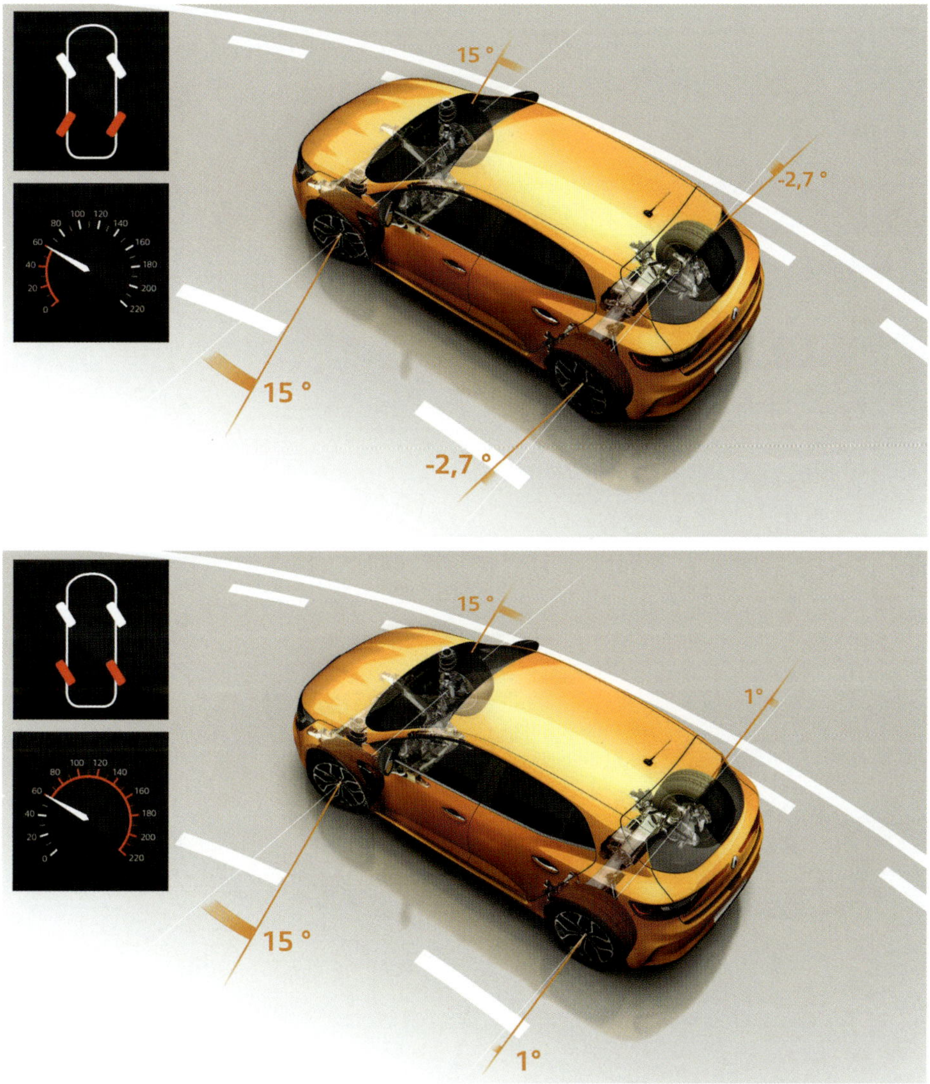

Bild 11.19
Die dynamische Allradlenkung schlägt die Hinterräder bei Geschwindigkeiten unter 60 km/h entgegengesetzt zu den Vorderrädern ein und bei Geschwindigkeiten darüber in der gleichen Richtung.
[Bild: Renault]

12 Fahrdynamische Regel- und Steuersysteme

Ein Fahrzeug überträgt die bei der Fahrt wirkenden Kräfte über die Reifen durch Reibung auf die Fahrbahn. Die Reifenaufstandsfläche, also die Kontaktfläche des Reifens mit der Fahrbahn, hat dabei in der Praxis eine annähernd ovale Form. Nur mit dieser Fläche kann der Reifen die Kräfte übertragen, die für die unterschiedlichen Fahrmanöver erforderlich sind. Das sind die Umfangskräfte, bestehend aus Beschleunigungs- und Bremskraft sowie die Seitenführungskräfte. Die Leistungsfähigkeit dieser Verbindung wird durch die Gewichtskraft des Fahrzeugs (Anpresskraft auf die Straße) und die Reibungszahl der Reibverbindung (zwischen Reifen und Fahrbahn) bestimmt.

Reifen können die Kräfte bekanntlich nicht in beliebiger Höhe übertragen und die übertragbare Gesamtkraft setzt sich immer aus der Höhe der Längs- und der Seitenführungskräfte zusammen. Die Größe der Gesamtkraft lässt sich über eine Modelldarstellung veranschaulichen. Nach ihrem Erfinder wird sie als „Kamm'scher Kreis" bezeichnet. Der Radius dieses Kreises ist dabei ein Maß für die Reibverhältnisse zwischen Reifen und Fahrbahn. Je besser der Grip, desto größer ist auch der Radius und desto höhere Kräfte kann der Reifen übertragen. Ist die resultierende Kraft aus Umfangskräften und Seitenführungskräften größer als die maximal mögliche, übertragbare Kraft, geht die Reibverbindung aus der Haft- in die Gleitreibung über. Da die Gleitreibung deutlich geringer ist als die Haftreibung, rutscht das Fahrzeug unkontrolliert weg.

Ändert sich zum Beispiel während einer Kurvenfahrt plötzlich die Beschaffenheit der Fahrbahnoberfläche – zum Beispiel von trocken zu nass – können die soeben noch übertragbaren Kräfte bereits zu groß sein. Bild 12.3 zeigt eine solche Situation mit dem Kamm'schen Kreis. In diesem Beispiel befährt ein Fahrzeug eine trockene Fahrbahn; in einer Kurve bremst der Fahrer. Dabei wird das verfügbare Potenzial des Reifens nicht ausgenutzt. Während des Bremsvorgangs gerät das Fahrzeug jedoch auf ein feuchtes Teilstück der Fahrbahn. Dadurch ändern sich die Oberflächenbeschaffenheit und damit auch die Reibungsverhältnisse zwischen Fahrbahn und Reifen. Deshalb sind die nun maximal übertragbaren Kräfte deutlich geringer. Im Beispiel ist die durch den Fahrer eingesteuerte Bremskraft nun zu groß für eine gleichzeitige stabile Seitenführung des Fahrzeugs. Erstes Ziel der Fahrdynamikregelsysteme ist es daher, dafür zu sorgen, dass die resultierende Kraft aus den Umfangs- und Seitenführungskräften niemals größer ist als das, was der Reifen über seine Aufstandsfläche aktuell übertragen kann.

Das zweite Problem der Fahrdynamik besteht darin, dass die genannten Kräfte sich zueinander dominant-rezessiv verhalten. Es ist daher nicht dem Zufall überlassen, ob bei Erreichen der maximal übertragbaren Kraft Umfangskräfte oder Seitenführungskräfte „gewinnen" und damit erhalten bleiben. Die Umfangskräfte behalten die Oberhand. In der Praxis bedeutet dies, dass mit zunehmender Umfangskraft die Seitenführungskraft geringer wird. Entgegen weitläufiger Annahmen tritt dieses Phänomen nicht schlagartig, zum Beispiel kurz vor dem Erreichen der Haftreibungsgrenze auf („Wenn die Räder blockieren kommt man ins Schleudern."), sondern verläuft unregelmäßig von 0 bis 100% Schlupf. Wie in Bild 12.4 dargestellt, fällt die Seitenführungskraft bereits bei unter 30% Schlupf deutlich ab, sodass zum Erhalt der Manövrierfähigkeit des Fahrzeugs spätestens bei 35% Schlupf ein Eingreifen in die Umfangskräfte durch Wegnahme von Antriebs- oder Bremskraft erforderlich wird.

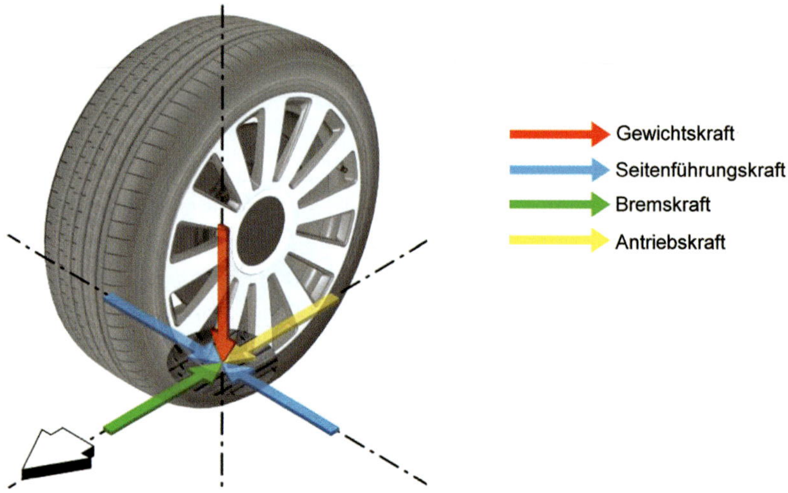

Bild 12.1
Räder müssen über ihre Aufstandsfläche unterschiedliche Kräfte auf die Fahrbahn übertragen.
[Bilder: VCG Archiv]

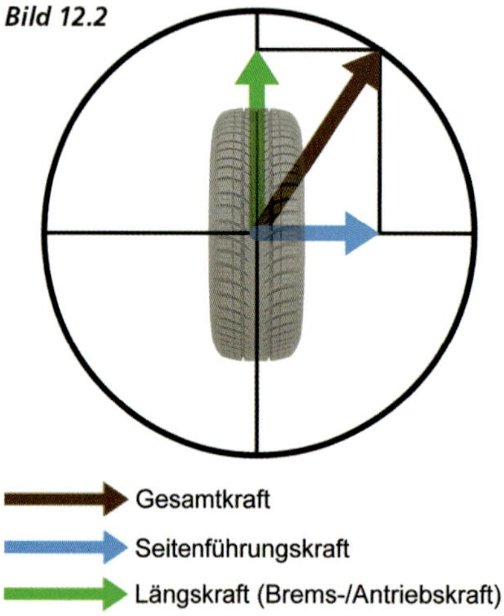

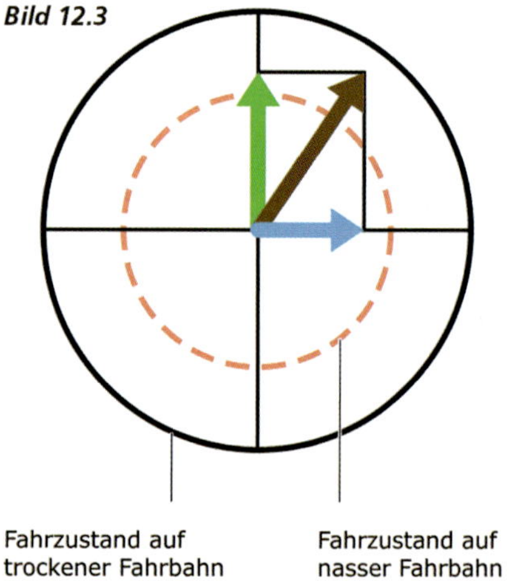

Bild 12.2
Kamm'scher Kreis: Der Radius ist ein Maß für die Reibung zwischen Reifen und Fahrbahn. Je größer er ist, desto höher ist die Reibung.

Bild 12.3
Kamm'scher Kreis für unterschiedliche Fahrbahnoberflächen.

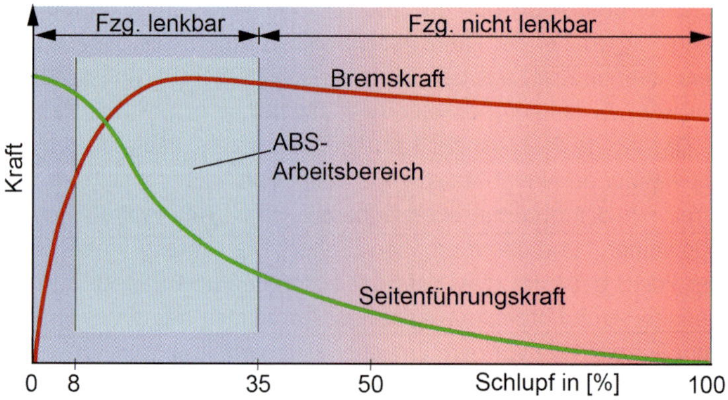

Bild 12.4
Die Höhe der übertragbaren Seitenführungskräfte nimmt schon bei rund 30% Schlupf deutlich ab.

Hinweis
Viele Kunden, teilweise auch „Fachleute", gehen davon aus, dass mit der Einführung der Fahrdynamikregelung die Leistungsfähigkeit des Reifens eine untergeordnete Rolle spielt. Da der Reifen einer der Hauptfaktoren für die Reibkraft ist, ist dies nicht der Fall. Je besser der Reifen, desto besser kann das Potenzial des Fahrzeugs und der vorhandenen Fahrdynamikregelung ausgeschöpft werden.

„Es gibt nur ein Sicherheitssystem, das tatsächlich die Straße berührt."
(Bridgestone Werbe-Slogan)

12.1 Anti-Blockier-System (ABS)

Das Anti-Blockier-System ist das älteste System in der Gruppe der Fahrdynamikregelsysteme. Es kam bereits 1978 auf den Markt. Vereinfacht dargestellt reduziert das System immer wieder kurzzeitig die Bremskraft, wenn an den Reifen kritische Schlupfwerte entstehen. Dadurch sichert es Potenzial für die Höhe der Seitenführungskräfte. Ein positiver Nebeneffekt ist, dass es auch sog. „Bremsplatten" verhindert, also Flachstellen auf dem Reifen, die oftmals bereits nach einmaliger Vollbremsung ein Erneuern aller Reifen erforderlich machten.

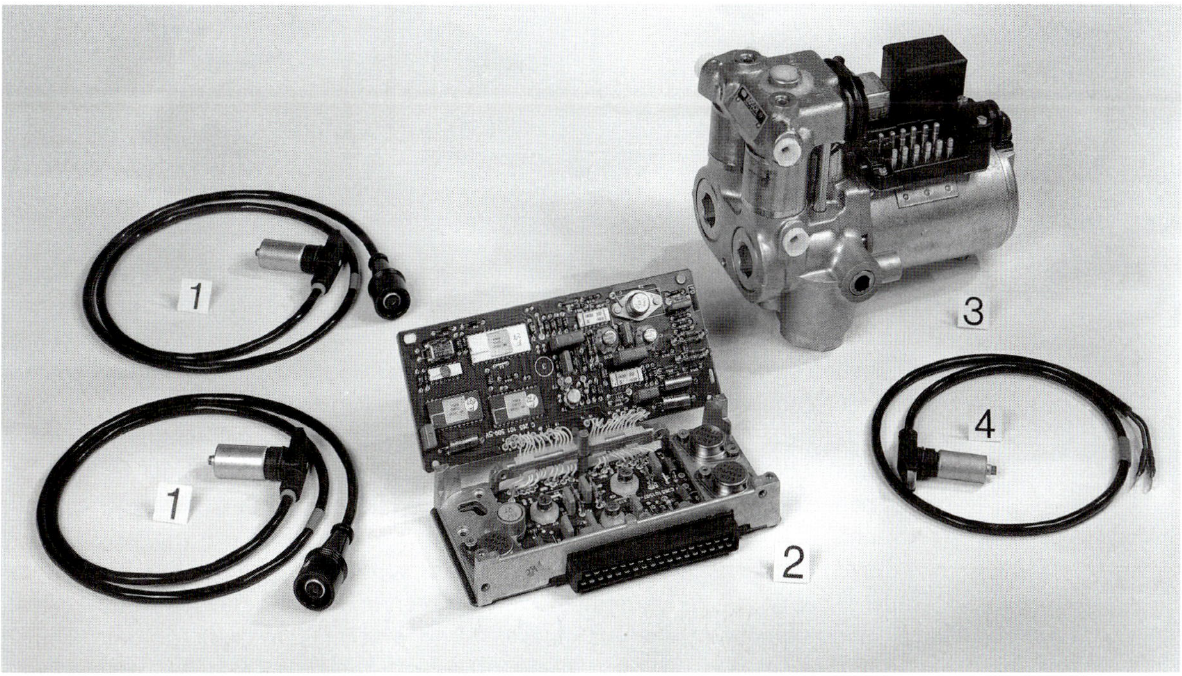

Bild 12.5 *Ein ABS der ersten Generation von 1978. Es bestand insbesondere aus Drehzahlfühlern an beiden Vorderrädern (1) und am Antriebskegelrad der Hinterachse (4), einer elektronischen Steuereinheit (2) sowie einer Hydraulikeinheit (3).* [Bild: Daimler]

Hinweis: Gerade in der Anfangszeit wurde häufig infrage gestellt, ob das ABS in allen Fahrsituationen den kürzesten, sicheren Bremsweg gewährleisten kann. Diverse Untersuchungen bestätigen jedoch, dass es selbst geübten Profi-Rennfahrern nicht gelingt, eine derartige Bremsleistung zu erzielen. Deshalb ist nicht nur dieses System der Fahrdynamikregelung heute in den meisten Rennserien „Stand der Technik". Selbst auf losem Untergrund überwiegen die Vorteile des ABS, also der Erhalt der Manövrierfähigkeit gegenüber einem leicht kürzeren Bremsweg durch Aufbau eines „Bremskeils" (angehäuftes Material vor dem stehenden Rad). Aus diesem Grund gibt es die in den 90er-Jahren oftmals erhältlichen Abschaltmöglichkeiten inzwischen nicht mehr.

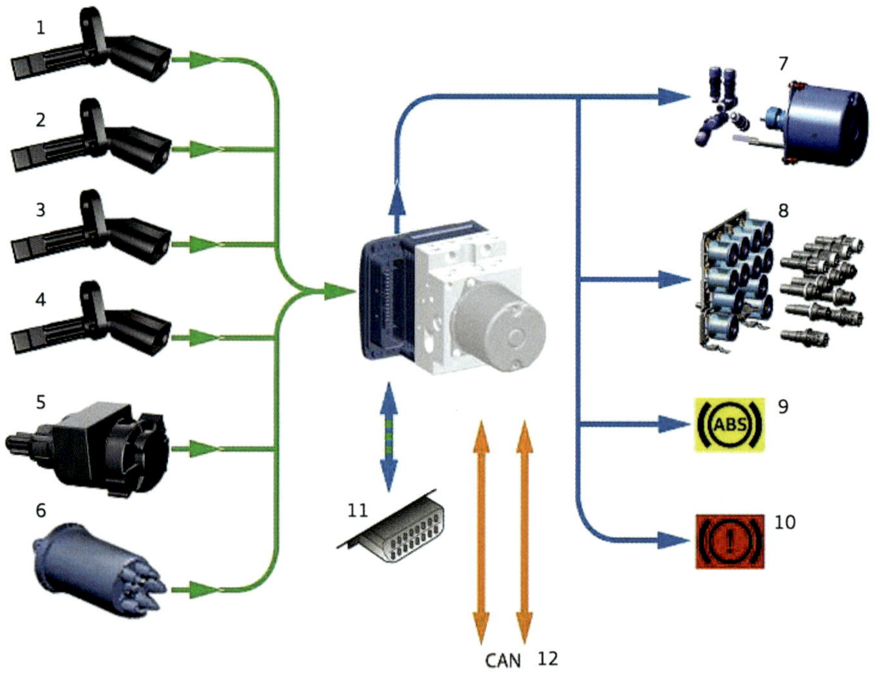

Bild 12.6
Komponenten eines ABS:
- *1 Drehzahlfühler: hinten rechts*
- *2 Drehzahlfühler: vorne rechts*
- *3 Drehzahlfühler: hinten links*
- *4 Drehzahlfühler: vorne links*
- *5 Bremslichtschalter + Bremstestschalter*
- *6 Bremsdruckgeber*
- *7 Rückförderpumpe mit Elektromotor*
- *8 Magnetventile*
- *9 Kontrollleuchte für ABS*
- *10 Kontrollleuchte für Bremsanlage*
- *11 Diagnoseanschluss*
- *12 Ausgabe von z. B.:*
  - *Fahrzeuggeschwindigkeit*
  - *Schlechtwegesignal*

[Bild: Bosch]

Das ABS-Steuergerät erhält zur Regelung des Bremsvorgangs Eingangsinformationen von den Raddrehzahlfühlern (s. auch Abschnitte 2.6 bis 2.8). Diese teilen dem Steuergerät durch eine sinusförmige Wechselspannung (Induktivgeber) oder ein Rechtecksignal (Hallgeber) die Radgeschwindigkeit mit. Die Auswertelogik im Steuergerät bildet daraus eine Fahrzeug-Referenzgeschwindigkeit, auf die bei Regelvorgängen Bezug genommen wird. Das Steuergerät registriert über die Drehzahlsensoren jegliche Drehzahländerungen an einem oder mehreren Rädern. Sinkt die Raddrehzahl innerhalb einer festgelegten Zeitspanne oder in Bezug auf die Referenzgeschwindigkeit, wird das als Blockiergefahr erkannt.

Um das Blockieren eines Rades zu verhindern, wird der Bremsdruck zum Radbremszylinder zunächst auf dem erreichten Wert gehalten und nicht gesteigert (Druck halten). Nimmt die Drehbewegung eines Rades weiter ab, wird der Bremsdruck zurückgenommen (Druck senken), sodass das Rad weniger abgebremst wird. Das bewirkt, dass die Drehbewegungen des Rades wieder zunehmen und das Fahrzeug beherrschbar bleibt. Sobald ein bestimmter Grenzwert erreicht ist, erkennt das Steuergerät, dass der Bremsdruck wieder erhöht werden muss, um die Radumdrehungen zu verringern (Druck steigern). Danach beginnt die Regelung von neuem.

Abhängig vom Fahrbahnbelag können 4 bis 10 Regelzyklen pro Sekunde ablaufen, bis zu einer unteren Regelschwelle von meist ca. 4 bis 6 km/h. Vom Steuergerät werden bei allen Vorgängen „Druck halten", „Druck senken", „Druck aufbauen" ein oder mehrere Magnetventile angesteuert, die im Hydroaggregat zu einem Bauteil zusammengefasst sind. Sollte während der Regelung die Bremse gelöst werden, ermöglicht ein Rückschlagventil jederzeit das Abfließen von Bremsflüssigkeit aus der Radbremse.

Hydraulische Anti-Blockier-Systeme gibt es als 3- und 4-Kanal-System. Während beim 4-Kanal-System jedes Rad individuell regelbar ist, werden die Hinterräder beim 3-Kanal-System einem gemeinsamen Regelkreis zugeordnet. Hierdurch entfallen Magnetventile und zusätzliche Hydraulikleitungen. 3-Kanal-Systeme gibt es zudem mit 3 oder 4 Raddrehzahlsensoren. Bei heckgetriebenen Fahrzeugen lässt sich das Drehzahlsignal der Hinterräder am Differenzial abgreifen, sodass auf den 4. Sensor verzichtet werden kann.

Unabhängig von der hydraulischen Aufteilung gibt es unterschiedliche Möglichkeiten, wie das System geregelt werden kann:

Select-Low-Regelung

Bei der Select-Low-Regelung orientiert sich die Bremskraft der jeweiligen Achse an dem Rad mit dem größeren Schlupf. Hierdurch verlängert sich zwar der Bremsweg, da das andere Rad ggf. mehr Bremskraft absetzen könnte, es vermindert sich jedoch auch die Gierneigung, was die Fahrsicherheit deutlich erhöht. Diese Regelung kommt vorwiegend an der spurgebenden Hinterachse zum Einsatz. Bei 3-Kanal-Systemen kann die Hinterachse nur so geregelt werden.

Individualregelung

Bei der Individualregelung wird jedes Rad so stark gebremst, wie es möglich ist. Der Bremsweg verkürzt sich, die Gierneigung steigt jedoch an. Diese Regelung kommt vorwiegend an der Vorderachse zum Einsatz, an der durch aktives oder passives (negativer Lenkrollhalbmesser) Gegenlenken einem Verlassen der Fahrspur entgegengewirkt werden kann.

Modifizierte Individualregelung

Um den Bremsweg unter Erhalt der Fahrstabilität weiter zu verkürzen, verfügen aktuellere Fahrzeuge oftmals über die modifizierte Indvidualregelung. Bei Beginn des Bremsvorgangs wird die Vorderachse individuell und die Hinterachse Select-Low geregelt. Über einen Zeitraum von etwa 1 Sekunde wechselt auch die Hinterachse langsam zur Individualregelung. Die steigende Gierneigung tritt somit langsam auf und der Fahrzeugführer kann das Fahrzeug durch Gegenlenken in der Spur halten.

12.1.2 Geschlossenes System mit 3/3-Wegeventilen

Das anfangs von Bosch entwickelte System regelt den Bremsdruck (Bremsdruckmodulation) durch 3/3-Wegeventile. Die Bilder 12.7 bis 12.10 zeigen den Regelvorgang für ein einzelnes Rad.

Bild 12.7

Bremsanlage mit ABS unbetätigt. Zwischen dem Tandem-Hauptzylinder und der Radbremse besteht eine drucklose Verbindung, sodass bei Betätigung der Bremse ein Druckaufbau erfolgen kann.

1 Steuergerät
2 Hydroaggregat
3 Magnetventil
4 Rückförderpumpe
5 Speicher

[Bild: AS-Illu]

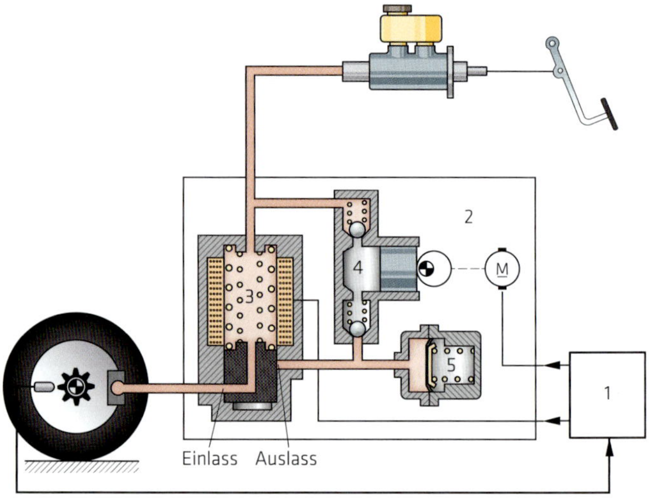

Bild 12.8

Druckhaltephase: Bremsanlage betätigt und ABS-geregelt. Die hydraulische Verbindung zwischen dem Tandem-Hauptzylinder und der Radbremse ist unterbrochen.

[Bild: AS-Illu]

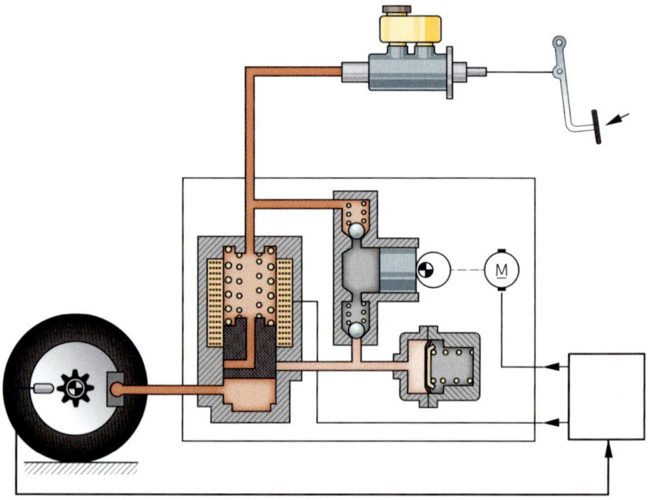

Bild 12.9

Druckabbauphase: Bremsanlage betätigt und ABS-geregelt. Die hydraulische Verbindung zwischen dem Tandem-Hauptzylinder und der Radbremse ist weiterhin unterbrochen. Der Druck in der Radbremse wird reduziert, wobei Bremsflüssigkeit mittels Rückförderpumpe in Richtung Tandem-Hauptzylinder gelangt und ein Pulsieren am Bremspedal verursacht.

[Bild: AS-Illu]

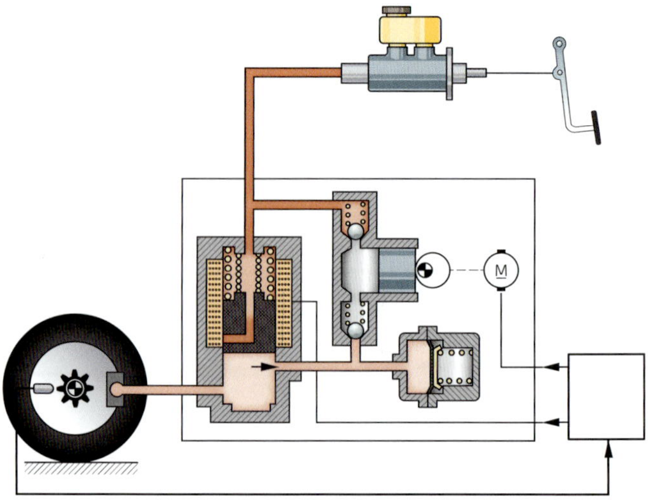

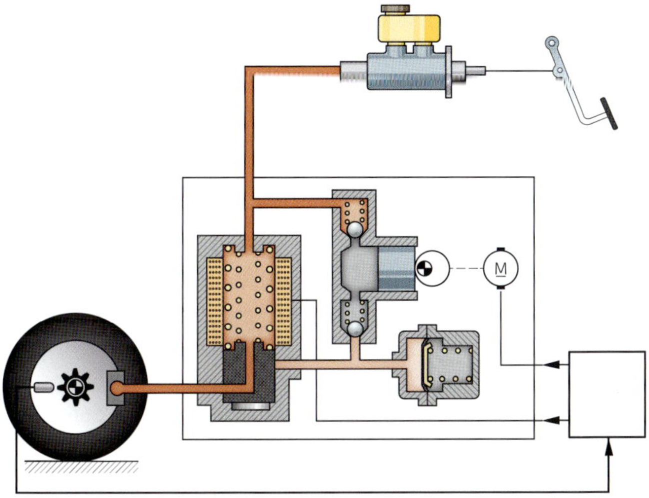

Bild 12.10
Druckaufbauphase: Die hydraulische Verbindung zwischen dem Tandem-Hauptzylinder und der Radbremse ist wieder gegeben.
[Bild: AS-Illu]

Im Ruhezustand (stromlos) lässt das Magnetventil den Druck, den der Fahrer durch die Kraft auf das Bremspedal im Hauptbremszylinder erzeugt, ungehindert auf den Radbremszylinder wirken. Dies entspricht der normalen Funktion der Bremsanlage. Der Druck baut sich auf und verzögert das Rad. Erkennt das Steuergerät über den Raddrehzahlsensor eine zu große Radverzögerung im Vergleich zur Referenzgeschwindigkeit, wird das Magnetventil zuerst mit der Hälfte des Maximalstroms beaufschlagt. Dadurch verschließt es den Zulauf vom Hauptbremszylinder, und der Druck im Radbremszylinder kann nicht weiter steigen. Nimmt nach dieser „Druckhalten"-Phase die Raddrehzahl nicht wieder zu bzw. sinkt sie weiter, wird das Magnetventil mit dem Maximalstrom erregt. Dadurch wird der Rücklauf freigegeben, und der Druck im Radbremszylinder kann sich über den Speicher abbauen. Das Rad wird durch die Haftreibung der Fahrbahn wieder beschleunigt. Sobald es die Referenzgeschwindigkeit beinahe erreicht hat, schaltet das Steuergerät das Magnetventil stromlos. Dieses geht damit wieder in die Ausgangslage zurück (d.h. Rücklauf verschlossen, ungehinderter Druckaufbau wieder möglich). Der Zyklus kann von vorne beginnen. Damit der Bremsdruck im Hauptbremszylinder beim Regelvorgang nicht verloren geht bzw. der Druck über den Speicher sich immer abbauen kann, wird durch die Rückförderpumpe die Bremsflüssigkeit vom Speicher in den Zulauf vom Hauptbremszylinder gepumpt. Dieser Vorgang macht sich durch ein Pulsieren am Bremspedal bemerkbar. Dadurch erhält der Fahrer auch eine Rückinformation, dass das ABS regelt. Die Regelung des Bremsdrucks durch das Steuergerät und die Magnetventile läuft so lange, bis das Fahrzeug beinahe steht oder der Fahrer die Bremse loslässt bzw. den Bremsdruck reduziert, sodass keine Blockiergefahr des Rades mehr besteht. Bei einem Ausfall des ABS bleiben die Magnetventile stromlos. Somit steht die normale Funktion der Bremsanlage unbeeinflusst zur Verfügung. Sollte im unwahrscheinlichsten Fall das ABS während eines Regelvorgangs durch die Eigendiagnose eine Störung bemerken, wird, soweit möglich, die Regelbremsung noch zu Ende geführt.

12.1.2 Offenes System mit 2/2-Wegeventilen

Ein wesentlicher Unterschied des anfangs von Teves (besser bekannt als „Ate") entwickelten Anti-Blockier-Systems bestand darin, dass es sich um ein sog. offenes System handelte und für die Bremsdruckmodulation jeweils zwei 2/2-Wegeventile verwendet wurden: ein Einlassventil und ein Auslassventil. Die Einlassventile sind stromlos offen und ermöglichen dadurch die normale Funktion der Betriebsbremsanlage. Die Auslassventile sind stromlos geschlossen und verschließen damit den Rücklauf. Wird durch eine zu starke Radverzögerung beim Bremsen eine ABS-Regelung notwendig, wird zuerst das jeweilige Einlassventil mit Strom beaufschlagt und dadurch geschlossen. Somit kann sich der Druck im Radbremszylinder nicht weiter aufbauen. Ist der so gehaltene Druck zu hoch, wird auch das Auslassventil angesteuert, das dann öffnet. Der Druck kann sich über den Rücklauf zum Ausgleichsbehälter des Hauptbremszylinders abbauen. Erhöht sich die Raddrehzahl wieder, werden beide Ventile stromlos geschaltet (Einlass offen, Auslass geschlossen), und der Druck kann sich wieder aufbauen. Durch eine fein abgestimmte, getaktete Strombeaufschlagung der Ventile kann eine beinahe stufenlose Druckmodulation erfolgen. Da beim Druckabbau die Bremsflüssigkeit zum Ausgleichsbehälter entweicht, spricht man hier von einem offenen System. Um zu verhindern, dass bei einer längeren Regelbremsung und mehrmaligem Druckabbau das Bremspedal zu weit „durchfällt", wird durch das Steuergerät eine Hydraulikpumpe angesteuert, die die Bremsflüssigkeit vom Ausgleichsbehälter in den Hauptbremszylinder zurückfördert. Das Signal für die Ansteuerung der Pumpe liefert dem Steuergerät der Pedalwegschalter. Abhängig vom Pedalweg verändert der Pedalwegschalter in mehreren Stufen den Widerstand. Durch einen entsprechenden Spannungsabfall erkennt das Steuergerät damit die Stellung bzw. Senkung des Bremspedals. Es kann nun die Hydraulikpumpe so lange ansteuern, bis der ursprüngliche Wert wieder erreicht ist. Die Funktion der Pumpe ist bei diesem System sehr wichtig und wird deshalb durch einen Drehzahlsensor überwacht. Zusätzlich wird die Pumpe beim Selbsttest des ABS nach Einschalten der Zündung beim Anfahren kurz in Bewegung gesetzt.

12.1.3 Geschlossenes System mit 2/2-Wegeventilen

Nach dem Auslauf verschiedener patentrechtlicher Schutzbestimmungen hat sich nun bei den meisten Herstellern das Anti-Blockier-System als geschlossenes System mit 2/2-Wegeventilen durchgesetzt. Es vereint die Vorteile beider zuvor beschriebenen Systeme: schnelle feinabgestimmte Bremsdruckmodulation durch je ein 2/2-Wegeventil (geringere Trägheit als das 3/3-Wegeventil => kleinerer Kolben, kürzerer Schaltweg) für Ein- und Auslass an jedem Radbremszylinder und keinen Bremsflüssigkeitsverlust aus dem mit Druck beaufschlagten Teil des Hydraulikkreislaufs durch eine ABS-Regelung.

Die Ansteuerung der Magnetventile zum Druck aufbauen, Druck halten und Druck abbauen bei einer ABS-Regelung gleicht dem zuvor beschriebenen System. Normallage bzw. Druck aufbauen: Alle Einlassventile stromlos offen, alle Auslassventile stromlos geschlossen. Der Druck vom Hauptbremszylinder bei der Betätigung des Bremspedals kann ungehindert auf die Radbremszylinder wirken. Druck halten: Das Einlassventil wird geschlossen (bestromt), das Auslassventil bleibt stromlos geschlossen. Der Bremsflüssigkeitsdruck am entsprechenden Radbremszylinder wird konstant gehalten. Druck abbauen: Das Einlassventil bleibt geschlossen (bestromt), das Auslassventil wird geöffnet (bestromt). Der Druck kann sich über das Auslassventil zum Ausgleichsbehälter reduzieren. Die Rückförderpumpe läuft an, sobald an einem Radbremszylinder der Druck reduziert werden muss. Dadurch wird die Bremsflüssigkeit vom Ausgleichsbehälter über die Ausgleichskammer zum Hauptbremszylinder zurückgefördert. Die Pumpe wird erst wieder abgeschaltet, wenn eine Regelung nicht mehr notwendig ist. Bei einer ABS-Regelung erfolgt eine fein dosierte Druckmodulation durch kurzes Ein- und Ausschalten der Magnetventile, der Druck wird nur geringfügig erhöht oder reduziert. Den Ablauf einer Regelung an einem Radbremszylinder, wie er real ablaufen könnte, zeigt das Beispiel in Bild 12.12.

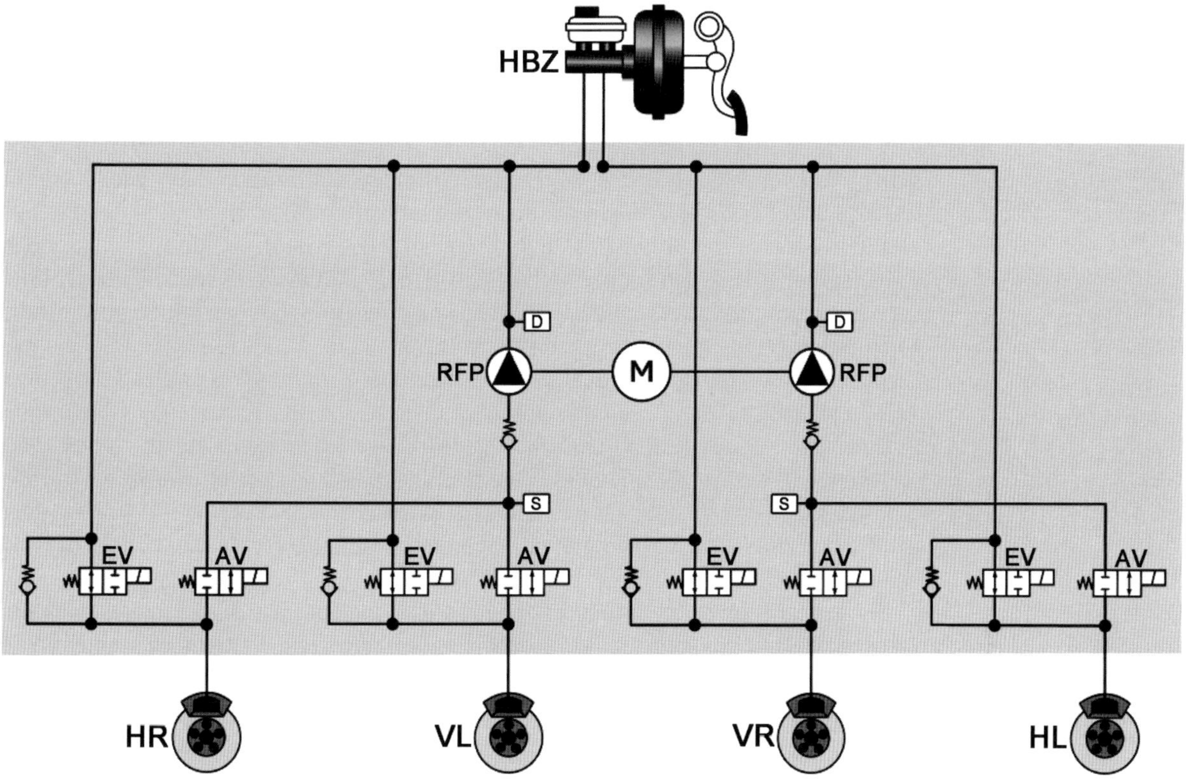

Bild 12.11 *Hydraulikplan eines geschlossenen ABS mit 2/2-Wegeventilen*
RFP: Rückförderpumpe, M: Elektromotor, D: Dämpfer, S: Speicher, EV: Einlassventil, AV: Auslassventil

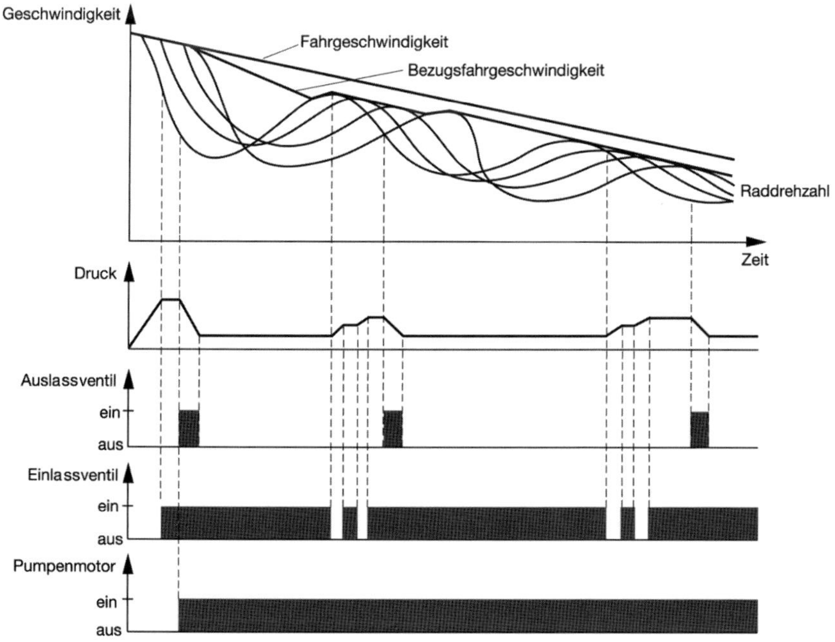

Bild 12.12
Möglicher Ablauf einer ABS-Regelung
[Bild: VCG Archiv]

Das Einlassventil wird geschlossen (Strom ein), um den Druck zu halten und einen weiteren Druckaufbau zu verhindern, da die Raddrehzahl deutlich unter die Fahrzeuggeschwindigkeit abfällt. Da die Raddrehzahl weiter abfällt, wird das Auslassventil kurzzeitig geöffnet (Strom ein), damit der Druck geringfügig reduziert wird. Der Pumpenmotor wird eingeschaltet. Durch den geringeren Druck und die reduzierte Bremswirkung nähert sich die Raddrehzahl wieder der Fahrzeuggeschwindigkeit. Der Druck kann wieder erhöht werden. Dazu wird das Einlassventil kurz geöffnet (stromlos). In dem gezeigten Beispiel wird das Einlassventil unmittelbar darauf nochmals kurz geöffnet, da der Druck noch weiter aufgebaut werden kann. Anschließend wird das Auslassventil wieder kurz geöffnet usw. Die Möglichkeit der fein dosierten Druckmodulation nutzt man häufig auch für die Funktion einer elektronischen Bremskraftverteilung (EBV). Diese setzt ein, sobald bei leichten Bremsvorgängen der Schlupf der Hinterräder zu groß wird, und endet mit dem ABS-Regelbereich.

Durch die ABS-Elektronik kann die Bremskraftverteilung exakt auf die jeweils verschiedenen Beladungszustände des Fahrzeugs angepasst werden, um immer ein höchstmögliches Maß an Fahrstabilität zu erreichen. Eine mechanische Bremskraftverteilung oder ein Druckminderventil für die hinteren Radbremsen ist dabei nicht mehr notwendig und kann entfallen.

Die exakte Bremskraftverteilung erlaubt auch eine spezielle Kurvenbremsregelung. Diese dient dazu, die Fahrstabilität des Fahrzeugs zu erhöhen, während es in einer Kurve bremst. Das System wirkt ebenso wie die EBV im Vorfeld einer ABS-Regelbremsung. Aufgrund der dynamischen Radlastenverschiebung bei einer Kurvenfahrt verlagern sich die wirksamen Radlasten von den kurveninneren zu den kurvenäußeren Fahrzeugrädern. Beim Bremsen entsteht dadurch an den kurveninneren Rädern ein höherer Schlupfwert als an den kurvenäußeren Rädern, was zu einer Verringerung der Seitenführungskraft führt. Das dabei auftretende Giermoment muss vom Fahrer durch entsprechendes Gegenlenken korrigiert werden. Die Kurvenbremsregelung reduziert den an den kurveninneren Rädern anliegenden Bremsdruck, wodurch die Seitenführungskraft erhalten bleibt. Die Regelgröße für die Bremsdruckreduzierung ist auch hier der auftretende Reifenschlupf.

12.2 Antriebsschlupf-Regelungen

Eine Umkehrung des Anti-Blockier-Systems stellt die Antriebsschlupf-Regelung (ASR) dar. Sie verhindert beim Beschleunigen das Durchdrehen der Antriebsräder und somit einen Stabilitätsverlust. Die Antriebsschlupf-Regelung greift ebenfalls auf die Raddrehzahlfühler zurück. Antriebsschlupf-Regelung und Anti-Blockier-System bilden durch viele gemeinsame Funktionen bzw. Bauteile eine Einheit und sind deshalb in einem Steuergerät untergebracht. Das vom ABS bereits bekannte Hydroaggregat wird ebenfalls mit kleinen Modifikationen für beide Systeme verwendet, wenn es sich bei der Antriebsschlupf-Regelung um ein System mit einem Bremseneingriff handelt. Um das Durchdrehen der Antriebsräder zu verhindern, gibt es prinzipiell 2 bzw. 3 Möglichkeiten des Eingriffs für das ASR-Steuergerät, die in der folgenden Aufzählung nach der Schnelligkeit der gewünschten Reaktion geordnet sind:

a) Bremseneingriff, d.h., das oder die Antriebsräder, die sich im erhöhten Schlupf befinden, werden durch die Druckbeaufschlagung der oder des entsprechenden Radbremszylinders abgebremst;

Ottomotor

b) Zünd- und Einspritzausblendung, d.h., durch das Motronic-Steuergerät wird zuerst die Zündung nach „spät" verstellt. Reicht die daraus resultierende Drehmomentreduzierung nicht aus, wird kurzzeitig die Zündung ausgeblendet und zum Schutz des Katalysators gleichzeitig die Einspritzung unterbunden;

c) Drosselklappeneingriff, d.h., über einen Stellmotor wird die Drosselklappe entgegen dem Fahrerwunsch geschlossen. Dies kann sowohl im Rahmen der elektronischen Motorleistungsregelung (EMS) als auch durch einen eigenen Stellmotor bzw. durch eine zweite Drosselklappe, die sich vor der eigentlichen Drosselklappe befindet, verwirklicht sein.

Dieselmotor

b) Reduzierung der Einspritzmenge

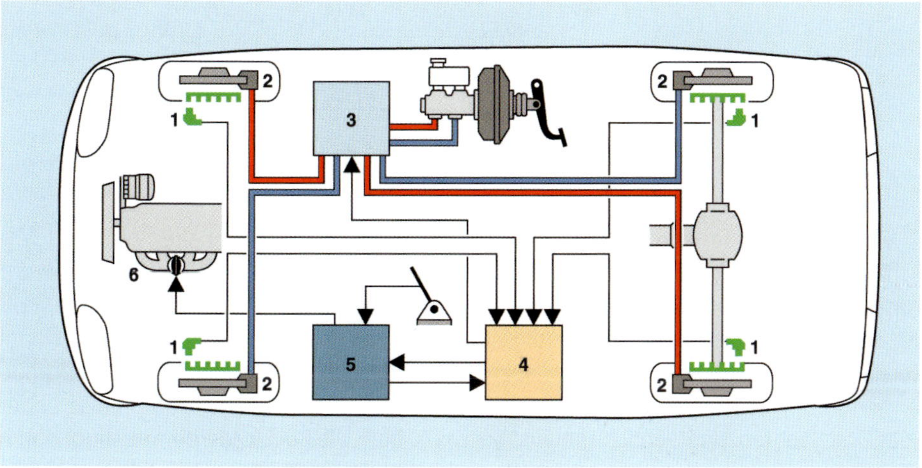

Bild 12.13
Antriebsschlupf-Regelung mit Eingriffen in die Bremse und die Drosselklappe
1 Drehzahlsensoren
2 Radbremsen
3 ABS/ASR-Hydroaggregat
4 ABS/ASR-Steuergerät
5 Motronic-Steuergerät
6 Drosselklappe
[Bild: VCG Archiv]

Je nach Hersteller und System gibt es Varianten, die alle drei Möglichkeiten der ASR bieten und diese entsprechend programmierter Regelschwellen bei Bedarf einzeln oder in Kombination aufeinander abgestimmt einsetzen. Es gibt aber auch Systeme ohne Bremseneingriff bzw. ohne Eingriff in die Zündung und Einspritzung. Häufig wird in Verbindung mit ASR auch eine Motorschleppmoment-Regelung (MSR) verbaut. Werden beim Gaswegnehmen oder Zurückschalten auf rutschigem Fahrbahnbelag die Räder durch das Motorbremsmoment zu stark abgebremst, ergibt sich ein zu hoher Bremsschlupf. Zur Erhaltung der Fahrstabilität wird durch die MSR die Last wieder leicht angehoben (= Drehmomenterhöhung).

Dies kann durch einen Leerlaufsteller oder den Stellmotor bei der elektronischen Motorleistungsregelung geschehen. Gleichzeitig wird zur Drehmomenterhöhung der Zündwinkel durch die Motronic nach „früh" verstellt. Beim Dieselmotor wird das Drehmoment durch eine Erhöhung der Einspritzmenge korrigiert.

12.2.1 Antriebsschlupf-Regelung mit 3/3-Wegeventilen

Für den Bremseneingriff wurde das Hydroaggregat von Bosch um das Umschaltventil (USV), das Ladeventil (LV) und ein Druckbegrenzungsventil (DBV) erweitert. Das Umschaltventil ist ein 3/2-Wegeventil, das Druckbegrenzungsventil ein federbelastetes, mechanisches Ventil, und das Ladeventil wird hydraulisch durch den Druck im Bremssystem betätigt.

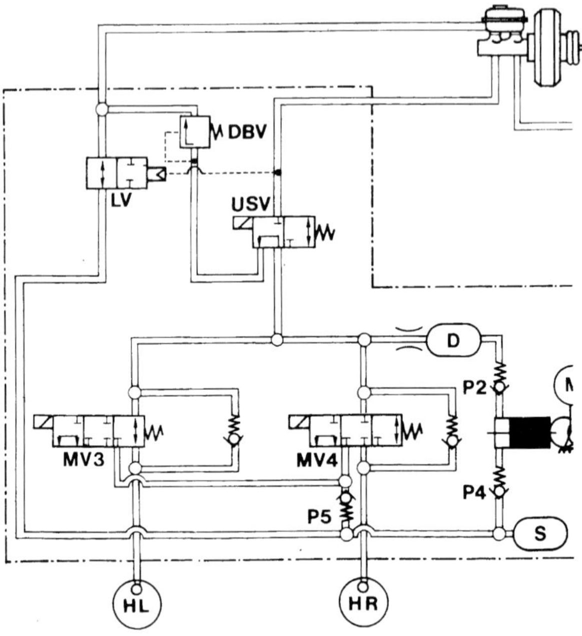

Bild 12.14
Druckaufbau
DBV: Druckbegrenzungsventil
LV: Ladeventil
USV: Umschaltventil
MV3: Magnetventil für den Radbremszylinder hinten links
MV4: Magnetventil für den Radbremszylinder hinten rechts
P2, P4, P5: mechanische Überdruckventile
S: Druckspeicher

Zusätzlich wurde eine Leitung vom Bremsflüssigkeits-Vorratsbehälter zum Sauganschluss der Rückförderpumpe für deren Versorgung mit Bremsflüssigkeit gelegt. Erkennt das Steuergerät durch die Drehzahlfühler eine Drehzahländerung eines Rades, die so groß ist, dass ein Bremseneingriff notwendig ist, werden das Umschaltventil, das Magnetventil für den Radbremszylinder des nicht abzubremsenden Rades und die Rückförderpumpe angesteuert. Das Umschaltventil verschließt damit den Rücklauf zum Hauptbremszylinder (das Druckbegrenzungsventil öffnet erst bei ca. 70 bar). Die Rückförderpumpe saugt durch die Leitung mit dem offenen Ladeventil Bremsflüssigkeit aus dem Vorratsbehälter und baut durch das stromlos offene Magnetventil am Radbremszylinder Druck auf. Deshalb wird das Magnetventil des nicht zu regelnden Rades angesteuert und damit verschlossen, d.h., an diesem Rad erfolgt kein Druckaufbau. Wird das zu regelnde Rad durch den Druck im Radbremszylinder ausreichend abgebremst, wird auch dieses Magnetventil mit halbem Maximalstrom angesteuert, somit verschlossen und der Druck gehalten. Für den Druckabbau wird das Magnetventil mit dem Maximalstrom beaufschlagt, das dann den Rücklauf freigibt. Diese Regelung erfolgt (ähnlich einer ABS-Regelung) für jedes angetriebene Rad einzeln und so lange, bis kein Rad mit zu hohem Schlupf mehr erkannt oder die Bremse betätigt wird. Sobald das Steuergerät über den Bremslichtschalter ein Betätigen der Bremse registriert, werden alle Magnetventile stromlos geschaltet. Damit steht die normale Funktion der Betriebsbremsanlage augenblicklich wieder zur Verfügung. Der Bremseneingriff erfolgt bis zu einer Fahrzeuggeschwindigkeit von je nach Hersteller max. 40 bis 80 km/h.

Das zweite Instrument der ASR ist der Eingriff in die Zündung durch die Motronic oder die Einspritzung durch die elektronische Dieselregelung. Abhängig von der Motordrehzahl wurde über bis zu 3 Signalleitungen dem Motronic-Steuergerät die Stärke des Eingriffs durch das ASR-Steuergerät vorgegeben. Zusätzlich wurde das Motronic-Steuergerät über eine Drosselklappenreduzierung informiert. Bei heutigen Systemen geschieht dies im Rahmen des Datenaustauschs über die Datenbussysteme.

Die Kombination, auf welchen Leitungen Signale bzw. keine Signale übertragen werden, veranlasst das Motronic- oder EDC-Steuergerät, die entsprechende Maßnahme durchzuführen bzw. eigene Programmfunktionen zu unterdrücken (z.B. Schubabschaltung oder

Leerlaufregelung während einer ASR-Regelung). Die Signale sind kurze Spannungssignale, die jeweils weniger als 2 Sekunden anliegen. Für die Praxis in der Werkstatt bedeutet dies, dass man nur die entsprechenden Leitungen auf Durchgang und Isolation prüfen kann. Die Simulation einer Regelung und gleichzeitige Messung ist kaum möglich und in der Praxis auch nicht notwendig.

Der Drosselklappeneingriff ist die dritte Möglichkeit der ASR. Die Reaktionszeit ist dabei am längsten bzw. die Reaktion am langsamsten. Bei kleinen Drehzahlunterschieden ist dies jedoch ausreichend und stellt den komfortabelsten Eingriff dar. Für den Drosselklappeneingriff gibt es mittlerweile 3 verschiedene Ausführungen. Den Anfang bildete der Eingriff durch die elektronische Motorleistungssteuerung, EMS (elektronisches Gaspedal). Bei diesem System besteht zwischen dem Fahrpedal und der Drosselklappe keine mechanische Verbindung. Die Stellung des Fahrpedals (Gaspedal) wird durch ein Potenziometer erfasst und dem Motorsteuergerät übermittelt.

Dieses steuert dann entsprechend der Vorgabe und nach programmierten Kennlinien einen Stellmotor an der Drosselklappe an. Signale vom ASR-Steuergerät zum Reduzieren bzw. Erhöhen (MSR) der Drosselklappenöffnung behandelt das Motorsteuergerät mit Priorität. Die Rückmeldung zum ASR-Steuergerät erfolgt über die Drosselklappenvorgabe. Die zweite Variante des Drosselklappeneingriffs hat einen eigenen Stellmotor zum Schließen der Drosselklappe. Diese ist dabei mit dem Bowdenzug des Gaspedals nur über eine Feder verbunden. Der Stellmotor kann also gegen die Kraft der Feder und gegen das durchgetretene Gaspedal die Drosselklappe schließen. Der Stellmotor wird durch das ASR-Steuergerät über ein Relais angesteuert. Die Position der Drosselklappe wird über ein Potenziometer und die Funktion des Stellmotors über einen Sensor dem Steuergerät zurückgemeldet. Der Fahrer bemerkt den Drosselklappeneingriff durch die höhere Kraft, die er auf das Gaspedal ausüben muss. Will man diesen kleinen Komfortmangel auch noch beseitigen, verbaut man eine zweite Drosselklappe, die Vordrosselklappe, die sich dann vor der eigentlichen Drosselklappe befindet (Bild 12.15).

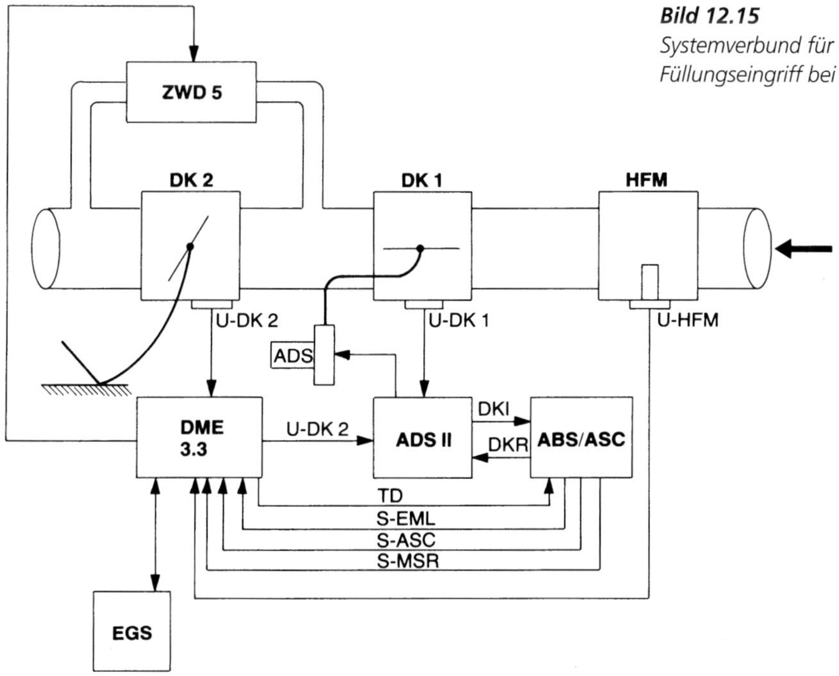

Bild 12.15
Systemverbund für den Füllungseingriff bei der ASR

Die Vordrosselklappe (DK 1) ist im Ruhezustand federbelastet offen. Erst bei einer Regelung wird sie durch den Stellmotor (ADS) geschlossen. Über ein Potenziometer erhält das ADS-II-Steuergerät die Rückmeldung über die Stellung der Vordrosselklappe. Durch das Motronic Steuergerät bekommt das ADS-II-Steuergerät über ein pulsweitenmoduliertes Signal die Lagemeldung der eigentlichen Drosselklappe (DK 2). Das ADS-II-Steuergerät bildet daraus einen gemeinsamen Drosselklappen-Istwert (DKI), den es dem ASR-Steuergerät ebenfalls durch ein pulsweitenmoduliertes Signal übermittelt. Ist der Drosselklappen-Istwert noch über der vom ASR-Steuergerät errechneten Drosselklappenvorgabe, gibt es ein Signal an das ADS-II-Steuergerät zur weiteren Drosselklappenreduzierung (DKR). Das ADS-II-Steuergerät errechnet nun, entsprechend der Vorgabe durch das ASR-Steuergerät und der Lagemeldung der DK 2 durch das Motronic-Steuergerät, den Winkel für die Vordrosselklappe. Durch das ADS-II-Steuergerät erhält der Stellmotor so lange ein Spannungssignal, bis die errechnete Stellung der Vordrosselklappe erreicht ist. Wird die Lage der Drosselklappe (DK 2) verändert oder wird durch das ASR-Steuergerät eine neue Vorgabe ausgegeben, wird die DK 1 entsprechend nachgeregelt. Die 3 Signalleitungen (EML, ASC, MSR) vom ASR-Steuergerät übermitteln dem Motronic-Steuergerät die notwendigen Regelschritte (z.B. Zündwinkel reduzieren usw).

Für die Motorschleppmoment-Regelung (MSR) wird der Leerlaufsteller durch ein Signal des Motronic-Steuergeräts geöffnet. Dadurch wird gemeinsam mit einer Zündwinkel-Früh-Verstellung das Motordrehmoment erhöht. Die CAN-Verbindung vom Motronic- zum Getriebe-Steuergerät (EGS) verhindert während einer Regelung (ASR bzw. MSR) ein ungewolltes, unkontrolliertes Schalten des Automatikgetriebes. Entdeckt das Steuergerät durch den Selbsttest des Systems einen Fehler, schaltet es sich ab. Dem Fahrer wird dies durch das Aufleuchten der Funktionslampe angezeigt. Ist das ABS ebenfalls davon betroffen, leuchtet auch die ABS-Warnlampe. Ein Blinken der ASR-Funktionslampe im Fahrbetrieb signalisiert einen Regelvorgang. Die Antriebsschlupf-Regelung kann bei verschiedenen Herstellern durch einen Schalter auch ausgeschaltet werden, wenn ein Durchdrehen der Antriebsräder dem Fahrer sinnvoll erscheint, z.B. auf Schnee, damit sich die Räder bis zum festen Untergrund „durchgraben" können. Eine andere Möglichkeit zur Beeinflussung der ASR durch den Fahrer bietet, falls vorhanden, ein „Schneekettenschalter". Dadurch werden die Regelschwellen nach oben gesetzt und ein höherer Radschlupf bei aufgelegten Schneeketten zugelassen. Bei einem Ausfall des Systems ist eine Diagnose mit dem entsprechenden Tester des Herstellers und mithilfe des Fehlerspeichers sinnvoll. Die Vorgehensweise bzw. die zu überprüfenden Bauteile werden dann vorgegeben.

12.2.2 Antriebsschlupf-Regelung mit 2/2-Wegeventilen

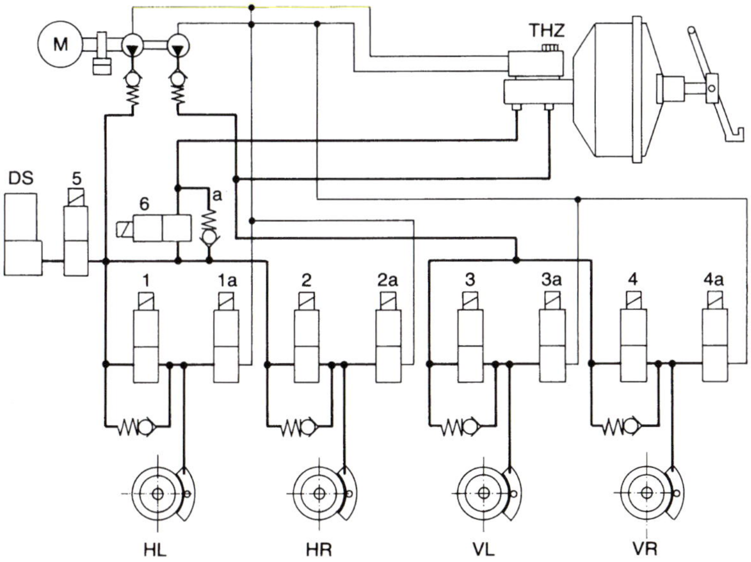

Bild 12.16
ASR mit 2/2-Wegeventilen, nicht aktiv
TZH Tandemhauptbremszylinder
DS Druckspeicher
Magnetventile:
1 Einlassventil Radbremszylinder hinten links
1a Auslassventil hinten links
2 Einlassventil hinten rechts
2a Auslassventil hinten rechts
3 Einlassventil vorne links
3a Auslassventil vorne links
4 Einlassventil vorne rechts
4a Auslassventil vorne rechts
5 Druckspeicher-Ladeventil vorne rechts
6 Trennventil
6a Überdruckventil

Der größte Unterschied der Antriebsschlupf-Regelung von Teves zum Bosch-System bestand wie schon beim ABS darin, dass es sich bei der Hydraulik um ein offenes System handelte. Auch für den Hydraulikkreis der Antriebsschlupf-Regelung setzte sich mittlerweile das geschlossene System mit 2/2-Wegeventilen durch. Bei einem Bremseneingriff wird der Druck am Radbremszylinder durch jeweils zwei 2/2-Wegeventile (1, 1a, 2, 2a) variiert. Der Druck wird durch die Förderpumpe erzeugt und im Druckspeicher gehalten. Dem Druckspeicher vorgeschaltet ist ein eigenes 2/2-Wegeventil (5), das die Leitung zum Druckspeicher öffnet bzw. verschließt. Stromlos ist es geschlossen. Damit der Druck nicht über den Hauptbremszylinder entweichen kann (bei geöffnetem Druckspeicher-Ladeventil und laufender Förderpumpe), wird das Trennventil (6) angesteuert, das damit die Verbindung zum Hauptbremszylinder verschließt (stromlos offen). Bei einer Regelung werden aber zuerst die Ventile des nicht zu regelnden Rades mit Strom beaufschlagt. Damit schließt das Einlassventil und lässt an diesem Rad keinen Druckaufbau zu; das Auslassventil wird dabei sicherheitshalber geöffnet. Als Nächstes wird das Trennventil angesteuert, um die Verbindung zum Hauptbremszylinder zu verschließen. Wird nun das Druckspeicher-Ladeventil bestromt (= geöffnet), kann sich der Druck im Radbremszylinder des zu regelnden Rades ungehindert aufbauen, da hier die Magnetventile anfangs stromlos bleiben, d.h. Einlassventil offen, Auslassventil geschlossen. Ist die Bremswirkung ausreichend, wird das Einlassventil angesteuert (geschlossen) und der Druck gehalten. Wird anschließend das Auslassventil geöffnet, baut sich der Druck ab. Kommt es an diesem Rad erneut zu einem erhöhten Schlupf, werden beide Ventile stromlos geschaltet, und ein erneuter Druckaufbau ist möglich. Damit der Druck im Druckspeicher bzw. bei einer Regelung nicht zu weit absinkt, öffnet ein Druckschalter im Druckspeicher. Dadurch wird die Förderpumpe angesteuert. Das Laden des Druckspeichers kann auch außerhalb einer Regelung erfolgen. Dazu werden die Einlassventile geschlossen, die Auslassventile aus Sicherheitsgründen geöffnet, das Trennventil geschlossen und das Druckspeicherventil geöffnet. Damit kann die Förderpumpe den Druckspeicher laden. Ist dieser Vorgang beendet, werden alle Ventile wieder stromlos, d.h. Druckspeicher-Ladeventil geschlossen, Trennventil geöffnet,

Einlassventile geöffnet, Auslassventile geschlossen. Die normale Funktion der Betriebsbremsanlage steht augenblicklich wieder zur Verfügung. Bei einem Bremsvorgang, den das Steuergerät durch das Signal des Bremslichtschalters sowie des Pedalwegsensors erkennt, werden deshalb, unabhängig davon, ob der Druckspeicher geladen wird oder ein Bremseneingriff im Rahmen der ASR ausgeführt wurde, als Erstes alle Ventile stromlos geschaltet. Durch diese Sicherheitsschaltung ist gewährleistet, dass die normale Bremsanlage nach einer ASR-Funktion oder bei einem Ausfall des Systems ohne Verzögerung zur Verfügung steht. Der Eingriff in das Motormanagement (Zündung, Einspritzung) wird auch bei diesem System durch verschiedene Signalleitungen vom ASR-Steuergerät zum Motronic-Steuergerät ausgelöst bzw. über ein Bussystem. Der Eingriff in die Drosselklappe erfolgt durch einen Stellmotor, der direkt vom Steuergerät mit Strom versorgt wird. Dieser zieht die Drosselklappe entgegen der Kraft einer Feder zu. Bei diesem System ist also die Drosselklappe mit dem Bowdenzug und Gaspedal wiederum nicht starr, sondern über eine Feder verbunden.

12.3 Fahrstabilitätsregelung

Aufbauend auf das Anti-Blockier-System, das beim Bremsen die Räder vor dem Blockieren schützt, und auf die Antriebsschlupf-Regelung, die ein Durchdrehen der Räder beim Beschleunigen verhindert, sorgt die Fahrstabilitätsregelung für ein stabilisiertes Fahrverhalten bei kritischen Fahrzuständen – unabhängig davon, ob gerade die Bremse oder das Gaspedal oder keines von beiden betätigt wird. Auswertungen von Unfallstatistiken zeigen, dass knapp 20% aller Unfälle durch ins Schleudern geratene Fahrzeuge verursacht werden, speziell wenn die Fahrbahn einen niedrigen Reibwert (bei Eis, Schnee, Regen) besitzt. Vor allem bei schnellen Ausweichmanövern, Panikreaktionen oder einem Unter- bzw. Übersteuern des Fahrzeugs und auch wechselnden Fahrbahnzuständen (Reibwerten) greift die Fahrstabilitätsregelung ein: durch radindividuelles Bremsen und mit Eingriffen in die Motorsteuerung. Die Elektronik mit ihren Sensoren ist auch hier, wie beim ABS und der Antriebsschlupf-Regelung, besser und schneller als jeder Fahrer es sein könnte. Während das ABS und die Antriebsschlupf-Regelung vor allem in die Längsdynamik des Fahrzeugs eingreifen, hat die Fahrstabilitätsregelung die zusätzliche Aufgabe, das Fahrzeug um seine Hochachse zu stabilisieren. Hierbei spricht man von einer Giermomentenregelung. Als Giermoment bezeichnet man die Drehung um die Fahrzeughochachse.

Je nach Hersteller existieren für die Fahrstabilitätsregelung einige verschiedene Bezeichnungen und entsprechende Abkürzungen (z.B. DSC = Dynamic Stability Control, ESP = Electronic Stability Program, ASMS = Automatisches Stabilitäts-Management-System, FDR = Fahr-Dynamik-Regelung, VSC = Vehicle Stability Control, VSA = Vehicle Stability Assist, usw.).

Beim Übersteuern droht das Fahrzeugheck auszubrechen, und das Fahrzeug dreht sich in die Kurve. Deshalb werden als Gegenmaßnahme das kurvenäußere Hinterrad leicht und das kurvenäußere Vorderrad stärker abgebremst, wodurch ein ausgleichendes Giermoment entgegen der Fahrzeugtendenz entsteht und es stabilisiert. Beim Untersteuern schiebt das Fahrzeug über die Vorderräder aus der Kurve. Als Gegenmaßnahme werden das kurveninnere Vorderrad leicht und das kurveninnere Hinterrad stärker abgebremst. Die Fahrstabilitätsregelung kann somit dem Fahrer – ebenso wie das ABS und die

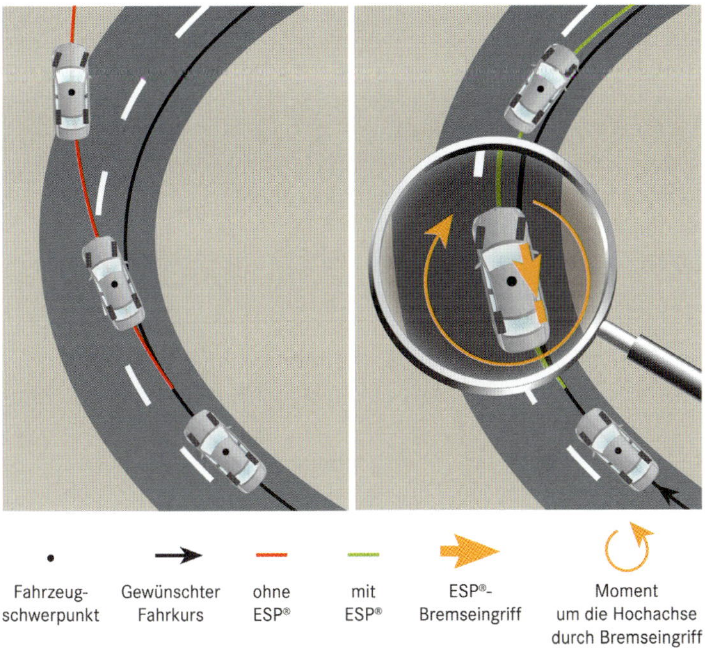

Bild 12.17
ESP-Eingriff beim Untersteuern: Ohne ESP würde das Fahrzeug über die Vorderräder aus der Kurve schieben. ESP unterstützt die Lenkkorrektur des Fahrers durch einen Bremseingriff, vorwiegend am kurveninneren Hinterrad. Dadurch entsteht ein Moment um die Hochachse, das das Auto in die Kurve hineindreht.
[Bild: Daimler]

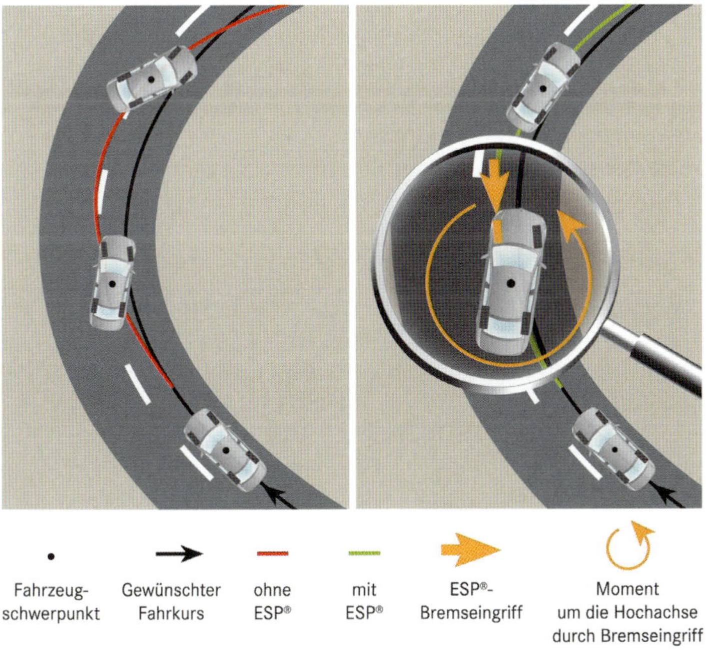

Bild 12.18
ESP-Eingriff beim Übersteuern: Ohne ESP würde beim Fahrzeug das Heck ausbrechen und der Fahrer muss gegenlenken. ESP unterstützt den Fahrer durch einen Bremseingriff, vorwiegend am kurvenäußeren Vorderrad. Dadurch entsteht ein Moment um die Hochachse, das das Auto wieder auf den gewünschten Fahrkurs zieht.
[Bild: Daimler]

Antriebsschlupf-Regelung – in kritischen Fahrsituationen helfen bzw. vermeiden, dass er in kritische Fahrsituationen gerät. Unter Umständen bemerkt der Fahrer einen Regeleingriff nur an der blinkenden Warnlampe, die auch signalisieren soll, dass das Fahrzeug sich im Grenzbereich bewegt. Die Fahrphysik bzw. physikalische Grenzen kann jedoch auch die Fahrstabilitätsregelung nicht aufheben! Aufgrund der Eingangssignale, die später noch genauer beschrieben werden, erkennt das Steuergerät, welche Maßnahmen zur Erhaltung der Fahrstabilität ergriffen werden müssen. Es unterscheidet dabei prinzipiell nach den folgenden Betriebsarten.

- Normalbetrieb: Keine Regelung notwendig, alle Magnetventile sind stromlos, und das System ist bremsbereit. Diese Betriebsart wird auch bei Störungen gewählt.
- ABS-Regelung: Die entsprechenden Magnetventile in der Hydraulikeinheit der Fahrstabilitätsregelung werden für jedes Rad einzeln (4-Kanal-System) angesteuert, um ein Blockieren der Räder zu verhindern.
- Antriebsschlupf-Regelung: Ansteuerung der Hochdruck- und Rückförderpumpe sowie der entsprechenden Magnetventile in der Hydraulikeinheit, sobald eines der angetriebenen Räder zum Durchdrehen neigt.
- Motorschleppmomentregelung: Erhöhung des Motordrehmoments, sobald ein oder mehrere Räder beim Gaswegnehmen oder Zurückschalten zu hohen Schlupf haben.
- Elektronische Bremskraftverteilung (EBV): Ansteuerung der entsprechenden Magnetventile in der Hydraulikeinheit, wenn an den Hinterrädern zu großer Schlupf erkannt wird, jedoch noch keine ABS-Regelung erforderlich ist.
- Fahrstabilitätsregelung: Ansteuerung der Hochdruck- und Rückförderpumpe sowie der erforderlichen Magnetventile in der Hydraulikeinheit zur Regelung des Bremsdrucks im erforderlichen Umfang zur Stabilisierung des Fahrzeugs, wenn durch die Eingangssignale kritische Fahrzustände erkannt werden, die die Fahrstabilität gefährden könnten.
- Fahrstabilitätsregelung ausgeschaltet: Durch Betätigung eines Schalters werden die Antriebsschlupf-Regelung, Motorschleppmomentregelung sowie die Fahrstabilitätsfunktion beim Beschleunigen und „Freirollen" ausgeschaltet. In diesem Fall brennt die Warnlampe der Fahrstabilitätsregelung permanent. Die Fahrstabilitätsfunktion beim Bremsen (EBV) und ABS bleibt aktiv.
  Hinweis: Bei vielen aktuellen Fahrzeugen schalten sich die Systeme nach einer bestimmten Zeitspanne oder bei Erreichen einer definierten Fahrgeschwindigkeit von z.B. 50km/h automatisch wieder zu.

Die Ein- und Ausgangssignale werden im Folgenden detailliert beschrieben. Daten über die Radgeschwindigkeiten liefern die 4 Raddrehzahlsensoren, deren Signale ständig überprüft und verglichen werden. Daraus werden die Fahrgeschwindigkeit, die Beschleunigung und Verzögerung, der Bremsschlupf (für ABS) und der Antriebsschlupf (für ASR) sowie der Schubschlupf (für MSR) ermittelt. Die Fahrgeschwindigkeit wird über den Datenbus (CAN) auch für andere Systeme zur Verfügung gestellt. Der Lenkeinschlagswinkel wird vom Signal des Lenkwinkelsensors berechnet. Zusammen mit den unterschiedlichen Raddrehzahlsignalen der Vorderräder wird die Fahrtrichtungsänderung erkannt und als Fahrerwunsch im Steuergerät verarbeitet.

Als Lenkwinkelsensor kann ein optischer, digitaler Sensor mit Leuchtdioden verwendet werden, die durch mehrere Blenden den Lenkwinkel in 2,5°-Schritten erfassen (s. auch Abschnitt 2.11). Der Lenkwinkelsensor wird permanent über Klemme 30 mit Spannung versorgt. Beim Ersetzen des Lenkwinkelsensors oder auch einer Unterbrechung der Spannungsversorgung muss dieser neu initialisiert werden. Dies geschieht im Regelfall durch Drehen des Lenkrads von Anschlag zu Anschlag oder bei einer Geradeausfahrt mit mehr als 20 km/h und über 50 m. Eine andere Art eines Lenkwinkelsensors besteht aus zwei um 90° versetzten Schleifkontakten auf einer Potenziometerbahn und einem elektronischen Baustein, der die Lenkraddrehbewegungen in digitale Datentelegramme umwandelt und über eine Datenleitung dem Steuergerät mitteilt. Bei diesem Lenkwinkelsensor muss der Nullabgleich, wenn er ausgebaut bzw. ersetzt wird, über einen Diagnosetester bei gerade gestellten Vorderrädern durchgeführt werden.

Durch den Querbeschleunigungssensor erhält das Steuergerät die Information über die auftretenden Querkräfte bei einer Kurvenfahrt. Zusammen mit der Information über die Drehwinkelgeschwindigkeit errechnet das Steuergerät den aktuellen fahrdynamischen Zustand des Fahrzeugs. Die Drehwinkelgeschwindigkeit ist die Geschwindigkeit der Drehung des Fahrzeugs um die Hochachse, d.h. das Giermoment bzw. die Drehrate.

Der Druck in den beiden Bremskreisen wird durch 2 Drucksensoren am Hauptbremszylinder erfasst und in die Berechnung der Radbremskräfte miteinbezogen. Außerdem sind sie ein Teil der Sicherheitsschaltung zur Systemüberwachung. Zusätzlich dienen sie zusammen mit dem Signal des Bremslichtschalters dazu, ein Betätigen der Bremse sicher zu erkennen, wodurch eine Antriebsschlupf-Regelung sofort abgebrochen wird und eine Fahrstabilitätsregelung durch die veränderten Bremsdruckvorgaben sich schnell darauf einstellen muss. Das Eingangssignal für den Membranweg im Bremskraftverstärker durch den Membranwegsensor dient zur Berechnung der Pedalweggeschwindigkeit, mit der der Fahrer das Bremspedal betätigt hat. Ab einer bestimmten Pedalweggeschwindigkeit wird von einer Notbremsung ausgegangen, und die Bremsassistentfunktion wird ausgelöst. Dafür wird im Bremskraftverstärker ein Magnetventil (BAS) geschaltet, das die Arbeitskammer belüftet und so die maximale Bremskraftunterstützung gewährleistet.

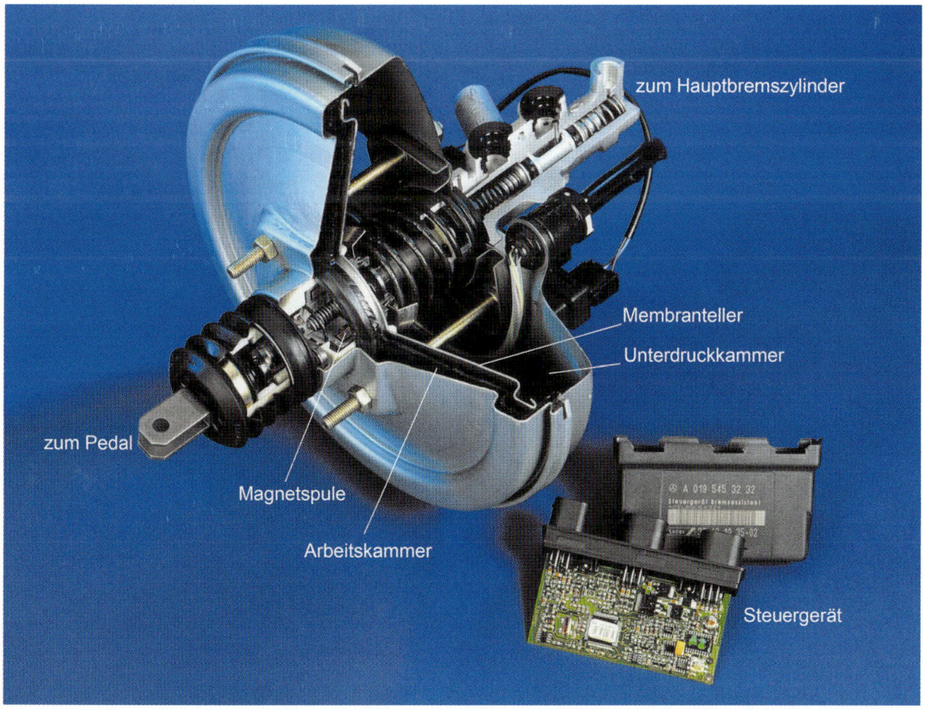

Bild 12.19
Aufbau eines Bremsassistenten (BAS)
[Bild: Daimler]

Hinweis: Bremsassistenten kommen zum Einsatz, da die meisten Fahrzeugführer in einer Gefahrensituation zwar schnell genug, jedoch nicht stark genug auf das Bremspedal treten.

Bei einer Fahrstabilitätsregelung kann außerdem durch das geschaltete Magnetventil des Bremsassistenten ein Vordruck von ca. 5 bar für die Hochdruckpumpe erzeugt werden. Für diesen Fall ist auch der Ausgang zum Relais „Bremslichtunterdrückung" vorgesehen, damit bei einer Fahrstabilitätsregelung kein Bremslicht aktiviert wird, ohne dass der Fahrer die Bremse betätigt. Die Motor- und Getriebedaten über die Datenleitung (CAN) informieren das Steuergerät über das abgegebene Motormoment und den aktuellen Getriebegang (bei Automatik-Fahrzeugen), womit die auf die Antriebsräder wirkenden Antriebskräfte errechnet werden. Dies ist bei einer Fahrstabilitätsregelung für die Antriebsschlupf-Regelung wichtig bzw. daraus resultiert die Vorgabe an das Motorsteuergerät über die notwendige Veränderung des Motormoments zur Unterstützung der Fahrstabilitätsregelung. Die wichtigsten Ausgangssignale, neben den bereits im Zusammenhang mit den Eingangssignalen beschriebenen, sind die Signale zur Ansteuerung der Magnetventile in der Hydraulikeinheit.

Die Bilder 12.20 bis 12.22 zeigen den Hydraulikkreis mit den Phasen Druckaufbau, Druckhalten, Druckabbau bei einer Regelung (Bremseneingriff) am Beispiel des Radbremszylinders hinten rechts. Zuerst werden die beiden Umschaltmagnetventile (y24/y25) geschlossen und die Hochdruck-/Rückförderpumpe (m1) eingeschaltet sowie das Magnetventil BAS (y1) im Bremskraftverstärker (A7/7) geöffnet, wodurch an den Saugseiten der Hochdruck-/Rückförderpumpe (p1/p2) ein Vordruck von ca. 5 bar anliegt. Die selbst ansaugende Hochdruck-/Rückförderpumpe (p1) saugt über das geöffnete Ansaug-Magnetventil (y26) die unter Vordruck stehende Bremsflüssigkeit an und erzeugt den notwendigen Bremsdruck am Radbremszylinder hinten rechts (6a). Damit der Bremsdruck bei dieser diagonalen Bremskreisaufteilung nicht am Radbremszylinder vorne links (5b) wirken kann, wird das Einlassventil (y6) geschlossen. Zum Druckhalten werden das Ausgangsmagnetventil (y26) und das Einlassmagnetventil (y12) geschlossen. Der Druck im Radbremszylinder wird somit gehalten und kann nicht mehr erhöht werden.

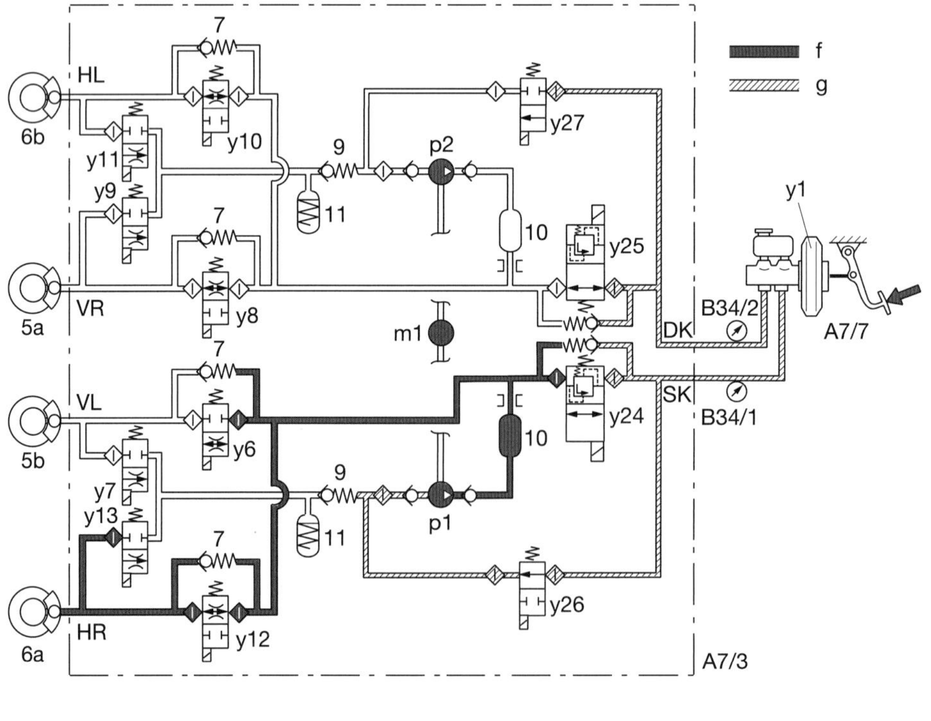

Bild 12.20
ESP-Hydraulikkreis:
Druck aufbauen
f Hochdruck
g Vordruck

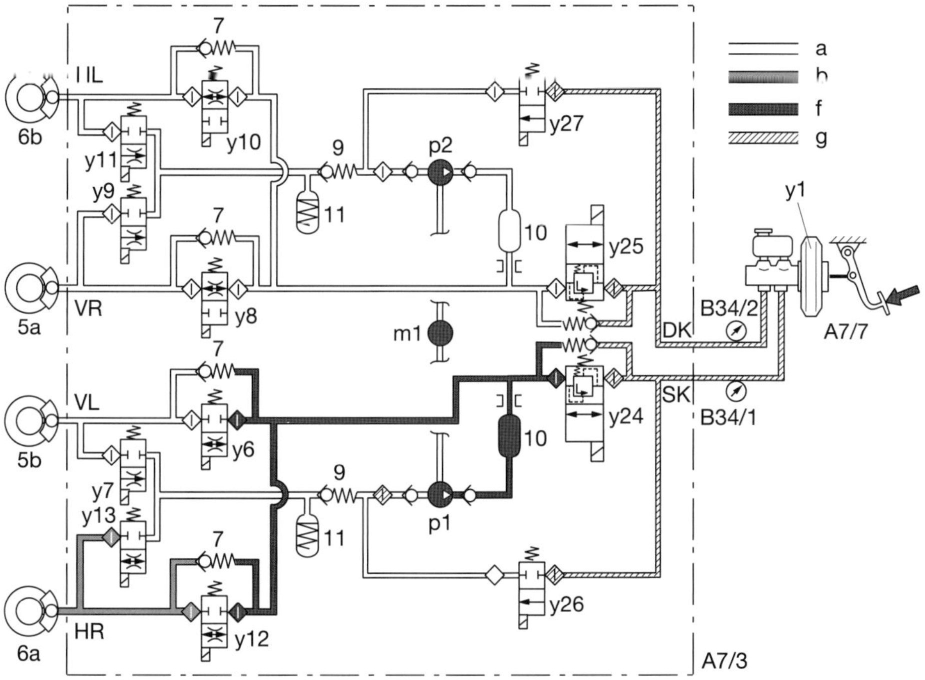

Bild 12.21
ESP-Hydraulikkreis: Druck halten
a Saugleitung
b Bremsdruck
f Hochdruck
g Vordruck

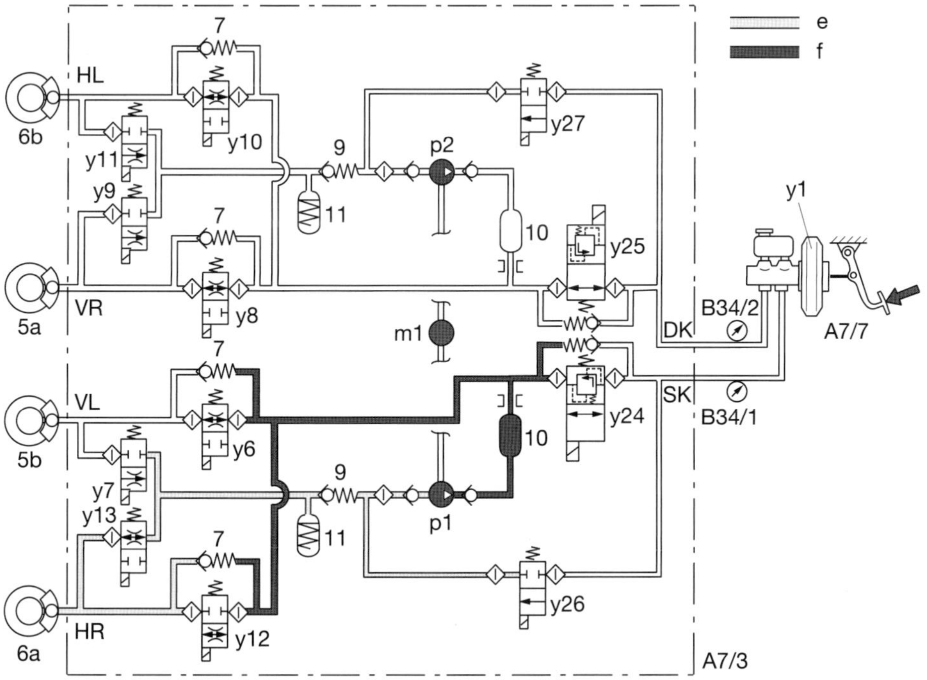

Bild 12.22
ESP-Hydraulikkreis: Druck abbauen
e reduzierter Druck
f Hochdruck

Zum Druckabbau wird das Auslassmagnetventil (y13) geöffnet. Der Druck kann sich über die Hochdruck-/Rückförderpumpe und das im Umschaltmagnetventil (y24) integrierte Druckbegrenzungsventil abbauen. Wenn nach der Druckabbauphase kein erneuter Druckaufbau notwendig ist, d.h. die Fahrstabilitätsregelung beendet wird, werden alle

Magnetventile wieder stromlos geschaltet und gehen in ihre Ruhelage zurück. Die Hochdruck-/Rückförderpumpe wird dann ebenfalls abgeschaltet, und der noch anstehende Restsystemdruck (noch ca. 150 bar) kann sich über das ganze System abbauen. Ergänzend erwähnt werden müssen bei den Ein- und Ausgangssignalen der Fahrstabilitätsregelung noch die Signale des Schalters für die Feststellbremse, das Signal des Schalters „Fahrstabilitätsregelung aus" und die Ansteuerung der Kontrollleuchten. Wird die Feststellbremse aktiviert, erfolgt keine Motorschleppmomentregelung. Wird der Schalter „Fahrstabilitätsregelung aus" aktiviert, werden die Antriebsschlupf-, Motorschleppmoment- und Fahrstabilitätsregelung ausgeschaltet. Die Warnlampe wird dabei durch das Steuergerät über die Datenleitung (CAN) zum Kombi-Instrument aktiviert und brennt permanent, ebenso bei einem Fehler, wenn die Fahrstabilitätsregelung nicht mehr funktionsfähig ist. Auch die Signale von den Bremsbelagverschleißkontakten und die Ansteuerung der Warnlampen für elektronische Traktionssysteme und ABS werden durch das Steuergerät über die Datenleitung zum Kombi-Instrument aktiviert.

12.3.1 Fahrstabilitätsregelung mit erweitertem Funktionsumfang

Neben dem zuvor beschriebenen Weg, durch Eingriff in Betriebsbremse und Motor das Fahrzeug zu stabilisieren, bieten viele aktuelle Fahrzeuge weitere Möglichkeiten:

Lenkeingriff
Das Steuergerät der Fahrdynamikregelung greift auf den Elektromotor der elektrischen Servolenkung zu und unterstützt die Wirkung des Bremseingriffs durch einen gezielten Lenkeingriff.

Fahrwerksanpassung
Bei Fahrzeugen mit elektronisch geregelten Fahrwerken lassen sich diese durch das Steuergerät der Fahrdynamikregelung verstellen. Somit kann die Wank- und Nickneigung des Fahrzeugs reduziert werden.

Geregelte Sperren
Bei Fahrzeugen mit elektronisch geregelten Differenzialsperren (s. auch Abschnitte 10.4 und 10.5) kann ein ASR-Eingriff ggf. durch eine gezielte Umverteilung des Drehmoments auf ein anderes Antriebsrad überflüssig gemacht werden. Verfügt das Fahrzeug über ein aktives Sperrdifferenzial, kann zudem das Motordrehmoment aktiv für den Regeleingriff verwendet werden. So kann beispielsweise das Untersteuern reduziert werden, indem mehr Motordrehmoment auf das kurvenäußere Rad geleitet wird. Hierzu wird im Differenzial die Lamellenkupplung der kurvenäußeren Antriebswelle geschlossen und somit das Drehmoment verstärkt an dieses Rad abgegeben.

13 Heiz- und Klimaregelung

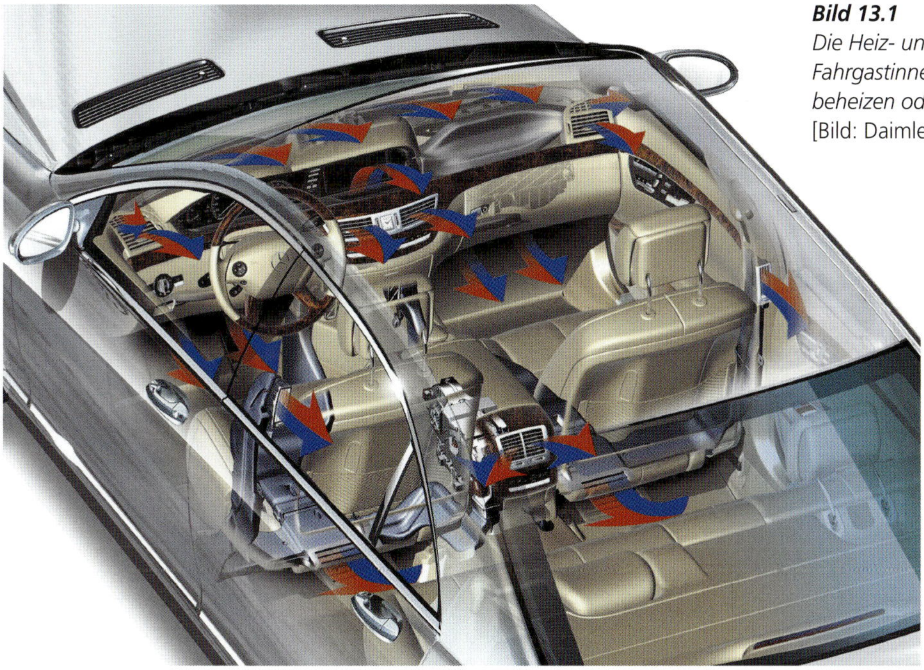

Bild 13.1
Die Heiz- und Klimaregelung soll einen Fahrgastinnenraum möglichst schnell beheizen oder kühlen.
[Bild: Daimler]

Eine Heiz- und Klimaregelung soll eine gewählte Temperatur im Fahrgastinnenraum möglichst schnell erreichen und dann konstant halten. Diese Regelung ist oftmals für Fahrer und Beifahrer, in gehobenen Fahrzeugklassen zudem für den Fond, getrennt möglich. Das System muss dazu die angesaugte Außenluft aufheizen oder abkühlen und die Luftverteilung so beeinflussen, dass sich eine angenehme „Luftschichtung", das sogenannte vertikale Temperaturprofil ergibt (warme Füße, kühler Kopf). Außerdem reinigt das Heiz- und Klimasystem die Luft und verändert die Luftfeuchtigkeit. Um diese Aufgaben erfüllen zu können, benötigt das Steuergerät der Heiz- und Klimaregelung verschiedene Eingangssignale. Nur so kann es die Umfeldbedingungen erfassen. Die von Fahrer (und Beifahrer) über Wählhebel, -räder oder digital eingegebenen Temperaturwünsche sind dabei für das Steuergerät die wichtigsten Eingangssignale, die es berücksichtigen muss. Allerdings verändert das Steuergerät diese gewählte Temperatur abhängig von der Außentemperatur minimal (max. Abweichung etwa $\pm 2°C$), damit sich ein angenehmes Raumklima ergibt. Bei tiefen Außentemperaturen erhöht es z.B. die Innentemperatur leicht, um so die Kälteabstrahlung der Front- und Seitenscheiben sowie der übrigen Umschließungsflächen zu kompensieren.

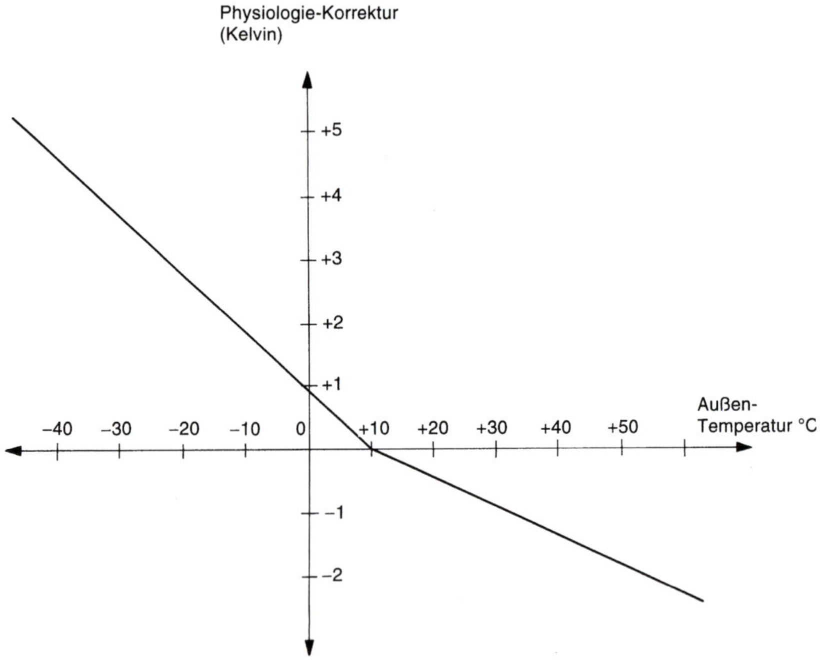

Bild 13.2
Mit der sogenannten Physiologieanpassung verändert die Klimaregelung die eingestellte Temperatur leicht, um ein angenehmes Raumklima zu schaffen.

Die Heiz- und Klimaregelung steuert bis zu 20 verschiedene Stellmotoren, 2 Wasserventile für die Heizung, den Klimakompressor für die Kühlung und Feuchtigkeitsreduzierung sowie das Gebläse an. Zusätzlich kann durch das Steuergerät die Front- und Heckscheibenheizung mit betätigt werden.

13.1 Funktionsprinzip einer herkömmlichen Klimaanlage

Die Wirkungsweise einer Klimaanlage beruht darauf, dass ein sogenanntes Kältemittel (wie jedes chemische Element) bei der Änderung seines Aggregatzustands (fest, flüssig, gasförmig) Energie aufnimmt bzw. abgibt. Beim Übergang vom flüssigen in den gasförmigen Zustand benötigt das Kältemittel Energie, die es der Umgebung in Form von Wärme entzieht. Umgekehrt gibt das Kältemittel beim Übergang vom gasförmigen in den flüssigen Zustand Wärme ab. Als Kältemittel muss ein Stoff verwendet werden, der einen möglichst niedrigen Siedepunkt (flüssig → gasförmig) hat. Der Siedepunkt kann durch Einwirken von Druck verschoben werden (vgl. Dampfdruckkurve); gleichzeitig findet dadurch auch eine Eigenerwärmung statt. Das bislang verwendete Kältemittel R134a (Tetrafluorethan) hat seinen Siedepunkt bei ca. –26°C bei atmosphärischem Druck. Bei 15 bar Überdruck liegt der Siedepunkt von R134a bereits bei ca. 55°C. R1234yf (Tetrafluorpropen) verhält sich ähnlich (Siedetemperatur bei Atmosphärendruck –29°C), weshalb es trotz gewisser Sicherheitsbedenken von den meisten Fahrzeugherstellern als Ersatzkältemittel für das seit dem 1. Januar 2017 in Neufahrzeugen unzulässige R134a favorisiert wird.

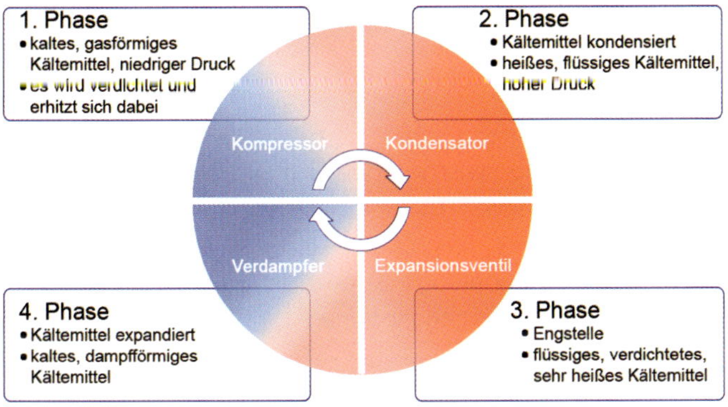

Bild 13.3
Prinzipieller Ablauf eines Kältemittelkreislaufs
[Bild: Schmidt]

Zunächst wird das gasförmige Kältemittel von einem Kompressor auf bis zu 15 bar verdichtet. Hierbei steigt die Temperatur des Kältemittels auf bis zu 70°C. Im nachfolgenden Kondensator wird dem Kältemittel diese Wärme wieder entzogen, wodurch es den Aggregatzustand wechselt: Es kondensiert. Das flüssige Kältemittel wird durch den Trockner entfeuchtet und gefiltert und über eine Dosiereinheit, das sog. Expansionsventil, in den Verdampfer geleitet, in dem es wieder gasförmig wird und die hierzu erforderliche Wärmeenergie der angesaugten Innenraumluft entzieht. Diese kühlt ab und verliert hierbei gespeichertes Wasser, das über Abläufe aus dem Fahrzeuginnenraum geleitet wird. Die trockene, kalte Luft wird anschließend durch den Wärmetauscher der Heizung geleitet, wo sie, falls erforderlich, wieder aufgeheizt wird (z.B. T_außen 15°C, feuchte Luft => T_Verdampfer 7°C, Wasser kondensiert => T_Innenraum 20°C, trockene Luft). Die trockene, warme Luft ist hygroskopisch, entzieht also dem Fahrzeuginnenraum Wasserbestandteile. Dadurch werden beschlagene Scheiben wieder frei.

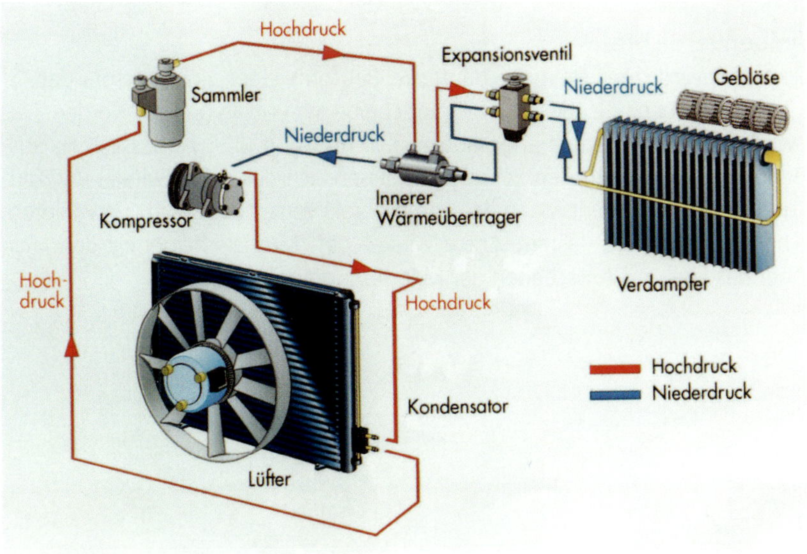

Bild 13.4
Vereinfacht dargestellter Kältemittelkreislauf in einer Kfz-Klimaanlage
[Bild: VCG]

13.2 Bauteile der Klimaanlage

13.2.1 Magnetkupplung

Die Magnetkupplung stellt die Verbindung zwischen der Riemenscheibe und der Antriebswelle des Kompressors her. Im stromlosen Zustand besteht zwischen der mit der Antriebswelle des Kompressors verbundenen Reibscheibe und der Riemenscheibe ein Luftspiel von 0,5 bis 1 mm. Wird die Magnetkupplung bestromt, dann wird die Reibscheibe an die Riemenscheibe gezogen und von dieser mitgenommen.

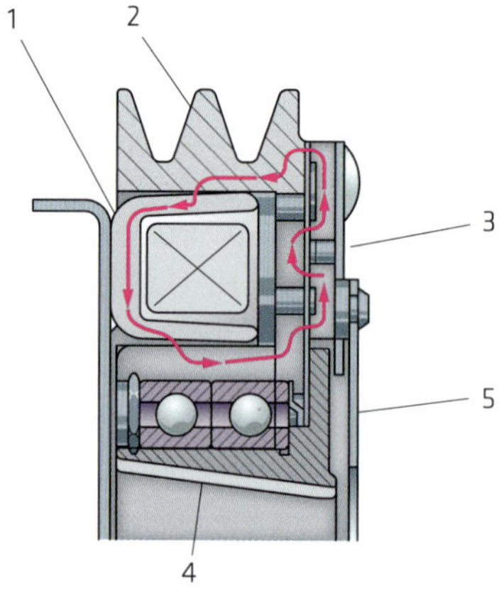

Bild 13.5
Magnetkupplung
1 Magnetspule
2 Riemenscheibe
3 Reibscheibe
4 Nabe
5 Feder
[Bild: AS-Illu]

13.2.2 Kompressoren

Der Kompressor hat die Aufgabe, das Kältemittel zu verdichten. Er kommt in verschiedenen Bauformen zum Einsatz:

Taumelscheibenverdichter

Der Taumelscheibenverdichter stellt die häufigste Bauform eines Kompressors dar. Er besteht aus 3 bis 10 Kolben, die über eine Taumelscheibe auf und ab bewegt werden. Das Kältemittel wird über Einlassventile angesaugt, verdichtet und über Auslassventile ausgestoßen. Bei den meisten aktuellen Fahrzeugen lassen sich der Anstellwinkel der Taumelscheibe und damit die Förderleistung des Kompressors von etwa 3 bis 100% variieren. Taumelscheibenverdichter mit festem Anstellwinkel der Taumelscheibe werden ausschließlich über das Ein- und Ausschalten der Magnetkupplung geregelt.

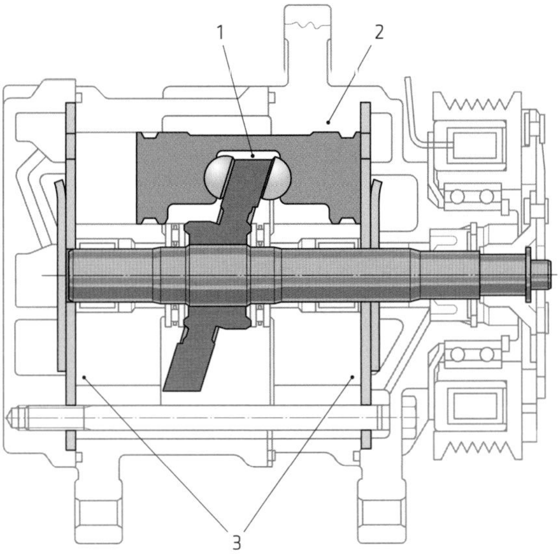

Bild 13.6
Taumelscheibenkompressor mit festem Anstellwinkel der Taumelscheibe
1 Taumelscheibe
2 Doppelkolben
3 Ventilplatte
[Bild: AS-Illu]

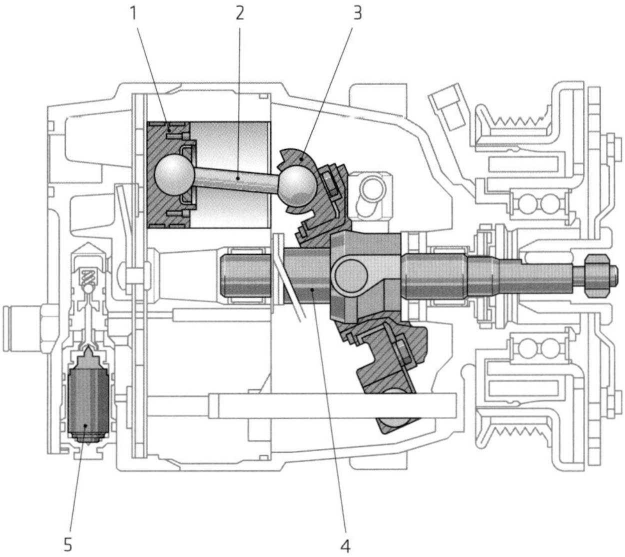

Bild 13.7
Taumelscheibenkompressor mit variablem Anstellwinkel der Taumelscheibe
1 Kolben
2 Pleuelstange
3 schwenkbare Platte/Taumelscheibe
4 Antriebswelle
5 Regelventil
[Bild: AS-Illu]

Flügelzellenverdichter

Flügelzellenverdichter besitzen einen Zylinder, in dem ein deutlich kleinerer Rotor mit 5 bis 6 sogenannten Flügelzellen läuft. Dreht sich der Rotor, werden die frei beweglichen Flügelzellen durch die Fliehkraft an die Wand des Gehäuses gedrückt und dichten hierdurch gegenüber der Gehäusewand ab. Der Rotor ist in dem Zylinder exzentrisch gelagert, wodurch sich auf einer Seite ein großer Abstand und auf der anderen Seite ein kleiner Abstand zum Zylinder ergibt. Bei Vergrößerung des Zwischenraums wird Kältemittel aus dem Niederdruckbereich angesaugt, gefördert und durch Verkleinerung des Zwischenraums unter Druck abgegeben.

Spiralverdichter

Spiralverdichter entsprechen in ihrem Funktionsprinzip dem sog. G-Lader und kommen bei Hybrid- und Elektrofahrzeugen verstärkt zum Einsatz. In einer Außenspirale bewegt sich eine Innenspirale. Dadurch wird das Kältemittel nach und nach von außen nach innen durch die Spirale geschoben und dort unter Druck abgegeben.

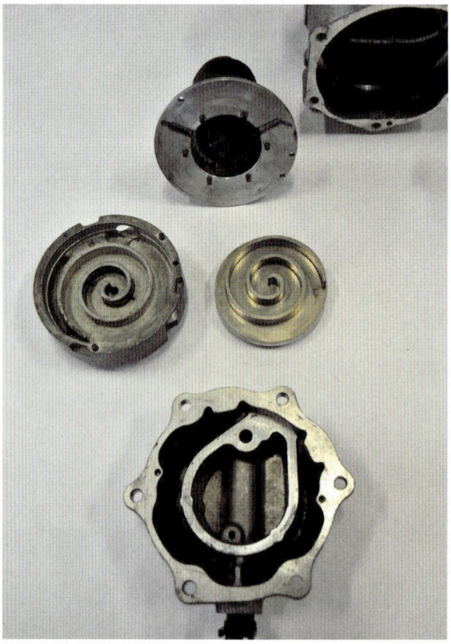

Bild 13.8
Innen- und Außenspirale eines Spiralverdichters
[Bild: Schmidt]

13.2.3 Trockner

Der Trockner übernimmt im Kältemittelkreislauf mehrere Aufgaben: Gemäß seiner Bezeichnung hat er die Aufgabe, das Kältemittel zu trocknen. Hierzu beinhaltet er ein hygroskopisches Granulat, das je nach Größe 6 bis 12 g Wasser aufnehmen kann. Diese Wassermenge reicht aus, um die intakte Klimaanlage über ein komplettes Fahrzeugleben vor zu hohem Wassergehalt im Kältemittel zu schützen. Bei geöffneter Anlage ist jedoch selbst ein neuer Trockner nach etwa 24 Stunden (je nach Luftfeuchtigkeit) gesättigt. Der Trockner sollte deshalb beim Öffnen des Kältemittelkreislaufs grundsätzlich erneuert werden. Neben der Aufgabe des Trocknens enthält der Trockner den Filter, der Abrieb aus dem Kompressor zurückhalten soll. Zudem bietet er ein gewisses Vorratsvolumen für leichte Kältemittelverluste.

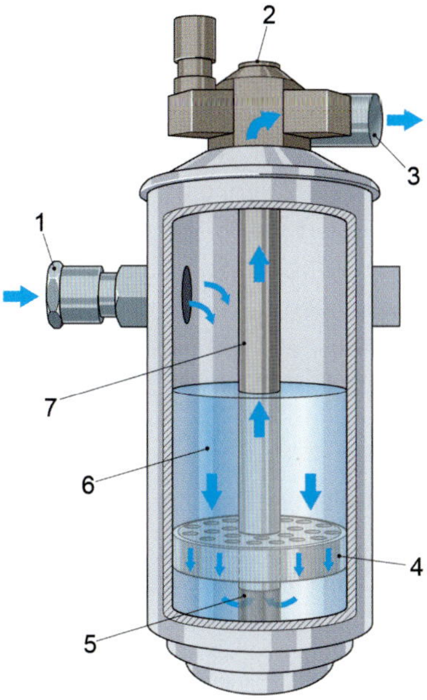

Bild 13.9
Filtertrockner
1 Eingang vom Kondensator
2 Schauglas (modellabhängig)
3 Ausgangsleitung
4 Trockenelement
5 Filtersieb
6 flüssiges Kältemittel
7 Steigrohr
[Bild: AS-Illu]

Werkstatttipp
Ein verstopfter Filter lässt sich sehr leicht daran erkennen, dass die Kältemittelleitung hinter dem Trockner kalt ist. Durch den verstopften Filter kommt es zu einem Druckabfall und damit zur Expansion von Kältemittel in der Leitung.

13.2.4 Expansionsventil

Das Expansionsventil regelt den Kältemittelzufluss zum Verdampfer. Ist das Kältemittel am Austritt des Verdampfers schon lange gasförmig, ist es an dieser Stelle relativ warm. Das Gaspolster im Expansionsventil dehnt sich aus und drückt eine Membran nach unten, die über einen Stößel das Kugelventil öffnet und einen größeren Querschnitt im Zulauf freigibt. Die Kältemittelmenge steigt so weit an, bis am Austritt des Verdampfers noch immer Kältemittel verdampft, wodurch das Gaspolster des Expansionsventil abgekühlt wird, sich zusammenzieht und damit den Zulaufquerschnitt wieder verringert.

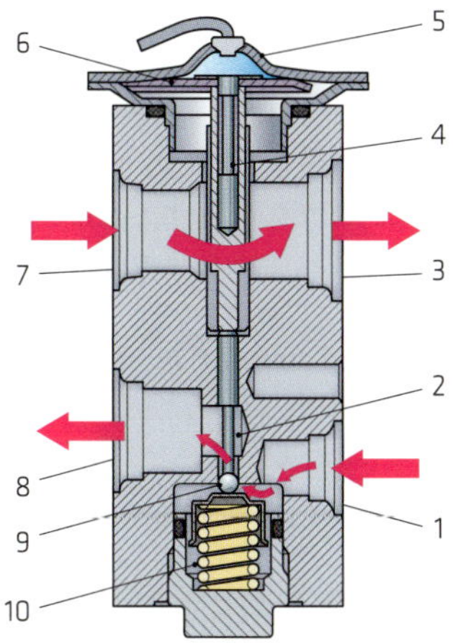

Bild 13.10
Aufbau eines Expansionsventils
1 Ventileingang vom Trockner
2 Ventilschieber
3 Ventilausgang zum Kompressor
4 Thermofühler
5 Membrankopf, gefüllt mit Kältemittel
6 Membrane
7 Ventileingang vom Verdampfer
8 Ventilausgang zum Verdampfer
9 Kugelventil
10 Feder
[Bild: AS-Illu]

Hinweis: Es gibt auch einfachere Anlagen, die statt eines Expansionsventils eine sogenannte Festdrossel besitzen. Hierbei ist Folgendes zu beachten:

1. Die Festdrossel im Zulauf des Verdampfers hat einen definierten Durchlassquerschnitt und lässt immer die gleiche Kältemittelmenge in den Verdampfer. Da diese, je nach Auslieferungsregion des Fahrzeugs zu groß oder zu klein sein kann, gibt es unterschiedliche Festdrosseln, die im Regelfall farblich codiert sind.
2. Da es bei der Festdrossel passieren kann, dass Kältemittel in flüssigem Zustand aus dem Verdampfer kommt (z.B. Einsatz der Klimaanlage bei geringen Außentemperaturen), befindet sich der Trockner bei diesen Anlagen in der Leitung zwischen Verdampfer und Kompressor. Durch geringe bauliche Änderungen (Austritt des Kältemittels oben) kann Kältemittel hier weiter verdampfen.

Das früher verwendete Kältemittel R12 enthält Fluorchlorkohlenwasserstoffe (FCKW), die in der Atmosphäre die Ozonschicht zerstören. Seit 1991 wurde daher R134a (ohne Chlorverbindungen) verwendet und 2017 meist durch R1234yf abgelöst. Die Produktion von FCKW-haltigen Stoffen ist in Deutschland seit 1995 ganz verboten.

13.3 Eingangssignale

Als Eingangssignale dienen dem Steuergerät die Daten von Sensoren, die die Umfeldbedingungen erfassen sowie die Wünsche von Fahrer und/oder Beifahrer. Letztere stellen über die Bedienungseinheit durch Drehpotenziometer, Schalter oder über Displays ihre Wünsche ein. Die jeweils eingestellte Temperatur links/rechts, die Gebläseeinstellung und die gewählte Temperatur an einem sogenannten Temperatur-Schichtungssteller in einem Belüftungsgrill erkennt das Steuergerät durch den Spannungsabfall am Potenziometer. Ist der Gebläsedrehschalter auf Anschlag 0, ist die komplette Heiz- und Klimaregelung außer Betrieb.

Weitere Einstellungsmöglichkeiten für Fahrer/Beifahrer bieten die in Bild 13.11 dargestellten Programm-Drucktasten. Durch diese werden verschiedene Luftverteilungs- und Temperaturschichtungs-Programme abgerufen. Das Steuergerät gibt an die jeweiligen Schalter Rechtecksignale in einer bestimmten Reihenfolge mit unterschiedlicher Frequenz aus. Dadurch erkennt es über den Eingang, welche Schalter betätigt wurden. Die Rechtecksignale können über Tastverhältnis bzw. Frequenz am Eingang und an den Ausgängen gemessen werden. Die Funktion der Schalter kann aber auch über eine Widerstandsmessung überprüft werden.

Die Umfeldbedingungen werden über Temperaturfühler (meist NTCs) erfasst. Die Außenlufttemperaturfühler, Innentemperaturfühler, Verdampfertemperaturfühler und die 2 Wärmetauscher-Temperaturfühler (links/rechts) werden durch eine Widerstandsmessung überprüft. Der Innentemperaturfühler wird über ein kleines Gebläse belüftet, das bei eingeschalteter Heiz- und Klimaregelung direkt mit Batteriespannung versorgt wird. Die Funktion des Gebläses ist bei einer Fehlersuche immer zu überprüfen, da die Belüftung des Innentemperaturfühlers zur Erfassung der jeweils aktuellen Innentemperatur benötigt wird. Ansonsten ergäben sich durch „Stauwärme" falsche Innenraumtemperaturwerte.

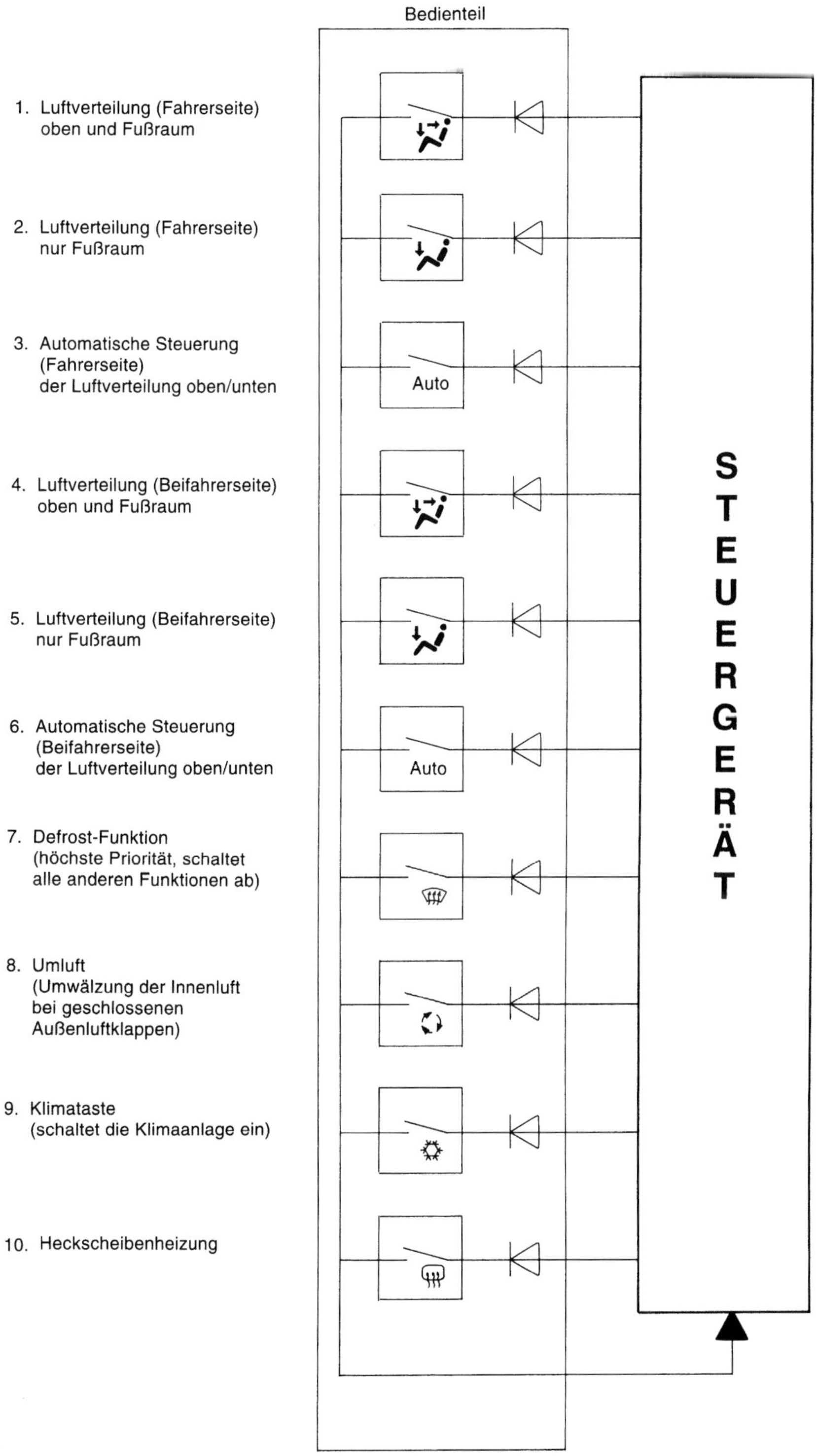

Bild 13.11
Ansteuerung der Programmtasten einer Klimaanlage

Außerdem geht noch das Tachosignal als Rechtecksignal mit veränderlicher Frequenz in das Steuergerät ein. Dieses Signal bewirkt ab etwa 60 km/h ein schrittweises Schließen der Außenluftklappen als Berücksichtigung des stärkeren Staudrucks bei höheren Geschwindigkeiten. Das Signal des Lichtschalters (Standlicht) schaltet bei aktiver Heiz- und Klimaregelung die Funktionsbeleuchtung ein. Die Aktivierung der Standheizung/-lüftung durch das Steuergerät erfolgt durch Betätigung eines Schalters über eine Uhr. Bei geschlossenem Schalter erhält das Steuergerät über je eine Leitung ein Rechtecksignal (messbar über Tastverhältnis). Wie bei jedem elektronischen System muss natürlich auch die Heiz- und Klimaregelung mit Strom versorgt werden, d.h. Klemme 30, Klemme 15, Klemme 31 sind die wichtigsten Eingänge.

13.4 Ausgangssignale und Wirkungsweise

Zur Temperaturregelung bzw. Luftverteilung entsprechend der Eingangssignale bzw. des Fahrer-/Beifahrerwunsches muss das Steuergerät primär die Stellmotoren der Luftklappen, das Gebläse, die 2 Wasserventile für die Beheizung des Wärmetauschers und den Klimakompressor ansteuern. Die Stellmotoren, der Wärmetauscher, der Verdampfer und das Gebläse sind im Heiz-Klima-Aggregat zusammengefasst. Das Gebläse wird durch das Steuergerät masseseitig stromgeregelt. Die Plus-Versorgung geschieht über ein Relais. Der Steuerstromkreis des Relais ist ab Klemme 15 geschlossen. Die Ansteuerung des Gebläses kann über Spannungsmessungen geprüft werden. Die Gebläse-Drehzahl muss nicht immer der am Gebläse-Wählrad eingestellten Drehzahl entsprechen; z.B. wird bei gewähltem Defrost-Programm das Gebläse mit maximalem Strom beaufschlagt.

Die Wasserventile (Magnetventile) befinden sich meist im Motorraum vor dem Eingang zum Heiz-Klima-Aggregat. Stromlos sind sie aus Sicherheitsgründen offen. Plusseitig werden sie über Klemme 15 versorgt; das Massesignal kommt aus dem Steuergerät. Abhängig von der eingestellten Innenraumtemperatur und der Temperatur des Kühlmittels werden die Wasserventile vom Steuergerät angetaktet. Damit wird der Wärmetauscher mit der jeweils benötigten Kühlmittelmenge durchflossen. Reicht der Kühlmitteldurchlauf durch den Wärmetauscher bei tiefen Außentemperaturen und völlig offenen Wasserventilen bei Leerlaufdrehzahl und maximal eingestellter Heizleistung nicht aus, kann das Steuergerät über ein Relais eine im Kühlmittelkreislauf integrierte, elektrische Zusatzwasserpumpe ansteuern. Zur Funktionsüberprüfung der Wasserventile wird das Temperaturwählrad auf „maximal kalt" gestellt (Wasserventile stromdurchflossen geschlossen) und die Spannung an den Wasserventilen gemessen. Bei langsamer Temperaturerhöhung müssen die Wasserventile angetaktet werden; bei „maximal warm" müssen sie geöffnet sein. Die Funktion der Zusatzwasserpumpe wird bei „maximal warm" und Leerlaufdrehzahl über eine Spannungsmessung geprüft.

Die Magnetkupplung des Klimakompressors wird über ein Relais direkt mit Klemme 30 beaufschlagt. Das Relais wird steuerseitig durch das Steuergerät mit Masse versorgt. Die Plus-Versorgung der Steuerseite erfolgt durch Klemme 15 über den Sicherheitsdruckschalter an der Trocknerflasche. Die Ansteuerung des Relais kann aber auch durch ein Motormanagement-Steuergerät erfolgen. Das Motor-Steuergerät muss dazu durch ein entsprechendes Massesignal aus dem Heiz-Klima-Steuergerät veranlasst werden. Durch dieses Massesignal erfolgt generell eine Leerlaufdrehzahl-Anhebung durch das Motor-Steuergerät bei laufendem Klimakompressor. Nicht nur bei gedrücktem Klimaanlagen-Schalter, sondern auch bei Umluftbetrieb und im Defrost-Programm kann der Klimakompressor eingeschaltet sein. Das Ein-/Ausschalten erfolgt aufgrund des Signals des Verdampfer-Temperaturfühlers (Temperatur des Verdampfers <2°C → Klimakompressor aus (Vereisungsschutz), > 3°C → Klimakompressor ein).

Bei eingeschalteter Klimaanlage läuft ein vor dem Kühler verbauter Zusatzlüfter immer auf Stufe „eins". Auf Stufe „zwei" wird er betrieben, wenn die Kühlmitteltemperatur >99°C ist oder der Druckschalter an der Trocknerflasche bei über etwa 17 bar ausgelöst wird.

Die Ansteuerung der Stellmotoren an den Luftklappen durch das Steuergerät bestimmt im Wesentlichen die Luftverteilung und Temperaturschichtung. Bei den Stellmotoren handelt es sich um sogenannte Schrittmotoren, die durch digitale Impulse angesteuert, in exakt festgelegten Schritten bewegt werden können und in der gewünschten Stellung verbleiben. Der Schrittmotor ist ein Gleichstrommotor und besteht aus einem Permanentmagnet-Rotor und mehreren Statorwicklungspaaren. Die Drehung des Permanent-Rotors wird durch die Magnetfelder der stromdurchflossenen Statorwicklungen bewirkt. Durch eine geeignete Signalabfolge (= Stromimpulse) der Statorwicklungen erreicht man die gewünschte Drehung (Drehrichtung). Der Schrittmotor kann in jeder beliebigen Winkelstellung angehalten und wieder bewegt werden. Die Anzahl der Statorwicklungspaare und deren mechanische Anordnung bestimmen die Anzahl der Impulse für eine Umdrehung des Motors und die Größe des Drehwinkels pro Schritt (üblich zwischen 2° bis 15°).

Da bei dem beschriebenen System mit Schrittmotoren keine Lagerückmeldung erfolgt, werden die Motoren nach einer Unterbrechung der Spannungsversorgung zuerst automatisch in definierte Stellungen (auf/zu) gefahren (Eichlauf). Erst dann werden die gewünschten Stellungen angetaktet.

Einstellmöglichkeiten, Umfeldbedingungen und herstellerspezifische Ausführungen ergeben eine Vielzahl von Kombinationen, welche Luftklappen wann, wie weit, wie lange offen sind. Durch die Vorschaltung des Verdampfers vor den Wärmetauscher ist es möglich, die Außenluft ständig durch den Verdampfer bei aktiver Klimaanlage zu reinigen und zu trocknen. Die Innenraumtemperatur wird dadurch nur durch die Taktung der Wasserventile des Wärmetauschers bestimmt. Dies ist besonders im Defrost-Programm und bei Umluft-Betrieb notwendig, da bei diesen Programmen der Luft die Feuchtigkeit entzogen werden muss. Im Umluft-Betrieb ist die Außenluft(Frischluft)-Klappe geschlossen, und durch die geöffnete Umluft-Klappe wird die Innenraumluft angesaugt.

Weitere Bauteile, die durch die Heiz- und Klimaregelung angesteuert werden können, sind eine Front- und Heckscheibenheizung. Die Frontscheibenheizung, sofern sie verbaut ist, wird automatisch unter einer Temperatur von 5°C mit Strom versorgt. Dies geschieht über ein Relais, wobei durch das Steuergerät die Masseversorgung erfolgt. Die Heckscheibenheizung wird nur aktiviert, wenn der Heckscheibenheizungs-Schalter betätigt wurde. Die Stromversorgung geschieht auch hier über ein Relais, wobei das Steuergerät die Masseversorgung des Steuerstromkreises liefert.

Falls eine Standheizung bzw. Standlüftung verbaut ist, wird das Steuergerät durch eine Schaltuhr eingeschaltet und betätigt damit ausgangsseitig Gebläse, Klappen usw. nach festem Programmablauf entsprechend der eingestellten Temperatur wie im Normalbetrieb.

13.5 Klimatisierung von Hochvoltfahrzeugen

Hybrid- und Elektro-Autos benötigen wegen ihres elektrifizierten Antriebs grundsätzlich anders arbeitende Heiz- und Klimasysteme. Denn in herkömmlich angetriebenen Autos sorgt im Winter bekanntlich der Verbrennungsmotor für die notwendige Wärme. Im

Sommer treibt er den Klimakompressor an, der den Innenraum herunterkühlt. Die Energie fürs Heizen und fürs Kühlen stammt also aus dem verbrannten Kraftstoff, der sich leicht nachtanken lässt. Je effektiver jedoch ein Motor ist, desto weniger Abwärme produziert er. Das führt bei Direkteinspritzer-Dieselmotoren bereits seit Jahren dazu, dass im Winter elektrische Zuheizer für eine Extraportion Wärme sorgen müssen, um den Innenraum schnell auf angenehme Temperaturen zu bringen. Auch immer mehr Direkteinspritzer-Benzinmotoren benötigen diese Zuheizer. Elektromotoren haben nun, wie in Abschnitt 8.9 beschrieben, einen deutlich höheren Wirkungsgrad als gute Verbrenner und produzieren kaum Abwärme. Autos, die nur oder oft über E-Maschinen angetrieben werden, brauchen deshalb ein komplett neues Heiz- und Kühlsystem und ein anderes Thermomanagement.

Das beginnt allerdings auch schon bei Autos mit Start-Stopp-Automatik. Denn auch bei ihnen steht der Verbrennungsmotor insbesondere im Stadtverkehr immer wieder. Dabei kann er weder Wärme noch Kälte produzieren. Immerhin haben diese Antriebe noch einen herkömmlichen Kühlkreislauf, der sich mit einem Zusatzheizer ausstatten lässt. Schwieriger ist es, bei Elektroantrieben eine angenehme Temperatur zu erzeugen. Da hier kein Verbrennungsmotor vorhanden ist, muss alle Energie für die Klimatisierung des Innenraums aus der Antriebsbatterie kommen. Die Kunst ist es, die geringe Abwärme der Antriebselektronik und der E-Motoren doch noch so gut wie möglich zu nutzen und über besonders effizient arbeitende Heiz- und Kühlsysteme einen möglichst geringen Energieverbrauch zu erreichen. Außerdem müssen die Systeme so ausgelegt sein, dass sie nicht immer gleich den gesamten Innenraum heizen und kühlen, sondern nur die Bereiche, die wirklich notwendig sind – also zum Beispiel nur den Bereich um den Fahrer, wenn dieser allein im Auto sitzt.

Auch arbeiten die Systeme so oft und so lange wie möglich im Umluftbetrieb mit Luftentfeuchtung, um den Kälte- und Wärmebedarf zusätzlich zu reduzieren.

13.5.1 Hochvolt-Klimakompressor

Bei herkömmlichen Antrieben wird der Kompressor der Klimaanlage mechanisch über einen Riemen angetrieben (s. auch Abschnitt 13.2). Er kann also für Kühlung sorgen, solange der Motor läuft. Bei Fahrzeugen mit Hochvoltbatterien übernimmt dagegen ein mittels Elektromotor angetriebener Hochvoltkompressor die Arbeit in der Klimaanlage, der unabhängig von einem Verbrennungsmotor arbeitet. Allerdings schmälert sein Energiebedarf die elektrische Reichweite der Hybrid- und E-Fahrzeuge. Bei einer Außentemperatur von über 30°C kann sich dadurch der Verbrauch eines E-Autos nahezu verdoppeln – insbesondere dann, wenn die Klimaanlage den Innenraum nach einer längeren Standzeit in der Sonne komplett mit Energie aus der Antriebsbatterie herunterkühlen muss. Hier kommt dem System zugute, dass sich der Innenraum durch den Hochvoltkompressor vorklimatisieren lässt, während das Fahrzeug an einer Ladesäule steht. Die Energie, die man braucht, um die Temperatur im Innenraum konstant zu halten, ist nämlich wesentlich geringer.

Bei der Wartung von Klimaanlagen mit Hochvoltkompressor ist wichtig, dass an dem System nur Mitarbeiter mit entsprechender Hochvoltschulung arbeiten dürfen (s. Abschnitt 8.1), da die Kompressoren mit Spannungen von mehr als 200 Volt arbeiten. Hochvolt-Klimakompressoren dürfen außerdem nicht mit den üblichen PAG-Ölen für riemengetriebene Kompressoren geschmiert werden. Diese haben nämlich nicht die notwendigen Isoliereigenschaften und führen schnell zu einem Schaden im Hochvoltsystem. Für HV-Kompressoren gibt es spezielle POE-Schmieröle.

Im Gegensatz zu den riemengetriebenen Kompressoren, die oft nach dem Taumelscheibenprinzip arbeiten, nutzen die Hochvoltkompressoren meist das sogenannte Scroll- oder Spiralprinzip, um das Kältemittel zu verdichten (Bild 13.12). Der Vorteil: Sie sind dadurch rund 20% leichter und brauchen bei gleicher Leistung einen ebenfalls um 20% kleineren Hubraum. Da Hochvolt-Klimakompressoren nicht über Keilrippenriemen angetrieben werden, könnten sie theoretisch überall im Fahrzeug verbaut werden. Aus Platzgründen und um die bereits bestehenden Anbindungen zum Kondensator zu nutzen, hat sich ihr Einbauort nicht verändert.

Bild 13.12
Die Bauteile eines Hochvoltkompressors. Gut zu erkennen sind die Spiralen, über die die Scroll-Scheiben den Druck aufbauen.
[Bild: Schmidt]

13.5.2 Der Kältemittelkreislauf

Bei den Hochvolt-Scroll-Klimakompressoren tritt das Kältemittel nicht über ein Ventil, sondern über einen separaten Eingang ein. Den Druck baut ein Scroll-Kompressor auch nicht über eine Verdichtungskammer auf, sondern über den Raum, der sich zwischen der Kompressorwand und den Spiralen befindet. Scroll-Kompressoren sind dazu mit 2 ineinander gewickelten Spiralen ausgerüstet. Eine davon ist fest mit dem Kompressorgehäuse verbunden, die andere ist beweglich. Die bewegliche Scroll-Einheit wird vom Elektromotor über die Rotorwelle und einen Mechanismus angetrieben. Sie vollführt dadurch eine exzentrische Bewegung im Kompressorgehäuse. Dabei halten die Spiralen nur einen sehr kleinen Abstand voneinander. Die exzentrische Bewegung verursacht bei jeder Umdrehung 2 ständig kleiner werdende Kammern; dadurch saugt der Kompressor das Kältemittel außen an, verdichtet es und presst es über ein Ausgangsventil in der Spiralmitte in die Hochdruckleitung der Klimaanlage. Sämtliche Scroll-Kompressoren sind mit einem Temperaturschalter ausgestattet, um das Aggregat bei hohen Temperaturen vor Beschädigungen zu schützen.

Die Solldrehzahl des Kompressors berechnet das Klimaanlagen-Steuergerät auf Grundlage

- der Verdampfer-Solltemperatur,
- des Außentemperatursensors,
- des automatischen Solarsensors (automatischer Lichtsteuerungssensor),
- der ermittelten Verdampfertemperatur,
- des Kühlerthermistors (Raumtemperatursensor).

Die Solldrehzahl übermittelt das Steuergerät dann an die Stromüberwachungs-ECU. Diese regelt den A/C-Wechselrichter (Inverter) ausgehend von den Solldrehzahldaten, um die Motor-Kompressor-Einheit auf eine Drehzahl zu bringen, die der Betriebsbedingung des Klimaanlagensystems entspricht.

Das Klimaanlagen-Steuergerät berechnet die angestrebte Verdampfertemperatur und notwendige Korrekturen auf Basis folgender Parameter: der Wahltemperatur der Insassen sowie der Daten von Innenraum-Temperatursensor, Außentemperatursensor, Solarsensor (automatischer Lichtsteuersensor) und Verdampfer-Temperatursensor.

Aus den Werten und Daten regelt das Klimaanlagen-Steuergerät dann die Kompressordrehzahl so, dass die angemessene Kühlleistung oder Entnebelungsleistung nicht beeinträchtigt wird. Das soll einen ausreichenden Komfort bei möglichst geringem Energieeinsatz gewährleisten.

Der Hochvolt-Klimakompressor wird vom Antriebs-Akku mit Gleichstrom versorgt. Intern verwendet er aber Wechselstrom, den ein integrierter Wechselrichter (Inverter) erzeugt. Denn als Antriebsmotor dient eine Drehstrom-Synchronmaschine. Treten im Klimakompressor Unterbrechungen oder Kurzschlüsse auf, schaltet die Überwachungs-ECU den Stromkreis des Klimaanlagen-Wechselrichters bzw. das Hochvoltsystem ab. Die elektrische Nennleistung des Kompressors beträgt ca. 4,5 kW bei 6500 min^{-1}.

Die Kommunikation zwischen dem Kompressorsteuergerät und dem Steuergerät der Klimaautomatik wird über einen Datenbus hergestellt. Das Steuergerät des Hochvolt-Klimakompressors und der Inverter sind im Aluminiumgehäuse des Klimakompressors integriert und werden von dem hier vorbeiströmenden gasförmigen Kältemittel gekühlt.

13.5.3 Heizen mit Wärmepumpe

Ähnliches wie für die Klimatisierung des Fahrzeuginnenraums im Sommer gilt auch für das Heizen im Winter. Bei herkömmlichen Antrieben kommt die Wärme bekanntlich aus dem Verbrennungsmotor, den – bei besonders effektiven Antrieben – ein elektrischer Zusatzheizer unterstützt. Dieser lässt sich entweder luft- oder wasserseitig installieren. Bei Autos mit 12-Volt-Bordnetz sitzen die Heizer oft in den Leitungen der Innenraumbelüftung und erwärmen die einströmende Luft direkt. Das hat den Vorteil, dass sich der Innenraum spontan und schnell aufheizen lässt.

Zusatzheizer für Hochvolt-Bordnetze sind dagegen oft in den Wasserkreislauf integriert. Das hat den Vorteil, dass sie bei Hybridantrieben und Range-Extender-Fahrzeugen gleichzeitig das Kühlwasser des Motors aufheizen und auf Temperatur halten können. So kommen diese schneller auf Betriebstemperatur.

Bei reinen E-Fahrzeugen fehlt dagegen ein Motor, der Abwärme als Nebenprodukt herstellt. Dazu kommt, dass sich Strom nicht so schnell nachtanken lässt wie Benzin oder Diesel. Bei E-Autos mit reiner PTC-Heizung sinkt die Reichweite im Winter teilweise auf rund 50% der Strecke, die mit dem Auto unter Idealbedingungen möglich wäre. Denn bei einer Außentemperatur von –15°C braucht man für ein Elektro-Auto eine Heizleistung von ungefähr 4,5 kW, um eine Innenraumtemperatur von 22°C aufrechtzuerhalten. Zum Vergleich: In der Stadt sind dagegen nur etwa 2,5 kW Antriebsleistung nötig, um im Verkehr „mitschwimmen zu können". Batterie und Antriebsstrang erzeugen durch ihren hohen Wirkungsgrad allerdings nur 0,4 kW Abwärme, der Rest muss also aus der Batterie kommen. Erschwerend kommt hinzu, dass die Zellen einer Lithium-Ionen-Batterie bei Temperaturen unter dem Gefrierpunkt in ihrer Leistung beeinträchtigt sind. Auch für die

Lebensdauer sind solch tiefe Temperaturen nicht gut. Antriebsbatterien für Elektro-Autos sollten deshalb an kalten Tagen ebenfalls aktiv beheizt werden.

Aus diesem Grund sind bei E-Fahrzeugen für die Heizungs- und Klimaanlage besonders effektive Systeme notwendig. Ein solches System ist die Wärmepumpe, die wie eine „umgedrehte Klimaanlage" arbeitet (Bilder 13.13 und 13.14). Wichtig ist dafür allerdings ein Kältemittel, das einen sehr niedrigen Siedepunkt hat. Die Wärmepumpe zieht – selbst bei winterlichen Temperaturen – die benötigte Wärme direkt aus der Umgebungsluft. Dafür wird das Kältemittel durch den Kondensator (1) geleitet, in dem es verdampft, solange die Luft wärmer ist als sein Siedepunkt. Der Akkumulator (3) sammelt das so entstandene Gas, und der nachfolgende Kompressor (2) verdichtet es. Der hohe Druck und die dadurch entstehende Reibung zwischen den Molekülen erzeugen weitere Wärme. Diese „heiße" Mischung wird dann zum Verdampfer (4) im Armaturenträger geleitet. Der Ventilator (9) bläst Luft durch den Verdampfer, diese erwärmt sich und strömt in den Innenraum. Ist das Mittel im Verdampfer abgekühlt, strömt automatisch warmes nach. Das abfließende, immer noch unter Druck stehende Kältemittel wird durch ein Expansionsventil (6) entspannt, fließt flüssig in den Kondensator zurück, und der Kreislauf beginnt von vorn.

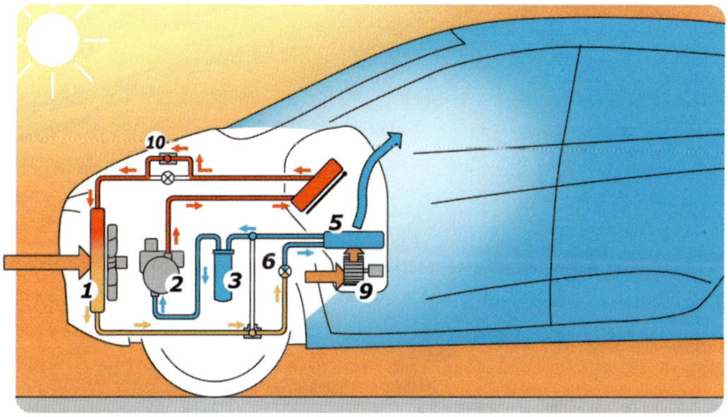

Klimaanlagen-Modus

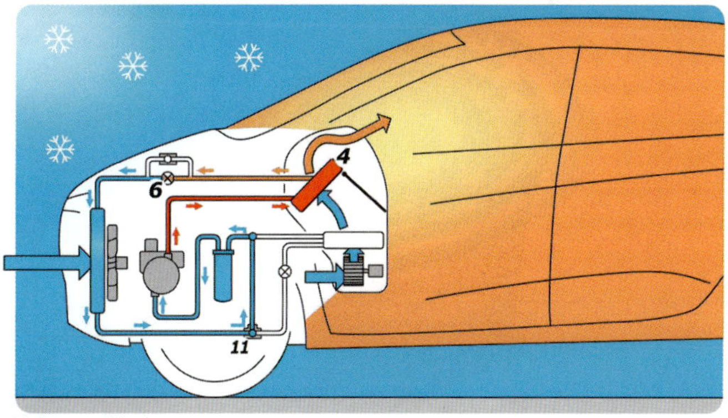

Heizungs-Modus

Bild 13.13 *Aufbau des Wärmepumpensystems im Renault Zoe*

1 Äußerer Kondensator/Verdampfer
2 Elektrischer Kompressor
3 Akkumulator
4 Innerer Kondensator
5 Cockpit-Verdampfer
6 Drosselventile
7 Steuergerät der Klimaautomatik
8 Wärmepumpen-Steuergerät
9 Ventilator
10, 11 Elektroventile
[Bild: Renault]

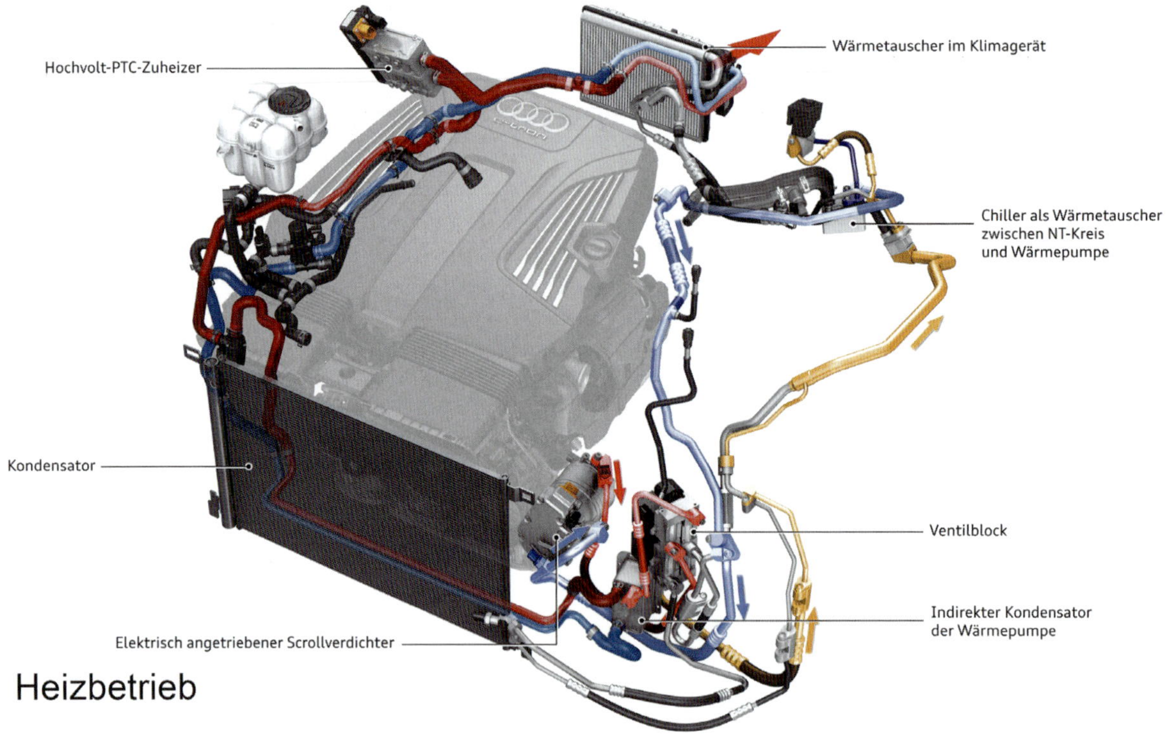

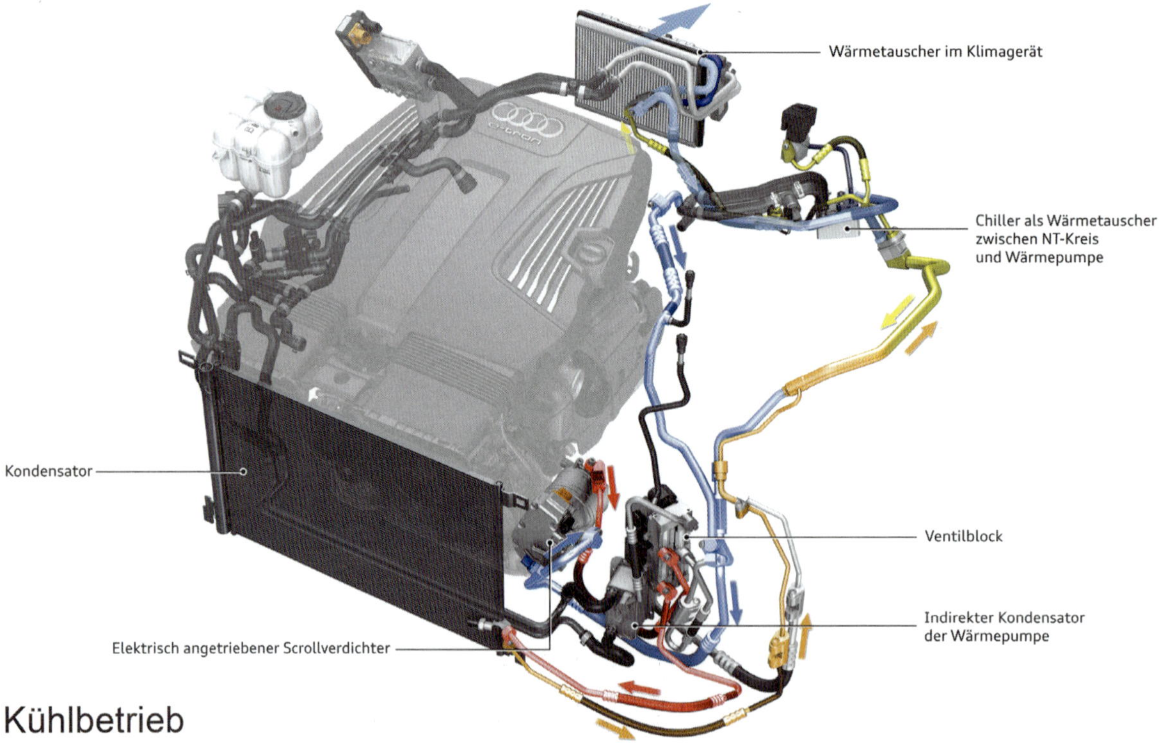

Bild 13.14 *Aufbau und Wirkungsweise der Wärmepumpe im Audi Q7 e-tron*
[Quelle: Audi]

Da die Wärmepumpe bei besonders niedrigen Temperaturen aber an Leistung verliert und der äußere Kondensator/Verdampfer dann sogar vereisen kann, ist es sinnvoll, in den Wasserkreislauf einen PTC-Heizer zu integrieren, der bei extremen Bedingungen die Funktion sicherstellt. Die Wärmepumpe hat außerdem den Vorteil, dass sie im Sommer auch den Innenraum kühlen kann. Dazu wird der beschriebene Kreislauf praktisch umgedreht, nur dass die kühlende Flüssigkeit über ein Elektroventil (11) einen etwas anderen Weg nimmt: Das wegen der Außenwärme bereits gasförmige Kältemittel wird über ein Drosselventil (6) dekomprimiert, kühlt sich dadurch schlagartig ab und wird flüssig. Die Flüssigkeit wird dann in einen anderen Verdampfer (5) geleitet, der für die Kühlung des Innenraums zuständig ist. Anschließend verdichtet der Kompressor (2) das Mittel wieder, es erwärmt sich und wird zurück in den Kondensator geleitet. Beim Renault Zoe, der serienmäßig mit einer solchen Wärmepumpe ausgestattet ist, braucht das Kühlen und Heizen laut Unternehmensangaben etwa 25% weniger Energie als in einem gleich großen Fahrzeug mit Verbrennungsmotor. BMW gibt an, dass die Wärmepumpe im i3 bis zu 30% weniger Energie benötigt als eine vergleichbare Heizung mit PTC-Widerständen.

14 Passive Sicherheitssysteme

Trotz ständig steigender Verkehrsdichte haben die Fahrzeughersteller durch die permanente Weiterentwicklung der Sicherheitssysteme einen Rückgang der bei einem Unfall getöteten bzw. schwerst verletzten Personen erreicht. Das ist einerseits auf die Verbesserung der aktiven Fahrzeugsicherheit, also der Systeme, die dazu beitragen einen Unfall zu verhindern, zurückzuführen. Einen wesentlichen Anteil hat aber auch der Fortschritt bei der passiven Fahrzeugsicherheit, also bei den Systemen und Maßnahmen, die die Unfallfolgen lindern.

Bei der Konstruktion der Karosseriestruktur optimieren die Ingenieure deren Deformationsverhalten bei einem Unfall ständig durch Crashtests. Nicht zuletzt sind es aber auch die Elektronik und zusätzliche Rückhaltesysteme, die den Insassenschutz nochmals erheblich steigern. Zu den Rückhaltesystemen gehört als wichtigstes Element der Dreipunkt-Sicherheitsgurt, der vielfach mit reversiblem oder pyrotechnischem Gurtstraffer ausgestattet ist. Dazu kommen mittlerweile eine Vielzahl von Airbags, die bei einem Unfall ausgelöst werden können.

Der Airbag, bereits in den 50er-Jahren zum Patent angemeldet, wurde Ende der 70er-Jahre in den USA zunächst als Fahrer- und dann zusätzlich als Beifahrer-Airbag notwendig. Gründe dafür waren die damaligen Vorschriften zum Insassenschutz in Verbindung mit einer fehlenden Gurtanlegepflicht. Unbestritten ist jedoch, dass sich ein angelegter Dreipunkt-Sicherheitsgurt und der Airbag optimal ergänzen und zusammen die beste Schutzwirkung erzielen.

In Europa (Gurtanlegepflicht) werden aus diesem Grund die Auslöseschwellen (Stärke der Negativbeschleunigung bei einem Unfall) angepasst, d.h. erhöht, und die Volumina der Luftsäcke verringert, um mehr Gestaltungsmöglichkeiten im Fahrzeuginnenraum (geringerer Bauraum, gerade im Lenkrad) zu erhalten. Bei einem Aufprall im unteren Geschwindigkeitsbereich übernimmt zunächst der Gurt die Rückhaltefunktion, erst bei höheren Aufprallgeschwindigkeiten (i.d.R. ≥30km/h) werden zusätzlich ein oder mehrere Airbags gezündet. Der Airbag kann daher unter keinen Umständen das Anlegen des Sicherheitsgurts ersetzen. In Deutschland setzten sich Fahrer- und Beifahrer-Airbag erst ab Ende der 80er-Jahre zunächst in der gehobenen Fahrzeugklasse durch. Mitte der 90er-Jahre kam zum Fahrer- und Beifahrer-Airbag der Seitenairbag und kurz darauf der Kopfairbag. Mittlerweile kann eine Fahrzeugausstattung mit Fahrer- und Beifahrer-Airbag sowie Seitenairbags für die Frontpassagiere, kombiniert mit Gurtstraffersystemen, als Standard angesehen werden. Ein Fahrzeug der gehobenen Klasse ist heute serienmäßig mit mehr als 10 Airbags (Fahrer-, Beifahrer-Airbag für Frontaufprall, Seiten- und Kopfairbags für vorne und hinten sowie links und rechts, Knie- und Gurt-Airbag, Windowbag, Airbags für Panoramadächer und die Windschutzscheibe von außen (Fußgängerschutz) sowie Gurtstraffern für alle Gurte vorne und hinten ausgestattet, die von einem Steuergerät abgestuft und nach Notwendigkeit ausgelöst werden. Bild 14.1 zeigt die Anordnung einiger Airbags.

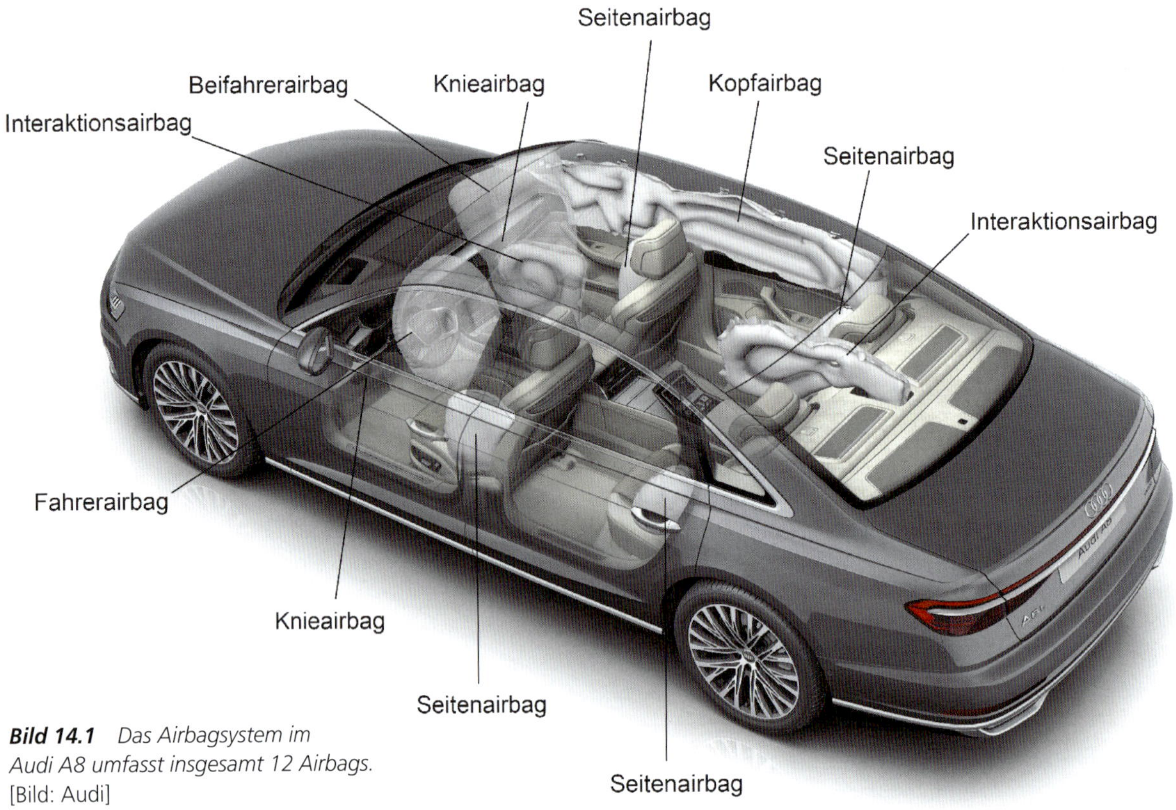

Bild 14.1 *Das Airbagsystem im Audi A8 umfasst insgesamt 12 Airbags.* [Bild: Audi]

14.1 Fahrer- und Beifahrerairbag

Bei einem Unfall mit Frontaufprall können sich Fahrer und Beifahrer schwere Kopf- und Brustverletzungen zuziehen, wenn sie ungebremst gegen Lenkrad, Armaturenbrett oder sogar gegen die Windschutzscheibe geschleudert werden. Ein angelegter Sicherheitsgurt (auch mit Gurtstraffer) mindert den Aufprall, kann ihn jedoch bei höherer Geschwindigkeit nicht völlig vermeiden. Um dies zu verhindern, werden bei einem Frontaufprall innerhalb einiger Millisekunden die Airbags ausgelöst, also je ein Luftsack vor dem Lenkrad und auf der Beifahrerseite vor dem Armaturenbrett aufgeblasen. Beim Fahrerairbag dauert das gerade einmal ca. 50 ms. Der zeitliche Ablauf einer Airbag-Zündung ist beispielhaft in den Bildern 14.2 und 14.3 dargestellt. Die angegebenen Zeitwerte sind fahrzeugspezifisch und weichen entsprechend der definierten Deformation der Karosseriestruktur bei anderen Fahrzeugen minimal ab.

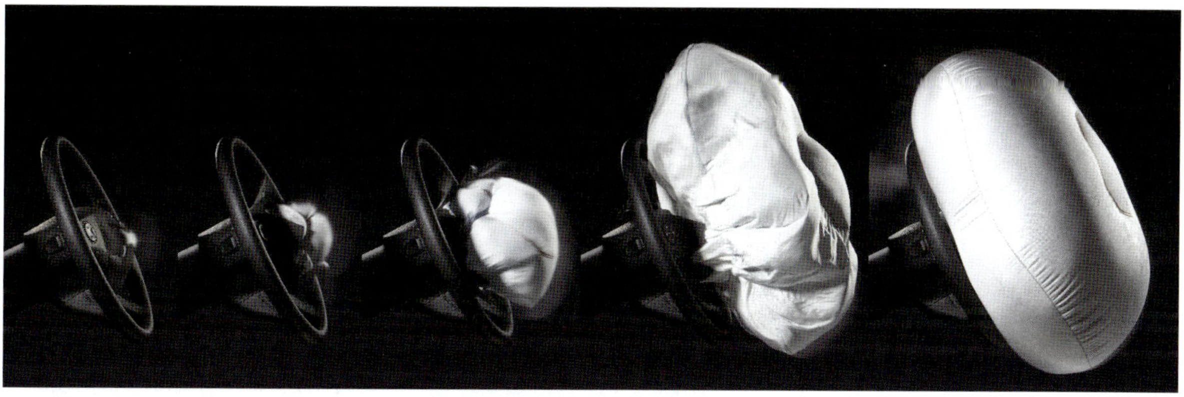

Bild 14.2 *Das Aufblasen eines Fahrerairbags dauert gerade einmal rund 50 ms.* [Bild: Daimler]

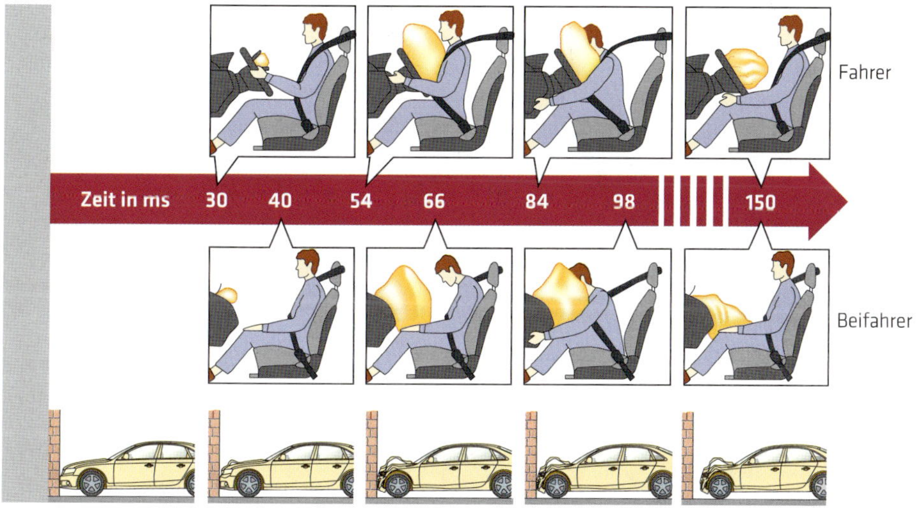

Bild 14.3 *Beispiel für den zeitlichen Verlauf eines Frontalaufpralls mit einer Geschwindigkeit von 56 km/h* [Bild: AS-Illu]

Zunächst werden die Bauteile und deren Funktion am Beispiel des Fahrerairbags erläutert. Das ursprüngliche System für einen Fahrerairbag setzte sich aus folgenden Bestandteilen zusammen:

- Aufblasbarer Luftsack aus Nylon mit Öffnungsschlitzen
- Gasgenerator mit Zündpille zum Aufblasen des Luftsacks
- Elektronisches Auslöse-(Steuer-)gerät mit integriertem Beschleunigungsaufnehmer (Stoßsensor), Kondensator (als Energiereserve) und einem Spannungswandler
- Kontrolllampe zur Systemüberwachung
- Je nach Hersteller ein oder zwei Frontsensoren (zusätzliche Beschleunigungsaufnehmer bei den ersten Systemen zur Vermeidung von Fehlauslösungen, zwischenzeitlich entfallen, heute teilweise zur Erhöhung der Präzision wieder im Einsatz)
- Eine Wickelfeder (Spiralkabel) zur sicheren Kontaktübertragung von der Lenksäule zum Lenkrad (nicht bei allen Herstellern/Fahrzeugen).

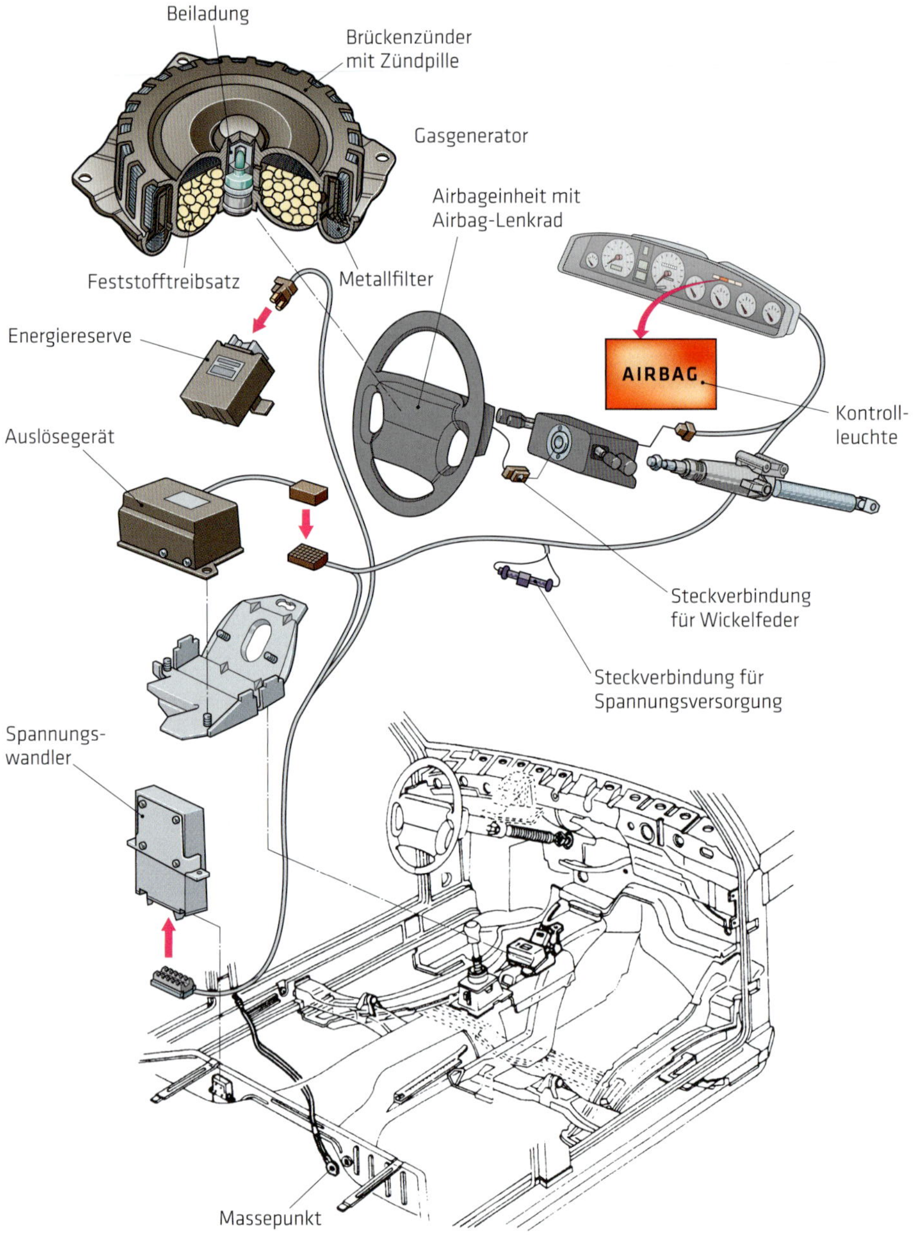

Bild 14.4 *Bauteile eines Airbagsystems für den Fahrerairbag* [Bild: AS-Illu]

Die Funktionsfähigkeit jedes Airbagsystems wird fortlaufend überwacht und durch eine Kontrolllampe angezeigt. Nach dem Herstellen der Spannungsversorgung (ab Zündschlossstellung 1) leuchtet diese. Erlischt sie nach 4 bis 6 Sekunden, hat die Überwachungselektronik im Steuergerät keinen Fehler erkannt und das System ist einsatzbereit. Kommt es nun zu einem Unfall mit Frontaufprall, bei dem die definierte Fahrzeugverzögerung/Auslöseschwelle überschritten wird, so löst das Spannungssignal eines Beschleunigungsaufnehmers im Steuergerät einen Zündstrom aus, der über eine Leitung zum Gasgenerator gelangt. Beim Fahrerairbag wird zur sicheren Kontaktierung häufig eine Wickelfeder (auch Spiralkabel oder Kabelrolle) anstelle eines normalen Schleifkontakts verwendet.

Erkennen die (2 elektronischen) Verzögerungssensoren im Airbag-Steuergerät einen Aufprall mit einer Verzögerung von im Regelfall über 2 g (2 x 9,81 m/s^2), so wird der Zündstrom durch einen Kondensator im Steuergerät, auch bei unfallbedingter Unterbrechung der Spannungsversorgung durch die Fahrzeugbatterie, an den benötigten Airbag geleitet.

Die Beschleunigungssensoren bestehen aus einer mikromechanischen Kammstruktur und einer Auswerteelektronik. Die Kammzinken der mikromechanischen Struktur bilden dabei einen Kondensator und der Abstand zwischen ihnen bestimmt dessen Kapazität. Eine Hälfte der Kammstruktur ist beweglich aufgehängt und fungiert als seismische Masse. Deshalb verändern die Zinken je nach Beschleunigung und Verzögerung ihre Position relativ zueinander. Die daraus resultierende Kapazitätsänderung wird von der Auswerteelektronik erfasst, in einen Messwert umgerechnet und als Spannungssignal ausgegeben.

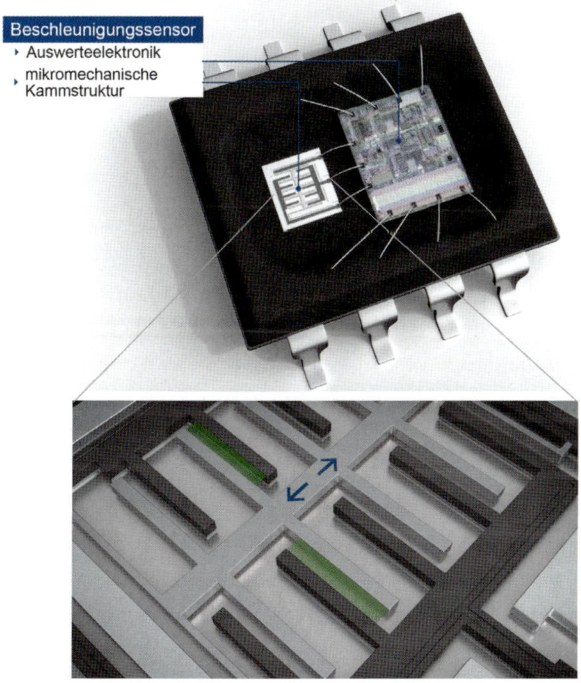

Bild 14.5 *Modell eines mikromechanischen Beschleunigungssensors. Der silberne mikromechanische Kamm fungiert als seismische Masse und verändert bei Beschleunigungen und Verzögerungen die Kapazität des von der Mikrostruktur gebildeten Kondensators.*
[Bild: Bosch]

Ältere Fahrzeuge verfügen oftmals nur über einen elektronischen Verzögerungssensor. Um Fehlzündungen bei Fehlern im Bereich dieses Sensors zu verhindern, kommt hierbei ein zusätzlicher Safing-Schalter zum Einsatz. Die in diesem Schalter verbauten Reedkontaktschalter liegen zwischen dem Kondensator und der Zündeinheit des Airbags. Erst wenn der Magnet durch entsprechende Verzögerung gegen die Federkraft über den Reedkontaktschalter geschoben wird, ist der Zündstromkreis geschlossen und die Airbag-Zündung kann erfolgen.

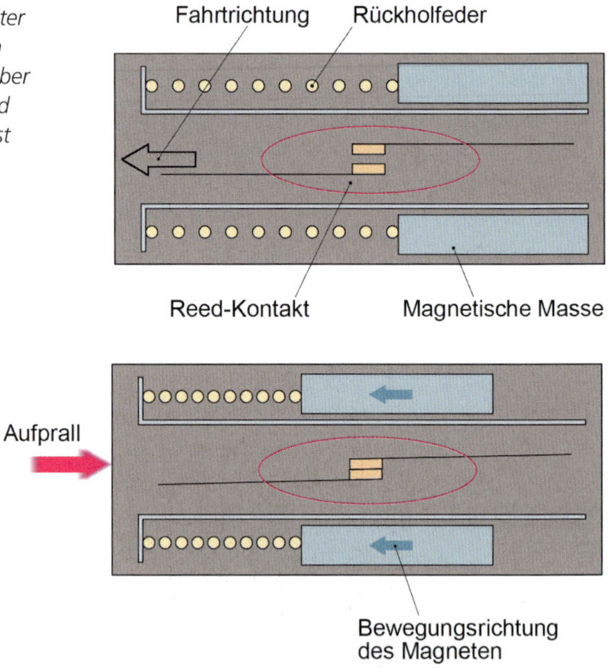

Bild 14.6 *Sicherheitsschalter mit Reedkontakt. Bei einem Aufprall wird der Magnet über den Kontakt geschoben und schließt diesen. Dadurch löst der Airbag aus.* [Bild: AS-Illu]

Falls Frontsensoren verbaut sind, muss ebenfalls mindestens einer dieser Sensoren einen zusätzlichen Kontakt schließen. Bei einer Variante dieser alten, mechanisch arbeitenden Frontsensoren wird eine Rolle entgegen der Vorspannung durch eine Bandfeder über einen Kontakt bewegt. Bei der anderen Variante wird ein Exzenterrotor mit Exzentergewicht gegen die Kraft einer Schraubenfeder verdreht, sodass die Drehkontakte und Festkontakte verbunden werden.

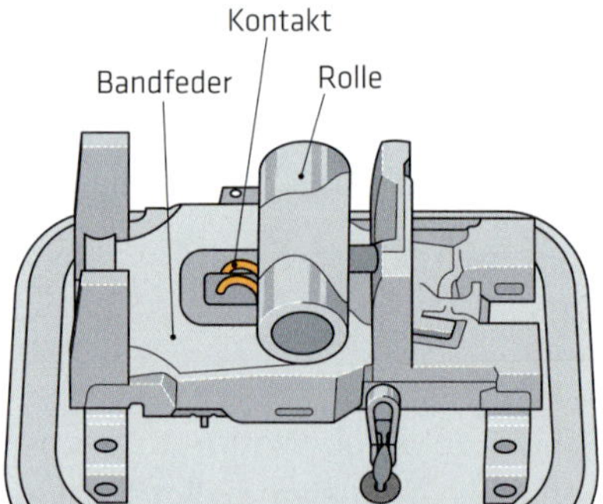

Bild 14.7 *Mechanischer Frontsensor mit Rolle und Bandfeder. Bei einem Unfall ist die Massenträgheit der Rolle stärker als die Federkraft. Dadurch schließt sie den Kontakt.* [Bild: AS-Illu]

Der Zündstrom löst dann im Gasgenerator mittels einer Zündpille die Entzündung des Festtreibstoffs (i.d.R. Natriumazid) aus. Dabei entsteht ein Gas (i.d.R. Stickstoff), das den Luftsack aufbläst. Das Treibgas wird zuvor durch den Metallfilter gereinigt und von ca. 700°C auf unter 100°C abgekühlt. Der bei einer Auslösung sichtbare Rauch ist nur das Talkum, das den gefalteten Luftsack vor dem Verkleben schützt.

Nach etwa 30 ms hat der Luftsack sein volles Volumen von bis zu 80 l (Fahrerairbag, je nach Hersteller) erreicht. Durch Öffnungen auf der vom Körper abgewandten Seite des Luftsacks entweicht ein Teil des Gases wieder. Nach 100 bis 120 ms ist der Luftsack größtenteils wieder entleert. Er hat seine Schutzfunktion erfüllt und soll nun den Verunfallten und notwendige Rettungsmaßnahmen nicht behindern. Der Luftsack für die Beifahrerseite fasst bis zu 150 l (je nach Hersteller) und wird deshalb entweder durch zwei in kurzem Abstand (5 bis 10 ms) gezündete Topfgasgeneratoren, einen Rohrgasgenerator, dessen Funktion identisch zu der des Topfgasgenerators ist, oder durch einen Kaltgasgenerator gefüllt.

Der Kaltgasgenerator, oder auch Hybridgenerator, besteht aus einem mit Edelgas befüllten Druckgasbehälter, der unter einem Druck von bis zu 500 bar steht. Bei einer Auslösung wird durch die Zündeinheit, bzw. den vom Festtreibstoff freigesetzten Stickstoff, ein Schlagbolzen beschleunigt, der den Druckgasbehälter öffnet und das komprimierte Gas über eine Ausströmöffnung in den Luftsack entlässt.

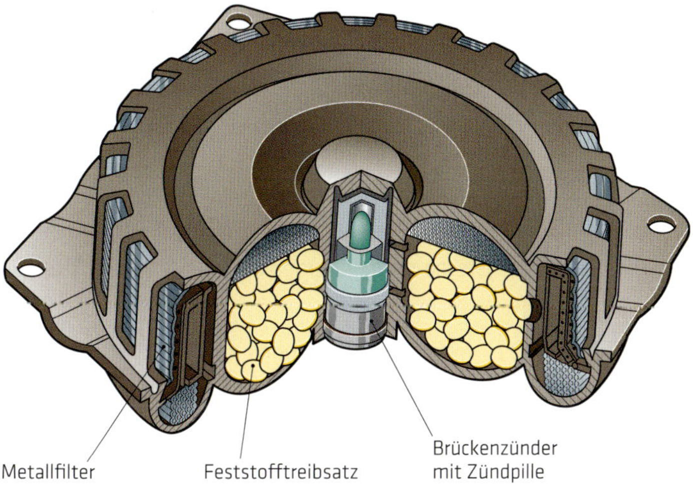

Bild 14.8 *Airbag-Gasgenerator mit Feststofftreibsatz* [Bild: AS-Illu]

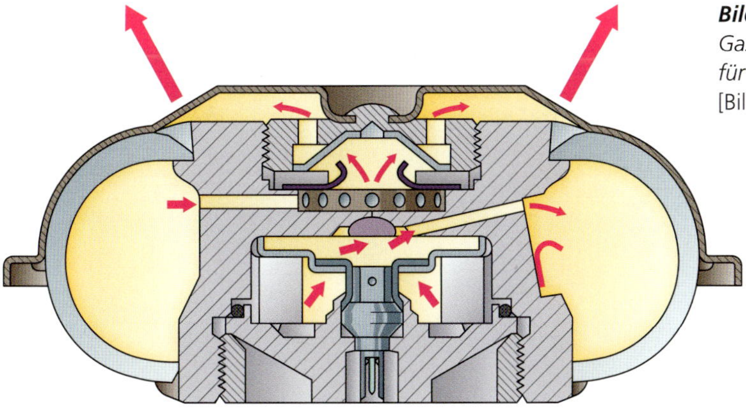

Bild 14.9 *Hybrid-Gasgenerator für einen Fahrerairbag* [Bild: AS-Illu]

Auch beim Beifahrerairbag entleert sich der Luftsack, unabhängig vom verwendeten Gasgenerator/System, wieder durch Austrittsöffnungen auf der den Insassen abgewandten Seite. Der Beifahrerairbag wird meist gemeinsam mit dem Fahrerairbag ausgelöst. Mittlerweile gibt es bei einigen Herstellern für den Fahrer- und Beifahrerairbag 2-stufige Gasgeneratoren, die je nach Unfallart und Unfallschwere in unterschiedlichen Zeitintervallen gezündet werden, um damit eine optimale Schutzwirkung zu erzielen.

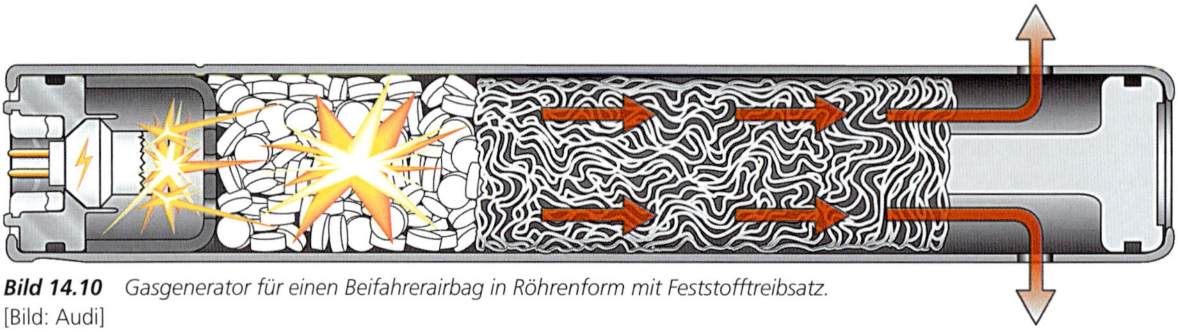

Bild 14.10 *Gasgenerator für einen Beifahrerairbag in Röhrenform mit Feststofftreibsatz.* [Bild: Audi]

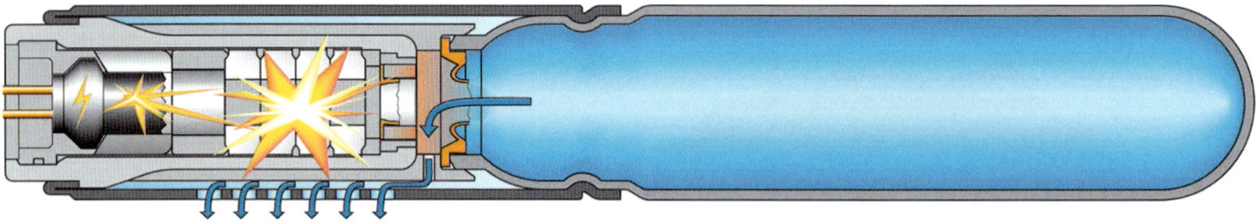

Bild 14.11 *Aufbau eines Hybridgasgenerators in Röhrenform. Gut zu erkennen ist die axial angeflanschte Druckgasflasche.* [Bild: Audi]

Für die Auslösung der Insassenschutzsysteme unterscheiden die Hersteller im Regelfall folgende Szenarien:

- Crashschwere 0 = leichter Unfall, es werden keine Airbags ausgelöst
- Crashschwere 1 = mittlerer Unfall, es ist möglich, dass Airbags in der 1. Stufe ausgelöst werden
- Crashschwere 2 = schwerer Unfall, es werden Airbags in der 1. Stufe ausgelöst
- Crashschwere 3 = sehr schwerer Unfall, es werden Airbags in der 1. und 2. Stufe ausgelöst

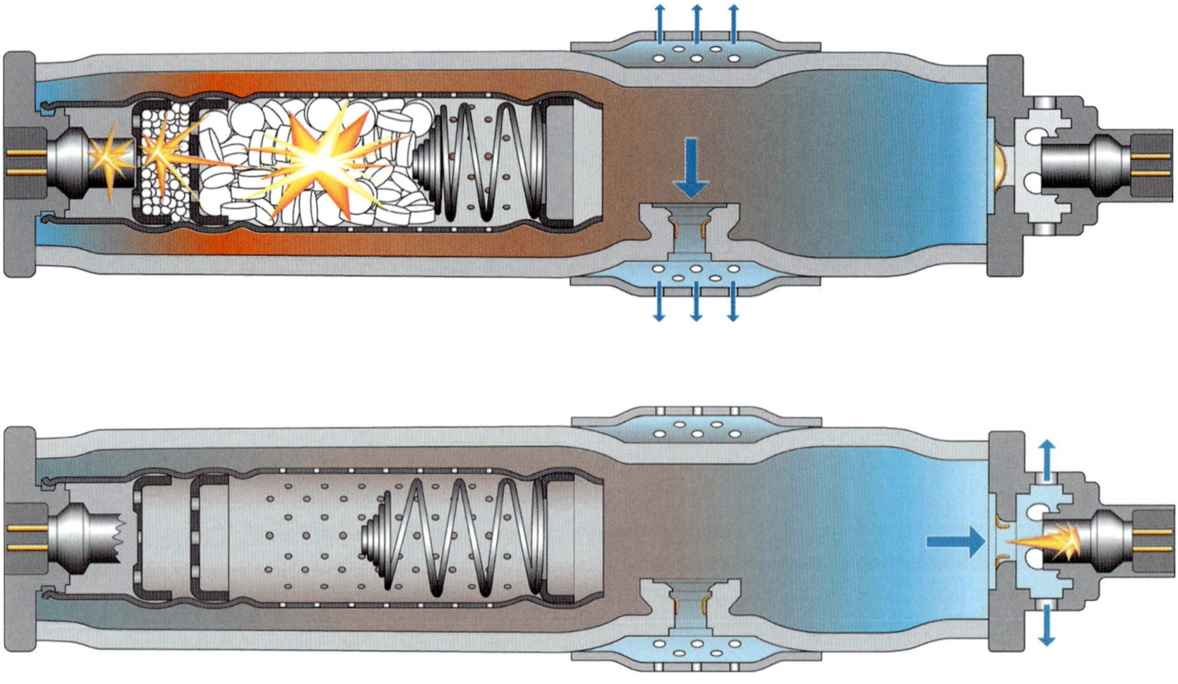

Bild 14.12 *Adaptive Auslösung eines Beifahrerairbags. Oben die Erstzündung, unten die Zweitzündung für ein schnelleres Entweichen des Gases.* [Bild: Audi]

Ist die Beifahrerseite nicht besetzt, ist die Auslösung des oder der dortigen Airbags nicht nötig und verursacht zusätzliche, unnötige Reparaturkosten. Um dies zu vermeiden, wird in einigen Fahrzeugen eine (Beifahrer-) Sitzbelegungserkennung eingebaut. Es handelt sich hierbei um eine Matte unter dem Beifahrersitzbezug, die mit Drucksensoren und einer kleinen Auswerteelektronik versehen ist.

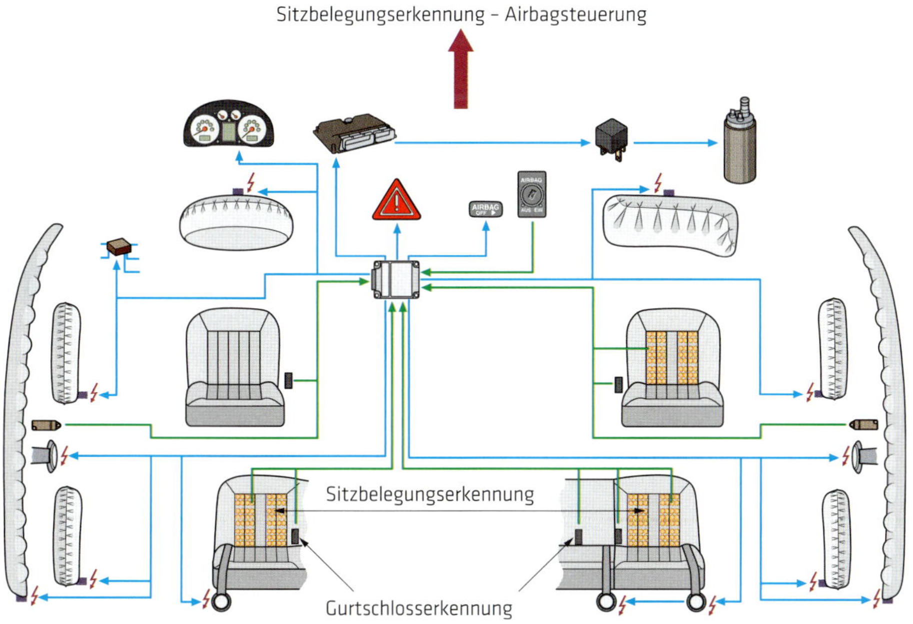

Bild 14.13 *Sitzbelegungserkennungen erlauben es, bei einem Unfall nur Airbags an belegten Sitzen zu zünden. Das reduziert die Reparaturkosten.* [Bild: AS-Illu]

Ab einem Gewicht von ca. 12 kg wird von der Auswerteelektronik ein Signal an das Airbag-Steuergerät gesendet und der Beifahrersitz als belegt erkannt. Ist der Beifahrersitz bei einem Unfall mit Frontairbagauslösung nicht belegt, wird nur der Fahrerairbag, nicht aber der Beifahrerairbag gezündet. Die Funktion der Sitzbelegungserkennung wird vom System ständig überwacht und bei Fehlern neben der Anzeige der Airbag-Warnlampe der Sitz aus Sicherheitsgründen als belegt geschaltet. Der Beifahrerairbag wird dann immer mit dem Fahrerairbag ausgelöst.

Hinweis: In einigen Fällen wird der Beifahrerairbag mittlerweile auch beim Seitencrash von rechts ausgelöst, um den Fahrer zu schützen.

Kompakt-Airbag (Eurobag)

Kurzzeitig gab es Anfang der 90er-Jahre als spezielle Entwicklung für den europäischen Markt den sog. Kompakt-Airbag (daher auch z.T. die Bezeichnung „Eurobag"). Bei diesem System ging man davon aus, dass der Fahrer angegurtet ist und das Verletzungsrisiko durch den Aufprall von Kopf und Brust auf das Lenkrad mittels eines kleineren Airbags ausreichend verringert werden kann. Eine Ergänzung zu diesem System stellte je ein mechanischer Gurtschloss-Strammer für den Fahrer und den Beifahrer dar. Dieser Kompakt-Airbag benötigte durch sein kleineres Volumen (30 l) weniger Treibmittel. Das verringerte die Schalldruck- und Rauchbelastung bei einer Auslösung. Darüber hinaus stand für das kleinere Volumen die gleiche Aufblaszeit wie beim herkömmlichen Airbag (ca. 30 ms) zur Verfügung. Außerdem waren im Vergleich dazu das Gesamtgewicht des Systems sowie das Gewicht des Lenkrads geringer. Durch den einfacheren Systemaufbau konnten die Herstellkosten niedriger gehalten werden. Der Auslösemechanismus und die Funktion entsprechen im Wesentlichen dem bereits eingangs beschriebenen Airbagsystem. Der Unterschied besteht darin, dass sämtliche Bauteile im Lenkrad integriert sind, d.h., auch die Steuerelektronik befindet sich dort. Die Spannungsversorgung erfolgt über 2 Schleifkontakte im Lenkrad. Über einen Schleifring liegt permanent Masse an, über den anderen wird ab Zündschlossstellung R bzw. 1 Batterie-Plus zugeschaltet. Die Betriebsbereitschaft wird durch eine Kontrolllampe angezeigt, die im Lenkrad oder im Kombiinstrument verbaut sein kann.

14.1.1 Systemüberwachung und Sicherheitsvorschriften

Leuchtet nach Herstellen der Spannungsversorgung die Kontrolllampe nicht auf bzw. bleibt sie permanent an oder blinkt, hat das Steuergerät durch die Überwachungselektronik einen Fehler festgestellt. Das Airbagsystem ist dann unter Umständen teilweise oder vollständig nicht funktionsbereit. In diesem Fall ist der Fehlerspeicher auszulesen, und die entsprechenden Bauteile müssen erneuert werden. Reparaturen an Bauteilen sowie am gesamten Airbagsystem sind durch die Hersteller meist nicht erlaubt. Da es sich sowohl bei Airbags als auch meist bei den Gurtstraffersystemen um pyrotechnische Gegenstände handelt, unterliegt deren Umgang, Beförderung und Lagerung dem „Gesetz über explosionsgefährliche Stoffe" (Sprengstoffgesetz). Außerdem sollte man bei Reparaturen und dergleichen auch bedenken, dass ein Fehler schwerwiegende Folgen haben, Verletzungen nach sich ziehen oder schlimmstenfalls auch tödlich enden könnte. Die nachfolgenden Hinweise wurden mit bestem Wissen und Gewissen zusammengestellt, können aber leider nicht alle Eventualitäten ausschließen. Deshalb sind grundsätzlich alle

Prüf-, Montage- und Demontagearbeiten sind nur von geschultem Fachpersonal mit größtmöglicher Sorgfalt durchzuführen.

- Der erstmalige Umgang mit pyrotechnischen Gegenständen, wie z.B. dem Airbag oder pyrotechnischen Gurtstraffern muss dem zuständigen Gewerbeaufsichtsamt mit Angabe der verantwortlichen Person rechtzeitig gemeldet werden.
- Bei allen Arbeiten am Airbag bzw. an Gurtstraffern ist, falls vorhanden, der Sicherheitsschalter zu entfernen bzw. durch Abklemmen der Batterie die Spannungsversorgung zu unterbrechen. Dies gilt auch für Richt- und Schweißarbeiten.
- Nach Unterbrechung der Spannungsversorgung muss einige Minuten gewartet werden, um sicherzustellen, dass sich der (die) Zündkondensator(en) im Steuergerät vollständig entladen hat (haben).
- Die Rückhaltesysteme dürfen nur mit den vom Hersteller freigegebenen Prüfkabeln und Testern und nur im eingebauten Zustand geprüft werden.
- Beschädigte, heruntergefallene oder gebrauchte Systembauteile dürfen nicht verbaut werden (ausschließlich Neu- und Originalteile sind zu verwenden!).
- Defekte Systembauteile sowie die dazugehörige Verkabelung dürfen nicht repariert werden, sondern müssen immer ausgetauscht werden.
- Aus Sicherheitsgründen sind bei allen pyrotechnischen Systemen viele Stecker mit einem integrierten Kurzschlusskontakt versehen, der beim Lösen des Steckers die Stromversorgung und Masseklemme kurzschließt. Häufig werden bei Steckern dieser Systeme auch verschiedene Arten von Verriegelungsmechanismen verwendet, um eine sichere Steckverbindung zu gewährleisten. Die Funktionsfähigkeit dieser Stecker muss immer sichergestellt sein. Reparaturen sind nicht zulässig. Bild 14.14 zeigt beispielhaft verschiedene Stecker.

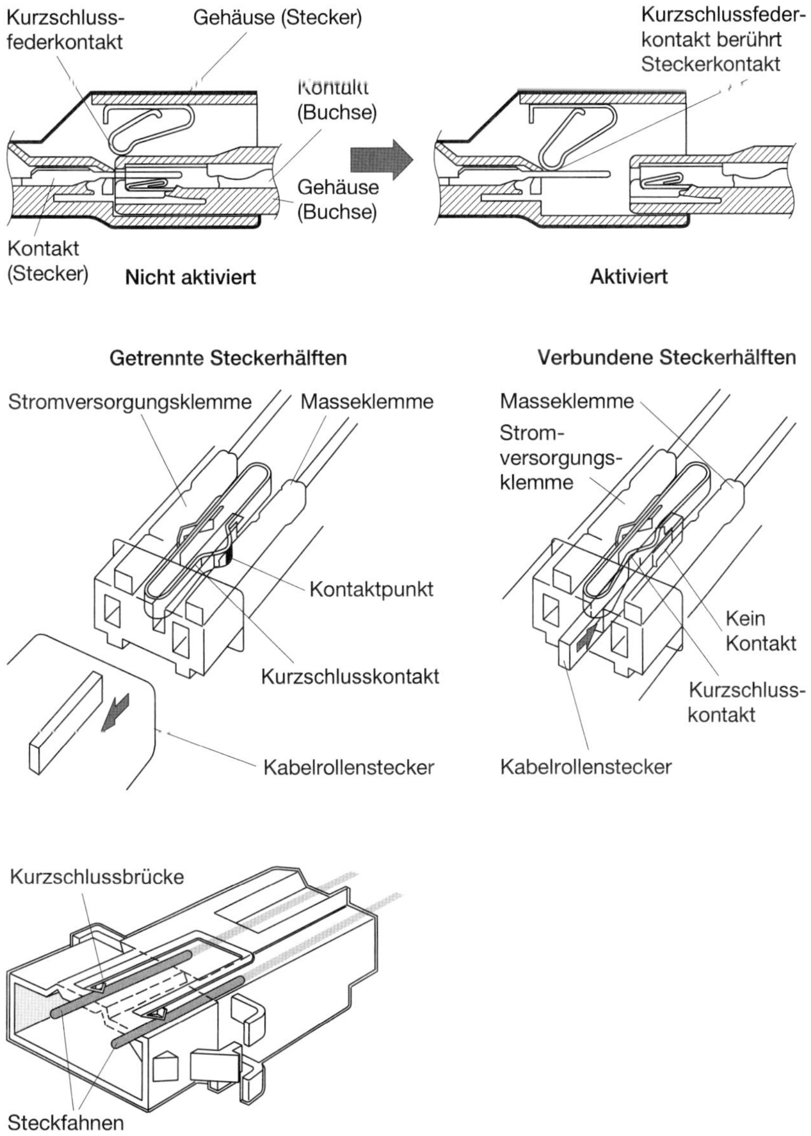

Bild 14.14 *Beispiele von Steckern für pyrotechnische Systeme*

- An den gesamten Rückhaltesystemen dürfen keine Veränderungen vorgenommen werden, wie z.B. zusätzliche Aufkleber, Verkleidungen oder eine Veränderung der konstruktiv vorgegebenen Einbaulage.
- Pyrotechnische Bauteile müssen unmittelbar nach der Entnahme aus dem Lager eingebaut werden und dürfen nicht unbeaufsichtigt liegen bleiben.
- Airbag-Einheiten sind im ausgebauten Zustand grundsätzlich so abzulegen, dass sie mit der gepolsterten Seite (Prallpolster) nach oben zeigen bzw. der Gasgenerator unten liegt.
- Systembauteile dürfen nicht mit Fett, Öl, Wasser, Reinigungsmitteln und dergleichen in Berührung kommen.
- Temperaturen über 80°C (auch kurzfristig) sind unbedingt zu vermeiden.
- Beim Wiederherstellen der Spannungsversorgung darf sich niemand im Fahrzeug befinden.

- Verbringung und Lagerung von pyrotechnischen Gegenständen dürfen nur in der Originalverpackung erfolgen (dies gilt auch für nicht ausgelöste Airbageinheiten bzw. Gurtstraffer, die an den Hersteller zurückgesendet werden).
- Freimengen für Transport und Lagerung sind zu beachten.
- Der Transport von pyrotechnischen Gegenständen darf nur im Kofferraum oder Laderaum eines Fahrzeugs erfolgen.

Wurden die Rückhaltesysteme bei einem Unfall ausgelöst, kann es unter Umständen sinnvoll sein, das Steuergerät aus Beweissicherungsgründen o.Ä. auszubauen und aufzubewahren. Dies kann eventuell auch bei einem nicht ausgelösten Airbag der Fall sein.

Bei Fahrzeugen mit Beifahrerairbag ist darauf zu achten, dass kein Kindersitz (Babyschale) entgegen der Fahrtrichtung montiert werden darf, da dies bei einem Unfall mit Airbagauslösung tödliche Folgen haben könnte. Sofern es der Hersteller erlaubt, kann aber auf Kundenwunsch der Beifahrerairbag stillgelegt werden. Dies geschieht entweder bei älteren Systemen durch eine entsprechende Umprogrammierung des Steuergeräts und sicherheitshalber zusätzlich durch Trennen der Steckverbindung zum Beifahrer-Airbag. Die entsprechende Information und die ausgeführte Arbeit sollten schriftlich festgehalten und vom Kunden unterzeichnet werden. Bei einigen Herstellern bzw. Fahrzeugen kann der Beifahrerairbag auch durch Drehen eines Schlosses, das mit dem Fahrzeugschlüssel bedient werden kann, deaktiviert werden, oder der Airbag deaktiviert sich bei Verwendung einer vom Fahrzeughersteller angebotenen Babyschale automatisch. Eine entsprechende Warnlampe leuchtet dann als „Erinnerung" permanent auf.

Nach einem Unfall mit einem oder mehreren ausgelösten Airbags sind die ausgelösten Airbageinheiten mit Prallplatte/Abdeckungen und Gasgenerator(en) sowie die Frontsensoren (falls vorhanden) bzw. auch die entsprechenden Seitenairbagsensoren auszuwechseln, manchmal auch das Steuergerät (sofern die Herstellerangaben nicht noch weitreichender sind). Das Gleiche gilt für Gurtstraffer. Vor der Verschrottung eines Fahrzeugs müssen noch nicht ausgelöste Airbags bzw. Gurtstraffer fremdgezündet werden. Dies geschieht durch ein Auslösewerkzeug (Zündkabel), sofern der jeweilige Hersteller ein solches zur Verfügung stellt und die Fremdzündung erlaubt. Ansonsten sind sämtliche pryrotechnischen Bauteile auszubauen und an den Hersteller zurückzusenden. Bei der Fremdzündung wird das Zündkabel zum einen an die pyrotechnische Einheit (Gasgeneratoren), zum anderen an eine Batterie angeschlossen. Bei der Fremdzündung von Airbageinheiten muss man einen Abstand von mindestens 10 m einhalten. Wichtig ist auch, lose Gegenstände aus dem Ausdehnungsbereich zu entfernen. Das Fahrzeug ist dann auf einen geeigneten, freien Platz zu stellen und die Schallentwicklung vorher bei evtl. betroffenen Personen anzukündigen. Nach der Zündung muss die Airbageinheit abkühlen (unter Beobachtung). Bei einem Zündversagen muss man ebenfalls einige Minuten warten, bevor man sich dem Fahrzeug nähert.

14.2 Seitenairbags

Die Seitenairbags haben ein Volumen zwischen 10 und 20 l. Sie sind in den Türen oder in den Sitzen integriert und schützen in vielen Autos inzwischen auch den Kopf. Seitenairbags sind auch im Fond möglich. Für die Entfaltung und Füllung des Luftsacks werden je nach Hersteller Topfgasgeneratoren und Rohrgasgeneratoren sowie Kaltgasgeneratoren eingesetzt. Da beim Seitenaufprall fast kein Deformationsweg zur Verfügung steht, müssen die Auslösung und Positionierung des Seitenairbags noch schneller als bei den Frontairbags ablaufen.

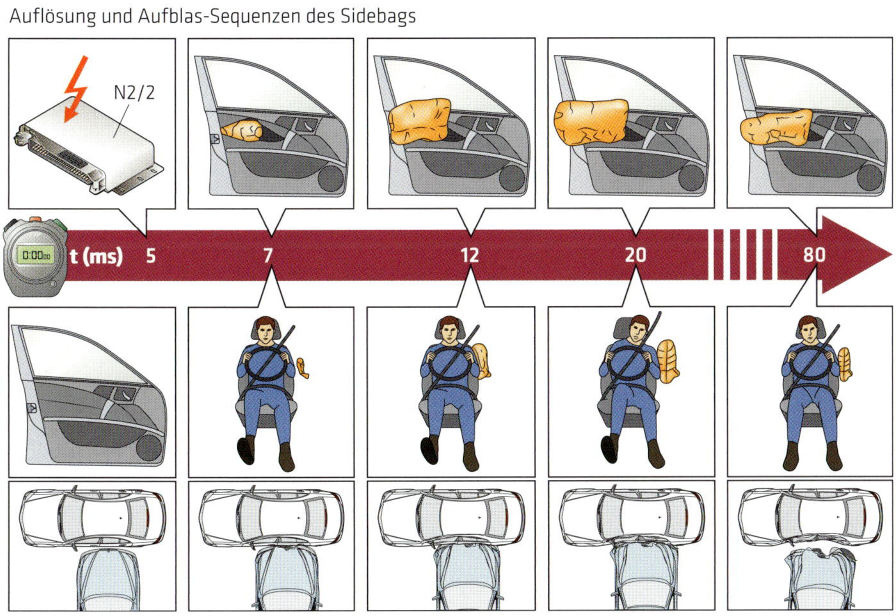

Bild 14.15 *Zeitlicher Ablauf der Auslösung eines Seitenairbags. Die zur Verfügung stehende Zeitspanne ist hier deutlich kürzer als bei Fahrer- und Beifahrerairbag.*
[Bild: AS-Illu]

Ein Seitenaufprall wird innerhalb von nur 6 ms erkannt. Nach insgesamt 20 ms ist der Airbag aufgeblasen und voll funktionsfähig. Damit der Seitenaufprall und die Notwendigkeit einer Auslösung sofort richtig ausgewertet werden, befindet sich links und rechts möglichst weit außen je ein Sensor. Diese geben dem „Hauptsteuergerät" ein entsprechendes Signal. Bei einem Austausch eines Sensors muss die Einbaulage beachtet werden (z.B. Pfeil nach außen). Es wird immer derjenige Airbag aktiviert, der dem Anstoß zugewandt ist. Die Aufgabe des Seitenairbags ist einerseits, Verletzungen durch den Aufprall auf der Türbrüstung, Seitenscheibe usw. abzudämpfen, andererseits aber auch eine rechtzeitige Beschleunigung/Bewegung des Insassen in Stoßrichtung. Dadurch werden die auftretenden Spitzenbelastungen für den Körper verringert.

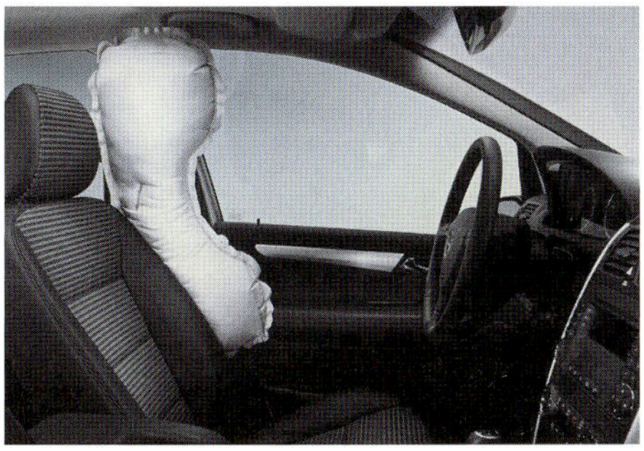

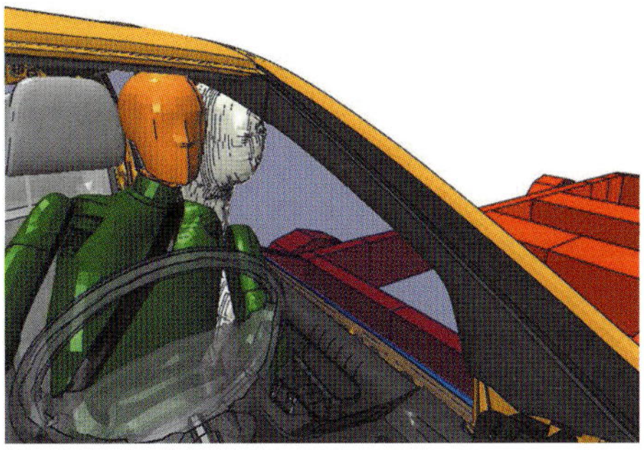

Bild 14.16 *In Autos ohne zusätzlichen Windowbag reichen die Seitenairbags oft bis hoch zum Kopf.*
[Bild: Daimler]

14.3 Kopfairbag/Windowbag

Bei einem Seitenaufprall sind trotz Seitenairbags die Belastungen für den Kopf und die Halswirbel sehr hoch. Um auch diese Spitzenbelastungen zu reduzieren, wurde als Ergänzung zum Seitenairbag (für den Becken-/Brustbereich) der Kopfairbag (Kopf-/Halsbereich) entwickelt. Der Kopfairbag wird gemeinsam mit dem Seitenairbag ausgelöst. Um den Kopf bei einem Seitenaufprall zu schützen, gibt es drei verschiedene Varianten: den bereits beschriebenen Seitenairbag, den sogenannten ITS-Airbag (Inflatable Tubular Structure) und den Windowbag. Im Gegensatz zu allen anderen Airbags ist der ITS-Kopfairbag gasdicht, d.h., das durch den Gasgenerator erzeugte Gas kann nicht aus dem Luftsack/Schlauch entweichen. Das Besondere an diesem Kopfairbag darüber hinaus ist die Gewebestruktur des Luftsacks/Schlauchs. Im leeren Zustand kann er entlang der A-Säule und im Dachbereich verlegt werden.

Erst wenn er befüllt und mit Druck beaufschlagt wird, vergrößert sich sein Durchmesser um ein Vielfaches. Seine Länge verkürzt sich hingegen um ca. 10%. Dadurch „zieht" sich der Kopfairbag mit einer Kraft von ca. 1.500 Newton in die vorgegebene Position. Sein Volumen beträgt dann 11 l. Befestigt ist dieser Kopfairbag mit dem einen Ende und dem Gasgenerator im Knotenbereich der A-Säule, mit dem anderen Ende im oberen Bereich der C-Säule. Bei Arbeiten in diesem Bereich oder Austausch des Kopfairbags ist eine sorgfältige Arbeitsausführung mit exakter Einhaltung der Befestigungs- und Fixierungspunkte sehr wichtig.

Bild 14.17 *Der ITS-Kopfairbag spannt sich diagonal über die Seitenscheibe.* [Bild: BMW]

Dies gilt auch für die 2. Variante eines Kopfairbags, der auch als Windowbag bezeichnet wird. Bei diesem System entfaltet sich eine Art luftbefüllter Vorhang aus der Dachrahmenverkleidung über die Seitenscheiben.

Der Windowbag erstreckt sich – je nach Hersteller – von der A-Säule bis zur B-Säule oder über die gesamte Fahrzeugseite. Auch der Windowbag entleert sich nach einer Aktivierung nicht sofort, sondern bleibt längere Zeit befüllt, um vor evtl. nachfolgenden Überschlägen weiterhin Schutz zu bieten.

Bild 14.18 *Der ITS-Kopfairbag sitzt in der Dachkante und wird dort im Falle eines Unfalls herausgezogen.*
[Bild: BMW]

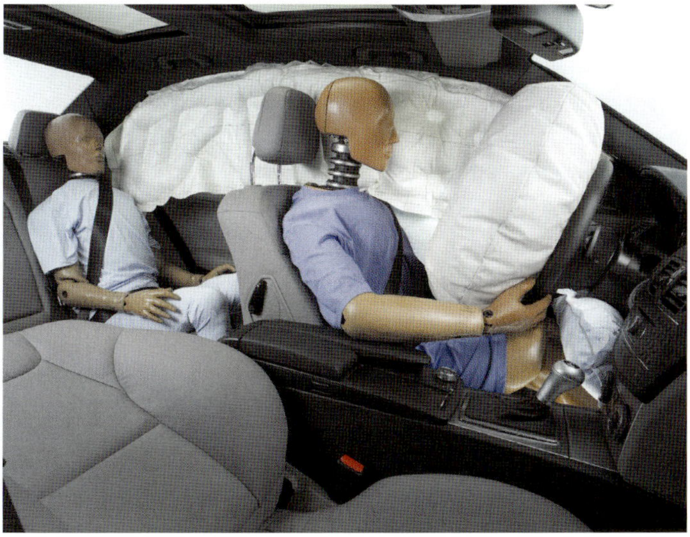

Bild 14.19 *Der Windowbag entfaltet sich wie ein luftbefüllter Vorhang über die kompletten Seitenscheiben.*
[Bild: Daimler]

14.4 Gurtschloss-Straffer

Das wichtigste Rückhaltesystem ist zweifelsfrei der Sicherheitsgurt, der bei einem Unfall den angegurteten Insassen im Sitz hält und dafür sorgt, dass dieser an der Verzögerung des Fahrzeugs teilnimmt. Je früher der Insasse an der Fahrzeugverzögerung teilnimmt, desto geringer sind die auftretenden Spitzenbelastungen. Dafür wäre ein stets eng anliegender, straff gezogener Sicherheitsgurt notwendig. Da dies in der Praxis kaum der Fall ist, ergibt sich immer eine sogenannte Gurtlose. Um diese zu verringern, ohne den Tragekomfort im Normalbetrieb zu beeinflussen, hat man verschiedene Systeme entwickelt, um den Gurt bei einem Unfall zu straffen.

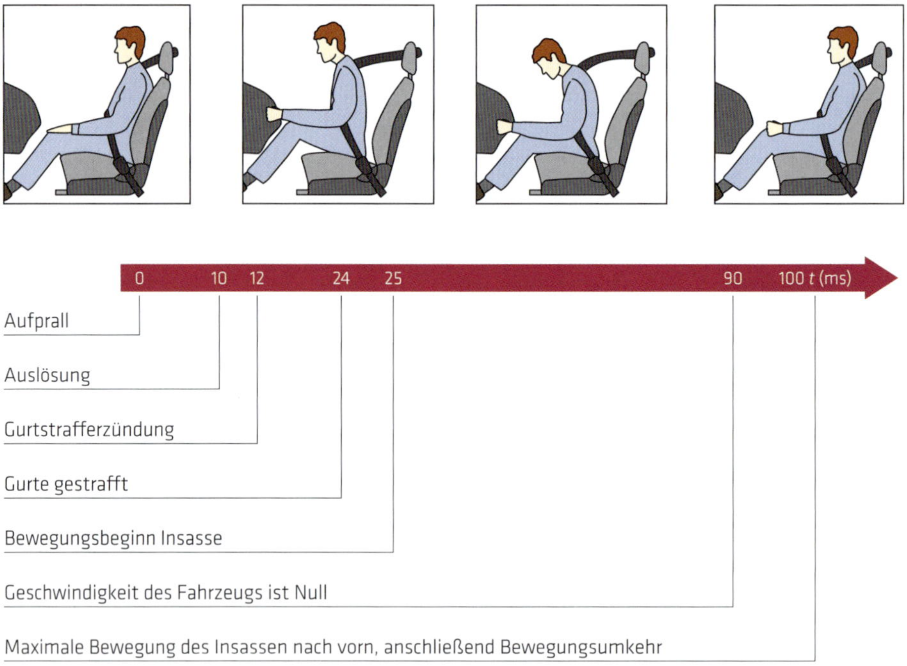

Bild 14.20 *Zeitlicher Ablauf einer Gurtstraffung* [Bild: AS-Illu]

Prinzipiell gibt es 2 Möglichkeiten: Man kann zum einen die Gurtaufrollautomatik benutzen, um den Gurt einzuziehen und damit zu straffen, oder aber das Gurtschloss zurückziehen und dadurch den Gurt straffen. Neben dem rein mechanischen Gurtschloss-Strammer, der hier der Vollständigkeit halber gezeigt wird, gibt es pyrotechnische Systeme mit mechanischer Auslösung oder elektronischer Auslösung durch das Airbag-Steuergerät.

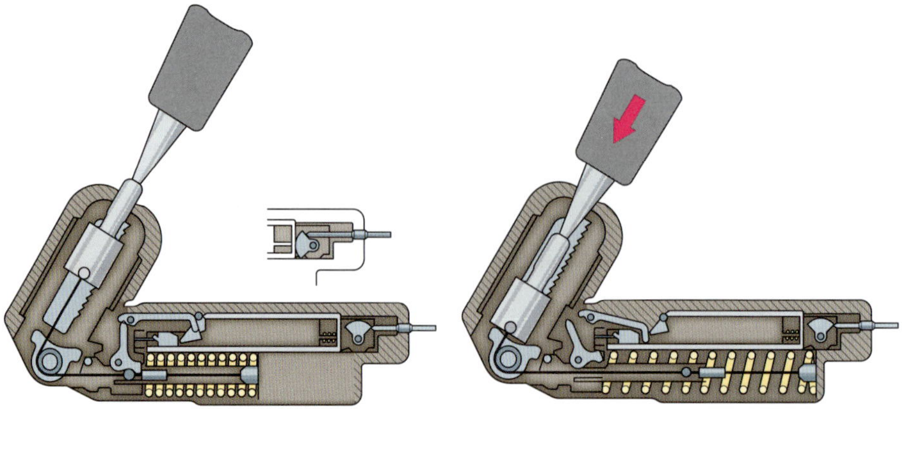

Bild 14.21 *Mechanischer Gurtschloss-Straffer. Als Sensor dient ein Feder-Massesystem, das auf Verzögerungen in Längsrichtung des Fahrzeugs reagiert.* [Bild: AS-Illu]

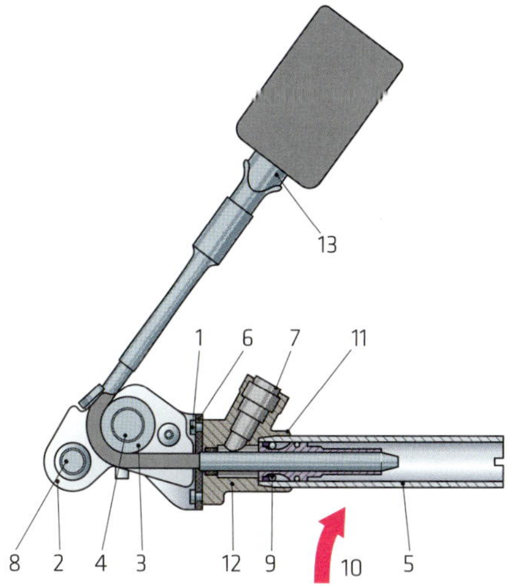

Bild 14.22 *Pyrotechnischer Gurtschloss-Straffer, elektrisch gezündet*
1 Träger
2 Verstärkungsplatte
3 Rolle
4 Rollenniet
5 Rohr
6 Befestigungsschraube
7 Treibsatz
8 Distanzring
9 Kugeln
10 Schild mit Sicherheitshinweisen
11 Führungsrohr
12 Aufschrift Datumscode, Seil und Gurtschloss
[Bild: AS-Illu]

Pyrotechnische Gurtschloss-Straffer mit Gurtschlosserkennung besitzen zusätzlich im Gurtschloss einen Schalter, durch den bei angegurteten Insassen die Airbag-Auslöseschwellen höher gesetzt werden.

14.5 Gurtstraffer mit elektronischer Auslösung durch das Airbag-Steuergerät

Aktuell kommen Gurtstraffer in unterschiedlichen Bauformen zum Einsatz: Bei Gurtstraffern mit Kolben ist auf die Gurtrolle ein Seil aufgewickelt, das in einen Kolben eingehakt ist. Wird der Gurtstraffer ausgelöst, wirkt der Gasdruck auf den Kolben und verschiebt diesen, wodurch der Gurt aufgewickelt wird. Beim Gurtstraffer mit Stahlkugeln werden durch die Treibladung Stahlkugeln in Bewegung gesetzt, die die Gurtrolle über ein Zahnrad drehen. Da es hierbei in der Vergangenheit häufiger zu verklemmten Kugeln kam, wurden diese bei aktuellen Fahrzeugen im Regelfall durch einen flexiblen Kunststoffkolben ersetzt. Die 3. Variante setzt den Gasdruck durch einen Wankelrotor in Drehbewegung der Gurtrolle um. Alle 3 Varianten ermöglichen ein Aufrollen des Gurtes um etwa 2 Umdrehungen.

Für alle Gurtstraffer und Gurtschloss-Strammer gilt, dass sie nach einer Auslösung, ebenso wie die Airbageinheiten, komplett ersetzt werden müssen. Bei den rein mechanischen bzw. halbmechanischen Systemen ist die Transportsicherung zu beachten. Die pyrotechnischen Systeme unterliegen ebenfalls den gleichen Sicherheitsvorschriften wie die verschiedenen Airbagsysteme.

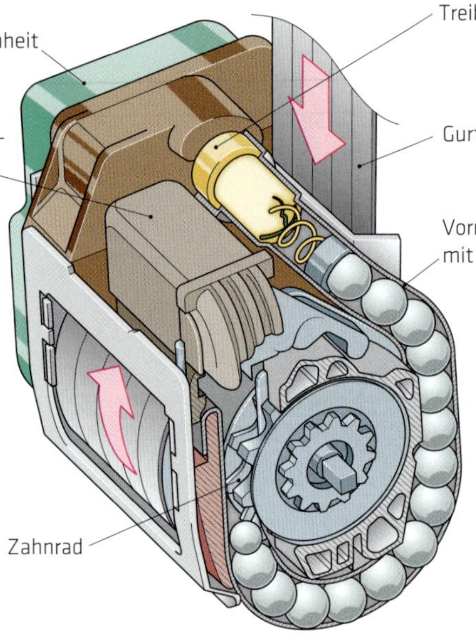

Bild 14.23 *Rotationsstraffer mit Stahlkugeln. Löst der Gurtstraffer aus, wird eine pyrotechnische Treibladung gezündet. Diese setzt die Kugeln in Bewegung und treibt sie über ein Zahnrad in den Kugelfang-Behälter.*
[Bild: AS-Illu]

14.6 Reversibler Gurtstraffer

Reversible Gurtstraffer schöpfen das Potenzial des Gurtes und des klassischen Gurtstraffers weiter aus. Sie besitzen zusätzlich zu den bisher beschriebenen Möglichkeiten der Gurtstraffung einen Elektromotor, mit dessen Hilfe der Gurt aufgerollt werden kann. Das Aufrollen des Gurtes erfolgt oft erstmalig nach dem Anschnallen. Gerade im Winter, wenn die Insassen dicke Winterkleidung tragen, ist die Gurtlose sehr groß. Die Gurtlose kann durch den pyrotechnischen Gurtstraffer, wenn überhaupt erst nach relativ langer Zeit beseitigt werden. Nach dem Anschnallen des Insassen rollt sich daher der Gurt wieder ein bisschen auf, um die Gurtlose zu verringern. Ein 2. Mal kommt der reversible Gurtstraffer zum Einsatz, wenn die Fahrzeugelektronik einen drohenden Unfall (z.B. durch eine Vollbremsung) erkennt. Auch in dieser Situation wird der Gurt aufgerollt, damit der Gurt im Fall des Unfalls sofort wirken kann.

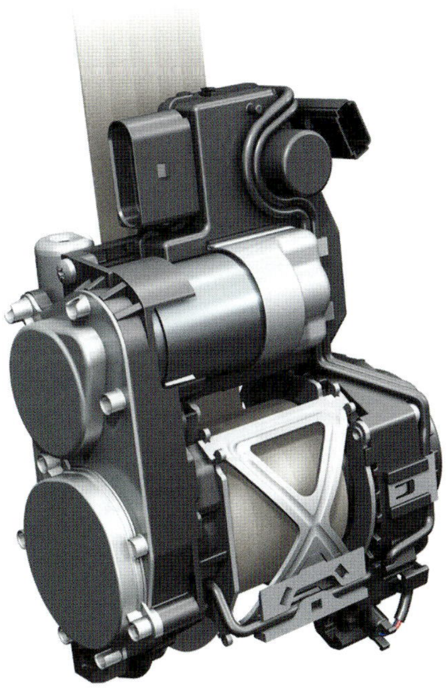

Bild 14.24 *Reversible Gurtstraffer arbeiten mit einem Elektromotor an der Gurtrolle*
[Bild: Volkswagen]

14.7 Aktive Motorhaube – Motorhaubenaufsteller

Um Fußgänger bei einer Kollision besser zu schützen, verwenden viele Hersteller bei aktuellen Fahrzeugen Motorhaubenaufsteller. Volvo setzt sogar einen Airbag ein, der sich von außen über die Frontscheibe legt und gleichzeitig die Motorhaube aufstellt. Ziel ist es, eine möglichst „weiche" Aufparallzone für Fußgänger zu schaffen, die mit dem Fahrzeug kollidieren. Deshalb heben die Aufsteller die Motorhaube bei einem Aufprall um einige Zentimeter an, um den Abstand zwischen der weichen Motorhaube und den harten Motorkomponenten (Knautschzone) zu vergrößern und das Risiko schwerer Kopfverletzungen zu mindern. Für die Sensorik gibt es verschiedene Ansätze: Normale Drucksensoren im Stoßfänger, ein im Stoßfänger verlegter Glasfaserstreifen, der bei einer Kollision bricht, oder ein im Stoßfänger verlegter Druckschlauchsensor. Letzterer besteht aus einem Schlauch, der über die gesamte Fahrzeugbreite in der Frontschürze des Autos verlegt wird. Dabei liegt der Schlauch unmittelbar hinter dem Block aus Kunststoffschaum, der als Energieabsorber in der Fahrzeugfront verbaut ist. An den beiden Enden des mit Luft gefüllten Druckschlauchs sind standardisierte Drucksensoren installiert. Kollidiert das Fahrzeug nun mit einem Hindernis, ergibt sich aus dem Druck, der via Frontschürze und Kunststoffschaum auf den Schlauch ausgeübt wird, ein typisches Signalbild, das von den beiden Sensoren am Ende des Schlauchs ermittelt und an das Airbag-Steuergerät weitergeleitet wird. Über Crash-Algorithmen in der Auswertungssoftware und Geschwindigkeitsinformationen aus dem Fahrzeug-Netzwerk kann die Software errechnen, um welche Art von Zusammenstoß es sich handelt. Anhand der Signallaufzeiten kann die Elektronik sogar Rückschlüsse über den Aufprallort ziehen.

Das Steuergerät löst dann die Motorhaubenaufsteller aus, die die Haube per Federkraft innerhalb von 10 bis 15 ms an der Hinterkante um bis zu 50 mm anheben. Bei vielen Autos erfolgt das mit pyrotechnischen Einheiten. Mercedes verwendet aber auch rein mechanische Aufsteller, die sich nach einem Aufprall sogar reversibel zurückstellen lassen.

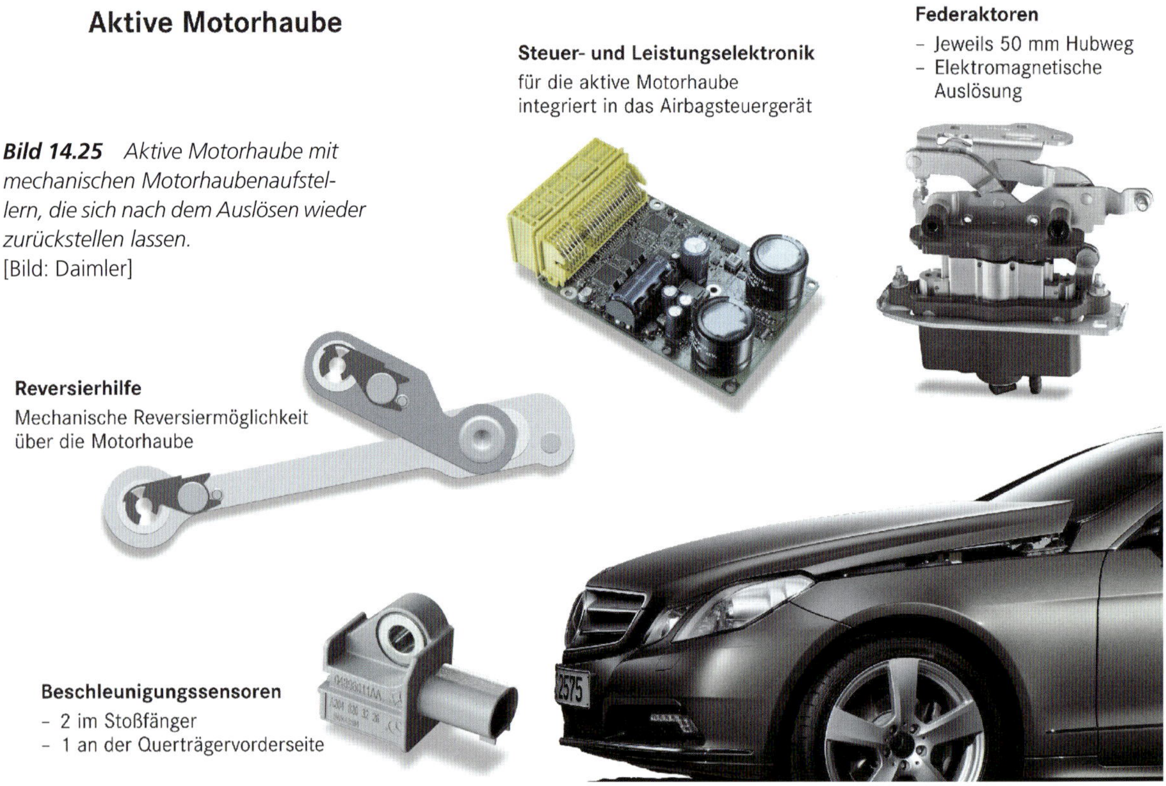

Bild 14.25 *Aktive Motorhaube mit mechanischen Motorhaubenaufstellern, die sich nach dem Auslösen wieder zurückstellen lassen.*
[Bild: Daimler]

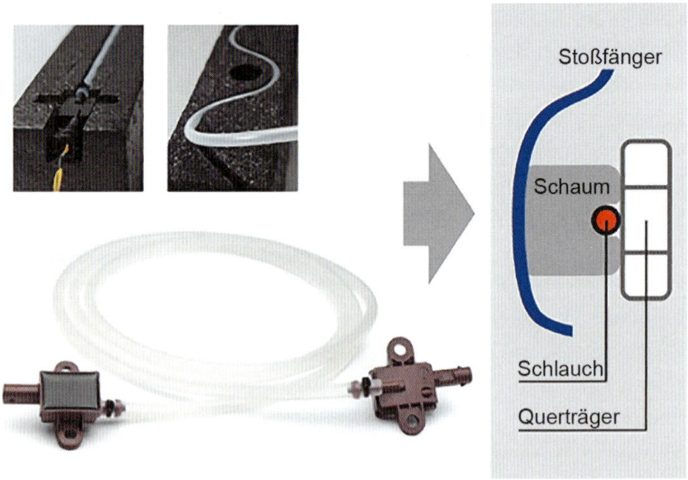

Bild 14.26 *Druckschlauchsensor zur Erkennung von Fußgängerunfällen. An den Enden des Druckschlauches sitzt je ein herkömmlicher Drucksensor.*
[Bild: Continental]

14.8 Pyrotechnischer Batterietrennschalter

Um Fahrzeugbrände nach einer Kollision zu vermeiden, kommen verstärkt pyrotechnische Batterietrennschalter zum Einsatz. Erkennt das Steuergerät eine Kollision, schließt dieses den Zündstromkreis des Trennschalters. Eine kleine pyrotechnische Ladung trennt dann das Stromkabel von der Batterie zum Bordnetz. Zur Absicherung des Fahrzeugs wird die Signalanlage direkt an die Batterie angeschlossen und bleibt auch nach einem Unfall aktiv.

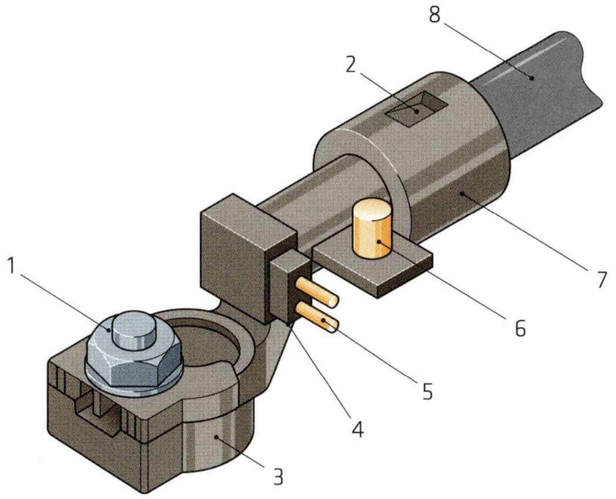

Bild 14.27 *Batteriesicherheitsklemme mit pyrotechnischem Trennschalter*
1 Batteriepluspolverschraubung
2 Rückhaltefeder
3 Batteriepluspol
4 Zündkapsel mit Treibstoff
5 Zündkapselanschlüsse 2-polig
6 Bordnetzversorgungsspannung
7 Kunststoffgehäuse
8 Starterkabel
[Bild: AS-Illu]

15 Lexikon und Tabellen

15.1 Lexikon

Abrasiver Verschleiß

Abrasiver Verschleiß ist das spanende Abtragen von Oberflächen durch relativ zueinander bewegte Bauteile. Harte Rauheitsspitzen dringen dabei in die weichere Oberfläche ein und tragen das Material ab. Beispiel: Bremsbeläge werden von den Rauheitsspitzen der Bremsscheibe abgetragen. Harte Bestandteile des Bremsbelags tragen wiederum zum Verschleiß der Bremsscheibe bei.

Absorption

Absorption kommt aus dem Lateinischen und bedeutet so viel wie einsaugen, verschlingen. Sie bezeichnet den Vorgang, bei dem etwas von etwas anderem aufgenommen wird. So können beispielsweise Schallwellen von einem Dämmmaterial aufgenommen werden.

AdBlue

AdBlue ist eine geschützte Marke des deutschen Verbands der Automobilindustrie e.V. (VDA). Man bezeichnet hiermit eine Mischung aus 32,5% Harnstoff und 67,5% demineralisiertem Wasser. Der Harnstoff dient als ungefährliche Trägerflüssigkeit für giftigen Ammoniak, der zur Reduktion von Stickoxiden durch das SCR(Selective-Catalytic-Ruduction)-System benötigt wird. AdBlue gefriert bei −11,5°C, ändert aber hierdurch seine Zusammensetzung nicht, sodass es nach dem Auftauen weiter verwendet werden kann. In einigen Ländern wird AdBlue auch unter der Abkürzung DEF (Diesel Exhaust Fluid) verkauft.

Adhäsion

Adhäsion, auch als Anhangskraft bezeichnet, tritt zwischen 2 in Kontakt stehenden Flächen auf. Durch molekulare Wechselwirkungen in der Grenzflächenschicht „kleben" die Oberflächen aneinander. Hieraus entsteht auch der sogenannte adhäsive Verschleiß: 2 aneinander klebende Oberflächen werden gewaltsam voneinander getrennt und Teile der Oberfläche werden durch das Anhaften an der anderen Oberfläche herausgerissen.

Adsorption

Die Adsorption ist ein physikalischer Prozess, bei dem Stoffe (in der Regel Moleküle) auf der Oberfläche eines anderen Stoffs haften bleiben und sich auf dessen Oberfläche anreichern. Die Kräfte, die die Anhaftung verursachen, sind keine chemischen Bindungen. Beispielsweise adsorbiert Aktivkohle in Filtern gasförmige Schadstoffe.

A/D-Wandler

Ein Analog-Digital(A/D)-Wandler digitalisiert ein analoges Signal. Das analoge Signal wird in regelmäßigen Zeitabständen abgetastet, d.h., es wird die aktuelle Spannungshöhe gemessen. Je höher die Abtastfrequenz (also, je öfter pro Zeiteinheit gemessen wird, auch „Sampling-Rate" genannt), desto näher liegt das digitale am analogen Signal. Anschließend werden die gemessenen Spannungswerte in Dualzahlen, also Kombinationen aus null und eins umgewandelt und an die betreffende Auswerteelektronik gesendet. Die A/D-Wandlung oder auch Digitalisierung kann im Sensor oder im Steuergerät erfolgen. Vorteile einer Digitalisierung im Sensor sind eine zuverlässigere Signalübertragung (Digitalsignale sind störunempfindlicher) und eine vollständige Befreiung des Steuergeräts von hohen Spannungen (z.B. Induktivgeber im Kfz <120 V). Nachteilig ist, dass der Sensor für die Signalauswertung eine eigene Elektronik und damit eine eigene Spannungsversorgung braucht.

Digitalisierung des Spannungssignals im Bild:

Bild 15.1 *Bei einer Analog-Digital-Wandlung werden einzelne Punkte des anlogen Signals in Dualzahlen umgewandelt und so ein digitales Signal gebildet.*

Analoger Messwert	Dualzahl
0 V	000
2 V	010
3 V	011
2 V	010
0 V	000
−2 V	110
−3 V	101
−2 V	110
0 V	000

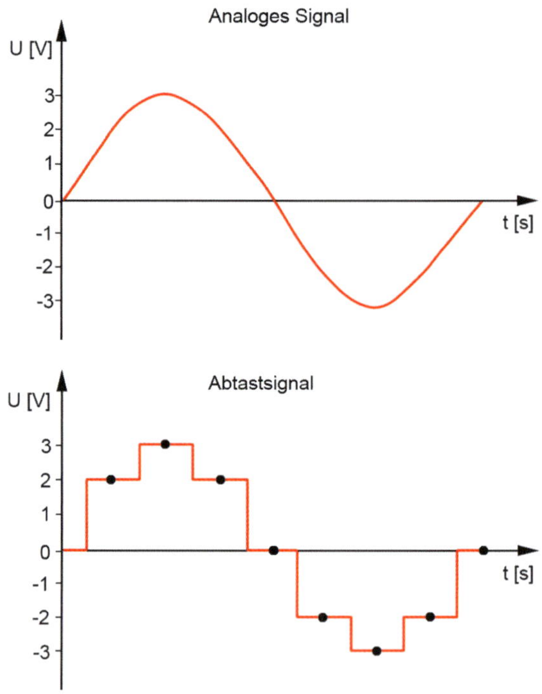

Aggregatzustand

Der Aggregatzustand beschreibt den physikalischen Zustand eines Stoffs. Klassisch werden fest, flüssig und gasförmig unterschieden.

Amplitude

Als Amplitude wird die maximale Auslenkung einer Schwingung bezogen auf deren arithmetischen Mittelwert bezeichnet.

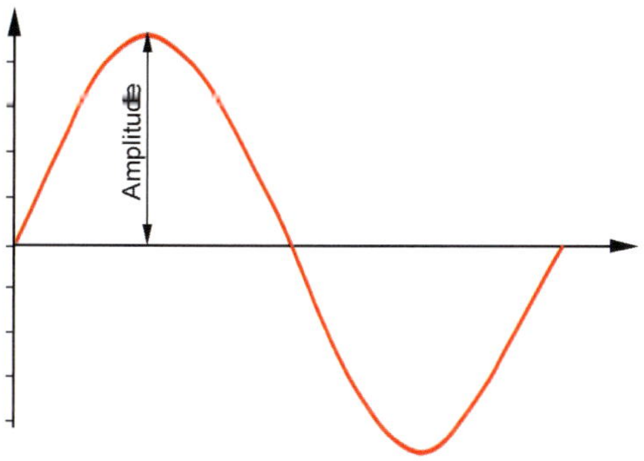

Bild 15.2 *Beispiel für die Amplitude einer Sinusschwingung*

Amplitudenmodulation

Bei der Amplitudenmodulation (AM) wird die Amplitudenhöhe einer hochfrequenten Schwingung niederfrequent verändert. Im Gegendsatz dazu wird bei der Frequenzmodulation die Frequenz einer Schwingung verändert, um ein niederfrequentes Signal zu erhalten.

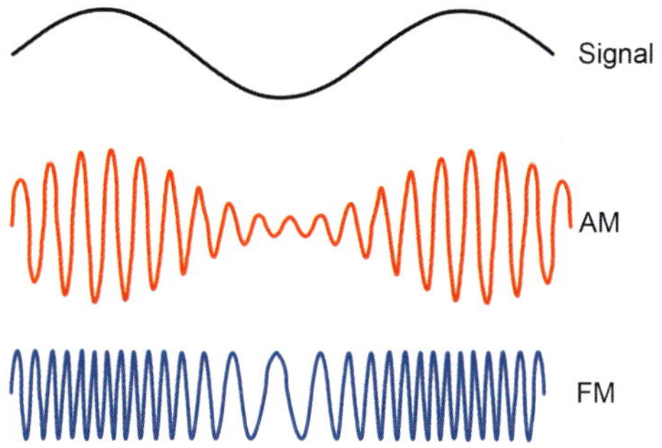

Bild 15.3 *Unterschied zwischen Amplitudenmodulation (AM) und Frequenzmodulation (FM)*

ASIC

Die Abkürzung „ASIC" steht für Application-Specific Integrated Circuit, also einen anwendungsspezifischen, integrierten Schaltkreis. Der ASIC kann beispielsweise innerhalb eines Sensors die Signalverstärkung und Aufbereitung der Signalspannung übernehmen, bevor diese an das Steuergerät übermittelt wird.

Ausbreitungsgeschwindigkeit

Die Ausbreitungsgeschwindigkeit ist die Geschwindigkeit, mit der sich Schall- oder Funkwellen ausbreiten. Sie ist abhängig von der Frequenz und der Wellenlänge des Signals. Während bei Schallwellen das Übertragungsmedium noch eine entscheidende Rolle spielt (s. auch Schallgeschwindigkeit), breiten sich Funkwellen unabhängig vom Übertragungsmedium mit Lichtgeschwindigkeit aus, also mit rund 300 000 km/s.

Bandbreite

Als Bandbreite wird der Bereich möglicher Frequenzen in einem zusammenhängenden Schwingungsbereich bezeichnet. Sie wird in Hertz (Hz) angegeben. Je größer die Bandbreite eines Systems, desto größer ist die Anzahl möglicher, nutzbarer Frequenzen (also „Kanäle") und damit die Datenmenge, die zeitgleich übertragen werden kann.

Beleuchtungsstärke
Einheit: Lux, lx. Die Beleuchtungsstärke ist das Maß des auf eine Fläche treffenden Lichtstroms. Wenn ein Lichtstrom von 1 lm gleichmäßig auf eine Fläche von 1 m^2 trifft, entspricht dies einer Beleuchtungsstärke von 1 lx.

Betriebsstoff
Stoff, der zum Betrieb eines Kraftfahrzeugs benötigt wird, z.B. Kraftstoff, Motoren- und Getriebeöl, Kühlmittel, Bremsflüssigkeit

Bidirektional
In beide Richtungen; bidirektional ist ein Begriff aus der Informatik und bedeutet, dass eine Datenübertragungsleitung oder eine Drahtlosverbindung in beide Richtungen genutzt werden kann. Beispiel Mobiltelefon: Es ist möglich, zeitgleich über den Lautsprecher etwas zu hören und über das Mikrofon eigene Informationen zu senden.

Binärsystem
s. Dualsystem

Biodiesel
s. Fatty Acid Methyl Esther

Bivalent
Fahrzeuge mit einem bivalenten Antrieb können sowohl mit Autogas (LPG) bzw. Erdgas (CNG) als auch mit Benzin fahren. Sie haben dabei einen Benzintank, der mehr als 14 l Fassungsvermögen hat. Gasfahrzeuge mit einem kleineren Benzintank werden als monovalent bezeichnet, da der Tank lediglich als Nottank gilt.

Bluetooth
Der Name Bluetooth geht auf den dänischen König Harald I. „Blauzahn" (engl.: Bluetooth) Gormson (910 - 987 n.Chr.) zurück, der als gemeinsamer König einige Jahre über Dänemark und Norwegen herrscht und diese Länder damit „verband". Das Bluetooth-Logo zeigt ein Monogramm der altnordischen Buchstaben (genannt Runen) H und B. Als Funkverfahren für Ericsson (Schweden) entwickelt, wurde es von weiteren Herstellern ergänzt und durch die Bluetooth Special Interest Group (kurz. SIG) zum Industriestandard für die Datenübertragung über kurze Distanz per Funktechnik. Bluetooth-Geräte dürfen weltweit zulassungsfrei betrieben werden. Die Funkübertragung erfolgt in einem Frequenzbereich zwischen 2,402 GHz und 2,480 GHz.

Werkstatttipp
Bluetooth überträgt Daten mithilfe von Funkwellen. Diese können durch andere elektromagnetische Wellen gestört werden. So ist es beispielsweise möglich, dass eine Bluetooth-Verbindung gestört wird, wenn in der Nähe ein W-LAN oder ein anderes starkes Funknetzwerk aktiv ist. Für Störungen kommen aber auch andere „Sender", wie z.B. die Zündanlage, in Betracht. Beanstandet der Kunde einen sporadischen Ausfall der Bluetooth-Anbindung, sollten vor einer umfangreichen Diagnose alle Umgebungsvariablen für den Fehlerfall geklärt werden.

Bremsenergierückgewinnung
s. Rekuperation

CAN-Bus
CAN steht für „Controller Area Network" und ist ein serielles Bussystem (s. Abschnitt 4.5).

Candela
s. Lichtstärke

Cetanzahl
Die Cetanzahl ist ein Maß für die Zündwilligkeit von Dieselkraftstoff und gibt an, wie stark ein Kraftstoff zur Selbstzündung neigt. Sie wird ermittelt, indem ein Kraftstoff in einem Prüfmotor mit variablem Verdichtungsverhältnis mit einem Referenzkraftstoff aus Cetan (CZ 100) und Alpha-Methylnaphtalin (CZ 0) verglichen wird. Gemäß DIN EN 590 muss die Cetanzahl von Diesel mindestens 51 betragen. Handelsüblich sind Cetanzahlen von bis zu 60. Alternative Kraftstoffe für Dieselmotoren weisen im Regelfall geringere Cetanzahlen auf: Pflanzenöl TBC; Biodiesel TBC.

Cold Filter Plugging Point (CFPP)
Dt.: Kalter-Filter-Verstopfungs-Punkt. Dieselkraftstoff enthält Paraffin, das die Eigenschaft hat, bei geringen Termperaturen zu kristallisieren. Die entstandenen Kristalle setzen sich in den Kraftstofffilter und verstopfen diesen. Der CFPP gibt die Temperatur an, unterhalb derer der Filter für den Kraftstoff nicht mehr passierbar ist.

Cracken
Verfahren zur Erhöhung der Klopffestigkeit von Ottokraftstoff. Langkettige Kohlenwasserstoffmoleküle werden unter Wärme und Druck (thermisches Cracken) oder mithilfe eines Katalysators (katalytisches Cracken) z.B. Wasserstoff (Hydrocrackecken) in kurzkettige Kohlenwasserstoffmoleküle zerteilt.

DAB
Digital Audio Broadcasting (DAB) bezeichnet die digitale Übertragung von Radioprogrammen gemäß der Europäischen Norm ETS 300 401. Diese wurde im Rahmen von Eureka Projekt 147 im Auftrag der Europäischen Kommission entwickelt. Voraussetzung für DAB sind Sender und Empfänger, die zur digitalen Signalübertragung geeignet sind. Das Audiosignal wird vom Sender digitalisiert und zu MPEG Audio Layer 2 codiert und komprimiert. Bei der Komprimierung werden Audiobestandteile, die außerhalb des hörbaren Bereichs liegen, entfernt. Die digitalen Signale mehrerer Radiostationen werden von einem Multiplexer, auch Ensemble genannt, gesammelt, „verpackt" und an die Sendemasten zur Funkübertragung geleitet. Nach der Funkübertragung wird das Audiosignal wieder entpackt, entkomprimiert, decodiert und analogisiert, um es über das Audiosystem des Fahrzeugs wiederzugeben.

Vorteile

- Wesentlich bessere Übertragungsqualität: Das digitale Signal ist störunempfindlich, vorhandene Störsignale können zudem herausgefiltert werden
- Mehr Radioprogramme möglich: Während das nutzbare Frequenzspektrum (FM) bzw. Amplitudenspektrum (AM) relativ klein ist, somit nur eine geringe Anzahl von Sendern in einem Sendebereich übertragen werden können, ohne durch zu große Nähe zu Nachbarfrequenzen/-amplituden Störungen zu verursachen, können digital

bis zu 9 Sender auf einer Frequenz senden (s. Multiplexverfahren). Dies ermöglicht zudem, dass Radiosender ihr Programm nicht nur lokal oder regional, sondern auch national verbreiten.

- Übertragung weiterer Informationen in Text- oder Bildform möglich

Nachteile

- Wird das Signal nicht einwandfrei empfangen, erfolgt gar keine Tonausgabe mehr.
- Zeitverzögerung einiger Sekunden in der Signalübertragung

Hinweis: Während in Deutschland DAB parallel zum klassischen, analogen Radio verfügbar ist, gibt es andere Länder, in denen DAB gar nicht, oder ausschließlich verfügbar ist.

DAB+

siehe DAB; Codierung und Komprimierung zu MPEG-4, einer wesentlich effizienteren Codier- und Kompressionstechnik. Hierdurch verringert sich die Datenmenge einzelner Programme. Somit ist die Übertragung von mehr Daten bei gleicher Bandbreite oder die Nutzung geringerer Bandbreiten für die gleiche Datenmenge möglich.

Vorteile

- Mehr verfügbare Radiostationen
- Surround-Sound ist möglich
- Verbesserter Empfangsbereich
- Geringere Übertragungskosten

Hinweis: Aktuelle DAB+-Geräte sind im Regelfall abwärtskomaptibel, können also auch DAB empfangen. DAB-Radios können jedoch meist kein DAB+ empfangen. In einigen Fällen kann DAB+ jedoch durch ein Software-Update ergänzt werden.

Dampfdruckkurve

Die Dampfdruckkurve beschreibt das Siedeverhalten einer Flüssigkeit bezogen auf den Druck, unter dem diese steht. Je höher der Druck, desto höher der Siedepunkt.

Bild 15.4 *Beispiel für eine Dampfdruckkurve* [Bild: AS-Illu]

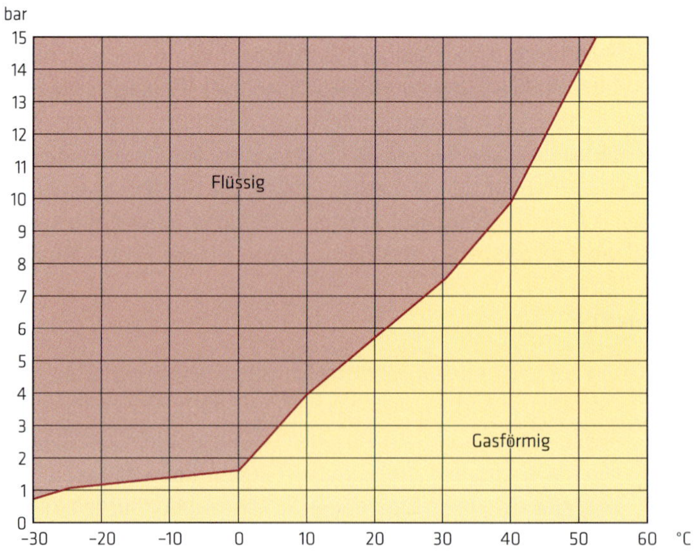

Dezibel

Das Dezibel (dB) ist eine Hilfsgröße zur Bestimmung eines Schalldruckpegels, z.B. von Geräuschen. Würde Schall in üblichen Druckeinheiten (Pa – Pascal) angegeben, wäre es erforderlich, mit unhandlichen Zahlen im Bereich von 6 und mehr Stellen zu arbeiten. Denn so groß ist der Hörbereich des Menschen. Er beginnt mit der Hörschwelle ($p0 = 20$ µPa) und endet bei der Schmerzgrenze (20 000 000 µPa). Aus diesem Grund gibt man den Schalldruck p im logarithmischen Verhältnis zu der Hörschwelle als Bezugsdruck an. Der Zusatz A steht für einen Schalldruckpegel, der nach dem menschlichen Hörempfinden bewertet wurde.

Wegen der Logarithmus-Bildung bei der Messung des Schalls in dB(A) kann man die Messwerte nicht einfach addieren, wenn man die Lautstärke zweier Schallquellen summieren möchte. Deshalb haben beispielsweise 2 nebeneinanderstehende Fahrzeuge, die einen Lärm von je 80 dB(A) erzeugen, zusammen einen Lärmpegel von nur 83 dB(A) und nicht von 160 dB(A) wie bei einer linearen Einheit. Hat das 2. Auto einen Schalldruckpegel von 60 dB(A), kommen beide gemeinsam sogar nur auf einen Schalldruckpegel von 80,1 dB(A).

Dielektrikum

Als Dielektrikum wird ein Bereich bezeichnet, der zwar nicht elektrisch leitend ist, in dem jedoch ein elektrisches Feld wirkt.

Diffusion

Diffusion beschreibt einen physikalischen Prozess, bei dem sich 2 Stoffe nach und nach durchmischen, bzw. ein Stoff einen anderen durchdringt. Typische Fälle von Diffusion in der Kraftfahrzeugtechnik sind das Eindringen von Wassermolekülen in die hygroskopische Bremsflüssigkeit durch die Schläuche der Bremsanlage oder das Entweichen von Kältemittel aus der Klimaanlage durch die Druckschläuche.

Dualsystem

Das Dualsystem, auch als Binärsystem bezeichnet, stellt Zahlen nur durch Kombinationen aus Nullen und Einsen dar. Die Umrechnung erfolgt durch Potenzen von 2. So ist beispielsweise die Dezimalzahl 5 die Dualzahl 0101, da $0 \times 2^3 + 1 \times 2^2 + 0 \times 2^1 + 1 \times 2^0 = 5$

Effektivität

Die Effektivität gibt an, wie nah ein erreichtes Ziel dem angestrebten Ziel liegt. Sie stellt somit den Erfüllungsgrad der Zielerreichung dar.

Effizienz

Anderes Wort für Wirkungsgrad; s. Wirkungsgrad

Embedded System

Ein Embedded System (dt.: eingebettes System) ist ein Computer, der eine oder mehrere genau definierte Aufgaben erfüllt. Die meisten Steuergeräte im Kraftfahrzeug sind solche Embedded Systems, wobei der Funktionsumfang vielfältig sein kann. Er reicht von der einfachen Umsetzung einer CAN-Bus-Information in eine Aktorik-Steuerung (z.B. das Servomodul eines Automatikgetriebe-Bereichswahlschiebers) oder der Codierung eines Sensor-Signals in eine Bus-fähige Information (z.B. Heißfilmluftmassenmesser), bis hin zu komplexen Steuerungs- und Regelungsaufgaben, wie die des Motor- oder Getriebesteuergeräts.

EMV

Elektromagnetische Verträglichkeit (EMV) bezeichnet die Unfähigkeit eines Bauteils oder Systems, durch elektromagnetische Wellen gestört zu werden, bzw. durch solche zu stören. Da durch elektrische, elektromagnetische oder magnetische Felder sowohl Störungen im eigenen Bereich (Kfz) entstehen können, vor allem aber unbeteiligte Dritte (z.B. andere Kfz, Personen mit elektronischen Implantaten) gestört werden können, gibt es diverse Fachgrund-, Produkt- und Prüfnormen, nach denen die elektromagnetische Verträglichkeit eines Systems hergestellt, geprüft und nachgewiesen werden muss. Viele sicherheitsrelevante Systeme, z.B. die elektrische Servolenkung, sind deshalb nicht instandsetzungsfähig, weil die EMV nicht zuverlässig wiederhergestellt bzw. deren Wiederherstellung nicht geprüft werden kann.

Ensemble (DAB)

Multiplexer für DAB und DAB+ Radio. Hier wird das Audiosignal mehrerer Radiostationen „verpackt", um anschließend an die einzelnen Sendemasten übertragen und von dort aus gesendet zu werden (s. auch DAB, DAB+, Multiplexverfahren).

Erosion

Erosion ist eine Form des abrasiven Verschleißes. Feine Partikel in der Luft oder in einer Flüssigkeit tragen spanend Material von einer Oberfläche ab.

Ethanol

Ethanol ist ein bei Raumtemperatur flüssiger Alkohol und wird durch Vergären von Biomasse (z.B. Zuckerrohr, Zuckerrüben, Getreide u.Ä.) gewonnen. Eigenschaften: ungiftig, regenerativ, korrosiv, hygroskopisch

FAME

s. Fatty Acid Methyl Esther

Farbtemperatur

Einheit: Kelvin, K. Die Farbtemperatur gibt die Farbe des von einer Lichtquelle abgestrahlten Lichts verglichen mit der Farbe glühenden Titans (schwarze Grundfarbe) an. Kaltes Titan strahlt ausschließlich im infraroten (nicht sichtbaren) Bereich. Erwärmt man das Material, wird es zunächst rot glühend und mit zunehmender Temperatur gelb, weiß und blau.

Farbtemperaturen in der Kraftfahrzeugtechnik:

Um dem Fahrer im Kraftfahrzeug möglichst ermüdungsarme Bedingungen zu schaffen, zielen alle Entwicklungen im Bereich des Fahrlichts auf eine tageslichtähnliche Farbtemperatur von 5000 bis 6800 K ab.

Halogenlicht: 2200 bis 3400 K
Gasentladungslampe: 4000 bis 5000 K
LED: 5500 bis 6000 K

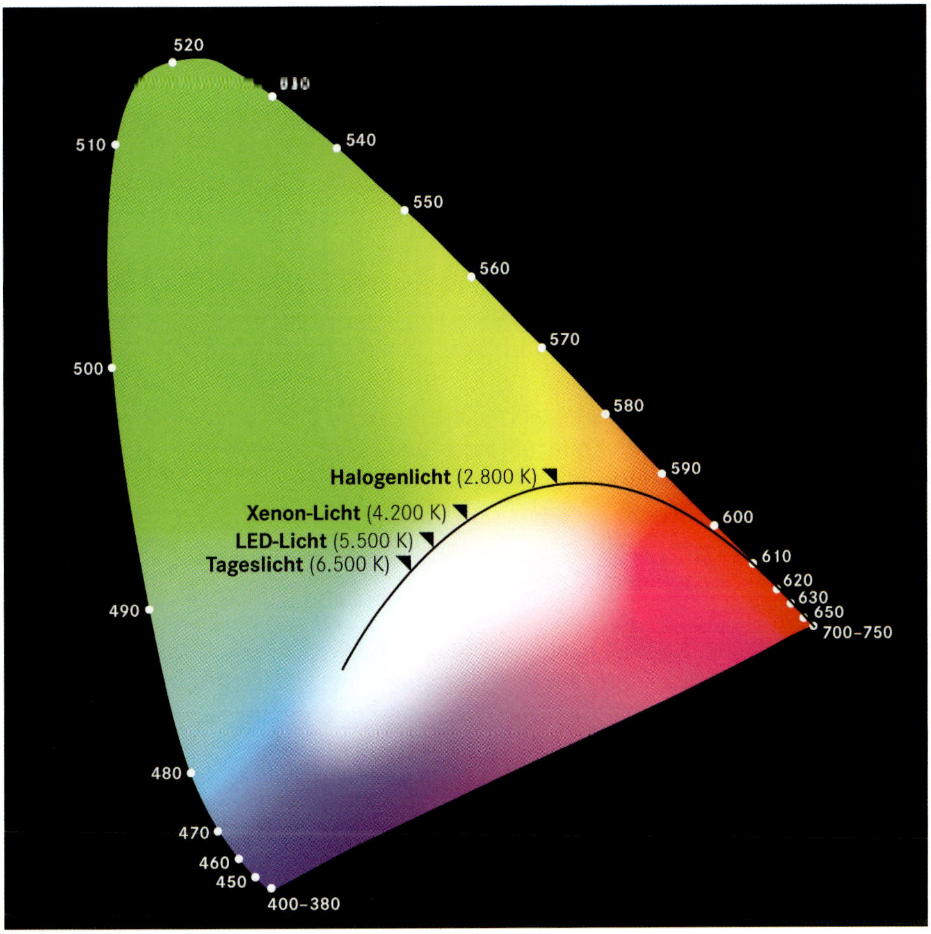

Bild 15.5 *Die Farbtemperatur von LEDs ist wesentlich näher an der vom Tageslicht als die Farbtemperatur von Halogenlicht.*

Fatty Acid Methyl Esther (FAME)

Dieser im Volksmund als „Biodiesel" bezeichnete Kraftstoff entsteht, indem öllhaltige Erzeugnisse, wie z.B. Raps (RME – Rapsöl-Methyl-Esther), Palmöl (PME – Palmöl- Methyl-Esther) oder auch Tierfett (AME – Animalfat Methyl Esther), mithilfe von Ethanol oder Methanol nachbehandelt werden. Dieser Vorgang wird als „umestern" bezeichnet.

Biodiesel kommt entweder als Reinkraftstoff oder als bis zu 7%ige Zwangsbeimischung zum konventionellen, erdölbasierten Dieselkraftstoff zum Einsatz. Aktuell besteht der in Deutschland verkaufte Biodiesel aus einer Mischung von Rapsöl (ca. 73%), Altspeisefett (ca. 17%), Sojaöl (ca. 5%), Palmöl (ca. 3%) und Tierfett (ca. 2%).

Eigenschaften von Biodiesel und Folgen für den Einsatz im Verbrennungsmotor:

1. **Umweltfreundlich:** Biodiesel entsteht auf Basis regenerativer Pflanzen- oder Tierprodukte. Ob dies jedoch tatsächlich „umweltfreundlich" ist, hängt stark von der Umsetzung ab. Grundsätzlich ist es positiv zu bewerten, dass der Einsatz von Biokraftstoffen den Einsatz fossiler Energieträger, hauptsächlich Erdöl, reduziert und den Ausstoß von Treibhausgasen vermindert. Es ist jedoch umstritten, inwiefern landwirtschaftliche Nutzflächen zur Energiegewinnung herangezogen werden sollten.

Hinzu kommt, dass Deutschland zurzeit nur etwa 1 bis 2% seines Dieselbedarfs selbst decken kann, was einen zusätzlichen Energiebedarf für den Transport hervorruft.
Ein Verzicht auf fossile Energieträger ist auch nur bedingt möglich, da Methanol, sofern vorhanden, unter Einsatz von Kohle bzw. Erdgas hergestellt wird, womit auch Biodiesel nicht vollständig regenerativ sein kann.
Abgasseitig verringert sich mit dem Einsatz von Biodiesel der Ausstoß von unverbrannten Kohlenwasserstoffen (HC), Partikeln, Ruß (C) und Kohlenstoffmonoxid (CO) wogegen sich jedoch der Ausstoß von Stickoxiden (NO_X) erhöht.

2. **Korrosiv:** Biodiesel kann zur Zersetzung von Gummi- oder Kunstoffbauteilen, wie z.B. Dichtungen und Schläuchen führen. Hier kann jedoch durch Auswahl geeigneter Werkstoffe Abhilfe geschaffen werden. Auch lackierte Oberflächen sollten vor Biodiesel geschützt werden.
3. **Reinigend:** Biodiesel weist eine stark reinigende Wirkung auf. Diese kann dazu führen, dass sich Ablagerungen im Kraftstoffförder- und Einspritzsystem lösen und Filtersysteme oder andere kraftstoffführende Bauteile verstopfen.
4. **Hygroskopisch:** Biodiesel zieht aufgrund seines Alkoholanteils Wasser an, das durch Be- und Entlüftungen, sowie durch Diffusion über Schläuche und Wandungen des Tanks in den Kraftstoff gerät. Ein erhöhter Wasseranteil kann zu folgenden Erscheinungen führen:
   a) Heraufsetzung des Cold Filter Plugging Point (CFPP): Die Wasserbestandteile stocken wesentlich früher aus als die Paraffine des Dieselkraftstoffs, was bei Temperaturen unter 0°C zum Verstopfen des Kraftstofffilters führen kann.
   b) Übersäuerung des Kraftstoffs durch Esterhydrolyse: Der ph-Wert des Kraftstoffs kann so weit sinken, dass Korrosionsschutzschichten, wie z.B. Verzinkungen, angegriffen und zerstört werden.
   c) Förderung des Wachstums von Bakterien („Dieselpest"): Die im Dieselkraftstoff enthaltenen Bakterien werden in ihrem Wachstum gefördert. Dies kann folgende Konsequenzen haben:
      - Verstopfung von Filtersystemen durch Bakterienkulturen
      - Erosive Schädigung des Einspritzsystems: Die Mikroorganismen werden mit hoher Geschwindigkeit durch das Einspritzsystem gefördert und tragen dabei oberflächlich Material ab. Dies kann an sensiblen Stellen (z.B. Dichtsitz des Injektors) zu Schäden (z.B. Undichtigkeit) führen.
   d) Kavitation: Durch den Abfall des Siedepunkts (Diesel $\geq$ 180°C; Wasser $\approx$100°C) kann es zur Bildung einer Kavitation im Einspritzsystem mit entsprechenden Folgeerscheinungen (z.B. Druckabfall, Undichtigkeit) kommen.
5. **Hoher Flammpunkt:** Biodiesel weist mit ca. 120 bis 130°C einen deutlich höheren Flammpunkt auf als Petroldiesel mit ca. 55 bis 80°C. Dies kann vor allem dann zu Problemen führen, wenn der Dieselkraftstoff in das Motoröl gerät (z.B. DPF-Regeneration). Während erdölbasierter Dieselkraftstoff bei betriebswarmem Motor zumindest teilweise vergast und über die Kurbelgehäuseentlüftung abgeführt wird, bleibt der Biodiesel nahezu vollständig im Motoröl enthalten. Dies führt zu Ölverdünnung und Überfüllung. In den Teilbereichen des Motors, in denen der Flammpunkt des Biodiesels überschritten wird, kann es zudem zu einer Polymerisation (Schleimbildung) und Verkokung kommen.
6. **Geringer Energiegehalt:** Der Energiegehalt von Biodiesel liegt bei ca. 33 MJ/l (Petroldiesel ca. 36 MJ/l). Hieraus resultiert ein Leistungsrückgang bzw. ein Mehrverbrauch von etwa 5 bis 10%.

7. **Biologisch abbaubar**
8. **Nahezu schwefelfrei:** Biodiesel ist fast schwefelfrei. Dies erweist sich vor allem dann als Vorteil, wenn das Fahrzeug über einen NO_X Speicherkatalysator verfügt, da dieser von den im Petroldiesel enthaltenen Schwefelbestandteilen zugesetzt wird und regeneriert werden muss.
   Die Anforderungen an Biodiesel sind in der DIN EN 14214 festgelegt.

Werkstatttipp

Bei wiederkehrenden Auffälligkeiten des Einspritzsystems (z.B. verstopfter Filter, undichte Injektoren) sollte die Kraftstoffqualität geprüft, bzw. im Zweifel der komplette Kraftstoff ersetzt und alle kraftstoffführenden Bauteile gereinigt werden. Im Kundengespräch sollte die Bezugsquelle des Kraftstoffs ermittelt werden. Bei regelmäßig genutzten und herkömmlich betankten Fahrzeugen sollten vorgenannte Probleme nicht auftreten. Sie entstehen in der Regel durch überdurchschnittliche Lagerdauer im Fahrzeug (z.B. Wohnmobil über den Winter) oder in der Tankanlage (z.B. Hoftankstelle bei Landwirten). Ist eine Lagerung des Kraftstoffs abseh- und unvermeidbar, so kann die Haltbarkeit des Kraftstoffs durch nachträgliche Additivierung erhöht werden.

Flex-Ray

Redundantes Vierdraht-Zweikanal-Bussystem zur Übertragung großer Datenmengen von bis zu 10 Mbit/s bei hoher Übertragungssicherheit. Die Daten werden zeitgleich auf beiden Kanälen übertragen. Die Hardware jedes einzelnen Kanals entspricht der des CAN-Bus. Es werden fortlaufend Daten gesendet, die sich wie folgt unterteilen:

1. **Static Segment:** Das Static Segment ist hauptsächlich für sicherheitsrelevante Daten vorbehalten und setzt sich aus bis zu 1023 sog. Slots zusammen. Jeder Sender erhält einen oder mehrere Slots, auf denen er seine Daten senden kann. Diese befüllt er immer mit Informationen. Liegen keine neuen Informationen vor, sendet er die alten erneut. Ist der Slot des Senders leer, liegt ein Fehler vor.
2. **Dynamic Segment:** Zusätzlich zu seinen Slots im Static Segment erhält jeder Sender Slots im Dynamic Segment. Diese werden jedoch nur im Bedarfsfall mit nicht sicherheitsrelevanten Informationen, wie z.B. Diagnosedaten, befüllt und sind sonst leer.
3. **Symbol Window:** Optionales Segment befüllt mit einer festgelegte Bitfolge zum Testen der Kommunikation
4. **Network Idle Time:** Zeitfenster, in dem der Bus ruht (sog. Busruhe) und in dem Zeitverschiebungen der Kanäle untereinander ausgeglichen werden können.
   Zur korrekten Funktion des Busses ist es erforderlich, dass alle Steuergeräte synchron senden, um ihren Slot zu erreichen. Beim Starten des Busses werden diese zunächst durch folgenden Ablauf synchronisiert:
   Schritt 1: Der Leading Coldstarter (dt.: führender Kaltstarter) beginnt mit der Datenübertragung auf dem Bus.
   Schritt 2: Der Following Coldstarter (dt.: folgender Kaltstarter) synchronisiert sich auf den Leading Coldstarter.
   Schritt 3: Die None-Coldstarter (dt. Nicht-Kaltstarter) reihen sich in die bestehende Kommunikation ein.

FM
Frequenzmodulation

Franktionierende Destillation
Unter fraktionierender Destillation versteht man das Aufteilen von Rohöl nach Siedebereichen. Hierzu wird das Rohöl zunächst in einem Röhrenofen auf eine Temperatur von ca. 350°C erhitzt und anschließend in einen Turm mit mehreren Ebenen (Glockenböden, auch Glockenbodendestillation), die sog. Kolonne, geleitet. In diesem steigen die Kraftstoffdämpfe nach oben und kondensieren dabei nach und nach. Somit wird zunächst Dieselkraftstoff von Petroleum, Schwer- und Leichtbenzin getrennt. Die verbleibenden gasfömigen Bestandteile, hauptsächlich Propan und Butan werden zu LPG (Liquified Petroleum Gas, dt.: verflüssigtes Petroleum-Gas) weiterverarbeitet. Die Rohölbestandteile, die den Röhrenofen flüssig verlassen haben, werden nach nochmaligem Erhitzen in eine weitere Kolonne geleitet, in der ein Vakuum herrscht. Der Druckabfall senkt den Siedepunkt der Flüssigkeiten (s. Dampfdruckkurve) und es werden nach dem gleichen Verfahren Gasöl, Spindelöl, Motorenöl (mineralisch) und Zylinderöl gewonnen. Der verbleibende Rest ist Bitumen.

Frequenz
Die Frequenz bezeichnet die Anzahl der Schwingungen pro Sekunde. Sie wird in Hertz (Hz) angegeben. 50 Hz bedeutet somit, dass ein Signal, z.B. eine Sinuskurve 50 Mal pro Sekunde auftritt. Frequenzen zwischen 30 khz und 300 GHz werden als Hochfrequenz (kurz HF) bezeichnet.

Gleitlager, bleifrei
Seit dem 1. Juli 2008 (Umsetzung bereits seit ca. 2005) soll der Bleianteil eines Bauteils im Kraftfahrzeug gemäß der Europäischen Richtlinie 2000/53/EC geringer als 0,1% seines Gewichts sein. Blei ist eine sog. gefährliche Substanz und kann über das Altöl in die Umgebung gelangen und diese schädigen. Hierdurch verliert die Lagerschale jedoch einen Großteil einer ihrer wichtigsten Eigenschaften, die Fähigkeit Schmutz einzubetten, also kleine Partikel, die sich im Motoröl befinden, zu absorbieren.

Werkstatttipp

Die Fähigkeit Schmutz einzubetten wurde von den meisten Werkstätten in der Vergangenheit missbraucht, um Motorschäden nach größeren Instandsetzungen zu verhindern. Im Rahmen dieser Arbeiten (z.B. Erneuern der Zylinderkopfdichtung) wurden betroffene Kontaktflächen regelmäßig mit Schleifpapier bearbeitet. Hierbei lösten sich jedoch Korund-Partikel ab und gelangten in die Ölkanäle. Die abgelösten Partikel gerieten in das Lager, wurden jedoch von der Lagerschale aufgenommen und es entstand in der Regel kein weiterer Schaden. Bei Lagerschalen neuerer Bauart ist dies nicht mehr gewährleistet. Folge: Bereits geringste Mengen an Partikeln können einen Gleitlagerschaden hervorrufen! Abhilfe: Schleifpapier u.Ä. darf nicht mehr als adäquates Werkzeug gesehen werden. Zum Schutz vor Folgeschäden dürfen Motoreninstandsetzungen ausschließlich mit Kunststoffschabern, Dichtungsentfernern und Kunstoffpads durchgeführt werden.

Gleitlager, IROX

Haupt- oder Pleuellager mit Gleitschicht aus Polyamidimid mit eingebetteten Festschmierstoffpartikeln; Rot-braune-Lauffläche (Färbung durch Oxid Bestandteile), die IROX-Beschichtung sorgt für einen schnelleren Aufbau des hydrodynamischen Schmierkeils und wirkt in der Zwischenzeit dämpfend und verschleißmindernd. Einsatz hauptsächlich bei Motoren mit Start-Stopp-System und Hybriden.

Gleitlager, Sputter

Verstärktes Haupt- oder Pleuellager; gesputterte Lagerschalen zeichnen sich durch eine sehr hohe Druck- und Verschleißfestigkeit aus, wodurch jedoch ihre Fähigkeit, Partikel aufzunehmen (s. auch Gleitlager, bleifrei) gemindert wird. Meist wird daher bei aufgeladenen (Diesel-) Motoren auf der druckbelasteten Seite eine gesputterte Lagerschale und auf der geringer belasteten Seite eine konventionelle Lagerschale verwendet.

Werkstatttipp

Meist lassen sich gesputterte Lagerschalen anhand der Teilenummer oder der Kennzeichnung „Sputter" oder „gesputtert" eindeutig identifizieren. Ist dies nicht möglich, lässt sich die gesputtete Lagerschale oftmals auch daran erkennen, dass sie gegenüber der konventionellen Lagerschale eine leicht milchige Oberflächenfarbe hat. Werden die Lagerschalen vertauscht, kommt es im Regelfall bereits nach kurzer Zeit zu einem Schaden.

Global Positioning System (GPS)

Das Global Positioning System (GPS) dient zur Positionsbestimmung. Es wurde ursprünglich für das US-Militär entwickelt, ist aber mittlerweile vollumfänglich auch für den zivilen Einsatz freigegeben. Nutzungseinschränkungen durch gezielte Signalstörungen, die in den frühen Jahren des GPS noch vorgesehen waren, gibt es aktuell nicht mehr, sind aber für kommende GPS-Generationen räumlich begrenzt (z.B. Krisengebiete) wieder geplant. Zur Positionsbestimmung dienen 24 Satelliten, die permanent ihre eigene Position in Verbindung mit der aktuellen Uhrzeit senden. Der GPS-Empfänger enthält neben einer Empfangsantenne eine präzise Uhr. Die Positionsbestimmung erfolgt, indem aus der Sende-Uhrzeit und der Empfangs-Uhrzeit die Signallaufzeit ermittelt wird. Aus der Signallaufzeit und der Signalgeschwindigkeit kann der Abstand zwischen Sender und Empfänger ermittelt werden. Ist dies mit den Signalen von mindestens 3 Satelliten geschehen, kann der Empfänger seine Position auf dem Planeten ermitteln. Die meisten GPS-Empfänger benötigen 4 Satelliten, da die eingebaute Uhr keine ausreichende Genauigkeit aufweist. Der 4. Satellit dient somit zur Korrektur. Die Genauigkeit der Positionsbestimmung liegt im Umkreis von weniger als 10 m, kann jedoch mithilfe eines weiteren, verknüpften Empfängers oder durch Abgleich mit anderen Systemen auf wenige Zentimeter (z.B. Rennstrecke, Landtechnik) reduziert werden.

Werkstatttipp

Das GPS benötigt zur einwandfreien Positionsbestimmung eine direkte „Sichtverbindung" zum Satelliten. In der Praxis kommt es häufig zu Störungen in der Laufstrecke des Signals. Dies können Schirmungen, beispielsweise durch Tunnel, Bäume oder hohe Gebäude sein, die das Signal nicht bis zum Empfänger lassen, sodass es nicht ausgewertet werden kann. Aber auch Reflexionen durch hohe Gebäude, Berge ö.Ä. können dazu führen, dass der Empfänger die Signallaufzeit aus der Strecke Satellit – Reflexionsfläche – Empfänger ermittelt, wodurch die Positionsbestimmung verfälscht wird.

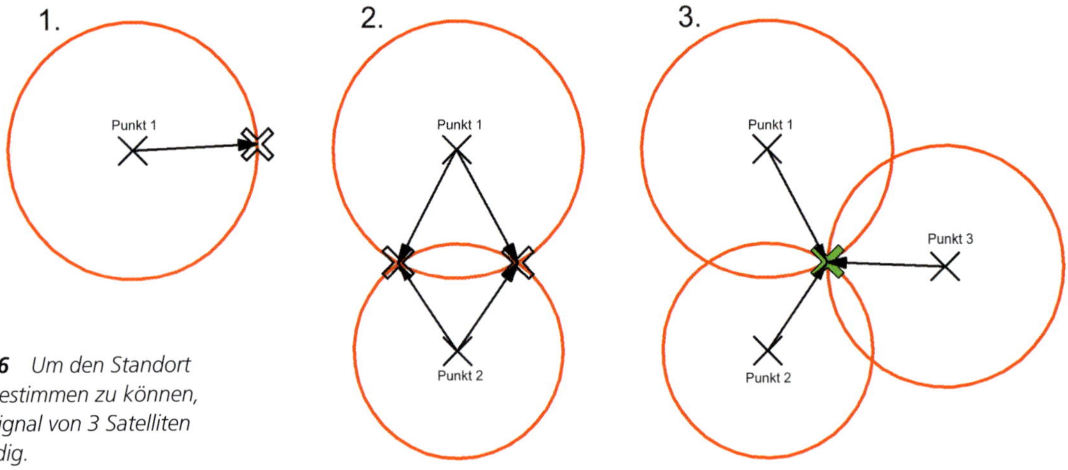

Bild 15.6 *Um den Standort genau bestimmen zu können, ist das Signal von 3 Satelliten notwendig.*

Global Warming Potential (GWP)

Das Global Warming Potential beschreibt die Wirkung eines Gases auf den antropogenen Treibhauseffekt gegenüber der Erwärmungswirkung derselben Menge CO_2 (CO_2: GWP = 1). Nimmt man beispielsweise 1 Gramm R134a mit einem GWP von 1430, so trägt dieses eine Gramm des Kältemittels genauso stark zur globalen Erwärmung bei wie 1430 Gramm CO_2.

GWP-Werte in der Kraftfahrzeugtechnik:

R1234yf: 4
Wasserstoff: 5,8
Methan: 25
R134a: 1430
FCKW: 14400
R12: 8.000.000

GPS

s. Global Positioning System

GSM

Global System for Mobile Communications (GSM) ist der weltweit meistverbreitete Standard für digitale Mobilfunknetze. In Deutschland basieren das D-Netz und das E-Netz auf diesem Standard.

Heißleiter
Temperaturabhängiger Widerstand, dessen Widerstandswert mit steigender Temperatur sinkt. Werden auch als NTC-Widerstände (Negative Temperature Coefficient) bezeichnet (s. auch Abschnitt 2.2.2).

Hertz
Hertz ist die Einheit der Frequenz benannt nach Heinrich Rudolf Hertz (1857 - 1894); s. auch Frequenz

Heterogen
Heterogen bedeutet so viel wie ungleichförmig. Wird ein Ottomotor beispielsweise heterogen betrieben, so ist die Gemischzusammensetzung innerhalb der Zylinder ungleichförmig, das heißt, der Kraftstoff ist ungleichmäßig verteilt und es befindet sich zum Beispiel in einem mageren Grundgemisch rund um die Zündkerze ein fettes Gemisch (s. auch Abschnitt 5.9).

HF
Hochfrequenz; s. Frequenz

Hilfsstoff
Stoff, der zum Warten, Reingen und Pflegen des Kraftfahrzeugs benötigt wird, z.B. Bremsenreiniger, Scheibenreiniger, Politur

Homogen
Homogen bedeutet so viel wie gleichförmig. Wird ein Ottomotor beispielsweise im „Homogenbetrieb" genutzt, ist der Kraftstoff im Kraftstoff-Luft-Gemisch im Zylinder gleichmäßig verteilt.

Homokinetisch
Homokinetisch (homo => gleich; kineitik => Bewegung) bedeutet „gleich-bewegend". Beispiel: Bei einem homokinetischen Gelenk, auch als „Gleichlaufgelenk" bezeichnet, dreht sich die Ausgangswelle genauso wie die Eingangswelle.

Infrarot
Als Infrarotstrahlung werden elektromagnetische Wellen im Bereich von 800 nm bis 1mm Wellenlänge bezeichnet. Sie liegt oberhalb des vom menschlichen Auge erfassbaren Bereich von 400 bis 800 nm. Infrarotstrahlung, auch als Wärmestrahlung bezeichnet, wird in nahes Infrarot (800 bis 3000 nm), mittleres Infrarot (3000 bis 5000 nm) und fernes Infrarot (5000 nm bis 1mm) unterteilt.

ACHTUNG!
Menschliche Schutzreflexe sind bei Infrarotstrahlern wirkungslos. Die Infrarotstrahlung führt dennoch bei längerem Einwirken auf die Netzhaut des Auges zu Schäden. Direkter Blickkontakt zu Infrarot-Lichtquellen sollte daher vermieden werden.

Kaltleiter
Kaltleiter sind temperaturabhängige Widerstände, deren Widerstandswert mit steigender Temperatur zunimmt. Sie werden auch als PTC-Widerstände (Positive Temperature Coefficient) bezeichnet (s. auch Abschnitt 2.2.2).

Kavitation

Kavitation (lat. cavitare => aushöhlen) Wird der Dampfdruck (vgl. Dampfdruckkurve) einer Flüssigkeit unterschritten, kommt es zur Bildung von Gasblasen, die beim Wiederanstieg des Drucks implodieren und einen Flüssigkeitsstrahl, einen sogenannten Micro-Jet, auslösen. Dieser hat dann einen Durchmesser von etwa 1 µm und trifft mit bis zu 1000 m/s auf das Bauteil, wo er das Material mit einem Druck von bis zu 100 000 bar verdichtet. Dies hat zur Folge, dass das Material spröde wird und beginnt, sich auszulösen.

Strömungskavitation

Bei der Strömungskavitation wird die Dampfblasenbildung durch einen Druckabfall im Bereich der Umwälzpumpe oder Engstellen bzw. Kanten im Kreislauf ausgelöst.

Schwingungskavitation

Bei der Schwingungskavitation wird die Dampfblasenbildung durch das Schwingen von Bauteilen und dem daraus resultierenden Druckabfall beim Entfernen des Flüssigkeitsmantels ausgelöst.

Folgen der Kavitation:

- Materialausbrüche
- Verformungen
- Brüche
- Löcher

Werkstatttipp

Wird beim Ausbau eines defekten Bauteils ein Kavitationsschaden erkannt, ist die Schadensursache oftmals nicht so leicht zu finden, da sie nicht in unmittelbarer Nähe zum Schadteil liegen muss. Als Beispiel sei hier ein Kavitationsschaden an der Kühlmittelpumpe genannt. Dieser könnte beispielsweise entstanden sein, weil das Überdruckventil oder die Dichtung des Verschlussdeckels vom Ausgleichsbehälter einen Schaden aufweist. Der Druckabfall im System ändert das Siedeverhalten des Kühlmittels und es kommt im Bereich größerer Druckgefälle (z.B. an der Kühlmittelpumpe) zu einem Schaden. Somit ist bei einem Kavitationsschaden der gesamte Hydraulikkreislauf und das darin befindliche Medium als potenziell ursächlich zu bewerten und somit zu prüfen.

Typische Ursachen für Kavitation:

- Druckabfall im System (s.o.)
- Engpässe, Knicke, Kanten in Schläuchen und Kanälen
- Verstopfungen im System (z.B. Kalkablagerungen)
- Falsche Flüssigkeit
- Erhöhte Temperatur (z.B. Thermostat, Kühler)

Kelvin, Licht

s. Farbtemperatur

Kohäsion

Kohäsion ist die Zusammenhangskraft der Atome und Moleküle innerhalb eines Stoffes. Sie sorgt dafür, dass der Stoff zusammen und in Form bleibt.

Konkav
Nach innen gewölbt

Konvex
Nach außen gewölbt

Kritischer Punkt
Ein Stoff ist oberhalb seines kritischen Punkts stets dampfförmig. Wird der kritische Punkt überschritten, gibt es keine trennende Oberfläche mehr zwischen Flüssigkeit und Dampf. Eine Verflüssigung ist nicht mehr möglich.

Lambda
Der griechische Buchstabe Lambda (λ) hat in der Kfz-Technik zweierlei Bedeutung:

1. Luftzahl: Die Luftzahl λ stellt das Verhältnis aus tatsächlich zugeführter Luftmasse und theoretisch benötigter Luftmasse (stöchiometrisches Gemisch) dar.
2. Wellenlänge: λ bezeichnet die Wellenlänge von Schall- und Funkwellen (s. Wellenlänge)

Leistung
Formelzeichen: P, Einheit: Watt (W); Die Leistung stellt die pro Zeiteinheit erbrachte Arbeit dar.

Leuchtdichte
Die Leuchtdichte ist das Maß für die „gesehene Helligkeit". Sie bezeichnet den Lichtstrom je Fläche und Raumwinkel. Das menschliche Auge empfindet Leuchtdichtenunterschiede als Helligkeitsunterschiede.

Lichtausbeute
Die Lichtausbeute stellt den Wirkungsgrad des Leuchtmittels dar. Sie ist ein Maß für die Effizienz der Umwandlung elektrischen Stroms in sichtbares Licht.
Lichtausbeute in der Kraftfahrzeugtechnik:

Halogenlicht: 20 lm/W
Gasentladungslampe: 90 lm/W
LED (aktuell verbaut): $\leq$ 150 lm/W

Lichtgeschwindigkeit
Licht und andere elektromagnetische Wellen, wie z.B. Funk- oder Radarwellen breiten sich im Vakuum per Definition mit exakt 299 792 458 m/s aus. Per Definition, da 1 Meter seit 1983 als die Wegstrecke definiert ist, die das Licht in 1/299 792 458 Sekunde zurücklegt. In der Technik geht man als Berechnungsgrundlage von 300 000 000 = 3×10^9 m/s aus.

Lichtstärke
Einheit: Candela, cd. Die Lichtstärke definiert den in einer bestimmten Richtung in einen Raumwinkel ausgestrahlten Lichtstrom, bezogen auf diesen Raumwinkel. Es wird die Richtungsabhängigkeit des ausgestrahlten Lichtstroms dargestellt. Bei LED wird die Lichtstärke oftmals in Millicandela (mcd) angegeben.

Lichtstrom

Einheit: Lumen, lm. Der Lichtstrom ist der mit der spektralen Hellempfindlichkeit des menschlichen Auges bewertete elektromagnetische Strahlungsfluss und stellt die von einer Lichtquelle abgestrahlte oder von einem Körper reflektierte Lichtleistung dar.

Der Lampenlichtstrom ist die gesamte abgegebene Lichtleistung einer Lampe unabhängig von der Ausstrahlungsrichtung.

LIN-Bus

Das Local Interconnect Network (LIN) ist ein serieller Datenbus zur Vernetzung von Sensoren und Aktoren. Er kommt dort zum Einsatz, wo die Bandbreite von CAN nicht benötigt wird (s. auch Abschnitt 4.5.5).

Lumen

s. Lichtstrom

Lux

s. Beleuchtungsstärke

LVDS (Low Voltage Differential Signal)

LVDS-Leitungen dienen zur schnellen Übertragung von großen Datenmengen(>100 MBit/s) mithilfe geringer Signalspannungen, beispielsweise Videodaten von der Frontkamera zum Steuergerät. 2 Signalleitungen übertragen das gleiche Signal, wobei eines der Signale invertiert ist. Somit ist das Signal unempfindlich gegen externe Störeinflüsse, da die Spannungsdifferenz beider Leitungen mit und ohne Störung die Gleiche ist. Zudem stört die Leitung keine umliegenden Systeme.

Methanol

Methanol ist ein bei Raumtemperatur flüssiger Alkohol und wird sowohl aus kohlenstoffhaltigen, fossilen Stoffen, wie z.B. Erdgas und Kohle, als auch aus kohlenstoffhaltigen, regenerativen Stoffen, wie z.B. Müll, Holz und Klärschlamm, gewonnen.

Eigenschaften: giftig, korrosiv, hygroskopisch

Molekül

Moleküle sind elektrisch neutrale Teilchen, die aus 2 oder mehr Atomen bestehen. Sie stellen die kleinste Einheit eines Stoffes dar. Sauerstoff tritt beispielsweise unter normalen, atmosphärischen Bedingungen überwiegend als O_2, also als Verbindung zweier Sauerstoffatome zu einem Sauerstoff-Molekül auf.

MOST

MOST steht für „Media Oriented Systems Transport". Es ist ein serielles Bussystem zur Übertragung von Audio-, Video-, Sprach- und Datensignalen über Lichtwellenleiter (s. auch Abschnitt 4.5.6).

Motoroktanzahl (MOZ)

Die Motoroktanzahl hat eine ähnliche Bedeutung wie die Research-Oktanzahl (ROZ). Sie wird jedoch unter anderen Prüfbedingungen (höhere Drehzahl, vorgewärmtes Gemisch, früherer Zündzeitpunkt) ermittelt.

Multiplex(-verfahren)

Beim Multiplexverfahren werden mehrere Signale gebündelt und über eine Leitung oder Funkstrecke gesendet. In der Kfz-Technik kommen 2 Multiplexverfahren zum Einsatz: Frequenzmultiplex und Zeitmultiplex.

Frequenzmultiplex

Die Signale werden auf unterschiedlichen Frequenzen im zur Verfügung stehenden Frequenzband zeitgleich gesendet.

Zeitmultiplex

Die Signale werden in „Pakete" unterteilt, die auf einer Frequenz nach und nach versendet werden. Der Sender-Multiplexer verpackt die Daten und schickt sie in einer bestimmten Reihenfolge an den Empfänger. Dieser muss mit dem Sender synchronisiert sein, um die Daten nach dem Entpacken an die richtige Adresse weiterleiten zu können. Da die Pakete sehr schnell aufeinanderfolgen, bekommt der Empfänger den Eindruck einer kontinuierlichen Datenübertragung.

Nachrüstung

Einbau eines Systems in ein Kraftfahrzeug nach dessen Erstzulassung. Vor der Erstzulassung handelt es sich um eine Ausrüstung.

NTC-Widerstand

Elektrischer Widerstand mit negativem Temperatur-Koeffizient (Negative Temperature Coefficient), auch Heißleiter genannt (s. auch Abschnitt 2.2.2).

OEM

Original Equipment Manufacturer; dt.: Originalausrüstungshersteller, Erstausrüster. Ein Fahrzeug- oder Ersatzteilhersteller, der seine Produkte unter eigenem Namen vertreibt, z.B. Daimler-Benz, Opel, Hyundai u.a. und Bosch, Valeo, Delphi u.a.

Ozonloch

Unter Ozon versteht man 3-fach gebundenen Sauerstoff. Dieser entsteht durch ultraviolette Strahlung oder eine starke, elektrische Entladung wie z.B. den Blitz bei einem Gewitter.

$$3O_2 => 2O_3$$

Die Ozonschicht ist eine Schicht aus diesen O_3-Molekülen, die die Erde umgibt und Flora und Fauna vor schädlicher UV- Strahlung schützt. Unter dem „Ozonloch" versteht man eine Schwächung bzw. Ausdünnung dieser Schicht, ausgelöst durch sogenannte radikale Gase, also Gase, die dem Ozon ein Sauerstoffatom entziehen, um mit diesem zu reagieren. Aus dem Ozon wird gewöhnlicher Sauerstoff, der keinerlei „Schutzfunktion" mehr aufweist. Typische Vertreter radikaler Gase sind Fluor-Chlor-Kohlenwasserstoff (FCKW) und Stickstoffmonoxid (NO). Die Ozonschicht befindet sich dank des Verbots von FCKW und des Rückgangs radikaler Gase durch (gesetzlich geforderte) Innovationen im Wiederaufbau.

Periode

Eine Periode ist die Zeitdauer, nach deren Ablauf sich eine bestimmte Erscheinung, z.B. eine Sinuskurve, wiederholt.

pH-Wert

Der pH-Wert gibt an, wie sauer oder basisch eine Flüssigkeit ist. Liegt der pH-Wert unter 7, handelt es sich bei der Flüssigkeit um eine Säure. Liegt der Wert über 7, spricht man von einer Base.

Plagiat

Unter einem Plagiat versteht man den Diebstahl geistigen Eigentums. Im Kfz- Bereich spielt besonders das Produktplagiat eine Rolle, bei dem Drittanbieter ein Bauteil nachfertigen und teilweise mit dem Markenzeichen des OEM versehen auf den Markt bringen. Diese Bauteile unterscheiden sich optisch oftmals nur unwesentlich bis gar nicht vom Original, weisen jedoch technisch i.d.R. schlechtere Eigenschaften auf. Neben den Markenzeichen werden hierbei auch Zulassungszeichen (E-Prüfzeichen, CE-Kennzeichnung etc.) kopiert. Einziger, annähernder Schutz vor Plagiaten ist der Teilebezug aus verlässlicher Herkunft.

Plausibilitätsfehler

Ein Plausibilitätsfehler wird erkannt, wenn verschiedene Informationen, die zum Steuergerät gelangen, nicht zueinander passen. Eine Ansauglufttemperatur von -40°C passt beispielsweise nicht zu einer vom Kombiinstrument ermittelten Umgebungstemperatur von +35°C. Teilweise werden Plausibilitätsfehler auch gesetzt, wenn Sensoren Werte anzeigen, die außerhalb eines zulässigen (sinnvoll definierten) Arbeitsbereichs (z.B. Ansaugluft -100°C) liegen, oder der gemessene Wert in Anbetracht des aktuellen Zustands des Gesamt- oder eines Teilsystems unmöglich ist (z.B. Heißfilmluftmassenmesser meldet keine Durchflussminderung, wenn AGR voll geöffnet wird).

Werkstatttipp

Bei einem Plausibilitätsfehler sollte vor der Fehlersuche ermittelt werden, welche Informationen dazu geführt haben, dass das Steuergerät den Messwert des Sensors als unplausibel, also unter den gegebenen Umständen zwingend unrichtig erkennt. Die Fehlersuche muss dann auf alle ermittelten Systeme/Sensoren/Aktoren ausgeweitet werden, da diese potenziell fehlerursächlich sind.

PTC-Widerstand

Elektrischer Widerstand mit positivem Temperatur-Koeffizienten (Positive Temperature Coefficient), s. auch Abschnitt 2.2.2.

Pulsweitenmodulation

Unter Pulsweitenmodulation versteht man die Steuerung der Leistung eines elektrischen Bauteils durch hochfrequentes (etwa 80 bis 100 Hz) Ein- und Ausschalten der Versorgungsspannung. Hierbei muss zwischen trägen und flinken Systemen unterschieden werden.

Träge Systeme, wie beispielsweise eine Glühlampe oder ein Elektromagnet, können der Frequenz des Ein- und Ausschaltens des Stromflusses nicht folgen und erreichen somit einen „Schwebezustand" zwischen „An" und „Aus", der vom Tastverhältnis, also dem Verhältnis aus Ein- und Ausschaltdauer abhängt. Beispiel Glühlampe: Eine Glühlampe leuchtet, weil der Glühfaden sich durch den Stromfluss erhitzt. Schaltet man den Stromfluss jedoch vor Erreichen der Glühtemperatur wieder aus, kühlt der Glühfaden wieder ab, ohne seine maximale Helligkeit erreicht zu haben. Schaltet man den Stromfluss wieder ein, bevor der Glühfaden kalt ist, erwärmt er sich wieder. Erhöht man die Frequenz des Ein- und Ausschaltens auf 80 bis 100 Hz, hat der Glühfaden weder Zeit, richtig heiß zu werden, noch Zeit, richtig abzukühlen. Er glimmt. Je länger die Einschaltzeit ist, desto mehr nähert sich der Glühfaden der Glühtemperatur und je kürzer die Einschaltzeit ist, desto weiter bleibt er von dieser entfernt. Somit lässt sich die Temperatur des Glühfadens und damit die Helligkeit der Glühlampe pulsweitenmoduliert regeln.

Flinke Systeme, wie beispielsweise LEDs, sind in der Lage, der Frequenz des Ein- und Ausschaltens der Versorgungsspannung zu folgen. In diesem Fall nutzt man die Trägheit des Zielobjekts. Beispiel LED-Rückleuchte: Viele LED-Rückleuchten sind pulsweitenmoduliert geregelt und so in der Lage, sowohl die Lichtleistung des Positionslichts als auch die des Bremslichts abzugeben. Der Effekt der Helligkeitsregelung entsteht hierbei allerdings nicht am Bauteil, sondern in der Signalverarbeitung des Menschen: Die pulsweitenmodulierte Leuchtdiode blinkt mit einer Frequenz von 80 bis 100 Hz. Das menschliche Auge kann jedoch nur etwa 20 bis 25 Bilder pro Sekunde verarbeiten. Somit bekommt es weder den Zustand „Aus" noch den Zustand „An" vollständig erfasst. Das Gehirn entscheidet daraufhin, eine Mischung aus beidem zu verarbeiten, weshalb das Licht der LED gedimmt wirkt. Durch eine Änderung des Tastverhältnisses lässt sich auch hier die Helligkeit variieren. Je länger die Einschaltphasen sind, desto heller wirkt die LED auf den Menschen.

Der größte Vorteil der Pulsweitenmodulation liegt darin, dass nur Strom fließt, wenn er auch gebraucht wird. Hierdurch wird das Bordnetz entlastet und wärmeproduzierende Bauteile, wie z.B. Vorwiderstände, können wegfallen.

Qualitätsregelung

Qualitätsregelung bedeutet, dass der Verbrennungsmotor über die Gemischqualität, also die Gemischzusammensetzung, geregelt wird. Dies trifft auf den Dieselmotor und den direkteinspritzenden Ottomotor im Schichtladebetrieb zu. Während die Luftmasse lastunabhängig angesaugt wird, erfolgt die Leistungsregelung durch mehr oder weniger Kraftstoff.

Quantitätsregelung

Quantitätsregelung bedeutet, dass der Verbrennungsmotor über die Gemischquantität, also die Gemischmasse, geregelt wird. Dies trifft auf den klassischen Ottomotor zu, dessen Leistung durch Drosseln der Luftmenge geregelt wird. Einige Dieselmotoren verwenden Teile der Quantitätsregelung zur Regeneration des Dieselpartikelfilters: Das Drosseln der Luftmasse durch die Druckregelklappe führt zu einer Leistungsminderung, die durch eine Erhöhung der Kraftstoffmasse kompensiert werden muss. Hierdurch steigt die Temperatur und der Partikelfilter startet die Regeneration.

Reflexion

Wird eine schall- oder elektromagnetische Welle (auch Licht) von einer Fläche zurückgeworfen, bezeichnet man dies als Reflexion. Im Fall einer Schallwelle wird die Reflexion auch als Echo bezeichnet.

Rekuperation

Unter Rekuperation versteht man die Umwandlung von Bewegungsenergie in elektrische Energie. Dies kann bei Fahrzeugen mit Verbrennungsmotor dadurch erfolgen, dass der Generator, unter der Voraussetzung, dass der Ladezustand der Starterbatterie $\geq 80\%$ ist, nur im Schubbetrieb lädt. Hierdurch verringert sich die erforderliche Motorleistung im Zugbetrieb und damit der Kraftstoffverbrauch und die Schadstoffemmissionen. Bei Hybrid- und Elektrofahrzeugen ermöglicht die Rekuperation das Laden der Hochvoltbatterie. Die hierbei entstehende Verzögerung ($\leq$ 0,3 g) ist so groß, dass die Betriebsbremse bei Teilbremsungen oder Gefällefahrten i.d.R. nicht mehr benötigt wird und ggf. das Bremslicht aktiviert werden muss.

Research-Oktanzahl (ROZ)

Maß für die Klopffestigkeit von Ottokraftstoff; die Research-Oktanzahl gibt an, wie stark ein Kraftstoff zur Selbstzündung neigt. Sie wird ermittelt, indem der Kraftstoff in einem Prüfmotor mit variablem Verdichtungsverhältnis mit einem Referenzkraftstoff aus Isooktan (ROZ 100) und Normalheptan (ROZ 0) verglichen wird. Super-Plus-Benzin (ROZ 98) hat somit dieselbe Klopffestigkeit wie ein Gemisch aus 98% Isooktan und 2% Normalheptan.

Resonanz(schwingung)

Resonanzen, auch Resonanzschwingungen, treten auf, wenn die Anregungsfrequenz (Frequenz einer eingeleiteten Bewegung) der Resonanzfrequenz (Eigenfrequenz des Systems) entspricht oder ein ganzzahliges Vielfaches von dieser beträgt. Das System schaukelt sich auf und es kann im schlimmsten Fall zu einer sogenannten Resonanzkatastrophe, also der Zerstörung des Systems kommen. Beispiel: Trifft das Rad eines Fahrzeugs auf eine Bodenwelle auf, wird es nach oben beschleunigt. Die Fahrzeugfeder wird vorgespannt und gibt einen Teil der Bewegungsenergie an die Karosserie ab, die sich nun ebenfalls nach oben bewegt. Durch die Erdanziehung wird die Karosserie kurz darauf wieder nach unten beschleunigt, wodurch die Feder erneut (diesmal von oben) vorgespannt wird. Lässt man die Reibung außer Acht, würde die Karosserie nun unbefristet auf und ab schwingen, da die Feder die Vorspannung wieder nur nach oben, also durch ein Anheben der Karosserie ausgleichen kann. Im Falle einer Resonanz erreicht das Fahrzeug, genau in dem Moment, in dem die Feder durch das Absinken der Karosserie von oben vorgespannt wird, eine weitere Bodenwelle, die das Rad erneut anhebt und somit die Feder zusätzlich von unten vorspannt. Die Feder wird durch die beidseitige Belastung stärker vorgespannt und hebt die Karosserie stärker an. Die Amplitude der Schwingung wird größer, und das Fahrzeug beginnt zu springen (Trampolin-Prinzip). Um dies zu verhindern, muss ein geeignetes Dämpfersystem verbaut werden, das die eingeleitete Bewegungsenergie durch Reibung kurzfristig in Wärme umwandelt und das System beruhigt.

RGB

Die Abkürzung „RGB" an Leuchtdioden oder Signalkabeln steht für die 3 Grundfarben Rot, Grün und Blau, aus deren Kombination alle anderen gewünschten Farben dargestellt werden können.

ROZ

s. Research-Oktanzahl

Schall

Menschen empfinden gleiche Schalldruckpegel bei verschiedenen Frequenzen unterschiedlich laut. Deshalb werden diese frequenzabhängig bewertet. Beispielsweise empfindet man einen Schalldruckpegel von 70 Dezibel bei einer Frequenz von 63 Hertz als ebenso laut wie einen Pegel von 45 Dezibel bei 2000 Hertz. Aus diesem Grund wurden in der Akustik für einzelne Frequenzen unterschiedliche Korrekturwerte eingeführt. Um mit einem einzigen Zahlenwert auszukommen und „objektiv“ vergleichbare Werte zu erhalten, werden die einzelnen Pegel innerhalb eines bestimmten Frequenzbereichs erfasst, bewertet und logarithmisch addiert (s. Dezibel). Die entsprechenden Schallpegelmessgeräte besitzen für die Schallbewertung fest eingebaute Filter.

Mit der Schallbewertung wird gewissermaßen eine durchschnittliche Empfindlichkeit des menschlichen Gehörs nachempfunden. Für bestimmte Schallarten gibt es unterschiedliche Bewertungen. Die am häufigsten verwendete Bewertung ist die A-Bewertung. Hiernach bewertete Pegel werden dann in dB(A) angegeben.

Der menschliche Hörbereich beginnt etwa bei 16 Hertz und endet etwa bei 20 000 Hertz. Schall mit niedrigeren Frequenzen bezeichnet man als Infraschall, mit höheren Frequenzen als Ultraschall.

Ist eine Schwingung sinusförmig, nennt man den Schall einen Ton. Stehen die Frequenzen mehrerer Einzeltöne in einem bestimmten (harmonischen) Verhältnis zueinander, so spricht man von einem Klang. Sind die Schwingungen der Töne beliebig, so entsteht ein Geräusch.

Schallgeschwindigkeit

Die Schallgeschwindigkeit ist die Geschwindigkeit, mit der sich (Ultra-)Schallwellen bewegen. Sie ist primär von dem Medium abhängig, in dem sich der Schall bewegt. Je dichter das Medium desto schneller der Schall. Bei Gasen und Flüssigkeiten ist sie daher auch stark druck- und temperaturabhängig. Bei 20°C haben die Schallwellen in Luft beispielsweise eine Geschwindigkeit von etwa 343 m/s (bei 0°C etwa 331 m/s), in Wasser von etwa 1484 m/s und in Stahl oder Aluminium von weit über 5000 m/s. Für Luft geht man in der Technik zur Vereinfachung meist von einer Schallgeschwindigkeit von 300 m/s aus.

Schmelzpunkt, Schmelzbereich

Der Schmelzpunkt ist der Punkt, bei dem ein Stoff vom festen in den flüssigen Zustand übergeht. Schmelzbereiche werden bei Legierungen angegeben, da die einzelnen Bestandteile der Legierung bei unterschiedlichen Temperaturen schmelzen. Er reicht von der Temperatur, bei der der erste Bestandteil schmilzt, bis zu der, bei der der letzte Bestandteil schmilzt.

Segeln

Der Segelbetrieb ist eine Funktion vieler moderner Automatikgetriebe. Befindet sich das Fahrzeug in einer Konstantfahrt, die ohne Energiezufuhr oder -abfuhr fortgesetzt werden kann, wird der Kraftfluss zwischen Motor und Getriebe getrennt und der Motor im Leerlauf betrieben. Hierdurch verringern sich der Kraftstoffverbrauch und die Schadstoffemission, da die vorhandene Bewegungsenergie bestmöglich ausgenutzt wird.

Segelbetrieb heißt auch der Betriebsbereich, in dem bei Hybridfahrzeugen der Verbrennungsmotor ganz abgeschaltet wird und nur noch der E-Motor dafür sorgt, dass der Wagen seine Geschwindigkeit hält. In einem solchen Segelbetrieb werden alle Nebenaggregate elektrisch angetrieben.

Siedepunkt, Siedebereich

Der Siedepunkt ist der Punkt, bei dem ein Stoff vom flüssigen in den gasförmigen Zustand übergeht. Siedebereiche werden bei Gemischen angegeben, da die einzelnen Bestandteile der Mischung bei unterschiedlichen Temperaturen sieden. Er reicht von der Temperatur, bei der der erste Bestandteil siedet, bis zu der, bei der der letzte Bestandteil siedet.

SOC
s. State of Charge

SOH
s. State of Health

SOP
s. Start of Production

Spannung, elektrische
Formelzeichnung: U, Einheit: Volt (V); Die elektrische Spannung gibt die Potenzialdifferenz zwischen 2 Punkten wieder. Sie ist vergleichbar mit dem Druck in einem hydraulischen System.

Start of Production (SOP)
Produktionsbeginn; SOP steht für den Beginn der Serienfertigung von Fahrzeugen.

Start-Stopp-System
Das Start-Stopp-Sytem stellt den Verbrennungsmotor ab, sofern die dazu notwendigen Voraussetzungen wie Motor betriebswarm, Batteriespannung ausreichend, Fahrzeug im Stillstand und Getriebe im Leerlauf erfüllt sind. Dies reduziert den Kraftstoffverbrauch und die Schadstoffemission, erhöht jedoch den Verschleiß innerhalb des Motors, was ggf. durch geänderte Bauteile, wie z.B. Haupt- und Pleuellager, kompensiert werden muss.

State of Charge (SOC)
Der SOC gibt den Ladezustand eines Akkumulators an. Hauptsächlich findet diese Abkürzung im Bereich der Hochvolttechnik Anwendung, wo sie in Verbindung mit einer prozentualen Angabe den Arbeitsbereich des Akkumulators widerspiegelt. Je größer der Arbeitsbereich gewählt wird, desto geringer ist die zu erwartende Lebensdauer der Batterie. Während einige Fahrzeughersteller nur einen Ladezustand von 55 $\pm$ 5% der Gesamtkapazität freigeben, arbeiten andere Fahrzeuge von SOC20 bis SOC80, also mit etwa 60% der Gesamtkapazität der Batterie.

State of Health (SOH)
Der SOH gibt die noch nutzbare Kapazität (Restkapazität) eines gealterten Akkumulators an, und ist damit ein Maß für die noch zu erwartende Lebensdauer.

Strom(fluss), elektrischer
Formelzeichen: I, Einheit: Ampere (A). Der Stromfluss stellt die gerichtete Bewegung freier Elektronen dar. Er ist mit der Durchflussmenge eines hydraulischen Systems vergleichbar.

Treibhauseffekt, anthropogen
Der Treibhauseffekt bezeichnet die Erwärmung der Erde durch Reflexion von Wärmestrahlung in der Atmosphäre. Den Teil, den durch Menschen verursachte Gase zur globalen Erwärmung beitragen, bezeichnet man als anthropogenen Treibhauseffekt.

Unidirektional

Nur in eine Richtung; unidirektional ist ein Begriff aus der Informatik und bedeutet, dass eine Datenübertragungsleitung oder eine Drahtlosverbindung nur in eine Richtung genutzt werden kann. Beispiel CB-Funk: Solange die Sprechtaste des Funkgeräts betätigt ist, das Gerät also sendet, kann es nicht empfangen, man hört also nichts.

Viskosität

Die Viskosität bezeichnet die Zähflüssigkeit von Flüssigkeiten. Je größer die Viskosität, desto dickflüssiger ist die Flüssigkeit, ist also weniger fließfähig. Je niedriger die Viskosität, desto dünnflüssiger ist die Flüssigkeit, ist also fließfähiger.

Widerstand, elektrischer

Formelzeichen: R, Einheit: Ohm (Ω); Der elektrische Widerstand gibt an, inwiefern der Stromfluss durch einen elektrischen Leiter behindert wird. Sein Kehrwert ist die elektrische Leitfähigkeit. Der elektrische Widerstand ist mit einer Drossel in einem hydraulischen System vergleichbar.

Winterdiesel

Winterdiesel ist Dieselkraftstoff, der einen geringeren Cold Filter Plugging Point (CFPP) aufweist. Man erreicht dies durch Zugabe von Kerosin oder sogenannten Fließverbesserern. Im Winter (16.11. - 28.02) muss Dieselkraftstoff bis mindestens $-20°C$ filtrierbar sein.

Werkstatttipp

Früher war es üblich und sogar vom Fahrzeughersteller vorgesehen, im Winter eine gewisse Menge Ottokraftstoff zur Verbesserung der Fließfähigkeit des Diesels beizumischen. Diese Praxis darf bei heutigen Motoren keinesfalls mehr angewendet werden, da die Schmierfähigkeit des Ottokraftstoffs für deren Einspritzsysteme ungenügend ist. Die Folgen reichen vom vorübergehenden Ausfall des Motors bis hin zum kapitalen Motorschaden durch gerissene oder gelängte Steuerketten bzw. Zahnriemen (Hochdruckpumpe setzt sich fest, Kette längt sich oder reißt).

Wirkungsgrad

Der Wirkungsgrad beschreibt das Verhältnis der Nutzenergie zur zugeführten Energie. Er wird mit dem griechischen Buchtaben eta (η) bezeichnet. $\eta = E_{ab} / E_{zu}$ Je höher der Wirkungsgrad, desto besser die Ausnutzung der eingesetzten Energie.

Wellenlänge

Die Wellenlänge einer periodischen Schwingung ist der kleinste Abstand zweier Punkte, die im zeitlichen Ablauf die gleiche Auslenkung und die gleiche Bewegungsrichtung haben, also zwei Wellenberge, -täler oder Nulldurchgänge mit gleicher Steigung. Sie wird mit dem griechischen Buchstaben Lambda (λ) bezeichnet und in Meter (m, mm, µm…) gemessen.

Bild 15.7 Die Wellenläge ist der Abstand zweier Punkte mit gleicher Auslenkung und gleicher Steigung.

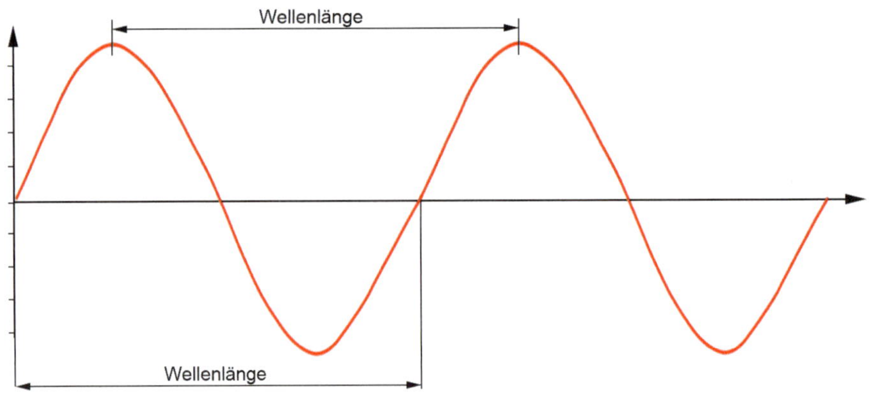

15.2 Abkürzungen in der Kfz-Technik

A/D	Analog/Digital-Wandler
AAS	Adaptive Air Suspension (Adaptive Luftfederung)
ABC	Active Body Control (Aktive Karosserie-Stabilisierung)
ABE	Allgemeine Betriebserlaubnis
ABS	Anti-Blockier-System
ACC	Adaptive Cruise Control (Abstandsregelung)
ADR	Automatische Distanzregelung
ADS	Adaptives Dämpfersystem
AFS	Aktive Fahrwerksstabilisierung
AFS	Adaptive Frontlightning System
AFS	Active Front Steering (Aktive Lenksysteme)
AGM	Absorbent Glass Mat (Batterie)
AGR	Abgasrückführung
AGS	Adaptive Getriebesteuerung
AKS	Automatisches Kupplungssystem
ALB	Automatisch lastabhängige Bremskraftregelung
ARS	Aktive Rollstabilisierung
ASR	Antriebsschlupf-Regelung
ATL	Automatic Transmission Fluid (Automatikgetriebeöl)
ATL	Abgasturbolader
AU	Abgasuntersuchung
BAS	Bremsassistent
BBA	Betriebsbremsanlage
BEV	Battery Electric Vehicle (batterieelektrisch angetriebenes Auto)
CAN	Controller Area Network (lineares Datenbus-System)
CDC	Continious Damping Control (kontinuierliche Dämpferregelung)
CDI	Common Rail Direct Injection
CFI	Central Fuel Injection (Zentraleinspritzung)
CIH	Camshaft in Head (Nockenwelle im Zylinderkopf)
CPU	Central Processing Unit (Zentrale Recheneinheit)

CVT	Continuously Variable Transmission (Stufenloses Übersetzungsgetriebe)
CZ	Cetanzahl
DBA	Dauerbremsanlage
DDE	Digitale Diesel Elektronik
DI	Direct Injection (Direkteinspritzung)
DME	Digitale Motor-Elektronik
DOHC	Double Overhead Camshaft (Zwei oben liegende Nockenwellen)
DSC	Digital Stability Control (Digitale Stabilitätskontrolle)
DWA	Diebstahl-Warnanlage
DWS	Drehwinkelsensor
EBS	Elektronisch geregeltes Bremssystem
EBV	Elektronische Bremskraftverteilung
ECE	Economic Commission for Europe (Europäische Wirtschaftskommission)
ECVT	Electronic Continuously Variable Transmission (Elektronisch gesteuertes stufenloses Übersetzungsgetriebe)
EDC	Electronic Damper Control (Elektronische Dämpfer-Regelung)
EDC	Electronic Diesel Control (Elektronisches Diesel-Motormanagement)
EDS	Elektronische Differenzialsperre
EEPROM	Electrically Erasable Programmable Read-Only Memory (Elektrisch löschbarer programmierbarer Nur-Lese-Speicher)
EFB	Enhanced Flooded Battery (verbesserte Nassbatterie)
EFU	Einschaltfunken-Unterdrückungsdiode
EGS	Elektronische Getriebesteuerung
EHB	Elektrohydraulisches Bremssystem
EKS	Elektronisches Kupplungssystem
EML	Elektronische Motor-Leistungsregelung
EMV	Elektromagnetische Verträglichkeit
EOBD	Europäische On-Board-Diagnose
EPB	Elektropneumatische Bremse
EPHS	Electrically Powered Hydraulic Steering (elektrohydraulische Lenkunterstützung)
ESD	Elektronisches Sperrdifferenzial
ESP	Electronic Stability Program (Elektronisches Stabilitäts-Programm)
ET	Einpresstiefe von Alufelgen
ETS	Elektronisches Traktionssystem
ETRTO	European Tyre and Rim Technical Organisation (Europäische Organisation zur Erfassung von Reifen und Felgen)
EWS	Elektronische Wegfahrsperre
FBA	Feststellbremsanlage
FDI	Fuel Direct Injection (Benzindirekteinspritzung)
FDR	Fahrdynamikregelung
FDS	Fahrzeug-Diagnosesystem
FSI	Fuel Stratified Injection (Benzindirekteinspritzung)
FWD	Four Wheel Drive (Vierradantrieb)
GDI	Gasoline Direct Injection (Benzindirekteinspritzung)
GPS	Global Positioning System (Weltweites Positionsbestimmungssystem)
GRS	Gierratensensor
HA	Hinterachse
HBA	Hilfskraftbremsanlage

HD	Heavy Duty (schwere Beanspruchung)
HEV	Hybrid Electric Vehicle (Auto mit seriellem Hybridantrieb)
HFM	Heißfilm-Luftmassensensor
HTHS	High Temperature High Speed (HTHS-Viskosität bei Motorölen)
HU	Hauptuntersuchung
HV	Hybrid Vehicle (Auto mit parallelem Hybridantrieb)
IDI	Indirect Injection (Indirekte Einspritzung)
ICM	Ignition Control Module (Zündungssteuergerät)
IR	Infrarot
ISO	International Organization for Standardization (Internationale Gesellschaft für Normung)
KAT	Katalysator
KOM	Kraftomnibus
KW	Kurbelwelle
LCD	Liquid Cristal Display (Flüssigkristallanzeige)
LDW	Lane Departure Warning (Spurhalteassistent)
LED	Light Emitting Diode (Leuchtdiode)
LHD	Left-Hand Driver (Linkslenker)
LIN	Local Interconnect Network (Bus-System)
LKW	Lastkraftwagen
LLR	Leerlaufregelung
LWL	Lichtwellenleiter
LWR	Leuchtweitenregelung
MAF	Mass Air Flow (Luftmassenmesser)
MAP-Sensor	Manifold Absolute Pressure Sensor (Absolutdrucksensor für den Saugrohrdruck)
MOS	Metal Oxide Semiconductor (Metalloxid-Halbleiter)
MOZ	Motor-Oktanzahl
MSR	Motor-Schleppmomentregelung
NBF	Nadelbewegungsfühler
NEFZ	Neuer Europäischer Fahrzyklus
NTC	Negative Temperature Coefficient (Negativer Temperatur-Koeffizient)
NW	Nockenwelle
OBD	On-Board-Diagnose
OHC	Overhead Camshaft (Obenliegende Nockenwelle)
OP	Operationsverstärker
PDE	Pumpe-Düse-Element
PHEV	Plug-in Hybrid Electric Vehicle (Plug-in-Hybrid)
PKW	Personenkraftwagen
PR	Ply Rating (Gewebelagen in einem Gürtelreifen)
PTC	Positive Temperature Coefficient (Positiver Temperatur-Koeffizient)
PWM	Pulsweitenmoduliertes Ansteuersignal
QM	Qualitätsmanagement
RDS	Radio Data System (Radiosender-Datensystem)
RFT	Runflat Tyre (Weitere Abkürzungen für diese Notlaufreifen: DSST (Dunlop), Eufori@ (Pirelli), EMT (Goodyear), SSR (Continental), ROF (Dunlop), ZP (Michelin)
RHD	Right-Hand Driver (Rechtslenker)

ROV	Rotierende Hochspannungsverteilung
ROZ	Research-Oktanzahl
RUV	Ruhende Hochspannungsverteilung
SAC	Self Adjusting Clutch
SBC	Sensoric Brake Control
SP	Sicherheitsprüfung
SRS	Supplemental Restraint System (Ergänzendes-Rückhaltesystem)
SSR	Self Supporting Runflat Tyre
SUV	Sport Utility Vehicle (Sportliches Allzweckfahrzeug)
TCS	Traction Control System (Antriebsschlupfregelung)
TMC	Traffic Message Channel (Verkehrsnachrichtenkanal)
TWI	Treat Wear Indicator (Reifenabnutzungsindikator)
VA	Vorderachse
VRLA	Valve-regulated Lead Acid Battery (Vlies- und Gelakkumulator)
VTG	Variable Turbinengeometrie (Abgasturbolader)
WK	Wandlerüberbrückungskupplung
ZV	Zentralverriegelung

15.3 Amtliche Kennzeichen

Die Kennzeichenschilder müssen reflektierend sein und dürfen nicht spiegeln, verdeckt oder verschmutzt sein. Zudem dürfen sie nicht zusätzlich mit Glas, Folien oder ähnlichen Abdeckungen versehen sein.

Die Maße der Kennzeichenschilder betragen für

- 1-zeilige Kennzeichen: Größtmaß der Breite: 520 mm, Höhe: 110 mm,
- 2-zeilige Kennzeichen: Größtmaß der Breite: 340 mm, bei 2- und 3-rädrigen Kraftfahrzeugen 280 mm, Höhe: 200 mm,
- Kraftradkennzeichen: Mindest-/Größtmaß der Breite: 180 mm/220 mm, Höhe: 200 mm und
- verkleinerte 2-zeilige Kennzeichen: Größtmaß der Breite: 255 mm, Höhe: 130 mm.

Kennzeichen müssen an der Vorder- und Rückseite des Kraftfahrzeugs fest angebracht sein. Bei einachsigen Zugmaschinen genügt das Kennzeichen an der Vorderseite, bei Anhängern und Krafträdern an der Rückseite. Hintere Kennzeichen müssen beleuchtet sein.

Besondere Kennzeichen		Eigenschaften
Kennzeichen für Elektofahrzeuge		Kennzeichen für ein reines Batterieelektrofahrzeug, ein von außen aufladbares Hybridelektrofahrzeug oder ein Brennstoffzellenfahrzeug. Für Plug-in-Hybridfahrzeuge gilt: CO_2-Emission max. 50g/km, elektrische Reichweite größer 40 km.

Besondere Kennzeichen		Eigenschaften
Oldtimerkennzeichen		▪ Kennzeichen für Fahrzeuge, die vornehmlich der Pflege des kfz-technischen Kulturguts dienen. ▪ Das Fahrzeug wurde vor mindestens 30 Jahren erstmals zugelassen. ▪ Ein Sachverständigengutachten liegt vor, in dem das Fahrzeug als historisch anerkannt wurde. ▪ Eine gültige HU, AU, ggf. SP ist erforderlich. ▪ Es ist ein Saisonkennzeichen möglich.
Rotes Oldtimerkennzeichen		Kennzeichen für Fahrzeuge, die auch ein Oldtimerkennzeichen bekommen können. Die Zahlenfolge beginnt immer mit einer 07. ▪ Erlaubt sind: Prüfungsfahrten, Überführungsfahrten, An- und Abfahrten sowie Teilnahme an Qldtimerveranstaltungen. ▪ Eine gültige Fahrzeuguntersuchung ist nicht erforderlich. ▪ Es kann für mehrere Fahrzeuge verwendet werden.
Rotes Kennzeichen		Kennzeichen für Prüfungs-, Probe- und Überführungsfahrten; bekommen können es zuverlässige Hersteller und Werkstätten. ▪ Es kann für mehrere Fahrzeuge verwendet werden. ▪ Vor jeder Fahrt muss das Fahrzeug im Fahrzeugscheinheft eingetragen werden. ▪ Es ist ein Fahrtenbuch zu führen.
Grünes Kennzeichen		Kennzeichen für Fahrzeuge, deren Halter von der Kraftfahrzeugsteuer befreit ist. ▪ Land- und forstwirtschaftliche Fahrzeuge ▪ Rettungswagen, Schaustellerfahrzeuge ▪ Fahrzeuge von gemeinnützigen oder öffentlichen Organisationen
Saisonkennzeichen		Kennzeichen für Fahrzeuge, die nur einen Teil des Jahres verwendet werden, der Zeitraum ist auf dem Kennzeichen eingeprägt. ▪ Außerhalb dieses Zeitraums dürfen sich diese Fahrzeuge nicht im öffentlichen Verkehrsraum befinden. ▪ Das Fahrzeug bleibt trotzdem stets zugelassen.
Kurzzeitkennzeichen		Kennzeichen für Prüfungs-, Probe- und Uberführungsfahrten. Das Ablaufdatum ist spätestens 5 Tage nach der Zuteilung durch die Zulassungsbehörde. ▪ Das Fahrzeug muss eine gültige Hauptuntersuchung (HU) / Sicherheitsprüfung (SP) haben. ▪ Es muss eine Kraftfahrzeug-Haftpflichtversicherung bestehen.

Besondere Kennzeichen		Eigenschaften
Wechselkennzeichen	 	Kennzeichen für zwei zugelassene Fahrzeuge, mit Erkennungsnummern, die sich nur in der letzten Zahl unterscheiden (z. B. AB 108H, AB 102). ▪ Die Fahrzeuge müssen in die gleiche Fahrzeugklasse fallen und es müssen Kennzeichenschilder gleicher Abmessungen an den Fahrzeugen verwendet werden können. ▪ Der fahrzeugbezogene Teil mit HU-Plakette ist fest angebracht. ▪ Es darf zur selben Zeit nur an einem Fahrzeug geführt werden. ▪ Von den mit Wechselkennzeichen zugelassenen Fahrzeugen kann eines oder können beide auch Oldtimer sein.
Ausfuhrkennzeichen	 [Alle Bilder: BMVI]	Kennzeichen für Fahrzeuge, die in Deutschland für den Export beschafft wurden und ins Ausland gefahren werden sollen. ▪ Das Fahrzeug muss verkehrssicher und haftpflichtversichert sein. ▪ Die Zulassung ist auf maximal 1 Jahr befristet. ▪ Das Feld am rechten Rand enthält das Ablaufdatum: Die obere Zahl kennzeichnet den Tag, die mittlere Zahl den Monat und die untere Zahl das Jahr. ▪ Das Fahrzeug darf in Deutschland und im Ausland gefahren werden.

Hinweis zu (15.1) bis (15.3): Andere als die angegebenen Bereifungen können im Rahmen der gültigen Typ- oder Einzelgenehmigung am Fahrzeug angebracht werden. Ein zusätzliches Gutachten und die Änderung oder Neuausstellung der Zulassungsbescheinigung Teil ist hierfür nicht erforderlich.

15.4 Gesetzliche Prüffristen von amtlichen Untersuchungen an Kraftfahrzeugen

Art des Fahrzeugs	Zeitabstand in Monaten	
	HU/AU	SP
Krafträder	24	
Personenkraftwagen mit nicht mehr als 8 Fahrgastplätzen		
- nach der Erstzulassung	36	
- jede weitere Untersuchung	24	
- zur gewerblichen Personenbeförderung bis 8 Fahrgastplätze und Mietwagen	12	
- gewerblich vermietete Personenkraftwagen	12	

Art des Fahrzeugs	Zeitabstand in Monaten	
	HU/AU	SP
Wohnmobile - zul. Gesamtmasse bis 3,5 t, nach der Erstzulassung - jede weitere Untersuchung	 36 24	
- zul. Gesamtmasse größer als 3,5 t bis 7,5 t, nach der Erstzulassung - ab dem 72. Monat nach der Erstzulassung	24 12	
- zul. Gesamtmasse größer als 7,5 t	12	
Kraftomnibusse und Fahrzeuge mit mehr als 8 Fahrgastplätzen - nach der Erstzulassung - ab dem 24. Monat nach der Erstzulassung - ab dem 36. Monat nach der Erstzulassung	 12 12 12	 6 (nach HU) 6 (nach HU) 3/6/9 (nach HU)
Kraftfahrzeuge zur Güterbeförderung, Zugmaschinen, Arbeitsmaschinen		
- V_{max} bis 40 km/h	24	
- V_{max} größer 40 km/h, zul. Gesamtmasse bis 3,5 t	24	
- V_{max} größer 40 km/h, zul. Gesamtmasse größer als 3,5 t bis 7,5 t	12	
- V_{max} größer 40 km/h, m_{zul} größer 7,5 t bis 12 t - nach der Erstzulassung - ab dem 36. Monat nach der Erstzulassung	12 12	 6 (nach HU)
- V_{max} größer 40 km/h, m_{zul} größer 12 t - nach der Erstzulassung - ab dem 36. Monat nach der Erstzulassung	12 12	 6 (nach HU)
Anhänger, angehängte Arbeitsmaschinen, Wohnanhänger		
- V_{max} bis 40 km/h	24	
- V_{max} größer 40 km/h, $m_{zul} \leq 0{,}75$ t, ungebr. - nach der Erstzulassung - jede weitere Untersuchung	36 24	
- V_{max} größer 40 km/h, zul. Gesamtmasse größer 0,75 t bis 3,5 t	24	
- V_{max} größer 40 km/h, zul. Gesamtmasse größer 3,5 t bis 10 t	12	
- V_{max} größer 40 km/h, zul. Gesamtmasse größer als 10 t - ab dem 24. Monat nach der Erstzulassung	12 12	6 (nach HU)

15.5 Bedeutung der Felder in der Zulassungsbescheinigung Teil I

A	Amtliches Kennzeichen	V.7	CO_2 (g/km) kombinierter Wert
B	Datum der Erstzulassung des Fahrzeugs	V.9	Für die EG-Typgenehmigung maßgebliche Schadstoffklasse
C1.1	Name oder Firmenname des Halters/der Halterin	D.1 (2)	Hersteller-Kurzbezeichnung
C1.2	Vorname des Halters/der Halterin	(2.1)	Code zu (2)
C1.3	Anschrift des Halters/der Halterin	(2.2)	Code zu D.2 mit Prüfziffer
C4	Bemerkungen zum Halter/zur Halterin	(3)	Prüfziffer zur Fahrzeug-Identifizierungsnummer
D.1	Marke	(4)	Art des Aufbaus
D.2	Typ/Variante/Version	(5)	Bezeichnung der Fahrzeugklasse und des Aufbaus
D.3	Handelsbezeichnung(en)	(6)	Datum zu K
E	Fahrzeug-Identifizierungsnummer	(7)	Technisch zulässige maximale Achslast/-masse je Achsgruppe in kg, (7.1) Achse 1 bis (7.3) Achse 3
F.1	Technisch zulässige Gesamtmasse in kg	(8)	Zulässige maximale Achslast im Zulassungsmitgliedstaat in kg (8.1) Achse 1 bis (8.3) Achse 3
F.2	Im Zulassungsmitgliedstaat zulässige Gesamtmasse in kg	(9)	Anzahl der Antriebsachsen
G	Masse des in Betrieb befindlichen Fahrzeugs (Leermasse)	(10)	Code zu P.3
H	Gültigkeitsdauer	(11)	Code zu R
I	Datum dieser Zulassung	(12)	Rauminhalt des Tanks bei Tankfahrzeugen in m
J	Fahrzeugklasse	(13)	Stützlast in kg
K	Nummer der EG-Typgenehmigung oder ABE	(14)	Bezeichnung der nationalen Emissionsklasse
L	Anzahl der Achsen	(14.1)	Code zu V.9 oder (14)
O.1	Technisch zulässige Anhängelast gebremst in kg	(15)	Bereifung (15.1) auf Achse 1 bis (15.3) auf Achse 3
O.2	Technisch zulässige Anhängelast ungebremst in kg	(16)	Nummer der Zulassungsbescheinigung Teil II
P.1	Hubraum in cm^3	(17)	Merkmal zu Betriebserlaubnis
P.2/P.4	Nennleistung in kW/bei Nenndrehzahl in min^{-1} (1/min)	(18)	Länge in mm
P.3	Kraftstoffart oder Energiequelle	(19)	Breite in mm
Q	Leistungsgewicht in kW/kg (nur bei Krafträdern)	(20)	Höhe in mm
R	Farbe des Fahrzeugs	(21)	Sonstige Vermerke
S.1	Sitzplätze einschließlich Fahrersitz	(22)	Bemerkungen und Ausnahmen
S.2	Stehplätze		
T	Höchstgeschwindigkeit in km/h		
U.1	Standgeräusch in dB(A)		
U.2	Drehzahl in min^{-1} (1/min) zu U.1		
U.3	Fahrgeräusch in dB(A)		

15.6 Emissionsschlüsselnummern für Pkw und Nfz zur Einstufung in die Schadstoffgruppe

Schadstoffgruppe	Motoren mit Fremdzündung (Benzin, Gas, Ethanol)		Motoren mit Selbstzündung (Diesel, Biodiesel)			
	Pkw bzw. Fahrzeuge der Klasse M1	Nfz bzw. Fahrzeuge der Klassen M2, M3, N	Pkw bzw. Fahrzeuge der Klasse M1	Pkw bzw. Fahrzeuge der Klasse M1, nachgerüstet mit Partikelfilter	Nfz bzw. Fahrzeuge der Klassen M2, M3, N	Nfz bzw. Fahrzeuge der Klasse M2, M, N, nachgerüstet mit Partikelfilter
			25 bis 29 35, 41, 71	Stufe PM01: 19, 20, 23, 24 Stufe PM0: 14, 16, 18, 21, 22, 34, 40, 77	20, 21, 22, 33, 43, 53, 60, 61	Stufe PMK01: 40-42, 50-52 Stufe PMK0: 10-12, 30-32, 40-42, 50-52
			30, 31, 36, 37, 42, 44 bis 52, 72	Stufe PM0 : 23, 29 Stufe PM1: 14, 16, 13, 21, 22, 25 bis 27,34, 35, 40, 41, 71, 77	34, 44, 54, 70, 71	Stufe PMK0: 43, 53 Stufe PMK1: 0-12, 20-22, 30-33, 40-43, 50-53, 60, 61
	01, 02, 14, 16, 18 bis 70, 71 bis 75[1], 77	30 bis 55, 60, 61, 70, 71, 80, 81, 83, 84, 90, 91[1]	32, 33, 38, 39, 43, 53 bis 70, 73 bis 75 PM5	Stufe PM1: 27[2], 49 bis 52 Stufe P2: 30, 31, 36, 37, 42, 44 bis 48, 67 bis 70 Stufe PM3: 32, 33, 38, 39, 43, 53 bis 66 Stufe PM4: 44 bis 70	35, 45, 55, 80, 81, 83, 84, 90, 91	Stufe PMK1; 44, 54 Stufe PMK2: 10-12, 20-22, 30-34, 40-45, 50-55, 60, 61,70, 71 Stufe PMK3: 33-35, 44, 45, 54, 55, 60, 61 Stufe PMK4: 33-35, 44, 45, 54, 55, 60, 51

[1] Gasfahrzeuge nach Richtlinie 2005/55/EG (vormals 88/77/EWG)

[2] Pkw mit Schlüsselnummer „27" bzw, „0427" und der Klartextangabe „96/69/EG I" mit einer zulässigen Gesamtmasse (z_{GM}) von mehr als 2.500 kg ist nach Anhang 2 Abs. 1 Nr. 4n) der Kennzeichnungsverordnung eine grüne Plakette zuzuteilen. Dies dann, wenn nachgewiesen wird, dass der Pkw die Anforderungen der Stufe PM1 der Anlage XXVI StVZO einhält.

15.7 EG-Fahrzeugklassen

Klasse	Beschreibung
	Kfz mit mindestens 4 Rädern und einer bauartbedingten Höchstgeschwindigkeit von mehr als 25 km/h und ihre Anhänger
M	Für die Personenbeförderung ausgelegte und gebaute Kraftfahrzeuge mit mindestens 4 Rädern
M1	Für die Personenbeförderung ausgelegte und gebaute Kraftfahrzeuge mit höchstens 8 Sitzplätzen außer dem Fahrersitz
M2	Für die Personenbeförderung ausgelegte und gebaute Kraftfahrzeuge mit mehr als 8 Sitzplätzen außer dem Fahrersitz und einer zulässigen Gesamtmasse bis zu 5 t
M3	Für die Personenbeförderung ausgelegte und gebaute Kraftfahrzeuge mit mehr als 8 Sitzplätzen außer dem Fahrersitz und einer zulässigen Gesamtmasse von mehr als 5 t
N	Für die Güterbeförderung ausgelegte und gebaute Kraftfahrzeuge mit mindestens 4 Rädern
N1	Für die Güterbeförderung ausgelegte und gebaute Kraftfahrzeuge mit einer zulässigen Gesamtmasse bis zu 3,5 t
N2	Für die Güterbeförderung ausgelegte und gebaute Kraftfahrzeuge mit einer zulässigen Gesamtmasse von mehr als 3,5 t bis zu 12 t
N3	Für die Güterbeförderung ausgelegte und gebaute Kraftfahrzeuge mit einer zulässigen Gesamtmasse von mehr als 12 t
O	Anhänger (einschließlich Sattelanhänger)
O1	Anhänger mit einer zulässigen Gesamtmasse bis zu 0,75 t
O2	Anhänger mit einer zulässigen Gesamtmasse von mehr als 0,75 t bis zu 3,5 t
O3	Anhänger mit einer zulässigen Gesamtmasse von mehr als 3,5 t bis zu 10 t
O4	Anhänger mit einer zulässigen Gesamtmasse von mehr als 10 t
	2-, 3- und 4-rädrige Kraftfahrzeuge
L1e	2-rädrige Kleinkrafträder mit einer bauartbedingten Höchstgeschwindigkeit von bis zu 45 km/h und einem Hubraum von bis zu 50 cm^3 im Falle von Verbrennungsmotoren oder einer maximalen Nenndauerleistung von bis zu 4 kW im Falle von Elektromotoren
L2e	3-rädrige Kleinkrafträder mit einer bauartbedingten Höchstgeschwindigkeit von bis zu 45 km/h und einem Hubraum von bis zu 50 cm^3 im Falle von Fremdzündungsmotoren oder einer maximalen Nutzleistung von bis zu 4 kW im Falle anderer Verbrennungsmotoren oder einer maximalen Nenndauerleistung von bis zu 4 kW im Falle von Elektromotoren
L3e	Krafträder, also 2-rädrige Kraftfahrzeuge ohne Beiwagen mit einem Hubraum von mehr als 50 cm^3 im Falle von Verbrennungsmotoren und/oder einer bauartbedingten Höchstgeschwindigkeit von mehr als 45 km/h
L4e	Krafträder mit Beiwagen
L5e	Mit 3 symmetrisch angeordneten Rädern ausgestattete Kraftfahrzeuge mit einem Hubraum von mehr als 50 cm^3 im Falle von Verbrennungsmotoren und/oder einer bauartbedingten Höchstgeschwindigkeit von mehr als 45 km/h
L6e	4-rädrige Leichtkraftfahrzeuge mit einer Leermasse von bis zu 350 kg, ohne Masse der Batterien im Falle von Elektrofahrzeugen, mit einer bauartbedingten Höchstgeschwindigkeit von bis zu 45 km/h und einem Hubraum von bis zu 50 cm^3 im Falle von Fremdzündungsmotoren oder einer maximalen Nutzleistung von bis zu 4 kW im Falle anderer Verbrennungsmotoren oder einer maximalen Nenndauerleistung von bis zu 4 kW im Falle von Elektromotoren. Diese Fahrzeuge müssen den technischen Anforderungen für 3-rädrige Kleinkrafträder der Klasse L2e genügen, sofern in Einzelrichtlinien nichts anderes vorgesehen ist
L7e	4-rädrige Kraftfahrzeuge, die nicht unter Klasse L6e fallen, mit einer Leermasse von bis zu 400 kg (550 kg im Falle von Fahrzeugen zur Güterbeförderung), ohne Masse der Batterien im Falle von Elektrofahrzeugen, und mit einer maximalen Nutzleistung von bis zu 15 kW. Diese Fahrzeuge gelten als 3-rädrige Kraftfahrzeuge und müssen den technischen Anforderungen für 3-rädrige Kraftfahrzeuge der Klasse L5e genügen, sofern in Einzelrichtlinien nichts anderes vorgesehen ist

15.8 Reifenkennzeichnungen und -abmessungen

15.8.1 Reifenabmessungen

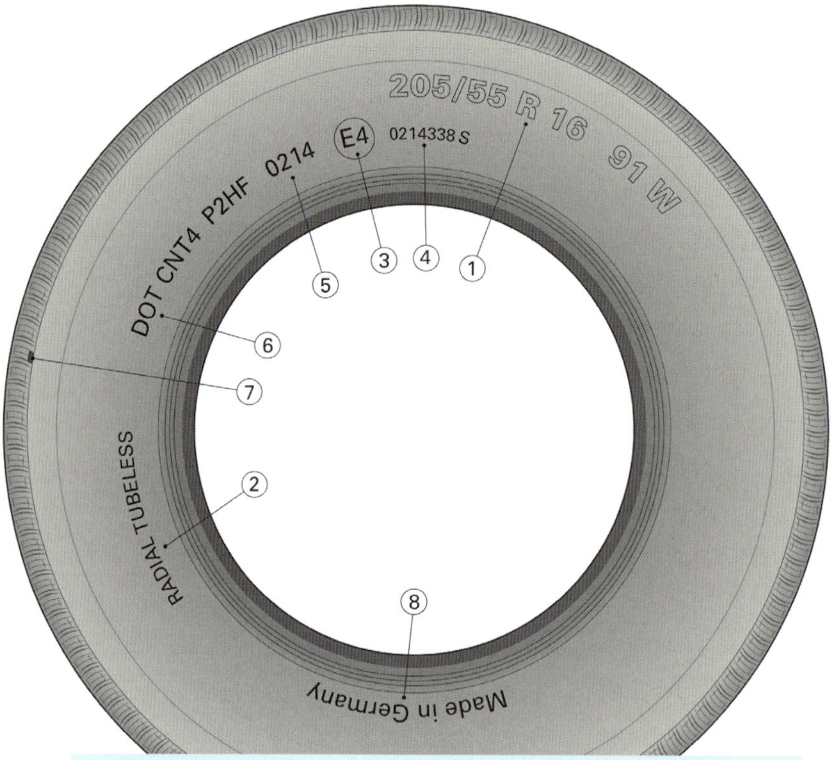

① **Größenbezeichnung**
205 = Reifenbreite in mm
55 = Verhältnis Höhe zu Breite in Prozent
R = Radialbauweise (Gürtelreifen)
16 = Felgendurchmesser (Zoll Code)
91 = Tragfähigkeitskennzahl
W = Geschwindigkeitsindex für zulässige Höchstgeschwindigkeit

Q bis 160 km/h	V bis 240 km/h
S bis 180 km/h	Z > 240 km/h
T bis 190 km/h	W bis 270 km/h
H bis 210 km/h	Y bis 300 km/h

② Schlauchloser Radialreifen

③ Internationales Genehmigungszeichen und die Nummer des Genehmigungslandes
4 = Niederlande

④ Genehmigungsnummer

⑤ Herstellungsdatum (Produktionswoche/Jahr)
0214 bedeutet 2. Woche im Jahr 2014

⑥ DOT = Departmet of Transportation (USA Verkehrsministerium)

⑦ TWI (Tread Wear Indicator)
Profilabnutzungsanzeiger

⑧ Kennzeichnung des Herkunftslandes

Abmessungen im Betrieb					
Reifen-größen-bezeichnung	**zulässige Felgen-breite in Zoll**	**max. Breite in mm**	**max. Außen-durchmes-ser in mm**	**Halbmesser statisch in mm**	**Abrollumfang −2,5/+1,5% in mm**
13 Zoll					
145/80 R 13	3.50 - 5.00	146 - 161	572	256	1714
175/70 R 13	4.50 - 6.00	179 - 194	586	261	1757
175 R 13	5.00 - 6.00	184	622	274	1861
14 Zoll					
175/65 R 14	5.00 - 6.00	184 - 194	594	267	1781
175/70 R 14	4.50 - 6.00	179 - 194	612	273	1836
175/80 R 14	4.50 - 6.00	179 - 194	648	287	1940
185/70 R 14	4.50 - 6.00	187 - 202	626	279	1879
15 Zoll					
155/55 R 15	4.50 - 5.50	163 - 174	570	255	1679
155/60 R 15	4.50 - 5.50	163 - 174	575	263	1729
165/65 R 15	4.50 - 6.00	172 - 185	603	274	1815
165/80 R 15	4.00 - 5.50	167 - 182	655	293	1967
175/55 R 15	5.00 - 6.00	184 - 194	581	266	1748
175/70 R 15	4.00 - 6.00	179 - 194	636	286	1913
185/55 R 15	5.00 - 6.50	192 - 207	593	270	1784
185/60 R 15	5.00 - 6.50	192 - 207	611	277	1839
195/65 R 15	5.50 - 7.00	204 - 219	645	289	1937
205/55 R 15	5.50 - 7.50	213 - 233	617	278	1851
205/70 R 15	5.00 - 7.00	207 - 227	681	302	2040
205/75 R 15	5.00 - 7.00	206 - 226	701	310	2101
16 Zoll					
195/65 R 16	5.50 - 7.00	204- -219	670	302	2013
205/50 R 16	5.50 - 7.50	213 - 233	620	283	2074
205/55 R 16	5.50 - 7.50	213 - 233	642	291	1928
205/60 R 16	6.00 - 7.50	212 - 232	662	299	1989
215/70 R 16	5.50 - 7.00	220 - 235	720	315	2159
225/75 R 16	6.00 - 7.50	232 - 247	758	335	2269

Abmessungen im Betrieb					
Reifengrößenbezeichnung	**zulässige Felgenbreite in Zoll**	**max. Breite in mm**	**max. Außendurchmesser in mm**	**Halbmesser statisch in mm**	**Abrollumfang −2,5/+1,5% in mm**
235/65 R 16	6.50 - 8.50	245 - 265	724	322	2172
245/70 R 16	6.50 - 8.00	253 - 268	764	337	2288
17 Zoll					
215/50 R 17	6.00 - 7.50	232 - 252	656	300	1867
225/45 R 17	7.00 - 8.50	229 - 244	642	295	1934
225/50 R 17	6.00 - 8.00	225 - 240	668	304	2007
225/60 R 17	6.00 - 8.00	232 - 252	712	321	2141
235/40 R 17	8.00 - 9.50	246 - 261	628	289	1891
235/75 R 17	6.00 - 8.00	239 - 259	687	353	2391
245/45 R 17	7.50 - 9.00	248 - 263	660	302	1989
255/65 R 17	7.00 - 9.00	265 - 285	778	345	2330
265/70 R 17	7.00 - 8.50	273 - 288	818	361	2452
18 Zoll					
225/50 R 18	6.00 - 8.00	232 - 252	737	334	2217
245/45 R 18	7.00 - 8.50	248 - 263	685	315	2065
245/50 R 18	7.00 - 8.50	258 - 273	713	324	2144
255/50 R 18	7.00 - 9.00	266 - 286	750	355	2250
265/40 R 18	9.00 - 10.50	265 - 292	677	311	2040
275/60 R 18	7.50 - 9.50	285 - 305	852	362	2556
19 Zoll					
155/70 R 19	4.00 - 5.00	158 - 168	658	326	2146
225/55 R 19	6.00 - 8.00	232 - 252	740	338	2230
235/35 R 19	8.00 - 9.50	253 - 268	635	295	1918
235/45 R 19	7.50 - 9.00	240 - 255	703	324	2120
235/50 R 19	6.50 - 8.50	245 - 265	729	333	2193
245/40 R 19	8.00 - 9.50	253 - 258	679	315	2047
245/45 R 19	7.50 - 9.00	248 - 263	711	327	2144
255/45 R 19	8.00 - 9.50	260 - 275	723	331	2175
275/35 R 19	9.00 - 11.50	284 - 304	657	304	1979

Abmessungen im Betrieb					
Reifen-größen-bezeichnung	zulässige Felgen-breite in Zoll	max. Breite in mm	max. Außen-durchmes-ser in mm	Halbmesser statisch in mm	Abrollumfang -2,5/+1,5% in mm
275/40 R 19	9.00 - 11.00	284 - 304	711	327	2145
275/45 R 19	8.50 - 10.50	279 - 299	741	338	2230
285/40 R 19	9.50 - 11.00	296 - 312	721	330	2169
305/30 R 19	10.50 - 11.50	321 - 331	675	313	2034
20 Zoll					
235/35 R 20	8.00 - 9.50	246 - 261	678	318	2050
245/40 R 20	8.00 - 9.50	253 - 268	712	330	2147
255/35 R 20	8.50 - 10.00	265 - 280	694	324	2092
255/40 R 20	9.50 - 10.00	265 - 280	720	334	2172
265/35 R 20	9.00 - 10.50	277 - 292	702	326	2177
295/30 R 20	10.00 - 11.00	308 - 318	694	323	2092
295/35 R 20	10.00 - 11.50	308 - 324	721	334	2174
21 Zoll					
245/35 R 21	8.00 - 9.50	253 - 268	711	334	2150

15.8.2 Last- und Geschwindigkeitsindex

Reifen: Lastindex und Tragfähigkeit (Auszug)

Lastindex (LI)	50	51	52	53	54	55	56	57	58	59	60	61	62	63
Last je Reifen [kg] 1)	190	195	200	206	212	218	224	230	236	243	250	257	265	272

Lastindex (LI)	64	65	66	67	68	69	70	71	72	73	74	75	76	77
Last je Reifen [kg] 1)	280	290	300	307	315	325	335	345	355	365	375	387	400	412

Lastindex (LI)	78	79	80	81	82	83	84	85	86	87	88	89	90	91
Last je Reifen [kg] 1)	425	437	450	462	475	487	500	515	530	545	560	580	600	615

Lastindex (LI)	92	93	94	95	96	97	98	99	100	101	102	103	104	105
Last je Reifen [kg] 1)	630	650	670	690	710	730	750	775	800	825	850	875	900	925

1) der Wert gilt nur bei vorgegebenem Luftdruck

Der sogenannte Lastindex kennzeichnet die Belastbarkeit des Reifens. Wichtig dabei ist, dass die dem jeweiligen Index zugeordnete Last je Reifen nur bei vorgegebenem Luftdruck gilt. Ist der Luftdruck niedriger, sinkt auch die Tragfähigkeit des Reifens. Außerdem ist die Belastbarkeit eines Reifens von der Geschwindigkeit abhängig.

Bei Reifen, die für Geschwindigkeiten von mehr als 210 km/h zugelassen sind, sinkt die Reifentragfähigkeit mit der Höhe der über 210 km/h gefahrenen Geschwindigkeit. So sinkt zum Beispiel die Tragfähigkeit eines V-Reifens bei der möglichen Höchstgeschwindigkeit von 240 km/h auf 91% seiner ausgewiesenen Tragfähigkeit. Deshalb sind Tragfähigkeitsindex und Geschwindigkeitssymbol 2 zusammenhängende Reifenkennzeichnungen.

Geschwindigkeitssymbol und Höchstgeschwindigkeit (Auszug)

Geschwindigkeitssymbol	F	G	J	K	L	M	N	P	Q	R
Zul. Höchstgeschw. (km/h)	80	90	100	110	120	130	140	150	160	180

Geschwindigkeitssymbol	S	T	U	H	V	VR	W	Y	ZR	(Y)
Zul. Höchstgeschw. (km/h)	180	190	200	210	240	>210	270	300	>240	>300

Tragfähigkeitsreduzierung bei V-, W- und Y-Reifen in %

Geschwindigkeit des Fahrzeugs (km/h)	**Geschwindigkeitssymbol des Reifens**		
	V	**W**	**Y**
210	100	100	100
220	97	100	100
230	94	100	100
240	91	100	100
250		95	100
260		90	100
270		85	100
280			95
290			90
300			85

Quelle: ADAC

Lesebeispiel: Ein V-Reifen hat bei einer Geschwindigkeit des Fahrzeugs von 230 km/h bei vorgegebenem Luftdruck noch 94% der über den Lastindex angegebenen Tragfähigkeit, bei der zulässigen Höchstgeschwindigkeit des Reifens von 240 km/h sinkt die Tragfähigkeit auf 91% des LI.

15.9 Lichttechnische Einrichtungen

LTE - Lichttechnische Einrichtungen

Fz.-klasse	LTE	Einbauort	Min.	Max.	Farbe	Anbau-höhe *1	Anbau-breite*2	Sichtbar-keit vertikal *3	Sichtbar-keit horizon-tal *4	Kon-trolle	Geneh-migungs-zeichen	Bemerkungen
M1, N1	Begrenzungs-leuchten	Vorne	2	4*	weiß	350 mm $\geq$ X $\leq$ 1500 mm (2100 mm *5)	$\leq$ 400 mm	$\pm$ 15°	+ 80° / − 45°	grün oder durch Instr.-bel.	A	* wenn 2 Bestandteil d. Scheinwerfers
	Scheinwerfer f. Abblendlicht	Vorne	2	2	weiß	500 mm $\geq$ X $\leq$ 1200 mm	$\leq$ 400 mm	+ 15° / − 10°	+ 45° / − 10°	zulässig, grün	HC, DC	> 2000 lm : autom. Leuchtweitenregelung + Scheinwerferreinigungs-anl. HC: Halogenlampe DC: Gasentladungslam-pe DC: automatische Leuchtweitenregelung + Scheinwerferreinigungs-anl. + Fernlicht nur i.V.m. Abblendlicht
	Scheinwerfer f. Fernlicht	Vorne	2	4	weiß	-	-	$\pm$ 5°	$\pm$ 5°	blau	HR, DR	HR: Halogenlampe DR: Gasentladungslampe Nur paarweise einschalt-bar Beim Abblenden alle gleichzeitig "Aus" Kennzahl alle SW zu-sammen $\leq$ 100

Fz.-klasse	LTE	Einbauort	Min.	Max.	Farbe	Anbau-höhe *1	Anbau-breite*2	Sichtbar-keit vertikal *3	Sichtbar-keit horizon-tal *4	Kon-trolle	Geneh-migungs-zeichen	Bemerkungen
	Nebelschein-werfer	Vorne	0	2	weiß hellgelb	250 mm $\geq$ X $\leq$ 800 mm*	$\leq$ 400 mm**	$\pm$ 5°	+ 45° / − 10°	grün	B	Müssen unabhängig von Abblend- u. Fernlicht schaltbar sein > 2000 lm : autom. Leuchtweitenregelung * nicht höher, als Ab-blendlicht ** bei > 400 mm nur i.V. m. Abblendlicht
	Tagfahrtleuch-ten	Vorne	0/2*	2	weiß	250 mm $\geq$ X $\leq$ 1500 mm	Fz-Mitte $\pm$ $\geq$ 300 mm**	$\pm$ 10°	$\pm$ 20°	zulässig	RL	* Typzulassung ab. 07.02.2011 ** bei FZ-Breite < 1300 mm: $\pm$ $\geq$ 200 mm Automatisch mit Zün-dung "an" und bei Licht "aus"
	Abbiegeschein-werfer	Vorne	0	2	weiß	250 mm $\geq$ X $\leq$ 900 mm*	$\leq$ 400 mm**	$\pm$ 10°	+ 30° $\geq$ X $\leq$ + 60°	-	K	* nicht höher, als Ab-blendlicht ** auch seitl. $\leq$ 1000 mm v. Vorne nur i.d. jeweiligen Rich-tung bei v $\leq$ 40 km/h i.V. m. Fahrtrichtungsanzei-ger oder Lenkeinschlag bei Rückwärtsfahrt beide zulässig nur i.V.m. Abblend-/ Fernlicht
	Adaptives Frontbeleuch-tungssystem (AFS)	Vorne	-	-	weiß	250 mm $\geq$ X $\leq$ 1200 mm	$\leq$ 400 mm	-	-	Störungs-kontroll-leuchte	X CT	System aus mehreren Leuchten an der Vorder-seite des Fahrzeuges Vorschriften entspre-chend dieser Leuchten

	Rückstrahler, nicht dreieckig	Vorne	0/2*	2	weiß	250 mm ≥ X ≤ 900 mm (1500 mm *5)	≤ 400 mm	± 10°	± 30°	-	IA	* wenn alle nach vorne wirkenden Leuchten mit Reflektoren abdeckbar sind
	Fahrtrichtungs-anzeiger	Vorne Mitte Hinten	2 0/2* 2	2 2 2	gelb	350 mm ≥ X ≤ 1500 mm (2100 mm *5)**	≤ 400 mm Fz-Mitte ± ≥ 300 mm***	± 15°	+ 80° / – 45° + 80° / – 45°	grün blinkend und/ oder akustisch	1, 1a, 1b, 2a, 2b, 3, 31, 4,5,6	* Abstand Fahrtrichtungsanz. V.u.H. ≥ 6000 mm od. zGG ≥ 3,5 t, innerhalb 1/3 d. Fahrzeuges ≤ 2500 mm ** lt. StVZO ≥ 400 mm, seitl.≥ 500 mm ** seitl. Bauartbed. ≤ 2300 mm ** bei FZ-Breite < 1300 mm: ± ≥ 200 mm
	Warnblinklicht	s. Fahrtrichtungsanzeiger								rot + FRA-Kontrolle	s. FRA	Einschalten durch besondere Betätigungseinrichtung auch bei "Aus"
	Umrissleuchten	Vorne Hinten	0/2* 0/2*	0/2** 0/2**	weiß rot	so hoch, wie möglich, v. ≥ Oberkante Windschutzscheibe	≤ 400 mm	+ 5° / – 20°	+ 80° / 0°	zulässig	A	* Fz-Breite > 2100 mm ** Fz-Breite 1800 mm ≥ X ≤ 2100 mm Müssen mit Begrenzungs- und Schlussleuchte leuchten, Abstand zu vorgenannten ≥ 200 mm
	Parkleuchten	Vorne Hinten Seite	0 0 0	2* 2* 1*	weiß rot weiß/ rot	350 mm ≥ X ≤ 1500 mm	≤ 400 mm	± 15°	+ 45° / 0°	zulässig		* Fz-Länge ≤ 6000 mm, Fz-Breite ≤ 2000 mm, je zwei Leuchten v.u.h. oder eine Leuchte auf jeder Seite Unabhängig von anderen Leuchten u. Zündung "Ein" Darf abnehmbar sein

Fz.-klasse	LTE	Einbauort	Min.	Max.	Farbe	Anbau-höhe *1	Anbau-breite*2	Sichtbar-keit vertikal *3	Sichtbar-keit horizon-tal *4	Kon-trolle	Geneh-migungs-zeichen	Bemerkungen
	Rückfahrt-scheinwerfer	Hinten	1* 2**	2* 4***	weiß	250 mm $\geq$ X $\leq$ 1200 mm	$\leq -$ 50 mm	+ 15° / − 5°	+ 45° / − 30°	zulässig	AR	"Ein", wenn Rückwärts-gang + Zündung "Ein" * Fz-Länge $\leq$ 6000 mm ** Fz-Länge > 6000 mm *** nicht für M1, nur i.V. m. Beleuchtung "Ein", für langsame Fahrmanö-ver vor- und rückwärts, autom. "Aus" bei vor-wärts v > 10 km/h
	Bremsleuchten	Hinten	2 + 1	4*	rot	350 mm $\geq$ X $\leq$ 1500 mm (2100 mm *5) Dritte Bremsleuch-te mittig*** über den beiden an-deren**	$\leq$ 400 mm -	± 15° + 10° / − 5°	± 45° ± 10°	-	S	* lt. StVZO ** $\geq$ 850 mm, $\leq$ 150 mm vom Rand d. Heckschei-be, Anbringung auch in-nen zulässig *** bauartbedingt auch $\leq$ 150 mm außermittig
	Notbremssignal	Hinten	s. Fahrtrichtungsanzeiger / Bremsleuchten							zulässig	s. FRA / Brems-leuchten	Synchrones Blinken der Bremsleuchten oder Fahrtrichtungsanzeiger mit 4 Hz ± 1 Hz bei v $\geq$ 50 km/h und a $\geq$ 6 m/s², autom. Abschalten bei a $\leq$ 2,5 m/s² oder Warn-blinklicht "Ein"

	Schlussleuchten	Hinten	2	4	rot	350 mm ≥ X ≤ 1500 mm (2100 mm *5)	≤ 400 mm	± 15°	+ 80° / - 45°	grün	R	
	Nebelschluss-leuchten	Hinten	1	2	rot	250 mm ≥ X ≤ 1000 mm	Eine mittig oder links, zwei symmetrisch	± 5°	± 25°	gelb	F	Abstand Nebelschlussl./ Bremsl. ≥ 100 mm Nur i.V.m. Nebelscheinwerfer od. Abblend-/ Fernlicht Unabhängig von Nebelscheinwerfer abschaltbar
	Kennzeichen-leuchte	Hinten	1	-	weiß	Anzahl und Anbringung zur ausreichenenden Beleuchtung d. Kennz. geeignet ohne, dass weißes Licht nach hinten strahlt	-	-	-	-	L	Zulässig sind auch selbstleuchtende Kennzeichen nach § 22a StVZO Kennzeichen muss auf 20 m lesbar sein
	Rückstrahler, nicht dreieckig	Hinten	2	4	rot	250 mm ≥ X ≤ 900 mm (1500 mm *5)	≤ 400 mm	± 10°	± 30°	-	IA	

Fz.-klasse	LTE	Einbauort	Min.	Max.	Farbe	Anbau-höhe *1	Anbau-breite*2	Sichtbar-keit vertikal *3	Sichtbar-keit horizon-tal *4	Kon-trolle	Geneh-migungs-zeichen	Bemerkungen
	Seitenmarkie-rungsleuchten	Seite	X*	X**	gelb	250 mm $\geq$ X $\leq$ 1500 mm (2100 mm *5)	***	$\pm$ 10°	$\pm$ 45°	zulässig	SM 1	* Fz-Länge > 6000 mm ** Fz-Länge $\leq$ 6000 mm *** $\leq$ 3000 mm v. Vor-ne, $\leq$ 1000 mm v. Hin-ten, $\leq$ 3000 mm (4000 mm *5) zwischen den Leuchten
	Rückstrahler, nicht dreieckig	Seite	X*	X**	gelb	250 mm $\geq$ X $\leq$ 900 mm (1500 mm *5)	***	$\pm$ 10°	$\pm$ 45°	-	IA	* Fz-Länge > 6000 mm ** Fz-Länge $\leq$ 6000 mm *** $\leq$ 3000 mm v. Vor-ne, $\leq$ 1000 mm v. Hin-ten, $\leq$ 3000 mm (4000 mm *5) zwischen den Strahlern

*1 : Mindestmaß bis Beginn der Lichtaustrittsfläche; Höchstmaß bis Ende der Lichtaustrittsfläche
*2 : Symmetrisch zur Fahrzeugmitte, vom äußersten Punkt des Fahrzeugumrisses, wenn nicht anders beschrieben
*3 : + nach oben, - nach unten
*4 : + nach außen, - nach innen
*5 : wenn bauartbedingt nicht anders möglich

15.9.1 Lampen

Kfz-Lampen vgl. ECE - R 37					
Typ	**Abbildung**	**Verwendung**	**Nennspannung N**	**Nennleistung W**	**Sockel-Typ IEC**
R2	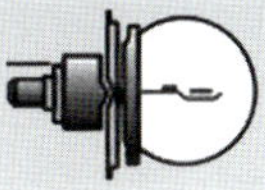	Zweifadenlampe für Fernlicht/Abblendlicht	6 12	45/40 45/40	P 45 t-41
H1		Nebellicht Fernlicht Abblendlicht	6 12 24	55 55 70	P 14,5 e
H3	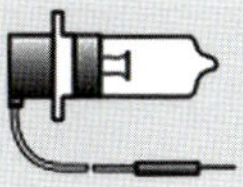	Nebellicht Fernlicht	6 12 24	55 55 70	PK 22 s
H4		Zweifadenlampe für Fernlicht/Abblendlicht	12 24	60/55 75/70	P 43 t-38
H7	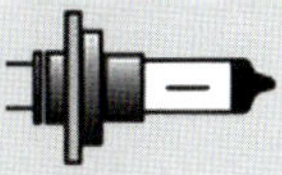	Nebellicht Fernlicht Abblendlicht	12	55	PX 26 d
H8	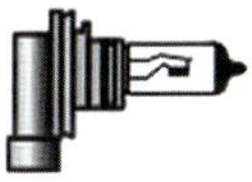	Nebellicht Abbiegelicht	12	35	PGJ 19-1
H9	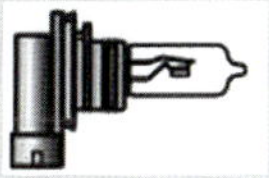	Fernlicht	12	65	PGJ 19-5
H10	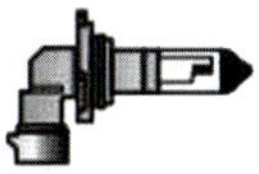	Nebellicht	12	42	PY 20 d
H11	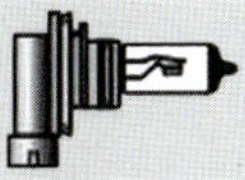	Abblendlicht Nebellicht	12	55	PGJ 19-2
H15	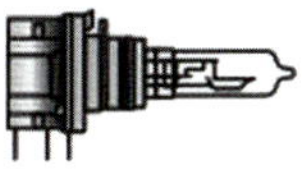	Zweifadenlampe für Fernlicht/Tagfahrlicht	12 24	55/15 60/20	PGJ 23t-1
H16	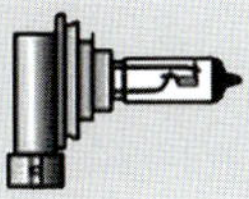	Nebellicht Abbiegelicht	12	19	PGJ 19-3
HB3	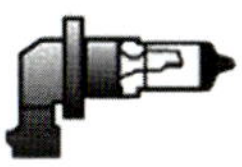	Fernlicht	12	60	P 20 d

Kfz-Lampen vgl. ECE - R 37

Typ	Abbildung	Verwendung	Nennspannung N	Nennleistung W	Sockel-Typ IEC
HB4	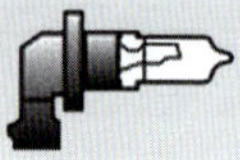	Abblendlicht Nebellicht Abbiegelicht	12	51	P 22 d
H6W		Begrenzungslicht	12	6	BAX 9 s
H21W		Blinklicht	12 24	21 21	BAY 9 s
P13W	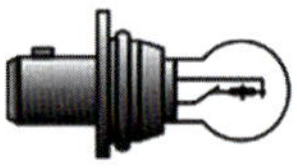	Tagfahrlicht	12	13	PG 18,5 d
P21W PY21W (gelb)		Brems-, Nebelschluss-, Rückfahrlicht, Blinklicht	6 12 24	21 21 21	BA 15 s
P21W/5W		Zweifadenlampe für Bremslicht/Schlusslicht	6 12 24	21/5 21/5 21/5	BAY 15 d

H = Halogenlampen

Kfz-Lampen (Auswahl) vgl. ECE - R 37

Typ	Abbildung	Verwendung	Nennspannung N	Nennleistung W	Sockel-Typ IEC
R5W R10W		Begrenzungslicht, Schlusslicht	6 12 24	5 bzw. 10 5 bzw. 10 5 bzw. 10	BA 15 s
C5W		Kennzeichenbeleuchtung, Schlusslicht	6 12 24	5	SV 8,5-8
T4W		Begrenzungslicht	6 12 24	4	BA 9 s
W3W W5W		Begrenzungslicht, Kennzeichenbeleuchtung	6 12 24	3 bzw. 5 3 bzw. 5 3 bzw. 5	W 2,1 x 9,5 d
W16W		Brems-, Nebelschluss-, Rückfahrlicht	12	16	W 2,1 x 9,5 d
W21W WY21W (gelb)		Brems-, Nebelschluss-, Rückfahrlicht, Blinklicht	12	21	W 3 x 16 d

Kfz-Lampen (Auswahl) vgl. ECE - R 37					
Typ	**Abbildung**	**Verwendung**	**Nennspannung** **N**	**Nennleistung** **W**	**Sockel-Typ IEC**
W21/5W		Zweifadenlampe für Bremslicht/Schlusslicht	12	21/5	W 3 x 16 q

Gasentladungslampen (Xenonlampen) vgl. ECE - R 37					
Typ	**Abbildung**	**Verwendung**	**Nennspannung** **N**	**Nennleistung** **W**	**Sockel-Typ IEC**
D1S (für Projektions-scheinwerfer)	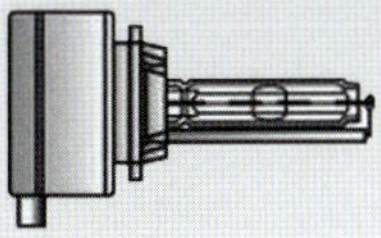	Abblendlicht, Fernlicht	85 (über Vorschalt-gerät)	35 3200	PK 32 d-2
D1R (für Reflexions-scheinwerfer)	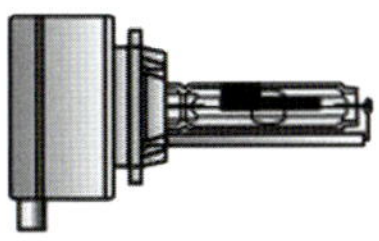	Abblendlicht, Fernlicht	85 (über Vorschalt-gerät)	35 3200	PK 32 d-3
D2S (für Projektions-scheinwerfer)	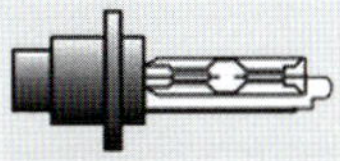	Abblendlicht, Fernlicht	85 (über Vorschalt-gerät)	35 3200	PK 32 d-2
D2R (für Reflexions-scheinwerfer)	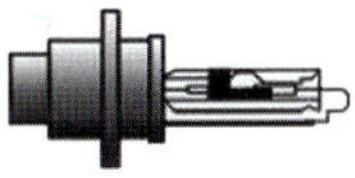	Abblendlicht, Fernlicht	85 (über Vorschalt-gerät)	35 2800	PK 32 d-3
D3S (für Projektions-scheinwerfer)	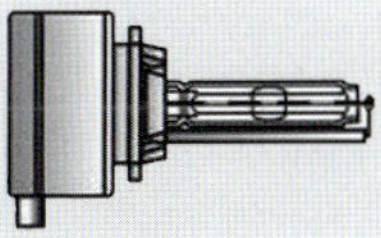	Abblendlicht, Fernlicht	42 (über Vorschalt-gerät)	35 3200	PK 32 d-5
D3R (für Reflexions-scheinwerfer)	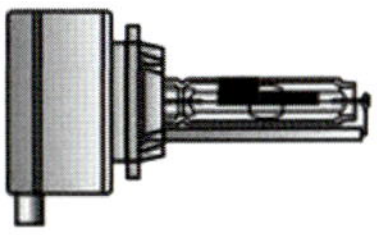	Abblendlicht, Fernlicht	42 (über Vorschalt-gerät)	35 2800	PK 32 d-6
D4S (für Projektions-scheinwerfer)	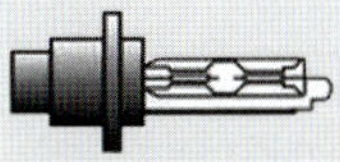	Abblendlicht, Fernlicht	42 (über Vorschalt-gerät)	35 3200	PK 32 d-5
D4R (für Reflexions-scheinwerfer)	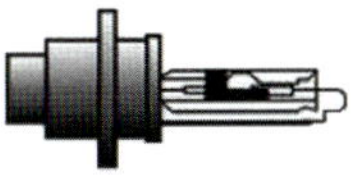	Abblendlicht, Fernlicht	42 (über Vorschalt-gerät)	35 2800	PK 32 d-6
D8S[1)] (für Projektions-scheinwerfer)	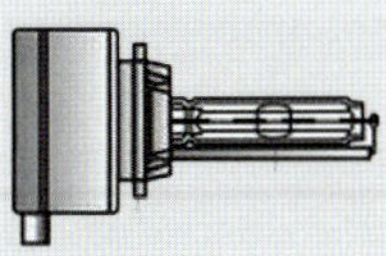	Abblendlicht, Fernlicht	40 (über Vorschalt-gerät)	25 2000	PK 32 d-1

[1)] bis Lichtstrom max. 2000 lm keine Scheinwerferreinigungsanlage und keine automatische Leuchtweitenregulierung vorgeschrieben

15.10 Klemmenbezeichnungen nach DIN 72552

Klemme	Bedeutung
Zündanlage	
1	Zündspule, Zündverteiler Niederspannung
1a, 1b	Zündverteiler mit 2 getrennten Stromkreisen
2	Kurzschlussklemme, Magnetzünder
4	Zündspule, Zündverteiler Hochspannung
4a, 4b	Zündverteiler mit 2 getrennten Stromkreisen, Hochspannung
7	Klemme der Basiswiderstände zum/vom Zündverteiler
15	geschaltetes Plus nach Batterie
15a	Ausgang am Vorwiderstand zu Zündspule und Starter
Glühanlage	
15	Eingang Glühstartschalter
17	Starten
19	Vorglühen
50	Startersteuerung
Batterie	
15	Batterie Plus über Schalter
30	Eingang von Batterie Plus direkt
30a	Eingang von 2. Batterie und am Umschaltrelais 12/24 V
31	Rückleitung an Batterie Minus oder direkt an Masse
31a	Rückleitung an 2. Batterie Minus, Umschaltrelais 12/24 V
31b	Rückleitung an Batterie Minus oder an Masse über Schalter
31c	Rückleitung an 1. Batterie Minus, Umschaltrelais 12/24 V
Elektromotoren	
32	Rückleitung
33	Hauptanschluss (Vertauschen von 32 und 33 möglich)
33a	Endabstellung
33b	Nebenschlussfeld
33f	2. kleinere Drehzahlstufe
33g	3. kleinere Drehzahlstufe
33h	4. kleinere Drehzahlstufe
33L	Drehrichtung links

Klemme	Bedeutung
33R	Drehrichtung rechts
86	Eingangsklemme Schütz
Fahrtrichtungsanzeiger	
49	Eingang Blinkgeber
49a	Ausgang Blinkgeber, Eingang Blinkerschalter
49b	Ausgang 2. Blinkkreis
49c	Ausgang 3. Blinkkreis
C	1. Blinkkontrolllampe
C2	2. Blinkkontrolllampe
C3	3. Blinkkontrolllampe
L	Blinkleuchten links
R	Blinkleuchten rechts
L54	Ausgang für kombinierte Blink-Bremsleuchten an Zugmaschinen und Anhängern, links
R54	Ausgang für kombinierte Blink-Bremsleuchten an Zugmaschinen und Anhängern, rechts
Wechselstromgenerator	
51	Gleichspannung am Gleichrichter
51e	wie 51, jedoch mit Drosselspule für Tagfahrt
59	Wechselspannung Ausgang, Eingang Gleichrichter, Lichtschalter
59a	Ladeanker Ausgang
59b	Schlusslichtanker Ausgang
59c	Bremslichtanker Ausgang
63	Reglerklemme zur Änderung der Reglerspannung
63a	Reglerklemme zur Änderung der Strombegrenzung
64	Generator Steuerleitung
Generator, Generatorregler	
61	Ladekontrolle
B+	Batterie Plus
B–	Batterie Minus
D+	Dynamo Plus
D–	Dynamo Minus
DF	Dynamo Feld
DF1	Dynamo Feld 1

Klemme	Bedeutung
DF2	Dynamo Feld 2
U, V, W	Drehstromklemmen
Beleuchtung	
54	Bremslicht bei Leuchtkombination und an Anhängersteckvorrichtung
55	Nebelscheinwerfer
56	Scheinwerferlicht
56a	Fernlicht und Anzeigelampe
56b	Abblendlicht
56d	Lichthupe
57	Standlicht Kraftrad
57a	Parklicht
57L	Parklicht links
57R	Parklicht rechts
58	Begrenzungs-, Kennzeichen-, Instrumenten-, Schlussleuchten
58L	Lichtschalterklemme f. linke Begrenzungs- u. Schlussleuchten, wenn getrennt schaltbar
58R	Lichtschalterklemme f. rechte Begrenzungs- u. Schlussleuchten, wenn getrennt schaltbar
58b	Schlusslichtumschaltung bei Einachsschleppern
58c	Anhängersteckvorrichtung, einadrig verlegtes und im Anhänger abgesichertes Schlusslicht
58d	Regelbare Instrumentbeleuchtung
Scheibenwaschanlage	
53	Eingang Wischermotor Plus
53a	Endabstellung Plus
53b	Nebenschlusswicklung
53c	Scheibenspülerpumpe
53e	Bremswicklung
53i	Wischermotor mit Permanentmagnet, 3. Bürste für höhere Geschwindigkeit
Akustische Warnanlage	
71	Eingang Tonfolgeschaltgerät
71a	Ausgang zu Horn 1 und 2 tief
71b	Ausgang zu Horn 1 und 2 hoch
72	Alarmschalter Rundumleuchte
85c	Alarmschalter Ton an

Klemme	Bedeutung
Schalter	
81	Öffner, Wechsler Eingang
81a	1. Ausgang
81b	2. Ausgang
82	Schließer Eingang
82a	1. Ausgang
82b	2. Ausgang
82z	1. Eingang
82y	2. Eingang
83	Mehrstellenschalter, Eingang
83a	Ausgang Stellung 1
83b	Ausgang Stellung 2
Relais	
84	Eingang Antrieb und Relaiskontakt (Wicklungsanfang)
84a	Ausgang Antrieb (Wicklungsende)
84b	Ausgang Relaiskontakt
85	Ausgang Antrieb (Wicklungsende, Minus)
86	Eingang Antrieb (Wicklungsanfang)
86a	Eingang 1. Wicklung
86b	Eingang 2. Wicklung
Kontakte	
87	Eingang Öffner und Wechsler
87z, y, x	Eingang Öffner und Wechsler bei mehreren Eingängen
87a	Ausgang Öffner und Wechsler
87b, c, d	Ausgang Öffner und Wechsler bei mehreren Ausgängen
88	Eingang Schließer
88z, y, x	Eingang Schließer bei mehreren Eingängen
88a (87)	Ausgang Schließer und Wechsler
88b, c, d	Ausgang Schließer und Wechsler bei mehreren Ausgängen
Zusätzliches	
52	Signal vom Anhänger
54g	Magnetventil für Dauerbremse im Anhänger
75	Radio, Zigarettenanzünder
77	Türventilsteuerung

15.11 Schaltzeichen

Strom- und Spannungsarten DIN 40710	
—	Gleichstrom
~	Wechselstrom
3~	3-Phasen-Wechselstrom (Drehstrom)
≂	Gleichstrom oder Wechselstrom (Allstrom)
Gerätedarstellung DIN 40712	
	Umrahmungslinie, z.B. zur Abgrenzung von Geräten oder Schaltungsteilen elektrisch nicht leitend
	Schirmung von Geräten und Geräteteilen mit Masseverbindung
Leitungen DIN 40711	
—— **——**	Leitungen, unterschiedliche Strichdicke für hervorzuhebende Teile
- - - - - - - -	Wahlweise oder nachträglich gelegt
	Geschirmt mit Masseverbindung
	Beweglich, lose herausgeführtes Leitungsende (Freihandlinie)
	Zusammenfassung von Leitungen zur vereinfachten Darstellung in Schaltplänen. Reihenfolge beidseitig beliebig, Leitungen sind zu kennzeichnen
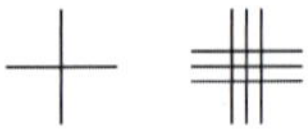	Kreuzungen von Leitungen ohne Verbindung
Verbindungen DIN 40711	
○	Verbindung, lösbar, allgemein (Klemme oder Stecker)
•	Verbindung nicht lösbar (Lötstelle)
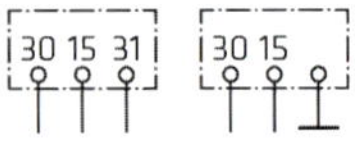	In Anschlussplänen werden die Anschlussklemmen innenliegend gezeichnet. Klemmenbezeichnung vorwiegend innen
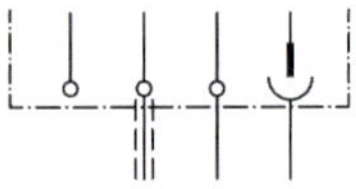	Anschlussarten (vom Gehäuse isoliert), lösbare Verbindung, mit geschirmter Anschlussleitung, mit herausgeführtem Leitungsende (Freihandlinie) und mit Steckverbindung
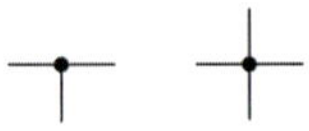	Abzweigung und Kreuzung mit leitender Verbindung
	Stecker (Steckerstift) und Steckdose (Steckerhülse) DIN 40713
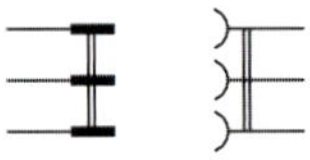	Steckverbindung, mehrpolig (auch Steckerleisten) DIN 40713

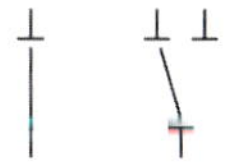	Trennstelle, allgemein und umlegbar. DIN 40713
Erde, Masse, Antenne DIN 40712	
	Erde, allgemein (nicht Fahrzeugmasse)
	Masse, Körper, Gehäuse, Fahrzeugmasse
	Antenne, allgemein, Empfangsantenne, Sendeantenne (DIN 40700, Bl. 3)
Kennzeichnung der Veränderbarkeit DIN 40712	
	Veränderbar, allgemein
	Veränderbar, stetig
	Veränderbar, stufig (die Anzahl der Stufen kann angegeben werden)
	Einstellbarkeit allgemein
	Linear veränderlich unter dem Einfluss einer physikalischen Größe
Schalter Durch Anpassung an die internationalen Normen wurde DIN 40713 grundlegend geändert.	
	Schließer Einschaltglied
	Öffner Ausschaltglied
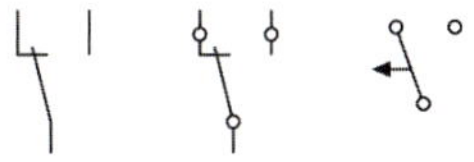	Wechsler, Umschaltglied mit Unterbrechung
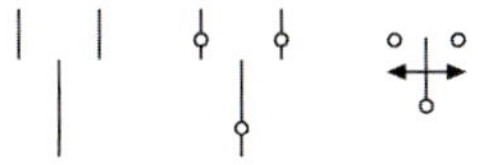	Zweiwegschließer
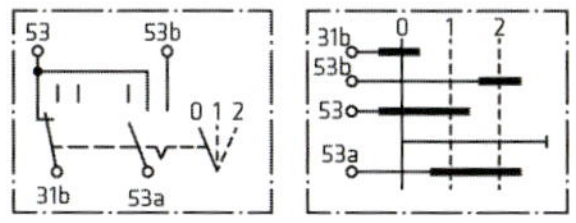	Mehrstellenschalter mit drei Stellungen Schaltdiagramm Stellung — verbundene Klemmen 0 — 53–31b 1 — 53–53a 2 — 53b–53a

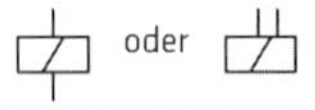	Mit einer Wirkung versehene Relaisspule
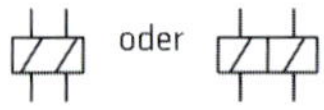	Mit mehreren gleichsinnig wirkenden Wicklungen
Kraftantriebe DIN 40703	
	Fühler allgemein zur mechanischen Betätigung (auch Nocken)
	Mechanische Wirkverbindung. Gestrichelte Linie bevorzugen
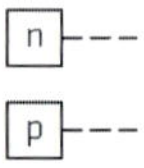	Einflussgrößen können durch Eintragen der Formelzeichen nach DIN 1304 angegeben werden
Anwendungsbeispiele	
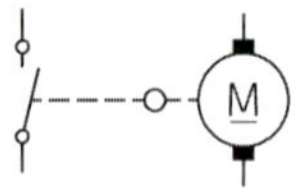	Endabstellung an einem Wischermotor (nockengesteuerter Schalter)
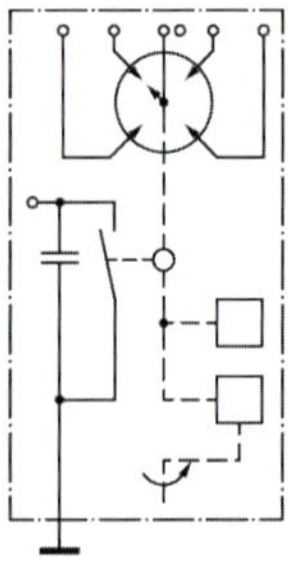	Zündverteiler 4-Zylinder mit Unterbrecher, Unterdruckversteller und Fliehkraftregler
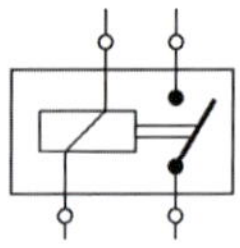	Relais mit Arbeitskontakt 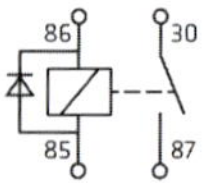
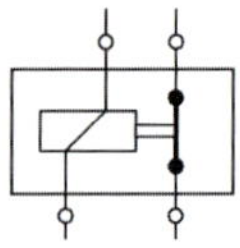	Relais mit Ruhekontakt Relais mit Vierpolungsschutz-diode 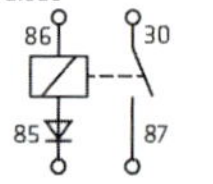
Wirkungen, Widerstände DIN 40712	
	Widerstand allgemein (auch Glühkerzenschaltzeichen und Heizwiderstand
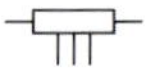	Widerstand mit Anzapfungen
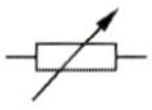	Veränderlicher Widerstand (mit 2 Anschlüssen)
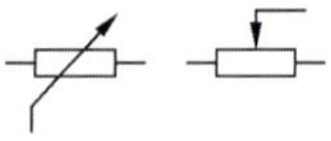	Spannungsteiler, Potenziometer (mit 3 Anschlüssen)

	Wicklung, Induktivität, allgemein (Drossel), wahlweise auch Halbkreisdarstellung
	Wicklung mit Anzapfungen
	Wicklung mit Kern aus magnetischem Werkstoff (Drossel mit Kern)
Transformatoren DIN 40714	
	Transformator, Übertrager, Wandler, allgemein
	Transformatorwicklung mit Abgriff (Spartransformator)
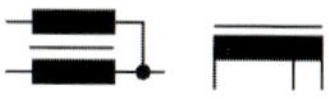	Transformator mit Kern, z.B. Zündspule
Elektrische Maschinen	
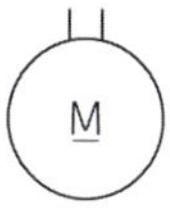	Schaltkurzzeichen, Motor, Starter (Kfz)
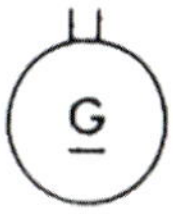	Schaltkurzzeichen, Nebenschlussgenerator
Anker (Läufer) DIN 40715	
	Mit feststehenden Bürsten (Kohlen), mit 3 Bürsten (Wischermotor mit 2 Geschwindigkeiten) 3. Bürste unter 45° zeichnen
	Mit Wicklung
	Mit Erregung durch Dauermagnet
Wicklungen DIN 40115	
	Wicklungen werden durch Vollrechtecke dargestellt. Bei Kollektormaschinen werden die Wicklungen rechts des Ankers, senkrecht zur Bürstenachse in der Reihenfolge Nebenschluss-, Hilfs-, (Brems-), Reihenschlusswicklung angeordnet.
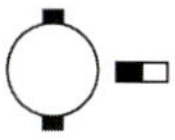	Erregung durch Dauermagnet (Magnetmotor)
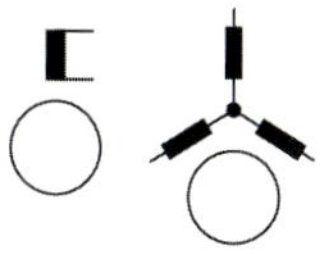	Bei Wechselstrom-(Drehstrom-)maschinen ohne Kollektor werden die Wicklungen (außer Hilfswicklungen) oberhalb des Ankers angeordnet.

Gleichstromgeneratoren, -starter DIN 40715	
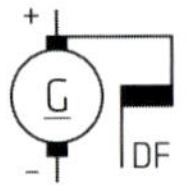	Nebenschlussgenerator, Anschluss der Erregerwicklung herausgeführt (Klemme DF)
	Reihenschlussmotor (Starter), allgemein
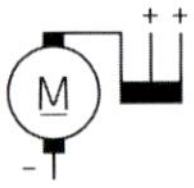	Reihenschlussmotor, Erregerwicklung mit Anzapfungen zur Feldschwächung (für verschiedene Drehzahlen)
	Motor (Magnetmotor), mit 3 Bürsten für 2 Geschwindigkeiten

Magnetzünder(-generatoren) DIN 40 715	
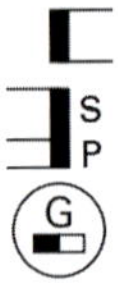	Magnetzündergenerator, mit Zünd- und Generatorwicklung. Es können weitere Generatorwicklungen oder Wicklungen mit Anzapfungen vorgesehen werden. Aus genormten Zeichen zusammengesetzt

Drehstromgeneratoren DIN 40715	
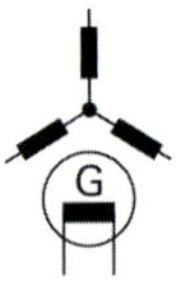	Drehstrom-Synchrongenerator in Sternschaltung, Schleifringläufer mit Erregerwicklung
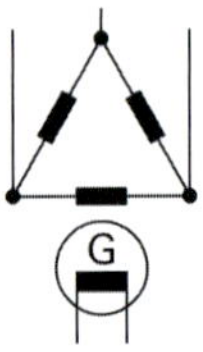	desgl., in Dreieckschaltung

Verschiedene Schaltzeichen	
	Funkenstrecke (DIN 40713), z.B. Zündkerze, Verteilerläufer
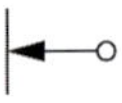	Stromabnehmer
	Dauermagnet (DIN 40712), schwarz entspricht N
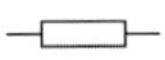	Glühkerze (Glühstiftkerze), Glühwiderstand, Glühüberwacher
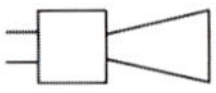	Signalhorn (DIN 40708)

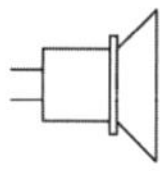	Lautsprecher (DIN 40700 Bl. 9)
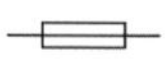	Sicherung (DIN 40713) Zeichnerisches Seitenverhältnis 1:3
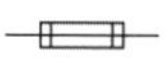	Feinsicherung
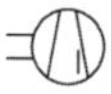	Elektrischer Lüfter (DIN 40717)
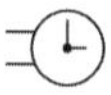	Elektrische Uhr (DIN 40700 Bl. 5)
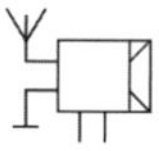	Rundfunkempfangsgerät (DIN 40717)
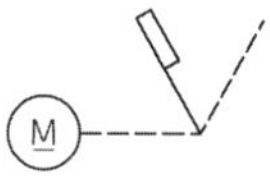	Scheibenwischer mit Motorantrieb (DIN 40703, Bbl. 1)
	Kondensator, Kapazität, allgemein
	Gepolter Kondensator, Elektrolytkondensator
	Veränderlicher Kondensator
	Primärelement Batterie allgemein; Batterie mit mehreren Zellen (nach Bedarf)
	Glühlampe, allgemein, mit 1 Leuchtkörper (DIN 40708)
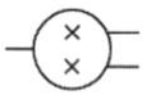	Glühlampe mit 2 Leuchtkörpern z.B. Bilux
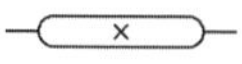	Leuchtstofflampe, allgemein
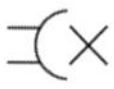	Scheinwerfer im Übersichtsschaltplan, allgemein
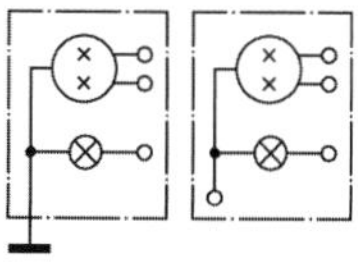	Scheinwerfer mit 2 Leuchtkörpern und Standlicht, Masse am Gehäuse und Masse isoliert (Wirkschaltung)
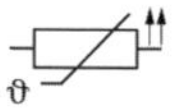 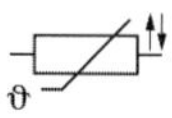	PTC-Widerstand NTC-Widerstand
	Voltmeter = V Amperemeter = A Ohmmeter = W Wattmeter = W usw.

Halbleiterbauelemente DIN 40700 Bl. 8	
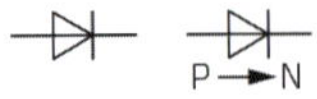	Diodengleichrichter Durchlassrichtung für positiven Strom in Richtung der Dreieckspitze (gleichseitiges Dreieck)
	Diodengleichrichter, bisherige Darstellung
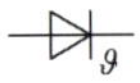	Temperaturabhängige Diode
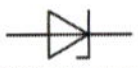	Z-Diode (für Betrieb im Durchbruchbereich geeignet)
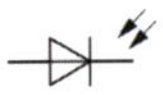	Fotodiode
	Leuchtdiode
	Fotoelement
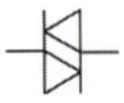	Varistor
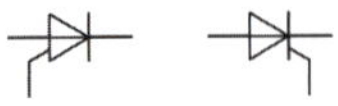	Thyristor, rückwärtssperrend anodenseitig bzw. katodenseitig gesteuert
	Zweirichtungsthyristor (TRIAC)
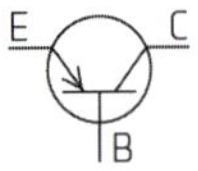	PNP-Transistor E = Emitter C = Kollektor B = Basis
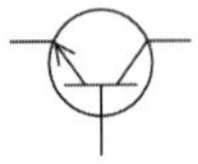	NPN-Transistor

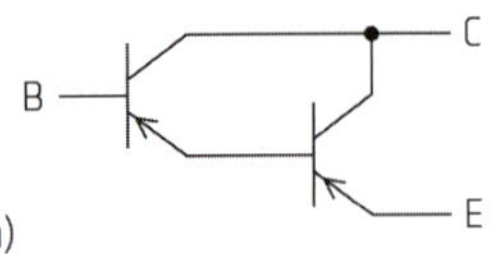 a) 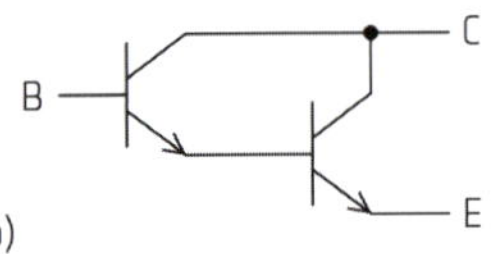 b)	Darlington-Transistor. 2 Transistoren mit gemeinsamer Umhüllung. Der Kollektorstrom des ersten liefert den Basisstrom des zweiten Transistors. Dadurch wird eine hohe Gesamt-Stromverstärkung erreicht. a PNP-Typ b NPN-Typ

15.12 Kontaktbelegung bei Anhängersteckdosen

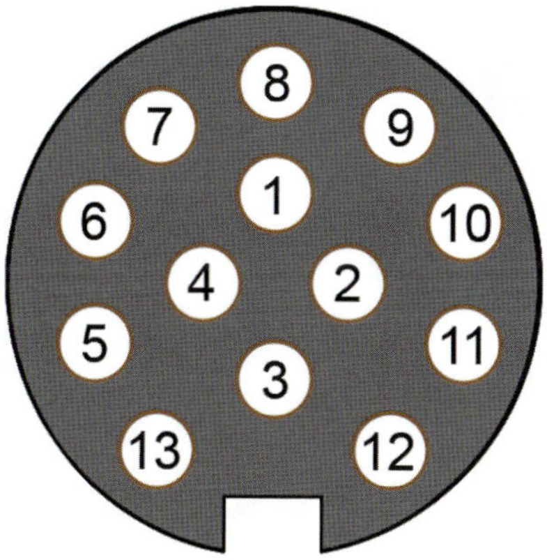

13-polige Anhängersteckdose

Kontakt-Nr.	Kontaktbelegung	Empfohlener Leiterquerschnitt
1	Fahrtrichtungsanzeige links	1,5 mm²
2	Nebelschlussleuchte	1,5 mm²
3 [1)]	Masse für Stromkreiskontakte 1 bis 8	2,5 mm²
4	Fahrtrichtungsanzeige rechts	1,5 mm²
5	Rechte Schluss-, Umriss-, Begrenzungs- und Kennzeichenleuchte	1,5 mm²
6	Bremsleuchten	1,5 mm²
7	Linke Schluss-, Umriss-, Begrenzungs- und Kennzeichenleuchte	1,5 mm²
8	Rückfahrleuchte	1,5 mm²
9	Stromversorgung (Dauerplus)	2,5 mm²
10	Ladeleitung Plus für Batterie im Anhänger	1,5 mm²
11 [1)]	Masse für Kontakt 10	1,5 mm²
12	Codierung für gekuppelten Anhänger [2)]	1,5 mm²
13 [1)]	Masse für Stromkreiskontakte 9 bis 12	2,5 mm²

[1)] Masseleitungen dürfen anhängerseitig nicht elektrisch leitend verbunden werden.
[2)] Mit einer Brücke sind die Kontakte 12 und 3 im Stecker zu verbinden. (Information für das Zugfahrzeug ob der Anhänger an- bzw. abgekoppelt ist)

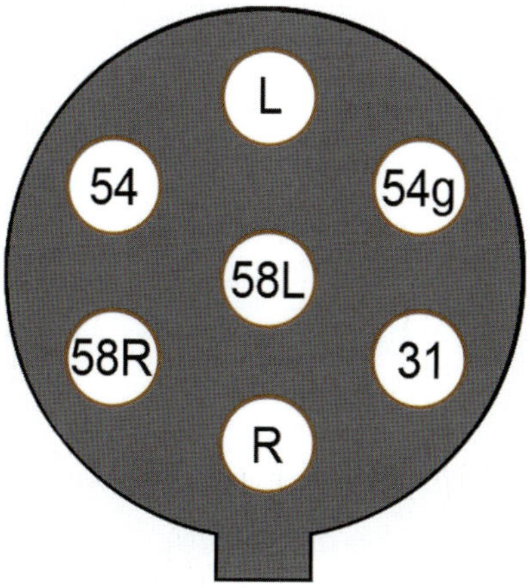

7-polige Anhängersteckdose

Kontakt-Nr.	Kontaktbelegung	Empfohlener Leiterquerschnitt
L	Fahrtrichtungsanzeige links	1,5 mm²
54g	Zusätzliche Anlagen (für Nebelschlussleuchte)	2,5 mm²
31	Masse	2,5 mm²
R	Fahrtrichtungsanzeige rechts	1,5 mm²
58R	Rechte Schluss-, Umriss-, Begrenzungs- und Kennzeichenleuchte	1,5 mm²
54	Bremsleuchte	1,5 mm²
58L	Linke Schluss-, Umriss-, Begrenzungs- und Kennzeichenleuchte	1,5 mm²

15.13 Formelsammlung

Formelsammlung Fahrzeugtechnik

VOGEL COMMUNICATIONS GROUP D-97082 Würzburg Tel. (0931) 418-0 Fax-Nr. (0931) 418-0

Länge, Flächen	Formeln	Formelzeichen	Erklärung	Einheit	abgeleitete Einheiten
Quadrat 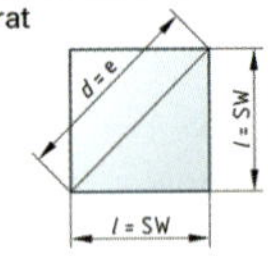	$A = l^2$ $U = 4 \cdot l$ $e = 1{,}414 \cdot l$ $l = 0{,}707 \cdot e$	A U l SW d e	Fläche Umfang Seitenlänge oder Schlüsselweite Diagonale oder Eckenmaß	m^2 m	mm^2, cm^2, dm^2, km^2 mm, cm, dm, km
Rechteck 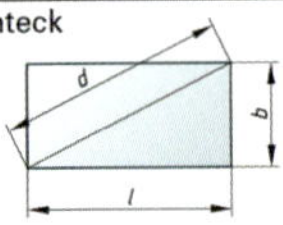	$A = l \cdot b$ $U = 2(l + b)$ $d = \sqrt{l^2 + b^2}$	A U l b d	Fläche Umfang Länge Breite Diagonale	m^2 m	mm^2, cm^2, dm^2, km^2 mm, cm, dm, km
Parallelogramm 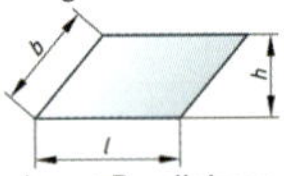 Rhombus ≙ Parallelogramm mit $l = b$	$A = l \cdot h$ $U = 2(l + b)$	A l b U h	Fläche Seitenlängen Umfang Höhe	m^2 m	mm^2, cm^2, dm^2, km^2 mm, cm, dm, km
Trapez 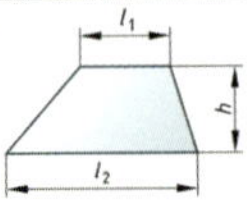	$A = \frac{l_1 + l_2}{2} \cdot h$ U = Summe aller 4 Seiten	A U l_1 l_2 h	Fläche Umfang Länge der parallelen Seiten Höhe	m^2 m	mm^2, cm^2, dm^2, km^2 mm, cm, dm, km
Dreieck 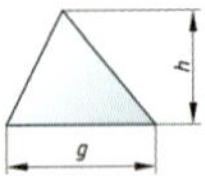	$A = \frac{g \cdot h}{2}$ U = Summe aller 3 Seiten	A U g h	Fläche Umfang Länge Höhe	m^2 m	mm^2, cm^2, dm^2, km^2 mm, cm, dm, km
Regelmäßiges Vieleck 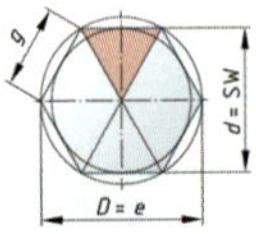	$A = \frac{g \cdot d \cdot n}{4}$; $U = g \cdot n$ Sechseck $A = 0{,}866 \cdot SW^2$ $SW = 0{,}866 \cdot e$ $e = 1{,}155 \cdot SW$ Achteck $A = 0{,}828 \cdot SW^2$ $SW = 0{,}924 \cdot e$	A n U g d; SW D; e	Fläche Eckenzahl Umfang Seitenlänge Schlüsselweite Eckenmaß	m^2 — m	mm^2, cm^2, dm^2, km^2 — mm, cm, dm, km
Kreis 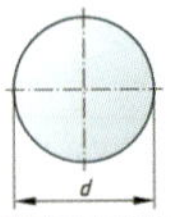	$A = \frac{d^2 \cdot \pi}{4}$ oder $A = d^2 \cdot 0{,}785$ $U = d \cdot \pi$ oder $U = d \cdot 3{,}14$	A π (Pi) U d	Fläche $\pi \approx 3{,}14$, $\frac{\pi}{4} \approx 0{,}785$ Umfang Durchmesser	m^2 — m	mm^2, cm^2, dm^2, km^2 — mm, cm, dm, km
Kreisring 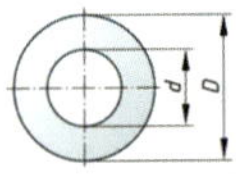	$A = \frac{(D^2 - d^2) \cdot \pi}{4}$ $A = (D^2 - d^2) \cdot 0{,}785$	A D d	Fläche Außendurchmesser Innendurchmesser	m^2 m	mm^2, cm^2, dm^2, km^2 mm, cm, dm, km
Kreisausschnitt 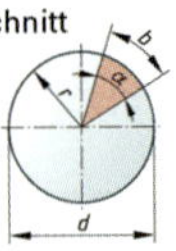	$A = \frac{d^2 \cdot \pi \cdot \alpha}{4 \cdot 360°}$ $A = \frac{b \cdot r}{2}$ $b = \frac{d \cdot \pi \cdot \alpha}{360°}$	A d r b α (Alpha)	Fläche Durchmesser Radius Bogenlänge Winkel	m^2 m ° (Grad)	mm^2, cm^2, dm^2, km^2 mm, cm, dm, km '(Minuten), "(Sekunden)
Ellipse 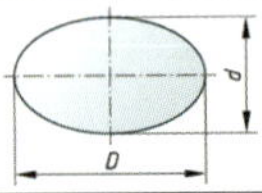	$A = \frac{D \cdot d \cdot \pi}{4} = D \cdot d \cdot 0{,}785$ $U \approx \frac{(D + d) \cdot \pi}{2}$	A U D d	Fläche Umfang großer Durchmesser kleiner Durchmesser	m^2 m	mm^2, cm^2, dm^2, km^2 mm, cm, dm, km

Körper	Formeln	Formelzeichen	Erklärung	Einheit	abgeleitete Einheiten
Würfel 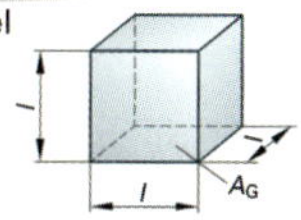	$V = A_G \cdot h = l \cdot l \cdot h$ oder $V = l \cdot l \cdot h$ $V = l^3$ $A_O = 6 \cdot l^2$	V A_G A_O l	Volumen Grundfläche Oberfläche Länge	m^3 m^2 m	mm^3, cm^3, dm^3 mm^2, cm^2, dm^2 mm, cm, dm
Rechteckprisma 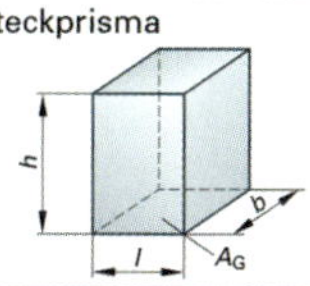	$V = A_G \cdot h$ $V = l \cdot b \cdot h$ $A_O = 2\,(l \cdot b + l \cdot h + b \cdot h)$	V A_G A_O l b h	Volumen Grundfläche Oberfläche Länge Breite Höhe	m^3 m^2 m	mm^3, cm^3, dm^3 mm^2, cm^2, dm^2 mm, cm, dm
Beliebiges Prisma 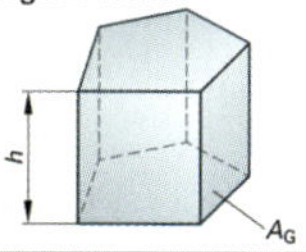	$V = A_G \cdot h$	V A_G h	Volumen Grundfläche Höhe	m^3 m^2 m	mm^3, cm^3, dm^3 mm^2, cm^2, dm^2 mm, cm, dm
Vollzylinder 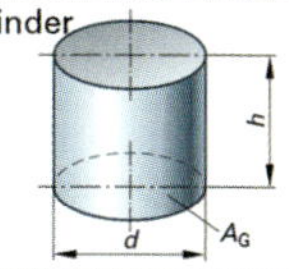	$V = A_G \cdot h$ oder $V = \frac{d^2 \cdot \pi \cdot h}{4}$ $A_O = d \cdot \pi \cdot h + 2 \cdot \frac{d^2 \cdot \pi}{4}$	V A_G A_O d h	Volumen Grundfläche Oberfläche Durchmesser Höhe	m^3 m^2 m	mm^3, cm^3, dm^3 mm^2, cm^2, dm^2 mm, cm, dm
Hohlzylinder 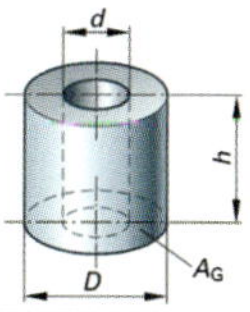	$V = A_G \cdot h$ $V = \frac{(D^2 - d^2) \cdot \pi \cdot h}{4}$ $A_O = (D + d) \cdot \pi \cdot h + 2\,\frac{(D^2 - d^2) \cdot \pi}{4}$	V A_G A_O D d h	Volumen Grundfläche Oberfläche Außendurchmesser Innendurchmesser Höhe	m^3 m^2 m	mm^3, cm^3, dm^3 mm^2, cm^2, dm^2 mm, cm, dm
Pyramide 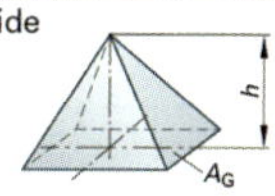	$V = \frac{A_G \cdot h}{3}$	V A_G h	Volumen Grundfläche Höhe	m^3 m^2 m	mm^3, cm^3, dm^3 mm^2, cm^2, dm^2 mm, cm, dm
Pyramidenstumpf 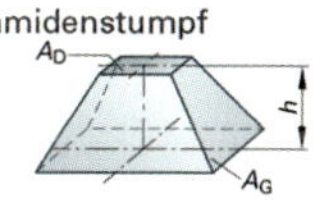	$V \approx \frac{A_G + A_D}{2} \cdot h$	V A_G A_D h	Volumen Grundfläche Deckfläche Höhe	m^3 m^2 m	mm^3, cm^3, dm^3 mm^2, cm^2, dm^2 mm, cm, dm
Kegel 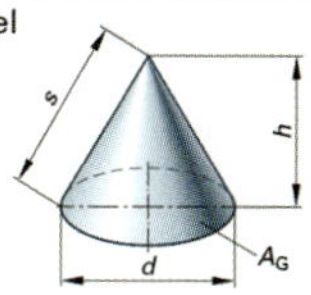	$V = \frac{A_G \cdot h}{3}$ $V = \frac{d^2 \cdot \pi \cdot h}{12}$ $A_O = \frac{d^2 \cdot \pi}{4} + \frac{d \cdot \pi \cdot s}{2}$	V A_G A_O d h s	Volumen Grundfläche Deckfläche Durchmesser Höhe Mantelhöhe	m^3 m^2 m	mm^3, cm^3, dm^3 mm^2, cm^2, dm^2 mm, cm, dm
Kegelstumpf 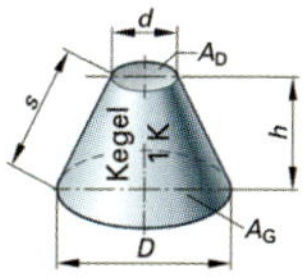	$V \approx \frac{(A_G + A_D) \cdot h}{2}$ $V \approx \frac{(D^2 + d^2) \cdot \pi \cdot h}{8}$ $\frac{1}{K} = \frac{(D - d)}{h}$	V A_G A_D A_O D d h s	Volumen Grundfläche Deckfläche Oberfläche Grundflächen-Ø Deckflächen-Ø Höhe Mantelhöhe	m^3 m^2 m	mm^3, cm^3, dm^3 mm^2, cm^2, dm^2 mm, cm, dm
Kugel 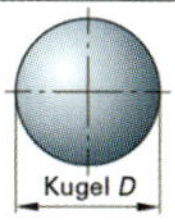	$V = \frac{d^3 \cdot \pi}{6}$ oder $V = d^3 \cdot 0{,}523$ $A_O = d^2 \cdot \pi$	V A_O d	Volumen Oberfläche Durchmesser	m^3 m^2 m	mm^3, cm^3, dm^3 mm^2, cm^2, dm^2 mm, cm, dm

Mechanik	Formeln	Formelzeichen	Erklärung	Einheit	abgeleitete Einheiten
Masse (Gewicht)	$m = V \cdot \varrho$	m V ϱ (Rho)	Masse Volumen Dichte	kg dm^3 kg/dm^3	g cm^3 g/cm^3
Gewichtskraft 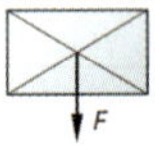	$F_G = m \cdot g$	F_G m g	Gewichtskraft Masse Erd- (Fall-) Beschleunigung Normwert 9,81 ≈ 10	M kg m/s	daN, kN, MN g (da = Dekade = 10; 1 daN ≙ 10N)
Kräfte in gleicher Wirkungslinie 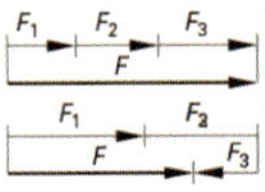	$F = F_1 + F_2 + F_3$ $F = F_1 + F_2 - F_3$	F F_1, F_2, F_3...	resultierende Kraft } Einzelkräfte	} N	} daN, kN, MN
Kräfte in verschiedener Wirkungslinie 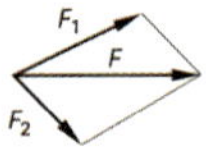	gegeben F_1, F_2 resultierende Kraft F = Diagonale des Parallelogramms gegeben F_1, Kraftrichtung von F_1, F_2 : Einzelkräfte = Seiten des Parallelogramms	F F_1, F_2,	resultierende Kraft Einzelkräfte (in maßstabgerechter Darstellung, z.B. 1 N ≙ 1 cm)	} N	} daN, kN, MN
Hebelgesetz einseitiger zweiseitiger Hebel 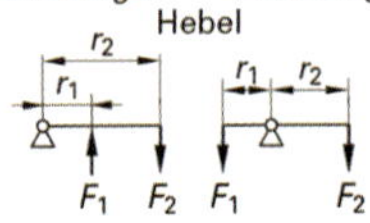	$F_1 \cdot r_1 = F_2 \cdot r_2$ $i = \frac{F_1}{F_2}$	F_1, F_2, r_1, r_2, i	Kraft Hebelarm (senkrechter Abstand vom Drehpunkt) Übersetzungsverhältnis	N m –	daN, kN, MN mm, cm, dm
Drehmoment 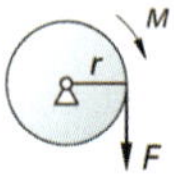	$M = F \cdot r$	M F r	Drehmoment Kraft Radius	Nm N m	Ncm, daNm cm
Steigung 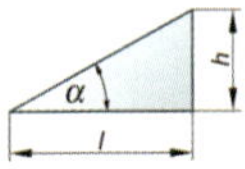	$SV = \frac{h}{l}$ oder $\tan \alpha = \frac{h}{l}$ $S = \frac{h \cdot 100\,\%}{l} \left(\frac{\text{Gegenkathete}}{\text{Ankathete}}\right)$	SV h l S $\tan \alpha$	Steigungsverhältnis Höhenunterschied waagerechte Weglänge Steigung Tangens α	} m in % –	$\tan \alpha$ } mm, cm, dm, km
Schiefe Ebene 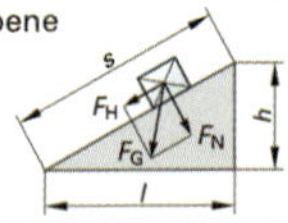	$\frac{F_H}{F_G} = \frac{h}{s}$ $\frac{F_N}{F_G} = \frac{l}{s}$	F_H F_N F_G h s l	Hangabtriebskraft Normalkraft Gewichtskraft Höhenunterschied schräge Weglänge waagerechte Länge	} N } m	} daN, kN, MN } mm, cm, dm, km
Lose Rolle Faktorenflaschenzug 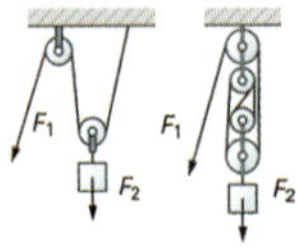	$F_1 = \frac{F_2}{n}$ $l_1 = l_2 \cdot n$	F_1 F_2 n l_1 l_2	Zugkraft am Seil Gewichtskraft der Last Anzahl der Rollen Kraftweg Lastweg	} N – m m	} daN, kN, MN mm, cm, dm, mm, cm, dm,
Riementrieb einfache Übersetzung 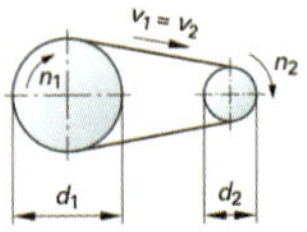	$d_1 \cdot n_1 = d_2 \cdot n_2$ $i = \frac{n_1}{n_2}$ oder $i = \frac{d_2}{d_1}$	d_1 d_2 n_1 n_2 i	Durchmesser des treibenden Rads Durchmesser des getriebenen Rads Drehzahl des treibenden Rads Drehzahl des getriebenen Rads Übersetzungsverhältnis	} m } min^{-1} –	mm, cm, dm
doppelte Übersetzung 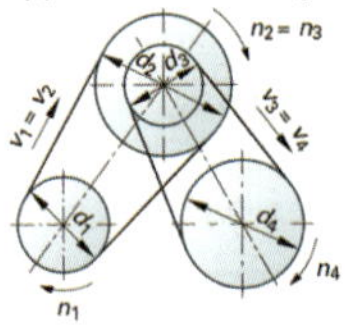	$n_1 \cdot d_1 \cdot d_3 = n_4 \cdot d_2 \cdot d_4$ $i_{ges} = \frac{n_1}{n_4}$ oder $i_{ges} = \frac{d_2 \cdot d_4}{d_1 \cdot d_3}$	d_1 d_3 d_2 d_4 n_1 n_4 i	} Durchmesser der treibenden Räder } Durchmesser der getriebenen Räder Antriebsdrehzahl Abtriebsrehzahl Übersetzungsverhältnis	} m } min^{-1} –	mm, cm, dm

Mechanik	Formeln	Formelzeichen	Erklärung	Einheit	abgeleitete Einheiten
Zahnradtrieb einfache Übersetzung 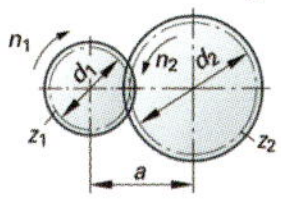	[illegible] $z_1 \cdot n_1 = z_2 \cdot n_2$ $i = \frac{n_1}{n_2}$ oder $i = \frac{z_2}{z_1}$ $a = \frac{d_1 + d_2}{2}$	d_1, d_3 d_2, d_4 a	Teilkreis-Ø des treibenden Rad Teilkreis-Ø des getriebenen Rads Achsabstand	mm	
doppelte Übersetzung ähnlich Riementrieb 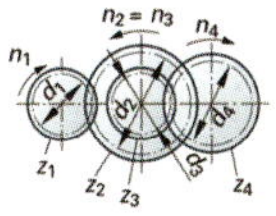	$n_1 \cdot z_1 \cdot z_3 = n_4 \cdot z_2 \cdot z_4$ $i_{ges} = \frac{n_1}{n_4}$ oder $i_{ges} = \frac{z_2 \cdot z_4}{z_1 \cdot z_3}$ $i_{ges} = i_1 \cdot i_2$	z_1, z_3 z_2, z_4 n_1 n_2 n_4 i i_{ges}	Zähnezahl d. tr. R. Zähnezahl d. getr. R. Drehzahl d. tr. R. Drehzahl d. getr. R. Abtriebsdrehzahl Übersetzungsverhältnis Gesamtes Übersetzungsverhältnis	– min^{-1} – –	
Schneckentrieb 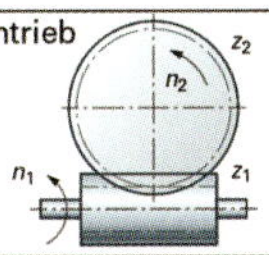	$z_1 \cdot n_1 = z_2 \cdot n_2$ $i = \frac{n_1}{n_2}$ oder $i = \frac{z_2}{z_1}$	z_1 z_2 n_1 n_2 i	Gangzahl der Schnecke Zähnezahl des Schneckenrads Antreibszahl Abtriebszahl Übersetzungsverhältnis	– – min^{-1} –	
Gleichförmige, geradlinige Bewegung (Geschwindigkeit)	$v = \frac{s}{t}$	v s t	Geschwindigkeit Weg Zeit	m/s m s	m/ min, km/h km min, h
Gleichförmige Kreisbewegung (Umfangsgeschwindigkeit) 	$v_u = \frac{d \cdot \pi \cdot n}{1000 \cdot 60}$	v_u d n	Umfangsgeschwindigkeit Durchmesser Drehzahl	m/s mm min^{-1}	
Beschleunigte (verzögerte) geradlinige Bewegung (vom Stillstand aus oder bis zum Stillstand)	$v = a \cdot t$ $\quad v = \frac{2 \cdot s}{t}$ $s = \frac{v^2}{2\,a}$ $\quad v = \frac{a \cdot t^2}{2}$	v a t s	Endgeschwindigkeit Anfangsgeschwindigkeit Beschleunigung Verzögerung Beschleunigungszeit Verzögerungszeit Beschleunigungsweg Verzögerungsweg	m/s m/s^2 s m	$\frac{v\text{ (in km/h)}}{3{,}6}$
Bremsarbeit/ Bremsleistung	$W_B = \frac{m \cdot v^2}{2000}$ $\quad P_{Bm} = \frac{F_B \cdot v}{2000}$ $W_B = \frac{F_B \cdot s}{1000}$ $\quad P_{Bm} = \frac{F_B \cdot s}{1000 \cdot t_B}$ $W_B = P_{Bm} \cdot t_B$ $\quad P_{Bm} = \frac{W_B}{t_B}$	F_B m P_{Bm} s t_B v W_B	Bremskraft Fahrzeugmasse mittlere Bremsleistung bis zum Stillstand Bremsweg Bremszeit Geschwindigkeit Bremsarbeit bis zum Stillstand	N kg kW m s m/s kJ	
Anhalteweg 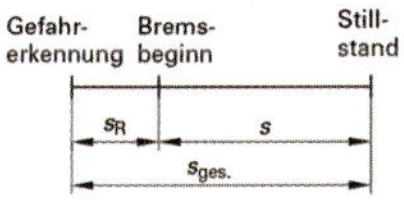	$s_{ges} = s_R + s$ $s_{ges} = V \cdot t_R + \frac{V^2}{2 \cdot a}$ $t_{ges} = t_R + t_B$	s_{ges} s_R s v t a t_{ges} t_R t_B	Anhalteweg Reaktionsweg Bremsweg Endgeschwindigkeit Zeit Beschleunigung/ Verzögerung Gesamte Bremszeit Reaktionszeit Bremszeit	m m m m/s s m/s^2 s s s	
Fahrgeschwindigkeit	$v_{Fahrg.} = \frac{r_{dyn} \cdot \pi \cdot n}{30 \cdot i_{ges} \cdot 1000}$ oder in km/h $v_{Fahrg.} = \frac{2 \cdot r_{dyn} \cdot \pi \cdot n \cdot 60}{1000 \cdot 1000 \cdot i_{ges}}$	$v_{Fahrg.}$ n r_{dyn} i_{ges}	Fahrgeschwindigkeit Drehzahl Dynamischer Halbmesser Gesamtes Übersetzungsverhältnis	m/s 1/min mm –	km/h $\left(\frac{mm}{1000} = m\right)$ $\left(\frac{mm}{1000} = km\right)$
Bogenlänge	$b = \frac{d \cdot \pi \cdot \alpha}{360°}$	d b α	Durchmesser Bogenlänge Winkel	mm mm ° (Grad)	
Mechanische Arbeit	$W = F \cdot s$	W F s	mechanische Arbeit Kraft Kraftweg	Nm N m	J, kJ (1 Nm = 1 J)
Mechanische Leistung	$P = \frac{W}{t}$ $P = \frac{F \cdot s}{t}$ $\quad P = F \cdot v$	P F t v s	mechanische Leistung Kraft Zeit Geschwindigkeit Kraftweg	W N s m/s m	kW (1 w = 1 Nm/s)

Mechanik	Formeln	Formelzeichen	Erklärung	Einheit	abgeleitete Einheiten
Reibung 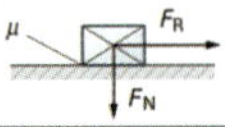	$F_R = \mu \cdot F_N$	F F_N μ (My)	verschiebende Kraft Gewichtskraft (senkrecht auf Fläche) Reibungsbeiwert	} N –	daN, kN, MN
Druck, Flächenpressung	$p = \frac{F}{A}$	p F A	Druck, Flächenpressung Kraft Fläche	Pa N m^2	N/mm^2, N/cm^2 daN, kN, MN mm^2 cm^2
Zug-, Druckbeanspruchung Scherbeanspruchung	$\sigma = \frac{F}{A}$ $\tau = \frac{F}{A}$	σ (Sigma) τ (Tau) F A	Zug-, Druckspannung Zug-, Druckfestigkeit Scherspannung Scherfestigkeit Zug-, Druck-, Scherkraft Querschnittsfläche	} N/mm^2 N mm^2	{ N/mm^2, Pa daN, mm^2 daN, cm^2 (1 Pa = 1 N/m^2) daN, kN, MN cm^2
Längenausdehnung Schrumpfung Volumenausdehnung	$\Delta l = l_0 \cdot \alpha \cdot \Delta T$ $\Delta V = V_0 \cdot \gamma \cdot \Delta T$	Δl (Delta) l_0 α (Alpha) ΔT ΔV V_0 γ (Gamma)	Längenänderung Ausgangslänge Längenausdehnungszahl Temperaturunterschied Volumenänderung Ausgangsvolumen Volumenausdehnungszahl für feste Körper $\gamma = 3\ \alpha$ für vollk. Gase $\gamma = 1/273$	} m m/m · K K } m^3 $m^3/m^3 \cdot K$	} mm, cm, dm m/m · °C °C } mm^3, cm^3, dm^3 $m^3/m^3 \cdot °C$

Kfz-Mechanik	Formeln	Formelzeichen	Erklärung	Einheit	abgeleitete Einheiten
Hubraum 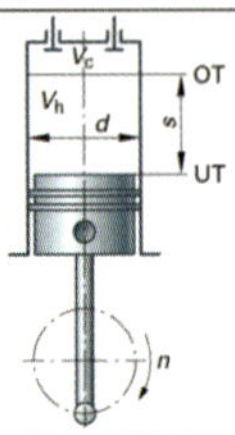	$V_h = \frac{d^2 \cdot \pi \cdot \alpha}{4}$ oder $V_h = A \cdot s$ $V_H = V_h \cdot z$ oder $V_H = \frac{d^2 \cdot \pi \cdot s \cdot z}{4}$ $H_v = \frac{s}{d}$	V_h V_H d s z H_v A	Hubraum eines Zylinders Gesamthubraum Bohrungsdurchmesser Hub Zylinderzahl Hubverhältnis Zylinderfläche	} cm^3 } cm – – cm^2	dm^3, l dm dm^2 (1 dm^3 ≙ 1 l)
Verdichtungsverhältnis Verdichtungserhöhung Verdichtungsminderung	$\varepsilon = \frac{V_h + V_c}{V_c}$ oder $\varepsilon = \frac{V_h}{V_c} + 1$ $H = \frac{s}{\varepsilon_1 - 1} - \frac{s}{\varepsilon_2 - 1}$ $M = \frac{s}{\varepsilon_2 - 1} - \frac{s}{\varepsilon_1 - 1}$	ε (Epsilon) V_h V_c H M ε_1 ε_2 s	Verdichtungsverhältnis Hubraum Verdichtungsraum Maß, um das der Zylinderkopf abzuschleifen ist Maß, um das der Zylinderkopf anzuheben ist altes Verdichtungsverh. neues Verdichtungsverh. Hub	– cm^3 cm^3 } mm – – mm	 dm^3, l dm^3, l cm
Mittlere Kolbengeschwindigkeit	$v_m = \frac{s \cdot n}{30}$	v_m s n	mittl. Kolbengeschw. Hub Motordrehzahl	m/s m min^{-1}	
Kolbenkraft	$F_K = A \cdot p_m \cdot 10$	F A p_m	Kolbenkraft Kolbenfläche mittlerer Kolbendruck	N cm^2 bar	 (1 bar = 10 N/cm^2)
indizierte Motorleistung Viertakter Zweitakter	$P_{ind} = \frac{A \cdot p_m \cdot s \cdot n \cdot z}{1\,200\,000}$ oder $P_{ind} = \frac{V_H \cdot p_m \cdot n}{1\,200\,000}$ oder $P_{ind} = \frac{d^2 \cdot \pi \cdot p_m \cdot s \cdot n \cdot z}{4 \cdot 1\,200\,000}$ $P_{ind} = \frac{A \cdot p_m \cdot s \cdot n \cdot z}{600\,000}$	P_{ind} A p_m V_H d s n z	indizierte Motorleistung Kolbenfläche mittl. indiz. Kolbendruck Gesamthubraum Zylinderdurchmesser Hub Motordrehzahl Zylinderzahl	kW cm^2 bar cm^3 cm cm min^{-1} –	 mm (1 200 000 – 4 Takte) (600000 – 2 Takte)
Effektive Motorleistung Wirkungsgrad	$P_{eff} \approx \frac{M \cdot n}{9550}$ $\eta = \frac{P_{eff}}{P_{ind}}$	P_{eff} P_{ind} η (Eta) M n	effektive Motorleistung indizierte Motorleistung mech. Wirkungsgrad Motordrehmoment Motordrehzahl	} kW – Nm min^{-1}	 Ws
Motordrehmoment	$M_1 = \frac{M_2}{i_{ges}}$	M_1 M_2 i_{ges}	Motordrehmoment Drehmoment Getriebe oder Hinterachse oder zusammen Gesamtes Übersetzungsverhältnis	Nm Nm –	

5

Kfz Mechanik	Formeln	Formel- zeichen	Erklärung	Einheit	abgeleitete Einheiten
Hubraumleistung	$P_H = \frac{P_{eff}}{V_H}$	P_H P_{eff} V_H	Hubraumleistung effektive Motorleistung Gesamthubraum	kW/dm³ kW dm³	kW/l l
Ventilöffnungszeit	$t = \frac{\alpha°}{6 \cdot n}$	t n α	Ventilöffnungszeit Drehzahl Ventilöffnungswinkel	s min^{-1} ° (Grad)	
Kraftstoffverbrauch	$B = b_e \cdot P_{eff}$ $B = \frac{V \cdot \varrho \cdot 3600}{t}$ $B_s = \frac{V \cdot 100}{s \cdot 1000}$ $B_s = \frac{V}{s \cdot 10}$	B b_e P_{eff} V ϱ s t B_s	Kraftstoffverbrauch spezifischer Kraftstoffverbrauch effektive Motorleistung verbrauchtes Kraftstoffvolumen Kraftstotfdichte Fahrstrecke Meßzeit Streckenverbrauch (durchschnittlicher Verbrauch)	g/h g/kWh kW cm³ g/cm³ km s l/100 km	kg/h dm³ l kg/dm³
Leistungsgewicht	$m_{PF} = \frac{m_F}{P_{eff}}$	m_F m_{PF} P_{eff}	Gewicht (Masse) des Fzg. Leistungsgewicht effektive Motorleistung	kg kg/kW kW	
Drehkraft Kupplung Reibungskraft Anpreßkraft Fläche eines Belags Übertragbares Drehmoment Drehkraftradius	$F = 2 \cdot F_R \cdot z$ $F_R = F_N \cdot \mu_H$ $F_N = A \cdot p$ $A = (D^2 - d^2) \cdot 0{,}785$ $M_K = 2 \cdot F_R \cdot r_m \cdot z$ $r_m = \frac{D + d}{4}$	d/D F_R F_N μ_H A M_K F z r_m p	Innen-/Außendurchm. Reibungskraft einer Belagseite Anpreßkraft Haftreibungsbeiwert Fläche Drehmoment Drehkraft Kupplungsscheibenzahl mittl. Drehkraftradius Flächenpressung	cm/cm N N – cm² Nm N m N/cm²	 kN kN mm² Ncm kN cm
Lenkübersetzung	$i = \frac{\alpha_L}{\alpha_R}$	i α_L α_R	Übersetzungsverhältnis Drehwinkel am Lenkrad Einschlagwinkel des Rads	– ° (Grad)	

Mechanik Pneumatik, Hydraulik	Formeln	Formel- zeichen	Erklärung	Einheit	abgeleitete Einheiten
Fahrwiderstände Gesamtfahrwiderstand Rollwiderstand Luftwiderstand Steigungswiderstand	$F_W = F_R + F_L + F_S$ $F_R = F_G \cdot \mu_R$ $F_L \approx 0{,}047 \cdot A \cdot c_w \cdot v^2$ $F_S = \frac{F_G \cdot S}{100\ \%}$	F_W F_R F_L F_S F_G μ_R (My) A v c_w S	Gesamtfahrwiderstand Rollwiderstand Luftwiderstand Steigungswiderstand Gewichtskraft Fzg. Rollwiderstandsbeiwert Stirnfläche des Fzg. Fahrgeschwindigkeit Luftwiderstandsbeiwert Steigung	} N – m² km/h – %	
Druck 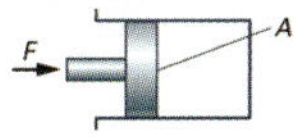	$p = \frac{F}{A}$	p F A	Druck Kraft Fläche	Pa N m²	N/m², N/cm², daN/cm², bar, mbar daN m²
Druck, Volumen, Temperatur 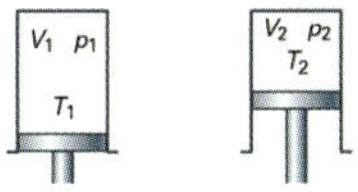	$\frac{p_1 \cdot V_1}{T_1} = \frac{p_2 \cdot V_2}{T_2}$	p_1 p_2 V_1 V_2 T_1 T_2	Ausgangsdruck Enddruck Ausgangsvolumen Endvolumen Ausgangstemperatur Endtemperatur	} Pa } m³ } Kelvin	N/m², N/cm², daN/cm², bar, mbar cm³, dm³,
Gasvolumen von Druckbehältern	$V = V_{Fl} \cdot \Delta p$	V V_{Fl} Δp	Gasvolumen, entspannt Druckbehältervolumen Druckunterschied	l l/bar bar	dm³
Bodendruck, Seitendruck 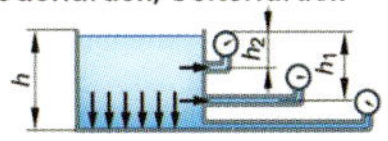	$p = h \cdot \varrho \cdot g$	p h ϱ (Rho) g	Bodendruck, Seitendruck Druckhöhe Dichte der Flüssigkeit Erd- (Fall-) Beschleunigung	Pa m kg/m³ m/s²	bar cm, dm kg/dm³, g/cm³
Hydraulische Übersetzung 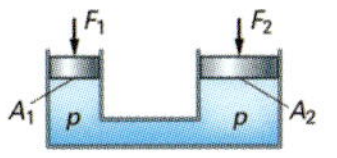	$\frac{F_1}{F_2} = \frac{A_1}{A_2}$ $i = \frac{F_1}{F_2}$ oder $i = \frac{A_1}{A_2}$	F_1, F_2 A_1, A_2 p i	Kolbenkräfte Kolbenflächen Druck hydr. Übersetzungsverhältnis	N m² Pa	kN, MN mm², cm², dm² N/m², N/cm², daN/cm², bar, mbar

Mechanik Pneumatik, Hydraulik	Formeln	Formelzeichen	Erklärung	Einheit	abgeleitete Einheiten
Auftrieb 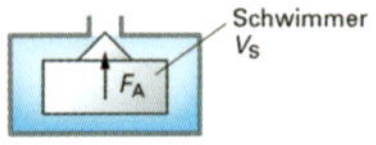 	$F_A = \frac{V_s \cdot \varrho \cdot g}{1000}$	F_A V_s ϱ(Rho) g	Auftriebskraft Volumen d. Schwimmers (= V. der verdrängten Fl.) Dichte der Flüssigkeit Erd- (Fall-) Beschleunigung	N cm^3 g/cm^3 m/s^2	 dm^3 kg/dm^3

Elektrotechnik-Grundlagen	Formeln	Formelzeichen	Erklärung	Einheit	abgeleitete Einheiten
Ohmsches Gesetz 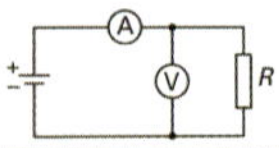 	$I = \frac{U}{R}$	I U R	Stromstärke Spannung Widerstand	A V Ω	mA mV, kV, MV mΩ, kΩ, MΩ
Stromstärke	$I = \frac{Q}{t}$	I Q t	Stromstärke Ladungsmenge Zeit	A C s	mA 1 C ≙ $6{,}25 \cdot 10^{18}$ e
Leiterwiderstand	$R = \frac{\varrho \cdot l}{A}$ $R = \frac{l}{A \cdot \kappa}$ $\kappa = \frac{1}{\varrho}$	R ϱ(Rho) l A κ (Kappa)	Leiterwiderstand spezifischer Widerstand Leiterlänge Leiterquerschnitt Leitfähigkeit	Ω $\Omega mm^2/m$ m mm^2 $m/\Omega mm^2$	
Spannungsabfall in Leitungen	$U_v = \frac{\varrho \cdot l \cdot I}{A}$ $U_v = \frac{l \cdot I}{\kappa \cdot A}$ $U_v = \frac{U_k \cdot p_v}{100}$	U_v ϱ κ l I A U_k p_v	Spannungsabfall, Spannungsverlust spezifischer Widerstand Leitfähigkeit Länge Stromstärke Querschnitt Klemmenspannung prozentualer Spannungsabfall	V $\Omega mm^2/m$ $m/\Omega mm^2$ m A mm^2 V %	
Widerstandsänderung bei Temperaturänderung	$\Delta R = R_{20} \cdot \alpha \cdot \Delta T$	ΔR R_{20} α ΔT	Widerstandsänderung Widerstand 20 °C Temperaturkoeffizient Temperaturänderung	Ω Ω 1/K K	
Innerer Spannungsabfall	$U_i = I \cdot R_i$ $U_k = U_0 - U_i$ $I_k = \frac{U_0}{R_i}$	U_i I R_i U_k U_0 I_k	innerer Spannungsabfall Stromstärke Innenwiderstand Klemmenspannung Leerlaufspannung; Quellenspannung; Urspannung Kurzschlussstrom	V A Ω V V A	
Schaltung von Widerständen Reihenschaltung 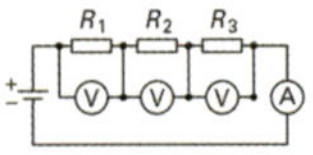 	$R_{ges} = R_1 + R_2 + R_3 + \ldots$ $U = U_1 + U_2 + U_3 + \ldots$ $I = I_1 = I_2 = I_3 = \ldots$	R_{ges} R_1, R_2, R_3 U U_1, U_2, U_3 I	Gesamtwiderstand Einzelwiderstände Gesamtspannung Einzelspannungen Stromstärke	} Ω } V A	mΩ, kΩ, MΩ, mV, kV, MV mA
Parallelschaltung 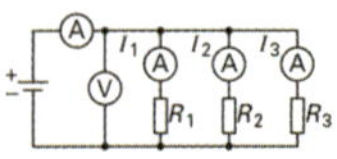 	$\frac{1}{R_{ges}} = \frac{1}{R_1} + \frac{1}{R_2} + \frac{1}{R_3} + \ldots$ $I = I_1 + I_2 + I_3 + \ldots$ $U = U_1 = U_2 = U_3 = \ldots$ $R_{ges} = \frac{R_1 \cdot R_2}{R_1 + R_2}$ (für zwei parallele Widerstände)	R_{ges} R_1, R_2, R_3 I I_1, I_2, I_3 U	Gesamtwiderstand Einzelwiderstände Gesamtstromstärke Einzelstromstärken Spannung	} Ω } A V	mΩ, kΩ, MΩ, mV, kV, MV mA
Messbereichserweiterungen von – Amperemeter	$R_N = \frac{R_i}{n - 1}$	R_N R_i n	Nebenwiderstand (Shunt) Innenwiderstand des Gerätes Erweiterungsfaktor	Ω Ω –	mΩ mΩ
– Voltmeter	$R_v = R_i \cdot (n - 1)$	R_v R_i n	Vorwiderstand Innenwiderstand des Gerätes Erweiterungsfaktor	Ω Ω	kΩ kΩ

Elektrotechnik Fachkenntnisse	Formel	Formelzeichen	Erklärung	Einheit	abgeleitete Einheiten
Elektrische Leistung	$P = U \cdot I$ $P = I^2 \cdot R$ $P = \frac{U^2}{R}$	P U I R	elektrische Leistung Spannung Stromstärke Widerstand	W V A Ω	mW, kW, MW mV, kV, MV mA mΩ, kΩ, MΩ
Elektrische Arbeit	$W = P \cdot t$ $W = U \cdot I \cdot t$	W P U I t	elektrische Arbeit elektrische Leistung Spannung Stromstärke Zeit	Wh W V A h	kWh kW kV s
Joulesches Gesetz (Wärmearbeit)	$Q = I^2 \cdot R \cdot t$	Q I R t	Wärmearbeit, Wärmemenge Stromstärke Widerstand Zeit	J A Ω s	kJ Beachte 1 kWh ≙ 3,6 · 10⁶ J (1 kWh ≙ 860 kcal)
Elektrolyse – Abgeschiedene Stoffmenge	$m = c \cdot I \cdot t$	m c I t	abgeschiedene Stoffmenge Abscheidezahl Stromstärke Zeit	g g/Ah A s	 mg/As
Batteriekapazität	$K = I \cdot t$	K I t	Kapazität Entladestrom Entladezeit	Ah A h	
Kondensatorkapazität	$C = \frac{I \cdot t}{U}$	C I t U	Kondensatorkapazität Stromstärke Zeit Spannung	F A s V	mF; µF; nF; pF
Schaltung von Kondensatoren: – Parallelschaltung	$C_g = C_1 + C_2 + C_3 + \ldots$	C_g $C_1; C_2;$ C_3	Gesamtkapazität Einzelkapazitäten	} F	mF; µF; nF; pF
– Reihenschaltung	$\frac{1}{C_g} = \frac{1}{C_1} + \frac{1}{C_2} + \frac{1}{C_3} + \ldots$	C_g $C_1; C_2;$ C_3	Gesamtkapazität Einzelkapazitäten	} F	mF; µF; nF; pF
Wechselstrom	$f = \frac{p \cdot n}{60}$ $U_{eff} = \frac{U_{max}}{\sqrt{2}}$ $I_{eff} = \frac{I_{max}}{\sqrt{2}}$ $s = U \cdot I$ $P = U \cdot I \cdot \cos\varphi$	f p n U_{eff} U_{max} I_{eff} I_{max} S P $\cos\varphi$	Frequenz Polpaarzahl Drehzahl Effektivspannung Maximalspannung Effektivstrom Maximalstrom Scheinleistung Wirkleistung Leistungsfaktor	Hz – min⁻¹ V V A A VA W –	1/s, s⁻¹
Drehstrom – Sternschaltung – Dreieckschaltung	$U = \sqrt{3} \cdot U_{Ph}$ $\sqrt{3} = 1{,}73$ $I = I_{Ph}$ $I = \sqrt{3} \cdot I_{Ph}$ $U = U_{Ph}$	U U_{Ph} I I_{Ph}	verkettete Leiterspannung Phasenspannung verkettete Leiterstromstärke Phasenstromstärke	V V A A	
Transformator 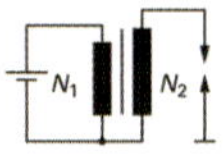	$\frac{U_1}{U_2} = \frac{N_1}{N_2}$ $\frac{N_1}{N_2} = \frac{I_2}{I_1}$ $i = \frac{U_1}{U_2} = \frac{I_2}{I_1} = \frac{N_1}{N_2}$	U_1 U_1 I_1 I_2 N i	Primärspannung Sekundärspannung Primärstrom Sekundärstrom Windungszahl Übersetzungsverhältnis	} V } A – –	mV, kV mA
Zündwinkel, Zündfrequenz	$\alpha_z = \frac{360°}{z}$ $t_{sII} = \frac{\alpha_s}{6 \cdot n}$ $\alpha_z = \alpha_s + \alpha_ö$ $\alpha° = \frac{3{,}6 \cdot \alpha\%}{z}$ $t_{sIV} = \frac{\alpha_s}{3 \cdot n}$ $f_{IV} = \frac{n \cdot z}{120}$ $t_{öII} = \frac{d_ö}{6 \cdot n}$ $f_{II} = \frac{n \cdot z}{60}$ $t_{öIV} = \frac{\alpha_ö}{3 \cdot n}$	α_z α_s $\alpha_{s\%}$ $\alpha_ö$ z f n t_s $t_ö$	Zündwinkel Schließwinkel Schließwinkel in Prozent Öffnungswinkel Zündfrequenz Motordrehzahl Schließzeit Öffnungszeit Index$_{II}$ und $_{IV}$ = Zweitakt u. Viertakt	°(Grad) °(Grad) % °(Grad) s⁻¹ min⁻¹ s s	

15.14 Kontroll- und Warnleuchten und ihre Bedeutung

Die Cockpits der Fahrzeuge können inzwischen eine Vielzahl von Kontroll- und Warnleuchten beinhalten. Diese sind ja nach Handlungsbedarf in verschiedene Farben gegliedert: Rot, Gelb, Grün, Blau und Weiß. Während Grüne, Blaue und Weiße Leuchten in der Regel lediglich über einen Betriebszustand informieren, bedeuten Gelbe und Rote Leuchten immer eine Warnung. Hier ist es wichtig, diese korrekt zu interpretieren, um Schäden an Komponenten des Fahrzeuges zu vermeiden.

Welche Warnleuchten was bedeuten, zeigt folgende Liste. Dabei ist jedoch zu beachten, dass die Symbole von Fahrzeug zu Fahrzeug leicht differieren können. Die hier gezeigten Symbole stammen aus VW Nutzfahrzeugen, sind als Beispiele zu verstehen und erheben keinen Anspruch auf Vollständigkeit:

Rote Kontrollleuchten		
Symbol	**Leuchtet**	**Blinkt**
	Handbremse angezogen Bremsanlage gestört, nicht weiterfahren. Bremsflüssigkeitsstand zu niedrig, nicht weiterfahren. **Zusammen mit ABS-Leuchte:** ABS ausgefallen, Fahrzeug kann ohne ABS gebremst werden	
	Handbremse angezogen	
	Bei kaltem Motor: Betriebstemperatur des Motors noch nicht erreicht, hohe Motordrehahlen und -belastung vermeiden. Bei betriebswarmem Motor: Motorkühlmittelstand zu niedrig. Bei Motortemperatur im Warnbereich: Motorkühlmitteltemperatur zu hoch, nicht weiterfahren.	Motorkühlmittelsystem gestört, nicht weiterfahren.
	Motorkühlmittelsystem gestört, nicht weiterfahren	
		Motoröldruck zu niedrig, nicht weiterfahren. Wenn der Ölstand in Ordnung ist, trotzdem Motor sofort abschalten.

Rote Kontrollleuchten		
Symbol	**Leuchtet**	**Blinkt**
	Mindestens eine Fahrzeugtür ist geöffnet oder nicht richtig geschlossen	
	Motorraumklappe nicht richtig geschlossen	
	Kofferraumklappe nicht richtig geschlossen	
	Elektromechanische Lenkung ausgefallen, nicht weiterfahren	Elektronische Lenksäulenverriegelung gestört, nicht weiterfahren
	Nicht angelegter Gurt eines oder mehrerer Insassen	Nicht angelegter Gurt eines oder mehrerer Insassen
	Fahrerübernahmeaufforderung: Die Reduzierung der Geschwindigkeit durch die automatische Distanzregelung (ACC) reicht nicht aus, um nicht auf ein vorausfahrendes Fahrzeug aufzufahren. Bremspedal betätigen!.	
	Generator gestört, nicht erforderliche Verbraucher ausschalten	
		Doppelkupplungsgetriebe überhitzt, Getriebe in Wählhebelstellung P abkühlen lassen. Solange die Warnung aufleuchtet, nicht weiterfahren, sonst sind Getriebeschäden möglich.

Rote Kontrollleuchten		
Symbol	**Leuchtet**	**Blinkt**
	Automatische Distanzregelung (ACC) nicht verfügbar.	
	Ad Blue-Füllstand zu niedrig, kein Motorneustart möglich. Ad Blue auffüllen.	
	SCR-System gestört, kein Motorneustart möglich. Möglichst sofort in die Werkstatt fahren.	
 	Kollisionswarnung vom Umfeldbeobachtungssystem, bremsen	
	Zentralwarnleuchte, Informationen im Display des Kombiinstrumentes beachten.	
	Fahrerübernahmeaufforderung: Aktive Spurführung fordert den Fahrer auf, wieder selbst zu lenken	

Gelbe Kontrollleuchten		
Symbol	**Leuchtet**	**Blinkt**
	Bremsbeläge verschlissen, sofort Werkstatt aufsuchen.	
	ESP abgeschaltet ESP gestört Fahrzeugbatterie wurde ab- und wieder angeklemmt. Zusammen mit ABS-Kontrollleuchte: ABS gestört	ESP bzw. ASR regelt
	Zentralwarnleuchte, Informationen im Display des Kombiinstrumentes beachten.	
	ASR manuell ausgeschaltet	
	Zusammen mit ESP Kontrollleuchte: ABS gestört Zusammen mit roter Warnleuchte: ABS ausgefallen	Gespannstabilisierung regelt.
	ASR, BAS, ABS oder Anfahrassistent gestört.	
	Nebelschlussleuchte eingeschaltet	
	Fahrbeleuchtung ganz oder teilweise ausgefallen	

Gelbe Kontrollleuchten		
Symbol	**Leuchtet**	**Blinkt**
	Störung vorhanden, die Einfluss auf das Abgas hat	Verbrennungsaussetzer, die den Katalysator schädigen, sofort Werkstatt aufsuchen.
	Motorsteuerung gestört, sofort Werkstatt aufsuchen	
	Dieselpartikelfilter mit Ruß zugesetzt. Bei speziell ausgerüsteten Kurierfahrzeugen: Dieselpartikelfilter wird gerade gereinigt, Motor wenn möglich nicht abschalten.	
	Elektromechanische Lenkung vermindert oder Fahrzeugbatterie war ab- und wurde wieder angeklemmt.	Lenksäule verspannt oder Lenksäule nicht ent- bzw. verriegelt.
	Reifenfülldruck bei mindestens einem Reifen zu niedrig Reifenpanne	Bei zeitweisem Aufblinken liegt eine Funkstörung zwischen Radsensor und System vor. Dauerblinken für eine Minute und dann Dauerlicht: System gestört.
	Scheibenwaschwasserstand zu niedrig.	
	Kraftstoffbehälter fast leer	
	Beide Kraftstoffbehälter, Benzin und Erdgas, fast leer.	

Gelbe Kontrollleuchten		
Symbol	**Leuchtet**	**Blinkt**
	Motorölstand zu niedrig. Motor abstellen.	Motorölsystem gestört. Motorölsensor prüfen lassen.
	Ad Blue-Vorrat ist zu niedrig.	
	SCR-System gestört oder mit nicht normgerechtem Ad Blue gefüllt.	
	Automatische Drehzahlregelung eingeschaltet	Bei eingeschalteter ADR wurde die Handbremse gelöst. Das Fahrzeug hat sich bewegt oder es liegt eine Störung im ADR Steuergerät vor.
	Airbag- und Gurtstraffersystem gestört	
	Luftfilter ersetzen	
	Elektronische Wegfahrsperre aktiv	
	Hinterachsdifferenzialsperre eingeschaltet	Hinterachsdifferenzialsperre wird eingerückt oder ist gestört und kann nicht eingeschaltet werden.

Gelbe Kontrollleuchten		
Symbol	**Leuchtet**	**Blinkt**
	Allradantrieb mit stark untersetzter Fahrstufe zugeschaltet.	Allradantrieb wird momentan zugeschaltet oder ausgeschaltet. Dauerhaftes Blinken: Fehler am Allradantrieb mit stark untersetzter Fahrstufe
	Allradantrieb zugeschaltet	Allradantrieb wird momentan zugeschaltet oder ausgeschaltet. Dauerhaftes Blinken: Fehler am Allradantrieb
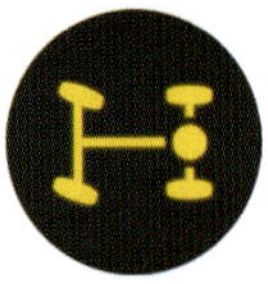	Differenzialsperre eingeschaltet	Differenzialsperre schaltet zu oder schaltet aus
	Werkseitig eingebauter Fahrtschreiber gestört	
	Automatische Distanzregelung (ACC) nicht verfügbar.	
	Spurwechselassistent nicht verfügbar	
	Nebelscheinwerfer eingeschaltet	
	Motordrehzahl begrenzt	

Gelbe Kontrollleuchten

Symbol	Leuchtet	Blinkt
	Regen-Lichtsensor gestört	
	Spurhalteassistent eingeschaltet, aber nicht aktiv	
	Spurhalteassistent deaktiviert	Fahrspur wird verlassen
	Kugelkopf der Anhängevorrichtung nicht verriegelt	
	Umfeldbeobachtungssystem deaktiviert	
	Getriebe gestört. Getriebe in Wählhebelstellung P abkühlen lassen. Solange die Warnung aufleuchtet, nicht weiterfahren, sonst sind Getriebeschäden möglich.	
	Scheibenwischer gestört	
	Start-Stopp-System gestört	

Stichwortverzeichnis

G

H

I

K

L

M

www.autofachmann.de
auto FACHMANN Fachbuch
Ihr Einstieg in die Elektromobilität
E-MOBILITY START
JOHANNES MÜLLER / EDGAR SCHMIDT / WERNER STEBER
ELEKTRO-MOBILITÄT
HOCHVOLT- UND 48-VOLT-SYSTEME
Wissen für Profis
In Kooperation mit Continental
Vogel Business Media
Das kompakte Fachbuch gibt einen Überblick über die aktuellen elektrischen Antriebe, erläutert detailliert ihre Technik und wagt einen Blick in die Zukunft. Es beschreibt die Technik sowie die Diagnose der Systeme, stellt die wichtigsten Fahrzeuge vor und geht auf die Entwicklungen am Markt ein.
Autohäuser bekommen wertvolle Tipps für einen erfolgreichen Einstieg in die Elektromobilität.
12102
Jetzt bestellen!
www.autofachmann.de/buch
auto FACHMANN ist eine Marke der VOGEL COMMUNICATIONS GROUP

www.autofachmann.de
auto FACHMANN Fachbuch
Servicetechniker: Management und Auftragsabwicklung – von der Theorie in die Praxis
WILHELM MISSLER
SERVICETECHNIKER
BAND 2:
MANAGEMENT UND AUFTRAGSABWICKLUNG
Das Buch begleitet Fachleute im Kfz-Gewerbe auf ihrem Weg zum Kraftfahrzeug-Servicetechniker.
Es dient zur Vorbereitung auf die Prüfung in den nichttechnischen Prüfungsfeldern.
Jetzt bestellen!
www.autofachmann.de/buch
auto FACHMANN ist eine Marke der VOGEL COMMUNICATIONS GROUP